预制混凝土涵管技术手册

曹生龙　编著

中国建筑工业出版社

图书在版编目（CIP）数据

预制混凝土涵管技术手册/曹生龙编著. —北京：中国建筑工业出版社，2015.8
ISBN 978-7-112-18077-6

Ⅰ. ①预… Ⅱ. ①曹… Ⅲ. ①混凝土结构-预制结构-泄水涵管-手册 Ⅳ. ①TV652.2-62

中国版本图书馆 CIP 数据核字（2015）第 085212 号

本书重点介绍我国预制混凝土涵管生产、设计、施工经验，注重论述基础知识、基本理论和基本技能。书中内容具有较强的理论性和实用性，附有较多例题，尽可能多地纳入各类涵管、各工况的结构计算实例，同时还附有较多速查表格，读者不但能掌握相关的计算方法，还可以及时、方便地获得需用数据，为读者在预制混凝土涵管的生产、设计和施工等方面提供了重要的参考依据。

本书可供从事预制混凝土涵管生产技术人员作为工具书，亦可供混凝土管道结构设计人员作参考。

责任编辑：田启铭　李玲洁
责任设计：李志立
责任校对：陈晶晶　赵　颖

预制混凝土涵管技术手册
曹生龙　编著
*
中国建筑工业出版社出版、发行（北京西郊百万庄）
各地新华书店、建筑书店经销
霸州市顺浩图文科技发展有限公司制版
北京画中画印刷有限公司印刷
*
开本：787×1092 毫米　1/16　印张：53½　字数：1334 千字
2015 年 9 月第一版　2015 年 9 月第一次印刷
定价：**188.00** 元
ISBN 978-7-112-18077-6
（27299）

前　言

近年来，中国城市化进程突飞猛进，鳞次栉比的高楼大厦成了城市的风景线，但是在高速发展的同时伴生着“城市病”——地下管网等城市基础设施建设“欠账”严重，存在总量不足、标准不高、运行管理粗放等诸多问题，已影响到城市环境和人们的工作、生活。

2013、2014年两年内国务院下发了三个文件：《关于做好城市排水防涝设施建设工作的通知》2013年3月25日（国办发〔2013〕23号）、《关于加强城市基础设施建设的意见》2013年9月16日（国发〔2013〕36号）、《关于加强城市地下管线建设管理的指导意见》2014年（国办发〔2014〕27号）。

《意见》和《通知》要求，要从城市基础设施建设、加强城市供水、污水、雨水、燃气、供热、通信及综合管廊等各类地下管网建设和老旧管网改造等领域入手，积极推进新项目开工，顺应人民期盼、增强城市综合承载能力、造福广大群众、提高新型城镇化质量，拉动地方投资和消费增长。这意味着，今后十年一场围绕“城市地下基建工程”的建设大幕即将拉开。

加强城市基础设施建设，必将是混凝土涵管行业发展的新机遇，也是对我国混凝土涵管行业提出了新的高度要求。

我国混凝土制管行业自改革开放以来发展得很快，已有相当的水平。研制成一批具有国际水平的产品，如大型四圆拱涵管（内宽5890mm×内高3729mm）、圆弧组合涵管（内宽6m×内高4.2m）、特大型混凝土箱涵（内宽9m×内高6.1m）、内径D4400mm混凝土排水管、内径D4000mm预应力钢筒混凝土管等产品。引进消化和自主研发了各种先进生产工艺及装备。

当前影响我国水泥制品（混凝土管）生产企业发展的最主要因素是，缺乏专业技术人员、缺乏适应水泥制品发展所需的高素质人才。

当下我国大专院校在专业设置上大都没有专设水泥制品专业，水泥制品专业的毕业生甚少，缺乏有关混凝土涵管技术的专业人才和专业书籍，进入水泥制品生产企业的学生既没有经过完整的水泥制品专业教育，也很难找到适合他们提高专业工作水平的资料。

本书作者编写此书的目标，即是为进入水泥制品企业工作的技术人员提供一本知识入门、内容较为齐全的工具书。

本书是在收集20世纪50、60、70年代大量科研试验资料、国内早期较多学者论著的基础上，融入了本书作者多年研究、生产实践体会编写而成的。书中重点介绍了我国预制混凝土涵管的生产、设计、施工经验，注重论述基础知识、基本理论和基本技能，书中内容具有较强的理论性和实用性，通过学习本书，对读者在预制混凝土涵管的生产、设计和施工等方面均有重要的参考价值。

本书共分为：混凝土涵管分类和应用、混凝土涵管管型、预制混凝土涵管结构计算、预制混凝土涵管制造材料、混凝土管生产工艺、耐蚀混凝土管、混凝土管道施工七个章节。

本书附有较多例题，尽可能多地纳入各类涵管、各类工况的结构计算实例，以达到读者通过阅读本书能掌握计算方法的目的。此外，本书还附有较多速查表格，以便读者可及时得到需用数据。

希望这本书不仅能帮助水泥制品企业中从事实际业务的工程师解决生产中出现的问题，而且也能为从事地下管道结构设计的工作者加以有效地应用。

本书编写参考了业内许多专家的论著——市政、公路、水利、铁道等相关文献的内容，文中不一一列举，在此表示衷心的感谢。

限于作者水平，书中不当和错误之处，敬请批评指正。

曹生龙

2015.05.08

目　　录

第一章　混凝土涵管分类和应用

城市市政、交通、铁路、水利工程的管道，如城市的排放雨水、污水管；地下人行通道、城市地下蓄水池；电力电缆管、通信管、综合管廊；水利工程引水、排洪管；电厂的上水和冷却水管；公路、铁路下的过人、过水涵管等，当前大多采用混凝土涵管。实践证明，混凝土涵管具有承载能力强、在外力作用下不会发生丧失弹性稳定性危险；运行耐久性良好，一般不需要管壁的防腐处理；价廉、敷设安装简便、环保节能；糙率系数变化小等优点。

金属管道制造和养护费用较高，其耐久性也不及混凝土涵管，一般使用20～30年后锈蚀严重，而且刚度较低，其壁厚常为稳定性控制，故除特殊要求的管道外，宜尽量少用金属管道。塑料管道属于柔性管道，承受荷载依靠管土共同作用，在外荷载作用下有很大的变形，而且随时间的延长变形增大，埋设于道路下，时间不长路面即开裂破坏，一般不宜用于市政道路管道工程中。

几十年来经过我国水泥制管工业的科技人员及广大生产人员的努力，混凝土涵管取得迅速发展，品种越来越多，用途日益扩大。对于水泥管的分类世界各国略有不同，按我国混凝土涵管的生产和应用特点，一般混凝土涵管的综合分类如下。

1.1　按涵管的用途分类

涵管的用途可分为下列几项。

1.1.1　输水用管

长距离输水是混凝土涵管的最大用途。按照输送水压可分为：

（1）高压水管——一般指工作压力大于1.0MPa的输水管道。在高压输水管道中常用预应力钢筒混凝土管等管材；

（2）中压水管——工作压力在0.2～1.0MPa的输水管道。在中压输水管道中常用预应力混凝土管、预应力钢筒混凝土管等管材；

（3）低压水管——工作压力小于0.2MPa的输水管道。在低压输水管道中常用预应力混凝土管、自应力混凝土管、钢筋混凝土管等管材；

（4）无压水管——涵管中水流不充满整个断面。城市中雨水、污水的输送一般采用无压排放，无压输水管道常用钢筋混凝土管、素混凝土管等管材。

1.1.2　在城市其他工程中的应用

我国正处于高速城市化发展阶段，完善城市基础设施建设已成为当务之急。地下管线建设是市政基础设施的重要方面，混凝土涵管可在以下各项工程中大量应用，发挥不可替代的作用。

（1）混凝土涵管城市地下人行通道、城市地下机动车道；

（2）城市地下市政综合管廊（及单项线路之套管）；

在城市道路下用混凝土涵管建成大型管廊，专供摆放各种公用事业缆线、管线。地下综合管廊是目前世界上比较先进的基础设施管网布置形式，是城市建设和城市发展的趋势和潮流。

（3）城市地下蓄水池；

全面提高城市防涝、防洪和防汛应急处置能力、作为解决城市“内涝”的办法之一，即修筑地下蓄水池，加快雨洪利用工程建设。修筑地下蓄水池不仅有集蓄雨水再利用的功能，而且对缓解排水压力、解决城市“内涝”具有重要作用。

在地下基础设施中使用预制装配化混凝土涵管，可以采用开槽施工工法，也可采用不开槽施工工法。具有缩短工期、降低费用、功能优化、施工文明、节能环保等特点。

1.1.3　河道通水涵洞

道路与河道相交，河流水量不大时，可用涵管修建过水通道代替桥梁。以涵管代替桥梁有很多优点：①较为经济；②涵管可以保持路基最好的连续条件，使车辆行驶其上，不受颠簸；③涵管的养护费用，较同样跨径的桥梁为低；④在同一流量时，涵管的孔径经常小于桥梁的跨径；⑤汽车、拖拉机等活荷载数值的变化，随洞顶埋土深度的增加对涵管内力值的影响也越益减弱，其影响远较对桥梁内力值的影响为小。且当洞顶埋土深度大于3～4m时，涵管所承受的主要荷载为土压力。

1.1.4　公路、铁路联络通道

公路及铁路路基下需设置供行人、车辆通行的横向联络通道，便于线路两侧人员来往。雨水也需通过联络涵洞由上游向下游排放。这种工况条件下的涵管需承受较大的外压，使用钢筋混凝土涵管最为合适。

1.1.5　其他方面的应用

（1）农业用管：井管、灌溉用管；

（2）水源用管：引水管、过山倒虹吸管；

（3）工业用管：输卤水管、电厂循环水管、工业废水管、排灰管、工厂供水管；

（4）输油管；

（5）输送液煤浆管；

（6）城市输煤气管、热力输热水管；

1.2　按断面形状分类

1.2.1　圆形涵管

圆形涵管（图1-1）在均匀内水压力或外水压力作用时，管壁内将不产生弯矩（这里系指管壁厚度较小的情形）。另外，泄水能力较强，而且宜于在工厂内大规模制造，因而圆形涵管是国内外常用涵管的断面形式。一般在口径较小（ϕ600mm 以下）时，可以用素混凝土制造；管径较大时，多用钢筋混凝土制造；在内水压力较大时，可以采用预应力混凝土制造。

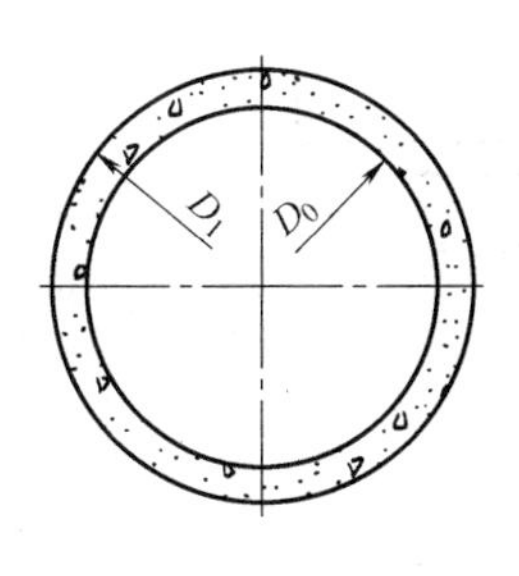

图 1-1　圆形涵管

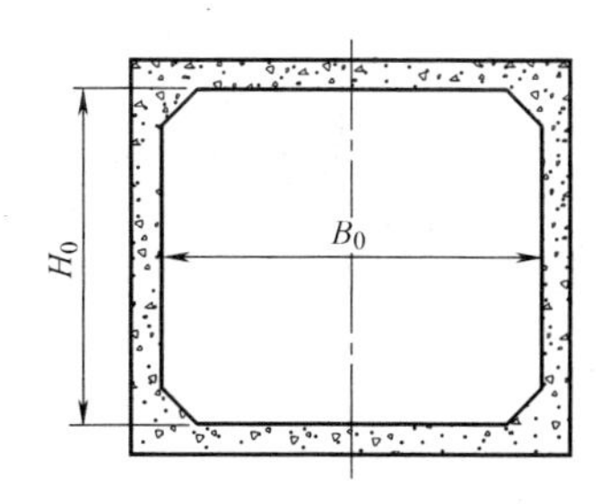

图 1-2　箱形涵管

1.2.2　箱形涵管

箱形涵管（图 1-2）系指具有矩形或正方形断面，且四边封闭的刚构式涵管。常用钢筋混凝土制造，跨径较大的箱涵也可采用预应力混凝土结构。对于较为松软的地基土壤，常采用之。一般孔径 6m、重量在 50t 以下的箱涵，可以在工厂内制造、现场安装。若孔径或重量太大时，可在工程现场预制后装配施工。

盖板式涵管及三面刚构式涵管（图 1-3），泄水断面通常也采用矩形或正方形断面。此类涵管一般只能在无压管道中应用。

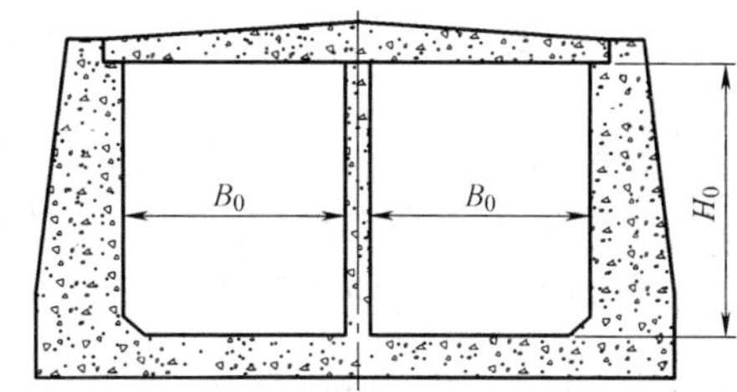

图 1-3　双孔盖板式涵管

1.2.3　拱形涵管

城市中埋地的电力、电信和热力等管线常需安装于混凝土管道（套管）中，以圆形混凝土管作套管，不能有效利用空间，增加了对地下空间断面的占用。为此开始发展异形拱涵作为电力、热力等管道的套管。拱形涵管（简称拱涵）也大量用于排水或低压输水管道中。

一般把顶为拱、底为矩形的涵管称为拱涵（图 1-4）。与箱形涵管（简称箱涵或方涵）及圆形涵管比较，既具有拱顶结构承受荷载能力强、可采用顶管工法施工的优点，又具备箱涵矩形断面布置管道方便合理的优点。

1.2.4　多弧组合涵管

涵管断面的轮廓线由弧线组合拼接而成的涵管称为多弧组合涵管（简称为弧涵）。常用的弧涵有四圆拱涵和多弧拱涵（图 1-5）。

大型地下工程，如地下蓄水池、市政管线综合管廊、大型排水（排洪）管道、城市地下交通通道等设施，对涵管的断面尺寸有特殊的要求，使用传统的圆形或矩形涵管在功能上、结构上、运输吊装、施工上等各方面不能适应工程的要求，均须使用多弧组合涵管。

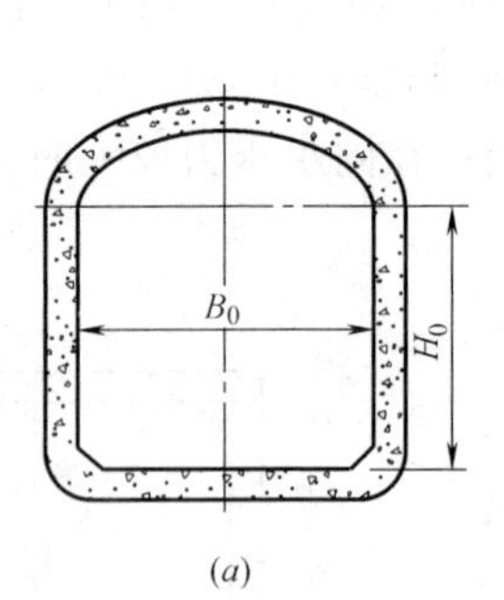

(a)

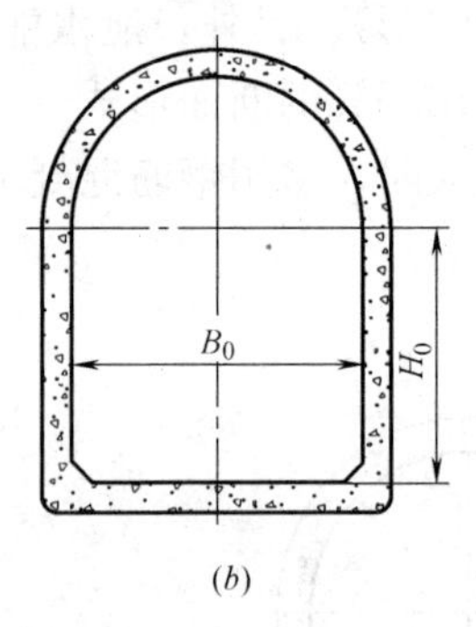

(b)

图 1-4　拱形涵管

（a）三圆拱涵；（b）半圆拱涵

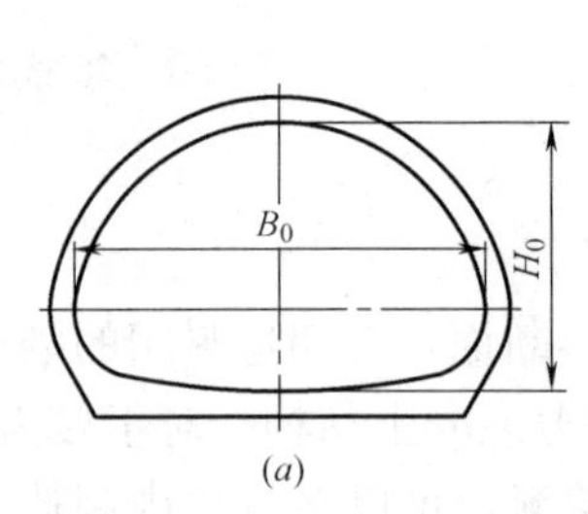

(a)

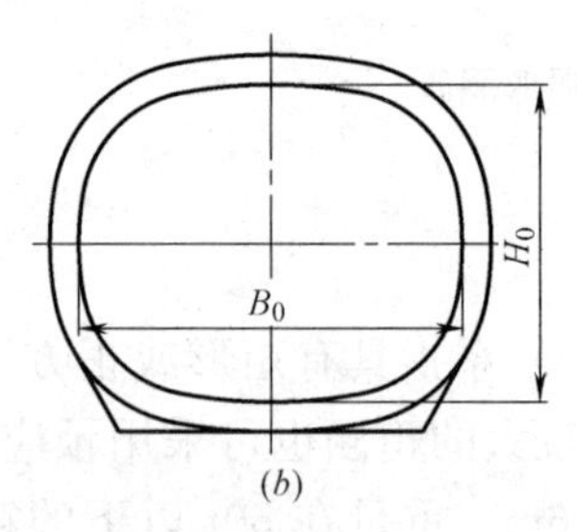

(b)

图 1-5　多弧组合拱涵

（a）四圆拱涵；（b）多弧拱涵

多弧组合涵管断面，各个方向均为弧线组成，可减小其内力，结构上有其合理性。多弧组合涵管的上下高度和横向宽度尺寸均可根据工程具体条件作调整，有很大的适应性。多弧组合涵管也能适应不开槽顶进法施工的要求。

1.2.5　卵形涵管、椭圆形涵管

卵形涵管、椭圆形涵管（图 1-6）主要用于排水管道中，因为它的流速是稳定的，且与积水深度无关。这两种管子均具有内孔非正圆形、高度大于宽度、下部圆弧直径小的特

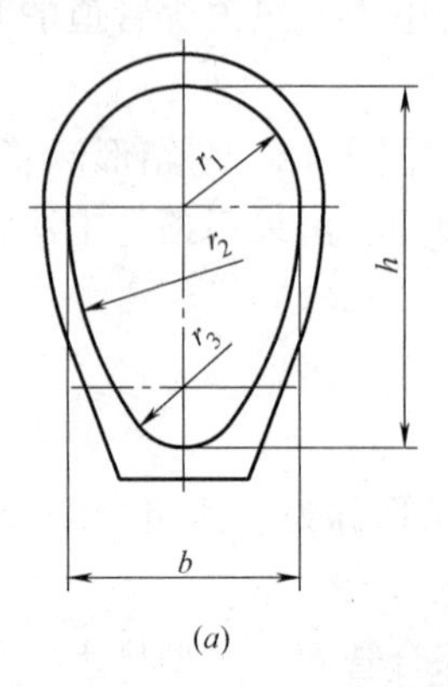

(a)

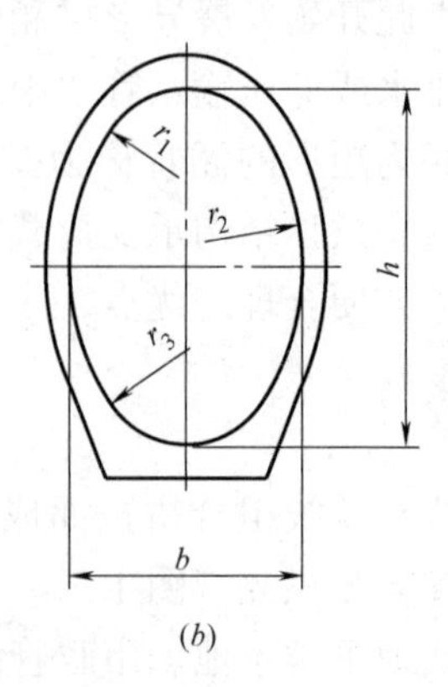

(b)

图 1-6　卵形涵管、椭圆形涵管

（a）卵形涵管；（b）椭圆涵管

点，因而与圆形涵管相比，在相同工况条件下，结构内力减小，配筋减少，材料用量降低，成本降低。

1.2.6 带底座涵管

在圆形涵管、拱形涵管、卵形及椭圆形涵管等断面形状涵管的底部、顶部，设计成带有与管身成一体的平底形底座（图 1-7）。带底座圆管其结构有很大优点，管座可以给管道创造良好的工作条件，减小管壁中的弯曲力矩；带底座圆管可以分担管下荷载；管顶带有的管座，增加了管顶壁厚，增强刚度，提高管子承载能力；带底座混凝土涵管便于采用椭圆配筋，也能减少钢筋用量。

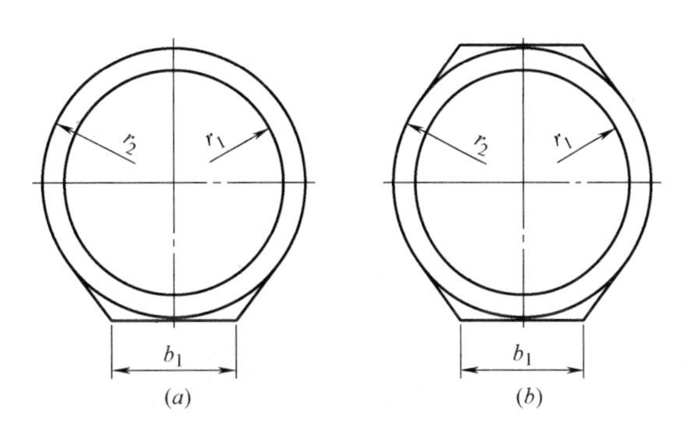

图 1-7 带底座涵管

(a) 单底座圆管；(b) 双底座圆管

1.3 按涵孔数量分类

混凝土涵管按照涵孔数量进行分类，有单孔式、双孔式和多孔式（图 1-8）三种。双孔式和多孔式断面在下列工况条件下应用较多：流量较大，单孔跨径超过 4m 时，为了减小涵管断面壁厚、减少材料用量、降低产品重量，可将涵管设计成双孔或多孔；管道功能要求涵管分成双孔或多孔，如市政综合管廊，地下交通车道等。

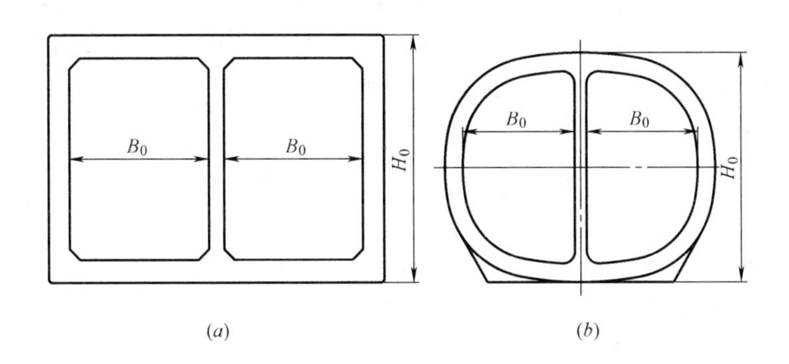

图 1-8 多孔涵管

(a) 双孔箱涵；(b) 双孔弧涵

1.4 按耐蚀能力分类

按照混凝土涵管在使用中抗腐蚀性能要求，混凝土涵管可分为：普通混凝土涵管；内掺抗蚀外加剂混凝土涵管；外涂或外喷防蚀涂料（环氧沥青漆、环氧陶瓷漆等）混凝土涵管；内衬塑片混凝土涵管等。

1.5　按材料成分分类

1.5.1　以水泥混凝土为基材的涵管

以水泥混凝土为基材的涵管主要有：①素混凝土管；②钢筋混凝土管；③预应力混凝土管；④自应力混凝土管；⑤带钢筒混凝土管；⑥预应力钢筒混凝土管；⑦钢丝网水泥管；⑧无砂混凝土管（滤水管）；⑨石棉水泥管、纤维增强水泥管；⑩聚合物混凝土管等。

1.5.2　其他材料的涵管

用于输水并以其他材料制造的涵管主要有：钢管；铸铁管；陶瓷管；塑料管等。

由于上述材料破坏时性质不同，又可以把他它们分为塑性涵管和脆性涵管两大类。其中，除钢管、塑料管属于塑性涵管以外，其余材料均属于脆性涵管。为了保证安全使用，脆性材料涵管需要较高的安全系数。

1.6　按照涵管刚度分类

涵管周围的土壤，对于涵管来说，不仅是作用于其上的荷载，而且也是涵管在其中发生变形的介质。任何地下构筑物，当其由于主动外荷载引起变形时，将在不同程度上受到来自周围弹性介质（土壤）的弹性抗力。

按照温克勒（Winker）假设，弹性抗力的大小将取决于结构物的变形与周围弹性介质（土壤）的变形系数。土壤地基系数与其物理特征有关（对于回填土来说，最重要的是它的密实度）；而变形值的大小将主要决定于结构物的刚度。因此，涵管刚度的大小，不仅会直接影响土壤作用于涵管上主动外荷载的数值（例如填埋式竖向土压力等），同时对于能否发生具有实际计算意义的弹性抗力问题，也将起着决定性的作用。

以圆形涵管为例，假如管体刚度很大时，其两侧土壤将以主动土压力形式作用于涵管上；而基底土壤，仅是作为涵管的支点以平衡主动外荷载而已。反之，涵管横向刚度不大时，则由于主动外荷载的作用，管侧将发生横向扩展（即此时圆形断面涵管将变成椭圆横断面形状），于是管壁即受到来自回填土的抗力而发生相反的变形，所以最后，涵管的变形与弯矩均将减小。

故而，涵管两侧回填土夯实越密实，而管体的刚度越小，则对涵管的工作越为有利。

根据涵管刚度的大小，可以将它们分成两大类：

1.6.1　刚性涵管

在结构设计上，将其假设为绝对刚性，忽视其变形，在实用上这已足够正确。

一般混凝土管、石棉水泥管、铸铁管多属于刚性涵管范畴。

1.6.2　柔性涵管

各种直径的钢管和塑料管多属于柔性涵管的类型。对于柔性涵管，不能忽略变形对内力值的影响。

1.7 按照水力性质分类

1.7.1 有压涵管

利用涵管整个断面输水，同时具有一定的压头。因此，在通过同一流量时，所需孔径较无压涵管为小，对于抗裂性的要求，较无压涵管为高。

1.7.2 无压涵管

涵管中水流不经常充满整个断面。排水管道系属于无压涵管范畴。公路、铁路路基下的涵管，当其断面最高点高于上游最高水位时，洞内水流亦属于无压排水性质。

1.8 按生产工艺分类

1.8.1 离心工艺混凝土管

离心工艺发展历史悠久，由澳大利亚人休莫（W. R. Hume）发明，1906 年使用离心工艺生产电杆、1910 年生产混凝土管（日本称为休莫管）。

离心工艺适于制造圆形混凝土管、也有用以制造内圆外方（四方或六方等）的制品，在特殊要求工程中应用。

当前我国在混凝土涵管生产领域中利用离心工艺制造普通混凝土管、预应力混凝土管及小口径预应力钢筒混凝管的管芯。

国外及我国在 20 世纪 60 年代至 70 年代，使用离心复合工艺制（图 1-9）造预应力混凝土管管芯及提高承受内压、外压能力的钢筋混凝土管。采用的工艺有：离心振动复合工艺；离心辊压复合工艺；离心振动辊压复合工艺。

使用离心复合工艺制造混凝土管，作用是可以提高用于离心工艺的混凝土工作度，减少离心过程中管壁混凝土的分层和离析，提高匀质性、增大密实度、增强管子承载能力并减少混凝土水泥用量。

图 1-9 离心振动辊压制管机

1.8.2　悬辊工艺混凝土管

悬辊工艺全称为“悬置辊轴辊压成型制管工艺”，是20世纪40年代（1943年）澳大利亚工程师罗克逊（Rokertson）和克拉克（Clark）创造的，其所在的生产混凝土管和制管设备公司取名为罗克拉公司。采用悬辊工艺生产混凝土管，与离心工艺相比在经济上、技术上有一定的优势。因此，该工艺问世后，很快受到各国制管行业的重视，广泛用于制造混凝土管。

悬辊工艺技术成熟、设备简单、投资小、见效快；采用干硬性混凝土，水灰比较小，依靠辊压密实成型，具有混凝土强度较高，生产环保等优点；在我国约有70%左右的工厂使用悬辊工艺生产混凝土排水管与预应力混凝土输水管。

1.8.3　立式振动工艺混凝土管

使混凝土、特别是干硬性混凝土增实最有效的方法是振实法。利用振实设备、成型混凝土涵管，因模型轴线与地面垂直，因而用此工艺制造的涵管称为立式振动工艺混凝土管。

立式振动工艺可使用塑性混凝土或干硬性混凝土，用以制造上述各种外形的混凝土涵管，因而这种工艺广泛用于制造混凝土涵管。

1.8.4　芯模振动工艺混凝土管

芯模振动工艺是丹麦佩德哈博（Pedershaab）公司于20世纪20年代创造发明。我国于20世纪80年代末引进此项技术，经20多年改进、提高，已经形成自主知识产权的设备和工艺技术，现广泛用于制造圆形及异形混凝土涵管。

芯模振动工艺制造混凝土涵管采用干硬性混凝土，具有高效、低耗、环保，品质好等优点。

1.8.5　径向挤压工艺混凝土管

径向挤压工艺制管技术是美国麦克拉肯（MCCRANCKEN）混凝土制管机械公司发明的，于1940年取得径向挤压成型专利。20世纪40年代联合国经济援助中国，由美国麦克拉肯公司提供三台PH24径向挤压制管机。1985年上海水泥制管厂从美国引进麦克拉肯PH48径向挤压制管机。

20世纪60年代，北京市第二水泥管厂与东北工业建筑设计院合作，自主设计制作了PH24机。

20世纪80年代后期，北京市第二水泥管厂与北京市市政工程研究院合作，研制成功我国第一台LZ1200径向挤压制管机。

径向挤压工艺有极高的生产效率；易于全自动化生产；是各种工艺中单方混凝土水泥用量最低的工艺，耗能也少于其他工艺，生产成本低。

1.9　按管道敷设形式分类

管道敷设形式常用有以下三类。

1.9.1 沟埋式

管道埋设于较深的沟槽中 [图 1-10 (*a*)]，槽壁天然土壤坚实，涵管上部及两侧，填以回填土。一般市内小型排水管道均用此法构筑。

1.9.2 填埋式

涵管直接构筑在地面上 [图 1-10 (*b*)]，或敷设于浅槽中，然后再在管上部填土。横穿公路、铁路路基及河岸堤坝等涵管，多用此法构筑。

1.9.3 不开槽顶进法施工 (隧洞式)

对于在稳定土层中，需穿越建筑物、河道、公路、铁路等，或在城市道路下施工敷设管道，采用不开槽顶进法施工管道 (简称为顶管) [图 1-10 (*c*)]，自地面以下至管顶大部分土壤未受扰动，此时管道所受土压力与隧洞相似，管顶土柱重力不完全作用于管道上。

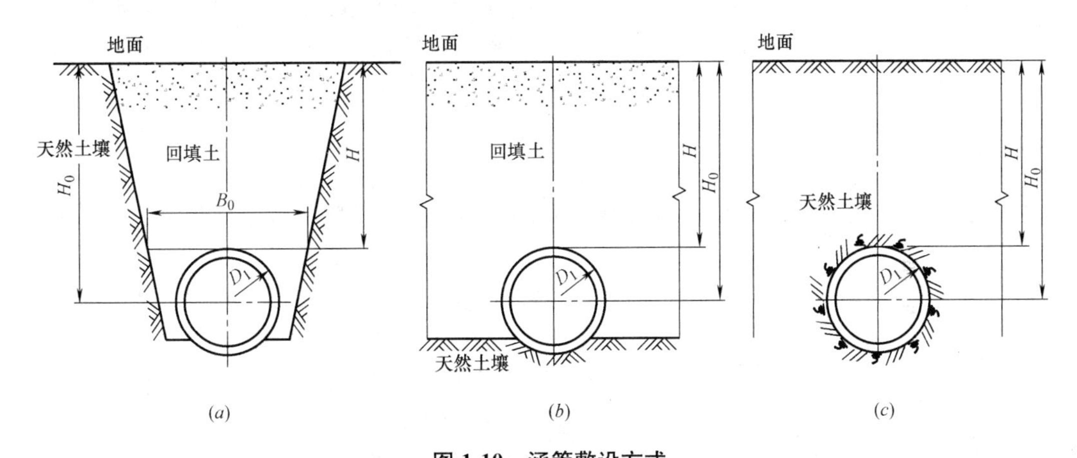

图 1-10 涵管敷设方式

(*a*) 沟埋式; (*b*) 填埋式; (*c*) 隧洞式

1.10 按管道基础形式分类

管道基础设置方法不同，不仅直接影响管道之承载力，而且对于管道的沉陷，也会发生不同程度的影响。普通管道，多直接敷设于天然地基上，或放于砂垫层上，但在地基土壤情况复杂时，常设置混凝土或浆砌块石基础，以减少不均匀沉陷。

基础形式的选择，一般应根据地基土壤的物理性质、气候条件及水文情况来决定。但对于不同类型的管道，其基础处理形式亦将不同。现就混凝土圆管的基础形式介绍如下。

1.10.1 土基：按照管道与基础面接触面的情况分类

1. 平基敷管

管子直接敷放在土基上 (图 1-11)。因此，在横断面上，管子与地基理论上仅相切于一点。这样，对管体的静力工作条件，将造成不利影响。此类敷管方式，一般使用于柔性接口混凝土涵管的管道中。

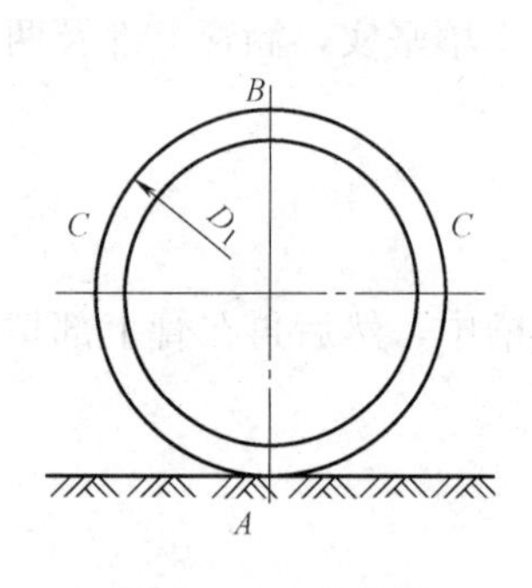

图 1-11　平基敷管

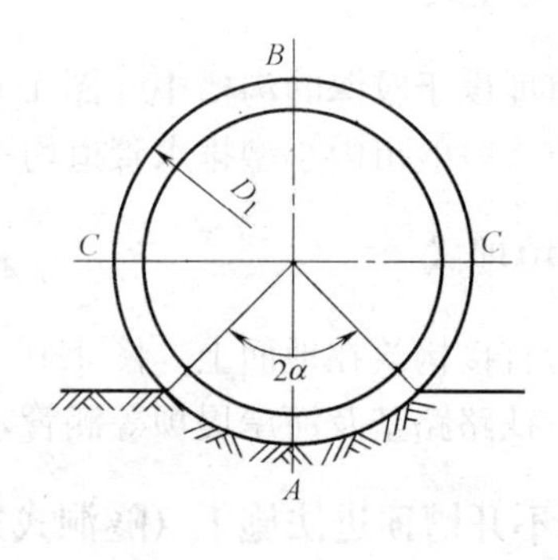

图 1-12　弧形土基

2. 弧形土基

管道敷设在天然土壤或填土地基上，地基表面按照管体的外形做成弧形底槽（图 1-12）。对于圆形混凝土管来说，其中心支承角（2α）越大，对于管子所处的工作条件越有利。

1.10.2　刚性管基

管道系敷设在沿纵向的混凝土、浆砌块石的管基上，管基的顶部与管体底部形状吻合（图 1-13）。与弧形土基相似，其中心支承角（2α）越大，对管体的工作条件越有利。最常用的中心支承角为 90°、120°、135°、180°，在特殊要求时，也可以 360°全包混凝土。混凝土内按要求可配筋或不配筋。

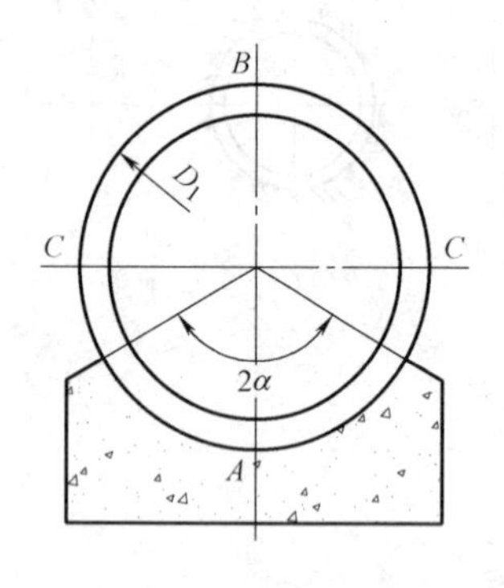

图 1-13　刚性管基

由于管道埋设于地下，与地上结构不同，在某些荷载项目中（如土压力、地面荷载等），以何种方式（分布性质和数值大小）作用于管道上，其所受的影响很多。在埋土较深的情况下，土压力是无压管计算中最为重要的一项作用。

对于输水管多用沟埋式方式敷管，埋设在公路、铁路、河渠堤岸下的管道，一般常用填埋式（上埋式）敷管方式敷管。此外，即使是采用沟埋式方式敷设管道，对于开挖沟槽宽度较大或是考虑到槽壁土壤发生塌方的不利情况，其所受竖向土压力的性质，实质上也将变成为填埋式管道的类型。因而在我国《给水排水工程构筑物结构设计规范》GB 50069—2002 的计算公式，定为填埋式类型的管道。

对于埋土较浅的情形，地面静荷载及活荷载对管道应力值影响较大。地面荷载在土壤中应力传布的问题，最简单处理方法是认为按照一定的压力分布角沿土壤深度作均匀分布。较为严格的处理方法，是根据假设土壤为半无限弹性体，通过数学分析方法以求得土壤中各点的理论应力值，再采用各种不同的修正系数，以考虑管子刚度的影响、土壤变形模量随深度急剧增加的影响、地基天然土壤与回填土的变形模量相差较多的影响以及土壤非等向性的影响。但是，将土壤视为半无限弹性体的方法，对于埋土过浅时，将获致过大的应力数值。显然，此时土壤已进入塑性状态，理论应力值已不再具有实际计算意义。在这种情况下，国内多数设计单位，都按照压力分布角的计算方法解决。

在埋土较浅而地面交通运输量较大情况下，还需要考虑管道纵向强度和沿管线基础可能发生不均匀沉陷等问题。

当刚性管道外荷载及土壤反力确定后，管体各断面的静力计算，则可以按照匀质弹性体，利用结构力学的法则求解。

1.11 混凝土涵管应用汇总表

混凝土涵管常用制作工艺和应用表 **表 1-1**

混凝土管种类	分类名称	成型方法	管芯制作方法	混凝土管规格(mm)		工作压力(MPa)	主要用途
				管径	长度		
混凝土排水管	素混凝土管	挤压法	—	100～600	1200	—	城市排水、工业排水、农业灌溉、公路铁路涵管
		离心法	—	100～450	1000～2000	—	
	钢筋混凝土管	径向挤压法	—	600～2400	1000～3500	—	
		离心法	—	300～2600	2000～4000	—	
		离心振动法		600～1800	2000～3000	—	
		悬辊法	—	300～2400	2000～4000	—	
		振动法	—	1400～4000	2000～3000	—	
		芯模振动法	—	500～3500	2000～3000	—	
混凝土输水管	预应力混凝土管	自应力管	离心法	100～600	3000～4000	0.2～0.6	城市、工业、农业、水利、输水、引水
		一阶段管	振动挤压法	300～2000	5000	0.2～1.0	
		三阶段管	离心法	300～1600	5000	0.2～1.0	
			悬辊法	300～1600	5000	0.2～1.0	
			振动法	1400～3000	5000	0.2～1.0	
			振动真空法	1400～3000	5000	0.2～1.0	
	预应力钢筒混凝土管	内衬式管	离心法	300～1400	5000～6000	0.2～1.2	
		埋置式管	振动法	1400～4000	5000	0.2～1.6	
异形混凝土涵管	箱涵	立式振动法、芯模振动法	—	跨径 1000～9000 高度 1000～6000	1000～3000	0.1～0.2	城市排水排洪、市政综合管廊、地下蓄水池、地下通道
	三圆拱涵		—			0.1～0.2	
	四圆拱涵		—			0.1～0.2	
	弧涵		—			0.1～0.2	

注：上述各类混凝土涵管均可按抗蚀等级要求，用不同工艺、不同抗蚀方法制成相应抗蚀混凝土涵管。

第二章　混凝土涵管管型

混凝土涵管管型极为重要，合理的设计将为产品提供良好的使用功能、具有应有的结构强度、尽可能少的材料用量、利于生产、降低成本，也能为施工、保证工程质量提供有利条件。异形混凝土涵管的管型设计，与圆管相比，对结构承载性能影响更大。以矩形箱涵为例，相同断面面积的箱涵，取不同宽度、高度，在各截面上荷载产生的内力会有显著的区别。

管型设计主要包括：断面形状、尺寸、接口形式、管壁厚度、接口密封设计等。

2.1　圆形混凝土管管型

2.1.1　混凝土管型式

圆形混凝土管通称为混凝土管，按其接口形式分类，分为刚性接口和柔性接口。刚性接口是指在工作状态下，相邻管端不具备角变位（转角）和纵向线位移功能，而不出现渗漏的接口。如采用石棉水泥、膨胀水泥砂浆等填料的插入式接口；水泥砂浆抹带；现浇混凝土套环接口等。柔性接口在工作状态下，相邻管节允许有一定量的相对角变位和纵向线位移、而不出现渗漏的接口。如采用弹性密封圈和弹性填料的插入式接口等。

管道在运行过程中角变位和纵向位移两种变形不可避免，刚性接口不能满足接口变形而不渗漏管内输送介质的要求，在输送对环境有腐蚀性介质时，对环境有极大破坏性。因此排水管道中要优先应用柔性接口混凝土管。

刚性接口形式有平口式管、企口式管和承插口式管。雨水管道中平口管，接口抗渗多数采用水泥砂浆抹带方式；污水管道中平口管，接口抗渗采用钢丝网水泥砂浆抹带方式或采用套环接口。套环可使用预制构件、也可以现场浇筑，在套管与管外壁间填入刚性密封材料者为刚性接口，填入弹性密封材料者为柔性接口。

刚性接口企口管是为顶管工程开发的，相对于平口管在顶管过程中可减少管口错位，提高工程质量；顶进完毕后，管子端口安装间隙内可填入密封材料，解决顶进法施工中混凝土管管子接口密封抗渗问题。但与平口管相比其顶进面有效高度减小，管子的最大允许顶力和顶进距离都有较大的减小。

柔性接口形式都为插入式方式安装的接口，有承插口管、柔性企口管、钢承口管、双插口管、玻璃钢承口管、玻璃钢双插口管。这几种形式管子的接口都以弹性密封圈为抗渗材料，也可用弹性填料填入接口间隙中进行密封。

钢承口管、双插口管以钢制套圈为承口，钢承口管钢圈与管子连接为一体，双插口管钢圈为一独立部件。这两类接口型式的管，承口钢圈在管身断面上占有高度少，使管口混凝土立面高度增大，在顶管工程中应用时受压面积和纵向允许顶力极大地提高；双插口管接口有两个接头，管道允许转角、位移增加一倍，在曲线顶管工程中可增大曲线弧度。

钢承口管、双插口管最大缺点是钢制承口圈在顶进过程中，钢圈的防蚀涂层大部分被磨光，钢圈受腐蚀，使用年限缩短。使用不锈钢制作钢圈，管道成本增加很大。

玻璃钢承口管、玻璃钢双插口管以玻璃钢制作承口圈，耐腐蚀，使用寿命长；纵向允许顶力大；制作简单、成本低，不但可在顶管工程中应用，在开槽施工管道中应用也有极大长处。

近年来，随着顶管技术的进步和工程发展的需要，不加中继间接力的超长距离顶管不断涌现，管子端面顶力增大，原有提高混凝土强度等级及管端加固方法已不能适应要求，新型端部加固接口的混凝土管给这类顶管工程提供了可能。

2.1.1.1　平口式管的管口连接方式（图 2-1～图 2-4）

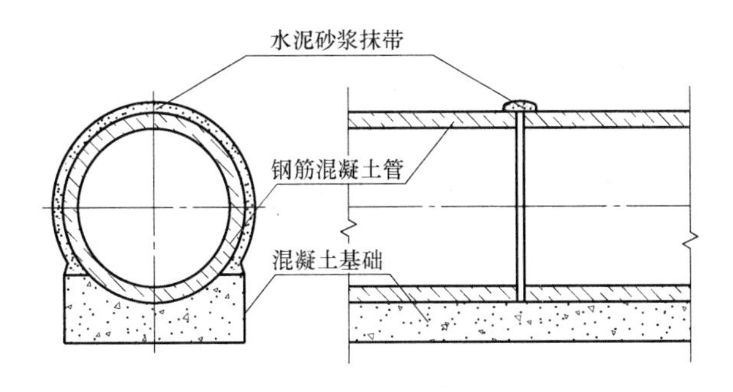

图 2-1　平口式管管口水泥砂浆抹带连接方式

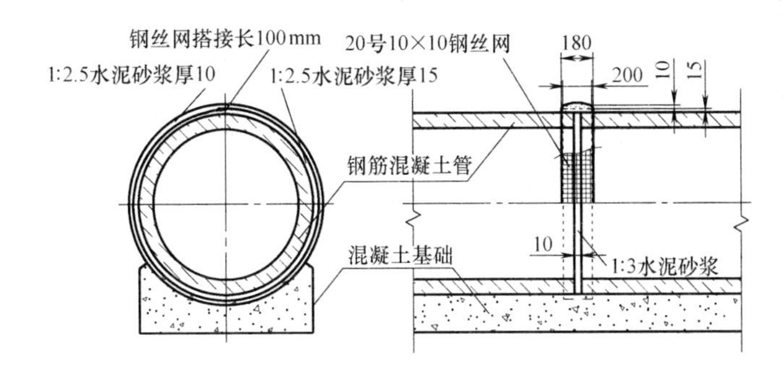

图 2-2　平口式管管口钢丝网水泥砂浆抹带连接方式

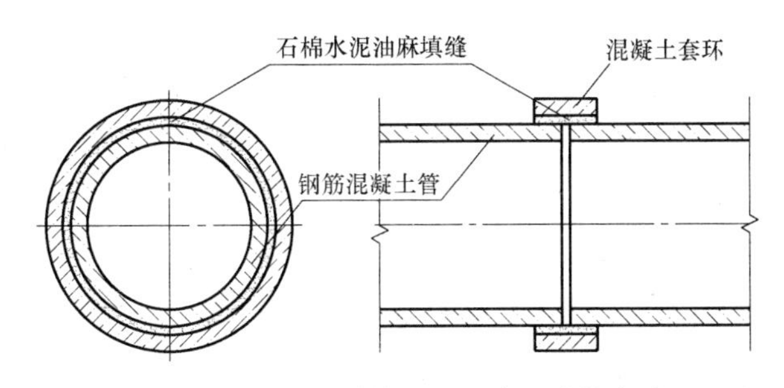

图 2-3　平口式管管口预制套环连接方式

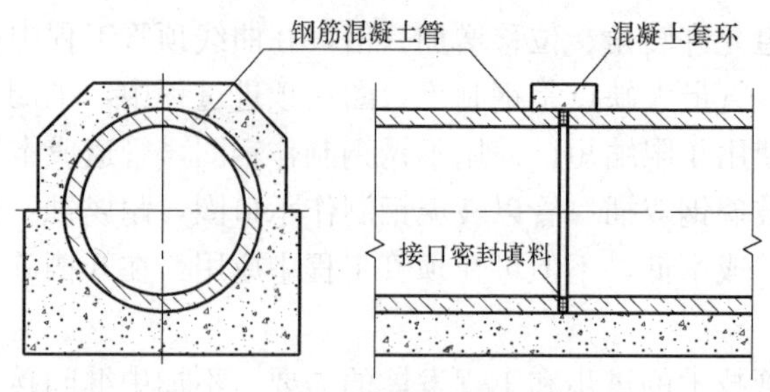

图 2-4 平口式管现浇套环连接方式

2.1.1.2 刚性企口式管的管口连接方式（图 2-5）

2.1.1.3 承插口式管的管口连接方式（图 2-6）

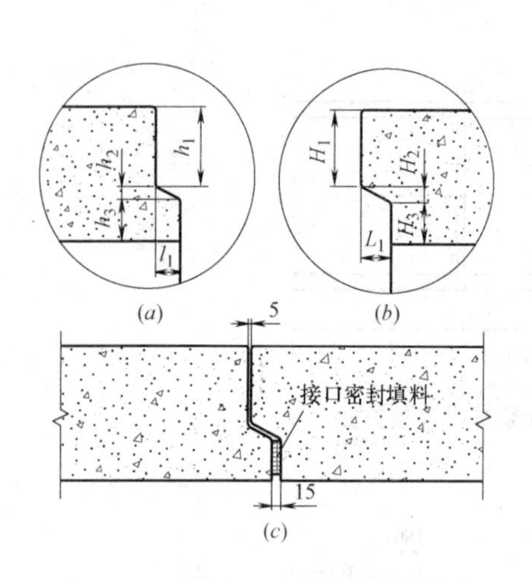

图 2-5 刚性企口式混凝土管管型

(a) 插口；(b) 承口；(c) 接口连接及密封

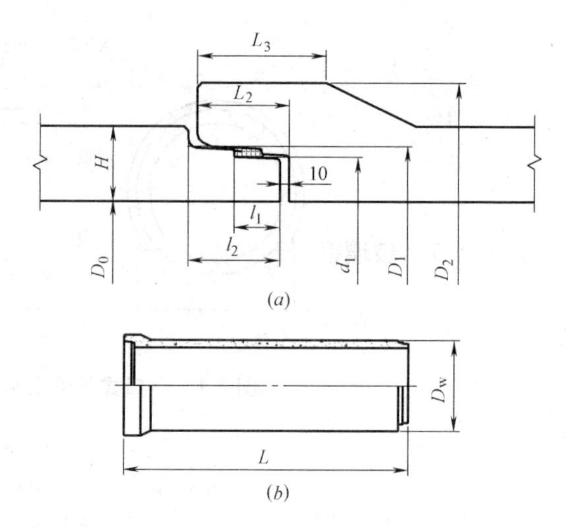

图 2-6 承插口式混凝土管管型

(a) 管子连接；(b) 管子外形

2.1.1.4 柔性企口式管的管口连接方式（图 2-7）

2.1.1.5 钢承口式管的管口连接方式（图 2-8）

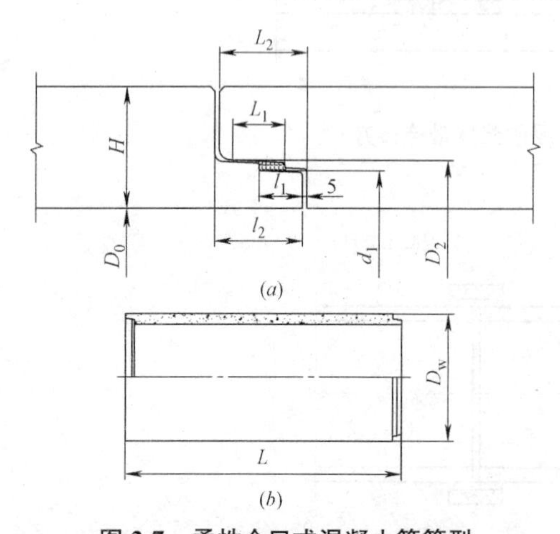

图 2-7 柔性企口式混凝土管管型

(a) 管子连接；(b) 管子外形

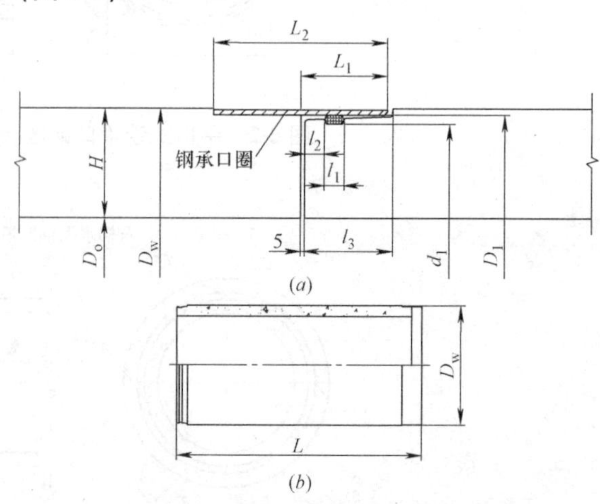

图 2-8 钢承口混凝土管管型

(a) 管子连接；(b) 管子外形

2.1.1.6　双插口式管的管口连接方式（图 2-9）

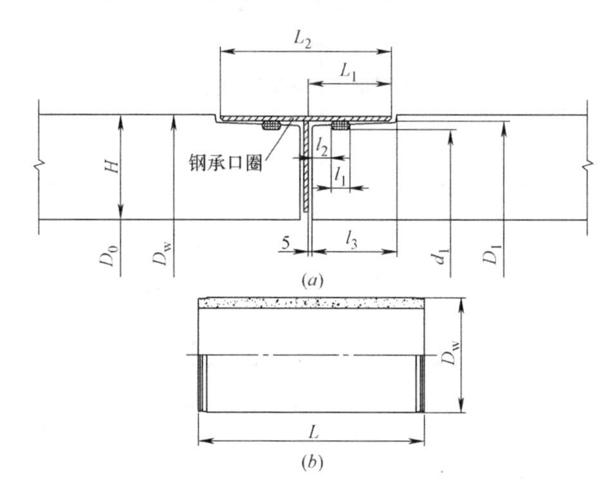

图 2-9　双插口混凝土管管型

（a）管子连接；（b）管子外形

2.1.1.7　玻璃钢承口式管的管口连接方式（图 2-10）

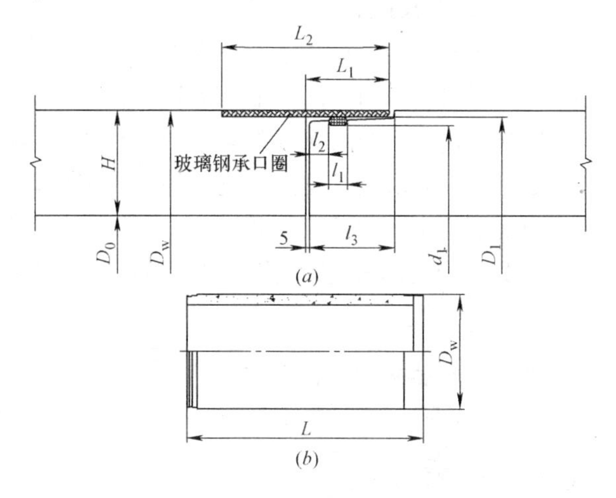

图 2-10　玻璃钢承口混凝土管管型

（a）管子连接；（b）管子外形

2.1.1.8　玻璃钢双插口式管的管口连接方式（图 2-11）

2.1.1.9　超长距离顶管用混凝土管管口连接方式

顶管中管子受顶过程中，管端受顶进挤压力 q，在泊桑效应作用下，垂直于 q 的方向产生横向变形，当顶进挤压力 q 达到临界点后，管子端部如同混凝土加压试块，超过抗压强度值被压疏松而破坏。

混凝土管为提高承受顶进挤压力能力，传统方法是：①提高混凝土的强度等级；②增加管端配筋。但这两种方法延长顶进距离有限，一般最长顶进距离在 150m 以内。而最新的顶管工程一次性顶进距离（无中继间接力）需达 200～600m，为达到此类工程要求，出现了图 2-12 超长距离顶管用混凝土管管型。

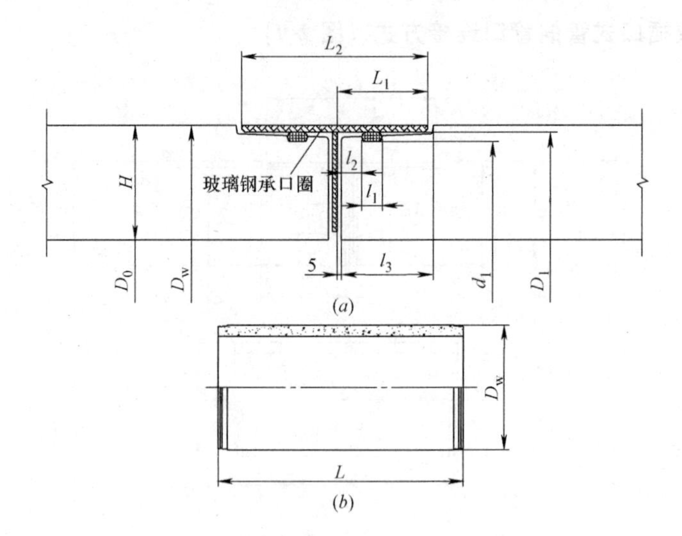

图 2-11　玻璃钢双插口混凝土管管型

（a）管子连接；（b）管子外形

超长距离顶管用混凝土管管型，在承口端管内侧增加钢圈（图 2-12 中序号 2）；插口端增加按工作面要求压制成型的带胶圈槽钢圈（图 2-12 中序号 3），其内侧也增加钢圈（图 2-12 中序号 4）。内外两层钢圈之间以筋板连接（图 2-12 中序号 7）。

承口端由钢承口钢圈及内侧钢圈作用，插口端由插口工作面钢圈及内侧钢圈作用，分别抵消顶进挤压力 q 作用的横向分力，如同在三维受限制的环境中混凝土受压，极大提高了其承压力。只要钢圈长度足够，可以充分发挥混凝土的抗压强度，按测算顶进距离能达到 1000m 以上。实际工程已完成 500m 的顶管工程。

在特种条件要求下，也可以预应力钢筒混凝土管的插口钢板型钢作混凝土管插口钢圈。

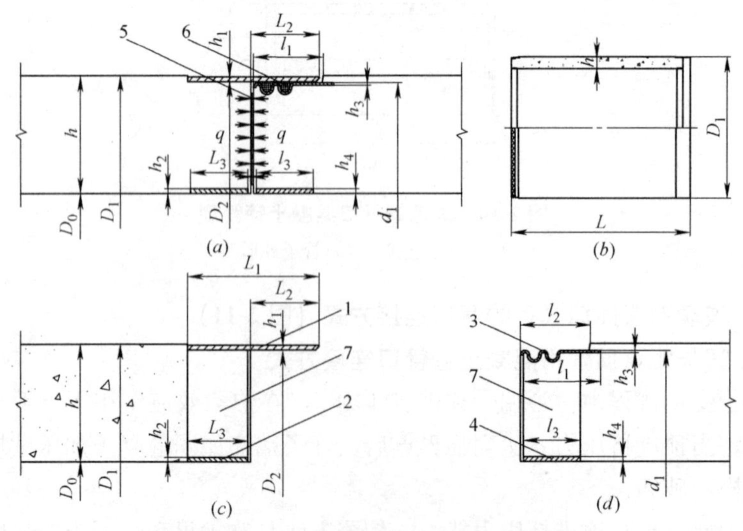

图 2-12　超长距离顶管用混凝土管管型

（a）管子顶进受力图；（b）管子外形；（c）承口；（d）插口

1—承口圈；2—承口内侧钢圈；3—插口工作面钢圈；4—插口工作面内圈；

5—顶进面层上木填板；6—插口密封胶圈；7—钢圈连接筋板

2.1.1.10 弧线顶管用混凝土管管口连接方式

混凝土管也必须具备弧线顶管功能，才能进一步提高产品的竞争力。普通接口在弧线直径较大的情况下可以利用接口柔性功能，用作弧线顶管的管材，但在小直径弧线顶管时，可能会发生两种情况：①承口与插口发生挤压，混凝土被挤碎；②接口抗渗不能满足要求。

为使混凝土管能应用于小直径弧线顶管中，应使用钢插口接口（图2-13）。

插口钢圈带胶圈槽，钢材强度高，胶圈槽离插口端面距离可减小，因而顶管中的弧线角可加大，满足小直径弧线顶管的要求。

图 2-13 钢插口接口

2.1.2 混凝土管管型设计

圆形混凝土管（简称为混凝土管）管型设计主要是：①各种形式混凝土管的管壁厚度（简称为壁厚）；②承口、插口厚度；③接口密封设计。

2.1.2.1 混凝土管管壁厚度

在我国早期混凝土管的管壁厚度，大多工厂以管内径的1/13～1/12范围确定。随着城市市政建设的发展，管道向着口径增大、埋设深度加深，施工方法除开槽施工外较多的工程转为采用顶进法施工趋向发展。从而从实践中感知，管子的承压能力偏弱，如果单从增加钢筋数量作调整，有时难以达到要求，而且经济上也不尽合理，因而产生增加管壁厚度的要求。

混凝土管的管壁厚度主要受下列因素影响：

(1) 管型。采用柔性承插式接口的混凝土管（柔性企口、柔性承插口），因需满足接口处达到承受外荷载、避免易碰撞损坏等要求，对小口径管（如管径<ϕ1400mm柔性企口管）需适当增加管壁厚度。

(2) 管径。管壁截面的有效高度，影响管子承受外压荷载能力，小口径管管壁厚度小，适当加大管壁厚度更可显著提高管子的承载能力。管径<ϕ600mm时，管壁厚度取管径的1/10～1/9，素混凝土管即可满足在常用埋设深度中使用的要求。

(3) 生产工艺。立式生产（如径向挤压工艺、芯模振动工艺等）、使用干硬性混凝土，成型后立即脱模的制管工艺，需考虑脱模后混凝土管的自立性。加大管壁厚度是增大脱模后混凝土管自立性的一种方式。

(4) 生产成型。大口径混凝土管配筋量较大，如管壁厚度薄，环向钢筋螺距过密，环向钢筋间净距达不到混凝土管成型要求；或取用的钢筋直径过大，受到制作钢筋骨架滚焊机的限制而难以滚焊成型。

(5) 管重。受生产、吊运、施工等因素影响，需要控制管壁厚度，主要是大口径混凝土管，在某些情况下需限制管子的最大重量。

(6) 管道安全度。管子成型中，钢筋保护层厚度都有可能发生偏差，特别是在使用干硬性混凝土、即时脱模的悬辊工艺、径向挤压工艺等生产工艺中。管壁厚度加厚和增加保护层厚度，可以减小由于保护层厚度误差对外压承载能力影响的敏感度。

（7）成本。管壁厚度与管子配筋量相关，按理论计算和实际生产中对比，管壁厚度增厚，混凝土用量增多、钢筋用量减少，生产成本略可减少。

（8）工程费用。按照现代混凝土管道工程特点，开槽用管埋设深度增大，要求增大管道承载力。增大管道承载力措施，可从增强管道基础或增加管壁厚度二者中选取。增加管子管壁厚度的方法更为可行，工程费用省、施工工期缩短。

按照理论计算 1/10 管径壁厚管子的允许顶进距离均比《钢筋混凝土排水管》GB/T 11836—2009 标准中最小壁厚管子大 10%左右，可满足一次顶进（不设中继间）距离超过 80m 的要求。顶进法施工的工作坑造价高、施工时间长。顶进距离的增长，缩减一个工作坑，可较大降低工程费用，缩短施工工期，可提高混凝土管产品的竞争能力。当前施工管道埋设深度较多在 9m 以上，1/10 管径壁厚的混凝土管也能满足深埋土的要求。

根据上述情况，在制定《混凝土与钢筋混凝土排水管》GB 11836—1989 国家标准时，把原建材标准《混凝土与钢筋混凝土排水管》JC 130—67 的管壁厚度定为最小管壁厚度，推荐壁厚为：管径小于 ϕ600mm 的管子，管壁厚度采用 1/9 的内径值；ϕ600～ϕ2200mm 的管子，管壁厚度采用 1/10 的内径值；管径大于 ϕ2200mm 的管子，管壁厚度按 1/11～1/10 的内径值确定管壁厚度。

从使用、制造及经济等诸多方面的比对，证明以上述与管径比例确定的管壁厚度是适当的，有利于增大管子的环向承载能力、纵向允许顶力，可取得节约钢材、安全可靠等效益。

管壁厚度加厚的优点：当前管子自重加大对吊装运输不存在难度；可调整配筋量，特别是大口径、深埋土，配筋量大，增加管壁厚度，可增大螺距缩小钢筋直径，有利于生产；对保护层偏差的敏感性减弱；提高抗渗性；对干硬性混凝土工艺生产有利；改善外观；可适当加大保护层厚度，提高管子使用年限；顶进法施工中增大顶进距离，不易顶坏管子。

【例题 2.1】 ϕ800mm 柔性企口混凝土管管壁厚度设计

解：（1）按 $1/10D_0$ 确定管壁厚度 d［图 2-14（a）］

$$d=\frac{1}{10}D_0=\frac{1}{10}\times 800=80\text{mm}$$

（2）承口、插口厚度确定

由接口密封设计可得，ϕ800mm 混凝土管工作面接口间隙为 10mm。

在生产、运输安装过程中承口接受的荷载大于插口，接口壁厚设计取承口厚度大于插口，定为：

$$d_1=40\text{mm}$$

$$d_2=30\text{mm}$$

由实践过程中可知，ϕ800mm 混凝土管上述接口处壁厚过薄，易于损坏。

（3）定型接口壁厚［图 2-14（b）］

由接口形式要求决定，壁厚定型为：

$$\begin{cases} d=115\text{mm} \\ d_1=57.5\text{mm} \\ d_2=47.5\text{mm} \end{cases}$$

式中 d——管壁厚度；

d_1——承口厚度；

d_2——插口厚度。

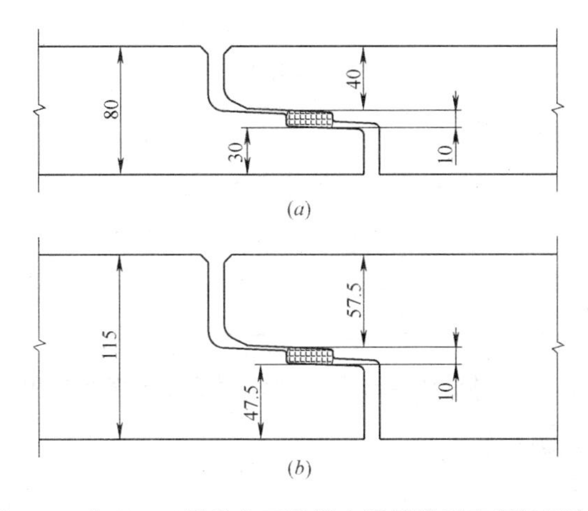

图 2-14 ϕ800mm 柔性企口混凝土管管壁厚度设计示意图

(a) 1/10D_0 壁厚柔性企口接口尺寸图；(b) 增厚后柔性企口接口尺寸图

【例题 2.2】 顶进法施工用 ϕ800mm 柔性企口混凝土管管壁厚度验算

解： 顶进距离按两个井位 100m，验算柔性企口管的管壁厚度。

混凝土强度等级取 C40。

顶管工程所处层位的土质为硬塑性黏土。

设：管壁厚度 $h=115$mm；

管子外径 $D_1=800+2\times115=1030$mm；

管子与土层摩擦系数 $\upsilon=0.2$；

管子顶进安全系数 $K=6$。

(1) 顶管过程管道受的阻力：包括管道切土正阻力和管壁摩擦阻力

管道切土正阻力：

$$\begin{aligned} F_1 &= \pi D_1^2 K_1/4/10^6 \\ &= \pi\times1030^2\times500/4/10^6 \\ &= 416.6145\text{kN} \end{aligned}$$

式中 F_1——顶管正阻力，kN；

D_1——管子外直径，mm；

K_1——顶管正阻力系数，工程管道所处层位，土质较好，为硬塑性黏土层，取 $K_1=500\text{kN/m}^2$；

管壁摩擦阻力（管壁摩擦阻力和管壁与土之间摩擦系数、土压力大小有关）：

$$\begin{aligned} F_2 &= \pi D_1 L K_2 \\ &= \pi\times1030/1000\times100\times0.2 \end{aligned}$$

$$=64.7168\text{kN}$$

式中　F_2——顶管管壁摩擦阻力，kN；

L——设计顶进距离，m；

K_2——顶管管壁摩擦阻力系数。

（2）顶管过程管道受的阻力

$$\begin{aligned}F&=F_1+F_2\\&=416.6145+64.7168\\&=481.3313\text{kN}\end{aligned}$$

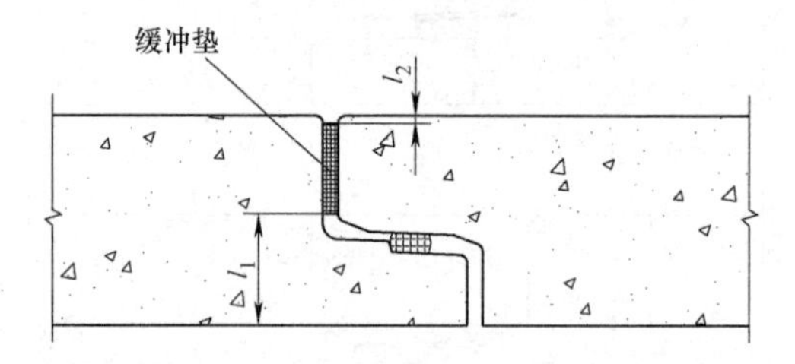

图 2-15　顶进法施工用柔性企口管管壁厚度验算用图

（3）管子纵向允许顶力计算

$$\begin{aligned}F_y&=\frac{\pi\sigma}{1000K}(h-l_1-l_2)(D_0+h)\\&=\frac{\pi\times40}{1000\times6}\times(115-10-77.5)\times(800+115)\\&=527.0022\text{kN}\end{aligned}$$

$F_y>F$，管壁厚度验算合格。

式中　F_y——混凝土管纵向允许顶力，kN；

σ——混凝土强度等级，N/mm^2；

K——安全系数（4～6）；

D_0——混凝土管内径，mm；

h——混凝土管壁厚，mm；

l_1——混凝土管受压缓冲垫到内壁的预留距离，mm；

l_2——混凝土管受压缓冲垫到管外壁的预留距离，mm。

2.1.2.2　承插口式混凝土管承口、插口设计

中、小口径柔性接口混凝土管，由于管壁厚度薄，如设计为平直形企口式柔性接口，不增大管壁厚度，承口、插口的壁厚较薄［图 2-16（a）］所示，承载能力低，在生产、安装及运行过程中易损坏。这样，须加大插口的壁厚，因而承口的直径也应随着扩大，成为喇叭

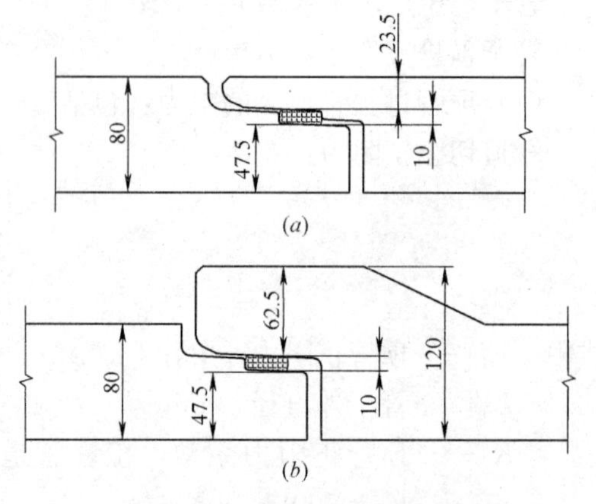

图 2-16　ϕ800mm 喇叭形承插口式混凝土管接口壁厚设计示意图

（a）$1/10D_0$ 壁厚企口形承口厚度；
（b）$1/10D_0$ 壁厚喇叭形承口厚度

形的承插口式混凝土管管型。如图 2-16（b）所示，按强度要求插口厚度定为 47.5mm，如不扩大承口，承口厚度只有 23.5mm，显然，承口强度不够。

1. 承插口式混凝土管承口、插口厚度

承插口式管型，壁厚主要由抗破损强度决定，当前国内企业管口型式有以下四种（图 2-17）：

① 型：承口、插口壁厚（h_1、h_2）小于管身壁厚（H）。

② 型：承口、插口壁厚大致与管身壁厚相同、挡胶圈小台高于管身的管口型式。一般用于小口径（ϕ200～ϕ1000mm）承插口式混凝土管。

③ 型：承口壁厚大致与管身壁厚相同、插口壁厚小于管身壁厚。一般用于大口径（ϕ1400～ϕ1800mm）承插口式混凝土管。

④ 型：承口壁厚大致与管身壁厚相同、插口壁厚略小于管身壁厚，挡胶圈小台由管身壁厚构成。一般用于大口径（ϕ1000～ϕ1800mm）承插口式混凝土管。

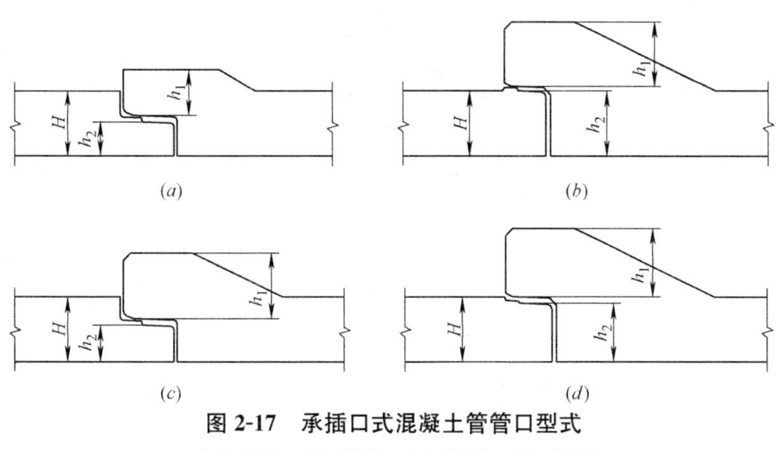

图 2-17 承插口式混凝土管管口型式

（a）①型；（b）②型；（c）③型；（d）④型

我国承插口式混凝土管原有设计图册，大多采用图 2-17（b）②型和图 2-17（d）④型管口型式，承口和插口的壁厚基本与管身壁厚接近。此种管型设计者认为承插口式混凝土管承口和插口是管子的薄弱点，管子承口直径大于管身，外荷载在承口部位产生的内力大于管身，因此管子承口部位壁厚应有足够厚度。

大量实践证明，此种管型设计理论与实际不符，管子在管道中是承口和插口共同承担此处外荷载引起的内力、加上承口喇叭口段壁厚大于管身，所产生的补强作用可提高管子承载能力，使承口和插口部位的内力小于管身段。本书例题 2.3，采用 ANSYS 软件有限元法对 ϕ1200mm 混凝土管所作结构分析，承插口式混凝土管的承载力与相同壁厚的平口管比较，其承载力可提高 3.44%。承口区的应力值极其小于管身中的应力。当前应用增多的柔性企口式混凝土管，其承口和插口的壁厚均远小于管身壁厚也证明了这一点。因此承插口式混凝土管的承口、插口壁厚均可大为小于管身壁厚。

承插口式混凝土管承口、插口壁厚除了应满足在管道中具有足够承载能力外，尚应考虑到生产、运输和安装过程中不易被碰坏，因此小口径（≤ϕ800mm）管承口、插口壁厚与管身壁厚相比，减薄量要小一些，大口径（≥ϕ900mm）管承口、插口壁厚减薄量可大一些，承口及插口的减薄系数与管径相关，其推荐值如表 2-1 所示。

承插口式混凝土管承口、插口壁厚减薄系数推荐值　　表 2-1

管径（mm）	承口壁厚减薄系数	插口壁厚减薄系数	管径（mm）	承口壁厚减薄系数	插口壁厚减薄系数
300～400	0.80	0.65	1300～1500	0.71	0.53
500～800	0.75	0.60	1600～1800	0.69	0.51
900～1200	0.72	0.55			

【例题 2.3】 应用 ANSYS 软件分析承插口式混凝土管、平口式混凝土管各部位应力值

（1）计算条件：管径　ϕ1200mm；管身厚度　120mm；

管型：承插口型（图 2-18）、平口型；

混凝土弹性模量：3×10^7kN/m^2；混凝土泊桑系数：0.17；

管顶上加压荷载：为国家标准 GB/T 11836Ⅲ级管外压裂缝荷载值，P=120kN/m。

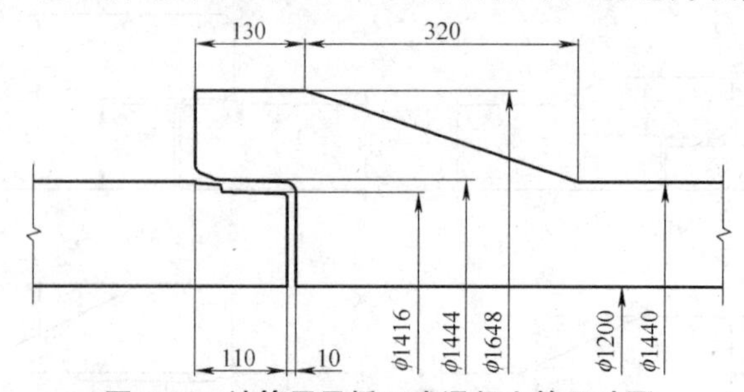

图 2-18　计算用承插口式混凝土管尺寸图

（2）计算要求：壁厚对承插口部位应力值的影响。

（3）管子受力形式：三点法外压荷载试验（图 2-19、图 2-20）。管顶加载，管底按管径 1/12 间距支承；管子全长（喇叭形段与直线段）施加线形均布荷载。

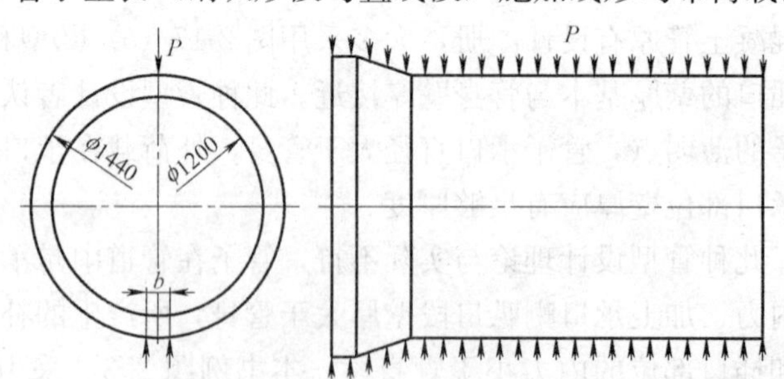

图 2-19　承插口式混凝土管三点法外压荷载试验示意图

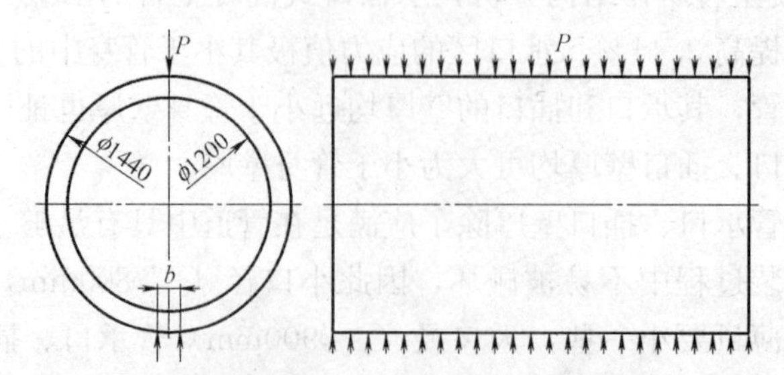

图 2-20　平口式混凝土管三点法外压荷载试验示意图

（4）计算结果：

ANSYS 应力图见图 2-21。

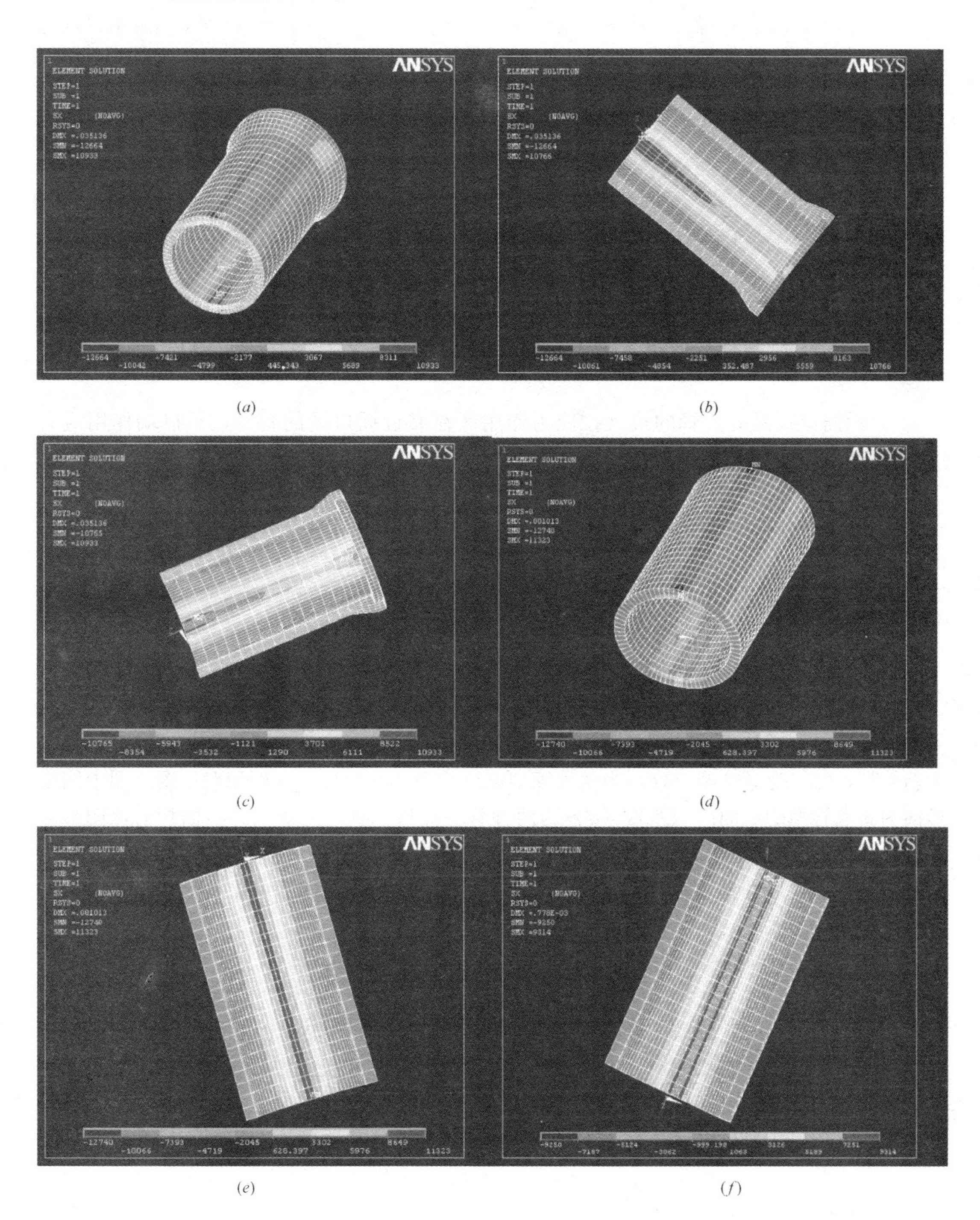

图 2-21 ANSYS 分析混凝土管三点法外压荷载试验管中各点应力图

（*a*）承插口管管身应力图；（*b*）承插口管管顶内缘应力图；（*c*）承插口管管底内缘应力图；
（*d*）平口管管身应力图；（*e*）平口管管顶内缘应力图；（*f*）平口管管底内缘应力图

1）承插口管以 ANSYS 软件分析，三点法外压荷载试验管中各点应力图［图 2-21（*a*）、2-21（*b*）、2-21（c）］显示，管顶内缘插口区为最大拉应力作用区，最大拉应力 $\sigma_{max}=10933kN/m^2$、外缘为受压区，最大压应力 $\sigma_{max}=-12664kN/m^2$；管顶内缘承口区为受拉作用区，拉应力 $\sigma=450kN/m^2$、管顶外缘承口区为受压区，压应力 $\sigma=-4850kN/m^2$。

2）平口式混凝土管以 ANSYS 软件分析，三点法外压荷载试验管中各点应力图［图 2-21（*d*）、2-21（*e*）、2-21（*f*）］显示，管顶内缘纵向全长为最大拉应力作用区，最大拉应力 $\sigma_{max}=11323kN/m^2$、管顶全长外缘为最大受压区，最大压应力 $\sigma_{max}=-12740kN/m^2$；管底内缘全长为受拉作用区，拉应力 $\sigma=9314kN/m^2$、管底外缘全长为受压区，压应力 $\sigma=-9250kN/m^2$。

（5）结果分析：

以 ANSYS 软件分析混凝土管在三点法外压加载应力计算中，可得以下几点计算结果：

1）承插口式混凝土管的最大拉应力作用区在靠近插口端的管身，承口端作用应力（拉应力和压应力）均极小；

2）平口式混凝土管最大拉应力均匀作用在管身全长，管身全长应力均等；

3）在相同外压荷载作用下，承插口式混凝土管上的作用应力小于平口式混凝土管上的作用应力；

4）三点法外压试验中，管顶应力大于管底应力；

5）管体两侧应力小于管顶应力。

2. 承插口式混凝土管承口、插口厚度减薄的优点

承口外直径的减小优点是很显著的，可以减少材料用量、减轻管子重量，减少施工开槽的土方量、管道总成本可降低。以直径 ϕ1200mm 两种管型的尺寸对比见图 2-22，（*a*）为新管型，（*b*）为老管型，（*c*）为两种管型承口重叠、外形尺寸及面积对比图（图中网格形面为新老管型的截面面积差），（*d*）为两种管型插口重叠、外形尺寸及面积对比图。对比结果如下：

（1）管子承口外直径老管型比新管型大 87mm、面积增大 0.37m^2、体积增大 0.29m^3，管子插口面积增大 0.045m^2、体积增大 0.03m^3。

（2）每根管的混凝土用量增加 0.32m^3、管重增大 0.87t、管子成本增加 70 元/根左右。

（3）管道施工时管槽宽度老管型要加宽约 200mm，假设工程长度为 1km、管顶覆土为 3m 时，开挖土方量需增加 600m^3、施工土方成本增加 80 元/根（3m 管长）。

3. 柔性接口混凝土管承口、插口长度

柔性承插口式混凝土管及柔性企口式混凝土管的承口、插口长度与涵管尺寸、接口胶圈密封形式及生产工艺相关。采用悬辊工艺或离心工艺生产、应用楔形胶圈密封时，为有利于承口混凝土成型质量，应缩短承口、插口长度，一般取 110mm，应用 O 形胶圈密封时（无胶圈槽），因管节发生位移或转角时胶圈易移动，应适当加长承口、插口长度，可取 120mm。采用立式振动工艺或芯模振动工艺生产、应用楔形胶圈密封时，中小型涵管承口、插口长度可取 120mm，大型涵管承口、插口长度取 135mm。

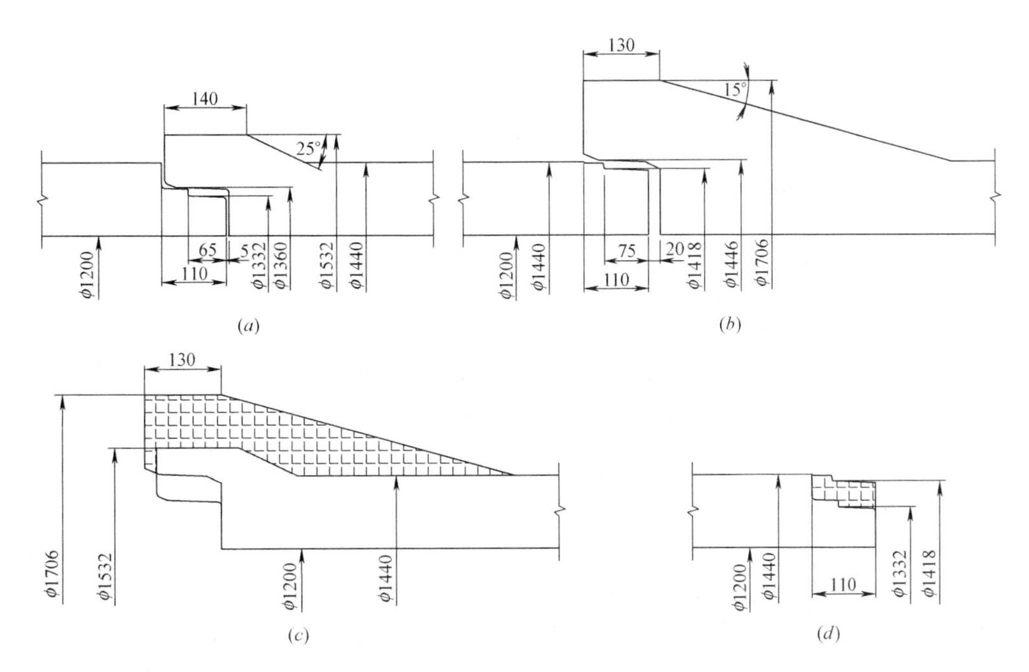

图 2-22　φ1200mm 新老承插口式混凝土管管型纵断面面积对比图

(a) 新管型图；(b) 老管型图；(c) 新老管型承口对比图；(d) 新老管型插口对比图

4. 承插口式混凝土管承口喇叭口坡度的角度

承插口式混凝土管承口喇叭口段坡度的角度（简称为坡角）范围较大，大致在 10°～45°范围内，由管子的管径、有无配筋、生产工艺、研制开发时的生产技术条件或国外引进工艺装备时所提供的管型所确定。之前国内外企业应用得较多的是 15°。

承插口式混凝土管在我国起步应用时，先从小口径混凝土管开始，较多采用自应力混凝土管的管模以离心工艺制造。承插口式钢筋骨架的制作，部分企业应用人工绑扎骨架，部分企业应用滚焊机制作骨架，但骨架变径部分还不能滚焊，需人工绑扎或手工焊接，承口喇叭口段坡角由钢筋与钢筋骨架制作设备支架的摩擦角所决定，承口喇叭口段坡角不能过大，否则成型承口钢筋时，钢筋易下滑，因此只能定为 15°。

随着国内混凝土管生产技术发展，各种新型钢筋骨架滚焊机开发成功，骨架变径部位连续焊接技术已经非常完善，钢筋骨架整体滚焊成型，为加大承口喇叭口段坡角创造了良好的条件，在开发应用新的承插口式混凝土管时不应再局限于原用管型的承口喇叭口段坡角，应适当加大承口喇叭口段坡角。

承口喇叭口段坡角与生产工艺相关，按照当前生产技术条件，坡角设计宜定为：

（1）离心工艺、悬辊工艺制管，承口喇叭口段坡角为 30°；

（2）立式振动工艺、芯模振动工艺制管，承口喇叭口段坡角为 25°；

（3）径向挤压工艺制管，承口喇叭口段坡角为 30°～45°。

承口喇叭口段坡角小缺点较多：①管子重量、材料用量增大。从图 2-23 可知，以直径 φ1800、有效长 2500mm 的管为例，如承口喇叭口段坡角为 15°，喇叭口长度要增长 286mm，整个喇叭口段占管全长的 32.4%，管长的 1/3 是喇叭口。使管体重量增大，水泥等材料用量增加。改为 25°或 30°可较大地缩小喇叭口长度；②管子的质量不易保证。当前

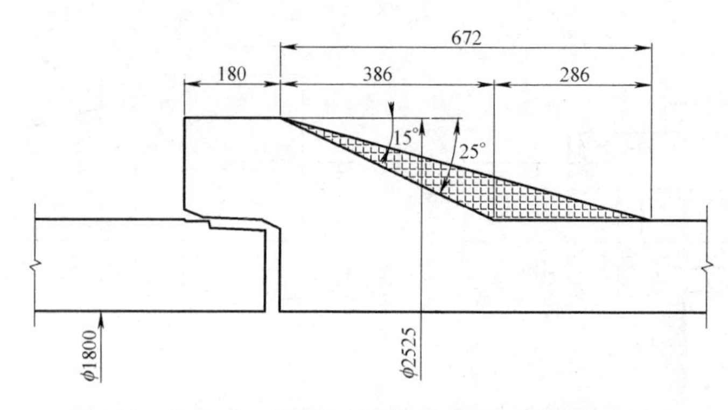

图 2-23　φ1800mm 承插口式混凝土管承口坡度长度对比

钢筋混凝土排水管较多采用离心或悬辊工艺生产，承口喇叭口段长度长、坡角小、厚度厚，使制管工艺复杂化，推动混凝土移动的轴向分力减小（见图 2-24），承口混凝土密实度下降，或严重亏料（见图 2-25），制作和静定过程中容易发生"坍皮"、空鼓，质量难以控制；③埋设于管道中管子承载能力降低。承插式混凝土管开槽敷设时，一般安装在未经扰动的原土上，槽底需按管的外形挖掘成管形槽底（见图 2-26），不言而喻，要挖掘成能与承口喇叭口段管底紧密相贴的基础是极困难的，承口平直段和管身平直段能较好地与基础贴合，斜坡段底下不易保证。在较好槽底土质条件下，也需回填级配砂石，增加成本。因此喇叭口段越长，管子承载能力越差，管子容易发生环裂和纵裂，管道成本增加越多。

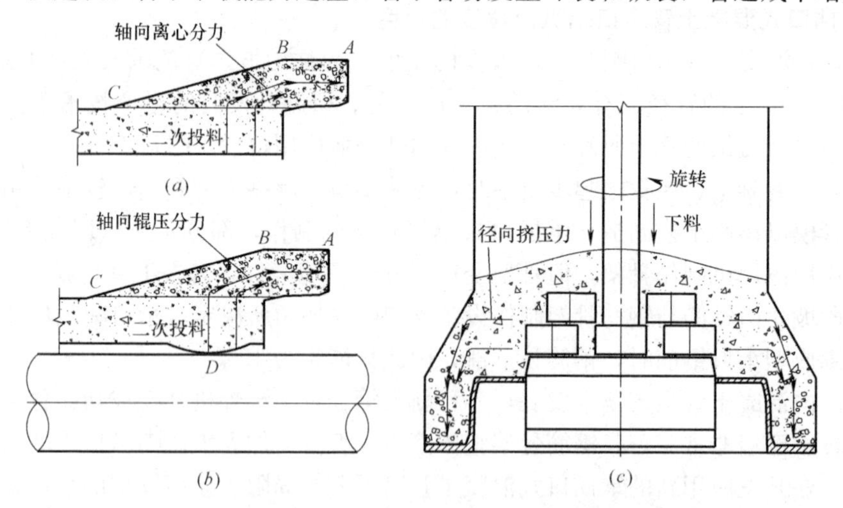

图 2-24　几种工艺承口成型密实示意图

(a) 离心工艺承口离心挤压密实成型示意图；(b) 悬辊工艺承口辊压密实成型示意图；
(c) 径向挤压工艺承口挤压密实成型示意图

图 2-24 中显示三种工艺承插口式混凝土管承口密实成型示意图。三种工艺承口段混凝土都不能直接受到挤压力，依靠从承口喇叭口段坡角的分力挤动密实承口段混凝土。推动混凝土向承口内移动的挤压分力与承口喇叭口段坡角相关，承口喇叭口段坡角越大，推向承口的分力越大，承口内的混凝土越易充填密实。图 2-25 即某工厂悬辊工艺生产的产品，由于承口喇叭口段坡角（15°）小，承口内易出现如照片所示的缺陷，承口不密实或亏料（图 2-25）。

图 2-25　悬辊混凝土管承口成型亏料缺陷

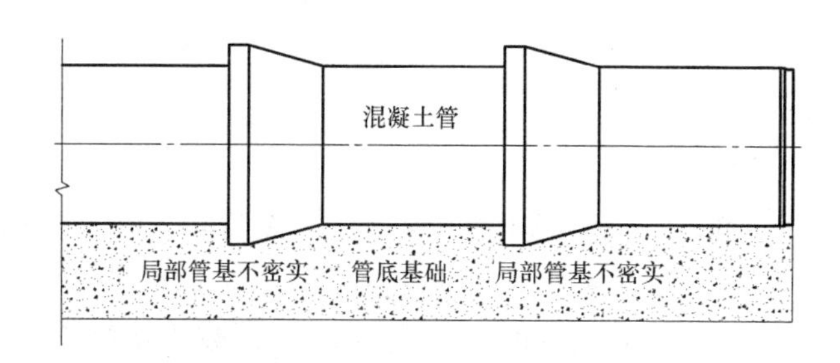

图 2-26　承插口式混凝土管底部基础形态

2.1.2.3　柔性企口式混凝土管承口、插口厚度设计

企口式混凝土管管身平直，不带喇叭形承口，具有材料用量减少、管体减轻、管模加工简便、生产工艺简化、施工土方量降低、管基受力条件改善等优点，而且还可在顶管工程中应用，见图 2-27。柔性接口具有优良的接口闭水性；安装转角大，可有效地防止由于地基不均匀沉降、地震等引起的管子位移产生的接口漏水问题；施工方便、可靠快捷。因此近年来，使用胶圈密封柔性企口式混凝土管（简称为柔性企口混凝土管）快速地取代刚性接口企口管，大量应用于排水管道工程中。

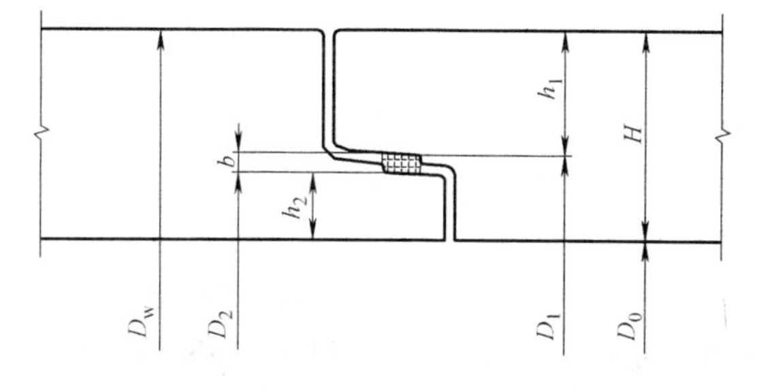

图 2-27　柔性企口式混凝土管承口、插口示意图

D_1—承口工作面直径；D_2—插口工作面直径；H—管壁厚度；h_1—承口厚度；h_2—插口厚度；b—接口间隙

柔性企口式混凝土管要在壁厚上划分出承口和插口，承口和插口的厚度是较薄的，特别是小口径管，为了使承口和插口厚度能满足强度要求，小口径（ϕ1400mm 以下）管需适当加大壁厚。管子安装埋设于地下，承插口部位主要由承口承受外载，因此设计柔性企口式混凝土管的接口管型，承口厚度要大于插口厚度，一般承口厚度占壁厚的

0.5～0.6，0.5～0.4 壁厚减去接口间隙为插口的厚度。建议按 0.6 壁厚确定承口厚度，这样柔性企口式混凝土管既可用作开槽用管，也可用作顶管用管。

2.1.2.4　承口口内止胶台

承插口式混凝土管承口管型有两种形式，一种口内带有止胶台（图 2-28），一种不带止胶台。带止胶台管型可防止胶圈在管外水压作用下向内滑移的作用，也可发挥止胶台的闭水密封作用，因此推荐用承口内带止胶台的接口管型。

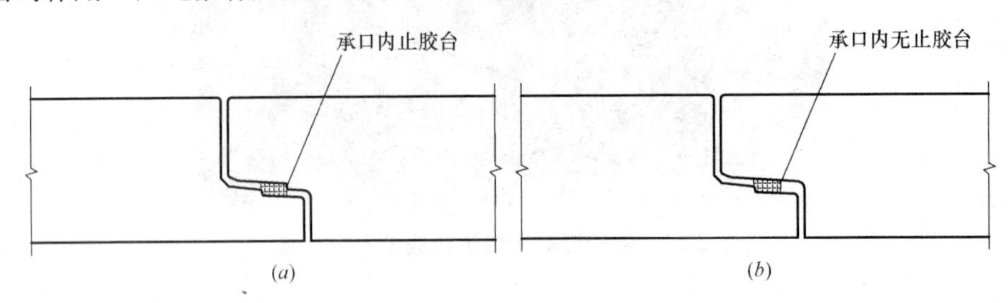

图 2-28　承口内止胶台的两种接口图形

（a）带止胶台接口；（b）不带止胶台接口

2.1.3　柔性接口密封设计

优良的柔性接口形式取决于诸多因素，它与：①橡胶密封圈（简称为"胶圈"）的截面形式；②胶圈就位方式（滚动或滑动、带胶圈槽或不带胶圈槽）；③胶圈的材质特性；④胶圈的压缩率；⑤承插口接口工作面间隙；⑥胶圈与混凝土接触长度；⑦承插口工作面长度；⑧承插口工作面坡角；⑨承插口总长度；⑩管子安装间隙；⑪管子直径；⑫管身混凝土与基础摩擦系数等有关。因此柔性接口型式是一项多因素的组合设计。

胶圈型式的柔性接口达到密封效果，要求：①胶圈紧贴接口工作面，有一定的接触压应力；②胶圈与工作面的摩擦阻力大于输送介质的压力荷载；③接口胶圈在使用寿命期内，无论接口因位移或橡胶的应力松弛，均应能保持对管口工作面要求的接触压应力，以保证接口的闭水性。

2.1.3.1　胶圈型式

性能优良的柔性接口取决于型式优良的胶圈。因此胶圈型式的选取，是管道柔性接口密封设计优劣的首要关键环节。

管道输送介质的压力荷载，使胶圈与工作面的接触压应力没有明显增长趋势的密封，称为压缩型密封，见图 2-29。圆形截面胶圈（简称 O 形圈），是一种被广泛应用的胶圈。它是典型的压缩型胶圈。属于此类胶圈的截面型式，还有方形、矩形及楔形等。其密封原理是胶圈安装在接口之间有一定的压缩量，使胶圈面紧贴住接口工作面，阻塞泄漏通道，由压缩产生的反弹力

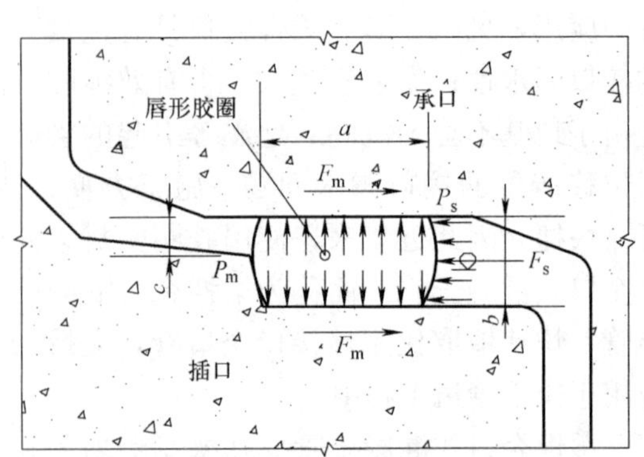

图 2-29　压缩型胶圈接口密封作用原理图

P_s—管内水压力（N/mm²）；F_s—单位周长内水压推力（N/mm）；P_m—胶圈接触压应力（N/mm²）；F_m—单位周长胶圈与混凝土摩擦力（N/mm）；a—密封圈与接口混凝土接触长度；b—接口间隙；c—承插口工作面间隙

形成接触压应力，并在其密封面产生密封摩擦阻力，平衡管道输送介质压力荷载，使接口保持密封。在压力管道中使用时，受输送介质压力荷载的作用，O形圈被推向止胶台一侧，挤压力传递给密封面，也有一定自密封作用（特别是带有胶圈槽的接口），输送介质压力越大，自密封作用越大。

管道输送介质的压力荷载，使胶圈与工作面的接触压应力有显著增加趋势的密封，称为自密封型密封（常用于压力管道），见图2-30。属于此类胶圈的截面型式有唇形胶圈（简称唇形圈），它的截面一端有唇口，还有K形、M形、C形、Y形等。其密封原理是，截面压缩变形的接触压应力，使其唇边紧贴接口工作面，阻塞泄漏通道。在其密封面产生的压缩密封摩擦阻力、唇口内的输送介质压力荷载在其密封面产生的自密封摩擦阻力，二者摩擦阻力迭加成密封摩擦阻力合力，平衡管道输送介质压力荷载，使接口保持密封。

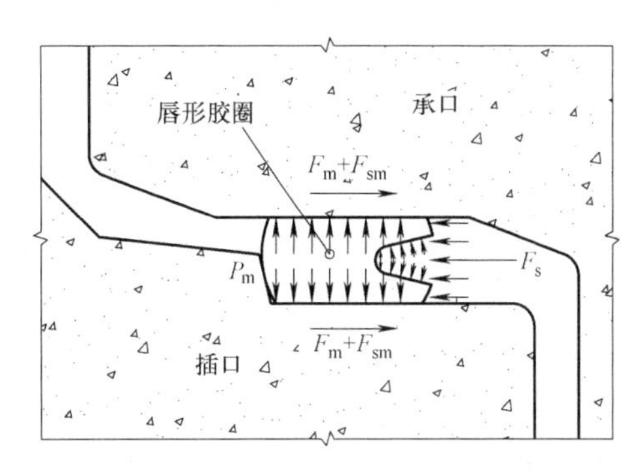

图2-30 自密封型胶圈接口密封作用原理图

F_m+F_{sm}—单位周长胶圈与混凝土摩擦力与内水压力引起的胶圈与混凝土附加摩擦力之和（N/mm^2）

O形胶圈形状简单、制造容易、消耗材料少、成本低廉、特别适用于带胶圈槽接口。缺点是：O形圈一般以滚动式安装，安装稳定性差，容易产生扭曲和麻花，影响闭水性能、依靠压缩性密封，胶圈压缩率取值较大，长期使用易疲劳，降低弹性，见图2-31（*a*）。

楔形胶圈也属于压缩型密封，有一定自密封效果；加工成本不高；采用滑动式安装，安装时不会产生扭曲和麻花，安装位置稳定性好，运行过程中不易变位移动；断面形状合理，可取较低的面积压缩率，管子纵向回弹量小；胶圈长期使用过程中，可保持较好的弹性，使用寿命增长。它是当前排水管道中最常用的胶圈。缺点是尺寸大，加大接口间隙尺寸，从而使混凝土管整体尺寸加大，见图2-31（*b*）。

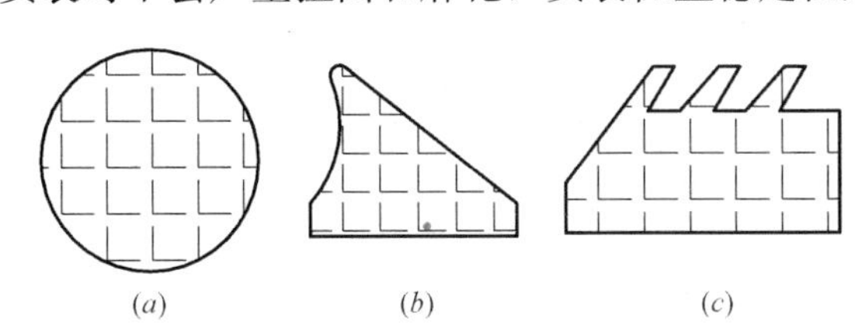

图2-31 三种常用压缩型密封橡胶圈示意图

（*a*）O形橡胶密封图；（*b*）楔形橡胶密封圈；（*c*）齿形橡胶密封圈

齿形胶圈与楔形胶圈性能相似，缺点是胶圈对接口工作的面接触压应力受胶圈压缩率变化的敏感性大，管道接口间隙有变化时，胶圈压缩率会发生大于其他胶圈的变化，对管子质量及管道的稳定性要求高于O形和楔形胶圈，见图2-31（*c*）。

1. 常用楔形胶圈规格（表2-2、图2-32）

常用楔形胶圈规格表 **表2-2**

序号	楔形胶圈型号 高×宽(mm)	高度 (mm)	宽度 (mm)	断面面积 (mm^2)	适用接口间隙 (mm)
1	X12×15	12	15	115	8～10
2	X15×18	15	18	163	10～12

续表

序号	楔形胶圈型号 高×宽(mm)	高度 (mm)	宽度 (mm)	断面面积 (mm^2)	适用接口间隙 (mm)
3	X18×22	18	22	251	12～14
4	X21×26	21	26	326	14～16
5	X26×32	26	32	488	16～18
6	X29×36	29	36	597	18～20
7	X32×40	32	40	713	20～22
8	X36×42	36	42	817	22～24

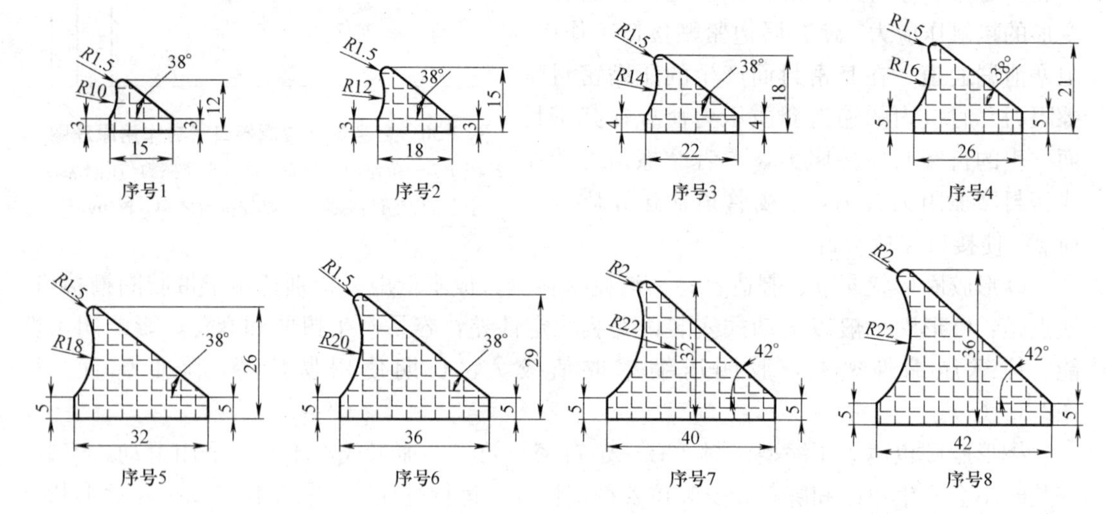

图 2-32　常用楔形胶圈尺寸图

2. 胶圈常用胶料性能（表 2-3）

胶圈所用胶料性能　　表 2-3

硫化条件	145℃×11min		压缩永久变形	23℃×70h(%)	4
硬度(邵氏 A)	50			70℃×22h(%)	14
拉伸强度(MPa)	12		折断伸长率(%)		562
热空气老化(70℃×9d)	硬度变化	+4	脆性温度−25℃		不断裂
	拉伸强度变化(%)	−10	耐液体(蒸馏水)70℃×7d 体积变化		+7
	折断伸长率变化(%)	−6			

3. 几种胶圈压缩变形与接触压应力（或正压力）关系

见图 2-33、图 2-34。

2.1.3.2　胶圈的就位方式

柔性接口混凝土管胶圈就位方式分为滚动式和滑动式。

O 形圈在无胶圈槽接口中应用时大多采用滚动式安装，安装时胶圈挂套在插口端部，承口向插口推进带动胶圈滚动，逐渐滚向插口止胶台根部。此种方式安装过程中，承插口不易对中、接口间隙不均匀，胶圈向内滚动推力不均衡，使胶圈易形成扭曲和麻花，增加

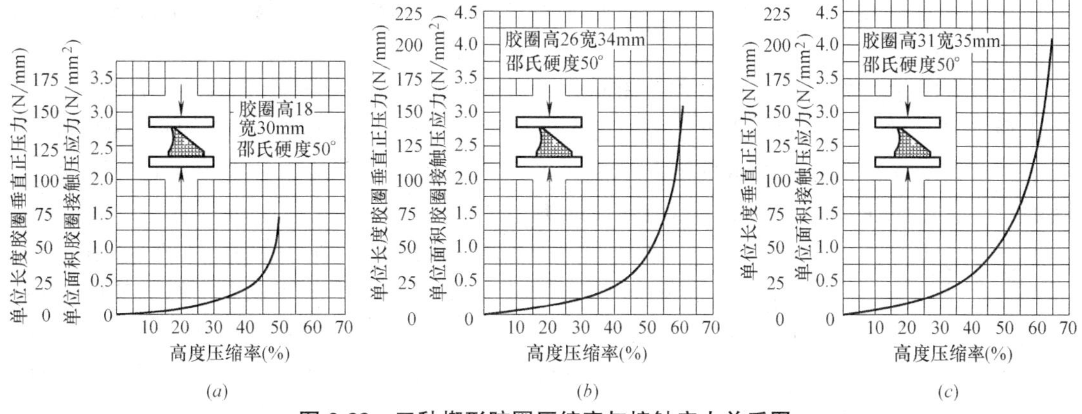

图 2-33　三种楔形胶圈压缩率与接触应力关系图

(*a*) 高 18mm 胶圈；(*b*) 高 26mm 胶圈；(*c*) 高 31mm 胶圈

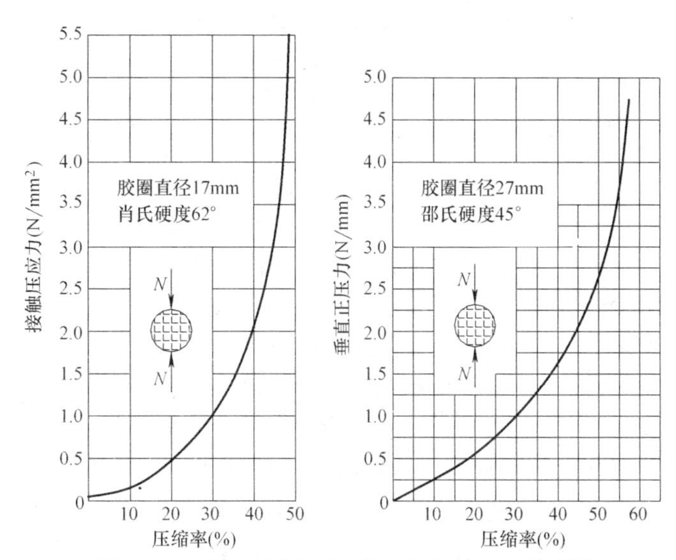

图 2-34　两种 O 形胶圈压缩率与接触应力关系图

胶圈对管子的纵向反推力，胶圈安装位置不能与设计位置完全相符，影响闭水可靠性。因此，此种安装方式技术性要求较高。

管道运行过程中，各种因素引起管子位移，O 形胶圈易随管口向外滚动，使胶圈压缩率发生变化。

滑动式安装，胶圈直接套至止胶台根部，承口向插口推进时在胶圈上滑动。此种方式安装过程中，接口易对中，胶圈状态、性能、位置能达到设计要求、管子发生位移时，胶圈位置变化小，密封效果易保证。但安装摩擦阻力大。

带胶圈槽滑动安装的接口，胶圈处于多向受压状态，闭水可靠性提高，相同密封闭水要求的接口，可减小胶圈的尺寸和压缩率。

综合上述胶圈形式和安装方式，管道中接口抗渗要求严格的建议采用带胶圈槽接口。带胶圈槽接口管中 O 形胶圈应用较多。在中、大型管道中优先选用形状相对简单、滑动式安装的楔形胶圈。

2.1.3.3　柔性接口间隙、胶圈尺寸和胶圈的压缩率

要保持柔性接口在使用寿命期内具有足够的闭水性，应使胶圈工作状态的物理性能保持在一个合理水平上，与设计的柔性接口工作面间隙（简称接口间隙）、胶圈直径及胶圈压缩率密切相关。

接口间隙大、胶圈尺寸规格大，相同的压缩率下在工作面上可产生较大的压缩接触面和接触应力，对接口的位移适应性强，增大接口密封效果、减小胶圈使用的物理疲劳，有利于管道长期保持良好的闭水性能，缺点是增大管道成本。因此应合理确定这三项指标，既能符合管道性能要求，又能恰当地降低成本。

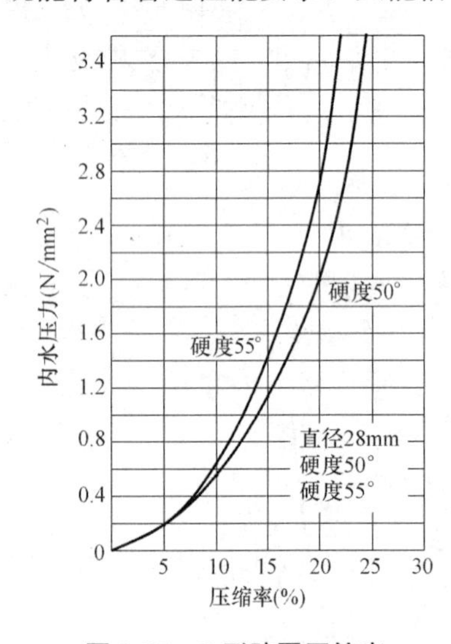

图 2-35　O 形胶圈压缩率与接口闭水性关系

图 2-35 为 O 形胶圈压缩率与接口闭水性试验取得的关系图，引自日本罗克拉制管公司试验资料。从图可知，胶圈压缩率在 15%以上即能满足各种内水压力接口闭水要求。欧洲标准《BS EN 1916：2002》规定胶圈在使用寿命期内，无论接口因位移或橡胶的应力松弛，均应能保持对管口工作面 0.15N/mm² 接触压应力。实际生产中为了弥补承插口接口尺寸公差、胶圈直径公差、管道运行中位移引起的胶圈压缩率变化、胶圈长期使用性能变异，特别是橡胶的应力松弛，所取压缩率要大于试验值。压缩率应按管径、输送介质工作压力、有无胶圈槽等条件确定。理论上胶圈的公称压缩率不宜小于 25%、最大公称压缩率不宜大于 65%。胶圈使用寿命期内最小压缩率：不带胶圈槽接口的排水和低压输水管道中不低于 20%、中压输水管道中不低于 25%、高压输水管道中不低于 35%；带胶圈槽接口的胶圈最小压缩率可减小3%～5%。楔形胶圈在相同材质、相同断面面积和压缩率条件下产生的接触压应力小于圆形胶圈，选取胶圈压缩率（高度压缩率）时应适当增大压缩率。

取较低压缩率，有利于胶圈长期保持较高的弹性性能，从而延长使用年限。当前我国输水管道中设计选取的接口间隙和胶圈压缩率偏大（见表 2-4），排水管道中压缩率大于 35%、压力输水管道中大于 45%。原因是：①混凝土管接口尺寸和圆度公差大；②个别工厂管子接口工作面斜度大；③所用胶圈材质差；④施工质量不够理想，管道长期运行过程中管子位移量大，胶圈压缩率也随其较大变化，接口易失去闭水性。为了避免这种现象，只能采用加大接口间隙、胶圈尺寸和压缩率来保证接口长期的闭水性。

按照国内现有状况，胶圈压缩率及接口间隙设计推荐值见表 2-4、表 2-5。

混凝土排水管道胶圈最小压缩率　　表 2-4

混凝土管道种类	压缩率试验值	接口形式	国际常用值	国内现用值	设计推荐值
排水管	<20%	无插口槽楔形胶圈	<30%	35%	25%～30%
	<15%	带插口槽 O 形胶圈	<25%	30%	18%～25%

混凝土排水管接口公称间隙（单位：mm）　　表 2-5

管子规格(mm)	国内常用	日本 JIS A-5372	日本休莫管协会	德国祖布林公司	德国公司	丹麦彼得厦普公司	美 HAWKEYE 公司	美 MACKLAKEN 公司	设计推荐值
300						9.5			8～10
400	12			8.9		9.5			8～10

续表

管子规格(mm)	国内常用	日本JIS A-5372	日本休莫管协会	德国祖布林公司	德国公司	丹麦彼得厦普公司	美 HAWKEYE 公司	美 MACKLAKEN 公司	设计推荐值
600	13	8		8.9		11	8.3	10	8～10
800	13	10.5		8.9		11	8.3	10	10
1000	14	13		14.5	18	13.5	8.3	10	10
1200	14	14.5		14.5	18	14	11.3	10	10
1400					18				12
1500	15	15.5				12.2	11.3		12
1650		16				12.2			14
1800	16	15			18	12.2	11.3		14
2000	18	20	12.5		18	14.7	13.0		14
2200		20	12.5		18	14.7			16
2400					18	14.7			16
2600						14.7			16
2800									18
3000			14.5						18

2.1.3.4 接口工作面坡角尺寸

接口工作面斜面角度（简称坡角）对管子制作、施工和运行过程中管道安全性有很大影响，是管型设计中重要技术参数。

生产中采用整体承口、插口模型时，为便于脱模，保护承口、插口不易被脱坏，尽量加大工作面坡角。管道施工安装时，胶圈受压缩产生接触压应力作用于接口工作面斜面上，引起管道纵向推力，坡角越大纵向推力越大，坡角过大会造成管子回弹，给施工带来不便。施工和管道运行过程中由于地基沉降等因素引起管子位移和转角，使接口间隙发生变化，工作面坡角越大，接口间隙变化越大，当胶圈压缩率降至临界值以下时，接口闭水性受破坏。工作面坡角增大，管道运行安全性降低。

因此，接口工作面坡角设计要在满足管道安装时的稳定性和长期运行安全性的条件下，适当加大坡角。设计时应进行管道稳定性验算、管道允许最大转角验算。

楔形胶圈与滚动安装的O形胶圈相比，胶圈压缩引起的纵向推力值较小，可适当增大工作面坡角。

当前使用的管型，承口工作面坡角大都小于插口工作面坡角或相同，接口间隙从承口端往里由小到大，管子位移时容易带动胶圈向外位移、压缩率逐渐减小，抗渗闭水性能被破坏、另外在负压作用下，胶圈也易被向外挤动，压缩率减小，闭水性能降低。设计推荐采用插口工作面坡角小于承口工作面坡角，管子位移带动胶圈变位时，可适当减小胶圈压缩率的减小。

2.1.3.5 柔性接口密封设计计算

接口密封设计与胶圈形式相关：选用O形胶圈时，先确定胶圈直径、胶圈压缩率，再确定接口尺寸和接口间隙，验算接口闭水性和管道稳定性。选用楔形胶圈时，先确定接头间隙、胶圈压缩率，再确定接口尺寸和胶圈尺寸，验算接口闭水性和管道稳定性。设计步骤为：

（1）按照施工和运行过程中管道可能发生的纵向及转角位移量和胶圈的试验数据，确定胶圈直径或接口间隙。

（2）确定胶圈套上插口后的尺寸；

（3）计算安装后胶圈的压缩率；

（4）管道发生允许转角、纵向位移后胶圈压缩率计算；

（5）接口闭水性验算；

（6）胶圈压缩后有效密封面宽度计算；

（7）胶圈密封槽宽度计算或承口、插口工作面最小长度计算；

（8）胶圈与接口混凝土摩阻力验算；

（9）管道纵向稳定性验算。

柔性接口密封设计计算公式：

（1）胶圈尺寸计算公式

$$d_{\mathrm{r}}=\frac{b}{\sqrt{K_{j}}(1-\rho)} \tag{2.1-1}$$

式中　d_{r}——O形胶圈截面直径，楔形胶圈为截面高度 h_{r}（以下同），mm；

b——接口间隙，mm；

K_j——周（环）径系数，取0.80～0.90（与管径成反比）；

ρ——胶圈压缩率。

（2）接口间隙计算公式

$$b=d_{\mathrm{r}}\sqrt{K_{j}}(1-\rho) \tag{2.1-2}$$

（3）胶圈环向内径计算公式

$$D_{\mathrm{r}}=K_{j}d_{\mathrm{w}} \tag{2.1-3}$$

式中　D_{r}——为安装前胶圈环向内径，mm。

d_{w}——插口工作面直径，mm。

（4）胶圈套上插口后直径

$$d'_{\mathrm{r}}=d_{\mathrm{r}}\sqrt{K_{j}} \tag{2.1-4}$$

式中　d'_{r}——O形胶圈套上插口后直径，楔形胶圈为套上插口后的高度 h'_{r}（以下同）（mm）。

（5）安装后胶圈压缩率

$$\rho'=\frac{d'_{\mathrm{r}}-(b+\Delta b)}{d'_{\mathrm{r}}}\% \tag{2.1-5}$$

式中　Δb——接口间隙公差与胶圈直径公差之和的最大值。

（6）管道发生位移、转角后的胶圈压缩率

由于承口、插口工作面有斜度，承口、插口相对位置变化后，接口间隙随着变化。管道安装及运行过程中，两根管不可避免在纵向发生相对位移、在轴线发生相对转角，而使接口间隙加大、胶圈压缩率减小。因此管子密封设计中应验算所设计的管型闭水性能否满足管子纵向允许位移和相对允许转角的要求。

验算中取纵向位移和相对转角引起胶圈压缩率减小值中较大值为验算值。

1）管道发生纵向位移后的胶圈压缩率计算

$$\rho_a = \frac{d'_r - (b + \Delta b + \Delta h_a)}{d'_r} \% \tag{2.1-6}$$

式中 Δh_a——管道发生纵向位移后的接口间隙变化值；

ρ_a——管道发生纵向位移后的胶圈压缩率。

$$\Delta h_a = \Delta a / \tan\beta_1 \tag{2.1-7}$$

式中 Δa——接口纵向允许位移值；

β_1——承口工作面坡角。

2）管道发生相对转角后的胶圈压缩率计算

$$管上部：\rho_上 = \frac{d'_r - (b + \Delta b - \Delta h_c)}{d'_r} \% \tag{2.1-8}$$

$$管下部：\rho_下 = \frac{d'_r - (b + \Delta b + \Delta h_c)}{d'_r} \% \tag{2.1-9}$$

式中 Δh_c——胶圈中心点在接口发生转角后的垂直位移。

$$\Delta h_c = \frac{\pi\alpha}{180} l_{dr} \tag{2.1-10}$$

式中 α——接头的允许相对转角；

l_{dr}——从插口端部至胶圈工作面中心的距离，mm。

（7）O形胶圈压缩后的密封面宽度

$$a = \frac{\pi}{4b}(d_r^2 - b^2) \tag{2.1-11}$$

（8）胶圈密封槽宽度

$$l_c = b + \frac{\pi(d'^2_r - b^2)}{4b} \tag{2.1-12}$$

不带胶圈密封槽楔形胶圈接口工作面长度 $l_g \geqslant 1.5W_r$

式中 l_c——胶圈密封槽宽度，mm。

l_g——接口工作面长度，mm。

W_r——楔形胶圈底面宽度，mm。

（9）接口胶圈摩阻力验算

胶圈与工作面产生的摩阻力须大于管内水压或管外水压对对胶圈的推力。

$$F_m = aP_m\mu_r \tag{2.1-13}$$

$$F_s = bP_s \tag{2.1-14}$$

$$F_s \leqslant 2F_m \tag{2.1-15}$$

式中 F_m——工作面胶圈摩擦阻力；

μ_r——橡胶与混凝土间的摩擦系数；

P_m——胶圈与工作面之间的接触压应力；

F_s——内水压力或外水压力引起的推力；

P_s——管内水压力或管外地下水压力。

（10）管道稳定性验算

钢筋混凝土排水管为制作及施工安装需要，承口与插口工作面均带有坡度。胶圈安装压缩后接触压应力在接口工作面斜面上产生纵向分力，如分力大于管子与基础的摩擦阻力，就会推动管子产生纵向位移，并使接口间隙增大、胶圈压缩率减小。工作面坡角越大，纵向位移量越大，接口间隙增加值越大，胶圈压缩率减小越多。胶圈压缩率降至临界值以下时，密封闭水性失效，接口及管道遭到破坏。因此管子接口密封设计中管道稳定性是重要的技术参数。

1）管道纵向推力计算

图 2-36（a）中斜剖线部分为胶圈安装后的被压缩部分，格线部分为安装到位后胶圈被压缩后的形态。压缩面积与胶圈总面积比值为胶圈面积压缩率，胶圈高度与胶圈压缩后高度比值为胶圈高度压缩率。

一般应以绝对状态计算胶圈压缩产生的接触压应力和纵向推力。

按设计确定的管子接口参数查取胶圈对接口工作面的接触压应力。

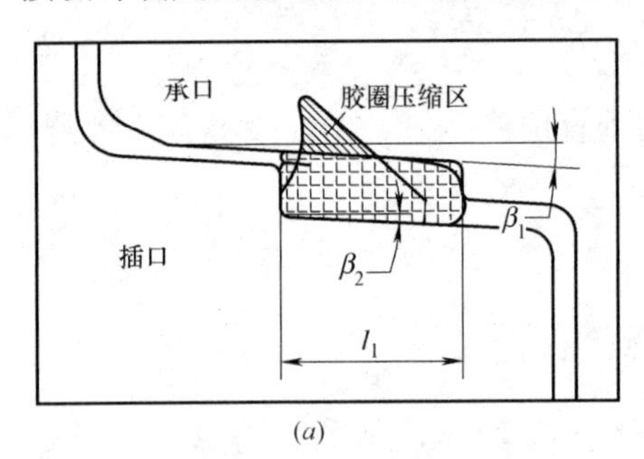

(a)

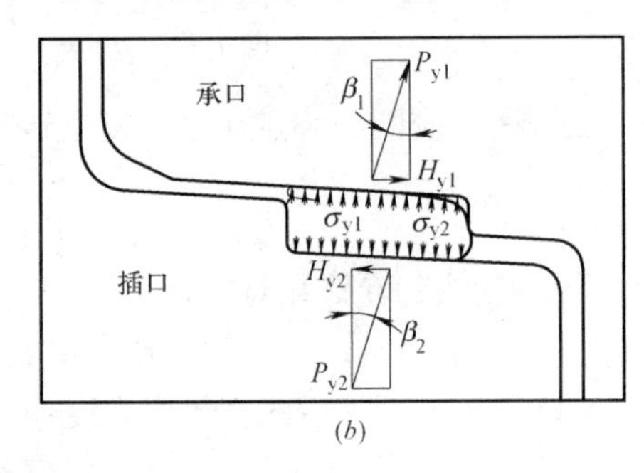

(b)

图 2-36　柔性接口胶圈压缩产生的纵向推力计算图

（a）接口胶圈安装前后的形态图；（b）纵向推力计算图

承口推力：

$$H_{y1}=\pi D_c P_m \tan\beta_1 \tag{2.1-16}$$

插口推力：

$$H_{y2}=\pi d_w P_m \tan\beta_2 \tag{2.1-17}$$

纵向总推力：

$$H_m=H_{y1}+H_{y2} \tag{2.1-18}$$

式中　β_1——承口工作面坡角；

β_2——插口工作面坡角；

P_m——单位周长胶圈压缩正压力，N/mm；

D_c——承口工作面直径，mm；

d_w——插口工作面直径，mm；

H_{y1}——胶圈压缩承口周长产生的纵向推力，N；

H_{y2}——胶圈压缩插口周长产生的纵向推力，N；

H_m——胶圈压缩对管子周长产生的纵向总推力，N。

2）管道与基础摩阻力计算

管道摩阻力与管基土层特性有关，常见的土层与混凝土的摩擦系数见表 2-6。计算公式如下：

$$F_t = G_g \mu_t \tag{2.1-19}$$

式中　G_g——管子自重，N。

管子混凝土与土层的摩擦系数 μ_t　　**表 2-6**

土　类	湿	干
黏土、亚黏土	0.2～0.3	0.4～0.5
砂土、亚砂土	0.3～0.4	0.5～0.6

如果管子接口间隙、胶圈尺寸等有较大的公差，还应对其进行特殊条件下的管道稳定性验算。当管子与基础的摩阻力大于胶圈压缩纵向推力时，管道稳定性合格。

【例题 2.4】 接口密封设计计算实例

（1）基本参数：管径 ϕ2000mm、插口直径 ϕ2130mm；承口工作面坡角 $\beta_1 = 3.5°$、插口工作面坡角 $\beta_2 = 3.0°$；

接口间隙 14mm；

管内水压力 $P_s = 0.1$MPa；

管子重量 107800N；土层与管子混凝土的摩擦系数 0.2；

纵向允许位移 $\Delta a = 15$mm、相对允许转角 $\alpha = 0.8°$；$l_{dr} = 40.0$mm；

胶圈压缩率 42%；胶圈绍氏硬度 50°、胶圈周径系数 0.88。

（2）胶圈高度计算：

$$\begin{aligned} h_r &= \frac{b}{\sqrt{K_j}(1-\rho)} \\ &= \frac{14}{\sqrt{0.88}(1-0.42)} \\ &= 25.73\text{mm} \end{aligned}$$

选择高度 $h_r = 26$mm、底面宽度 $w_r = 32$mm 楔形胶圈。

（3）胶圈的环向内径

$$\begin{aligned} D_r &= K_j d_w \\ &= 0.88 \times 2130 = 1874\text{mm} \end{aligned}$$

（4）胶圈套上插口后高度

$$\begin{aligned} h'_r &= h_r \sqrt{K_j} \\ &= 26 \times \sqrt{0.88} = 24.39\text{mm} \end{aligned}$$

（5）胶圈安装压缩率

接口间隙公差与胶圈直径公差之和的最大值取为 $\Delta b = 2.0$mm。

$$\begin{aligned} \rho' &= \frac{h'_r - (b+\Delta b)}{h'_r}\% \\ &= \frac{24.39-(14+2)}{24.39} \\ &= 34.4\% \end{aligned}$$

（6）管道发生纵向位移或相对转角胶圈压缩率

$$\Delta h_a = \Delta a \tan\beta_1$$

$$=10\times\tan 3=0.52\text{mm}$$

$$\rho_{a}=\frac{h'_{r}-(b+\Delta b+\Delta h_{a})}{d'_{r}}\%$$

$$=\frac{24.39-(14+2+0.52)}{24.39}\%=32.22\%$$

$$\Delta h_{c}=\frac{\pi\alpha}{180}l_{dr}$$

$$=\frac{\pi\times 0.8}{180}\times 40.0$$

$$=0.56\text{mm}$$

管上部：$$\rho_{上}=\frac{h'_{r}-(b+\Delta b-\Delta h_{c})}{h'_{r}}$$

$$=\frac{24.39-(14+2-0.56)}{24.39}$$

$$=36.69\%$$

管下部：$$\rho_{下}=\frac{h'_{r}-(b+\Delta b+\Delta h_{c})}{h'_{r}}\%$$

$$=\frac{24.39-(14+2+0.56)}{24.39}$$

$$=32.11\%$$

（7）管子接口纵向位移与相对转角组合变形，胶圈压缩率计算

$$\rho_{ac}=\frac{d'_{r}-(b+\Delta b+\Delta h_{a}+\Delta h_{c})}{d'_{r}}$$

$$=\frac{24.39-(14+2+0.79+0.56)}{24.39}$$

$$=28.89\%$$

管道在同时发生纵向位移15mm、相对转角0.8°时，胶圈压缩率为28.89%。

（8）接口胶圈密封压力及胶圈摩阻力验算

从胶圈压缩与正压力关系试验中可得：26×32mm规格、邵氏硬度50°的楔形胶圈，压缩率为28.89%时，胶圈对接口工作面接触压应力为0.25N/mm^2，单位长度正压力12.5N/mm。胶圈20%应力松弛量发生后，胶圈对接口工作面最小接触压应力为0.20N/mm^2。

$$F_{m}=P_{m}\mu_{r}$$

$$=12.5\times 0.4$$

$$=5\text{N/mm}$$

$$F_{s}=bP_{s}$$

$$=14\times 0.1$$

$$=1.4\text{N/mm}$$

$$F_{s}\leqslant 2F_{m}$$

（9）管道稳定性验算

按绝对状态压缩率42%查取胶圈压缩对接口工作面的正压力，$P_{m}=25\text{N/mm}$。

承口纵向推力：

$$\begin{aligned} H_{y1} &= \pi D_c P_m \tan\beta_1 \\ &= \pi \times 2160 \times 25 \times \tan 3.5 \\ &= 10376\text{N} \end{aligned}$$

插口纵向推力：

$$\begin{aligned} H_{y2} &= \pi d_w P_m \tan\beta_2 \\ &= \pi \times 2130 \times 25 \times \tan 3.0 \\ &= 8767\text{N} \end{aligned}$$

纵向总推力：

$$\begin{aligned} H_m &= H_{y1} + H_{y2} \\ &= 10376 + 8767 \\ &= 19143\text{N} \end{aligned}$$

管道与基础摩阻力计算：

$$\begin{aligned} F_t &= G_g \mu_t \\ &= 107800 \times 0.2 \\ &= 21560\text{N} \end{aligned}$$

管道与基础的摩阻力大于胶圈压缩纵向推力，达到管道稳定性要求。

（10）设计结果所示，胶圈压缩作用于接口工作面的接触压应力为 0.20N/mm^2，胶圈在使用寿命期内，无论接口位移或橡胶的应力松弛，均能保持对管口工作面 0.15N/mm^2 以上的接触压应力，胶圈对管口混凝土的摩阻力大于水压推力，接口闭水性可靠。

2.1.3.6 接口密封设计（表 2-7）

带胶圈槽钢承口钢筋混凝土排水管接口密封设计 **表 2-7**

管径 (mm)	接口间隙 (mm)	胶圈槽宽度 (mm)	胶圈直径 (mm)	胶圈环径系数	胶圈硬度 (邵氏°)	胶圈公称压缩率 (%)	接口间隙最大公差 (mm)	允许纵向位移 (mm)	允许转角	最小压缩率 (%)
600～1400	11	25	19	0.91～0.88	50	35	1.5	<30	1.5°	24
1500～2200	13	30	22	0.88～0.84	50	35	2	<30	0.8°	24
2400～4400	15	35	25	0.86～0.78	50	35	3	<30	0.55°	21

注：1. 胶圈公称压缩率（简称压缩率）是指：以管子接口间隙、胶圈公称尺寸计算所得的压缩率；
2. 胶圈最小压缩率是指：在许可范围内发生管子、胶圈尺寸公差、管道运行中接口间隙变化，计算所得压缩率；
3. 若管道对管子接口允许转角有例外要求，可改变胶圈直径达到接口闭水要求；
4. 带插口胶圈槽钢承口管子接口允许纵向位移值，由管子的钢承口宽度等结构尺寸确定。

2.2 异形混凝土管管型

现代城市中管道工程优劣能体现人类生活的质量。为了提高城市的功能、美化城市的景观，大量为人类服务的各种公用设施多修成管道，埋设于地下，用于管道工程的水泥制品得到极大的丰富和提高，加速了管道水泥制品的发展，不断改进和增加了管道水泥制品的质量和品种。因而，在管道工程中应用的预制水泥制品除了圆形管道制品外，预制装配化异形混凝土涵管（简称为预制异形混凝土涵管）得到迅速发展，成了管道工程中重要的管材。

异形混凝土涵管常用作现代化城市的地下综合管廊（共同沟）。埋于地下的各种公用管道易发生故障，出现安全事故，需定期维修，引起道路破坏、交通阻断，为了避免这些弊病，发展和修建了综合管廊，各种公用管道安装于管廊中，在管廊中完成管道的安装、监察、维修，不需破路，具有很大优点。综合管廊的建设对异形混凝土涵管的发展起了很大推进作用。

大型排水工程和低压输水工程中也用异形管道替代圆形管道。欧、美、日等国应用较多，都已定型并有标准图册可在工厂中大量生产。异形混凝土涵管虽然在我国管道工程中使用还不够广泛，但它是管道制品中重要的一个品种，随着国家经济实力的增强，也会如同国外逐渐应用增多。

2.2.1　异形混凝土管型式

预制异形混凝土涵管当前常用的是：矩形涵管（简称箱涵或方涵）、半圆（单心圆）拱涵、三圆（三心圆）拱涵、四圆（四心圆）拱涵、多弧组合拱涵（弧涵）、带底座圆管、上下带底座圆管（简称为双底座圆管）、卵形涵管、椭圆涵管、V形涵管、盖板涵管（简称为槽涵）等。内孔还可分为单孔、双孔及三孔等，见图2-37。

半圆拱涵上顶为单心圆弧、三圆拱涵上顶为三个圆弧组合，二者内底都为平底矩形。四圆拱涵由上顶弧（顶圆弧）、两侧弧（小圆弧）、底弧（大圆弧）四个圆弧组成，故称为四圆拱涵。卵涵也为四个圆弧组成，不同的是四圆拱涵侧弧小、底弧大，因而断面为扁平形，卵涵的侧弧半径大、底弧半径小，断面为竖窄形。椭圆管为竖立的椭圆。弧涵为多条（八条）圆弧组成，具有轮廓线圆滑、结构性能好，适宜用于顶管工程。

各种拱涵下底都为平面或带有混凝土安装管基，因而也被称为管基一体涵管。

预制异形混凝土涵管主要优点是：①可以根据工程的地理环境等各项条件，合理地调整涵管的宽度和高度，满足输送介质的流量要求和合理地占用地下空间；②可按照工程需要设计成理想的断面形状，优化使用功能；③可以通过设计合理的断面形状提高承载能力，减少材料用量；④预制异形混凝土涵管制成长度1.0～3.0m一节，每节间采用橡胶圈柔性接口连接，与混凝土圆管的接口相同，具有良好的抗纵向位移及相对转角的闭水性能，一般称之为“柔性”接口，能承受1.0～2.0MPa及以上的抗渗要求，在地基发生不均匀沉降或受外荷载作用、管道产生位移或转角时，仍能保持良好的闭水性能，抗地震功能极强。也可利用接口在一定转角范围内具有的良好的抗渗性，可铺设为弧线形管道，见图2-38。

预制异形混凝土涵管都带有平底形管座，相当于在管上预制有混凝土基础，与普通涵管相比：可降低对地基承载力的要求及提高涵管承载能力；管道回填土层夯实易操作、加快施工速度、保证密实效果，简化施工、减少费用。在不良地基软弱土层中应用，更显其优越性。

国内采用现场浇筑方法施工的箱形、拱形混凝土涵管，在铁道、交通和水利工程中已得到较多应用，但现浇异形混凝土涵管的缺陷是：

（1）施工作业时间长、现场湿作业工作量大、需较长的混凝土养护增强时间，开槽后较长时间不能回填，在城市中不利于道路建设缩短施工工期、满足快速放行交通的要求。

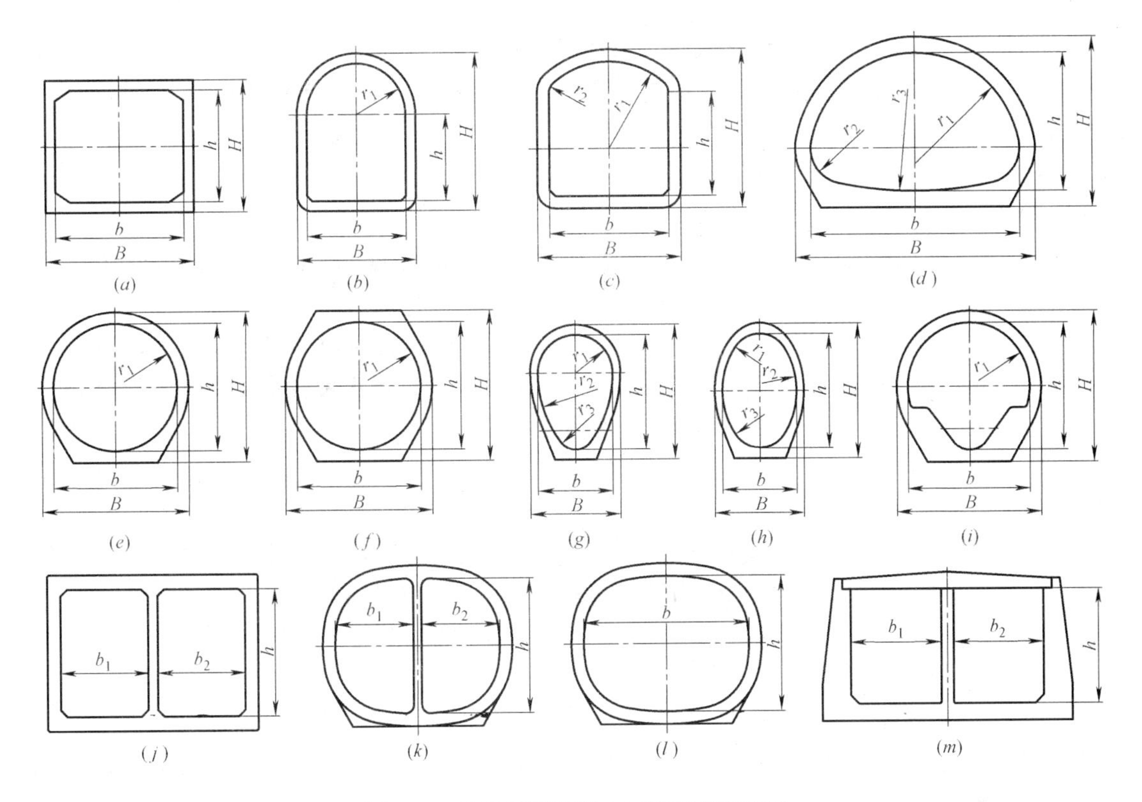

图 2-37　几种异形混凝土涵管断面形状图

(a) 箱涵；(b) 半圆拱涵；(c) 三圆拱涵；(d) 四圆拱涵；(e) 带底座圆管；
(f) 双底座圆管；(g) 卵形涵管；(h) 椭圆涵管；(i) V形涵管；
(j) 双孔（双仓）箱涵；(k) 双孔弧涵；(l) 单孔弧涵；(m) 双孔盖板涵

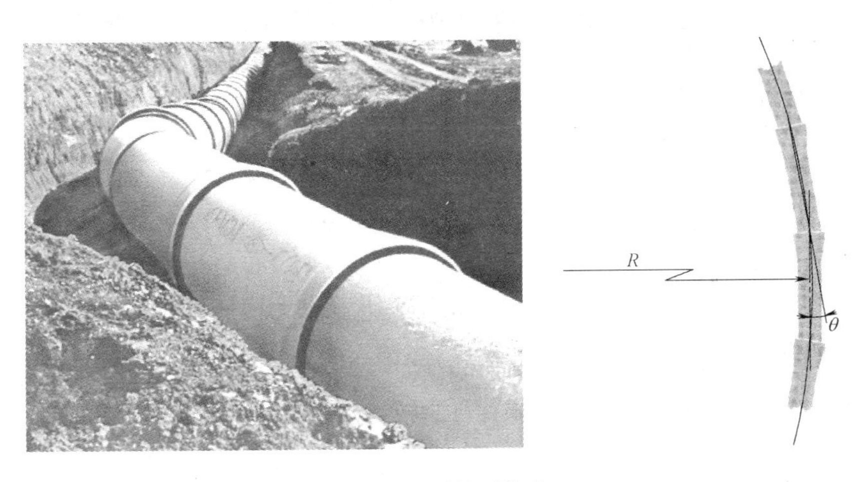

图 2-38　弧线形管道

(2) 在现场制作中，地下水对施工有较大影响，需将地下水降至底板标高以下，才能浇筑混凝土管基，增加施工成本，也不利于生态环境的保护。

(3) 现场制作的混凝土抗渗性能不如工厂内制作的混凝土，容易局部发生渗漏，影响管道的使用功能。

（4）现浇混凝土涵管易出现裂缝（涵体侧壁通裂）。裂缝会引起渗漏，影响结构应力状态；如是输送侵蚀性介质，介质通过裂隙浸入周边环境，特别是引起钢筋的锈蚀，影响构筑物承载能力和耐久性，缩短管道的使用寿命。

（5）现场制作的混凝土涵管按一定长度（约20m）分段，分段间采用橡胶止水带连接，其缺点有：

1）橡胶止水带耐压力差，如输送液体介质，只能在低压状态下工作，一般只用于无压管道。

2）橡胶止水带形式接口抗地基不均匀沉降能力差。涵管在顶部复土及附加荷载作用下，引起涵管接口发生上下错位和翘曲变形，造成涵管接口止水带变形，在涵管接口混凝土与橡胶止水带之间产生裂隙，严重的止水带被拉裂。

3）混凝土涵管止水带接口施工质量不易保证，往往由于止水带部位混凝土捣固不密实而留下暗渗漏通道，引起涵管接口渗漏。

4）现场制作的管道分段间隔长度大，地基如有不均匀沉降或受外荷载（如地震）作用，易发生折断，因此要求提高管道纵向基础承载力，涵管纵向配筋量也需加大。

（6）现场制作生产条件差，结构计算中要加大安全度，增加材料用量。

（7）预制装配化异形混凝土涵管与现场浇制混凝土涵管相比也有不足之处，如：

1）大型涵管体大质重，运输安装需要大型运输和吊装设备，增加工程支出费用。

这是影响预制装配化异形混凝土涵管应用的主要障碍，如不能降低其自重，一会增加大型涵管施工难度、二会加大工程运输和吊装的成本，不利于预制装配化异形混凝土涵管的推广应用。

2）预制装配化异形混凝土涵管接口多，接口的设计、制作、施工质量要能满足抗渗的要求。

编著本手册的目的即是通过专业人员对预制异形混凝土涵管的结构设计，科学、合理地确定涵管的形状、壁厚和配筋，优化涵管的接口密封设计，降低预制异形混凝土涵管工厂化生产的整体成本，提高预制异形混凝土涵管性能，克服预制异形混凝土涵管的缺陷，更大发挥预制异形混凝土涵管的优势。

预制异形混凝土涵管的开发是地下管道中一种新型管材的补充，在特定条件下有它的竞争优势，在适宜的条件下，应大力提倡、推广应用预制异形混凝土涵管。

各种预制异形混凝土涵管既可在开槽施工工程中应用，也可在顶管工程中应用。较适宜用作雨水污水排水管道、低压输水管道、地下电力、热力、通信等公用设施的套管，预制异形混凝土涵管也是综合管沟（共同沟）管道的优选管材。

2.2.2　箱形混凝土管——箱涵（方涵）及盖板涵

箱涵是当前异形混凝土涵管中应用较多的一种涵管，断面设计灵活，可以通过改变宽度、高度尺寸，适应管道功能需要和地下环境、地质条件的要求。采用圆形管道，当过水面积要求圆管直径大于3500mm时，管子运输较为困难，其外径加车辆高度可能超过了立交桥的限高，需以特种车辆运输，否则难以从立交桥下通过。

箱涵与圆形管涵相比，虽然单位过水面积（涵管单位内孔面积）涵管材料用量多于圆形涵管，但在开槽施工中，箱涵单位过水面积施工土方量大大少于圆形管涵所需开挖的土方量。因而用作排洪管道、低压输水管道等修建于以开槽施工工法铺设的管道，采用箱涵作为管材，因开挖土方量减少，施工成本降低，优点较为突出。国外这类工程及我国水利系统多采用箱涵作为管材。

箱涵主要应用于：①大型雨水管道、污水管道、水利管道；②低压输水管道。（称为输送介质类）；③应用箱涵穿越铁路、公路，建成立交道路、人行地下通道、排洪联络通道（称为通道类）；④电力、热力、通信等管线的套管；⑤安装多种管道的综合管廊（共同沟）。

盖板涵属于箱涵一类管道，其结构设计、应用范围等与整体箱涵有较多的共性。

2.2.2.1 混凝土箱涵型式

预制装配化混凝土箱涵主要采用以下几种型式（图 2-39）：①整体式箱涵；②上下两部分拼块式箱涵；③门形拼装式箱涵；④盖板式涵管。

预制装配化混凝土箱涵还可根据管道功能要求，内孔分割为多孔涵管（双孔、三孔与多孔）。

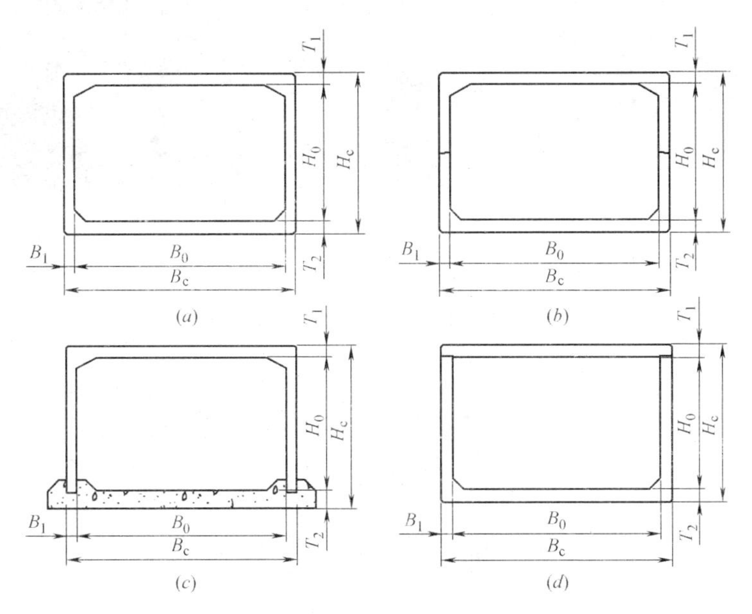

图 2-39 预制装配化混凝土箱涵结构型式

(a) 整体式；(b) 上下两部分拼块式；(c) 门形拼装式；(d) 盖板式

箱涵按其工作联孔数分为单孔箱涵、双孔箱涵、多孔箱涵。在工厂中预制混凝土箱涵，模型为专用设计的钢模，装模及拆模均较现场浇筑的混凝土箱涵简便，产品质量也能有更可靠的保证，因而多孔混凝土箱涵更多采用预制装配化工艺制造。单孔、双孔箱涵的结构简图分别见图 2-40、图 2-41、图 2-42。

大型排水箱涵，内宽较大，为了减少箱涵顶板的厚度及配筋用量、又需保证内孔的连通性，可以设计成如图 2-43 所示加立柱的形式。

专用的转角箱涵可用于曲线管道的修建（图 2-44），常用的转角为 15°，也可为其他特殊角度。转角箱涵有单面转角箱涵和双面转角箱涵，可根据工程需要选用。

箱涵按其纵向的连接方式分为带有纵向锁紧装置的连接——涵管端面压缩胶圈密封方式（见图 2-49）和有一定自由度的柔性连接——接口工作面压缩胶圈密封方式箱涵。

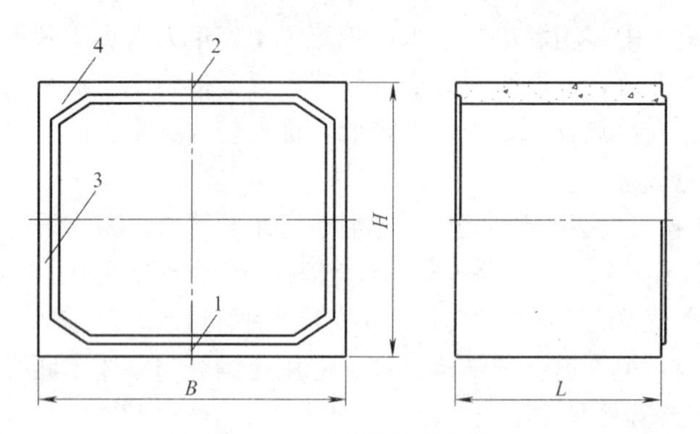

图 2-40　单孔箱涵结构图

1—顶板；2—底板；3—侧板；4—腋角

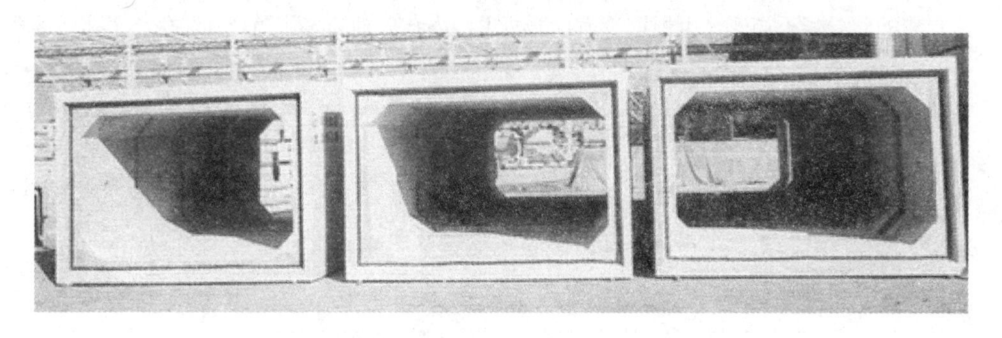

图 2-41　已加工制成的混凝土箱涵

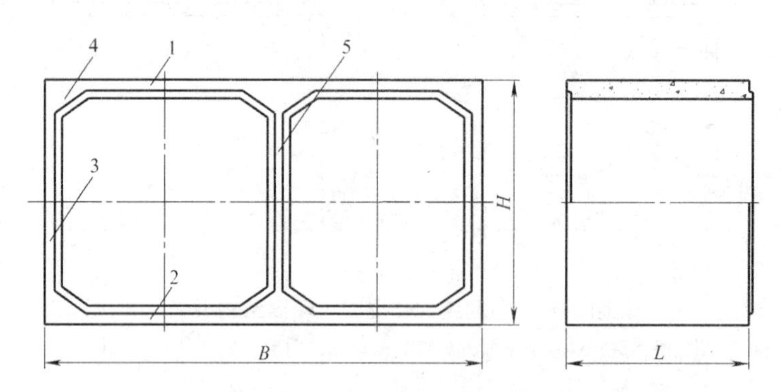

图 2-42　双孔箱涵结构图

1—顶板；2—底板；3—侧板；4—腋角；5—内侧板

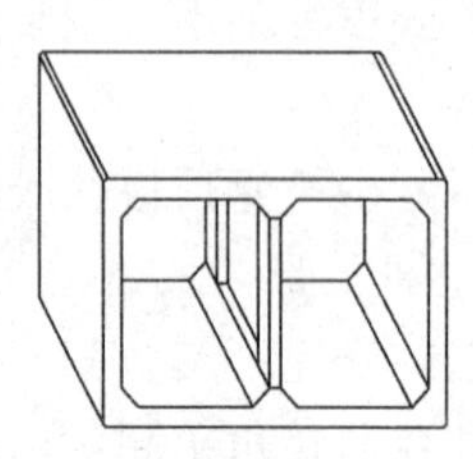

图 2-43　内孔加肋加立柱大型箱涵

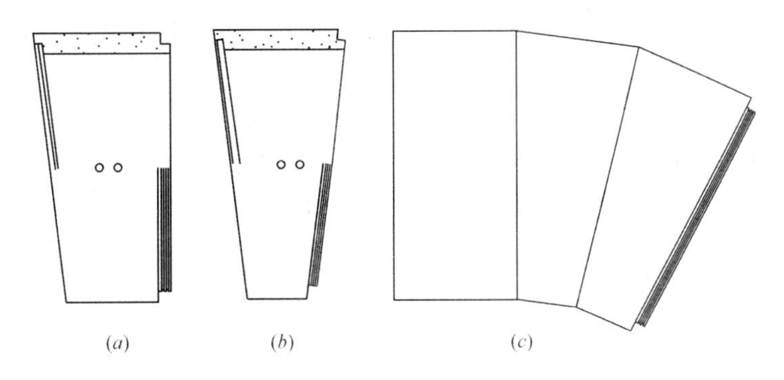

图 2-44 转角箱涵

(*a*)单面转角箱涵；(*b*)双面转角箱涵；(*c*)转角箱涵安装组合成的曲线管道示意图

箱涵按其横向配筋（主筋）形式分为钢筋混凝土箱涵和预应力混凝土箱涵（图 2-46）。

2.2.2.2 混凝土箱涵产品系列规格

箱涵主要由各地设计部门根据工程条件确定箱涵的各项技术参数。一般箱涵顶板厚度的跨高比为 1/10～1/15，现场浇筑箱涵壁厚较厚，工厂预制的箱涵壁厚可以减薄、减轻其重量，方便运送和施工安装。

从箱涵结构计算可知，箱涵配筋主要受宽度影响，宽度的变化对配筋影响大于高度对配筋的影响，因此，在能满足箱涵管道功能要求的条件下，应尽可能缩小宽度，增大高度。由此预制混凝土箱涵系列产品以宽度为基本参数确定。

箱涵管壁厚度，受埋设深度、地面荷载大小、吊运条件、施工工艺与管道功能要求所确定。对产品生产成本及施工成本均有较大影响，箱涵管型设计中应经充分对比再予以确定。

图 2-45 为选定箱涵顶板厚度的经验曲线，斜直线为不同内宽箱涵顶板厚度取用线。按不同工况在方格线范围内调整。如内宽 4m 箱涵，从图中斜直线上查得顶板厚度为 320mm，工程设计中可按工况条件（地面及土层荷载等）内调整顶板的厚度。

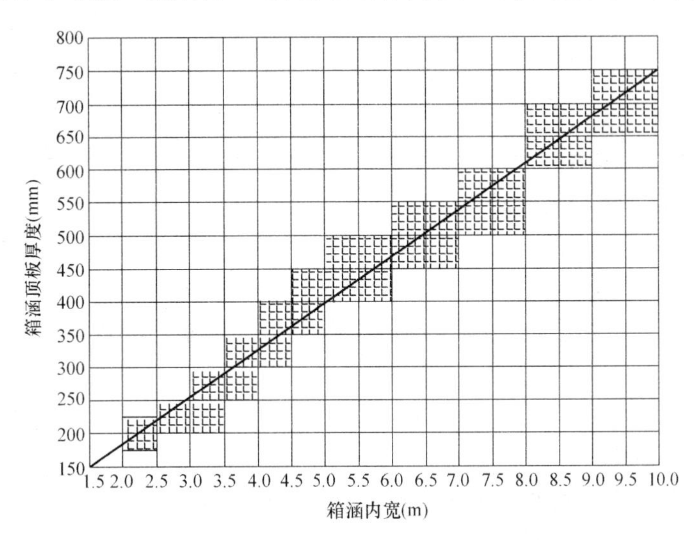

图 2-45 混凝土箱涵顶板厚度选取图

在设计箱涵时，首先 按照要求的使用空间大小、结构上的作用及地下空间的布置等确定箱涵的内宽和内高，再按设计经验确定顶板、底板、侧板的厚度，并分析内力以验证壁厚是否合理。预制箱涵规格尺寸归纳为表 2-8。箱涵腋角的大小影响顶板、侧板和底板的内力，较大的腋角也有利于箱涵的制作，因此在允许条件下应尽可能加大腋角的尺寸，一般取与顶板厚度相同尺寸。可参考表 2-9 确定。

预制混凝土箱涵主要规格（单位：mm）　　　　**表 2-8**

规格	内宽	内高	顶板厚度	底板厚度	侧板厚度	腋角高×宽
1000	1000	750～2000	140	140	140	140×140
1250	1250	1000～2250	140	140	140	140×140
1500	1500	1000～2500	180	180	180	180×180
1750	1750	1250～2750	180	180	180	180×180
2000	2000	1500～3000	200	200	200	210×210
2250	2250	1500～3000	200	200	200	210×210
2500	2500	1500～3000	240	240	220	240×240
2750	2750	1750～3250	240	240	220	240×240
3000	3000	1750～3250	260	260	240	240×240
3500	3500	2000～3500	280	280	260	240×240
4000	4000	2500～4500	300	320	300	280×280
4500	4500	2500～5000	360	360	340	280×280
5000	5000	2500～5000	390	390	370	280×280
5500	5500	3000～5500	420	420	400	300×300
6000	6000	3000～6000	450	450	430	350×350

注：1. 箱涵宽与高尺寸、腋角尺寸及板厚可按工况条件要求，在一定范围内调整。
2. 预制箱涵规格尺寸归纳为表 2-8，表中内宽小于 3000mm 规格以 250mm 为模数，大于 3000mm 规格以 500mm 为模数，制品按模数生产可减少模型的数量。

腋角尺寸（单位：mm）　　　　**表 2-9**

板厚	150	180	210	240	280	300	350
腋角尺寸	150～200	180～250	200～350	240～450	280～500	300～550	350～600

2.2.2.3　预应力混凝土箱涵

大型箱涵，可在顶板、底板中施加横向预应力，减薄顶板、底板的厚度；减轻构件重量，创造大型箱涵工厂化预制生产条件；降低用钢量（图 2-46）。

在涵管内输水压力超过 0.1MPa 的箱涵，称为压力输水箱涵，简称为压力箱涵。当箱涵内孔尺寸规格大、输送水压高时，需要使用全预应力箱涵，即不但在箱涵的顶板、底板内配置预应力筋，还需在侧板内配置预应力筋，以承受内压在管壁内产生的拉力，适应大型有压输水箱涵的需要。

1. 预应力混凝土箱涵用预应力材料及预应力技术

预应力混凝土箱涵的混凝土强度等级不应低于 C30；当采用钢绞线、钢丝、热处理钢筋作为预应力钢筋时，混凝土强度不宜低于 C40。

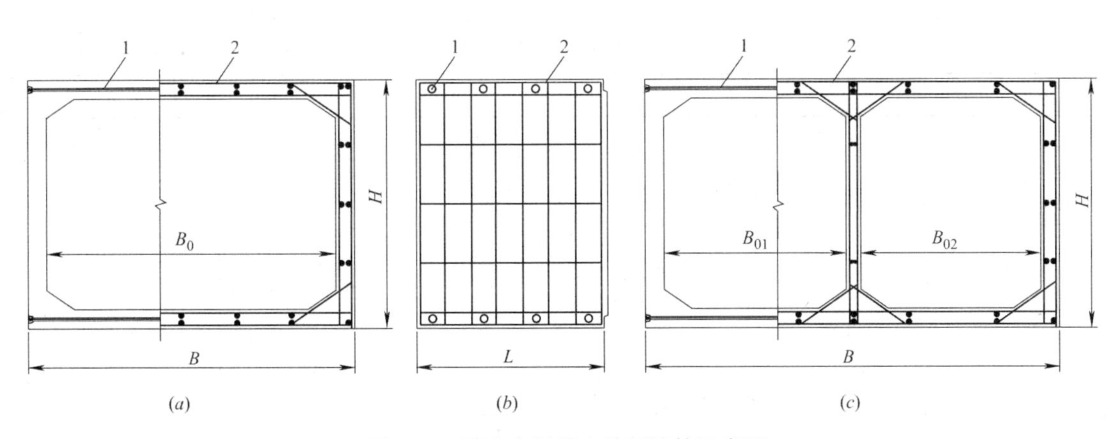

图 2-46 预应力混凝土箱涵配筋示意图

(a) 单孔预应力混凝土箱涵正面图；(b) 侧面图；(c) 双孔预应力混凝土箱涵正面图

1—预应力钢筋；2—普通钢筋

预应力混凝土箱涵中非预应力钢筋宜采用 HRB400、HRB335 级钢筋。

预应力混凝土箱涵宜用钢绞线作预应力钢筋，也可用热处理钢筋。预应力钢筋选用应根据结构受力特点、环境条件和施工方法等确定。

在先张法预应力箱涵中，宜采用钢绞线、刻痕钢丝、螺旋肋钢丝。在后张法预应力箱涵中宜采用低松弛钢绞丝。对无粘结预应力箱涵宜选用无粘结预应力钢绞线。对直线预应力钢筋宜采用精轧螺纹钢筋。有特殊防腐蚀要求时，可选用镀锌钢丝、镀锌钢绞线或环氧镀层钢绞线。

预应力钢绞线、热处理钢筋和钢丝的强度标准值系根据极限抗拉强度确定，用 f_{ptk} 表示，按表 2-10 采用。

预应力钢筋强度标准值 **表 2-10**

种类		符号	d(mm)	f_{ptk}(N/mm²)
钢绞线	1×3	ϕ^s	8.6、10.8	1860、1720、1570
			12.9	1720、1570
	1×7		9.5、11.1、12.7	1960、1860
			15.2	1960、1860、1720
			1.7	1860、1770
消除应力钢丝	光面螺旋肋	ϕ^P ϕ^H	4、5	1770、1670、1570
			6	1670、1570
			7、8、9	1570
	刻痕	ϕ^I	5、7	1570
热处理钢筋	40Si2Mn	ϕ^{HT}	6	1470
	48Si2Mn		8.2	
	45Si2Cr		10	

注：钢绞线直径系指钢绞线外接圆直径。

预应力钢筋强度设计值 f_{py} 及抗压强度设计值 f'_{py} 可按表 2-11 采用。

预应力钢筋弹性模量 E_s 按表 2-12 采用，必要时钢绞线可采用实测的弹性模量。

预应力钢筋强度设计值　　　　**表 2-11**

种　类		符号	f_{ptk}(N/mm²)	f_{py}(N/mm²)	f'_{py}(N/mm²)
钢绞线	1×3	ϕ^{s}	1860	1320	390
			1720	1220	
			1570	1110	
	1×7		1960	1390	390
			1860	1320	
			1770	1250	
			1720	1220	
消除应力钢丝	光面螺旋肋	ϕ^{P} ϕ^{H}	1770	1250	410
			1670	1180	
			1570	1110	
	刻痕	ϕ^{I}	1570	1110	410
热处理钢筋	40Si2Mn	ϕ^{HT}	1470	1040	400
	48Si2Mn				
	45Si2Cr				

注：当预应力钢筋强度不符合表 2-11 的规定时，其强度设计值应进行换算。

预应力钢筋弹性模量　　　　**表 2-12**

种　类	$E_s \times 10^5$N/mm²
热处理钢筋	2.0
消除应力钢丝(光面钢丝、刻痕钢丝、螺旋肋钢丝)	2.05
钢绞线	1.95

在构件上建立预应力，一般是通过张拉预应力钢筋来实现的。根据张拉钢筋和浇筑混凝土的先后顺序的不同，可将建立预应力的方法分为先张法和后张法。

(1) 先张法

先张法是在专门的钢模上张拉钢筋，用锚具临时固定在钢模上，然后浇筑混凝土，待混凝土达到足够强度后，再放松钢筋。在钢筋回缩时，利用钢筋和混凝土之间的粘结力，使混凝土受到压力作用，产生预应力。

先张法工艺简单，成本低，适宜生产大批量小型构件。

(2) 后张法

后张法是先浇筑构件混凝土，并在预应力钢筋设计位置上预留孔道，待混凝土达到足够强度后，将预应力筋穿入孔道，利用构件本身作为承力进行钢筋张拉。随着钢筋的张拉，构件混凝土同时受到压缩，张拉完毕后用锚具将预应力钢筋锚固在构件上。

后张法工艺较先张法复杂，成本增大，主要用来制作大型预应力构件。

按混凝土箱涵的特点多选用后张法张拉工艺。无粘结预应力技术用于混凝土箱涵也较为适宜。

(3) 无粘结预应力技术

无粘结预应力筋主要应用于后张预应力体系，其与有粘结预应力筋的区别是：预应力筋不与周围混凝土直接接触、不发生粘结，在其工作期间，永远容许预应力筋与周围混凝土发生纵向相对滑动，预加力完全依靠锚具传递给混凝土（图 2-47）。

无粘结预应力的特点：①构造简单、自重轻。不需要预留预应力筋孔道，适合构造复杂、曲线布筋的构件，构件尺寸减小、自重减轻；②施工简便、设备要求低。无需预留孔道、穿筋灌浆等复杂工序，在生产制造中代替先张法可省去张拉支架，简化了施工工艺，加快了施工进度；③预应力损失小、可补拉。预应力筋与外护套间设防腐油脂层，张拉摩擦损失小，使用期预应力筋可补张拉；④抗腐蚀能力强。涂有防腐油脂、外包 PE 护套的无粘结预应力筋，具有双重防腐能力。可以避免因压浆不密实而可能发生预应力筋锈蚀等危险；⑤使用性能良好。采用无粘结预应力筋和普通钢筋混合配筋，可以在满足极限承载能力的同时避免出现集中裂缝，使之具有有粘结部分预应力混凝土相似的力学性能；⑥抗疲劳性能好。无粘结预应力筋与混凝土纵向可相对滑移，使用阶段应力幅度小，无疲劳问题；⑦抗震性能好。当地震荷载引起大幅度位移时，可滑移的无粘结预应力筋一般始终处于受拉状态，应力变化幅度较小并保持在弹性工作阶段，而普通钢筋则使结构能量消散得到保证。然而，无粘结预应力筋对锚具安全可靠性、耐久性的要求较高；由于无粘结预应力筋与混凝土纵向可相对滑移，预应力筋的抗拉能力不能充分发挥，并需配置一定的体内有粘结筋以限制混凝土的裂缝。

无粘结预应力混凝土其主要张拉程序为：预应力钢筋沿全长外表涂刷沥青等润滑防腐材料→包上塑料纸或套管（使预应力钢筋与混凝土不建立粘结力）→浇混凝土、养护→张拉预应力钢筋→锚固。

无粘结预应力钢绞线采用普通的预应力钢绞线涂防腐油脂或石蜡防腐隔离层后包高密度聚乙烯外护套制成。规格如表 2-13 所示。

无粘结钢绞线规格与性能 **表 2-13**

钢绞线			防腐润滑脂质量不小于(g/m)	护套厚度不小于(mm)	μ	k
公称直径(mm)	公称截面积(m^2)	公称强度(MPa)				
9.50	54.8	1720	32	0.8	0.04～0.10	0.003～0.004
		1860				
		1960				
12.70	98.7	1720	43	1.0	0.04～0.10	0.003～0.004
		1860				
		1960				
15.20	140.0	1570	50	1.0	0.04～0.10	0.003～0.004
		1670				
		1720				
		1860				
		1960				
15.27	150.0	1770	53	1.0	0.04～0.10	0.003～0.004
		1860				

注：μ——无粘结预应力筋中钢绞线与护套内壁之间的摩擦系数。

k——考虑无粘结预应力筋每米长度局部偏差的摩提供支援擦系数。

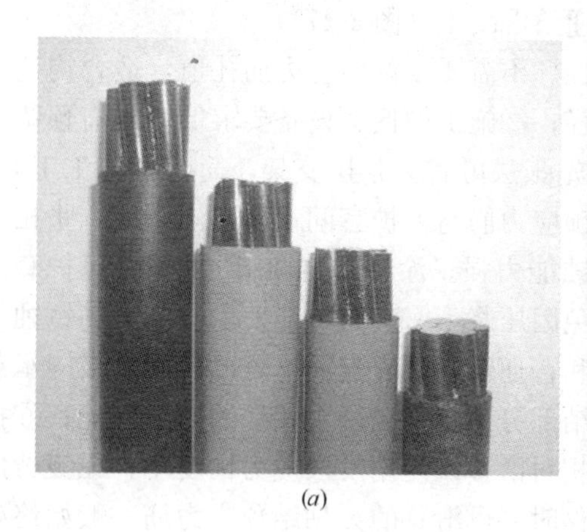

(a)

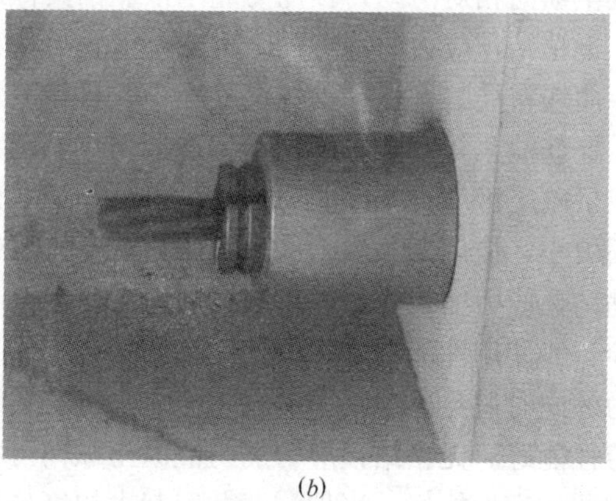

(b)

图 2-47　无粘结预应力

(a) 无粘结预应力钢绞线；(b) 预应力钢绞线张拉锚具

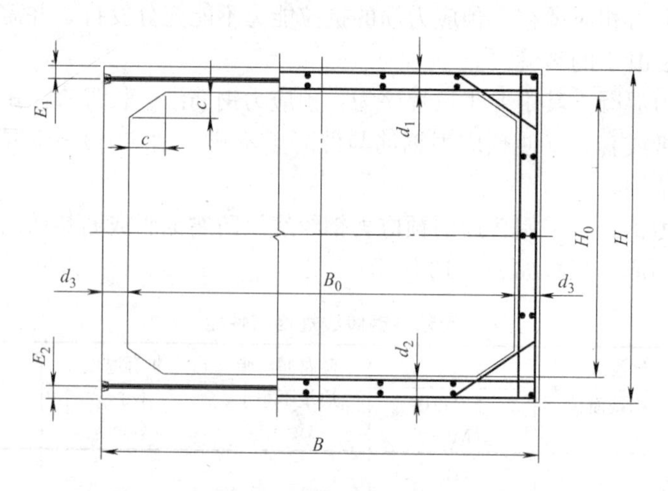

图 2-48　预应力混凝土箱涵各部尺寸示意图

2. 预应力混凝土箱涵产品系列规格（表 2-14、图 2-48）

预应力混凝土箱涵主要规格（单位：mm）　　**表 2-14**

规格 ($B_0 \times H_0$)	主要尺寸										制品单重 (t/m)
	B_0	H_0	B	H	d_1	d_2	d_3	c	E_1	E_2	
2000×1500	2000	1500	2300	1800	150	150	150	150	75	85	3.23
2000×2000	2000	2000	2300	2300	150	150	150	150	75	85	3.34
2500×1500	2500	1500	2860	1860	180	180	180	180	90	110	4.04
2500×1800	2500	1800	2860	2160	180	180	180	180	90	110	4.36
2500×2000	2500	2000	2860	2360	180	180	180	180	90	110	4.54
2500×2500	2500	2500	2860	2860	180	180	180	180	90	110	4.99
3000×1500	3000	1500	3400	1900	200	200	200	200	100	120	5.06
3000×1800	3000	1800	3400	2200	200	200	200	200	100	120	5.40

续表

规格 ($B_0 \times H_0$)	主要尺寸										制品单重 (t/m)
	B_0	H_0	B	H	d_1	d_2	d_3	c	E_1	E_2	
3000×2000	3000	2000	3400	2400	200	200	200	200	100	120	5.60
3000×2500	3000	2500	3400	2900	200	200	200	200	100	120	6.10
3000×2800	3000	2800	3400	3200	200	200	200	200	100	120	6.40
3000×3000	3000	3000	3400	3400	200	200	200	200	100	120	6.60
3500×2000	3500	2000	3900	2500	250	250	200	250	125	155	7.08
3500×2500	3500	2500	3900	3000	250	250	200	250	125	155	7.69
3500×3000	3500	3000	3900	3500	250	250	200	250	125	155	8.19
3500×3500	3500	3500	3900	4000	250	250	200	250	125	155	8.69
4000×2000	4000	2000	4400	2500	250	250	200	250	135	155	7.81
4000×2500	4000	2500	4400	3000	250	250	200	250	135	155	8.31
4000×3000	4000	3000	4400	3500	250	250	200	250	135	155	8.81
4000×3500	4000	3500	4400	4000	250	250	200	250	135	155	9.31
5000×2500	5000	2500	5500	3060	280	280	250	280	150	170	11.14
5000×3000	5000	3000	5500	3560	280	280	250	280	150	170	11.84
5000×3500	5000	3500	5500	4060	280	280	250	280	150	170	12.47
5500×2500	5500	2500	6000	3060	280	280	250	280	150	170	11.92
5500×3000	5500	3000	6000	3560	280	280	250	280	150	170	12.54
5500×3500	5500	3500	6000	4060	280	280	250	280	150	170	13.17
6000×2500	6000	2500	6560	3100	300	300	280	300	160	180	13.73
6000×3000	6000	3000	6560	3600	300	300	280	300	160	180	14.49
6000×3500	6000	3500	6560	4100	300	300	280	300	160	180	15.19
6000×4000	6000	4000	6560	4600	300	300	280	300	160	180	15.89

注：箱涵宽与高尺寸、腋角尺寸及板厚可按工况条件要求，在一定范围内调整。

2.2.2.4　混凝土箱涵的装配连接方式

混凝土涵管的连接方式是形成管道质量的重要因素。混凝土涵管的连接方式应保证：①在管道全寿命过程中接口密封的可靠性；②混凝土涵管的连接方式应能适应施工工艺的要求，简单方便；③混凝土涵管的连接应便于生产制造；④混凝土涵管的连接方式形式简单、成本低廉。

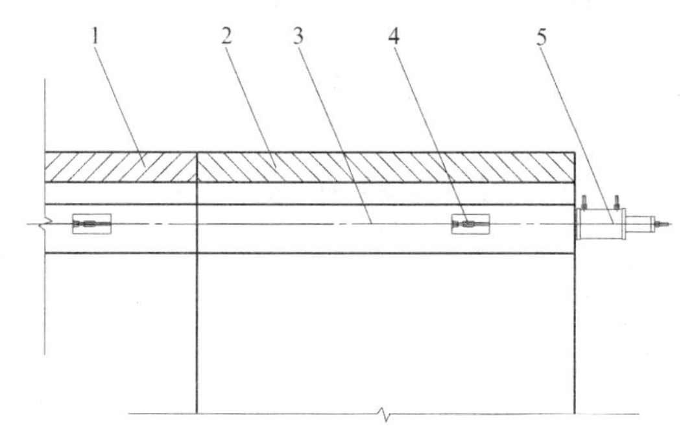

图 2-49　以纵向预应力连杆螺栓连接的混凝土箱涵

1—箱涵 A；2—箱涵 B；3—预应力螺栓；4—锚固螺母；5—张拉油缸

混凝土箱涵连接形式主要有两种：构件间带有纵向锁紧装置（纵向串接接口）的连接与构件间无约束锁紧装置的连接。构件间无约束锁紧装置的连接又分为刚性接口和柔性接口。

1. 带有纵向锁紧装置的连接——涵管端面压缩胶圈密封方式

带有纵向锁紧装置的连接把每节管子连接成整体，所用的方法即是在涵管中预留穿筋孔道，管节安装时穿入高强钢筋螺杆或钢绞线，经张拉锁紧，管节就被串联成有一定刚度的整体管道，用以抗御基础不均匀沉降。

因各节涵管间纵向具有压力，故此类管道常用管子端面压缩胶圈作接口密封形式。当接口抗渗为有压抗渗等级时，密封材料需用普通橡胶圈或遇水膨胀胶圈，见图 2-51 及图 2-52。

图 2-50 混凝土箱涵纵向预应力连杆螺栓张拉连接方法

管节连接的锚固孔及纵向预应力张拉操作见图 2-50。

纵向预应力连杆连接可以在两个管节之间连接，也可在施工条件允许下，在多个管节间实施连接，以减少操作工序，加快施工工程进度。如图 2-53 所示，实施多个构件预应力张拉连接时，需在管节端部预留足够的操作空间。

图 2-51 粘于承口端面的胶圈

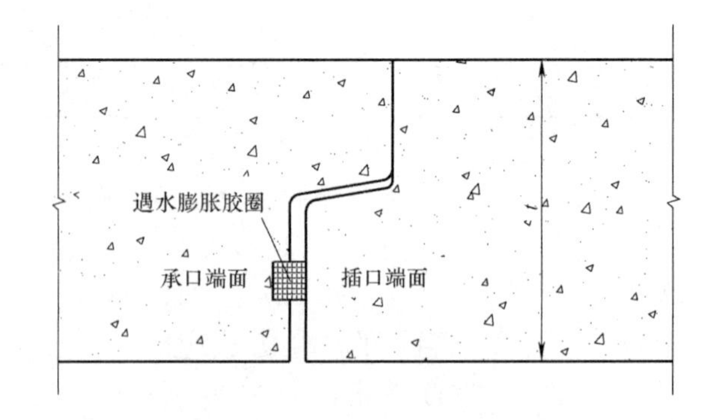

图 2-52 端面压缩胶圈密封形式

因各种管节连接成整体，在顶进法施工增加纠偏难度，故一般只能用于开槽法施工工艺。

纵向锁紧锚固方式及锚固孔尺寸如图 2-54 所示。在锚固垫板上有可向穿筋孔道内灌注水泥浆的孔洞，在张拉及锚固施工完成后，从注浆孔向穿筋孔道内注入水泥细砂浆液，增加预应力筋与箱体之间的握裹力及防止纵向钢筋的锈蚀。如纵向串接钢筋采用无粘结预应力钢筋，可不予注浆。

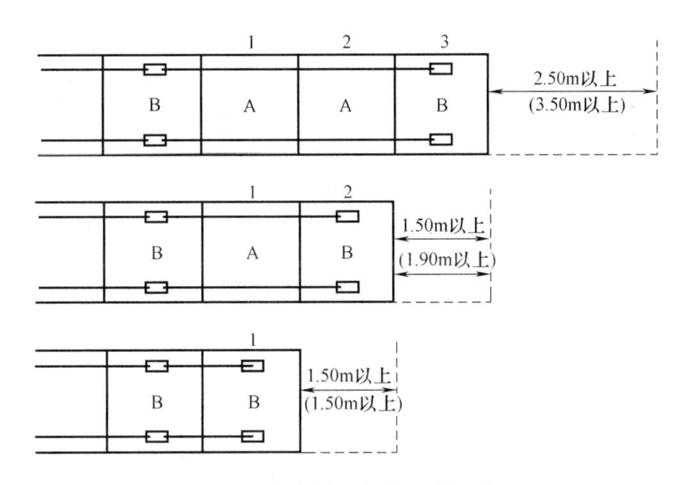

图 2-53　多个箱涵纵向连接示意图

（括号外数字，构件长度为 1.5m；括号内数字构件长度为 2m）

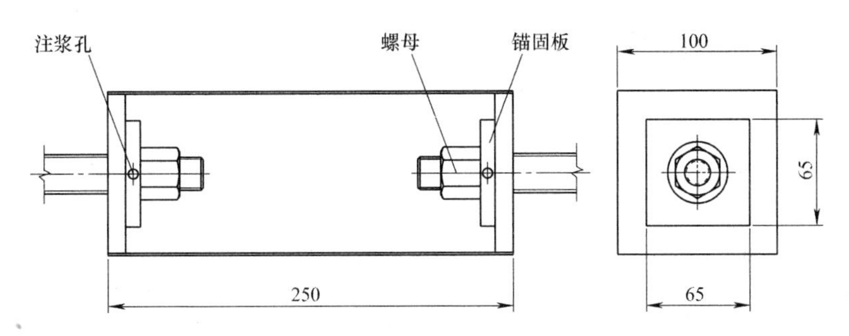

图 2-54　箱涵连接连杆锚固图

穿筋孔位于腋角，其位置如图 2-55 所示。圆孔尺寸按纵向串接筋直径确定。

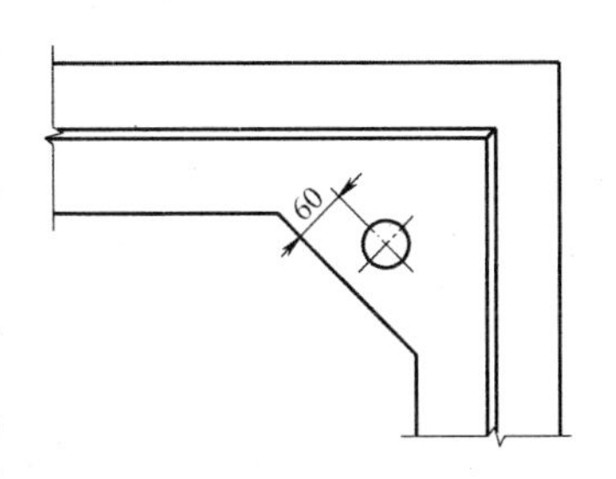

图 2-55　箱涵边角上连杆预留孔布置位置

纵向串接钢筋，可以是贯穿整个箱涵管道管体（图 2-56），也有前后箱涵分别连接的方式。

带有纵向锁紧装置的连接——纵向串接方式，使涵管连接成为一个整体的管道，虽然以胶圈作为密封材料，但其接口已非柔性接口，而是刚性接口。因而当管道基础发生沉降时，在管体断面内产生沉降应力。贯穿式连接，纵向串接筋施加的预应力作用在整个箱涵断面上，可以以此平衡基础沉降应力，施加足够的纵向预应力可避免此类管道被折断。相邻箱体式连接，通过连杆把相邻两个箱体连接起来，对胶圈施加压力达到接口密封的要求，但此种连接方式未在箱体内形成预压应力，没有抵抗沉降应力能力，当沉降应力较大时，有可能使箱体折断。从而此种连接方式，应对管道地基及基础进行设计计算，并需控制施工质量。

一般纵向贯穿式连接也只是构造要求对胶圈施加一定压力，纵向预压应力较小，因此还应从管道基础从手，防止管道发生不均匀沉降。

弧形管道施工方式如图 2-57 所示，按转弯半径制作有一定角度异形箱涵，外端与直线段相同以纵向串接筋连接，内端在涵体上预埋钢件，可以搭接钢板焊接，也可以螺栓连接。

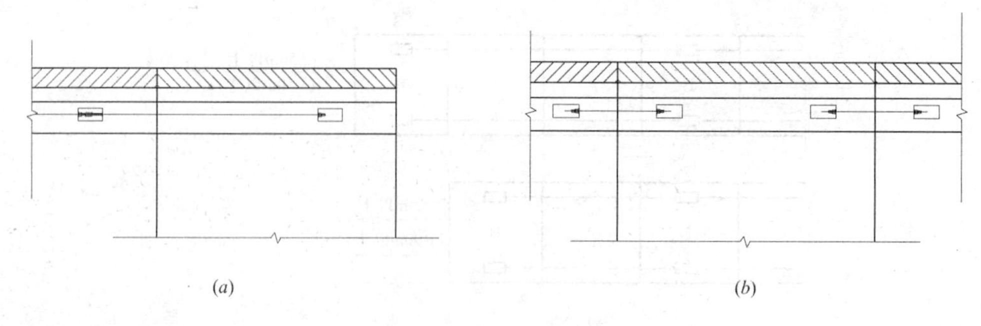
图 2-56　纵向串接方式
（a）贯穿式连接；（b）相邻箱体式连接

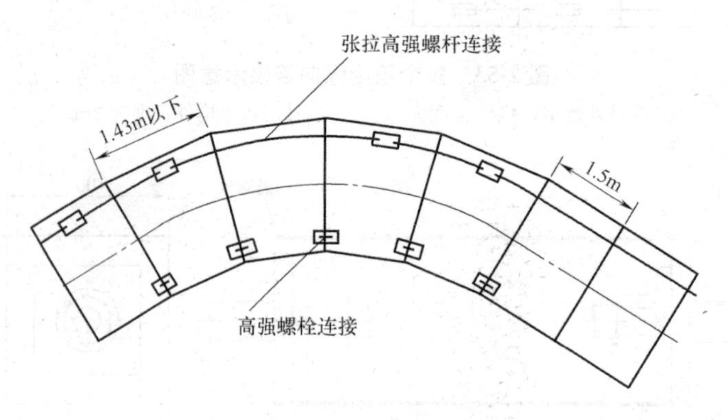

图 2-57　箱涵弧线铺装时的连接

纵向串接另外几种方式可见盖板涵连接方式中的内容。

2. 有一定自由度的柔性连接——构件间无约束锁紧装置的连接

构件间无约束锁紧装置的连接管节，又分为刚性接口和柔性接口方式。接口形式主要有以下几种：①小企口接口，用砂浆或弹性材料密封（见图 2-58）；②大企口接口，用胶圈密封，其分为带胶圈槽的接口和无胶圈槽接口、单胶圈密封和双胶圈密封接口；③钢承口接口，与大企口密封接口相同可分为带胶圈槽的接口和无胶圈槽接口、单胶圈密封和双胶圈密封接口（见图 2-59），其型式与圆形混凝土管接口形式大致相同。

生产中应按箱涵使用要求选用相应箱涵接口形式，达到适应接口密封要求。

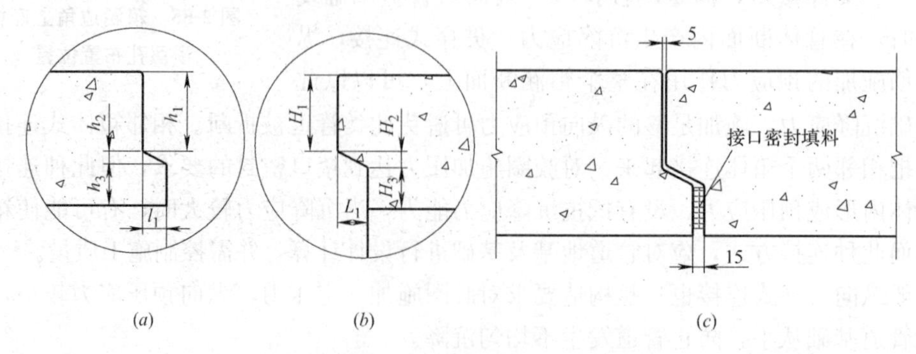

图 2-58　涵管常用接口形式示意图
（a）小企口接口的插口；（b）小企口接口的承口；（c）小企口接口连接形式

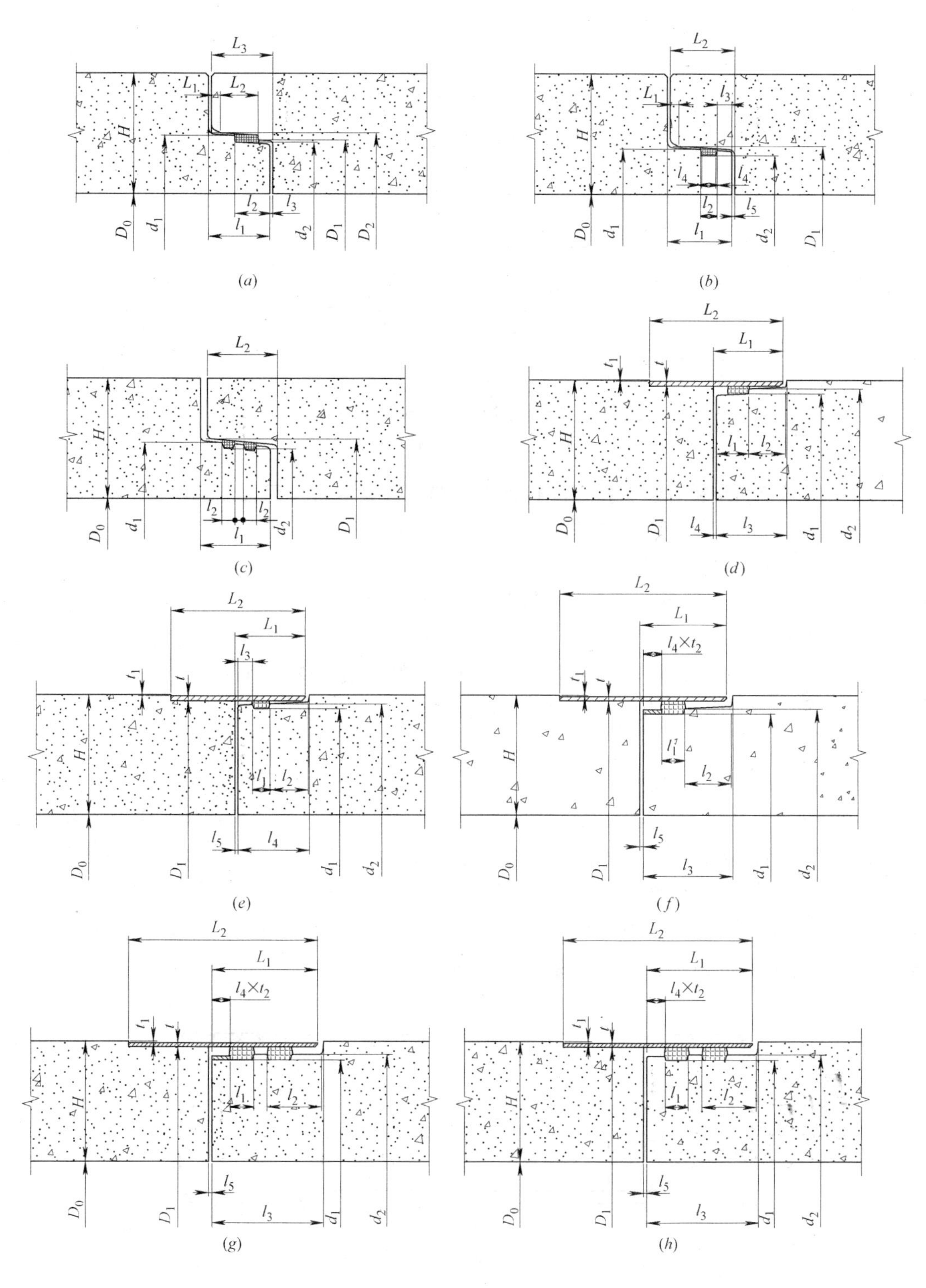

图 2-59　涵管常用接口形式示意图（一）

(*a*) 单胶圈柔性接口；(*b*) 带胶圈槽单胶圈柔性接口；(*c*) 带胶圈槽双胶圈柔性接口；(*d*) 钢承口单胶圈柔性接口；(*e*) 钢承口带胶圈槽单胶圈柔性接口；(*f*) 钢承口插口带钢箍单胶圈柔性接口；(*g*) 钢承口插口带钢箍双胶圈柔性接口；(*h*) 钢承口双胶圈柔性接口

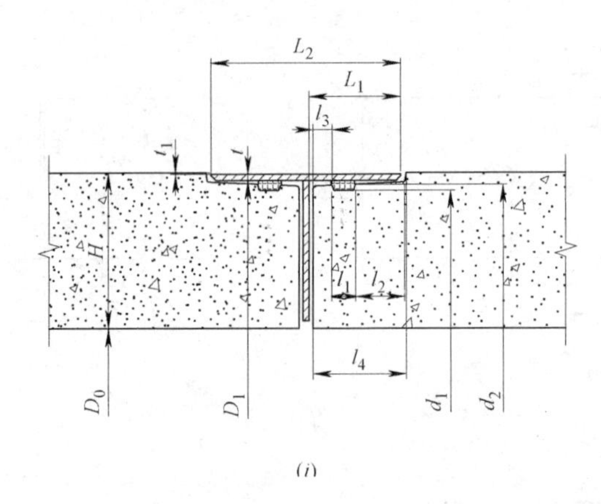

图 2-59　涵管常用接口形式示意图（二）

(*i*) T形钢承口双插口胶圈柔性接口

3. 构件间有约束锁紧装置接口与构件间无约束锁紧装置接口性能综述

（1）构件间有约束锁紧装置接口优点

1）涵管制作简单，无需制作承插口；

2）端面只需保证平整、平行，尺寸精度要求低；

3）在地基和基础具有足够承载力条件下、涵管不发生沉降，接口胶圈压缩率由纵向压缩筋控制，压缩率在运行期间变化小，管道内刚性管线沉降内力小；

4）管道整体刚度大，接口不发生位移和转角；

5）安装速度快。

（2）构件间有约束锁紧装置接口缺点

1）对管道地基、基础要求高。管道连接成整体，与现浇箱涵相比，现浇箱涵相隔15～30m需设置以橡胶止水带为密封材料的沉降缝，以此避免地基沉降时涵管内产生内应力。而以构件间有约束锁紧装置接口的管道，难以设置沉降缝，管道运行过程中不可避免会发生地基沉降，涵管断面内必将引起内应力，严重时涵管会折断（图2-60）。施工中管基如不平整，涵底也会产生悬空现象，同样要增大内力。

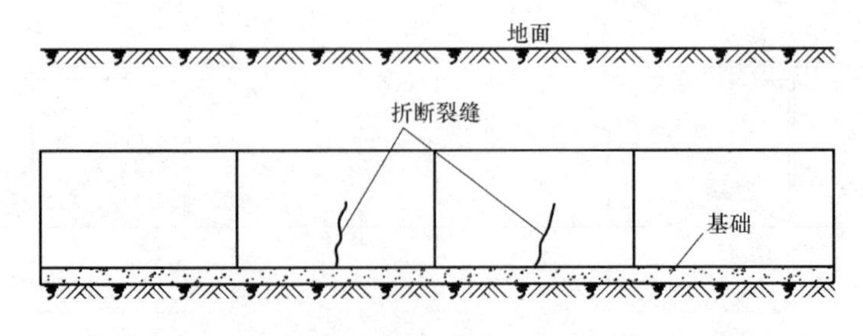

图 2-60　纵向串接成整体的涵管，地基不均匀沉降裂缝

贯穿整个箱涵管道的纵向串接，张拉钢筋后在断面内产生压应力，可以用以抵御沉降应力，防止涵管折断。相邻箱体式连接方式的箱涵管道，涵体内未形成预压应力，不具备抵御沉降应力能力。因而管道设计时，需加强地基、基础的设计要求；箱涵结构设计时，需对纵向配筋作计算；

2）地基、基础的加强又加大了竖向土压力作用系数，作用加大，配筋需增多；

3）不宜使用芯模振动工艺成型，纵向筋锚固盒处易产生混凝土沉降裂缝；

4）纵向连接成整体，不适宜顶进法施工，管道纠偏难以实现，管底也易出现悬空现象；

5）在压力箱涵管道中，纵向推力大，纵向压缩钢筋难以承受，胶圈压缩率也会产生变化，因而在压力箱涵管道中不宜采用；

6）需用遇水膨胀胶圈为接口密封材料，价格高于普通密封胶圈；

7）需用纵向高强钢筋或钢绞线进行预应力操作纵向加压，增加施工费用和延长施工作业时间。

(3) 构件间无约束锁紧装置接口——工作面压缩胶圈密封优点

1）涵管安装施工简单，不需作预应力操作，省去预应力器材，费用减少；

2）此类接口同于圆形混凝土管的接口，为柔性接口，可以适应一定程度的位移和转角接口不渗漏；

3）降低对地基、基础的要求，一般可以直接铺设在素土平基或砂石垫层上；

4）地基基础越软，底板中内力越小，反而提高涵管承载能力；

5）可用于开槽施工，也可用于顶管施工；

6）采用双胶圈接口，施工中可对每一接口进行接口抗渗检验，合格后可立即还土，在道路下建设的管道，可快速恢复路面通车，也缩短施工工期；

7）可用普通胶圈为密封材料；

8）施工速度快；

9）管道工程费用低。

(4) 构件间无约束锁紧装置接口——工作面压缩胶圈密封缺点

1）工作面尺寸精度要求高，承插口接口制作难度大；

2）安装施工时，涵管安装对中费时，需用纵向推力（或拉力）装置进行安装。

4. 构件间有约束锁紧装置与工作面压缩胶圈密封组合连接

应用在综合管廊中的箱涵，管道中安装有上水、中水与供热管线，此类管线大都以钢材制作，大型综合管廊为避免在此类管线中引起纵向应力，要求限止箱涵管道的沉降等变形。故而本书作者设计了工作面压缩胶圈密封方式与纵向串接方式相结合的接口——构件间有约束锁紧装置与工作面压缩胶圈密封组合连接。

此种接口即能分别用作工作面压缩胶圈密封接口、纵向串接端面压缩胶圈密封接口，又能形成工作面压缩胶圈密封方式与纵向串接相结合的接口，是我国用于混凝土涵管的新型接口。

此种接口以2.2.2.1节所述接口形式箱涵，在其腋角位置预留纵向连接筋的孔道（图2-61）与锚固孔，管道施工时穿入纵向连接筋并张拉锚固，约束锁紧各节涵管成整体。

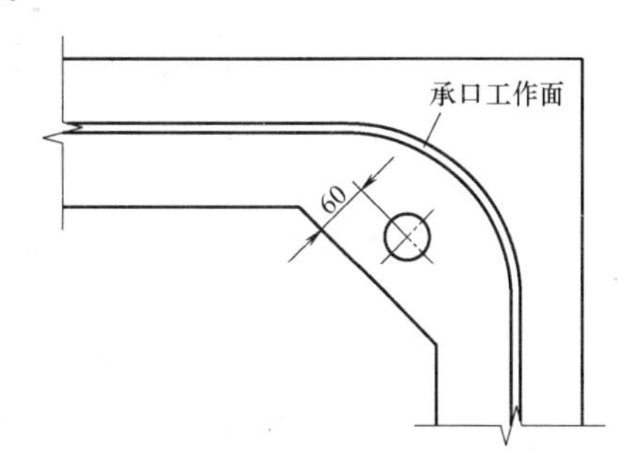

图2-61 构件间有约束锁紧装置与工作面压缩胶圈密封组合接口承口形式

2.2.2.5　混凝土盖板式涵管

1. 混凝土盖板式涵管形式

混凝土盖板式涵管（简称盖板涵或槽涵）是箱涵的一种，形式如图 2-62 所示，由下部沟槽构件和上部盖板构件两部分组成。与整体箱涵相比其特点是：箱涵的顶板被拆分制造，因而减轻了构件的单件重量，有利于特大型箱涵的生产、运输和安装；外形的改变，制造构件的模型被简化，装拆模及浇筑成型操作均被简化；有利于提高生产效率，降低生产成本。中小型盖板涵多为单仓形式，大型盖板涵可为双仓或三仓组成。

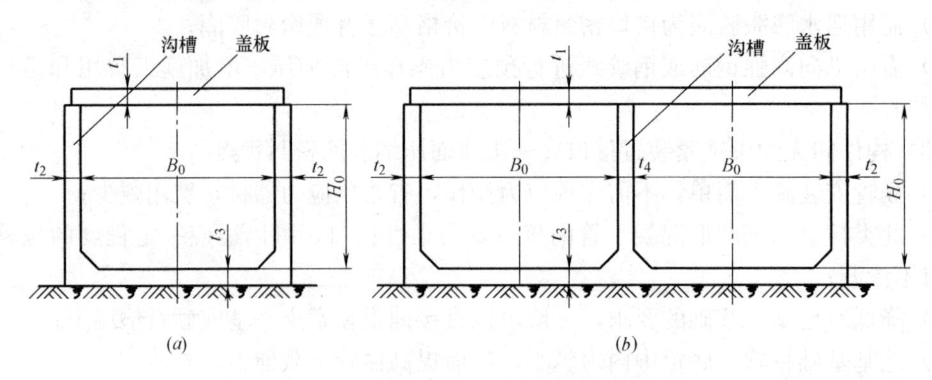

图 2-62　预制混凝土盖板式涵管结构示意图

(*a*) 单仓盖板涵；(*b*) 双仓盖板涵

多仓盖板涵的盖板形式分为整体式和分体式两种，图 2-62 (*b*) 中盖板为整体式，也可采用分体式盖板（见图 2-63），按仓分为两块，分别加盖于双仓沟槽槽壁上。

整体式或分体式盖板的形式主要决定于盖板涵的尺寸大小和生产、施工吊运条件。小型盖板涵盖板重量不大，多用整体式盖板，减少制造和施工安装吊运量。大型盖板涵的盖板重量大，受生产和吊运重量能力限止，可用分体式盖板。对于盖板与沟槽连接处有抗渗防水要求的，宜用整体式盖板。

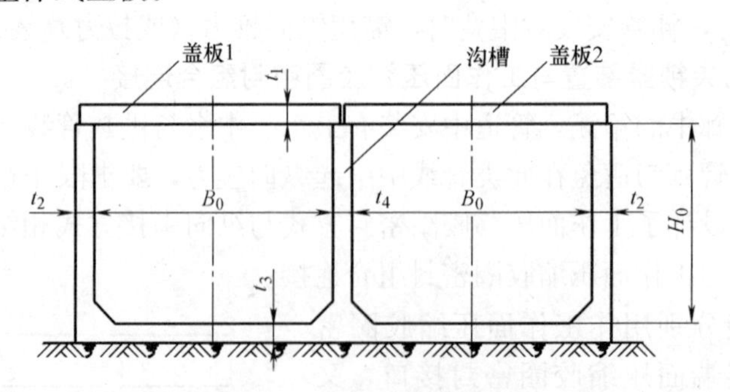

图 2-63　分体式盖板示意图

盖板搁置在沟槽槽壁顶端，连接形式主要有两种，搁置式及嵌入式，各种连接形式见图 2-64。

形式的选定取决于盖板涵功能要求，如果对盖板与沟槽连接处无抗渗防水要求者，常用搁置式，制造和安装较为简便。有一定抗渗防水要求者宜选用嵌入式。连接处连接材料按抗渗要求可在砂浆、防水油膏及遇水膨胀胶圈等材料中选取。

盖板横向断面（见图 2-65）分为三种型式，平板式与双坡式、下凸式。跨径不大的选

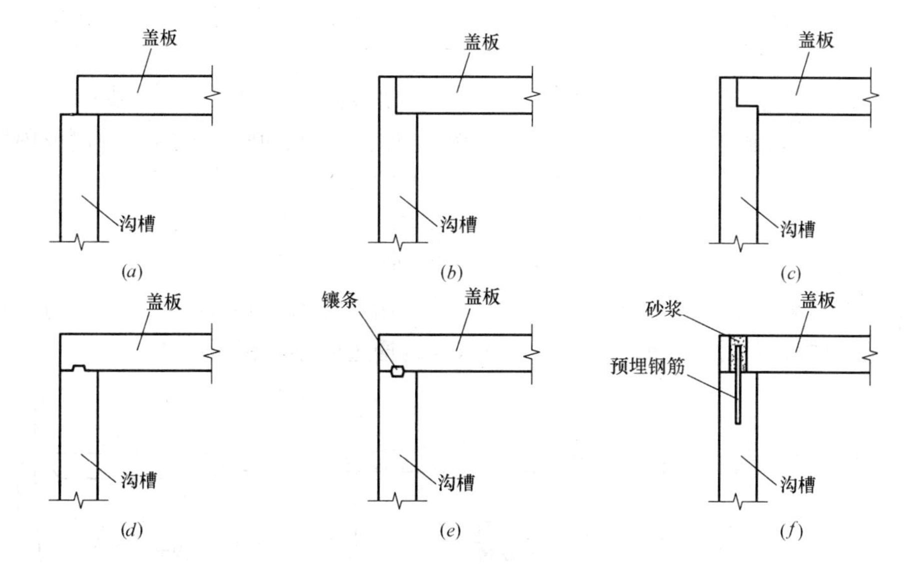

图 2-64 盖板与边墙连结方式示意图

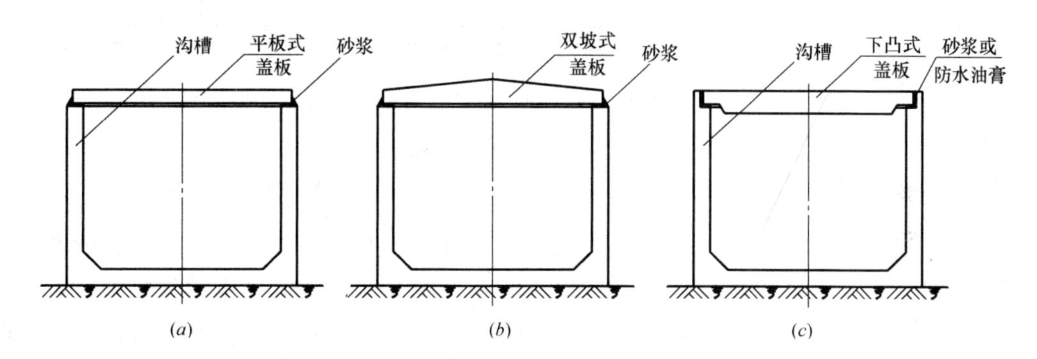

图 2-65 盖板与沟槽连接方式及盖板断面型式

(a) 搁置式连接、平板式盖板；(b) 搁置式连接、双坡式盖板；(c) 嵌入式连接、下凸式盖板

用平板式，跨径较大者宜用双坡式或下凸式。

盖板纵向断面主要有两种型式，按盖板顶面的抗渗防水要求分别选用平直形和嵌槽形(见图 2-66)。接缝填塞材料平直形为砂浆，嵌槽形内层填塞防水油膏、外层填塞砂浆。

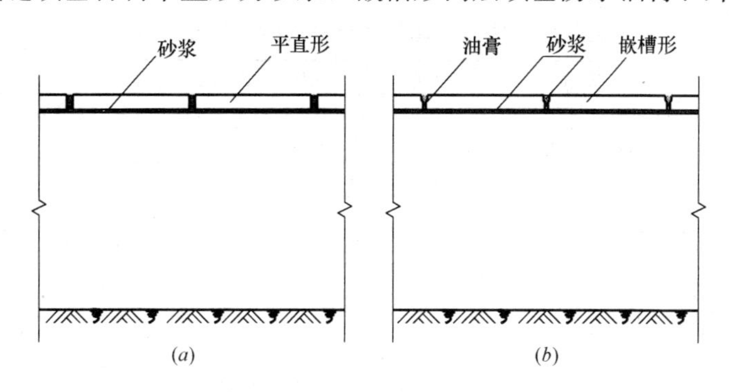

图 2-66 盖板纵向断面形式

(a) 平直形盖板；(b) 嵌槽形盖板

沟槽断面形式根据盖板涵管断面尺寸大小及抗渗防水要求主要由四种形式组合成多种盖板涵形式。

边墙形式：① 直壁形，如图 2-67（*a*）所示，壁板内外侧均为竖向直线；

② 斜壁形，如图 2-67（*b*）、（*c*）所示，壁板内侧或外侧为竖向直线，外侧或内侧为斜线，在大型盖板涵，埋土深度较大、侧向土压力大的情形下采用。

槽壁顶端形式：① 平直端（适于搁置式盖板用），见图 2-67（*a*）；

② L 形端（适于嵌入式盖板用），见图 2-67（*b*）。

沟槽内侧底端多设八字（腋）角，增强沟槽底端抗弯承载能力。尺寸大小与盖板涵管断面成正比，也与盖板涵管功能相关。一般取与沟槽边墙厚度相当尺寸。

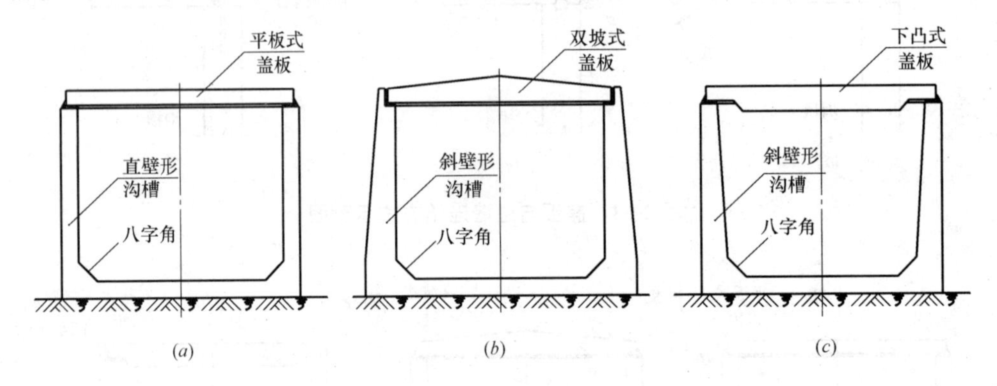

图 2-67　沟槽断面型式

（*a*）直壁形沟槽；（*b*）外斜壁形沟槽；（*c*）内斜壁形沟槽

盖板涵断面选择决定于侧向荷载值的大小，因而槽壁厚度由埋设深度及盖板涵的高度确定。一般分为两类：轻型和重型。轻型使用在埋深 0.6～2.0m，重型使用在埋深 2～6m。实际生产中为了减少钢模数量，便于生产管理，同一断面尺寸盖板涵的管壁厚度取单一厚度；也可进一步减少不同高度盖板涵的壁厚规格，以便于组合式钢模的应用；可以通过调整钢筋用量，满足不同埋设深度及涵管高度变化对承载能力的要求。

2. 混凝土盖板式涵管常用产品系列规格

表 2-15 为预制混凝土盖板式涵管常用产品规格，涵管的壁厚可根据工程工况条件进行调整，取上一规格或下一规格的壁厚。

混凝土盖板式涵管常用产品规格（单位：m）　　**表 2-15**

规格	内高	内宽	有效长	壁厚	规格	内高	内宽	有效长	壁厚
U500	0.5	0.4～1.0	2～3	0.11	U1600	1.6	1.0～2.5	2～2.5	0.18
U600	0.6	0.5～1.0	2～3	0.11	U1800	1.8	1.2～2.5	2～2.5	0.22
U700	0.7	0.5～1.2	2～3	0.11	U2000	2.0	1.2～2.5	2～2.5	0.22
U800	0.8	0.6～1.2	2～3	0.11	U2200	2.2	1.5～2.8	2～2.5	0.22
U900	0.9	0.6～1.5	2～3	0.14	U2500	2.5	1.8～3.0	2～2.5	0.22
U1000	1.0	0.6～1.6	2～3	0.14	U2800	2.8	2.0～3.5	1.5～2.0	0.26
U1100	1.1	0.8～1.8	2～2.5	0.14	U3000	2.8	2.0～3.8	1.5～2.0	0.26
U1200	1.2	0.8～1.8	2～2.5	0.14	U3200	3.2	2.0～4.2	1.5～2.0	0.26
U1300	1.3	1.0～2.0	2～2.5	0.18	U3500	3.5	2.0～4.5	1.5～2.0	0.30
U1400	1.4	1.0～2.2	2～2.5	0.18	U3800	3.8	2.0～5.0	1.5～2.0	0.30
U1500	1.5	1.0～2.2	2～2.5	0.18	U4000	3.5	2.5～6.0	1.5～2.0	0.30

3. 混凝土盖板式涵管的接口和装配连接方式

盖板涵接口密封要求可分为：

（1）允许渗漏接口，大多用于排洪及农业灌溉等管道。如图 2-68（*a*）所示，可用平直形接口，以砂浆等材料作为密封材料。

（2）允许少许渗水接口，用于城市雨水排放及农业灌溉等管道。可用平直形接口、企口形接口［见图 2-68（*b*）］，以砂浆、防水油膏等作为密封材料。

（3）严密型接口，不允许发生渗漏，用于排放污水等对渗漏有严格要求的管道。可用凹凸形接口［见图 2-68（*c*）］、凹形接口［见图 2-68（*d*）］，以油膏、橡胶圈、遇水膨胀胶圈等作为密封材料。

盖板涵不宜采用承插式接口，因工作面压缩胶圈时，胶圈会产生向上的反弹力，盖板涵的自重难以保证胶圈所需压缩率，需在特殊条件下方可应用。

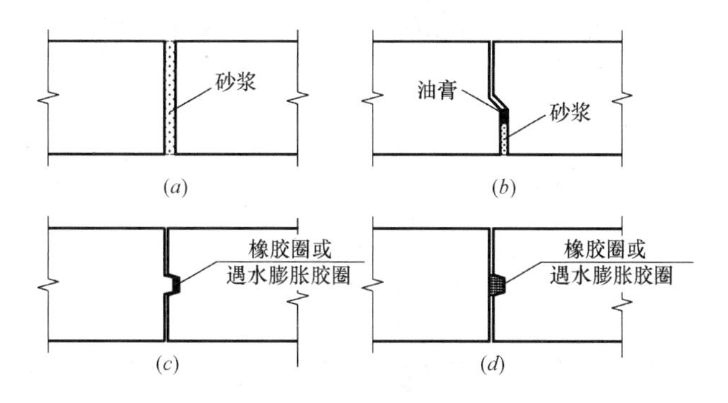

图 2-68 预制混凝土盖板式涵管接口示意图

（*a*）平直形接口；（*b*）企口形接口；（*c*）凹凸形接口；（*d*）凹形接口

沟槽安装连接方法以对接口抗渗防水要求来确定：

（1）直放型，两节沟槽之间无搭板连接。用于接口允许渗漏的接口。

（2）搭板连接型，两节沟槽间以钢板连接。用于有抗渗防漏要求的接口。

采用钢板搭接（见图 2-69），可防止沟槽管节间相对位移，保证接口的抗渗性能。

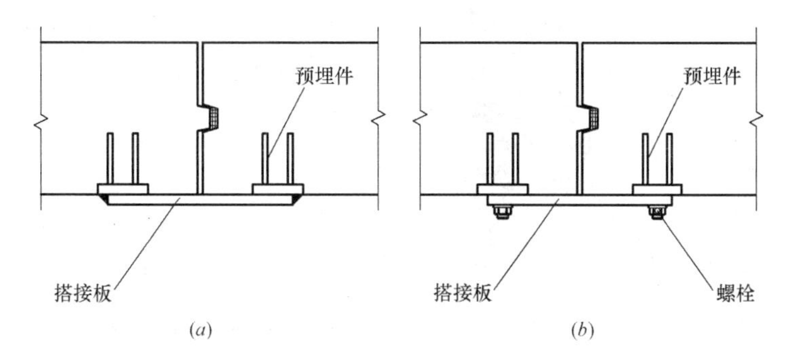

图 2-69 沟槽连接方式示意图（一）

（*a*）焊接连接；（*b*）螺栓连接

制作方法有：①沟槽预制时埋入连接件，在现场管节安装到位后，用钢板焊接连接或螺栓连接；②连接件在现场后置，打孔安装膨胀螺栓再以搭板连接（见图 2-70）。连接件可用普通钢材或不锈钢材制作。

（3）螺栓连接，沟槽两端预留孔洞，安装时插入连接支架，并以螺栓连接（见图 2-71）。

（4）纵向钢筋加压连接方式，两节沟槽之间由钢筋从预留孔中穿芯，张拉施加一定压力锚固。用于不许渗漏严密型接口。盖板涵纵向穿筋加压连接方式见图 2-72。

图 2-70　正在施工中的大型盖板涵（搭板连接方式）

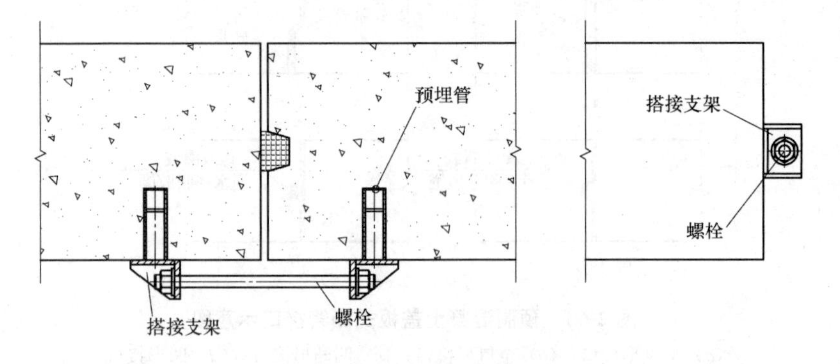

图 2-71　沟槽连接方式示意图（二）

用盖板涵建设输送污水的管道，对接口抗渗有严格要求，一般采用涵管端面压缩胶圈密封方式，为保证胶圈的压缩率达到设计要求，应在管道纵向施加压力，其原理如图 2-72、图 2-73 所示。

图 2-72　盖板涵纵向穿筋加压连接方式

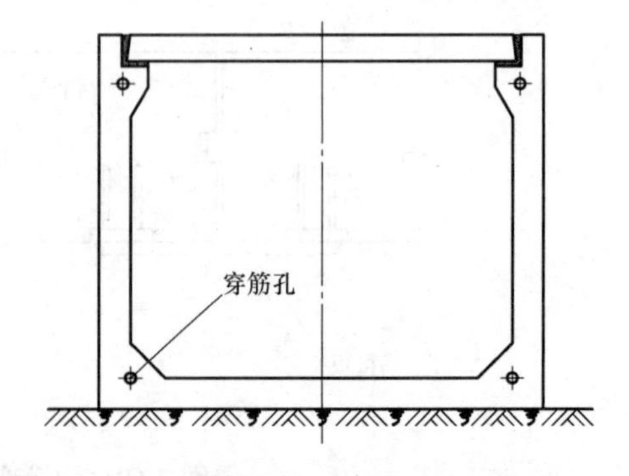

图 2-73　盖板涵纵向穿筋孔布置示意图

2.2.2.6　L形混凝土槽形沟

在农田灌溉水利管道及公路横向联络通道中较多应用L形混凝土槽形沟（图 2-74）。根据管道功能需求，可以在槽形沟顶加盖板，成为封闭式箱形涵管；也可不加盖板，为开放式槽形涵管。

∟形混凝土槽形沟现场安装时由两块组合(图 2-74)，在其中间布上钢筋现浇混凝土，连接成整体槽形沟管道。这也是∟形槽形沟的最大优点，二块∟形槽形块的中间连接宽度 B_c 可以按管道流量设计要求的宽度 B 作调整，一组标准块可安装组成多种宽度管道。

∟形混凝土槽形沟的连接方式及接口形式可参考混凝土盖板涵等构件的形式。

∟形混凝土槽形沟常用产品系列规格示于表 2-16。

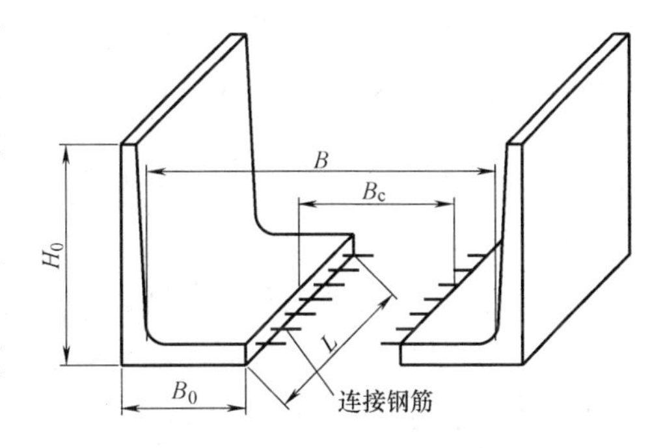

图 2-74 ∟形混凝土槽形沟

∟形混凝土槽形沟涵管常用产品规格（单位：m） 表 2-16

规格	内高	内宽	有效长	壁厚	理论重量(t)	规格	内高	内宽	有效长	壁厚	理论重量(t)
∟125×50	1.25	0.50	2	0.14	1.18	∟250×100	2.50	1.0	2	0.18	3.03
∟150×60	1.50	0.5	2	0.14	1.33	∟280×120	2.80	1.2	2	0.18	3.45
∟175×70	1.75	0.7	2	0.16	1.89	∟300×140	3.00	1.4	1.5	0.18	2.84
∟200×80	2.00	0.8	2	0.16	2.14	∟350×180	3.50	1.8	1.5	0.20	3.83
∟220×90	2.20	0.9	2	0.16	2.36	∟400×220	4.00	2.2	1.5	0.24	5.45

2.2.2.7 ⊏形混凝土箱形涵管

公路横向联络通道中较多应用⊏形混凝土箱形涵管（图 2-75、图 2-76）。

⊏形混凝土箱形涵管现场安装时由两块组合（图 2-75），在其中间布上钢筋现浇混凝土，连接成整体管道。这也是⊏形混凝土箱形涵管的最大优点，二块⊏形管块的中间连接宽度 B_c 可以按管道功能需求的宽度 B 作调整，一组标准块可安装组成多种宽度联络通道。

图 2-75 正在安装的⊏形管块

图 2-76 安装完成的⊏形混凝土箱形涵管

2.2.3 拱涵

城市中埋地的电力和热力等管道当前大多以圆形混凝土管作为套管。随着城市建设的快速发展，特别是在繁华的大城市，城市公用设施（如城市给水、排水、中水、电力、煤气、热力、电信等）地下管网逐渐增多，各种管道已形成在地下争夺空间、规划布局困难的局面。用好地下空间、保证各种管道布施合理可靠，成为当前地下管道规划设计中需解决的问题。

以圆形混凝土管作套管，在其断面中布置管道不尽方便，不能有效利用空间，至使不得不加大管道直径，工程土方量加大，增加工程成本，另一方面也增加了对地下空间断面的占用。为此一些大城市开始发展异形拱涵作为电力、热力等管道的套管。拱形涵管（简称拱涵）也大量用于排水或低压输水管道中。

顶为拱的涵管称为拱涵。与矩形涵管（简称箱涵或方涵）及圆管相比，拱涵既具有拱顶结构承受荷载能力强、可采用顶管工法施工的优点，又具备箱涵矩形断面布置管道方便合理的优点。

2.2.3.1　拱涵类型

在市政管道工程（综合管廊、雨水、污水管道）、排洪管道工程、电力电信管道工程中所使用的拱涵断面尺寸不大，常用的内宽×内高在 8m×6m 以下，在这范围内的涵管主要形式有：半圆拱涵、三圆拱涵、四圆拱涵及多圆弧涵。

半圆拱涵的拱轴线如图 2-77 所示。图形左右对称。圆弧 AA'的半径为 R，圆心为 O。

三圆拱涵的拱轴线如图 2-78 所示。图形左右对称。圆弧 BB'的半径为 R_1，圆心为 O_1；圆弧 AB 和 $A'B'$的半径为 R_2，圆心分别为 O_2 和 O_3。三段圆弧分别在点 B 及 B'相切。

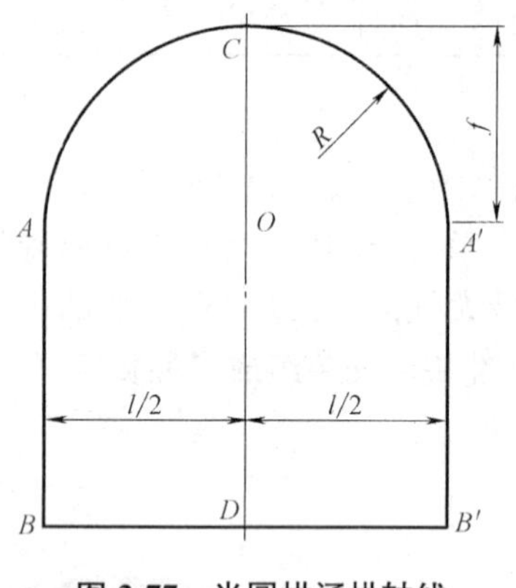

图 2-77　半圆拱涵拱轴线

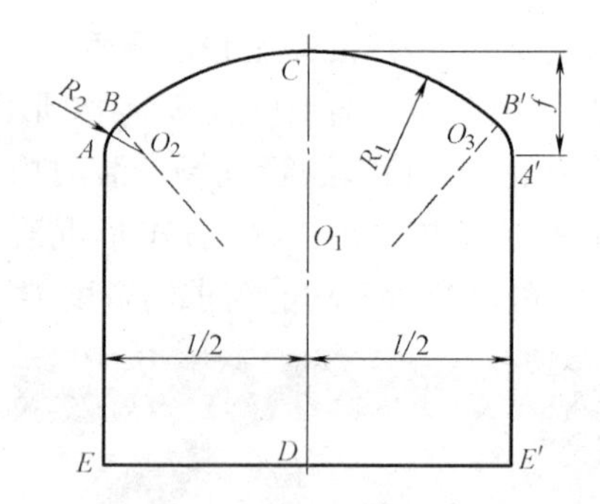

图 2-78　三圆拱涵拱轴线

当拱受任意荷载，且矢高 f 和跨度 l 一定时，采用三圆拱轴线较好，因为可以通过变动半径 R_1 和 R_2 的大小使拱轴线尽可能接近于压力曲线。

四圆拱涵的拱轴线如图 2-79 所示，因是四段圆弧相切组成，因而称之为四圆拱涵。图形左右对称。圆弧 AA'的半径为 R_1，圆心为 O_1；圆弧 AB 和 $A'B'$的半径为 R_2，圆心分别为 O_2 和 O_2'；圆弧 BB'的半径为 R_3，圆心为 O_3。四段圆弧分别在点 A、A'、B 及 B'相切。

多圆弧涵（简称弧涵）的拱轴线如图 2-80 所示，因是八段圆弧相切组成，因而称之为多圆弧涵。图形上下、左右对称。圆弧 AA'的半径为 R_1，圆心为 O_1；圆弧 AB 和 $A'B'$的半径为 R_2，圆心分别为 O_2 和 O_2'；圆弧 BE、$B'E'$的半径为 R_3，圆心为 O_3和 O_3'。圆弧 EF、$E'F'$的半径为 R_2，圆心为 O_4和 O_4'。圆弧 FF'的半径为 R_1，圆心为 O_5。四段圆弧分别在点 A、A'、B 及 B'相切。八段圆弧分别在点 A、A'、B、B'、E、E'、F 及 F'相切。

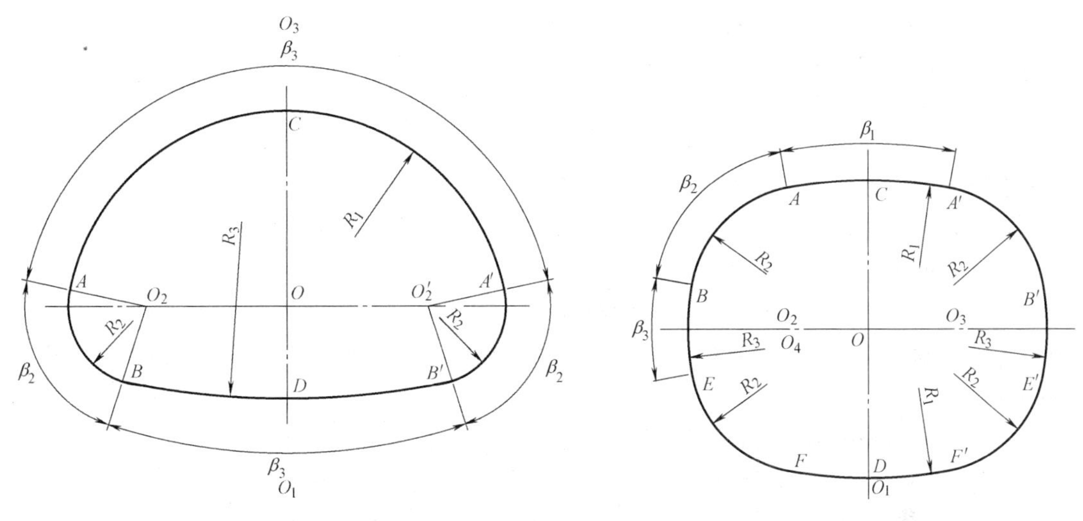

图 2-79 四圆拱涵拱轴线

图 2-80 多圆弧涵拱轴线

2.2.3.2 三种拱涵对比

见图 2-81。

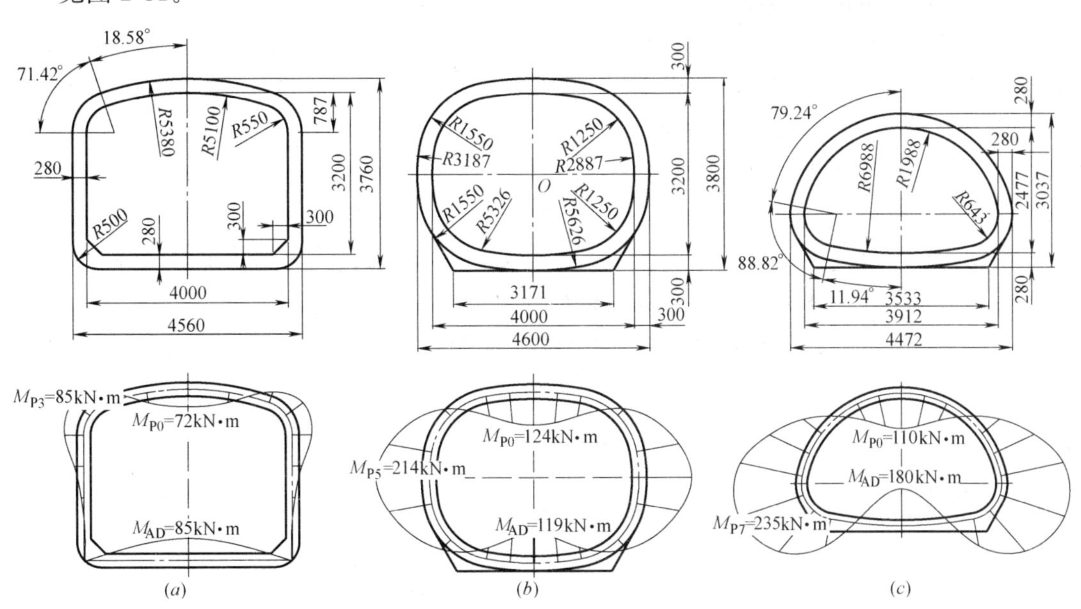

图 2-81 三圆拱涵、多圆弧涵与四圆拱涵断面形状及作用弯矩比较

(*a*) 三圆拱涵；(*b*) 多圆弧涵；(*c*) 四圆拱涵

1. 受力分析

从结构力学分析，当压力曲线接近于拱轴线时，拱涵中内力越小，因此，我们所选用的拱轴线最好能与压力曲线相接近。三圆拱涵、四圆拱涵和多圆弧涵，因为可以通过变动半径 R_1 和 R_2 的大小，使拱轴线尽可能接近于压力曲线，可以按照涵管的功能，调整其断面形状，在满足功能的条件下，结构内力减小，达到节材降耗的效果。

埋设于地下的三圆拱涵、四圆拱涵和多圆弧涵中，三圆拱涵轴线更接近于压力曲线，因而三圆拱涵的钢筋用量可最省。

四圆拱涵呈扁平状，两侧外缘位置，距中轴线距离增大而弯矩增大，使两侧外缘的配筋增加、整体用钢量增多，是几种拱涵中用钢最多的一种涵管。

2. 占用空间及管道断面布置分析

四种形式的涵管有效使用空间为直段部分，拱顶高度越小在地下所占空间越小。显然半圆拱涵在这方面不如三圆拱涵及多圆弧涵，半圆形半圆拱涵顶部圆弧高度大，高度在地下所占空间大。如若为了降低半圆拱涵的拱顶高，则会加大拱顶对侧墙的横向推力，结构受力不利。但半圆拱涵模型制作简便。

各种形式涵管断面各有不同，三圆拱涵、半圆拱涵都有竖向直段，作为电力、热力、通信等管道的套管和综合管廊较为合宜，在两侧壁直段可挂装电缆支架并安放电缆，内部空间利用率较好。

多圆弧涵两侧虽为弧形，但其弧线半径较大，管线的布置尚较便利。

具有特种管形的四圆拱涵，是在特种地理环境等特种工况条件下使用的一种涵管。某些地区地下土层较薄，或地下空区受限，只能压扁涵管高度，在这种条件下，使用四圆拱涵有其独到的优点。

2.2.3.3　三圆拱涵管型设计

1. 三圆拱涵的轮廓线设计

在设计地下拱形涵管时，首先根据内部空间的需要确定拱的内轮廓线，然后再依据内轮廓线决定拱的外轮廓线和拱轴线。三圆拱涵由于其结构断面上的合理性，拱顶及直墙厚度一般不会超过 40cm，因此可选用等厚度拱。

按照空间使用要求确定内拱宽度及内拱直线段高度，根据设计经验初选拱涵的顶拱圆弧半径 R_1、侧拱圆弧半径 R_2，然后通过结构试算，选择结构内力较小，拱涵矢高符合管道功能要求的三圆拱涵顶拱圆弧半径、侧拱圆弧半径、再按公式算出顶拱圆弧圆心夹角和侧拱圆弧夹角。三圆拱涵基本计算公式如下：

$$R_2\sin\alpha_2+R_1(1-\cos\alpha_1)=f \tag{2.2-1}$$

$$R_2+(R_1-R_2)\sin\alpha_1=B_0/2 \tag{2.2-2}$$

计算得到各部尺寸后确定拱的厚度，绘出拱的内外轮廓线与轴线，分析内力以验证拱的厚度是否满足需要。

【例题 2.5】　三圆拱涵拱顶轮廓线设计

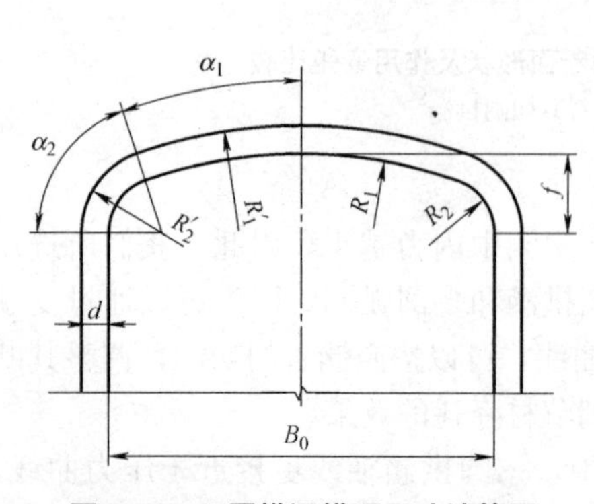

图 2-82　三圆拱涵拱顶尺寸计算图

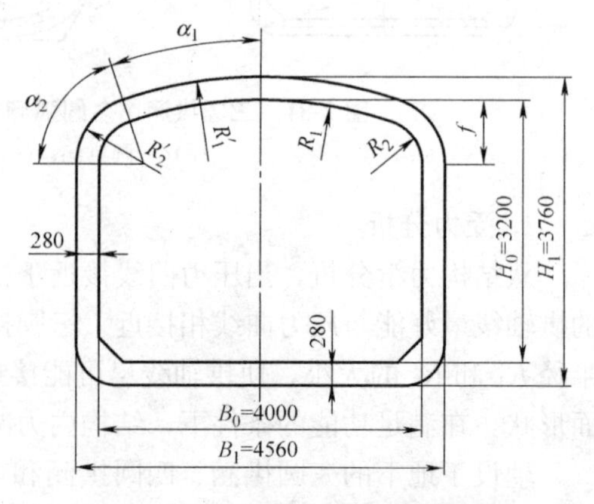

图 2-83　三圆拱涵管型设计例图

（1）基本参数：拱涵内宽 B_0＝4000mm、拱涵内高 H_0＝3200mm；壁厚 d＝280mm；拱涵埋土深度 4m。

（2）按照设计经验选择拱涵顶圆半径 R_1、拱涵侧圆半径 R_2；拱涵管壁厚度 d，计算拱涵内力。

（3）按管道使用功能对涵管断面尺寸（矢高）要求及内力弯矩大小比较，确定拱涵的断面尺寸。

计算结果见表 2-17。

例题 2.5 计算汇总表 **表 2-17**

序号	顶圆内半径	侧圆内半径	拱顶矢高	拱顶 1/2 弧角	拱侧弧角	拱顶弯矩	底板中弯矩	点 3 弯矩
	(m)	(m)	f(m)	α_1(°)	α_2(°)	(kN·m)	(kN·m)	(kN·m)
1	5	0.3	0.62	21.20	68.80	79.0396	78.8075	−95.0759
	4	0.3	0.71	27.35	62.65	73.4276	81.0223	−92.4624
	3	0.3	0.90	39.02	50.98	62.2848	87.6849	−85.1830
2	5	0.36	0.66	20.70	69.30	77.4515	80.9118	−93.0456
	4	0.36	0.75	26.78	63.22	72.1495	82.4934	−90.7137
	3	0.36	0.93	38.40	51.60	61.6330	87.9764	−84.0038
3	5	0.38	0.67	20.53	69.47	76.9199	81.6524	−92.3489
	4	0.38	0.76	26.58	63.42	71.7150	83.0235	−90.1148
	3	0.38	0.94	38.19	51.81	61.4012	88.1068	−83.6006
4	5	0.4	0.69	20.35	69.65	76.3879	82.4124	−91.6416
	4	0.4	0.78	26.39	63.61	71.2767	83.5736	−89.5075
	3	0.4	0.95	37.98	52.02	61.1622	88.2543	−83.1919
5	5	0.45	0.72	19.92	70.08	75.0577	84.3972	−89.8247
	4	0.45	0.81	25.89	64.11	70.1664	85.0367	−87.9494
	3	0.45	0.98	37.43	52.57	60.5339	88.6998	−82.1444
6	5	0.5	0.76	19.47	70.53	73.7319	86.5018	−87.9334
	4	0.5	0.84	25.38	64.62	69.0393	86.6260	−86.3298
	3	0.5	1.00	36.87	53.13	59.8629	89.2588	−81.0564
7	5	0.6	0.83	18.55	71.45	71.1178	91.0628	−83.9036
	4	0.6	0.90	24.32	65.68	66.7571	90.1849	−82.8806
	3	0.6	1.05	35.69	54.31	58.4012	90.7366	−78.7388
8	5	0.80	0.98	16.60	73.40	66.2313	101.5102	−74.6705
	4	0.80	1.03	22.02	67.98	62.2717	98.8118	−74.9409
	3	0.80	1.16	33.06	56.94	55.0938	95.2669	−73.3653

注：弯矩符号，内缘受拉为正、外缘受拉为负。

分析表 2-17 的数据，可知：

① 随着三圆拱顶圆半径的缩小，各点弯矩减小；

② 随着三圆拱侧圆半径的缩小，拱顶中心及底板中心弯矩减小、侧圆中心（3 点）的

弯矩增大。

(4) 4×3.2-280三圆拱涵的断面尺寸设计值

三圆拱涵的优点除了可用于开槽施工外，还适宜用于顶进法施工，在选择三圆拱涵的断面尺寸时，需考虑满足顶进法施工，拱顶的圆弧半径小，有利于顶管施工。三圆拱涵用作套管或综合管廊时，要求侧壁直线段高度增高，拱顶矢高减小。

综合三圆拱断面尺寸对管体内力的影响、顶管施工及管道使用功能等要求，4.0m×3.2m三圆拱涵的断面尺寸设计为：

顶圆半径 $R_1=4000$mm、侧圆半径 $R_2=400$mm；

拱顶高 $f=780$mm；

1/2顶圆夹角 $\alpha_1=26.39°$、侧圆夹角 $\alpha_2=63.61°$。

2. 三圆拱壁厚的确定

系列设计中三圆拱涵最大内宽定为7.0m，内宽大于4.0m的三圆拱涵主要用于大型排水管道和综合管廊，采用带有中间支承墙的双孔结构更为合理。壁厚定为200、250、300、350mm。拱涵内角的大小影响侧墙及底板的结构受力，作为套管用涵管希望直墙长、底角小，底角取100mm，其他管道可取200、300mm。

三圆拱涵底部外圆角主要是为满足机械顶管施工工艺需要而设计的，非机械顶管施工工艺用三圆拱涵也可设计为20～50mm的小坡角。

3. 三圆拱涵系列产品规格尺寸

当前定型的系列三圆拱涵尺寸见表2-18。应用时，其宽度与直段高度可作相应调整。

三圆拱涵按其内孔个数分别为单孔（仓）三圆拱涵［图2-84（*a*）］、双孔（仓）三圆拱涵［图2-84（*b*）］以及多孔三圆拱涵。

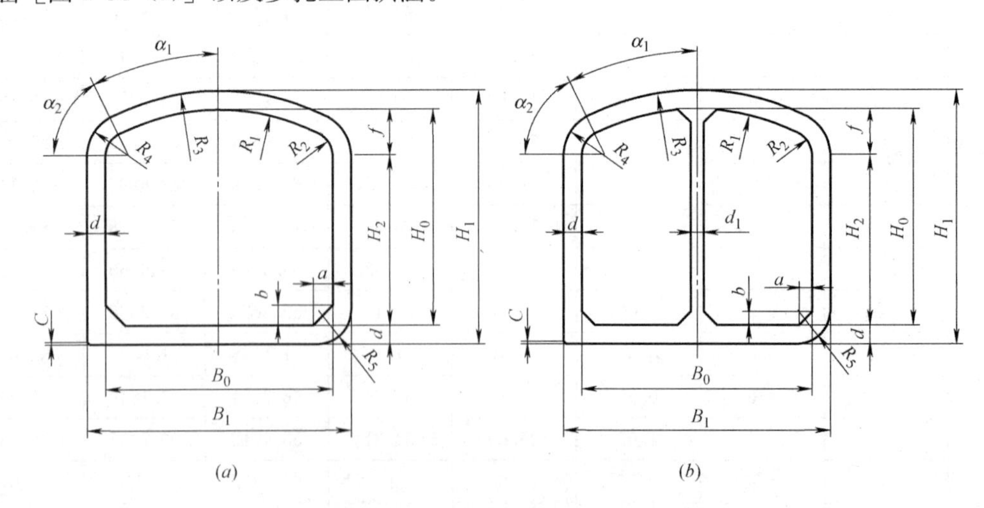

图2-84　三圆拱涵管型断面图

（*a*）单孔（仓）三圆拱涵；（*b*）双孔（仓）三圆拱涵

注：图示中左角为倒角外角，右角为圆角外角，按需要选

2.2.3.4　多圆弧涵管型设计

1. 多圆弧涵的轮廓线设计

多圆弧涵由八片圆弧拼接而成，由于涵管轮廓线全为弧形，结构受力及在顶管工程中

三圆拱涵系列产品规格尺寸（单位：mm）　　表 2-18

规格 (mm)	2000×2200	2500×2800	3000×2800	3500×3200	4000×3200	4500×3200	5000×3200	5500×3200	6000×3800	6500×3800	7000×3800
B_0	2000	2500	3000	3500	4000	4500	5000	5500	6000	6500	7000
B_1	2400	2900	3500	4000	4560	5060	5600	6100	6640	7140	7640
H_0	2200	2800	2800	3200	3200	3200	3200	3200	3800	3800	3800
H_2	1810	2320	2220	2520	2420	2330	2230	2130	2640	2540	2440
F	390	480	580	680	780	870	970	1070	1160	1260	1360
R_1	2000	2500	3000	3500	4000	4500	5000	5500	6000	6500	7000
R_2	200	250	300	350	400	450	500	550	600	650	700
R_3	2200	2700	3250	3750	4280	4780	5300	5800	6320	6820	7320
R_4	400	450	550	600	680	730	800	850	920	970	1020
α_1	26.39°	26.39°	26.39°	26.39°	26.39°	26.39°	26.39°	26.39°	26.39°	26.39°	26.39°
α_2	63.61°	63.61°	63.61°	63.61°	63.61°	63.61°	63.61°	63.61°	63.61°	63.61°	63.61°
d_1	200	200	200	200	200	200	250	250	250	250	250
R_5	200	200	300	300	400	400	400	400	500	500	500
A	100	100	100	100	200	200	200	200	300	300	300
B	100	100	100	100	200	200	200	200	300	300	300
C	30	30	30	30	40	40	40	40	50	50	50
壁厚	200	200	250	250	280	280	300	300	320	320	320
质量 (kN/m)	42.95	53.34	72.78	83.27	100.24	106.38	121.15	128.02	153.78	160.80	167.82

有其优异之处。如同三圆拱涵、多圆弧涵可通过改变圆弧的直径、圆弧的长度，使弧涵的轴曲线接近压力曲线，从而减小荷载作用时产生的内力。

多圆弧涵的轮廓线需综合考虑管道功能、作用荷载内力大小、施工工法等因素确定。

由【例题 2.6】表 2-19 所示，不同圆弧半径对断面内力的影响，拱顶弯矩与拱顶圆弧半径成正比、拱侧与拱底弯矩与拱顶圆弧半径成反比；如若从施工着想，拱顶圆弧半径较小，有利于采用顶进法施工时对土层的适应性；侧向圆弧半径加大，用作综合管廊管道时，两侧悬挂线缆支架方便，如若侧向圆弧半径取为无穷大时，侧壁中负弯矩最小，涵管的管型即成为三圆拱涵类型了。

由【例题 2.6】表 2-19 所示，埋土多拱圆弧在荷载作用下，最大弯矩点是管侧的负弯矩，为了减少涵管外侧配筋量，涵管断面设计可将两侧壁厚加厚。

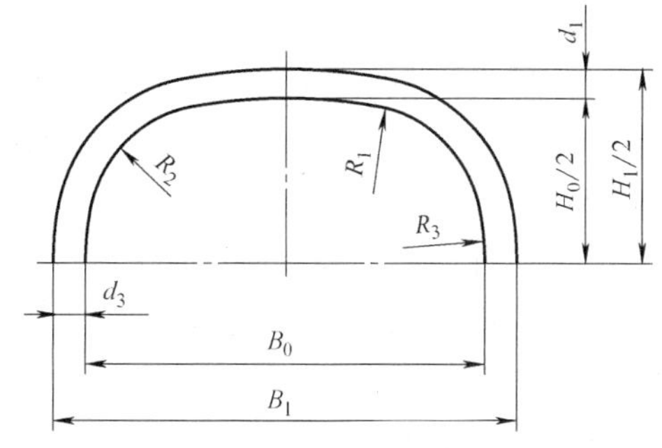

图 2-85　多圆弧涵管型设计例图

【例题 2.6】 多圆弧涵涵顶轮廓线设计

（1）基本参数：拱涵内宽 $B_0=4000$mm、拱涵内高 $H_0=3200$mm；拱涵埋土深度 4m。

（2）按照设计经验选择拱涵顶圆半径 R_1、

拱涵过度圆弧半径 R_2、拱涵侧圆半径 R_3，计算拱涵内力。

（3）按管道使用功能对涵管断面尺寸要求及内力弯矩大小比较，确定拱涵的断面尺寸。

计算结果见表 2-19。

多圆弧涵断面尺寸选型计算表 **表 2-19**

序号	顶圆半径 R_1 (m)	过度圆半径 R_2 (m)	侧圆半径 R_3 (m)	涵顶弯矩 M_1 (kN·m)	涵侧弯矩 M_2 (kN·m)	底板中点弯矩 M_3 (kN·m)
1	4.0000	1.2500	2.8870	108.6326	−236.4982	131.7213
	4.5000	1.2500	2.8870	114.0858	−227.8929	127.4322
	4.8000	1.2500	2.8870	117.6205	−222.7757	124.5818
	5.0000	1.2500	2.8870	120.0829	−219.3782	122.5761
	5.3260	1.2500	2.8870	124.2741	−213.8579	119.1387
	6.0000	1.2500	2.8870	133.6158	−202.4790	111.4365
	6.5000	1.2500	2.8870	141.1163	−194.0345	105.2666
2	5.3260	1.2500	2.0000	119.5924	−219.2522	113.3434
	5.3260	1.2500	2.2000	120.6780	−217.9845	114.7034
	5.3260	1.2500	2.5000	122.2729	−216.1404	116.6838
	5.3260	1.2500	2.8000	123.8295	−214.3619	118.5963
	5.3260	1.2500	3.0000	124.8470	−213.2109	119.8353
	5.3260	1.2500	3.2000	125.8490	−212.0864	121.0468
	5.3260	1.2500	3.5000	127.3241	−210.4475	122.8144
3	5.3260	0.7500	2.8000	89.7029	−253.0591	107.9771
	5.3260	1.0000	2.8000	106.0710	−235.5323	111.5938
	5.3260	1.2500	2.8000	123.8295	−214.3619	118.5963
	5.3260	1.5000	2.8000	142.1085	−189.6098	129.2634
	5.3260	1.7500	2.8000	159.9118	−161.3685	143.8016
	5.3260	2.0000	2.8000	176.1580	−129.7952	162.2625
	5.3260	2.2500	2.8000	189.7603	−95.1325	184.4729

注：弯矩符号，内缘受拉为正、外缘受拉为负。

（4）4×3.2 多圆弧涵的断面尺寸设计值

综合多圆弧涵断面尺寸对管体内力的影响、顶管施工及管道使用功能等要求，4.0m×3.2m 多圆弧涵的断面尺寸设计为：

顶圆半径 R_1＝5320mm、过度圆半径 R_2＝1250mm；侧圆半径 R_3＝2800mm。

2. 多圆弧涵壁厚的确定

系列设计中多圆弧涵最大内宽定为 7.0m，内宽在 4.0m 及以上的多圆弧涵主要用于大型排水管道和综合管廊，采用带有中间支承墙的双孔结构更为合理。壁厚定为 200、250、300、350mm。

埋土多圆弧涵在荷载作用下的最大弯矩作用点在涵管外侧中点，为了减小涵管外层的配筋用量，可以发挥异形涵管的优点，取不均等壁厚，即在作用弯矩最大处增加壁厚，有效地提高此处截面的抗弯刚度，从而减少钢筋计算用量。

3. 多圆弧涵系列产品规格尺寸

当前定型的系列多圆弧涵尺寸见表 2-20。应用时，其宽度与直段高度可作相应调整。

多圆弧涵按其内孔个数分别为单孔（仓）多圆弧涵［图 2-86（*a*）］、双孔（仓）多圆弧涵［图 2-86（*b*）］以及多孔多圆弧涵。

当前国内最大多圆弧涵尺寸为内宽 9m、内高 6m（图 2-87），用作立交车行通道。

常用多圆弧涵系列产品规格尺寸（单位：mm）　　表 2-20

规格（mm）	3000×2400	3500×2800	4000×3200	4500×3600	5000×4000	5500×4200	6000×4800	6500×4800	7000×4800
B_0	3000	3500	4000	4500	5000	5500	6000	6500	7000
B_1	3600	4140	4680	5180	5680	6220	6760	7300	7800
B_d	2378	2774	3171	3568	3964	4360	4758	5000	5600
H_0	2400	2800	3200	3600	4000	4400	4800	4800	4800
H_1	2920	3360	3800	4200	4600	5040	5440	5440	5440
R_1	3995	4660	5326	5992	6666	7323	7989	8670	9340
R_2	938	1094	1250	1406	1563	1719	1875	1800	1600
R_3	2165	2526	2887	3247	3609	3970	4331	4660	5340
d_1	260	280	300	300	320	350	400	450	500
d_2	260	280	300	300	320	350	400	450	500
d_3	300	320	340	340	350	380	420	450	500
d_4	200	200	200	220	250	280	300	320	350
质量（kN/m）	68.92	86.89	105.45	117.65	159.89	181.55	208.71	250.96	310.54

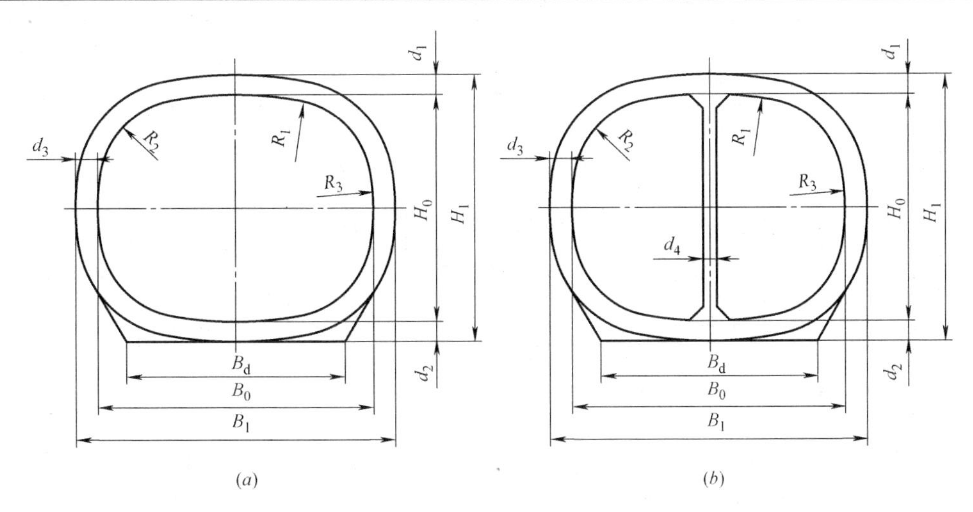

图 2-86　多圆弧涵

（*a*）单孔（仓）多圆弧函；（*b*）双孔（仓）多圆弧涵

(a)

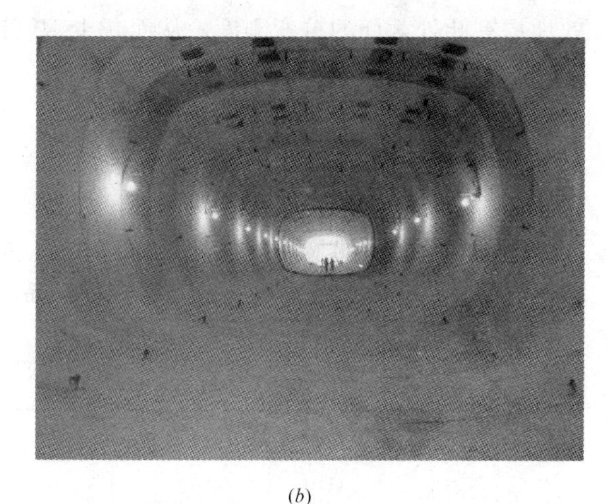
(b)

图 2-87 郑州中州路地下立交通道、内宽 9m 内高 6m 特大型弧涵
(a) 正在脱模的弧涵；(b) 已完成顶进的通道内景

2.2.3.5 四圆拱涵管型设计

1. 四圆拱涵轮廓线设计

四圆拱涵周壁均为弧形，特点是宽度大、高度相对小，整个过流断面面积大，埋设于地层中所占高度空间小，一般在排放大流量雨水管道中使用非常合适，也可用作地下人行通道和小汽车专用通道；由于底部为弧形，在埋设于高地下水位地层中，底板抵抗地基反力的能力强。

四圆拱涵的顶拱圆弧周长接近或等于 1/2 圆周，可减小拱顶对侧墙的横向推力。

如表 2-21 所示，四圆拱涵的内力随拱顶圆弧半径大小不同而不同。拱顶圆弧半径变化（侧圆弧半径保持不变），底圆弧半径随拱顶圆弧半径增大而缩小。内力随拱顶圆弧半径缩小而减小。

拱顶圆弧半径大小对内力的影响（弯矩单位：kN·mm）　　表 2-21

序号	顶圆半径 (mm)	侧圆半径 (mm)	底圆半径 (mm)	大弧角 (°)	侧弧角 (°)	底弧角 (°)	内高 (mm)	内宽 (mm)	内顶弯矩	内底弯矩	外侧弯矩
1-1	2178	705	7650	77.48	90.57	11.95	2714	4286	197.38	201.12	−385.76
1-2	2200	705	5739	74.01	89.36	16.62	2713	4286	206.4	226.2	−394.99
1-3	2309	706	3446	63.72	84.66	31.62	2711	4286	225.06	298.18	−403.16
2-1	2143	501	20426	90	85.27	4.73	2712	4286	215.11	204.64	−346.57
2-2	2176	500	4136	78.6	76.26	25.14	2711	4286	214.4	297.14	−425.68
2-3	2183	500	4126	77.48	76	27	2712	4286	216.6	302.3	−427.8

注：弯矩符号，内缘受拉为正、外缘受拉为负。

如表 2-22 所示，保持顶圆半径不变，底圆半径随侧圆半径缩小而缩小。内力随侧圆半径加大（底圆半径加大）而减小。

因此四圆拱涵断面设计应在一定范围内缩小顶圆半径、加大侧圆半径。顶圆最小半径不能小于 1/2 内宽。

侧圆（底圆）半径大小对内力的影响（弯矩单位：kN·m）　　表 2-22

序号	顶圆半径(mm)	侧圆半径(mm)	底圆半径(mm)	大弧角(°)	侧弧角(°)	底弧角(°)	内高(mm)	内宽(mm)	内顶弯矩	内底弯矩	外侧弯矩
3-1	2178	763	12768	77.40	96	6.6	2711	4286	194.47	159.59	−374.66
3-2	2178	705	7650	77.48	90.57	11.95	2714	4286	197.38	201.12	−385.76
3-3	2175	682	7450	78.17	89.36	12.47	2711	4286	200.26	209.18	−389.04
3-4	2176	600	5348	78.17	82.86	18.97	2711	4286	207.50	275.61	−446.17
3-5	2176	500	4136	78.6	76.26	25.14	2711	4286	214.4	297.14	−425.68

注：弯矩符号，内缘受拉为正、外缘受拉为负。

系列四圆拱涵断面设计时，应使各种规格拱涵的圆弧角角度相同，有利于简化钢模和钢筋骨架的制作。

2. 四圆拱涵断面设计

四圆拱圆断面设计方法：根据过水面积需要及地下空间布局使用要求，确定拱的内高和内宽，再依据设计经验确定拱顶圆弧（顶圆弧）、侧圆弧、底圆弧半径及涵管壁厚。经结构内力计算验算、并以作图或计算验算断面面积，经调整后确定四圆拱涵的内轮廓线、外轮廓线和轴线。

埋土四圆拱涵荷载作用下的最大弯矩点处在涵管两侧靠下的部位处，为了减少钢筋用量，可以把四圆拱涵设计成不等厚涵管，即两侧的壁厚大于涵管顶部及底部的厚度。

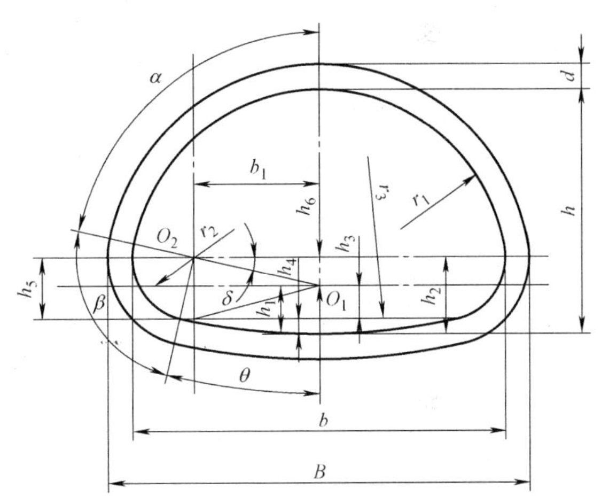

图 2-88　四圆拱涵尺寸计算图

（1）四圆拱涵尺寸计算公式

预定条件为已知四圆拱涵的内宽、内高、顶圆半径、侧圆半径及底圆半径（图 2-88），求解其他尺寸，公式为：

1）底圆半弧夹角

$$\theta=\arcsin[(b/2-r_2)/(r_3-r_2)] \tag{2.2-3}$$

2）侧圆圆心距底距离

$$h_2=r_3-\sqrt{(r_3-r_2)^2-(b/2-r_2)^2} \tag{2.2-4}$$

3）顶圆圆心距底距离

$$h_1=h_2-\sqrt{(r_1-r_2)^2-(b/2-r_2)^2} \tag{2.2-5}$$

4）侧圆圆心距中轴距离

$$b_1=b/2-r_2 \tag{2.2-6}$$

5）顶圆半弧夹角

$$\alpha=\arcsin[(b/2-r_2)/(r_1-r_2)] \tag{2.2-7}$$

6）底圆半弧夹角

$$\beta=180°-\alpha-\theta \tag{2.2-8}$$

7）四圆拱涵断面面积

$$A = A_1 + A_2 + A_3 + A_4$$
$$= 2\pi r_1^2 \frac{\alpha}{360°} + 2\pi r_2^2 \frac{\beta}{360°} + 2\pi r_3^2 \frac{\theta}{360°} - r_3^2 \cos\theta \sin\theta +$$
$$\sqrt{(c-r_2)[c-(r_1-r_2)](c-h_3)(c-r_3\sin\theta) - r_2(r_1-r_2)h_3 r_3 \sin\theta \cos^2\psi} \quad (2.2\text{-}9)$$

式中　$h_3 = h_1 - r_3(1-\cos\theta)$

$c = \frac{1}{2}[r_2 + (r_1 - r_2) + h_3 + r_3 \sin\theta]$

$\psi = (90° + \alpha + \theta)/2$

(2) 预定条件为：内宽、内高及顶圆半弧夹角、侧圆圆弧角、底圆半弧夹角，求各圆弧半径及其他尺寸，计算公式如下：

$$(b/2 - r_2)/(r_1 - r_2) = \sin\alpha \quad (2.2\text{-}10)$$

$$(b/2 - r_2)/(r_3 - r_2) = \sin\theta \quad (2.2\text{-}11)$$

$$r_1 = \frac{h - r_2(\cos\theta + \cos\alpha) - r_3(1-\cos\theta)}{(1-\cos\alpha)} \quad (2.2\text{-}12)$$

式（2.2-12）代入式（2.2-10）得：

$$r_2 = \frac{h\sin\alpha - r_3(1-\cos\theta)\sin\alpha - b(1-\cos\alpha)/2}{(\cos\theta + \cos\alpha)\sin\alpha - (1-\sin\alpha)(1-\cos\alpha)} \quad (2.2\text{-}13)$$

式（2.2-13）代入式（2.2-11）得：

$$r_3 = \frac{T - W + Y + U}{(V - X)} \quad (2.2\text{-}14)$$

式中　$T = \frac{b}{2\sin\theta}$

$S = (\cos\theta + \cos\alpha)\sin\alpha - (1-\sin\alpha)(1-\cos\alpha)$

$U = \frac{h\sin\alpha - b(1-\cos\alpha)/2}{S}$

$V = 1 + \frac{(1-\cos\theta)\sin\alpha}{S}$

$W = \frac{h\sin\alpha}{S\sin\theta}$

$X = \frac{(1-\cos\theta)\sin\alpha}{S\sin\theta}$

$Y = \frac{b(1-\cos\alpha)/2}{S\sin\theta}$

式（2.2-14）代入式（2.2-11）得：

$$r_2 = (r_3\sin\theta - b/2)/(\sin\theta - 1) \quad (2.2\text{-}15)$$

式（2.2-15）代入式（2.2-10）得：

$$r_1 = \frac{b/2 - r_2(1-\sin\alpha)}{\sin\alpha} \quad (2.2\text{-}16)$$

【例题 2.7】 四圆拱涵管轮廓线计算 I

按雨水排水系统设计单位提供的数据，要求过水断面相当直径 ϕ3400mm 圆管面积、涵管竖向高度不超过 3300mm 的要求设计四圆拱涵。

设定四圆拱涵内高为 2714mm、内宽为 4286mm，计算四圆拱涵各部尺寸并画出四圆拱涵图。

依据设计经验确定：顶圆半径 $r_1=2178\text{mm}$、$r_2=705\text{mm}$、$r_3=7650\text{mm}$。

计算：

1）底圆半弧夹角

$$\begin{aligned}\theta &= \arcsin[(b/2-r_2)/(r_3-r_2)]\\ &= \arcsin[(4286/2-705)/(7650-705)]\\ &= 11.95^\circ\end{aligned}$$

2）侧圆圆心距底距离

$$\begin{aligned}h_2 &= r_3-\sqrt{(r_3-r_2)^2-(b/2-r_2)^2}\\ &= 7650-\sqrt{(7650-705)^2-(4286/2-705)^2}\\ &= 855.50\text{mm}\end{aligned}$$

3）顶圆圆心距底距离

$$\begin{aligned}h_1 &= h_2-\sqrt{(r_1-r_2)^2-(b/2-r_2)^2}\\ &= 855.50-\sqrt{(2178-705)^2-(4286/2-705)^2}\\ &= 536.31\text{mm}\end{aligned}$$

4）侧圆圆心距中轴距离

$$\begin{aligned}b_1 &= b/2-r_2\\ &= 4286/2-705\\ &= 1438\text{mm}\end{aligned}$$

5）顶圆半弧夹角

$$\begin{aligned}a &= \arcsin[(b/2-r_2)/(r_1-r_2)]\\ &= \arcsin[(4286/2-705)/(2178-705)]\\ &= 77.48^\circ\end{aligned}$$

6）底圆半弧夹角

$$\begin{aligned}\beta &= 180^\circ-\alpha-\theta\\ &- 180^\circ-77.48^\circ-11.95^\circ\\ &= 90.57^\circ\end{aligned}$$

7）四圆拱涵断面面积

$$\begin{aligned}h_4 &= r_3(1-\cos\theta)\\ &= 7650\times(1-\cos 11.9^\circ)=165.78\text{mm}\end{aligned}$$

$$\begin{aligned}h_3 &= h_1-h_4\\ &= 536.31-165.78\\ &= 370.53\text{mm}\end{aligned}$$

$$\begin{aligned}c &= \frac{1}{2}[r_2+(r_1-r_2)+h_3+r_3\sin\theta]\\ &= \frac{1}{2}\times[705+(2178-705)+370.53+7650\times\sin 11.85^\circ]\\ &= 2066.25\text{mm}\end{aligned}$$

$$\psi=(90+\alpha+\theta)/2$$

$$=(90°+77.48°+11.95°)/2$$
$$=89.72°$$

$$A_{4-1}=(c-r_2)[c-(r_1-r_2)](c-h_3)(c-r_3\sin\theta)$$
$$=(2066.25-705)\times[2066.25-(2178-705)]\times(2066.25-370.53)\times(2066.25-7650\times\sin 11.85°)$$
$$=660431829773.03$$

$$A_{4-2}=r_2(r_1-r_2)h_3r_3\sin\theta\cos^2\psi$$
$$=705\times(2178-705)\times370.53\times7650\times\sin 11.85\times\cos^2 89.72°$$
$$=14829281.74$$

$$A_4=\sqrt{(c-r_2)[c-(r_1-r_2)](c-h_3)(c-r_3\sin\theta)-r_2(r_1-r_2)h_3r_3\sin\theta\cos^2\psi}$$
$$=\sqrt{660431829773.03-14829281.74}$$
$$=812660.45\text{mm}^2$$

$$A=A_1+A_2+A_3+2A_4$$
$$=2\pi r_1^2\frac{\alpha}{360°}+2\pi r_2^2\frac{\beta}{360°}+2\pi r_3^2\frac{\theta}{360°}-r_3^2\cos\theta\sin\theta+2A_4$$
$$=2\pi\times2178^2\times\frac{77.48°}{360°}+2\pi\times705^2\times\frac{90.57°}{360°}+2\pi\times7650^2\frac{11.85°}{360°}-7650^2\times\cos 11.85°\times\sin 11.85°+2\times812660.45$$
$$=9177040\text{mm}^2\approx9.18\text{m}^2$$

【例题 2.8】 四圆拱涵轮廓线计算Ⅱ

已知四圆拱涵的内宽、内高及顶圆、侧圆和底圆的圆弧角，求解此四圆拱涵的顶圆、侧圆和底圆直径。

已知：四圆拱涵内宽 b=4286mm、内高 h=2714mm、顶圆半圆弧夹角 α=77.48°、侧圆圆弧夹角 β=90.58°、底圆半圆弧夹角 θ=11.94°。

计算：

1）底圆半径

$$T=\frac{b}{2\sin\theta}$$
$$=\frac{4286}{2\times\sin 11.94°}$$
$$=10358.30$$

$$S=(\cos\theta+\cos\alpha)\sin\alpha-(1-\sin\alpha)(1-\cos\alpha)$$
$$=(\cos 11.94°+\cos 77.48°)\times\sin 77.48°-(1-\sin 77.48°)\times(1-\cos 77.48°)$$
$$=1.1481$$

$$U=\frac{h\sin\alpha-b(1-\cos\alpha)/2}{S}$$
$$=\frac{2714\times\sin 77.48°-4286\times(1-\cos 77.48°)/2}{1.1481}$$
$$=845.7644$$

$$V=1+\frac{(1-\cos\theta)\sin\alpha}{S}$$

$$=1+\frac{(1-\cos 11.94^\circ)\times\sin 77.48^\circ}{1.1481}$$

$$=1.0184$$

$$W=\frac{h\sin\alpha}{S\sin\theta}$$

$$=\frac{2714\times\sin 77.48^\circ}{1.1481\times\sin 11.94^\circ}$$

$$=1154.3451$$

$$X=\frac{(1-\cos\theta)\sin\alpha}{S\sin\alpha}$$

$$=\frac{(1-\cos 11.94^\circ)\times\sin 77.48^\circ}{1.1481\times\sin 11.94^\circ}$$

$$=0.0889$$

$$Y=\frac{b(1-\cos\alpha)/2}{S\sin\theta}$$

$$=\frac{4286\times(1-\cos 77.48^\circ)/2}{1.1481\times\sin 11.94^\circ}$$

$$=7066.3001$$

$$r_3=\frac{T-W+Y+U}{(V-X)}$$

$$=\frac{10358.2984-11154.3451+7066.3001+845.7644}{(1.0184-0.0889)}$$

$$=7655.9368\approx 7656\text{mm}$$

2）侧圆半径

$$r_2=(r_3\sin\theta-b/2)/(\sin\theta-1)$$

$$=(7655.9368\times\sin 11.94^\circ-4286/2)/(\sin 11.94^\circ-1)$$

$$=704.9240\approx 905\text{mm}$$

3）顶圆半径

$$r_1=\frac{b/2-r_2(1-\sin\alpha)}{\sin\alpha}$$

$$=\frac{4286/2-704.9240\times(1-\sin 77.48^\circ)}{\sin 77.48^\circ}$$

$$=2178.0299\approx 2178\text{mm}$$

按上述计算结果即可绘制出四圆拱涵的管型断面图（图 2-89）：

计算得到各部尺寸后确定拱的厚度，绘出拱涵的轴线与内外轮廓线，再分析内力以验证拱的厚度是否满足需要。

3. 四圆拱涵系列产品规格尺寸

当前定型的系列四圆拱涵尺寸见表 2-23。应用时，其宽度与直段高度可作相应调整。

四圆拱涵按其内孔个数分别为单孔（仓）

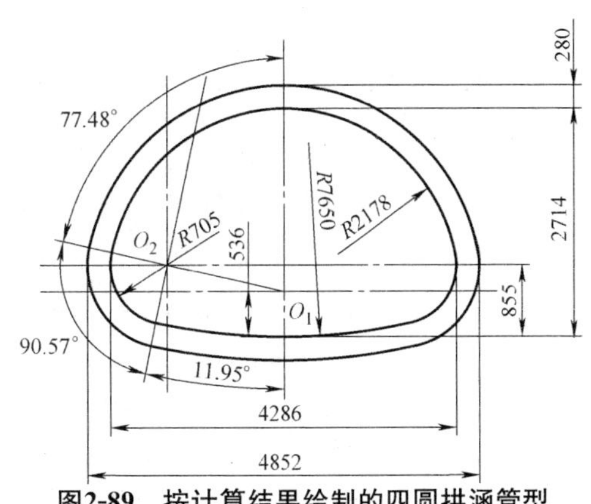

图2-89 按计算结果绘制的四圆拱涵管型

四圆拱涵［图 2-90 (*a*)］、双孔（仓）四圆拱涵［图 2-90 (*b*)］以及多孔四圆拱涵。

特大型拼块式预制装配四圆拱涵管见图 2-91。

四圆拱涵系列产品规格尺寸（单位：mm）　　**表 2-23**

序号	规格(英寸)、内宽×内高(mm)	过水面积 (mm^2)	每米质量 (t/m)	内宽 (mm)	内高 (mm)	壁厚 (mm)	隔板厚 (mm)	顶圆半径 (mm)	侧圆半径 (mm)	底圆半径 (mm)
1	42、(1299×795)	0.81	1.08	1299	795	100	100	661	189	2414
2	48、(1486×914)	1.07	1.34	1486	914	120	120	756	220	2747
3	54、(1651×1016)	1.32	1.66	1651	1016	140	140	840	245	3052
4	60、(1854×1143)	1.67	2.07	1854	1143	160	160	943	276	3421
5	72、(2235×1372)	2.41	2.88	2235	1372	180	180	1137	328	4146
6	84、(2591×1641)	3.35	3.74	2591	1641	200	200	1317	426	4627
7	90、(2921×1850)	4.26	4.50	2921	1850	215	200	1484	481	5216
8	96、(3099×1962)	4.80	5.12	3099	1962	230	200	1575	509	5537
9	108、(3505×2219)	6.14	6.54	3505	2219	260	220	1781	576	6262
10	120、(3912×2477)	7.64	7.84	3911	2477	270	220	1988	643	6988
11	132、(4286×2714)	9.18	8.53	4286	2714	280	220	2178	705	7656

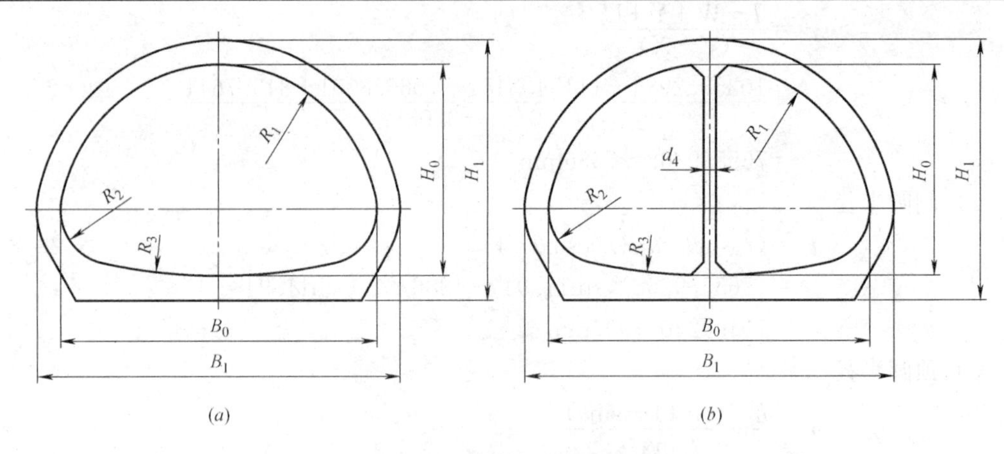

图 2-90　四圆拱涵管型断面图

(*a*) 单孔（仓）四圆拱涵；(*b*) 双孔（仓）四圆拱涵

2.2.4　椭圆涵管、卵形涵管

欧美国家在城市排水管道的中、小管径系统中常用混凝土椭圆形涵管（简称为椭圆涵管）和混凝土卵形涵管（简称为卵形涵管），如图 2-92 所示，此两种管子均具有内孔非正圆形、高度大于宽度、下部圆弧直径小等特点。

对于地下非压力管道，椭圆形断面涵管是最合理的，而且在竖向荷载与侧向荷载之比越大时越显著。与椭圆形涵管相似的是卵形涵管。

椭圆、卵形涵管管型的优点突出：①在同样过水面积条件下，顶弧直径小，因而结构内力减小，配筋可减少，材料用量降低，成本降低；②横向尺寸减小，在地下管线密布、水平布置有困难的场合使用，有其特殊优点（如在宽度较窄居民小区道路下和城区胡同内）；

(*a*)

(*b*)

(*c*)

图 2-91　特大型拼块式预制装配四圆拱涵管

(*a*) 预制四圆拱涵构件；(*b*) 正在施工装配的四圆拱涵；(*c*) 装配完成后的四圆拱涵管

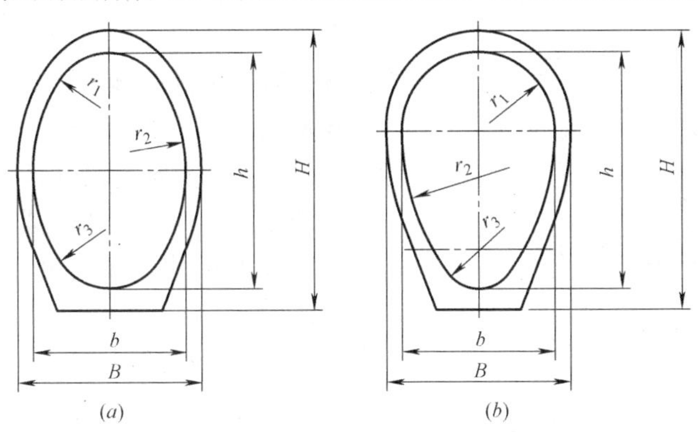

图 2-92　椭圆涵管、卵形涵管管型断面图

(*a*) 混凝土椭圆形涵管；(*b*) 混凝土卵形涵管

③底部断面小，流水速度增大，对积聚于管道底部的渣物有自洁作用；④带有混凝土底座，有提高承载力作用，无需另做混凝土管基。平面形底座，克服了承插口式混凝土管的承口使管基整体性破坏的缺陷，减少施工难度和工程量，提高管道运行的安全性；⑤可采用不等厚壁厚；⑥而且适宜应用椭圆配筋，更能减少钢筋用量。

椭圆、卵形涵管与圆管技术参数对比（以相当 ϕ1400mm 圆管的涵管为例）　　表 2-24

<table>
<tr><th colspan="2" rowspan="2">管　型</th><th rowspan="2">内宽
(mm)</th><th rowspan="2">内高
(mm)</th><th rowspan="2">断面面积
(mm²)</th><th rowspan="2">相当圆管直径
(mm)</th><th rowspan="2">单位管长质量
(t/m)</th><th colspan="3">理论计算环向配筋量</th></tr>
<tr><th>面积(mm²/m)</th><th colspan="2">质量(kg/m)</th></tr>
<tr><td rowspan="2">椭圆</td><td>承插口式</td><td rowspan="2">1200</td><td rowspan="2">1800</td><td rowspan="2">1.70</td><td rowspan="2">1472</td><td>1.89</td><td>474.2</td><td colspan="2">17.11</td></tr>
<tr><td>柔性企口式</td><td>2.13</td><td>501.4</td><td colspan="2">18.29</td></tr>
<tr><td rowspan="2">卵形</td><td>承插口式</td><td rowspan="2">1200</td><td rowspan="2">1800</td><td rowspan="2">1.65</td><td rowspan="2">1451</td><td>2.14</td><td>418.0</td><td colspan="2">17.04</td></tr>
<tr><td>柔性企口式</td><td>2.21</td><td>426.4</td><td colspan="2">17.50</td></tr>
<tr><td colspan="2" rowspan="2">圆形</td><td rowspan="2">1400</td><td rowspan="2">1400</td><td rowspan="2">1.54</td><td rowspan="2">1400</td><td rowspan="2">1.76</td><td>内层</td><td>20.52</td><td rowspan="2">34.1</td></tr>
<tr><td>外层</td><td>13.58</td></tr>
</table>

注：1. 表中的理论计算配筋，以开槽施工、90°土弧基础、覆土深度 4m 工况计算。
2. 混凝土强度等级 C30、钢筋设计强度 360N/mm²、土密度 18kN/m³。
3. 配筋量比较中未计入双层配筋增加的纵向筋和双层钢筋定位卡子的钢筋用量。

从表 2-24 中各项技术参数对比可知，椭圆涵管、卵形涵管单位管长的质量略有加大，但配筋有很大减少，只为圆形管子配筋量的 1/2 左右。

椭圆涵管和卵形涵管配筋能减少的原因是：①顶圆跨度（直径）减小；②顶、底的壁厚大于圆管的壁厚，加大了最大内力作用区的受力高度，配筋可减少；③竖向高度加大，侧壁作用对顶、底的反作用加大，减小顶、底的内力，减少配筋量；④带底座涵管，可采用单层椭圆配筋，取消了圆管中的一层构造筋；⑤管座对管体的增强作用，减少配筋。

1. 椭圆涵管管型设计

异形混凝土涵管的断面设计难点之一是合理确定外形各部尺寸，在结构计算中也需用到涵管的尺寸数值，因此在本节文中介绍异形混凝土涵管的尺寸计算公式和作图方法。

（1）椭圆涵管轮廓线设计

椭圆涵管管型设计方法：根据过水面积需要及地下空间布局使用要求，确定管涵的内高和内宽，再依据设计经验确定顶圆弧、侧圆弧、底圆弧半径及涵管壁厚。经结构内力计算验算、并以作图或计算验算断面面积，经调整后确定椭圆涵管的内轮廓线、外轮廓线和轴线。

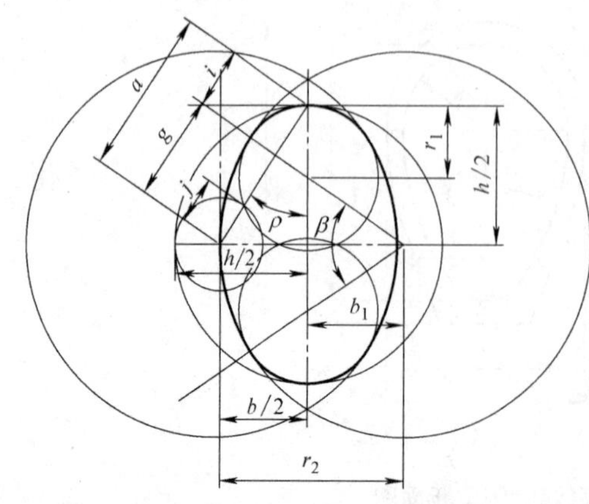

图 2-93　椭圆涵管尺寸计算图

（2）椭圆涵管尺寸计算

预定条件为已知椭圆涵管的内宽、内高、求解其他尺寸，椭圆尺寸计算图见图 2-93，公式为：

1）内轮廓线计算

① 顶圆半弧夹角

$$\alpha = 90° - \arctan[(b/2)/(h/2)] \quad (2.2\text{-}17)$$

② 底圆半弧夹角

$$\theta=\alpha \tag{2.2-18}$$

③ 侧圆弧夹角

$$\beta=180°-(\alpha+\theta) \tag{2.2-19}$$

④ 侧圆半径

$$r_2=[\sqrt{(h/2)^2+(b/2)^2}+h/2-b/2]/2/\sin(\beta/2) \tag{2.2-20}$$

⑤ 顶圆半径

$$r_1=h/2-(r_2-b/2)\tan(\beta/2) \tag{2.2-21}$$

⑥ 底圆半径

$$r_3=r_1 \tag{2.2-22}$$

⑦ 侧圆圆心距底距离

$$h_2=h/2 \tag{2.2-23}$$

⑧ 顶圆圆心距底距离

$$h_1=h-r_1 \tag{2.2-24}$$

⑨ 侧圆圆心与竖轴距离

$$b_1=r_2-b/2 \tag{2.2-25}$$

⑩ 椭圆涵管断面面积（见图 2-94）

$$A=A_1+A_2+A_3+A_4$$

$$=2\pi r_1^2\frac{\alpha}{360°}+2\pi r_2^2\frac{\beta}{360°}+2\pi r_3^2\frac{\theta}{360°}-2\times1/2(r_2-b/2)(h_1-r_3) \tag{2.2-26}$$

式中 A_1——顶圆面积；

A_2——1/2 侧圆面积；

A_3——底圆面积。

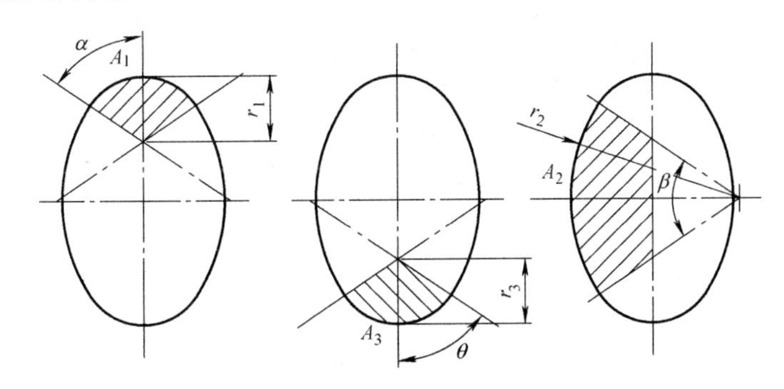

图 2-94 椭圆涵管内轮廓线、断面面积计算图

2）外轮廓线计算

① 椭圆涵管外轮廓线计算（见图 2-95）

辅助尺寸计算：

$$h_5=(h/2+d_d)-h_6 \tag{2.2-27}$$

$$b_1=r_2-(b/2+d_2) \tag{2.2-28}$$

$$h_5/h_6=(b_d/2)/b_1 \tag{2.2-29}$$

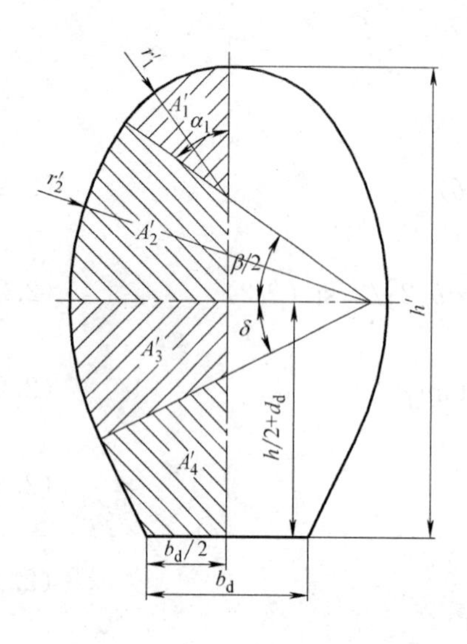

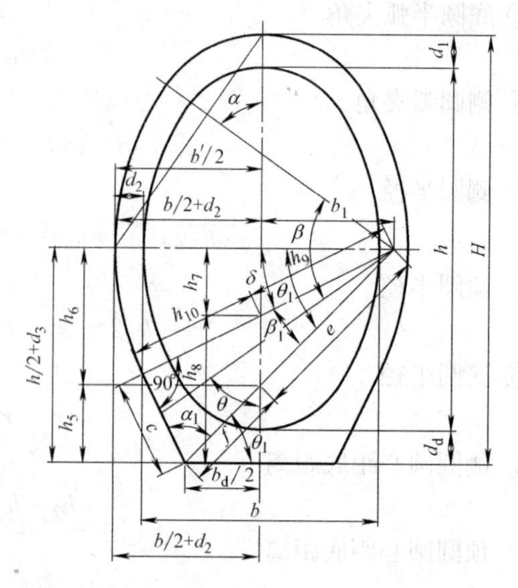

图 2-95　椭圆涵管外轮廓线、断面面积计算图

$$h_5=h_6(b_d/2)/b_1$$

$$h_5=(h/2+d_d)-h_6=h_6b_d/2/b_1 \tag{2.2-30}$$

$$(h/2+d_d)=h_6b_d/2/b_1+h_6$$

$$h_6=(h/2+d_d)/(b_d/2/b_1+1) \tag{2.2-31}$$

$$=(h/2+d_d)/[1+d_d/2/(r_2'-b/2+d_2)]$$

$$f=[(b_d/2)^2+h_5^2]^{0.5} \tag{2.2-32}$$

$$e=(h_6^2+b_1'^2)^{0.5} \tag{2.2-33}$$

$$c=[(e+f)^2-r_2'^2]^{0.5} \tag{2.2-34}$$

$$\alpha_1=\arccos[c/(e+f)] \tag{2.2-35}$$

$$\beta_1=90°-\alpha_1 \tag{2.2-36}$$

$$\theta_1=\arctan[h_5/(b_d/2)] \tag{2.2-37}$$

$$\delta=\theta_1-\beta_1 \tag{2.2-38}$$

$$h_7=b_1\sin\delta \tag{2.2-39}$$

$$h_8=(h/2+d_d)-h_7 \tag{2.2-40}$$

$$h_9=b_1/\cos\delta \tag{2.2-41}$$

$$h_{10}=r_2'-h_9 \tag{2.2-42}$$

$$\psi=(90°+90°)/2=90° \tag{2.2-43}$$

$$\text{四边形周长}/2=T=(h_8+h_{10}+c+b_d/2)/2 \tag{2.2-44}$$

② 椭圆涵管断面面积计算（见图 2-96）

$$\text{侧圆圆弧面积}=A_2'+A_3'=[\pi r'^2_2\beta'/2/360-1/2b_1^2\cos(\beta'/2)]+(\pi r'^2_2\delta/360-1/2b_1h_7) \tag{2.2-45}$$

$$\text{四边形面值积}=A_4'=[(T-h_8)(T-h_{10})(T-c)(T-b_d/2)-h_8h_{10}cb_d/2\cos^2\psi]^{0.5} \tag{2.2-46}$$

$$\text{椭圆涵管外轮廓线断面面积}=A'=2(A_1'+A_2'+A_3'+A_4') \tag{2.2-47}$$

【**例题 2.9**】 过水断面相当直径 ϕ1400mm 圆管面积的椭圆形涵管管型设计

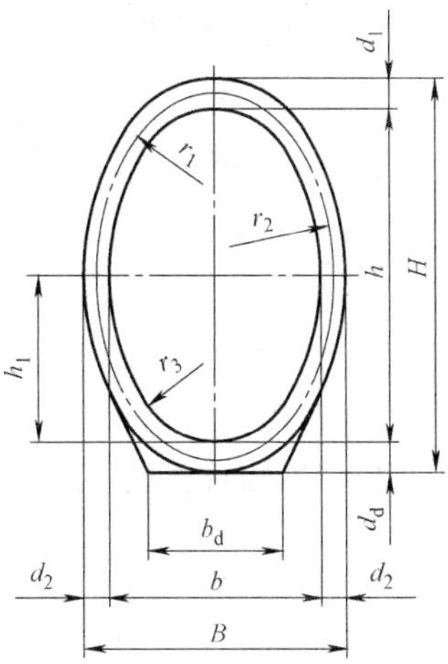

依据设计经验确定断面内轮廓线：顶面厚度 $d_1=185$mm、侧面厚度 $d_2=145$mm、底面厚度 $d_d=165$mm。

图 2-96 椭圆涵管管型断面图

1）内轮廓线设计：

① 顶圆半弧夹角

$$\alpha=90°-\arctan[(b/2)/(h/2)]$$
$$=90°-\arctan[(1200/2)/(1800/2)]$$
$$=56.31°$$

② 底圆半弧夹角

$$\theta=\alpha$$
$$=56.31°$$

③ 侧圆弧夹角

$$\beta=180°-(\alpha+\theta)$$
$$=180°-2\times56.31°$$
$$=67.38°$$

④ 侧圆半径

$$r_2=[\sqrt{(h/2)^2+(b/2)^2}+h/2-b/2]/2/\sin(\beta/2)$$
$$=[\sqrt{(1800/2)^2+(1200/2)^2}+1800/2-1200/2]/2/\sin(67.38°/2)$$
$$=1245.4163\text{mm}$$

⑤ 顶圆半径

$$r_1=h/2-(r_2-b/2)\tan(\beta/2)$$
$$=1800/2-(1245.4163-1200/2)\times\tan(67.38°/2)$$
$$=469.7224\text{mm}$$

⑥ 底圆半径

$$r_3=r_1$$
$$=469.7224\text{mm}$$

⑦ 侧圆圆心距底距离

$$h_2=h/2$$
$$=1800/2$$
$$=900\text{mm}$$

⑧ 顶圆圆心距底距离

$$h_1=h-r_1$$
$$=1800-469.7224$$
$$=1330.2776\text{mm}$$

⑨ 侧圆圆心与竖轴距离

$$b_1=r_2-b/2$$
$$=1245.4163-1200/2$$
$$=645.4163\text{mm}$$

⑩ 椭圆涵管内轮廓线断面面积

$$A = A_1 + A_2 + A_3 - A_4$$

$$= 2\pi r_1^2 \frac{\alpha}{360°} + 2\pi r_2^2 \frac{\beta}{360°} + 2\pi r_3^2 \frac{\theta}{360°} - 2 \times 1/2(r_2 - b/2)(h_1 - r_3)$$

$$= 2\pi \times 469.7224^2 \times \frac{56.31°}{360°} + 2\pi \times 1245.4163^2 \times \frac{67.38°}{360°} + 2\pi \times 469.7224^2 \times \frac{50.51°}{360°} -$$

$$2 \times 1/2 \times (1245.4163 - 1200/2) \times (1330.2776 - 469.7224)$$

$$= 1702326\text{mm}^2 = 1.70\text{m}^2$$

⑪ 相当圆管直径

$$D_0 = \sqrt{4A/\pi} = \sqrt{4 \times 1702326/\pi} = 1472\text{mm}$$

椭圆涵管内断面设计结果：断面面积大于 ϕ1400mm 圆管的断面积，达到设计要求。

2）外轮廓线设计：顶面管壁厚度 d_1=185mm、侧面管壁厚度 d_2=145mm、底面管壁厚度 d_d=165mm。

① 外轮廓线宽、高计算

$$b' = b + 2d_2 = 1200 + 2 \times 145 = 1490\text{mm}$$

$$h' = h + d_1 + d_d = 1800 + 185 + 165 = 2150\text{mm}$$

② 顶圆半弧夹角

$$\alpha' = 90° - \arctan[(b'/2)/(h'/2)] = 90° - \arctan[(1490/2)/(2150/2)] = 55.28°$$

③ 底圆半弧夹角

$$\theta' = \alpha' = 55.28°$$

④ 侧圆弧夹角

$$\beta' = 180° - (\alpha' + \theta') = 180° - 2 \times 55.28° = 69.45°$$

⑤ 侧圆半径

$$r_2' = [\sqrt{(h'/2)^2 + (b'/2)^2} + h'/2 - b'/2]/2/\sin(\beta'/2)$$

$$= [\sqrt{(2150/2)^2 + (1490/2)^2} + 2150/2 - 1490/2]/2/\sin(69.45°/2)$$

$$= 1437.7604\text{mm}$$

⑥ 顶圆半径

$$r_1' = h'/2 - (r_2' - b'/2)\tan(\beta'/2)$$

$=2150/2-(1437.7604-1490/2)\times\tan(69.45°/2)$

$=594.9009\text{mm}$

⑦ 底圆半径

$$r_1'=r_3'$$
$$=594.9009\text{mm}$$

⑧ 侧圆圆心距底距离

$$h_2'=h'/2$$
$$=2150/2$$
$$=1075\text{mm}$$

⑨ 顶圆圆心距底距离

$$h_1'=h'-r'$$
$$=2150-594.9009$$
$$=1555.0991\text{mm}$$

⑩ 侧圆圆心与竖轴距离

$$b_1'=r_2'-b'/2$$
$$=1437.7604-1490/2$$
$$=692.7604\text{mm}$$

⑪ 椭圆涵管外轮廓线断面面积

辅助尺寸计算：

$$h_6=(h/2+d_d)/[1+b_d/2/(r_2'-b/2+d_2)]$$
$$=(1800/2+165)/[1+760/2/(1437.7604-1200/2+145)]$$
$$=687.7489\text{mm}$$

$$h_5=(h/2+d_d)-h_6$$
$$=1800/2+165-687.7489$$
$$=377.2511\text{mm}$$

$$f=[(b_d/2)^2+h_5^2]^{0.5}$$
$$=[(760/2)^2+377.2511^2]^{0.5}$$
$$=535.4609\text{mm}$$

$$e=(h_6^2+b_1'^2)^{0.5}$$
$$=[(687.7489)^2+692.7604^2]^{0.5}$$
$$=976.1740\text{mm}$$

$$c=[(e+f)^2+r_2'^2]^{0.5}$$
$$=[(976.1740+535.4609)^2+1437.7604^2]^{0.5}$$
$$=466.7814\text{mm}$$

$$\alpha_1=\arccos[c/(e+f)]$$
$$=\arccos[466.7814/(976.1740+535.4609)]$$
$$=72.0135°$$

$$\beta_1=90°-\alpha_1$$
$$=90°-72.0135°$$

$=17.9865°$

$\theta_1=\arctan[h_5/(b_d/2)]$

$=\arctan[377.2511/(760/2)]$

$=44.7920°$

$\delta=\theta_1-\beta_1$

$=44.7920°-17.9865°$

$=26.8055°$

$h_7=b_1\tan\delta$

$=692.7604\tan 26.8055°$

$=350.0225\text{mm}$

$h_8=(h/2+d_d)-h_7$

$=(1800/2+165)-350.0225$

$=714.9775\text{mm}$

$h_9=b_1/\cos\delta$

$=692.7604/\cos 26.8055°$

$=776.1654\text{mm}$

$h_{10}=r_2'-h_9$

$=1437.7604-776.1654$

$=661.5950\text{mm}$

$\psi=(90°+90°)/2=90°$

$T=(h_8+h_{10}+c+b_d/2)/2$

$=(714.9775+661.5950+466.7814+760/2)/2$

$=1111.6770\text{mm}$

$A_1'=\pi r_1'^2\alpha'/360$

$=\pi\times 594.9009^2\times 55.28°/360$

$=341438.2961\text{mm}^2$

$A_2'+A_3'=[\pi r_2'^2\beta'/2/360°-1/2b_1(h_1'-h_2')]+(\pi r_2'^2\delta/360°-1/2b_1'h_7)$

$=[\pi\times 1437.7604^2\times 69.45°/2/360°-1/2\times 692.7604\times$
$(1555.0991-1075.00)]+(\pi\times 1437.7604^2\times$
$26.8055°/360°-1/2\times 692.7604\times 350.0225)$

$=920160.6326+580511.7329=1644786.7287\text{mm}^2$

$A_4'=[(T-h_8)(T-h_{10})(T-c)(T-b_d/2)-\cos^2\psi h_8h_{10}cb_d/2]^{0.5}$

$=[(1111.6770-714.9775)\times(1111.6770-661.5950)\times$
$(1111.6770-466.7814)\times(1111.6770-760/2)-\cos^2 90°\times$
$714.9775\times 661.5950\times 466.7814\times 760/2]^{0.5}$

$=580511.7329\text{mm}^2$

$A'=2(A_1'+A_2'+A_3'+A_4')$

$=2\times(341438.2961+920160.6326+724626.0961+580511.7329)$

$=2566736.7578\text{mm}^2$

式中 A'——椭圆涵管外轮廓线断面面积；

A'_1——外轮廓线顶圆弧面积；

A'_2——外轮廓线水平中线以上侧圆弧面积；

A'_3——外轮廓线水平中线以下侧圆弧面积；

A'_4——侧圆端点半径线、侧圆端点与底面线端点连线及底线相连四边形面积。

3）单位长度涵管质量

$$G_g=(A'-A)\gamma_c$$
$$=(2566736.7578-1702326.07)\times 25$$
$$=864410.6860/10^6\times 25$$
$$=21.6103\text{kN/m}$$

2. 椭圆涵管管型系列产品规格尺寸（表2-25）

椭圆涵管系列产品规格尺寸（单位：mm） 表2-25

规格		b	h	B	H	b_d	h_1	r_1	r_2	r_3	d_1	d_2	d_d
400/600	承插口	400	600	500	741	320	300	156.57	415.14	156.57	55	50	86
500/750	承插口	500	750	610	903	380	375	195.72	518.92	195.72	60	55	93
600/900	承插口	600	900	740	1090	420	450	234.86	622.71	234.86	75	70	115
	企口式	600	900	810	1135	420	450	234.86	622.71	234.86	120	105	115
700/1050	承插口	700	1050	856	1260	470	525	274.00	726.49	274.00	85	78	125
	企口式	700	1050	930	1310	470	525	274.00	726.49	274.00	135	115	125
800/1200	承插口	800	1200	980	1446	520	600	313.15	830.28	313.15	105	90	141
	企口式	800	1200	1050	1485	520	600	313.15	830.28	313.15	150	125	135
900/1350	承插口	900	1350	1100	1624	580	675	352.29	934.06	352.29	120	100	154
	企口式	900	1350	1160	1655	580	675	352.29	934.06	352.29	160	130	145
1000/1500	承插口	1000	1500	1220	1801	650	750	391.44	1037.85	391.44	135	110	166
	企口式	1000	1500	1270	1820	650	750	391.44	1037.85	391.44	170	135	150
1200/1800	承插口	1200	1800	1440	2143	760	900	469.72	1245.42	469.72	160	120	183
	企口式	1200	1800	1490	2150	760	900	469.72	1245.42	469.72	185	145	165

注：各种规格涵管的接口均为橡胶圈为密封材料的柔性接口。

3. 椭圆涵管系列产品主要技术参数（表2-26）

椭圆涵管的技术参数 表2-26

序号	规格（内宽/内高 mm）	过水面积（mm^2）	每米质量（t/m）	相当圆管内径（mm）	圆管单位长度重	
					内径（mm）	（t/m）
1	400/600	0.19	0.29	491	ϕ500	0.25
2	500/750	0.30	0.39	613	ϕ600	0.32
3	600/900	0.43	0.56	736	ϕ700	0.44
4	700/1050	0.58	0.72	859	ϕ800	0.58
5	800/1200	0.76	0.95	981	ϕ1000	0.90
6	900/1350	0.96	1.18	1104	ϕ1100	1.09
7	1000/1500	1.18	1.43	1227	ϕ1200	1.29
8	1200/1800	1.70	1.92	1472	ϕ1400	1.76

注：圆管以内径的1/10为壁厚，计算圆管单位长度质量。

表中数据表明，椭圆涵管的单位长度自重比相当圆管的单位长度自重略有增加。

4. 卵形涵管管型设计

（1）卵形涵管轮廓线设计

卵形涵管管型设计方法：根据过水面积需要及地下空间布局使用要求确定管涵的内高和内宽，再依据设计经验确定顶圆弧、侧圆弧、底圆弧半径及涵管壁厚。经结构内力计算验算、并以作图或计算验算断面面积，经调整后确定卵形涵管的内轮廓线、外轮廓线和轴线。

（2）卵形涵管尺寸计算

预定条件为已知卵形涵管的内宽、内高求解其他尺寸。

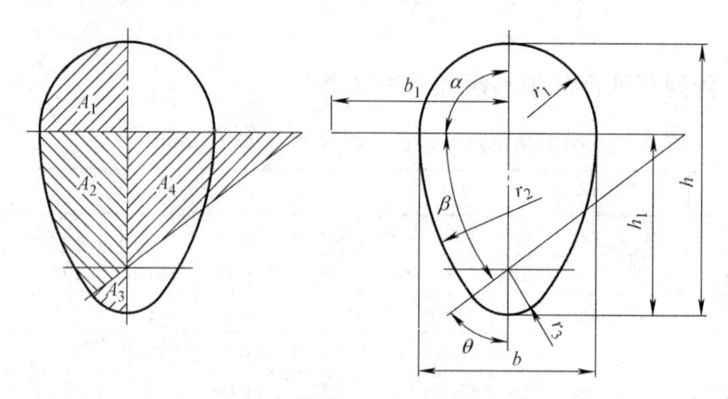

图 2-97　卵形涵管内断面面积计算图

1）内轮廓线计算（图 2-97）

① 顶圆半径

$$r_1=b/2 \tag{2.2-48}$$

② 侧圆半径

$$r_2=h \tag{2.2-49}$$

③ 底圆半径

$$r_3=b/4 \tag{2.2-50}$$

④ 底圆半弧夹角

$$\theta=\arcsin[(r_2-b/2)/(r_2-r_3)] \tag{2.2-51}$$

⑤ 顶圆半弧夹角

$$\alpha=90+\arccos(b/2/r_1) \tag{2.2-52}$$

⑥ 侧圆半弧夹角

$$\beta=180^\circ-\alpha-\theta \tag{2.2-53}$$

⑦ 侧圆圆心距底距离

$$h_2=h-r_1 \tag{2.2-54}$$

⑧ 顶圆圆心距底距离

$$h_1=h_2 \tag{2.2-55}$$

⑨ 侧圆圆心距中轴距离

$$b_1=r_2-b/2 \tag{2.2-56}$$

⑩ 卵形涵管断面面积

$$A = 2A_1 + 2A_2 + 2A_3 - 2A_4$$
$$= 2\pi r_1^2 \frac{\alpha}{360°} + 2\pi r_2^2 \frac{\beta}{360°} + 2\pi r_3^2 \frac{\theta}{360°} - 2\times 1/2(r_2 - b/2)(h_1 - r_3) \tag{2.2-57}$$

式中　A——卵形涵管内轮廓线断面面积；

A_1——内轮廓线 1/2 顶圆弧面积；

A_2——内轮廓线 1/2 侧圆弧面积；

A_3——内轮廓线 1/2 底圆面积；

A_4——中轴线、侧圆端点半径线、顶点水平轴线所包三角形面积。

2）外轮廓线计算（图 2-98）

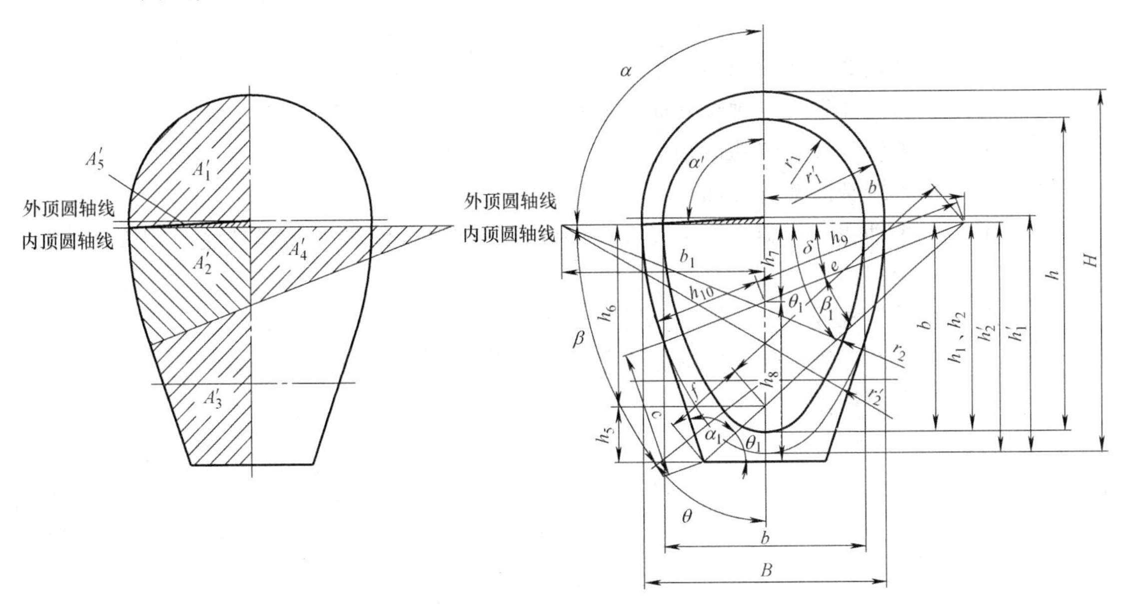

图 2-98　卵形涵管外轮廓线断面面积计算图

① 顶圆半径

从图中量测外轮廓线顶圆半径 r_1'。

② 侧圆半径

$$r_2' = r_2 + d_2 \tag{2.2-58}$$

③ 底圆半径

$$r_3' = r_3 + d_3 \tag{2.2-59}$$

④ 外顶至底圆底涵管高度

$$h' = h + d_1 + d_3 \tag{2.2-60}$$

⑤ 涵管宽度

$$b' = b + 2d_2 \tag{2.2-61}$$

⑥ 外轮廓线顶圆圆心距底圆底距离

$$h_1' = h_1 + d_3 + \sqrt{r_1'^2 - (b'/2)^2} \tag{2.2-62}$$

⑦ 侧圆圆心距中轴距离

$$b_1' = b' - 2d_2 \tag{2.2-63}$$

⑧ 顶圆半弧夹角

$$\alpha'=90°+\arccos(b'/2/r_1')\tag{2.2-64}$$

⑨ 卵形涵管外轮廓线断面面积

$$A_1'=\pi r_1'^2\alpha'/360°\tag{2.2-65}$$

$$A_2'-A_4'=\pi r_2'^2\frac{\delta}{360°}-\times 1/2h_7b\tag{2.2-66}$$

$$A_3'=[(L_{4/2}-h_8)(L_{4/2}-H_{10})(L_{4/2}-c)(L_{4/2}-b_d/2)-h_8h_{10}cb_d/2\times\cos\psi^2]^{0.5}\tag{2.2-67}$$

$$A_5'=1/2b'(h_1'-h_1-d_3)\tag{2.2-68}$$

$$A'=2(A_1'+A_2'+A_3'+A_5'-A_4')\tag{2.2-69}$$

式中　$L_{4/2}$——外轮廓线底角四边形半周长；

A'——卵圆涵管外轮廓线断面面积；

A_1'——外轮廓线顶圆弧面积；

A_2'——外轮廓线侧圆弧面积；

A_3'——中轴线、侧圆端点半径线、侧圆端点与底面线端点连线及底线相连四边形面积；

A_4'——外轮廓线中轴、侧圆半径线所包三角形面积；

A_5'——卵圆涵管中轴、内顶圆水平轴线和外顶圆中心与外顶圆端点连线所包三角形面积。

辅助尺寸计算公式：

$$h_6=(h_1+d_d)/(1+d_d/2/b)\tag{2.2-70}$$

$$h_5=h_1-d_d-h_6\tag{2.2-71}$$

$$\theta_1=\arctan\frac{h_5}{b_d}\tag{2.2-72}$$

$$e=\sqrt{(b^2+h_6^2)}\tag{2.2-73}$$

$$f=\sqrt{[(b_d/2)^2+h_5^2]}\tag{2.2-74}$$

$$c=\sqrt{[(f+e)^2-(h+d_2)^2]}\tag{2.2-75}$$

$$\alpha_1=\arccos[c/(f+e)]\tag{2.2-76}$$

$$\beta_1=90°-\alpha_1\tag{2.2-77}$$

$$\delta=\theta_1-\beta_1\tag{2.2-78}$$

$$h_7=b\tan\delta\tag{2.2-79}$$

$$h_8=h_1+d_d-h_7\tag{2.2-80}$$

$$h_9=b/\cos\delta\tag{2.2-81}$$

$$h_{10}=(h+d_2)-h_9\tag{2.2-82}$$

$$\psi=(90°+90°)/2=90°\tag{2.2-83}$$

$$L_{4/2}=(b_d+c+h_8+h_{10})/2\tag{2.2-84}$$

【例题 2.10】 过水断面相当直径 ϕ1400mm 圆管面积的卵形涵管管型设计

设定卵形涵管内高为 1800mm、内宽为 1200mm，顶面厚度 $d_1=185$mm、侧面厚度 $d_2=145$mm、底板厚度 $d_d=165$mm。计算卵形涵管各部尺寸并画出卵形涵管图。

依据设计经验确定断面内轮廓线：顶圆半径 $r_1=600$mm、侧圆半径 $r_2=1800$mm、底圆半径 $r_3=300$mm。

1）内轮廓线计算

① 底圆半弧夹角

$$\theta=\arcsin[(r_2-b/2)/(r_2-r_3)]$$
$$=\arcsin[(1800-1200/2)/(1800-300)]$$
$$=53.13°$$

② 侧圆圆心距底距离

$$h_2=r_3+\sqrt{(r_2-r_3)^2-(r_2-b/2)^2}$$
$$=300+\sqrt{(1800-300)^2-(1800-1200/2)^2}$$
$$=1200\text{mm}$$

③ 顶圆圆心距底距离

$$h_1=h_2+\sqrt{r_1^2-(b/2)^2}$$
$$=1200+\sqrt{600^2-(1200/2)^2}$$
$$=1200\text{mm}$$

④ 侧圆圆心距中轴距离

$$b_1=r_2-b/2$$
$$=1800-1200/2$$
$$=1200\text{mm}$$

⑤ 顶圆半弧夹角

$$\alpha=90°+\arccos(b/2/r_1)$$
$$=90°+\arccos(1200/2/600)$$
$$=90°$$

⑥ 侧圆半弧夹角

$$\beta=180°-\alpha-\theta$$
$$=180°-90°-53.13°$$
$$=36.87°$$

⑦ 卵形涵管断面面积

$$A=A_1+A_2+A_3-A_4$$
$$=2\pi r_1^2\frac{\alpha}{360}+2\pi r_2^2\frac{\beta}{360}+2\pi r_3^2\frac{\theta}{360}-2\times1/2(r_2-b/2)(h_1-r_3)$$
$$=2\pi\times600^2\times\frac{90°}{360°}+2\pi\times1800^2\times\frac{36.87°}{360°}+2\pi\times300^2\times\frac{53.13°}{360°}-2\times1/2\times(1800-1200/2)\times(1200-300)$$
$$=1653886\text{mm}^2=1.65\text{m}^2$$

⑧ 相当圆管直径

$$D_0=\sqrt{4A/\pi}$$
$$=\sqrt{4\times1653886/\pi}$$

$$=1451\text{mm}$$

内断面面积大于 ϕ1400mm 圆管的断面积，达到设计要求。

2）外轮廓线计算：顶圆半径 $r_1'=745\text{mm}$

① 侧圆半径

$$\begin{aligned} r_2' &= r_2+d_2 \\ &= 1800+145 \\ &= 1945\text{mm} \end{aligned}$$

② 底圆半径

$$\begin{aligned} r_3' &= r_3+d_2 \\ &= 300+145 \\ &= 445\text{mm} \end{aligned}$$

③ 涵管高度

$$\begin{aligned} H=h' &= h+d_1+d_d \\ &= 1800+185+165 \\ &= 2150\text{mm} \end{aligned}$$

④ 涵管宽度

$$\begin{aligned} b' &= b+2d_2 \\ &= 1200+2\times145 \\ &= 1490\text{mm} \end{aligned}$$

⑤ 顶圆圆心距底距离

$$\begin{aligned} h_1' &= h_1+\sqrt{r_1'^2-(b'/2)^2}+d_2 \\ &= 1200+\sqrt{745.1373^2-(1490/2)^2+145} \\ &= 1359.3037\text{mm} \end{aligned}$$

⑥ 侧圆圆心距中轴距离

$$\begin{aligned} b_1' &= b_1 \\ &= 1200\text{mm} \end{aligned}$$

⑦ 顶圆半弧夹角

$$\begin{aligned} \alpha' &= 90°+\arccos(b'/2/r_1') \\ &= 90°+\arccos(1490/2/745) \\ &= 107.23 \end{aligned}$$

⑧ 卵形涵管外轮廓线断面面积

$$\begin{aligned} h_6 &= (h_1+d_d)/(1+b_d/2/b) \\ &= (1200+165)/(1+760/1200) \\ &= 1051.8987\text{mm} \end{aligned}$$

$$\begin{aligned} h_5 &= h_1+d_d-h_6 \\ &= 1200+165-1051.8987 \\ &= 333.1013\text{mm} \end{aligned}$$

$$\theta_1=\arctan\frac{h_5}{b_d/2}$$

$$=\arctan\frac{333.1013}{760/2}$$
$$=41.2372°$$

$$e=\sqrt{(b^2+h_6^2)}$$
$$=\sqrt{(1200^2+1051.8987^2)}$$
$$=1595.7728\text{mm}$$

$$f=\sqrt{(b_d/2)^2+h_5^2}$$
$$=\sqrt{(760/2)^2+333.1013^2}$$
$$=505.3281\text{mm}$$

$$c=\sqrt{(f+e)^2-(h+d_2)^2}$$
$$=\sqrt{(505.3281+1595.7728)^2-(1800+145)^2}$$
$$=794.7327\text{mm}$$

$$\alpha_1=\arccos[c/(f+e)]$$
$$=\arccos[794.7327/(505.3281+1595.7728)]$$
$$=67.7749°$$

$$\beta_1=90°-\alpha_1$$
$$=90°-67.7749°$$
$$=22.2251°$$

$$\delta=\theta_1-\beta_1$$
$$=41.2372°-22.2251°$$
$$=19.0122°$$

$$h_7=b\tan\delta$$
$$=1200\times\tan 19.0122°$$
$$=413.4781\text{mm}$$

$$h_8=h_1+d_d-h_7$$
$$=1200+165-413.4781$$
$$=971.5219\text{mm}$$

$$2A_4'=1/2h_7b\times 2$$
$$=1/2\times 413.4781\times 1200\times 2$$
$$=496173.7277\text{mm}^2$$

$$h_9=b/\cos\delta$$
$$=1200/\cos 19.0122°$$
$$=1269.2376\text{mm}$$

$$h_{10}=(h+d_2)-h_9$$
$$=(1800+145)-1269.2376$$
$$=675.7624\text{mm}$$

$$L_{4/2}=(b_d+c+h_8+h_{10})/2$$
$$=(760+794.7327+971.5219+675.7624)/2$$

$=1411.0085\text{mm}$

$2A_3'=2[(L_{4/2}-h_8)(L_{4/2}-h_{10})(L_{4/2}-c)(L_{4/2}-b_d/2)-\cos90°h_8h_{10}cb_d/2]^{0.5}$

$=2[(1411.0085-971.519)\times(1411.0085-675.7624)\times(1411.0085-794.7327)\times(1411.0085-760/2)-\cos90°\times971.5219\times675.7624\times794.7327\times760/2]^{0.5}$

$=906228.7503\text{mm}^2$

$2A_5'=1/2(b'/2)(h_1'-d_2-h_1)\times2$

$=1/2\times(1490/2)\times(1403.6135-145-1200)\times2$

$=28767.0345\text{mm}^2$

$A'=2A_1'+2A_2'+2A_3'+2A_5'$

$=2\pi r_1'^2\frac{\alpha'}{360°}+2\pi r_2'^2\frac{\delta}{360°}-A_4'+2A_3'+2A_5'$

$=2\pi\times746^2\times\frac{92.97°}{360°}+2\pi\times1945^2\times\frac{19.0122°}{360°}-496173.7277+906228.7503+28767.0345$

$=2597115.56\text{mm}^2$

3）单位长度涵管质量计算

$G_q=(A'-A)\gamma_c$

$=(2.60-1.65)\times25$

$=23.58\text{kN/m}$

5. 卵形涵管管型系列产品规格尺寸（图 2-99、表 2-27）

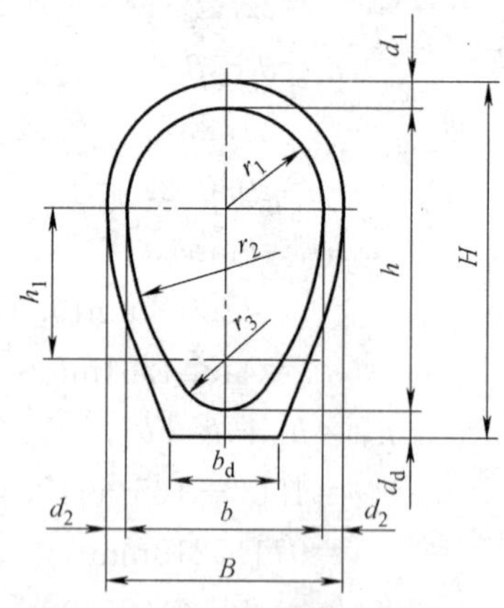

图 2-99　卵形涵管断面示意图

卵形涵管系列产品规格尺寸（单位：mm）　　**表 2-27**

规格		b	h	B	H	b_d	h_1	r_1	r_2	r_3	d_1	d_2	d_d
400/600	承插口	400	600	510	741	320	300	200	600	100	55	50	86
500/750	承插口	500	750	620	903	380	375	250	750	125	60	55	93
600/900	承插口	600	900	750	1090	420	450	300	900	150	75	70	115
	企口式	600	900	810	1130	420	450	300	900	150	120	105	115
700/1050	承插口	700	1050	870	1260	470	525	350	1050	175	85	78	125
	企口式	700	1050	930	1300	470	525	350	1050	175	135	115	125
800/1200	承插口	800	1200	1000	1441	520	600	400	1200	200	105	90	141
	企口式	800	1200	1050	1470	520	600	400	1200	200	150	125	135
900/1350	承插口	900	1350	1120	1614	580	675	450	1350	225	120	100	154
	企口式	900	1350	1160	1640	580	675	450	1350	225	160	130	145

续表

规格		b	h	B	H	b_d	h_1	r_1	r_2	r_3	d_1	d_2	d_d
1000/1500	承插口	1000	1500	1240	1786	650	750	500	1500	250	135	110	166
	企口式	1000	1500	1270	1800	650	750	500	1500	250	170	135	150
1200/1800	承插口	1200	1800	1480	2123	760	900	600	1800	300	160	120	183
	企口式	1200	1800	1490	2130	760	900	600	1800	300	185	145	165

6. 卵形涵管系列产品主要技术参数（表 2-28）

卵形涵管系列产品技术参数 **表 2-28**

序号	规格 内宽/内高(mm)	过水面积 (mm^2)	每米质量 (t/m)	相当圆管内径 (mm)	圆管单位长度重	
					内径(mm)	(t/m)
1	400/600	0.18	0.34	429	ϕ400	0.16
2	500/750	0.29	0.46	536	ϕ500	0.25
3	600/900	0.41	0.66	643	ϕ600	0.32
4	700/1050	0.56	0.86	750	ϕ700	0.44
5	800/1200	0.74	1.19	857	ϕ800	0.58
6	900/1350	0.93	1.51	965	ϕ1000	0.90
7	1000/1500	1.15	1.88	1072	ϕ1100	1.09
8	1200/1800	1.65	2.63	1451	ϕ1400	1.76

注：以圆管直径的 1/10 为壁厚计算圆管单位长度质量。卵形涵管质量是以承插口式尺寸计算的单位长度质量。

2.2.5 带底座圆管、双底座圆管管型设计

带底座涵管如图 2-101 所示，其内孔为圆形，管底或管底及管顶带有平底形管座，故称为带底座圆管及双底座圆管（统称为带底座圆管，也可称为管基一体混凝土管）。

带底座圆管其结构有很大优点，管道下部的混凝土基础可以给管道创造良好的工作条件，减小管壁中的弯曲力矩；带底座圆管具有代替管道基础的作用，分担管下荷载；管顶带有的管座，增加了管顶壁厚，增强刚度，提高管子承载能力；带底座混凝土圆管便于采用椭圆配筋，也能减少钢筋用量。

因此，在埋土较深外压荷载大的管道中经常采用带底座圆管，双底座圆管更在超高外压管道中应用，此种管型在日本称为重压管，图 2-100 为日本《鹤见水泥管公司》生产双管座重压管外压强度的试验资料，外压承压能力有很大提高。

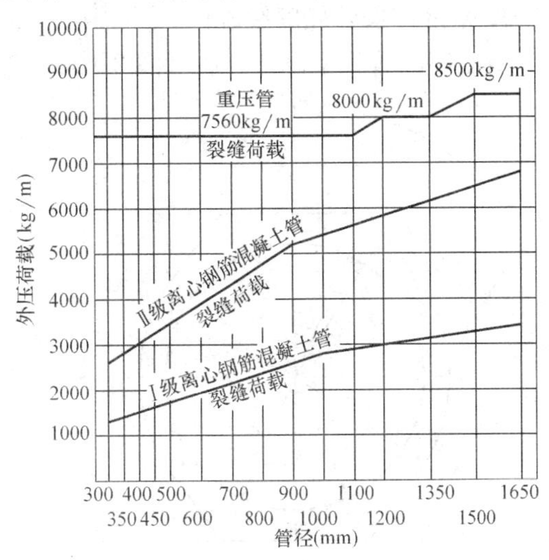

图 2-100 双底座圆管的外压承载力图

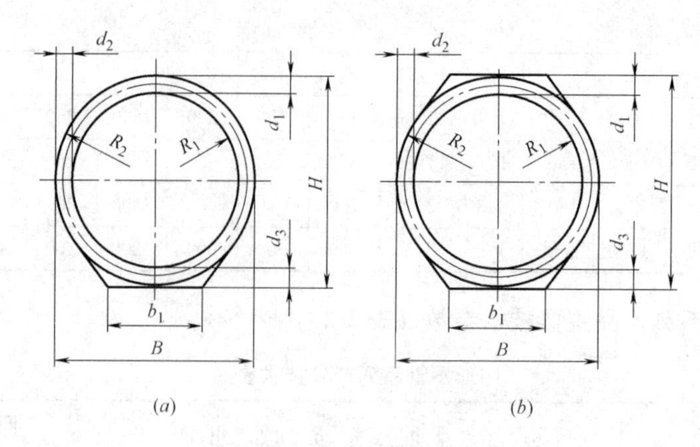

图 2-101　带底座混凝土圆管

(a) 单底座混凝土圆管；(b) 双底座混凝土圆管

单底座、双底座混凝土圆管与混凝土圆管的技术参数对比（以 φ1400mm 圆管为例）

表 2-29

管型	外宽(mm)	外高(mm)	断面面积(mm^2)	相当圆管直径(mm)	单位管长质量(t/m)	理论计算环向配筋量(kg/m)			配筋比
双底座	1680	1720	1.54	1400	2.09	24.52			1
单底座	1680	1700	1.54	1400	1.92	28.23			1.30
圆形	1680	1680	1.54	1400	1.76	内层	20.52	34.1	1.58
						外层	13.58		

注：1. 表中理论计算配筋，以开槽施工、90°土弧基础、覆土深度 4m 工况计算；

2. 混凝土强度等级 C30、钢筋设计强度 $360N/mm^2$、土容重 $18kN/m^3$；

3. 配筋量比较中未计入双层配筋增加的纵向筋和双层筋定位卡子的钢筋用量；

4. 表中为柔性企口式带底座涵管的配筋量。

从表 2-29 对比可知：带底座圆管能很大降低配筋，双底座圆管可减少 50%，单底座圆管可减少 20%。

1. 双底座圆管轮廓线设计

双底座圆管管型设计方法（图 2-102、图 2-103）：根据过水面积需要确定管涵的内径，

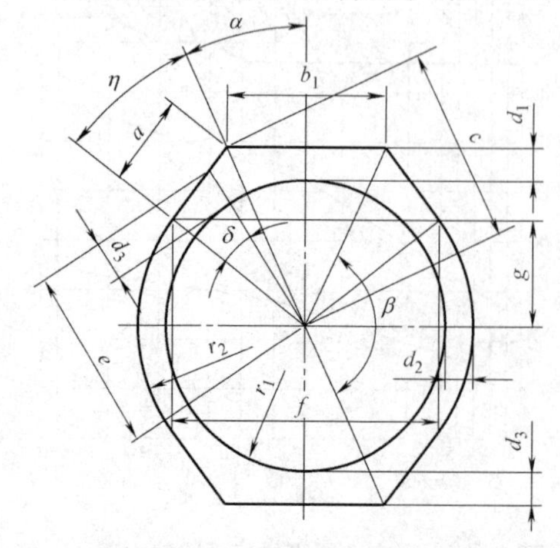

图 2-102　双底座圆管尺寸计算图

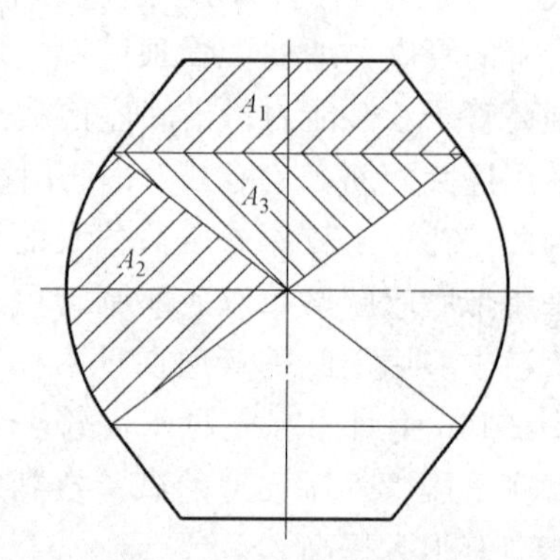

图 2-103　双底座涵管外轮廓线断面面积计算图

依据设计经验确定顶面管座、底座管座的厚度及宽度。经结构内力计算验算、并以作图或计算验算断面面积，经调整后确定双底座涵管的外轮廓线和轴线。

双底座涵管尺寸计算，预定条件为已知双底座圆管的内径、壁厚、上顶及下底厚度、底座宽度，求解其他尺寸，公式为：

1）底座半夹角

$$\alpha=\arctan[b_1/2(r_1+d_1)] \tag{2.2-85}$$

2）侧圆弧夹角

$$\beta=180-2\alpha \tag{2.2-86}$$

3）底座角与圆心距离

$$c=\sqrt{(b_1/2)^2+(r_1+d_1)^2} \tag{2.2-87}$$

4）底座斜边长度

$$a=\sqrt{c^2-(r_1+d_2)^2} \tag{2.2-88}$$

5）底座斜边圆心夹角

$$\eta=\arccos[(r_1+d_2)/c] \tag{2.2-89}$$

6）切点连线长

$$f=2(r_1+d_2)\sin(\alpha+\eta) \tag{2.2-90}$$

7）切点与水平轴距离

$$g=(r_1+d_2)\cos(\alpha+\eta) \tag{2.2-91}$$

8）内轮廓线面积计算

$$A=\pi r_1^2 \tag{2.2-92}$$

9）外轮廓线面积计算

$$\begin{aligned}A'&=2(A_1+A_2+A_3)\\&=2\times[(f+b_1)/2\times(r_1+d_1-g)+fg/2+2\pi(r_1+d_2)^2(90°-\alpha-\eta)/360°]\end{aligned} \tag{2.2-93}$$

10）双底座圆管单位长度质量计算

$$G_g=(A'-A)\gamma_c \tag{2.2-94}$$

【例题 2.11】 带底座圆管管型设计

设计过水断面直径 ϕ1400mm 的双底座圆管。

设定双底座圆管内径为 1400mm、壁厚 140mm，上底座厚度 160mm、下底座厚度 160mm，计算双底座圆管各部尺寸并画出双底座圆管图。

1）底座半夹角

$$\begin{aligned}\alpha&=\arctan[b_1/2/(r_1+d_1)]\\&=\arctan[800/2/(1400/2+160)]\\&=24.94°\end{aligned}$$

2）侧圆弧夹角

$$\begin{aligned}\beta&=180°-2\alpha\\&=180°-2\times24.94°\\&=130.11°\end{aligned}$$

3）底座角与圆心距离

$$c=\sqrt{(b_1/2)^2+(r_1+d_1)^2}$$
$$=\sqrt{(800/2)^2+(700+160)^2}$$
$$=948.4725\text{mm}$$

4）底座斜边长度

$$a=\sqrt{c^2-(r_1+d_2)^2}$$
$$=\sqrt{948.4725^2-(700/2+140)^2}$$
$$=440.4543\text{mm}$$

5）底座斜边圆心夹角

$$\eta=\arccos[(r_1+d_2)/c]$$
$$=\arccos[(700+140)/948.4725]$$
$$=27.67^\circ$$

6）切点连线长

$$f=2(r_1+d_2)\sin(\alpha+\eta)$$
$$=2\times(700+140)\times\sin(24.94+27.67)$$
$$=1334.8693\text{mm}$$

7）切点与水平轴距离

$$g=(r_1+d_2)\cos(\alpha+\eta)$$
$$=(700+140)\times\cos(24.94+27.67)$$
$$=510.0304\text{mm}$$

8）内轮廓线面积计算

$$A=\pi r_1^2$$
$$=\pi\times700^2$$
$$=1539380\text{mm}^2$$

9）外轮廓线面积计算

$$A'=2(A_1+A_2+A_3)$$
$$=2[(f+b_1)/2\times(r_1+d_1-g)+fg/2+2\pi(r_1+d_2)^2(90-\alpha-\eta)/360]$$
$$=2\times[(1334.8693+800)/2\times(700+160-510.0304)+1334.8693\times510.0304/2+2\times\pi\times(700+140)^2\times(90-24.94-27.67)/360]$$
$$=2282743\text{mm}^2$$

10）双底座圆管单位长度质量计算

$$G_g=(A'-A)\gamma_c$$
$$=(2282743-1539380)/10^6\times25$$
$$=18.5841\text{kN/m}$$

2. 带底座涵管管型系列产品规格尺寸（表 2-30、图 2-104）

双底座圆管、单底座圆管系列产品规格尺寸（单位：mm） **表 2-30**

序号	规格		B	H		b_d	r_1	r_2	d_1		d_2	d_3
				双底座	单底座				双底座	单底座		
1	ϕ600	承插口	720	786	753	342	300	360	93	60	60	93
		柔性企口	810	830	820	342	300	405	115	105	105	115
2	ϕ800	承插口	960	1040	1000	458	400	480	120	80	80	120
		柔性企口	1030	1050	1040	458	400	515	125	115	115	125
3	ϕ1000	承插口	1200	1282	1241	572	500	600	141	100	100	141
		柔性企口	1250	1270	1260	572	500	625	135	125	125	135
4	ϕ1200	承插口	1440	1532	1457	686	600	720	166	120	120	166
		柔性企口	1470	1500	1485	686	600	735	150	135	135	150
5	ϕ1400	承插口	1680	1766	1723	800	700	840	183	140	140	183
		柔性企口	1690	1730	1710	800	700	845	165	145	145	165
6	ϕ1600	承插口	1920	2016	1968	914	800	960	208	160	160	208
		柔性企口	1920	1960	1940	914	800	960	180	160	160	180
7	ϕ1800	承插口	2160	2264	2212	1028	900	1080	232	180	180	232
		柔性企口	2160	2200	2180	1028	900	1080	200	180	180	200
8	ϕ2000	柔性企口	2400	2440	2420	1144	1000	1200	220	200	200	220
9	ϕ2200	柔性企口	2640	2700	2670	1258	1100	1320	250	220	220	250
10	ϕ2400	柔性企口	2880	2940	2810	1372	1200	1440	270	240	240	270

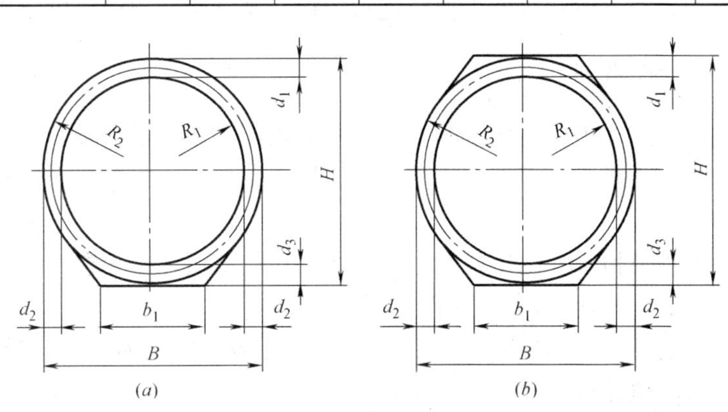

图 2-104 带底座涵管尺寸示意图

（a）单底座圆管；（b）双底座圆管

3. 带底座涵管系列产品主要技术参数（表 2-31）

带底座涵管的技术参数 **表 2-31**

序号	规格内径（mm）		过水面积（mm^2）	每米质量(t/m)		相当圆管内径（mm）	圆管单位长度重	
				双底座	单底座		内径(mm)	(t/m)
1	ϕ600	承插口	0.28	0.43	0.37	ϕ600	ϕ600	0.32
		柔性企口		0.64	0.61			

续表

序号	规格内径(mm)		过水面积(mm^2)	每米质量(t/m)		相当圆管内径(mm)	圆管单位长度重	
				双底座	单底座		内径(mm)	(t/m)
2	ϕ800	承插口	0.50	0.75	0.65	ϕ800	ϕ800	0.58
		柔性企口		0.93	0.88			
3	ϕ1000	承插口	0.79	1.14	1.37	ϕ1000	ϕ1000	0.90
		柔性企口		1.25	1.18			
4	ϕ1200	承插口	1.13	1.62	1.37	ϕ1200	ϕ1200	1.29
		柔性企口		1.65	1.53			
5	ϕ1400	承插口	1.54	2.15	1.92	ϕ1400	ϕ1400	1.76
		柔性企口		2.09	1.92			
6	ϕ1600	承插口	2.01	2.80	2.50	ϕ1600	ϕ1600	2.30
		柔性企口		2.63	2.42			
7	ϕ1800	承插口	2.54	3.53	3.16	ϕ1800	ϕ1800	2.91
		柔性企口		3.31	3.05			
8	ϕ2000	柔性企口	3.14	4.07	3.76	ϕ2000	ϕ2000	3.59
9	ϕ2200	柔性企口	3.80	4.99	4.58	ϕ2200	ϕ2200	4.35
10	ϕ2400	柔性企口	4.52	5.91	5.44	ϕ2400	ϕ2400	5.18

注：以圆管直径的1/10为壁厚计算圆管单位长度质量。

表中数据表明，双底座涵管的单位长度重力比相当圆管的单位长度重力略有增加。

2.2.6　预制混凝土检查井

检查井是地下管道中重要的构筑物，对城市的功能和环境保护及百姓生活都有着重要影响。据统计北京市在排水管道系统、自来水、煤气、热力、电信等公用设施的检查井数量，累计达60余万座。

部分地区地下管道检查井的用材及施工工艺还比较落后，采用黏土砖砌筑而成，其主要缺点有：

（1）黏土砖强度低、耐久性差，使用7～8年就会发生黏土砖酥烂，导致检查井下沉，引起路面坑凹，影响道路行车质量。

（2）黏土砖检查井一方面是由砖砌筑而成，不易完全不渗漏，再加上砖的酥烂更使渗漏加重。城市排水系统中管道的抗渗漏能力越趋提高，而大量的由黏土砖检查井引起的污染尚未能得到克服。污水的泄漏，引起地下水质下降。

（3）黏土砖检查井机械化施工水平低，现场作业时间长、湿作业工作量大、养护时间长，开槽后较长时间不能回填，不利于道路缩短施工工期、快速放行的要求，甚至影响四周环境和建筑物的安全，给人民生活带来不便。

（4）烧制黏土砖，大量毁坏农田。

为取代黏土砖砌筑检查井，国内已研制开发预制装配式混凝土检查井（简称混凝土检查井）。

欧、美、日等国家很早即以混凝土检查井替代传统的砖砌检查井，主要采用以下几种形式：混凝土砌块式；预制拼装式；下部现浇与上部拼装结合式；下部砖砌上部拼装结合式。

1. 混凝土砌块式检查井

从图 2-105 可知，混凝土砌块式检查井块类型分为：收口锥形圆环砌块；直口环形砌块、环抱进水和出水管的异形砌块、直条形砌块。砌块之间设置了特殊嵌合槽口，以增加砌块砌筑时砌块间的咬合和密封。

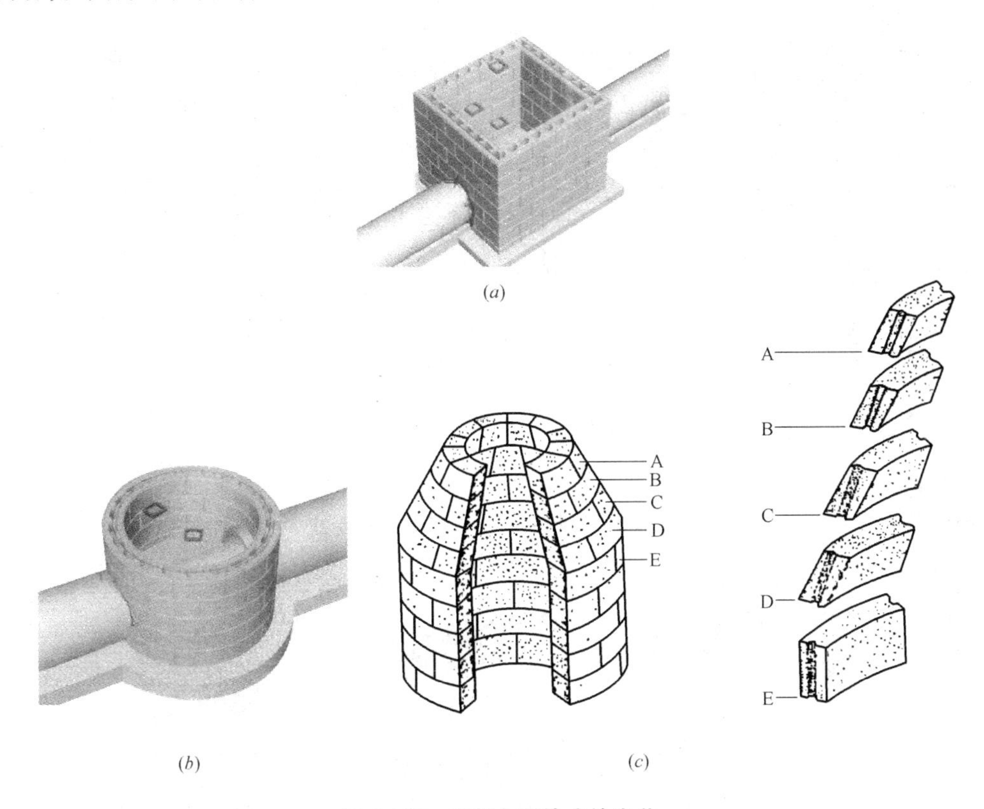

图 2-105　混凝土砌块式检查井

(*a*) 矩形井；(*b*) 圆形井；(*c*) 圆锥形收口井圈

A—收口井 A 型砌块；B—收口井 B 型砌块；C—收口井 C 型砌块；D—收口井 D 型砌块；E—直口井砌块

混凝土砌块检查井优点是：可取代烧结黏土砖作为井体材料；施工时一般不需要起重设备；容易接入不同方向、不同管径、不同埋深的进水管和出水管。

混凝土砌块检查井缺点：仍需在现场进行湿作业，施工周期长；检查井砌体的结合缝较多，抗震、防渗效果不好；管道与井体的连接难于做成柔性密封连接；这种方式仍不能完全摆脱现场长时间晾槽的现况，不能与管道快速施工相适应。

2. 预制装配式混凝土检查井

这种型式应用最多，最常见的混凝土检查井大多采用圆形屉式结构，即由一层层预制环叠落而成。整体圆形结构承受土体侧压能力强，井筒可少配筋或不配筋，生产制作工艺也较简单。具有较多优点：取代烧结黏土砖作为井体材料；现场无需进行湿作业，井体大、吊装量少，施工快；检查井的结合缝少，抗震、防渗效果好；管道与井室的连接可做成柔性密封连接。图 2-106 为常见的几种预制装配式检查井型式。

检查井由井盖、井座、井口环、井圈、调节块、井筒、井室等组成。井筒一般均为直圆形，井室根据管道要求可为圆形、矩形、扇形、异形等。其中圆柱形井室和圆柱形井筒为多种高度、直径模数组成的屉式圆环组合，以满足不同直径管道和埋设深度的要求（图 2-107）。

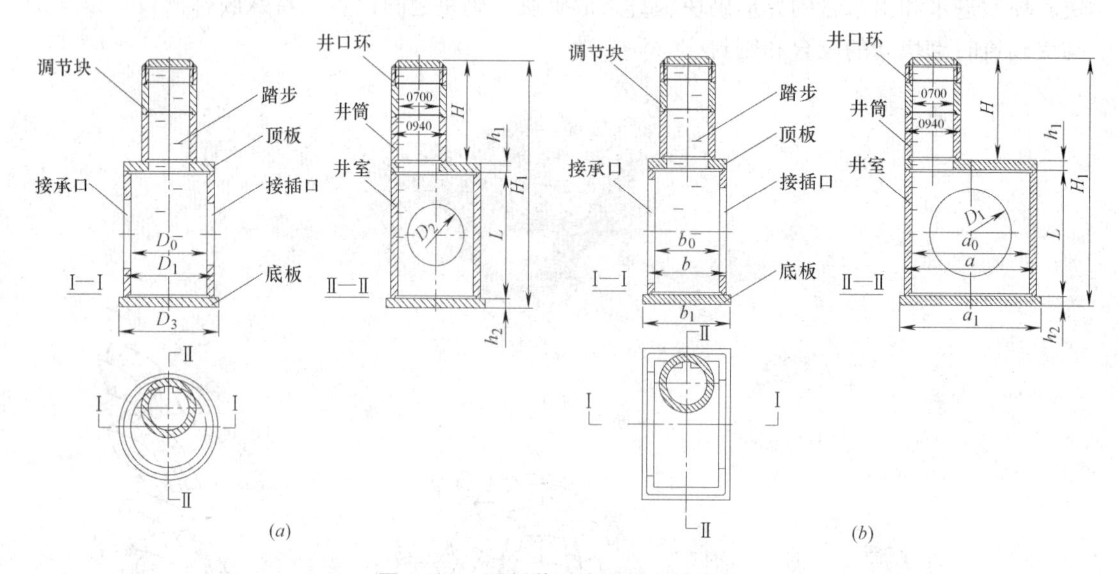

图 2-106　预制装配式混凝土检查井

（*a*）圆形井室；（*b*）矩形井室

图 2-107　国内装配成型的混凝土检查井

（*a*）马蹄形井圈、圆形井筒和圆形井室；（*b*）圆形井圈、圆形井筒和圆形井室；

（*c*）圆形井圈、矩形井筒和圆形井室

（1）井圈

图 2-108　与管相连的检查井

井圈型式有：直口圈、收口圈，收口圈又分为锥台圈、马蹄圈，见图 2-109。一般井筒内径为 ϕ700mm、ϕ800mm 时常用直口圈。当井筒内径为 ϕ1000mm、ϕ1200mm、ϕ1500mm 时，常用上小下大的收口形式的井圈，作为井口和井筒之间尺寸的过渡。

检查井内需安装人员上下的踏步，因而较多地应用马蹄圈，使井圈与井筒的踏步处在垂直一条线上。当前已常用移动式不锈钢步梯替代井内踏步，锥台圈制造方便，常被采用。

（2）井筒

井圈与井室之间以井筒连接，常为圆柱形，个别国家以矩形为井口，也就使用矩形的井筒。

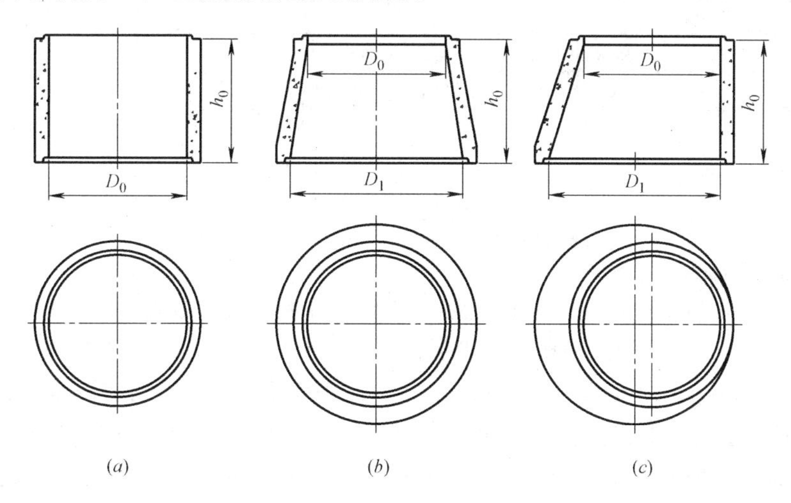

图 2-109　井圈型式
（a）直口圈；（b）锥台圈；（c）马蹄圈

井筒内径按井室功能常用 ϕ700mm、ϕ800mm、ϕ1000mm、ϕ1200mm、ϕ1500mm。

井筒及井圈的壁厚常与混凝土管标准厚度相一致，这样混凝土管的模型也可用以生产检查井构件，因而壁厚为内径的 1/10。

井筒高度自 720mm 起以 360mm 为模数，最大高度不大于 3000mm。

大口径管道也可把井筒与管子作成一体（图 2-108）。

（3）井室

井室是体现检查井功能的主要构件，其形状及尺寸决定于检查井的功能。

预制混凝土井室形状主要为圆形和矩形两种。圆形井室制造简便，结构受力有利，360°范围内均可方便连接支管；缺点是平面尺寸占用大，在大直径直线井中更明显。在大型直线井和 90°连接井中采用矩形井更为合理（图 2-110）。圆形井室规格见表 2-32。需要时井筒壁上也可预留支管连接孔。

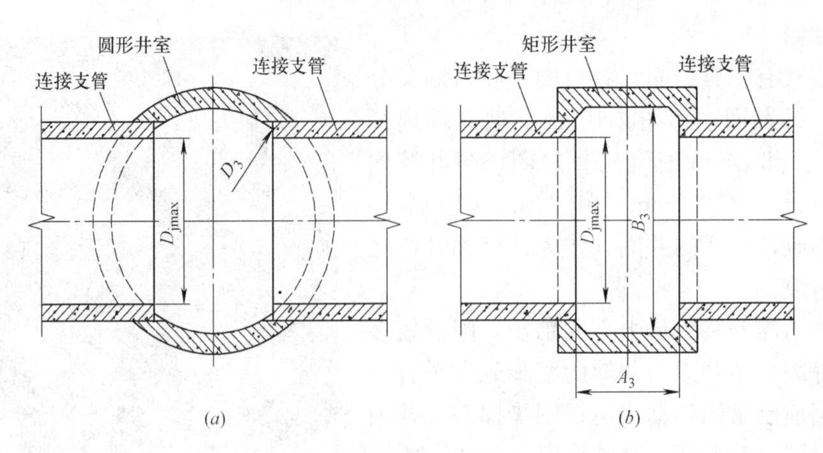

图 2-110　圆形、矩形井室连接支管示意图

(*a*) 圆形井室；(*b*) 矩形井室

圆形检查井井室尺寸　　**表 2-32**

D_3=800		D_3=1000		D_3=1200		D_3=1400		D_3=1600		D_3=1800	
t_3	D_{jmax}	t_3	D_{jmax}	t_3	D_{jmax}	t_3	D_{jmax}	t_3	D_{jmax}	t_3	D_{jmax}
80	400	100	600	120	700	150	900	160	1000	180	1200
D_3=2000		D_3=2200		D_3=2400		D_3=2600		D_3=2800		D_3=3000	
t_3	D_{jmax}	t_3	D_{jmax}	t_3	D_{jmax}	t_3	D_{jmax}	t_3	D_{jmax}	t_3	D_{jmax}
200	1400	205	1500	215	1600	235	1800	255	2000	275	2200

注：1. 表中 D_{jmax}为井室上连接的支管最大许可内径（以下同）。

2. 井室壁厚可根据企业条件作修正。

3. 为便于检查井日常养护管理，检查井室的沟肩宽不应小于 20cm、最小直径不得小于 1.0m、h_3 最小高度在埋深许可时应为 1.8m，井筒直径不应小于 0.7m。如高度高、重量过大，也可把井室分为上下二层制作。

支管孔外缘离井顶不宜小于 150mm；带有井底的井室，支管孔外缘离井底不宜小于 50mm；井室上连接多根支管时，孔间最小间距不宜小于 100mm（图 2-111）。

矩形检查井一般只能在垂直于（或较小的斜角）其平面上连接支管；但其水平断面非

图 2-111　井室留孔最小边缘厚度示意

常自由，连接支管面按支管的尺寸设计大小，无连接支管面的尺寸可只按构造要求确定。

矩形检查井井室尺寸见表 2-33：

矩形检查井井室尺寸　　表 2-33

B_3=1800		B_3=2200		B_3=2600		B_3=3000		B_3=3400		B_3=3800	
A_3	D_{jmax}	A_3	D_{jmax}	A_3	D_{jmax}	A_3	D_{jmax}	A_3	D_{jmax}	A_3	D_{jmax}
1200	1500	1200	1800	1400	2200	1400	2600	1600	3000	1600	3200

井室分为带底井室和无底井室，见图 2-112、图 2-113。

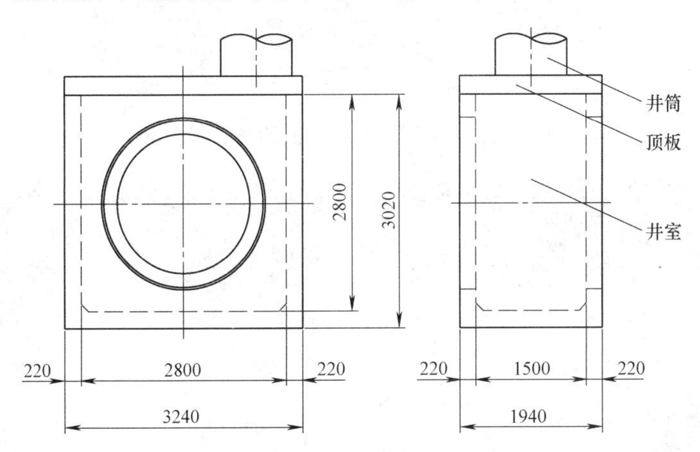

图 2-112　带底矩形混凝土井室

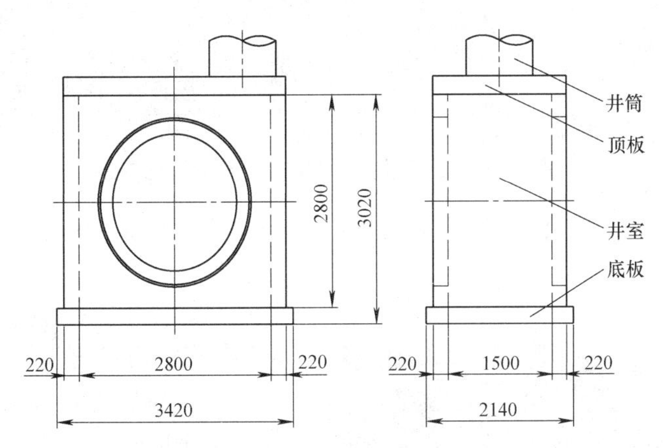

图 2-113　不带底矩形混凝土井室

带底井室，底板与井壁连体制造，减少构件生产数量，安装时减少吊装工作量。缺点是在顶管工程中不易安装。不带底井室，井室底板与井室分开制造，安装时需分别吊装底板和井室，但可在井室壁上开设倒 U 形孔，见图 2-114，顶管施工中较为方便。

混凝土检查井的施工，最大不利点为需配备起重设备吊运、安装，设计应尽可能降低单件产品的重量。因此，井室、井筒的组合高度分为多种规格；大型井室也可设计成上下两件组合、或由壁板在现场拼装组合成井室的方案，见图 2-115。以适应各种不同地区、部门的施工条件需要。

井室上连接支管的孔洞，可以是圆形孔、倒 U 形孔及盲孔。盲孔为规划预留的支管

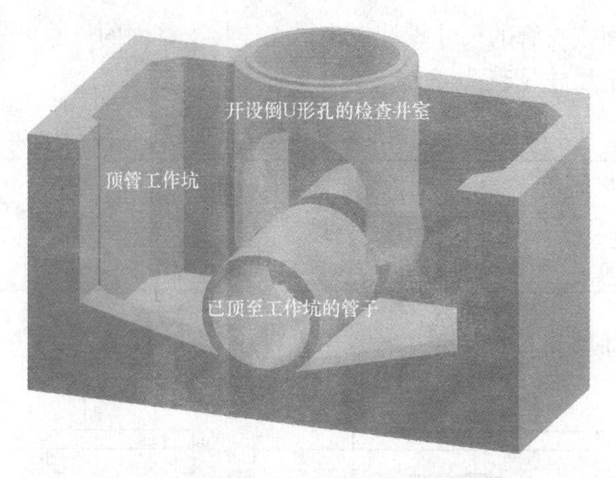

图 2-114　顶管工程中井室的吊装示意图

图 2-115　上下组装及四块板壁组装成的井室

连接孔，只在井室壁上预留不穿透井壁的半深孔，待二期工程需要连接支管时，再把支管孔打穿，见图 2-116。

排水管道中的检查井，检查井内设有弧形流水槽，按水力学的特性要求，流槽中心线的弯曲半径由转角和管径大小确定，并有2%～5%的坡度，保证水流畅通。流水槽，可与井室一次性制成，也可分开预制，再予拼装，见图 2-117。

图 2-116　带盲孔的井室

(4) 检查井上下装置

检查井也称为人孔，为操作人员进出管道的出入口。设置的人员上下装置必须考虑安全、耐久、方便、低成本。

常用检查井上下装置有踏步和步梯两种。

踏步的材料有铸铁踏步及塑钢踏步。其安装方式分为预装式和后装式，见图

图 2-117 制造流水槽的底模

2-118。预装式踏步在制造井筒、井室等时，同时将踏步浇铸入构件内壁，见图 2-121。此种方式踏步与构件连接牢靠、减少后装工序，缺点是模型复杂、组装处模型易有缝隙，产生漏浆、影响外观。后装式踏步是在井筒、井室等制成后，再将踏步安装于构件内壁，其安装孔可预留，也可后钻，见图 2-120。优点是成型构件时操作简化，缺点是踏步安装操

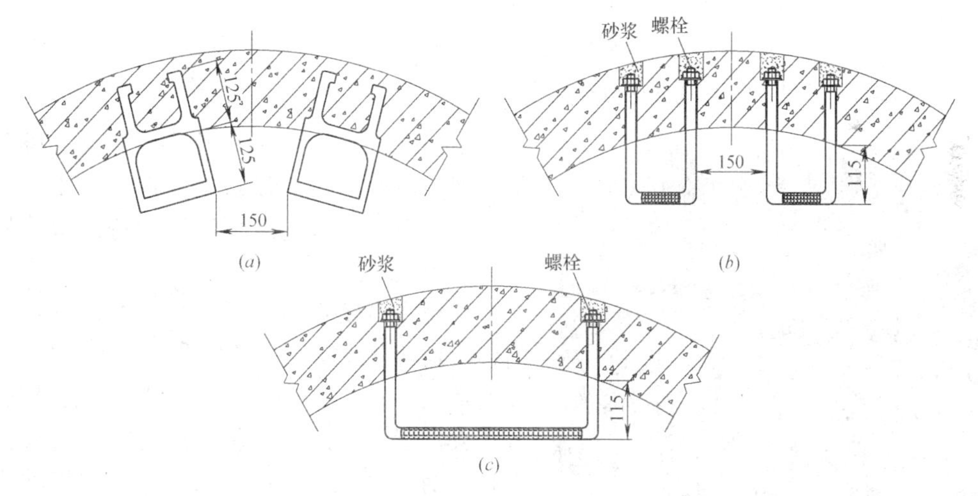

图 2-118 检查井踏步形式

(a) 铸铁预装式踏步；(b) 塑钢后装式双步踏步；(c) 塑钢后装式单步踏步

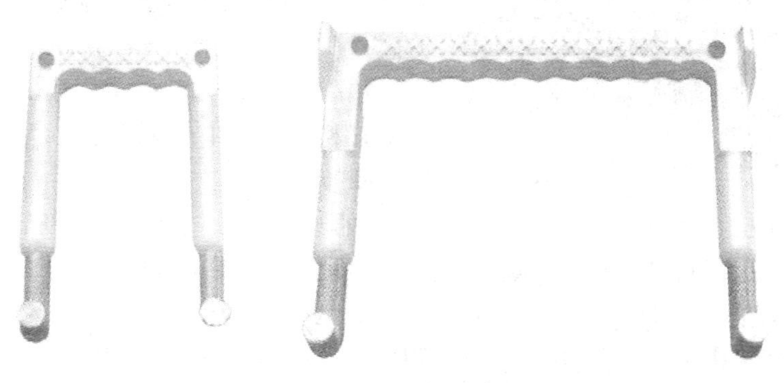

图 2-119 塑钢踏步

作质量要求高，否则连接牢度受影响。

后装式踏步的固定有两种方法，图 2-120（a）为螺母锚固法，（b）为膨胀砂浆锚固法，井壁上预留方形或圆形孔，踏步装入后填充砂浆，固化后固定住踏步。

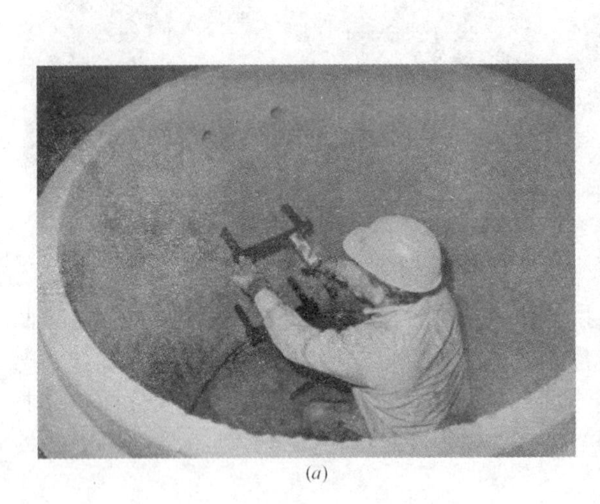

(a)

(b)

图 2-120　后装式踏步

（a）螺母锚固法；（b）膨胀砂浆锚固法

图 2-121　预装式踏步

塑钢踏步（图 2-119）由内嵌钢筋和外包覆工程塑料，通过专用设备在高温、高压下生产而成，因而该产品克服了纯钢和铸铁踏步易生锈剥落的缺陷。

移动式不锈钢步梯，不直接安设于检查井内，而是随管线操作人员带至需下入的检查井。优点是：不需在每一个检查井构件上装设踏步，节省大量费用；踏步安装于湿度较大的检查井内，长期受腐蚀，易产生安全事故，移动式步梯可避免这种事故，安全可靠。

3. 预制装配式混凝土检查井的接口和连接方式

预制混凝土检查井环与环的连接接口与混凝土管相似，可有几种形式：平口；企口；柔性胶圈接口。

预制混凝土检查井与管道不同的是，运行过程中接口的位移和转角与管道相比极大地减小，因而其接口密封设计时，可减小接口工作面长度、减小接口间隙，减小密封胶圈尺寸；还可以加大接口工作面的坡角，有利于制造、施工和降低成本。

在检查井接口中平口或企口以水泥砂浆粘合、油膏粘合较为常用，在严格要求闭水的接口中也可以采用橡胶圈密封接口，见图 2-122、图 2-123。

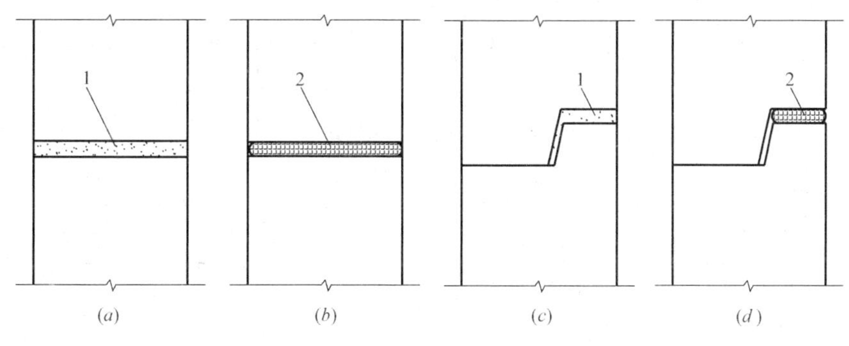

图 2-122 平口、企口检查井砂浆及油膏接口

(a) 平口砂浆接口；(b) 平口油膏接口；(c) 企口砂浆接口；(d) 企口油膏接口

为了方便生产、减小钢模的数量，新设计的预制混凝土检查井接口，优点是：不同规格的检查井可使用同一尺寸接口；可以采用不同密封材料（砂浆、胶泥、胶圈）满足不同密封要求的管道选用，见图 2-124。

管道与检查井的连接方式，与检查井环的连接相似，基本为砂浆连接、胶泥连接和企口、承插口胶圈密封柔性连接三种方式，见图 2-125；不同的是在圆管与圆形井室相接时采用橡胶套圈作为密封材料形成柔性接口，见图 2-126。

检查井与管道相接的接口宜采用柔性接口，防止如图 2-127 所示，由于管道与检查井不均匀沉降，发生管子被折断。

管道与井室柔性接口相接形式如图 2-128、图 2-129 所示。

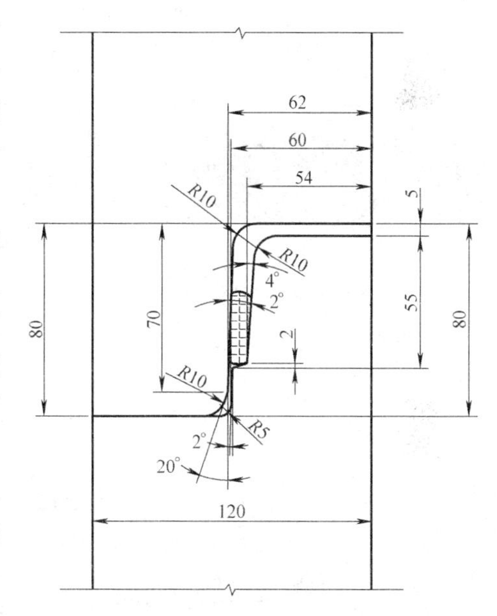

图 2-123 检查井柔性企口橡胶密封圈接口

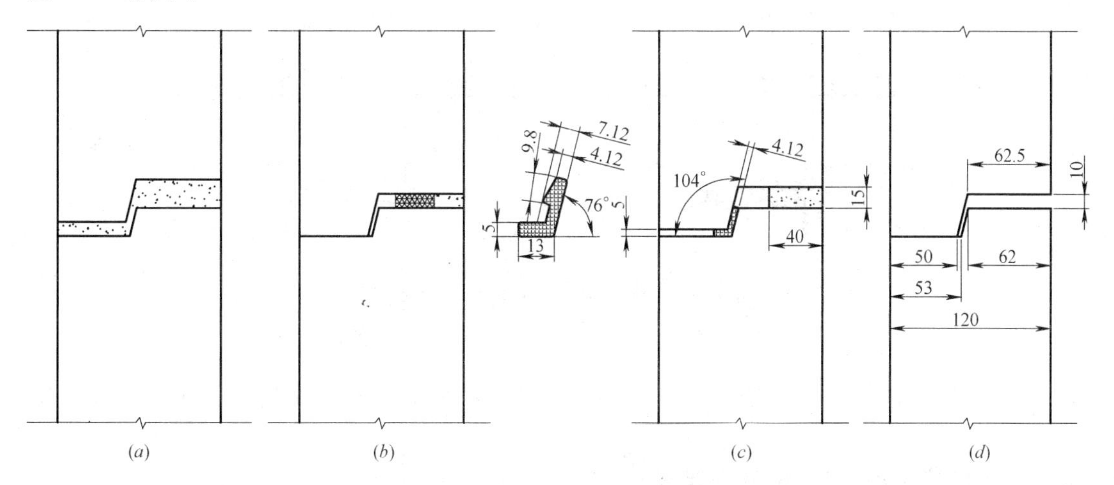

图 2-124 混凝土检查井多功能接口设计图

(a) 砂浆接口；(b) 胶泥接口；(c) 胶圈接口；(d) 接口尺寸

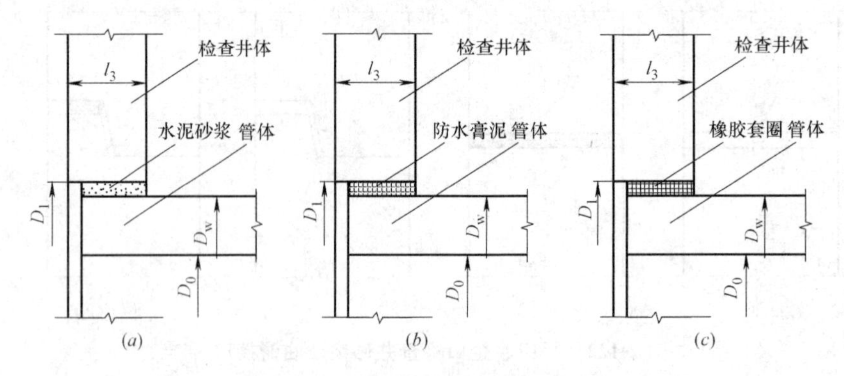

图 2-125　平口管与检查井室接口

(*a*) 砂浆接口；(*b*) 油膏接口；(*c*) 橡胶套圈接口

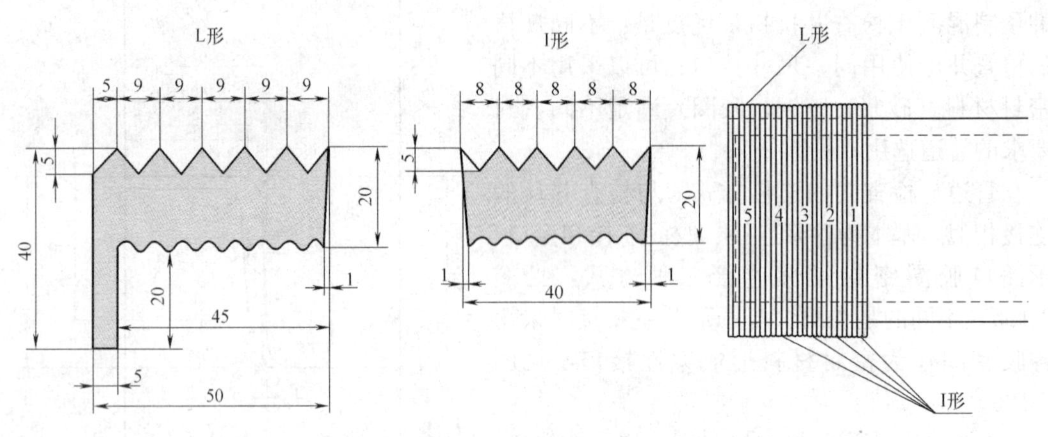

图 2-126　橡胶套圈示意图

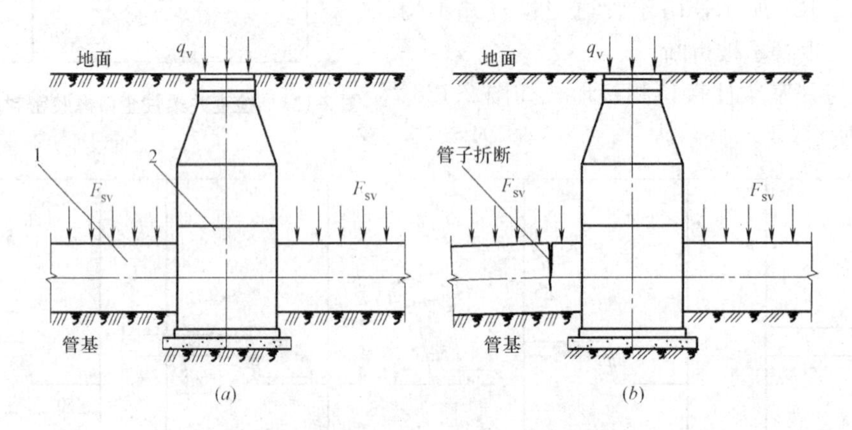

图 2-127　刚性接口易使管折断示意图

(*a*) 管道和检查井受力示意图；(*b*) 基础沉降，管子被折断

井室上的柔性接口可以与井室同时制成，也可在井室上留有孔洞，后期装配柔性接口，见图 2-130、图 2-131。

4. 预制混凝土检查井的制造方法

用于生产预制混凝土检查井工艺主要有：①芯模振动成型干硬性混凝土、即时脱模工

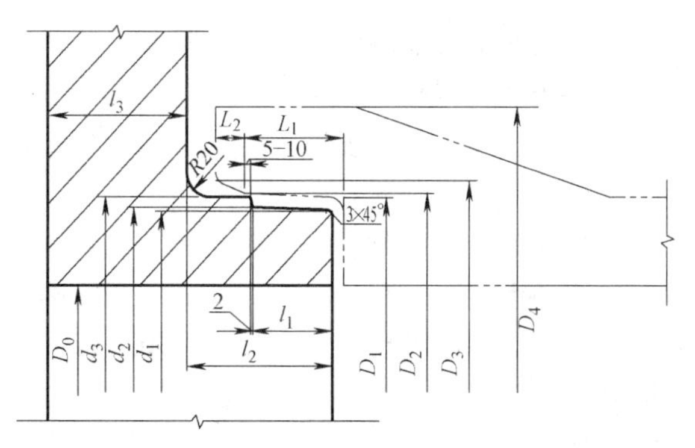

图 2-128 井室与管道承口橡胶密封圈连接接口

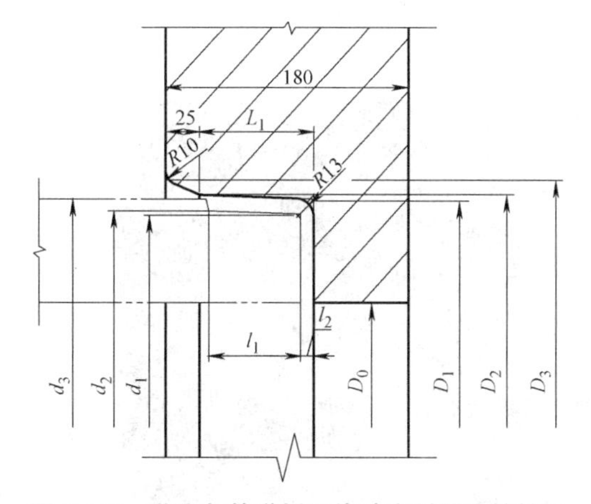

图 2-129 井室与管道插口橡胶密封圈连接接口

图 2-130 带有以胶圈密封的承插口井室

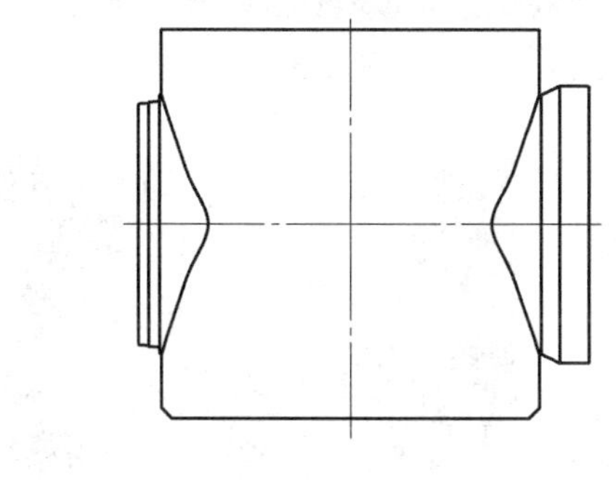

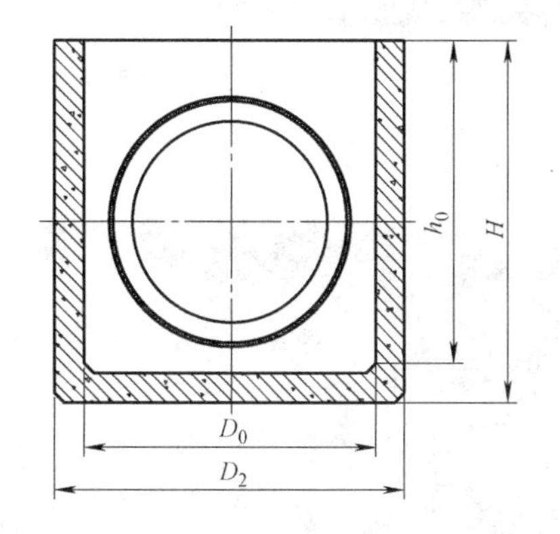

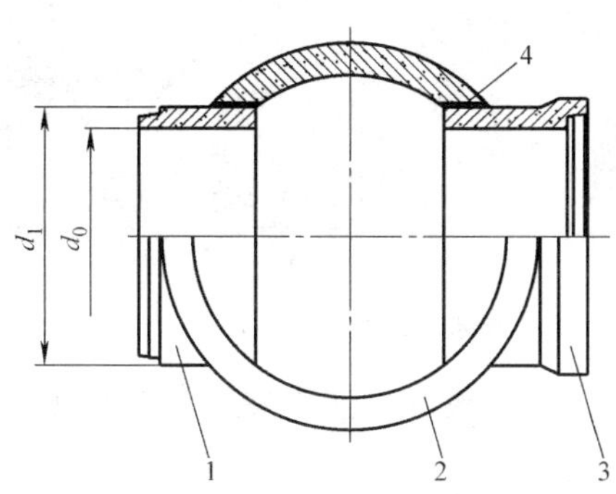

图 2-131 后接柔性接口井室

1—插口；2—井室；3—承口；4—粘接材料

艺；②高频附着式电动振动器成型干硬性混凝土，即时脱模工艺；③插入式振动器、附着式振动器成型塑性混凝土，养护后脱模工艺；④振动台成型干硬性或塑性混凝土工艺；⑤离心工艺或悬辊工艺成型塑性混凝土、干硬性混凝土。

检查井是管道的配套产品，我国预制混凝土管工厂遍布全国，这种产品极易在制管厂内生产，在定型混凝土检查井的结构尺寸时，尽可能与混凝土管相一致，如能采用现有管厂的工艺、设备生产检查井，必定能大大减少投资、降低生产成本。

如果市场需用量大、有发展前景，可投入资金建设专用检查井生产线。宜应用生产效率高、人力成本低的芯模振动工艺或高频附着式电动振动器成型工艺生产预制混凝土检查井，见图 2-132、图 2-133、图 2-134。

图 2-132　附着式电动振动器生产混凝土检查井

图 2-133　芯模振动工艺生产混凝土检查井

井室上连接的支管，每个工程都不相同，预留孔模具需能方便安装在模型不同高度、不同角度上，图 2-135 以螺杆方法连接，方便和简单。

常用模具以钢制，偶用模具可以采用泡沫聚酯树脂制造［图 2-136 (*b*)］。已制成的检查井见图 2-137。

图 2-134　插入式振动器或振动台生产混凝土检查井

图 2-135　预留孔模具安装方法

(a)

(b)

图 2-136　预留孔模具

(a) 钢制模具；(b) 泡沫聚酯模具

图 2-137　已制成的检查井

第三章　预制混凝土涵管结构计算

结构设计的主要内容包括选择构件的截面尺寸和根据承受荷载的情况验算构件的强度、稳定性、刚度和裂缝等问题。主要是满足使用要求下，解决技术上的可行性和经济上的合理性。

预制混凝土涵管结构计算主要包括：

(1) 计算简图：根据实际结构和计算的具体情况，拟出恰当的计算图式；

(2) 计算荷载：按地层介质类别、管道用途、敷设条件、埋设深度等求出作用在管道结构上的各种荷载值；

(3) 内力分析：选择结构内力计算方法，得出结构各控制设计截面的内力；

(4) 内力组合：在分别计算各种荷载内力的基础上，对最不利的可能情况进行内力组合，求出各控制截面的最大设计内力值；

(5) 配筋设计：通过截面承载力和裂缝计算得出受力钢筋，并确定必要的构造钢筋（分布钢筋、架立钢筋等）。

(6) 绘制结构构件配筋图：涵管结构配筋图、节点详图及预埋件图；

(7) 材料用量：计算混凝土用量、钢筋、钢材及其他材料的用量。

本章针对管道工程中常用的预制混凝土涵管（圆管、箱涵及其他异形涵管）分别介绍其结构设计基本原理、结构计算方法和给出计算示例。

3.1　混凝土涵管荷载计算

地下管道结构由于其外部介质为土体，因此管道的地基，管道的施工方法，开槽或不开槽敷设（顶进法施工）以及土质和回填土的夯密程度等均影响管道的受力情况，在结构分析和设计时必须考虑管道和土体之间相互的影响，分别采用不同的计算方法。

作用在地下管道上的外荷载有土荷载（竖向和侧向土压力），地面上车辆荷载、堆积荷载等，当管道埋在地下水位以下时还应考虑地下水压力对管道的作用；如为有内压作用的压力管道，则必须计算内压与外压组合下的管壁应力。

3.1.1　各种敷设方式的竖向土层压力（竖向土压力）

由于管道埋设于地下，与地上结构不同，在某些荷载项目中（如土压力、地面荷载等），以何种方式（分布性质和数值大小）作用于管道上，其所受的影响很多。在埋土较深的情况下，竖向土压力是无压管计算中最为重要的一项作用。

埋地管道的管顶竖向土压力与敷设方式有关，理论与实践都证明不同的敷设方式，作用于管道上的竖向土压力有很大的不同。管顶竖向土压力标准值应根据管道的敷设条件和施工方法分别计算确定。

混凝土管的敷设方式主要有沟埋式、填埋式和顶进法施工三种。

沟埋式管道是将管子敷设在开挖的沟槽内［图 3-1（*a*）、（*b*）、（*c*）］，槽壁天然土壤坚实，然后在管子的两侧和上部填土。一般中小型排水管道用此法构筑。

填埋式（上埋式）管道是将管子直接敷设在地面上、浅槽中［图 3-1（*d*）］，或是在宽槽内敷设管道［图 3-1（*e*）］，再在管子上部填土，一般管道的设计地面高于原状地面。横穿公路、铁路路基及河岸堤坝等涵管，多用此法构筑。

不开槽施工管道（隧洞式）［图 3-1（*f*）］的施工特点是，在土体中人工或机械掏挖形成孔腔，同时把钢筋混凝土管顶入孔腔内。此方法一般称之为顶进法施工（简称为顶管），如需穿越建筑物、河道、公路、铁路等，或在城市道路下施工敷设管道。采用顶进法施工管道，自地面以下至管顶大部分土壤未受扰动，此时管道所受土压力与隧洞相似，管顶土柱重力不完全作用于管道上。

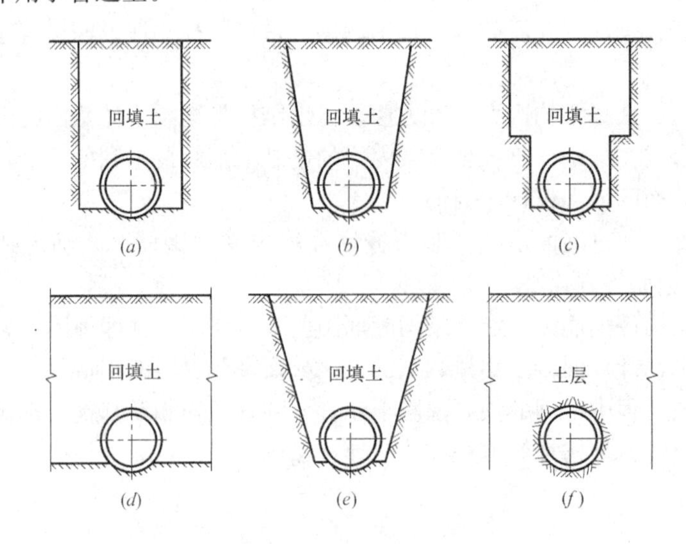

图 3-1　管道敷设方式

（*a*）沟埋式直壁沟槽；（*b*）沟埋式斜壁沟槽；（*c*）沟埋式阶梯形沟槽；
（*d*）填埋式平地敷管；（*e*）填埋式斜壁沟槽；（*f*）顶进法施工方式

3.1.1.1　用沟埋式施工方式敷设管道的竖向土压力

埋置在回填土下的管道所受填土土压力的大小，主要与管道的施工方法、地基土的物理力学性质、回填土的物理力学性质（重量密度、内摩擦角、粘聚力、管侧回填土夯实情况等）、埋土深度、槽宽与管径相对断面尺寸、回填土与管的相对刚度等因素有关。

当前明挖开槽方式施工的管道管顶上竖向土压力计算方法，主要依据美国艾奥瓦州立大学校长 A. 马斯顿教授（A. Marston）提出的管道上回填土理论建立的。如图 3-2（*a*）所示，在开槽敷设管道时，当槽宽较大于管道最大外宽时，由于涵管的刚度与其周围的土壤刚度不同，涵管管顶上的土柱与涵管两侧土柱的沉降不一致，可以假定管上土体与两侧土体之间存在一个滑动面，内外土柱的沉陷差使管顶土柱与管侧土柱之间产生摩擦力。对于混凝土涵管来说，其两侧土壤的可压缩性比涵管本身的可压缩性大，管侧土柱产生向下的摩擦力，管体受到两侧剪切面上传递下来的附加土重，因此涵管上所受垂直土压力大于涵管上的土柱重量。当埋深相对于跨度增加到一定程度，且土层较硬时，工程经验和试验

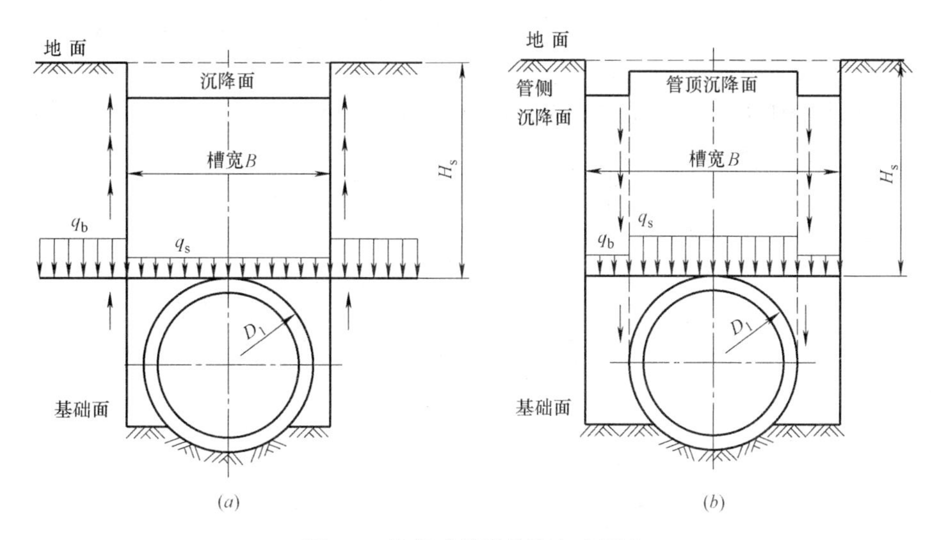

图 3-2　沟埋式管道的竖向土压力

(*a*) 沟埋式窄槽敷设作用于管顶竖向土压力；(*b*) 沟埋式宽槽敷设作用于管顶竖向土压力

表明，结构上的竖向土压力比按土柱理论计算的结果为小，从而产生了考虑土柱两侧摩擦力和内聚力的修正土柱理论。

A. 马斯顿教授理论计算模型，外径为 D_1 的管子埋设于土层中，以管顶以上 ABCD 为隔离体。如埋地管道的刚度大于土体，此时管顶以上土体 ABCD 的沉降将小于管侧土体，当埋深较大时，将会有一个等沉降面。由此隔离体 ABEF 受到管子两侧回填土下沉的摩阻牵制作用，增大了回填土对管子的压力，管顶承受的土压力将大于管顶土柱压力。计算公式按 A. 马斯顿教授理论建立的管顶竖向土压力确立，公式推算如下。

如图 3-3 所示，在沿管线纵向单位长度上，取厚度等于 dz 的回填土，其重量设为 dG_s，则：

$$dG_s = \gamma_s B \cdot dz \tag{3.1-1}$$

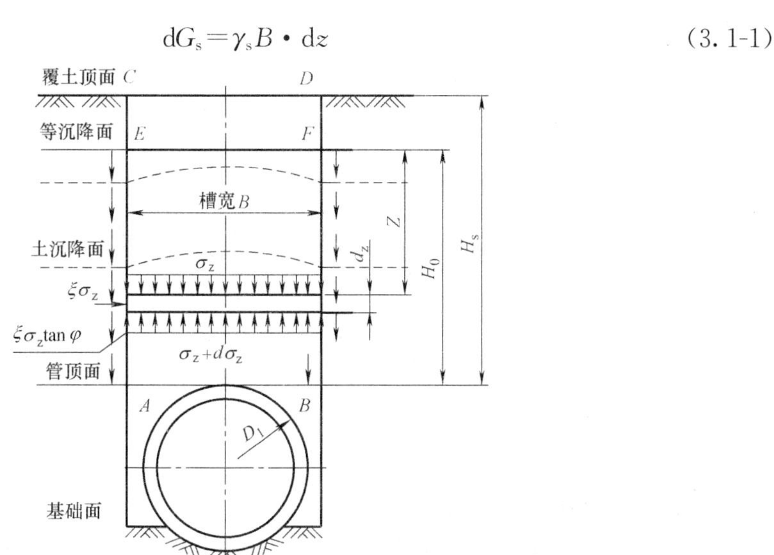

图 3-3　A. 马斯顿教授提出的管道上回填土理论计算模型

并设σ_z为所取土体上面的竖向应力值，则下面土壤竖向应力值将等于$\sigma_z+d\sigma_z$，马氏并认为σ_z在水平方向为均匀分布。

此时，水平侧压力为$\xi\sigma_z$，在槽壁处所发生的摩擦力将等于$\xi\sigma_z\tan\varphi_1$。

由竖向力系平衡条件可得：

$$B\sigma_z+dG_s=B(\sigma_z+d\sigma_z)+2\xi\sigma_z\tan\varphi_1 dz \tag{3.1-2}$$

因而：

$$Bd\sigma_z+dG_s=\gamma_s Bdz-2\xi\tan\varphi_1 dz \tag{3.1-3}$$

$$dz=\frac{Bd\sigma_z}{\gamma_s B-2\xi\sigma_z\tan\varphi_1}$$

积分后得：

$$Z=\frac{-B}{2\xi\tan\varphi_1}\exp[K(\gamma_s B-2\xi\sigma_z\tan\varphi_1)] \tag{3.1-4}$$

代入边界条件：当$Z=0$时，$\sigma_z=0$（当地面没有荷载作用时）。

求得积分常数：

$$K=\frac{1}{B\gamma_s} \tag{3.1-5}$$

将K值代入：

$$\sigma_z=\frac{1-\exp\left(-2\xi\tan\varphi_1\frac{Z}{B}\right)}{2\xi\tan\varphi_1}B\gamma_s \tag{3.1-6}$$

当$Z=H$时，管顶上的竖向土压作用应力：

$$\sigma_z=\frac{1-\exp\left(-2\xi\tan\varphi_1\frac{H}{B}\right)}{2\xi\tan\varphi_1}B\gamma_s \tag{3.1-7}$$

另：

$$F_{sv}=B\sigma_z=\frac{1-\exp\left[-2\xi\tan\varphi_1\frac{H}{B}\right]}{2\xi\tan\varphi_1}\gamma_s B^2 \tag{3.1-8}$$

令：

$$C_d=\frac{1-\exp\left[-2\xi\tan\varphi_1\frac{H}{B}\right]}{2\xi\tan\varphi_1}\frac{B}{H} \tag{3.1-9}$$

则：

$$F_{sv}=C_d\gamma_s BH \tag{3.1-10}$$

式中　Z——计算截面处至地面距离；

B——沟槽宽度；

ξ——沟槽内回填土的侧压力系数，与回填土的物理力学性质有关；

φ_1——沟槽回填土与沟槽侧壁土壤间的摩擦角，与回填土及槽壁土壤的物理力学性质有关；

σ_z——计算截面上的竖向土压力强度；

γ_s——回填土的重力密度；

F_{sv}——每延米管道上的管顶竖向土压力；

H——管顶至设计地面的覆土高度；

C_d——开槽施工管道的土压力系数。

3.1.1.2 用填埋式施工方式敷设管道的竖向土压力

用填埋式敷设的管道，管子刚度大于回填土刚度，管顶与管子两侧回填土沉降变形不同，管顶上回填土沉降变形小于管子两侧回填土的沉降变形，由于受到管道两侧回填土下沉的摩阻牵制作用，增大了回填土对管子的压力，因而管子上的竖向土压力将大于沟内回填土柱的重量，见图 3-4、图 3-5。

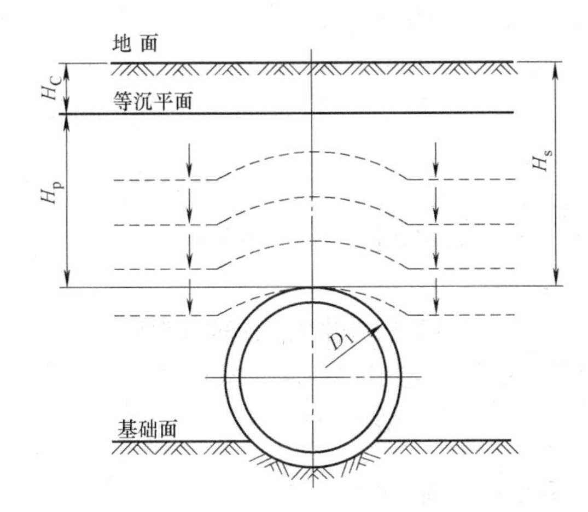

图 3-4 填埋式（平地上敷设）管道覆土沉降变形图

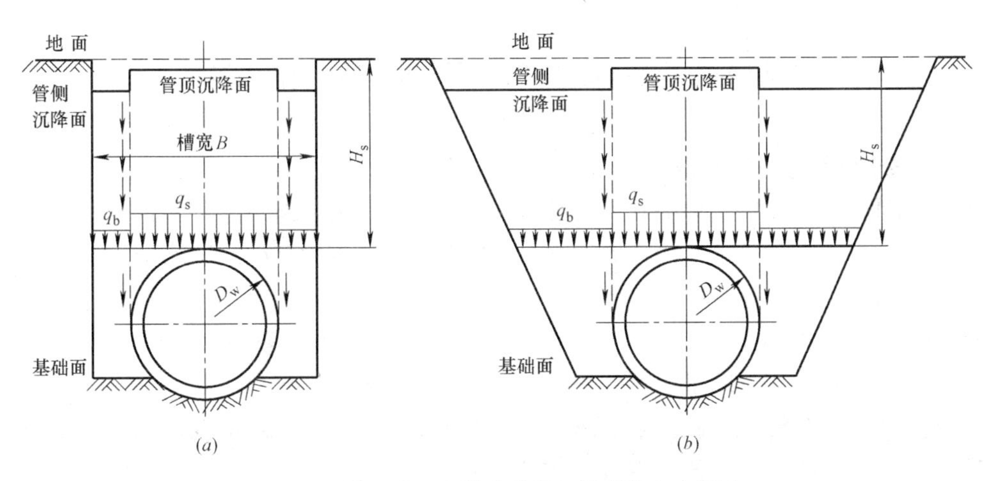

图 3-5 填埋式（宽槽内敷设）管道竖向土压力

(a) 直壁式；(b) 斜壁式

埋置在回填土下填埋式管道所受填土土压力的大小，所受主要影响因素包含以下几方面。

1. 涵管刚度的影响

在填方中敷设涵管，由于涵管的刚度与其所占空间的土壤刚度不同，因此涵管所受的竖向荷载不再等于其上部的土柱重量。

对于刚性涵管，其两侧土壤可压缩性较之涵管的可压缩性要大。因之，如［图 3-6 (*a*)］所示，在 *a*-*a* 剖面以内（涵管上部）土壤颗粒竖向位移较之 *a*-*a* 剖面以外的土壤颗粒竖向位移为小。由于存在着这种相对位移的关系，在平行于涵管纵轴各个垂直剖面上（当然也包括 *a*-*a* 剖面在内），都将发生摩擦力。显然，摩擦力的作用方向系向下。由于此项摩擦力的存在，除了使 *a*-*a* 剖面以内全部土柱重量传递给涵管以外，另外一部分靠近剖面 *a*-*a* 的土重亦将作为附加荷载而传给涵管。

显然，随着涵管刚度的减小，摩擦力亦逐渐减小，而附加土壤重量也将跟随着减小。

当涵管刚度减小到柔性涵管范畴时，则涵管上方土壤颗粒竖向位移将较 *a*-*a* 剖面以外的土壤颗粒竖向位移为大。此时摩擦力将改变为向上作用的方向，因此涵管上方部分土壤重量，将传给涵管两侧，而涵管所受的竖向荷载将较其上土柱重量为小。

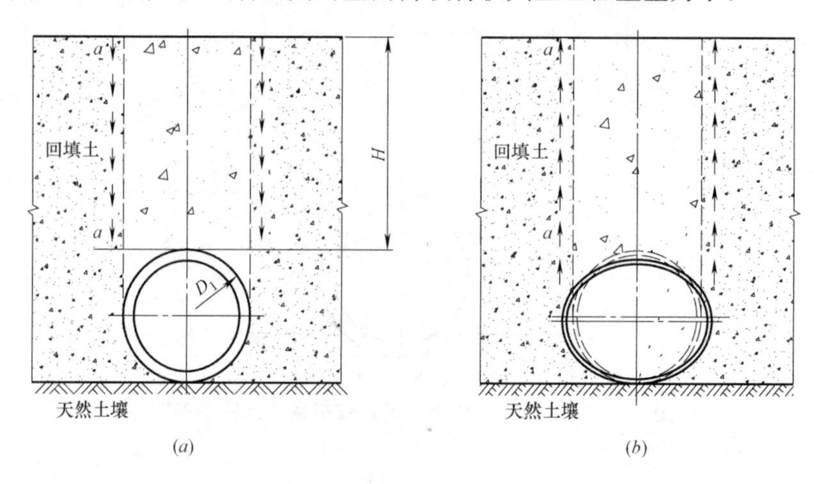

图 3-6　填埋式涵管的刚度对其所受土压力的影响示意图

(*a*) 刚性涵管；(*b*) 柔性涵管

2. 地基土壤物理特征的影响

由于刚性涵管所受的竖向荷载，较其上方土柱重量为大，所以它传给地基的压力强度值将较其两侧填土所传给地基的压力值为大。因此，涵管下方基础的沉陷量（Δ_2）将较天然地基其他部分的沉陷量（Δ_3）为大（见图 3-7）。

因此，对于刚性涵管来说，由于涵管刚度的影响所发生的土壤颗粒竖向位移间的差数，将由地基土壤不同沉陷量的差额 $\Delta_2-\Delta_3$ 抵消一部分。

因此，若考虑到涵管基础沉陷的影响时，上述单纯由于涵管刚度的影响所发生的摩擦力值将减小，同时附加荷载值也将减小。

对于刚性涵管，其摩擦力和附加荷载减小的数值将取决于 $\Delta_2-\Delta_3$。而 $\Delta_2-\Delta_3$ 的差额一方面与地基土壤所受压力的差数有关，另一方面，$\Delta_2-\Delta_3$ 的绝对值，又与地基土壤某些物理特性有关。其中最主要的影响因素将是地基土壤变形模量 E_0 值。在相同的地基土壤反压力差额作用下，E_0 值越大，$\Delta_2-\Delta_3$ 的绝对值将越小，因之其所抵消的附加荷载也越小，而涵管所受的荷载也就越大。

所以我们由之可以获得一般的概念：对于刚性涵管来说，地基土壤越密实，涵管所受

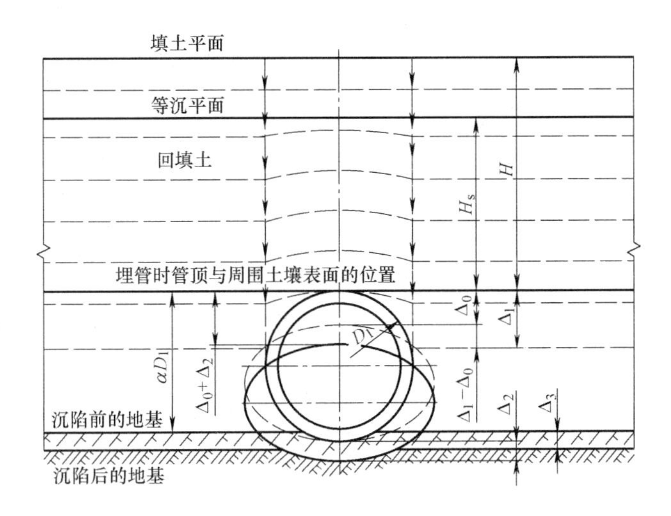

图 3-7　填埋式涵管，回填土、地基及涵管变形示意图

的竖向土压力也就越大；地基土壤越松软，其所受的竖向土压力也就越小。若地基土壤非常松软，则 $\Delta_2-\Delta_3$ 大体上可以平衡由于涵管刚度的影响所产生的土壤颗粒间竖向位移的差额，此时土体中 a-a 剖面上作用的摩擦力几近消失。故涵管所受竖向土压力，取决于其上的土柱重量已足够准确。

对于柔性涵管，则地基土壤越密实，其所受的竖向土压力将越小；地基土壤越松软，其所受竖向土压力将越大。但其所受土压力的数值，却都小于其上土柱的重量。除非地基土壤异常松软，所受土压力将趋近于其上土柱的重量。

3. 涵管凸出地基土壤高度的影响

既然填土中竖向摩擦力系涵管上方与其两侧土壤颗粒间相对位移作用的结果，那么，此项摩擦力的大小，就将和两侧土壤的压缩值 Δ_1（见图 3-7，Δ_1 为自地基平面起到原来变形前涵管顶点所切水平面间的填土压缩量）及涵管（以圆管为例）外径竖向变形（缩短）Δ_0 之间的差额有关。

但 Δ_1 值取决于压缩层的厚度。具体来讲，就是 Δ_1 值与涵管凸出地基土壤高度 α_0D_1 成正比（见图 3-7，α_0 为涵管凸出地基土壤高度与涵管外径的比值）。亦即当 α_0D_1 越小时，Δ_1 值也越小，而（$\Delta_1-\Delta_0$）也就越小。因之，填土中竖向土粒间的相对位移和与之相关的摩擦力也就越小。

所以对于刚性涵管，当其埋入在天然地基中的部分越多（α_0D_1 越小）时，其所受的竖向土压力将越小。若涵管全部埋入地基中，填土中所产生的摩擦力就完全消失。其上填土的各个沉陷面，在理论上应该都变成为水平面。而涵管所受竖向土压力将等于其上的土柱重量。

这种构筑涵管的方法，常把它称之为平埋式涵管，为填埋式涵管中一个特例情形。

4. 填土高度的影响

当涵管顶部覆土很大时，存在于填土中的竖向摩擦力，自涵管顶部往上并不能传布到填土全部高度上，而是仅仅可以影响到某一个高度范围以内。超出该高度水平面以上的土壤则呈均匀沉降，亦即表明，该处摩擦力已完全消失。

通常称该水平面为“等沉平面”（见图 3-7）。在等沉面以下所有沉陷面均形成曲面性质，至管顶处，其曲度最大。自管顶至“等沉平面”间的距离若以 H_s 表示，则 H_s 不仅与 Δ_0、Δ_1、Δ_2、Δ_3 等变形值有关，且与填土高度 H 有关。

一般来说，填土深度 H 增加，H_s 值亦加大。而 H_s 越高，则摩擦力作用的范围也越大，因而涵管所受的附加荷载也就越大。

综合上述分析，填埋式涵管竖向土压力受较多因素影响，各项因素又互为影响，导致问题解答趋于复杂化，故填埋式管的竖向土压力计算公式，采用土压力集中经验系数的方法来计算填埋式涵管竖向土压力值。对于填埋式涵管所受竖向土压力值，为方便应用取与沟埋式涵管相似的公式，等于：

$$G_B = K_H \gamma_s H D_1 \tag{3.1-11}$$

式中 G_B——填埋式管管顶竖向土压力值；

K_H——填埋式管竖向土压力集中经验系数；

D_1——管外径；

γ_s——填土重力密度；

H——管顶填土高度。

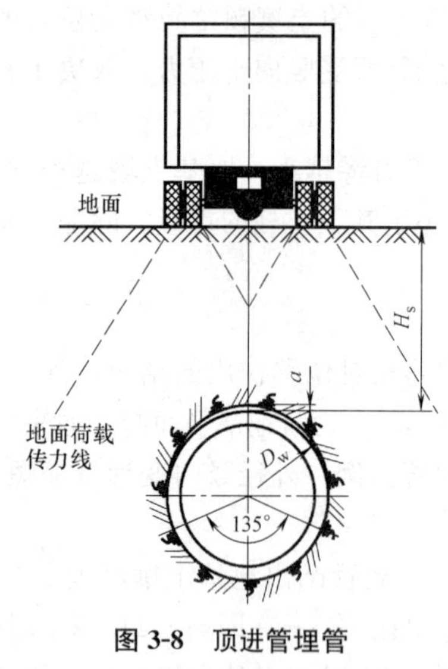

图 3-8　顶进管埋管状态示意图

K_H 与地基土壤种类、基础设置方法、H/D_1 的比值以及涵管凸出地基土壤的高度系数 α_0 等因数有关。

按照上式计算的填埋式竖向土压力 G_B 值虽有偏高，但此经验公式提供了简单并偏于安全的解答填埋式涵管的土压力计算方法。

3.1.1.3　顶进法施工方式敷设管道的竖向土压力

顶进法施工方式敷设的管道埋管状态如图 3-8 所示，如假定管顶的土柱贯穿向下塌落，与沟埋式管相似，土柱受到管道沟壁的摩阻牵制作用，降低了回填土对管子的压力，因而管子上的竖向土压力将小于沟内回填土柱的重量。如在土体中开挖洞室后应力重分布，土体进入新的平衡状态，形成一自然卸荷拱，作用于圆管上的竖向压力只是部分土柱的土体重量。

采用不开槽顶进法施工（简称顶管）构筑的涵管，由于在施工过程中，其所破坏的土壤仅局限于邻近涵管周围的土壤，因而其所受土压力的性质，为这一部分被破坏土壤的应力状态对隧洞支撑所起的破坏作用。

一般来说，其所受竖向土压力的数值是小于沟埋式和填埋式涵管的。这种现象，在埋土较深的情况下尤为显著。

不开槽顶进法施工涵管竖向土压力计算方法来源，一般均是根据弹性理论配合试验或对地下隧洞进行直接观测而获得。现有方法可分为下列几类：

(1) 土压力的数值与埋设深度成比例，亦即假设土压力与静水压力相似。此理论仅对流砂土较为正确。对于其他土质情形，显不适用。因为有一定深度的隧洞，上层土壤压力将使下层土壤密实，从而提高土壤的黏着性，而压力也未达到破坏土壤骨架的压力数值、

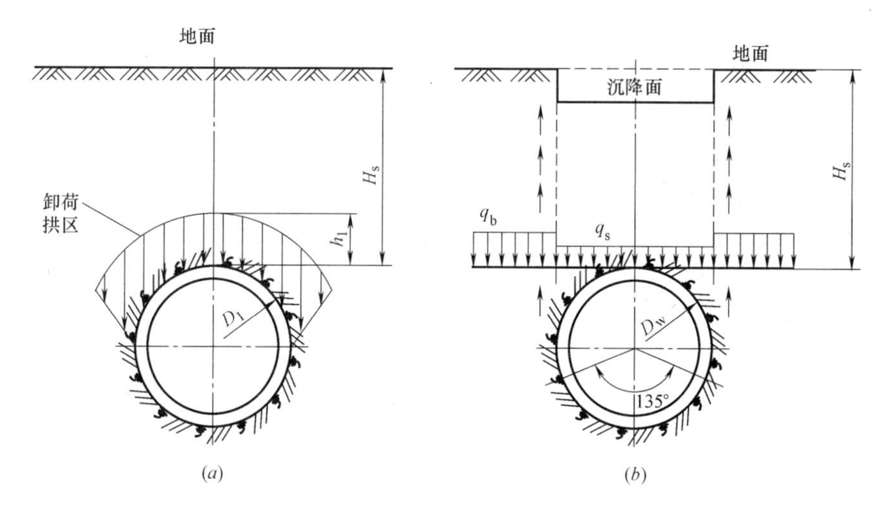

图 3-9 顶进法施工管顶土压力

(a) 形成卸荷拱的管顶土压力；(b) 土柱贯穿下沉的管顶土压力

使土壤进入特殊的塑性状态。

(2) 根据散体平衡理论，确定土压力数值。此时，土压力将只与开挖宽度、在开挖时所暴露的土壤重力密度以及内摩擦角有关。

(3) 考虑到土壤颗粒之间的黏着力，并按土壤和支撑的实际观察情况，假设土拱成一抛物线形而推导出的理论公式。其中在计算实践中广泛应用的为苏联科学家 M. M. 普洛托季雅可夫教授的计算方法。

(4) 以弹性理论为基础，将土壤视作均质无限弹性体，以处理地下结构周围土壤的应力状态问题。苏联 A. H. 金尼克院士在这方面做出了很大的贡献。

(5) 在隧洞中进行直接观测，以确定土压力的方法。

1. M. M. 普洛托季雅可夫教授的计算方法

早在 1908 年普洛托季雅可诺夫教授即根据卸力拱的平衡，建立了隧洞竖向土压力的计算理论。

普氏假设地下土层系处于整体与散粒体之间。并将土壤颗粒之间所存在一些联系，用假定的“坚固系数”或“似摩擦系数”以代替真实摩擦系数来加以考虑的。

若以 J_g 代表普氏坚固系数，则：

对于非黏结性土壤及其他松散材料：

$$J_g = \tan\varphi \tag{3.1-12}$$

对于黏结性土壤：

$$J_g \approx \frac{\tan\varphi + f}{\sigma} \tag{3.1-13}$$

对于坚硬的块状岩石：

$$J_g \approx \frac{R_{ce}}{100} \tag{3.1-14}$$

式中 φ——内摩擦角；

f——黏着力；

σ——确定黏结性土壤抗剪强度时的压应力；

R_{ce}——岩石抗压立方强度。

普氏认为隧洞上所受土压力的大小，与其构筑深度无关。并假设在隧洞上形成一卸力拱，位于此拱圈以下的土壤只对构筑物发生作用。

对于坚固系数较低的土壤（$J_g<2.0$），如图 3-10（a）所示，土壤对于隧洞垂直边墙将产生侧压力。因有支承结构的关系，故开挖两侧土体的破坏，仅能达到与垂直边墙成（$45°-\varphi/2$）角的倾斜面。普氏即根据这种散体理论，以确定破坏棱体顶面上的卸力拱圈的计算跨长。

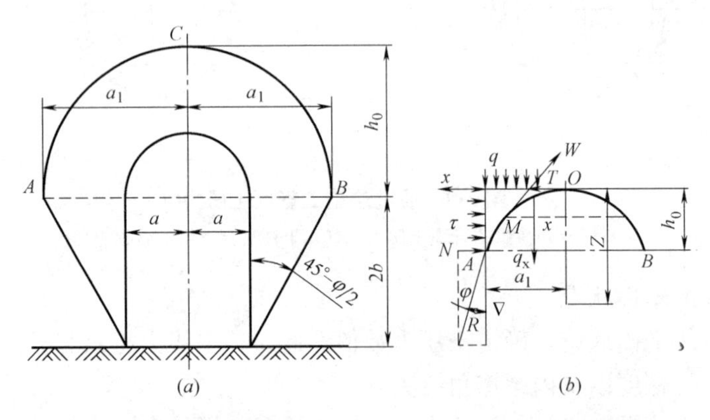

图 3-10　普洛托季雅可诺夫关于隧洞式土压力计算示意图

设 a_1 为拱圈跨径之半，a 表示隧洞跨径之半，b 表示隧洞高度之半。

由图 3-10（a）可知：

$$a_1=a+2b\tan\left(45°-\frac{\varphi}{2}\right) \tag{3.1-15}$$

为了确定卸力拱的矢高——h_k 及拱线的性质，可将拱圈切开加以分析。参看图 3-10（b），设作用于拱圈单位面积上的压力强度为 $q=\gamma_s H$，如 H 较大，可忽略拱圈上的各点高度差。

取拱圈 OM 一段为自由体，并以 O 点为坐标原点，则在这一段拱圈上作用的外力有：

① 在 O 点，代替拱圈右半部作用的水平反力 T；

② 在横坐标 x 的中点，作用有水平设影 x 上的均布竖向压力的合力 qx；

③ 在 M 点，作用有拱圈下部切线方向反力 W。

由 $\sum M_M=0$，得：

$$TZ-qx\frac{x}{2}=0$$

或：

$$Z=\frac{qx^2}{2T} \tag{3.1-16}$$

由上式可知，卸力拱的轮廓为抛物线形状。

现在分析半个拱圈的平衡条件。

设在拱脚 A 点处，垂直支点反力为∇，则∇ $=qa_1$。在该点处相应所产生的摩擦力以 N 表示。于是：

$$N=J_{g}\nabla \tag{3.1-17}$$

在极限平衡的状态下，拱顶横推力 T 将等于此项摩擦力值。为了使拱圈具有一定的稳定性，必须遵守 $T<N$ 的不等式条件。

普洛托季雅可诺夫教授引用了沿拱圈高度分布的假想切应力 τ。我们可以将 τ 理解为：在拱圈中出现附加横推力时所产生的被动水平压力。并以 τh_{k} 平衡上述不等式中的差额，亦即：

$$\begin{aligned}T&=N-\tau h_{k}\\&=J_{g}qa_{1}-\tau h_{k}\end{aligned} \tag{3.1-18}$$

在拱脚 A 点处，$Z=h_{k}$，$x=a_{1}$，将此值代入力矩平衡方程式（3.1-16）中，得：

$$\frac{q}{2}a_{1}^{2}=\tau h_{k} \tag{3.1-19}$$

将式（3.1-18）中 T 值代入上式中，解 τ 得：

$$\tau=\frac{J_{g}qa_{1}}{h_{k}}-\frac{qa_{1}^{2}}{2h_{k}^{2}} \tag{3.1-20}$$

当 Z 为最大值时，拱圈为最稳定。故由 τ 为最大值的条件确定拱圈的矢高 h_{k}。

$$\frac{\mathrm{d}x}{\mathrm{d}h_{k}}=\frac{J_{g}qa_{1}}{h_{k}^{2}}+\frac{qa_{1}^{2}}{h_{k}^{3}}=0 \tag{3.1-21}$$

由此：

$$\frac{qa_{1}}{h_{k}^{3}}(a_{1}-J_{g}h_{k})=0 \tag{3.1-22}$$

所以，卸力拱圈的矢高 h_{k}：

$$h_{k}=\frac{a_{1}}{J_{g}} \tag{3.1-23}$$

由于二次导数 $\frac{\mathrm{d}x^{2}}{\mathrm{d}h_{k}^{2}}=-\frac{qJ_{g}^{4}}{a_{1}^{2}}<0$，所以式（3.1-23）中的 h_{k} 相当于 τ_{max}。

以 h_{k} 之值代入式（3.1-20）中，得：

$$\begin{aligned}\tau&=\frac{J_{g}qa_{1}}{h_{k}}-\frac{qa_{1}^{2}}{2h_{k}^{2}}\\&=\frac{J_{g}qa_{1}}{\frac{a_{1}}{J_{g}}}-\frac{qa_{1}^{2}}{2\left(\frac{a_{1}}{J_{g}}\right)^{2}}\\&=\frac{J_{g}^{2}q}{2}\end{aligned} \tag{3.1-24}$$

以式（3.1-23）、式（3.1-24）中 J_{g} 及 τ 值代入式（3.1-10）中得：

$$\begin{aligned}T&=J_{g}qa_{1}-\frac{J_{g}^{2}q}{2}\cdot\frac{a_{1}}{J_{g}}\\&=\frac{J_{g}^{2}qa_{1}}{2}\end{aligned} \tag{3.1-25}$$

由式（3.1-25）可以看出，仅摩擦力之半（$N/2$）即以横推力（T）平衡。亦即由这个方法所得出拱圈的稳定性，存在着 2.0 的安全因数。

将 T 值代入式（3.1-16）中，可求出拱圈的方程式：

$$Z=\frac{x^2}{J_g a_1} \tag{3.1-26}$$

普洛托季雅可诺夫教授卸力拱的理论应用时的一些规定，如形成卸力拱圈时土压力的计算确定：

普洛托季雅可诺夫教授形成卸力拱的理论，是决定顶进法施工涵管竖向土压力计算的基本方法。至于拱圈的尺寸，应根据不同情况，做如下规定。

1）$J_g<2.0$ 的情形

普通涵管多修建在此类土质中。此时，涵管所受竖向土压力为界于卸力拱与涵管顶点所切水平线间的土重。如图 3-11 所示，设 h_k 为拱圈矢高，h_x 为横坐标等于 x 处拱圈的高度，γ_s 为土壤重力密度，L_{CB} 为拱圈跨长，σ_Z 为竖向土压力，q_B 为作用在涵管顶点处（$x=0$）的 σ_Z 值。

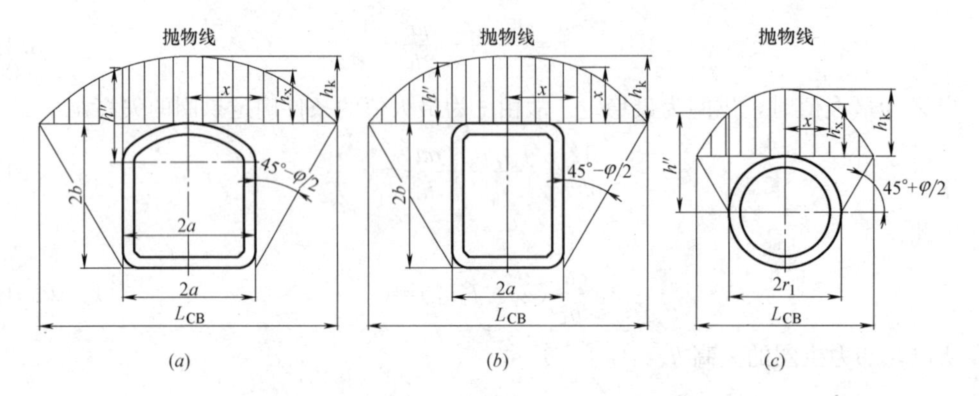

图 3-11 $J_g<2.0$ 隧洞式涵管上竖向土压力分布示意图

（a）三圆拱涵管；（b）箱形涵管；（c）圆形涵管

则：

$$h_k=\frac{L_{CB}}{2J_g} \tag{3.1-27}$$

$$\left.\begin{aligned} h_x&=h_k\left(1-\frac{4x^2}{L_{CB}^2}\right)\\ \sigma_Z&=\gamma_s h_x \end{aligned}\right\} \tag{3.1-28}$$

$$\begin{aligned} q_B&=[\sigma_Z]_{x=0}\\ &=\gamma_s h_k\\ &=\frac{\gamma_s L_{CB}}{2J_g} \end{aligned} \tag{3.1-29}$$

对于拱形或箱形涵管：

$$L_{CB}=2a+4b\tan\left(45°-\frac{\varphi}{2}\right) \tag{3.1-30}$$

对于圆形涵管：

$$L_{CB}=2r_1\left[1+\tan\left(45°-\frac{\varphi}{2}\right)\right] \tag{3.1-31}$$

$$G_B=q_B D_1$$

$$=\gamma_s h_k D_1 \tag{3.1-32}$$

$$=\frac{\gamma_s L_{CB}}{2J_g}D_1$$

式中 G_B——顶进法施工，作用于涵管顶部的竖向土压力；

L_{CB}——拱圈跨长。

2）$J_g>2.0$ 的情形

如为坚固系数较高的土壤（如岩石），对于涵管边墙将不发生主动土压力（仅当涵管变形时产生弹性抗力）。此时卸力拱的跨长等于涵管的跨径，由此：

$$\left.\begin{aligned}h_k&=\frac{a}{J_g}\\q_B&=\gamma_s h_k\end{aligned}\right\} \tag{3.1-33}$$

竖向土压力的合力：

$$G_B=\frac{4a^2}{3}\cdot\frac{\gamma_s}{J_g} \tag{3.1-34}$$

3）$H<h_k$ 时的情形

若求得卸力拱圈的矢高 h_k 大于涵管上部埋土深度 H 时，为了计算简便，普氏建议以埋土深度 H 作为卸力拱的矢高。

即取：

$$h_k=H \tag{3.1-35}$$

于是：

$$G_B=\gamma_s H \tag{3.1-36}$$

普氏坚固系数 J_g 值的确定

普氏坚固系数的物理意义，代表开挖土层（或岩层）时有关起作用的全部特性的相对强度。这些特性包括抗钻性、抗爆性（岩石）、破坏时的稳定性、支撑上的压力等。

现将构筑普通涵管时常见土壤的 J_g 值列于表 3-1 中。

普氏土壤坚固系数 **表 3-1**

土壤种类		坚固系数 J_g	土壤重力密度 γ_s(kN/m^3)	土壤摩擦角 φ(°)
普通土壤	软板岩、软石灰石、冻结的土壤、普通泥灰石、破坏的砂岩、灰质卵石及粗卵石、多石的土壤	2.0	2.4	65
	碎石土壤破坏的板岩、变坏的卵石及碎石、变硬的土壤	1.5	1.8～2.0	60
	密实的土壤($J_g=1.0\sim1.4$)、密实黏土、含有石块的土壤	1.0	1.8	45
	轻质黏土、黄土	0.8	1.6	40
松软土壤	密实的砂、净小卵石	0.7	1.5	35
	有机土、轻质砂质黏土、湿砂	0.6	1.5	30
不稳定土壤	砂、小卵石、新堆积土	0.5	1.7	27
	流砂、泥泞的土壤	0.3	1.5～1.8	9

2. 美国太沙基教授拱形作用的理论

地下隧洞土体中应力状态，由于开挖的结果而使原始态的应力状态破坏。如图 3-12

所示，若隧洞以上一部分土壤沉陷，而相邻的土壤不发生移动时，则在其间产生相对位移，并发展产生保持土体均衡的反切应力（摩擦力）。此应力将抵消沉陷土壤中的一部分重量，并使毗邻不动区域土壤的应力增大，因而形成卸力拱。出现卸力拱圈既然系由于切应力作用的结果，故采用顶进法（隧洞式）开挖方式修建地下涵管时，土拱的形成乃是符合自然规律性的。

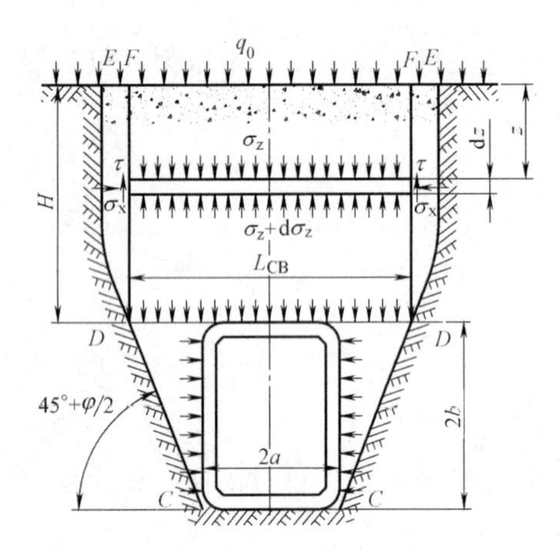

图 3-12 外部土体中的应力情况

（1）基本假设

在地下隧洞内部发展变形的过程中，发生土壤滑动，并形成 CDE 的滑动面（图 3-12）。由于界于两滑动面之间的土体产生向下的位移，故作用在 CDE 面上的摩擦力将起方向向反（向上）的作用。

但用理论方法精确解决此项问题，异常繁杂。为计算简便，太氏假设土壤系沿垂直面 DF 滑动。

在两垂直滑动面间土体的平衡问题，则可引用沟埋式的土压力计算理论获得。

假设作用于所切单元土体上的竖向土压力 σ_Z 是均匀分布的。

（2）计算公式

假设两垂直滑动面间的距离为 L_{CB}，并设地面作用有均布附加荷载 q_0，则可以得到与沟埋式涵管土压力公式相似的 σ_Z 表达式：

$$\sigma_Z=\frac{1}{2\xi\tan\varphi}L_{CB}\left(\gamma_s-\frac{2f}{L_{CB}}\right)\cdot\left[1-\exp\left(-2\xi\tan\varphi\frac{Z}{L_{CB}}\right)\right]+q_0\exp\left(-2\xi\tan\varphi\frac{Z}{L_{CB}}\right) \tag{3.1-37}$$

式中 ξ——土壤侧压力系数；

$\tan\varphi$——土壤内摩擦角的正切数；

f——土壤黏着力。

对于松散土壤，可取 $f=0$。若地面没有荷载作用，对于隧洞顶点处（$Z=H$）的 σ_Z 将等于：

$$\sigma_Z=\frac{\gamma_s L_{CB}}{2\xi\tan\varphi}\left[1-\exp\left(-2\xi\tan\varphi\frac{H}{L_{CB}}\right)\right] \tag{3.1-38}$$

若隧洞埋深 H 很大时，上式中 $\frac{H}{L_{CB}}$ 值将很大，则可近似地采取 $-2\xi\tan\varphi\frac{H}{L_{CB}}\approx 0$，于是：

$$\sigma_Z=\frac{\gamma_s L_{CB}}{2\xi\tan\varphi} \tag{3.1-39}$$

太氏在 1936 年对砂质土中应力状态所做的试验证明，侧压力系数 ξ 值，在隧洞顶点处等于 1.0（土壤处于极限平衡条件下），则：

$$\sigma_Z=\frac{\gamma_s L_{CB}}{2\tan\varphi} \tag{3.1-40}$$

对于散体材料，$J_g=\tan\varphi$，则上式可以改写成：

$$\sigma_Z=\gamma_s\frac{L_{CB}}{2J_g} \tag{3.1-41}$$

(3) 破坏土体竖向应力随深度变化的概念

由公式（3.1-37），并引入以下符号：

$$\left.\begin{aligned}&A=\frac{1}{\xi\tan\varphi}(1-\beta)\\&\beta=\exp\left(-2\xi\tan\varphi\frac{H}{L_{CB}}\right)\\&\sigma_Z'=A\frac{L_{CB}}{2}\left(\gamma_s-\frac{2f}{L_{CB}}\right)\\&\sigma_Z''=\beta q\end{aligned}\right\} \tag{3.1-42}$$

则式（3.1-37）可变成下列形式：

$$\sigma_Z=\sigma_Z'+\sigma_Z'' \tag{3.1-43}$$

如图 3-13 所示，将在黏性土壤上覆盖的有机土和流砂层，作为附加均布荷载 q_0 计算，则：

$$q_0=\gamma_1h_1+\gamma_2h_2 \tag{3.1-44}$$

式中 γ_1、γ_2——分别为有机土和流砂层的重力密度；

h_1、h_2——分别为有机土和流砂层的厚度。

取 $\xi=1.0$，并假设 $\varphi=30°$及 $\varphi=45°$两种情形（亦即 $\xi\tan30°=0.58$ 及 $\xi\tan45°=1.0$），分别计算 $2Z/L_{CB}$等于 0.5，1.0，2.0，3.0，4.0，6.0，8.0 及 10.0 各值时的 A 及 β 值。并绘于图 3-14 中。

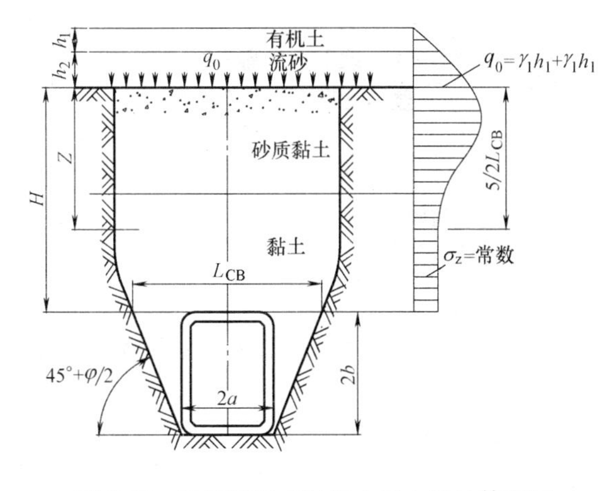

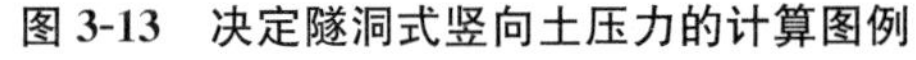
图 3-13　决定隧洞式竖向土压力的计算图例

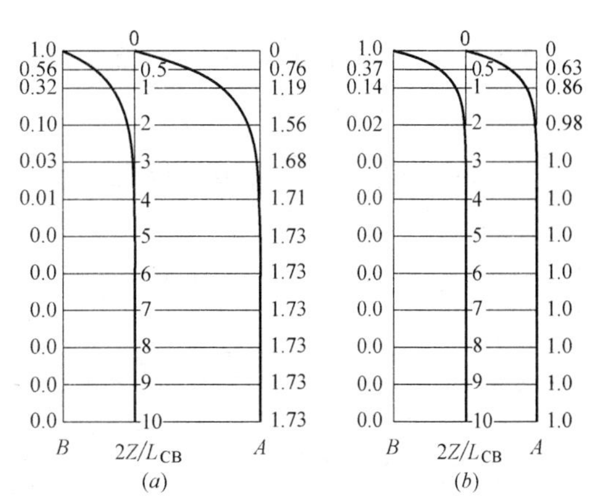

图 3-14　系数 A、B 与深度 Z 值关系图

(a) $\varphi=30°$；(b) $\varphi=45°$

将所求得 A 及 β 的值代入式（3.1-42）中，可以计算出不同 Z 值时的 σ_Z 值。

由图 3-13 及图 3-14 中 σ_Z 值的分布曲线，可以得出下列概念：

① 附加荷载对于竖向土压力的影响（即 $\sigma_Z''=\beta q_0$），仅在 $2.5L_{CB}$深度内发生作用；

② 土层重力压力值 $\sigma_Z'=\frac{AL_{CB}}{2}\left(\gamma_s-\frac{f}{L_{CB}/2}\right)$，在土层深度大于 $2.5L_{CB}$时为固定值，与

涵管埋设深度无关；

③ 当 $H>2.5L_{CB}$时分析公式

$$\sigma_Z'=\frac{AL_{CB}}{2}\left(\gamma_s-\frac{2f}{L_{CB}}\right) \tag{3.1-45}$$

可知，若 $\gamma_s-\frac{2f}{L_{CB}}\leqslant 0$，隧洞结构上将不产生竖向土压力。亦即当 $\gamma_s\leqslant\frac{2f}{L_{CB}}$时，隧洞中即使无支承结构，也将处于稳定状态。但结构断面应如图 3-15 所示的形状。

（4）松软土壤及成层土壤中，隧洞式涵管竖向土压力计算的应用问题

① 在层状土壤中修建涵管时，如上部具有蓄水性土壤，应根据公式（3.1-23）计算其竖向土压力。

② 在黏土中修建隧洞式涵管时，如上部具有蓄水性土壤，应考虑黏土膨胀的可能性（见图 3-16）。此时竖向土压力应取最高地下水位至涵管管顶间的全部土重。

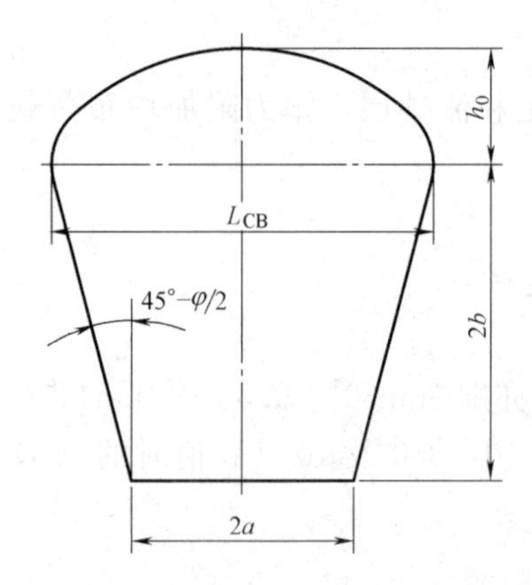

图 3-15　无支撑结构时地下涵管的断面形状

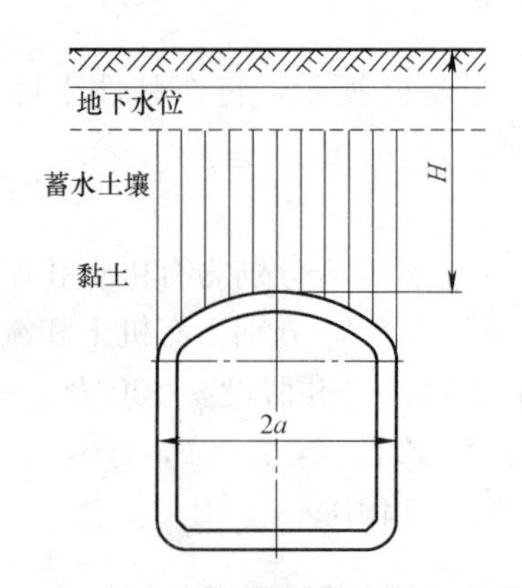

图 3-16　地下水位高于黏土层时竖向土压力计算示意图

③ 涵管如修建在松软或不稳定的土壤中（$J_g<0.8$），且上边埋土深度 H 小于 $2.5L_{CB}$ 时，竖向土压力应采取等于地面至涵顶平面间的全部土柱重量。

对于其他情况，应根据普氏形成卸力拱的理论，分别按照式（3.1-16）～式（3.1-20）计算。

【例题 3.1】 一圆形涵管，用顶进法施工顶入已建土堤中，管外径 $D_1=1.16$m，土层的坚固系数 $J_g=0.6$，内摩擦角 $\varphi=30°$，$\gamma_s=18\text{kN/m}^3$。

试求当埋土深度 $H=6.0$m 及 $H=3.0$m 时的竖向土压力。

解： 1. $H=6.0$m

（1）按照普洛托季雅可诺夫教授方法求解

因 $J_g=0.6<2.0$，卸力拱的尺寸应由式（3.1-31）计算，圆形涵管：

$$L_{CB}=2r_1\left[1+\tan\left(45°-\frac{\varphi}{2}\right)\right]$$

$$=1.16\times\left[1+\tan\left(45°-\frac{30°}{2}\right)\right]$$

$$=1.83\text{m}$$

卸力拱圈矢高：

$$\begin{aligned}h_{k}&=\frac{L_{CB}}{2J_{g}}\\&=\frac{1.83}{2\times0.6}\\&=1.53\text{m}\end{aligned}$$

在 $x=r_1$ 处，拱高用 h' 表示，即：

$$\begin{aligned}h'&=h_{k}\left(1-\frac{D_1^2}{L_{CB}^2}\right)\\&=1.53\times\left(1-\frac{1.16^2}{1.83^2}\right)\\&=0.92\text{m}\end{aligned}$$

$$\begin{aligned}q&=\gamma_{s}h_{k}\\&=18\times1.53\\&=27.5\text{kN/m}^2\end{aligned}$$

作用于涵管上的全部竖向土压力 G_B 为：

$$\begin{aligned}G_{B}&=\frac{2}{3}\gamma_{s}D_{1}\left[h_{k}+(h_{k}-h')\tan\left(45°-\frac{\varphi}{2}\right)\right]\\&=\frac{2}{3}\times18\times1.16\times\left[1.53+(1.53-0.82)\times\tan\left(45°-\frac{30°}{2}\right)\right]\\&=26.2\text{kN}\end{aligned}$$

（2）假设堤顶置有 10kN/m² 的器材，试按式（3.1-34）计算竖向土压力

因取 $J_g=0.6$ 及 $\tan\varphi=\tan30°=0.58$，此时土壤黏着力 $f\approx0$，于是可以采用 $J_g=\tan\varphi$。并取 $\xi=1.0$，即式（3.1-37）可简化为：

$$\begin{aligned}\sigma_{Z}&=\frac{L_{CB}}{2\xi\tan\varphi}\left(\gamma_{s}-\frac{2f}{L_{CB}}\right)\cdot\left[1-\exp\left(-2\xi\tan\varphi\frac{Z}{L_{CB}}\right)\right]+q_{0}\exp\left(-2\xi\tan\varphi\frac{Z}{L_{CB}}\right)\\&=\frac{L_{CB}}{2\times1\times J_{g}}\left(\gamma_{s}-\frac{2\times0}{L_{CB}}\right)\cdot\left[1-\exp\left(-2\times1\times J_{g}\frac{H}{L_{CB}}\right)\right]+q_{0}\exp\left(-2\times1\times J_{g}\frac{H}{L_{CB}}\right)\\&=\frac{L_{CB}}{2J_{g}}\gamma_{s}\cdot\left[1-\exp\left(-2J_{g}\frac{H}{L_{CB}}\right)\right]+q_{0}\exp\left(-2J_{g}\frac{H}{L_{CB}}\right)\\&=\frac{1.83}{2\times0.6}\times18\times\left[1-\exp\left(-2\times0.6\times\frac{6}{1.83}\right)\right]+1.0\times\exp\left(-2\times0.6\times\frac{6}{1.83}\right)\\&=27.2\text{kN/m}\approx27.5\text{kN/m}\end{aligned}$$

通过上面计算，可知当 $\frac{H}{2L_{CB}}$ 值比较大时（>5），地面荷载 q_0 对 σ_Z 值几无影响，且土层重力所产生之 σ_Z 值，亦将与埋土深度 H 无关；而接近于普氏卸力拱高 h_k 所产生的竖向土压力，并恒为一常量。

但是，按式（3.1-37）的推导过程，系假设竖向土压力在 x 方向为均匀分布，故 G_B 值将等于：

$$\begin{aligned}G_{B}&=\sigma_{Z}D_{1}\\&=27.5\times1.16\end{aligned}$$

$$=31.8kN$$

无疑，此值将高于按照普氏所求得之值。

2. $H=3.0m$

因土层的坚固系数 $J_g=0.6$，且 $H=3.0m<2.5L_{CB}=2.5\times2.83=4.58m$。

故：

$$\sigma_Z=\gamma_s H$$
$$=18\times3.0$$
$$=54kN/m$$
$$G_B=\sigma_Z D_1$$
$$=54\times1.16$$
$$=62.6kN$$

3.1.2　混凝土涵管土壤侧压力的计算

作用在管道的土壤侧压力可分为主动土压力（简称土压力）、被动土压力（简称土抗力）和静止土压力三种。其中主动土压力值最小，被动土压力值最大，静止土压力值介于两者之间。

3.1.2.1　土壤侧压力计算常用理论

大量工程实践结果表明，在地下结构中，当结构发生一定位移时，可按古典土压力理论计算主动土压力和被动土压力。当结构位移有严格限止时，按静止土压力取值，这是目前在地下工程设计中常采用的计算方法。

1. 主动土压力和被动土压力

（1）按朗肯理论计算土壤侧压力强度

主动土压力强度：　$$e_a=q_0+\sum(\gamma_i h_i)K_a-2c\sqrt{K_a}\tag{3.1-46}$$

被动土压力强度：　$$e_p=q_0+\sum(\gamma_i h_i)K_p-2c\sqrt{K_p}\tag{3.1-47}$$

式中　γ_i——计算深度内各土层的重度，kN/m^3；

h_i——计算深度内各土层的厚度，m；

q_0——地面均布荷载，kP；

K_a——主动土压力系数，$K_a=\tan^2(45°-\varphi/2)$；

K_p——被动土压力系数，$K_p=\tan^2(45°+\varphi/2)$；

c——土的内聚力；

φ——土的内摩擦角。

（2）按库仑理论计算土壤侧压力强度

主动土压力强度：　$$E_a=1/2\gamma H^2K_a\tag{3.1-48}$$

被动土压力强度：　$$E_p=1/2\gamma H^2K_p\tag{3.1-49}$$

式中　γ——计算深度内各土层的平均重力密度，kN/m^3；

H——计算深度，m；

K_a、K_p——库仑主动土压力与被动土压力系数，按下式确定：

$$K_a=\frac{\cos^2(\varphi-\alpha)}{\cos^2\alpha\cos(\alpha+\delta)\left[1+\sqrt{\dfrac{\sin(\varphi+\delta)\sin(\varphi-\beta)}{\cos(\alpha+\delta)\cos(\alpha-\beta)}}\right]^2}\tag{3.1-50}$$

$$K_p=\frac{\cos^2(\varphi+\alpha)}{\cos^2\alpha\cos(\alpha-\delta)\left[1+\sqrt{\frac{\sin(\varphi+\delta)\sin(\varphi+\beta)}{\cos(\alpha-\delta)\cos(\alpha-\beta)}}\right]^2} \tag{3.1-51}$$

式中　α——土压力作用面与垂直线的夹角；

β——土层表面与水平面的夹角；

δ——土与结构表面的摩擦角，应由试验确定。一般情况下可取下列数值：结构表面光滑且排水不良时，$\delta=(0\sim1/3)\varphi$；结构表面粗糙且排水良好时，$\delta=(1/3\sim1/2)\varphi$；结构表面很粗糙且排水良好时，$\delta=(1/2\sim2/3)\varphi$。

2. 静止土压力

当结构在土压力作用下，结构不发生任何变形和位移（移动或转动）时，填土处于弹性平衡状态，则作用于结构上的侧向土压力为静止土压力，并用 E_0 表示。

静止土压力可根据半无限弹性体的应力状态求解，竖向土的重力应力为 σ_c，其值等于土柱的重力，即：

$$\sigma_c=\gamma z \tag{3.1-52}$$

式中　γ——土的重力密度；

z——地面至计算点距离。

填土受到结构阻挡而不能侧向移动，这时土体对结构的作用力就是静止土压力。由半无限弹性体在无侧移的条件下，其侧向压力与竖向主力之间的关系为：

$$e_0=K_0\sigma_c=K_0\gamma z \tag{3.1-53}$$

$$K_0=\frac{\mu}{1-\mu} \tag{3.1-54}$$

式中　K_0——静止土压力系数；

μ——土的泊桑比，其值通常由试验取得。

填土表面为水平时，静止土压力按三角形分布，静止土压力合力按下式计算，合力作用点位于距结构根部 1/3 处。

$$E_0=\frac{1}{2}\gamma H^2K_0 \tag{3.1-55}$$

式中　H——结构计算高度。

对于柔性涵管，由于主动外荷载迫使其发生的变形的数值较大，因之周围土壤对之将发生被动的弹性抗力作用。大家知道，主动侧压力并不决定于结构物的变形，因此，它和弹性抗力在性质上是具有原则性的区别的。

因为混凝土涵管本身刚度较大，处于其两侧的土壤，对结构将发生主动侧压力作用。

3.1.2.2　作用于沟埋式涵管的侧压力计算

根据胸腔宽度不同，可分为下列两种情形。

1. 胸腔宽度较大的情形

采用沟埋式敷设涵管时，涵管每侧将构成一“胸腔”。每侧胸腔的宽度将等于$\frac{B_0-D_1}{2}$。

显然胸腔宽度不仅会直接影响施工条件，且与涵管所受土压力的性质存在着一定关系。

当胸腔宽度较大时，一方面可以保证胸腔致密；另一方面，由于槽宽较宽，实质上涵管已变成填埋式受力性质。当胸腔宽度大于 1m 时，可以直接按照朗肯公式确定土壤主动

侧压力 q_b 值。

参看图 3-17，设距离地面等于 Z 处的土壤侧压力为 q_b，则：

$$q_b=\gamma_s Z\tan^2\left(45°-\frac{\varphi}{2}\right) \tag{3.1-56}$$

式中　φ——回填土的内摩擦角。

从式（3.1-56）可以看出，q_b 值的分布系地面起呈三角形分布。在涵管高度上，主动土压力将为一梯形分布图形。

对于圆形涵管来说，曲线形管壁对散体的水平压力作用值将有一定影响，并不符合直线法则变化。实际上，侧压力在涵管上部将较式（3.1-56）所得者略大，而在涵管下半部，将略小于式（3.1-56）所求得的数值。所以对圆形涵管侧压力可按照图 3-18 的矩形分布图形确定。这样，不仅计算结果较为准确，且使静力分析大为简便。

此时，矩形侧压力图形的强度，可取涵管中心处的 q_b 值计算之：

$$q_b=\gamma_s H_0\tan^2\left(45°-\frac{\varphi}{2}\right) \tag{3.1-57}$$

式中　H_0——地表面至管道中心处的距离。

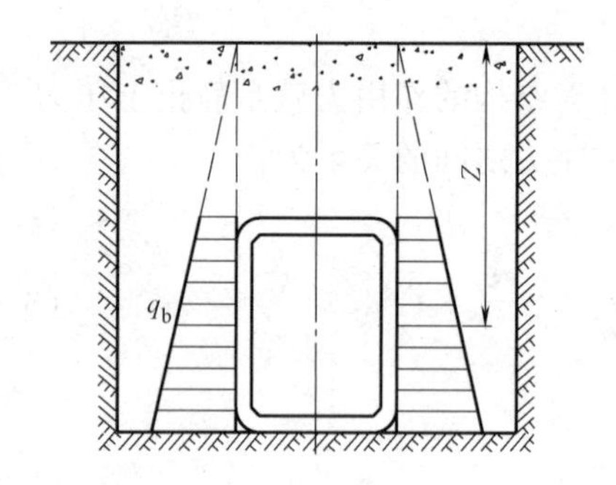

图 3-17　按直线式分布的回填土侧压力图

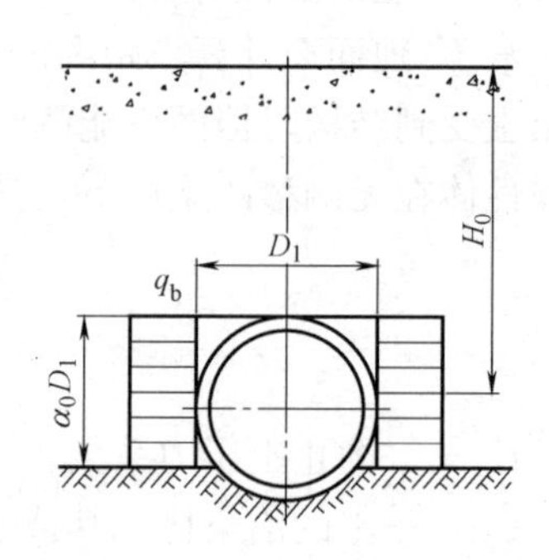

图 3-18　圆管上回填土侧压力计算图

全部侧压力以 G_T 表示，则：

$$G_T=q_b\alpha_0 D_1 \tag{3.1-58}$$

式中　α_0——涵管凸出地基表面系数；

D_1——涵管外径。

2. 胸腔宽度较小的情形

若胸腔宽度 $\frac{B_0-D_1}{2}<1\text{m}$ 时，考虑到回填土夯实不易致密，建议将式（3.1-56）、式（3.1-58）乘以侧压力局部作用系数 K_T，并：

$$K_T=\frac{B_0-D_1}{2\times1} \tag{3.1-59}$$

式中　B_0、D_1——分别为涵管顶处的槽宽及管外径，单位以 m 计。

则式（3.1-57）及式（3.1-58）可修正为适用于 $\frac{B_0-D_1}{2}<1\text{m}$ 时的情况。

$$q_b=K_T\gamma_s H_0\tan^2\left(45°-\frac{\varphi}{2}\right) \tag{3.1-60}$$

$$G_T=K_T\gamma_s H_0\tan^2\left(45°-\frac{\varphi}{2}\right)\alpha_0 D_1 \tag{3.1-61}$$

3.1.2.3 作用于填埋式涵管的侧压力计算

1. 按照朗肯公式计算的方法

对于具有垂直边墙的涵管（如箱涵、三圆拱涵），侧压力值可按照公式（3.1-56）计算。此时，涵管所受的侧压力图形为梯形图形。

若地下水位高于涵管顶点时，侧压力 q_b 值可按下式计算（见图3-19）：

$$q_b=(\gamma_s Z-Z_w\gamma_w\varepsilon)\tan\left(45°-\frac{\varphi}{2}\right)+Z_w\gamma_w \quad (3.1\text{-}62)$$

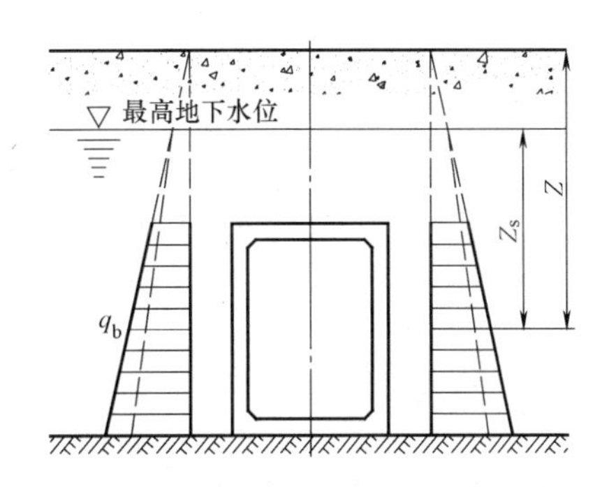

图3-19 考虑地下水时，填埋式涵管侧压力计算示意图

式中 γ_s、γ_w——分别为填土和水的重力密度；

Z、Z_w——分别为地表面至计算点及最高地下水位至计算点间距离；

φ——饱和回填土的内摩擦角；

ε——回填土空隙比。

对于圆形涵管，土壤侧压力仍可按照式（3.1-57）及式（3.1-58）计算。

2. 填埋式涵管侧压力系数值

北京市市政设计院技术研究所的试验资料，对于填埋式涵管土壤侧压力系数，分别等于0.2～0.3（黏土）及0.4～0.5。

由试验资料可知：当埋深 H 越大时，相应的侧向土压力系数 ξ 也就越低。

这是，因作用于填埋式刚性涵管上的竖向土压力是大于其上的土柱重量的。如图3-20所示，我们可以比照水流波纹的绘制方法，自涵端顶点（或管腹）起绘制与各沉陷面相正交的曲线，则界于此两曲线间的土重，几乎全部传予涵管上。因此，涵管两侧土柱减少了对涵管顶点以下两旁的竖向土压力作用值，因之侧压力即相应减弱。

3.1.2.4 作用于隧洞式涵管的侧压力计算

1. 利用卸力拱计算隧洞式涵管时侧压力的计算

M. M. 普洛托季雅可诺夫教授破坏棱体的计算方法

如图3-21所示，抛物线 $M'O'N'$ 以内的土壤体积（单位长度）等于：

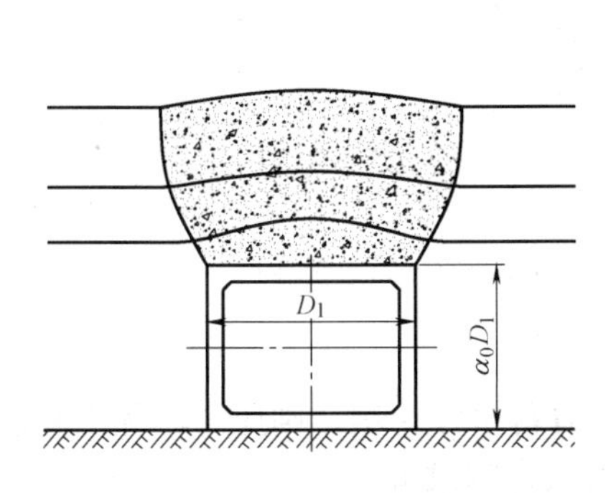

图3-20 涵管顶部承载土柱示意图

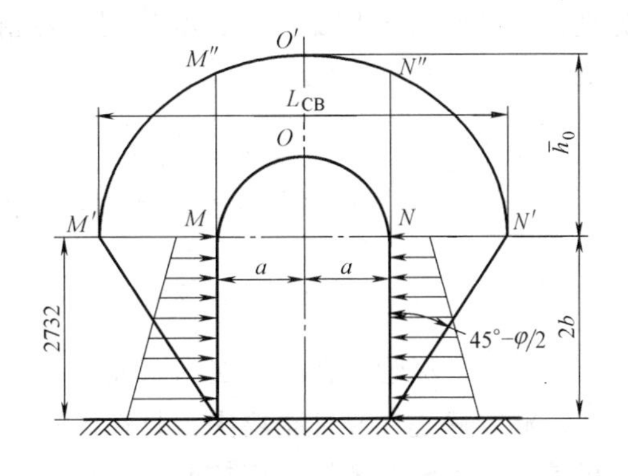

图3-21 有侧压力时卸力拱圈计算简图

$$V'=\frac{2}{3}L_{CB}\overline{h}_0 \tag{3.1-63}$$
$$=\frac{1}{3}\cdot\frac{L_{CB}^2}{J_g}$$
$$=\frac{1}{3J_g}\left[2a+4b\tan\left(45°-\frac{\varphi}{2}\right)\right]^2$$

在抛物线 MON 和 $M'O'N'$ 之间的土壤体积等于：

$$V=V'-\frac{(2a)^2}{3J_g} \tag{3.1-64}$$
$$=\frac{8b}{3J_g}\tan\left(45°-\frac{\varphi}{2}\right)\left[2a+2b\tan\left(45°-\frac{\varphi}{2}\right)\right]$$

假设体积为 V 的土壤压力作用在破坏棱体顶面 MM' 及 NN' 的宽度上，而成均布荷载的形式。若换算为单位宽度上的荷载（q_s）等于：

$$q_s=\frac{\gamma_s V}{4b\tan\left(45°-\frac{\varphi}{2}\right)} \tag{3.1-65}$$
$$=\frac{\gamma_s 2\left[2a+2b\tan\left(45°-\frac{\varphi}{2}\right)\right]}{3J_g}$$

故距涵管顶点 Z 处的土壤侧压力 q_T 等于：

$$q_t=q_s\tan^2\left(45°-\frac{\varphi}{2}\right)+\gamma_s Z\tan^2\left(45°-\frac{\varphi}{2}\right) \tag{3.1-66}$$
$$=\gamma_s Z\tan^2\left(45°-\frac{\varphi}{2}\right)\left\{\frac{2}{3J_g}\left[2a+2b\tan\left(45°-\frac{\varphi}{2}\right)\right]+Z\right\}$$

作用于涵洞垂直边墙上的侧压力 G_T 等于：

$$G_T=2\gamma_s b\tan\left(45°-\frac{\varphi}{2}\right)\left\{\frac{2}{3J_g}\left[2a+2b\tan\left(45°-\frac{\varphi}{2}\right)\right]+b\right\} \tag{3.1-67}$$

简化计算：管顶竖向土压力值乘以侧向土压力系数；（管顶竖向土压力值＋涵管高度段的竖向土压力）乘以侧向土压力系数。

2. 利用全部土柱重量计算隧洞式涵管时侧压力的计算

如图 3-22 所示，γ_0、γ_1、γ_2、γ_3…分别代表各层土壤的自重密度，Z_1、Z_2、Z_3、Z_4…分别代表各层土壤厚度，Z_0、Z_0'分别代表涵管所在的土层表面至涵管顶点及涵管底面（或拱脚）间的距离。

则：

$$\left.\begin{aligned}q_{t,1}&=(\gamma_0 Z_0+\gamma_1 Z_1+\gamma_2 Z_2+\gamma_3 Z_3+\cdots+\gamma_n Z_n)\tan^2\left(45°-\frac{\varphi_0}{2}\right)\\ q_{t,2}&=(\gamma_0 Z_0'+\gamma_1 Z_1+\gamma_2 Z_2+\gamma_3 Z_3+\cdots+\gamma_n Z_n)\tan^2\left(45°-\frac{\varphi_0}{2}\right)\end{aligned}\right\} \tag{3.1-68}$$

式中　φ_0——涵管所在的土层内摩擦角。

若涵管修建在黏性土壤中，且在涵管顶点以上存在着蓄水性土壤，则应考虑黏土膨胀的可能性，此时，侧压力应按照 A. H. 金尼克院士的方法计算求解。

如图 3-22 所示，此时应考虑从地下水位至涵管顶部间的全部土重作为计算侧压力的

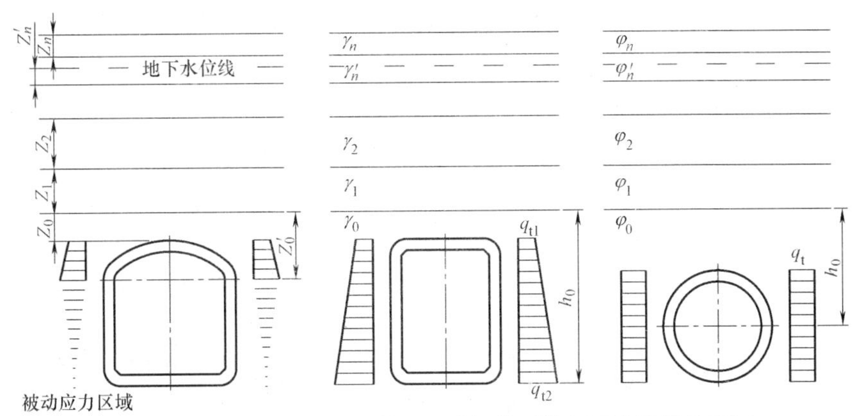

图 3-22　用全部土柱重量计算隧洞式涵管时的侧压力计算示意图

依据。

$$\left.\begin{aligned} q_{t,1} &= \frac{\upsilon_0}{1-\upsilon_0}(\gamma_0 Z_0 + \gamma_1 Z_1 + \gamma_2 Z_2 + \gamma_3 Z_3 + \cdots + \gamma_n' Z_n') \\ q_{t,2} &= \frac{\upsilon_0}{1-\upsilon_0}(\gamma_0 Z_0' + \gamma_1 Z_1 + \gamma_2 Z_2 + \gamma_3 Z_3 + \cdots + \gamma_n' Z_n') \end{aligned}\right\} \tag{3.1-69}$$

式中　υ_0——土壤泊松比，其值可近似采取，砂土 $\upsilon_0=0.3$；砂质黏土 $\upsilon_0=0.35$；黏土 $\upsilon_0=0.4$。

3.1.3　地面静荷载的作用

敷设于地下，经常受有散置在地面上工业器材、建筑材料、煤炭等项静荷载作用；在敷设管道后将要建筑房屋的地区，设计水管时也必须考虑房屋和其他建筑物的基础传给土壤附加压力的影响；而在路基和堤岸下埋设的涵管，则往往须要考虑石碴、路轨及防汛器材等项静荷载的作用。

解决静荷载对于涵管应力的影响，首先须要解决地面上静荷载在土壤中应力传布的问题。目前确定此项作用的方法，主要通过模型试验以测定其应力实际分布的情况；或是将土壤视作半空间无限弹性体，利用数字分析的方法，以求得其中应力的状态。

本节就数学分析法及其实际应用时的一些问题，加以介绍。

3.1.3.1　将土壤视作半空间无限弹性体的解法

1885 年，法国科学家鲍辛尼斯克（Boussinesq）对匀质同向半空间无限弹性体推得若干公式，以求解土体中任一点上由于地表面上垂直荷载所产生的应力。

1. 集中荷载

集中荷载 P 作用于线性变形弹性体的表面上任一点 O 上（见图 3-23）。取弹性体内任一点 M（用极坐标 R、α 决定），设通过 M 点垂直作用于 R 面上的法向应力为 σ_R，并设 M 点的径向（辐向）位移为 Δ_u，等于：

$$\Delta_u = A\frac{\cos\beta}{R} \tag{3.1-70}$$

式中　A——比例系数。

由上式可知，在同一球面上（垂直于 R 的面），$\beta=0$ 时，在 P 作用线上位移最大，而在 $\beta=0$ 处，$\Delta_u=0$；此外，在同一 β 角的作用线上，R 越大，即离 P 力的作用点越远，则

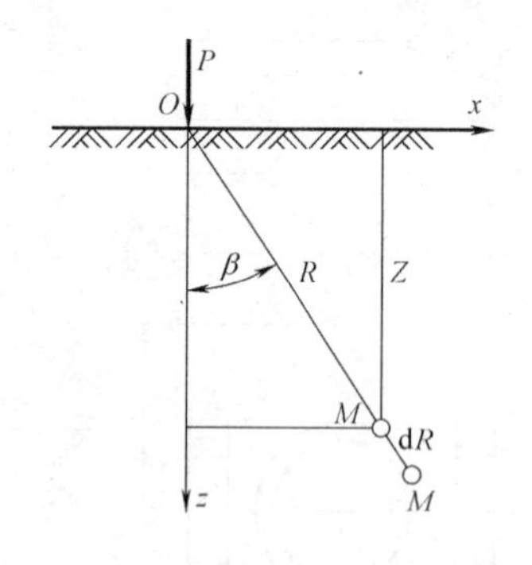

图 3-23　集中荷载 P 作用示意图

位移越小。同理，M'点的径向位移 Δ_u'等于：

$$\Delta_u' = A\frac{\cos\beta}{R+\mathrm{d}R} \tag{3.1-71}$$

故线段 dR 的相对变形 ε_R 等于：

$$\begin{aligned}\varepsilon_R &= \frac{\Delta_u - \Delta_u'}{\mathrm{d}R} \\ &= \left(\frac{A}{R} - \frac{A}{R+\mathrm{d}R}\right)\frac{\cos\beta}{\mathrm{d}R} \\ &= \left(\frac{A}{R^2+R\mathrm{d}R}\cos\beta\right) \approx \frac{A}{R^2}\cos\beta\end{aligned} \tag{3.1-72}$$

假设应力与相对变形成正比，并设其比例系数为 E，则：

$$\varepsilon_R = E\frac{A}{R^2}\cos\beta \tag{3.1-73}$$

为了求解上式，比例系数 E、A 值，参看图 3-24，以 O 点为中心，R 为半径，作一半球形剖面。作用于此半球形表面的压应力将等于 σ_R。

取相当于中心角 $\mathrm{d}\beta$ 的单元（微量）线段 MN 的旋转球带，其上 σ_R 值因 $\mathrm{d}\beta$ 角度很小，可以认为是相等的。则由竖向力平衡条件可得：

$$P - \int_0^{\frac{\pi}{2}} \sigma_R \cos\beta \mathrm{d}F = 0 \tag{3.1-74}$$

式中　$\mathrm{d}F$——旋转球带的面积，等于：

$$\mathrm{d}F = 2\pi(R\sin\beta)R\mathrm{d}\beta$$

将 $\mathrm{d}F$ 及 σ_R 值代入式（3.1-73）中，可得：

$$P - AE \times 2\pi\int_0^{\frac{\pi}{2}} \cos^2\beta\sin\beta\mathrm{d}\beta = 0 \tag{3.1-75}$$

求得：

$$AE = \frac{3P}{2\pi} \tag{3.1-76}$$

将上式 AE 之值代入式（3.1-69）中，可得：

$$\sigma_R = \frac{2}{3}\cdot\frac{P}{\pi R^2}\cos\beta \tag{3.1-77}$$

拟求作用于水平面上法向应力 σ_Z 值以前，可先求解作用于水平面上径向应力 σ_R'。

由图 3-25 可知：

$$\sigma_R' F = F_R \sigma_R \tag{3.1-78}$$

$$\frac{F_R}{F} = \cos\beta$$

则：

$$\sigma_R' = \sigma_R\cos\beta \tag{3.1-79}$$

另：

$$\frac{\sigma_Z}{\sigma_R'} = \frac{Z}{R} \tag{3.1-80}$$

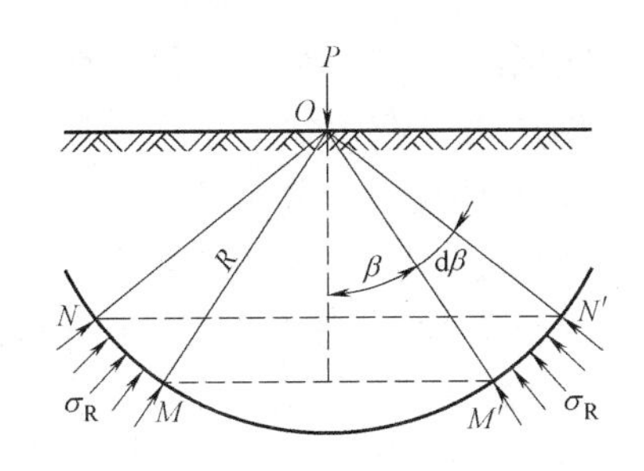

图 3-24 集中荷载作用下应力示意图

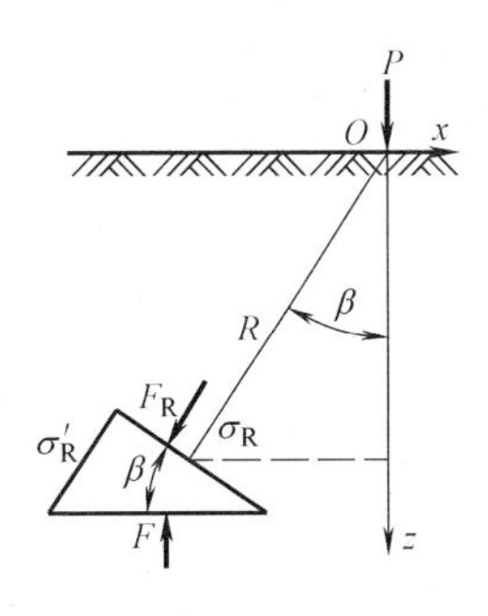

图 3-25 在集中荷载作用下确定 σ_R 及 σ_R' 值间的关系图

这样可得：

$$\begin{aligned}\sigma_Z &= \frac{Z}{R}\sigma_R' \\ &= \sigma_R \cos\beta \frac{Z}{R} \\ &= \frac{2}{3} \cdot \frac{P}{\pi R^2}\cos^2\beta \frac{Z}{R} \\ &= \frac{3}{2} \cdot \frac{P}{\pi} \cdot \frac{Z^3}{R^5}\end{aligned} \tag{3.1-81}$$

由公式（3.1-81）可以看出，在同一水平面上，最大值 σ_Z 发生在集中荷载的作用线上，即：

$$\begin{aligned}\sigma_{Z,\max} &= \frac{3}{2} \cdot \frac{P}{\pi} \cdot \frac{Z^3}{Z^5} \\ &= \frac{3}{2\pi} \cdot \frac{P}{Z^2} \\ &= 0.478\frac{P}{Z^2}\end{aligned} \tag{3.1-82}$$

在上式中，当 Z 值很小时，$\sigma_{Z,\max}$ 值将很大。显然，这一点将表明在施力点的附近区域内，土壤已处于塑性状态。此时，已超越上式的使用范围。

对于 $Z=H$ 的平面上：

$$\sigma_{Z,\max} = 0.478\frac{P}{H^2} \tag{3.1-83}$$

2. 圆形均布荷载

设地面上有一半径为 a 的圆形均布荷载作用，其荷载强度为 q_0（参看图 3-26），则：

$$\begin{aligned}\sigma_{Z,\max} &= \int_0^a\int_0^{2\pi} \frac{3}{2\pi} \cdot \frac{H^3}{R^5}(q_0 a\mathrm{d}a\mathrm{d}\theta) \\ &= 3q_0H^3\int_0^a\int_0^{2\pi}\frac{1}{2\pi} \cdot \frac{a\mathrm{d}a\mathrm{d}\theta}{(H^2+a^2)^{5/2}} \\ &= 3q_0H^3\int_0^a \frac{a\mathrm{d}a}{(H^2+a^2)^{5/2}} \\ &= q_0\left[1-\frac{1}{\left(1+\frac{a^2}{H^2}\right)^{3/2}}\right]\end{aligned} \tag{3.1-84}$$

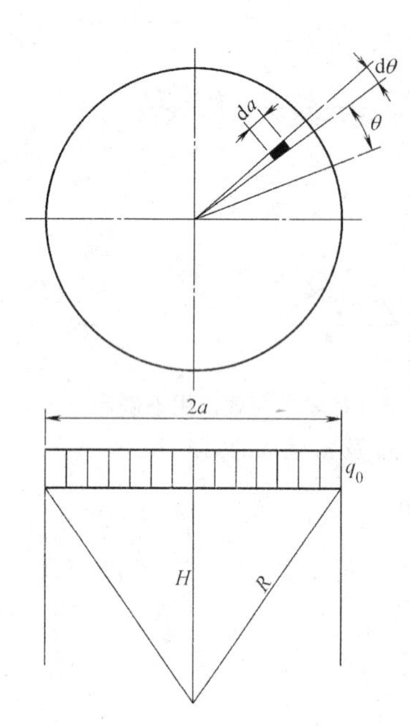

图 3-26　圆形均布荷载产生的应力计算图

3.1.3.2　填埋式涵管埋土很浅时，地面静荷载的计算

根据我国公路工程设计准则中规定，地面荷载在埋土深度 $H>50$cm 时，按照 30°的压力分布角在土壤中均匀传布。当埋土深度 $H\leqslant50$cm 时，则假设压力分布角等于 45°。

我们认为，在堆土深度较大时，按这项规定所得的 σ_Z 值，较按弹性理论所求得的数值为大，同时，其应力分布情况也不符合实际土体中应力分布情况。

一般说来，当 $H>10$m 时，可以根据半无限弹性体理论计算；而在 $H\leqslant50$cm 时，则可按照 45°压力分布角计算；当 H 在 0.5～1.0m 时，可以按照 30°压力分布角进行计算。但为了偏于安全，国内某些设计单位，假设 $H<1.0$m 时，都按照 30°的压力分布角计算。

国家标准《给水排水工程构筑物结构设计规范》GB 50069—2002 规定，地面荷载按照 35°的压力分布角在土壤中均匀传布。

3.1.3.3　沟埋式敷设涵管时的影响

采用沟埋式敷建涵管时，因为槽壁的存在，实际上与半无限弹性体的假设是极为矛盾的，特别是在填土回填不久时，地面荷载传予涵管上的实际压力值可能远远超过弹性理论所得数值。这主要是因为在槽壁上的填土将发生滑动，致使荷载所引起的应力区几乎不能超越槽壁的范围。但是，试验资料证明，当填土夯实较好或填土已沉实后，其应力分布的情况与弹性理论所求得的极为近似。

现就沟埋式涵管，沟顶置有条形荷载 q_0（平面问题）的情形为例，说明考虑槽壁摩擦力影响时的计算方法。

参看公式（3.1-4），当求积分常数 K 时，应引用下列边界条件：

$Z=0$ 时，$F(Z)=q_0$；

$$\exp\left\{K\left[\gamma_s\frac{B}{2}-\xi\tan\varphi_1(1-d)q_0\right]\right\}=0 \tag{3.1-85}$$

则得积分常数：

$$K=\frac{1}{\gamma_s\dfrac{B}{2}-\xi\tan\varphi_1(1-d)q_0} \tag{3.1-86}$$

将此值代入式（3.1-4）中，可以得到：

$$Z=\frac{-B\left(1-\dfrac{d}{3}\right)}{2\xi\tan\varphi_1(1-d)}\exp\left[\frac{\gamma_sB/2-\xi\tan\varphi_1(1-d)F(Z)}{\gamma_sB/2-\xi\tan\varphi_1(1-d)q_0}\right] \tag{3.1-87}$$

由上式可解得 $F(Z)$ 的表达式为：

$$F(Z)=\frac{\gamma_sB}{2\xi\tan\varphi_1(1-d)}\left\{1-\exp\left[\frac{-2\xi\tan\varphi_1(1-d)}{1-d/3}\cdot\frac{Z}{B}\right]\right\}-\frac{2\xi\tan\varphi_1(1-d)}{1-d/3}\cdot\frac{Z}{B}+q_0e \tag{3.1-88}$$

显然，上式等号右边第一项系土层自重所产生的压力值；而第二项则系由地面附加荷载 q_0 所产生的压力值。今设 σ''_Z 代表由 q_0 所产生的压力值，则可得：

$$\sigma''_Z=F(Z)\left(1-4d\frac{X^2}{B^2}\right)$$

$$\sigma''_Z=q_0\left(1-4d\frac{X^2}{B^2}\right)\exp\left[\frac{-2\xi\tan\varphi_1(1-d)}{1-d/3}\cdot\frac{Z}{B}\right] \tag{3.1-89}$$

设在管顶处，$Z=H$、$X=0$ 的 σ''_Z 值以 q''_B 表之，则：

$$q''_B=q_0\exp\left[\frac{-2\xi\tan\varphi_1(1-d)}{1-d/3}\cdot\frac{H}{B}\right] \tag{3.1-90}$$

设 P_B 代表涵顶处全部槽宽 σ''_Z 的合力，则：

$$\begin{aligned}P_B&=2\int_0^{B/2}\sigma''_Z\mathrm{d}x \qquad (3.1\text{-}91)\\&=2q_0\exp\left[\frac{-2\xi\tan\varphi_1(1-d)}{1-d/3}\cdot\frac{H}{B}\right]\int_0^{B/2}\left(1-4d\frac{X^2}{B^2}\right)\mathrm{d}x\\&=Bq_0\left(1-\frac{d}{3}\right)\exp\left(\frac{-2\xi\tan\varphi_1(1-d)}{1-d/3}\right)\end{aligned}$$

若按马斯顿的土压力计算理论，将不考虑竖向土压力在槽宽上不均匀分布性质，亦即采取 $d=0$。当 $Z=H$ 时，则式（3.1-88）可改写为：

$$\sigma''_Z=q_0\exp\left(\frac{-2\xi\tan\varphi_1 H}{B}\right) \tag{3.1-92}$$

令：

$$\beta=\exp\left(-2\xi\tan\varphi_1\frac{H}{B}\right)$$

则：

$$\sigma''_Z=\beta q_0 \tag{3.1-93}$$

式中的系数 β 可由图 3-27 中求得。但对于沟埋式涵管，侧压力系数 ξ 值应由公式计

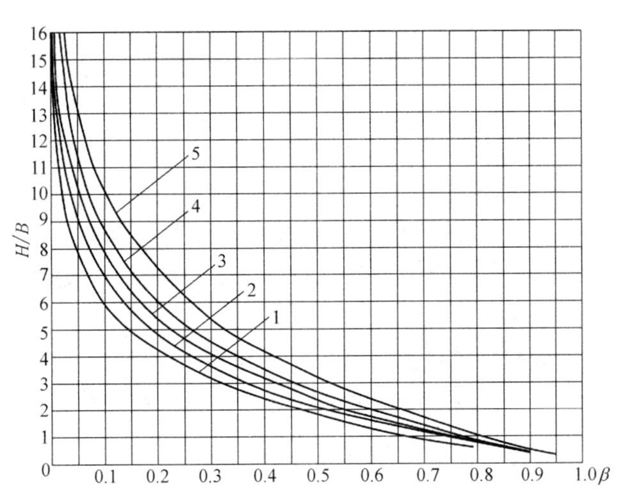

图 3-27 β 与 H/B 关系曲线

曲线 1—$\xi\tan\varphi_1=0.192$；曲线 2—$\xi\tan\varphi_1=0.165$；曲线 3—$\xi\tan\varphi_1=0.148$；曲线 4—$\xi\tan\varphi_1=0.132$；曲线 5—$\xi\tan\varphi_1=0.111$

算。关于这一点需要与隧洞式涵管分别清楚。

3.1.3.4　隧洞式敷设涵管时的影响

采用隧洞式敷设涵管时，若埋土较深，地面静荷载（如已建的房屋基础压力等）对于涵管的影响，可以忽略不计。

按照上文所述，当埋土深度小于 2.5 倍卸力拱的跨径时（$H<2.5L_{CB}$），由地面均布静荷载 q_0 对于涵管所产生的压力值 σ_Z''，可由式（3.1-42）求解。但此时在确定 β 值时，可假定侧压力系数 $\xi=1.0$。

3.1.3.5　由地面静荷载所产生的 σ_Z 值沿 X 方向的分布问题

现在以地面上承受一集中荷载 P 为例，来说明此项问题。

由公式（3.1-81）可知，σ_Z 值不仅随 Z 值而变化，且与 X 及 Y 值有关（因式中 $R=\sqrt{X^2+Y^2+Z^2}$）。对于设计涵管来说，当然以包含 P 的切面为最有意义。因为这样可以获致涵管承载最不利的情况。显然，针对此一切面，σ_Z 值随 X 方向是有变化的。如果假设 P 恰作用在涵管断面对称轴的延长线上，则由式（3.1-82）可知，σ_{Zmax}将发生在涵管顶点处。若对圆形涵管来说，在管顶处（$Z=H$、$X=0$）σ_Z 值最大；而在管腹处（$Z=H+r_1$、$X=\pm r_1$）σ_Z 值最小（严格来讲，此点应力不能用弹性理论求解），若考虑到埋管后填土的连续性遭到破坏，则精确处理涵管各点上附加土压力的作用值（包括其他应力分量的影响）是较复杂的。

至于平顶涵管，可用公式（3.1-81）计算各点的 σ_Z 值，并不存在任何困难。

但是，为了简化静力计算，一般常可忽略 σ_Z 沿 X 方向不均匀分布的影响。设计时，可取 $\sigma_{Z,max}$均匀分布在涵管的水平投影上。这样假设，对于最后计算出来的涵管应力值，其误差是很小的。

3.1.4　地面上活荷载的作用

地面活荷载主要指车辆荷载，《公路工程技术标准》JTG B01—2003 和《公路桥涵设计通用规范》JTG D60—2004 对汽车荷载等级作了调整。取消了原标准汽车荷载等级，改为采用公路-Ⅰ级、公路-Ⅱ级汽车荷载；取消了履带车和挂车的验算荷载，将验算荷载的影响间接反映在汽车荷载中。

公路-Ⅰ级和公路-Ⅱ级汽车荷载采用相同的车辆荷载标准值。公路-Ⅱ级汽车荷载按公路-Ⅰ级汽车荷载的 0.75 倍取用。

对于埋深小于 1m 的涵管，其活荷载对涵管影响较大，为管上主要荷载，其影响随着埋深的逐渐增加而相对的减小；当埋深较大时，土压力成为主要荷载，活荷载即为次要的了。

3.1.4.1　按照压力分布角的计算方法

如图 3-28 所示，活荷载若按 35°压力分布角在土壤中均匀分布时，每一轮压 Q_{vk}值传至 H 深度处（涵顶）的压力强度 q_{vk}等于：

$$q_{vk}=\frac{Q_{vk}}{(a_i+2H\tan35°)(b_i+2H\tan35°)} \tag{3.1-94}$$

$$=\frac{Q_{vk}}{(a_i+1.4H)(b_i+1.4H)}$$

式中　a_i——单个车轮 i 着地分布长度，a=0.2m；

b_i——单个车轮 i 着地分布宽度，b=0.6mm；

H——行车地面至管顶距离

q_{vk}——轮压传递到管顶处竖向压力标准值，kN/m²；

Q_{vk}——地面车单个轮压标准值，kN。

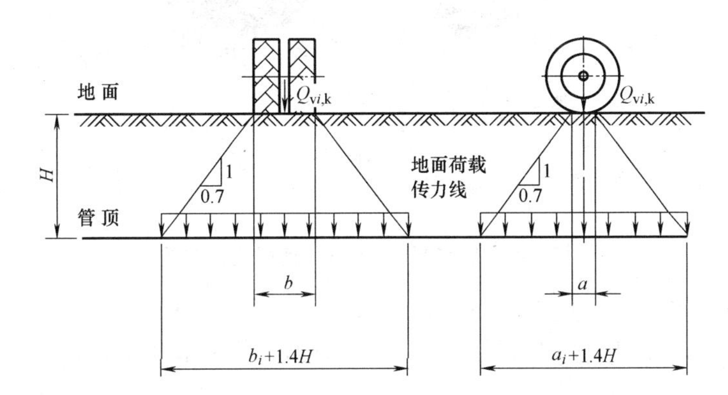

图 3-28　汽车轮压在土壤中应力分布示意图

现根据我国公路工程设计准则中的规定，将汽车荷载的基本计算指标列于表 3-2 中。

汽车荷载　　　表 3-2

项目	单位	技术指标	项目	单位	技术指标
车辆重力标准值	kN	550	轴距	m	3+1.4+7+1.4
前轴重力标准值	kN	30	轮距	m	1.8
中轴重力标准值	kN	2×120	前轮着地宽度及长度	m	0.3×0.2
后轴重力标准值	kN	2×140	中、后轮着地宽度及长度	m	0.6×0.2

此外，当路面宽度允许几行车辆并行时，两个以上单排轮压综合影响传递到管顶的竖向压力可按下式计算：

$$q_{vi,k}=\frac{nQ_{vi,k}}{(a_i+1.4H)(nb_i+\sum_{j=1}^{n}d_{bj}+1.4H)} \tag{3.1-95}$$

式中　n——车轮的总数量；

d_{bj}——沿车轮着地分布宽度方向，相邻两个车轮间的净距，m。

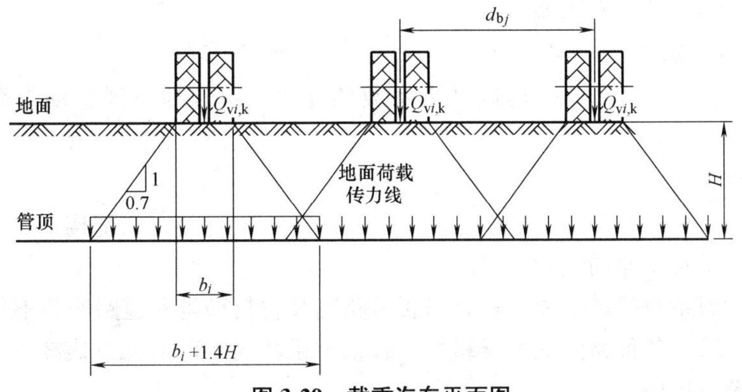

图 3-29　载重汽车平面图

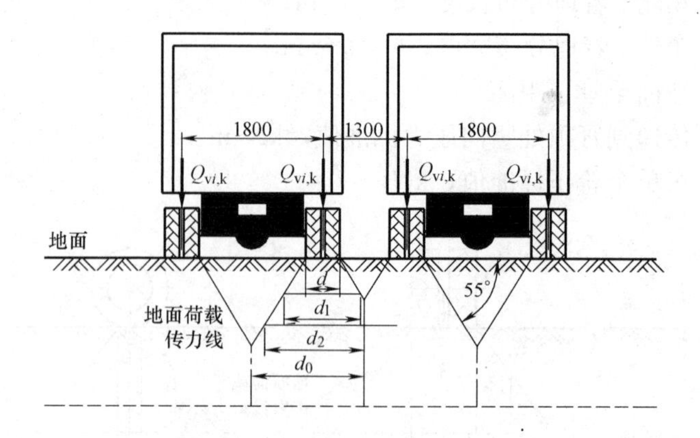

图 3-30　几个轮压在土壤中荷载的分布图

【例题 3.2】　已知：设地面活荷载为公路Ⅱ级，$H=3.0$m，求 $q_{vi,k}$？

解：假设道路仅能供一列汽车行驶，则根据规范，公路Ⅱ级的活荷载，其加重车载重量为 0.75×150kN。

$$q_{vk}=\frac{Q_{vk}}{(a_i+1.4H)(b_i+1.4H)}=\frac{0.75\times150}{(0.20+1.4\times3)\times(0.6+1.4\times3)}=5.33\text{kN/m}^2$$

【例题 3.3】　已知：某公路箱形涵洞，埋土深度 3.0m。路面活荷载为双车并行公路Ⅰ级，求解 $q_{vi,k}$？

解：双车并行情况，埋土深度 $H=3.0$m

$$q_{vi,k}=\frac{nQ_{vi,k}}{(a_i+1.4H)(nb_i+\sum_{j=1}^{n}d_{bj}+1.4H)}=\frac{2\times150}{(0.20+1.4\times3)\times(2\times0.6+1.3+1.4\times3)}=10.69\text{kN/m}^2$$

3.1.4.2　地面上活荷载的动力作用

一般说来，当涵顶埋土深度小于 1.0～2.0m 时，除考虑活荷载的静力作用以外，尚应考虑活荷载对涵管的动力影响。

1. 动力系数的确定

活荷载对涵管的动力影响，可以动力系数估计之，决定地下涵管动力系数的因素有四种：

（1）荷载动力作用

即地面上活荷载施力时的动力作用，主要取决于车辆种类、轮部构造、车架性质、行驶速度、车身重量及路面铺装种类等因素。

影响荷载动力系数的最主要因素，当属道路铺装材料种类和道路凹凸不平的程度。

依据试验，求得各种路面铺装材料的荷载动力系数的平均值 μ_c（表 3-3）。

（2）土壤动力作用

即动力冲击在一定空间和时间内通过土壤的传布情况的影响。

冲击力经过土壤传布问题，至今尚无精确的解答，按照假设冲击力传播范围为一圆锥形的概念、并依据试验材料，绘成图 3-31 所示的关系曲线。

由图可以查得不同埋土深度时，其相应的土壤动力系数 μ_h 的值。

路面不同铺装材料荷载动力系数 **表 3-3**

路面铺装种类	荷载动力系数 μ_c
卵石路上铺柏油路	1.00
柏油路	1.10
黑色碎石路（沥青混凝土路面）	1.25
白色碎石路（水泥混凝土路面）	1.40
卵石铺装	2.25
土路	1.00

（3）结构动力作用

即在荷载移动时结构本身发生摆动而引起的影响。当弹性体在受到冲击力作用以后，无疑其本身将发生摆动。对于圆形涵管，建立其弯曲时摆动频率以及其相应的结构动力系数 μ_k，并不困难。但当管上覆土以后，由于土壤减小了管的变形，即相对地增加了管的刚性，而且因为土壤参与摆动，因之使管壁摆动急剧消失。故在实际中考虑这种因素的影响时，对于地下涵管可采取其结构动力系数 $\mu_k=1.0$。

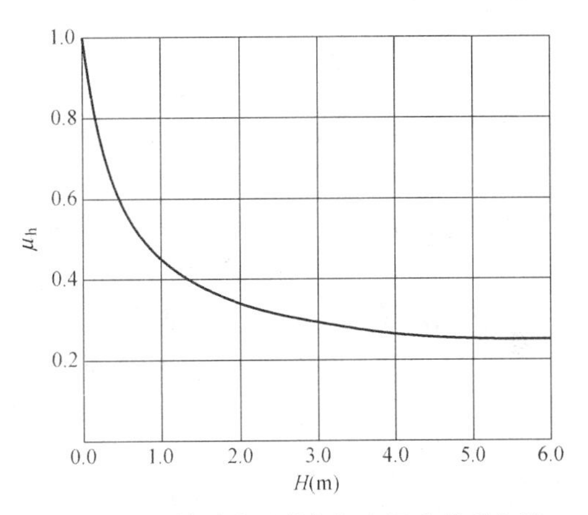

图 3-31 土壤动力系数与埋土深度关系曲线

（4）材料动力作用

即在静力和动力影响下考虑材料的疲劳极限问题。

众人所知，在地面上通过活荷载时，特别对于埋土较浅的涵管来说，涵管的应力将随时间而有所改变。根据试验资料，适用于混凝土的疲劳极限公式为：

$$\sigma_{yct}=\frac{\sigma_f}{2-\frac{\sigma_{min}}{\sigma_{max}}} \tag{3.1-96}$$

式中 σ_f——静力荷载作用下的极限强度；

σ_{min}、σ_{max}——在涵管应力变化一个循环内（图 3-32）的最小和最大应力。

假如在自重与回填土重所产生的固定应力为 σ_g，由于活荷载所产生的临时应力为 σ_p，则可知：

$$\sigma_{max}=\sigma_g+\sigma_p \tag{3.1-97}$$

$$\sigma_{min}=\sigma_g \tag{3.1-98}$$

如用相应的荷载代替 σ_{max} 及 σ_{min}，则式（3.1-96）可改写为：

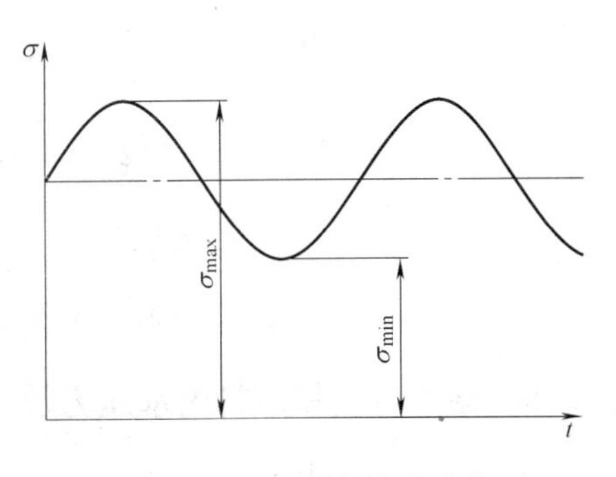

图 3-32 涵管应力变化曲线

$$\sigma_{yct}=\frac{\sigma_f}{2-\frac{G}{G+\mu_c\mu_h\mu_k P}} \tag{3.1-99}$$

式中　G——静荷载；

P——活荷载。

现行设计，以强度计算作为设计基础。故应确定出疲劳极限，以代替强度极限，或将荷载减小$\frac{1}{2-\frac{G}{G+\mu_c\mu_h\mu_k P}}$倍。

为了计算活荷载的作用对于材料动力性质的影响，可引入一材料动力系数 μ_m，用以代替考虑疲劳而降低的极限强度值。由式（3.1-98）可得：

$$\sigma_{yct}=\frac{\sigma_f}{\frac{2(G+\mu_c\mu_h\mu_k P)-G}{G+\mu_c\mu_h\mu_k P}} \tag{3.1-100}$$

化简后得：

$$\frac{\sigma_{yct}}{G+\mu_c\mu_h\mu_k P}=\frac{\sigma_f}{G+2\mu_c\mu_h\mu_k P}=\frac{\sigma_f}{G+\mu_m\mu_c\mu_h\mu_k P} \tag{3.1-101}$$

因而：$\mu_m=2$，对于金属材料 $\mu_m=1.5$。

（5）总动力系数 μ_d

总动力系数 μ_d 为上述四种动力系数的乘积。对于混凝土涵管，其 μ_d 可按下式计算：

$$\mu_d=\mu_c\mu_h\mu_k\mu_m=\mu_c\mu_h\times1.0\times2.0=2\mu_c\mu_h \tag{3.1-102}$$

2. 按照规范确定的动力系数值

实际设计时，可采用表3-4中所推荐的总动力系数 μ_d 值，表中所列数值适用于路面光滑的情况。

总动力系数 μ_d　　　**表 3-4**

埋土深度 H(m)	总动力系数 μ_d	埋土深度 H(m)	总动力系数 μ_d
$H\leqslant0.4$	1.30	$H=0.8$	1.10
$H=0.5$	1.25	$H=0.9$	1.05
$H=0.6$	1.20	$H\geqslant1.0$	1.00
$H=0.7$	1.15		

【例题 3.4】 已知：同【例题 3.3】的数据。试求当 $H=0.5$m 时，考虑动力系数后的 $q_{vi,k}$值。

解： 由表3-4查得 $\mu_d=1.25$；代入公式得：

$$q_{vi,k}=\frac{\mu_d nQ_{vi,k}}{(a_i+1.4H)(nb_i+\sum_{j=1}^{n}d_{bj}+1.4H)}$$
$$=\frac{1.25\times2\times150}{(0.20+1.4\times0.5)\times(2\times0.6+1.3+1.4\times0.5)}$$
$$=131.12\text{kN/m}^2$$

3.1.5　涵管自重和涵管内水压力及外水压力的计算

关于涵管自重及其内、外水压力的大小与分布问题，最为明确，而又易于求解。

现以圆形涵管为例，说明此三项荷载的计算方法。

3.1.5.1 涵管自重

涵管自重为沿管壁中心垂直向下的均布荷载。管周单位长度上的荷载强度 g 等于：

$$g=\gamma_c h \tag{3.1-103}$$

其合力为：

$$G=2\pi r\gamma_c h \tag{3.1-104}$$

式中 r——涵管横断面的平均半径；

h——管壁厚度；

γ_c——管壁材料的重力密度，对于钢筋混凝土可取 24～26kN/m³。

3.1.5.2 内水压力

为了静力分析方便起见，可将水管内水压力作用分做两部分处理。

1. 满流涵管中无压液体的静水压力

当管内充满水流时，管壁内侧各点上辐向压力强度 p_w 可用下式计算［图 3-33 (a)］：

$$p_w=\gamma_w r_0(1-\cos\theta) \tag{3.1-105}$$

式中 γ_w——水的自重密度；

r_0——管横断面上内半径；

θ——自垂直直径上端算起的极角。

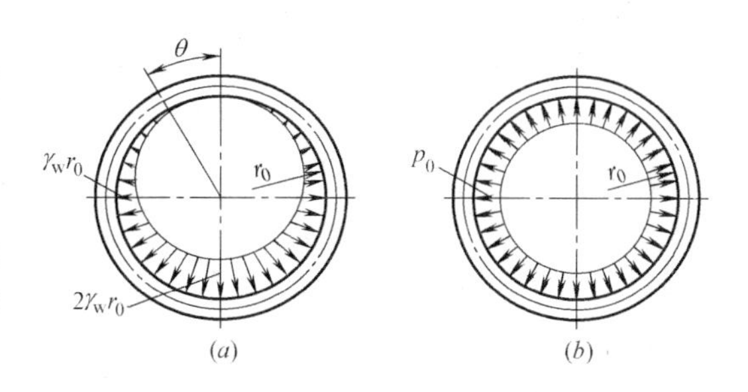

图 3-33 涵管内水压力作用示意图

(*a*) 满流涵管内静水压力；(*b*) 涵管内水压力

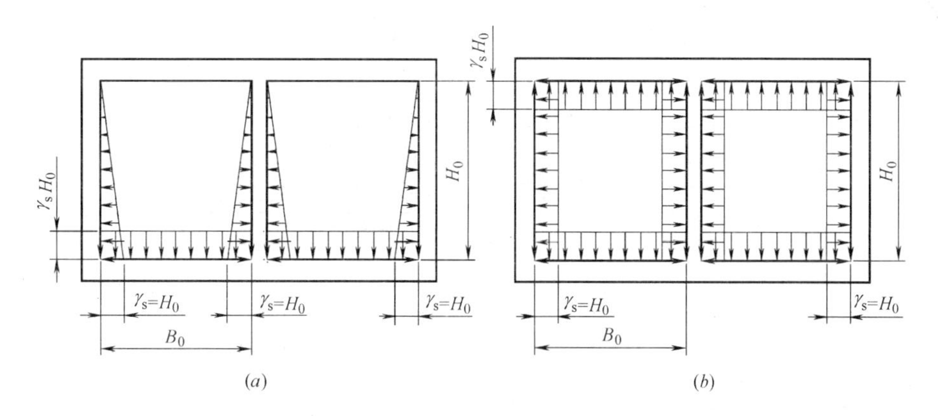

图 3-34 双孔箱涵内水压力作用示意图

(*a*) 满流涵管内静水压力；(*b*) 涵管内水压力

当 $\theta=0°$时，$P_w=0$；$\theta=90°$时，$P_w=\gamma_w r_0$；$\theta=180°$时，$P_w=2\gamma_w r_0$。

其总重 G_w 可以下式计算：

$$G_w=2\pi r_0^2\gamma_w \tag{3.1-106}$$

对于无压涵管，应以满流时作为最不利的计算情况。

图 3-34 为双孔箱涵内水压力作用示意图。

2. 均匀内水压力

参看图 3-33 (*b*)，对于有压涵管，除考虑满流时无压液体的静水压力作用外，还需要

计算均匀内水压力 P_0 的作用。

当管壁较薄时，P_0 对管壁将仅产生环拉力。

设计预应力混凝土管时，若考虑水锤现象，应采用水锤系数的设计内压力值 P_{np} 作为计算时的依据。

3.1.5.3　外水压力

若地下水位较高时（例如涵管位于土堤渗润线以下的情况），则涵管所受地下水压力，也可以分作两部分处理（图 3-35、图 3-36）。

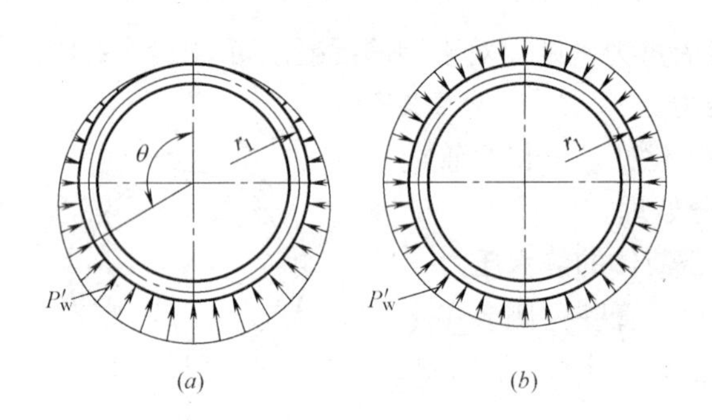

图 3-35　涵管外水压力作用示意图

(*a*) 无压管外静水压力；(*b*) 均匀外水压力

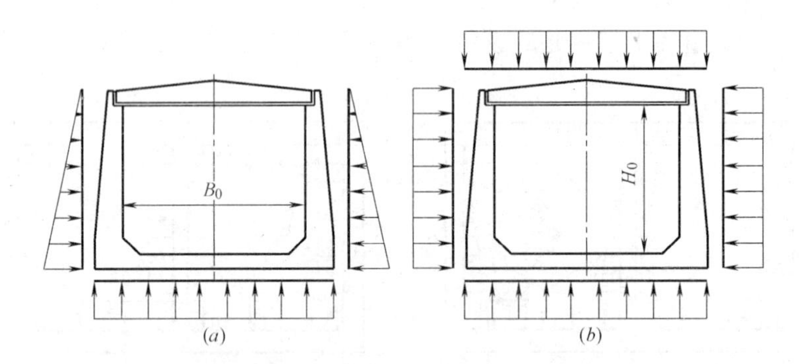

图 3-36　盖板涵外水压力作用示意图

(*a*) 无压管外静水压力；(*b*) 均匀外水压力

1. 无压管外静水压力的作用

此项压力的大小，可按下式计算：

$$P'_w = \gamma_w r_1 (1 - \cos\theta) \tag{3.1-107}$$

式中　r_1——管横断面的外半径。

由上式可知，P'_w 值的分布，自管顶为零起，随 θ 的增加而逐渐增大，至管底处等于 $2\gamma_w r_1$，为其最大值。

设用 G'_w 代表其总浮力，则：

$$G'_w = \pi r_1^2 \gamma_w \tag{3.1-108}$$

2. 均匀外水压力

均匀外水压力强度可由管顶至最高地下水位间的高度估计之。如图 3-35（*b*）所示，其分布系沿管壁外侧辐向分布。因此，在管壁较薄的情况下，此项压力将使管壁仅产生环压力。

一般说来，为了使圆形有压涵管获得最不利的荷载组合情况，管外地下水的压力，可仅在管内空水时期的荷载组合情况下考虑之。因为同时考虑内、外水压力的作用，将管壁的法向力减小（环拉力与环压力将抵消一部分）。

至于其他断面形状的涵管，当其形状尺寸及所用材料已定后，其自重的大小与分布则不难求出。同时从水力学静水压力计算中，亦不难确定其内水压力和外水压力的作用。

但当单独考虑地下静水压力的作用时，在竖向土压力和侧压力计算中所引用的浸水部分土壤的自重密度，应取其有效自重密度作为计算的数据。

如公式所确定的土压力数值，已包含地下水的静水压力作用。根据公式计算土壤竖向或侧压力时，应不再单独进行外水压力的计算。

3.1.6 管道基础

管道基础设置方法不同，不仅直接影响管道之承载力，而且对于管道的沉陷，也会发生不同程度的影响。普通管道，多直接敷设于天然地基上，或放于砂垫层上，但在地基土壤情况复杂时，常设置混凝土或浆砌块石基础，以减少不均匀沉陷。

基础形式的选择，一般应根据地基土壤的物理性质、气候条件及水文情况来决定。但对于不同类型的管道，其基础处理形式亦将不同。现就混凝土圆管的基础形式介绍如下。

3.1.6.1 土基

按照管道与基础面接触面的情况又可分为：

1. 平基敷管

管子直接敷放在土基上（如图 3-37 所示）。因此，在横断面上，管子与地基理论上仅相切于一点。这样，它会给涵管以极不利的静力工作条件。在理论上反力将出现无限大值。但实际上，由于管下土壤被挤压，发生了塑性流动区，支承接触面也将因而扩大，土壤反力将不可能出现无限大值。此类敷管方式，一般使用于柔性接口混凝土涵管的管道中。

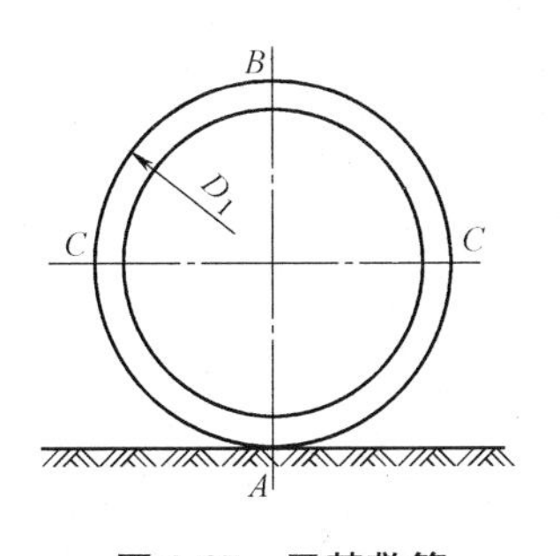

图 3-37 平基敷管

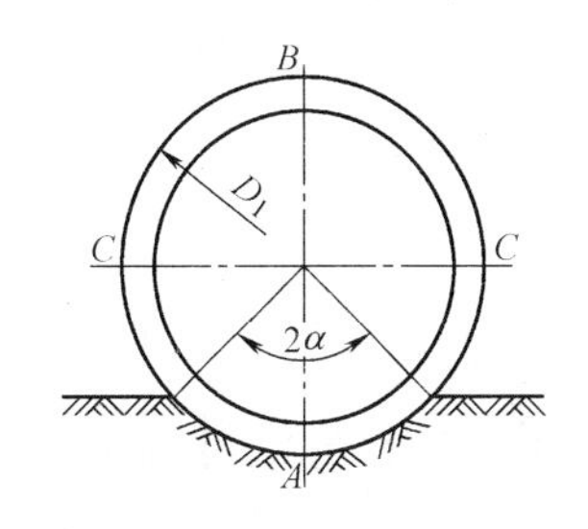

图 3-38 弧形土基

2. 弧形土基

管道敷设在天然土壤或填土地基上，地基表面按照管体的外形做成弧形底槽（图 3-38）。对于圆形混凝土管来说，其中心支承角（2α）越大，对于管子所处的工作条件越有利。

3.1.6.2　刚性管基

管道系敷设在沿纵向的混凝土、浆砌块石的管基上，管基的顶部与管体底部形状吻合（图 3-39）。与弧形土基相似，其中心支承角（2α）越大，对管体的工作条件越有利。最常用的中心支承角为 90°、120°、135°、180°。

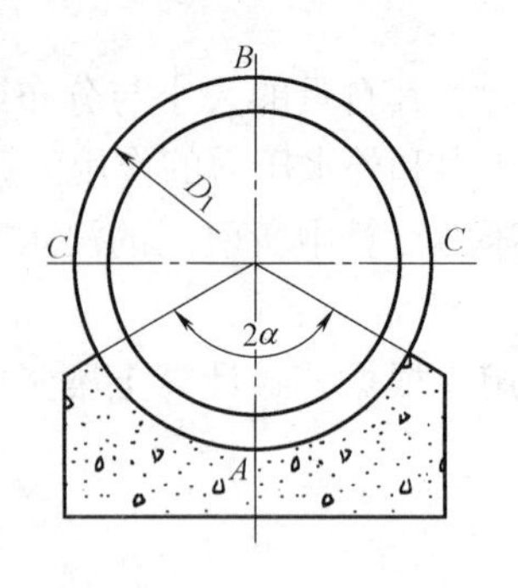

图 3-39　刚性管基

由于管道埋设于地下，与地上结构不同，在某些荷载项目中（如土压力、地面荷载等），以何种方式（分布性质和数值大小）作用于管道上，其所受的影响很多。在埋土较深的情况下，土压力是无压管计算中最为重要的一项作用。

对于输水管多用沟埋式方式敷管。埋设在公路、铁路、河渠堤岸下的管道，一般常用填埋式敷设管道。此外，即使是采用沟埋式方式敷设管道，对于开挖沟槽宽度较大或是考虑到槽壁土壤发生塌方的不利情况，其所受竖向土压力的性质，实质上也将变成为填埋式管道的类型。因而在我国《给水排水工程结构设计规范》GB 50069—2002 的计算公式，定为填埋式类型的管道。

对于覆土较浅的情形，地面静荷载及活荷载对管道应力值影响较大。地面荷载在土壤中应力传布的问题，最简单处理方法是认为按照一定的压力分布角沿土壤深度作均匀分布。较为严格的处理方法，是根据假设土壤为半无限弹性体，通过数学分析方法以求得土壤中各点的理论应力值，再采用各种不同的修正系数，以考虑管子刚度的影响、土壤变形模量随深度急剧增加的影响、地基天然土壤与回填土的变形模量相差较多的影响以及土壤非等向性的影响。但是，将土壤视为半无限弹性体的方法，对于覆土过浅时，将获致过大的应力数值。显然，此时土壤已进入塑性状态，理论应力值已不再具有实际计算意义。在这种情况下，国内多数设计单位，都按照压力分布角的计算方法解决。

在埋土较浅而地面交通运输量较大情况下，还须要考虑管道纵向强度和沿管线基础可能发生不等沉陷等问题。

当刚性管道外荷载及土壤反力确定后，管体各断面的静力计算，则可以按照匀质弹性体，利用结构力学的法则求解。

3.2　混凝土涵管内力计算

3.2.1　用力矩分配法计算混凝土涵管的内力

计算超静定结构使用力法或位移法，都需要建立和求解联立方程。当基本未知量较多时，计算工作量将十分繁琐。为了避免解算联立方程，人们提出了许多实用的特别适合于手算的简化计算方法，如属于渐近法的力矩分配法、无剪力分配法、迭代法；属于近似法的分层法及反弯点法等。

渐近法以逐次渐近的方法来计算杆端弯矩，其结果随计算轮次的增多而提高，最后收敛于精确解。其物理概念明晰，形象生动，每一轮计算又是按同一步骤重复进行，因而易于掌握。

力矩分配法是 20 世纪 30 年代初提出的以位移法为基础发展起来的一种渐近计算方法，是工程中常用的手算方法。

力矩分配法与位移法不同的是：①不必建立典型方程，因而也就无需求解联立方程；②以杆端弯矩为计算对象，通过渐近方式逐步逼近其真实值，而不需先求接点位移再进行回代以计算杆端弯矩。

箱涵结构计算有多种方法，在预制混凝土箱涵结构计算时可采用力矩分配法。

3.2.1.1 力矩分配法物理概念

1. 转动刚度

转动刚度表示杆端对转动的抵抗能力。用 S 表示，它的大小等于杆端产生单位转角 $\theta=1$ 时需要施加的力矩（图 3-40）。具体的方法为：AB 杆 A 端的转动刚度用 S_{AB} 表示，两个下标表示具体杆件，第一个下标表示转动端，也称施力端、近端，第二个下标表示另一端，也称远端。转动刚度仅与远端约束和杆件线刚度 $i=\frac{EJ}{l}$ 有关，与近端约束无关。

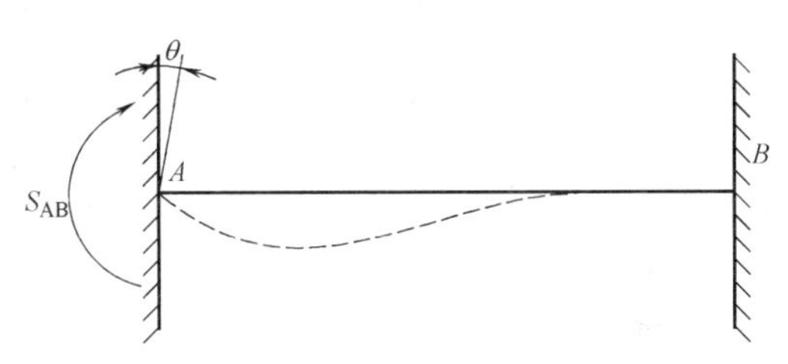

图 3-40　固定端梁的转动刚度

S_{AB}值可由位移法中的刚度方程导出：

远端为固定端支承的转动刚度 $S_{AB}=4i_{AB}$，图 3-41（a）；

远端为铰支座支承的转动刚度 $S_{AB}=3i_{AB}$，图 3-41（b）；

远端为滑移支座的转动刚度 $S_{AB}=i_{AB}$，图 3-41（c）

悬臂梁的转动刚度 $S_{AB}=0$，图 3-41（d）。

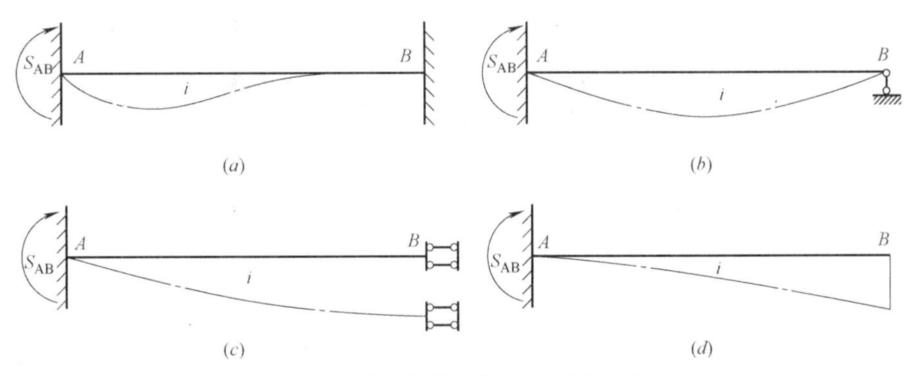

图 3-41　单根杆件远端不同支承示意图

2. 分配系数和传递系数

（1）传递系数：如图 3-42 所示，当杆近端 i 在外力作用下产生转动角 θ_i，在近端 i 产生弯矩，远端 j 也产生一定的弯矩，我们称近端弯矩 M_{ij}^{D} 为分配弯矩，远端弯矩 M_{ji}^{C} 为传递弯矩，此时，传递系数 C_{ij} 等于传递弯矩和分配弯矩之比，即：$C_{ij}=\frac{M_{ji}^{C}}{M_{ij}^{D}}$。

在等截面直杆中，传递系数 C 与外来作用无关，只与远端支承条件情况有关。

远端为固定端时 $C_{AB}=1/2$；

远端为自由或铰端时 $C_{AB}=0$；

远端为滑移支座时 $C_{AB}=-1$。

（2）分配系数：如图 3-42 所示，由等截面杆件组成的无结点线位移的单刚结点刚架，在刚结点 A 处施加力矩 M 使得刚结点 A 转动 θ_A 角，达到平衡。由转动刚度的定义可知，杆端力矩为：

$M_{AB}=4i\theta_A=S_{AB}\theta_A$；

$M_{AC}=i\theta_A=S_{AC}\theta_A$；

$M_{AD}=3i\theta_A=S_{AD}\theta_A$。

取结点 A 为隔离体，由刚结点 A 的平衡条件 $\sum M_A=0$，即 $M-M_{AB}-M_{AC}-M_{AD}=0$，得：

$$M=(S_{AB}+S_{AC}+S_{AD})\theta_A \tag{3.2-1}$$

$$\theta_A=\frac{M}{(S_{AB}+S_{AC}+S_{AD})}=\frac{M}{\sum S_{Aj}} \tag{3.2-2}$$

$$M_{AB}=\frac{S_{AB}}{\sum S_{Aj}}M=\mu_{AB}M \tag{3.2-3}$$

$$M_{AC}=\frac{S_{AC}}{\sum S_{Aj}}M=\mu_{AC}M \tag{3.2-4}$$

$$M_{AD}=\frac{S_{AD}}{\sum S_{Aj}}M=\mu_{AD}M \tag{3.2-5}$$

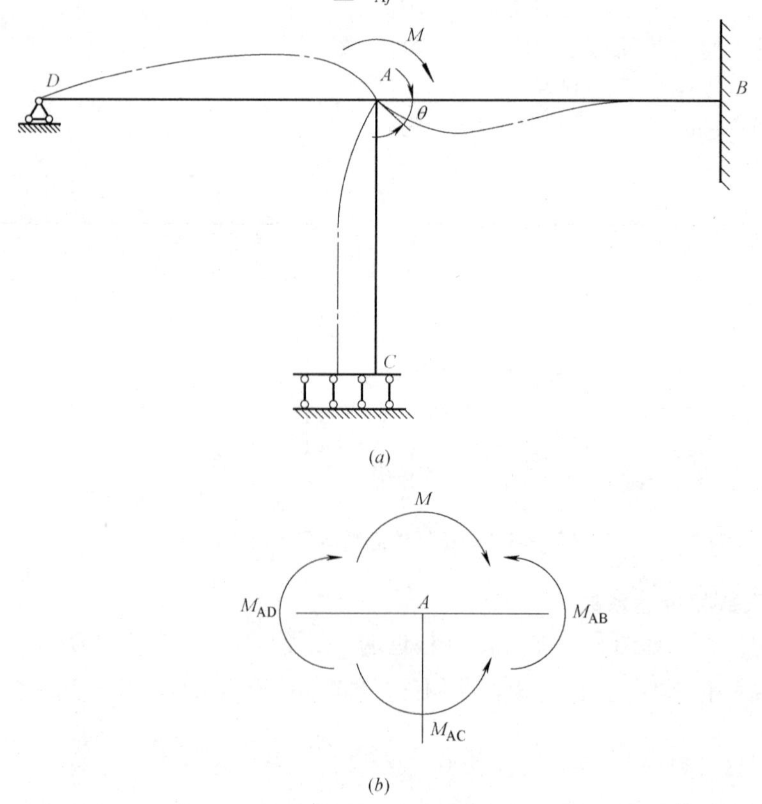

图 3-42　分配系数、传递系数原理示例图

式中：$\sum S_{Aj}$表示各杆 A 端转动刚度之和，$\mu_{ij}=\dfrac{S_{ij}}{\sum\limits_{i} S}$称为分配系数，数值上等于 ij 的转动刚度与汇交于 i 结点的所有杆件转动刚度之和的比值，是结点 i 转动 θ_i 角时，在各杆件的近端引起分配弯矩的分配比值。此比值只与杆件的线刚度 $i=\dfrac{EJ}{l}$和杆体的约束情况有关，而与其他因素无关，且同一结点各杆分配系数之间存在关系$\sum\mu_{ij}=1$。

3.2.1.2 力矩分配法基本原理

以图 3-43 等截面连续梁为例说明力矩分配法的基本原理。

设梁在承受荷载后在虚线位置处于平衡状态，称为梁的原始状态［图 3-43（a）］。为了能计算出原来状态下各杆的杆端弯矩，将原来状态视为固定状态和转动状态两种状态的叠加。

1. 固定状态和固端弯矩

在承受荷载之前，先在 C 结点加一个阻止 C 点转动（即 $\theta_C=0$）的附加约束（刚臂），然后加上荷载，如图 3-43（b）所示，这时结点 C 相当于固定端，表明结点约束把连续梁 ACB 分解为两根在结点 C 为固端的单跨梁 AC 和 CB。杆 CA 在跨中承受荷载，产生变形如图 3-43（b）中虚线所示，相应地产生固端弯矩 M^F_{AC}、M^F_{CA}，分别为：$M^F_{CA}=0.125Fl$；$M^F_{AC}=-0.125Fl$。杆 CB 无荷载作用，没有变形，也无固端弯矩，即 $M^F_{CB}=M^F_{BC}=0$。在结点 C 处两杆固端弯矩不能相互平衡，故附加约束上必定产生约束力矩。

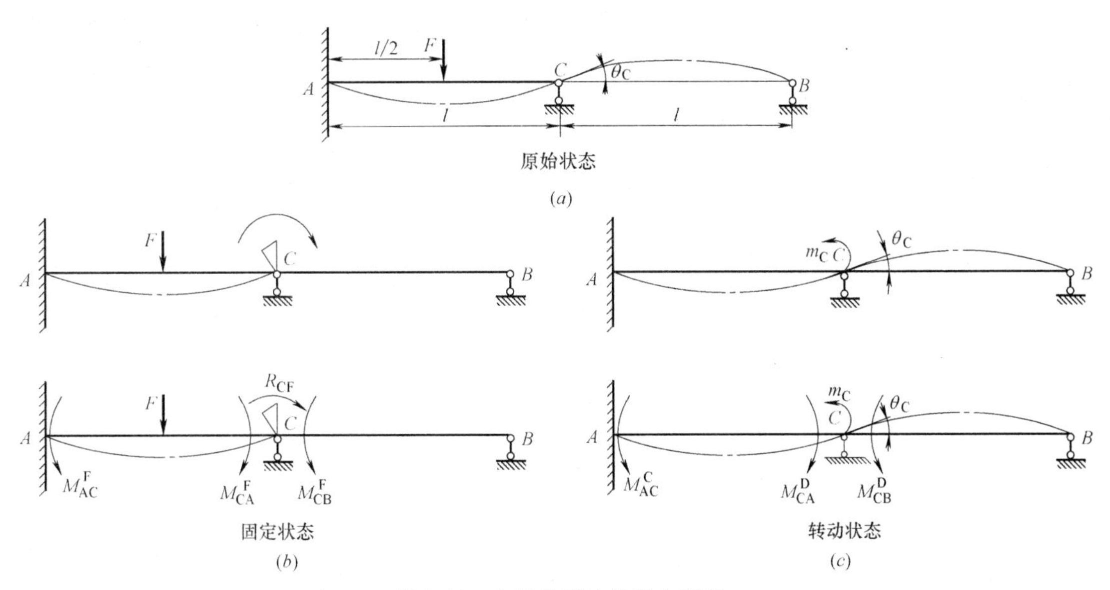

图 3-43 力矩分配法的基本原理

在固定状态下，C 结点附加刚臂内产生的约束力矩：$R_{CF}=\sum M^F_{CL}=M^F_{CA}+M^F_{CB}=m_C$，式中 m_C 称为结点不平衡力矩。

2. 转动状态

实际上结点 C 上是没有附加约束的，也不存在约束力矩，为了使结构的变形符合实际情况，在刚臂上施加一个与 m_C 大小相等、方向相反的外力偶$-m_C$ 的作用，相当于放松刚臂，即让结点 C 出现转角。假定梁上无荷载，仅由$-m_C$ 将 C 结点强迫转动 θ_C 角，这种只涉及结点的转动状态称为转动状态［图 3-43（c）］。

假设图 3-43 中各杆的线刚度 $i=\frac{EJ}{l}$ 相等，杆件 CA、CB 在 C 端的分配系数可由图 3-42 和上述公式中得：

$$\mu_{CA}=\frac{S_{CA}}{S_{CA}+S_{CB}}=\frac{4i}{4i+3i}=0.571$$

$$\mu_{CB}=\frac{S_{CB}}{S_{CB}+S_{CA}}=\frac{3i}{3i+4i}=0.429$$

再由式 $R_{CF}=\sum M_{CL}^{F}=M_{CA}^{F}+M_{CB}^{F}=m_{C}$ 可知，$m_{C}=0.125Fl$，故：

$$M_{CA}^{D}=-\mu_{CA}m_{C}=0.571\times(-0.125Fl)=-0.0714Fl \tag{3.2-6}$$

$$M_{CB}^{D}=-\mu_{CB}m_{C}=0.429\times(-0.125Fl)=-0.0536Fl \tag{3.2-7}$$

从以上计算可以看出，分配弯矩等于不平衡力矩的反号值乘以分配系数，即：

$$M_{CN}^{D}=-\mu_{CN}m_{C} \tag{3.2-8}$$

由式 $C_{ij}=\frac{M_{ij}^{C}}{M_{ij}^{D}}$ 得：

$$M_{CA}^{C}=C_{CA}M_{CA}^{D}=\frac{1}{2}\times(-0.0714Fl)=-0.0357Fl \tag{3.2-9}$$

$$M_{BC}^{C}=C_{CB}M_{CB}^{D}=0\times(-0.0536Fl)=0 \tag{3.2-10}$$

3. 实际状态和杆端弯矩

将固定状态和转动状态下各端弯矩叠加，即可消去刚臂的作用，得到原来状态，如 $M_{CA}=M_{CA}^{F}+M_{CA}^{D}$。于是各杆端弯矩为：

杆 CA：

$$M_{AC}=-0.125Fl-0.0357Fl=-0.161Fl \tag{3.2-11}$$

$$M_{CA}=0.125Fl-0.0714Fl=0.0536Fl \tag{3.2-12}$$

杆 CB：

$$M_{CB}=-0.0536Fl \quad M_{BC}=0 \tag{3.2-13}$$

杆端弯矩仍以顺时针方向为正。整个计算可以在定型表格内计算，如表 3-5 所示。按杆端弯矩可画出弯矩图（图 3-44）。

表 3-5

传递系数 杆端	AC	$C=1/2$ — CA	$C=0$ CB —	BC
分配系数 μ		0.571	0.429	0
$M^{F}/(Fl)$	−0.125	0.125		
M^{D}　M^{C}	−0.0357	−0.0714	−0.0536	
$M/(Fl)$	−0.161	0.0536	−0.0536	0

从上述计算过程可得出，用力矩分配法解无结点线位移超静定结构时，通过固端弯矩 M_{CN}^{F}、结点不平衡弯矩 m_{C}、分配系数 μ_{ij}、分配弯矩 M_{CN}^{D}、传递系数 C_{CN}、传递弯矩 M_{CN}^{C} 等公式，按一定格式求出杆端弯矩。

4. 一般荷载作用下力矩分配法杆端弯矩计算步骤

（1）“先锁”——固定结点，求约束力矩。先在刚结点 C 加上阻止转动的约束，把连续梁分为单跨梁，求出杆端的固端弯矩。结点 C 各杆固端力矩之和即为约束力矩。

(2)“后松”——放松结点，求分配弯矩和传递弯矩。去掉约束（即相当于在结点 C 新加 $-m_C$），求出各杆近端 C 新产生的分配弯矩和远端新产生的传递弯矩。

(3)“叠加”——叠加得到实际杆端弯矩。将第（1）步中各杆端的固端弯矩分别和第（2）步中各杆端的分配弯矩或传递弯矩叠加，就得到实际结构的各杆端弯矩。

上述可见，具有单刚结点的无结点线位移结构，用力矩分配法计算，不必求出结点角位移的数值，即可直接算得杆端弯矩的精确解。

【例题 3.5】 力矩分配法计算图 3-45 所示刚架，各杆长 4m。

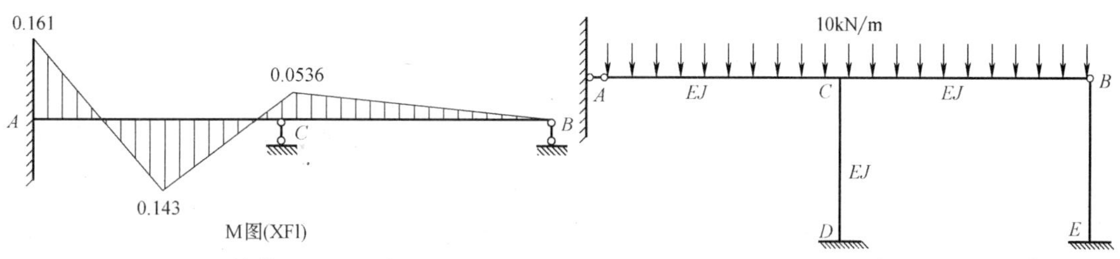

图 3-44 等截面连续梁弯矩图

图 3-45 力矩分配法计算图

解： ① 固端弯矩为：

$$M_{CA}^{F}=\frac{10\text{kN/m}\times(4\text{m})^2}{2}=80\text{kN}\cdot\text{m}$$

$$M_{CB}^{F}=\frac{-10\text{kN/m}\times(4\text{m})^2}{8}=-20\text{kN}\cdot\text{m}$$

② 分配系数。各杆的线刚度相等，$i=\frac{EJ}{4\text{m}}$，则：

$$\mu_{CA}=\frac{0}{3i+4i+0}=0$$

$$\mu_{CB}=\frac{3i}{3i+4i+0}=\frac{3}{7}$$

$$\mu_{CD}=\frac{4i}{3i+4i+0}=\frac{4}{7}$$

校核：

$$\sum\mu=\mu_{CA}+\mu_{CB}+\mu_{CD}=0+\frac{3}{7}+\frac{4}{7}=1$$

③ 弯矩分配与传递。计算过程如图 3-46 所示：

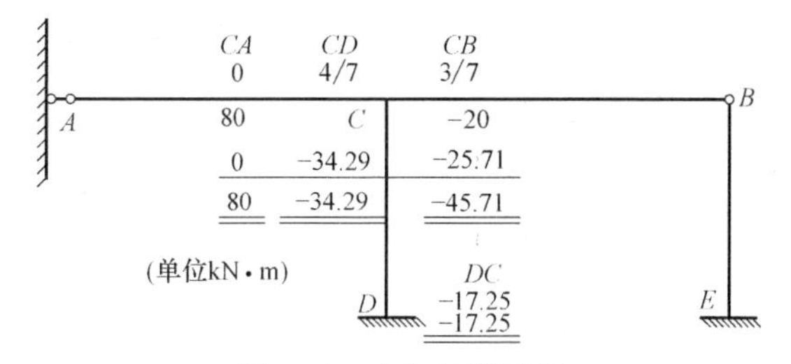

图 3-46 弯矩计算过程

④ 作弯矩图（图 3-47）。

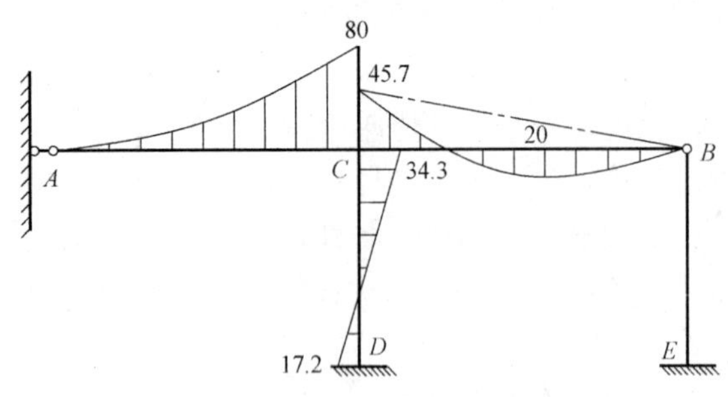

图 3-47　M 图（单位 kN · m）

3.2.1.3　用力矩分配法箱涵内力计算步骤

箱涵结构计算在各类结构计算书籍中介绍的方法多种多样，作为水泥混凝土制品专业技术人员只需掌握概念明晰，形象生动，易于掌握的力矩分配法作为箱涵的结构计算方法。

一般力矩分配法仅用于解结点无移动的结构。对于图 3-48 所示的单孔箱涵，其作用荷载与竖直轴对称，由于结点 B、C 及 A、D 间没有竖向相对位移，故可利用对称性取一半结构直接采用力矩分配法计算内力。

在进行计算简图及基本结构的选取时，应尽量利用结构的对称性，达到简化计算。

单孔箱涵的结构及荷载通常对竖直轴是对称的，如图 3-48 所示，可取 1/2 结构进行计算［图 3-48（b）］。在图 3-48（b）中两水平杆可视为一端固定、另一端为活动铰支座的基本结构杆件，竖杆则变成两端都为固定的基本杆件。

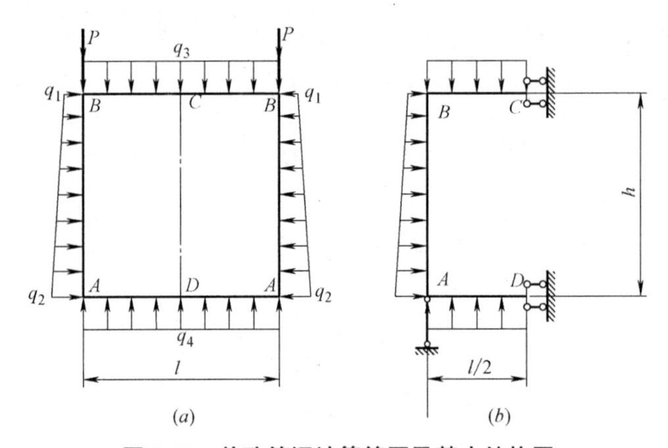

图 3-48　单孔箱涵计算简图及基本结构图

在箱涵结构中，几种常用基本杆件的固端弯矩列于表 3-6 中。

箱涵几种基本杆件的固端弯矩　　　　表 3-6

简　　图	弯 矩 图	固端弯矩	
		M_{AB}^{F}	M_{BA}^{F}
q; A; B; l		$-\dfrac{ql^2}{12}$	$\dfrac{ql^2}{12}$
q_2; q_1; A; B; l		$-\dfrac{l^2}{60}(3q_2+2q_1)$	$\dfrac{l^2}{60}(2q_2+3q_1)$

续表

简　　图	弯 矩 图	固端弯矩	
		M_{AB}^{F}	M_{BA}^{F}
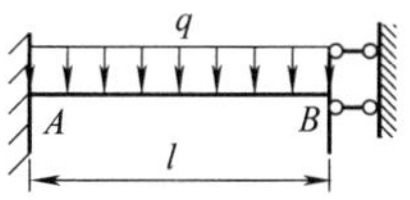 q A B l		$-\frac{ql^2}{2}$	$-\frac{ql^2}{6}$
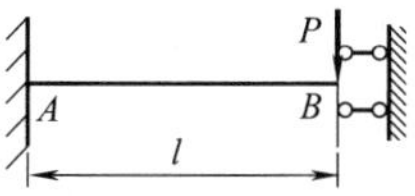 P A B l		$-\frac{Pl}{2}$	$-\frac{Pl}{2}$
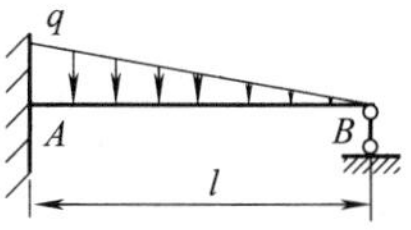 q A B l		$-\frac{ql^2}{15}$	0

在箱涵结构中，几种常用抗弯刚度和传递系数列于表3-7中。

抗弯刚度和传递系数　　　　**表3-7**

简　　图	弯 矩 图	抗弯刚度 K_{AB}	传递系数 C
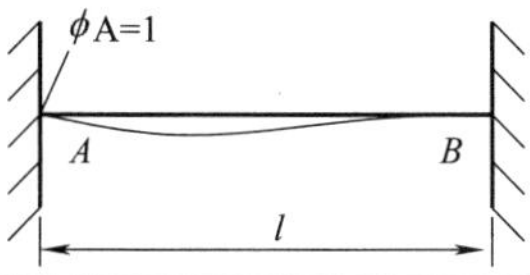 ϕA=1 A B l		$\frac{4EJ}{l}$	$\frac{1}{2}$
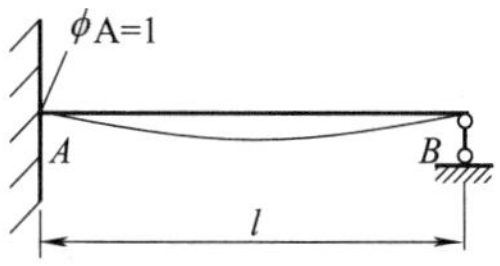 ϕA=1 A B l		$\frac{3EJ}{l}$	0
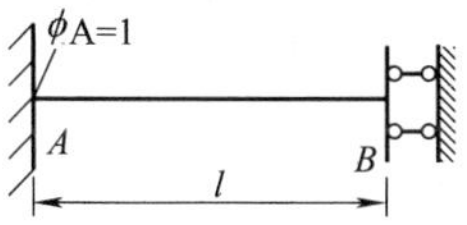 ϕA=1 A B l	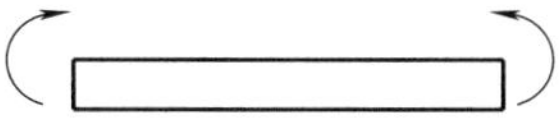	$\frac{EJ}{l}$	−1

3.2.2 力法、弹性中心法计算混凝土涵管的内力

混凝土涵管都属于超静定结构，他们的支反力和内力不能应用静力学平衡方程直接求出。计算超静定结构理论主要有两种：一种是弹性的计算理论，只考虑结构在材料弹性范围内的受力分析。另一种是塑性（又称极限平衡状态）的计算理论。目前，在混凝土涵管结构计算中，主要是采用弹性范围的计算理论。

在弹性范围内，超静定结构的分析方法主要可分为两大类：一是“力法”；二是“位移法（变形法）”。

力法以超静定结构中的多余约束力（反力或内力）作为基本未知数，并根据结构的变形条件建立起方程式（变形协调方程，又称力法方程），求解出基本未知数，然后根据平

衡方程解出全部支反力和内力。

位移法是以超静定结构中的结点位移（线位移或角位移）作为基本未知数，根据结点或截面的平衡条件来建立方程（位移法方程），求出基本未知数（位移），然后根据结点位移与内力的关系式，求出相应的杆件内力，并用平衡方程求出全部支反力和内力。

本书中只介绍在混凝土涵管中常用的结构计算方法——力法。

3.2.2.1　力法基本原理

1. 力法计算超静定结构基本概念

如上所述，用力法解超静定结构时，以多余约束力（冗余力）作为基本未知数，并根据结构的变形条件，建立协调方程（力法方程），求解出基本未知数——冗余力。然后，根据平衡方程解出全部支反力及内力。如图 3-49 所示超静定梁，以右端绞支座为多余约束，则去除该约束后得到一个静定结构为力法的基本结构。

在基本结构上以多余未知力 X_1 代替所去掉的约束，得到受荷载 q 和 X_1 共同作用的一个静定结构，只要设法求出多余未知力 X_1，余下该静定结构的反力和内力就都可求出。这个未知力 X_1 是多余约束的约束力，又称为力法的基本未知量。这种以超静定结构的多余未知力为求解目标的方法就称为力法。

这个梁具有四个未知支反力，但只能列出三个平衡方程。因此，它是一次超静定梁，具有一个冗余反力。

支座 B 对梁的约束作用是通过约束反力 X_1 表现出来的。现设想将支座 B 撤除，但仍保留 X_1 的作用［图 3-49（b）］，这对整个梁来说，受力性质与原来完全一样。

确定 X_1 须考虑位移条件，在原结构的支座 B 处，由于受竖向支座约束，所以 B 点的竖向位移应为 0，因此只有当 X_1 的数值恰好与原结构 B 支座链杆上实际发生的反力相等时，才能使基本结构在原有荷载 q 和多余未知力 X_1 共同作用下 B 点的竖向位移（即沿 X_1 方向的位移）与原结构 B 点的竖向位移相等，即 Δ_1 等于 0。所以，用来确定 X_1 的位移条件是：基本结构在原荷载 q 和多余未知力 X_1 共同作用下，在去掉多余约束处的位移应与

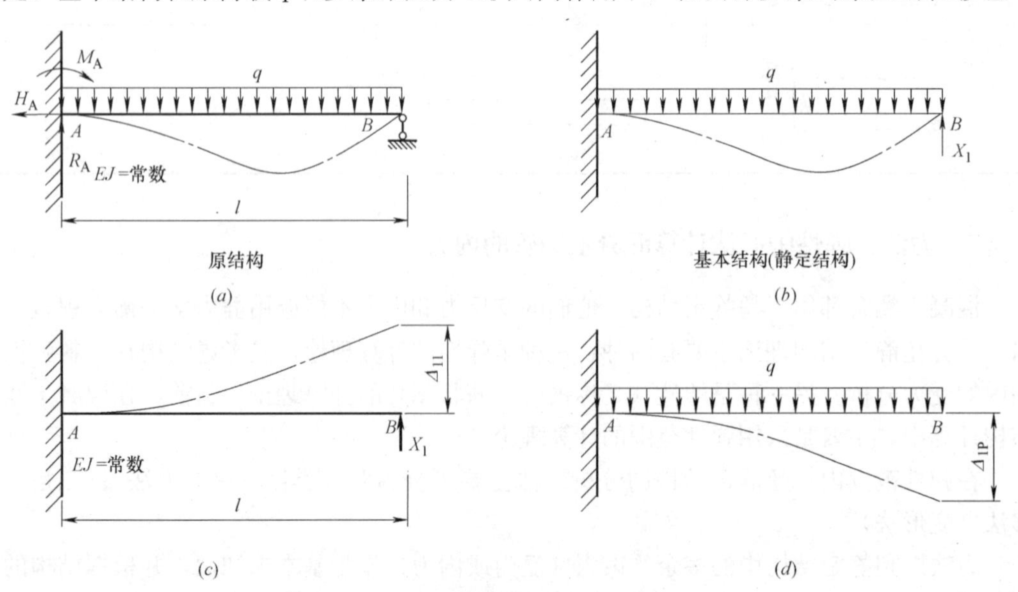

图 3-49　力法计算超静定结构分析图（一）

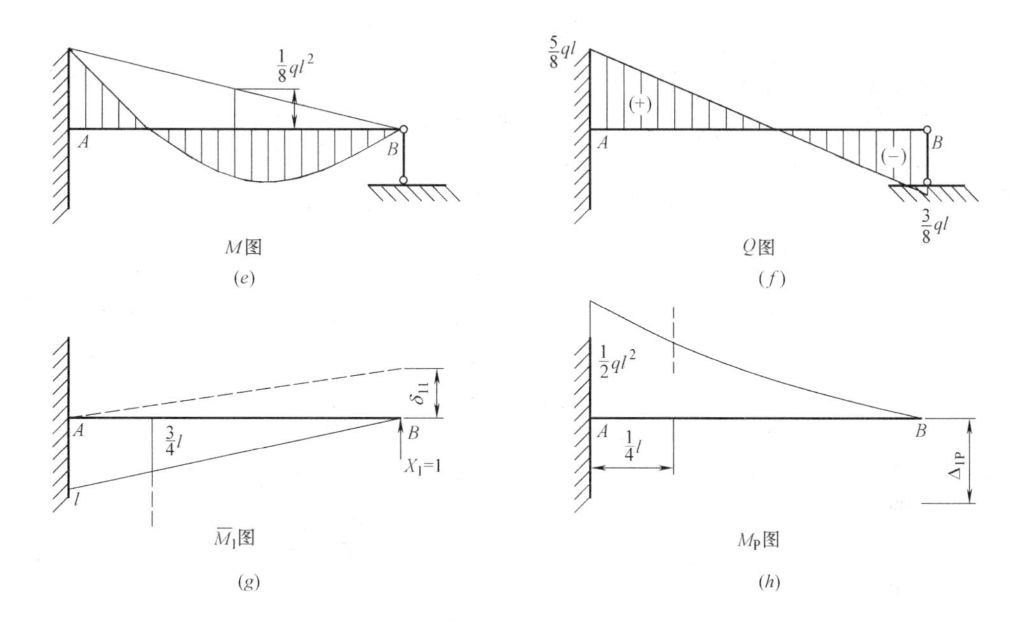

图 3-49 力法计算超静定结构分析图（二）

原结构中相应的位移相等。由此可见，为了唯一确定超静定结构的反力和内力，必须同时考虑静力平衡条件和位移条件。

Δ_{11}表示基本结构在多余未知力 X_1 单独作用下 B 点沿 X_1 方向的位移、Δ_{1P}表示基本结构在荷载 q 单独作用下 B 点沿 X_1 方向的位移、Δ_1 表示原超静定结构沿 X_1 方向的位移，根据叠加原理：

$$\Delta_1 = \Delta_{11} + \Delta_{1P} \tag{3.2-14}$$

对于原结构而言，B 点有一支杆固定，故其竖向位移为零，因此为使基本结构的变形状态与原结构完全一致，则应：

$$\Delta_1 = \Delta_{11} + \Delta_{1P} = 0 \tag{3.2-15}$$

Δ_1、Δ_{1P}和 Δ_{11}的符号均以沿 X_1 方向为正。式中 Δ_{1P}可以从求静定结构的位移计算方法求出，而 Δ_{11}是未知的。

为了求出 X_1，令 δ_{11}表示 X_1 为单位未知力（$X_1=1$）时基本结构 B 点沿 X_1 方向的位移，称为柔度系数，X_1 为冗余约束力，则 $\Delta_{11}=\delta_{11}X_1$。于是上式可写成：

$$\delta_{11}X_1 + \Delta_{1P} = 0 \tag{3.2-16}$$

由于 δ_{11}和 Δ_{1P}都是静定结构在已知外力作用下的位移，均可按结构位移计算方法求得。这样，多余未知力即可由式（3.2-16）确定。式（3.2-16）即是力法的基本方程，式中的每一项和每一个位移，都是表示结构在某一点沿某一方向上的位移。方程又称为位移协调方程。

由悬臂梁的位移公式易知，在均布荷载 q 作用下，梁自由端的竖向位移为（设沿未知力 X_1 方向的位移为正）：

$$\Delta_{1P} = -\frac{ql^4}{8EJ} \tag{3.2-17}$$

在端部集中力 X_1 的作用下，自由端的竖向位移为：

$$\Delta_{11}=\frac{X_1 l^3}{3EJ} \tag{3.2-18}$$

将 Δ_{1P} 与 Δ_{11} 代入式（3.2-16），得：

$$-\frac{ql^4}{8EJ}+\frac{X_1 l^3}{3EJ}=0 \tag{3.2-19}$$

解得：

$$X_1=\frac{3ql}{8} \tag{3.2-20}$$

求出基本未知力 X_1 后，其余的支反力就可用平衡方程逐一求出，梁的内力也就可求得。支座的三个支反力：

由 $\sum X=0$ 得 $H_A=0$；

由 $\sum Y=0$ 得 $R_A+X_1-ql=0$，则 $R_A=ql-X_1=\frac{5ql}{8}$；

由 $\sum M_A=0$ 得 $M_A+ql\frac{l}{2}-X_1 l=0$；则 $M_A=-\frac{ql^2}{8}$（逆时针方向的力矩）。

2. 力法的典型方程

用力法计算一般超静定结构的关键，在于根据位移条件建立力法方程以求解多余未知力。

图 3-50（*a*）所示为一门架式刚架，有两个固定支座，为三次超静定结构，有三个多余约束。分析时撤除一个固定支座，相当于解除三个多余约束。现将支座 B 撤去，保留三个未知反力作用，X_1、X_2、X_3 代替所去约束的作用，得到图 3-50（*b*）所示基本结构。X_1 为水平方向支反力、X_2 为竖向支反力、X_3 为支反力矩。在原结构中 B 点为固定端，所以没有水平位移、竖向位移和角位移。因此承受荷载 F_{P1}、F_{P2}、F_{P3} 和三个多余未知力 X_1、X_2、X_3 作用的基本结构上，也必须保证同样的位移条件，即 B 点沿 X_1 方向的位移（水平位移）A_1、沿 X_2 方向的位移（竖向位移）A_2 和沿 X_3 方向的位移（角位移）Δ_3 都应分别等于 0，即应满足的变形条件为：

$$\Delta_1=0,\Delta_2=0,\Delta_3=0$$

$\Delta_1=0$ 表示基本结构在多余未知力 X_1、X_2、X_3 和 F_{P1}、F_{P2}、F_{P3} 共同作用下 B 点沿 X_1 方向的位移与原结构 B 支座沿 X_1 方向的位移相等，即等于 0。

$\Delta_2=0$ 表示基本结构在多余未知力 X_1、X_2、X_3 和 F_{P1}、F_{P2}、F_{P3} 共同作用下 B 点沿 X_2 方向的位移与原结构 B 支座沿 X_2 方向的位移相等，即等于 0。

$\Delta_3=0$ 表示基本结构在多余未知力 X_1、X_2、X_3 和 F_{P1}、F_{P2}、F_{P3} 共同作用下 B 点沿 X_3 方向的位移与原结构 B 支座沿 X_3 方向的位移相等，即等于 0。

由此清楚了 $\Delta_1=0$、$\Delta_2=0$、$\Delta_3=0$ 的物理意义。

令 Δ_{11}、Δ_{21}、Δ_{31} 分别表示当 X_1 单独作用时，基本结构上 B 点沿 X_1、X_2 和 X_3 方向的位移［见图 3-50（*e*）］，δ_{11}、δ_{21} 和 δ_{31} 分别表示当 $X_1=1$ 单独作用时，基本结构上 B 点沿 X_1、X_2 和 X_3 方向的位移［见图 3-50（*f*）］。

Δ_{12}、Δ_{22}、Δ_{32} 分别表示当 X_2 单独作用时，基本结构上 B 点沿 X_1、X_2 和 X_3 方向的位移［见图 3-50（*g*）］，δ_{12}、δ_{22} 和 δ_{32} 分别表示当 $X_2=1$ 单独作用时，基本结构上 B 点沿 X_1、X_2 和 X_3 方向的位移［见图 3-50（*h*）］。

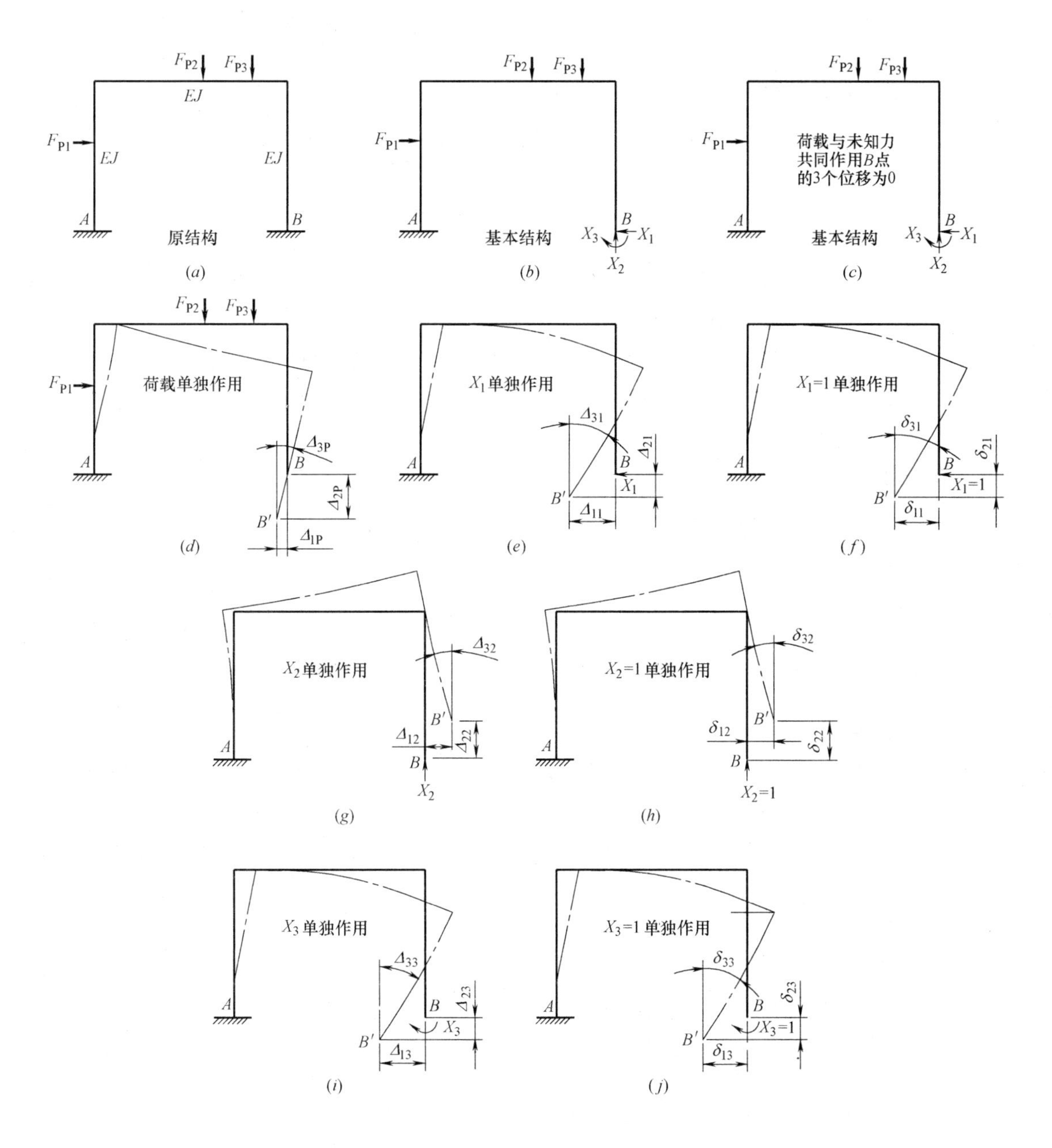

图 3-50 超静定结构计算位移分析图

Δ_{13}、Δ_{23}、Δ_{33}分别表示当 X_3 单独作用时，基本结构上 B 点沿 X_1、X_2 和 X_3 方向的位移［见图 3-50（i）］，δ_{13}、δ_{23}和 δ_{33}分别表示当 $X_3=1$ 单独作用时，基本结构上 B 点沿 X_1、X_2 和 X_3 方向的位移［见图 3-50（j）］。

Δ_{1P}、Δ_{2P}、Δ_{3P}分别代表由于外荷载（F_{P1}、F_{P2}、F_{P3}）引起的基本结构上 B 点沿 X_1、X_2 和 X_3 三个方向的位移［见图 3-50（d）］（Δ_{1P}——由外荷载引起的水平位移；Δ_{2P}——由外荷载引起的竖向位称；Δ_{3P}——由外荷载引起的转角）。

这里双脚标的意义如下：

第一个脚标 i 表示位移的方向（i=1、2、3）。第二个脚标 j 表示引起位移的原因（j=1、2、3）。

根据弹性体系的叠加原理和比例关系，有：

$$\begin{array}{l}\Delta_{11}=\delta_{11}X_1,\Delta_{12}=\delta_{12}X_2,\Delta_{13}=\delta_{13}X_3\\ \Delta_{21}=\delta_{21}X_1,\Delta_{22}=\delta_{22}X_2,\Delta_{23}=\delta_{23}X_3\\ \Delta_{31}=\delta_{31}X_1,\Delta_{32}=\delta_{32}X_2,\Delta_{33}=\delta_{33}X_3\end{array} \tag{3.2-21}$$

为此，按变形条件，该结构的协调方程可写成：

$$\left.\begin{array}{l}\text{水平方向 }\Delta_1=0:\delta_{11}X_1+\delta_{12}X_2+\delta_{13}X_3+\Delta_{1P}=0\\ \text{竖直方向 }\Delta_2=0:\delta_{21}X_1+\delta_{22}X_2+\delta_{23}X_3+\Delta_{2P}=0\\ \text{转\quad 角 }\Delta_3=0:\delta_{31}X_1+\delta_{32}X_2+\delta_{33}X_3+\Delta_{3P}=0\end{array}\right\} \tag{3.2-22}$$

这就是根据位移协调条件建立的求解多余未知力 X_1、X_2 和 X_3 的方程组，称为力法的典型方程。

用矩阵形式表示为：

$$\begin{bmatrix}\delta_{11} & \delta_{12} & \delta_{13}\\ \delta_{21} & \delta_{22} & \delta_{23}\\ \delta_{31} & \delta_{32} & \delta_{33}\end{bmatrix}\times\begin{bmatrix}X_1\\ X_2\\ X_3\end{bmatrix}+\begin{bmatrix}\Delta_{1P}\\ \Delta_{2P}\\ \Delta_{3P}\end{bmatrix}=\begin{bmatrix}0\\ 0\\ 0\end{bmatrix} \tag{3.2-23}$$

这组方程的物理意义为：在基本结构中，由于全部多余未知力和已知荷载的共同作用，在去掉多余约束处的位移应与原结构中相应的位移相等。

方程式中每一个系数和每一项，都是表示结构在某一点沿某一方向上的位移。因此，各系数和自由项都是基本结构的位移，因而可按静定结构中求位移的方法求得。

系数和自由项求出后，可解算典型方程以求得各多余未知力 X_1、X_2 和 X_3，然后再按照分析静定结构的方法求出原结构的内力。

系数和自由项规定与所设多余未知力方向一致者为正。

力法典型方程有如下特点：

(1) δ_{ii}（矩阵对角线上诸元素 δ_{11}、δ_{22}、δ_{33}）称为主系数，δ_{ik}（其余各元素 δ_{12}、δ_{21}、δ_{13}、δ_{31}、δ_{23}、δ_{32}）称为副系数，Δ_{iP}（Δ_{1P}、Δ_{2P}、Δ_{3P}）为自由项。

(2) 所有系数和自由项，都是基本结构中在去掉多余约束处沿某一多余未知力方向上的位移，并规定位移与所设多余未知力方向一致者为正，反之为负。

(3) 方程中主系数总是为正，且不会等于0，而副系数可能为正、为负或为0。

(4) 根据位移互等定理可知，副系数有互等关系，即：$\delta_{ik}=\delta_{ki}$。因此，可以减少副系数计算的工作量，矩阵中9个系数只有六个独立的系数需要计算。

(5) 各系数和自由项都是基本结构的位移，因而都可以用计算位移的单位载荷法求得，计算公式为：

$$\delta_{ii}=\sum\int\frac{\overline{M}_i^2}{EJ}\mathrm{d}s \tag{3.2-24}$$

$$\delta_{ij}=\delta_{ji}=\sum\int\frac{\overline{M}_i\,\overline{M}_j}{EJ}\mathrm{d}s \tag{3.2-25}$$

$$\Delta_{iP}=\sum\int\frac{\overline{M}_i\,\overline{M}_P}{EJ}\mathrm{d}s \tag{3.2-26}$$

$(i=1、2、3;j=1、2、3)$

(6) δ_{ii}和δ_{ij}的计算与基本结构上的荷载无关，因为它们都是由单位力引起的位移。Δ_{iP}与多余未知力无关，只与基本结构上的荷载有关。

3. 力法的计算步骤

(1) 选定基本未知量及基本体系

利用几何构成分析确定超静定次数，把多余约束去掉，用未知力 X 代替，称为选定基本体系。

(2) 列力法方程

有 n 个多余约束就有 n 个基本未知量、n 个方程，按力法典型方程的规律，写出力法方程。

(3) 求力法方程的系数和自由项

利用静定结构求位移的方法求系数和自由项。

(4) 解方程

把求得的系数和自由项代回到力法方程中，解方程式可求得 X_1、X_2、$X_3 \cdots X_n$。

(5) 作内力图

利用叠加法作内力图。

【例题 3.6】 试用力法计算圆管（图 3-51），作出弯矩图。

求解过程：EJ＝常数。

① 确定超静定次数和选取力法的基本结构

圆管为三次超静定结构，且为对称结构，可利用对称性简化计算。

以过圆心的水平和垂直直线作为该结构的两根对称轴，利用对称性取结构的四分之一来计算，截取结果如图 3-51（b）所示。

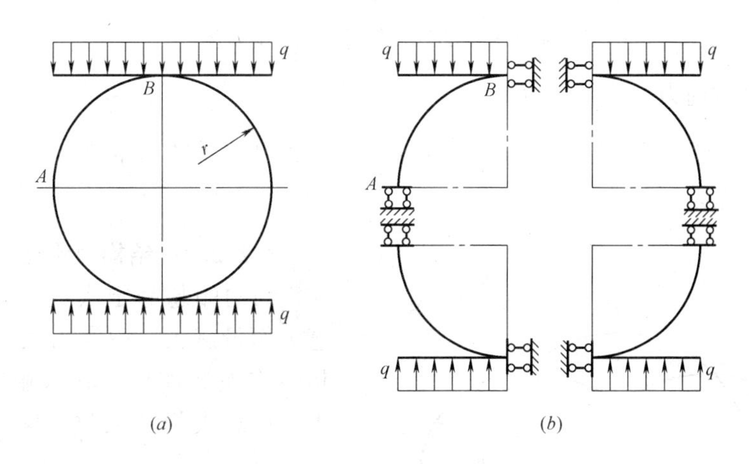

图 3-51 力法计算圆管结构图

② 建立力法典型方程

选取图 3-51（b）为基本结构，这是一次超静定结构，力法典型方程为：

$$\delta_{11}X_1+\Delta_{1P}=0 \tag{3.2-27}$$

③ 计算力法方程中的系数和自由项

对于曲杆结构，在通常情况下曲率的影响可忽略不计。在位移计算中，也常允许只考虑弯曲变形一项的影响。由图 3-52（c）、（d）可知：

$$\overline{M}_1=1,M_P=-\frac{qr^2\sin^2\theta}{2}\left(0<\theta<\frac{\pi}{2}\right) \tag{3.2-28}$$

则由公式 $\delta_{ii}=\int\frac{\overline{M}_i^2\mathrm{d}s}{EJ}$、$\Delta_{iP}=\int\frac{\overline{M}_iM_P\mathrm{d}s}{EJ}$（$\mathrm{d}s=r\mathrm{d}\theta$）算得：

$$\delta_{11}=\int_0^{\frac{\pi}{2}}\frac{1^2}{EJ}r\mathrm{d}\theta=\frac{\pi r}{2EJ} \tag{3.2-29}$$

$$\Delta_{1P}=\int_0^{\frac{\pi}{2}}\frac{1\times\left(\frac{-qr^2\sin^2\theta}{2}\right)}{EJ}r\mathrm{d}\theta=-\frac{qr^3}{2EJ}\int_0^{\frac{\pi}{2}}\sin^2\theta\mathrm{d}\theta=-\frac{q\pi r^3}{8EJ} \tag{3.2-30}$$

④ 解力法典型方程，求出多余未知力

$$X_1=-\frac{\Delta_{1P}}{\delta_{11}}=\frac{q\pi r^3}{8EJ}\times\frac{2EJ}{\pi r}=\frac{qr^2}{4} \tag{3.2-31}$$

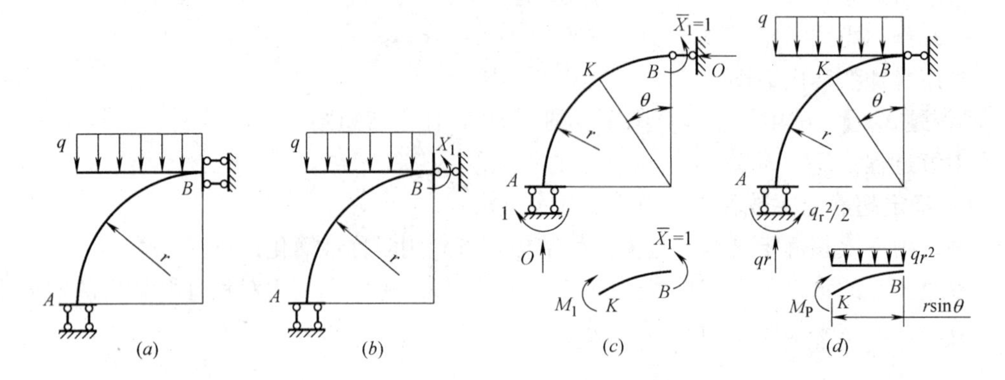

图 3-52　力法计算圆管结构分析图

⑤ 计算结构内力，绘制内力图

按 $M=X_1\overline{M}_1+M_P=\frac{qr^2}{4}-\frac{qr^2\sin^2\theta}{2}$ 可求出不同角度位置的弯矩值（表 3-8）并作出结构的弯矩图，如图 3-53 所示。

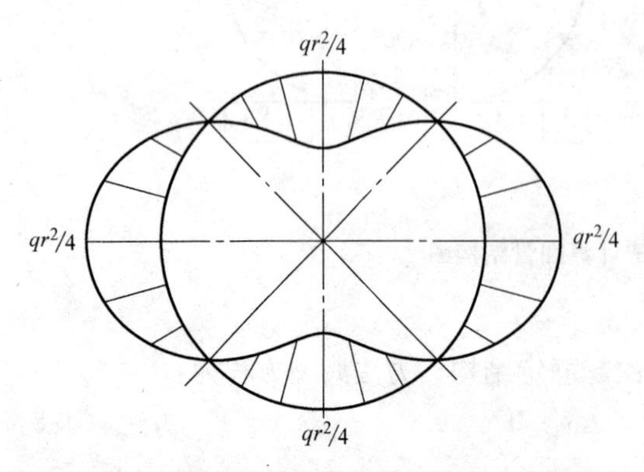

图 3-53　受竖向均布荷载圆管结构内力弯矩图

3.2.2.2　结构对称性的应用

结构的超静定次数越高，用力法计算工作量越大，因为力法方程的数目与超静定次数相同。在求解力法过程中，需要计算大量的系数、自由项并解线性方程组。

在工程中，很多结构具有对称性，对称结构可以利用对称性质使计算得到简化。在力法的典型方程中能使一些系数和自由项为零，使尽可能多的副系数及自由项等于零。

不同角度位置的弯矩值 表 3-8

θ	0°	15°	22.5°	30°	45°	60°	67.5°	90°
M	$\frac{qr^2}{4}$	$0.2165qr^2$	$0.1768qr^2$	$0.125qr^2$	0	$-0.125qr^2$	$-0.1768qr^2$	$-\frac{qr_2}{4}$

1. 对称结构的概念

对称结构，是指结构对某一轴的对称。所以，对称结构必须有对称轴。

如果工程中的结构具有如下的四个特征即称为对称结构。

(1) 结构的几何形状对某轴对称，如图 3-54 (*a*)、(*b*)、(*c*) 所示结构的杆件都对 oy 轴对称。

(2) 结构的支撑情况对某轴对称，如图 3-54 (*a*)、(*b*)、(*c*) 所示结构的支座都对 oy 轴对称。

(3) 结构的截面尺寸和形状对某轴对称，如图 3-54 (*a*)、(*b*)、(*c*) 中所示结构的截面尺寸和形状都对 oy 轴对称，即惯性矩 J 对 oy 轴对称。

(4) 结构所用的材料对某轴对称，如图 3-54 (*a*)、(*b*)、(*c*) 中所示结构使用的材料都是同一种材料，即材料的三个常数 E、G、μ 对 oy 轴对称。

因此，对于对称结构绕对称轴对折后，对称轴两边的结构图形应完全重合。

关于对称性，有时还涉及反对称性的概念。以上所述结构的对称实际上是结构的正对称的概念。所谓反对称，就是假想将实际结构中的简化图形、位移或者力，沿结构的某一轴线 oy 折叠过来后，这两部分图形、位移或者力完全重合，但是方向相反，具有这种特性的对称性称为反对称。

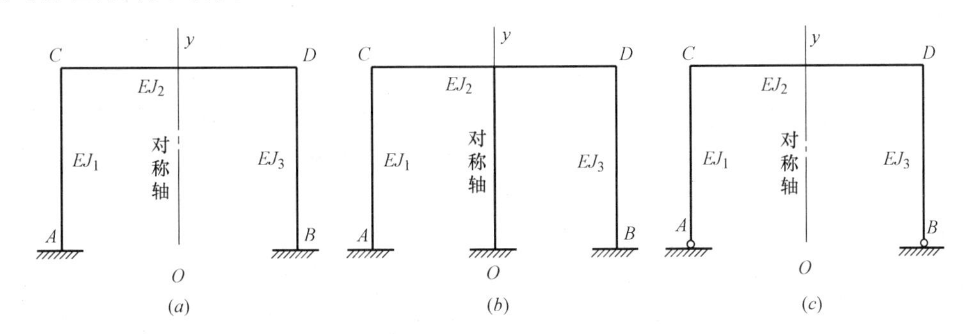

图 3-54 对称结构简图

荷载的对称性，对称荷载绕对称轴对折后，左右两部分的荷载彼此重合（作用点相对应、数值相等、方向相同），如图 3-55 (*a*) 所示。

反对称荷载绕对称轴对折后，左右两部分的荷载正好相反（作用点相对应、数值相等、方向相反），如图 3-55 (*b*) 所示。

作用在对称结构上的任何荷载都可以分解为对称荷载与反对称荷载的叠加。图 3-55 (*c*) 的一般荷载等于图 3-55 (*a*) 的对称荷载与图 3-55 (*b*) 的反对称荷载之和。

有的对称结构对称于一根对称轴，如图 3-56 (*a*)、(*c*) 所示，有的对称结构对称于两根对称轴，如图 3-56 (*b*) 所示；有的对称结构对称于多根对称轴，如图 3-56 (*d*) 所示。

2. 结构对称性的应用

(1) 选取对称的基本结构

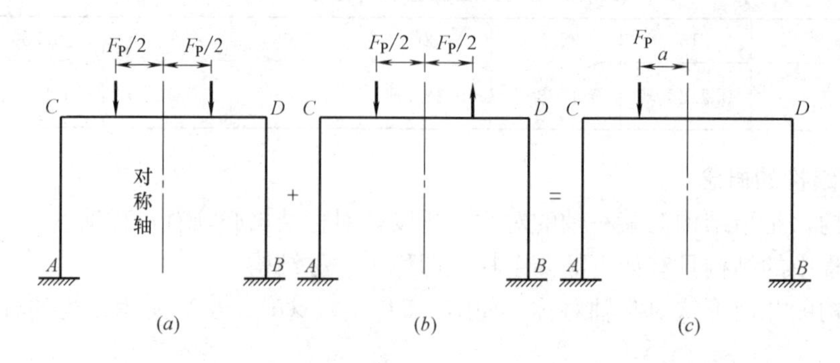

图 3-55　对称结构上荷载的分解

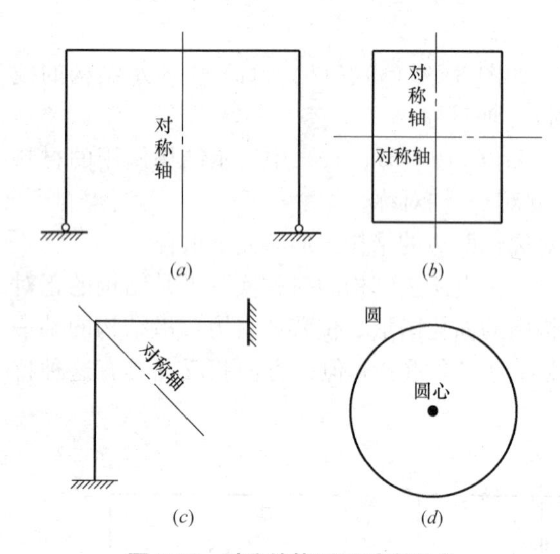

图 3-56　对称结构不同对称形式

如果在选取基本结构时，不考虑结构对称性的特点，随意选取，就不能达到简化结构计算的目的。如随意选取图 3-57 (*b*) 所示的基本结构，即将 *B* 支座的三个多余约束去掉，用三个多余未知力 X_1、X_2、X_3 来代替去掉多余约束的作用，根据 *B* 支座三个位移 $\Delta_1=0$、$\Delta_2=0$ 和 $\Delta_3=0$ 的变形协调条件，建立的力法典型方程如下：

$$\left.\begin{aligned}\delta_{11}X_1+\delta_{12}X_2+\delta_{13}X_3+\Delta_{1P}=0\\\delta_{21}X_1+\delta_{22}X_2+\delta_{23}X_3+\Delta_{2P}=0\\\delta_{31}X_1+\delta_{32}X_2+\delta_{33}X_3+\Delta_{3P}=0\end{aligned}\right\}$$

该力法方程中的全部系数和自由项都没有等于 0，需要计算全部系数和自由项，同时还要求解三元一次方程组才能求出多余未知力，其计算工作量较大。

如果选取对称的基本结构，就可达到简化计算的目的。假设沿对称轴 *E* 处截开刚架［图 3-57 (*c*)］，原结构就成了两个静定的悬臂刚架，这时的刚架左右两部分是对称的，令 X_1、X_2、X_3 分别代表切口两侧截面的弯矩、轴力和剪力。这时多余未知力就可以分成两组，一组为正对称的未知力 X_1、X_2（弯矩和轴力）；另一组为反对称的未知力 X_3（剪力）。力法典型方程的形式与前面所述完全相同，只是表达的物理含义不同。虽然将刚架从 *CD* 的中点截面 *E* 处切开，由于原结构中 *CD* 杆是连续的，所以基本结构在 *E* 处左右两边的截面，应该没有相对转动，也没有上下和左右的相对移动。故此时力法方程表示的物理含义是多余未知力截口处的三个相对位移分别等于 0；即以上方程组第一式表示基本结构中切口两边截面的相对转角应为 0，第二式表示切口两边截面沿水平方向的相对位移应为 0；第三式表示切口两边截面沿竖直方向的相对位移应为 0。

力法典型方程中的系数和自由项都代表基本结构中切口两边截面相对位移。例如，在 $X_1=1$ 单独作用下，基本结构的变形如图 3-57 (*g*) 所示，δ_{11} 为切口两边截面的相对转角位移，δ_{21} 为切口两边截面的相对水平位移，δ_{31} 为切口两边截面的相对竖向位移。另外基本结构在 $X_2=1$ 和 $X_3=1$ 单独作用下，结构的变形图如图 3-57 (*h*)、(*i*) 所示。

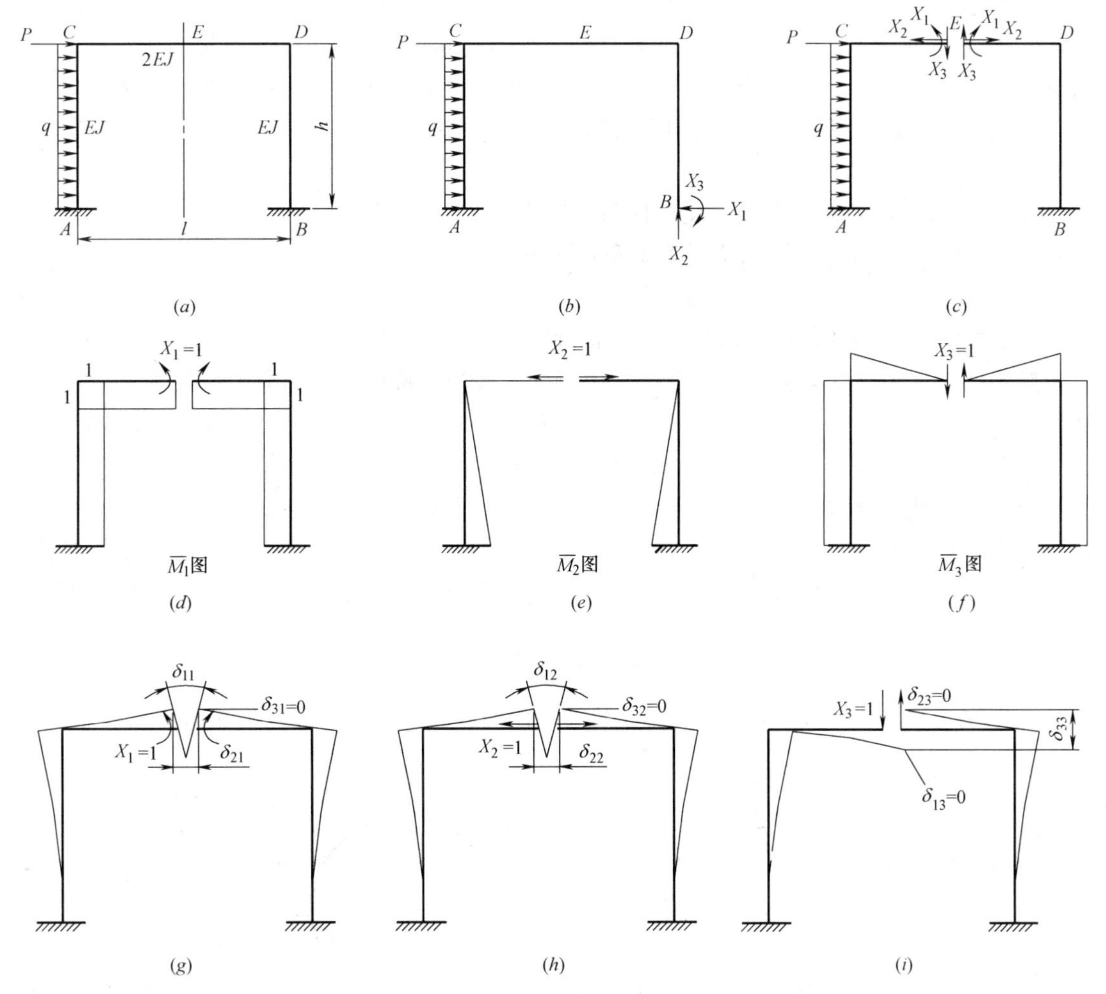

图 3-57 结构对称性应用分析图

此时，前面的力法典型方程简化为：

$$\left.\begin{aligned}\delta_{11}X_1+\delta_{12}X_2+\Delta_{1P}=0\\ \delta_{21}X_1+\delta_{22}X_2+\Delta_{2P}=0\end{aligned}\right\}\text{（只包含正对称未知力）}$$

$$\delta_{33}X_3+\Delta_{3P}=0 \quad \text{（只包含反对称未知力）}$$

由此可见，在用力法计算对称结构时，可以选取对称的基本结构。这时，力法方程就分为两组，一组只包含正对称的未知力 X_1、X_2，一组只包含反对称的未知力 X_3，力法典型方程组由一个三元一次方程组变成一个二元一次方程组和一个一元一次方程，系数和自由项计算由 $3\times4=12$ 个减少到 $2\times3+1\times2=8$ 个，并且解方程的工作量也大大地减少。结构的超静定次数越高，减少的计算工作量越大。因此，在用力法求解对称的超静定结构时，选取对称的基本结构就可以达到减少计算的目的。

（2）力法对称结构理论

对称结构结论 I：对称结构在正对称荷载作用下，在对称轴切口处，只会产生正对称的未知力 X_1、X_2（弯矩和轴力），而反对称的未知力 X_3（剪力）为 0。对称结构在正对称荷载作用下，只会产生正对称的反力、内力和位移，而反对称的反力、内力和位移为 0。

对称结构结论 II：对称结构在反对称荷载作用下，在对称轴切口处，只会产生反对称的未知力 X_3（剪力），而正对称的未知力 X_1、X_2（弯矩和轴力）为 0。对称结构在反对称荷载作用下，只会产生反对称的反力、内力和位移，而正对称的反力、内力和位移为 0。

总结上述分析，可得利用结构对称性以简化计算的一般原则：

① 选择对称的基本体系。

② 将荷载分解为对称荷载与反对称荷载的组合。

③ 在对称荷载作用下，只需计算对称的未知内力。

④ 在反对称荷载作用下，只需计算反对称的未知内力。

【例题 3.7】　圆环形框架应用结构对称性求内力（图 3-58）。

解：已知一闭合框架为三次超静定。由于此圆环为对称结构，荷载也是对称的，故取对称形的基本结构可以大大简化计算。沿横向对称轴作一贯穿整个圆环的切口，将圆环分为上下两个半圆环形框，两个切口处共有 6 个未知内力。由对称性可知，左右两个切口处的对应内力应是完全对称的，故实际上仍然只有三个未知内力。而且由前述已知，对称荷载只能引起对称的内力，反对称的内力为零，故 $X_3=0$（对于横轴而言，X_3 是反对称的）。只剩下两个未知内力 X_1、X_2。由半圆环的平衡条件易于求出 $X_2=P/2$。因此，实际上只剩下一个未知内力 X_1，力法方程为：

$$X_1\delta_{11}+\Delta_{1P}=0$$

此方程表示在外荷载及未知内力 X_1 的共同作用下两个切口处两侧的相对转角等于零。

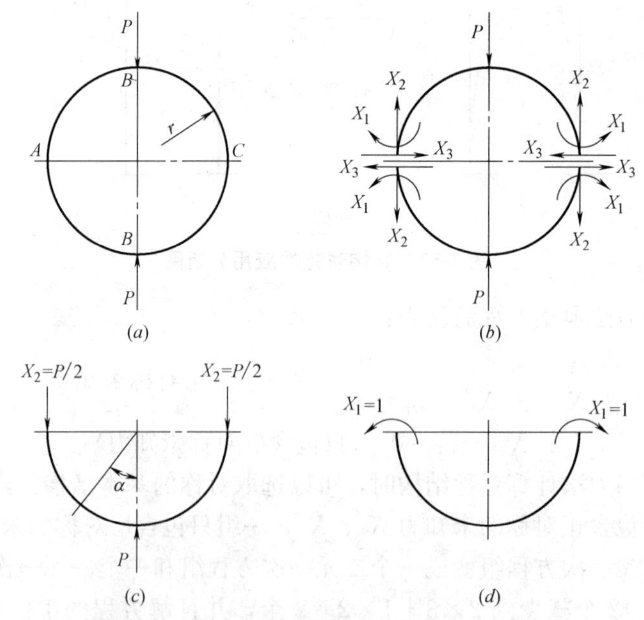

图 3-58　利用结构对称性计算圆环形框架内力

为求系数 δ_{11} 及 Δ_{1P}，需计算基本结构在荷载状态下和单位状态下的内力（只考虑弯矩）。由于结构是环形杆，在计算积分式 $\int\overline{M}_1M_P\mathrm{d}s$ 及 $\int\overline{M}_1{}^2\mathrm{d}s$ 时，不能应用图形相乘法，而只能采取直接积分法。故需分别列出弯矩方程式 M_P 及 $\overline{M}_1$：

设 r 为此圆环的计算半径。

$$M_P=\frac{P}{2}(r-r\sin\alpha)=\frac{Pr}{2}(1-\sin\alpha)\quad\left(0\leqslant\alpha\leqslant\frac{\pi}{2}\right)\tag{3.2-32}$$

$$\overline{M}_1=1$$

则：

$$\delta_{11}=\int\frac{\overline{M}_1^2\mathrm{d}s}{EJ}=2\int_0^{\frac{\pi}{2}}\frac{\overline{M}_1^2r\mathrm{d}\alpha}{EJ}=\frac{\pi r}{EJ}\tag{3.2-33}$$

$$\Delta_{1P}=\int\frac{\overline{M}_1M_P\mathrm{d}s}{EJ}=\frac{2}{EJ}\int_0^{\frac{\pi}{2}}\frac{Pr}{2}(1-\sin\alpha)r\mathrm{d}\alpha=\frac{Pr^2}{EJ}\left(\frac{\pi}{2}-1\right)\tag{3.2-34}$$

代入力法方程得：$X_1=-\frac{Pr}{\pi}\left(\frac{\pi}{2}-1\right)=-0.1817Pr$

求出基本未知力 X_1 后，即可用叠加方程求各截面弯矩。

A 点（$\alpha=\frac{\pi}{2}$）：$M_A=M_P+X_1\overline{M}_1=0-0.1817Pr=-0.1817Pr$

B 点（$\alpha=0$）：$M_B=\frac{Pr}{2}-\frac{Pr}{\pi}\left(\frac{\pi}{2}-1\right)=\frac{Pr}{\pi}=0.3183Pr$

C 点（$\alpha=\frac{\pi}{2}$）：$M_C=M_A=-0.1817Pr$

A、B、C 三点的弯矩值即是圆形混凝土管作三点法外压荷载检验时，裂缝荷载控制点的弯矩计算公式。

其他各点可按弯矩方程计算：

$$M=\frac{Pr}{2}(1-\sin\alpha)-\frac{Pr}{\pi}\left(\frac{\pi}{2}-1\right)=\frac{Pr}{\pi}\left(1-\frac{\pi}{2}\sin\alpha\right)\tag{3.2-35}$$

弯矩图如图 3-59 所示。

3.2.2.3 弹性中心法

利用力法计算典型方程中的主系数、副系数和自由项时都必须用积分法求出，而积分较为困难。因此，要找出合理的方法简化计算，尽可能使力法方程中的副系数为 0。弹性中心法就是常用的结构简化计算方法。

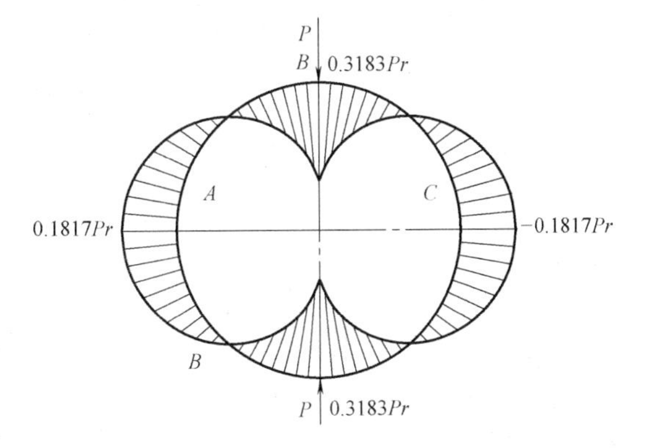

图 3-59 圆环在集中荷载作用下的弯矩图

工程中的无绞拱为曲线形构件，是三次超静定结构，大多数也是对称的。在用力法分析内力时从对称处切开选取为基本结构（图 3-60），露出正对称的未知力 X_1、X_3（轴力和弯矩）与反对称的未知力 X_2（剪力），力法方程为：

$$\left.\begin{aligned}\delta_{11}X_1+\delta_{12}X_2+\delta_{13}X_3+\Delta_{1P}=0\\\delta_{21}X_1+\delta_{22}X_2+\delta_{23}X_3+\Delta_{2P}=0\\\delta_{31}X_1+\delta_{32}X_2+\delta_{33}X_3+\Delta_{3P}=0\end{aligned}\right\}\tag{3.2-36}$$

根据力法方程组的特点，力法方程组中的主系数 δ_{11}、δ_{22}、δ_{33} 永远大于 0。在副系数的计算中，因为 X_1、X_3 是正对称的未知力，X_2 是反对称的未知力，它们的单位弯矩图分别为图 3-61（a）、（b）、（c）所示。由图可见，$\overline{M}_1$、$\overline{M}_3$ 都是正对称图形，$\overline{M}_2$ 是反对称

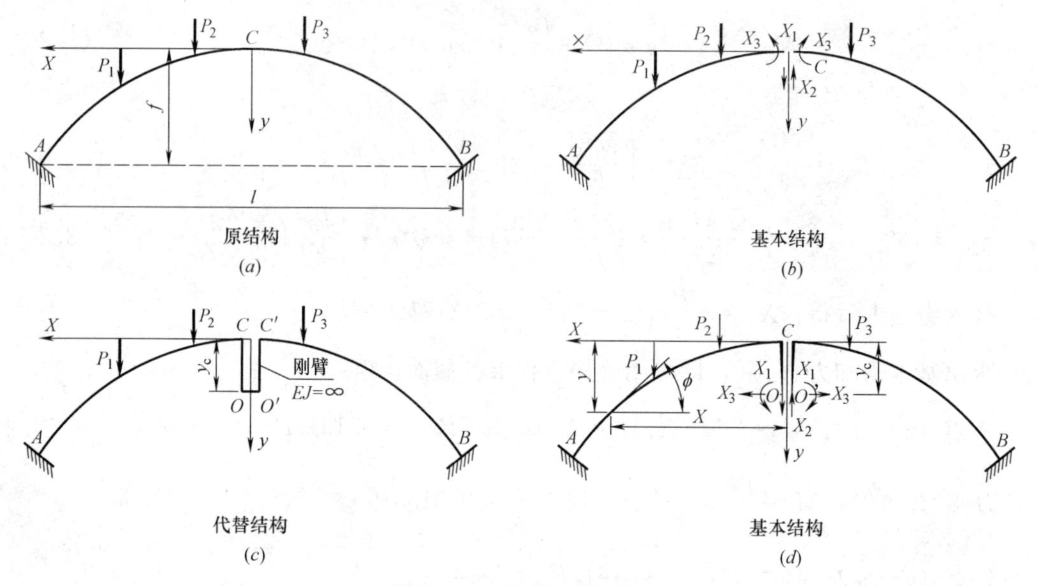

图 3-60　无铰拱计算分析

图形。因为 X_1、X_3 是正对称的力，所以 $\overline{M}_1$、$\overline{M}_3$ 是偶函数，而 X_2 是反对称的力，所以 $\overline{M}_2$ 是奇函数。又因为杆件材料和截面构成是正对称的，所以不管是用图乘法或者积分法来计算系数和自由项时，必然有如下结果：

$$\Delta(\delta)=\sum\int_{-\frac{l}{2}}^{\frac{l}{2}}\frac{f_{奇}\times f_{偶}\,\mathrm{d}x}{EJ}=\sum\int_{-\frac{l}{2}}^{\frac{l}{2}}\frac{M_{奇}\times M_{偶}\,\mathrm{d}x}{EJ}=0 \tag{3.2-37}$$

$$\delta_{12}=\delta_{21}=\sum\int_{-\frac{l}{2}}^{\frac{l}{2}}\frac{\overline{M}_1\times\overline{M}_2\,\mathrm{d}x}{EJ}=\sum\int_{-\frac{l}{2}}^{\frac{l}{2}}\frac{\overline{M}_2\times\overline{M}_1\,\mathrm{d}x}{EJ}=0 \tag{3.2-38}$$

$$\delta_{23}=\delta_{32}=\sum\int_{-\frac{l}{2}}^{\frac{l}{2}}\frac{\overline{M}_2\times\overline{M}_3\,\mathrm{d}x}{EJ}=\sum\int_{-\frac{l}{2}}^{\frac{l}{2}}\frac{\overline{M}_3\times\overline{M}_2\,\mathrm{d}x}{EJ}=0 \tag{3.2-39}$$

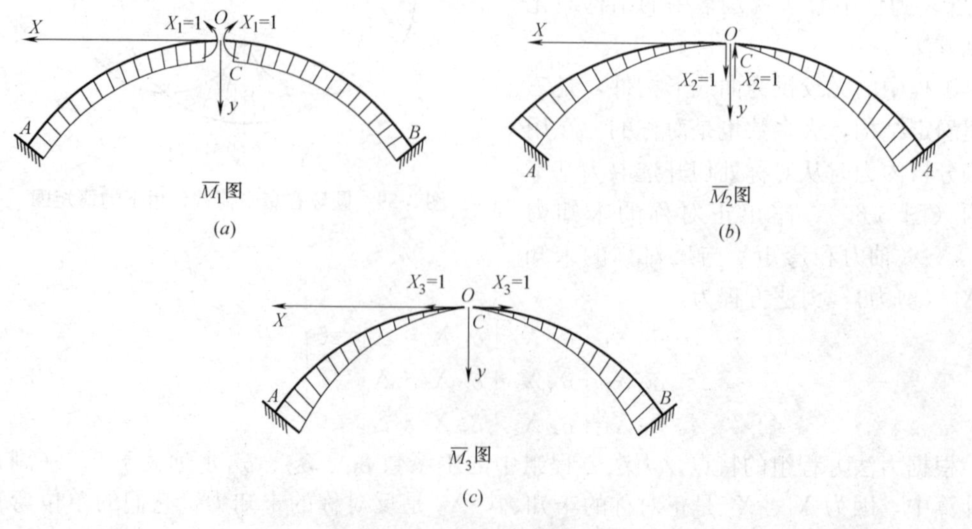

图 3-61　单位力作用弯矩图 I

此时，式（3.2-36）就进一步简化为：

$$\left.\begin{aligned}\delta_{11}X_1+\delta_{13}X_3+\Delta_{1P}=0\\ \delta_{31}X_1+\delta_{33}X_3+\Delta_{3P}=0\end{aligned}\right\}\text{（只包含正对称的未知力）}\tag{3.2-40}$$

$$\delta_{22}X_2+\Delta_{2P}=0\text{（只包含反对称的未知力）}\tag{3.2-41}$$

由此可见，在用力法计算对称的无铰拱结构时，可以选取对称的基本结构，这时，力法方程就分为两组，一组只包含正对称的未知力 X_1 和 X_3，见式（3.2-40），一组只包含反对称的未知力 X_2，见式（3.2-41），力法典型方程组就由一个三元一次方程组变成了一个二元一次方程组和一个一元一次方程，系数和自由项的计算由 3×4=12 个减少到 2×31×2=8 个，并且解方程的工作量也大大地减少。

在进一步简化后的包含有正对称未知力的力法典型方程组（3.2-40），其副系数 δ_{13} 根据结构位移公式表述如下：

$$\delta_{13}=\int_s\overline{M}_1\overline{M}_3\frac{\mathrm{d}s}{EJ}+\int_s\overline{N}_1\overline{N}_3\frac{\mathrm{d}s}{EJ}+\int_sK\overline{Q}_1\overline{Q}_3\frac{\mathrm{d}s}{GA}\tag{3.2-42}$$

在如图 3-60（*b*）所示的基本结构中，当只有单位未知力 $X_1=1$ 作用时，有：

$$\overline{M}_1=1,\ \overline{Q}_1=0,\ \overline{N}_1=0\tag{3.2-43}$$

将式（3.2-43）代入（3.2-42）中，得到：

$$\begin{aligned}\delta_{13}&=\int_s\overline{M}_1\overline{M}_3\frac{\mathrm{d}s}{EJ}+\int_s\overline{N}_1\overline{N}_3\frac{\mathrm{d}s}{EJ}+\int_sK\overline{Q}_1\overline{Q}_3\frac{\mathrm{d}s}{GA}\\&=\int_s1\times\overline{M}_3\frac{\mathrm{d}s}{EJ}+\int_s0\times\overline{N}_3\frac{\mathrm{d}s}{EJ}+\int_sK\times0\times\overline{Q}_3\frac{\mathrm{d}s}{GA}\\&=\int_s\overline{M}_3\frac{\mathrm{d}s}{EJ}\end{aligned}\tag{3.2-44}$$

为了使计算进一步简化，还可设法使 $\delta_{13}=0$。如果能够使 $\delta_{13}=0$ 则包含解正对称未知力 $\delta_{13}=0$ 的二元一次方程组就简化为一元一次方程，这就大大节约了计算方程组中副系数和解联列方程的时间。

由前面分析知道，因为在 δ_{13} 的计算式中，最后只有弯矩对位移的影响一项。根据定积分的几何意义是表示图形的面积这个概念，分析 $\delta_{13}=\int_s\overline{M}_3\frac{\mathrm{d}s}{EJ}$ 这个积分，若能设法使 $\overline{M}_3$ 图分布在轴线两侧，使平面图形的面积积分等于 0，即 $\delta_{13}=\int_s\overline{M}_3\frac{\mathrm{d}s}{EJ}=0$。为了完成使 $\delta_{13}=0$ 这个结论成立，需完成以下工作。

设想在拱顶 C 处将拱切开，沿对称轴用两个抗弯刚度 $EJ=\infty$ 的刚臂向拱内延伸 y_c 至 o 点，并在端点将两个刚臂重新连接起来，如图 3.60（*c*）所示，由于所加刚臂是绝对刚性的，它可以传力，但不产生任何变形，因而保证了原结构在 C 点的连续性，不会改变原结构的内力和变形状态，所以这个带刚臂的结构与原结构是等效的。因此，这个带刚壁的结构又称为原结构的代替结构，代替结构也是一个三次超静定结构。

现在选取代替结构的基本结构。充分利用对称性，再在代替结构的刚臂端点 o 处将刚臂切开，暴露出正对称的未知力 X_1、X_3 和反对称未知力 X_2，见图 3-60（*d*）。使 X_2 沿着对称轴方向，X_3 与 X_1 垂直，由于 X_1、X_3 在基本结构上产生正对称内力，不会产生 X_2 方向的反对称位移，故 $\delta_{12}=\delta_{21}=0$ 和 $\delta_{23}=\delta_{32}=0$ 保持不变。

在代替结构的基本结构中，如图 3-62（a）、（b）、（c）所示，当各单位未知力单独作用时，在左半段拱上，各自的内力计算表达式为

$$\left.\begin{array}{ll}\text{当 } X_1=1\text{单独作用时} & \overline{M}_1=1;\overline{Q}_1=0;\overline{N}_1=0\\ \text{当 } X_2=1\text{单独作用时} & \overline{M}_2=-1\times x;\overline{Q}_2=\cos\varphi;\overline{N}_1=-\sin\varphi\\ \text{当 } X_3=1\text{单独作用时} & \overline{M}_3=1\times(y-y_c);\overline{Q}_3=-\sin\varphi;\overline{N}_3=-\cos\varphi\end{array}\right\}\tag{3.2-45}$$

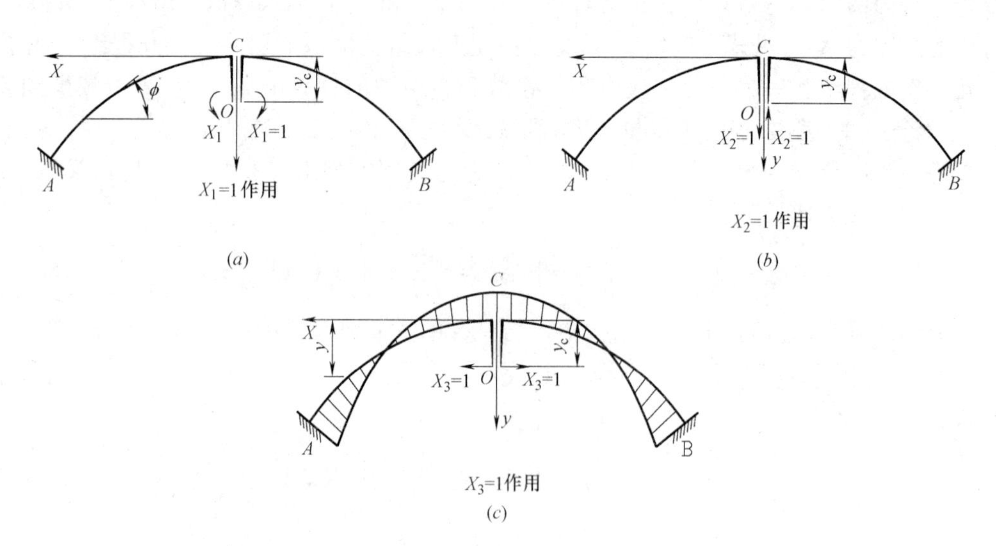

图 3-62　单位力作用弯矩图Ⅱ

注意，在右半段拱上，各自的内力计算表达与式（3.2-45）相同，但在具体计算时，注意以$-x$代替x；以$-\varphi$代替φ即可。

将上述结果代入到δ_{13}的计算式中，就得到：

$$\delta_{13}=\delta_{31}=\int_s \overline{M}_1\overline{M}_3\frac{\mathrm{d}s}{EJ}=\int_s (y-y_c)\frac{\mathrm{d}s}{EJ}\tag{3.2-46}$$

由图 3-62（c）所示，这时$\overline{M}_3$在左右两半拱虽然是对称分布的，但$\overline{M}_3$图分布在拱轴线的两侧，只要适当的选择刚臂的长度y_c，便可以使$\delta_{13}=\delta_{31}=\int_s (y-y_c)\frac{\mathrm{d}s}{EJ}$为 0。为了确定$y_c$的数值，可以根据$\delta_{13}=0$这一条件，反过来求解$y_c$，见图 3-62（$c$）。

令：

$$\delta_{13}=\delta_{31}=\int_s (y-y_c)\frac{\mathrm{d}s}{EJ}=0\tag{3.2-47}$$

则：

$$\int_s (y-y_c)\frac{\mathrm{d}s}{EJ}=0$$

$$\int_s y\frac{\mathrm{d}s}{EJ}=\int_s y_c\frac{\mathrm{d}s}{EJ}$$

得：

$$y_c=\frac{\int_s y\frac{\mathrm{d}s}{EJ}}{\int_s \frac{\mathrm{d}s}{EJ}}\tag{3.2-48}$$

式（3.2 48）与求平面图形形心的坐标公式$y_A=\frac{\int_A y\mathrm{d}A}{\int_A A}$相似，我们可以设想将图

3-63 (a)所示的变截面无铰拱的轴线作为长度，将拱上每一截面的抗弯刚度 EJ 的倒数$\frac{1}{EJ}$作为宽度，另外作出一个与之相应的图形 3-63 (b)，$\frac{1}{EJ}\mathrm{d}s$ 就相当于这个图形的微面积，因为这个面积与拱的弹性性能相关，所以称 $\int_s \frac{1}{EJ}\mathrm{d}s$ 为拱的弹性面积，y_c 就是拱弹性面积形心 o 在 y 轴上的坐标，o 点也称为弹性中心。式（3.2-48）即为求拱弹性面积的形心坐标公式，亦即求弹性中心坐标位置的公式。y_c 为附加刚臂的长度。

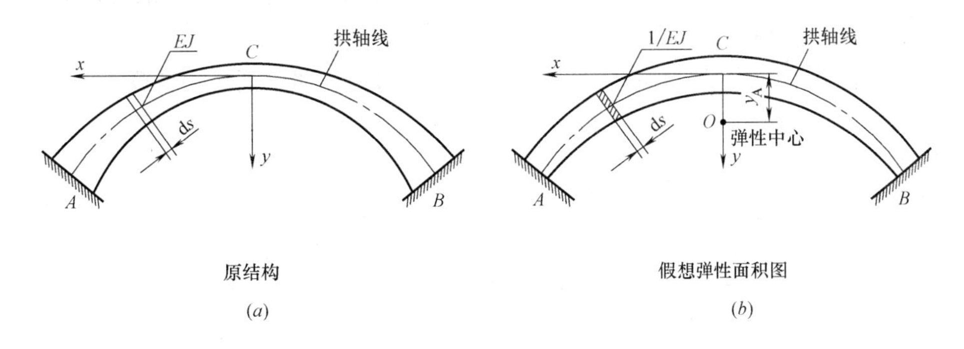

图 3-63 假想弹性面积分析

综上所述，在计算对称无铰拱时，为了简化计算，利用对称性，取带刚臂（$EJ=\infty$）的代替结构替代原结构［见图 3-64（a）］，然后在刚臂端点切开［见图 3-64（b）］，将刚臂端点引到弹性中心，将多余未知力 X_1、X_2、X_3 作用在弹性中心上，即刚臂端点，并且使 X_2 沿拱的对称方向，X_3 与 X_2 垂直，就可以使三对副系数为 0。则力法方程就可简化成为如下三个一元一次方程：

$$\left.\begin{aligned}\delta_{11}X_1+\Delta_{1P}=0\\ \delta_{22}X_2+\Delta_{2P}=0\\ \delta_{33}X_3+\Delta_{3P}=0\end{aligned}\right\} \tag{3.2-49}$$

这种利用附加刚臂使力法方程中所有副系数为 0，避免解联立方程组的简化计算方法就称为弹性中心法。

在用式（3.2-49）求解三个多余未知力时，对于主系数 δ_{11}、δ_{22}、δ_{33} 和自由项 Δ_{1P}、

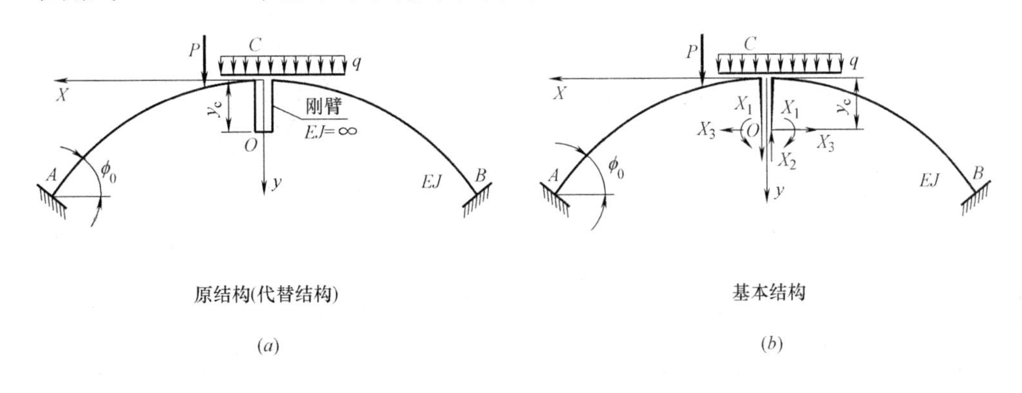

图 3-64 带附加刚臂基本结构图

Δ_{2P}、Δ_{3P}的计算，还可以做以下简化。

（1）自由项 Δ_{1P}、Δ_{2P}、Δ_{3P}一般都只计算弯矩对位移的影响。

（2）δ_{11}只有弯矩一项的影响，因为$\overline{M}_1=1$、$\overline{Q}_1=0$、$\overline{N}_1=0$，δ_{22}一般也只考虑弯矩一项的影响。

（3）对于高跨比 $f/l<1/5$ 的坦拱、厚度比 $h/l>1/30$ 的厚拱，在计算 δ_{33}时应考虑弯矩和轴力两项的影响。对于高、薄拱，δ_{33}只计入弯矩一项影响、Δ_{3P}要计入弯矩和轴力对位移的影响。

（4）当拱轴线接近压力线时，拱内弯矩甚小，拱基本上只受轴向压力，这时 Δ_{2P}、δ_{33}中不能忽略轴力的影响。

经过上述简化后，以通常情况下，系数 δ_{kk}和 Δ_{kp}可以按照下列公式计算：

$$\left.\begin{aligned}
\delta_{11}&=\int_s \overline{M}_1^2\frac{ds}{EJ}=\int_s\frac{ds}{EJ}\\
\delta_{22}&=\int_s \overline{M}_2^2\frac{ds}{EJ}=\int_s x^2\frac{ds}{EJ}\\
\delta_{33}&=\int_s \overline{M}_3^2\frac{ds}{EJ}+\int \overline{N}_3^2\frac{ds}{EA}=-\int_s (y-y_c)^2\frac{ds}{EJ}+\int_s\frac{\cos^2\varphi ds}{EA}\\
\Delta_{1P}&=\int_s \overline{M}_1 M_P\frac{ds}{EJ}=\int_s M_P\frac{ds}{EJ}\\
\Delta_{2P}&=\int_s \overline{M}_2 M_P\frac{ds}{EJ}=-\int_s xM_P\frac{ds}{EJ}\\
\Delta_{3P}&=\int_s \overline{M}_3 M_P\frac{ds}{EJ}+\int \overline{N}_3 N_P\frac{ds}{EA}=\int_s (y-y_c)M_P\frac{ds}{EJ}+\int_s\frac{\cos^2\varphi N_P ds}{EA}
\end{aligned}\right\}\quad(3.2\text{-}50)$$

据此，无铰拱在荷载作用下，位于弹性中心的三个多余未知力［见图 3-64（b）］可写为：

$$\left.\begin{aligned}
X_1&=-\frac{\Delta_{1P}}{\delta_{11}}=\frac{\int_s M_P\frac{ds}{EJ}}{\int_s\frac{ds}{EJ}}\\
X_2&=-\frac{\Delta_{2P}}{\delta_{22}}=\frac{\int_s xM_P\frac{ds}{EJ}}{\int_s x^2\frac{ds}{EJ}}\\
X_3&=-\frac{\Delta_{3P}}{\delta_{22}}=\frac{\int_s (y-y_c)M_P\frac{ds}{EJ}+\int_s\frac{\cos^2\varphi N_P ds}{EA}}{\int_s (y-y_c)^2\frac{ds}{EJ}+\int_s\frac{\cos^2\varphi ds}{EA}}
\end{aligned}\right\}\quad(3.2\text{-}51)$$

多余未知力求出后，拱上任意截面的内力可用叠加法求出：

$$\left.\begin{aligned}
M&=X_1\overline{M}_1+X_2\overline{M}_2++X_3\overline{M}_3+M_P=X_1-X_2x+X_3(y-y_c)+M_P\\
Q&=X_1\overline{Q}_1+X_2\overline{Q}_2+X_3\overline{Q}_3+Q_P=X_2\cos\varphi-X_3\sin\varphi+Q_P\\
N&=X_1\overline{N}_1+X_2\overline{N}_2+X_3\overline{N}_3+N_P=-X_2\sin\varphi-X_3\cos\varphi+N_P
\end{aligned}\right\}\quad(3.2\text{-}52)$$

弹性中心法对涵管、刚架等对称三次超静定封闭结构都是适用的。

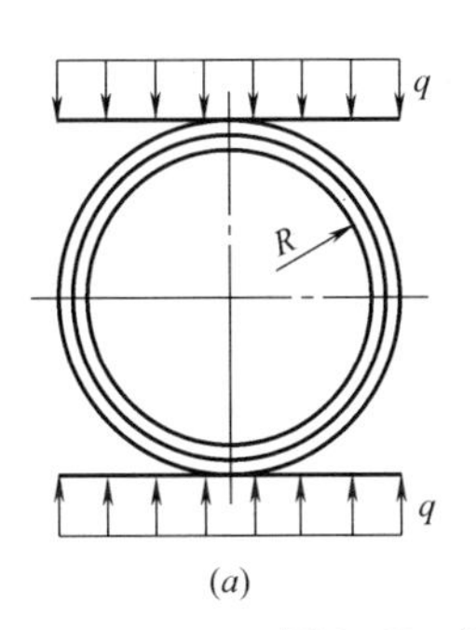

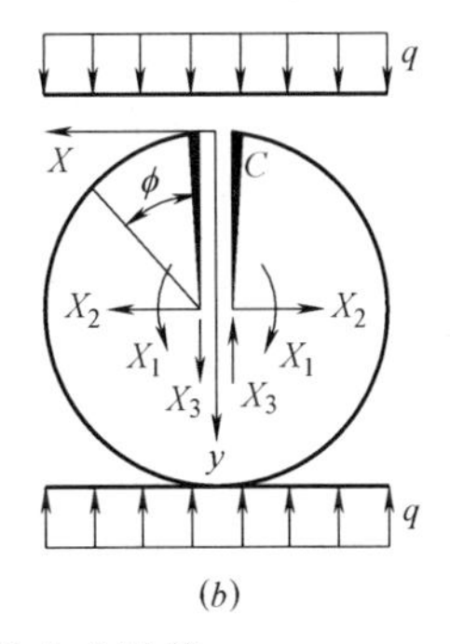

图 3-65 圆管结构内力计算

【例题 3.8】 求等厚圆管在竖向均布荷载作用下的内力

解： 利用结构与荷载的对称性，选用弹性中心法，取基本结构如图 3-65（*a*）所示。

由于圆管等厚，弹性中心就是圆管的圆心，以拱顶 C 为坐标原点，竖向对称轴为 y 轴，建立坐标系，如图 3-65（*b*）所示。

由于荷载与结构对称，反对称未知力 $X_2=0$，只有两个正对称未知内力 X_1、X_3，其力法方程为：

$$\left.\begin{array}{l}\delta_{11}X_1+\Delta_{1P}=0\\ \delta_{33}X_3+\Delta_{3P}=0\end{array}\right\} \tag{3.2-53}$$

在计算 δ_{11}、Δ_{1P}、δ_{33}、Δ_{3P}时，只有弯矩一项。为此，写出$\overline{M}_1$、$\overline{M}_3$、M_P 的方程并画出单位弯矩图［见图 3-66（*a*）、（*b*）、（*c*）］。

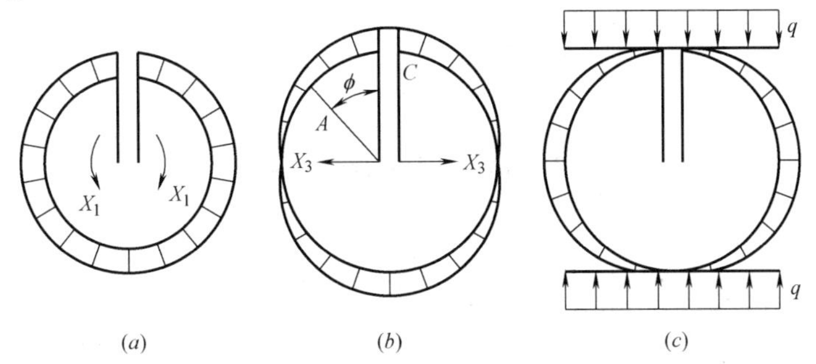

图 3-66 基本结构弯矩图

（*a*）$\overline{M}_1$ 图；（*b*）$\overline{M}_3$ 图；（*c*）M_P 图

$$\overline{M}_1=1$$

$$\overline{M}_3=-r\cos\varphi \quad (0\leqslant\varphi\leqslant2\pi) \tag{3.2-54}$$

$$M_P=-\frac{q}{2}x^2=-\frac{q}{2}(r\sin\varphi)^2 \quad (0\leqslant\varphi\leqslant2\pi) \tag{3.2-55}$$

$$\delta_{11}=\int_s\overline{M}_1^2\frac{ds}{EJ}=\int_0^{2\pi}\frac{rd\varphi}{EJ}=\frac{2\pi r}{EJ} \tag{3.2-56}$$

$$\delta_{33}=\int_s\overline{M}_3^2\frac{ds}{EJ}=\frac{1}{EJ}\int_0^{2\pi}r^2\cos^2\varphi r\,d\varphi=\frac{\pi r^3}{EJ} \tag{3.2-57}$$

$$\Delta_{1P}=\int_s\overline{M}_1M_P\frac{ds}{EJ}=\frac{-1}{EJ}\int_0^{2\pi}\frac{q}{2}r^2\sin^2\varphi r d\varphi=\frac{-\pi r^3}{2EJ}q \tag{3.2-58}$$

$$\Delta_{3P}=\int_{s}\overline{M}_{3}M_{P}\frac{ds}{EJ}=\frac{-1}{EJ}\int_{0}^{2\pi}\frac{q}{2}r^{3}\cos\varphi\sin^{2}\varphi d\varphi=\frac{-r^{3}}{6EJ}[\sin^{3}\varphi]_{0}^{2\pi}q=0 \tag{3.2-59}$$

计算 X_1、X_3：

$$X_{1}=\frac{-\Delta_{1P}}{\delta_{11}}=\frac{\frac{-\pi r^{3}}{2EJ}q}{\frac{2\pi r}{EJ}}=\frac{qr^{2}}{4} \tag{3.2-60}$$

$$X_{3}=\frac{-\Delta_{3P}}{\delta_{33}}=0 \tag{3.2-61}$$

内力方程：

$$M=-M_{P}+X_{1}=-\frac{q}{2}r^{2}\sin^{2}\varphi+\frac{q}{4}r^{2} \tag{3.2-62}$$

$$N=N_{P}=-qr\sin^{2}\varphi \quad（受压） \tag{3.2-63}$$

根据以上计算，画出等厚圆管的弯矩图和轴力图，见图 3-67（*a*）、（*b*）。

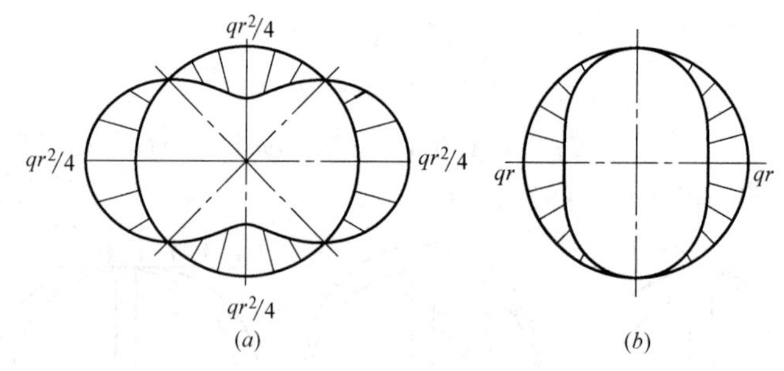

图 3-67　等厚圆管内力图

（*a*）M 图；（*b*）N 图

3.2.3　总和法计算曲线形超静定结构（拱形涵管）内力

3.2.3.1　总和法概念

总和法就是定积分的近似计算法。如果用定积分求图形面积，若被积函数变化规律较复杂积分有困难时，求面积就可以用数值积分法。先将所求面积分成许多小块，算出每个小块面积的近似值加起来，就得到总面积的近似值，即 $S=\sum_{i=1}^{n}\Delta S_i=\sum_{i=1}^{n}\Delta x_i\times y_i$，因此数值积分就是以求和代替积分，也称为总和法。

定积分的几何意义就是求图形的面积。对于较复杂的积分，就可以通过转化为求平面图形的近似面积来解决，这就是总和法的本质所在。

3.2.3.2　用总和法计算力法方程中的系数和自由项

用弹性中心法计算无铰拱时，需要用积分的方法求出弹性中心的坐标和力法方程中的系数与自由项。当无铰拱的轴线方程较为复杂、荷载布置较复杂、截面变化规律也较复杂时，力法方程系数和自由项的积分就很困难，有的甚至不能求出，遇到这种情况时，就采用总和法，求出积分的近似值。

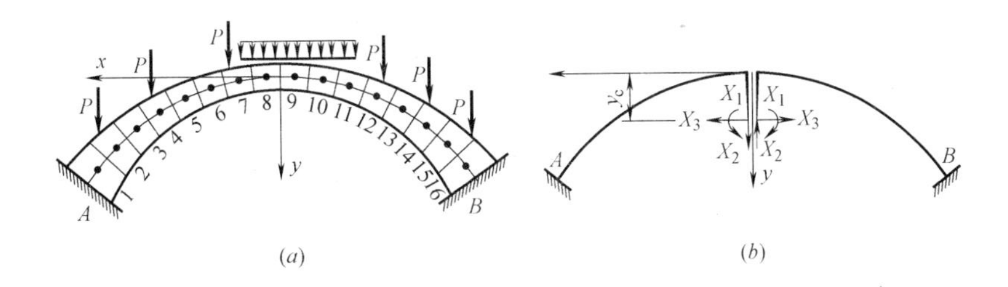

图 3-68　总和法计算无铰拱分段图

用总和法计算无铰拱（图 3-68）时，首先将拱结构沿轴线等分为若干段，分段的数目越多，计算的结果越精确，但计算的工作量增大，通常分为 8～16 段即可满足要求。其次确定被积函数在每一分段中点的有关数据（如该点坐标 x、y，该截面的 φ、A、J，该截面所受内力 $\overline{M}_1$、$\overline{M}_2$、$\overline{M}_3$ 及 $\overline{N}_1$、$\overline{N}_1$、$\overline{N}_1$、M_P、Q_P、N_P 等），分段的长度 Δs，这些数据可由公式求出，或从计算机图形中量出。按总和法法算时，可将弹性中心法公式（3.2-48）、（3.2-50）、（3.2-51）转化为如下形式：

结构弹性中心坐标：

$$y_c = \frac{\sum_1^n y \frac{\Delta s}{J}}{\sum_1^n \frac{\Delta s}{J}} \tag{3.2-64}$$

力法方程中的系数和自由项：

$$\left.\begin{aligned}
\delta_{11} &= \int_s \overline{M}_1^2 \frac{ds}{EJ} = \int_s \frac{ds}{EJ} = \frac{1}{E}\sum_1^n \frac{\Delta s}{J} \\
\delta_{22} &= \int_s \overline{M}_2^2 \frac{ds}{EJ} = \int_s x^2 \frac{ds}{EJ} = \frac{1}{E}\sum_1^n x_2 \frac{\Delta s}{J} \\
\delta_{33} &= \int_s \overline{M}_3^2 \frac{ds}{EJ} + \int_s \overline{N}_3^2 \frac{ds}{EJ} = \int_s (y-y_c)^2 \frac{ds}{EJ} + \int_s \frac{\cos^2\varphi ds}{EA} \\
&= \frac{1}{E}\sum_1^n (y-y_c)^2 \frac{\Delta s}{J} + \frac{1}{E}\sum_1^n \frac{\cos^2\varphi\Delta s}{A} \\
\Delta_{1P} &= \int_s \overline{M}_1 M_P \frac{ds}{EJ} = \int_s M_P \frac{ds}{EJ} = \frac{1}{E}\sum_1^n M_P \frac{\Delta s}{J} \\
\Delta_{2P} &= \int_s \overline{M}_2 M_P \frac{ds}{EJ} = \int_s x M_P \frac{ds}{EJ} = \frac{1}{E}\sum_1^n x M_P \frac{\Delta s}{J} \\
\Delta_{3P} &= \int_s \overline{M}_3 M_P \frac{dS}{EJ} = \int_s \overline{N}_3 N_P \frac{ds}{EA} = \int_s (y-y_c) M_P \frac{ds}{EJ} + \int_s \frac{\cos^2\varphi N_P ds}{EA} \\
&= \frac{1}{E}\sum_1^n (y-y_c) M_P \frac{\Delta s}{J} + \frac{1}{E}\sum_1^n \frac{\cos^2\varphi N_p \Delta s}{A}
\end{aligned}\right\} \tag{3.2-65}$$

（δ_{33}、Δ_{33}须同时计算弯矩和轴力对位移的影响）

弹性中心处的未知内力计算公式为：

$$
\left.
\begin{aligned}
X_1 &= -\frac{\Delta_{1P}}{\delta_{11}} = \frac{\int_s M_P \frac{ds}{EJ}}{\int_s \frac{ds}{EJ}} = \frac{\sum_1^n M_P \frac{\Delta s}{J}}{\sum_1^n \frac{\Delta s}{J}} \\
X_2 &= -\frac{\Delta_{2P}}{\delta_{22}} = \frac{\int_s M_P \frac{ds}{EJ}}{\int_s x^2 \frac{ds}{EJ}} = \frac{\sum_1^n x M_P \frac{\Delta s}{J}}{\sum_1^n x^2 \frac{\Delta s}{J}} \\
X_3 &= -\frac{\Delta_{3P}}{\delta_{22}} = \frac{\int_s (y-y_c) M_P \frac{ds}{EJ} + \int_s \frac{\cos^2\varphi N_p ds}{EA}}{\int_s (y-y_c)^2 \frac{ds}{EJ} + \int_s \frac{\cos^2\varphi ds}{EA}} \\
&= \frac{\sum_1^n (y-y_c) M_P \frac{\Delta s}{J} + \sum_1^n \frac{\cos^2\varphi N_P \Delta s}{A}}{\sum_1^n (y-y_c)^2 \frac{\Delta s}{J} + \sum_1^n \frac{\cos^2\varphi \Delta s}{A}}
\end{aligned}
\right\}
\tag{3.2-66}
$$

3.2.3.3　【附录 2-B】摩尔$\int_0^l M_i M_P dx$积分表

M_1 / M_P	M_1, l	M_1, M_2, l	M_1, c, d, l
M_3, l	$\frac{l}{2}M_iM_3$	$\frac{l}{2}(M_i+M_2)M_3$	$\frac{l}{2}M_iM_3$
M_3, l	$\frac{l}{3}M_iM_3$	$\frac{l}{6}(M_i+2M_2)M_3$	$\frac{l}{6}\left(1+\frac{a}{l}\right)M_iM_3$
M_3, l	$\frac{l}{6}M_iM_3$	$\frac{l}{6}(2M_i+M_2)M_3$	$\frac{l}{6}\left(1+\frac{b}{l}\right)M_iM_3$
M_3, M_1, l	$\frac{l}{6}M_i(M_3+2M_1)$	$\frac{l}{6}M_i(2M_3+M_1)+$ $\frac{1}{6}M_2(2M_1+M_3)$	$\frac{l}{6}\left(1+\frac{b}{l}\right)M_iM_3+$ $+\frac{1}{6}\left(1+\frac{a}{l}\right)M_iM_1$
M_3, c, d, l	$\frac{l}{6}\left(1+\frac{c}{l}\right)M_iM_3$	$\frac{l}{6}\left(1+\frac{d}{l}\right)M_1M_3+$ $+\frac{1}{6}\left(1+\frac{c}{l}\right)M_2M_3$	$c\leqslant a$: $\frac{1}{6}M_iM_3-$ $-\frac{l(a-c)^2}{6ad}M_iM_3$

续表

M_1 \ M_P	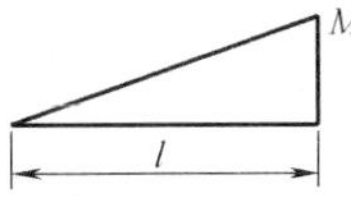 M_1；l	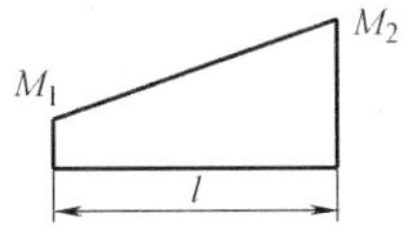 M_1；M_2；l	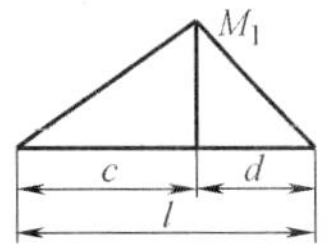 M_1；c；d；l
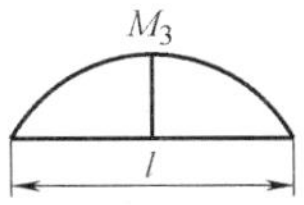 M_3；l	$\frac{l}{3}M_iM_3$	$\frac{l}{3}(M_i+M_2)M_3$	$\frac{l}{3}\left(1+\frac{ab}{l^2}\right)M_iM_3$
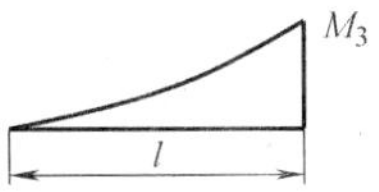 M_3；l	$\frac{l}{4}M_iM_3$	$\frac{l}{12}(M_i+3M_2)M_2$	$\frac{l}{12}\left(1+\frac{a}{l}+\frac{a^2}{l^2}\right)M_iM_3$

3.3 混凝土涵管配筋计算

混凝土排水管在不同工况条件下，其截面内产生不同状态的内力，主要呈现为：受弯构件、弯压构件、弯拉构件。不同状态的内力，计算截面配筋量的计算公式是不同的，配筋设计中应按内力状态选择相应的方法进行计算。

如：圆形混凝土排水管的内力受力点位置见图 3-69。在素土平基上敷设管道条件下，各作用点可能呈现的内力状态如表 3-9 所示。

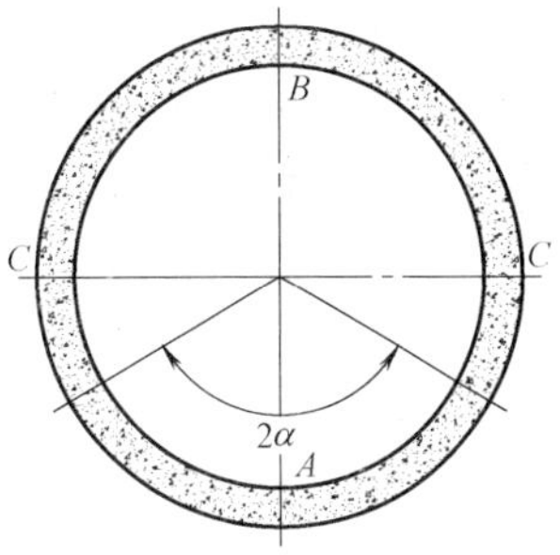

B
C
C
2α
A

图 3-69 受力点示意图

3.3.1 受弯构件配筋计算公式

3.3.1.1 公式来源

普通混凝土管在组合荷载作用下，上顶和下底部位截面内轴向力较小、可忽略不计，主要是弯矩作用，配筋可按正截面受弯构件计算。

各荷载作用下管道截面内力状态　　表 3-9

受力点位置	A 点	B 点	C 点		
内力状态	受弯构件	受弯构件	大偏心受压构件	大偏心受拉构件	小偏心受拉构件

国家标准《混凝土结构设计规范》GB 50010—2010 规定，矩形截面非预应力受弯构件正截面受弯承载力（见图 3-70）应符合下列规定：

$$M \leqslant \alpha_1 f_c bx\left(h_0-\frac{x}{2}\right)+f'_y A_s(h_0-a'_s) \tag{3.3-1}$$

混凝土受压区高度按下列公式确定：

$$\alpha_1 f_c bx = f_y A_s - f'_y A'_s \tag{3.3-2}$$

混凝土受压区高度尚应符合下列规定：

$$x \leqslant \xi_b h_0 \tag{3.3-3}$$

$$x > 2a' \tag{3.3-4}$$

条件 $x \leqslant \xi_b h_0$，是为了防止因受拉钢筋配置过多，导致在受拉钢筋未屈服前受压混凝土已被压坏的“超筋破坏”。设计中具有脆性性质的超筋破坏是不允许发生的。验算时以公式（3.3-2）计算 x，式中可仅取受弯承载力的受拉纵筋截面面积 A_s。

条件 $x > 2a'$，是为了保证受压钢筋 A'_s 在破坏时能有足够的应变，使其应力能达到抗压强度设计值。也就是说，当设计中考虑受压钢筋 A'_s 的作用时，受压钢筋的位置不得低于混凝土压应力合力点的作用点。

当 $x < 2a'$ 时，表明配置的受压钢筋 A'_s 应力达不到 f'_y。如果设计中不考虑受压钢筋 A'_s 的作用，则 $x > 2a'$ 的条件就不需考虑。

式中　M——弯矩设计值，是由永久荷载设计值及可变荷载设计值求得的弯矩值后再乘以重要性系数 γ_0 后的值；

α_1——系数，矩形受压区应力取为混凝土轴心抗压强度设计值时乘以系数 α_1，按表1.1采用；

x——混凝土受压区高度；

f_c——混凝土轴心抗压强度设计值；

f_y、f'_y——钢筋抗拉强度设计值、钢筋抗压强度设计值；

A_s、A'_s——受拉区、受压区纵向钢筋的截面面积；

b——截面宽度；

h_0——截面有效高度；

ξ_b——相对界限受压区高度；

a'_s——受压区普通钢筋合力点至截面受压边缘的距离；

a'——受压区全部钢筋合力点至截面受压边缘的距离，当受压区未配置预应力钢筋时，a' 用 a'_s 代替。

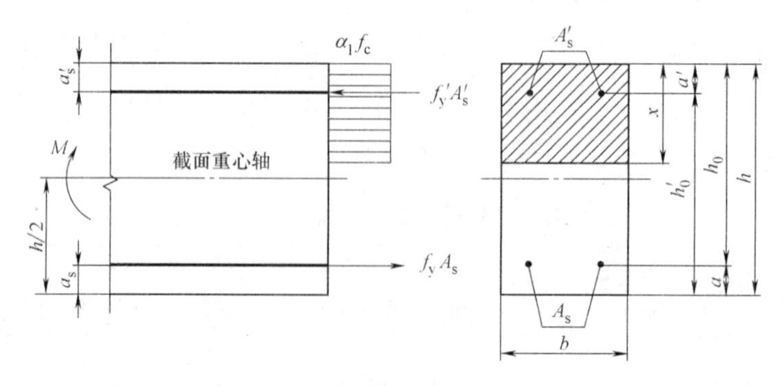

图 3-70　矩形截面受弯内力分析图

当计算中计入纵向受压钢筋时，应符合公式（3.3-4）$x > 2a'$ 的条件；当不满足此条件时，正截面受弯承载力可按下式计算：

$$M \leqslant f_y A_s (h_0 - a_s - a'_s) \tag{3.3-5}$$

当不满足 $x > 2a'$ 的条件时，混凝土受压区高度 x 的计算公式，可仅计入受弯承载力条件所需的纵向受拉钢筋截面面积。即：

$$\alpha_1 f_c bx = f_y A_s \tag{3.3-6}$$

$$x = \frac{A_s f_y}{\alpha_1 f_c b} \tag{3.3-7}$$

式中　a_s——受拉区纵向钢筋合力点至受拉边缘的距离。

公式中，$\alpha_1 f_c$ 是受压区等效矩形的应力值，对混凝土强度等级为 C50 及 C50 以下时，α_1 取为 1.0；当混凝土强度等级为 C80 时，α_1 取为 0.94；对 C50～C80 的混凝土，在 1.0～0.94之间变化，按线性内插法确定或从表 3-10 中选取。

混凝土强度等级及设计系数　　　　**表 3-10**

混凝土强度等级	≤C50	C55	C60	C65	C70	C75	C80
α_1	1.00	0.99	0.98	0.97	0.96	0.95	0.94

3.3.1.2　配筋公式

经大量混凝土涵管的配筋设计计算中可得，混凝土圆管的上顶和下底在各种工况条件作用下，截面内的受压区高 x 均小于二倍的受压钢筋混凝土保护层厚度、$x<2a'$，因而正截面受弯承载力计算公式为：

$$M \leqslant \alpha_1 f_c bx\left(h_0 - \frac{x}{2}\right) \tag{3.3-8}$$

公式（3.3-7）代入（3.3-8），化简分解，得配筋面积计算公式：

$$M \leqslant \alpha_1 f_c bx\left(h_0 - \frac{x}{2}\right)$$

$$= \alpha_1 f_c b \frac{A_s f_y}{\alpha_1 f_c b}\left(h_0 - \frac{\frac{A_s f_y}{\alpha_1 f_c b}}{2}\right)$$

$$= A_s f_y h_0 - \frac{A_s^2 f_y{}^2}{2\alpha_1 f_c b}$$

$$\frac{A_s^2 f_y^2}{2\alpha_1 f_c b} - A_s f_y h_0 + M = 0$$

$$A_s^2 - \frac{2\alpha_1 f_c b A_s h_0}{f_y} + \frac{2\alpha_1 f_c bM}{f_y^2} = 0$$

$$A_s = \frac{\frac{2\alpha_1 f_c bh_0}{f_y} - \sqrt{\left(\frac{2\alpha_1 f_c bh_0}{f_y}\right)^2 - \frac{8\alpha_1 f_c bM}{f_y^2}}}{2}$$

$$= \frac{2\alpha_1 f_c bh_0 - \sqrt{(2\alpha_1 f_c b)^2 - 8M\alpha_1 f_c b}}{2f_y}$$

$$= \frac{\alpha_1 f_c bh_0 - \sqrt{(\alpha_1 f_c b)^2 - 2M\alpha_1 f_c b}}{f_y}$$

受弯构件配筋面积计算公式：

$$A_s = \frac{\alpha_1 f_c bh_0 - \sqrt{(\alpha_1 f_c b)^2 - 2M\alpha_1 f_c b}}{f_y} \tag{3.3-9}$$

【例题 3.9】 混凝土管管顶 B 点内壁配筋计算

（1）计算条件：

内径：$D_0=2400\text{mm}$；

管壁厚度：$h=240\text{mm}$；

管体混凝土强度等级 C40：轴心抗压设计强度 $f_c=19.1\text{MPa}$；

抗裂设计强度 $f_k=2.39\text{MPa}$；

钢筋强度设计值：$f_y=360\text{MPa}$；

管顶作用弯矩：$M_n=127.4763\text{kN}\cdot\text{m/m}$；

受压区、受拉区钢筋保护层厚度：$a_s=a_s'=20\text{mm}$；

预设钢筋直径：$d=9\text{mm}$。

(2) **解：** 混凝土管管顶位置为受弯构件作用状态，应用公式（3.3-9）计算配筋。

$$A_s=\frac{\alpha_1 f_c bh_0-\sqrt{(\alpha_1 f_c b)^2-2M\alpha_1 f_c b}}{f_y}$$

$$=\frac{1\times19.1\times1000\times(240-24.5)-\sqrt{(1\times19.1\times1000\times(240-24.5))^2-2\times127.4763\times10^6\times1\times19.1\times1000}}{360}$$

$$=1782.0347\text{mm}^2/\text{m}$$

混凝土管内壁配筋面积：$A_s=1782\text{mm}^2$。

受压区高度验算：

$$x=\frac{A_s f_y}{\alpha_1 f_c b}$$

$$=\frac{1782.0347\times360}{1\times19.1\times1000}$$

$$=33.58\text{mm}<2a_s'=2\times(20+9/2)=50\text{mm}$$

受压区高度小于 2 倍受压区钢筋合力点距受压边缘的距离，选用公式符合国家标准《混凝土结构设计规范》GB 50010—2010 的规定条件。

3.3.2　大偏心受压构件配筋计算公式

如图 3-71 所示，截面内轴向压力 N 偏离构件轴线或截面中同时作用有轴心压力 N 和弯矩 M，则构件即为偏心受压构件。

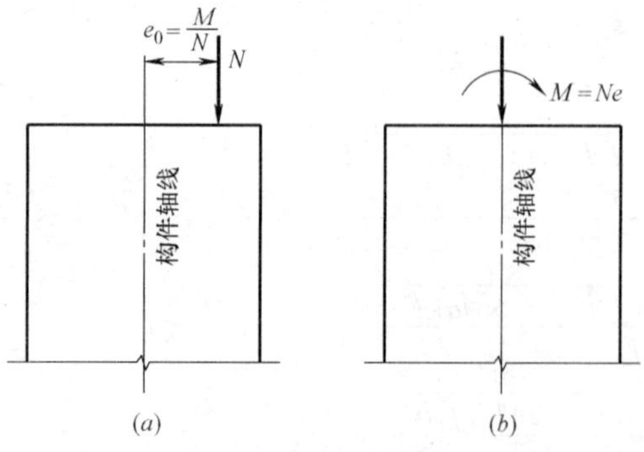

图 3-71　偏心受压构件截面荷载作用示意图

(*a*) 轴向压力偏离构件轴线；

(*b*) 同时作用有轴向压力和弯矩

当轴向力作用点在受压筋和受拉筋间距之内，偏心距较小，为小偏心受压构件［图 3-72 (*a*)］；当轴向力作用点在受压筋和受拉筋间距之外，偏心距较大，为大偏心受压构件［图 3-72 (*b*)］。

普通混凝土管在某些组合荷载作用下，两侧部位截面内受到弯矩和轴向压力作用，从大量混凝土圆管的配筋设计计算中可得，混凝土涵管两侧的受力状态为大偏心受压构件。应按大偏心受压构件公式计算截面配筋面积。

大偏心受压构件破坏特征是首先在受拉区混凝土中出现垂直于构件轴线的裂缝，随着裂缝开展，向截面内发展，受压区高度逐渐减小，当荷载达到一定程度时，受拉钢筋首先达到屈服极限，在荷载不增加的情况下，钢

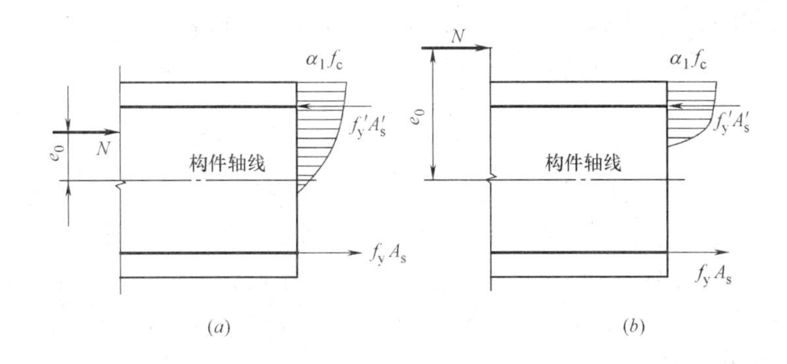

图 3-72　大、小偏心受压内力作用情况

(a) 小偏心受压；(b) 大偏心受压

筋产生塑性伸长，受压区面进一步缩小。最后，受压钢筋的应力达到屈服极限，受压区混凝土也达到极限压应变而被压碎，从而导致构件破坏。

3.3.2.1　公式来源

国家标准《混凝土结构设计规范》GB 50010—2010 规定，矩形截面非预应力构件正截面受压承载力应符合下列规定：

$$N \leqslant \alpha_1 f_c bx + f'_y A'_s - \sigma_s A_s \tag{3.3-10}$$

$$Ne \leqslant \alpha_1 f_c bx\left(h_0 - \frac{x}{2}\right) + f'_y A'_s (h_0 - a'_s) \tag{3.3-11}$$

$$e = \eta e_i - \frac{h}{2} + a \tag{3.3-12}$$

$$e_i = e_0 + e_a \tag{3.3-13}$$

式中　e——轴向压力作用点至受拉钢筋合力点的距离；

η——偏心受压构件考虑二阶弯矩影响的轴向压力偏心距增大系数；

σ_s——受压区普通钢筋的应力，在大偏心构件中，取 $\sigma_s = f_y$；

e_i——初始偏心距；

a——纵向受拉钢筋合力点至截面近边缘的距离；

e_0——轴向压力对截面重心的偏心距；

e_a——附加偏心距，取 20mm 和偏心方向截面最大尺寸的 1/30 两者中的较大值，混凝土涵管结构计算中，$h/30$ 大都小于 20mm，因而取 $e_a = 20$mm。

计算中计入受压钢筋时，受压区高度应满足公式（3.3-4）$x > 2a'$ 的条件；当不满足

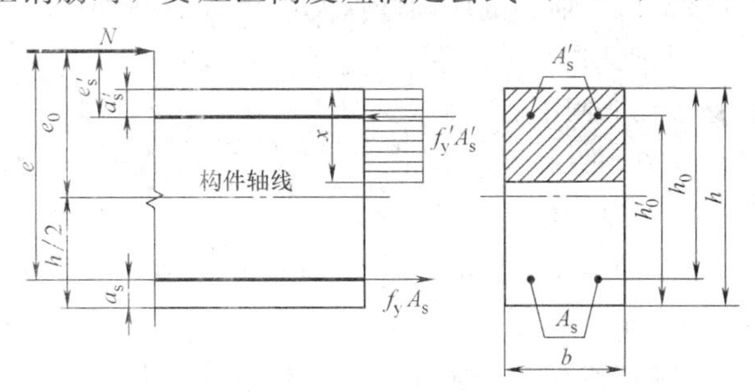

图 3-73　矩形截面大偏心受压内力分析图

此条件时，其正截面受压承载力可按公式（3.3-7）计算，此时，应将公式（3.3-5）中的 M 以 Ne' 代替。计算中应计入偏心距增大系数，初始偏心距应按公式（3.3-13）确定，即：

$$Ne'_s \leqslant f_y A_s (h_0 - a_s - a'_s) \tag{3-3-14}$$

式中　e'_s——轴向压力作用点至受压区钢筋合力点的距离。

若 $x < 2a'$ 时，则在受压区混凝土破坏时，受压钢筋将达不到屈服强度极限。这时可近似取 $x = 2a'$，即令受压区混凝土的合力作用点与受压钢筋合力作用点相重合，然后对此合力作用点取矩，即可写出大偏心受压构件正截面承载力的计算公式。

3.3.2.2　配筋公式

从大量混凝土圆管的配筋设计计算中可得，混凝土涵管的两侧截面在某些工况条件作用下，轴向压力作用点在受压钢筋合力作用点和受拉钢筋合力作用点之外，截面内的受压区高度均小于2倍的受压钢筋混凝土保护层厚度、$x < 2a'$，因而其正截面大偏心受压承载力计算公式为：

$$Ne'_s \leqslant f_y A_s (h_0 - a_s - a'_s)$$

公式转化为配筋计算公式：

$$Ne'_s \leqslant f_y A_s (h_0 - a_s - a'_s)$$

$$\frac{Ne'_s}{f_y\ (h_0 - a_s - a'_s)} \leqslant A_s$$

大偏心受压构件配筋面积计算公式：

$$A_s = \frac{Ne'_s}{f_y (h_0 - a_s - a'_s)} \tag{3.3-15}$$

某些钢筋混凝土结构书籍中的公式为：

$$A_s = \frac{Ne'_s}{f_y (h_0 - a'_s)} \tag{3.3-16}$$

式中　h_0——受压钢筋合力点至截面远点的距离。

大偏心受压截面配筋计算公式（3.3-16）与配筋计算公式（3.3-15）比较，配筋略少，一般在圆形混凝土管中计算两侧受力点 C 的外层配筋时，建议采用（3.3-16）公式。

【例题 3.10】　混凝土管外层配筋计算

（1）计算条件：

内径：$D_0 = 2400$mm；

管壁厚度：$h = 240$mm；

管体混凝土强度等级 C40：轴心抗压设计强度 $f_c = 19.1$MPa；

抗裂设计强度：$f_k = 2.39$MPa；

钢筋强度设计值：$f_y = 360$MPa；

管侧作用弯矩：$M = 108.9515$kN·m/m；

截面内轴向压力：$N = 357.9109$kN/m；

受压区、受拉区钢筋保护层厚度：$a_s = a'_s = 20$mm；

预设钢筋直径：$d = 9$mm。

（2）**解：**混凝土管管侧 C 点位置为大偏心受压构件作用状态，应用公式（3.3-16）计算配筋。

$$e'_s=\frac{M}{N}+e_a-\frac{h}{2}+a'_s$$

$$=\frac{108.9515\times1000}{357.9109}+20-\frac{240}{2}+\left(20+\frac{9}{2}\right)$$

$$=228.9096\text{mm}$$

$$A'_s=\frac{Ne'_s}{f'_y(h'_0-a'_s)}$$

$$=\frac{357.9109\times1000\times228.9096}{360\times(240-24.5-24.5)}$$

$$=1191.5247\text{mm}^2/\text{m}$$

混凝土管外壁配筋面积：$A'_s=1192\text{mm}^2$。

注：在混凝土管配筋计算中，外层钢筋符号为 A'_s，因而大偏心受压构件配筋计算公式（3.3-16）用以计算混凝土管外层配筋时，公式中符号替换为混凝土管结构计算中习惯的符号。

大、小偏心受压状态验算

$$e_0=\frac{M}{N}=\frac{108.9515}{357.9109}\times1000=304.4096\text{mm}>\frac{h}{2}-a'_s=\frac{240}{2}-24.5=95.5\text{mm}$$

上式验算可得，混凝土管两侧 C 点内力状态为大偏心受压构件。

受压区高度验算：

$$x=\frac{A_sf_y}{\alpha_1f_cb}$$

$$=\frac{1191.5245\times360}{1\times19.1\times1000}$$

$$=22.46\text{mm}<2a'_s=2\times(20+9/2)=50\text{mm}$$

受压区高度小于 2 倍受压区钢筋合力点距受压边缘的距离，选用公式符合国家标准《混凝土结构设计规范》GB 50010—2010 的规定条件。

3.3.3　大、小偏心受拉构件配筋计算公式

偏心受拉构件根据轴向拉力 N 的偏心距 e 的大小，有大、小偏心受拉两种状态。混凝土管在有内水压力作用时，截面内的内力会出现偏心受拉状态，内水工作压力较大，截面可能是小偏心受拉状态，内水工作压力较小，截面可能是大偏心受拉状态，同时也与其他工况条件相关。

3.3.3.1　小偏心受拉构件配筋计算公式

1. 公式来源

小偏心受拉构件临破坏前，截面已全部裂通，拉力全部由钢筋承担。破坏时，钢筋 A_s 和钢筋 A'_s 的应力与轴向拉力作用点位置及两侧配置的钢筋面积的比值有关。因而，设计时应使两侧钢筋均达到其相应的抗拉强度设计值 f_y，因此国家标准《混凝土结构设计规范》GB 50010—2010 规定，当轴向拉力作用在钢筋受拉钢筋合力点和受压钢筋合力点之间时（图 3-74），截面承载力计算公式为：

$$Ne\leqslant f'_yA'_s(h_0-a'_s)\tag{3.3-17}$$

$$Ne'\leqslant f_yA_s(h'_0-a_s)\tag{3.3-18}$$

应注意，在管子轴心受拉或小偏心受拉时，钢筋抗拉设计强度值 f_y 大于 300N/mm^2

时，仍应按 300N/mm² 取用，这是因为轴心或小偏心受拉构件一旦开裂，构件将全部裂通，若采用强度过高的钢筋，将使裂缝宽度无法控制。

2. 配筋公式

$$Ne' \leqslant f_y A_s (h_0' - a_s)$$

$$\frac{Ne'}{f_y\ (h_0' - a_s)} \leqslant A_s$$

小偏心受拉构件配筋面积计算公式：

$$A_s = \frac{Ne'}{f_y (h_0' - a_s)} \tag{3.3-19}$$

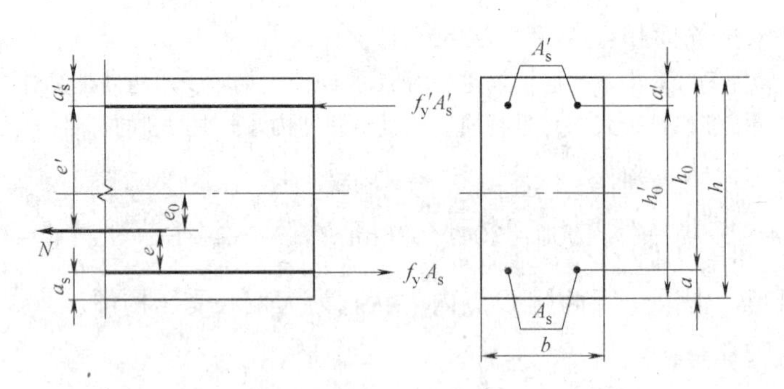

图 3-74　矩形截面小偏心受拉构件正截面内力分析图

【例题 3.11】 混凝土管小偏心受拉截面配筋计算

（1）计算条件：顶进法施工

内径：D_0＝3500mm；

管壁厚度：h＝320mm；

管体混凝土强度等级 C50：轴心抗压设计强度 f_c＝23.1MPa；

抗裂设计强度 f_k＝2.64MPa；

钢筋强度设计值：f_y＝300MPa；

管顶土层厚度：Z_s＝14m

最高地下水位至地面深度：H_{min}＝0.5m；

最低地下水位至地面深度：H_{max}＝2.5m；

管内工作水压标准值：F_{wk}＝0.15MPa

管内工作水压设计值：$F_{wd,k}$＝0.225MPa

受压区、受拉区钢筋保护层厚度：$a_s = a_s'$＝20mm；

预设钢筋直径：d＝12mm。

（2）**解**：按工况条件进行内力计算，得受力点 C 的作用弯矩值及截面内轴向压力分别等于：

受力点 C 截面内作用弯矩：M＝－36.0363kN・m；

受力点 C 截面内轴向压力：N＝－445.8381kN。

注：弯矩为负表示截面外侧受拉；轴向作用力为负，表示截面受轴向拉力。

确定截面受力状态：

$$e_0=\frac{M}{N}=\frac{36.0363}{445.8381}\times1000=80.8282\text{mm}<\frac{h}{2}-a'_s=\frac{320}{2}-26=134\text{mm}$$

轴向拉力点在受压钢筋合力点与受拉钢筋合力点之内，混凝土管管侧位置 C 点为小偏心受拉构件作用状态，因此应用公式（3.3-19）计算配筋。

$$e'=\frac{h}{2}+e_0-a_s$$

$$=\frac{320}{2}+80.8282-(20+12/2)$$

$$=214.8282\text{mm}$$

$$A_s=\frac{Ne'}{f_y(h'_0-a_s)}$$

$$=\frac{445.8381\times1000\times214.8282}{300\times(320-26-26)}$$

$$=1191.2762\text{mm}^2$$

3.3.3.2　大偏心受拉构件配筋计算公式

1. 公式来源

当轴向拉力作用在受拉钢筋 A_s 合力点 与受压钢筋 A'_s 合力点之外时，截面离轴向力较近的一侧受拉，另一侧受压。破坏时，受拉钢筋 A_s 应力达到 f_y，受压区混凝土则被压碎，钢筋 A'_s 受压、应力达到 f'_y。一般来说，大偏心受拉破坏时，裂缝开展很宽，混凝土压碎的程度则不明显。国家标准《混凝土结构设计规范》GB 50010—2010 规定，当轴向拉力不作用在钢筋受拉钢筋合力点和受压钢筋合力点之间时图 3-74 承载力计算公式为：

$$N\leqslant f_yA_s-f'_yA'_s-\alpha_1f_cbx \tag{3.3-20}$$

$$Ne\leqslant\alpha_1f_cbx\left(h_0-\frac{x}{2}\right)+f'_yA'_s(h_0-a'_s) \tag{3.3-21}$$

此时，受压区高度应满足公式（3.3-3）$x\leqslant\xi_bh_0$ 的要求。当计入纵向受压钢筋时，尚应满足公式（3.3-4）$x>2a'$ 的条件，当不满足时，可按（3.3-18）公式计算。

由上列公式可见，大偏心受拉破坏与大偏心受压破坏的计算公式是相似的，所不同的仅是 N 为拉力。因此，其计算方法和设计步骤可参照大偏心受压构件。

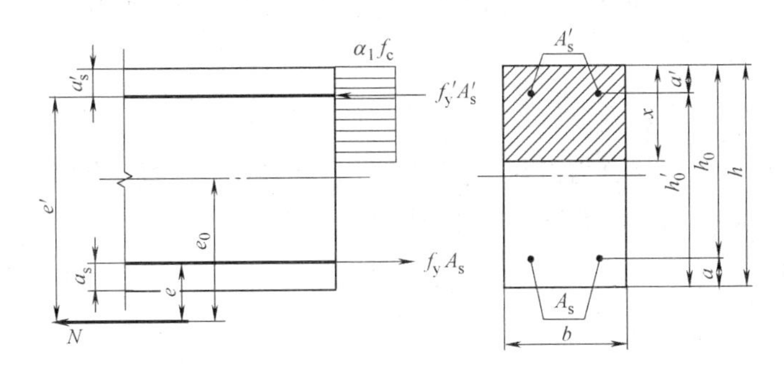

图 3-75　矩形截面大偏心受拉构件正截面内力分析图

2. 配筋公式

从大量混凝土圆管的配筋设计计算中可得，混凝土圆管的大偏心受压状态中，截面内的受压区高度均小于 2 倍的受压钢筋混凝土保护层厚度、$x<2a'$，因而其正截面大偏心受

拉承载力计算公式为：

$$Ne' \leqslant f_y A_s (h'_0 - a_s) \tag{3.3-22}$$

公式转化为配筋计算公式：

$$Ne' \leqslant f_y A_s (h'_0 - a_s)$$

$$\frac{Ne'}{f_y (h'_0 - a_s)} \leqslant A_s$$

大偏心受拉构件（$x < 2a'$）配筋面积计算公式：

$$A_s = \frac{Ne'}{f_y (h'_0 - a_s)} \tag{3.3-23}$$

【例题 3.12】 混凝土管大偏心受拉截面配筋计算

（1）计算条件：顶进法施工

内径：$D_0 = 3500$mm；

管壁厚度：$h = 320$mm；

管体混凝土强度等级 C50：轴心抗压设计强度 $f_c = 23.1$MPa；

抗裂设计强度 $f_k = 2.64$MPa；

钢筋强度设计值：$f_y = 300$MPa；

管顶土层厚度：$Z_s = 14$m

最高地下水位至地面深度：$H_{min} = 0.5$m；

最低地下水位至地面深度：$H_{max} = 2.5$m；

管内工作水压标准值：$F_{wk} = 0.15$MPa

管内工作水压设计值：$F_{wd,k} = 0.225$MPa

受压区、受拉区钢筋保护层厚度：$a_s = a'_s = 20$mm；

预设钢筋直径：$d = 12$mm。

（2）**解**：按工况条件进行内力计算，得受力点 C 的作用弯矩值及截面内轴向压力分别等于：

受力点 C 作用弯矩：$M = -36.0363$kN·m/m；

受力点 C 截面内轴向压力：$N = -245.2881$kN/m。

注：弯矩为负表示截面外侧受拉；轴向作用力为负，表示截面受轴向拉力。

确定截面受力状态：

$$e_0 = \frac{M}{N} = \frac{36.0363}{-245.2881} \times 1000 = 146.9142\text{mm} > \frac{h}{2} - a'_s = \frac{320}{2} - 26 = 134\text{mm}$$

轴向拉力点在受压钢筋合力点与受拉钢筋合力点之外，混凝土管管侧位置为大偏心受拉构件作用状态，应用公式（3.3-23）计算配筋。

$$e' = e_0 - \frac{h}{2} - a'_s$$

$$= 146.9142 - \frac{320}{2} - (20 + 12/2)$$

$$= -39.0858\text{mm}$$

e' 为负值，表明轴向拉力作用点在受压钢筋合力点与受拉钢筋合力点之外。

$$A_s = \frac{Ne'}{f_y (h'_0 - a_s)}$$

$$=\frac{245.2881\times1000\times39.0858}{300\times(320-26-26)}$$

$$=857.0262\text{mm}^2$$

受压区高度验算：

大偏心受压构件的受压区高度公式：

$$x=(e+h_0)-\sqrt{(e+h_0)^2-\frac{2(A_s f_y e-A'_s f'_y e')}{\alpha_1 f_c b}}$$

$$=[6.9142+(320-20-12/2)]-\sqrt{[6.9142+(320-20-12/2)]^2-\frac{2\times(857.0262\times300\times6.9142-0)}{1\times23.1\times1000}}$$

$$=0.2508\text{mm}$$

$$2a'=2\times(20+12/2)=52\text{mm}$$

受压区高度小于2倍受压区钢筋合力点距受压边缘的距离，选用配筋计算公式符合国家标准《混凝土结构设计规范》GB 50010—2010的规定条件。

3.4　混凝土涵管正常使用极限状态验算

所有结构都必须进行承载能力极限状态的计算。此外，对某些构件则需进行正常使用极限状态的验算。

3.4.1　预制混凝土涵管的裂缝计算

预制混凝土涵管除了根据承载能力极限状态的要求进行强度计算外，还应按照正常使用极限状态的要求进行变形和裂缝等计算，使它们具有一定的刚度和抗裂能力。

国家标准《混凝土结构设计规范》GB 50010—2002中规定，屋盖、楼盖中的构件，在荷载短期效应组合下，并考虑长期效应组合影响的允许挠度为$L_0/300\sim L_0/200$；《给水排水工程构筑物设计规范》GB 50069—2002中规定电机层楼面梁允许挠度为$L_0/750$，式中L_0为计算跨度。

混凝土构件一般需限制裂缝宽度，因为裂缝宽度过大，会引起钢筋锈蚀，降低结构的强度，缩短结构使用年限，对于输水混凝土管道，还会降低管道的抗渗性和抗冻性，甚至造成漏水。《给水排水管道工程构筑物设计规范》GB 50069—2002中规定，最大裂缝允许值是0.2mm。对于有内水压力作用的混凝土管道，截面的受力状态处于受拉或小偏心受拉时，混凝土一旦开裂，裂缝将贯通整个壁厚；对于处于侵蚀性环境的管道构筑物的受弯构件，为了防止混凝土开裂后钢筋的锈蚀，截面设计均应按不允许裂缝出现控制。

3.4.1.1　钢筋混凝土构件裂缝宽度计算方法来由

先以轴心受拉构件为例，说明最大裂缝宽度计算公式的来由，然后列出计算最大裂缝宽度的一般公式，供计算时选用。

1. 轴心受拉构件裂缝宽度的计算

（1）裂缝间距计算

轴心受拉构件的拉力较小时，构件不会出现裂缝，拉力由混凝土和钢筋共同承担，各截面的应力分布是均匀的。

当荷载大到使混凝土应力达到极限抗拉强度时，在构件抗拉能力最薄弱处（截面 1—1）出现了第一批裂缝。裂缝出现后，钢筋与混凝土应力分布发生了变化［图 3-76（b）］。在开裂截面处混凝土退出工作，应力为零，而钢筋应力突然增加，负担全部拉力。裂缝出现后，裂缝两侧的混凝土要回缩，而钢筋通过它与混凝土间的粘结力 τ 阻碍这种回缩。这样，钢筋就通过粘结应力逐渐把突然增加的应力 $\Delta\sigma_s$ 逐渐传给混凝土。到一定距离 l，即截面 2-2 附近又将出现新的裂缝。显然，第一批裂缝与第二批裂缝之间不可能再出现新的裂缝，因为在这范围内通过粘结应力传递给混凝土的应力将小于 f_{tk} 不足以使混凝土开裂，因此，l 是最小裂缝间距。

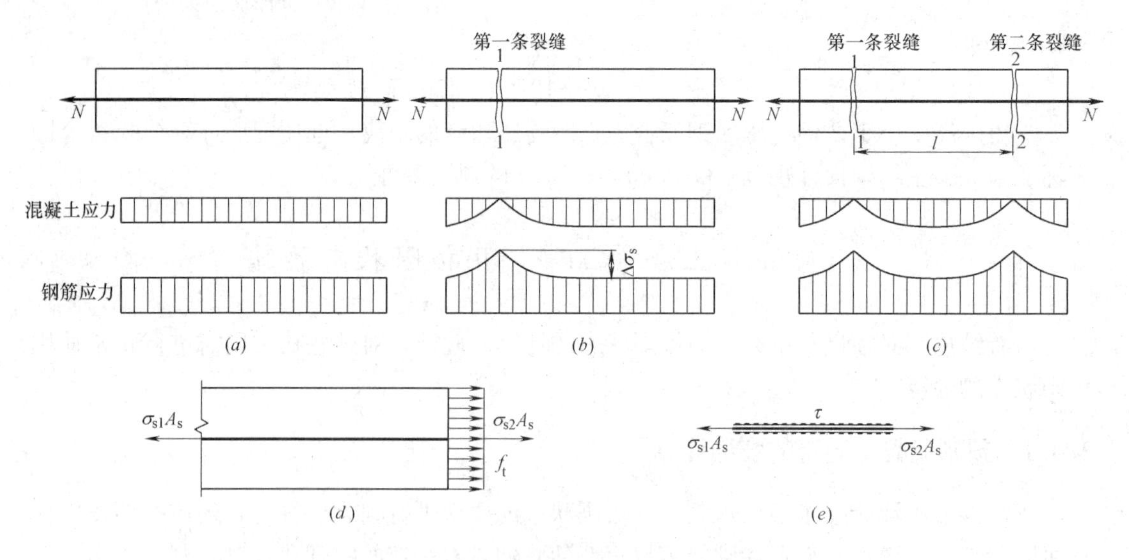

图 3-76 受拉构件裂缝出现后的应力情况

从上述分析，裂缝间距大小受下列几个因素影响：

① 单位长度钢筋能传递的粘结力大小

如果在单位长度钢筋上通过粘结可能传递的粘结力大，那么就会在比较短的距离内把足够大的拉力传递给混凝土，使它的拉应力达到混凝土抗拉强度，裂缝间距就小。粘结力大小取决于钢筋与混凝土之间的粘结强度和单位长度内钢筋表面积大小。因此采用肋纹钢筋，因粘结性能好，裂缝间距就小；当钢筋的表面积不变时，采用直径越小、根数越多，其表面积就越大，单位长度能传递的粘结力就大，裂缝间距就小。

② 混凝土受拉面积的相对大小

如果混凝土受拉面积相对较大（或相对钢筋截面积较小），就需要一个较长的距离方能把足以使混凝土开裂的拉力由钢筋传给混凝土，裂缝间距就大。因此，受拉钢筋的截面积与受拉区混凝土面积之比越大，裂缝间距也就越小。

③ 受拉区混凝土保护层大小

混凝土受拉区相对面积不变，当保护层越薄，构件边缘就容易达到混凝土的抗拉强度，裂缝间距也就越小。

综合以上各个影响裂缝间距的因素，根据实测，规范给出了轴心受拉构件的平均裂缝间距 l_{cr} 的计算公式：

$$l_{cr}=1.1\left(2.7c+0.11\frac{d}{\rho_{te}}\right)\upsilon \tag{3.4-1}$$

式中 c——混凝土保护层厚度，mm；

d——受拉钢筋的直径，mm；

ρ_{te}——受拉钢筋配筋率；

υ——与受拉钢筋表面特征有关的系数。

（2）裂缝宽度计算

设平均裂缝间距范围内的钢筋的平均应变为 $\bar{\varepsilon}_s$，混凝土的平均应变为 $\bar{\varepsilon}_c$，则平均裂缝间距内纵向钢筋伸长量 $\bar{\varepsilon}_s l_{cr}$ 与混凝土伸长量 $\bar{\varepsilon}_c l_{cr}$ 之差就是裂缝宽度（图 3-77），即平均裂缝宽度为：

$$\omega_{cr}=\bar{\varepsilon}_s l_{cr}-\bar{\varepsilon}_c l_{cr}=(\bar{\varepsilon}_s-\bar{\varepsilon}_c)l_{cr}=\left(1-\frac{\bar{\varepsilon}_c}{\bar{\varepsilon}_s}\right)l_{cr} \tag{3.4-2}$$

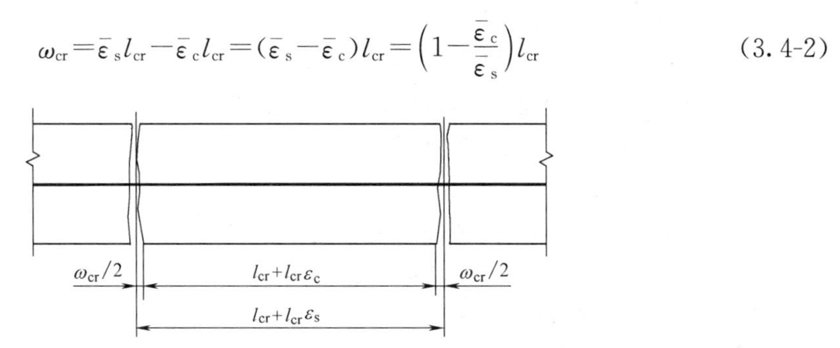

图 3-77 钢筋伸长量、混凝土伸长量不同形成混凝土开裂示意图

如果设 $\bar{\varepsilon}_a=\psi\varepsilon_s=\psi\frac{\sigma_s}{E_s}$，又设 $\varepsilon_c=1-\frac{\bar{\varepsilon}_c}{\bar{\varepsilon}_s}$，那（3.4-2）式可写为：

$$\begin{aligned}\omega_{cr}&=\left(1-\frac{\bar{\varepsilon}_c}{\bar{\varepsilon}_s}\right)l_{cr}\\&=\alpha_c\psi\frac{\sigma_s}{E_s}l_{cr}\end{aligned} \tag{3.4-3}$$

式中 α_c——混凝土自身伸长对裂缝宽度的影响系数，取 $\alpha_c=0.85$；

ψ——裂缝间纵向受拉钢筋应变不均匀系数；

σ_s——裂缝截面处纵向受拉钢筋的应力，$\sigma_s=\frac{N_k}{A_s}$。

按（3.4-3）式求出的裂缝宽度 ω_{cr} 是平均裂缝宽度。构件长期使用后，由于受拉区混凝土的收缩、受压区混凝土的徐变、钢筋与混凝土粘结滑移徐变、荷载持续作用以及外界环境的变化等原因，使裂缝又会有进一步扩大，一般在 3 年后裂缝宽度才趋于稳定。为了考虑长期荷载作用会使裂缝宽度增大的影响，根据试验，应乘以扩大系数 1.5，又为了考虑裂缝分布与开展的不均匀性，并且具有 95%保证率的分位值作为最大计算裂缝宽度，需再乘以扩大系数 1.9。这样，最大裂缝宽度计算公式为：

$$\begin{aligned}\omega_{max}&=1.5\times1.9\omega_{cr}\\&=1.5\times1.9\times0.85\psi\frac{\sigma_s}{E_s}l_{cr}\\&=2.7\psi\frac{\sigma_s}{E_s}\left(2.7c+0.11\frac{d}{\rho_{te}}\right)\upsilon\end{aligned} \tag{3.4-4}$$

其他构件也可按上述方法，在试验基础上，推导出计算最大裂缝宽度公式。

2. 计算最大裂缝宽度的一般公式

（1）最大裂缝宽度计算公式

为了计算方便，国家标准《混凝土结构设计规范》GB 50010—2010 给出了计算各种受力情况（轴心受拉、受弯、偏心受拉和偏心受压）的最大裂缝宽度的一般公式，即：

$$\omega_{max}=\alpha_{ct}\psi\frac{\sigma_s}{E_s}\left(2.7c+0.11\frac{d}{\rho_{te}}\right)\upsilon \tag{3.4-5}$$

$$\psi=1.1-\frac{0.65f_{tk}}{\rho_{te}\sigma_s} \tag{3.4-6}$$

式中　α_{ct}——与构件受力特征有关的系数；

对轴心受拉构件，$\alpha_{ct}=2.7$；

对偏心受拉构件，取 $\alpha_{ct}=2.4$；

对受弯和偏心受压构件，取 $\alpha_{ct}=2.1$；

国家标准《给水排泄水构筑物设计规范》GB 50069—2002 规定，取 $\alpha_{ct}=1.8$。

υ——与纵向钢筋表面特征有关系数。

对肋纹钢筋，$\upsilon=0.7$；

对光面钢筋，$\upsilon=1.0$。

ψ——裂缝间纵向受拉钢筋应变不均匀系数；

当 $\psi<0.4$ 时，取 $\psi=0.4$；当 $\psi>1.0$ 时，取 $\psi=1.0$。

d——钢筋直径，当用不同直径的钢筋时，d 改用换算直径 $\frac{4A_s}{u}$，其中 A_s 为纵向受拉钢筋的截面积，u 为纵向受拉钢筋的截面总周长。

c——最外一排纵向受拉钢筋的保护层厚度，适用于 $20\leqslant c\leqslant 40$，当 $c<20$ 时，取 $c=20$。

ρ_{te}——按有效受拉混凝土面积计算的纵向受拉钢筋的配筋率，即 $\rho_{te}=\frac{A_s}{A_{ct}}$，其中 A_{ct} 为有效受拉混凝土面积；

对轴心受拉构件，A_{ct} 为构件截面面积；

对受弯、偏心受拉与偏心受压构件，$A_{ct}=0.5bh$；

当 $\rho_{te}<0.01$ 时，取 $\rho_{te}=0.01$；

当受拉钢筋配筋率相对较低时，按公式算出的 ψ 值下降过快，从而会使 ω_{max} 的计算值偏小。故规范规定，当 $\rho_{te}<0.01$ 时，应取 $\rho_{te}=0.01$ 代入。

σ_s——在标准荷载短期效应组合下裂缝截面的钢筋的应力。

（2）计算最大裂缝宽度荷载的组合

国家标准《建筑结构设计统一标准》规定，对于正常使用极限状态，应根据不同的设计目的，分别考虑作用的短期效应和长期效应组合。

荷载有永久荷载和可变荷载两类。永久荷载是指在设计基准期内量值不变的荷载，例如结构自重和土重压力等；可变荷载是量值随时间变化的荷载，例如地面荷载等。可变荷载中也有不变的部分，如管内水荷载。如果活载中持续作用荷载时间占设计基准期的一半，那么这一部分活荷载值就称为准永久值。国家标准《给水排水工程管道结构设计规范》GB 50332—2002 规定，地面堆积荷载、地面车辆荷载对管道的影响作用的准永久值为标准值的 50%。

荷载的短期效应组合指由永久荷载和可变荷载一起作用所产生的荷载效应。荷载的短期效应组合 S_k 的表达式为：

$$S_k = C_G G_k + \psi \sum_{i=1}^{n} C_{Qi} Q_{ik} \tag{3.4-7}$$

式中 G_k、Q_{ik}——永久荷载和第 i 个可变荷载的标准值；

C_G、C_{Qi}——永久荷载和第 i 个可变荷载的荷载效应系数；

ψ——荷载组合系数。

荷载的长期效应组合指由永久荷载和可变荷载的准永久值作用所产生的荷载效应，荷载长期效应组合 S_{ik} 的表达式为：

$$S_{ik} = C_G G_k + \sum_{i=1}^{n} C_{Qi} \psi_{qi} Q_{ik} \tag{3.4-8}$$

式中 $\psi_{qi} Q_{ik}$——第 i 个可变荷载的准永久值；

ψ_{qi}——准永久值系数。

按公式（3.4-7）和（3.4-8）进行计算，或者说按正常使用状态进行计算时，荷载都是取标准值。这是因为超过正常使用极限状态的后果远不如超过承载能力极限状态时那样严重，因此可以适当提高失效概率。即一方面荷载取标准值而不乘以大于 1 的荷载分项系数；另一方面材料强度取标准值而不除以大于 1 的材料分项系数。

裂缝宽度随作用的荷载效应而增长的情况如图 3-78 所示，设 S_1 为持续作用的荷载效应（荷载的长期效应组合），S_1 作用下不仅产生短期的裂缝宽度 ω_{1s}，而且还因混凝土的徐变产生随时间而增大的裂缝宽度，经过一定的时间，裂缝宽度由 ω_{1s} 增大到 ω_{1l}。若在此基础上又出现短期作用的荷载效应（短期效应组合），即短期荷载也作用在构件上，则荷载效应由 S_1 增大到 S_2，裂缝宽度由 ω_{1l} 增大到 ω。显然，ω 是构件在荷载短期组合下的最大裂缝宽度，也就是设计构件要控制的裂缝宽度。但是真正对钢筋锈蚀起控制作用的是构件在持续荷载效应作用下持续张开的裂缝宽度 ω_{1l}，因为短期荷载效应作用而增大的裂缝宽度 $\omega - \omega_{1l}$ 是暂时的，一旦短期荷载消失，这部分裂缝又将闭合。

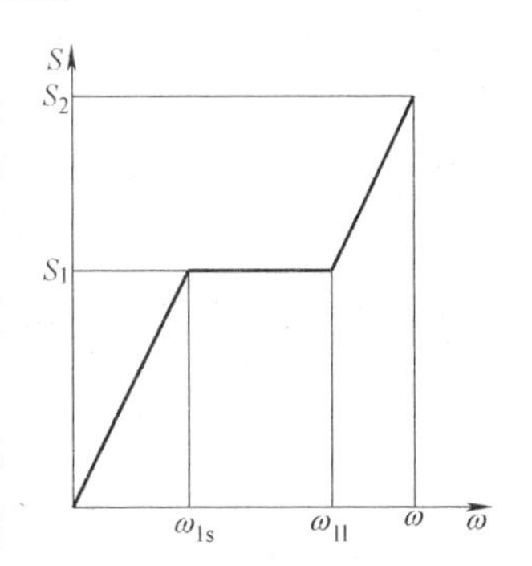

图 3-78 裂缝宽度和荷载效应的关系

上面介绍的计算裂缝宽度的公式没有分别考虑荷载的短期效应组合和长期效应组合，没有分两方面来控制裂缝宽度，而是使用了比较笼统的方法，也就是计算采用荷载的短期效应组合；推导公式中用了扩大系数来考虑荷载的长期效应组合的影响；验算时控制的是最大裂缝宽度。

国家标准《给水排水工程管道结构设计规范》GB 50332—2002 规定，对钢筋混凝土构件的裂缝展开宽度，应按准永久组合作用计算。作用效应的准永久组合设计值，按下式确定：

$$S_d = \sum_{i=1}^{m} C_{Gi} G_{ik} + \sum_{j=1}^{n} C_{Qj} \psi_{qi} Q_{jk} \tag{3.4-9}$$

(3) 各种构件的裂缝处 σ_s 计算公式

在最大裂缝宽度计算公式中，要用到在使用阶段的纵向钢筋应力 σ_{sk}。在使用阶段，受压区混凝土的应力一应变曲线只涉及上升段，并接近线性关系，也就是受压区应力图形可取为三角形。由此，σ_{sk}可按下列诸公式计算。其中偏心受压构件的内力臂 z 由电算分析并简化得出的。

① 轴心受拉构件

裂缝截面处混凝土已不承担拉力，拉力由钢筋承担，因此：

$$\sigma_s=\frac{N_k}{A_s} \tag{3.4-10}$$

② 受弯构件

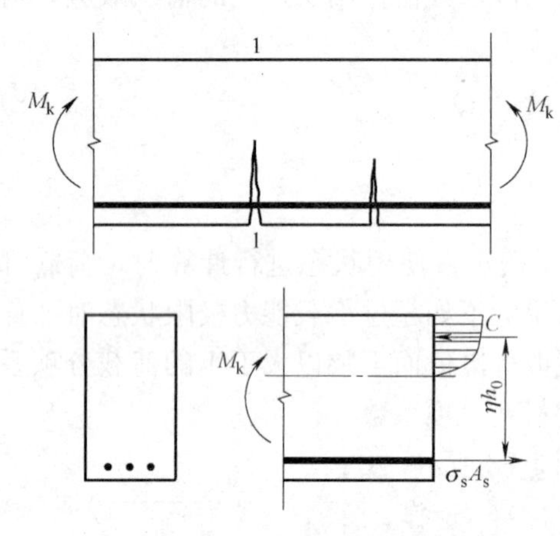

图 3-79　受弯构件裂缝截面的应力分布

对允许开裂的受弯构件进行裂缝宽度验算是以第Ⅱ阶段（相当于正常使用阶段）的应力图形为依据，裂缝截面的应力分布如图 3-79 所示。由图的平衡条件可得：

$$\sigma_s=\frac{M_k}{\eta h_0 A_s} \tag{3.4-11}$$

式中 M_k 为裂缝截面的标准弯矩，η 为内臂系数，在一般受弯构件可近似取 $\eta=0.87$，于是：

$$\sigma_s=\frac{M_k}{0.87h_0 A_s} \tag{3.4-12}$$

③ 偏心受拉构件

图 3-80 为偏心受拉构件正常使用阶段的裂缝截面图，图 (a) 为大偏心受拉情况，图 (b) 为小偏心受拉情况。

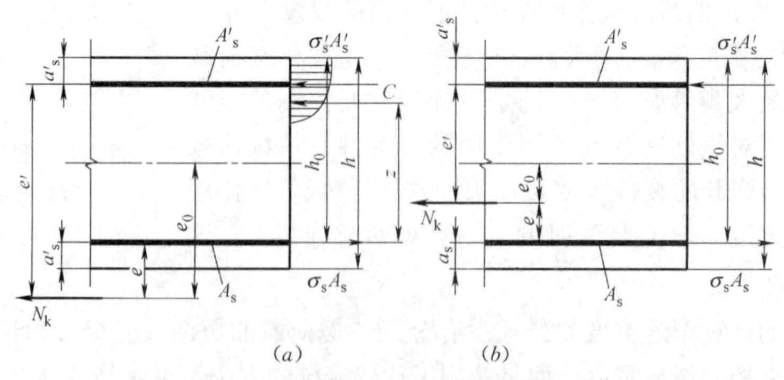

图 3-80　大、小偏心受拉构件裂缝截面应力图

(a) 大偏心受拉构件；(b) 小偏心受拉构件

对于大偏心受拉，以压力的合力 C 的作用点为矩心，并近似取 $z=0.87h_0$，则由平衡条件可得：

$$N_k\left(e_0+\frac{h}{2}-a'_s\right)=0.87h_0\sigma_s A_s$$

即：

$$\sigma_s = \frac{N_k\left(e_0 + \frac{h}{2} - a'_s\right)}{0.87h_0A_s} \tag{3.4-13}$$

对于小偏心受拉，以 $\sigma'_sA'_s$的作用点为矩心，得：

$$N_k\left(e_0 + \frac{h}{2} - a'_s\right) = \sigma_sA_s(h_0 - a'_s)$$

即：

$$\sigma_s = \frac{N_k\left(e_0 + \frac{h}{2} - a'_s\right)}{A_s(h_0 - a'_s)} \tag{3.4-14}$$

如设 $a'_s = 0.13h_0$，公式（3.4-14）相同于公式（3.4-13），因此偏心受拉构件裂缝截面应力 σ_s 均可用公式（3.4-13）计算。

④ 矩形截面偏心受压构件

$$\sigma_s = \frac{N_k(e-z)}{A_sz} \tag{3.4-15}$$

$$z = \left[0.87 - 0.12\left(\frac{h_0}{e}\right)^2\right]h_0$$

$$e = \eta_se_1 + y_a$$

$$\eta_s = 1 + \frac{1}{4000e_0/h_0}\left(\frac{l_0}{h}\right)^2$$

式中　A_s——受拉区纵向钢筋截面面积，对轴向受拉构件，取全部纵向钢筋截面面积；对偏心受拉构件，取受拉较大边的纵向钢筋截面面积；对受弯及偏心受压构件，取受拉区纵向钢筋截面面积；

e——轴向压力作用点至纵向受拉钢筋合力点的距离；

z——纵向受拉钢筋合力点至截面受压区合力点之间的距离，且不大于 $0.87h_0$；

η_s——使用阶段的轴向压力偏心距增大系数，当 $l_0/h \leqslant 14$ 时，取 $\eta_s = 1.0$；

y_a——截面重心至纵向受拉钢筋合力点的距离；

N_k、M_k——按荷载效应的标准组合计算的轴向力值、弯矩值。

3.4.1.2　矩形截面处于受弯或大偏心受压（拉）状态时的最大裂缝宽度计算公式

国家标准《给水排水工程管道结构设计规范》GB 50332—2002 按照给水排水工程管道的结构特征，给出了专用于刚性混凝土管的最大裂缝宽度计算方法，读者在理解上述混凝土构件最大裂缝宽度计算的原理后，可按此章节的方法计算预制混凝土涵管在不同工况条件下不同受力状态的最大裂缝宽度的计算。

对于偏心距 e_0 小于 0.5h 的偏心受压构件可不进行裂缝宽度的验算，这是因为试验表明，当偏心距较小时，受拉裂缝的宽度也较小，均能符合 ω_{lim} 限值的要求。小偏心受拉构件，可近似地按轴心受拉公式进行裂缝宽度的验算。

（1）受弯、大偏心受拉或受压构件的最大裂缝宽度，可按下列公式计算

$$\omega_{max} = 1.8\psi\frac{\sigma_s}{E_s}\left(1.5c + 0.11\frac{d}{\rho_{te}}\right)(1 + a_1)\upsilon \tag{3.4-16}$$

$$\psi = 1.1 - \frac{0.65f_{tk}}{\rho_{te}\sigma_sa_2} \tag{3.4-17}$$

式中　ω_{max}——最大裂缝宽度，mm；

ψ——裂缝间受拉钢筋应变不均匀系数，当 $\psi<0.4$ 时，取 $\psi=0.4$；当 $\psi>1.0$ 时，应取 $\psi=1.0$；

σ_s——按长期效应准永久组合作用计算的截面纵向受拉钢筋的应力，N/mm^2；

E_s——钢筋弹性模量，N/mm^2；

c——最外层纵向受拉钢筋的混凝土净保护层厚度，mm；

d——纵向受拉钢筋直径，mm；当采用不同钢筋直径时，应取 $d=\frac{4A_s}{u}$；u 为纵向受拉钢筋截面的总周长，mm；

ρ_{te}——以有效受拉混凝土截面面积计算的纵向受拉钢筋的配筋率，即 $\rho_{te}=\frac{A_s}{0.5bh}$，$b$ 为截面计算宽度、h 为截面计算高度，A_s 为受拉钢筋的截面面积，mm^2，对偏心受拉构件应取偏心力一侧钢筋截面面积；当 $\rho_{te}<0.01$ 时，取 $\rho_{te}=0.01$；

a_1——系数，对受弯、大偏心受压构件可取 $a_1=0$；对大偏心受拉构件可取 $a_1=0.28\left(\frac{1}{1+\frac{2e_0}{h_0}}\right)$；

υ——纵向受拉钢筋表面特征系数，对光面钢筋应取 $\upsilon=1.0$，对变形钢筋应取 $\upsilon=0.7$；

f_{tk}——混凝土轴心抗拉强度标准值，N/mm^2；

a_2——系数，对受弯构件可取 $a_2=1.0$；对大偏心受压构件可取 $a_2=1-0.2\frac{h_0}{e_0}$；对大偏心受拉构件可取 $a_2=1+0.35\frac{h_0}{e}$；

e_0——纵向力对截面重心的偏心距，$e_0=M_q/N_q$。

注：《给水排水工程埋地预制混凝土圆形管管道结构设计规程》（CECS 143：2002）中，对受弯构件 a_2 的取值有误，文中为 $a_2=0$，应为 $a_2=1.0$。

（2）受弯、大偏心受拉或受压构件的计算截面纵向受拉钢筋应力 σ_{sk} 可按下列公式计算

① 受弯构件的纵向受拉钢筋应力

$$\sigma_s=\frac{M_q}{0.87A_sh_0} \tag{3.4-18}$$

② 大偏心受压构件的纵向受拉钢筋应力

$$\sigma_s=\frac{M_q-0.35N_q(h_0-0.3e_0)}{0.87A_sh_0} \tag{3.4-19}$$

式中　M_q——在长期效应准永久组合作用下，计算截面处的弯矩，N·mm；

N_q——在长期效应准永久组合作用下，计算截面上的纵向力，N；

h_0——计算截面的有效高度，mm。

③ 大偏心受拉构件的纵向受拉钢筋应力

$$\sigma_s=\frac{M_q+0.5N_q(h_0-a')}{A_s(h_0-a')} \tag{3.4-20}$$

式中 a'——位于偏心力一侧的钢筋至截面近侧边缘的距离，mm。

【例题 3.13】 开槽法施工，混凝土管管底内层及管侧外层裂缝宽度验算

（1）计算条件：开槽法施工，90°土弧基础

埋设深度：$Z_s=4.0\text{m}$；

混凝土管内径：$D_0=1500\text{mm}$；

管壁厚度：$h=150\text{mm}$；

平均半径：$r_0=825\text{mm}$；

钢筋规格：$CRB400$、$d=6\text{mm}$；

钢筋保护层厚度：$a=20\text{mm}$；

经内力计算：管底长期效应准永久组合弯矩：$M_{q内}=22.7285\text{kN}\cdot\text{m}$；

管侧长期效应准永久组合弯矩：$M_{q外}=-17.3286\text{kN}\cdot\text{m}$；

管侧长期效应准永久组合纵向轴力：$N_{q外}=89.2236\text{kN}$；

管内层配筋面积：$A_s=750.0649\text{mm}^2$；

管外层配筋面积：$A_s=402.0737\text{mm}^2$。

注：内力正负值的规定为，截面弯矩内侧受拉为正、外侧受拉为负；轴力截面受压为正、受拉为负。

（2）管底裂缝宽度验算（按受弯构件验算）

① 裂缝处钢筋应力

$$\sigma_{sk}=\frac{M_q}{0.87A_sh_0}=\frac{22.7285\times10^6}{0.87\times750.0649\times127}=274.2513\text{kN/mm}^2$$

② 混凝土有效截面配筋率

$$\rho_{te}=\frac{A_s}{bh_0}=\frac{750.0649}{0.5\times1000\times127}=0.0100$$

③ 裂缝间受拉钢筋应变不均匀系数

受弯构件系数，取 $\alpha_2=1$。

$$\psi=1.1-0.65\frac{f_{tk}}{\rho_{te}\sigma_{sk}a_2}=1.1-0.65\times\frac{2.39}{0.010\times274.2513}=0.5336$$

④ 混凝土管管底裂缝宽度计算

受弯构件取 $a_1=0$；采用冷轧带肋钢筋，取 $\upsilon=0.7$。

$$\omega_{max}=1.8\psi\frac{\sigma_{sk}}{E_s}\left(1.5C+0.11\frac{d}{\rho_{te}}\right)(1+a_1)\upsilon$$
$$=1.8\times0.5336\times\frac{274.2513}{2.1\times10^5}\times\left(1.5\times20+0.11\times\frac{6}{0.010}\right)\times(1+0)\times0.7$$
$$=0.0843\text{mm}<0.2\text{mm}$$

$\omega_{max}=0.0843\text{mm}<0.2\text{mm}$，混凝土管管底裂缝宽度验算合格。

（3）管侧裂缝宽度验算（按大偏心受压构件验算）

① 裂缝处钢筋应力

纵向力对截面重心的偏心距计算：

$$e_0=-\frac{M_w}{N}$$

$$=\frac{17.3286\times 1000}{89.2236}$$

$$=194.2153\text{mm}$$

$$\sigma_{sk}=\frac{M_q-0.35N_q(h_0-0.3e_0)}{0.87A_sh_0}$$

$$=\frac{17.3286\times 10^6-0.35\times 89.2236\times(127-0.3\times 194.2153)}{0.87\times 402.0737\times 127}$$

$$=341.7457\text{kN/mm}^2$$

② 混凝土有效截面配筋率

$$\rho_{te}=\frac{A_s}{0.5bh}$$

$$=\frac{402.0737}{0.5\times 1000\times 150}$$

$$=0.0054$$

$\rho_{te}=0.0054$，取 $\rho_{te}=0.01$。

③ 裂缝间受拉钢筋应变不均匀系数

大偏心受压构件系数 α_2 计算：

$$\alpha_2=1-0.2\frac{h_0}{e_0}$$

$$=1-0.2\times\frac{127}{194.2153}$$

$$=0.8692$$

$$\psi=1.1-0.65\frac{f_{tk}}{\rho_{te}\sigma_{sk}\alpha_2}$$

$$=1.1-0.65\times\frac{2.39}{0.01\times 341.7457\times 0.8692}$$

$$=0.5770$$

④ 混凝土管管侧裂缝宽度计算

大偏心受压构件取 $a_1=0$；采用冷轧带肋钢筋，取 $\upsilon=0.7$。

$$\omega_{max}=1.8\psi\frac{\sigma_{sk}}{E_s}\left(1.5C+0.11\frac{d}{\rho_{te}}\right)(1+a_1)\upsilon$$

$$=1.8\times 0.5770\times\frac{341.7457}{2.1\times 10^5}\times\left(1.5\times 20+0.11\,\frac{6}{0.0054}\right)\times(1+0)\times 0.7$$

$$=0.1812\text{mm}<0.2\text{mm}$$

$\omega_{max}=0.0789\text{mm}<0.2\text{mm}$，混凝土管管底裂缝宽度验算合格。

【例题 3.14】 顶进法施工，受内水压力作用的混凝土管管顶裂缝宽度验算

（1）计算条件：顶进法施工，120°土弧基础

管顶土层厚度：$Z_s=12.0$m；
最高地下水位：$H_{min}=0.5$m；
最低地下水位：$H_{max}=2.5$m；
管道内输水工作压力：$F_{w,k}=0.15$MPa；
混凝土管内径：$D_0=4000$mm；
管壁厚度：$h=320$mm；
平均半径：$r_0=2160$mm；
钢筋规格：$CRB335$、$d=12$mm；
内层钢筋净保护层厚度：$a=40$mm；
外层钢筋净保护层厚度：$a=35$mm；
经内力计算，管顶长期效应准永久组合弯矩：$M_{q内}=56.6534$kN·m；
管顶长期效应准永久组合纵向轴力：$N_{q内}=-36.5016$kN。
注：内力正负值的规定为，截面弯矩内侧受拉为正、外侧受拉为负；轴力截面受压为正、受拉为负。
（2）管顶裂缝宽度验算（按大偏心受拉构件验算）
① 裂缝处钢筋应力

$$\sigma_{sk}=\frac{M_q+0.5(h_0-a')}{A_s(h_0-a')}$$

$$=\frac{56.6534\times10^6+0.5\times36.5016\times10^3\times[320-(40+12/2)-(35+12/2)]}{1916.6285\times[320-(40+12/2)-(35+12/2)]}$$

$$=136.3845\text{N/mm}^2$$

② 混凝土有效截面配筋率

$$\rho_{te}=\frac{A_s}{0.5bh}=\frac{1916.6285}{0.5\times1000\times320}=0.01198$$

③ 裂缝间受拉钢筋应变不均匀系数
纵向力对截面重心的偏心距计算：

$$e_0=M_q/N_q=\frac{56.6534}{36.5016}\times1000=1552.0784\text{mm}$$

大偏心受拉构件系数 α_2 计算：

$$\alpha_2=1+0.35\frac{h_0}{e_0}=1+0.35\times\frac{(320-46)}{1552.0784}=1.0618$$

$$\psi=1.1-0.65\frac{f_{tk}}{\rho_{te}\sigma_{sk}\alpha_2}$$

$$=1.1-0.65\frac{2.64}{0.01198\times136.3845\times1.0618}$$

$$=0.1108$$

$\psi=0.1108$，取 $\psi=0.4$。

④ 混凝土管管顶裂缝宽度计算

采用热轧螺纹钢筋，取 $\upsilon=0.7$。

大偏心受拉构件：$\alpha_1=0.28\left(\dfrac{1}{1+2e_0/h_0}\right)$

$$=0.28\times\left[\frac{1}{1+2\times1552.0784/(320-40-12/2)}\right]$$

$$=0.0227$$

$$\omega_{max}=1.8\psi\frac{\sigma_{sk}}{E_s}\left(1.5C+0.11\frac{d}{\rho_{te}}\right)(1+a_1)\upsilon$$

$$=1.8\times0.4\times\frac{136.3845}{210000}\times\left(1.5\times40+0.11\times\frac{12}{0.01198}\right)\times(1+0.0227)\times0.7$$

$$=0.0538\text{mm}$$

$\omega_{max}=0.0538\text{mm}<0.2\text{mm}$，混凝土管管底裂缝宽度验算合格。

3.4.2　预制混凝土涵管的变形计算

3.4.2.1　挠度验算的一般规定

预制混凝土涵管为刚性构件，在外力作用下变形不大，一般不需验算其变形，但用于管道的盖板件如检查井的顶板、槽形沟、U 形管沟的盖板等，为保证管道盖板件的正常使用，应进行变形验算。

对于正常使用极限状态应按荷载效应的标准组合分别加以验算。但对挠度验算，为了方便，国家标准《混凝土结构设计规范》GB 50010—2010 规定，只按荷载效应的标准组合并考虑其长期作用影响进行验算。按此计算的受弯构件最大挠度 f 不应大于挠度限值。各类规范中给定的挠度限值及预制混凝土管管道沟盖板件常用挠度限值如表 3-11 所示。

受弯构件的挠度限值　　　　表 3-11

构件类型		挠度限值	数据来源
吊车梁	手动吊车	$l_0/500$	《混凝土结构设计规范》GB 50010—2002
	电动吊车	$l_0/600$	
屋盖、楼盖及楼梯构件	当 $l_0<7m$ 时	$l/200(l_0/250)$	
	当 $7\leqslant l_0\leqslant 9m$ 时	$l/250(l_0/300)$	
	当 $l_0>9m$ 时	$l/300(l_0/400)$	
预制混凝土检查井顶板	—	$l_0/250$	预制混凝土涵管常用数据
混凝土管沟盖板	—	$l_0/200$	

注：1. 表中 l_0 为构件的计算跨度；

2. 如果构件制作时预先起拱，且使用上也允许，则在验算挠度时，可将计算所得挠度值减去起拱值，预应力混凝土构件尚可减去预加应力所产生的反拱值；

3. 表中括号内数值适用于使用上对挠度有较高要求的构件；

4. 计算悬臂构件挠度限值时，其计算跨度 l_0 按实际悬臂长度的 2 倍取用；

5. 预制混凝土检查井顶板及管沟盖板为地下结构，一般人不进入，故可适当放大挠度限值。

钢筋混凝土受弯构件正常使用状态下的挠度，可根据构件的刚度用结构力学的方法计算。

受弯构件的挠度应按标准组合并考虑荷载长期作用影响的刚度 B 进行计算，所得的挠度不应超过表 3-11 规定的限值。受弯构件挠度计算公式：

$$f=\beta_{\mathrm{f}}\frac{M_{\mathrm{k}}l_0^2}{B} \tag{3.4-21}$$

式中　β_{f}——挠度系数，与荷载种类和支承条件有关，如承受均布荷载简支梁，计算跨中挠度时，$\beta_{\mathrm{f}}=5/48$；

M_{k}——按荷载效应标准组合计算的弯矩；

B——受弯构件的刚度；

l_0——计算跨度。

从公式（3.4-21）可知，挠度与刚度成反比，因此，挠度的计算实质上就是构件刚度 B 的计算。

对于弹性材料的受弯构件，$B=EI$；对于钢筋混凝土受弯构件，在使用阶段是带裂缝工作的，在此阶段，构件截面抗弯刚度 B 与开裂前的可用材料力学特性体公式表达的抗弯刚度 $B=EI$ 大不相同。开裂后，随着弯矩的增大，刚度会不断降低，而且构件出现裂缝后，沿构件轴长，其受拉钢筋及受压混凝土的应变分布是不均匀的，在裂缝截面最大，在裂缝中间截面最小（图 3-81）。相应的截面刚度则是裂缝截面最小，裂缝中间截面最大。这种各截面刚度的不同变化给挠度计算带来了复杂性。但由于构件的挠度是反映沿构件跨长变形的一个综合效应，因此，可以通过沿构件轴长一个裂缝段的平均曲率和平均刚度来加表征。

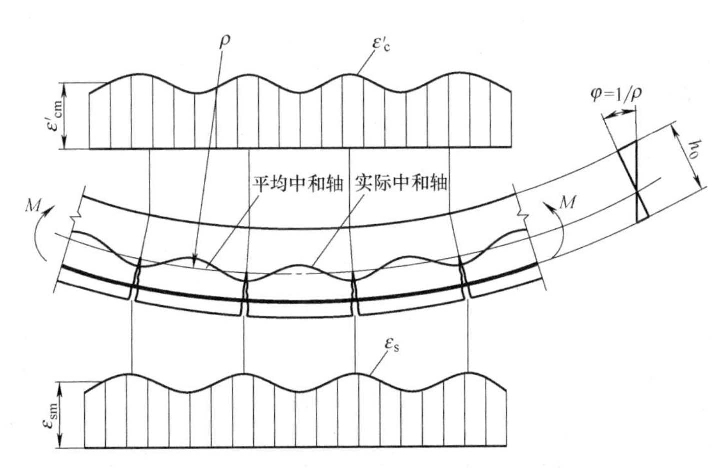

图 3-81　梁的纯弯段受拉钢筋及受压混凝土的应变分布

在一般情况下，构件各截面的弯矩是不相等的。例如，一承受对称集中荷载的简支梁，除两集中荷载之间的中间区段为等弯矩外，两边的剪跨段中各截面的弯矩是不相等的。靠近支座的区段，因弯矩很小，将不出现正截面裂缝，其相应的截面刚度就比中间区段的截面刚度大得多。因此即便是等截面梁，沿梁长的平均刚度也是变化的。为简化之，规范规定，在等截面构件中，可假定各同号弯矩区段内的刚度相等，并取用该区段内最大弯矩处的刚度（也就是最小刚度）作为挠度计算的依据。用最小挠度原则来计算挠度，误差是不大的，而且使挠度计算值稍偏大些，是偏于安全的。另一方面，因为计算挠度时只考虑了弯曲变形而未计及剪切变形，特别是未考虑斜裂缝出现的不利影响，这将使挠度计算值偏小。一个偏大，一个偏小，大致可以相互抵消，因此规范规定的挠度计算值与试验值是相吻合的。

两端固定的超静定梁的挠度计算，当计算跨度内的支座刚度不大于跨中截面刚度的两倍或不小于跨中截面刚度的二分之一时，该跨也可以按等刚度构件进行计算，其构件刚度可取跨中最大弯矩截面的刚度。

3.4.2.2　短期刚度 B_s 的计算

钢筋混凝土构件试验表明，在钢筋屈服前，沿截面高度测量的平均应变符合平截面假定。应用平截面假定，可采用与材料力学类似的方法求得平均曲率 ϕ 和平均刚度 B_s：

$$\phi=\frac{1}{\rho}=\frac{M_k}{B_s}=\frac{\varepsilon_{sm}+\varepsilon'_{cm}}{h_0} \tag{3.4-22}$$

式中　ρ——曲率平均；

B_s——荷载短期作用下的截面刚度，称为短期刚度；

ε_{sm}、ε'_{cm}——受拉钢筋与受压边缘混凝土的平均应变。

根据力矩平衡，可由弯矩 M_k 求得受拉钢筋 A_s 的平均应力 σ_{sm}、受压边缘混凝土的平均应力 σ_{cm}，将 σ_{sm}、σ_{cm} 分别除以钢筋弹性模量 E_s 及混凝土的变形模量 E'_c（考虑混凝土的弹塑性，$E'_c=\upsilon'_cE_c$，υ'_c、E_c 分别为混凝土弹性特征系数和弹性模量），就可得出 M_k 与 υ'_c 及 E_c 的关系式，将 ε_{sm}、ε'_{cm} 代入公式（3.4-22），并根据大量试验资料，对关系式中一些参数给出简化的数值，即可求得钢筋混凝土受弯构件的短期刚度 B_s：

$$B_s=\frac{E_sA_sh_0^2}{1.15\psi+0.2+\frac{6\alpha_E\rho_s}{1+3.5\gamma'_f}} \tag{3.4-23}$$

式中　ψ——裂缝间纵向受拉钢筋应变不均匀系数，按公式 $\psi=1.1-0.65\frac{f_{tk}}{\rho_{te}\sigma_{sk}}$ 计算，当 $\psi<0.2$ 时，取 $\psi=0.2$；当 $\psi>1.0$ 时，取 $\psi=1$；对直接承受重复荷载的构件，取 $\psi=1$。

ρ_{te}——以有效受拉混凝土截面面积计算的纵向受拉钢筋的配筋率，即 $\rho_{te}=\frac{A_s}{0.5bh}$；

α_E——钢筋弹性模量与混凝土弹性模量的比值，$\alpha_E=E_s/E_c$；

ρ_s——纵向受拉钢筋配筋率，$\rho_s=A_s/(bh_0)$；

γ'_f——受压翼缘截面面积与腹板有效截面面积的比值，$\gamma'_f=(b'_F-b)\ h'_f/(bh_0)$，当 $\gamma'_f>0.2h_0$ 时，取 $\gamma'_f=0.2h_0$。

3.4.2.3　长期刚度 B 的计算

当荷载长期作用时，由于受压混凝土的徐变和收缩，使混凝土的受压应变随时间的增长而增大、受拉混凝土与钢筋之间的粘接滑移徐变，使裂缝向上延伸，导致受拉混凝土随时间不断退出工作，钢筋拉应变随时间增大，构件的挠度也不断地增长，也就是说，截面的刚度将随着荷载的长期作用而降低。因此，在挠度验算时，应取截面的长期刚度 B 为计算依据。长期刚度 B 可由其短期刚度 B_s 按下式计算：

$$B=\frac{M_k}{M_q(\theta-1)+M_k}B_s \tag{3.4-24}$$

式中 M_q——按荷载效应准永久组合计算的弯矩值；

B_s——荷载效应标准组合作用下受弯构件的短期刚度；

θ——考虑荷载长期作用对挠度增大的影响系数，对钢筋混凝土构件，当 $\rho'_s=0$ 时，取 $\theta=2.0$；当 $\rho'_s=\rho_s$ 时，取 $\theta=1.6$；当 ρ'_s 为中间数值时，θ 按线性内插法取用；在此 $\rho'_s=A'_s/(bh_9)$，$\rho_s=A_s/(bh_9)$。

3.4.2.4 挠度验算的步骤

已知各项荷载的标准值、准永久值、构件受力简图、截面尺寸及配筋、混凝土和钢筋等级，按下列步骤进行计算。

(1) 计算荷载效应标准组合下的弯矩 M_k 及准永久组合下的弯矩 M_q；

(2) 按公式 (3.4-23) 计算短期刚度 B_s；

(3) 按公式 (3.4-24) 计算长期刚度 B；

(4) 将算得的 B 代替结构力学位移公式中的弹性刚度 EI，计算出结构构件由荷载产生的最大挠度 f；

(5) 验算挠度，要求 $f<[f]$。$[f]$为挠度限值，按表 3-11 确定。

【例题 3.15】 地沟（槽形沟）盖板挠度验算

(1) 计算条件

地沟内宽：2000mm；

地沟内高：1800mm；

盖板厚度：200mm，侧壁厚度：180mm，底板厚度：180mm；

埋设深度：2m；

盖板单位宽度配筋量：591.3502mm^2/m。

(2) 计算简图

图 3-82 为常见热力管道地沟的结构图，盖板安装于地沟上。作用在盖板上的荷载有地面荷载、竖向土压力荷载。

管沟盖板计算简图如图 3-83 所示。

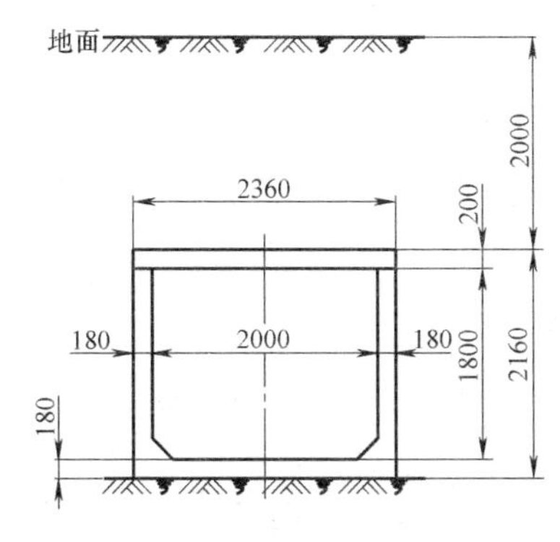

图 3-82 热力管沟盖板荷载作用示意图

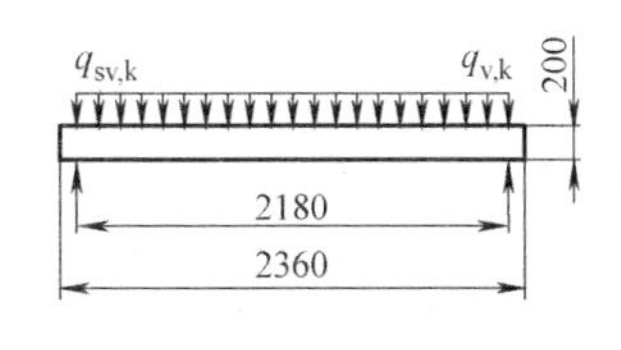

图 3-83 盖板计算简图

(3) 荷载效应计算

竖向土压力标准值：$q_{sv,k}=43.2000\text{kN/m}^2$

地面荷载标准值：$q_{v,k}=14\text{kN/m}^2$

(4) 内力计算

板面上竖向土压力均布荷载作用弯矩：$M_{gk}=26.1360\text{kN}\cdot\text{m}$

板面上地面荷载均布荷载作用弯矩：$M_{qk}=8.47\text{kN}\cdot\text{m}$

荷载效应标准组合下的弯矩：$M_k=34.6060\text{kN}\cdot\text{m}$

荷载效应准永久组合下的弯矩：$M_q=30.3710\text{kN}\cdot\text{m}$

（5）刚度计算

① 短期刚度计算

$$\sigma_{sk}=\frac{M_k}{0.87h_0A_s}$$

$$=\frac{34.6060\times10^6}{0.87\times(200-25-10/2)\times591.3502}$$

$$=395.6749\text{N/mm}^2$$

$$\rho_{te}=\frac{A_s}{0.5bh}$$

$$=\frac{591.3502}{0.5\times1000\times(200-25-10/2)}$$

$$=0.00591$$

$$\psi=1.1-0.65\frac{f_{tk}}{\rho_{te}\sigma_{sk}}$$

$$=1.1-0.65\frac{2.01}{0.00591\times395.6749}$$

$$=0.5416$$

$$\alpha_E=\frac{E_s}{E_c}$$

$$=\frac{210000}{30000}$$

$$=7$$

矩形截面：$\gamma_f'=0$

$$\rho=\frac{A_s}{bh_0}$$

$$=\frac{591.3502}{1000\times(200-25-10/2)}$$

$$=0.0035$$

$$B_s=\frac{E_sA_sh_0^2}{1.15\psi+0.2+\dfrac{6\alpha_E\rho}{1+3.5\gamma_f'}}$$

$$=\frac{30000\times591.3502\times(200-25-10/2)^2}{1.15\times0.5416+0.2+6\times7\times0.0035}$$

$$=3.7038\times10^{12}\text{N}\cdot\text{mm}^2$$

② 长期刚度计算

因 $\rho_s'=0$，取 $\theta=2.0$，代入公式（3.4-24）。

$$B=\frac{M_k}{M_q(\theta-1)+M_k}B_s$$

$$=\frac{34.6060}{30.3710\times(2-1)+34.6060}\times 3.7038\times 10^{12}$$
$$=1.9726\times 10^{12}\text{N}\cdot\text{mm}^2$$

（6）挠度验算

$$f=\beta_f\frac{M_k l_0^2}{B}$$
$$=\frac{5}{48}\times\frac{34.6060\times 10^6\times(2.18\times 1000)^2}{1.9726\times 10^{16}}$$
$$=8.8447\text{mm}<[f]=\frac{l_0}{200}=\frac{2.18\times 1000}{200}=11.00\text{mm}$$

验算满足要求。

3.5　混凝土涵管结构计算基本规定

结构设计的主要内容包括选择混凝土涵管的断面尺寸，并根据承受的荷载情况验算结构的强度、稳定性、刚度和裂缝等。

3.5.1　结构按极限状态的计算方法

我国结构计算过去一直采用许容应力计算方法，它是以混凝土构件的弹塑阶段作为计算依据，而将钢筋混凝土视为完全弹性体，应用材料力学匀质体公式计算出构件在荷载作用下的材料应力，它不能大于或等于该材料的容许应力。其表达式为：

$$\sigma<[\sigma] \tag{3.5-1}$$

式中　σ——使用荷载所引起的材料最大应力；

$[\sigma]$——材料许容应力。

采用这种计算方法，其特点是简单明了，不足之处是与实际结构受力情况不符，没有正确反映混凝土性质，同时安全系数不是在数理统计和概率计算的基础上得出的，而全是经验数据，所以计算结果往往偏于安全。

当前混凝土结构采用极限状态设计法。该方法以可靠度研究为基础，把影响结构可靠性的各主要因素均视为不确定的随机变量，从荷载和结构抗力两个方面进行全国性的调查、实测、试验及统计分析，寻找各随机变量的统计特性，确定了适合于当前我国工程结构设计总体水平的失效概率。从这个总体失效概率出发，通过优化分析或直接从各基本变量的概率分布中求得设计所需的各相关参数。极限状态设计法建立在调查统计分析和结构可靠度分析基础上，使得结构设计更具有科学性和合理性。

极限状态分为两类情况，即承载能力极限状态和正常使用极限状态。

混凝土涵管根据不同类型的作用（荷载）及其对管道的影响、所处的环境，考虑三种设计情况，并对其进行相应的极限状态设计。持久状态：管道建成后承受土重、自重等持续时间很长的状况，需进行承载能力极限状态和正常使用极限状态设计；短暂状态：管道施工中承受临时性作用的状况（如输水管中的水锤作用），仅进行承载能力极限状态设计，必要时才作正常使用极限状态设计；偶然状态：在使用过程中偶然出现的状况（如地震等），仅作承载能力极限状态设计。

3.5.1.1　承载能力极限状态

承载能力极限状态是指：结构或构件达到最大承载能力，管体或接口因材料强度被超过而破坏，或出现不适应于继续承载的变形或变位的状态。

承载能力极限状态计算是以弹性理论为基础，以构造的破坏工作阶段为计算依据的。表达式如下：

1. 截面强度计算

由作用在构件截面中引起的效应≤截面的承载力设计值

2. 稳定验算

由作用在构件截面中引起的效应≤截面的承载力设计值

混凝土涵管的承载能力极限状态计算表达式如下：

$$\gamma_0 S \leqslant R \tag{3.5-2}$$

$$R = R(f_s \alpha_s) \tag{3.5-3}$$

式中　γ_0——管道结构的重要性系数，应根据现行国家标准《给水排水工程管道结构设计规范》GB 50332 的规定采用。对给水输水管道，单线敷设时取 1.1，双线及双线以上敷设时取 1.0；对给水配水管道、污水管道或合流管道取 1.0；对雨水管道取 0.9；

S——作用效应的基本组合设计值；

R——管道结构构件抗力的设计值，按现行国家标准《混凝土结构设计规范》GB 50010 的规定确定。

$R(f_s \alpha_s)$——构件承载力函数；

f_s——材料强度设计值；

α_s——几何参数设计值。

3.5.1.2　正常使用极限状态

正常使用状态是指：管道构件达到正常使用或耐久性的某项限值的状态。应根据结构的具体使用要求对抗裂性、裂缝宽度及挠度进行计算，以控制构件在使用期间能正常工作。

1. 抗裂验算

作用在构件的特定位置所产生的拉应力≤作为适用性和耐久性极限状态的应力控制值

2. 裂缝宽度验算

作用在裂缝引起的宽度≤作为适用性和耐久性极限状态的裂缝宽度允许值

3. 挠度验算

构件在作用下产生的挠度≤作为适用性极限状态的变形允许值

3.5.1.3　作用效应的基本组合设计值

管道结构采用分项安全系数的极限状态设计，按作用最不利组合设计值≤结构抗力效应的设计值原则进行设计，作用效应的基本组合设计值，按下列规定确定：

$$S = \gamma_{G1} C_{G1} G_{1k} + \gamma_G (C_{Gw} G_{wk} + C_{Gsv} F_{sv,k} + C_{Geq} F_{ep,k} + C_{Gs} \Delta_{sk}) + \gamma_{Qv} C_{Qv} Q_{vk} \tag{3.5-4}$$

式中　G_{1k}、C_{G1}——管道自重标准值及其作用效应系数；

G_{wk}、C_{Gw}——管内水重标准值及其作用效应系数；

$F_{sv,k}$、C_{Gsv}——管道单位长度上管顶的竖向土压力标准值及其作用效应系数；

Δ_{sk}、C_{Gs}——管道不均匀沉陷标准值及其作用效应系数；

Q_{vk}、C_{Qv}——地面车辆荷载或地面堆积荷载标准值及其作用效应系数；

γ_{G1}——管道自重的分项系数，当作用效应对结构不利时取 1.2，当作用效应对结构有利时取 1.0；

γ_{G}——除管道自重外，各项永久作用的分项系数，当作用效应对结构不利时取 1.27，当作用效应对结构有利时取 1.0；

γ_{Qv}——地面车辆荷载或地面堆积荷载的分项系数，应取 1.2。

注：作用效应系数为结构在相应作用下产生的效应（内力、应力等）与该作用的比值，可按结构力学方法确定。

3.5.2 结构上的作用

“作用”即是通常所说的荷载，但是温度变化和顶管轴线偏差均会使管道产生应力，温度变化和轴线偏差不是荷载而是作用。给水排水系统的结构系列规范中，把通常所说的“荷载”和“作用”统称为作用。

3.5.2.1 作用分类和作用代表值

结构上的作用可分为三类：永久作用、可变作用和偶然作用。永久作用是指不随时间而变化的作用，可变作用是指可能会随时间变化的作用，偶然作用是指在使用过程中偶然出现的作用。

永久作用包括：管道结构的自重、土的竖向压力和侧向压力、涵管内部的盛水压力、地基的不均匀沉降和顶管轴线偏差引起的作用。

可变作用包括：地面车辆荷载、地面堆积荷载、管道内的水压力、管道内形成的真空压力、地下水和温度变化作用。

偶然作用：系指在使用期间不一定出现，但发生时其值很大且持续时间很短，例如地震等，应根据工程实际情况确定需要计入的偶然发生的作用。

涵管结构设计时，对不同性质的作用采用不同的代表值。

对永久作用，应采用标准值作为代表值。

对可变作用，应根据设计要求，采用标准值、组合值或准永久值作为代表值。

可变作用组合值应为可变作用标准值乘以作用组合系数；可变作用准永久值应为可变作用标准值乘以作用的准永久值系数。

当管道承受两种或两种以上可变作用，承载能力极限状态设计或正常使用状态设计，可变作用应采用组合值作为代表值。

管道变形和裂缝的正常使用极限状态按长期效应组合设计，可变作用应采用准永久值作为代表值。

3.5.2.2 永久作用标准值

1. 结构自重标准值

应按结构构件的尺寸与相应材料的单位体积自重的标准值计算确定。对于素混凝土涵管，其素混凝土单位体积自重标准值可取 $25kN/m^3$；对于预制钢筋混凝土涵管，其钢筋混凝土单位体积的自重标准值可取 $26kN/m^3$。

管道结构自重标准值可按下式计算：

$$G_{1k}=\gamma_c V_c \tag{3.5-5}$$

式中　G_{1k}——单位长度管道结构自重标准值，kN/m；

γ_c——涵管重力密度，$\gamma_c=26kN/m^3$；

V_c——单位长度涵管体积，m^3。

2. 土的重力密度

黏性土、砂土及卵石 16～18kN/m³。

3. 管内水的重力密度

一般取 10kN/m³；输送污水时，根据具体情况，可取 10.3～10.5kN/m³。

4. 作用在地下涵管管顶上竖向土压力

作用在地下涵管上的竖向土压力按敷管方法及条件确定。

当管道的设计地面高于原状地面，管道为填埋式时，管顶竖向土压力标准值按下式确定：

$$F_{sv,k}=C_c\gamma_s H_s B_c \tag{3.5-6}$$

式中　$F_{sv,k}$——每延米管道上的管顶竖向土压力，kN/m；

γ_s——回填土的重力密度，一般可按 18kN/m³计算，地下水位以下取有效重力密度，一般可按 10kN/m³计算；

H_s——管顶至设计地面的埋设深度，m；

B_c——管道外缘宽度，当为圆管时，应以管外径 D_1 代替，m；

C_c——填埋式土压力系数，与$\frac{H_s}{B_c}$管底地基土及回填土的力学性能有关，一般可取 1.2～1.4 计算。

对由设计地面开槽施工的管道，其管顶竖向土压力标准值按下式确定：

$$F_{sv,k}=C_d\gamma_s H_s D_1 \tag{3.5-7}$$

式中　C_d——开槽施工沟埋式管道土压力系数，与开槽宽有关，一般可取 1.2 计算。

对不开槽、顶进法施工的管道，其管顶竖向土压力标准值计算现行有两个设计规程可应用，即《给水排水工程管道设计规范》GB 50332—2002 与《给水排水工程顶管技术规程》CECS 246：2010。如前所述，可按工程地质条件，选用相应的公式计算。

(1)《给水排水工程管道设计规范》GB 50332—2002 中规定的不开槽顶进法施工竖向土压力标准值计算公式如下：

$$F_{sv,k}=C_j\gamma_s B_t D_1 \tag{3.5-8}$$

$$B_t=D_1\left[1-\tan\left(45^\circ-\frac{\varphi}{2}\right)\right] \tag{3.5-9}$$

$$C_j=\frac{1-\exp\left(-2K_a\mu\frac{H_s}{B_t}\right)}{2K_a\mu} \tag{3.5-10}$$

式中　C_j——不开槽施工土压力系数；

B_t——管顶上部土层压力传递至管顶处的影响宽度，m；

$K_a\mu$——管顶以上原状土的主动土压力系数和内摩擦系数的乘积，对一般土质条件可取 $K_a\mu=0.19$ 计算；

φ——管侧土的内摩擦角，如无试验数据时可取 $\varphi=30^\circ$计算。

(2)《给水排水工程顶管技术规程》CECS 246：2010 中规定的不开槽顶进法施工竖向土压力按覆盖层厚度和力学指标确定。

当管顶覆盖层厚度小于或等于 1 倍管外径或覆盖层均为淤泥土时，管顶上部竖向土压力标准值按下式计算：

$$F_{sv,k1}=\sum_{i=1}^{n}\gamma_{si}h_{i_1} \tag{3.5-11}$$

式中 $F_{sv,k1}$——管顶上部竖向土压力标准值，kN/m^2；

γ_{si}——管道上部层 i 土层重力密度，地下水位以下应取有效重力密度，kN/m^3；

h_{i1}——管道上部层 i 土层厚度，m。

当管顶覆土层不属于上述情况时，管顶上竖向土压力标准值应按下式计算：

$$F_{sv,k3}=C_j(\gamma_{si}B_t-2C) \tag{3.5-12}$$

$$B_t=D_1\left[1-\tan\left(45°-\frac{\varphi}{2}\right)\right] \tag{3.5-13}$$

$$C_j=\frac{1-\exp\left(-2K_a\mu\frac{H_s}{B_t}\right)}{2K_a\mu} \tag{3.5-14}$$

式中 $F_{sv,k3}$——管顶竖向土压力标准值，kN/m^2；

C_j——不开槽施工土压力系数；

B_t——管顶上部土层压力传递至管顶处的影响宽度，m；

D_1——管道外径，m；

φ——管顶土的内摩擦角，°；

C——土的黏聚力，宜取地质报告中最小值，kN/m^2；

H_s——管顶至原状地面埋置深度，m；

$K_a\mu$——管顶以上原状土的主动土压力系数和内摩擦系数的乘积，一般黏性土可取 $K_a\mu=0.13$，饱和土可取 $K_a\mu=0.11$，砂和砾石可取 $K_a\mu=0.165$。

5. 作用在地下涵管（圆管、拱管）上管拱背部（胸腔）的竖向土压力标准值

管拱背部的竖向土压力可化成均布压力，其标准值计算公式为：

$$F_{sv,k2}=0.1073\gamma_{si}D_1 \tag{3.5-15}$$

式中 $F_{sv,k2}$——管拱背部竖向土压力标准值，kN/m^2。

6. 作用在地下涵管的侧向土压力标准值

侧向土压力应按主动土压力计算。侧向土压力沿圆形管道管侧可视作均匀分布，其计算值可按管道中心处确定。

对埋设在地下水位以上的管道，其侧向土压力可按下式计算：

$$F_{eq,k}=K_a\gamma_sZ \tag{3.5-16}$$

式中 $F_{ep,k}$——管侧土压力标准值，kN/m^2；

K_a——主动土压力系数，应根据土的抗剪强度确定，当缺乏试验数据时，对砂类土或粉土可取 1/3，对黏性土可取 1/3～1/4；

Z——自地面至计算截面处距离，对圆形管道可取自地面至管中心处深度，m；

γ_s——土层重力密度，kN/m^3。

对于埋置于地下水位以下的管道，侧向土压力标准值应采用水土分算，重度取有效重度，管体上的侧向土压力应为地下水位线以上的主动土压力和地下水位线以下的主动土压力之和，此时，侧向土压力可按下式计算：

$$F_{ep,k}=K_a[\gamma_s Z_w+\gamma_s'(Z-Z_w)] \tag{3.5-17}$$

式中 γ_s'——地下水位以下管侧土的有效重度，可取用 $\gamma_s'=10\text{kN/m}^3$；

Z_w——自地面至地下水位的距离，m。

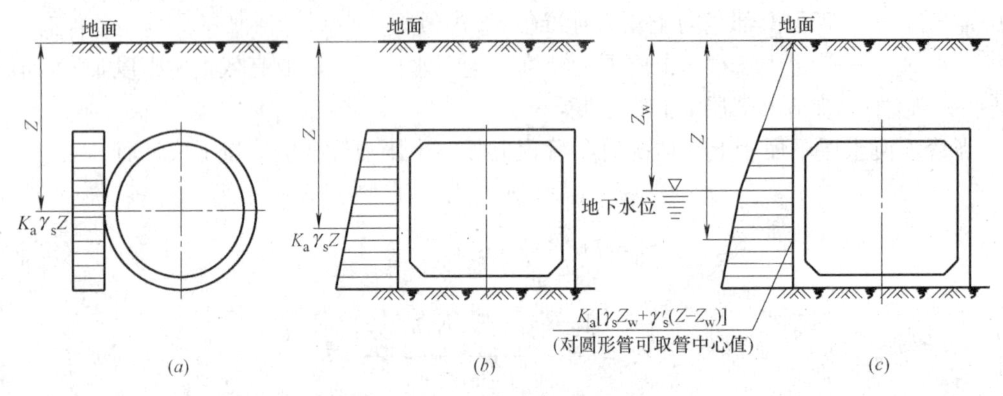

图 3-84 作用在管道上的侧向土压力

(a) 圆形管道（无地下水）；(b) 矩形管道（无地下水）；(c) 矩形管道（有地下水）

7. 管道中的水重标准值

管道中的水重标准值，可按水的重力密度为 10kN/m^3 计算。

对敷设在地基有显著变化段的管道，需计算地基不均匀沉降，其标准值按现行国家标准《建筑地基基础设计标准》GB 50007 的有关规定计算确定。

3.5.2.3 可变作用标准值、准永久值系数

1. 地面车辆荷载

地面车辆对管道上的作用，包括地面行驶的各种机动装置，包括汽车、履带车、塔式起重机、火车飞机等，其载重等级、规格、型式应按相应的规定确定。

地面行驶的车辆荷载的载重、车轮布局、运行排列等规定，应按现行规定《公路设计通用规范》JTJ—021 采用。

地面车辆荷载对地下管道的影响作用，其标准值按下列公式确定，其准永久值系数应取 $\psi_q=0.5$。

单个轮压传递到管道顶部的竖向压力标准值按下式计算：

$$q_{vk}=\frac{\mu_d Q_{vi,k}}{(a_i+1.4H)(b_i+1.4H)} \tag{3.5-18}$$

式中 q_{vk}——轮压传递到管道顶部的竖向压力标准值，kN/m^2；

$Q_{vi,k}$——车辆的 i 个车轮承担的单个轮压标准值，kN；

a_i——i 个车轮的着地分布长度，m；

b_i——i 个车轮的着地分布宽度，m；

H——自车行地面至管顶的深度，m；

μ_d——动力冲击系数，按表 3-12 采用；

两个以上单排轮压综合影响传递到管道顶部的竖向压力标准值按下式计算：

$$q_{\mathrm{vk}}=\frac{\mu_{\mathrm{d}}nQ_{\mathrm{v}i,\mathrm{k}}}{(a_i+1.4H)(nb_i+\sum_{j=1}^{n-1}d_{\mathrm{b}j}+1.4H)} \tag{3.5-19}$$

式中　n——车轮的总数量；

$d_{\mathrm{b}j}$——沿车轮着地分布宽度方向，相邻两个车轮间的净距，m。

多排轮压综合影响传递到管道顶部的竖向压力标准值按下式计算：

$$q_{\mathrm{vk}}=\frac{\mu_{\mathrm{d}}\sum_{i=1}^{n}Q_{\mathrm{v}i,\mathrm{k}}}{(\sum_{i=1}^{m_{\mathrm{a}}}a_i+\sum_{j=1}^{m_{\mathrm{a}}-1}d_{\mathrm{a}j}+1.4H)(\sum_{i=1}^{m_{\mathrm{b}}}b_i+1.4H)} \tag{3.5-20}$$

式中　m_{a}——沿车轮着地分布宽度方向的车轮排数；

m_{b}——沿车轮着地分布长度方向的车轮排数；

$d_{\mathrm{a}j}$——沿车轮着地分布长度方向，相邻两个车轮间的净距，m。

动力系数 μ_{d}　　**表 3-12**

地面至管顶(m)	0.25	0.3	0.4	0.5	0.6	0.7
动力系数 μ_{d}	1.30	1.25	1.20	1.15	1.05	1.00

2. 地面堆积荷载

地面堆积荷载标准值可取 $10\mathrm{kN/m^2}$ 计算；其准永久值系数可取 $\psi_{\mathrm{q}}=0.5$。

一般，顶进法施工的管道埋置较深，当管顶土层厚度大于 5m 时，可以不计地面荷载。管顶土层厚度大于 2m 时，可不计轮压冲击系数。地面车轮荷载和地面堆积荷载不考虑同时作用，可取大值计算。

地面车辆荷载或地面堆积荷载传递到管道上的侧压力标准值可按管道在地下水位以上时竖向土压力对管道的侧压力作用公式计算。

3. 管道内水压力标准值

管道内的水压力，分为管内水的工作压力和设计水压力。水的工作压力是指管道内水的正常运行水压力；设计水压力是指压力水管的试验压力的依据，设计水压力考虑了运行期间的水锤作用。管道内的水压力标准值应取设计内水压力计算，设计内水压力系数取 1.4～1.5；相应准永久系数可取 $\psi_{\mathrm{q}}=0.7$，但不得小于工作内水压力。

设计内水压力计算公式如下：

$$F_{\mathrm{ws}}=(1.4\sim1.5)F_{\mathrm{wk}} \tag{3.5-21}$$

式中　F_{ws}——管道设计内水压力，MPa；

F_{wk}——管道工作内水压力，MPa。

4. 管道外静水压力标准值

埋设在地表水或地下水以下的管道，应计算作用在管道上的静水压力（包括浮托力），相应的设计水位应根据勘测部门和水文部门提供的数据采用。其标准值及准永久系数 ψ_{q} 的确定，应符合下列规定。

地表水的静水压力水位宜按设计频率 1%采用。相应准永久值系数，当按最高水位计算时，可取常年洪水位与最高洪水位的比值。

地下水的水位是变动的，随着季节的变化而变化。勘测资料上通常是勘探所见的水位，地下水的静水压力水位，应使用探井长期观察的结果，综合考虑近期内变化的统计数据及对设计基准期内发展趋势的变化综合分析，确定其可能出现的最高水位及最低水位。

应根据对结构的作用效应，选用最高或最低水位。相应的准永久系数，当采用最高水位时，可取平均水位与最高水位的比值；当采用最低水位时，应取 $\psi_q=1.0$ 计算。

3.6　混凝土涵管结构计算示例

3.6.1　混凝土圆管结构计算示例

3.6.1.1　算例

【例题 3.16】 钢筋混凝土管结构计算

1. 工况条件

管内径：$D_0=2000$mm；

管壁厚度：$h=200$mm；

管外径：$D_0=2400$mm；

平均半径：$r_0=1.10$m；

埋土深度：$H_s=4$m；

管道支承条件：开槽施工 45°土（砂）基础；

土壤力学指标：$\gamma_s=20\text{kN/m}^3$；

地面荷载：按堆积荷载 10kN/m^2 为计算值；

管体混凝土强度等级 C40：轴心抗压设计强度 $f_c=19.1$MPa

抗裂设计强度 $f_k=2.39$MPa；

钢筋强度设计值：$f_y=360$MP。

2. 荷载计算

(1) 通用荷载计算

① 管子自重标准值：

$$
\begin{aligned}
G_{lk}&=\pi[(D_1/2)^2-(D_0/2)^2]\gamma_c\\
&=\pi\times[(2.4/2)^2-(2.0/2)^2]\times 26\\
&=35.9398\text{N/m}
\end{aligned}
$$

② 管内水重标准值：

$$
\begin{aligned}
G_{wk}&=\pi(D_0/2)^2\gamma_0\\
&=\pi\times(2.0/2)^2\times 10\\
&=31.4159\text{kN/m}
\end{aligned}
$$

③ 胸腔土重标准值：

$$
\begin{aligned}
P_0&=0.1073\gamma_s D_1^2\\
&=0.1073\times 20\times 2.4^2\\
&=12.3609\text{kN/m}
\end{aligned}
$$

式中　γ_c——管体重力密度；

γ_0——水的重力密度。

(2) 其他荷载计算

① 管顶竖向土压力标准值计算

$$F_{sv,k}=C_s\gamma_s H_s D_1$$
$$=1.2\times20\times4\times2.4$$
$$=230.4000\text{kN}$$

② 侧向土压力标准值 $F_{ep,k}$

$$F_{ep,k}=k_a\gamma_s Z$$
$$=\frac{1}{3}\times20\times(4+1.0+0.20)$$
$$=34.6667\text{kN}$$

式中　C_s——竖向土压力系数，取 $C_s=1.2$；

k_a——主动土压力系数，取 $k_a=1/3$；

Z——地面至管中心处距离。

③ 地面荷载对管子产生的侧向土压力标准值计算公式

$$q_{hz,k}=\frac{1}{3}q_{vz,k}$$
$$=\frac{1}{3}\times10=3.3333\text{kN/m}^2$$

式中　$q_{vz,k}$——地面荷载传递到管顶竖向压力标准值，kN/m^2。

3. 内层配筋

（1）内力计算

$$M_n=r_0[k_{vm}(\gamma_{G1}F_{sv,k}+\gamma_{Qv}q_{vk}D_1)-k_{hm}(\gamma_{G2}F_{eq,k}+3.3333)D_1+k_{gm}\gamma_{G3}G_{1k}+k_{wm}\gamma_{G4}G_{wk}]$$
$$=1.1\times[0.288\times(1.27\times230.4000+1.4\times10\times2.4)-0.125\times1\times(34.6667+3.3333)\times2.4+0.173\times(1.20\times35.9398+1.27\times31.4159)+0.205\times1.27\times12.3610]$$
$$=110.1425\text{kN}\cdot\text{m}$$

式中　M_n——在基本组合作用下，管底截面上的最大弯矩，$\text{kN}\cdot\text{m/m}$；

r_0——管壁截面的计算半径，取管中心至管壁截面重心的距离，$r_0=1.10\text{m}$；

k_{vm}、k_{hm}、k_{gm}、k_{wm}——分别为竖向、侧向压力、管的重力密度、管内水的重力密度、地面荷载作用下管壁截面上弯矩系数。

γ_{G1}、γ_{Qv}、γ_{G2}、γ_{G3}、γ_{G4}——分别为竖向荷载、地面车辆荷载或地面堆积荷载、侧向压力、管自重、管内水重各项作用的分项系数。

（2）内层钢筋截面面积计算

$$A_{As}=\frac{\alpha_1 f_c bh_0-\sqrt{\{a_1 f_c bh_0\}^2-2M\alpha_1 f_c b}}{f_y}$$
$$=\frac{1\times19.1\times1000\times(200-25.0)-\sqrt{(1\times19.1\times1000\times(200-25.0))^2-2\times110.1425\times10^6\times1\times9.1\times1000}}{360}$$
$$=1953.8823\text{mm}^2/\text{m}$$

式中　α_1——计算系数，当混凝土强度等级小于C50时，取 $\alpha_1=1$；

f_c——混凝土轴心抗压设计强度，C40取 $f_c=19.1\text{MPa}$；

h_0——计算截面的有效高度：

f_y——钢筋设计抗拉强度，$f_y=360\text{MPa}$；

b——结构计算单元宽度，mm。

（3）裂缝宽度验算

$$M_q=r_0[-k_{vm}(F_{sv,k}+\psi_q q_{vk}D_1)+k_{hm}F_{ep,k}D_1-k_{gm}G_{1k}+k_{wm}G-k_{pm}P_0]$$

$$=1.1\times[-0.151\times(30.4000+10\times2.40)+0.125\times1\times(34.6667+3.3333)\times2.40-0.088\times(35.9398+131.4159)-0.123\times12.3609]$$

$$=-35.9151\text{kN}\cdot\text{m}$$

$$\sigma_{sk}=\frac{M_q}{0.87A_s h_0}=\frac{79.8575\times10^6}{0.87\times1953.8823\times175}=268.4479\text{kN/mm}^2$$

$$\rho_{te}=\frac{A_s}{0.5bh}=\frac{1953.8823}{0.5\times1000\times200}=0.01954$$

$$\psi=1.1-0.65\frac{f_{tk}}{\rho_{te}\sigma_{sk}a_2}=1.1-0.65\times\frac{2.39}{0.01954\times268.4479}=0.8038$$

$$\omega_{max}=1.8\psi\frac{\sigma_{sq}}{E_s}\left(1.5C+0.11\frac{d}{\rho_{te}}\right)(1+a_1)\upsilon$$

$$=1.8\times0.8038\times\frac{268.4479}{2.0\times10^5}\times\left(1.5\times20+0.11\times\frac{8}{0.01954}\right)\times(1+0)\times0.7$$

$$=0.1020\text{mm}<0.2\text{mm}$$

裂缝宽度验算合格。

式中　M_q——在长期效应准永久组合作用下，计算截面上的弯矩；

ψ_q——可变作用准永久值系数；

σ_{sq}——按长期应准永久组合作用计算的截面受拉钢筋的应力；

ρ_{te}——以有效受拉混凝土截面面积计算的受拉钢筋的配筋率；

ψ——钢筋应变不均匀系数；

f_{tk}——混凝土轴心受拉强度标准值；

α_2——系数，对受弯构件可取 $\alpha_2=0$、大偏心受压构件可取 $\alpha_2=1-0.2\dfrac{h_0}{e_0}$、对大偏心受拉构件可取 $\alpha_2=1+0.35\dfrac{h_0}{e_0}$，$e_0$——为纵向力对截面重心的偏心距；

α_1——系数；对受弯、大偏心受压构件可取 $\alpha_1=0$、对偏心受拉构件可取 $\alpha_1=0.28\left[\dfrac{1}{1+2e_0/h_0}\right]$；

C——最外层受拉钢筋的混凝土净保护层厚度；

υ——钢筋表面特征系，光面钢筋 $\upsilon=1.0$、变形钢筋取 $\upsilon=0.7$；

E_s——钢筋弹性模量。

4. 外层配筋

（1）内力计算

$$M_w=r_0[-k_{vm}(\gamma_{G1}F_{sv,k}+\gamma_{Qv}q_{vk}D_1)+k_{hm}\gamma_{G2}(F_{eq,k}+3.3333)D_1-k_{gm}\gamma_{G3}G_{1k}+k_{wm}\gamma_{G4}G_{wk}-k_{pm}\gamma_{G4}P_0]$$

$=1.1\times[-0.151\times(1.27\times230.4000+1.4\times10\times2.40)+0.125\times1\times(34.6667+3.3333)\times$

$2.40-0.088\times(1.20\times35.9398+1.27\times31.4159)-0.123\times1.27\times12.3609]$

$=-51.804\text{kN}\cdot\text{m}$

$$N=k_{vn}(\gamma_{G1}F_{sv,k}+\gamma_{Qv}q_{vk}D_1)+k_{gn}\gamma_{G3}G_{1k}-k_{wn}\gamma_{G1}G_{wk}+k_{pn}\gamma_{G1}P_0$$

$$=0.5\times(230.4000+0.5\times10\times2.40)+0.25\times35.9398-0.069\times31.4159+0.5\times12.3609=134.1977$$

$$e'_s=-\frac{M_w}{N}-\frac{h}{2}+a'_s$$

$$=\frac{51.8041\times1000}{178.9822}-\frac{200}{2}+20=209.4370\text{mm}$$

（2）外层钢筋截面面积计算

$$A_w\geqslant\frac{Ne'_s}{f_y(h-a_s)}=\frac{178.9822\times1000\times209.4370}{360\times(200-20)}=578.4798\text{mm}^2$$

式中 M_w——在基本组合荷载作用下，管侧外截面上最大弯矩；

a_s——受拉区钢筋合力点至截面受拉边缘距离；

a'_s——受压区钢筋合力点至截面受压边缘距离；

N——在基本组合荷载作用下，管侧的最大轴向力；

e'_s——轴向压力作用点至受压区钢筋合力点距离。

（3）裂缝宽度验算

$$M_q=r_0[-k_{vm}(F_{sv,k}+\psi_q q_{vk}D_1)+k_{hm}F_{eq,k}D_1-k_{gm}G_{1k}+k_{wm}G_{wk}-k_{pm}P_0]$$

$$=0.5\times(230.4000+0.5\times10\times2.40)+0.25\times35.9398-0.069\times31.4159+0.5\times12.3609$$

$$=-35.915\text{kN}\cdot\text{m}$$

$$N_q=k_{vn}(F_{sv,k}+\psi_q q_{vk}D_1)+k_{gn}G_{1k}-k_{wn}G_{wk}+k_{pn}P_0$$

$$=0.5\times(230.4000+0.5\times10\times2.40)+0.25\times35.9398-0.069\times31.4159+0.5\times12.3609$$

$$=134.19774\text{kN}$$

$$e_0=-\frac{M_q}{N_q}$$

$$=\frac{35.9151\times1000}{134.19774}=267.6283\text{mm}$$

$$\sigma_{sk}=\frac{M_q-0.35N_q(h_0-0.3e_0)}{0.87A_wh_0}$$

$$=\frac{35.9151\times10^6-0.35\times134.1977\times(176-0.3\times267.6283)}{0.87\times578.4798\times176}$$

$$=327.2801\text{kN/mm}^2$$

$$\rho_{te}=\frac{A_w}{0.5bh}=\frac{578.4798}{0.5\times1000\times200}=0.005785$$

取 $\rho_{te}=0.01$

$$a_2=1-0.2\frac{h_0}{e_0}=1-0.2\times\frac{176}{267.6283}=0.8685$$

$$\psi=1.1-0.65\frac{f_{tk}}{\rho_{te}\sigma_{sk}\alpha_2}=1.1-0.65\times\frac{2.39}{0.01\times327.2801\times0.8685}=0.5534$$

$$\omega_{max}=1.8\psi\frac{\sigma_{sq}}{E_s}\left(1.5C+0.11\frac{d}{\rho_{te}}\right)(1+\alpha_1)\upsilon$$

$$=1.8\times0.5534\times\frac{327.2801}{2.0\times10^5}\times\left(1.5\times20+0.11\times\frac{8}{0.0058}\right)\times(1+0)\times0.7$$

$$=0.1979\text{mm}<0.2\text{mm}$$

裂缝宽度符合规定值，验算合格

式中　N_q——在长期效应准永久组合作用下，计算截面上的轴向力。

5. 外压检验荷载计算

（1）裂缝荷载

$$M_{JY}=A_Sf_yh_0-\frac{A_S^2}{2f_{tk}b}$$

$$=\left[1953.8823\times360\times175-\frac{1953.8823^2}{2\times26.8\times1000}\right]\times10^{-6}$$

$$=123.0945\text{kN}\cdot\text{m}$$

$$P_L=\frac{M_{JY}-0.239G_{lk}r_0}{0.318r_0}$$

$$=\frac{123.0945-0.239\times35.9398\times1.1}{0.318\times1.1}$$

$$=324.8883=325\text{kN/m}$$

（2）破坏荷载

$$P_S=1.5P_L$$

$$=487\text{kN/m}$$

式中　M_{JY}——三点法外压检验管上作用弯矩，kN·m；

f_y——钢筋强度设计值，N/mm^2；

f_{tk}——混凝土抗压强度标准值，N/mm^2；

h_0——管壁截面结构计算有效高度，mm；

b——结构计算单元宽度，mm；

G_{lk}——单位长度管道自重，kN/m；

r_0——管子计算半径，即由管子中心至管壁中心距离，mm；

P_L——三点法外压裂缝宽度检验荷载，kN/m；

P_S——三点法外压破坏检验荷载，kN/m。

【例题 3.17】 D3200-290-8 开槽用钢筋混凝土管结构计算

1. 工况条件

管内径：$D_0=2900$mm；

管壁厚度：$h=290$mm；

管外径：$D_1=3780$mm；

平均半径：$r_0=1745$mm；

埋土深度：$H_s=8$m；

土的重力密度：$\gamma_s=18\text{kN/m}^3$

地面荷载：按堆积荷载 10kN/m^2 为计算值；

管道支承条件：开槽施工 120°土弧基础；

管体混凝土强度等级 C40：轴心抗压设计强度 $f_c=19.1$MPa

抗裂设计强度 $f_k=2.39$MPa；

钢筋强度设计值：$f_y=300$MPa。

2. 荷载计算

（1）通用荷载计算

① 管子自重标准值：

$$
\begin{aligned}
G_{1k}&=\pi\left[\left(\frac{D_1}{2}\right)^2-\left(\frac{D_0}{2}\right)^2\right]\gamma_c\\
&=\pi\times\left[\left(\frac{3.78}{2}\right)^2-\left(\frac{3.20}{2}\right)^2\right]\times 26\\
&=82.6698\text{kN/m}
\end{aligned}
$$

② 管内水重标准值：

$$
\begin{aligned}
G_{wk}&=\pi\left(\frac{D_0}{2}\right)^2\gamma_0\\
&=\pi\times\left(\frac{3.20}{2}\right)^2\times 10\\
&=80.4248\text{kN/m}
\end{aligned}
$$

③ 胸腔土重标准值：

$$
\begin{aligned}
P_0&=0.1073\gamma_c D_1^2\\
&=0.1073\times 18\times 3.78^2\\
&=27.5966\text{kN/m}
\end{aligned}
$$

式中 γ_c——管体重力密度；

γ_0——水的重力密度。

（2）其他荷载计算

① 管顶竖向土压力标准值计算

$$
\begin{aligned}
F_{sv,k}&=C_s\gamma_s H_s D_1\\
&=1.2\times 1.8\times 8\times 3.78\\
&=653.1840\text{kN}
\end{aligned}
$$

② 侧向土压力标准值 $F_{eq,k}$

$$F_{eq,k}=k_a\gamma_s Z$$
$$=\frac{1}{3}\times18\times(8+3.87/2)$$
$$=653.1840\text{kN}$$

式中　k_a——主动土压力系数，取 $k_a=1/3$；

Z——地面至管中心处距离；

③ 地面荷载对管子产生的侧向土压力标准值计算公式

$$q_{hz,k}=\frac{1}{3}q_{vz,k}$$
$$=\frac{1}{3}\times10=3.3333\text{kN/m}^2$$

式中　$q_{vz,k}$——地面荷载传递到管顶竖向压力标准值，kN/m^2。

3. 内力计算

混凝土管在组合作用下，管道横截面的环向内力可按下式计算：

$$M=r_0\sum_{i=1}^{n}k_{mi}P_i \tag{3.6-1}$$

$$N=r_0\sum_{i=1}^{n}k_{ni}P_i \tag{3.6-2}$$

式中　M——管道横截面的最大弯矩设计值，kN·m；

C_S——竖向土压力系数，取 $C_S=1.2$；

N——管道横截面的最大轴力设计值，kN；

r_0——圆管的计算半径，即圆管中心至管壁中心的距离，m；

k_{mi}——弯矩系数，应根据作用类别取土的支承角为120°，按表3-13取用；

k_{ni}——轴力系数，应根据作用类别取土的支承角为120°，按表3-13取用；

P_i——作用在管道上的第 i 项设计作用值，kN。

正负号规定：弯矩内壁受拉为正，受压为负；轴力管道受压为正，受拉为负。

120°支承角内力计算系数　　　　**表 3-13**

序号	荷载名称	准永久系数	分项系数	A点内力		B点内力		C点内力	
				M	N	M	N	M	N
1	管道自重	1.00	1.27	0.100	0.236	0.066	−0.048	−0.076	0.250
2	管腔内土荷载	1.00	1.27	0.131	0.258	0.072	−0.070	−0.111	0.500
3	管顶竖向土压力	1.00	1.27	0.154	0.209	0.136	−0.021	−0.138	0.500
4	管外地下水压	1.00	1.00	0	1.000	0	1.000	0	1.000
5	管内水重	1.00	1.27	0.100	−0.240	0.066	−0.208	−0.076	−0.069
6	管内工作水压	0.70	1.40	0	−1.000	0	−1.000	0	−1.000
7	地面荷载	0.50	1.40	0.154	0.209	0.136	−0.021	−0.138	0.500
8	侧向土压力	1.00	1.27	−0.125	0.500	−0.125	0.500	0.125	0.000

开槽施工以120°土弧基础计算结构内力，内层最大弯矩受力点为管底的 A 点，外层最大弯矩受力点为管侧的 C 点。从表3-14选取 A 点及 C 点的内力系数计算管道结构内力。

各项荷载作用下管壁截面的内力值 **表 3-14**

序号	荷载名称	荷载标准值	准永久系数	分项系数	项目	A 点内力		C 点内力		计算简图
						M 值	N 值	M 值	N 值	
1	管道自重	82.6698	1.0	1.2	内力系数	0.100	0.236	−0.076	0.250	G_1
					标准值	14.4259	19.5101	−10.9637	20.6674	
					设计值	17.3110	23.4121	−13.1564	24.8009	
					准永久值	14.4259	19.5101	−10.9637	20.6674	
2	管腔内土荷载	27.5966	1.0	1.27	内力系数	0.131	0.258	−0.111	0.5	P_0
					标准值	6.3084	7.1199	−5.3453	13.7983	
					设计值	8.0117	9.0423	−6.7886	17.5239	
					准永久值	6.3084	7.1199	−5.3453	13.7983	
3	管顶竖向土压力	653.1840	1.0	1.27	内力系数	0.154	0.209	−0.138	0.5	P_v
					标准值	175.5301	136.5155	−157.2932	326.5920	
					设计值	222.9233	173.3746	−199.7624	414.7718	
					准永久值	175.5301	136.5155	−157.2932	326.5920	
4	管外地下水压力	0	1.0	1.0	内力系数	0	1	—	0	F_{vsk1}
					标准值	0.0000	0.0000	0.0000	0.0000	
					设计值	0.0000	0.0000	0.0000	0.0000	
					准永久值	0.0000	0.0000	0.0000	0.0000	

续表

序号	荷载名称	荷载标准值	准永久系数	分项系数	项目	A 点内力		C 点内力		计算简图
						M 值	N 值	M 值	N 值	
5	管内水重	80.4248	1.0	1.2	内力系数	0.1	−0.24	−0.076	−0.069	G_w
					标准值	14.0341	−19.3019	−10.6659	−5.5493	
					设计值	17.8233	−24.5135	−13.5457	−7.0476	
					准永久值	14.0341	−19.3019	−10.6659	−5.5493	
6	管内工作水压	0	0.7	1.4	内力系数	0	−1	0	−1	F_{wdk}
					标准值	0.0000	0.0000	0.0000	0.0000	
					设计值	0.0000	0.0000	0.0000	0.0000	
					准永久值	0.0000	0.0000	0.0000	0.0000	
7	地面荷载	37.8000	0.5	1.4	内力系数	0.154	0.209	−0.138	0.5	P_v
					标准值	0.0000	0.0000	0.0000	0.0000	
					设计值	0.0000	0.0000	0.0000	0.0000	
					准永久值	0.0000	0.0000	0.0000	0.0000	
8	管道侧向土压力	178.0921	1.0	1.27	内力系数	−0.125	0.5	0.125	0	F_{ep} F_{ep} P_{ep} P_{ep}
					标准值	−38.8463	89.0460	38.8463	0.0000	
					设计值	−38.8463	113.0885	38.8463	0.0000	
					准永久值	−38.8463	89.0460	38.8463	0.0000	
9	内力合计值				标准值	181.6102	240.7897	−154.5244	374.4084	
					设计值	241.4442	305.4643	−207.1504	476.5090	
					准永久值	176.5312	236.8396	−149.9731	364.9584	

2

4. 配筋计算

(1) 内层配筋

① 最大弯矩系数在 A 点，以 A 点内力计算管道的内层配筋

A 点内力设计值：$M_A=241.4442\text{kN}\cdot\text{m}$、$N_A=305.4643\text{kN}$

$$e_0=\frac{M_A}{N_A}=\frac{241.4442}{305.4643}\times1000=790.4173\text{mm}$$

假设配置钢筋直径为 $d=10\text{mm}$。

$$e_0=790.4173\text{mm}>\frac{h}{2}-a_s=\frac{290}{2}-\left(20+\frac{10}{2}\right)=120\text{mm}$$

故判别为大偏心受压状态，A 截面内层按大偏心受压计算配筋。

$$e'=e_0-\frac{h}{2}+a_s=790.4173-\frac{290}{2}+\left(20+\frac{10}{2}\right)=670.4173\text{mm}$$

$$A_{As}=\frac{N_Ae'}{f_y(h_0-a'_s)}=\frac{305.4643\times10^3\times670.4173}{300\times\left[290-\left(20+\frac{10}{2}\right)-\left(20+\frac{10}{2}\right)\right]}=2844.2851\text{mm}^2/\text{m}$$

式中 M_A——管壁 A 点截面弯矩，kN·m；

N_A——管壁 A 点截面轴向压力，kN；

e_0——轴力对至截面重心的偏心距，mm；

h——管壁厚度，mm；

a_s——受拉区钢筋合力点至受拉侧外缘距离，mm；

a'_s——受压区钢筋合力点至受压侧外缘距离，mm；

e'——轴力作用点至受压钢筋合力点的距离，mm；

h_0——管壁计算截面的有效高度，mm；

f_y——钢筋抗拉强度设计值，N/mm^2；

A_{As}——按 A 点内力计算的管道内层配筋面积，mm^2/m；

其他符号意义同前。

② 按使用极限状态，对 A 点进行裂缝宽度验算

A 点内力准永久值：$M_{Aq}=176.5312\text{kN}\cdot\text{m}$、$N_{Aq}=236.8396\text{kN}$

$$e_0=\frac{M_{Aq}}{N_{Aq}}=\frac{176.5312\times1000}{236.8396}$$

$$=745.3619\text{mm}$$

$$\sigma_{sk}=\frac{M_{Aq}-0.35N_{Aq}(h_0-0.3e_0)}{0.87A_{As}h_0}$$

$$=\frac{176.5312\times10^6-0.35\times236.8396\times10^3\times\left[290-\left(20+\frac{10}{2}\right)-0.3\times745.3619\right]}{0.87\times2844.2851\times\left[290-\left(20+\frac{10}{2}\right)\right]}$$

$$=263.9728\text{N/mm}^2$$

$$\rho_{te}=\frac{A_{As}}{0.5bh}=\frac{2844.2851}{0.5\times1000\times290}=0.01962$$

大偏心受压构件，取 $\alpha_1=0$。

$$\alpha_2=1+0.35\frac{h_0}{e_0}=1+0.35\times\frac{290-\left(20+\frac{10}{2}\right)}{745.3619}=0.9289$$

$$\psi=1.1-0.65\frac{f_{tk}}{\rho_{te}\sigma_{sk}\alpha_2}=1.1-0.65\times\frac{2.39}{0.01962\times263.9728\times0.9289}=0.7770$$

$$\omega_{max}=1.8\psi\frac{\sigma_{sq}}{E_s}\left(1.5C+0.11\frac{d}{\rho_{te}}\right)(1+\alpha_1)\upsilon$$

$$=1.8\times0.7770\times\frac{263.9728}{210000}\times\left(1.5\times20\times0.11\times\frac{10}{0.01962}\right)\times(1+0)\times0.7$$

$$=0.1059\text{mm}$$

裂缝宽度 $\omega_{max}=0.1059\text{mm}<[\omega_{max}]=0.2\text{mm}$，裂缝宽度验算合格。

式中　M_{Aq}——按作用效应准永久组合的计算截面 A 点上的弯矩；

N_{Aq}——按作用效应准永久组合的计算截面 A 点上的纵向轴力；

A_{As}——计算点 A 截面内层配筋面积，mm^2；

ω_{max}——最大裂缝宽度；

ψ——钢筋应变不均匀系数，当 $\psi<0.4$ 时，应取 $\psi=0.4$，当 $\psi>1.0$，应取 $\psi=1.0$；

σ_{sk}——按作用效应准永久组合计算的截面受拉钢筋的应力，受弯构件可取 $\sigma_{sk}=\frac{M_q}{0.87A_sh_0}$，大偏心受压构件可取 $\sigma_{sk}=\frac{M_q-0.35N_q(h_0-0.3e_0)}{0.87A_sh_0}$，大偏心受拉构件可取 $\sigma_{sk}=\frac{M_q+0.5N_q(h_0-a')}{A_s(h_0-a')}$；

f_{tk}——混凝土轴心受拉强度标准值；

ρ_{te}——以有效受拉混凝土截面面积计算的受拉钢筋的配筋率，即 $\rho_{te}=\frac{A_s}{0.5bh}$；

E_s——钢筋的弹性模量；

C——最外层受拉钢筋的混凝土保护层厚度；

d——受拉钢筋直径，当采用不同直径的钢筋时，$d=\frac{4A_s}{u}$，u 为受拉钢筋的总周长；

α_1——系数，对受率、大偏心受压构件可取 $\alpha_1=0$，对偏心受拉构件可取 $\alpha_1=0.28\left(\frac{1}{1+2e_0/h_0}\right)$，$h_0$ 为计算截面的有效高度；

υ——受拉钢筋表面特征系数，光面钢筋可取 $\upsilon=1$，变形钢筋可取 $\upsilon=0.7$；

α_2——系数，对受弯构件可取 $\alpha_2=0$，对大偏心受压构件可取 $\alpha_2=1-0.2\frac{h_0}{e_0}$，对大偏心受拉构件可取 $\alpha_2=1+0.35\frac{h_0}{e_0}$；

其他符号意义同前。

（2）外层配筋

① 最大弯矩系数在 C 点，以 C 点内力计算管道的外层配筋

C 点内力设计值：$M_C=207.1504\text{kN}\cdot\text{m}$、$N_C=476.5090\text{kN}$

$$\begin{aligned}e_0&=\frac{M_C}{N_C}\\&=\frac{207.1504}{476.5090}\times1000\\&=434.7251\text{mm}\end{aligned}$$

假设配置钢筋直径为 $d=10\text{mm}$。

$$e_0=434.7251\text{mm}>\frac{h}{2}-a_s=\frac{290}{2}-\left(20+\frac{10}{2}\right)=120\text{mm}$$

故判别为大偏心受压状态，C 截面内层按大偏心受压计算配筋。

$$\begin{aligned}e'&=e_0-\frac{h}{2}+a_s\\&=434.7251-\frac{290}{2}+\left(20+\frac{10}{2}\right)\\&=314.7251\text{mm}\end{aligned}$$

$$\begin{aligned}A_{Cs}&=\frac{N_C e'}{f_y(h_0-a'_s)}\\&=\frac{476.5090\times10^3\times314.7251}{300\times\left[290-\left(20+\frac{10}{2}\right)-\left(20+\frac{10}{2}\right)\right]}\\&=2082.9078\text{mm}^2/\text{m}\end{aligned}$$

式中　M_C——管壁 C 点截面弯矩，kN·m；

N_C——管壁 C 点截面轴向压力，kN；

A_{Cs}——按 C 点内力计算的管道外层配筋面积，mm^2/m；

其他符号意义同前，只是受拉区、受压区位置与 A 点内层配筋相反。

② 按使用极限状态，对 C 点进行裂缝宽度验算

C 点内力准永久值：$M_{Cq}=149.9731\text{kN}\cdot\text{m}$、$N_{Cq}=364.9584\text{kN}$

$$e_0=\frac{M_{Cq}}{N_{Cq}}=\frac{149.9731\times1000}{1364.9584}=410.9321\text{mm}$$

$$\sigma_{sk}=\frac{M_{Cq}-0.35N_{Cq}(h_0-0.3e_0)}{0.87A_{Cs}h_0}$$

$$=\frac{149.9731\times10^6-0.35\times364.9584\times10^3\times\left[290-\left(20+\frac{10}{2}\right)-0.3\times410.9321\right]}{0.87\times2082.9078\times\left[290-\left(20+\frac{10}{2}\right)\right]}$$

$$=274.6074\text{N/mm}^2$$

$$\rho_{te}=\frac{A_{Cs}}{0.5bh}=\frac{2082.9078}{0.5\times1000\times290}=0.01436$$

大偏心受压构件，取 $\alpha_1=0$。

$$\alpha_2=1+0.35\frac{h_0}{e_0}=1+0.35\times\frac{290-\left(20+\frac{10}{2}\right)}{410.9321}=0.8710$$

$$\psi=1.1-0.65\frac{f_{tk}}{\rho_{te}\sigma_{sk}\alpha_2}=1.1-0.65\times\frac{2.39}{0.01436\times274.6074\times0.8710}=0.6479$$

$$\omega_{max}=1.8\psi\frac{\sigma_{sq}}{E_s}\left(1.5C+0.11\frac{d}{\rho_{te}}\right)(1+\alpha_1)\upsilon$$

$$=1.8\times0.6479\times\frac{274.6074}{210000}\times\left(1.5\times20+0.11\times\frac{10}{0.01436}\right)\times(1+0)\times0.7$$

$$=0.1138\text{mm}$$

裂缝宽度 $\omega_{max}=0.1138\text{mm}<[\omega_{max}]=0.2\text{mm}$，裂缝宽度验算合格。

式中　M_{Cq}——按作用效应准永久组合的计算截面 C 点上的弯矩；

N_{Cq}——按作用效应准永久组合的计算截面 C 点上的纵向轴力；

A_{Cs}——计算点 C 截面外层配筋面积，mm^2。

其他符号意义同前。

5. 外压检验荷载计算

三点法外压检验管上作用弯矩计算：

$$M_{JY}=A_{As}f_yh_0-\frac{A_{As}^2}{2f_{ck}b}$$

$$=\left[2844.2851\times300\times\left(290-20-\frac{10}{2}\right)-\frac{2844.2851^2}{2\times26.8\times1000}\right]\times10^{-6}$$

$$=226.1205\text{kN}\cdot\text{m}$$

外压裂缝宽度检验荷载计算：

$$P_L=\frac{M_{JY}-0.239G_{1k}r_0}{0.318r_0}$$

$$=\frac{226.1205-0.239\times82.6698\times1.745}{0.318\times1.745}$$

$$=347\text{kN/m}$$

外压破坏检验荷载计算：

$$P_S=1.5P_L$$

$$=1.5\times347$$

$$=521\text{kN/m}$$

式中 M_{JY}——三点法外压检验管上作用弯矩，kN·m；

f_y——钢筋强度设计值，N/mm^2；

f_{ck}——混凝土抗压强度标准值，N/mm^2；

h_0——管壁截面结构计算有效高度，mm；

b——结构计算单元宽度，mm；

G_{1k}——单位长度管道自重，kN/m；

r_0——管子计算半径，即由管子中心至管壁中心距离，mm；

P_L——三点法外压裂缝宽度检验荷载，kN/m；

P_S——三点法外压破坏检验荷载，kN/m；

其他符号意义同前。

6. 结构计算汇总

结构计算结果如表 3-15 所示。

计算结果汇总表 **表 3-15**

配筋位置	配筋面积 (mm^2/m)	钢筋直径 (mm)	每米配筋环数 (环/m)	螺距(mm)	裂缝荷载 (kN/m)	破坏荷载 (kN/m)
内层	2844.2851	12	25.1	39.8	347	521
外层	2082.9078	12	18.4	54.3		

【例题 3.18】 顶管用钢筋混凝土圆管按《CECS 143：2002》法结构计算

1. 工况条件：与【例题 3.17】相同

2. 荷载计算

（1）通用荷载计算：与【例题 3.17】相同

（2）其他荷载计算

① 管顶竖向土压力标准值 $F_{sv,kl}$

上部土压力传至管顶处影响宽度：

$$B_t=D_1\left[1+\tan\left(45°-\frac{\varphi}{2}\right)\right]$$

$$=3.78\times\left[1+\tan\left(45°-\frac{30°}{2}\right)\right]$$

$$=5.9624\text{m}$$

$$C_j=\frac{1-\exp\left(-2K\mu\dfrac{H_s}{B_t}\right)}{2K\mu}$$

$$=\frac{1-\exp\left(-2\times0.19\times\dfrac{8.0}{5.9624}\right)}{2\times0.19}$$

$$=1.0511$$

$$F_{sv,k1}=C_j\gamma_s B_t D_1$$

$$=1.0511\times18\times5.9624\times3.78$$

$$=426.4154\text{kN/m}$$

② 管顶背部胸腔土重标准值 $F_{sv,k2}$

$$F_{sv,k2}=0.1073\gamma_c D_1^2$$

$$=0.1073\times18\times3.78^2$$

$$=27.5966\text{kN/m}$$

③ 侧向土压力标准值 $F_{ep,k}$

$$K=\tan^2\left(45°-\frac{\varphi}{2}\right)$$

$$=\tan^2\left(45°-\frac{30°}{2}\right)$$

$$=0.3333$$

$$F_{ep,k}=KF_{sv,k1}$$

$$=0.3333\times426.4154$$

$$=142.1243\text{kN/m}$$

式中　$F_{sv,k1}$——管顶竖向土压力标准值，kN/m；

C_j——顶管土压力系数；

B_t——上部土压力传至管顶处影响宽度，m；

φ——土壤内摩擦角，在无试验资料时可取 $\varphi=30°$；

H_s——管顶至设计地面距离（管顶土层厚度），m；

$K\mu$——土壤主动土压力系数和内摩擦系数乘积，在无试验资料时可取 $K\mu=0.19$；

$F_{sv,k2}$——管顶背部胸腔土重标准值，kN/m；

$F_{ep,k}$——侧向土压力标准值，kN/m；

K——主动土压力系数；

3. 内力计算

混凝土管在组合作用下，管道横截面的环向内力可按式（3.6-4）、式（3.6-5）计算：

顶进法施工以120°土弧基础计算结构内力，内层最大弯矩受力点为管低的 A 点，外层最大弯矩受力点为管侧的 C 点。从表3-16选取 A 点及 C 点的内力系数计算管道结构内力。

4. 配筋计算

（1）内层配筋

① 最大弯矩系数在 A 点，以 A 点内力计算管道的内层配筋

A 点内力设计值：$M_A=157.6722\text{kN}\cdot\text{m}$、$N_A=211.3823\text{kN}$

$$e_0=\frac{M_A}{N_A}$$

$$=\frac{157.6722}{211.3823}\times1000$$
$$=745.9104\text{mm}$$

假设配置钢筋直径为 $d=10\text{mm}$。

$$e_0=745.9104\text{mm}>\frac{h}{2}-a_s=\frac{290}{2}-\left(20+\frac{10}{2}\right)=120\text{mm}$$

故判别为大偏心受压状态，A 截面内层按大偏心受压计算配筋。

$$e'=e_0-\frac{h}{2}+a_s$$
$$=745.9104-\frac{290}{2}+\left(20+\frac{10}{2}\right)$$
$$=625.9104\text{mm}$$
$$A_{As}=\frac{N_A e'}{f_y(h_0-\alpha'_s)}$$
$$=\frac{211.3823\times625.9104}{300\times\left[290-\left(20+\frac{10}{2}\right)-\left(20+\frac{10}{2}\right)\right]}$$
$$=1837.5884\text{mm}^2/\text{m}$$

式中 M_A——管壁 A 点截面弯矩，kN·m；
N_A——管壁 A 点截面轴向压力，kN；
e_0——轴力对至截面重心的偏心距，mm；
h——管壁厚度，mm；
a_s——受拉区钢筋合力点至受拉侧外缘距离，mm；
a'_s——受压区钢筋合力点至受压侧外缘距离，mm；
e'——轴力作用点至受压钢筋合力点的距离，mm；
h_0——管壁计算截面的有效高度，mm；
f_y——钢筋抗拉强度设计值，N/mm^2；
A_{As}——按 A 点内力计算的管道内层配筋面积，mm^2/m；
其他符号意义同前。

② 按使用极限状态，对 A 点进行裂缝宽度验算

A 点内力准永久值：$M_{Aq}=118.3551\text{kN}\cdot\text{m}$、$N_{Aq}=167.5181\text{kN}$

$$e_0=\frac{M_{Aq}}{N_{Aq}}$$
$$=\frac{118.3551}{167.5181}\times1000$$
$$=706.5213\text{mm}$$

$$\sigma_{sk}=\frac{M_{Aq}-0.35N_{Aq}(h_0-0.3e_0)}{0.87A_{As}h_0}$$
$$=\frac{118.3551-0.35\times167.5181\times10^3\times\left[290-\left(20+\frac{10}{2}\right)-0.3\times706.5213\right]}{0.87\times1837.5884\times\left[290-\left(20+\frac{10}{2}\right)\right]}$$
$$=272.0251\text{N/mm}^2$$

各项荷载作用下管壁截面的内力值计算表

表 3-16

序号	荷载名称	荷载标准值	准永久系数	分项系数	项目	A 点内力		C 点内力		计算简图
						M 值	*N* 值	*M* 值	*N* 值	
1	管道自重	82.6698	1.0	1.2	内力系数	0.100	0.236	−0.076	0.250	 G_1
					标准值	14.4259	19.5101	−10.9637	20.6674	
					设计值	17.3110	23.4121	−13.1564	24.8009	
					准永久值	14.4259	19.5101	−10.9637	20.6674	
2	管腔内土荷载	27.5966	1.0	1.27	内力系数	0.131	0.258	−0.111	0.5	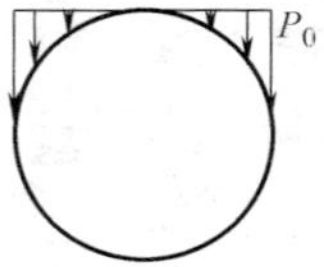 P_0
					标准值	6.3084	7.1199	−5.3453	13.7983	
					设计值	8.0117	9.0423	−6.7886	17.5239	
					准永久值	6.3084	7.1199	−5.3453	13.7983	
3	管顶竖向土压力	426.4154	1.0	1.27	内力系数	0.154	0.209	−0.138	0.5	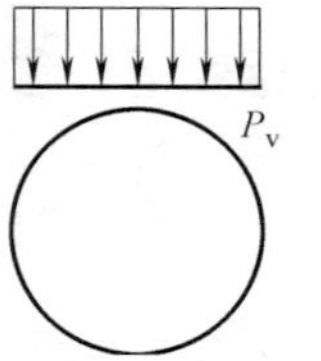 P_v
					标准值	114.5906	89.1208	−102.6851	213.2077	
					设计值	145.5301	113.1834	−130.4101	270.7738	
					准永久值	114.5906	89.1208	−102.6851	213.2077	
4	管外地下水压力	0	1.0	1.0	内力系数	0	1	—	0	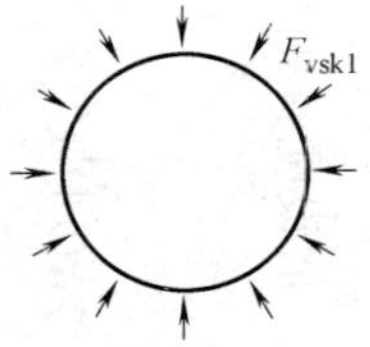 F_{vsk1}
					标准值	0.0000	0.0000	0.0000	0.0000	
					设计值	0.0000	0.0000	0.0000	0.0000	
					准永久值	0.0000	0.0000	0.0000	0.0000	

续表

序号	荷载名称	荷载标准值	准永久系数	分项系数	项目	A点内力		C点内力		计算简图
						M值	N值	M值	N值	
5	管内水重	80.4248	1.0	1.2	内力系数	0.1	−0.24	−0.076	−0.069	G_w
					标准值	14.0341	−19.3019	−10.6659	−5.5493	
					设计值	17.8233	−24.5135	−13.5457	−7.0476	
					准永久值	14.0341	−19.3019	−10.6659	−5.5493	
6	管内工作水压	0	0.7	1.4	内力系数	0	−1	0	−1	F_{wdk}
					标准值	0.0000	0.0000	0.0000	0.0000	
					设计值	0.0000	0.0000	0.0000	0.0000	
					准永久值	0.0000	0.0000	0.0000	0.0000	
7	地面荷载	0	0.5	1.4	内力系数	0.154	0.209	−0.138	0.5	P_v
					标准值	0.0000	0.0000	0.0000	0.0000	
					设计值	0.0000	0.0000	0.0000	0.0000	
					准永久值	0.0000	0.0000	0.0000	0.0000	
8	管道侧向土压力	142.1385	1.0	1.27	内力系数	−0.125	0.5	0.125	0	F_{ep} F_{ep} P_{ep} P_{ep}
					标准值	−31.0040	71.0692	31.0040	0.0000	
					设计值	−31.0040	90.2579	31.0040	0.0000	
					准永久值	−31.0040	71.0692	31.0040	0.0000	
9	内力合计值				标准值	118.3551	167.5181	−98.6561	242.1241	
					设计值	157.6722	211.3823	−132.8968	306.0509	
					准永久值	118.3551	167.5181	−98.6561	242.1241	

$$\rho_{te}=\frac{A_{As}}{0.5bh}$$
$$=\frac{1837.5884}{0.5\times1000\times290}$$
$$=0.01267$$

大偏心受压构件，取 $\alpha_1=0$。

$$\alpha_2=1+0.35\frac{h_0}{e_0}=1+0.35\times\frac{290-\left(20+\frac{10}{2}\right)}{706.5213}=0.9250$$

$$\psi=1.1-0.65\frac{f_{tk}}{\rho_{te}\sigma_{sk}\alpha_2}$$
$$=1.1-0.65\times\frac{2.39}{0.01267\times272.0251\times0.9250}$$
$$=0.6128$$

$$\omega_{max}=1.8\psi\frac{\sigma_{sq}}{E_c}\left(1.5C+0.11\frac{d}{\rho_{te}}\right)(1+a_1)\upsilon$$
$$=1.8\times0.6128\times\frac{272.0251}{210000}\times\left(1.5\times20+0.11\times\frac{10}{0.01267}\right)\times(1+0)\times0.7$$
$$=0.1168\text{mm}$$

$\omega_{max}=0.1168\text{mm}<[\omega_{max}]=0.2\text{mm}$，裂缝宽度验算合格。

式中 M_{Aq}——按作用效应准永久组合的计算截面 A 点上的弯矩；

N_{Aq}——按作用效应准永久组合的计算截面 A 点上的纵向轴力；

A_{As}——计算点 A 截面内层配筋面积，mm^2；

ω_{max}——最大裂缝宽度；

ψ——钢筋应变不均匀系数，当 $\psi<0.4$ 时，应取 $\psi=0.4$，当 $\psi>1.0$，应取 $\psi=1.0$；

σ_{sk}——按作用效应准永久组合计算的截面受拉钢筋的应力，受弯构件可取 $\sigma_{sk}=\frac{M_q}{0.87A_sh_0}$，大偏心受压构件可取 $\sigma_{sk}=\frac{M_q-0.35N_q(h_0-0.3e_0)}{0.87A_sh_0}$，大偏心受拉构件可取 $\sigma_{sk}=\frac{M_q+0.5N_q(h_0-a')}{A_s(h_0-a')}$；

f_{tk}——混凝土轴心受拉强度标准值；

ρ_{te}——以有效受拉混凝土截面面积计算的受拉钢筋的配筋率，即 $\rho_{te}=\frac{A_s}{0.5bh}$；

E_s——钢筋的弹性模量；

C——最外层受拉钢筋的混凝土保护层厚度；

d——受拉钢筋直径，当采用不同直径的钢筋时，$d=\frac{4A_s}{u}$，u 为受拉钢筋的总周长；

α_1——系数，对受弯、大偏心受压构件可取 $\alpha_1=0$，对偏心受拉构件可取 $\alpha_1=0.28\left(\frac{1}{1+2e_0/h_0}\right)$，$h_0$ 为计算截面的有效高度；

υ——受拉钢筋表面特征系数，光面钢筋可取 $\upsilon=1$，变形钢筋可取 $\upsilon=0.7$；

α_2——系数，对受弯构件可取 $\alpha_2=0$，对大偏心受压构件可取 $\alpha_2=1-0.2\dfrac{h_0}{e_0}$，对大偏心受拉构件可取 $\alpha_2=1+0.35\dfrac{h_0}{e_0}$；

其他符号意义同前。

（2）外层配筋

① 最大弯矩系数在 C 点，以 C 点内力计算管道的外层配筋

C 点内力设计值：$M_C=132.8968\text{kN}\cdot\text{m}$、$N_C=306.0509\text{kN}$

$$e_0=\frac{M_C}{N_C}=\frac{132.8968}{306.0509}\times1000=434.2310\text{mm}$$

假设配置钢筋直径为 $d=10\text{mm}$。

$$e_0=434.2310\text{mm}>\frac{h}{2}-a_s=\frac{290}{2}-\left(20+\frac{10}{2}\right)=120\text{mm}$$

故判别为大偏心受压状态，C 截面内层按大偏心受压计算配筋。

$$e'=e_0-\frac{h}{2}+a_s=434.2310-\frac{290}{2}+\left(20+\frac{10}{2}\right)=314.2310\text{mm}$$

$$A_{Cs}=\frac{N_Ce'}{f_y(h_0-a'_s)}=\frac{306.0509\times314.2310}{300\times\left[290-\left(20+\frac{10}{2}\right)-\left(20+\frac{10}{2}\right)\right]}=1335.7042\text{mm}^2/\text{m}$$

式中 M_C——管壁 C 点截面弯矩，kN·m；

N_C——管壁 C 点截面轴向压力，kN；

A_{Cs}——按 C 点内力计算的管道外层配筋面积，mm^2/m；

其他符号意义同前，只是受拉区、受压区位置与 A 点内层配筋相反。

② 按使用极限状态，对 C 点进行裂缝宽度验算

C 点内力准永久值：$M_{Cq}=98.6561\text{kN}\cdot\text{m}$、$N_{Cq}=242.1241\text{kN}$

$$e_0=\frac{M_{Aq}}{N_{Aq}}=\frac{98.6561}{242.1241}\times1000=407.4607\text{mm}$$

$$\sigma_{sk}=\frac{M_{Cq}-0.35N_{Cq}(h_0-0.3e_0)}{0.87A_{Cs}h_0}$$

$$=\frac{98.6561-0.35\times242.1241\times10^3\times\left[290-\left(20+\frac{10}{2}\right)-0.3\times407.4607\right]}{0.87\times1335.7042\times\left[290-\left(20+\frac{10}{2}\right)\right]}$$

$$=281.0810\text{N/mm}^2$$

$$\rho_{te}=\frac{A_{Cs}}{0.5bh}=\frac{1335.7042}{0.5\times1000\times290}=0.00921$$

取 $\rho=0.01$。

大偏心受压构件，取 $\alpha_1=0$。

$$\alpha_2=1+0.35\frac{h_0}{e}=1+0.35\times\frac{290-\left(20+\frac{10}{2}\right)}{407.4607}=0.8699$$

$$\psi=1.1-0.65\frac{f_{tk}}{\rho_{te}\sigma_{sk}\alpha_2}=1.1-0.65\times\frac{2.39}{0.01\times281.0810\times0.8699}=0.4647$$

$$\begin{aligned}\omega_{max}&=1.8\psi\frac{\sigma_{sq}}{E_c}\left(1.5C+0.11\frac{d}{\rho_{te}}\right)(1+\alpha_1)\nu\\&=1.8\times0.4647\times\frac{2281.0810}{210000}\times\left(1.5\times20+0.11\times\frac{10}{0.00921}\right)\times(1+0)\times0.7\\&=0.1171\text{mm}\end{aligned}$$

$\omega_{max}=0.1171\text{mm}<[\omega_{max}]=0.2\text{mm}$，裂缝宽度验算合格。

式中　M_{Cq}——按作用效应准永久组合的计算截面 C 点上的弯矩；

N_{Cq}——按作用效应准永久组合的计算截面 C 点上的纵向轴力；

A_{Cs}——计算点 C 截面外层配筋面积，mm^2。

其他符号意义同前。

5. 外压检验荷载计算

三点法外压检验管上作用弯矩计算：

$$\begin{aligned}M_{JY}&=A_{As}f_y h_0-\frac{A_{As}{}^2}{2f_{tk}b}\\&=\left[1837.5884\times300\times\left(290-20-\frac{10}{2}\right)-\frac{1837.5884^2}{2\times26.8\times1000}\right]\times10^{-6}\\&=146.0882\text{kN}\cdot\text{m}\end{aligned}$$

外压裂缝宽度检验荷载计算：

$$\begin{aligned}P_L&=\frac{M_{JY}-0.239G_{1k}r_0}{0.318r_0}\\&=\frac{146.0882-0.239\times82.6698\times1.745}{0.318\times1.745}\\&=203\text{kN/m}\end{aligned}$$

外压破坏检验荷载计算：

$$P_S=1.5P_L=1.5\times203=304\text{kN/m}$$

式中　M_{JY}——三点法外压检验管上作用弯矩，$\text{kN}\cdot\text{m}$；

f_y——钢筋强度设计值，N/mm^2；

f_{tk}——混凝土抗压强度标准值，N/mm^2；

h_0——管壁截面结构计算有效高度，mm；

b——结构计算单元宽度，mm；

G_{1k}——单位长度管道自重密度，kN/m；

r_0——管子计算半径，即由管子中心至管壁中心距离，mm；

P_L——三点法外压裂缝宽度检验荷载，kN/m；

P_S——三点法外压破坏检验荷载，kN/m；

其他符号意义同前。

6. 结构计算汇总

结构计算结果如表 3-17 所示。

计算结果汇总表 **表 3-17**

配筋位置	配筋面积 (mm^2/m)	钢筋直径 (mm)	每米配筋环数 (环/m)	螺距(mm)	裂缝荷载 (kN/m)	破坏荷载 (kN/m)
内层	1837.5884	10	23.4	42.7	203	304
外层	1335.7042	10	17.0	58.8		

【例题 3.19】 顶管用钢筋混凝土圆管按《普氏卸荷拱法》结构计算

1. 工况条件：与【例题 3.17】相同

土壤坚固系数；$J_g=0.8$

2. 荷载计算

（1）通用荷载计算：与【例题 3.17】相同

（2）其他荷载计算

① 管顶竖向土压力标准值 $F_{sv,k}$

卸荷拱跨径 B_p：

$$B_p=D_1[1+\tan(45°-\phi/2)]$$
$$=3.780\times[1+\tan(45°-30°/2)]$$
$$=5.9624m$$

卸荷拱高度计算 h_k：

$$h_k=\frac{B_p}{2J_g}$$
$$=\frac{5.9624}{2\times0.8}$$
$$=3.7265m$$

式中 J_g——土的坚固系数。

竖向土压力标准值 $F_{sv,k}$：

$$F_{sv,k}=C_c\gamma_sD_wh_k$$
$$=1.2\times18\times3.78\times3.7265$$
$$=304.2605kN$$

② 侧向土压力标准值 $F_{ep,k}$

$$F_{ep,k}=k_a\gamma_s(h_k+D_w/2)=\frac{1}{3}\times18\times(3.7265+3.78/2)=33.6989kN$$

式中 k_a——主动土压力系数，取 $k_a=1/3$；

3. 内力计算

混凝土管在组合作用下，管道横截面的环向内力可按式（3.6-4）、式（3.6-5）计算。

顶进法施工以 120°土弧基础计算结构内力，内层最大弯矩受力点为管底的 A 点，外层最大弯矩受力点为管侧的 C 点。从表 3-18 选取 A 点及 C 点的内力系数计算管道结构内力。

各项荷载作用下管壁截面的内力值计算表　　表 3-18

序号	荷载名称	荷载标准值	准永久系数	分项系数	项目	A点内力		C点内力		计算简图
						M	N	M	N	
1	管道自重	82.6698	1.0	1.2	内力系数	0.100	0.236	−0.076	0.250	G_1
					标准值	14.4259	19.5101	−10.9637	20.6674	
					设计值	17.3110	23.4121	−13.1564	24.8009	
					准永久值	14.4259	19.5101	−10.9637	20.6674	
2	管腔内土荷载	27.5966	1.0	1.27	内力系数	0.131	0.258	−0.111	0.5	P_0
					标准值	6.3084	7.1199	−5.3453	13.7983	
					设计值	8.0117	9.0423	−6.7886	17.5239	
					准永久值	6.3084	7.1199	−5.3453	13.7983	
3	管顶竖向土压力	304.2605	1.0	1.27	内力系数	0.154	0.209	−0.138	0.5	P_v
					标准值	81.7639	63.5904	−73.2690	152.1302	
					设计值	103.8402	80.7599	−93.0516	193.2054	
					准永久值	81.7639	63.5904	−73.2690	152.1302	
4	管外地下水压力	0	1.0	1.0	内力系数	0	1	—	0	F_{vsk1}
					标准值	0.0000	0.0000	0.0000	0.0000	
					设计值	0.0000	0.0000	0.0000	0.0000	
					准永久值	0.0000	0.0000	0.0000	0.0000	

续表

序号	荷载名称	荷载标准值	准永久系数	分项系数	项目	A点内力		C点内力		计算简图
						M	N	M	N	
5	管内水重	80.4248	1.0	1.2	内力系数	0.1	−0.24	−0.076	−0.069	G_w
					标准值	14.0341	−19.3019	−10.6659	−5.5493	
					设计值	17.8233	−24.5135	−13.5457	−7.0476	
					准永久值	14.0341	−19.3019	−10.6659	−5.5493	
6	管内工作水压	0	0.7	1.4	内力系数	0	−1	0	−1	F_{wdk}
					标准值	0.0000	0.0000	0.0000	0.0000	
					设计值	0.0000	0.0000	0.0000	0.0000	
					准永久值	0.0000	0.0000	0.0000	0.0000	
7	地面荷载	0	0.5	1.4	内力系数	0.154	0.209	−0.138	0.5	P_v
					标准值	0.0000	0.0000	0.0000	0.0000	
					设计值	0.0000	0.0000	0.0000	0.0000	
					准永久值	0.0000	0.0000	0.0000	0.0000	
8	管道侧向土压力	127.3820	1.0	1.27	内力系数	−0.125	0.5	0.125	0	F_{ep} F_{ep} P_{ep} P_{ep}
					标准值	−27.7852	63.6910	27.7852	0.0000	
					设计值	−27.7852	63.6910	27.7852	0.0000	
					准永久值	−27.7852	63.6910	27.7852	0.0000	
9	内力合计值				标准值	88.7472	134.6095	−72.4587	181.0467	
					设计值	119.2011	152.3918	−98.7571	228.4825	
					准永久值	88.7472	134.6095	−72.4587		

4. 配筋计算

（1）内层配筋

① 最大弯矩系数在 A 点，以 A 点内力计算管道的内层配筋

A 点内力设计值：$M_A=119.2011\text{kN}\cdot\text{m}$、$N_A=152.3918\text{kN}$

$$\begin{aligned}e_0&=\frac{M_A}{N_A}\\&=\frac{119.2011}{152.3918}\times1000\\&=782.2016\text{mm}\end{aligned}$$

假设配置钢筋直径为 $d=10\text{mm}$。

$$e_0=782.2016\text{mm}>\frac{h}{2}-a_s=\frac{290}{2}-\left(20+\frac{10}{2}\right)=120\text{mm}$$

故判别为大偏心受压状态，A 截面内层按大偏心受压计算配筋。

$$\begin{aligned}e'&=e_0-\frac{h}{2}+a_s\\&=782.2016-\frac{290}{2}+\left(20+\frac{10}{2}\right)\\&=662.2016\text{mm}\end{aligned}$$

$$\begin{aligned}A_{As}&=\frac{N_Ae'}{f_y(h_0-a'_s)}\\&=\frac{152.3918\times10^3\times662.2016}{300\times\left[290-\left(20+\frac{10}{2}\right)-\left(20+\frac{10}{2}\right)\right]}\\&=1401.5843\text{mm}^2/\text{m}\end{aligned}$$

式中　M_A——管壁 A 点截面弯矩，kN·m；

N_A——管壁 A 点截面轴向压力，kN；

e_0——轴力对至截面重心的偏心距，mm；

h——管壁厚度，mm；

a_s——受拉区钢筋合力点至受拉侧外缘距离，mm；

a'_s——受压区钢筋合力点至受压侧外缘距离，mm；

e'——轴力作用点至受压钢筋合力点的距离，mm；

h_0——管壁计算截面的有效高度，mm；

f_y——钢筋抗拉强度设计值，N/mm^2；

A_{As}——按 A 点内力计算的管道内层配筋面积，mm^2/m；

其他符号意义同前。

② 按使用极限状态，对 A 点进行裂缝宽度验算

A 点内力准永久值：$M_{Aq}=88.7472\text{kN}\cdot\text{m}$、$N_{Aq}=134.6095\text{kN}$

$$\begin{aligned}e_0&=\frac{M_{Aq}}{N_{Aq}}\\&=\frac{88.7472\times1000}{134.6095}\end{aligned}$$

$$=659.2935\text{mm}$$

$$\sigma_{sk}=\frac{M_{Aq}-0.35N_{Cq}(h_0-0.3e_0)}{0.87A_{As}h_0}$$

$$=\frac{88.7472\times10^6-0.35\times134.6095\times10^3\times\left[290-\left(20+\frac{10}{2}\right)-0.3\times659.2935\right]}{0.87\times1401.5843\times\left[290-\left(20+\frac{10}{2}\right)\right]}$$

$$=264.8444\text{N/mm}^2$$

$$\rho_{te}=\frac{A_{As}}{0.5bh}=\frac{1401.5843}{0.5\times1000\times290}=0.00967$$

大偏心受压构件，取 $\alpha_1=0$。

$$\alpha_2=1+0.35\frac{h_0}{e_0}=1+0.35\times\frac{290-\left(20+\frac{10}{2}\right)}{659.2935}=0.9196$$

$$\psi=1.1-0.65\frac{f_{tk}}{\rho_{te}\sigma_{sk}\alpha_2}=1.1-0.65\times\frac{2.39}{0.01\times264.8444\times0.9196}=0.4622$$

$$\omega_{max}=1.8\psi\frac{\sigma_{sk}}{E_s}\left(1.5C+0.11\frac{d}{\rho_{te}}\right)(1+\alpha_1)\upsilon$$

$$=1.8\times0.4622\times\frac{264.8444}{210000}\times\left(1.5\times20+0.11\times\frac{10}{0.00967}\right)\times(1+0)\times0.7$$

$$=0.1056\text{mm}$$

裂缝宽度 $\omega_{max}=0.1056\text{mm}<[\omega_{max}]=0.2\text{mm}$，裂缝宽度验算合格。

式中 M_{Aq}——按作用效应准永久组合的计算截面 A 点上的弯矩；

N_{Aq}——按作用效应准永久组合的计算截面 A 点上的纵向轴力；

A_{As}——计算点 A 截面内层配筋面积，mm^2；

ω_{max}——最大裂缝宽度；

ψ——钢筋应变不均匀系数，当 $\psi<0.4$ 时，应取 $\psi=0.4$，当 $\psi>1.0$，应取 $\psi=1.0$；

σ_{sk}——按作用效应准永久组合计算的截面受拉钢筋的应力，受弯构件可取 $\sigma_{sk}=\frac{M_q}{0.87A_sh_0}$，大偏心受压构件可取 $\sigma_{sk}=\frac{M_q-0.35N_q(h_0-0.3e_0)}{0.87A_sh_0}$，大偏心受拉构件可取 $\sigma_{sk}=\frac{M_q+0.5N_q(h_0-a')}{A_s(h_0-a')}$；

f_{tk}——混凝土轴心受拉强度标准值；

ρ_{te}——以有效受拉混凝土截面面积计算的受拉钢筋的配筋率，即 $\rho_{te}=\dfrac{A_s}{0.5bh}$；

E_s——钢筋的弹性模量；

C——最外层受拉钢筋的混凝土保护层厚度；

d——受拉钢筋直径，当采用不同直径的钢筋时，$d=\dfrac{4A_s}{u}$，u 为受拉钢筋的总周长；

α_1——系数，对受率、大偏心受压构件可取 $\alpha_1=0$，对偏心受拉构件可取 $\alpha_1=0.28\left(\dfrac{1}{1+2e_0/h_0}\right)$，$h_0$ 为计算截面的有效高度；

υ——受拉钢筋表面特征系数，光面钢筋可取 $\upsilon=1$，变形钢筋可取 $\upsilon=0.7$；

α_2——系数，对受弯构件可取 $\alpha_2=0$，对大偏心受压构件可取 $\alpha_2=1-0.2\dfrac{h_0}{e_0}$，对大偏心受拉构件可取 $\alpha_2=1+0.35\dfrac{h_0}{e_0}$；

其他符号意义同前。

（2）外层配筋

① 最大弯矩系数在 C 点，以 C 点内力计算管道的外层配筋

C 点内力设计值：$M_C=98.7571\text{kN}\cdot\text{m}$、$N_C=228.4825\text{kN}$

$$e_0=\frac{M_C}{N_C}=\frac{98.7571}{228.4825}\times1000=432.2303\text{mm}$$

假设配置钢筋直径为 $d=10\text{mm}$。

$$e_0=432.2303\text{mm}>\frac{h}{2}-a_s=\frac{290}{2}-\left(20+\frac{10}{2}\right)=120\text{mm}$$

故判别为大偏心受压状态，C 截面内层按大偏心受压计算配筋。

$$e'=e_0-\frac{h}{2}+a_s=432.2303-\frac{290}{2}+\left(20+\frac{10}{2}\right)=312.2303\text{mm}$$

$$A_{Cs}=\frac{N_Ce'}{f_y(h_0-a'_s)}=\frac{228.4825\times10^3\times312.2303}{300\times\left[290-\left(20+\frac{10}{2}\right)-\left(20+\frac{10}{2}\right)\right]}=990.8218\text{mm}^2/\text{m}$$

式中　M_C——管壁 C 点截面弯矩，kN·m；

N_C——管壁 C 点截面轴向压力，kN；

A_{Cs}——按 C 点内力计算的管道外层配筋面积，mm^2/m；

其他符号意义同前，只是受拉区、受压区位置与 A 点内层配筋相反。

② 按使用极限状态，对 C 点进行裂缝宽度验算

C 点内力准永久值：$M_{Cq}=72.4587kN\cdot m$、$N_{Cq}=181.0467kN$

$$e_0=\frac{M_{Cq}}{N_{Cq}}=\frac{72.4587\times1000}{181.0467}=400.2210mm$$

$$\sigma_{sk}=\frac{M_{Cq}-0.35N_{Cq}(h_0-0.3e_0)}{0.87A_{Cs}h_0}=\frac{72.4587\times10^6-0.35\times181.0467\times10^3\times\left[290-\left(20+\frac{10}{2}\right)-0.3\times400.2210\right]}{0.87\times990.8218\times\left[290-\left(20+\frac{10}{2}\right)\right]}=276.9937N/mm^2$$

$$\rho_{te}=\frac{A_{Cs}}{0.5bh}=\frac{990.8218}{0.5\times1000\times290}=0.00683$$

$\rho=0.00683<0.01$，取 $\rho=0.01$。

大偏心受压构件，取 $\alpha_1=0$。

$$\alpha_2=1+0.35\frac{h_0}{e_0}=1+0.35\times\frac{290-\left(20+\frac{10}{2}\right)}{400.2210}=0.8676$$

$$\psi=1.1-0.65\frac{f_{tk}}{\rho_{te}\sigma_{sk}\alpha_2}=1.1-0.65\times\frac{2.39}{0.01\times276.9937\times0.8676}=0.4535$$

$$\omega_{max}=1.8\psi\frac{\sigma_{sk}}{E_s}\left(1.5C+0.11\frac{d}{\rho_{te}}\right)(1+\alpha_1)\upsilon=1.8\times0.4535\times\frac{276.9937}{210000}\times\left(1.5\times20+0.11\frac{10}{0.00683}\right)\times(1+0)\times0.7=0.1440mm$$

裂缝宽度 $\omega_{max}=0.1440<[\omega_{max}]=0.2mm$，裂缝宽度验算合格。

式中 M_{Cq}——按作用效应准永久组合的计算截面 C 点上的弯矩；

N_{Cq}——按作用效应准永久组合的计算截面 C 点上的纵向轴力；

A_{Cs}——计算点 C 截面外层配筋面积，mm^2。

其他符号意义同前。

5. 外压检验荷载计算

三点法外压检验管上作用弯矩计算：

$$M_{JY}=A_{As}f_yh_0-\frac{A_{As}{}^2}{2f_{tk}b}$$
$$=\left[1572.6831\times300\times\left(290-20-\frac{10}{2}\right)-\frac{1572.6831^2}{2\times26.8\times1000}\right]\times10^{-6}$$
$$=150.0339\text{kN}\cdot\text{m}$$

外压裂缝宽度检验荷载计算：

$$P_L=\frac{M_{JY}-0.239G_{1k}r_0}{0.318r_0}$$
$$=\frac{150.0339-0.239\times82.6698\times1.745}{0.318\times1.745}$$
$$=208\text{kN/m}$$

外压破坏检验荷载计算：

$$P_S=1.5P_L$$
$$=1.5\times208$$
$$=312\text{kN/m}$$

式中　M_{JY}——三点法外压检验管上作用弯矩，kN·m；
f_y——钢筋强度设计值，N/mm^2；
f_{tk}——混凝土抗压强度标准值，N/mm^2；
h_0——管壁截面结构计算有效高度，mm；
b——结构计算单元宽度，mm；
G_{1k}——单位长度管道自重，kN/m；
r_0——管子计算半径，即由管子中心至管壁中心距离，mm；
P_L——三点法外压裂缝宽度检验荷载，kN/m；
P_S——三点法外压破坏检验荷载，kN/m；

其他符号意义同前。

6. 结构计算汇总

结构计算结果如表 3-19 所示。

计算结果汇总表　　**表 3-19**

配筋位置	配筋面积(mm^2/m)	钢筋直径(mm)	每米配筋环数(环/m)	螺距(mm)	裂缝荷载(kN/m)	破坏荷载(kN/m)
内层	1401.5843	10	17.8	56.0	208	312
外层	990.8218	10	12.6	79.3		

【例题 3.20】 顶管用钢筋混凝土圆管按《CECS 246：2010》法计算无压管

1. 工况条件

最高地下水位低于管底；

管道输水工作压力标准值　$F_{w,k}=0$MPa；

钢筋品种 CRB550　抗拉强度设计值 $f_y=300$MPa；

土层物理力学性能指标见表 3-20。

表中：C——土的黏聚力，kPa；

γ_s——土的重力密度，见表 3-20；

φ——土的内摩擦角见表 3-20。

土层物理力学性能指标　　　表 3-20

层序	土层名称	土的重力密度 γ_s (kN/m³)	直剪固块试验强度	
			C(kPa)	φ(°)
①	杂质土层	17.8	5	10.0
②	淤泥质黏土	16.8	14.8	11.1
③	粉质黏土	17.5	15.7	16.8
④	砂质粉土	18.3	16.7	22.5

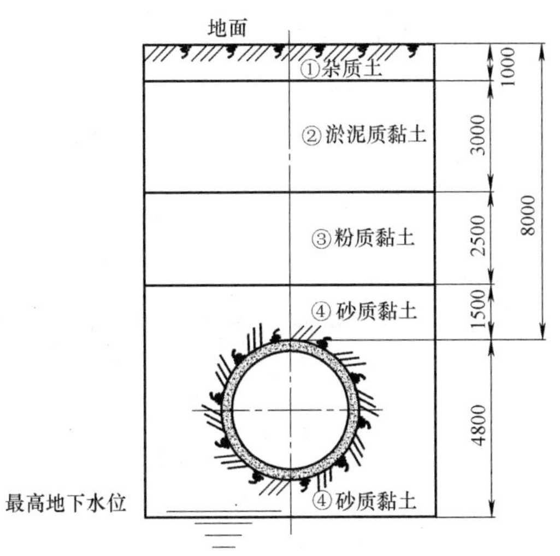

图 3-85　顶管穿越的土层剖面图

其他与【例题 3.17】相同

2. 荷载计算

(1) 通用荷载计算：与【例题 3.17】相同

(2) 其他荷载计算

① 管顶竖向土压力标准值 $F_{sv,k1}$ 计算：

$$\varphi'=\frac{10\times1.0+11.1\times3.0+14.5\times2.55+23\times1.5}{8}$$

$$=14.16^{\circ}$$

$$C=\frac{5\times1.0+14.8\times3.0+17.6\times2.5+16.7\times1.5}{8}$$

$$=14.81\text{kPa}$$

$$\gamma_{s1}=\frac{17.8\times1.0+16.8\times3.0+17.8\times2.5+18.3\times1.5}{8}$$

$$=17.52\text{kN/m}^3$$

$$\sigma_1=\gamma_{s1}H_s$$

$$=17.52\times8$$

$$=140.1500\text{N/m}^2$$

$$\varphi=2\left\{45^{\circ}-a\tan\left[\tan\left(45^{\circ}-\frac{\varphi'}{2}\right)-\frac{2C}{\sigma_1}\right]\right\}$$

$$=2\times\left\{45°-a\tan\left[\tan\left(45°-\frac{14.16°}{2}\right)-\frac{2\times14.81}{140.1500}\right]\right\}$$

$$=30.83°$$

$$B_t=D_1\left[1+\tan\left(45°-\frac{\varphi}{2}\right)\right]$$

$$=3.78\times\left[1+\tan\left(45°-\frac{30.83°}{2}\right)\right]$$

$$=5.9260\text{m}$$

式中　φ'——管顶土的加权内摩擦角，°；

C——管顶土的加权内聚力，kN/m^2；

γ_{s1}——管顶土的加权重力密度，kN/m^3；

σ_1——管顶土的自重应力，kN/m^2；

φ——管顶土的折算内摩擦角（采用朗肯土压力理论按抗剪强度相等的原则进行换算），°；

B_t——管顶土压的影响宽度，m。

管道穿越的土层为砂质黏土，查《给水排水工程顶管技术规程》（CECS 246：2008，以下简称规程）按饱和黏土取值：$K\mu=0.11$。

$$C_j=\frac{1-\exp\left(-2K\mu\frac{H_s}{B_t}\right)}{2K\mu}$$

$$=\frac{1-\exp\left(-2\times0.11\times\frac{8.0}{5.9260}\right)}{2\times0.11}$$

$$=1.1680$$

$$f_{sv,k1}=C_j(\gamma_{s1}B_t-2C)$$

$$=1.1680\times(17.52\times5.9260-2\times14.81)$$

$$=86.6672\text{kN/m}^2$$

$$F_{sv,k1}=f_{sv,k1}D_1$$

$$=86.6672\times3.78$$

$$=327.6019\text{kN/m}$$

式中　$K\mu$——土壤主动土压力系数和内摩擦系数乘积；

C_j——顶管竖向土压力系数；

$f_{sv,k1}$——管顶竖向土压力，kN/m^2。

$F_{sv,k1}$——每米管道管顶竖向土压力标准值，kN/m。

② 管道背部胸腔土压力标准值 $F_{sv,k2}$：

$$F_{sv,k2}=0.1073\gamma_{s4}D_1^2$$

$$=0.1073\times18.3\times3.78^2$$

$$=28.1089\text{kN/m}$$

式中　γ_{s4}——管顶土层重力密度，kN/m^3；

$F_{sv,k2}$——管顶背部胸腔土重标准值，kN/m。

③ 管道侧向土压力标准值 $F_{h,k}$：

管道穿越第④层砂质黏土，管侧土的内摩擦角和内聚力取第④层土的力学参数：
管侧土的内摩擦角：$\varphi_1=23°$；
管侧土的主动土压力系数：

$$K_{ai}=\left[\tan\left(45°-\frac{\varphi_1}{2}\right)\right]^2=\left[\tan\left(45°-\frac{23°}{2}\right)\right]^2=0.5995$$

管道侧向土压力标准值：

$$f_{h,k}=K_{a1}\left(f_{sv,k1}+\gamma_{s4}\frac{D_1}{2}\right)=0.5995\times\left(86.6672+18.3\times\frac{3.78}{2}\right)=72.6935\text{kN/m}^2$$

每米管道侧向土压力合力标准值：

$$F_{h,k}=f_{h,k}D_1=72.6935\times3.78=274.7816\text{kN/m}$$

式中 K_{a1}——所处土层主动土压力系数；
φ_1——管侧土的内摩擦角；
γ_{s4}——管侧土的重力密度，kN/m^3；
$f_{h,k}$——单位面积管道侧向土压力标准值，kN/m^2；
$F_{h,k}$——管道侧向土压力标准值，kN/m；
其他符号意义同前。

④ 地面荷载：由于管道埋设深度较大，不考虑管顶地面荷载的作用（车辆荷载或地面堆积荷载）。

3. 内力计算

标准值：

$$\begin{cases}M_{标准值}=荷载标准值\times内力系数\times r_0 & (\text{kN}\cdot\text{m})\\ N_{标准值}=荷载标准值\times内力系数 & (\text{kN})\end{cases}$$

设计值：

$$\begin{cases}M_{设计值}=M_{标准值}\times分项系数 & (\text{kN}\cdot\text{m})\\ N_{设计值}=N_{标准值}\times分项系数 & (\text{kN})\end{cases}$$

准永久值：

$$\begin{cases}M_{准永久值}=M_{标准值}\times准永久系数 & (\text{kN}\cdot\text{m})\\ N_{准永久值}=N_{标准值}\times准永久系数 & (\text{kN})\end{cases}$$

正负号规定：弯矩内壁受拉为正，受压为负；轴力管道受压为正，受拉为负。

顶进法施工以120°土弧基础计算结构内力，内层最大弯矩受力点为管底的A点，外层最大弯矩受力点为管侧的C点。从表3-13选取A点及C点的内力系数计算管道结构内力，计算结果示于表3-21。

各荷载作用下管道壁截面的内力值计算表　　表 3-21

序号	荷载名称	荷载标准值	准永久系数	分项系数	项目	A点内力		C点内力		计算简图
						M	N	M	N	
1	管道自重	82.6698	1.0	1.2	内力系数	0.100	0.236	−0.076	0.250	G_1
					标准值	14.4259	19.5101	−10.9637	20.6674	
					设计值	17.3110	23.4121	−13.1564	24.8009	
					准永久值	14.4259	19.5101	−10.9637	20.6674	
2	管腔内土荷载	28.1089	1.0	1.27	内力系数	0.131	0.258	−0.111	0.5	P_0
					标准值	6.4255	7.2521	−5.4445	14.0544	
					设计值	8.1604	9.2101	−6.9146	17.8491	
					准永久值	6.4255	7.2521	−5.4445	14.0544	
3	管顶竖向土压力	327.6019	1.0	1.27	内力系数	0.154	0.209	−0.138	0.5	P_v
					标准值	88.0365	68.4688	−78.8898	163.8010	
					设计值	111.8063	86.9554	−100.1901	208.0272	
					准永久值	88.0365	68.4688	−78.8898	163.8010	
4	管外地下水压力	0.0	1.0	1.0	内力系数	—	1	—	1	F_{vsk1}
					标准值	0.0000	0.0000	0.0000	0.0000	
					设计值	0.0000	0.0000	0.0000	0.0000	
					准永久值	0.0000	0.0000	0.0000	0.0000	

7

续表

序号	荷载名称	荷载标准值	准永久系数	分项系数	项目	A点内力		C点内力		计算简图
						M	N	M	N	
5	管内水重	80.4248	1.0	1.27	内力系数	0.1	−0.24	−0.076	−0.069	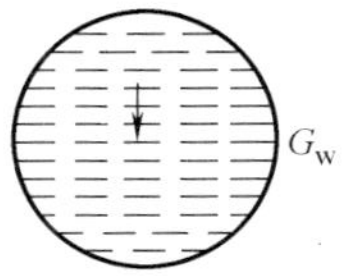 G_w
					标准值	14.0341	−19.3019	−10.6659	−5.5493	
					设计值	17.8233	−24.5135	−13.5457	−7.0476	
					准永久值	14.0341	−19.3019	−10.6659	−5.5493	
6	管内工作水压	0.0	0.7	1.4	内力系数	—	−1	—	−1	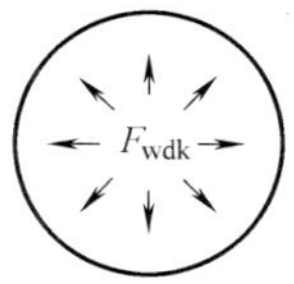 F_{wdk}
					标准值	0.0000	0.0000	0.0000	0.0000	
					设计值	0.0000	0.0000	0.0000	0.0000	
					准永久值	0.0000	0.0000	0.0000	0.0000	
7	地面荷载	0.0	0.5	1.4	内力系数	0.154	0.209	−0.138	0.5	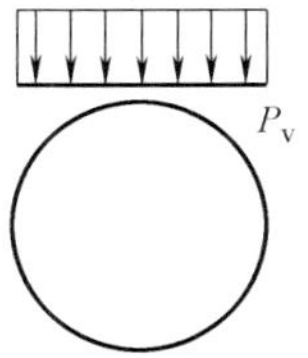 P_v
					标准值	0.0000	0.0000	0.0000	0.0000	
					设计值	0.0000	0.0000	0.0000	0.0000	
					准永久值	0.0000	0.0000	0.0000	0.0000	
8	管道侧向土压力	274.7816	1.0	1.0	内力系数	−0.125	0.5	0.125	0	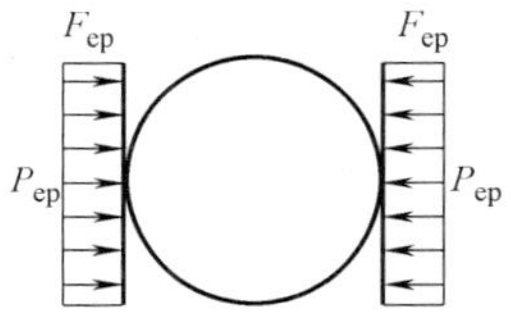 F_{ep} F_{ep} P_{ep} P_{ep}
					标准值	−59.9367	137.3908	59.9367	0.0000	
					设计值	−59.9367	137.3908	59.9367	0.0000	
					准永久值	−59.9367	137.3908	59.9367	0.0000	
9	内力合计值				标准值	62.9853	213.3198	−46.0272	192.9735	
					设计值	95.1644	232.4549	−73.8700	243.6297	
					准永久值	62.9853	213.3198	−46.0272	192.9735	

8

4. 配筋计算

（1）内层配筋

① 最大弯矩系数在 A 点，以 A 点内力计算管道的内层配筋。

A 点内力设计值：$M_A=95.1644\text{kN}\cdot\text{m}$、$N_A=232.4549\text{kN}$

$$e_0=\frac{M_A}{N_A}=\frac{95.1644}{232.4549}\times1000=409.3886\text{mm}$$

假设配置钢筋直径为 $d=10\text{mm}$。

$$e_0=409.3886\text{mm}>\frac{h}{2}-a_s=\frac{290}{2}-\left(20+\frac{10}{2}\right)=120\text{mm}$$

故判别为大偏心受压状态，A 截面内层按大偏心受压计算配筋。

压力至受压筋距离：

$$e'=e_0-\frac{h}{2}+a_s=409.3886-\frac{290}{2}+\left(20+\frac{10}{2}\right)=294.3886\text{mm}$$

$$A_{As}=\frac{N_Ae'}{f_y(h_0-a'_s)}=\frac{232.4549\times10^3\times294.3886}{300\times\left[290-\left(20+\frac{10}{2}\right)-\left(20+\frac{10}{2}\right)\right]}=991.7693\text{mm}^2/\text{m}$$

式中　M_A——管壁 A 点截面弯矩，kN·m；

N_A——管壁 A 点截面轴向压力，kN；

e_0——轴力对截面重心的偏心距，mm；

h——管壁厚度，mm；

a_s——受拉区钢筋合力点至受拉侧外缘距离，mm；

a'_s——受压区钢筋合力点至受压侧外缘距离，mm；

e'——轴力作用点至受压钢筋合力点的距离，mm；

f_y——钢筋抗拉强度设计值，N/mm²；

A_{As}——按 A 点内力计算的管道内层配筋面积，mm²/m；

其他符号意义同前。

② 按使用极限状态，对 A 点进行裂缝宽度验算

A 点内力准永久值：$M_{Aq}=62.9853\text{kN}\cdot\text{m}$、$N_{Aq}=213.3198\text{kN}$

$$e_0=\frac{M_{Aq}}{N_{Aq}}=\frac{62.9853\times1000}{213.3198}$$

$$=295.2622\text{mm}$$

$$\sigma_{sk}=\frac{M_{Aq}-0.35N_{Cq}(h_0-0.3e_0)}{0.87A_{As}h_0}$$

$$=\frac{62.9853\times10^6-0.35\times213.3198\times10^3\times\left[290-\left(20+\frac{10}{2}\right)-0.3\times295.2622\right]}{0.87\times991.7693\times\left[290-\left(20+\frac{10}{2}\right)\right]}$$

$$=223.7096\text{N/mm}^2$$

$$\rho_{te}=\frac{A_{As}}{0.5bh}=\frac{991.7693}{0.5\times1000\times290}=0.00684$$

$\rho_{te}=0.00684<0.01$，取 $\rho_{te}=0.01$。

大偏心受压构件，取 $\alpha_1=0$。

$$\alpha_2=1+0.35\frac{h_0}{e_0}=1+0.35\times\frac{290-\left(20+\frac{10}{2}\right)}{295.2622}=0.8239$$

$$\psi=1.1-0.65\frac{f_{tk}}{\rho_{te}\sigma_{sk}\alpha_2}=1.1-0.65\times\frac{2.39}{0.01\times223.7096\times0.8239}=0.2571$$

$\psi=0.2571<0.4$，取 $\psi=0.4$

$$\omega_{max}=1.8\psi\frac{\sigma_{sk}}{E_s}\left(1.5C+0.11\frac{d}{\rho_{te}}\right)(1+\alpha_1)\upsilon$$

$$=1.8\times0.4\times\frac{223.7096}{210000}\times\left(1.5\times20+0.11\frac{10}{0.00684}\right)\times(1+0)\times0.7$$

$$=0.1065\text{mm}$$

裂缝宽度 $\omega_{max}=0.1065<[\omega_{max}]=0.2\text{mm}$，裂缝宽度验算合格。

式中 M_{Aq}——按作用效应准永久组合的计算截面上的弯矩；

N_{Aq}——按作用效应准永久组合的计算截面上的纵向力；

A_{As}——计算点 A 截面内层配筋面积，mm^2；

ω_{max}——最大裂缝宽度；

ψ——钢筋应变不均匀系数，当 $\psi<0.4$ 时，应取 $\psi=0.4$，当 $\psi>1.0$，应取 $\psi=1.0$；

σ_{sk}——按作用效应准永久组合计算的截面受拉钢筋的应力，受弯构件可取 $\sigma_{sk}=\frac{M_q}{0.87A_sh_0}$，大偏心受压构件可取 $\sigma_{sk}=\frac{M_{Aq}-0.35N_{Aq}(h_0-0.3e_0)}{0.87A_sh_0}$，大偏心

受拉构件可取 $\sigma_{sk}=\dfrac{M_{Aq}+0.5N_{Aq}(h_0-a')}{A_s(h_0-a')}$；

f_{tk}——混凝土轴心受拉强度标准值；

ρ_{te}——以有效受拉混凝土截面面积计算的受拉钢筋的配筋率，即 $\rho_{te}=\dfrac{A_s}{0.5bh}$；

E_s——钢筋的弹性模量；

C——最外层受拉钢筋的混凝土保护层厚度；

d——受拉钢筋直径，当采用不同直径的钢筋时，$d=\dfrac{4A_s}{u}$，u 为受拉钢筋的总周长；

α_1——系数，对受弯、大偏心受压构件可取 $\alpha_1=0$，对大偏心受拉构件可取 $\alpha_1=0.28\left(\dfrac{1}{1+2e_0/h_0}\right)$，$h_0$ 为计算截面的有效高度；

υ——受拉钢筋表面特征系数，光面钢筋可取 $\upsilon=1$，变形钢筋可取 $\upsilon=0.7$；

α_2——系数，对受弯构件可取 $\alpha_2=1$，对大偏心受压构件可取 $\alpha_2=1-0.2\dfrac{h_0}{e_0}$，对大偏心受拉构件可取 $\alpha_2=1+0.35\dfrac{h_0}{e_0}$；

其他符号意义同前。

(2) 外层配筋

① 最大弯矩系数在 C 点，以 C 点内力计算管道的外层配筋。

C 点内力设计值：$M_C=73.8700\text{kN}\cdot\text{m}$、$N_C=243.6297\text{kN}$

$$\begin{aligned}e_0&=\frac{M_C}{N_C}\\&=\frac{73.8700}{243.6297}\times1000\\&=303.2063\text{mm}\end{aligned}$$

假设配置钢筋直径为 $d=10\text{mm}$。

$$e_0=303.2063\text{mm}>\frac{h}{2}-a_s=\frac{290}{2}-\left(20+\frac{10}{2}\right)=120\text{mm}$$

故判别为大偏心受压状态，C 截面内层按大偏心受压计算配筋。

压力至受压筋距离：

$$\begin{aligned}e'&=e_0-\frac{h}{2}+a_s\\&=303.2063-\frac{290}{2}+\left(20+\frac{10}{2}\right)\\&=188.2063\text{mm}\end{aligned}$$

$$\begin{aligned}A_{Cs}&=\frac{N_Ce'}{f_y(h_0-a'_s)}\\&=\frac{243.6297\times10^3\times188.2063}{300\times\left[290-\left(20+\frac{10}{2}\right)-\left(20+\frac{10}{2}\right)\right]}\end{aligned}$$

$$=664.5309\text{mm}^2/\text{m}$$

式中 M_C——管壁 C 点截面弯矩，kN·m；

N_C——管壁 C 点截面轴向压力，kN；

A_{Cs}——按 C 点内力计算的管道外层配筋面积，mm^2/m；

其他符号意义同前，只是受拉区、受压区位置与 A 点内层配筋相反。

② 按使用极限状态，对 C 点进行裂缝宽度验算

C 点内力准永久值：$M_{Cq}=46.0272\text{kN}\cdot\text{m}$、$N_{Cq}=192.9735\text{kN}$

$$e_0=\frac{M_{Cq}}{N_{Cq}}=\frac{46.0272\times1000}{192.9735}=238.5158\text{mm}$$

$$\sigma_{sk}=\frac{M_{Cq}-0.35N_{Cq}(h_0-0.3e_0)}{0.87A_{Cs}h_0}$$

$$=\frac{46.0272\times10^6-0.35\times192.9735\times10^3\times\left[290-\left(20+\frac{10}{2}\right)-0.3\times238.5158\right]}{0.87\times664.5309\times\left[290-\left(20+\frac{10}{2}\right)\right]}$$

$$=221.5286\text{N/mm}^2$$

$$\rho_{te}=\frac{A_{Cs}}{0.5bh}=\frac{664.5309}{0.5\times1000\times290}=0.00458$$

$\rho=0.00458<0.01$，取 $\rho=0.01$。

大偏心受压构件，取 $\alpha_1=0$。

$$\alpha_2=1+0.35\frac{h_0}{e_0}=1+0.35\times\frac{290-20-5}{238.5158}=0.7820$$

$$\psi=1.1-0.65\frac{f_{tk}}{\rho_{te}\sigma_{sk}\alpha_2}=1.1-0.65\times\frac{2.39}{0.01\times221.5286\times0.7820}=0.2032$$

$\psi=0.2032<0.4$，取 $\psi=0.4$

$$\omega_{max}=1.8\psi\frac{\sigma_{sk}}{E_s}\left(1.5C+0.11\frac{d}{\rho_{te}}\right)(1+\alpha_1)\upsilon$$

$$=1.8\times0.4000\times\frac{221.5286}{210000}\times\left(1.5\times20+0.11\frac{10}{0.00458}\right)\times(1+0)\times0.7$$

$$=0.1475\text{mm}$$

裂缝宽度 $\omega_{max}=0.1475<[\omega_{max}]=0.2\text{mm}$，裂缝宽度验算合格。

式中 M_{Cq}——按作用效应准永久组合的计算截面 C 点上的弯矩；

N_{Cq}——按作用效应准永久组合的计算截面 C 点上的纵向轴力；

A_{Cs}——计算点 C 截面外层配筋面积，mm^2。

其他符号意义同前。

5. 外压检验荷载计算

三点法外压检验管上作用弯矩计算：

$$M_{JY}=A_{As}f_y h_0-\frac{A_{As}^2}{2f_{tk}b}$$

$$=\left[991.7693\times300\times\left(290-20-\frac{10}{2}\right)-\frac{991.7693^2}{2\times26.8\times1000}\right]\times10^{-6}$$

$$=77.3580kN\cdot m$$

外压裂缝宽度检验荷载计算：

$$P_L=\frac{M_{JY}-0.239G_{1k}r_0}{0.318r_0}$$

$$=\frac{77.3580-0.239\times82.6698\times1.745}{0.318\times1.745}$$

$$=77kN/m$$

外压破坏检验荷载计算：

$$P_S=1.5P_L$$

$$=1.5\times77$$

$$=116kN/m$$

式中　M_{JY}——三点法外压检验管上作用弯矩，kN·m；

f_y——钢筋强度设计值，N/mm^2；

f_{tk}——混凝土抗压强度标准值，N/mm^2；

h_0——管壁截面结构计算有效高度，mm；

b——结构计算单元宽度，mm；

G_{1k}——单位长度管道自重，kN/m；

r_0——管子计算半径，即由管子中心至管壁中心距离，mm；

P_L——三点法外压裂缝宽度检验荷载，kN/m；

P_S——三点法外压破坏检验荷载，kN/m；

其他符号意义同前。

6. 结构计算汇总

结构计算结果如表 3-22 所示。

计算结果汇总表　　**表 3-22**

配筋位置	配筋面积 (mm^2/m)	钢筋直径 (mm)	每米配筋环数 (环/m)	螺距(mm)	裂缝荷载 (kN/m)	破坏荷载 (kN/m)
内层	991.7693	10	12.6	79.2	77	116
外层	664.5309	10	9.9	101.0		

【例题 3.21】　顶管用钢筋混凝土圆管按《CECS 246：2010》法计算内压管

1. 设计条件

地下水位低于管底；管道输水工作压力标准值　$F_{w,k}=0.2MPa$。

其他同【例题 3.20】。

2. 通用荷载计算：与【例题 3.16】相同

3. 其他荷载计算

① 管顶竖向土压力标准值 $F_{sv,k1}$ 计算：同【例题 3.20】。

② 管道背部胸腔土压力标准值 $F_{sv,k2}$：同【例题 3.20】。

③ 管道侧向土压力标准值 $F_{h,k}$：同【例题 3.20】。

④ 地面荷载：由于管道埋设深度较深，不考虑管顶地面荷载的作用（车辆荷载或地面堆积荷载）。

⑤ 管道中心外水压力标准值计算，（最高水位低于管底）$F_{ww,k}$：

$$F_{ww,k}=0\text{MPa}$$

外水压引起的管道壁截面上的环向轴力（压力）N_{1d}：

$$N_{1d}=0\text{kN/m}$$

⑥ 管道内水压力：

管道工作压力标准值 $F_{w,k}$：

$$F_{w,k}=0.2\text{MPa}$$

管道内水压力设计值 $F_{w,d}$：

$$\begin{aligned}F_{w,d}&=1.5F_{w,k}\\&=1.5\times0.2;\\&=0.3\text{MPa}\end{aligned}$$

管道试验压力引起的管道截面上环向轴力（拉力）N_{2d}：

$$\begin{aligned}N_{2d}&=F_{w,d}r_0\\&=0.3\times1.745\times1000\\&=523.5000\text{kN/m}\end{aligned}$$

式中 $F_{ww,k}$——管道中心外水压力标准值，MPa；

N_{1d}——外水压引起的管壁截面上的环向轴力，kN/m。

$F_{w,k}$——管道工作压力标准值，MPa：

$F_{w,d}$——管道内水压力设计值，MPa：

N_{2d}——管道试验压力引起的管道截面上环向轴力，kN/m；

其他符号意义同前。

4. 内力计算

顶进法施工以 120°土弧基础计算结构内力，内层最大弯矩受力点为管底的 A 点，外层最大弯矩受力点为管侧的 C 点。管道结构内力计算结果示于表 3-23。

5. 配筋计算

（1）内层配筋

① 最大弯矩系数在 A 点，以 A 点内力计算管道的内层配筋。

A 点内力设计值：$M_A=95.1644\text{kN}\cdot\text{m}$、$N_A=-552.7951\text{kN}$

$$\begin{aligned}e_0&=\frac{M_A}{N_A}\\&=\frac{95.1644}{-552.7951}\times1000\\&=172.1513\text{mm}\end{aligned}$$

各荷载作用下管道壁截面的内力值计算表 表 3-23

序号	荷载名称	荷载标准值	准永久系数	分项系数	项目	A点内力		C点内力		计算简图
						M	N	M	N	
1	管道自重	82.6698	1.0	1.2	内力系数	0.100	0.236	−0.076	0.250	G_1
					标准值	14.4259	19.5101	−10.9637	20.6674	
					设计值	17.3110	23.4121	−13.1564	24.8009	
					准永久值	14.4259	19.5101	−10.9637	20.6674	
2	管腔内土荷载	28.1089	1.0	1.27	内力系数	0.131	0.258	−0.111	0.5	P_0
					标准值	6.4255	7.2521	−5.4445	14.0544	
					设计值	8.1604	9.2101	−6.9146	17.8491	
					准永久值	6.4255	7.2521	−5.4445	14.0544	
3	管顶竖向土压力	327.6019	1.0	1.27	内力系数	0.154	0.209	−0.138	0.5	P_v
					标准值	88.0365	68.4688	−78.8898	163.8010	
					设计值	111.8063	86.9554	−100.1901	208.0272	
					准永久值	88.0365	68.4688	−78.8898	163.8010	
4	管外地下水压力	0	1.0	1.0	内力系数	—	1	—	1	F_{vsk1}
					标准值	0.0000	0.0000	0.0000	0.0000	
					设计值	0.0000	0.0000	0.0000	0.0000	
					准永久值	0.0000	0.0000	0.0000	0.0000	

9

续表

序号	荷载名称	荷载标准值	准永久系数	分项系数	项目	A点内力		C点内力		计算简图
						M	N	M	N	
5	管内水重	80.4248	1.0	1.27	内力系数	0.1	−0.24	−0.076	−0.069	G_w
					标准值	14.0341	−19.3019	−10.6659	−5.5493	
					设计值	17.8233	−24.5135	−13.5457	−7.0476	
					准永久值	14.0341	−19.3019	−10.6659	−5.5493	
6	管内工作水压	523.5000	0.7	1.4	内力系数	—	−1	—	−1	F_{wdk}
					标准值	0.0000	−523.5000	0.0000	−523.5000	
					设计值	0.0000	−785.2500	0.0000	−785.2500	
					准永久值	0.0000	−366.4500	0.0000	−366.4500	
7	地面荷载	0.0	0.5	1.4	内力系数	0.154	0.209	−0.138	0.5	P_v
					标准值	0.0000	0.0000	0.0000	0.0000	
					设计值	0.0000	0.0000	0.0000	0.0000	
					准永久值	0.0000	0.0000	0.0000	0.0000	
8	管道侧向土压力	274.7816	1.0	1.0	内力系数	−0.125	0.5	0.125	0	F_{ep} F_{ep} P_{ep} P_{ep}
					标准值	−59.9367	137.3908	59.9367	0.0000	
					设计值	−59.9367	137.3908	59.9367	0.0000	
					准永久值	−59.9367	137.3908	59.9367	0.0000	
9	内力合计值				标准值	62.9853	−310.1802	−46.0272	−330.5265	
					设计值	95.1644	−552.7951	−73.8700	−541.6203	
					准永久值	62.9853	−153.1302	−46.0272	−173.4765	

10

假设配置钢筋直径为 $d=10\text{mm}$。

$$e_0=172.1513\text{mm}>\frac{h}{2}-a_s=\frac{290}{2}-\left(20+\frac{10}{2}\right)=120\text{mm}$$

故判别为大偏心受拉状态，A 截面内层按大偏心受拉计算配筋。

拉力至受压筋距离：

$$\begin{aligned}e'&=e_0+\frac{h}{2}-a_s\\&=172.1513+\frac{290}{2}-\left(20+\frac{10}{2}\right)\\&=292.1513\text{mm}\end{aligned}$$

拉力至受拉筋距离：

$$\begin{aligned}e&=e_0-\frac{h}{2}+a'_s\\&=172.1513-\frac{290}{2}+\left(20+\frac{10}{2}\right)\\&=52.1513\text{mm}\end{aligned}$$

管壁内层配筋面积计算：

系数计算：

$$\begin{aligned}A_0&=\frac{N_A e}{f_c b h_0^2}\\&=\frac{552.7951\times52.1513}{19.1\times1000\times\left[290-\left(20+\frac{10}{2}\right)\right]^2}\\&=0.0215\end{aligned}$$

以 $A_0=0.0215$ 查表，得 $\gamma_0=0.9897$。

管壁内层配筋面积计算：

$$\begin{aligned}A_{As}&=\frac{N_A}{f_y}\left(\frac{e}{\gamma_0 h_0}+1\right)\\&=\frac{552.7951\times10^3}{300}\times\left\{\frac{52.1513}{0.9897\times\left[290-\left(20+\frac{10}{2}\right)\right]}+1\right\}\\&=2209.0434\text{mm}^2/\text{m}\end{aligned}$$

式中　M_A——管壁 A 点截面弯矩，kN・m；

N_A——管壁 A 点截面轴向压力，kN；

e_0——轴力对截面重心的偏心距，mm；

h——管壁厚度，mm；

h_0——管壁计算截面的有效高度，mm；

a_s——受拉区钢筋合力点至受拉侧外缘距离，mm；

a'_s——受压区钢筋合力点至受压侧外缘距离，mm；

e'——轴力作用点至受压钢筋合力点的距离，mm；

f_y——钢筋抗拉强度设计值，N/mm^2；

A_{As}——按 A 点内力计算的管道内层配筋面积，mm^2/m。

② 按使用极限状态，对 A 点进行裂缝宽度验算

A 点内力准永久值：$M_{Aq}=62.9853kN\cdot m$、$N_{Aq}=-153.1302kN$

$$\sigma_{sk}=\frac{M_{Aq}}{0.87A_{As}h_0}$$

$$=\frac{62.9853\times10^6}{0.87\times2209.0434\times\left[290-\left(20+\frac{10}{2}\right)\right]}$$

$$=153.4618N/mm^2$$

$$\rho_{te}=\frac{A_{As}}{0.5bh}$$

$$=\frac{2209.0434}{0.5\times1000\times290}$$

$$=0.01523$$

$$e_0=\frac{M_{Aq}}{N_{Aq}}$$

$$=\frac{62.9853}{153.1302}\times1000$$

$$=411.3184mm$$

大偏心受拉构件：

$$\alpha_1=0.28\left(\frac{1}{1+2e_0/h_0}\right)$$

$$=0.28\times\frac{1}{1+2\times411.3184\bigg/\left[290-\left(20+\frac{10}{2}\right)\right]}$$

$$=0.0682$$

$$\alpha_2=1+0.35\frac{h_0}{e_0}$$

$$=1+0.35\times\frac{290-\left(20+\frac{10}{2}\right)}{411.3184}$$

$$=1.2255$$

$$\psi=1.1-0.65\frac{f_{tk}}{\rho_{te}\sigma_{sk}\alpha_2}$$

$$=1.1-0.65\times\frac{2.39}{0.01523\times153.4618\times1.2255}$$

$$=0.5578$$

$$\omega_{max}=1.8\psi\frac{\sigma_{sk}}{E_s}\left(1.5C+0.11\frac{d}{\rho_{te}}\right)(1+\alpha_1)\upsilon$$

$$=1.8\times0.5578\times\frac{153.4618}{210000}\times\left(1.5\times20+0.11\times\frac{10}{0.01523}\right)\times(1+0.0682)\times0.7$$

$$=0.0561mm$$

裂缝宽度 $\omega_{max}=0.0561mm<[\omega_{max}]=0.2mm$，裂缝宽度验算合格。

式中　M_{Aq}——按作用效应准永久组合的计算截面 A 点上的弯矩；

N_{Aq}——按作用效应准永久组合的计算截面 A 点上的纵向轴力；

A_{As}——计算点 A 截面内层配筋面积，mm^2；

ω_{max}——最大裂缝宽度；

ψ——钢筋应变不均匀系数，当 $\psi<0.4$ 时，应取 $\psi=0.4$，当 $\psi>1.0$，应取 $\psi=1.0$；

σ_{sk}——按作用效应准永久组合计算的截面受拉钢筋的应力，受弯构件可取 $\sigma_{sk}=\dfrac{M_q}{0.87A_sh_0}$，大偏心受压构件可取 $\sigma_{sk}=\dfrac{M_q-0.35N_q(h_0-0.3e_0)}{0.87A_sh_0}$，大偏心受拉构件可取 $\sigma_{sk}=\dfrac{M_q+0.5N_q(h_0-a')}{A_s(h_0-a')}$；

f_{tk}——混凝土轴心受拉强度标准值；

ρ_{te}——以有效受拉混凝土截面面积计算的受拉钢筋的配筋率，即 $\rho_{te}=\dfrac{A_s}{0.5bh}$；

E_s——钢筋的弹性模量；

C——最外层受拉钢筋的混凝土保护层厚度；

d——受拉钢筋直径，当采用不同直径的钢筋时，$d=\dfrac{4A_s}{u}$，u 为受拉钢筋的总周长；

α_1——系数，对受弯、大偏心受压构件可取 $\alpha_1=0$，对大偏心受拉构件可取 $\alpha_1=0.28\left(\dfrac{1}{1+2e_0/h_0}\right)$，$h_0$ 为计算截面的有效高度；

υ——受拉钢筋表面特征系数，光面钢筋可取 $\upsilon=1$，变形钢筋可取 $\upsilon=0.7$；

α_2——系数，对受弯构件可取 $\alpha_2=0$，对大偏心受压构件可取 $\alpha_2=1-0.2\dfrac{h_0}{e_0}$，对大偏心受拉构件可取 $\alpha_2=1+0.35\dfrac{h_0}{e_0}$；

其他符号意义同前。

（2）外层配筋

① 最大弯矩系数在 C 点，以 C 点内力计算管道的内层配筋。

C 点内力设计值：$M_C=73.8700\text{kN}\cdot\text{m}$、$N_C=-541.6203\text{kN}$

$$e_0=\frac{M_C}{N_C}=\frac{73.8700}{541.6203}\times1000=136.3871\text{mm}$$

假设配置钢筋直径为 $d=10\text{mm}$。

$$e_0=136.3871\text{mm}>\frac{h}{2}-a_s=\frac{290}{2}-\left(20+\frac{10}{2}\right)=120\text{mm}$$

故判别为大偏心受拉状态，C 截面内层按大偏心受压计算配筋。

拉力至受压筋距离：

$$e'=e_0+\frac{h}{2}-a'_s$$
$$=136.3871+\frac{290}{2}-\left(20+\frac{10}{2}\right)$$
$$=256.3871\text{mm}$$

拉力至受拉筋距离：

$$e=e_0-\frac{h}{2}+a_s$$
$$=136.3871-\frac{290}{2}+\left(20+\frac{10}{2}\right)$$
$$=16.3871\text{mm}$$

系数计算：

$$A_0=\frac{N_C e}{f_c b h_0^2}$$
$$=\frac{541.6203\times16.3871}{19.1\times1000\times(290-20-10/2)^2}$$
$$=0.0066$$

以 $A_0=0.0066$ 查表，得 $\gamma_0=0.9950$。

管壁外层配筋面积计算：

$$A_{Cs}=\frac{N_C}{f_y}\left(\frac{e}{\gamma_0 h_0}+1\right)$$
$$=\frac{541.6203\times10^3}{300}\times\left\{\frac{16.3871}{0.9950\times\left[290-\left(20+\frac{10}{2}\right)\right]}+1\right\}$$
$$=1917.6049\text{mm}^2/\text{m}$$

式中　M_C——管壁 C 点截面弯矩，kN・m；

　　N_C——管壁 C 点截面轴向压力，kN；

　　A_{Cs}——按 C 点内力计算的管道外层配筋面积，mm^2/m；

其他符号意义同前，只是受拉区、受压区位置与 A 点内层配筋相反。

② 按使用极限状态，对 C 点进行裂缝宽度验算

C 点内力准永久值：$M_{Cq}=46.0272\text{kN}\cdot\text{m}$、$N_{Cq}=-173.4765\text{kN}$

$$\sigma_{sk}=\frac{M_{Cq}+0.5N_{Cq}(h_0-a')}{A_{Cs}(h_0-a')}$$
$$=\frac{46.0272\times10^6+0.5\times173.4765\times10^3\times\left[290-2\times\left(20+\frac{10}{2}\right)\right]}{1917.6049\times\left[290-2\times\left(20+\frac{10}{2}\right)\right]}$$
$$=145.2428\text{N}/\text{mm}^2$$

$$\rho_{te}=\frac{A_{Cs}}{0.5bh}$$
$$=\frac{1917.6049}{0.5\times1000\times290}$$
$$=0.0132$$

$$e_0 = \frac{M_{Cq}}{N_{Cq}} = \frac{46.0272}{173.4765} \times 1000 = 265.3226\text{mm}$$

大偏心受压构件：

$$\alpha_1 = 0.28\left(\frac{1}{1+2e_0/h_0}\right) = 0.28 \times \frac{1}{1+2\times 265.3226 \Big/ \left[290-\left(20+\frac{10}{2}\right)\right]} = 0.0933$$

$$\alpha_2 = 1+0.35\frac{h_0}{e_0} = 1+0.35\times\frac{290-\left(20+\frac{10}{2}\right)}{265.3226} = 1.3496$$

$$\psi = 1.1-0.65\frac{f_{tk}}{\rho_{te}\sigma_{sk}\alpha_2} = 1.1-0.65\times\frac{2.39}{0.0132\times 145.2428\times 1.3496} = 0.5007$$

$$\omega_{max} = 1.8\psi\frac{\sigma_{sk}}{E_s}\left(1.5C+0.11\frac{d}{\rho_{te}}\right)(1+\alpha_1)\upsilon$$
$$= 1.8\times 0.5007\times\frac{145.2428}{210000}\times\left(1.5\times 20+0.11\times\frac{10}{0.0132}\right)\times(1+0.0933)\times 0.7$$
$$= 0.0540\text{mm}$$

裂缝宽度 $\omega_{max}=0.0540\text{mm}<[\omega_{max}]=0.2\text{mm}$，裂缝宽度验算合格。

式中 M_{Cq}——按作用效应准永久组合的计算截面 C 点上的弯矩；

N_{Cq}——按作用效应准永久组合的计算截面 C 点上的纵向轴力；

A_{Cs}——计算点 C 截面外层配筋面积，mm^2。

其他符号意义同前。

6. 外压检验荷载计算

三点法外压检验管上作用弯矩计算：

$$M_{JY} = A_{As} f_y h_0 - \frac{A_{As}^2}{2f_{ck}b}$$
$$= \left\{2209.0434\times 300\times\left[290-\left(20+\frac{10}{2}\right)\right]-\frac{2209.0434^2}{2\times 26.8\times 1000}\right\}\times 10^{-6}$$
$$= 175.6189\text{kN}\cdot\text{m}$$

外压检验裂缝宽度荷载计算：

$$P_L = \frac{M_{JY}-0.239G_{1k}r_0}{0.318r_0}$$

$$=\frac{175.6189-0.239\times82.6698\times1.745}{0.318\times1.745}$$
$$=254\text{kN/m}$$

外压破坏检验荷载计算：

$$P_S=1.5P_L$$
$$=1.5\times254$$
$$=382\text{kN/m}$$

式中 M_{JY}——三点法外压检验管上作用弯矩，kN·m；

f_y——钢筋强度设计值，N/mm²；

f_{ck}——混凝土抗压强度标准值，N/mm²；

h_0——截面结构计算有效高度，mm；

b——结构计算单元宽度，mm；

G_{1k}——单位长度管道自重，kN/m；

r_0——管子计算半径，即由管子中心至管壁中心距离，mm；

P_L——三点法外压裂缝宽度检验荷载，kN/m；

P_S——三点法外压破坏检验荷载，kN/m。

7. 结构计算汇总

结构计算结果如表 3-24 所示。

计算结果汇总表 **表 3-24**

配筋位置	配筋面积 (mm²/m)	钢筋直径 (mm)	每米配筋环数 (环/m)	螺距 (mm)	裂缝荷载 (kN/m)	破坏荷载 (kN/m)
内层	2209.0434	12	19.5	51.2	254	382
外层	2109.3654	12	18.7	53.6		

3.6.1.2 顶管用钢筋混凝土管结构计算方法的选用

1. 顶管用钢筋混凝土管结构常用计算方法

顶管施工的管道特点是，施工时在土体中人工或机械掏挖形成孔腔，同时把钢筋混凝土管顶入孔腔内。顶管用管配筋计算的要素是确定在此孔腔中管道上的作用及管道支承的基础形式。

当前国内应用的顶管用管结构计算方法按其管道上的作用和支承形式区分为下列四种：

① 支承角 $2\alpha=90°$的土柱法

此种方法设定在管道结构上作用有管顶至地面的竖向土压力、竖向土压力及地面荷载作用引起的侧向土压力、管上腔内土重等。管道的基础为支承角 $2\alpha=90°$的土弧基础。此方法类同于开槽法施工、以管道土弧基础支承角为 $2\alpha=90°$的方法作结构计算。简称为《$2\alpha=90°$法》。

② 支承角 $2\alpha=120°$的土柱法

此种方法设定管道结构上的作用与①相同。管道的基础为支承角 $2\alpha=120°$土弧基础。此方法类同于开槽法施工、以管道土弧基础支承角为 $2\alpha=120°$的方法作结构计算。简称为

《2α＝120°法》。

③《埋地预制混凝土圆形管管道结构设计规程》CECS 143：2002 中以美国 A. 太沙基教授理论建立的方法。简称为“CECS-143 法”

④《给水排水工程顶管技术规程》CECS 246：2008 中以美国 A. 太沙基教授理论建立的方法。简称为“CECS-246 法”

⑤ 普氏（俄罗斯学者 M. M 普罗托吉雅科夫）卸荷拱理论计算方法，一般称之为《卸荷拱法》。

我国原国家标准《给水排水工程结构设计规范》GBJ 69—1984，顶进法施工管道的竖向土压力即是以普氏理论为基础建立的计算方法。

2. 顶管用管几种计算方法的配筋量对比

顶管用管几种不同方法计算的计算结果摘录于表 3-25 中，对比计算方法对配筋的影响。

不同计算方法的配筋对比　　表 3-25

计算方法	壁厚(mm)	埋设深度(m)	内水压力(MPa)	配筋位置		裂缝荷载(kN/m)	破坏荷载(kN/m)
				内层(mm²/m)	外层(mm²/m)		
《2α＝90 法》	290	8	0	3493.1173	2228.8235	440	660
《2α＝90 法》	290	8	0	2844.2851	2082.9078	347	521
《CECS-143 法》	290	8	0	1869.70	1359.68	207	311
	290	8	0.2	3106.19	2533.65	385	577
《CECS-246 法》	290	8	0	991.76	664.53	77	116
	290	8	0.2	2209.04	1917.60	254	382
《卸荷拱法》	290	8	0	1401.58	990.8218	140	211
	290	8	0.2	2463.11	2122.1644	167	251

各种计算方法配筋量对比见表 3-26。

各种计算方法配筋量对比　　表 3-26

计算方法	壁厚(mm)	埋设深度(m)	内水压力(MPa)	内外层配筋总量(mm²/m)	配筋比(%)	差值(%)
《2α＝90 法》	290	8	0	5721.94	100	0
《2α＝120 法》	290	8	0	4927.19	86.1	13.9
《CECS-143 法》	290	8	0	3229.38	56.4	43.6
《卸荷拱法》	290	8	0	2392.41	41.8	58.2
《CECS-246 法》	290	8	0	1656.30	28.9	71.1
《CECS-143 法》	290	8	0.2	5639.84	100	0
《卸荷拱法》	290	8	0.2	4585.27	81.3	18.7
《CECS-246 法》	290	8	0.2	4126.65	73.2	26.8

3. 计算方法选择

不同方法的配筋量出入很大，合理地选择计算方法，在保证工程安全前提下，可节约大量钢筋。在结构计算时应按工程条件分别选用相应的计算方法。

计算方法的选择应综合下列条件确定：①土壤性能，可参照表3-20选用；②顶管方式；③管顶埋土深度。

手掘式顶管，由于人工挖掘，出土慢、开挖面开敞、土体无有效支护、易超挖，土体易塌陷，在土壤坚实性较差（J_g 不足0.6）的土层中，应选用《CECS-143法》计算。各种平衡方式的机械顶管机施工，出土快、开挖面封闭、土体有有效支护、不易超挖、土层地质资料齐全正确、土体不易塌陷，可选用《CECS-246法》或《卸荷拱法》计算。

顶管施工中，为减小摩擦阻力，管节的直径比掘进机的直径或人工掏挖的孔腔直径小2～5cm，管下部135°范围内不发生超挖，而且顶进过程中，管子不断碾压管底土体，形成一与管底非常贴切的土弧基础，其支承角均能大于120°，因此顶进用管的管道结构计算中，支承角应定为120°，顶管用管结构计算时通常不选用《2α=90°法》。

计算方法选用参考表 **表3-27**

计算方法	选择条件
《2α=90°法》	不宜选用
《2α=120°法》	不稳定土壤(流砂、泥泞的土壤、新堆积土等)中选用
《CECS-143法》	稳定土壤中，覆土深度大于管外径1.5～2.0倍时选用(有实践经验时可适当减小)
《CECS-246法》 《卸荷拱法》	土壤技术数据可靠、覆土深度大于2.0倍卸荷拱高度时选用(有实践经验时可适当减小覆土深度，但最小不得小于1.3倍)

4. 穿越铁路顶管施工中管顶竖向土压力计算规定

在铁路路线下以顶管法施工管道时，因铁路路基大都为填土组成；车辆运行中对路基的振动冲击大；铁路相关的设计标准安全度要求等因素，穿越铁路的顶管用混凝土管结构计算时，都得按管顶至路面的埋土深度计算管顶竖向土压力。

3.6.2 箱形混凝土涵管结构计算实例

【例题3.22】 宽×高-厚-埋土深度=2.6m×2.2m-0.2m-6m箱涵结构计算

1. 工程来源

工程来自淄博市引黄供水工程《穿过济青高速公路输水管道涵洞》，1990年建设，采用预制混凝土箱涵。

共有5处输水管道穿过济青公路，公路占地宽度55m，涵洞布置超过公路宽度。

济青公路为世行贷款项目，以《FIDIC》条款进行工程管理，在技术上有严格的要求，涵洞的设计和施工必须满足济青公路的技术规范要求和工程监理程序。

淄博市引黄输水工程设计单位为中国市政工程西北设计院；济青公路淄博段施工单位为铁道部第二十二工程局。

济青公路的技术要求执行的设计规范：

① 交通部颁《公路工程技术标准》JTJ 1—81；

② 交通部颁《公路桥涵设计规范（试行）》(1975年)；

③《济南——青岛公路设计有关技术标准规定》。

2. 主要设计指标

① 设计荷载：汽车-超20级，挂车-120；

② 涵顶填土高度：大于 50cm。

3. 工程所在位置土质条件

① 地层：0～30cm 耕土，30cm～10m 轻亚黏土（含姜石）、3m 以上颗粒较大、最大直径 10cm、颗粒不均匀，5m 以下含砂量增大，10m 深度无地下水。

② 物理力学性质指标见表 3-28。

土层物理力学性质指标　　表 3-28

w_L	w_p	w	γ_m	e	α_{1-2}	E_s	4m 处
24.5～33.2	17.3～20.7	10.4～18.9	1.79～2.03	0.550～0.665	0.009～0.015	100kg/cm²	$\varphi=18°04'$ $e=0.78$kg/cm²

建议值：中偏低压缩性轻亚黏土，[$R=158$t/m²]、$E_s=100$kg/cm²。

表中　w_p——土的塑限，%；

w——土的天然含水量，%；

w_N——土的液限，%；

γ_m——土的饱和重度；

e——土的空隙比；

α_{1-2}——土的压缩率，mm²/N；

φ——土的内摩擦角，°；

E_s——土的压缩模量，MPa。

4. 箱涵技术参数

宽度 $B_c=3.0$m，内宽 $B_0=2.6$m；高度 $H_c=2.6$m，内高 $B_0=2.2$m；有效长度 $L=2.0$m；

顶板、底板及侧板均选用等截面，厚度 $h=0.2$m；

腋角尺寸 $c\times d=0.3$m$\times$0.3m。

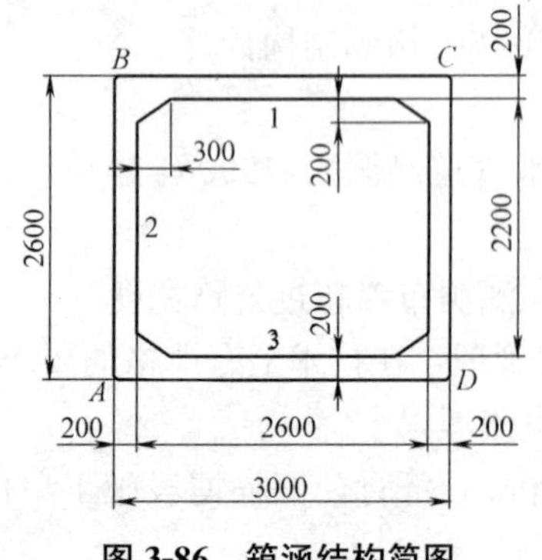

图 3-86　箱涵结构简图

5. 工况条件

箱涵顶部至设计地面高度 $Z_H=6.0$m；

开槽施工，土壤内摩擦角 30°；

地下水位在箱涵底面以下；

实例中因覆土较深，内水压力不必列入荷载组合。

6. 箱涵结构简图（图 3-86）

7. 结构作用计算

（1）箱涵自重 G_{dk}

预制混凝土箱涵的单位体积重力密度标准值 $\gamma_c=25$kN/m³。

顶板单位面积自重：

$$G_{dk1}=\gamma_c h$$
$$=25\times0.2$$
$$=5.0\text{kN/m}^2$$

侧板自重：

$$G_{dk2}=\gamma_c hB_0$$
$$=25\times0.2\times2.2$$
$$=11.0\text{kN/m}$$

（2）垂直土荷载 $F_{sv,k}$

埋地箱涵的竖向土压力标准值按敷设条件和施工方法分别确定。开槽施工填埋式、沟埋式箱涵竖向土压力标准值：

$$F_{sv,k}=C_c\gamma_s Z_s \tag{3.6-3}$$

$$F_{sv,k}=C_d\gamma_s Z_s \tag{3.6-4}$$

式中　$F_{sv,k}$——单位长度上箱涵顶部竖向土压力标准值，kN/m^2；

γ_s——回填土重力密度（kN/m^3），一般可取 18kN/m^3 计算；

Z_s——箱涵顶部至设计地面的高度，m；

C_c——填埋式土压力系数，可取 1.2～1.4 计算；

C_d——沟埋式土压力系数，可取 1.2 计算。

不开槽施工箱涵顶部竖向土压力标准值：

$$F_{sv,k}=C_j\gamma_s B_t \tag{3.6-5}$$

$$C_j=\frac{1-\exp(-2\mu_k H_s/B_t)}{2\mu_k} \tag{3.6-6}$$

$$B_t=B_c[1+\tan(45^\circ-\varphi/2)] \tag{3.6-7}$$

式中　C_j——不开槽施工土压力系数；

B_t——箱涵上部土层压力传递顶部处的影响宽度，m；

μ_k——箱涵顶部以上原状土的内摩擦系数和主动土压力系数的乘积，应根据试验确定；当缺乏试验数据时，对一般土质可取 0.09 计算；

φ——土的内摩擦角，应根据试验确定；当缺乏试验数据时，对一般土质可取 30°计算。

用开槽沟埋式施工公式计算竖向土压力：

$$F_{sv,k}=C_d\gamma_s Z_s$$
$$=1.2\times18\times6.0$$
$$=129.60\text{kN/m}^2$$

（3）地面活荷载 P_{dk}

地面活荷载作用值按汽车-超 20 级荷载，在堆积荷载与车辆荷载中取较大值。在本文中地面活荷载取堆积荷载 $P_{dk}=10\text{kN/m}^2$ 为计算值。

（4）竖向荷载

$$G_k=G_{dk1}+F_{sv,k}+P_{dk}$$
$$=5.0+129.60+10$$
$$=144.60\text{kN/m}^2$$

（5）侧向土荷载 $F_{ep,k}$

作用在箱涵上的侧向土压力按主动土压力计算。埋设在地下水位以上的箱涵侧向土压力标准值：

$$F_{ep,k}=1.2K_a(\gamma_s Z_h+P_{dk})$$

式中　$F_{ep,k}$——箱涵侧面土压力标准值，kN/m^2；

K_a——主动土压力系数，由土的抗剪强度确定，对砂类土和粉土可取 1/3、黏性土可取 1/3～1/4；

Z_h——自地面至计算截面处的高度，m；

涵顶处：

$$F_{ep,k}=1.2K_a(\gamma_s Z_h+P_{dk})$$
$$=1.2/3\times[18\times(6.0+0.2/2)+10]$$
$$=47.92kN/m^2$$

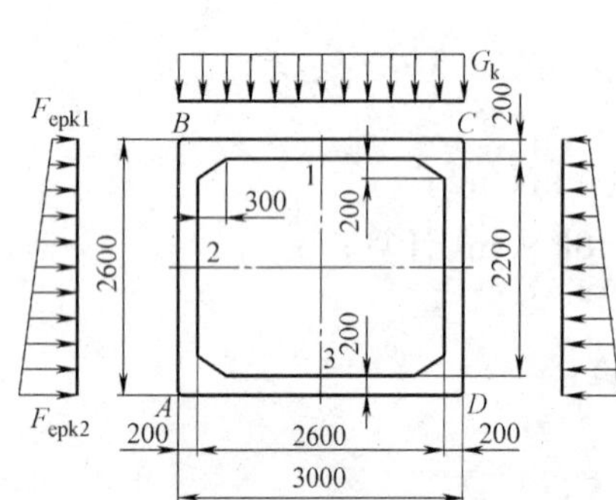

图 3-87　箱涵结构计算的作用图形

涵底处：

$$F_{ep,k}=1.2/3\times[18\times(6.0+0.2+2.2+0.2)+10]$$
$$=65.20kN/m^2$$

结构上的作用见图 3-87。

8. 内力计算

（1）固端弯矩计算 M^F

弹性地基上的梁在外荷载作用下，在某点上产生转角，若在该点上加一弯矩使此点的转角为零，此弯矩即为该点的固端弯矩。M^F 值按弹性地基梁的弹性特征值 t 从附表 A. 4-1 中查取计算系数。

为求解弹性地基上的框架，以下式计算弹性地基梁的弹性特征值：

$$t=10\frac{E_s}{E_h}\left(\frac{l}{h}\right)^3 \tag{3.6-8}$$

式中　l——地基梁半长，m；

h——地基梁高度，m；

E_h——混凝土材料弹性模量，$2.6\times10^7kN/m^2$；

E_s——地基的变形模量，$10000kN/m^2$；

使弹性地基梁上两对称点产生单位对称（或反对称）转角时，在该点所需施加的对称（或反对称）力矩值，为该点的抗挠刚度 S。抗挠刚度的倒数为柔度 f。S、f 的数值由弹性地基梁的弹性特征值 t 从附录 2-A 中查取。

数值代入公式计算得：$t=1.6226\approx2.0$

由侧墙传至底板的集中力：

$$P_{hk}=1/2G_kB_c+G_{k2}$$
$$=1/2\times144.60\times3.0+11.0$$
$$=227.9kN/m$$

式中　B_c——顶板外缘宽，m。

$$\alpha=\xi=l_3/B_c$$
$$=2.8/3.0$$
$$=0.933\approx0.9$$

式中　l_3——底板轴线宽，m。

按照 t 和 α 的数值从《附录 A 表 2.3》查得：$\overline{M}_P=-0.2297$。

由此计算底板 AD 的固端弯矩：

$$M_{AD}^{F}=\overline{M}_{p}P_{hk}l_{3}$$
$$=-0.2297\times227.90\times1.5$$
$$=-78.5229\text{kN}\cdot\text{m}$$

AB 的固端弯矩：

$$M_{AB}^{F}=1/12F_{ep,k1}l_{2}^{2}+1/20(F_{ep,k2}-F_{ep,k1})l_{2}^{2}$$
$$=1/12\times47.92\times2.4^{2}+1/20\times(65.20-47.92)\times2.4^{2}$$
$$=27.9782\text{kN}\cdot\text{m}$$

BC 的固端弯矩：

$$M_{BC}^{F}=-1/12G_{k}l_{1}^{2}$$
$$=-1/12\times144.60\times2.8^{2}$$
$$=-94.4720\text{kN}\cdot\text{m}$$

式中 l_1——侧板轴线高，m；

l_2——顶板轴线宽，m。

BA 的固端弯矩：

$$M_{BA}^{F}=1/12F_{ep,k1}l_{2}^{2}+1/30(F_{ep,k2}-F_{ep,k1})l_{2}^{2}$$
$$=1/12\times47.92\times2.4^{2}+1/30\times(65.20-47.92)\times2.4^{2}$$
$$=26.3194\text{kN}\cdot\text{m}$$

（2）分配不平衡弯矩，得节点弯矩

计算各板的抗挠劲度 s。

截面的惯矩：

$$J_{AB}=J_{BC}=J_{AD}=1/12bh^{3}$$
$$=1/12\times1\times0.2^{3}$$
$$=6.6667\times10^{-4}\text{m}^{4}$$

$$S_{BC}=\frac{2EJ_{BC}}{l_{1}}$$
$$=\frac{2\times2.6\times10^{7}\times6.67\times10^{-4}}{2.8}$$
$$=1.2381\times10^{4}$$

$$S_{AB}=S_{BA}=\frac{4EJ_{AB}}{l_{2}}$$
$$=\frac{4\times2.6\times10^{7}\times6.67\times10^{-4}}{2.4}$$
$$=2.8889\times10^{4}$$

按照 t 和 α 的数值从《附录 2-A 表 4》查得：$\overline{S}_{AD}=1.2354$。

$$S_{AD}=\frac{\overline{S}_{AD}2EJ_{AD}}{l_{3}}$$
$$=\frac{1.2354\times2\times2.6\times10^{7}\times6.6667\times10^{-4}}{3}$$
$$=1.5295\times10^{4}$$

计算各板的分配系数。

A 节点：

$$\mu_{AB}=\frac{S_{AB}}{S_{AB}+S_{AD}}$$
$$=\frac{2.8889}{2.8889+1.5295}$$
$$=0.6538$$
$$\mu_{AD}=1-\mu_{AB}$$
$$=1-0.6538$$
$$=0.3462$$

B 节点：

$$\mu_{BA}=\frac{S_{BA}}{S_{BA}+S_{BC}}$$
$$=\frac{2.8889}{2.8889+1.2381}$$
$$=0.70$$
$$\mu_{BC}=1-\mu_{BA}$$
$$=1-0.7$$
$$=0.3$$

弯矩分配：

	AD	AB	BA	BC
分配系数 μ	0.3462	0.6538	0.70	0.30
传递系数 C		0.3269	0.35	
固端弯矩 M^F	−78.5229	27.9782	26.3194	−94.4720
		−23.8534	−16.5237	
		−5.7833	−7.7980	
		−2.7293	−1.8906	
		−0.6617	−0.8922	
		−0.3123	−0.2163	
		−0.0757	−0.1021	
		−0.0357	−0.0248	
		−0.0087	−0.0117	
		−0.0041	−0.0028	
		−0.0010	−0.0013	
	−78.5229	−5.4870	−1.1443	−94.4720
	29.0820	54.9279	66.9314	28.6849
M	−49.4410	49.4410	65.7871	−65.7871

$M_{AB}=49.4410\text{kN}\cdot\text{m}$；

$M_{BC}=-65.7871\text{kN}\cdot\text{m}$；

$M_{BA}=65.7871\text{kN}\cdot\text{m}$；

$M_{AD}=-49.4410\text{kN}\cdot\text{m}$。

（3）求各板的中点内力

BC 板跨中弯矩：

$$\begin{aligned}M_1&=1/8G_k l_1^2+M_{BC}\\&=1/8\times144.60\times2.8^2-65.7071\\&=75.9209\text{kN}\cdot\text{m}\end{aligned}$$

AB 板跨中弯矩：

$$\begin{aligned}M_2&=1/8F_{ep,k1}l_2^2+1/16(F_{ep,k2}-F_{ep,k1})l_2^2-1/2(M_{BA}+M_{AB})\\&=1/8\times47.92\times2.4^2+1/12\times(65.20-47.92)\times2.4^2-1/2\times(65.7871+49.4410)\\&=-16.8908\text{kN}\cdot\text{m}\end{aligned}$$

AD 板跨中弯矩：

$$\begin{aligned}M_{3P}&=\overline{M}_P P_{hk}l_3/2\\&=0.25\times227.9\times2.8/2\\&=86.3513\text{kN}\cdot\text{m}\end{aligned}$$

$$\begin{aligned}M_3&=M_{3P}-M_{AD}\\&=86.3513-49.4410\\&=36.9106\text{kN}\cdot\text{m}\end{aligned}$$

箱涵的计算简图见图 3-88。内力见图 3-89。

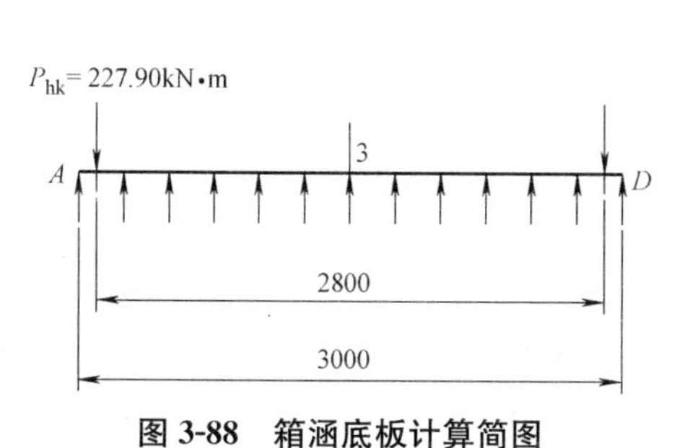

图 3-88 箱涵底板计算简图

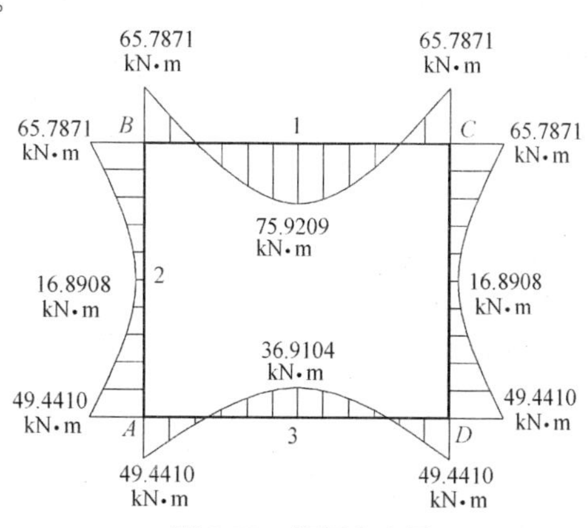

图 3-89 箱涵内力图

9. 配筋计算

（1）顶板中点配筋计算

以顶板中点弯矩作为配筋控制值，$M_1=75.9209\text{kN}\cdot\text{m}$；内层钢筋中心至外缘的保护层为 30mm，$h_0=200-35=165\text{mm}$，C30 混凝土、$f_{cw}=14.3\text{N/mm}^2$；HRB335 钢筋、$f_y=300\text{N/mm}^2$。

$$A=\frac{M_1}{bh_0^2}$$

$$=\frac{75.9209\times10^{7}}{1000\times165^{2}}$$

$$=27.8865$$

查《建筑结构设计手册》得： $\mu=1.554\%$

配筋量：

$$A_{g1}=\mu bh_0$$

$$=1.554\%\times1000\times165$$

$$=2564.10\text{mm}^2/\text{m}$$

选 9ϕ20（$A_{s1}=2827\text{mm}^2/\text{m}$）

（2）底板中点配筋计算 $M_3=36.9104\text{kN}\cdot\text{m}$

$$A=\frac{M_3}{bh_0^2}$$

$$=\frac{36.9104\times10^{7}}{1000\times165^{2}}$$

$$=13.5575$$

查《建筑结构手册》得： $\mu=0.712\%$

配筋量：

$$A_{g3}=\mu bh_0$$

$$=0.712\%\times1000\times165$$

$$=1174.8\text{mm}^2/\text{m}$$

选 9ϕ14（$A_{s3}=1385\text{mm}^2/\text{m}$）

（3）顶角配筋计算 $M_{BC}=65.7871\text{kN}\cdot\text{m}$

$$A=\frac{M_{BC}}{bh_0^2}$$

$$=\frac{65.7871\times10^{7}}{1000\times165^{2}}$$

$$=24.1642$$

查《建筑结构设计手册》得： $\mu=1.321\%$

配筋量：

$$A_{g3}=\mu bh_0$$

$$=1.321\%\times1000\times165$$

$$=2179.7\text{mm}^2/\text{m}$$

选 18ϕ14（$A_{s3}=2771\text{mm}^2/\text{m}$）

10. 裂缝宽度验算

（1）顶板验算

$$\sigma_{sk}=\frac{M_1}{0.87A_sh_0}$$

$$=\frac{75.9209\times10^{6}}{0.87\times2827\times165}$$

$$=187.0534\text{N/mm}^2$$

$$\rho_{te}=\frac{A_s}{bh_0}$$

$$=\frac{2827}{1000\times165}$$

$$=0.0171$$

$$\psi=1.1-0.65\frac{f_{tk}}{\rho_{te}\sigma_{sk}}$$

$$=1.1-0.65\times\frac{2.01}{0.0171\times187.0534}$$

$$=0.6924$$

$$d_{eq}=\frac{\sum n_i d_i^2}{\sum n_i \upsilon_i d_i}$$

$$=\frac{9\times20^2}{9\times1\times20}$$

$$=20\text{mm}$$

$$\omega_{max}=\alpha_{cr}\psi\frac{\sigma_{sk}}{E_s}\left(1.9c+0.08\frac{d_{eq}}{\rho_{te}}\right)$$

$$=2.1\times0.6924\times\frac{187.0534}{2.1\times10^5}\times\left[1.9\times(35-20/2)+0.08\frac{20}{0.0171}\right]$$

$$=0.1289\text{mm}<0.20\text{mm}$$

裂缝宽度验算合格。

式中 α_{cr}——构件受力特征系数，箱梁计算中可取 2.1；

ψ——裂缝间纵向受拉钢筋应变不均匀系数；

σ_{sk}——按荷载效应标准组合计算混凝土构件纵向受拉钢筋的应力；

E_s——钢筋弹性模量；

c——最外层纵向受拉钢筋外边缘至受拉区底边的距离，$c=25$；

ρ_{te}——按有效受拉混凝土截面积计算的纵向受拉钢筋配筋率；

A_s——受拉区纵向钢筋截面面积；

d_{eq}——受拉区纵向受拉钢筋的公称直径；

n_i——受拉区第 i 种纵向钢筋的根数；

υ_i——受拉区第 i 种纵向钢筋的相对粘结特性系数，带肋钢筋取 1.0。

（2）底板验算

$$\sigma_{sk}=\frac{M_3}{0.87A_sh_0}$$

$$=\frac{36.9104\times1385\times10^6}{0.87\times165}$$

$$=185.5909\text{N/mm}^2$$

$$\rho_{te}=\frac{A_s}{bh_0}$$

$$=\frac{1385}{1000\times165}$$

$$=0.0084$$

$\rho_{te}<0.01$，取 $\rho_{te}=0.01$

$$\psi=1.1-0.65\frac{f_{tk}}{\rho_{te}\sigma_{sk}}$$
$$=1.1-0.65\times\frac{2.01}{0.01\times185.5909}$$
$$=0.2616$$
$$d_{eq}=\frac{\sum n_i d_i^2}{\sum n_i \upsilon_i d_i}$$
$$=\frac{9\times14^2}{9\times1\times14}$$
$$=14\text{mm}$$

$$\omega_{max}=\alpha_{cr}\psi\frac{\sigma_{sk}}{E_s}\left(1.9C+0.08\frac{d_{eq}}{\rho_{te}}\right)$$
$$=2.1\times0.2616\times\frac{185.5909}{2.1\times10^5}\times\left[1.9\times(35-14/2)+0.08\frac{14}{0.01}\right]$$
$$=0.0504\text{mm}<0.20\text{mm}$$

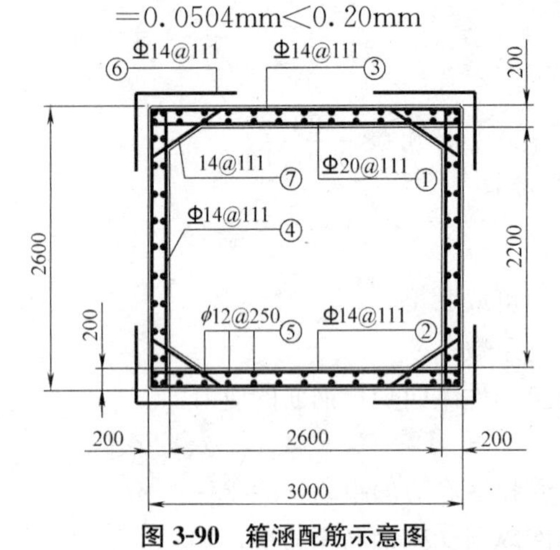

图 3-90　箱涵配筋示意图

裂缝宽度验算合格。

11. 配筋示意图

12. 外压检验荷载计算

(1) 外压检验方式

采用三点法加载，顶板中点通过钢施加集中荷载，钢梁需足够刚度，钢梁下垫木梁和橡胶垫板，底板支点间距为1m，由带圆弧角的重型钢轨或其他足够刚度的底梁支承，上铺橡胶垫板，使箱涵纵向全断面受力均衡。

(2) 检验荷载引起的内力计算

① 固端弯矩

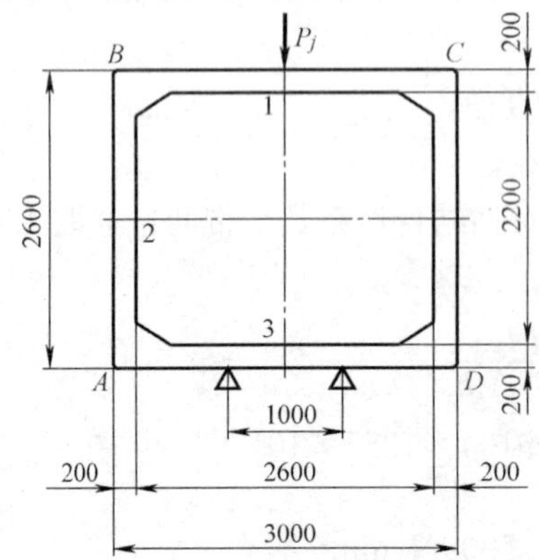

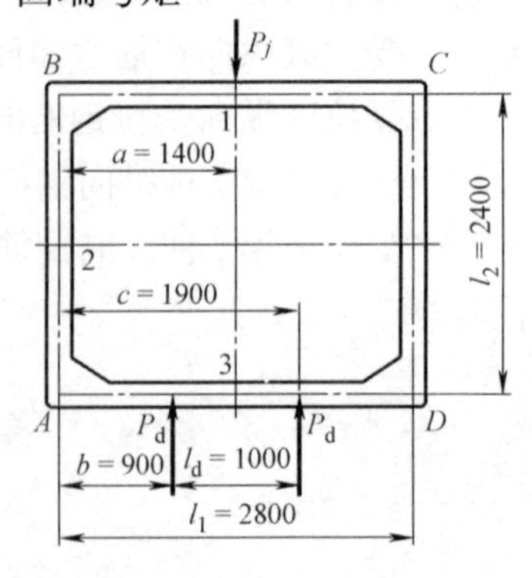

图 3-91　外压检验加压方式和基本结构图

$$M_{BC}^{F}=-\frac{P_j l_1}{4}$$
$$=-\frac{P_j\times2.80}{4}$$

$$=-0.7P_j$$

$$M_{\mathrm{AD}}^{\mathrm{F}}=-\frac{P_d b(l_1-b)^2}{l_1^2}-\frac{P_d c(l_1-c)^2}{l_1^2}$$

$$=\alpha_{\mathrm{AD}}P_{\mathrm{d}}$$

$$P_{\mathrm{d}}=P_j/2$$

$$\alpha_{\mathrm{AD}}=\frac{-b(l_1-b)^2-c(l_1-c)^2}{l_1^2}$$

$$=\frac{-0.90\times(2.80-0.90)^2-1.90\times(2.80-1.90)^2}{2.80^2}$$

$$=-0.6107$$

$$M_{\mathrm{AD}}^{\mathrm{F}}=\alpha_{\mathrm{AD}}P_{\mathrm{d}}=\alpha_{\mathrm{AD}}P_j/2$$

$$=-0.3054P_j$$

式中　P_j——外压检验荷载；

b——支承点至侧壁轴线距离。

② 分配不平衡弯矩得节点弯矩

	A		B	
分配系数 μ	0.3462	0.6538	0.70	0.30
传递系数 C		0.3269	0.35	
固端弯矩	$-0.3054P_j$	0	0	$-0.70P_j$
		$-0.2450P_j$	$-0.0998P_j$	
		$-0.0349P_j$	$-0.0801P_j$	
		$-0.0280P_j$	$-0.0114P_j$	
		$-0.0040P_j$	$-0.0092P_j$	
		$-0.0032P_j$	$-0.0013P_j$	
		$-0.0005P_j$	$-0.0021P_j$	
	$-0.3054P_j$	$-0.3152P_j$	$-0.2018P_j$	$-0.70P_j$
	$0.2148P_j$	$0.4057P_j$	$0.6313P_j$	$0.2705P_j$
	$-0.0905P_j$	$0.0905P_j$	$0.4295P_j$	$-0.4295P_j$

$M_{\mathrm{AB}}=0.0905P_j\,\mathrm{kN\cdot m}$；

$M_{\mathrm{BC}}=-0.4295P_j\,\mathrm{kN\cdot m}$；

$M_{\mathrm{BA}}=0.4295P_j\,\mathrm{kN\cdot m}$；

$M_{\mathrm{AD}}=-0.0905P_j\,\mathrm{kN\cdot m}$。

③ 求各板的中点内力

BC 板跨中弯矩：

$$M_{1\mathrm{w}}=P_j a+M_{\mathrm{BC}}$$

$$=P_j\times1.40-0.4295P_j$$

$$=0.9705P_j$$

式中　a——加荷点至侧壁轴线距离。

AD 底板跨中弯矩：

$$
\begin{aligned}
M_{3w} &= M_{AD} + P_{hk} b \\
&= -0.0905P_j + (P_j/2 + P_w)b \\
&= -0.0905P_j + 0.9 \times P_j/2 + 0.9 \times 18.5 \\
&= 0.8043P_j + 16.65
\end{aligned}
$$

（3）外压检验方式下，自重在各节点产生的弯矩

① 自重产生的固端弯矩

$$
\begin{aligned}
M^F_{BCW} &= -1/12 G_{dk1} l_1^2 \\
&= -1/12 \times 5 \times 2.8^2 \\
&= -3.2667\text{kN} \cdot \text{m}
\end{aligned}
$$

$$
\begin{aligned}
M^F_{ADW} &= \overline{M}_p G_h l_3 / 2 \\
&= -0.2297 \times 18.55 \times 2.8/2 \\
&= -5.9492\text{kN} \cdot \text{m}
\end{aligned}
$$

式中　G_{dk1}——顶板自重；

G_h——由侧板传至底板的上部结构自重。

② 弯矩分配

	A	A	B	B
分配系数 μ	0.3462	0.6538	0.70	0.30
传递系数 C		0.3269	0.35	
固端弯矩	−5.9492	0	0	−3.2667
		−1.1433	−1.9449	
		−0.6907	−0.3738	
		−0.1308	−0.2225	
		−0.0779	−0.0428	
		−0.0150	−0.0255	
		−0.0089	−0.0049	
	−5.9492	−2.0566	−2.6143	−3.2667
	2.7714	5.2344	4.1167	1.7643
	−3.1778	3.1778	1.5024	−1.5024

③ 自重引起的各节点弯矩

$M_{AB} = 3.1778\text{kN} \cdot \text{m}$；

$M_{BC} = -1.5024\text{kN} \cdot \text{m}$；

$M_{BA} = 1.5024\text{kN} \cdot \text{m}$；

$M_{AD} = -3.1778\text{kN} \cdot \text{m}$。

④ 自重作用下顶板中点弯矩

$$
\begin{aligned}
M_{1G} &= 1/8 G_{dk1} l_1^2 + M_{BC} \\
&= 1/8 \times 5 \times 2.8^2 - 1.5024 \\
&= 3.3976\text{kN} \cdot \text{m};
\end{aligned}
$$

（4）顶板检验荷载值计算

$$P_j=(1.4M_1-M_G)/0.9705$$
$$=(1.4\times75.9209-3.3976)/0.9535$$
$$=106.0144\text{kN/m}\approx106\text{kN/m}$$

（5）在检验荷载作用下各节点弯矩

$M_{AB}=0.0905P_j=0.0905\times74.7244=6.7659\text{kN}\cdot\text{m}$；

$M_{BC}=-0.4295P_j=-0.4295\times74.7244=-32.0908\text{kN}\cdot\text{m}$；

$M_{BA}=0.4295P_j=0.4295\times75.0192=32.0908\text{kN}\cdot\text{m}$；

$M_{AD}=-0.0905P_j=-0.0905\times75.0192=-6.7659\text{kN}\cdot\text{m}$。

AD 板跨中弯矩：

$$M_{3w}=0.8043P_j+16.65$$
$$=0.8043\times74.7244+16.65$$
$$=43.5101\text{kN}\cdot\text{m}$$

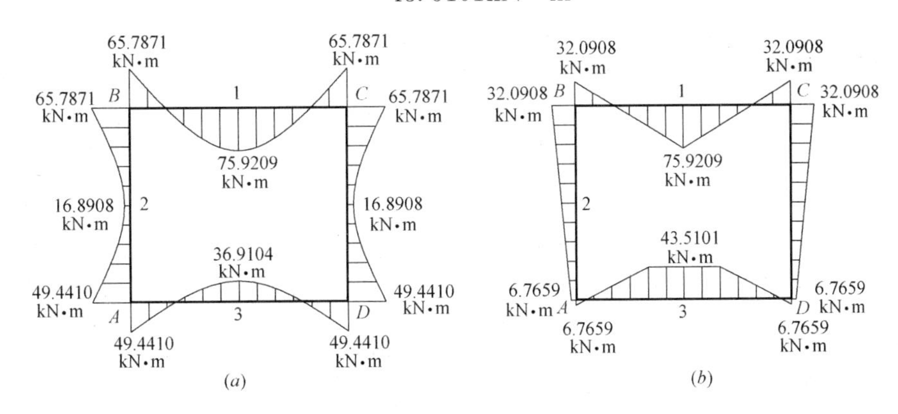

图 3-92 外压检验各节点弯矩图

（a）设计计算结构弯矩图；（b）外压检验结构弯矩图

（6）实物外压检验结果

2.6-2.2-0.2-6.0m 箱涵在投入工程使用前，根据工程技术规定，须做实物承载能力的检验，达到济青公路规定安全性才能在工程中使用。实测外压检验裂缝荷载 $P_j=125\text{kN/m}$，超过设计计算的外压检验荷载 $P_j=106\text{kN/m}$，产品安全度达到技术要求。

【例题 3.23】 XH 2-4000×3000-300-4 双仓混凝土箱涵结构计算

1. 设计条件（图 3-93）

内宽：$B_0=4000\text{mm}$；

内高：$H_0=3600\text{mm}$；

顶板及底板厚度：$d_1=300\text{mm}$；

侧壁厚度：$d_2=260\text{mm}$；

埋土深度：$H_s=4\text{m}$；

土壤力学指标：$\gamma_s=18\text{kN/m}^3$；

地面荷载：按堆积荷载 10kN/m^2 为计算值；

管体混凝土强度等级 C40： 轴心抗

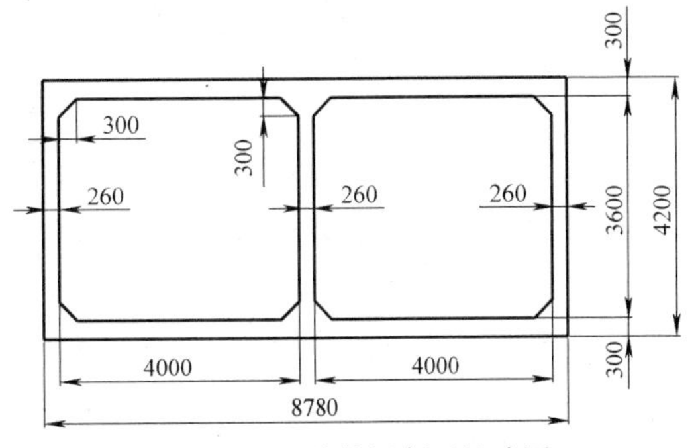

图 3-93 双孔箱涵断面尺寸图

压设计强度 $f_c=19.1\text{MPa}$；

抗裂设计强度 $f_k=2.39\text{MPa}$；

钢筋抗拉设计强度：

2. 荷载计算

（1）永久作用（恒载）计算

① 恒载竖向压力标准值计算 $f_{恒sv,k}$

$$
\begin{aligned}
f_{恒sv,k}&=\gamma_s H_s+d_1\gamma_c\\
&=18\times4+0.3\times25\\
&=79.50\text{kN/m}^2
\end{aligned}
$$

② 恒载侧向土压力标准值 $f_{恒wp,k}$

管顶

$$
\begin{aligned}
f_{恒ep,k1}&=\gamma_s H_s\tan^2\left(45°-\frac{\varphi}{2}\right)\\
&=18\times4\times\tan^2\left(45°-\frac{30°}{2}\right)\\
&=24.0\text{kN/m}^2
\end{aligned}
$$

管底

$$
\begin{aligned}
f_{恒ep,k2}&=\gamma_s(H_s+H_1)\tan^2\left(45°-\frac{\varphi}{2}\right)\\
&=18\times(4+4.2)\times\tan^2\left(45°-\frac{30°}{2}\right)\\
&=49.2\text{kN/m}^2
\end{aligned}
$$

式中　H_s——地面至管顶距离；

H_1——箱涵全高；

d_1——顶板厚度；

γ_c——管体重力密度；

γ_s——土的重力密度

φ——土壤内摩擦角。

（2）可变作用（活载）计算

① 活载竖向压力标准值计算 $f_{恒ep,k1}$

$$
f_{恒ep,k1}=10\text{kN/m}^2
$$

② 活载侧向土压力标准值 $q_{活h,k}$

$$
\begin{aligned}
q_{活h,k}&=q_{活v,k}\tan^2\left(45°-\frac{\varphi}{2}\right)\\
&=10\times\tan^2\left(45°-\frac{30°}{2}\right)\\
&=3.33\text{kN/m}^2
\end{aligned}
$$

（3）作用于顶板垂直均布荷载总和 q_1

$$
\begin{aligned}
q_{恒1}&=f_{恒sv,k}=79.50\text{kN/m}\\
q_{活1}&=q_{活v,k}=10\text{kN/m}\\
q_1&=1.27q_{恒1}+1.4q_{活1}\\
&=1.27\times79.50+1.4\times10
\end{aligned}
$$

$$=114.97\text{kN/m}$$

（4）作用于底板垂直均布荷载总和 q_2

$$q_{恒2}=f_{恒sv,k}+\frac{G_{恒cv,k}}{B_1}=79.50+\frac{3\times0.26\times3.6\times25}{8.78}=87.50\text{kN/m}$$

$$q_{活2}=q_{活v,k}=10\text{kN/m}$$

$$q_2=1.27q_{恒2}+\frac{1.2G_{恒cv,k}}{B_1}+1.4q_{活2}$$

$$=1.27\times79.50+\frac{1.2\times8}{8.78}+1.4\times10$$

$$=124.56\text{kN/m}$$

式中　$G_{恒cv,k}$——箱涵侧板总重；

B_1——箱涵外缘宽度。

（5）作用于侧墙顶部的水平均布荷载总和 q_3

$$q_{恒3}=f_{恒ep,k1}=24.0\text{kN/m}$$

$$q_{活3}=q_{活h,k}=3.33\text{kN/m}$$

$$q_3=1.27q_{恒3}+1.4q_{活3}$$

$$=1.27\times24.0+1.4\times3.33$$

$$=35.15\text{kN/m}$$

（6）作用于侧墙底部的水平均布荷载总和 q_4

$$q_{恒4}=f_{恒ep,k2}=49.20\text{kN/m}$$

$$q_{活4}=q_{活h,k}=3.33\text{kN/m}$$

$$q_4=1.27q_{恒4}+1.4q_{活4}$$

$$=1.27\times49.20+1.4\times3.33$$

$$=67.15\text{kN/m}$$

双仓混凝土箱涵计算简图（图 3-94）。

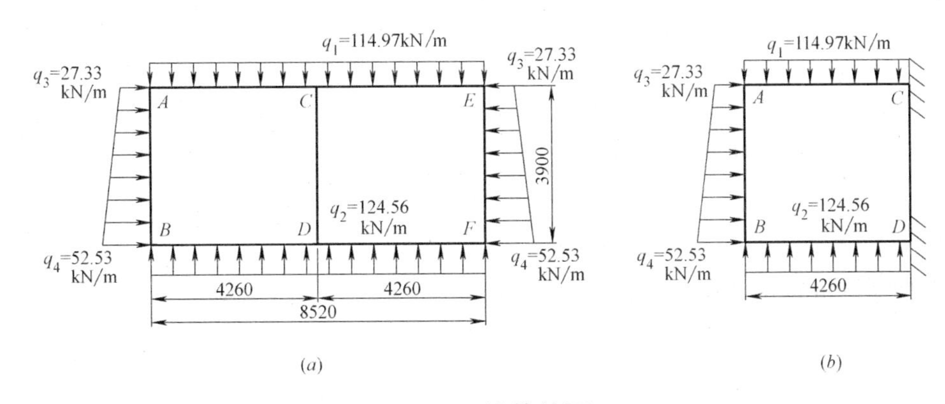

图 3-94　计算简图

3. 内力计算

（1）恒载固端弯矩

$$M^{F}_{AC恒}=-\frac{q_{恒1}\times L_1^2}{12}=-\frac{79.5\times4.26^2}{12}=-120.23\text{kN}\cdot\text{m}$$

$$M_{CA恒}^{F}=-M_{AC恒}^{F}=120.23\text{kN}\cdot\text{m}$$

$$M_{BD恒}^{F}=-\frac{q_{恒2}\times L_1^2}{12}=\frac{87.5\times4.26^2}{12}=132.32\text{kN}\cdot\text{m}$$

$$M_{DB恒}^{F}=-M_{BD恒}^{F}=-132.32\text{kN}\cdot\text{m}$$

$$M_{AB恒}^{F}=\frac{q_{恒3}\times L_2^2}{12}+\frac{(q_{恒4}-q_{恒3})\times L_2^2}{30}=\frac{24.0\times3.9^2}{12}+\frac{(49.20-24.0)\times3.9^2}{30}$$
$$=45.44\text{kN}\cdot\text{m}$$

$$M_{BA恒}^{F}=-\frac{q_{恒3}\times L_2^2}{12}-\frac{(q_{恒4}-q_{恒3})\times L_2^2}{20}=-\frac{24.0\times3.9^2}{12}-\frac{(49.20-24.0)\times3.9^2}{20}$$
$$=-52.16\text{kN}\cdot\text{m}$$

式中　L_1——箱涵计算宽度；

L_2——箱涵计算高度。

（2）活载固端弯矩计算

$$M_{AC活}^{F}=-\frac{q_{活1}\times L_1^2}{12}=-\frac{10\times4.26^2}{12}=-15.12\text{kN}\cdot\text{m}$$

$$M_{CA活}^{F}=-M_{AC活}^{F}=15.12\text{kN}\cdot\text{m}$$

$$M_{BD活}^{F}=\frac{q_{活2}\times L_1^2}{12}=\frac{10\times4.26^2}{12}=15.12\text{kN}\cdot\text{m}$$

$$M_{DB活}^{F}=-M_{BD活}^{F}=-15.12\text{kN}\cdot\text{m}$$

$$M_{AB活}^{F}=\frac{q_{活3}\times L_2^2}{12}+\frac{(q_{活4}-q_{活3})\times L_2^2}{30}=\frac{3.33\times3.9^2}{12}+\frac{(3.33-3.33)\times3.9^2}{30}$$
$$=4.44\text{kN}\cdot\text{m}$$

$$M_{BA活}^{F}=-\frac{q_{活3}\times L_2^2}{12}-\frac{(q_{活4}-q_{活3})\times L_2^2}{20}=-4.44\text{kN}\cdot\text{m}$$

（3）抗弯劲度、分配系数、传递系数计算

① 抗弯劲度计算

$$K_{AC}=\frac{4\times d_1^3}{12L_1}=\frac{4\times0.3^3}{12\times4.26}=0.0021$$

$$K_{BD}=\frac{4\times d_1^3}{12L_1}=\frac{4\times0.3^3}{12\times4.26}=0.0021$$

$$K_{AB}=K_{BA}=\frac{4\times d_2^3}{12L_2}=\frac{4\times0.26^3}{12\times3.9}=0.0015$$

② 杆端弯矩的分配系数计算

$$\mu_{AC}=\frac{K_{AC}}{K_{AC}+K_{AB}}=\frac{0.0021}{0.0021+0.0015}=0.58$$

$$\mu_{AB}=\frac{K_{AB}}{K_{AC}+K_{AB}}=\frac{0.0015}{0.0021+0.005}=0.42$$

$$\mu_{BA}=\frac{K_{BA}}{K_{BA}+K_{BD}}=\frac{0.0015}{0.0021+0.005}=0.42$$

$$\mu_{BD}=\frac{K_{BD}}{K_{BA}+K_{BD}}=\frac{0.0021}{0.0021+0.0015}=0.58$$

③ 杆端弯矩的传递系数

各杆件向远端的传递系数均为 0.5。

(4) 结点弯矩分配计算

恒载弯矩分配计算:

恒载弯矩分配计算表 **表 3-29**

结点	*D*	*B*		*A*		*C*
杆端	*DB*	*BD*	*BA*	*AB*	*AC*	*CA*
劲度 *K*		0.0021	0.0015	0.0015	0.0021	
分配系数 *μ*		0.58	0.42	0.42	0.58	
固端弯矩 M^F	−132.32	132.32	−52.16	45.44	−120.23	120.23
			15.54	←31.08	43.71→	21.85
	−27.96	←−55.93	−39.77→	−19.88		
			4.13	←8.26	11.62→	5.81
	−1.21	←−2.41	−1.72→	−0.858		
			0.18	←0.36	0.502→	0.251
恒载弯矩合计 M_1	−161.49	73.97	−73.80	64.40	−64.40	148.14

活载弯矩分配计算:

活载弯矩分配计算表 **表 3-30**

结点	*D*	*B*		*A*		*C*
杆端	*DB*	*BD*	*BA*	*AB*	杆端	*DB*
劲度 *K*		0.0021	0.0015	0.0015	劲度 *K*	
分配系数 *μ*		0.58	0.42	0.42	0.58	
固端弯矩 M^F	−15.12	15.12	−4.44	4.44	−15.12	15.12
			2.22	←4.44	6.24→	3.12
	−3.77	←−7.54	−5.36→	−2.68		
			0.56	←1.11	1.57→	0.78
	−0.16	←−0.33	−0.23→	−0.12		
			0.02	←0.05	0.07→	0.03
	−0.007	←−0.014	−0.010→	−0.005		
				0.002	0.00	
活载弯矩合计 M_2	−19.06	7.25	−7.25	7.25	−7.25	19.06
$1.2M_1+1.4M_2$	−220.48	98.91	−98.70	87.42	−87.42	204.46

注:弯矩符号以绕杆端顺时针旋转为正。

(5) 各部位剪力、轴向力及控制截面弯矩计算

① 杆件 *AC*(顶板)剪力计算

$$Q_{AC恒}=\frac{q_{恒1}\times L_1}{2}-\frac{M_{恒AC}+M_{恒CA}}{L_1}=\frac{79.50\times 4.26}{2}-\frac{-64.40+148.14}{4.26}=149.68\text{kN}$$

$$Q_{AC活}=\frac{q_{活1}\times L_1}{2}-\frac{M_{活AC}+M_{活CA}}{L_1}=\frac{10\times 4.26}{2}-\frac{-7.25+19.06}{4.26}=18.53\text{kN}$$

$Q_{AC}=1.2Q_{AC恒}+1.4Q_{AC活}=205.55\text{kN}$

$$Q_{CA恒}=-\frac{q_{恒1}\times L_1}{2}-\frac{M_{恒AC}+M_{恒CA}}{L_1}=-\frac{79.50\times 4.26}{2}-\frac{-64.60+148.4}{4.26}=-188.99\text{kN}$$

$$Q_{CA活}=-\frac{q_{活1}\times L_1}{2}-\frac{M_{活CA}+M_{活AC}}{L_1}=-\frac{10\times 4.26}{2}-\frac{-7.25+19.06}{4.26}=-24.07\text{kN}$$

$Q_{CA}=1.2Q_{CA恒}+1.4Q_{CA活}=-260.50\text{kN}$

② 杆件 BD（底板）剪力计算

$$Q_{DB恒}=\frac{q_{恒2}\times L_1}{2}-\frac{M_{恒DB}+M_{恒BD}}{L_1}=\frac{79.50\times 4.26}{2}-\frac{-161.49+73.97}{4.26}=189.88\text{kN}$$

$$Q_{DB活}=\frac{q_{活2}\times L_1}{2}-\frac{M_{活DB}+M_{活BD}}{L_1}=\frac{10\times 4.26}{2}-\frac{-19.06+7.25}{4.26}=24.07\text{kN}$$

$Q_{DB}=1.2Q_{DB恒}+1.4Q_{DB活}=261.56\text{kN}$

$$Q_{BD恒}=-\frac{q_{恒2}\times L_1}{2}-\frac{M_{恒DB}+M_{恒BD}}{L_1}=-\frac{79.50\times 4.26}{2}-\frac{-161.49+73.97}{4.26}=-148.79\text{kN}$$

$$Q_{BD活}=-\frac{q_{活2}\times L_1}{2}-\frac{M_{活DB}+M_{活BD}}{L_1}=-\frac{10\times 4.26}{2}-\frac{-19.06+7.25}{4.26}=-18.53\text{kN}$$

$Q_{BD}=1.2Q_{BD恒}+1.4Q_{BD活}=-204.49\text{kN}$

③ 杆件 AB（侧墙）剪力计算

$$Q_{AB恒}=-\frac{q_{恒4}\times L_2}{2}+\frac{(q_{恒4}-q_{恒3})\times L_2}{3}-\frac{M_{恒AB}+M_{恒BA}}{L_2}$$

$$=-\frac{49.20\times 3.9}{2}+\frac{(49.20-24.0)\times 3.9}{3}-\frac{-73.8+64.0}{3.9}$$

$$=-62.39\text{kN}$$

$$Q_{AB活}=-\frac{q_{活4}\times L_2}{2}+\frac{(q_{活4}-q_{活3})\times L_2}{3}-\frac{M_{活AB}+M_{活BA}}{L_2}$$

$$=-\frac{3.33\times 3.9}{2}+\frac{(3.33-3.33)\times 3.9}{3}-\frac{-7.25+7.25}{3.9}$$

$$=-6.67\text{kN}$$

$Q_{AB}=1.2Q_{AB恒}+1.4Q_{AB活}=-84.20\text{kN}$

$$Q_{BA恒}=\frac{q_{恒4}\times L_2}{2}-\frac{(q_{恒4}-q_{恒3})\times L_2}{6}-\frac{M_{恒AB}+M_{恒BA}}{L_2}$$

$$=\frac{49.20\times 3.9}{2}-\frac{(49.20-24.0)\times 3.9}{6}-\frac{-73.8+64.4}{3.9}$$

$$=84.01\text{kN}$$

$$Q_{BA活}=\frac{q_{活4}\times L_2}{2}-\frac{(q_{活4}-q_{活3})\times L_2}{6}-\frac{M_{活AB}+M_{活BA}}{L_2}$$

$$=\frac{41.61\times 4}{2}-\frac{(41.61-41.61)\times 4}{6}-\frac{80.58-80.59}{4}$$

$$=6.67\text{kN}$$

$Q_{BA}=1.2Q_{BA恒}+1.4Q_{BA活}=110.15\text{kN}$

（6）各加腋起点截面弯矩及跨间最大弯矩计算

加腋尺寸为 $L_{腋宽}\times L_{腋高}=0.3\text{m}\times 0.3\text{m}$

则底板左加腋起点截面跨结点 D 的距离 $X_{1左}=L_1-d_2/2-L_{腋宽}=4.26-0.26/2-0.3=3.83\text{m}$

底板右加腋起点截面跨结点 D 的距离 $X_{1右}=L_{腋宽}+d_2/2=0.3+0.26/2=0.43\text{m}$

顶板左加腋起点截面跨结点 A 的距离 $X_{2左}=X_{1右}=L_{腋宽}+d_2/2=0.43\text{m}$

顶板右加腋起点截面跨结点 A 的距离 $X_{2右}=X_{1左}=L_1-L_{腋宽}-d_2/2=3.83\text{m}$

侧墙上加腋起点截面跨结点 B 的距离 $X_{上}=L_2-L_{腋高}-d_1/2=3.9-0.3-0.3/2=3.45\text{m}$

侧墙下加腋起点截面跨结点 B 的距离 $X_{下}=L_{腋高}+d_1/2=0.3+0.3/2=0.45\text{m}$

各加腋起点截面的弯矩分别为：

$$M_{底左}=M_{DB}+Q_{DG}X_{1左}-\frac{q_1X_{1左}^2}{2}=-220.48+261.56\times3.83-\frac{124.56\times3.83^2}{2}$$

$$=-132.29\text{kN}\cdot\text{m}$$

$$M_{底右}=M_{DB}+Q_{DB}X_{1右}-\frac{q_1\times X_{1右}^2}{2}=-220.48+261.56\times0.43-\frac{124.56\times0.43^2}{2}$$

$$=119.52\text{kN}\cdot\text{m}$$

$$M_{顶左}=M_{AC}+Q_{AC}X_{2左}-\frac{q_2\times X_{2左}^2}{2}=-87.42+205.55\times0.43-\frac{114.97\times0.43^2}{2}$$

$$=-9.66\text{kN}\cdot\text{m}$$

$$M_{顶右}=M_{AC}+Q_{AC}X_{2右}-\frac{q_2\times X_{2右}^2}{2}=-87.42+205.55\times3.83-\frac{114.97\times3.83^2}{2}$$

$$=-143.37\text{kN}\cdot\text{m}$$

$$M_{侧上}=M_{BA}+Q_{BA}X_{上}-\frac{q_4\times X_{2上}^2}{2}+\frac{(q_4-q_3)X_{上}^3}{6\times L_2}$$

$$=-98.70+110.15\times3.45-\frac{67.15\times3.45^2}{2}+\frac{(67.15-35.15)\times3.45^3}{6\times3.9}$$

$$=-62.16\text{kN}\cdot\text{m}$$

（7）顶板（AC）、底板（BD）、侧墙（AB）跨间最大弯矩截面位置 X_{01}（距结点 A 的距离）、X_{02}（距结点 D 的距离）、X_{03}（距结点 B 的距离）

$$X_{01}=\frac{Q_{AC}}{q_2}=\frac{205.55}{114.97}=1.79\text{m}$$

$$X_{02}=\frac{Q_{DB}}{q_1}=\frac{261.56}{124.56}=2.10\text{m}$$

$$X_{03}=\frac{q_4-\sqrt{q_4^2-\dfrac{2\times Q_{BA}\times(q_4-q_3)}{L_2}}}{\dfrac{(q_4-q_3)}{L_2}}$$

$$=\frac{67.15-\sqrt{67.15^2-\dfrac{2\times110.15\times(67.15-35.15)}{3.9}}}{\dfrac{(67.15-35.15)}{3.9}}$$

$$=1.85\text{m}$$

顶板（AC）、底板（BD）、侧墙（AB）跨间最大弯矩：

$$M_{01}=M_{AC}+Q_{AC}X_{01}-\frac{q_2\times X_{01}^2}{2}=-87.42+205.55\times1.79-\frac{114.97\times1.79^2}{2}$$

$$=96.33\text{kN}\cdot\text{m}$$

$$M_{02}=M_{DB}+Q_{DB}X_{01}-\frac{q_1\times X_{02}^2}{2}=-220.48+261.56\times2.10-\frac{124.56\times2.10^2}{2}$$

$$=5.14\text{kN}\cdot\text{m}$$

$$M_{03}=M_{BA}+Q_{BA}X_{03}-\frac{q_4\times X_{03}^2}{2}+\frac{(q_4-q_3)X_{03}^3}{6\times L_2}$$

$$=-98.70+110.15\times1.85-\frac{67.15\times1.85^2}{2}+\frac{(67.15-35.15)\times1.85^3}{6\times3.9}$$

$$=-1.18\text{kN}\cdot\text{m}$$

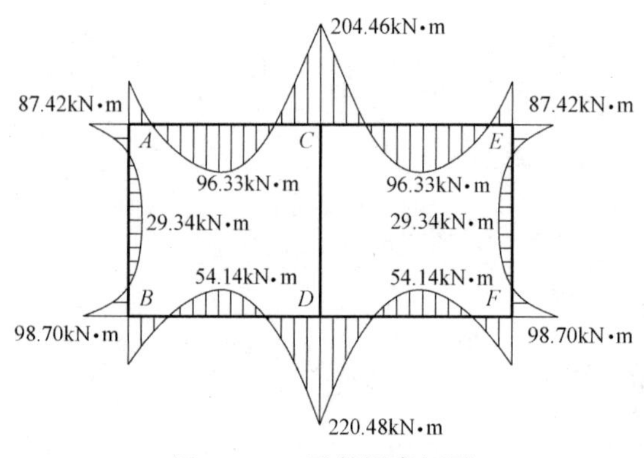

图 3-95　双孔箱涵弯矩图

（8）轴向力计算

根据力的平衡原理，顶板轴向力等于侧墙上端剪力；底板轴向力等于侧墙下端剪力；侧墙轴向力等于顶板及底板板端剪力。

（9）内力计算成果

4. 截面配筋计算

（1）顶板（A-C）

钢筋按左、右对称，用最不利荷载计算。

① 跨中

$l_1=4.26\text{m}$　$d_1=0.3\text{m}$　$a=0.035\text{m}$　$h_0=0.265\text{m}$

箱涵内力　**表 3-31**

内力位置		顶板		底板		左侧墙	
弯矩（kN·m）	跨间	96.33		54.14		29.34	
	节点	左	−87.42	左	98.91	上	87.42
		右	204.46	右	−220.48	下	−98.70
剪力（kN）		左	205.55	左	−204.49	上	−84.20
		右	−260.50	右	261.56	下	110.15
轴向力（kN）		84.20		110.15		205.55	

注：弯矩符号以洞壁内侧受拉为正，外侧受拉为负；轴向力以压力为正，拉为负。

$$e_0=\frac{M_d}{N_d}=\frac{99.63}{84.20}=1.144\text{m}$$

$$i=\sqrt{\frac{bd_1^2}{12}}=\sqrt{\frac{1\times0.3^2}{12}}=0.087$$

$$\frac{l_1}{i}=\frac{4.26}{0.087}=49.19>17.5$$

由《公路钢筋混凝土及预应力混凝土桥涵设计规范》JTG D62—2004 第 5.3.10 条：

$$\xi_1=0.2+2.7\frac{e_0}{h_0}=0.2+2.7\times\frac{1.144}{0.265}=11.86\qquad 取 1.0$$

$\xi_2 = 1.15 - 0.01\dfrac{l_1}{d_1} = 1.15 - 0.01 \times \dfrac{4.26}{0.3} = 1.01$　　取 1.0

$\eta = 1 + \dfrac{h_0}{1400 e_0}\left(\dfrac{l_1}{d_1}\right)^2 \times \xi_1 \times \xi_2 = 1 \times \dfrac{0.265}{1400 \times 1.144} \times \left(\dfrac{4.26}{0.3}\right)^2 \times 1 \times 1 = 1.033$

由《公路钢筋混凝土及预应力混凝土桥涵设计规范》JTG D62—2004 第 5.3.5 条：

$$e = \eta e_0 + \frac{d_1}{2} - a = 1.033 \times 1.144 + \frac{0.3}{2} - 0.035 = 1.297\text{m}$$

$$\gamma_0 \cdot N_d \cdot e = f_{cd} \cdot b \cdot x \cdot \left(h_0 - \frac{x}{2}\right)$$

$$1.0 \times 84.20 \times 10^3 \times 1297 = 26.8 \times 1000 \times x \times \left(265 - \frac{x}{2}\right)$$

解得：$x = 15.9\text{mm} < \xi_b \cdot h_0 = 0.56 \times 265 = 148\text{mm}$ 为大偏心受压构件。

$$A_s = \frac{f_{cd} bx - \gamma_0 N_d}{f_y} = \frac{26.8 \times 1000 \times 15.9 - 1.0 \times 84.20 \times 10^3}{300} = 1135.66\text{mm}^2$$

用 $\phi 12@90\text{mm}$，实际 $1256.64\ \text{mm}^2$，安全。

$$\mu = \frac{100 A_s}{b h_0} = \frac{100 \times 1256.64}{1000 \times 265} = 0.43\% > 0.2\%$$

满足《公路钢筋混凝土及预应力混凝土桥涵设计规范》JTG D62—2004 第 9.1.12 条规定。

$0.51 \times 10^{-3}\sqrt{f_{cu,k}}\, b h_0 = 0.51 \times 10^{-3} \times \sqrt{40} \times 1000 \times 265 = 854.8\text{kN} > \gamma_0 Q_d = 1.0 \times 205.55 = 205.55\text{kN}$

因而抗剪配筋按构造设置。

② 角点

$$l_1 = 4.26\text{m} \quad d_0 = 0.6\text{m} \quad a = 0.035\text{m} \quad h_0 = 0.565\text{m}$$

$$e_0 = \frac{M_d}{N_d} = \frac{87.42}{84.20} = 1.038\text{m}$$

$$i = \sqrt{\frac{b d_0^2}{12}} = \sqrt{\frac{1 \times 0.6^2}{12}} = 0.173$$

$$\frac{l_1}{i} = \frac{4.26}{0.173} = 24.60 > 17.5$$

由《公路钢筋混凝土及预应力混凝土桥涵设计规范》JTG D62—2004 第 5.3.10 条：

$\xi_1 = 0.2 + 2.7\dfrac{e_0}{h_0} = 0.2 + 2.7 \times \dfrac{1.038}{0.565} = 5.161$　　取 1.0

$\xi_2 = 1.15 - 0.01\dfrac{l_1}{d_0} = 1.15 - 0.01 \times \dfrac{4.26}{0.6} = 1.079$　　取 1.0

$\eta = 1 + \dfrac{h_0}{1400 e_0}\left(\dfrac{l_1}{d_0}\right)^2 \times \xi_1 \times \xi_2 = 1 + \dfrac{0.565}{1400 \times 1.038} \times \left(\dfrac{4.26}{0.6}\right)^2 \times 1 \times 1 = 1.020$

由《公路钢筋混凝土及预应力混凝土桥涵设计规范》JTG D62—2004 第 5.3.5 条：

$$e = \eta e_0 + \frac{d_0}{2} - a = 1.020 \times 1.038 + \frac{0.6}{2} - 0.035 = 1.324\text{m}$$

$$\gamma_0 \cdot N_d \cdot e = f_{cd} \cdot b \cdot x\left(h_0 - \frac{x}{2}\right)$$

$$1.0\times84.20\times10^3\times1324=26.8\times1000\times x\times\left(565-\frac{x}{2}\right)$$

解得：$x=7\text{mm}<\xi_b\cdot h_0=0.56\times565=316\text{mm}$ 为大偏心受压构件。

$$A_s=\frac{f_{cd}bx-\gamma_0N_d}{f_y}=\frac{26.8\times1000\times7-1.0\times84.2\times10^3}{300}=381.16\text{mm}^2$$

用 $\phi12@100\text{mm}$，实际 1130.97mm^2，安全。

$$\mu=\frac{100A_s}{bh_0}=\frac{100\times1130.97}{1000\times565}=0.2\%=0.2\%$$

满足《公路钢筋混凝土及预应力混凝土桥涵设计规范》JTG D 62—2004 第 9.1.12 条规定。

$$0.51\times10^{-3}\sqrt{f_{cu,k}}bh_0=0.51\times10^{-3}\times\sqrt{40}\times1000\times565=918.1\text{kN}>\gamma_0Q_A$$
$$=1.0\times205.5=205.5\text{kN}$$

抗剪配筋按构造设置。

（2）底板（B-D）

钢筋按左、右对称，用最不利荷载计算。

① 跨中

$$l_1=4.26\text{m}\quad d_1=0.3\text{m}\quad a=0.035\text{m}\quad h_0=0.265\text{m}$$

$$e_0=\frac{M_d}{N_d}=\frac{54.14}{110.15}=0.492\text{m}$$

$$i=\sqrt{\frac{bd_0^2}{12}}=\sqrt{\frac{0.265^2}{12}}=0.087$$

$$\frac{l_1}{i}=\frac{4.26}{0.087}=49.19>17.5$$

由《公路钢筋混凝土及预应力混凝土桥涵设计规范》JTG D 62—2004 第 5.3.10 条：

$$\xi_1=0.2+2.7\frac{e_0}{h_0}=0.2+2.7\times\frac{0.492}{0.265}=5.21\qquad\text{取 }1.0$$

$$\xi_2=1.15-0.01\frac{l_1}{d_1}=1.15-0.01\times\frac{4.26}{0.3}=1.01\qquad\text{取 }1.0$$

$$\eta=1+\frac{h_0}{1400e_0}\left(\frac{l_1}{d_1}\right)^2\times\xi_1\times\xi_2=1+\frac{0.265}{1400\times0.492}\times\left(\frac{4.26}{0.3}\right)^2\times1\times1=1.078$$

由《公路钢筋混凝土及预应力混凝土桥涵设计规范》JTG D 62—2004 第 5.3.5 条：

$$e=\eta e_0+\frac{d_1}{2}-a=1.078\times0.492+\frac{0.3}{2}-0.035=0.645\text{m}$$

$$\gamma_0\cdot N_d\cdot e=f_{cd}\cdot b\cdot x\cdot\left(h_0-\frac{x}{2}\right)$$

$$1.0\times110.15\times10^3\times1645=26.8\times1000\times x\times\left(265-\frac{x}{2}\right)$$

解得：$x=10.0\text{mm}<\xi_b\cdot h_0=0.56\times265=148\text{mm}$ 为大偏心受压构件。

$$A_s=\frac{f_{cd}bx-\gamma_0N_d}{f_y}=\frac{26.8\times1000\times10.0-1.0\times110.15\times10^3}{300}=543.60\text{mm}^2$$

用 $\phi12@200\text{mm}$，实际 565.49mm^2，安全。

$$\mu=\frac{100A_s}{bh_0}=\frac{100\times565.49}{1000\times265}=0.21\%>0.2\%$$

满足《公路钢筋混凝土及预应力混凝土桥涵设计规范》JTG D 62—2004 第 9.1.12 条规定。

$$0.51\times10^{-3}\sqrt{f_{cu,k}}bh_0=0.51\times10^{-3}\times\sqrt{40}\times1000\times265=854.8\text{kN}>\gamma_0 Q_d$$
$$=1.0\times205.55=204.49\text{kN}$$

因而抗剪配筋按构造设置。

② 角点

$$l_1=4.26\text{m}\quad d_0=0.6\text{m}\quad a=0.035\text{m}\quad h_0=0.565\text{m}$$

$$e_0=\frac{M_d}{N_d}=\frac{98.91}{110.15}=0.898\text{m}$$

$$i=\sqrt{\frac{bd_0^2}{12}}=\sqrt{\frac{1\times0.6^2}{12}}=0.173$$

$$\frac{l_1}{i}=\frac{4.26}{0.173}=24.60>17.5$$

由《公路钢筋混凝土及预应力混凝土桥涵设计规范》JTG D 62—2004 第 5.3.10 条：

$$\xi_1=0.2+2.7\frac{e_0}{h_0}=0.2+2.7\times\frac{0.898}{0.565}=4.491\qquad \text{取 }1.0$$

$$\xi_2=1.15-0.01\frac{l_1}{d_0}=1.15-0.01\times\frac{4.26}{0.6}=1.079\qquad \text{取 }1.0$$

$$\eta=1+\frac{h_0}{1400e_0}\left(\frac{l_1}{d_0}\right)^2\times\xi_1\times\xi_2=1+\frac{0.565}{1400\times1.038}\times\left(\frac{4.26}{0.6}\right)^2\times1\times1=1.020$$

由《公路钢筋混凝土及预应力混凝土桥涵设计规范》JTG D 62—2004 第 5.3.5 条：

$$e=\eta e_0+\frac{d_0}{2}-a=1.020\times0.898+\frac{0.6}{2}-0.035=1.183\text{m}$$

$$\gamma_0\cdot N_d\cdot e=f_{cd}\cdot b\cdot x\cdot\left(h_0-\frac{x}{2}\right)$$

$$1.0\times110.15\times10^3\times1183=26.8\times1000\times x\times\left(565-\frac{x}{2}\right)$$

解得：$x=9\text{mm}<\xi_b\cdot h_0=0.56\times565=316\text{mm}$ 为大偏心受压构件。

$$A_s=\frac{f_{cd}bx-\gamma_0 N_d}{f_y}=\frac{26.8\times1000\times9-1.0\times110.15\times10^3}{300}=407.78\text{mm}^2$$

用 $\phi12@100\text{mm}$，实际 1130.97mm^2，安全。

$$\mu=\frac{100A_s}{bh_0}=\frac{100\times1130.97}{1000\times565}=0.2\%=0.2\%$$

满足《公路钢筋混凝土及预应力混凝土桥涵设计规范》JTG D 62—2004 第 9.1.12 条规定。

$0.51\times10^{-3}\sqrt{f_{cu,k}}bh_0=0.51\times10^{-3}\times\sqrt{40}\times1000\times565=918.1\text{kN}>\gamma_0 Q_A=1.0\times205.5=205.5\text{kN}$

抗剪配筋按构造设置。

(3) 侧板（A-B）

① 板中：

$$l_2=3.90\text{m}\quad d_2=0.26\text{m}\quad a=0.035\text{m}\quad h_0=0.225\text{m}$$

$$e_0=\frac{M_d}{N_d}=\frac{29.34}{205.55}=0.143\text{m}$$

$$i=\sqrt{\frac{bh_0^2}{12}}=\sqrt{\frac{0.225^2}{12}}=0.075$$

$$\frac{l_2}{i}=\frac{3.90}{0.075}=51.96>17.5$$

由《公路钢筋混凝土及预应力混凝土桥涵设计规范》JTG D 62—2004 第 5.3.10 条：

$$\xi_1=0.2+2.7\frac{e_0}{h_0}=0.2+2.7\times\frac{0.143}{0.225}=1.91\qquad \text{取 } 1.0$$

$$\xi_2=1.15-0.01\frac{l_2}{d_2}=1.15-0.01\times\frac{3.90}{0.26}=1.00\qquad \text{取 } 1.0$$

$$\eta=1+\frac{h_0}{1400e_0}\left(\frac{l_2}{d_2}\right)^2\times\xi_1\times\xi_2=1+\frac{0.225}{1400\times0.143}\times\left(\frac{3.90}{0.26}\right)^2\times1\times1=1.253$$

由《公路钢筋混凝土及预应力混凝土桥涵设计规范》JTG D 62—2004 第 5.3.5 条：

$$e=\eta e_0+\frac{d_2}{2}-a=1.253\times0.143+\frac{0.26}{2}-0.035=0.274\text{m}$$

$$\gamma_0\cdot N_d\cdot e=f_{cd}\cdot b\cdot x\cdot\left(h_0-\frac{x}{2}\right)$$

$$1.0\times205.55\times10^3\times274=26.8\times1000\times x\times\left(225-\frac{x}{2}\right)$$

解得：$x=10.0\text{mm}<\xi_b\cdot h_0=0.56\times225=126\text{mm}$ 为大偏心受压构件。

$$A_s=\frac{f_{cd}bx-\gamma_0 N_d}{f_y}=\frac{26.8\times1000\times10.0-1.0\times205.55\times10^3}{300}=167.0\text{mm}^2$$

用 $\phi12@250\text{mm}$，实际 452.39mm^2，安全。

$$\mu=\frac{100A_s}{bh_0}=\frac{100\times452.39}{1000\times225}=0.20\%=0.2\%$$

满足《公路钢筋混凝土及预应力混凝土桥涵设计规范》JTG D 62—2004 第 9.1.12 条规定。

$0.51\times10^{-3}\sqrt{f_{cu,k}}bh_0=0.51\times10^{-3}\times\sqrt{40}\times1000\times225=365.6\text{kN}>\gamma_0 Q_d=1.0\times110.1=110.1\text{kN}$

因而抗剪配筋按构造设置。

② 角点

$$l_2=3.90\text{m}\quad d_0=0.56\text{m}\quad a=0.035\text{m}\quad h_0=0.525\text{m}$$

$$e_0=\frac{M_d}{N_d}=\frac{98.91}{205.55}=0.481\text{m}$$

$$i=\sqrt{\frac{bd_0^2}{12}}=\sqrt{\frac{1\times0.56^2}{12}}=0.162$$

$$\frac{l_2}{i}=\frac{3.90}{0.162}=24.12>17.5$$

由《公路钢筋混凝土及预应力混凝土桥涵设计规范》JTG D 62—2004 第 5.3.10 条：

$$\xi_1=0.2+2.7\frac{e_0}{h_0}=0.2+2.7\times\frac{0.481}{0.525}=2.675\qquad 取 1.0$$

$$\xi_2=1.15-0.01\frac{l_2}{d_0}=1.15-0.01\times\frac{3.90}{0.56}=1.080\qquad 取 1.0$$

$$\eta=1+\frac{h_0}{1400e_0}\left(\frac{l_2}{d_0}\right)^2\times\xi_1\times\xi_2=1+\frac{0.525}{1400\times0.481}\times\left(\frac{3.90}{0.56}\right)^2\times1\times1=1.038$$

由《公路钢筋混凝土及预应力混凝土桥涵设计规范》JTG D 62—2004 第 5.3.5 条：

$$e=\eta e_0+\frac{d_0}{2}-a=1.038\times0.481+\frac{0.56}{2}-0.035=0.744\text{m}$$

$$\gamma_0\cdot N_d\cdot e=f_{cd}\cdot b\cdot x\cdot\left(h_0-\frac{x}{2}\right)$$

$$1.0\times205.55\times10^3\times744=26.8\times1000\times x\times\left(525-\frac{x}{2}\right)$$

解得：$x=11\text{mm}<\xi_b\cdot h_0=0.56\times525=294\text{mm}$ 为大偏心受压构件。

$$A_s=\frac{f_{cd}bx-\gamma_0N_d}{f_y}=\frac{26.8\times1000\times11-1.0\times205.55\times10^3}{300}=296.6\text{mm}^2$$

用 $\phi12@100$mm，实际 1130.97mm^2，安全。

$$\mu=\frac{100A_s}{bh_0}=\frac{100\times1130.97}{1000\times525}=0.22\%=0.2\%$$

满足《公路钢筋混凝土及预应力混凝土桥涵设计规范》JTG D 62—2004 第 9.1.12 条规定。

$$0.51\times10^{-3}\sqrt{f_{cu,k}}bh_0=0.51\times10^{-3}\times\sqrt{40}\times1000\times525=853.13\text{kN}>\gamma_0Q_A$$
$$=1.0\times205.55=205.55\text{kN}$$

抗剪配筋按构造设置。

5. 按使用极限状态，进行裂缝宽度验算

当验算构件截面的最大裂缝宽度时，应按作用效应的准永久组合计算。地面可变作用准永久值系数 $\psi_q=0.5$。计算所得的准永久组合作用值见表 3-32。

裂缝宽度验算准永久组合作用值　　表 3-32

内力位置		顶板		底板		左侧墙	
弯矩(kN·m)	跨间	81.46		88.11		4.06	
	角点	左	−68.02	左	77.60	上	68.02
		右	157.67	右	−171.02	下	−77.42
剪力(kN)		左	158.94	左	−175.08	上	−65.78
		右	−201.03	右	218.95	下	87.28
轴向力(kN)		65.78		87.28		158.94	

(1) 顶板中点内力准永久值：$M_q=81.46\text{kN}\cdot\text{m}$，$N_q=65.78\text{kN}$

$$e_0=\frac{M_q}{N_q}$$
$$=\frac{81.46\times1000}{65.78}$$

$$=1238.29\text{mm}$$

$$\sigma_{sk}=\frac{M_q-0.35N_q(h_0-0.3e_0)}{0.87A_{1s}h_0}$$

$$=\frac{81.46\times10^6-0.35\times65.78\times10^3\times\left[300-\left(20+\frac{10}{2}\right)-0.3\times1238.29\right]}{0.87\times1256.64\times\left[300-\left(20+\frac{10}{2}\right)\right]}$$

$$=267.78\text{N/mm}^2$$

$$\rho_{te}=\frac{A_s}{0.5bh}$$

$$=\frac{1256.64}{0.5\times1000\times300}$$

$$=0.009$$

大偏心受压构件，取 $\alpha_1=0$。

$$\alpha_2=1+0.35\frac{h_0}{e_0}$$

$$=1+0.35\times\frac{300-\left(20+\frac{10}{2}\right)}{1238.29}$$

$$=0.96$$

$$\psi=1.1-0.65\frac{f_{tk}}{\rho_{te}\sigma_{sk}\alpha_2}$$

$$=1.1-0.65\times\frac{2.39}{0.01\times267.78\times0.96}$$

$$=0.49$$

$$\omega_{max}=1.8\psi\frac{\sigma_{sk}}{E_s}\left(1.5C+0.11\frac{d}{\rho_{te}}\right)(1+a_1)\upsilon$$

$$=1.8\times0.49\times\frac{267.78}{210000}\times\left(1.5\times30+0.11\times\frac{10}{0.009}\right)\times(1+0)\times0.7$$

$$=0.22\text{mm}$$

裂缝宽度 $\omega_{max}=0.22\text{mm}>[\omega_{max}]=0.2\text{mm}$，裂缝宽度验算不合格。

调整配筋量为：$A_{1s}=1319\text{mm}^2/\text{m}$，重复上述计算，得：$\omega_{max}=0.19\text{mm}$，裂缝宽度验算合格。

（2）顶板角点内力准永久值：$M_q=-68.02\text{kN}\cdot\text{m}$、$N_q=65.78\text{kN}$

$$e_0=\frac{M_q}{N_q}$$

$$=\frac{68.02\times1000}{65.78}$$

$$=1033.985\text{mm}$$

$$\sigma_{sk}=\frac{M_q-0.35N_q(h_0-0.3e_0)}{0.87A_{1s}h_0}$$

$$=\frac{68.02\times10^6-0.35\times65.78\times10^3\times\left[300-\left(20+\frac{10}{2}\right)-0.3\times1033.985\right]}{0.87\times1130.97\times\left[300-\left(20+\frac{10}{2}\right)\right]}$$

$=260.86\text{N/mm}^2$

$$\rho_{te}=\frac{A_s}{0.5bh}=\frac{1130.97}{0.5\times1000\times300}=0.0075$$

大偏心受压构件，取 $\alpha_1=0$。

$$\alpha_2=1+0.35\frac{h_0}{e_0}=1+0.35\times\frac{300-\left(20+\frac{10}{2}\right)}{1033.985}=1.05$$

$$\psi=1.1-0.65\frac{f_{tk}}{\rho_{te}\sigma_{sk}\alpha_2}=1.1-0.65\times\frac{2.39}{0.01\times260.86\times1.05}=0.53$$

$$\omega_{max}=1.8\psi\frac{\sigma_{sk}}{E_s}\left(1.5C+0.11\frac{d}{\rho_{te}}\right)(1+a_1)\upsilon$$

$$=1.8\times0.53\times\frac{260.86}{210000}\times\left(1.5\times30+0.11\times\frac{10}{0.009}\right)\times(1+0)\times0.7$$

$$=0.18\text{mm}$$

裂缝宽度 $\omega_{max}=0.18\text{mm}<[\omega_{max}]=0.2\text{mm}$，裂缝宽度验算合格。

式中　M_q——按作用效应准永久组合的计算截面 A 点上的弯矩；

N_q——按作用效应准永久组合的计算截面 A 点上的纵向轴力；

A_s——计算点 A 截面内层配筋面积，mm^2；

ω_{max}——最大裂缝宽度；

ψ——钢筋应变不均匀系数，当 $\psi<0.4$ 时，应取 $\psi=0.4$，当 $\psi>1.0$，应取 $\psi=1.0$；

σ_{sk}——按作用效应准永久组合计算的截面受拉钢筋的应力，受弯构件可取 $\sigma_{sk}=\frac{M_q}{0.87A_sh_0}$，大偏心受压构件可取 $\sigma_{sk}=\frac{M_q-0.35N_q(h_0-0.3e_0)}{0.87A_sh_0}$，大偏心受拉构件可取 $\sigma_{sk}=\frac{M_q+0.5N_q(h_0-a')}{A_s(h_0-a')}$；

f_{tk}——混凝土轴心受拉强度标准值；

ρ_{te}——以有效受拉混凝土截面面积计算的受拉钢筋的配筋率，即 $\rho_{te}=\frac{A_s}{0.5bh}$；

E_s——钢筋的弹性模量；

C——最外层受拉钢筋的混凝土保护层厚度；

d——受拉钢筋直径，当采用不同直径的钢筋时，$d=\frac{4A_s}{u}$，u 为受拉钢筋的总周长；

α_1——系数，对受弯、大偏心受压构件可取 $\alpha_1=0$，对大偏心受拉构件可取 $\alpha_1=0.28\left(\frac{1}{1+2e_0/h_0}\right)$，$h_0$ 为计算截面的有效高度；

υ——受拉钢筋表面特征系数，光面钢筋可取 $\upsilon=1$，变形钢筋可取 $\upsilon=0.7$；

α_2——系数，对受弯构件可取 $\alpha_2=0$，对大偏心受压构件可取 $\alpha_2=1-0.2\frac{h_0}{e_0}$，对大偏心受拉构件可取 $\alpha_2=1+0.35\frac{h_0}{e_0}$；

其他符号意义同前。

【例题 3.24】 YLXH 3600×3600-400-3m-0.10MPa 混凝土压力箱涵结构计算

箱涵尺寸：

内宽：$B_0=3.6$m、外宽：$B_C=4.4$m；内高：$H_0=3.6$m、外高：$H_C=4.4$m。

顶板、底板厚度 $d_1=0.4$m；侧板：$d_2=0.4$m。

上、下腋角尺寸：$c\times d=0.3\text{m}\times0.3\text{m}$。

有效长度：$L_0=2.0$m。

工况条件：

① 箱涵顶部至设计地面高度 $Z=3.0$m。

② 内水压力 $P_w=0.1$MPa。

③ 开槽施工，土壤内摩擦角 30°。

压力箱涵结构计算时，要按三种工况计算确定箱涵的配筋：

工况甲——外压（土压力、地面载等）作用、无内水压力作用下的结构配筋；

工况乙——有外压（土压力、地面荷载等）及设计内水压力作用下的结构配筋；

工况丙——无外压（土压力、地面荷载等）作用、在设计内水压力作用下的结构配筋。

1. 工况甲——外压（土压力、地面载等）作用、无内水压力作用下的结构配筋

（1）计算原则

① 计算考虑使用阶段荷载，并未对施工荷载进行验算；

② 内力计算沿纵向截取单位长度，按弹性地基上的闭合框架进行；

③ 顶板、底板与侧板的连接可假定为刚接点；

④ 以构件的截面重心线作为计算轴线；

⑤ 内力计算时，忽略腋角的影响；

⑥ 一般情况下不进行纵向的强度计算。

（2）荷载计算（图 3-96）

1）箱涵自重 G_{dk}

预制钢筋混凝土箱涵的单位体积自重标准值 $\gamma_c=25\text{kN/m}^3$。

① 顶板自重

组合作用设计值：

$$\begin{aligned}G_{dk1}&=\gamma_{G1}\gamma_c d_1\\&=1.27\times25\times0.4\\&=12.7\text{kN/m}^2\end{aligned}$$

组合作用准永久值：

$$
\begin{aligned}
G_{dk1} &= \gamma_c d_1 \\
&= 25 \times 0.4 \\
&= 10.0\text{kN/m}^2
\end{aligned}
$$

② 侧板自重

组合作用设计值：

$$
\begin{aligned}
G_{dk2} &= \gamma_{G1} \gamma_c d_2 H_0 \\
&= 1.27 \times 25 \times 0.4 \times 3.6 \\
&= 45.72\text{kN/m}
\end{aligned}
$$

组合作用准永久值：

$$
\begin{aligned}
G_{dk2} &= \gamma_c d_2 H_0 \\
&= 25 \times 0.4 \times 3.6 \\
&= 36.0\text{kN/m}
\end{aligned}
$$

式中　d_1——顶板厚度，m；

d_2——侧板厚度，m；

H_0——侧板高度，m；

γ_{G1}——构件自重分项系数，1.27。

2）垂直土荷载

埋地箱涵的竖向土压力标准值按敷设条件和施工方法分别确定：沟埋式施工箱涵顶部竖向土压力标准值 $F_{sv,k} = C_c \gamma_s Z$；

沟埋式施工箱涵顶部竖向土压力标准值 $F_{sv,k} = C_d \gamma_s Z$。

式中　$F_{sv,k}$——单位长度上箱涵顶部竖向土压力标准值，kN/m^2；

γ_s——回填土重力密度，kN/m^3，一般可取 18kN/m^3 计算；

Z——箱涵顶部至设计地面的高度，m；

C_d——沟埋式施工土压力系数，可取 1.2 计算。

应用沟埋式施工公式计算

组合作用设计值：

$$
\begin{aligned}
F_{sv,k} &= \gamma_{G2} C_d \gamma_s Z \\
&= 1.27 \times 1.2 \times 18 \times 3 \\
&= 82.296\text{kN/m}^2
\end{aligned}
$$

组合作用准永久值：

$$
\begin{aligned}
F_{sv,k} &= C_d \gamma_s Z \\
&= 1.2 \times 18 \times 3 \\
&= 64.8\text{kN/m}^2
\end{aligned}
$$

式中　γ_{G2}——回填土重力分项系数。

3）地面活荷载

地面活荷载作用值在堆积荷载与车辆荷载中取较大值。埋深较大，可按地面堆积荷载 $q_{vk} = 10\text{kN/m}^2$ 计算。

组合作用设计值：$Q_{vk} = \gamma_q q_{vk} = 1.4 \times 10 = 14.0\text{kN/m}^2$

组合作用准永久值：$Q_{vk}=\gamma_q^Q q_{vk}=0.5\times10=5.0\text{kN/m}^2$

式中　γ_q——地面荷载分项系数；

γ_q^Q——地面荷载准永久作用分项系数。

4）竖向荷载

组合作用设计值：

$$\begin{aligned}G_k&=G_{dk1}+F_{sv,k}+Q_{vk}\\&=12.7+82.296+14\\&=108.9960\text{kN/m}^2\end{aligned}$$

组合作用准永久值：

$$\begin{aligned}G_k&=G_{dk1}+F_{sv,k}+Q_{vk}\\&=10.0+64.8+5\\&=79.80\text{kN/m}^2\end{aligned}$$

5）侧向土荷载 $F_{ep,k}$

作用在箱涵上的侧向土压力按主动土压力计算。埋设在地下水位以上的箱涵侧向土压力标准值：

$$F_{ep,k}=K_a(C_d\gamma_s Z+q_{vk})\tag{3.6-9}$$

式中　$F_{ep,k}$——箱涵侧面土压力标准值，kN/m^2；

K_a——主动土压力系数，由土的抗剪强度确定，对砂类土和粉土可取 1/3、黏性土可取 1/3～1/4；

Z——自地面至计算载面处的高度，m。

① 涵顶处

组合作用设计值：

$$\begin{aligned}F_{ep,k1}&=K_a[c_d\gamma_s Z+q_{vk}]\\&=0.3333\times[1.2\times18\times3+10]\\&=24.9333\text{kN/m}^2\end{aligned}$$

组合作用准永久值：

$$\begin{aligned}F_{ep,k1}&=K_a[1.2\gamma_s Z+\gamma_q^Q q_{vk}]\\&=0.3333\times[1.2\times18\times3+0.5\times10]\\&=23.2667\text{kN/m}^2\end{aligned}$$

② 涵底处

组合作用设计值：

$$\begin{aligned}F_{ep,k2}&=K_a[1.2\gamma_s Z+q_{vk}]\\&=0.3333\times[1.2\times18\times(3+0.4+3.6+0.4)+10]\\&=56.6133\text{kN/m}^2\end{aligned}$$

组合作用准永久值：

$$\begin{aligned}F_{ep,k2}&=K_a[1.2\gamma_s Z+\gamma_q^Q q_{vk}]\\&=0.3333\times[1.2\times18\times(3+0.4+3.6+0.4)+0.5\times10]\\&=54.9467\text{kN/m}^2\end{aligned}$$

（3）内力计算（按承载能力极限状态计算）

1）固端弯矩计算

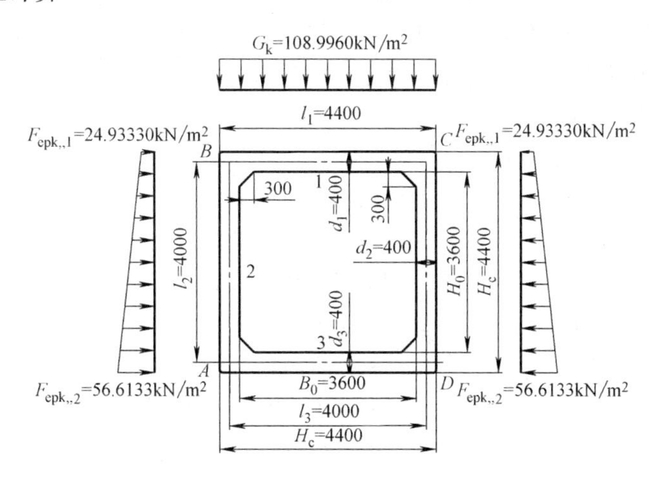

图 3-96　箱涵结构计算的荷载图形

弹性地基上的梁在外荷载作用下，在某点上产生转角，若在该点上加一弯矩使此点的转角为零，此弯矩即为该点的固端弯矩。M^F 值按按弹性地基梁的弹性特征值 t 从附录 A 中查取计算系数。

为求解弹性地基上的框架，以下式计算弹性地基梁的弹性特征值：

$$t=10\frac{E_0}{E_h}\left(\frac{l}{h}\right)^3 \tag{3.6-10}$$

式中　l——地基梁半长，m；

h——地基梁高度，m；

E——混凝土材料弹性模量；

E_0——地基的变形模量。

使弹性地基梁上两对称点产生单位对称（或反对称）转角时，在该点所需施加的对称（或反对称）力矩值，为该点的抗挠刚度 s。抗挠刚度的倒数为柔度 f。s、f 的数值由 t 值从附录 A 中查取。

$$\begin{aligned}t&=10\frac{E_0}{E_h}\left(\frac{l}{h}\right)^3\\&=10\times\frac{100}{3.25\times10^4}\times\left(\frac{3.6+0.4}{2\times0.4}\right)^2\\&=5.1192\end{aligned}$$

数值代入公式计算得：$t=5.1192\approx5.0$

$$\begin{aligned}M_{BC}^{f}&=-1/12G_k l_1^2\\&=-1/12\times108.9960\times(3.6+0.4)^2\\&=-145.3280\text{kN}\cdot\text{m}\end{aligned}$$

$$\begin{aligned}M_{BA}^{F}&=1/12F_{ep,k1}l_2^2+1/30(F_{ep,k2}-F_{ep,k1})l_2^2\\&=1/12\times24.9333\times(3.6+0.4/2+0.4/2)^2+1/30\times(56.6133-24.9333)\times(3.6+\\&\quad 0.4/2+0.4/2)^2\\&=50.1404\text{kN}\cdot\text{m}\end{aligned}$$

$M_{AB}^{F}=1/12F_{ep,k1}l_2^2+1/20(F_{ep,k2}-F_{ep,k1})l_2^2$

$=1/12\times24.9333\times(3.6+0.4/2+0.4/2)^2+1/20\times(56.6133-24.9333)\times(3.6+0.4/2+0.4/2)^2$

$=58.5884\text{kN}\cdot\text{m}$

由侧墙传至底板的集中力：

$$P_{hk}=1/12G_kB_c+G_{dk2}$$
$$=1/2\times108.9960\times(3.6+2\times0.4)+45.72$$
$$=285.5112\text{kN/m}$$

计算宽度与外宽比值：

$$\alpha=\xi=l_3/B_c$$
$$=(3.6+0.4)/(3.6+2\times0.4)$$
$$=0.9091$$

式中　B_c——箱涵外缘宽度，m；

l_1、l_3——顶板、底板的计算宽度，m。

按照 t 和 α 的数值从附录 A 表 A. 2-1 中查得：

$$\overline{M}_P^F=-0.182、\overline{M}_Q^F=-0.0668$$

由此计算底板的固端弯矩：

$M_{AD}^F=\overline{M}_P^FP_{hk}B_c/2+\overline{M}_q^FF_{ep,k3}(B_c/2)^2$

$=-0.182\times285.5112\times(3.6+2\times0.4)/2-0.0668\times0\times[(3.6+2\times0.4)/2]^2$

$=-114.3187\text{kN}\cdot\text{m}$

2）抗弯劲度、分配系数、传递系数计算

① 抗弯劲度计算

截面的惯矩：

$$J_{BC}=J_{AD}=1/12bd_1^3$$
$$=1/12\times1\times0.4^3$$
$$=5.333\times10^{-3}\text{m}^4$$
$$J_{AB}=1/12bd_2^3$$
$$=1/12\times1\times0.4^3$$
$$=5.333\times10^{-3}\text{m}^4$$
$$s_{BC}=\frac{2EJ_{BC}}{l_1}$$
$$=\frac{2\times3.25\times10^4\times5.333\times10^{-3}}{3.6+0.4}$$
$$=86.6667$$
$$s_{AB}=S_{BA}=\frac{4EJ_{AB}}{l_2}$$
$$=\frac{4\times3.25\times10^4\times5.333\times10^{-3}}{3.6+0.4}$$
$$=173.3333$$

从附录 A 表 A. 4-1 中查得抗挠刚度系数 $\overline{S}_{AD}=1.41$

$$s_{AD}=\frac{\overline{S}_{AD}EJ_{AD}}{l3/2}$$

$$=\frac{1.41\times3.25\times10^{4}\times5.333\times10^{-3}}{(3.6+0.4)/2}$$

$$=122.2000$$

② 杆端弯矩的分配系数计算

A 节点：

$$\mu_{AB}=\frac{S_{AB}}{S_{AB}+S_{AD}}$$

$$=\frac{173.3333}{173.3333+122.2000}$$

$$=0.5865$$

$$\mu_{AD}=1-\mu_{AB}$$

$$=1-0.5865$$

$$=0.4135$$

B 节点：

$$\mu_{BA}=\frac{S_{BA}}{S_{BA}+S_{BC}}$$

$$=\frac{173.3333}{173.3333+86.6667}$$

$$=0.6667$$

$$\mu_{BC}=1-\mu_{BA}$$

$$=1-0.6667$$

$$=0.3333$$

3）结点弯矩分配计算

	D	A	B	C
分配系数	0.4135	0.5865	0.6667	0.3333
传递系数		0.2933	0.3333	
固端弯矩	−114.3187	58.588	50.1404	−145.3280
		−5.4477	−16.3432	
		−0.5325	−1.5976	
		−0.0521	−0.1562	
		−0.0051	−0.0153	
		−0.0005	−0.0015	
		−31.7292	−9.3047	
		−3.1016	−0.9096	
		−0.3032	−0.0889	
		−0.0296	−0.0087	
		−0.0029	−0.0008	
	−114.3187	17.3841	21.7140	−145.3280
	40.0815	56.8531	82.4093	41.2047
节点弯矩	−74.2372	74.2372	104.1233	−104.1233

$M_{AB}=74.2372\text{kN}\cdot\text{m}$；
$M_{BC}=-104.1233\text{kN}\cdot\text{m}$；
$M_{BA}=104.1233\text{kN}\cdot\text{m}$；
$M_{AD}=-74.2372\text{kN}\cdot\text{m}$。

4）各部位轴向力及控制截面弯矩计算。

① 杆件 BC（顶板）跨间计算

弯矩：

$$\begin{aligned}M_1&=1/8G_k l_1^2+M_{BC}\\&=1/8\times108.9960\times(3.6+0.4)^2+(-104.1233)\\&=113.8687\text{kN}\cdot\text{m}\end{aligned}$$

轴力：

$$\begin{aligned}N_{BC}&=\frac{(F_{ep,k1}+F_{ep,k2})}{2}\cdot\frac{l_1}{2}\\&=\frac{(24.9333+56.6133)}{2}\cdot\frac{(3.6+0.4)}{2}\\&=89.7013\text{kN}\end{aligned}$$

② 杆件 AB（侧板）跨间计算

弯矩：

$$\begin{aligned}M_2&=1/8F_{ep,k1}l_2^2+1/16(F_{ep,k2}-F_{ep,k1})l_2^2-1/2(M_{BA}+M_{AB})\\&=1/8\times24.9333\times(3.6+0.4)^2+1/16\times(56.6133-24.9333)\times(3.6+0.4)^2-\\&\quad1/2\times(104.1233+74.2372)\\&=-7.6336\text{kN}\cdot\text{m}\end{aligned}$$

轴力：

$$\begin{aligned}N_{AB}&=\frac{G_k l_1}{2}\\&=\frac{108.9960\times(3.6+0.4)}{2}\\&=196.1928\text{kN}\end{aligned}$$

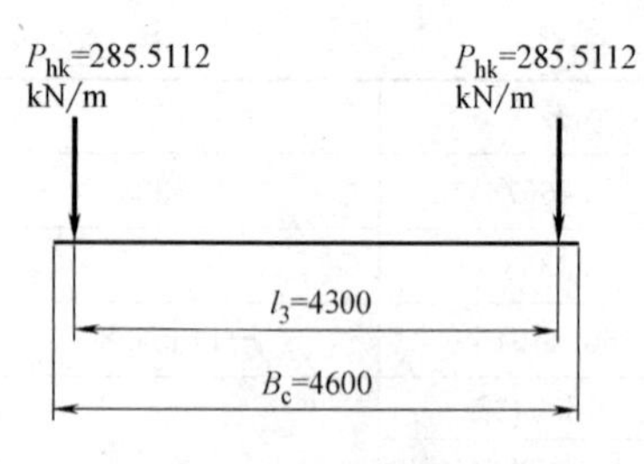

图 3-97　箱涵底板计算简图

③ 杆件 AD（底板）跨间计算（图 3-97）

查附录 A 表 A.5-3、表 A.6-15：$\alpha=0.9091$，$t=5$ 得 $\overline{M}_P=0.01$、$\overline{M}_q=0.005$

$$\begin{aligned}M_{3P}&=\overline{M}_P P_{hk}B_c/2\\&=0.01\times285.5112\times(3.6+2\times0.4)/2\\&=6.2812\text{kN}\cdot\text{m}\end{aligned}$$

$$\begin{aligned}M_3&=M_{3P}-M_{AD}\\&=6.2812-(-74.2372)\\&=80.5185\text{kN}\cdot\text{m}\end{aligned}$$

5）内力计算成果（表 3-33）（图 3-98）

（4）配筋计算

以顶板 BC 中点作为配筋控制值

表 3-33

内力位置		顶板	底板	左侧墙
弯矩(kN·m)	跨间	113.8687	80.5185	−7.6336
	角点	−104.1233	−74.2372	
轴向力(kN)		89.7013		196.1928

注：弯矩符号以洞壁内侧受拉为正。

① 按承载能力极限状态进行强度计算，采用作用设计值计算结构配筋 $M_1=113.8687\text{kN}\cdot\text{m}$、$N_{BC}=89.7013\text{kN}$；内层钢筋的保护层为 $a=35\text{mm}$，$h_0=365\text{mm}$；C40 混凝土、$f_c=19.1\text{N/mm}^2$；HRB335 钢筋、$f_y=300\text{N/mm}^2$。

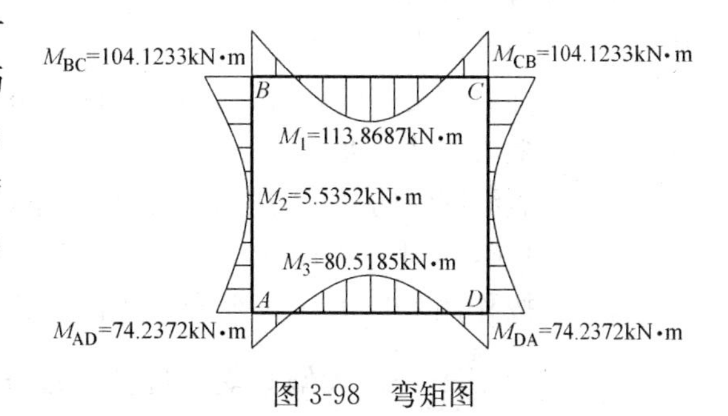

图 3-98 弯矩图

$$e_0=\frac{M_1}{N_1}=1000\times\frac{113.8687}{89.7013}=1269.4199\text{mm}$$

$e_0=1269.4199>\dfrac{h}{2}-a=\dfrac{400}{2}-35=165$，顶板属大偏心受压构件。

$$A_{s1}=\frac{N_1e'}{f_y\ (h_0-a_s)}=\frac{89.7013\times1000\times1434.4199}{300\times(365-35)}=1299.6907\text{mm}^2/\text{m}$$

式中 e_0——轴力对截面重心的偏心距；

e'——拉力作用点至受压筋中心距离。

② 按正常使用状态、裂缝宽度验算结构配筋

准永久组合设计值：$M_{1q}=78.3538\text{kN}\cdot\text{m}$、$N_{BCq}=86.0347\text{kN}$

$$\sigma_{sk}=\frac{M_{1q}}{0.87A_sh_0}=\frac{78.3538\times10^6}{0.87\times1299.6907\times365}=165.1684\text{N/mm}^2$$

$$\rho_{te}=\frac{A_s}{0.5bh}=\frac{1299.6907}{0.5\times1000\times400}=0.006498$$

$$\psi=1.1-0.65\frac{f_{tk}}{\rho_{te}\sigma_{sk}\alpha_2}=1.1-0.65\times\frac{2.01}{0.01\times165.1684\times1}$$

$$=0.1594$$

$$\omega_{max}=\alpha_{cr}\psi\frac{\sigma_{sk}}{E_s}\left(1.5c+0.11\frac{d_{eq}}{\rho_{te}}\right)(1-\alpha_1)\upsilon$$

$$=1.8\times0.4\times\frac{165.1684}{2.1\times10^5}\times\left[1.5\times(35-18/2)+0.11\times\frac{18}{0.006498}\right](1+0)\times0.7$$

$$=0.054\text{mm}<0.20\text{mm}$$

裂缝宽度验算合格，结构配筋满足要求。

式中　α_{cr}——构件受力特征系数；

A_s——计算点受拉区纵向钢筋截面面积，mm^2；

ω_{max}——最大裂缝宽度；

ψ——裂缝间纵向受拉钢筋应变不均匀系数，当 $\psi<0.4$ 时，应取 $\psi=0.4$，当 $\psi>1.0$，应取 $\psi=1.0$；

σ_{sk}——按作用效应准永久组合计算的截面受拉钢筋的应力，受弯构件可取 $\sigma_{sk}=\frac{M_q}{0.87A_sh_0}$，大偏心受压构件可取 $\sigma_{sk}=\frac{M_q-0.35N_q(h_0-0.3e_0)}{0.87A_sh_0}$，大偏心受拉构件可取 $\sigma_{sq}=\frac{M_q+0.5N_q(h_0-a')}{A_s(h_0-a')}$；

f_{tk}——混凝土轴心受拉强度标准值；

ρ_{te}——以有效受拉混凝土截面面积计算的受拉钢筋的配筋率，即 $\rho_{te}=\frac{A_s}{0.5bh}$；

E_s——钢筋的弹性模量；

c——最外层受拉钢筋外边缘至受拉区底边的距离；

d——受拉钢筋直径，当采用不同直径的钢筋时，$d=\frac{4A_s}{u}$，u 为受拉钢筋的总周长；

α_1——系数，对受弯、大偏心受压构件可取 $\alpha_1=0$，对大偏心受拉构件可取 $\alpha_1=0.28\left(\frac{1}{1+2e_0/h_0}\right)$，$h_0$ 为计算截面的有效高度；

υ——受拉钢筋表面特征系数，光面钢筋可取 $\upsilon=1$，变形钢筋可取 $\upsilon=0.7$；

α_2——系数，对受弯构件可取 $\alpha_2=0$，对大偏心受压构件可取 $\alpha_2=1-0.2\frac{h_0}{e_0}$，对大偏心受拉构件可取 $\alpha_2=1+0.35\frac{h_0}{e_0}$；

2. 工况乙——有外压（土压力、地面荷载等）及设计内水压力作用下的结构配筋

埋设深度 $Z=3.0$m；

内水压力 $H_w=0.10$MPa、内水压力水锤冲击系数 $S=1.4$；分项系数 $\gamma_w=1.2$；

其他与工况甲相同。

（1）荷载计算

1）箱涵自重 G_{dk}

① 顶板自重

组合作用设计值：

$$G_{dk1}=\gamma_{G1}\gamma_c d_1$$
$$=1.27\times25\times0.4$$
$$=12.7kN/m^2$$

组合作用准永久值：

$$G_{dk1}=\gamma_c d_1$$
$$=25\times0.4$$
$$=10.0kN/m^2$$

② 侧板自重

组合作用设计值：

$$G_{dk2}=\gamma_{G1}\gamma_c d_2 H_0$$
$$=1.27\times25\times0.4\times3.6$$
$$=45.72kN/m$$

组合作用准永久值：

$$G_{dk2}=\gamma_c d_2 H_0$$
$$=25\times0.4\times3.6$$
$$=36.0kN/m$$

2）垂直土荷载

组合作用设计值：

$$F_{sv,k}=\gamma_{G2}C_d\gamma_s Z$$
$$=1.27\times1.2\times18\times3$$
$$=82.296kN/m^2$$

组合作用准永久值： $F_{sv,k}=C_d\gamma_s Z$

$$=1.2\times18\times3$$
$$=64.8kN/m^2$$

3）地面活荷载

组合作用设计值： $Q_{vk}=\gamma_q q_{vk}=1.4\times10=14.0kN/m^2$

组合作用准永久值： $Q_{vk}=\gamma_q^Q q_{vk}=0.5\times10=5.0kN/m^2$

4）设计内水压力

组合作用设计值： $S_{w,k}=\gamma_w\zeta P_w$

$$=1.2\times1.4\times0.10\times100$$
$$=168kN/m^2$$

组合作用准永久值： $S_{w,k}=P_w$

$$=0.10\times100$$
$$=100kN/m^2$$

式中 γ_w——内水压力作用分项系数；

ζ——输水水锤系数。

5）竖向荷载

组合作用设计值：$G_k=G_{dk1}+F_{sv,k}+Q_{vk}+S_{w,k}$

$$=12.7+82.296+14-168$$

$=-59.0040\text{kN/m}^2$

组合作用准永久值：$G_k=G_{dk1}+F_{sv,k}+Q_{vk}+S_{w,k}$

$=10.0+64.8+5-100$

$=-20.2000\text{kN/m}^2$

6）内水压力对侧板的作用

组合作用设计值：$F_{wh,k}=S_{w,k}$

$=168\text{kN/m}^2$

组合作用准永久值：$F_{wh,k}=S_{w,k}$

$=100\text{kN/m}^2$

7）侧向荷载

① 涵顶处

组合作用设计值：$F_{ep,k1}=1/3(\gamma_k Z\gamma_s+q_{vk})+F_{wh,k}$

$=1/3\times(1.2\times3.0\times18+10)-168$

$=-143.0667\text{kN/m}^2$

组合作用准永久值：$F_{eq,k1}=1/3\ (\gamma_k Z\gamma_s+Q_{vk})\ +F_{wh,k}$

$=1/3\times(1.2\times3.0\times1.8+5)-100$

$=-76.7333\text{kN/m}^2$

② 涵底处

组合作用设计值：$F_{ep,k2}=F_{ep,k}+1/3\gamma_k(2d_1+H_0)\gamma_s$

$=-143.0667+1/3\times1.2\times(2\times0.4+3.6)\times18$

$=-111.3867\text{kN/m}^2$

组合作用准永久值：$F_{ep,k2}=F_{ep,k1}+1/3\gamma_k(2d_1+H_0)\gamma_s$

$=76.7333+1/3\times1.2\times(2\times0.4+3.6)\times18$

$=-45.0533\text{kN/m}^2$

（2）内力计算（按承载能力极限状态计算）

1）固端弯矩计算

$M_{BC}^F=-1/12G_k l_1^2$

$=-1/12\times(-59.0040)\times(3.6+0.4)^2$

$=78.6720\text{kN}\cdot\text{m}$

$M_{BA}^F=1/12F_{ep,k1}l_2^2+1/30(F_{ep,k2}-F_{ep,k1})l_2^2$

$=1/12\times(-143.0667)\times(3.6+0.4/2+0.4/2)^2+1/30\times[-111.3867-(-143.0667)]\times(3.6+0.4/2+0.4/2)^2$

$=-173.8596\text{kN}\cdot\text{m}$

$M_{BA}^F=1/12F_{ep,k1}l_2^2+1/20(F_{ep,k2}-F_{ep,k1})l_2^2$

$=1/12\times(-143.0667)\times(3.6+0.4/2+0.4/2)^2+1/20\times[-111.3867-(-143.0667)]\times(3.6+0.4/2+0.4/2)^2$

$=-165.4116\text{kN}\cdot\text{m}$

由侧墙传至底板的集中力：

$$P_{hk}=1/2(F_{sv,k}+G_{dk1}+q_{vk}-S_{w,k})B_c+G_{dk2}$$

$=1/2\times(82.2960+12.7+14-168)\times(3.6+2\times0.4)+45.72$

$=-84.0888\text{kN/m}$

$M_{AD}^{F}=\overline{M}_{P}^{F}P_{hk}B_{c}/2+\overline{M}_{q}^{F}F_{ep,k3}(B_{c}/2)^{2}$

$=-0.182\times(-84.0888)\times(3.6+2\times0.4)/2-0.0668\times168\times[(3.6+2\times0.4)/2]^{2}$

$=-20.6473\text{kN}\cdot\text{m}$

计算各板的分配系数

A 节点：

$$\mu_{AB}=0.5865$$

$$\mu_{AD}=0.4135$$

B 节点：

$$\mu_{BA}=0.6667$$

$$\mu_{BC}=0.3333$$

2）分配不平衡弯矩，得节点弯矩

	D	A	B	C
分配系数	0.4135	0.5865	0.6667	0.3333
传递系数		0.2933	0.3333	
固端弯矩	−20.6473	−165.412	−173.8596	78.6720
		−18.1876	−54.5627	
		−1.7779	−5.3336	
		−0.1738	−0.5214	
		−0.0170	−0.0510	
		−0.0017	−0.0050	
		−31.7292	−9.3047	
		−3.1016	−0.9096	
		−0.3032	−0.0889	
		−0.0296	−0.0087	
		−0.0029	−0.0008	
	−20.6473	−220.7359	−244.6459	78.6720
	99.8095	141.5737	110.6493	55.3246
节点弯矩	79.1622	−79.1622	−133.9966	133.9966

$M_{AB}=-79.1622\text{kN}\cdot\text{m}$；

$M_{BC}=133.9966\text{kN}\cdot\text{m}$；

$M_{BA}=-133.9966\text{kN}\cdot\text{m}$；

$M_{AD}=79.1622\text{kN}\cdot\text{m}$。

3）求各板的中点内力

BC 板跨中弯矩：

$M_{1}=1/8G_{k}l_{1}^{2}+M_{BC}$

$=1/8\times(-59.0040)\times(3.6+0.4)^{2}+133.9966$

$=15.9886\text{kN}\cdot\text{m}$

AB 板跨中弯矩：

$$M_2=1/8F_{ep,k}l_2^2+1/16(F_{ep,k2}-F_{ep,k1})\ l_2^2-1/2\ (M_{BA}+M_{AB})$$

$$=1/8\times(-143.0667)\times(3.6+0.4)^2+1/16\times[(-111.3867)-(-143.0667)]\times(3.6+0.4)^2-1/2\times(-133.9966-79.1622)$$

$$=-147.8739\text{kN}\cdot\text{m}$$

AD 板跨中弯矩（计算简图见图 3-99）：

查附录 A 表 A.2-1：$\alpha=0.9091$，$t=5$ 得$\overline{M}_P=0.01$，$\overline{M}_q=0.005$

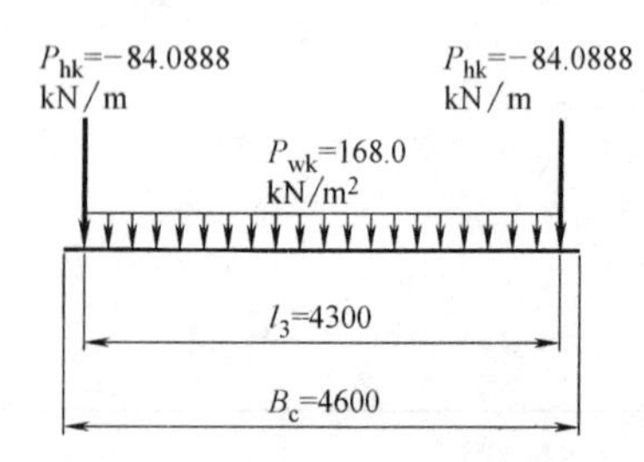

图 3-99　箱涵底板计算简图

$$M_{3P}=M_PP_{hk}B_c/2$$

$$=0.01\times(-84.0888)\times(3.6+2\times0.4)/2$$

$$=-1.8500\text{kN}\cdot\text{m}$$

$$M_{3q}=\overline{M}_qP_{wk}B_c/2$$

$$=0.005\times168\times(3.6+2\times0.4)/2$$

$$=-1.6800\text{kN}\cdot\text{m}$$

$$M_3=M_{3P}+M_{3q}-M_{AD}$$

$$=-1.8500-1.6800-79.1622$$

$$=-82.6922\text{kN}\cdot\text{m}$$

箱涵弯矩图（图 3-100）。

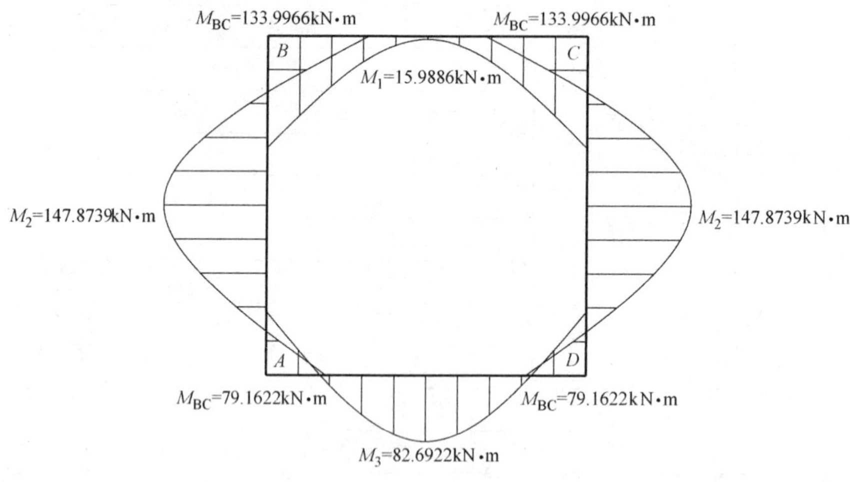

图 3-100　弯矩图

（3）配筋计算

以侧板 AB 中点作为外层配筋控制值

① 按承载能力极限状态进行强度计算，采用作用设计值计算结构配筋

$M_2=-147.8739\text{kN}\cdot\text{m}$、$N_2=-106.2072\text{kN}$；钢筋的保护层为 $a=35\text{mm}$，$h_0=365\text{mm}$；C40 混凝土、$f_c=19.1\text{N/mm}^2$；HRB335 钢筋、$f_y=300\text{N/mm}^2$。

$$e_0=\frac{M_2}{N_2}$$

$$=\frac{-147.8739}{-106.2072}\times1000$$

$$=1392.3153\text{mm}$$

$e_0=1392.3153>\frac{h}{2}-a=\frac{400}{2}-35=165$，顶板属大偏心受拉构件。

$$A_0=\frac{N_2e}{f_cbh_0^2}$$
$$=\frac{106.2072\times1000\times1227.3153}{2.39\times1000\times(400-35)^2}$$
$$=0.0119$$

查《给水排水工程结构》P325附表，得：$\gamma^0=0.9951$

$$A_{s2}=\frac{N_2}{f_y}\cdot\left(\frac{e}{\gamma^0}+1\right)$$
$$=\frac{106.2072\times1000}{300}\times\left(\frac{1227.3153}{0.9951}+1\right)$$
$$=1550.3250\text{mm}^2/\text{m}$$

② 按正常使用状态、裂缝宽度验算结构配筋

准永久组合设计值：$M_{q2}=-77.5177\text{kN}\cdot\text{m}$、$N_{ABq}=-36.3600\text{kN}$

$$\sigma_{sk}=\frac{M_{q2}+0.5N_{ABq}(h_0-a')}{A_s(h_0-a')}$$
$$=\frac{-77.5177\times10^6+0.5\times-36.3600\times(365-35)}{1550.3250\times(365-35)}$$
$$=163.2445\text{N/mm}^2$$

$$\rho_{te}=\frac{A_s}{0.5bh}$$
$$=\frac{1550.3250}{0.5\times1000\times400}$$
$$=0.0078$$

$$e_0=\frac{M_{q2}}{N_{ABq}}$$
$$=\frac{-77.5177}{-36.3600}\times1000$$
$$=2131.9497$$

$$\alpha_2=1+0.35\frac{h_0}{e_0}$$
$$=1+0.35\times\frac{365}{2131.9497}$$
$$=1.0599$$

$$\psi=1.1-0.65\frac{f_{tk}}{\rho_{te}\sigma_{sk}\alpha_2}$$
$$=1.1-0.65\times\frac{2.01}{0.01\times163.2445\times1.0599}$$
$$=0.2022$$

$$\alpha_1=0.28\left(\frac{1}{1+2e_0/h_0}\right)$$
$$=0.28\times\left(\frac{1}{1+2\times2131.9497/365}\right)$$
$$=0.0221$$

$$\omega_{max}=\alpha_{cr}\psi\frac{\sigma_{sk}}{E_s}\left(1.5C+0.11\frac{d_{eq}}{\rho_{te}}\right)(1-\alpha_1)\upsilon$$

$$=1.8\times0.4\times\frac{163.2445}{2.1\times10^5}\times\left(1.5\times(35-18/2)+0.11\times\frac{18}{0.0078}\right)\times(1-0.0221)\times0.7$$

$$=0.0596\text{mm}<0.20\text{mm}$$

裂缝宽度验算合格，结构配筋满足要求。

3. 工况丙——无外压（土压力、地面载等）作用、在设计内水压力作用下的结构配筋

内水压力 $H_w=0.10$MPa。内水压力锤冲击系数 1.0，分项系数 1.0。

在未回土条件下，作内压抗渗检验。

其他与工况甲相同。

（1）荷载计算

1）箱涵自重 G_{dk}

顶板自重：　$G_{dk1}=10.0\text{kN/m}^2$

侧板自重：　$G_{dk2}=43.2\text{kN/m}$

2）垂直土荷载

$$F_{sv,k}=0$$

3）地面活荷载

$$q_{vk}=0$$

4）内水压力作用

$$S_{w,k}=\gamma_H\zeta P_w$$
$$=1.0\times1.0\times0.10\times100$$
$$=100\text{kN/m}^2$$

5）竖向荷载

$$G_k=G_{dk1}+F_{wv,k}$$
$$=10.0-100$$
$$=-90.0\text{kN/m}^2$$

6）内水压力对侧板的作用

$$F_{wh,k}=\gamma_H H_w$$
$$=1.0\times0.10$$
$$=100.0\text{kN/m}^2$$

7）侧向荷载

涵顶处：　$F_{ep,k1}=F_{wh,k}$

$$=-100.0\text{kN/m}^2$$

涵底处：　$F_{ep,k2}=F_{wh,k}$

$$=-100.0\text{kN/m}^2$$

（2）内力计算

1）固端弯矩计算 M^F

$$M_{BC}^F=-1/12G_kl_1^2$$
$$=-1/12\times(-90.0)\times(3.6+0.4)^2$$
$$=120.00000\text{kN}\cdot\text{m}$$

$$M_{BA}^{F}=1/12F_{ep,k1}l_{2}^{2}+1/30(F_{ep,k2}-F_{ep,k1})l_{2}^{2}$$
$$=1/12\times(-100.0)\times(3.6+0.4/2+0.4/2)^{2}+1/30\times[-100.0-(-100.0)]\times(3.6+0.4/2+0.4/2)^{2}$$
$$=-133.3333\text{kN}\cdot\text{m}$$

$$M_{AB}^{F}=1/12F_{ep,k1}l_{2}^{2}+1/20(F_{ep,k2}-F_{ep,k1})l_{2}^{2}$$
$$=1/12\times(-100.0)\times(3.6+0.4/2+0.4/2)^{2}+1/20\times[-100.0-(-100.0)]\times(3.6+0.4/2+0.4/2)^{2}$$
$$=-133.333\text{kN}\cdot\text{m}$$

由侧墙传至底板的集中力：

$$P_{hk}=(G_{dk1}-F_{wv,k})B_{c}+G_{dk2}$$
$$=1/2\times(10-100)\times(3.6+2\times0.4)+36.0$$
$$=-162.0000\text{kN/m}$$

$$M_{AD}^{F}=\overline{M}_{P}^{F}P_{hk}B_{c}/2+\overline{M}_{q}^{F}F_{ep,k3}(B_{c}/2)^{2}$$
$$=-0.182\times(-162.0000)\times(3.6+2\times0.4)/2+(-0.0668)\times100\times(4.4/2)^{2}$$
$$=32.5336\text{kN}\cdot\text{m}$$

计算各板的分配系数

A 节点： $\mu_{AB}=0.5865$

$\mu_{AD}=0.4135$

B 节点： $\mu_{BA}=0.6667$

$\mu_{BC}=0.3333$

2）分配不平衡弯矩，得节点弯矩

	D	A	B	C
分配系数	0.4135	0.5865	0.6667	0.3333
传递系数		0.2933	0.3333	
固端弯矩	32.5336	−133.333	−133.3333	120.0000
		−9.8533	−29.5600	
		−0.9632	−2.8895	
		−0.0942	−0.2825	
		−0.0092	−0.0276	
		−0.0009	−0.0027	
		−4.4444	−1.3034	
		−0.4345	−0.1274	
		−0.0425	−0.0125	
		−0.0042	−0.0012	
		−0.0004	−0.0001	
	32.5336	−149.1800	−167.5402	120.0000
	48.2321	68.4143	31.6935	15.8467
节点弯矩	80.7657	−80.7657	−135.8467	135.8467

$M_{AB}=-80.7657\text{kN}\cdot\text{m}$；
$M_{BC}=135.8467\text{kN}\cdot\text{m}$；
$M_{BA}=-135.8467\text{kN}\cdot\text{m}$；
$M_{AD}=80.7657\text{kN}\cdot\text{m}$。

3）求各板的中点内力

BC 板跨中弯矩：

$$\begin{aligned}M_1&=1/8G_k l_1^2+M_{BC}\\&=1/8\times(-90.0000)\times(3.6+0.4)^2+1135.8467\\&=-44.1533\text{kN}\cdot\text{m}\end{aligned}$$

AB 板跨中弯矩：

$$\begin{aligned}M_2&=1/8F_{ep,k1}l_2^2+1/16\ (3_{ep,k2}-F_{ep,k1})\ l_2^2-1/2\ (M_{BA}+M_{AB})\\&=1/8\times(-100.0000)\times(3.6+0.4)^2+1/16\times[(-100.0000)-(-100.0000)]\times\\&\quad(3.6+0.4)^2-1/2\times(-135.8467-380.7657)\\&=-91.6938\text{kN}\cdot\text{m}\end{aligned}$$

AD 板跨中弯矩（图 3-101）：

查附录 A 表 A. 2-1：$\alpha=0.9091$，$t=5$ 得$\overline{M}_P=0.01$、$\overline{M}_q=0.005$

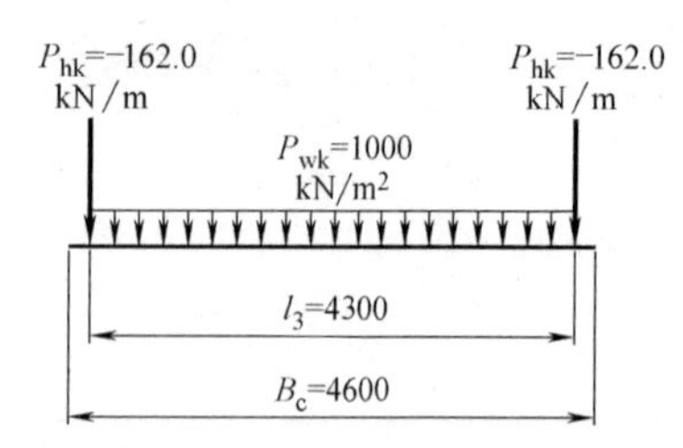

图 3-101　箱涵底板计算简图

$$\begin{aligned}M_{3P}&=\overline{M}_P P_{hk}B_c/2\\&=0.01\times(-162.0000)\times(3.6+2\times0.4)/2\\&=-3.5640\text{kN}\cdot\text{m}\end{aligned}$$

$$\begin{aligned}M_{3q}&=\overline{M}_q P_{wk}B_c/2\\&=0.0005\times100\times(3.6+2\times0.4)/2\\&=-1.0000\text{kN}\cdot\text{m}\end{aligned}$$

$$\begin{aligned}M_3&=\overline{M}_{3P}+M_{3q}-M_{AD}\\&=-3.5640-1.0-80.7657\\&=-85.3297\text{kN}\cdot\text{m}\end{aligned}$$

箱涵弯矩图（图 3-102）。

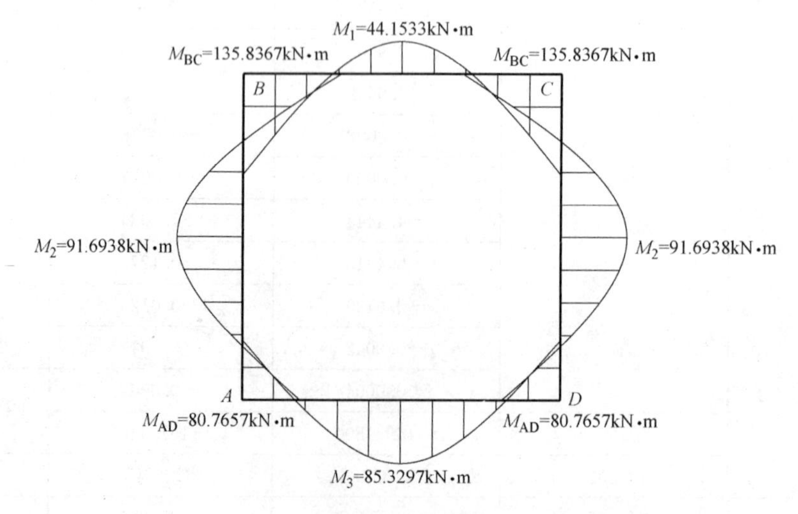

图 3-102　弯矩图

(3) 配筋计算

1) 以侧板 AB 中点作为外层配筋控制值

① 按承载能力极限状态，作用效应的准永久组合初算结构配筋

$M_2=-91.6938\text{kN}\cdot\text{m}$、$N_2=-162.0000\text{kN}$；钢筋的保护层为 $a=35\text{mm}$，$h_0=365\text{mm}$；C40 混凝土、$f_c=19.1\text{N/mm}^2$；HRB335 钢筋、$f_y=300\text{N/mm}^2$。

$$\begin{aligned}e_0&=\frac{M_2}{N_2}\\&=1000\times\frac{-91.6938}{-162.0000}\\&=566.0110\text{mm}\end{aligned}$$

$e_0=566.0110>\dfrac{h}{2}-a=\dfrac{400}{2}-35=165$，顶板属大偏心受拉构件。

$$\begin{aligned}A_0&=\frac{N_2e}{f_cbh_0^2}\\&=\frac{162.0000\times1000\times401.0110}{2.39\times1000\times(365-35)^2}\\&=0.0031\end{aligned}$$

查《给水排水工程结构》P325 附表，得：$\gamma^0=0.9950$

$$\begin{aligned}A_{s2}&=\frac{N_2}{f_y}\cdot\left(\frac{e}{\gamma^0+1}\right)\\&=\frac{162.0000\times1000}{300}\times\left(\frac{401.0110+1}{0.9950}\right)\\&=1136.2578\text{mm}^2/\text{m}\end{aligned}$$

② 按正常使用状态、裂缝宽度验算确定结构配筋

选 7ϕ18（$A_{s1}=1781\text{mm}^2/\text{m}$）

$$\begin{aligned}\sigma_{sk}&=\frac{M_2+0.5N_2(h_0-a')}{A_s(h_0-a')}\\&=\frac{91.6938\times10^6+0.5\times162.000\times10^3\times(365-35)}{1781\times(365-35)}\\&=201.4615\text{N/mm}^2\end{aligned}$$

$$\begin{aligned}\rho_{te}&=\frac{A_s}{bh_0}\\&=\frac{1781}{0.5\times1000\times400}\\&=0.0089\end{aligned}$$

$$\begin{aligned}\alpha_2&=1-0.2\frac{h_0}{e_0}\\&=1-0.2\times\frac{365}{566.01}\\&=1.2257\end{aligned}$$

$$\psi=1.1-0.65\frac{f_{tk}}{\rho_{te}\sigma_{sk}\alpha_2}$$

$$=1.1-0.65\times\frac{2.01}{0.01\times201.4615\times1.2257}$$

$$=0.4709$$

$$\alpha_1=0.28\left(\frac{1}{1+2e_0/h_0}\right)$$

$$=0.28\times\left(\frac{1}{1+2\times566.01/365}\right)$$

$$=0.0683$$

$$\omega_{max}=\alpha_{cr}\psi\frac{\sigma_{sk}}{E_s}\left(1.5C+0.11\frac{d_{eq}}{\rho_{te}}\right)(1+\alpha_1)\upsilon$$

$$=1.8\times0.4709\times\frac{201.4615}{2.1\times10^5}\times\left[1.5\times(35-18/2)+0.11\times\frac{18}{0.01}\right]\times(1+0.0683)\times0.7$$

$$=0.14\text{mm}<0.20\text{mm}$$

裂缝宽度验算合格。

2）以顶板 BC 角点 C 作为内层配筋控制值

① 按承载能力极限状态，作用效应的准永久组合初算结构配筋

$M_{BC}=135.8467\text{kN}\cdot\text{m}$、$N_1=-220.0000\text{kN}$；钢筋的保护层为 $a=35\text{mm}$，$h_0=(400+300-35)=665\text{mm}$；C40 混凝土、$f_c=19.1\text{N/mm}^2$；HRB335 钢筋、$f_y=300\text{N/mm}^2$。

$$e_0=\frac{M_{BC}}{N_1}$$

$$=1000\times\frac{135.8467}{220.0000}$$

$$=617.49\text{mm}$$

$e_0=617.49>\dfrac{h}{2}-a=\dfrac{700}{2}-35=315$，顶板属大偏心受拉构件。

$$A_0=\frac{N_1e}{f_cbh_0^2}$$

$$=\frac{220.0000\times1000\times601.0110}{2.39\times1000\times(700-35)^2}$$

$$=0.0255$$

查《给水排水工程结构》P325 附表，得：$\gamma^0=0.9875$

$$A_{BC}=\frac{N_1}{f_y}\cdot\left(\frac{e}{\gamma^0}+1\right)$$

$$=\frac{220.0000\times1000}{300}\times\left(\frac{601.0110}{0.9875}+1\right)$$

$$=1404.5031\text{mm}^2/\text{m}$$

② 按正常使用状态、裂缝宽度验算确定结构配筋

选 12ϕ22（$A_{BC}=4561.5925\text{mm}^2/\text{m}$）

$$\sigma_{sk}=\frac{M_{BC}+0.5N_2(h_0-a')}{A_s(h_0-a')}$$

$$=\frac{135.8467\times10^6+0.5\times220.000\times10^3\times(665-35)}{4561.5925\times(665-35)}$$

$$=71.3851\text{N/mm}^2$$

$$\rho_{te}=\frac{A_s}{0.5bh_0}$$

$$=\frac{4561.5925}{0.5\times1000\times400}$$

$$=0.01303$$

$$\alpha_2=1-0.2\frac{h_0}{e_0}$$

$$=1-0.2\times\frac{665}{617.4852}$$

$$=1.3769$$

$$\psi=1.1-0.65\frac{f_{tk}}{\rho_{te}\sigma_{sk}\alpha_2}$$

$$=1.1-0.65\times\frac{2.01}{0.01303\times71.3851\times1.3769}$$

$$=-0.1127$$

$$\alpha_1=0.28\left(\frac{1}{1+2e_0/h_0}\right)$$

$$=0.28\times\left(\frac{1}{1+2\times617.4852/365}\right)$$

$$=0.0980$$

$$\omega_{max}=\alpha_{cr}\psi\frac{\sigma_{sk}}{E_s}\left(1.5C+0.11\frac{d_{eq}}{\rho_{te}}\right)(1+\alpha_1)\upsilon$$

$$=1.8\times0.40\times\frac{71.3851}{2.1\times1.0^5}\times\left[1.5\times(35-22/2)+0.11\times\frac{22}{0.01303}\right]\times(1+0.0980)\times0.7$$

$$=0.1734\text{mm}\leqslant0.20\text{mm}$$

裂缝宽度验算合格。

4. 三种工况配筋汇总，确定箱涵各位置的配筋值

满足甲、乙、丙三种工况条件压力箱涵配筋汇总表　　表 3-34

工况条件		顶板						侧板中点		
		中点			角点					
		部位	强度极限	裂缝极限	部位	强度极限	裂缝极限	部位	强度极限	裂缝极限
甲	有外压无内压	内层	1300	1300	外层	629	849	外层	404	404
乙	内外压同作用	内层	568	568	内层	1623	1623	外层	1550	1550
丙	无外压有内压	外层	1372	1372	内层	2446	4403	外层	1999	1999
配筋汇总		内层	1300		内层	4403		内层	按构造要求配筋	
		外层	1372		外层	849		外层	1999	

如表 3-34 所示，压力箱涵的配筋主要决定于工况丙——未曾还土、进行内水压抗渗检验作用下的内力需加的配筋。而此阶段工程检验在管道建设及运行整个周期中只是瞬时作用，施工完成后不再有重复性，因而以此作为控制配筋值是稍显浪费的。预制混凝土箱涵工厂化生产，因而在厂内出厂前产品即可按工程要求进行内压抗渗及强度等各项检验，

在构件装配完成后不再需对工程管道作抗渗检验，管节间接口也可由专项工具进行楼口的密封抗渗试验，整个管道不需进行内压检验，因而此阶段的工况不再会发生，就可不以此阶段的内力来配置钢筋，工程可节约较多钢筋，可很大节约工程费用。按工况甲、乙计算所需配筋见表 3-35。

满足甲、乙二种工况条件压力箱涵配筋汇总表　　表 3-35

工况条件		顶板						侧板中点		
		中点			角点					
		部位	强度极限	裂缝极限	部位	强度极限	裂缝极限	部位	强度极限	裂缝极限
甲	有外压无内压	内层	1300	1300	外层	629	849	外层	404	404
乙	内外压同作用	内层	568	568	内层	1623	1623	外层	1550	1550
配筋汇总		内层	1300		内层	1623		内层	按构造要求配筋	
		外层	按构造要求配筋		外层	849		外层	1550	

3.6.3　混凝土椭圆涵管、卵形涵管计算示例

【例题 3.25】 沟埋式椭圆涵管结构计算

1. 截面形式和尺寸

b=1.20m；h=1.80m；d_1=165mm；d_2=145mm；d_3=165mm；

以断面中心连线为轴线，轴线几何尺寸如下：

R_1=0.5336m；R_2=1.3284m；R_3=0.5336m；

α=55.61°；β=68.78°；θ=55.61°。

式中　b——涵管内宽；

h——涵管内高；

d_1——涵管顶厚度；

d_2——涵管侧壁厚度；

d_3——涵管底厚度；

R_1——涵管顶圆轴线半径；

R_2——涵管侧圆轴线半径；

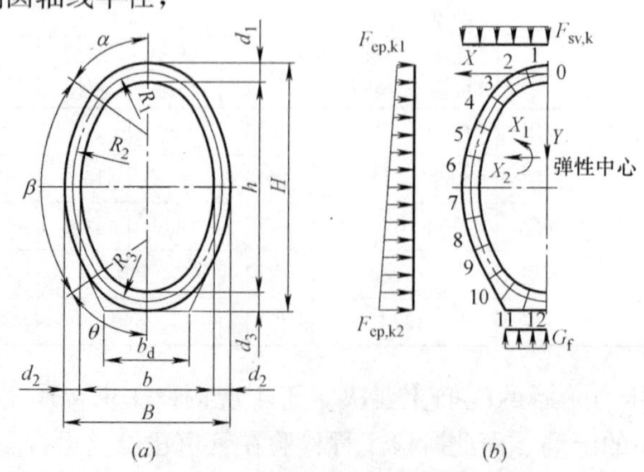

图 3-103　椭圆涵管断面形式及计算基本结构图

（a）椭圆涵管管型断面图；（b）基本结构图

R_3——涵管底圆轴线半径；

α——顶圆轴线 1/2 夹角；β——侧圆轴线夹角；θ——底圆轴线 1/2 夹角。

2. 确定基本结构图

剖开椭圆涵管，按椭圆涵管的结构特征结构分割为 12 分块，顶圆分为 3 块、侧圆分为 6 块、底圆分为 3 块［见图 3-103（b）］，以臂厚的中点连线为轴线。以管顶中心点为坐标原点 0，水平向左为 x 轴线、垂直向下为 y 轴线。

3. 荷载计算

（1）垂直土荷载 $F_{sv,k}$

覆土深度 $Z_s=4$m；回填土重力密度 $\gamma_s=20$kN/m^3。

$$\begin{aligned}F_{sv,k}&=C_d\gamma_s Z_s\\&=1.2\times20\times4\\&=96\text{kN/m}\end{aligned}$$

式中 C_d——土压力系数，填埋式铺管 $C_d=1.4$；沟埋式铺管 $C_d=1.1\sim1.2$。

（2）地面活荷载 $Q_{v,k}$

地面活荷载作用值在堆积荷载与车辆荷载中取较大值，在本文中地面活荷载取堆积荷载 $Q_{vk}=10$kN/m^2 为计算值。

（3）水平土荷载 $F_{ep,k}$

结构顶部侧向荷载：

$$\begin{aligned}F_{ep,k1}&=\gamma_s Z_{h1}\tan^2(45-\varphi/2)\\&=20\times4\times\tan^2(45°-30°)\\&=26.6667\text{kN/m}^2\end{aligned}$$

结构底部侧向荷载：

$$\begin{aligned}F_{ep,k2}&=\gamma_s Z_{h2}\tan^2(45°-\varphi/2)\\&=20\times(4+0.165+1.8+0.165)\times\tan^2(45°-30°)\\&=40.86667\text{kN/m}^2\end{aligned}$$

式中 Z_h——地面至计算点距离；

φ——土的内摩擦角，对一般黏性土，可取 $\varphi=30°$。

4. 刚臂长度 c

刚臂长度即弹性中心至拱顶截面中心（坐标原点 O）的纵坐标（图 3-103）按下式计算：

$$y_c=\frac{\sum y_i\Delta s_i/EJ_j}{\sum\Delta s_i/EJ_i}$$

式中 Δs_i——涵管各分块的轴线长度；

y_i——各分块重心的纵坐标（坐标原点为拱顶截面中心 0）；

J_i——各分块重心所在截面的惯性矩，其值为 $J_i=1/12bd_i^3$；

E——弹性模量，取值 3.25×10^7kN/m^2。

为了按上式计算 y_c 值，需将涵管分为若干小分块。分块个数按弧度及弧线长度确定，本题中将涵管共分为 12 块（图 3-103），分块弧长、重心坐标、端面坐标见表 3-36，各分块的长度 ΔS_i、$y_i\Delta S_i$ 值及其总和计算列于表 3-37 中。

分块弧长、重心坐标、端面坐标　　表 3-36

分块编号	弧长 ΔS_i (m)	重心坐标		分块端面编号	分块端面坐标	
		x_i(m)	y_i(m)		x_j(m)	y_j(m)
1	0.1726	0.08701	0.007142	1	0.1717	0.02838
2	0.1726	0.2518	0.06314	2	0.3251	0.1105
3	0.1726	0.3898	0.1692	3	0.4440	0.2376
4	0.2149	0.5162	0.3573	4	0.5717	0.4750
5	0.2149	0.6155	0.5976	5	0.6471	0.7238
6	0.2149	0.6661	0.8525	6	0.6725	0.9825
7	0.2149	0.6661	1.1125	7	0.6471	1.2414
8	0.2149	0.6471	1.3674	8	0.5717	1.4900
9	0.2149	0.5162	1.6077	9	0.4440	1.7274
10	0.1726	0.3898	1.7958	10	0.3251	1.8545
11	0.1726	0.2518	1.9019	11	0.1717	1.9366
12	0.1726	0.08701	1.9579	12	0	1.9650

Δs_i 及 $y_i\Delta s_i$ 计算　　表 3-37

分块编号	y_i (m)	d_i (m)	J_i (m^4)	Δs_i (m)	$\Delta s_i/J_i$ ($1/m^3$)	$y_i\Delta s_i/J_i$ ($1/m^2$)
1	0.007142	0.1645	0.3711×10^{-3}	0.1726	465.1770	3.3223
2	0.06314	0.1608	0.3462×10^{-3}	0.1726	498.6058	31.4796
3	0.1692	0.1536	0.3021×10^{-3}	0.1726	576.4032	96.6622
4	0.3573	0.1477	0.2688×10^{-3}	0.2149	799.4856	285.6832
5	0.5976	0.1460	0.2594×10^{-3}	0.2149	828.4973	495.0772
6	0.8525	0.1451	0.2546×10^{-3}	0.2149	843.8419	719.3986
7	1.1125	0.1451	0.2546×10^{-3}	0.2149	843.8419	938.7506
8	1.3674	0.1460	0.2594×10^{-3}	0.2149	828.4873	1132.9199
9	1.6077	0.1486	0.2732×10^{-3}	0.2149	786.5111	1264.4474
10	1.7958	0.1869	0.5442×10^{-3}	0.1726	317.2225	569.6788
11	1.9019	0.2588	1.4437×10^{-3}	0.1726	119.5710	227.4078
12	1.9579	0.1745	0.4426×10^{-3}	0.1726	389.9971	763.5590
Σ	—				7292.6517	6528.3868

$$y_c = 6528.3868/7292.6517 = 0.8952\text{m}$$

5. 弹性中心处多余未知力 X_1、X_2 计算

X_1、X_2 采用分块求和法计算，计算公式为：

$$\delta_{11}X_1+\delta_{12}X_2+\Delta_{1P}=0$$

$$\delta_{21}X_1+\delta_{22}X_2+\Delta_{2P}=0$$

解上述联列方程：解得 X_1，求得 X_2。

式中 δ_{11}——当 $X_1=1$ 时，刚臂端点的角变位，其值为：

$$\delta_{11}=\int_0^s \mathrm{d}s/EJ=1/E\sum\Delta s_i/J_i$$

δ_{22}——当 $X_2=1$ 时，刚臂端点的水平变位，其值为：

$$\delta_{22}=\int_0^s y^2\mathrm{d}s/EJ=1/E\sum y_i^2\Delta s_i/J_i$$

δ_{21}、δ_{12}——当 $X_1=1$、$X_2=1$ 时，刚臂端点的水平变位、角变位，其值为：

$$\delta_{12}=\delta_{21}=\int_0^s y\mathrm{d}s/EJ=1/E\sum y_i\Delta s_i/J_i$$

其中 y 为各分块端面与弹性中心的纵坐标差，值由 $y=y_j-y_c$ 求得。

Δ_{1P}——在外荷载作用下，刚臂端点的角变位，其值为：

$$\Delta_{1P}=\int_0^s M_P\mathrm{d}s/EJ=1/E\sum M_P\Delta s_i/J_i$$

Δ_{2P}——在外荷载作用下，刚臂端点的水平变位，其值为：

$$\Delta_{2P}=\int_0^s M_P y\mathrm{d}s/EJ=1/E\sum M_P y\Delta s_i/J_i$$

按照图 3-103 的分块，各分块端面的变位值计算列于表 3-38 中。

δ_{11}、δ_{22}、δ_{12}、δ_{21} 计算 **表 3-38**

截面编号	$\Delta s_i/J_i$ (1/m³)	y (m)	$y\Delta s_i/J_i$ (1/m²)	$y^2\Delta s_i/J_i$ (1/m)
0	465.1770	−0.8952	−416.4268	372.7856
1	465.1770	−0.8668	−403.2267	349.5267
2	498.6058	−0.7847	−391.2624	307.0286
3	576.4032	−0.6576	−375.7550	247.0967
4	799.4856	−0.4202	−335.9347	141.1559
5	828.4973	−0.1714	−142.0027	24.3389
6	843.8419	0.0873	73.6668	6.4311
7	843.8419	0.3460	291.9663	101.0193
8	828.4873	0.5948	492.7796	293.0990
9	786.5111	0.8322	654.5339	544.7025
10	317.2225	0.9593	304.3152	291.9331
11	119.5710	1.0414	124.5240	129.6821
12	389.9971	1.0698	417.2187	446.3402
Σ	7762.8187	—	294.3962	3255.1397

$$\delta_{11}=1/E\sum\Delta s_i/J_i=7762.8187/(3.25\times10^7)=2.3886\times10^{-4}$$

$$\delta_{22}=1/E\sum y^2\Delta s_i/J_i=3255.1397/(3.25\times10^7)=1.0016\times10^{-4}$$

$$\delta_{12}=\delta_{21}=1/E\sum y\Delta s_i/J_i=294.3962/(3.25\times10^7)=9.0583\times10^{-6}$$

竖向荷载、侧向水平荷载及胸腔荷载对各分块端面所在截面作用的弯矩按下式计算：

$$M_{gfs}=M_{gk}+M_{fep}+M_{sp}$$

式中 M_{gfs}——竖向荷载、侧向水平荷载及胸腔荷载对各分块端面所在截面作用的弯矩；

M_{gk}——竖向荷载作用弯矩；

M_{fep}——水平荷载作用弯矩；

M_{sp}——胸腔土荷载作用弯矩。

垂直、侧向水平及胸腔荷载的弯矩计算　　表 3-39

截面编号	x_j (m)	y_j (m)	M_{gk} (kN·m)	f_{epk} (kN/m²)	M_{fep} (kN·m)	M_{sp} (kN·m)	M_{gfs} (kN·m)
0	0	0	0	27.2167	0.0000	0.0000	0
1	0.1717	0.02838	−1.6212	27.4058	−0.0110	−0.0014	−1.6336
2	0.3251	0.1105	−5.8135	27.9533	−0.1676	−0.0198	−6.0009
3	0.4440	0.2376	−10.8405	28.8007	−0.7831	−0.0757	−11.6993
4	0.5717	0.4750	−17.9787	30.3834	−3.1896	−0.2145	−21.3828
5	0.6471	0.7238	−23.0282	32.0420	−7.5506	−0.3395	−30.9183
6	0.6725	0.9825	−24.8741	33.7667	−14.1900	−0.4219	−39.4860
7	0.6471	1.2414	−22.9926	35.4913	−23.0892	−0.3540	−46.4358
8	0.5717	1.4900	−17.4202	37.1499	−33.8868	−0.1735	−51.4806
9	0.4440	1.7274	−7.9679	38.7327	−46.3332	0.2432	−54.0578
10	0.3251	1.8545	0.8238	39.5801	−53.8887	0.3121	−52.7528
11	0.1717	1.9366	12.1735	40.1275	−59.1086	0.5843	−46.3507
12	0	1.9650	24.8741	40.3167	−60.9752	0.5537	−35.5474

自重作用的弯矩 M_{wg} 计算：

各分块的自重 $W_{wk}=\gamma_c\Delta s_i d_i$，混凝土单位重 $\gamma_c=25\mathrm{kN/m^3}$。

式中　d_i——各分块中心处厚度。

各分块自重　　表 3-40

分块编号	1	2	3	4	5	6
质量(kN/m)	0.7100	0.6938	0.6630	0.7937	0.7843	0.7795
分块编号	7	8	9	10	11	12
质量(kN/m)	0.7795	0.7843	0.7980	0.8066	1.1167	0.7530

自重作用的弯矩计算　　表 3-41

截面编号	0	1	2	3	4	5	6	7	8	9	10	11	12
Wgk1	0.0000	−0.0601	−0.1691	−0.2534	−0.3442	−0.3976	−0.4157	−0.3976	−0.3442	−0.2534	−0.1691	−0.0601	0.0618
Wgk2			−0.0509	−0.1333	−0.2220	−0.2742	−0.2919	−0.2742	−0.2220	−0.1333	−0.0509	0.0556	0.1747
Wgk3				−0.0359	−0.1206	−0.1706	−0.1874	−0.1706	−0.1206	−0.0359	0.0429	0.1446	0.2584
Wgk4					−0.0441	−0.1039	−0.1241	−0.1039	−0.0441	0.0573	0.1517	0.2734	0.4097
Wgk5						−0.0248	−0.0397	−0.0248	0.0343	0.1345	0.2278	0.3481	0.4827
Wgk6							−0.0050	0.0149	0.0736	0.1732	0.2658	0.3854	0.5193
Wgk7								0.0149	0.0736	0.1732	0.2658	0.3854	0.5193

续表

截面编号	0	1	2	3	4	5	6	7	8	9	10	11	12
Wgk8									0.0591	0.1593	0.2525	0.3728	0.5075
Wgk9										0.0576	0.1525	0.2749	0.4119
Wgk10											0.0521	0.1759	0.3144
Wgk11												0.0894	0.2811
Wgk12													0.0655
M_{wg} (kN·m)	0	−0.0601	−0.2199	−0.4227	−0.7309	−0.9711	−1.0638	−0.9414	−0.4903	0.3325	1.1911	2.4455	4.0063

底板支承力作用弯矩 M_{df} 计算：

$$M_{df}=-D_f(b_d/2-X_i)^2/2$$

作用于底板荷载：

$$\begin{aligned}D_f&=(F_{sv}Z_hB/2+W_{gk})/(b_d/2)\\&=[20\times4\times(1.2/2+0.145)+9.4624]/(0.76/2)\\&=181.743\text{kN/m}^2\end{aligned}$$

式中 F_{sv}——不计地面荷载、不加土压力系数（1.2）作用于底板的竖向荷载。

W_{gk}——半边涵管自重；

b_d——涵管底宽。

底板支承力作用弯矩 **表 3-42**

截面编号	b_d(m)	X_j(m)	D_f(kN/m²)	M_{df}(kN·m)
11	0.76	0.1717	181.7431	−3.9433
12	0.76	0	181.7431	−13.1219

变位值计算列于表 3-43 中。表中 M_{gfw} 为竖向荷载、侧向荷载、自重、底板支承作用的弯矩和。

Δ_{1P}、Δ_{2P} 计算 **表 3-43**

截面编号	$\Delta s/J$ (1/m³)	y (m)	M_{gfw} (kN·m)	$M_{gfw}\Delta s/J$ (kN/m²)	$M_{gfw}y\Delta s/J$ (kN/m)
0	465.1770	−0.8952	0	0	0
1	465.1770	−0.8668	−1.6937	−787.8656	682.9410
2	498.6058	−0.7847	−6.2208	−3101.7276	2433.9656
3	576.4032	−0.6576	−12.1220	−6926.5734	4554.9180
4	799.4856	−0.4202	−22.1136	−17679.536	7428.7395
5	828.4973	−0.1714	−31.8894	−26420.311	4528.3845
6	843.8419	0.0873	−40.5498	−34217.5871	−2987.172
7	843.8419	0.3460	−47.3772	−39978.87578	−13832.550
8	828.4873	0.5948	−51.9709	−43057.73567	−25610.191
9	786.5111	0.8322	−53.7253	−42255.575	−35165.052
10	317.2225	0.9593	−51.5617	−16356.524	−15691.002
11	119.5710	1.0414	−47.8485	−5721.296	−5958.288
12	389.9971	1.0698	−44.6630	−17418.433	−18634.228
Σ	—			−253922.0411	−98249.5350

$$\Delta_{1p}=1/E\sum M_{gfw}\Delta s/J=-253922.0411/(3.25\times10^{7})$$
$$=-0.7813\times10^{-2}$$
$$\Delta_{2p}=1/E\sum M_{gfw}\Delta s/J=-98249.5350/(3.25\times10^{7})$$
$$=-0.3023\times10^{-2}$$

$$X_1=\frac{\delta_{12}\Delta_{2p}/(\delta_{11}/\delta_{22})-\Delta_{1p}/\delta_{11}}{1-\delta_{12}\delta_{21}/(\delta_{11}\delta_{22})}$$
$$=\frac{-9.0583\times10^{-6}\times(-0.3023\times10^{-2})/(2.3870\times10^{-4}\times1.0016\times10^{-4})+0.7813\times10^{-2}/2.3870\times10^{-4}}{1-(9.0583\times10^{-6})^2/(2.3870\times10^{-4}\times1.0016\times10^{-4})}$$
$$=31.6945$$

解得 X_1，代入下式，求得 X_2。

$$X_2=(-\delta_{21}X_1-\Delta_{2p})/\delta_{22}$$
$$=[9.0583\times10^{-6}\times31.6945-(-0.3023\times10^{-2})]/1.0016\times10^{-4}$$
$$=27.3164$$

6. 各截面弯矩值计算

$$M_P=M_{gfw}+X_1+X_2y$$

各截面弯矩 M_P 计算　　**表 3-44**

截面编号	X_2	y (m)	X_2y (kN·m)	M_{ygfw} (kN·m)	X_1	M_P (kN·m)
0	27.3164	−0.8952	−24.4537	0	31.6945	7.2408
1	27.3164	−0.8668	−23.6785	−1.6937	31.6945	6.3222
2	27.3164	−0.7847	−21.4356	−6.2208	31.6945	4.0381
3	27.3164	−0.6576	−17.9633	−12.1220	31.6945	1.6091
4	27.3164	−0.4202	−11.4781	−22.1136	31.6945	−1.8972
5	27.3164	−0.1714	−4.6820	−31.8894	31.6945	−4.8770
6	27.3164	0.0873	2.3847	−40.5498	31.6945	−6.4706
7	27.3164	0.3460	9.4514	−47.3772	31.6945	−6.2314
8	27.3164	0.5948	16.2475	−51.9709	31.6945	−4.0290
9	27.3164	0.8322	22.7327	−53.7253	31.6945	0.7018
10	27.3164	0.9593	26.2050	−51.5617	31.6945	6.3378
11	27.3164	1.0414	28.4480	−47.8485	31.6945	12.2939
12	27.3164	1.0698	29.2231	−44.6630	31.6945	16.2546

7. 配筋计算

（1）材料性能

表 3-45

材料品种	强度标准值	强度设计值
C40 混凝土	26.8	19.1
HRB335 普通钢筋	335	300

（2）配筋

以截面 12 处的弯矩值 M_p 计算配筋。

$M_{Ap12}=K_{\zeta}M_{p12}=1.237\times16.2546=20.6433\text{kN}\cdot\text{m}$

$$A_s=\frac{\alpha_1 f_c bh_0-\sqrt{\{\alpha_1 f_c bh_0\}^2-2M\alpha_1 f_c b}}{f_y}$$

$$=\frac{1\times14.3\times1000\times142.5-\sqrt{(1\times14.3\times1000\times142.5)^2-2\times20.6433\times10^6\times1\times14.3\times1000}}{300}$$

$=501.3898\text{mm}^2$

式中　A_s——内层配置的钢筋截面面积；

M_{Ap12}——组合荷载作用下，管底内截面设计弯矩；

K_{ξ}——配筋安全系数；

f_y——钢筋抗拉强度设计值；

f_c——混凝土轴心抗压强度设计值；

h_0——计算截面的有效高度；

b——计算宽度，取 $b=1000\text{mm}$。

（3）裂缝宽度验算

$$\sigma_{sk}=1.15M_{AP12}/(A_S h_0)$$
$$=1.15\times20.6433\times10^6/(501.3898\times142.5)$$
$$=326.3749\text{kN/cm}^2$$

$$\rho_{te}=\frac{A_s}{0.5bh}=\frac{501.3898}{0.5\times1000\times165}=0.00260$$

$$\psi=1.1-0.65\frac{f_{tk}}{\rho_{te}\sigma_{sk}\alpha_2}=1.1-0.65\times\frac{2.39}{0.01\times326.3749\times1}=0.6997$$

$$\omega_{max}=\alpha_{cr}\psi\frac{\sigma_{sk}}{E_s}\left(1.5C+0.11\frac{d_{eq}}{\rho_{te}}\right)(1-\alpha_1)\upsilon$$

$$=1.8\times0.6997\times\frac{326.3749}{2.1\times10^5}\times\left(1.5\times20+0.11\times\frac{22}{0.00608}\right)\times(1-0)\times0.7$$

$$=0.1734\text{mm}\leqslant0.20\text{mm}$$

抗裂验算合格。

式中　ω_{max}——最大裂缝宽度；

σ_{sk}——按作用计算的截面受拉钢筋的应力；

ρ_{te}——受拉钢筋配筋率；

ψ——裂缝间受拉钢筋应变不均匀系数，当 $\psi<0.4$ 时，取 $\psi=0.4$、当 $\psi>1.0$ 时，取 $\psi=1.0$；

f_{tk}——混凝土轴心抗拉强度标准值；

α_1——系数，受弯、大偏心构件 $\alpha_1=0$；

α_2——系数，受弯构件 $\alpha_2=1$、大偏心受压构件 $\alpha_2=1-0.2\dfrac{h_0}{e_0}$；

υ——受拉钢筋表面特征系数，变形钢筋 $\upsilon=0.7$、光面钢筋 $\upsilon=1.0$；

E_s——钢筋弹性模量，$2.1\times10^4\text{kN/cm}^2$。

以截面 6 处的弯矩值 M_p 计算配筋：

$$M_{Ap6}=K_{\xi}M_{p7}=1.27\times6.4706=8.2177\text{kN}\cdot\text{m}$$

截面轴向力计算：

$$\begin{aligned}N_6&=F_{sv,k}B/2+Q_{vk}B/2+2\pi(B/2+d_2/2)d_1/4+0.1073\gamma_s D_{w1}^2/2\\&=96\times(0.6+0.145)+1.4\times10\times(0.6+0.145)+4.4243+0.1073\times20\times\\&\quad(2\times0.5209+2\times0.124)^2/2\\&=86.3743\text{kN}\end{aligned}$$

$$\begin{aligned}e_s'&=-\frac{M_{p6}}{N_7}-\frac{h}{2}+a_s'\\&=\frac{8.2177\times1000}{86.3743}-\frac{145}{2}+20+5/2=153.1768\text{mm}\end{aligned}$$

$$A_w\geqslant\frac{Ne_s'}{f_y(h-a_s)}=\frac{8.2177\times1000\times153.1768}{300\times(145-20/5/2)}=352.8142\text{mm}^2$$

式中　N_6——6 截面处所受纵向压力；

e_s'——轴向压力作用点至受压钢筋合力作用点距离；

a_s'——受压钢筋合力作用点至截面近边距离；

a_s——受拉区钢筋合力点至截面受拉边缘距离。

【例题 3.26】 沟埋式卵形涵管结构计算

1. 截面形式和尺寸

$b=1.20$m；$h=1.80$m；$d_1=165$mm；$d_2=145$mm；$d_3=145$mm；$d_d=165$mm；

以断面中心连线为轴线，轴线几何尺寸如下：

$R_1=0.6726$m；$R_2=1.8725$m；$R_3=0.3725$m；

$\alpha=90.85°$；$\beta=36.87°$；$\theta=53.13°$。

文中　b——涵管内宽；

h——涵管内高；

R_1——涵管顶圆轴线内半径；

R_2——涵管侧圆轴线内半径；

R_3——涵管底圆轴线内半径；

α——顶圆轴线 1/2 夹角；β——侧圆轴线夹角；θ——底圆轴线 1/2 夹角。

2. 确定基本结构图

剖开卵形涵管，按卵形涵管的结构特征结构分割为 14 分块，顶圆分为 6 块、侧圆分为 6 块、底圆分为 2 块［见图 3-104（*b*）］，以臂厚的中点连线为轴线。以管顶中心点为坐标原点 0，水平向左为 X 轴线、垂直向下为 Y 轴线。

3. 荷载计算

（1）垂直土荷载 $F_{sv,k}$

覆土深度 $Z_s=4$m；回填土重力密度 $\gamma_s=20\text{kN/m}^3$。

$$\begin{aligned}F_{sv,k}&=C_d\gamma_s Z_s\\&=1.2\times20\times4\\&=96\text{kN/m}\end{aligned}$$

式中　C_d——竖向土压力系数，填埋式铺管 $C_d=1.4$、沟埋式铺管 $C_d=1.1\sim1.2$。

（2）地面活荷载 $Q_{v,k}$

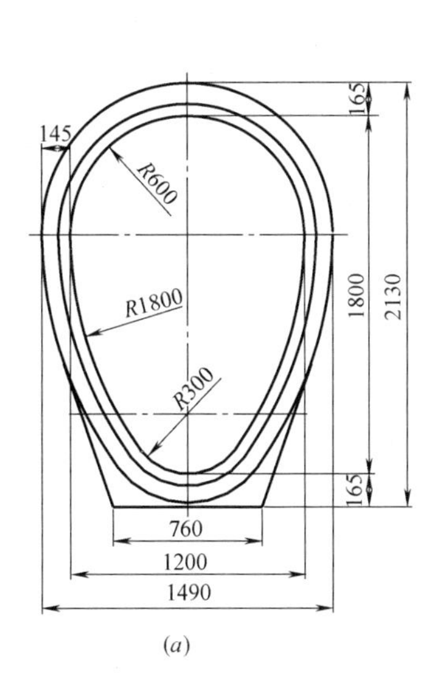

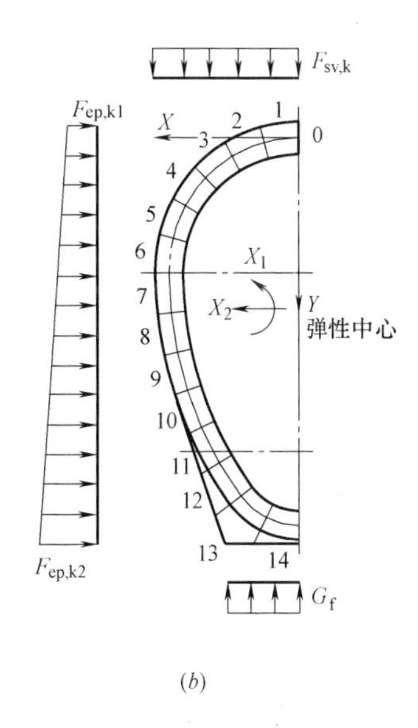

图 3-104 卵形涵管断面形式及计算基本结构图

(a) 卵形涵管管型断面图；(b) 基本结构图

地面活荷载作用值在堆积荷载与车辆荷载中取较大值，在本文中地面活荷载取堆积荷载 $Q_{vk}=10\text{kN/m}^2$ 为计算值。

(3) 水平土荷载 $F_{ep,k}$

结构顶部侧向荷载：

$$
\begin{aligned}
F_{ep,k1} &= \gamma_s Z_{h1} \tan^2(45-\varphi/2) \\
&= 20\times4\times\tan^2(45^\circ-30^\circ) \\
&= 26.6667\text{kN/m}^2
\end{aligned}
$$

结构底部侧向荷载：

$$
\begin{aligned}
F_{ep,k2} &= \gamma_s Z_{h2} \tan^2(45-\varphi/2) \\
&= 20\times(4+0.165+1.8+0.165)\times\tan^2(45^\circ-30^\circ) \\
&= 40.7333\text{kN/m}^2
\end{aligned}
$$

式中 Z_h——地面至计算点距离；

φ——土的内摩擦角，对一般黏性土，可取 $\varphi=30^\circ$。

4. 刚臂长度 y_c

刚臂长度即弹性中心至拱顶截面中心（坐标原点 0）的纵坐标（图 3-104）按下式计算：

$$
y_c=\frac{\sum y_i \Delta s_i/EJ_i}{\sum \Delta s_i/EJ_i}
$$

式中 Δs_i——涵管各分块的轴线长度；

y_i——各分块重心的纵坐标（坐标原点为拱顶截面中心 0）；

J_i——各分块重心所在截面的惯性矩，其值为 $J_i=1/12bd_i^3$；

E——弹性模量，$3.25\times10^7\text{kN/m}^2$。

为了按上式计算 y_c 值，需将涵管分为若干小分块。分块个数按弧度及弧线长度确定，本题中将涵管共分为 14 块（图 3-104）。分块弧长、重心坐标、端面坐标见表 3-47，各分块的长度 Δs_i、$y_i\Delta s_i$ 值及其总和计算列于表 3-46 中。

分块弧长、重心坐标、端面坐标　　　　**表 3-46**

分块编号	弧长 Δs_i (m)	重心坐标		分块端面编号	分块端面坐标	
		x_i(m)	y_i(m)		x_j(m)	y_j(m)
1	0.1777	0.08861	0.005862	1	0.1757	0.02335
2	0.1777	0.2597	0.05215	2	0.3391	0.09177
3	0.1777	0.4127	0.1415	3	0.4791	0.2005
4	0.2008	0.5371	0.2677	4	0.5857	0.3420
5	0.2008	0.6242	0.4221	5	0.6517	0.5065
6	0.2008	0.6679	0.5938	6	0.6725	0.6825
7	0.2008	0.6681	0.8830	7	0.6586	0.9830
8	0.2008	0.6437	1.0823	8	0.6235	1.1806
9	0.2008	0.5981	1.2777	9	0.5675	1.3734
10	0.2008	0.5318	1.4672	10	0.4911	1.5590
11	0.2008	0.4456	1.6485	11	0.3954	1.7354
12	0.2008	0.3405	1.8195	12	0.2813	1.8160
13	0.1727	0.2387	1.8785	13	0.1666	1.9257
14	0.1727	0.0856	1.9550	14	0	1.9650

Δs_i 及 $y_i\Delta s_i$ 计算　　　　**表 3-47**

分块编号	y_i (m)	d_i (m)	J_i (m^4)	Δs_i (m)	$\Delta s_i/J_i$ ($1/m^3$)	$y_i\Delta s_i/J_i$ ($1/m^2$)
1	0.005862	0.1648	0.3733×10^{-3}	0.1777	476.1372	2.7913
2	0.05215	0.1635	0.3643×10^{-3}	0.1777	487.8702	25.4428
3	0.1415	0.1609	0.3472×10^{-3}	0.1777	511.9653	72.4502
4	0.2677	0.1572	0.3238×10^{-3}	0.1777	548.9770	146.9870
5	0.4221	0.1527	0.2965×10^{-3}	0.1777	599.4072	253.0018
6	0.5938	0.1476	0.2680×10^{-3}	0.1777	663.2165	393.8293
7	0.8830	0.145	0.2541×10^{-3}	0.2008	790.4913	698.0291
8	1.0823	0.145	0.2541×10^{-3}	0.2008	790.4913	855.5245
9	1.2777	0.145	0.2541×10^{-3}	0.2008	790.4913	1010.0477
10	1.4672	0.1462	0.2604×10^{-3}	0.2008	771.2460	1131.5858
11	1.6485	0.1649	0.3734×10^{-3}	0.2008	537.8076	886.5786
12	1.8195	0.2072	0.7411×10^{-3}	0.2008	270.9864	493.0667
13	1.8785	0.2818	1.8653×10^{-3}	0.1727	92.5907	173.9306
14	1.9550	0.1778	0.4682×10^{-3}	0.1727	368.8405	721.0961
Σ	—				7700.5185	6864.3615

$$y_c = 6864.3615/7700.5185$$
$$= 0.8914\text{m}$$

5. 弹性中心处多余未知力 X_1、X_2 计算

$$\delta_{11}X_1 + \delta_{12}X_2 + \Delta_{1p} = 0$$
$$\delta_{21}X_1 + \delta_{22}X_2 + \Delta_{2p} = 0$$

解上述联列方程：解得 X_1，求得 X_2。

式中　δ_{11}——当 $X_1=1$ 时，刚臂端点的角变位，其值为：

$$\delta_{11} = \int_0^s \mathrm{d}s/EJ = 1/E\sum \Delta s_i/J_i$$

δ_{22}——当 $X_2=1$ 时，刚臂端点的水平变位，其值为：

$$\delta_{22} = \int_0^s y^2 \mathrm{d}s/EJ = 1/E\sum y_i^2 \Delta s_i/J_i$$

δ_{21}、δ_{12}——当 $X_1=1$、$X_2=1$ 时，刚臂端点的水平变位、角变位，其值为：

$$\delta_{12} = \delta_{21} = \int_0^s y\mathrm{d}s/EJ = 1/E\sum j_i \Delta s_i/J_i$$

其中 y 为各分块端面与弹性中心的纵坐标差，值由 $y=y_j-y_c$ 求得。

Δ_{1p}——在外荷载作用下，刚臂端点的角变位，其值为：

$$\Delta_{1p} = \int_0^s M_P \mathrm{d}s/EJ = 1/E\sum M_P \Delta s_i/J_i$$

Δ_{2p}——在外荷载作用下，刚臂端点的水平变位，其值为：

$$\Delta_{2p} = \int_0^s M_P y\mathrm{d}s/EJ = 1/E\sum M_P y \Delta s_i/J_i$$

按照图 3-104 的分块，各分块端面的变位值计算列于表 3-48 中。

δ_{11}、δ_{22}、δ_{12}、δ_{21} 计算表　　表 3-48

截面编号	$\Delta s_i/J_i$ (1/m³)	y (m)	$y\Delta s_i/J_i$ (1/m²)	$y^2\Delta s_i/J_i$ (1/m)
0	476.1372	−0.8914	−424.4361	378.3489
1	476.1372	−0.8618	−413.3194	358.7893
2	487.8702	−0.7996	−390.1233	311.9604
3	511.9653	−0.6909	−353.7166	244.3827
4	548.9770	−0.5494	−301.5968	165.6911
5	599.4072	−0.3849	−230.7185	88.8061
6	663.2165	−0.2089	−138.5544	28.9458
7	790.4913	0.0916	72.3795	6.6273
8	790.4913	0.2892	228.6134	66.1160
9	790.4913	0.4820	380.9817	183.6162
10	771.2460	0.6676	514.8851	343.7381
11	537.8076	0.8440	453.9145	383.1080
12	270.9864	0.9246	250.5498	231.6545
13	92.5907	1.0343	95.7628	99.0435
14	368.8405	1.0736	395.9814	425.1195
Σ	8176.6557	—	140.6032	3315.9475

$$\delta_{11}=1/E\sum\Delta s_i/J_i=8176.6557/(3.25\times10^7)=2.5159\times10^{-4}$$

$$\delta_{22}=1/E\sum\Delta y^2 s_i/J_i=3315.9475/(3.25\times10^7)=1.0203\times10^{-4}$$

$$\delta_{12}=\delta_{21}=1/E\sum y\Delta s_i/J_i=140.6032/(3.25\times10^7)=4.3263\times10^{-6}$$

竖向荷载、侧向水平荷载及胸腔荷载对各分块端面所在截面作用的弯矩按下式计算：

$$M_{gfs}=M_{gk}+M_{fep}+M_{sp}$$

式中　M_{gfs}——竖向荷载、侧向水平荷载及胸腔荷载对各分块端面所在截面作用的弯矩（表3-49）；

M_{gk}——竖向荷载作用弯矩；

M_{fep}——水平荷载作用弯矩；

M_{sp}——胸腔土荷载作用弯矩。

垂直、侧向水平及胸腔荷载的弯矩计算　　**表3-49**

截面编号	x_j (m)	y_j (m)	M_{gk} (kN·m)	f_{epk} (kN/m²)	M_{fep} (kN·m)	M_{sp} (kN·m)	M_{gfs} (kN·m)
0	0	0	0	27.2107	0.0000	0.0000	0
1	0.1757	0.02335	−1.6974	27.3723	−0.0074	−0.0014	−1.7062
2	0.3391	0.09177	−6.3262	27.8285	−0.1155	−0.0210	−6.4627
3	0.4791	0.2005	−12.6234	28.5534	−0.5561	−0.0886	−13.2681
4	0.5857	0.3420	−18.8705	29.4969	−1.6365	−0.2109	−20.7179
5	0.6517	0.5065	−23.3627	30.5934	−3.6356	−0.3302	−27.3284
6	0.6725	0.6825	−24.8741	31.7667	−6.6921	−0.4125	−31.9788
7	0.6586	0.9830	−23.8443	33.7699	−14.2043	−0.3588	−38.4074
8	0.6235	1.1806	−21.2496	35.0875	−20.7966	−0.2596	−42.3058
9	0.5675	1.3734	−17.1048	36.3725	−28.5455	−0.0277	−45.6781
10	0.4911	1.5590	−11.4575	37.6101	−37.2858	0.0193	−48.7240
11	0.3954	1.7354	−4.3725	38.7862	−46.7915	0.2110	−50.9531
12	0.2813	1.8160	4.0686	39.3233	−51.5327	0.3933	−47.0708
13	0.1666	1.9257	12.5508	40.0545	−58.3970	0.5975	−45.2486
14	0	1.9650	24.8741	40.3167	−60.9752	0.8251	−35.2760

自重作用的弯矩 M_{wg} 计算：

各分块的自重 $W_{gk}=\gamma_c\Delta sd$，见表3-50，混凝土单位重 $\gamma_c=25\text{kN/m}^3$。

式中　d——各分块中心处厚度。

各分块自重　　**表3-50**

分块编号	1	2	3	4	5	6	7
质量(kN/m)	0.7325	0.7265	0.7150	0.6985	0.6784	0.6559	0.7280
分块编号	8	9	10	11	12	13	14
质量(kN/m)	0.7280	0.7280	0.7340	0.8277	1.0402	1.2168	0.7676

自重作用的弯矩计算 表 3-51

截面编号	0	1	2	3	4	5	6	7	8	9	10	11	12	13	14
Wgk1	0.0000	−0.0638	−0.1835	−0.2860	−0.3641	−0.4125	−0.4277	−0.4175	−0.3918	−0.3508	−0.2948	−0.2247	−0.1411	−0.0571	0.0649
Wgk2			−0.0577	−0.1594	−0.2369	−0.2849	−0.2999	−0.2898	−0.2643	−0.2236	−0.1682	−0.0986	−0.0157	0.0676	0.1887
Wgk3				−0.0475	−0.1237	−0.1709	−0.1857	−0.1758	−0.1507	−0.1106	−0.0561	0.0124	0.0940	0.1760	0.2951
Wgk4					−0.0340	−0.0801	−0.0946	−0.0849	−0.0604	−0.0212	0.0321	0.0990	0.1787	0.2588	0.3752
Wgk5						−0.0187	−0.0297	−0.0233	0.0005	0.0385	0.0903	0.1552	0.2326	0.3104	0.4234
Wgk6							−0.0030	0.0061	0.0291	0.0659	0.1160	0.1788	0.2536	0.3288	0.4381
Wgk7								0.0069	0.0325	0.0733	0.1288	0.1986	0.2816	0.3651	0.4864
Wgk8									0.0147	0.0555	0.1111	0.1808	0.2639	0.3473	0.4686
Wgk9										0.0223	0.0779	0.1476	0.2306	0.3141	0.4354
Wgk10											0.0298	0.1001	0.1839	0.2681	0.3903
Wgk11												0.0416	0.1360	0.2310	0.3688
Wgk12													0.0617	0.1809	0.3542
Wgk13														0.0877	0.2904
Wgk14															0.0657
M_{wg} (kN·m)	0	−0.0638	−0.2413	−0.4929	−0.7587	−0.9670	−1.0406	−0.9782	−0.7904	−0.4508	0.0669	0.7908	1.7599	2.8787	4.6452

1

底板支承力作用弯矩 M_{df} 计算：

作用于底板荷载：（不计地面荷载、不计胸腔荷载）

$$D_f=(F_{sv}Z_hB/2+W_{gk})/(b_d/2)$$
$$=[20\times4\times(1.2/2+0.145)+9.6986]/(0.76/2)$$
$$=182.34648\text{kN/m}^2$$

式中　F_{sv}——不计地面荷载、不加土压力系数（1.2）作用于底板的竖向荷载。

W_{gk}——半边涵管自重；

b_d——涵管底宽。

$$M_{df}=-D_f(b_d/2-X_j)^2/2$$

变位值计算列于表 3-52 中。表 3-53 中 M_{gfw} 为竖向荷载、侧向荷载、自重、底板支承作用的弯矩和。

底板支承力作用弯矩　　　　**表 3-52**

截面编号	b_d (m)	X_j (m)	D_f (kN/m²)	M_{df} (kN·m)
13	0.76	0.1666	182.3648	−4.1529
14	0.76	0	182.3648	−13.1667

Δ_{1p}、Δ_{2p} 计算　　　　**表 3-53**

截面编号	$\Delta s_i/J_i$ (1/m³)	y (m)	M_{gfw} (kN·m)	$M_{gfw}\Delta s_i/J_i$ (kN/m²)	$M_{gfw}y\Delta s_i/J_i$ (kN/m)
0	476.1372	−0.8952	0	0	0
1	476.1372	−0.8618	−1.7700	−842.7543	731.5678
2	487.8702	−0.7996	−6.7039	−3270.6522	2615.3631
3	511.9653	−0.6909	−13.7609	−7045.1268	4867.4759
4	548.9770	−0.5494	−21.4766	−11790.161	6477.2747
5	599.4072	−0.3849	−28.2954	−16960.478	6528.2764
6	663.2165	−0.2089	−33.0194	−21898.9985	4574.980
7	790.4913	0.0916	−39.3856	−31133.9568	−2850.710
8	790.4913	0.2892	−43.0962	−34067.19533	−9852.377
9	790.4913	0.4820	−46.1289	−36464.511	−17574.273
10	771.2460	0.6676	−48.6571	−37526.622	−25052.835
11	537.8076	0.8440	−50.1622	−26977.626	−22769.363
12	270.9864	0.9246	−45.3109	−12278.626	−11352.627
13	92.5907	1.0343	−46.5228	−4307.582	−4455.154
14	368.8405	1.0736	−43.7975	−16154.304	−17343.011
Σ	—			−260718.5937	−85455.4124

$$\Delta_{1p}=1/E\sum M_{gfw}\Delta s_i/J_i=-260718.5937/(3.25\times10^7)$$
$$=-0.8022\times10^{-2}$$

$$\Delta_{2p}=1/E\sum M_{gfw}y\Delta s_i/J_i=-85455.4124/(3.25\times10^7)$$

$$=-0.2629\times10^{-2}$$

$$X_1=\frac{\delta_{12}\Delta_{2p}/(\delta_{11}/\delta_{22})-\Delta_{1p}/\delta_{11}}{1-\delta_{12}\delta_{21}/(\delta_{11}\delta_{22})}$$

$$=\frac{-4.3263\times10^{-6}\times(-0.2629\times10^{-2})/(2.5159\times10^{-4}\times1.0203\times10^{-4})+0.8022\times10^{-2}/2.25159\times10^{-4}}{1-(4.3263\times10^{-6})^2/(2.5159\times10^{-4}\times1.0203\times10^{-4})}$$

$$=31.4655$$

解得 X_1，代入下式，求得 X_2。

$$X_2=(-\delta_{21}X_1-\Delta_{2p})/\delta_{22}$$

$$=[4.3263\times10^{-6}\times31.4655-(-0.2629\times10^{-2})]/1.0203\times10^{-4}$$

$$=24.4368$$

6. 各截面弯矩值计算（表 3-54）

$$M_P=M_{gfw}+X_1+X_2y$$

各截面弯矩 M_P 计算 **表 3-54**

截面编号	X_2	y (m)	X_2y (kN·m)	M_{gfw} (kN·m)	X_1	M_P (kN·m)
0	24.4368	−0.8952	−21.7834	0	31.4655	9.6821
1	24.4368	−0.8618	−21.2128	−1.7700	31.4655	8.4827
2	24.4368	−0.7996	−19.5408	−6.7039	31.4655	5.2208
3	24.4368	−0.6909	−16.8834	−13.7609	31.4655	0.8212
4	24.4368	−0.5494	−13.4251	−21.4766	31.4655	−3.4362
5	24.4368	−0.3849	−9.4060	−28.2954	31.4655	−6.2359
6	24.4368	−0.2089	−5.1052	−33.0194	31.4655	−6.6590
7	24.4368	0.0916	2.2375	−39.3856	31.4655	−5.6826
8	24.4368	0.2892	7.0672	−43.0962	31.4655	−4.5635
9	24.4368	0.4820	11.7775	−46.1289	31.4655	−2.8859
10	24.4368	0.6676	16.3141	−48.6571	31.4655	−0.8776
11	24.4368	0.8440	20.6249	−50.1622	31.4655	1.9282
12	24.4368	0.9246	22.5939	−45.3109	31.4655	8.7486
13	24.4368	1.0343	25.2740	−46.5228	31.4655	10.2167
14	24.4368	1.0736	26.2350	−43.7975	31.4655	13.9030

7. 配筋计算

（1）材料性能

材料性能 **表 3-55**

材料品种	抗拉强度标准值(N/mm²)	抗压强度设计值(N/mm²)
C30 混凝土	2.01	14.3
HRB335 普通钢筋	335	300

（2）配筋

以截面《14》处的弯矩值 M_p 为计算弯矩计算配筋。

$$M_{Ap14}=K_{\xi}M_{p14}=1.27\times13.9030=17.6568\text{kN}\cdot\text{m}$$

$$A_s=\frac{\alpha_1f_cbh_0-\sqrt{(\alpha_1f_cbh_0)^2-2M\alpha_1f_cb}}{f_y}$$

$$=\frac{1\times14.3\times1000\times142.5-\sqrt{(1\times14.3\times1000\times142.5)^2-2\times17.6568\times10^6\times1\times14.3\times1000}}{300}$$

$$=426.4086\text{mm}^2$$

式中　A_s——内层配置的钢筋截面面积；

M_{Ap14}——组合荷载作用下，管底内截面设计弯矩；

K_ξ——配筋安全系数；

f_y——钢筋抗拉强度设计值；

f_c——混凝土轴心抗压强度设计值；

h_0——计算截面的有效高度；

b——计算宽度，取 $b=1000$mm。

（3）裂缝宽度验算

$$\sigma_{sk}=\frac{M_{p14}}{0.87A_sh_0}=\frac{13.9030\times10^5}{426.4086\times141.5}=262.9953\text{N/mm}^2$$

$$\rho_{te}=\frac{A_s}{0.5bh}=\frac{426.4086}{0.87\times1000\times165}=0.00517$$

$$\psi=1.1-0.65\frac{f_{tk}}{\rho_{te}\sigma_{sq}\alpha_2}=1.1-0.65\times\frac{2.39}{0.01\times262.9953\times1}=0.6032$$

$$\omega_{max}=1.8\psi\frac{\sigma_{sk}}{E_s}\left(1.5C+0.11\frac{d}{\rho_{te}}\right)(1+\alpha_1)\upsilon$$

$$=1.8\times0.6032\times\frac{262.9953}{2.1\times10^5}\times\left(1.5\times20+0.11\times\frac{7}{0.00517}\right)\times(1+0)\times0.7$$

$$=0.1363\text{mm}<0.2\text{mm}$$

抗裂验算合格。

式中　ω_{max}——最大裂缝宽度；

σ_{sk}——按作用计算的截面受拉钢筋的应力；

ρ_{te}——受拉钢筋配筋率；

ψ——裂缝间受拉钢筋应变不均匀系数，当 $\psi<0.4$ 时，取 $\psi=0.4$、当 $\psi>1.0$ 时，$\psi=1.0$；

f_{tk}——混凝土轴心抗拉强度标准值；

α_1——系数，受弯、大偏心构件 $\alpha_1=0$；

【例题 3.27】 沟埋式双底座圆管结构计算

1. 截面形式和尺寸

$R_1=0.7\text{m}$；$R_2=0.845\text{m}$；

$d_1=165\text{mm}$；$d_2=145\text{mm}$；$d_3=145\text{mm}$；$d_d=d_3=165\text{mm}$；

$\alpha_1=24.82°$；$\alpha_2=130.37°$；$\alpha_3=24.82°$。

文中 R_1——涵管内半径；

R_2——涵管外半径；

d_1、d_2、d_3——涵管的顶部、侧部、底部的厚度；

α_1——顶圆 1/2 夹角；

α_2——侧圆夹角；

α_3——底圆 1/2 夹角。

以断面中心连线为轴线，轴线几何尺寸如下：

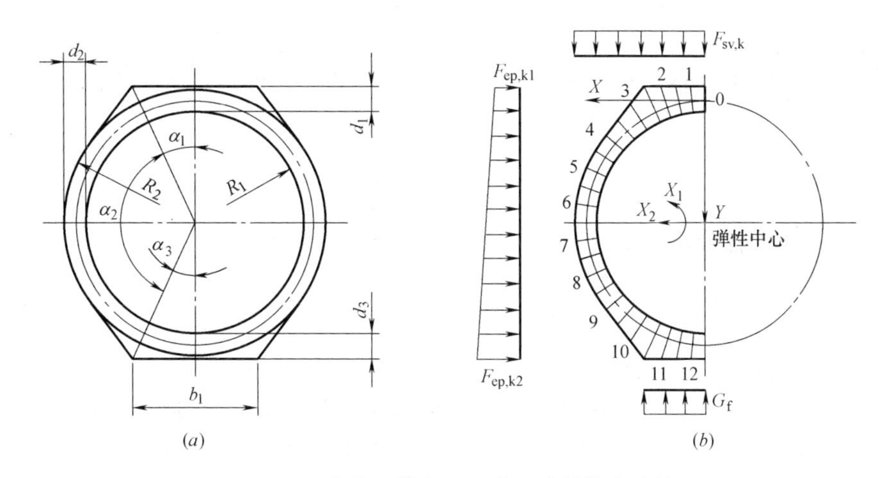

图 3-105 双底座圆管断面形式及计算基本结构图

（a）双底座圆管管型断面图；（b）基本结构图

2. 确定基本结构图

剖开双底座圆管，按双底座圆管的结构特征结构分割为 12 分块，顶圆分为 3 块、侧圆分为 6 块、底圆分为 3 块［见图 3-105（b）］。以侧圆臂厚的中点圆弧线为轴线；以管顶轴线与垂直中心线交点为坐标原点 0，水平向左为 X 轴线、垂直向下为 Y 轴线。

3. 荷载计算

（1）垂直土荷载 $F_{sv,k}$

覆土深度 $Z_s=4\text{m}$；回填土重力密度 $\gamma_s=20\text{kN/m}^3$。

$$
\begin{aligned}
F_{sv,k}&=C_d\gamma_s Z_s\\
&=1.2\times20\times4\\
&=96\text{kN/m}
\end{aligned}
$$

式中 C_d——竖向土压力系数，填埋式铺管 $C_d=1.4$、沟埋式铺管 $C_d=1.1\sim1.2$。

（2）地面活荷载 $Q_{v,k}$

地面活荷载作用值在堆积荷载与车辆荷载中取较大值，在本文中地面活荷载取堆积荷载 $Q_{vk}=10\text{kN/m}^2$ 为计算值。

（3）水平土荷载 $F_{ep,k}$

结构顶部侧向荷载：

$$F_{ep,k1}=\gamma_s Z_{h1}\tan^2(45°-\varphi/2)$$
$$=20\times4\times\tan^2(45°-30°/2)$$
$$=26.6667kN/m^2$$

结构底部侧向荷载：

$$F_{ep,k2}=\gamma_s Z_{h2}\tan^2(45°-\varphi/2)$$
$$=20\times(4+0.165+1.4+0.165)\times\tan^2(45°-30°/2)$$
$$=38.2000kN/m^2$$

式中　Z_h——地面至计算点距离；

φ——土的内摩擦角，对一般黏性土，可取 $\varphi=30°$。

4. 刚臂长度 y_c

刚臂长度即弹性中心至拱顶截面中心（坐标原点 0）的纵坐标（图 3-105）按下式计算：

$$y_c=\frac{\sum y_i\Delta s_i/EJ_i}{\sum\Delta s_i/EJ_i}$$

式中　Δs_i——涵管各分块的轴线长度；

y_i——各分块重心的纵坐标（坐标原点为拱顶 0）；

J_i——各分块重心所在截面的惯性矩，其值为 $J_i=1/12bd_i^2$；

E——弹性模量，$3.25\times10^7kN/m^2$。

为了按上式计算 y_c 值，需将涵管分为若干小分块。分块个数按弧度及弧线长度确定，本题中将涵管共分为 14 块（图 3-105）。各分块的长度 Δs_i、$y_i\Delta s_i$ 值及其总和计算列于表 3-57 中。

分块弧长、重心坐标、端面坐标　　表 3-56

分块编号	弧长 Δs_i (m)	重心坐标		分块端面编号	分块端面坐标	
		x_i(m)	y_i(m)		x_j(m)	y_j(m)
1	0.1673	0.08349	0.004525	1	0.1660	0.01805
2	0.1673	0.2466	0.04040	2	0.3242	0.0713
3	0.2197	0.3981	0.1105	3	0.4673	0.1574
4	0.2197	0.5853	0.2784	4	0.6509	0.3664
5	0.2197	0.7033	0.4628	5	0.7415	0.5657
6	0.2197	0.7647	0.6730	6	0.7725	0.7825
7	0.2197	0.7647	0.8920	7	0.7415	0.9993
8	0.2197	0.7415	1.1022	8	0.6509	1.1986
9	0.2197	0.5853	1.2866	9	0.4673	1.4076
10	0.2197	0.3981	1.4545	10	0.3242	1.4937
11	0.1673	0.2466	1.5246	11	0.1660	1.5470
12	0.1673	0.08349	1.5605	12	0	1.5650

Δs_i 及 $y_i\Delta s_i$ 计算　　　　表 3-57

分块编号	y_i (m)	d_i (m)	J_i (m^4)	Δs_i (m)	$\Delta s_i/J_i$ ($1/m^3$)	$y_i\Delta s_i/J_i$ ($1/m^2$)
1	0.004525	170.0963	0.4101×10^{-3}	0.1673	407.9383	1.8458
2	0.04040	212.7391	0.8023×10^{-3}	0.1673	208.5147	8.4249
3	0.1105	195.8368	0.6259×10^{-3}	0.2197	351.0326	38.7845
4	0.2784	145	0.2541×10^{-3}	0.2197	864.8217	240.7252
5	0.4628	145	0.2541×10^{-3}	0.2197	864.8217	400.2757
6	0.6730	145	0.2541×10^{-3}	0.2197	864.8217	582.0380
7	0.8920	145	0.2541×10^{-3}	0.2197	864.8217	771.4080
8	1.1022	145	0.2541×10^{-3}	0.2197	864.8217	953.1703
9	1.2866	145	0.2541×10^{-3}	0.2197	864.8217	1112.7207
10	1.4545	195.8368	0.6259×10^{-3}	0.2197	351.0326	510.5814
11	1.5246	212.7391	0.8023×10^{-3}	0.1673	208.5147	317.9006
12	1.5605	170.0963	0.4101×10^{-3}	0.1673	407.9383	636.5776
Σ	—				7123.9012	5574.4527

$$y_c=5574.4527/7123.9012$$
$$=0.7825\text{m}$$

5. 弹性中心处多余未知力 X_1、X_2 计算

$$\delta_{11}X_1+\delta_{12}+X_2+\Delta_{1p}=0$$

$$\delta_{21}X_1+\delta_{22}+X_2+\Delta_{2p}=0$$

解上述联列方程：解得 X_1，求得 X_2。

式中　δ_{11}——当 $X_1=1$ 时，刚臂端点的角变位，其值为：

$$\delta_{11}=\int_0^s ds/EJ=1/E\sum\Delta s_i/J_i$$

δ_{22}——当 $X_2=1$ 时，刚臂端点的水平变位，其值为：

$$\delta_{22}=\int_0^s y^2 ds/EJ=1/E\sum y_i^2\Delta s_i/J_i$$

δ_{21}、δ_{12}——当 $X_1=1$、$X_2=1$ 时，刚臂端点的水平变位、角变位，其值为：

$$\delta_{12}=\delta_{21}=\int_0^s yds/EJ=1/E\sum y_i\Delta s_i/J_i$$

其中 y 为各分块端面与弹性中心的纵坐标差，值由 $y=y_j-y_c$ 求得。

Δ_{1p}——在外荷载作用下，刚臂端点的角变位，其值为：

$$\Delta_{1p}=\int_0^s M_P ds/EJ=1/E\sum M_P\Delta s_i/J_i$$

Δ_{2p}——在外荷载作用下，刚臂端点的水平变位，其值为：

$$\Delta_{2p}=\int_0^s M_P yds/EJ=1/E\sum M_P y\Delta s_i/J_i$$

按照图 3-105 的分块，各分块端面的变位值计算列于表 3-58 中。

δ_{11}、δ_{22}、δ_{12}、δ_{21}计算　　表 3-58

截面编号	$\Delta s_i/J_i$ (1/m³)	y (m)	$y\Delta s_i/J_i$ (1/m²)	$y^2\Delta s_i/J_i$ (1/m)
0	407.9383	−0.7825	−319.2117	249.7832
1	407.9383	−0.7645	−311.8503	238.3953
2	208.5147	−0.7112	−148.2875	105.4563
3	351.0326	−0.6251	−219.4339	137.1703
4	864.8217	−0.4161	−359.8550	149.7368
5	864.8217	−0.2168	−187.4584	40.6334
6	864.8217	0.0000	0.0000	0.0000
7	864.8217	0.2168	187.4584	40.6334
8	864.8217	0.4161	359.8550	149.7368
9	864.8217	0.6251	540.6085	337.9397
10	351.0326	0.7112	249.6407	177.5348
11	208.5147	0.7645	159.4000	121.8540
12	407.9383	0.7825	319.2117	271.8205
Σ	7531.8397	—	270.0776	1998.6573

$$\delta_{11}=1/E\sum\Delta s_i/J_i=7531.8397/(3.25\times10^7)=2.3175\times10^{-4}$$

$$\delta_{22}=1/E\sum y^2\Delta s_i/J_i=1998.6573/(3.25\times10^7)=0.6150\times10^{-4}$$

$$\delta_{12}=\delta_{21}=1/E\sum y\Delta s_i/J_i=270.0776/(3.25\times10^7)=0.8310\times10^{-5}$$

竖向荷载、侧向水平荷载及胸腔荷载对各分块端面所在截面作用的弯矩按下式计算：

$$M_{gfP}=M_{gk}+M_{fep}+M_{sp}$$

式中　M_{gfP}——竖向荷载、侧向水平荷载及胸腔荷载对各分块端面所在截面作用的弯矩；

M_{gk}——竖向荷载作用弯矩；

M_{fep}——水平荷载作用弯矩；

M_{sp}——胸腔土荷载作用弯矩。

垂直、侧向水平及胸腔荷载的弯矩计算　　表 3-59

截面编号	x_j (m)	y_j (m)	M_{gk} (kN·m)	f_{epk} (kN/m²)	M_{fep} (kN·m)	M_{sp} (kN·m)	M_{gf} (kN·m)
0	0	0	0	27.2167	0.0000	0.0000	0.0000
1	0.1660	0.01805	−1.5155	27.3370	−0.0044	−0.0020	−1.5219
2	0.3242	0.0713	−5.7821	27.6923	−0.0697	−0.0300	−5.8818
3	0.4673	0.1574	−12.0118	28.2659	−0.3414	−0.1375	−12.4907
4	0.6509	0.3664	−23.2988	29.6593	−1.8815	−0.6208	−25.8012
5	0.7415	0.5657	−30.2374	30.9883	−4.5567	−1.2441	−36.0382
6	0.7725	0.7825	−32.8216	32.4333	−8.8648	−1.8678	−43.5543
7	0.7415	0.9993	−30.1845	37.2117	−15.2516	−1.8230	−47.2590
8	0.6509	1.1986	−22.4850	38.5407	−22.2618	−1.6050	−46.3518
9	0.4673	1.4076	−6.8897	39.9341	−31.1627	−0.5975	−38.6499
10	0.3242	1.4937	5.2696	40.5077	−35.3026	−0.1259	−30.1590
11	0.1660	1.5470	18.7161	40.8630	−38.1044	0.2364	−19.1519
12	0	1.5650	32.8216	40.9833	−39.0477	0.4279	−5.7982

自重作用的弯矩 M_{wg} 计算：

各分块的自重 $W_{gk}=\gamma_c \Delta s_i d_i$，混凝土单位重 $\gamma_c=25kN/m^3$。

各分块自重 **表 3-60**

分块编号	1	2	3	4	5	6
质量(kN/m)	0.7114	0.8898	1.0757	0.7964	0.7964	0.7964
分块编号	7	8	9	10	11	12
质量(kN/m)	0.7964	0.7964	0.7964	1.0757	0.8898	0.7114

自重作用的弯矩计算 **表 3-61**

截面编号	0	1	2	3	4	5	6	7	8	9	10	11	12
W_{gk1}	0.0000	−0.0587	−0.1713	−0.2731	−0.4036	−0.4681	−0.4902	−0.4681	−0.4036	−0.2731	−0.1713	−0.0587	0.0594
W_{gk2}			−0.0691	−0.1964	−0.3597	−0.4404	−0.4680	−0.4404	−0.3597	−0.1964	−0.0691	0.0717	0.2194
W_{gk3}				−0.0692	−0.2528	−0.3434	−0.3744	−003434	−0.2528	−0.0692	0.0739	0.2321	0.3981
W_{gk4}					−0.0522	−0.1244	−0.1491	−0.1244	−0.0522	0.0940	0.2079	0.3340	0.4662
W_{gk5}						−0.0304	−0.0489	−0.0304	0.0417	0.1879	0.3019	0.4279	0.5601
W_{gk6}							−0.0062	0.0185	0.0907	0.2368	0.3508	0.4768	0.6090
W_{gk7}								0.0185	0.0907	0.2368	0.3508	0.4768	0.6090
W_{gk8}									0.0722	0.2183	0.3323	0.4583	0.5905
W_{gk9}										0.0940	0.2079	0.3340	0.4662
W_{gk10}											0.0795	0.2497	0.4282
W_{gk11}												0.0739	0.2321
W_{gk12}													0.0594
M_{wg} (kN·m)	0	−0.0587	−0.2404	−0.5387	−1.0683	−1.4066	−1.5368	−1.3696	−0.7731	0.5291	1.6590	3.0568	4.6549

底板支承力作用弯矩 M_{df} 计算：

作用于底板荷载：

$$D_f=(F_{sv}Z_hB/2+W_{gk})/(b_d/2)$$

$$=[20\times4\times(1.2/2+0.145)+9.9812]/(0.80/2)$$

$$=193.9530kN/m^2$$

式中 F_{sv}——作用于底板的竖向荷载；

W_{gk}——半边涵管自重；

b_d——涵管底宽。

$$M_{df}=-D_f(b_d/2-X_j)^2/2$$

底板支承力作用弯矩 **表 3-62**

截面编号	b_d(m)	X_j(m)	D_f(kN/m²)	M_{df}(kN·m)
11	0.80	0.1660	193.9530	−5.3102
12	0.80	0	193.9530	−15.5162

变位值计算：竖向荷载、侧向水平荷载及自重引起的变位计算列于表 3-63 中。表中 M_{gfw}为竖向荷载、侧向荷载、底板反力与自重作用的弯矩和。

Δ_{1P}、Δ_{2P}计算　　　　表 3-63

截面编号	$\Delta s_i/J_i$ (1/m³)	y (m)	M_{gfw} (kN·m)	$M_{gfw}\Delta s_i/J_i$ (kN/m²)	$M_{gfw}y\Delta s_i/J_i$ (kN/m)
0	407.9383	−0.7825	0	0	0
1	407.9383	−0.7645	−1.5806	−644.7995	471.6439
2	208.5147	−0.7112	−6.1222	−1276.5597	865.7180
3	351.0326	−0.6251	−13.0294	−5691.9168	3370.2614
4	864.8217	−0.4161	−26.8695	−23237.328	8902.3807
5	864.8217	−0.2168	−37.4449	−32383.144	5950.8359
6	864.8217	0.0000	−45.0911	−38995.7333	−1286.712
7	864.8217	0.2168	−48.6286	−42055.09408	−10503.506
8	864.8217	0.4161	−47.1249	−40754.62056	−18302.874
9	864.8217	0.6251	−38.1208	−32967.682	−21696.231
10	351.0326	0.7112	−28.4999	−12450.205	−9264.912
11	208.5147	0.7645	−21.4054	−4463.341	−3559.295
12	407.9383	0.7825	−16.6595	−6796.056	−5542.158
Σ		—		−241716.4792	−50594.8487

$$\Delta_{1p}=1/E\sum M_{gfw}\Delta s_i/J_i=-241716.4792/(3.25\times10^7)$$
$$=-0.7437\times10^2$$
$$\Delta_{2p}=1/E\sum M_{gfw}y\Delta s_i/J_i=-50594.8487/(3.25\times10^7)$$
$$=-0.1557\times10^2$$

$$X_1=\frac{\delta_{12}\Delta_{2p}\ (\delta_{11}\delta_{22})\ -\Delta_{1p}/\delta_{11}}{1-\delta_{12}\delta_{21}/(\delta_{11}\delta_{22})}$$
$$=\frac{1.6358\times10^{-5}\times(-0.1557\times10^{-3})/\ (0.2370\times10^{-3}\times0.6469\times10^{-4})-\ (-0.7437\times10^{-2})\times\ (-0.1557\times10^{-3})}{1-\ (1.6358\times10^{-5})^2/(0.2370\times10^{-3}\times0.6469\times10^{-4})}$$
$$=30.2445$$

解得 X_1，代入下式，求得 X_2。

$$X_2=(\delta_{21}X_1-\Delta_{2p})/\delta_{22}$$
$$=[-1.6358\times10^{-5}\times30.2445-(-0.1557\times10^{-3})]/(0.6469\times10^{-4})$$
$$=16.4180$$

6. 各截面弯矩值计算

$$M_P=M_{gfw}+X_1+X_2y$$

各截面弯矩 M_P　　　　表 3-64

截面编号	X_2	y (m)	X_2y (kN·m)	M_{gfw} (kN·m)	X_1	M_P (kN·m)
0	16.4180	−0.7825	−12.3053	0	30.2445	17.9392
1	16.4180	−0.7645	−12.0091	−1.5806	30.2445	16.6548

续表

截面编号	X_2	y (m)	X_2y (kN·m)	M_{gfw} (kN·m)	X_1	M_P (kN·m)
2	16.4180	−0.7112	−11.1341	−6.1222	30.2445	12.9883
3	16.4180	−0.6251	−9.7213	−13.0294	30.2445	7.4938
4	16.4180	−0.4161	−6.2898	−26.8695	30.2445	−2.9148
5	16.4180	−0.2168	−3.0170	−37.4449	30.2445	−10.2174
6	16.4180	0.0000	0.5417	−45.0911	30.2445	−14.3048
7	16.4180	0.2168	4.1005	−48.6286	30.2445	−14.2836
8	16.4180	0.4161	7.3733	−47.1249	30.2445	−9.5071
9	16.4180	0.6251	10.8048	−38.1208	30.2445	2.9285
10	16.4180	0.7112	12.2176	−28.4999	30.2445	13.9622
11	16.4180	0.7645	13.0925	−21.4054	30.2445	21.9317
12	16.4180	0.7825	13.3888	−16.6595	30.2445	26.9738

7. 配筋计算

（1）材料性能

材料性能表 **表 3-65**

材料品种	强度标准值	强度设计值
C30 混凝土	26.8	14.3
HRB335 普通钢筋	335	300

（2）配筋

以截面《12》处的弯矩值 M_{p12} 为计算弯矩计算配筋。

$$M_{Ap12}=K_{\xi}M_{p12}=1.27\times26.9738=34.2567\text{kN}\cdot\text{m}$$

$$A_s=\frac{\alpha_1 f_c bh_0-\sqrt{(\alpha_1 f_c bh_0)^2-2M_n\alpha_1 f_c b}}{f_y}$$

$$=\frac{1\times14.3\times1000\times(165-20.0-7/2)-\sqrt{[1\times14.3\times1000\times(165-20.0-7/2)^2]-2\times34.7947\times10^6\times1\times14.3\times1000}}{300}$$

$$=718.4029\text{mm}^2$$

式中 A_s ——内层配置的钢筋截面面积；

M_{Ap12} ——组合荷载作用下，管底内截面弯矩；

K_{ξ} ——配筋安全系数；

f_y ——钢筋抗拉强度；

f_c ——混凝土轴心抗压强度；

h_0 ——计算截面的有效高度；

b ——计算宽度，取 $b=1000$mm。

（3）裂缝宽度验算

$$\sigma_{sk}=\frac{M_{p12}}{0.87A_sh_0}$$

$$=\frac{26.9738\times 10^{6}}{0.87\times 718.4029\times 141.5}$$

$$=202.8423\text{kN/mm}^{2}$$

$$\rho_{te}=\frac{A_s}{0.5bh}=\frac{718.4029}{0.5\times 1000\times 165}=0.0087$$

$$\psi=1.1-0.65\frac{f_{tk}}{\rho_{te}\sigma_g\alpha_2}=1.1-0.65\times\frac{2.01}{0.01\times 202.8423\times 1}=0.4559$$

$$\omega_{max}=1.8\psi\frac{\sigma_{sk}}{E_s}\left(1.5C+0.11\frac{d}{\rho_{te}}\right)(1+\alpha_1)\upsilon$$

$$=1.8\times 0.4559\times\frac{202.8423}{2.1\times 10^{5}}\times\left(1.5\times 20+0.11\times\frac{7}{0.0087}\right)\times(1+0)\times 0.7$$

$$=0.0593\text{mm}<0.2\text{mm}$$

抗裂验算合格。

式中　ω_{max}——最大裂缝宽度；

σ_{sk}——按作用计算的截面受拉钢筋的应力；

ρ_{te}——受拉钢筋配筋率；

ψ——裂缝间受拉钢筋应变不均匀系数，当 $\psi<0.4$ 时，取 $\psi=0.4$、当 $\psi>1.0$ 时，取 $\psi=1.0$；

f_{tk}——混凝土轴心抗拉强度标准值；

α_1——系数，受弯、大偏心构件 $\alpha_1=0$；

α_2——系数，受弯构件 $\alpha_2=1$、大偏心受压构件 $\alpha_2=1-0.2\frac{h_0}{e_0}$；

υ——受拉钢筋表面特征系数，变形钢筋 $\upsilon=0.7$、光面钢筋 $\upsilon=1.0$；

E_s——钢筋弹性模量，$2.1\times 10^{4}\text{kN/cm}^{2}$。

8. 《6》截面处配筋计算

$$M_{Ap6}=K_{\xi}M_{p6}=1.27\times 14.3048=18.1402\text{kN}\cdot\text{m}$$

截面轴向力计算：

$$N_6=P_{sk}B_{w1}/2+2\pi r_0 d_1\gamma_c/4+0.1073\gamma_s D_{w1}^2/2$$

$$=110\times(0.7725+0.145)+2\times 3.1416\times(0.7725+0.145)\times 0.165\times 25/4+0.1073\times 20\times(2\times 0.7+2\times 0.145)^2/2$$

$$=106.4650\text{kN}$$

$$e_s'=-\frac{M_{p6}}{N_6}-\frac{h}{2}+a_s'$$

$$=-\frac{18.1402}{106.4650}-\frac{145}{2}+23.5$$

$$=121.3865\text{mm}$$

$$A_w\geqslant\frac{N_6 e_s'}{f_y\ (h-a_s)}$$

$$=\frac{106.4650\times 1000\times 121.3865}{30\times(145-23.5)}$$

$$=354.5518\text{mm}^{2}$$

式中 N_6——6 截面处所受纵向压力；

e_s'——轴向压力作用点至受压钢筋合力作用点距离；

a_s'——受压钢筋合力作用点至截面近边距离；

a_s——受拉区钢筋合力点至截面受拉边缘距离。

3.6.4 混凝土三圆拱涵管、四圆拱涵、多弧涵管计算示例

【例题 3.28】 沟埋式三圆拱涵结构计算

首先求出弹性中心（即刚臂端点）位置，计算弹性中心处的多余未知力，最后计算在多余未知力及荷载共同作用下，拱涵各截面的弯矩。因拱形较为平缓，以梁作用为主，故可省略轴力因素。

拱涵断面及荷载均为对称，只需取管型断面图的一半进行计算，其剪切未知力 $X_3=0$。弹性中心处的多余未知力 X_1 弯矩，其旋转方向以拱涵内缘产生拉应力为正，对于断面左半部分，X_1 以逆时针旋转为正。X_2 为水平力，对于断面左半部分，以其方向向左为正。

1. 截面形式和尺寸（图 3-106）

$b=2.0\text{m}$；$h=2.0\text{m}$；$f=0.5\text{m}$；

$d_1=d_2=d_3=0.20\text{m}$；

$R_1=1.4167\text{m}$；$R_2=1.6167\text{m}$；

$r_1=0.20\text{m}$；$r_2=0.40\text{m}$；

$\alpha_1=41.1°$；$\alpha_2=48.9°$。

文中 b——涵管内宽；

h——涵管内高；

f——拱涵矢高；

R_1——拱涵顶圆内半径；

R_2——拱涵顶圆外半径；

r_1——拱涵侧圆内半径；

r_2——拱涵侧圆外半径；

d_1、d_2、d_3——涵管顶部、侧部、底部的厚度；

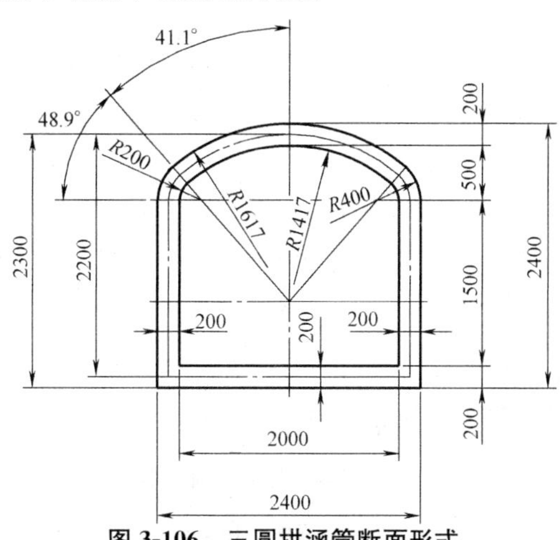

图 3-106 三圆拱涵管断面形式

α_1——拱涵顶圆 1/2 夹角；

α_2——拱涵侧圆 1/2 夹角。

2. 确定基本结构图

剖开三圆拱涵管，按三圆拱涵管的结构特征结构分割为 8 块，顶拱分为 5 块、侧墙分为 3 块（见图 3-107），以臂厚的中点连线为轴线。以拱顶中心点为坐标原点 0，水平向左为 x 轴线、垂直向下为 y 轴线。

3. 荷载计算

（1）垂直土荷载 $F_{sv,k}$

覆土深度 $Z_s=4m$；回填土重力密度 $\gamma_s=18kN/m^3$。

$$
\begin{aligned}
F_{sv,k} &= C_d\gamma_s Z_s \\
&= 1.2\times18\times4 \\
&= 86.4kN/m
\end{aligned}
$$

式中　C_d——竖向土压力系数，填埋式铺管 $C_d=1.4$、沟埋式铺管 $C_d=1.1\sim1.2$。

（2）地面活荷载 $Q_{v,k}$

地面活荷载作用值在堆积荷载与车辆荷载中取较大值，在本文中地面活荷载取堆积荷载 $Q_{vk}=10kN/m^2$ 为计算值。

（3）水平土荷载 $F_{ep,k}$

结构顶部侧向荷载：

$$
\begin{aligned}
F_{ep,k1} &= [\gamma_s(Z_{h1}+d_1/2)+Q_{vk}]\tan^2(45°-\varphi/2) \\
&= [18\times(4+0.2/2)+10]\times\tan^2(45°-30/2) \\
&= 27.9333kN/m^2
\end{aligned}
$$

结构底部侧向荷载：

$$
\begin{aligned}
F_{ep,k2} &= [\gamma_s Z_{h2}+Q_{vk}]\tan^2(45°-\varphi/2) \\
&= [18\times(4+0.2+0.5+1.5)+10]\times\tan^2(45°-30°/2) \\
&= 40.5333kN/m^2
\end{aligned}
$$

式中　Z_h——地面至计算点距离；

φ——土的内摩擦角，对一般黏性土，可取 $\varphi=30°$。

（4）涵管自重荷载

$$
\begin{aligned}
W_{g,k} &= d\gamma_c \\
&= 0.2\times26 \\
&= 5.20kN/m^2
\end{aligned}
$$

（5）竖向总荷载

$$
\begin{aligned}
q_{sp,k} &= F_{sp,k}+Q_{vk} \\
&= 86.40+14.0 \\
&= 100.40kN/m^2
\end{aligned}
$$

4. 刚臂长度 y_c

刚臂长度即弹性中心至拱顶截面中心（坐标原点 O）的纵坐标（图 3-107）按下式计算：

$$y_c = \frac{\sum y_i \Delta s_i / EJ_j}{\sum \Delta s_i / EJ_i}$$

式中 Δs_i——拱涵各分块的轴线长度；

y_i——各分块重心的纵坐标（坐标原点为拱顶截面中心 O）；

J_i——各分块重心所在截面的惯性矩，其值为 $J_i = bd_i^3/12$；

E——混凝土弹性模量。

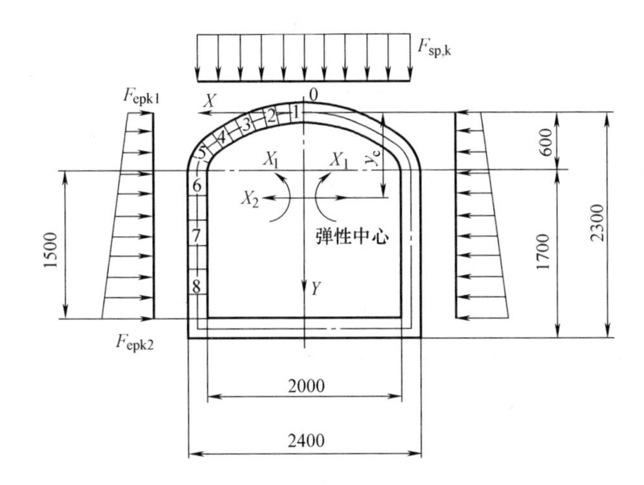

图 3-107 拱涵分块及受力示意图

为了按上式计算 y_c 值，需将拱涵分为若干小分块。分块个数按弧度及弧线长度确定，本题中将拱涵共分为 8 块（图 3-107）。分块弧长、重心坐标、端面坐标见表 3-66。各分块的长度 Δs_i、$y_i \Delta s_i$ 值及其总和计算列于表 3-67、3-68 中，表中 y_i 值由公式求解（也可由计算机从图 3-107 中量出）。

分块弧长、重心坐标、端面坐标　　表 3-66

分块编号	弧长 ΔS_i (m)	重心坐标		分块端面编号	分块端面坐标	
		x_i(m)	y_i(m)		x_j(m)	y_j(m)
1	0.2720	0.1358	0.0061	1	0.2705	0.0243
2	0.2720	0.4031	0.0545	2	0.5324	0.0965
3	0.2720	0.6574	0.1499	3	0.7772	0.2143
4	0.2720	0.8907	0.2891	4	0.9970	0.3738
5	0.2560	1.0731	0.4758	5	1.1000	0.6000
6	0.500	1.100	0.850	6	1.1000	1.1000
7	0.500	1.100	1.350	7	1.1000	1.6000
8	0.500	1.100	1.850	8	1.1000	2.1000

ΔS_s 及 $y_j\Delta S_i$ 计算　　　　**表 3-67**

分块编号	y_i (m)	d_i (m)	J_i (m^4)	Δs_i (m)	$\Delta s_i/J_i$ ($1/m^3$)	$y_i\Delta s_i/J_i$ ($1/m^2$)
1	0.0061	0.2	0.00067	0.2720	407.9905	2.4859
2	0.054	0.2	0.00067	0.2720	407.9905	22.2536
3	0.1499	0.2	0.00067	0.2720	407.9905	61.1549
4	0.2891	0.2	0.00067	0.2720	407.9905	117.9422
5	0.4758	0.2	0.00067	0.2560	384.0597	182.7472
6	0.850	0.2	0.00067	0.500	750.0	637.50
7	1.350	0.2	0.00067	0.500	750.0	1012.50
8	1.850	0.2	0.00067	0.500	750.0	1387.50
Σ	—				4266.0221	3424.0839

$$y_c=\frac{\sum y_i\Delta s_i/EJ_i}{\sum\Delta s_i/EJ_i}$$

$$=4266.0221/3424.0830$$

$$=0.8026\text{m}$$

5. 弹性中心处多余未知力 X_1、X_2 计算

X_1、X_2 同样采用分块求和法计算，计算公式为：

$$\delta_{11}X_1+\delta_{12}X_2+\Delta_{1P}=0$$

$$\delta_{21}X_1+\delta_{22}X_2+\Delta_{2P}=0$$

式中　δ_{11}——当 $X_1=1$ 时，刚臂端点的角变位，其值为：

$$\delta_{11}=\int_0^s \mathrm{d}s/EJ=1/E\sum\Delta s_i/J_i$$

δ_{22}——当 $X_2=1$ 时，刚臂端点的水平变位，其值为：

$$\delta_{22}=\int_0^s y^2\mathrm{d}s/EJ=1/E\sum y^2\Delta s_i/J_i$$

δ_{21}、δ_{12}——当 $X_1=1$、$X_2=1$ 时，刚臂端点的水平变位、角变位，其值为：

$$\delta_{12}=\delta_{21}=\int_0^s y\mathrm{d}s/EJ=1/E\sum y\Delta s_i/J_i$$

其中 y 为各分块端面与弹性中心的纵坐标差，值由 $y=y_j-y_c$ 求得。

Δ_{1P}——在外荷载作用下，刚臂端点的角变位，其值为：

$$\Delta_{1P}=\int_0^s M_P\mathrm{d}s_i/EJ_i=1/E\sum M_P\Delta s_i/J_i$$

Δ_{2P}——在外荷载作用下，刚臂端点的水平变位，其值为：

$$\Delta_{2P}=\int_0^s M_P y\mathrm{d}s/EJ=1/E\sum M_P y\Delta s_i/J_i$$

δ_{11}、δ_{22}、δ_{12}、δ_{21}计算　　表 3-68

截面编号	$\Delta s_i/J_i$ (1/m³)	y (m)	$y\Delta s_i/J_i$ (1/m²)	$y^2\Delta s_i/J_i$ (1/m)
0	407.9906	−0.8026	−327.4699	262.8408
1	407.9906	−0.7783	−317.5462	247.1518
2	407.9906	−0.7061	−288.0934	203.4307
3	407.9906	−0.5884	−240.0561	141.2458
4	407.9906	−0.4289	−174.9751	75.0417
5	384.0597	−0.2026	−77.8262	15.7708
6	750.0	0.2974	223.0193	66.3168
7	750.0	0.7974	598.0193	476.8361
8	750.0	1.2974	973.0193	1262.3554
∑	4674.0122	—	368.0908	2750.9898

$$\delta_{11}=1/E\sum\Delta s_i/J_i=4674.0122/(3.00\times10^7)=1.5880\times10^{-4}$$

$$\delta_{22}=1/E\sum y^2\Delta s_i/J_i=2750.9898/(3.00\times10^7)=0.9170\times10^{-4}$$

$$\delta_{12}=\delta_{21}=1/E\sum y\Delta s_i/J_i=368.0908/(3.00\times10^7)=1.2770\times10^{-5}$$

竖向荷载、侧向水平荷载荷载对各分块端面所在截面作用的弯矩按下式计算：

$$M_{gfp}=M_{gk}+M_{fep}$$

式中　M_{gfp}——竖向荷载、侧向水平荷载荷载对各分块端面所在截面作用的弯矩（表 3-69）；

M_{gk}——竖向荷载作用弯矩；

M_{fep}——水平荷载作用弯矩。

垂直、侧向水平荷载的弯矩计算　　表 3-69

截面编号	x_j(m)	y_j(m)	M_{gk}(kN·m)	f_{epk}(kN/m²)	M_{fep}(kN·m)	M_{Gf}(kN·m)
0	0	0	0	29.2667	0	0
1	0.2705	0.0243	−3.6742	29.4126	−0.0087	−3.6829
2	0.5324	0.0965	−14.2291	29.8457	−0.1372	−14.3663
3	0.7772	0.2143	−30.3215	30.5522	−0.6816	−31.0031
4	0.9970	0.3788	−49.9034	31.5093	−2.0966	−51.9999
5	1.1000	0.6000	−60.7420	32.8667	−5.4840	−66.2260
6	1.1000	1.1000	−60.7420	35.8667	−19.0373	−79.7793
7	1.1000	1.6000	−60.7420	38.8667	−41.5573	−102.2993
8	1.1000	2.1000	−60.7420	41.8667	−73.7940	−134.5360

自重作用的弯矩 M_{wg} 计算：

各分块的自重 $W_{gk}=\gamma_c\Delta s_i d_i$，混凝土单位重力密度 $\gamma_c=26\text{kN/m}^3$。

各分块自重分别为：1～4 块——1.4144kN/m；

5 块——1.3314kN/m；

6～8 块——2.600kN/m。

自重作用的弯矩计算　　表 3-70

截面编号	0	1	2	3	4	5	6	7	8
Wgk1	0.0000	−0.1905	−0.5609	−0.9071	−1.2181	−1.3637	−1.3637	−1.3637	−1.3637
Wgk2			−0.1829	−0.5291	−0.8401	−0.9857	−0.9857	−0.9857	−0.9857
Wgk3				−0.1694	−0.4803	−0.6260	−0.6260	−0.6260	−0.6260
Wgk4					−0.1504	−0.2960	−0.2960	−0.2960	−0.2960
Wgk5						−0.0358	−0.0358	−0.0358	−0.0358
Wgk6							0	0	0
Wgk7								0	0
Wgk8									0
M_{wg} (kN·m)	0	−0.1905	−0.7438	−1.6056	−2.6889	−3.3072	−3.3072	−3.3072	−3.3072

变位值计算：竖向荷载、侧向水平荷载及自重引起的变位计算列于表 3-71 中。表中为 M_{ghw}竖向荷载、侧向荷载与自重作用的弯矩和。

Δ_{1P}、Δ_{2P}计算　　表 3-71

截面编号	$\Delta s_i/J_i$ (1/m³)	y (m)	M_{gfw} (kN·m)	$M_{gfw}\Delta s_i/J_i$ (kN/m²)	$M_{gfw}y\Delta s_i/J_i$ (kN/m)
0	407.9905	−0.8026	0	0	0
1	407.9905	−0.7783	−3.8734	−1580.3122	1229.9848
2	407.9905	−0.7061	−15.1101	−6164.7967	4353.1330
3	407.9905	−0.5884	−32.6087	−13304.0532	7827.9243
4	407.9905	−0.4289	−54.6888	−22312.526	9569.1847
5	384.0597	−0.202	−69.5332	−26704.906	5411.5070
6	750.0	0.2974	−83.0865	−62314.91068	−18529.904
7	750.0	0.7974	−105.6065	−79204.91068	−63154.754
8	750.0	1.2974	−137.8432	−103382.411	−134124.108
Σ	—			−314968.8255	−187417.0318

$$\Delta_{1p}=1/E\sum M_{gfw}\Delta s_i/J_i=-314968.8255/(3.00\times10^7)$$
$$=-1.0499\times10^{-2}$$
$$\Delta_{2p}=1/E\sum M_{gfw}y\Delta s_i/J_i=-18417.0318/(3.00\times10^7)$$
$$=-0.06247\times10^{-2}$$

$$X_1=\frac{\delta_{12}\Delta_{2P}/(\delta_{11}\delta_{22})-\Delta_{1p}/\delta_{11}}{1-\delta_{12}\delta_{21}/(\delta_{11}\delta_{22})}$$
$$=\frac{-1.2270\times10^{-5}\times(-0.6247\times10^{-2})/(1.5580\times10^{-4}\times0.9170\times10^{-4})+1.0499\times10^{-2}/1.5580\times10^{-4}}{1-(1.1227\times10^{-5})^2/(1.5580\times10^{-4}\times0.9170\times10^{-4})}$$
$$=62.6826\text{kN}\cdot\text{m}$$

解得 X_1，代入下式，求得 X_2：

$$
\begin{aligned}
X_2 &= (-\delta_{21}X_1 - \Delta_{2P})/\delta_{22} \\
&= [1.2270\times10^{-5}\times62.6826-(-0.6247\times10^{-2})]/0.9170\times10^{-4} \\
&= 59.7400\text{kN}
\end{aligned}
$$

6. 各截面弯矩值计算（表 3-72）

$$M_P = M_{gfw} + X_1 + X_2 y$$

各截面弯矩 M_P 计算 **表 3-72**

截面编号	X_2 (kN)	y (m)	X_2y (kN·m)	M_{gfw} (kN·m)	X_1 (kN·m)	M_P (kN·m)
0	59.7400	−0.8026	−47.9498	0	62.6826	14.7328
1	59.7400	−0.7783	−46.4967	−3.8734	62.6826	12.3125
2	59.7400	−0.7061	−42.1841	−15.1101	62.6826	5.3883
3	59.7400	−0.5884	−35.1502	−32.6087	62.6826	−5.0764
4	59.7400	−0.4289	−25.6207	−54.6888	62.6826	−17.6270
5	59.7400	−0.202	−12.1058	−69.5332	62.6826	−18.9564
6	59.7400	0.2974	17.7642	−83.0865	62.6826	−2.6398
7	59.7400	0.7974	47.6342	−105.6065	62.6826	4.7102
8	59.7400	1.2974	77.5042	−137.8432	62.6826	2.3436

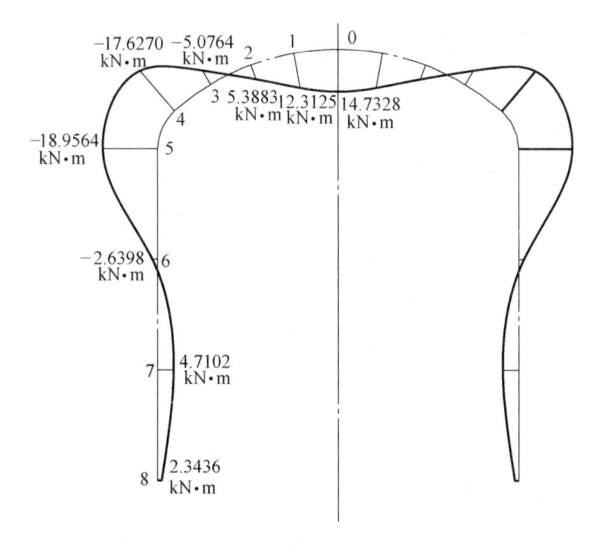

图 3-108 三圆拱涵各断面弯矩图

7. 配筋计算

（1）材料性能表

材料性能 **表 3-73**

材料品种	强度标准值(MPa)	强度设计值(MPa)
C30 混凝土	20.1	14.3
HRB335 普通钢筋	335	300

(2) 配筋计算

内外侧取相同配筋，以截面5处的弯矩最大值 M_{p5} 为计算弯矩。按《给水排水工程结构设计手册》(中国建筑工程出版社)(以下简称为《手册》) 所示方法计算配筋。

$$M_{p5}=18.9564\text{kN}\cdot\text{m}$$

$$A_0=M_{p5}/bh_0=18.9564\times10^4/[100\times(20-2.5-0.5)^2]=6.5593$$

式中 h_0——截面有效高度。

查《手册》$A-\mu$ 表：取 $\mu=0.378\%$。

$$A_s=\mu bh_0=0.378\%\times100\times(20-2.5-0.5)\times100=572.90\text{mm}^2/\text{m}$$

实际配筋为 $\phi10-8$，$A_{sg}=628.32\text{mm}^2/\text{m}$，每米配筋 $n=8$ 环，钢筋间距 $a=142.9\text{mm}$。

8. 裂缝宽度验算

验算最大弯矩截面5处裂缝宽度。

$$\sigma_g=1.15M_{AP5}/(A_sh_0)=1.15\times18.9564\times10^6/[628.32\times(200-25-5)]=203.9893\text{kN/mm}^2$$

$$\rho_{te}=\frac{A_s}{0.5bh}=\frac{628.32}{0.5\times1000\times200}=0.00628$$

$$\psi=1.1-0.65\frac{f_{tk}}{\rho_{te}\sigma_g\alpha_2}=1.1-0.65\frac{2.39}{0.01\times203.9893\times1}=0.3384$$

$$\begin{aligned}\omega_{max}&=1.8\psi\frac{\sigma_g}{E_s}\left(1.5C+0.11\frac{d}{\rho_{te}}\right)(1+\alpha_1)\upsilon\\&=1.8\times0.3384\times\frac{203.9893}{2.1\times10^5}\times\left[1.5\times(25+10/2)+0.11\times\frac{10}{0.01}\right]\times(1+0)\times0.7\\&=0.0609\text{mm}<0.2\text{mm}\end{aligned}$$

抗裂验算合格。

式中 ω_{max}——最大裂缝宽度；

σ_g——按作用计算的截面受拉钢筋的应力；

ρ_{te}——受拉钢筋配筋率；

ψ——裂缝间受拉钢筋应变不均匀系数，当 $\psi<0.4$ 时，取 $\psi=0.4$、当 $\psi>1.0$ 时，取 $\psi=1.0$；

f_{tk}——混凝土轴心抗拉强度标准值；

α_1——系数，受弯、大偏心构件 $\alpha_1=0$；

α_2——系数，受弯构件 $\alpha_2=1$、大偏心受压构件 $\alpha_2=1-0.2\dfrac{h_0}{e_0}$；

υ——受拉钢筋表面特征系数，变形钢筋 $V=0.7$、光面钢筋 $V=1.0$；

E_s——钢筋弹性模量，$2.1\times10^4\text{kN/cm}^2$。

9. 配筋参考图 (图 3-109)

10. 外压检验荷载计算

采用三点法外压试验方法，外压荷载试验时，涵管支承于两条平行、具有足够刚度的支架上，于涵管顶部施加线荷载 (见图 3-110)。

涵管外压检验荷载的计算方法与配筋计算相同，采用弹性中心法计算，弹性中心 (即刚臂端点) 位置已由配筋计算中求得，计算弹性中心处的多余未知力 X_1 及 X_2，最后计算

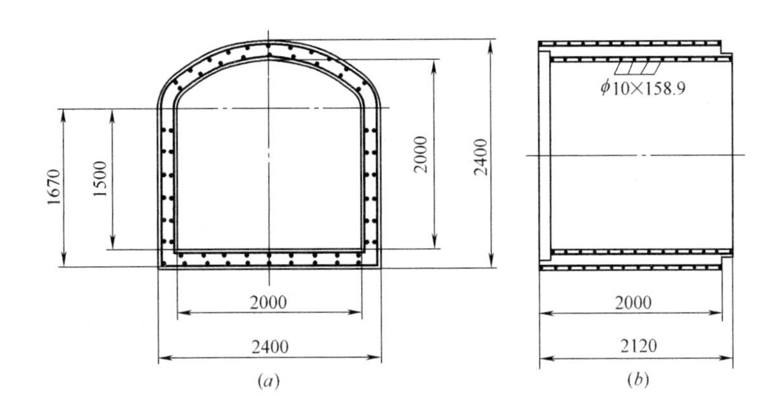

图 3-109　200×200（覆土 4m）三圆拱涵配筋示意图

（a）横向剖面图；（b）纵向剖面图

在多余未知力及外压荷载共同作用下，拱涵各截面的弯矩、并以此求得涵管检验荷载。

2000×2000×200 三圆拱涵管几种覆土深度等级外压荷载值　表 3-74

覆土深度（m）	顶点弯矩（kN·m）	安全检验荷载（kN/m）	裂缝检验荷载（kN/m）	破坏检验荷载（kN/m）
4	22.5897	44.2	73.6	110.4
6	27.4787	54.4	90.6	136.0
8	38.6021	77.1	128.5	192.8

注：安全荷载为三点法外压试验，产生裂缝宽度小于 0.05mm 时的外压荷载，裂缝荷载为 0.2mm 裂缝宽度时的外压荷载，破坏荷载为构件失去承载能力时的外压荷载。

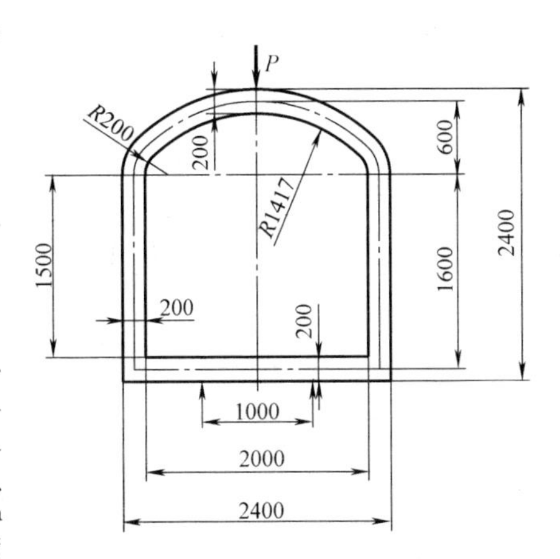

图 3-110　三圆拱涵外压检验

11. 实物外压检验结果

2.0-2.0-0.2-6.0m 三圆拱涵用于北京西单大街电力电缆管沟工程。投入工程使用前，由北京市电力局、北京市电力设计院、北京市第二市政工程公司、北京市第二水泥管厂共

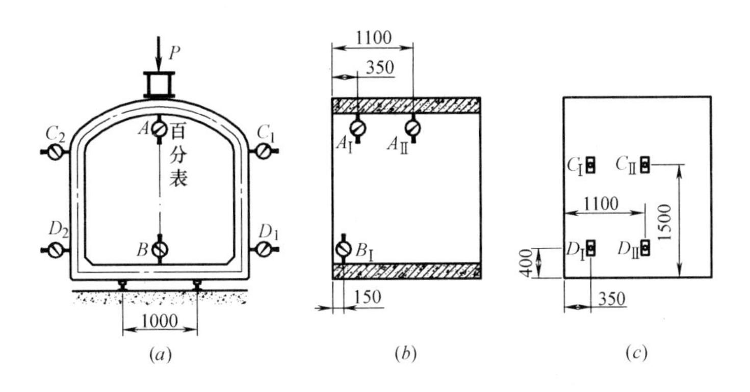

图 3-111　外压检验方式及百分表布置图

（a）外压检验方式；（b）纵断面顶、底百分表布置位置；（c）涵管外侧百分表布置位置

同对 2.0-2.0-0.2-6.0m 三圆拱涵实物进行承载能力的检验。

试验情况：

加荷速度 5kN/min，安装百分表观测加载过程中构件的变形（见图 3-111）。

第一次加载试验荷载加到 150kN/m：安全荷载为 61.74kN/m，裂缝荷载为 100kN/m；荷载为 150kN/m 时，顶部出现 0.48mm 宽的裂缝，C 点出现 0.08～0.12mm 裂缝。荷载撤除后，顶部裂缝回缩至 0.1mm，C 点回缩至 0.03～0.05mm 裂缝宽度。

第二次加载至 323kN/m（接近加载设备的顶值）：顶部裂缝宽度 3.2mm，从构件端部可见裂缝深度达到 160mm，同时底板与侧板也出了多道裂缝，撤除荷载后，顶部裂缝宽度缩至 1.1～2mm。

试验结果如表 3-75 所示。

200-200-20 三圆拱涵外压检验结果　　**表 3-75**

项目	混凝土强度（MPa）	埋土深度（m）	地面荷载	检验荷载(kN/m)		
				安全	裂缝	破坏
设计	30MPa	6m	汽－20	54.4	90.94	166.95
实测	31.6MPa	三点法加载试验		61.74	100	＞323

注：安全荷载为出现裂缝时（裂缝宽度≤0.05mm）的最大荷载、裂缝荷载为裂缝宽度为 0.2mm 时的荷载；破坏荷载为构件可加最大荷载。

加载过程中的结构变形见表 3-76、表 3-77。

外压过程中涵管变形检测值（第一次加载）　　**表 3-76**

荷载(kN/m)		25	50	63	75	89	100	107	113	125	139	150	回 0
A_{I}	百分表值	13	65	67	95	126	154	195	236	246	282	350	
	裂宽(mm)				0.14		0.21			0.34		0.48	0.1
B_{I}	百分表值	－11	－59	－84	－108	－131	－149	－166	－183	－186	－198	－208	
	裂宽(mm)												
$C_{1\mathrm{I}}$	百分表值	7	0	－5	－7	－10	－6	－5	2	1	15	40	
	裂宽(mm)											0.11	0.05
$C_{2\mathrm{I}}$	百分表值	0	16	32	50	70	85		106	130	150	175	
	裂宽(mm)											0.12	0.05
$D_{1\mathrm{I}}$	百分表值	3	0	－2	－2	－2	0	0	2	4	6	11	
	裂宽(mm)												
$D_{2\mathrm{I}}$	百分表值	0	13	22	31	39	45		58	68	79	95	
	裂宽(mm)												
A_{II}	百分表值	18	51	76	105	138	166	210	255	265	302	373	
	裂宽(mm)				0.14		0.21			0.34		0.48	0.1
$C_{1\mathrm{II}}$	百分表值	11	8	8	8	8	10	13	23	23	38	44	
	裂宽(mm)											0.11	0.05
$C_{2\mathrm{II}}$	百分表值	1	20	33	49	68	80		100	110	134	158	
	裂宽(mm)											0.08	0.03
$D_{1\mathrm{II}}$	百分表值	8	10	11	14	19	24	30	36	38	44	52	
	裂宽(mm)												
$D_{2\mathrm{II}}$	百分表值	1	11	17	24	30	37		45	55	65	80	
	裂宽(mm)												

注：A 百分表支架支于管内，其他支于地面，在加压过程中地面有所沉降，对 B 点数值有影响。

外压过程中涵管变形检测值（第二次加载） 表 3-77

荷载(kN/m)		63	89	113	125	137	150	163	175	187	200
$C_{1Ⅱ}$	百分表值	26	33	43	49	57	66	83	107	134	159
$C_{2Ⅱ}$	百分表值	58	77	103	108	131	149	170	200	233	233
$D_{1Ⅱ}$	百分表值	21	25	31	34	39	45	56	68	80	95
$D_{2Ⅱ}$	百分表值	27	37	54	57	65	75	85	102	131	132
荷载(kN/m)		212	221	236	247	260	274	285	295	323	
$C_{1Ⅱ}$	百分表值	197	244	297	338	403	559	644	到位		
$C_{2Ⅱ}$	百分表值	304	358	418	369	424	479	514	到位		
$D_{1Ⅱ}$	百分表值	157	126	148	164	190	209	233	到位		
$D_{2Ⅱ}$	百分表值	155	179	206	232	355	386	413	到位		

注：二次加载进行破坏试验，撤除了涵管内的百分表。

试验结果分析：

（1）裂缝出现部位与结构弯矩图一致，安全荷载、裂缝荷载检验计算值与实测值很接近，说明计算理论与实际相符合。

（2）由于构件内埋件多，主筋布置不均匀，在间距大的地方首先出现裂缝，且裂缝宽度也大。

（3）破坏荷载超出计算值一倍以上，说明该产品为超静定结构，某一截面裂缝超宽，结构整体仍可承受更大的荷载。

（4）在三点法受载试验中出现可见裂缝时，拱顶位移值为 1.6mm；荷载去除后，裂缝能较好回缩闭合，构件刚度良好。

【例题 3.29】 沟埋式四圆拱涵结构计算

1. 拱涵截面形式和尺寸

$B_0=3.505$m；$H_0=2.219$m；$d_1=d_2=d_3=0.260$m；

$R_1=1.781$m；$R_2=6.261$m；$R_3=0.576$m；$\theta=60$；

$\alpha_1=77.48°$；$\alpha_2=90.58°$；$\alpha_3=11.94°$。

文中 B_0——拱涵内宽；

H_0——拱涵内高；

d_1、d_2、d_3——分别为顶弧、侧弧及底板的厚度；

R_1——拱涵顶圆内半径；

R_2——拱涵底圆内半径；

R_3——拱涵侧圆内半径；

α_1——顶圆 1/2 夹角；

α_2——侧圆夹角；

α_3——底圆 1/2 夹角；

θ——拱涵底脚斜角。

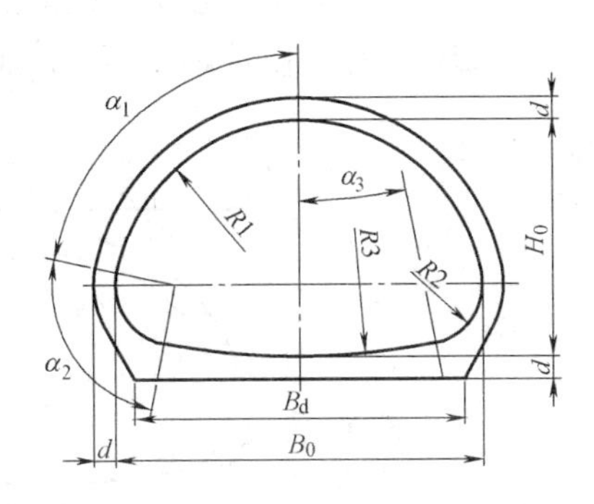

图 3-112 四圆拱涵断面形式图

2. 荷载计算

（1）拱涵自重 ω_{gk}

预制混凝土拱涵的单位体积重力密度 $\gamma_0=25\text{kN/m}^3$。

(2) 垂直土荷载 P_{sk}

复土深度 $Z_0=6\text{m}$；回填土重力密度 $\gamma_s=20\text{kN/m}^3$。

$$P_{sk}=C_d\gamma_s Z_h=1.2\times20\times6=144\text{kN/m}^2$$

式中　C_d——竖向土压力系数。填埋式铺管 $C_d=1.4$；沟埋式铺管 $C_d=1.1\sim1.2$。

(3) 地面活荷载 $Q_{v,k}$

地面活荷载作用值在堆积荷载与车辆荷载中取较大值，在本文中地面活荷载取堆积荷载 $Q_{v,k}=10\text{kN/m}^2$ 为计算值。

(4) 水平土荷载 $F_{ep,k}$（取弯矩分项系数 1.0）

$$F_{ep,k}=(\gamma_s Z_h+Q_{v,k})\tan^2(45°-\varphi/2)$$

式中　Z_h——地面至计算点距离；

φ——土的内摩擦角，对一般黏性土，可取 $\varphi=30°$。

3. 计算方法简述

将拱涵看作拱座弹性支承在底部地层上，拱座为刚性固端，近似认为拱座没有水平位移及角变位。受力分析及计算简图如图 3-113 所示。首先求出弹性中心位置，然后计算弹性中心处的多余未知力 X_1 及 X_2，最后计算在多余未知力及荷载共同作用下，拱涵各截面的弯矩。

沿拱涵轴向的计算宽度取为单位宽度，即 $b=1.0\text{m}$。

4. 计算

(1) 刚臂长度

刚臂长度即弹性中心至拱顶截面中心（坐标原点 0）的纵坐标（图 3-113）按下式计算：

$$y_c=\frac{\sum y_i\Delta s_i/EJ_i}{\sum\Delta s_i/EJ_i}$$

式中　Δs_i——拱涵各分块的轴线长度；

y_i——各分块重心的纵坐标（坐标原点为拱顶截面中心 0）；

J_i——各分块重心所在截面的惯性矩，其值为 $J_i=1/12bd^3$；

E——弹性模量，$3.25\times10^7\text{kN/m}^2$。

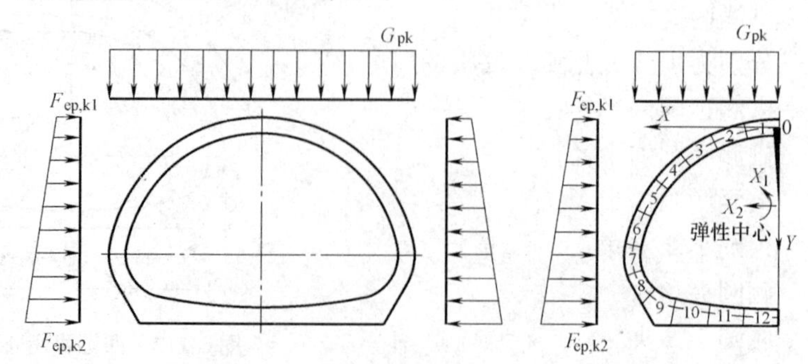

图 3-113　四圆拱涵分块基本结构图

为了按上式计算 y_c 值，需将拱涵分为若干小分块。分块个数按弧度及弧线长度确定，本题中将拱涵共分为 12 块（图 3-113）。分块弧长、重心坐标、端面坐标见表 3-78。各分

块的长度 Δs_i、$y_i\Delta s_i$ 值及其总和计算列于表 3-79 中。

分块弧长、重心坐标、端面坐标 **表 3-78**

分块编号	弧长 Δs (m)	重心坐标		分块端面编号	分块端面坐标	
		x_i(m)	y_i(m)		x_j(m)	y_j(m)
1	0.4307	0.2149	0.0121	1	0.4271	0.0483
2	0.4307	0.6338	0.1082	2	0.8325	0.1909
3	0.4307	1.0207	0.2954	3	1.1959	0.4204
4	0.4307	1.3559	0.5644	4	1.4987	0.7254
5	0.4307	1.6226	0.9014	5	1.7258	1.0903
6	0.4307	1.8071	1.2896	6	1.8656	1.4967
7	0.3720	1.8813	1.6933	7	1.8632	1.8759
8	0.3720	1.7696	2.0437	8	1.6641	2.1852
9	0.3720	1.4969	2.2904	9	1.3366	2.3523
10	0.4439	1.0818	2.3718	10	0.8670	2.4063
11	0.4439	0.6512	2.4332	11	0.4346	2.4525
12	0.4439	0.2174	2.4640	12	0.0000	2.4679

Δs_i 及 $y_i\Delta s_i$ 计算 **表 3-79**

分块编号	y_i(m)	d(m)	J_i(m^4)	Δs_i(m)	$\Delta s_i/J_i$($1/m^3$)	$y_i\Delta s_i/J_i$($1/m^2$)
1	0.0121	0.260	1.465×10^{-3}	0.4307	294.0611	3.5643
2	0.1082	0.260	1.465×10^{-3}	0.4307	294.0611	31.8084
3	0.2954	0.260	1.465×10^{-3}	0.4307	294.0611	86.8679
4	0.5644	0.260	1.465×10^{-3}	0.4307	294.0611	165.9578
5	0.9014	0.260	1.465×10^{-3}	0.4307	294.0611	265.0777
6	1.2896	0.260	1.465×10^{-3}	0.4307	294.0611	379.2139
7	1.6933	0.260	1.465×10^{-3}	0.3720	254.0121	430.1285
8	2.0437	0.260	1.465×10^{-3}	0.3720	254.0121	519.1334
9	2.2904	0.260	1.465×10^{-3}	0.3720	254.0121	581.8007
10	2.3718	0.260	1.465×10^{-3}	0.4439	303.1032	718.8917
11	2.4332	0.260	1.465×10^{-3}	0.4439	303.1032	737.5222
12	2.4640	0.260	1.465×10^{-3}	0.4439	303.1032	746.8600
Σ	—				3435.7124	4668.8268

$$y_c=\frac{\sum y_i\Delta s_i/EJ_i}{\sum \Delta s_i/EJ_i}=\frac{4666.8268}{3435.7124}=1.3587\text{m}$$

(2) 弹性中心处多余未知力 X_1、X_2 计算

X_1、X_2 同样采用分块求和法计算，计算公式为：

$$\delta_{11}X_1+\delta_{12}X_2+\Delta_{1p}=0$$

$$\delta_{21}X_1+\delta_{22}X_2+\Delta_{2p}=0$$

解上述联列方程：解得 X_1，求得 X_2。

式中　δ_{11}——当 $X_1=1$ 时，刚臂端点的角变位，其值为：

$$\delta_{11}=\int_0^s ds/EJ=1/E\sum\Delta s_i/J_i$$

δ_{22}——当 $X_2=1$ 时，刚臂端点的水平变位，其值为：

$$\delta_{21}=\int_0^s y^2 ds/EJ=1/E\sum y^2\Delta s_i/J_i$$

δ_{21}、δ_{12}——当 $X_1=1$、$X_2=1$ 时，刚臂端点的水平变位、角变位，其值为：

$$\delta_{12}=\delta_{21}=\int_0^s y ds/EJ=1/E\sum y\Delta s_i/J_i$$

其中 y 为各分块端面与弹性中心的纵坐标差，值由 $y=y_j-y_c$ 求得。

Δ_{1P}——在外荷载作用下，刚臂端点的角变位，其值为：

$$\Delta_{1P}=\int_0^s M_P ds/EJ=1/E\sum M_P\Delta s_i/J_i$$

Δ_{2P}——在外荷载作用下，刚臂端点的水平变位，其值为：

$$\Delta_{2P}=\int_0^s M_P ds/EJ=1/E\sum M_P y\Delta s_i/J_i$$

按照图 3-113 的分块，各分块端面的变位值计算列于表 3-80 中。

δ_{11}、δ_{22}、δ_{12}、δ_{21} 计算　　**表 3-80**

截面编号	$\Delta s_i/J_i(1/m^3)$	y(m)	$y\Delta s_i/J_i(1/m^2)$	$y^2\Delta s_i/J_i(1/m)$
0		−1.3583	−399.4317	542.5595
1	294.0611	−1.3100	−385.2195	504.6368
2	294.0611	−1.1675	−343.3018	400.7879
3	294.0611	−0.9379	−275.7990	258.6709
4	294.0611	−0.6329	−186.1253	117.8075
5	294.0611	−0.2680	−78.8166	21.1250
6	294.0611	0.1384	40.6992	5.6329
7	254.0121	0.5176	131.4781	68.0538
8	254.0121	0.8268	210.0250	173.6551
9	254.0121	0.9940	252.4872	250.9715
10	303.1032	1.0480	317.6503	332.8956
11	303.1032	1.0942	331.6429	362.8698
12	303.1032	1.1096	336.3146	373.1650
Σ	3435.7124	—	−48.3967	3412.8314

$$\delta_{11}=1/E\sum\Delta s_i/J_i=3435.7124/(3.25\times10^7)=1.1476\times10^{-4}$$

$$\delta_{22}=1/E\sum y^2\Delta s_i/J_i=3412.8314/(3.25\times10^7)=1.0501\times10^{-4}$$

$$\delta_{12}=\delta_{21}=1/E\sum y\Delta s_i/J_i=-48.3967/(3.25\times10^7)=-1.4891\times10^{-6}$$

竖向荷载、侧向水平荷载及胸腔荷载对各分块端面所在截面作用的弯矩按下式计算：

$$M_{gfP}=M_{gk}+M_{fep}+M_{sp}$$

式中　M_{gfp}——竖向荷载、侧向水平荷载及胸腔荷载对各分块端面所在截面作用的弯矩

（表 3-81）；

M_{gk}——竖向荷载作用弯矩；

M_{fep}——水平荷载作用弯矩；

M_{sp}——胸腔土荷载作用弯矩。

垂直、侧向水平及胸腔荷载的弯矩计算　　表 3-81

截面编号	x_j(m)	y_j(m)	M_{gk}(kN·m)	f_{epk}(kN/m²)	M_{fep}(kN·m)	M_{sp}(kN·m)	M_{gfp}(kN·m)
0	0	0	0	45.5333	0.0000	0.0000	0
1	0.4271	0.0483	−14.4083	45.8555	−0.0533	−0.0353	−14.4969
2	0.8325	0.1909	−54.7550	46.8059	−0.8372	−0.5292	−56.1214
3	1.1959	0.4204	−112.9801	48.3362	−4.1069	−2.4051	−119.4921
4	1.4987	0.7254	−177.4521	50.3692	−12.4034	−6.5175	−196.3730
5	1.7258	1.0903	−235.2915	52.8020	−28.5041	−12.9893	−276.7849
6	1.8656	1.4967	−274.9440	55.5116	−54.7276	−20.8363	−350.5080
7	1.8632	1.8759	−274.1594	58.0396	−87.4540	−26.0487	−387.6622
8	1.6641	2.1852	−214.5362	60.1011	−120.3024	−19.3872	−354.2258
9	1.3366	2.3523	−116.4198	61.2155	−140.4406	−8.3645	−265.2248

自重作用的弯矩 M_{wg} 计算（表 3-82）：

各分块的自重 $W_{gk}=\gamma_c\Delta sd$，混凝土单位重 $\gamma_c=25\text{kN/m}^3$。

各分块自重分别为：1～6 块：$W_{gk}=\gamma_c\Delta sd=2.7996\text{kN/m}$

7～9 块：$W_{gk}=2.4183\text{kN/m}$

自重作用的弯矩计算　　表 3-82

截面编号	0	1	2	3	4	5	6	7	8	9
Wgk1	0.0000	−0.5940	−1.7291	−2.7463	−3.5942	−4.2299	−4.6211	−4.6145	−4.0572	−3.1402
Wgk2		0.0000	−0.5563	−1.5735	−2.4214	−3.0571	−3.4483	−3.4417	−2.8844	−1.9674
Wgk3			0.0000	−0.4905	−1.3384	−1.9740	−2.3653	−2.3586	−1.8014	−0.8843
Wgk4				0.0000	−0.3999	−1.0355	−1.4268	−1.4201	−0.8629	0.0542
Wgk5					0.0000	−0.2890	−0.5167	−0.6736	−0.1164	0.8007
Wgk6						0.0000	−0.1635	−0.1569	0.4004	1.3174
Wgk7							0.0000	0.0789	0.5602	1.3524
Wgk8								0.0000	0.2902	1.0824
Wgk9									0.0000	0.4229
M_{wg}(kN·m)	0	−0.5940	−2.2854	−4.8103	−7.7539	−10.5855	−12.5418	−12.5866	−8.4714	−0.9621

变位值计算：竖向荷载、侧向水平荷载及自重引起的变位计算列于表 3-83 中。表中 M_{gfw} 为竖向荷载、侧向荷载与自重作用的弯矩和。

Δ_{1P}、Δ_{2P}计算 **表 3-83**

截面编号	$\Delta s_i/J_i(1/m^3)$	y(m)	M_{gfw}(kN·m)	$M_{gfw}\Delta s_i/J_i$(kN/m²)	$M_{gfw}y\Delta s_i/J_i$ (kN/m)
0			0	0	0
1	294.0611	−1.3100	−15.0909	−4437.6423	5813.3025
2	294.0611	−1.1675	−58.4068	−17175.1833	20051.1778
3	294.0611	−0.9379	−124.3024	−36552.5122	34282.4803
4	294.0611	−0.6329	−204.1268	−60025.7687	37993.1621
5	294.0611	−0.2680	−287.3704	−84504.4702	22649.5563
6	294.0611	0.1384	−363.0498	−106758.8247	−14775.8451
7	254.0121	0.5176	−400.2487	−101667.9997	−52623.9244
8	254.0121	0.8268	−362.6972	−92129.4538	−76175.4688
9	254.0121	0.9940	−266.1869	−67614.6840	−67208.7822
Σ				−570866.5389	−89994.3413

$$\Delta_{1p}=1/E\sum M_{gfw}\Delta s_i/J_i=-570866.5389/(3.25\times10^7)=-1.7566\times10^{-2}$$

$$\Delta_{2p}=1/E\sum M_{gfw}y\Delta s_i/J_i=-89994.3413/(3.25\times10^7)=-0.2769\times10^{-2}$$

$$X_1=\frac{\delta_{12}\Delta_{2p}/(\delta_{11}\delta_{22})-\Delta_{1p}/\delta_{11}}{1-\delta_{12}\delta_{21}/(\delta_{11}\delta_{22})}$$

$$=\frac{-1.4891\times10^{-6}\times(-0.2769\times10^{-2})/(1.1476\times10^{-4}\times1.0501\times10^{-4})+1.7566\times10^{-2}/1.1476\times10^{-4}}{1-(-1.4891\times10^{-6})^2/(1.1476\times10^{-4}\times1.0501\times10^{-4})}$$

$$=153.4270$$

解得 X_1，代入下式，求得 X_2。

$$X_2=(-\delta_{21}X_1-\Delta_{2p})/\delta_{22}$$

$$=[1.4891\times10^{-6}\times153.4270-(-0.2769\times10^{-2})]/(1.0501\times10^{-4})$$

$$=28.5451$$

（3）各截面弯矩值计算（表 3-84）

各截面弯矩 M_P 计算 **表 3-84**

截面编号	X_2	y(m)	X_2y(kN·m)	M_{gfw} (kN·m)	X_1	M_P(kN·m)
0	28.5451	−1.3583	−38.7737	0	153.4270	114.6534
1	28.5451	−1.3100	−37.3941	−15.0909	153.4270	100.9421
2	28.5451	−1.1675	−33.3250	−58.4068	153.4270	61.6951
3	28.5451	−0.9379	−26.7724	−124.3024	153.4270	2.3522
4	28.5451	−0.6329	−18.0676	−204.1268	153.4270	−68.7674
5	28.5451	−0.2680	−7.6509	−287.3704	153.4270	−141.5943
6	28.5451	0.1384	3.9508	−363.0498	153.4270	−205.6720
7	28.5451	0.5176	14.7751	−400.2487	153.4270	−232.0466
8	28.5451	0.8268	23.6020	−362.6972	153.4270	−185.6682
9	28.5451	0.9940	28.3738	−266.1869	153.4270	−84.3861

（4）底板跨中弯矩值计算

① 固端弯矩计算 M^F

弹性地基上的梁在外荷载作用下，在某点上产生转角，若在该点上加一弯矩使此点的转角为零，此弯矩即为该点的固端弯矩。M^F 值按按弹性地基梁的弹性特征值 t 从表中查取计算系数。

$$t=10\frac{E_0}{E_c}\left(\frac{l}{d}\right)^3=10\times\frac{10000}{3.25\times10^4}\left(\frac{3.169/2}{0.260}\right)^3=6.9642$$

式中 l——地基梁半长；

d——地基梁高度；

E_0——地基变形模量；

E_c——混凝土弹性模量。

由上部结构传至底板的集中力 $D_{F1}=355.4697\text{kN}$、弯矩 $M_{ADF}=84.3861\text{kN}\cdot\text{m}$。

$$\alpha=\xi=l_3/B_c=1.3366\times2/3.1690=0.8435$$

式中 l_3——底板 1/2 计算宽度，m；

B_c——底板宽度，m。

按照 t 和 α 数值，查得：$\overline{M}_P=-0.177$、$\overline{M}_M=1$。

$$M^F_{PAD}=\overline{M}_P D_{F1} l_3$$
$$=-0.177\times355.4697\times1.3366=-84.0940$$

底板固端弯矩：

$$M^F_{MAD}=84.3861$$

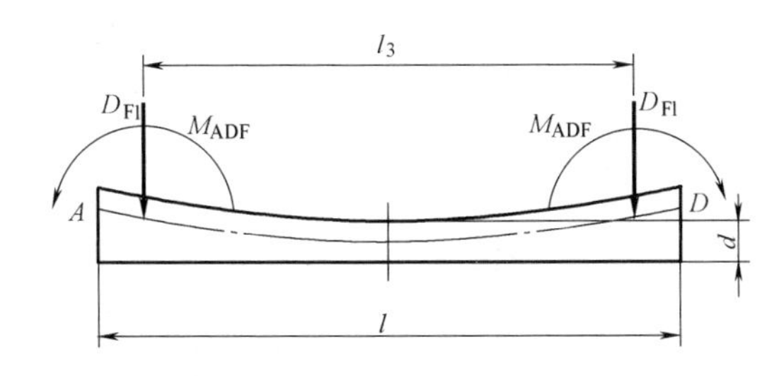

图 3-114 底板中点弯矩计算简图

② 求节点弯矩

$$S_{AB}=S_{BA}=\frac{4E_hJ_{AB}}{l_2}=\frac{4\times3.25\times10^7\times0.001465}{2.3523}=80944.0119$$

查表得：$\overline{S}_{AD}=1.52$

$$S_{AD}=\frac{\overline{S}_{AD}E_hJ_{AD}}{l_3/2}=\frac{1.52\times3.25\times10^7\times0.001465}{1.3366}=49745.2962$$

计算各板的分配系数：

$$\mu_{AB}=\frac{S_{AB}}{S_{AB}+S_{AD}}$$

A 节点：
$$=\frac{80944.0119}{80944.0119+49745.2962}=0.6194$$

$$\mu_{AD}=1-\mu_{AB}=1-0.6194=0.3806$$

③ 分配不平衡弯矩

弯矩分配计算　　**表 3-85**

B	A	D	C
0.6194	0.3806	0.3806	0.6194
84.3861	−84.0940	84.0940	−84.3861
	0.0106	−0.0556	
	0.0004	−0.0020	
	0.0000	−0.0001	
	0.0556	−0.0106	
	0.0020	−0.0004	
	0.0001	0.0000	
84.3861	−84.0254	84.0254	−84.3861
−0.2234	−0.1373	0.1373	0.2234
84.1627	−84.1627	84.1627	−84.1627

④ 底板中点弯矩计算

查表得跨中弯矩系数：$\overline{m}_{\mathrm{P}}=0.02$、$\overline{m}_{\mathrm{M}}=0.02$

$$M_{\mathrm{P中}}=\overline{m}_{\mathrm{P}}D_{\mathrm{F1}}=0.02\times355.4697=7.1094\mathrm{kN\cdot m}$$

$$M_{\mathrm{M中}}=m_{\mathrm{M}}M_{\mathrm{ADF}}=0.02\times84.3861=1.6877\mathrm{kN\cdot m}$$

底板中点弯矩：

$$M_{\mathrm{AD}}=M_{\mathrm{P中}}+M_{\mathrm{M中}}+M_{\mathrm{A节}}$$

$$=7.1094+1.6877+84.1627=92.9598\mathrm{kN\cdot m}$$

四圆拱涵断面中弯矩值如图 3-115 所示。

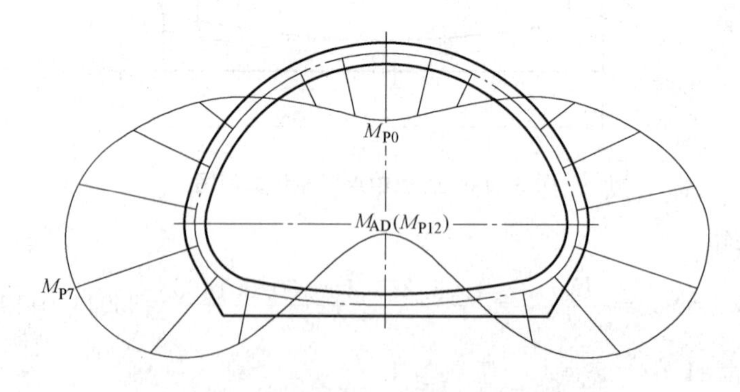

图 3-115　四圆拱涵各断面弯矩图

5. 配筋计算

(1) 材料性能

材料性能　　**表 3-86**

材料品种	强度标准值	强度设计值
C40 混凝土	26.8	19.1
HRB335 普通钢筋	335	300

（2）配筋

以截面 0 及 7 处的弯矩值 M_p 为计算弯矩计算配筋。

①《0》截面处配筋计算

$$M_{p0}=114.6534\text{kN}\cdot\text{m}$$

$$A_s=\frac{\alpha_1 f_c bh\pm\sqrt{\{\alpha_1 f_c bh_0\}^2-2M\alpha_1 f_c b}}{f_y}$$

$$=\frac{1\times19.1\times1000\times231-\sqrt{(1\times19.1\times1000\times231)^2-2\times114.6534\times10^6\times1\times19.1\times1000}}{300}$$

$$=1725.8256\text{mm}^2$$

式中　A_s——内层配置的钢筋截面面积；

M_p——组合荷载作用下，管底内截面上最大弯矩；

f_y——钢筋抗拉强度；

f_c——混凝土轴心抗压强度；

h_0——计算截面的有效高度；

b——计算宽度，取 $b=1000$mm。

裂缝宽度验算：

$$\sigma_g=1.15M_{p0}/(A_s h_0)=1.15\times114.6534\times10^6/(1725.8256\times231)=324.9397\text{kN/cm}^2$$

$$\rho_{te}=\frac{A_s}{0.5bh}=\frac{1725.8256}{0.5\times1000\times260}=0.01328$$

$$\psi=1.1-0.65\frac{f_{tk}}{\rho_{te}\sigma_g\alpha_2}=1.1-0.65\times\frac{2.39}{0.01328\times324.9397\times1}=0.7399$$

$$\omega_{max}=1.8\psi\frac{\sigma_g}{E_s}\left(1.5C+0.11\frac{d}{\rho_{te}}\right)(1+\alpha_1)\upsilon$$

$$=1.8\times0.7399\times\frac{324.9397}{2.1\times10^5}\times\left(1.5\times(25-10/2)+0.11\times\frac{10}{0.01328}\right)\times(1+0)\times0.7$$

$$=0.1595\text{mm}<0.2\text{mm}$$

抗裂验验算合格。

式中　ω_{max}——最大裂缝宽度；

f_{tk}——混凝土轴心受拉强度标准值；

E_s——钢筋弹性模量，$2.1\times10^4\text{kN/cm}^2$。

② 以截面《7》截面处配筋计算

$$M_{p7}=-232.0466\text{kN}\cdot\text{m}$$

截面轴向力计算：

$$N_7=P_{sk}B_{w1}/2+Q_{vk}B_{w1}/2+2\pi r_0 d_1\gamma_c/4+0.1073\gamma_s D_{w1}^2/2$$

$$=1.2\times144\times(1.7525+0.260)+1.4\times10\times(1.7525+0.260)+2\times\pi\times(1.7525+0.260/2)\times0.260\times25/4+0.1073\times18\times(2\times1.7525+2\times0.260)^2/2$$

$$=400.7705\text{kN}$$

$$e_s'=\frac{M_{p7}}{N_7}-\frac{h}{2}+a_s'$$

$$=\frac{-232.0466\times1000}{400.7705}-\frac{260}{2}+25=608.3712\text{mm}$$

$$A_w \geqslant \frac{Ne_s'}{f_y(h-a_s)}=\frac{400.7705\times1000\times608.3712}{360\times(260-25)}=2821.9585\text{mm}^2$$

【例题 3.30】 沟埋式多圆弧涵结构计算

1. 拱涵截面形式和尺寸（图 3-116）

$$B_0=4.0\text{m};H_0=3.2\text{m};d_1=d_2=d_3=0.28\text{m};$$

$$R_1=5.326\text{m};R_2=1.25\text{m};R_3=2.887\text{m};\theta=60°;$$

$$\alpha_1=10.25°;\alpha_2=69.73°;\alpha_3=20.05°$$

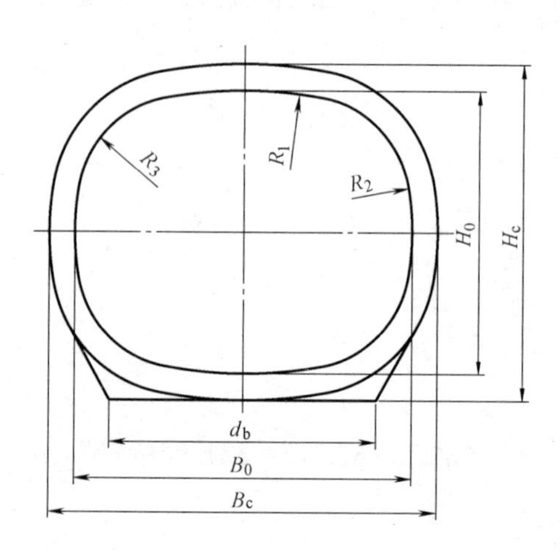

图 3-116 弧涵断面形式及尺寸

式中 B_0——拱涵内宽，m；

H_0——拱涵内高，m；

R_1——拱涵顶圆内半径，mm；

R_2——拱涵过度圆内半径，mm；

R_3——拱涵侧圆内半径，mm；

α_1——顶圆 1/2 夹角；

α_2——过度圆夹角；

α_3——侧圆夹角；

θ——拱涵底脚斜角。

2. 荷载计算

（1）拱涵自重 W_{gk}

预制钢筋混凝土拱涵的力量密度 $\gamma_0=25\text{kN/m}^3$。

（2）垂直土荷载 P_{sk}

复土高度 $Z_0=4\text{m}$；回填土重力密度 $\gamma_s=18\text{kN/m}^3$。

$$P_{sk}=m\gamma_s Z_0$$

式中 m——竖向土压力系数。填埋式铺管 $m=1.4$；沟埋式铺管 $m=1.1\sim1.2$。

（3）地面活荷载 $Q_{v,k}$

地面活荷载作用值在堆积荷载与车辆荷载中取较大值，在本文中地面活荷载取堆积荷载 $Q_{v,k}=10\text{kN/m}^2$ 为计算值。

（4）水平土荷载 $F_{ep,k}$（取弯矩分项系数 1.0）

$$F_{ep,k}=(\gamma_s Z_h+Q_{v,k})\tan^2(45-\varphi/2)$$

式中 Z_h——地面至计算点距离，m；

φ——土的内摩擦角，对一般黏性土，可取 $\varphi=30°$。

3. 计算方法简述

将拱涵看作拱座弹性支承在底部地层上，拱座为刚性固端，近似认为拱座没有水平位移及角变位。受力分析及计算简图如图 3-117 所示。首先求出弹性中心位置，然后计算弹性中心处的多余未知力 X_1 及 X_2，最后计算在多余未知力及荷载共同作用下，拱涵各截面的弯矩。

沿拱涵轴向的计算宽度取为单位宽度，即 $b=1.0\text{m}$。

4. 计算

（1）刚臂长度

刚臂长度即弹性中心至拱顶截面中心（坐标原点 0）的纵坐标（图 3-117）按下式计算：

$$C=\frac{\sum y_i\Delta s_i/EJ_i}{\sum\Delta s_i/EJ_i}$$

式中 ΔS——拱涵各分块的轴线长度；

y_i——各分块重心的纵坐标（坐标原点为拱顶截面中心 0）；

J_i——各分块重心所在截面的惯性矩，其值为 $J_i=1/12bd^3$；

E——弹性模量，3.25 × 107kN/m^2。

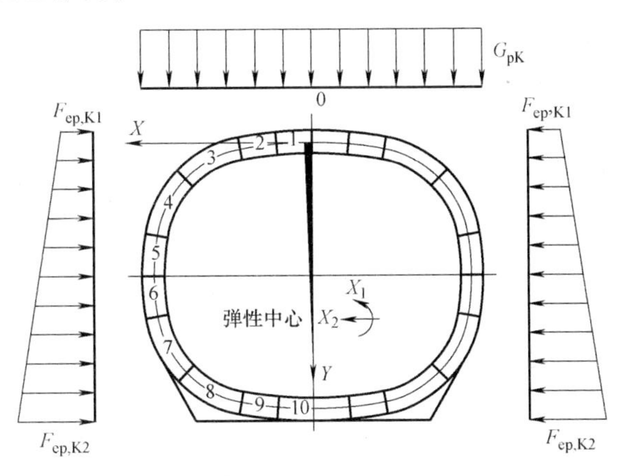

图 3-117 拱涵分块及受力分析图

为了按上式计算 C 值，需将拱涵分为若干小分块。分块个数按弧度及弧线长度确定，本题中将拱涵共分为 10 块（图 3-117）。各分块的长度 ΔS_i、$y_i\Delta S_i$ 值及其总和计算列于表 3-87、表 3-88 中。

分块弧长、重心坐标、端面坐标　　表 3-87

分块编号	弧长 Δs_i (m)	重心坐标		分块端面编号	分块端面坐标	
		x_i(m)	y_i(m)		x_i(m)	y_i(m)
1	0.4889	0.2444	0.0055	1	0.4883	0.0219
2	0.4889	0.7312	0.0491	2	0.9726	0.0872
3	0.8458	1.3711	0.2242	3	1.7101	0.4741
4	0.8458	1.9588	0.8142	4	2.0941	1.2132
5	0.5296	2.1284	1.4755	5	2.1400	1.7400
6	0.5296	2.1284	2.0045	6	2.0941	2.2426
7	0.8458	1.9588	2.6658	7	1.7101	3.0059
8	0.8458	1.3711	3.2558	8	0.9726	3.3928
9	0.4889	0.7312	3.4309	9	0.4883	3.4581
10	0.4889	0.2444	3.4745	10	0.0000	3.4800

Δs_i 及 $y_i\Delta s_i$ 计算表　　表 3-88

分块编号	y_i(m)	d(m)	J(m^4)	Δs_i(m)	$\Delta s_i/J_i$(1/m^3)	$y_i\Delta s_i/J_i$(1/m^2)
1	0.0055			0.4889	267.2686	1.4608
2	0.0491			0.4889	267.2686	13.1299
3	0.2242			0.8458	462.3693	103.6427
4	0.8142			0.8458	462.3693	376.4805
5	1.4755			0.5296	289.5218	427.1957
6	2.0045			0.5296	289.5218	580.3402
7	2.6658			0.8458	462.3693	1232.5647
8	3.2558			0.8458	282.4368	919.5702
9	3.4309			0.4889	163.2602	560.1251
10	3.4745			0.4889	267.2686	928.6341
Σ	—				3213.6545	5143.1439

$$c=5143.1439/3213.6545=1.6004\text{m}$$

（2）弹性中心处多余未知力 X_1、X_2 计算

X_1、X_2 同样采用分块求和法计算，计算公式为：

$$\delta_{11}X_1+\delta_{12}X_2+\Delta_{1P}=0$$

$$\delta_{21}X_1+\delta_{22}X_2+\Delta_{2P}=0$$

解上述联列方程：解得 X_1，求得 X_2。

式中　δ_{11}——当时 $X_1=1$ 时，刚臂端点的角变位，其值为：

$$\delta_{11}=\int_0^s \mathrm{d}s/EJ=1/E\sum\Delta s_i/J_i$$

δ_{22}——当 $X_2=1$ 时，刚臂端点的水平变位，其值为：

$$\delta_{22}=\int_0^s y^2\mathrm{d}s/EJ=1/E\sum y^2\Delta s_i/J_i$$

δ_{21}、δ_{12}——当 $X_1=1$、$X_2=1$ 时，刚臂端点的水平变位、角变位，其值为：

$$\delta_{12}=\delta_{21}=\int_0^s y\mathrm{d}s/EJ=1/E\sum y\Delta s_i/J_i$$

其中 y 为各分块端面与弹性中心的纵坐标差，值由 $y=y_j-c$ 求得。

Δ_{1P}——在外荷载作用下，刚臂端点的角变位，其值为：

$$\Delta_{1P}=\int_0^s M_P\mathrm{d}s/EJ=1/E\sum M_P\Delta s_i/J_i$$

Δ_{2P}——在外荷载作用下，刚臂端点的水平变位，其值为：

$$\Delta_{2P}=\int_0^s M_P y\mathrm{d}s/EJ=1/E\sum M_P y\Delta s_i/J_i$$

按照图 3-116 的分块，各分块端面的变位值计算列于表 3-89 中。

δ_{11}、δ_{22}、δ_{12}、δ_{21} 计算表　　**表 3-89**

截面编号	$\Delta s_i/J_i$(1/m³)	y(m)	y^2(m²)	$y\Delta s_i/J_i$(1/m²)	$y^2\Delta s_i/J_i$(1/m)
0	267.2686	−1.6004	0.0000	2.5613	−427.7377
1	267.2686	−1.5786	2.4918	−421.8973	665.9866
2	267.2686	−1.5132	2.2897	−699.6433	1058.6793
3	462.3693	−1.1263	1.2685	−520.7467	339.0183
4	462.3693	−0.3872	0.1499	−179.0304	69.3210
5	289.5218	0.1396	0.0195	40.4162	5.6420
6	289.5218	0.7150	0.5113	207.0169	148.0233
7	462.3693	1.4055	1.9753	649.8370	913.3134
8	282.4368	1.7924	3.2126	506.2292	907.3465
9	163.2602	1.8577	3.4512	303.2957	563.4459
10	267.2686	1.8796	3.5329	502.3572	944.2288
Σ	3480.9231	—	—	−39.9032	6299.5580

$$\delta_{11}=1/E\sum\Delta s_i/J_i=3480.9231/(3.25\times10^7)=1.0711\times10^{-4}$$

$$\delta_{22}=1/E\sum y^2\Delta s_i/J_i=6299.5580/(3.25\times10^7)=1.9383\times10^{-4}$$

$$\delta_{12}=\delta_{21}=1/E\sum y\Delta s_i/J_i=-39.9032/(3.25\times10^7)=-1.22779\times10^{-6}$$

竖向荷载、侧向水平荷载及胸腔荷载对各分块端面所在截面作用的弯矩按下式计算：

$$M_{GfP}=M_{gk}+M_{fep}+M_{sp}$$

式中 M_{Gfp}——竖向荷载、侧向水平荷载及胸腔荷载对各分块端面所在截面作用的弯矩，kN·m，见表 3-90；

M_{gk}——竖向荷载作用弯矩，kN/m^2；

M_{fep}——水平荷载作用弯矩，kN/m^2；

M_{sp}——胸腔土荷载作用弯矩，kN/m^2。

垂直、侧向水平及胸腔荷载的弯矩计算表 **表 3-90**

截面编号	x_j (m)	y_j (m)	M_{gk} (kN·m)	f_{epk} (kN/m^2)	M_{fep} (kN·m)	M_{sp} (kN·m)	M_{Gf}(kN·m)
0	0	0	0	28.1733	0.0000	0.0000	0.0000
1	0.4883	0.0219	−11.4913	28.3044	−0.0067	−0.0188	−11.5168
2	0.9726	0.0872	−45.5985	28.6967	−0.1079	−0.2971	−46.0035
3	1.7101	0.4741	−140.9659	31.0182	−3.2735	−4.9921	−149.2314
4	2.0941	1.2132	−211.3685	35.4525	−22.5192	−19.1526	−253.0404
5	2.1400	1.7400	−220.7367	38.6133	−47.9168	−28.6866	−297.3402
6	2.0941	2.2426	9.4697	42.0659	−87.9355	1.8460	−76.6197
7	1.7101	3.0059	88.6769	46.2085	−154.4336	17.2865	−48.4702

自重作用的弯矩 M_{wg} 计算（不计底板自重作用）：

各分块的自重 $W_{gk}=\gamma_c\Delta sd$，钢筋混凝土单位重 $\gamma_c=25kN/m^3$。

各分块自重分别为：1～2 块：$W_{gk}=\gamma_c\Delta sd=3.4225kN/m$

3～4 块：$W_{gk}=5.9208kN/m$

5～6 块：$W_{gk}=3.7074kN/m$

7 块：$W_{gk}=5.9208kN/m$

自重作用的弯矩计算表 **表 3-91**

截面编号	1	2	3	4	5	6	7
W_{gk1}	−0.8347	−2.4924	−5.0165	−6.3306	−6.4877	−6.3306	−5.0165
W_{gk2}		−0.8264	−3.3505	−4.6645	−4.8216	−4.6645	−3.3505
W_{gk3}			−2.0077	−4.2810	−4.5528	−4.2810	−2.0077
W_{gk4}				−0.8012	−1.0730	−0.8012	1.4721
W_{gk5}					−0.0429	0.1273	1.5507
W_{gk6}						0.1273	1.5507
W_{gk7}							1.4721
ΣM_{wgk}	−0.8347	−3.3188	−10.3747	−16.0773	−16.9780	−15.8228	−4.3291

变位值计算：竖向荷载、侧向水平荷载及自重引起的变位计算列于表 3-92 中。表中 M_{gfw} 为竖向荷载、侧向荷载与自重作用的弯矩和。

Δ_{1P}、Δ_{2P} 计算表　　　　表 3-92

截面编号	$\Delta s_i/J_i$ (1/m³)	y (m)	M_{gfw} (kN·m)	$M_{gfw}\Delta s_i/J_i$ (kN/m²)	$M_{gfw}y\Delta s_i/J_i$ (kN/m)
0	267.2686	−1.6004	0	0	0
1	267.2686	−1.5786	−12.3515	−3301.1766	5211.0771
2	267.2686	−1.5132	−49.3223	−13182.2983	19947.0579
3	462.3693	−1.1263	−159.6061	−73796.9798	83114.3715
4	462.3693	−0.3872	−269.1177	−124431.7667	48180.2520
5	289.5218	0.1396	−314.3181	−91001.9673	−12703.5544
6	289.5218	0.7150	−92.4425	−26764.1246	−19137.1595
7	462.3693	1.4055	−52.7993	−24412.7585	−34310.9126
Σ	—			−356891.0717	90301.1319

$$\Delta_{1p}=1/E\sum M_{gfw}\Delta s_i/J_i=-356891.0717/(3.25\times10^7)=-1.0981\times10^{-2}$$

$$\Delta_{2p}=1/E\sum M_{gfw}y\Delta s_i/J_i=90301.1319/(3.25\times10^7)=0.2778\times10^{-2}$$

$$X_1=\frac{\delta_{12}\Delta_{2p}/(\delta_{11}\delta_{22})-\Delta_{1p}/\delta_{11}}{1-\delta_{12}\delta_{21}/(\delta_{11}\delta_{22})}$$

$$=\frac{-1.2278\times10^{-6}\times0.2778\times10^{-2}/(1.0711\times10^{-4}\times1.9383\times10^{-4})+1.0981\times10^{-2}/(1.0711\times10^{-4})}{1-(-1.2278\times10^{-6})^2/(1.0711\times10^{-4}\times1.9383\times10^{-4})}$$

$$=102.3708$$

解得 X_1，代入下式，求得 X_2：

$$X_2=(-\delta_{21}X_1-\Delta_{2p})/\delta_{22}$$

$$=(-1.22779\times10^{-6}\times102.3708-0.2778\times10^{-2})/(1.9383\times10^{-4})$$

$$=-13.6861$$

(3) 各截面弯矩值计算

各截面弯矩 M 计算表　　　　表 3-93

截面编号	X_2	y (m)	X_2y (kN·m)	M_{gfw} (kN·m)	X_1	M_P (kN·m)
0	−13.6861	−1.6004	21.9032	0	102.3708	124.2741
1		−1.5786	21.6042	−12.3515		111.6235
2		−1.5132	20.7094	−49.3223		73.7579
3		−1.1263	15.4140	−159.6061		−41.8213
4		−0.3872	5.2993	−269.1177		−161.4476
5		0.1396	−1.9105	−314.3181		−213.8579
6		0.7150	−9.7860	−92.4425		0.1424
7		1.4055	−19.2351	−52.7993		30.3365

(4) 底板跨中弯矩值计算（图 3-18）

① 固端弯矩计算 M^F

弹性地基上的梁在外荷载作用下，在某点上产生转角，若在该点上加一弯矩使此点的转角为零，此弯矩即为该点的固端弯矩。M^F 值按按弹性地基梁的弹性特征值 t 从附表中查取计算系数。

$$t=10\frac{E_0}{E_h}\left(\frac{l}{d}\right)^3=10\times\frac{100}{3.25\times10^4}\left(\frac{3.171/2}{0.28}\right)^3=5.5865$$

式中 l——地基梁半长，m；

d——地基梁高度，m；

E_0——地基变形模量，100N/mm²；

E_h——混凝土弹性模量，3.25×10⁴N/mm²。

由上部结构传至底板的集中力 $D_{F1}=282.4008$kN。

$$\alpha=\xi=2x_{j7}/d_b=2\times1.7101/3.171=1.0786$$

式中 x_{j7}——底板 1/2 计算宽度（m）；

d_b——底板宽度（m）。

按照 t 和数值，从附录 A.5-3、A.16-15、查得：$\overline{M}_P=-0.2500$、$\overline{M}_M=1$。

$$M^F_{PAD}=\overline{M}_P D_{F1} l_3$$

底板固端弯矩：$=-0.2500\times282.4008\times1.7101=-120.7367$kN·m

$$M^F_{MAD}=-\overline{M}_M M_{p7}=-1\times30.3365=-30.3365\text{kN·m}$$

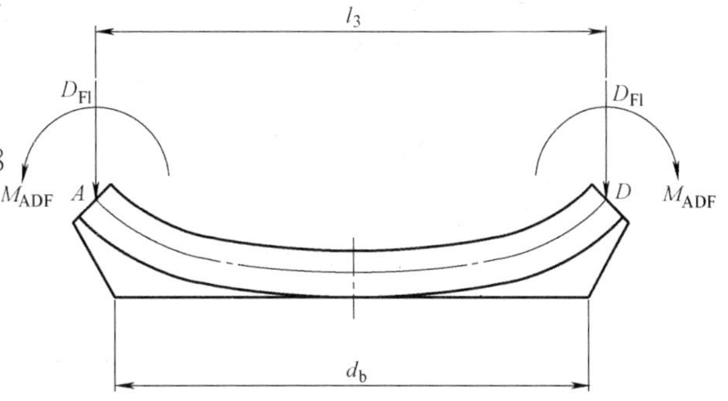

图 3-118 底板中点弯矩计算简图

② 求节点弯矩

$$S_{AB}=S_{BA}=\frac{4E_hJ_{AB}}{l_2}=\frac{4\times3.25\times10^4\times0.002995}{3.0059}=129.5198$$

查表得 $\overline{S}_{AD}=1.238$

$$S_{AD}=\frac{\overline{S}_{AD}E_hJ_{AD}}{l_3/2}=\frac{1.238\times3.25\times10^4\times0.002995}{1.7101}=70.4581$$

计算各板的分配系数：

A 节点：

$$\mu_{AB}=\frac{S_{AB}}{S_{AB}+S_{AD}}=\frac{129.5198}{129.5198+70.4581}=0.6477$$

$$\mu_{AD}=1-\mu_{AB}=1-0.6477=0.3523$$

③ 分配不平衡弯矩

弯矩分配计算：

B	A	D	C
0.6477	0.3523	0.3523	0.6477
30.3365	120.7367	−120.7367	−30.3365
	26.6138	−26.6138	
	4.6884	−0.8259	
	0.1455	−0.0256	
	0.0045	−4.6884	
	0.8259	−0.1455	
	0.0256	−0.0045	
30.3365	153.0405	−153.0405	−30.3365
−118.7678	−64.6091	64.6091	118.7678
−88.4314	88.4314	−88.4314	88.4314

④ 底板中点弯矩计算

查表得跨中弯矩系数：$\overline{m}_{M}=1.0$

$$M_{M中}=\overline{m}_{M}D_{F1}=1.0\times 30.3365=30.3365\text{kN}\cdot\text{m}$$

底板中点弯矩：

$$M_{AD}=M_{M中}+M_{AD}=30.3365+88.4314=118.7678\text{kN}\cdot\text{m}$$

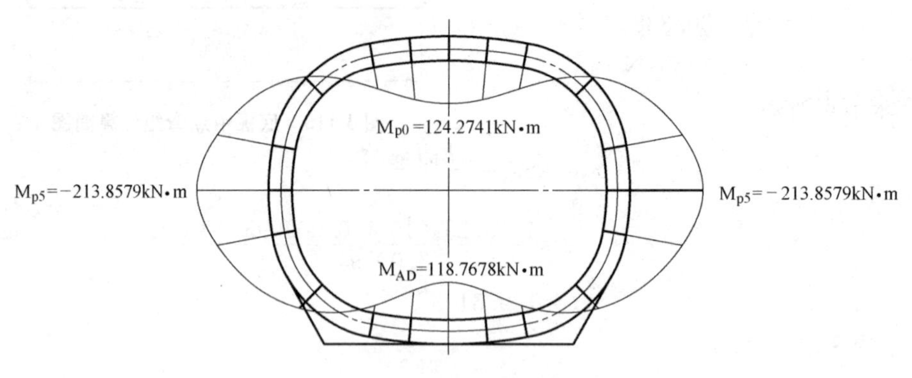

图 3-119　弧涵弯矩图

5. 配筋计算

（1）材料性能

材料性能　　　　表 3-94

材料品种	强度标准值	强度设计值
C40 混凝土	26.8	19.1
HRB335 普通钢筋	335	300

（2）配筋

以截面 0、5 处的弯矩值 M_5 为计算弯矩计算配筋。

①《0》截面处配筋计算

$$M_{p0}=124.2741\text{kN}\cdot\text{m}$$

$$A_{s0}=\frac{\alpha_1 f_c bh_0 \pm \sqrt{\{\alpha_1 f_c bh_0\}^2-2M_{p0}f_c b}}{f_y}$$

$$=\frac{1\times19.1\times1000\times255-\sqrt{\{1\times19.1\times1000\times255\}^2-2\times124.2741\times10^6\times1\times19.1\times1000}}{300}$$

$$=1715.0898\text{mm}^2$$

式中 A_{s0}——内层配置的钢筋截面面积；

M_{p0}——组合荷载作用下，管底内截面上最大弯矩；

f_y——钢筋抗拉强度；

f_c——混凝土轴心抗压强度；

h_0——计算截面的有效高度；

b——计算宽度，取 $b=1000$mm。

裂缝宽度验算

$$\sigma_g=1.15M_{p0}/(A_{s0}h_0)$$
$$=1.15\times124.2741\times10^6/(1715.0898\times255)$$
$$=326.6135\text{kN/cm}^2$$

$$\rho_{te}=\frac{A_{s0}}{0.5bh}=\frac{1715.0898}{0.5\times1000\times280}=0.01225$$

$$\psi=1.1-0.65\frac{f_{tk}}{\rho_{te}\sigma_g\alpha_2}=1.1-0.65\times\frac{2.39}{0.01225\times326.6135\times1}=0.7117$$

$$\omega_{max}=1.8\psi\frac{\sigma_g}{E_s}\left(1.5C+0.11\frac{d}{\rho_{te}}\right)(1+\alpha_1)\upsilon$$

$$=1.8\times0.7117\times\frac{326.6135}{2.1\times10^5}\times\left(1.5\times(25-12/2)+0.11\times\frac{10}{0.01225}\right)\times(1+0)\times0.7$$

$$=0.1671\text{mm}<0.2\text{mm}$$

抗裂验算合格。

式中 ω_{max}——最大裂缝宽度（cm）；

f_{tk}——混凝土轴心受拉强度标准值；

E_s——钢筋弹性模量，$2.1\times10^5\text{N/mm}^2$。

②《5》截面处配筋计算

配筋计算

$$M_{p5}=-213.8579\text{kN}\cdot\text{m}$$

截面轴向力计算：

$$N_5=W_{gk1\text{-}5}+G_{Pk}B_c$$
$$=22.3939+96.4\times4.560/2$$
$$=228.6899\text{kN}$$

$$e_s'=-\frac{M_{p5}}{N_5}-\frac{h}{2}+a_s'$$

$$=\frac{213.8579\times1000}{228.6899}-\frac{280}{2}+20$$

$$=955.0033\text{mm}$$

$$A_w \geqslant \frac{Ne_s'}{f_y(h-a_s)}$$

$$=\frac{228.6899\times1000\times955.0033}{300\times(280-25)}$$

$$=2333.3295\text{mm}^2$$

裂缝宽度验算

$$\sigma_g=\frac{M_{p5}-0.35N(h_0-0.3e_0)}{0.87A_wh_0}$$

$$=\frac{213.8579\times10^6-0.35\times228.6899\times10^3\times(255-0.3\times935.1433)}{0.87\times2333.3295\times255}$$

$$=417.0824\text{kN/cm}^2$$

$$e_0=\frac{M_{p5}}{N_5}$$

$$=\frac{213.8579\times1000}{228.6899}=935.1433\text{mm}$$

$$\alpha_2=1-0.2\frac{h_0}{e_0}=1-0.2\times\frac{255}{935.1433}=0.9455$$

$$\rho_{te}=\frac{A_w}{0.5bh}$$

$$=\frac{2333.3295}{0.5\times1000\times280}=0.01667$$

$$\psi=1.1-0.65\frac{f_{tk}}{\rho_{te}\sigma_g\alpha_2}$$

$$=1.1-0.65\times\frac{2.39}{0.01667\times417.0824\times0.9455}=0.8636$$

$$\omega_{max}=1.8\psi\frac{\sigma_g}{E_s}\left(1.5C+0.11\frac{d}{\rho_{te}}\right)(1+\alpha_1)\upsilon$$

$$=1.8\times0.8636\times\frac{417.0824}{2.1\times10^5}\times\left(1.5\times(25-10/2)+0.11\times\frac{10}{0.01667}\right)\times(1+0)\times0.7$$

$$=0.2075\text{mm}>0.2\text{mm}$$

抗裂验算不合格。

增加配筋量 $A_w=2566.6624\ \text{mm}^2/\text{m}$，重复上述计算，得：

$$\omega_{max}=0.1768\text{mm}<0.2\text{mm}$$

抗裂验算合格。

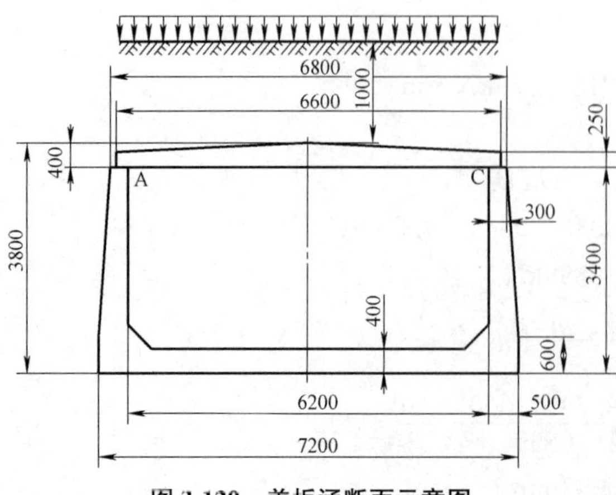

图 3-120　盖板涵断面示意图

【例题 3.31】　沟埋式盖板涵结构计算

一盖板涵（图 3-120），涵顶埋土深度 1.0m，地面荷载为 10kN/m²，地基土壤（密实黏土）的变形模量 $E_0=100\text{kN/m}^2$。钢筋混凝土底板厚 $h=0.4\text{m}$。所用混凝土强度等级 C40，E_c

$=3250\text{kN/m}^2$。$\gamma_s=18\text{kN/m}^3$，$\varphi=30°$。

求解顶板、侧板、底板最大弯矩值（假设土壤为半无限弹性体）。

（1）盖板的计算

如图3-120所示，假设盖板为变断面，其最大厚度400mm，最小厚度为250mm。采取平均填土厚度 $H=1000+\dfrac{400-250}{2}=1075\text{mm}$ 来计算。同时由于填土高度与涵洞外跨的比值较小，假设压力集中系数 $K_H=1.0$。于是：

竖向土压力：

$$q'_B=\gamma H=18\times1.075=19.3500\text{kN/m}$$

地面荷载：

$$q''_B=10\text{kN/m}$$

板自重：

$$g=h_a\gamma_c=\frac{0.4+0.25}{2}\times25=8.1250\text{kN/m}$$

垂直荷载之和：

$$\begin{aligned}q&=q'_B+q''_B+g\\&=19.3500+10+8.1250=37.4750\text{kN/m}\end{aligned}$$

计算跨度：

$$l_p=l_0+h_n=6.2+0.25=6.45\text{m}$$

最大负弯矩：

$$M_B=0.125ql_p^2=0.125\times37.4750\times6.45^2=194.8817\text{kN}\cdot\text{m}$$

式中　h_a——盖板平均厚度；

h_n——边墙上盖板搁置宽度；

γ_c——盖板重力密度。

（2）边墙的计算

① 竖向荷载计算

为了计算边墙所承受的荷载，我们采用盖板的外跨，并用求解切力的公式计算盖板的反力值。

$$\begin{aligned}R_A&=q(l_0+2h_n)/2\\&=37.4750\times(6.2+2\times0.25)/2=125.5413\text{kN}\end{aligned}$$

如图3-121所示，所有作用于边墙上的垂直力，对于边墙底面中心点 o 取力矩。则各力的大小及其力臂值如下：

a. 盖板的垂直反力

$$\overline{V}=R_A=125.5413\text{kN}$$

力臂

$$a_1=\frac{b_2}{2}-\frac{h_n}{2}=\frac{0.5}{2}-\frac{0.25}{2}=0.125\text{m}$$

式中　b_2——边墙底宽。

b. 边墙直段自重（边墙以混凝土制造，重力密度取 25kN/m^3）

$$G_1=h_0b_1\gamma_c=3\times0.3\times25=22.5\text{kN}$$

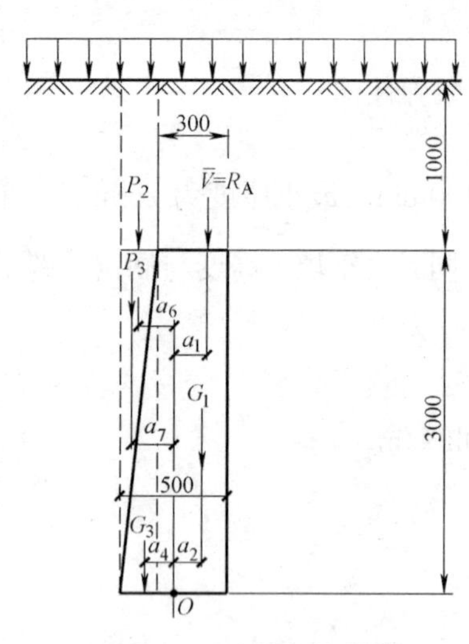

图 3-121　边墙计算简图

力臂

$$a_2=\frac{b_2}{2}-\frac{b_1}{2}=\frac{0.5}{2}-\frac{0.30}{2}=0.10\text{m}$$

式中　h_0——边墙高；

b_1——边墙直段部分宽度；

γ_c——边墙自重密度。

c. 边墙斜段自重

$$G_3=\frac{1}{2}h_0(b_2-b_1)\gamma_c$$

$$=\frac{1}{2}\times3\times(0.5-0.3)\times25=7.5000\text{kN}$$

力臂

$$a_4=-\left[\frac{b_2}{2}-\frac{2}{3}(b_2-b_1)\right]$$

$$=-\left[\frac{0.7}{2}-\frac{2}{3}\times(0.5-0.3)\right]=-0.1167\text{m}$$

d. 边墙外侧斜坡顶部以上的土重及地面荷载 P_2

$$P_2=(b_2-b_1)[\gamma_c H+q''_B]$$

$$=(0.5-0.3)\times[18\times1+10]=7.0400\text{kN}$$

力臂

$$a_6=-\left(\frac{b_2}{2}-\frac{b_2-b_1}{2}\right\}$$

$$=-\left(\frac{0.5}{2}-\frac{0.5-0.3}{2}\right)=-0.1500\text{m}$$

e. 边墙外侧斜坡上作用的土重 P_3

$$P_3=\frac{1}{2}(b_2-b_1)h_0\gamma_c=\frac{1}{2}\times(0.5-0.3)\times3\times18=5.400\text{kN}$$

力臂

$$a_7=-\left(\frac{b_2}{2}-\frac{b_2-b_1}{3}\right)=-\left(\frac{0.5}{2}-\frac{0.5-0.3}{3}\right)=0.1830\text{m}$$

边墙上作用荷载对边墙底中点（原点 O）的弯矩值 M_O：

$$M_o=\overline{V}a_1+G_1a_2+G_3a_4+P_2a_6+P_3a_7$$

$$=125.5413\times0.1250+22.5000\times0.1+7.5\times(-0.1167)$$

$$+7.04\times(-0.15)+5.4\times(-0.183)$$

$$=15.0217\text{kN}\cdot\text{m}$$

作用在边墙底面的法向力 N 为：

$$N=\overline{V}+G_1+G_3+P_2+P_3$$

$$=125.5413+22.5000+7.5+7.04+5.4=167.981\text{m}$$

② 横向荷载计算

忽略墙背倾斜的影响，并假设边墙为一端固定、一端简支梁。取其计算跨度为：

$$D=h_0=3.0\text{m}$$

a. 空水时期

$$q_{c1}=\left(Z+t_1-\frac{t_2}{2}\right)\gamma_o\tan^2\left(45^\circ-\frac{\varphi}{2}\right)+q_h\tan^2\left(45^\circ-\frac{\varphi}{2}\right)_3$$

$$=\left(1+0.4-\frac{0.25}{2}\right)\times18\times\tan^2\left(45^\circ-\frac{30^\circ}{2}\right)+10\times\tan^2\left(45^\circ-\frac{30^\circ}{2}\right)$$

$$=11.7333\text{kN/m}$$

$$q_{c2}=(Z+t_1+h_0)\gamma_s\tan^2\left(45^\circ-\frac{\varphi}{2}\right)+q_h\tan^2\left(45^\circ-\frac{\varphi}{2}\right)_3$$

$$=(1+0.4+3)\times18\times\tan^2\left(45^\circ-\frac{30^\circ}{2}\right)+10\times\tan^2\left(45^\circ-\frac{30^\circ}{2}\right)$$

$$=29.7333\text{kN/m}$$

边墙底面最大负弯矩等于：

$$-M_{\max}=\frac{1}{8}q_{c1}D^2+\frac{1}{15}(q_{c2}-q_{c1})D^2$$

$$=\frac{1}{8}\times11.7333\times3^2+\frac{1}{15}\times(29.7333-11.7333)\times3^2$$

$$=24.000\text{kN}\cdot\text{m}$$

b. 满水时期

$$q_{c1}=11.7333\text{kN/m}$$

$$q_{c3}=q_{c2}-\gamma_2h_0=29.7333-10\times3=-0.2667\text{kN/m}$$

此时横向荷载的分布图形，为图 3-122 的图形，则：

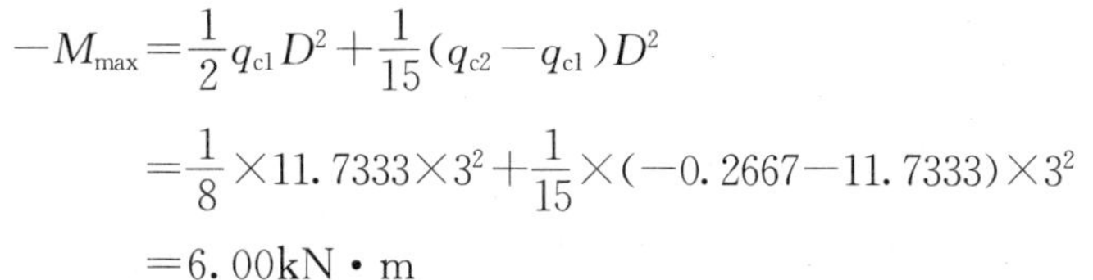

$$-M_{\max}=\frac{1}{2}q_{c1}D^2+\frac{1}{15}(q_{c2}-q_{c1})D^2$$

$$=\frac{1}{8}\times11.7333\times3^2+\frac{1}{15}\times(-0.2667-11.7333)\times3^2$$

$$=6.00\text{kN}\cdot\text{m}$$

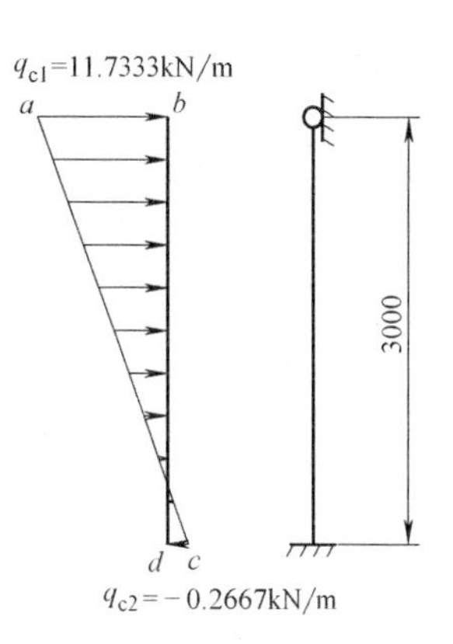

图 3-122 满水时期边墙横向荷载计算简图

(3) 基础底板的计算

① 计算图形

a. 空水时期

忽视边墙下边底板刚度的增加（此处刚度实际上可视为绝对刚性），而按照等断面的条板计算。

在空水时期，各项荷载的原始作用简图绘于图 3-123（a）中。

将边墙对于底板作用的力和力矩移动到距底板两端各 70cm 处［见图 3-123（b）］，则：

$$N_1=N=167.9813\text{kN}$$

底板自重均布荷载：

$$q_3=h_3\gamma_c=0.4\times25=10\text{kN/m}$$

底板弯矩：（外力逆时针方向为负）

$$m_1^0=-m_3^0=M_0+M_{\max}-N_1\frac{h_2}{2}$$

$$=15.0217+24.00-167.9810\times\frac{0.5}{2}$$

$$=-2.9737\text{kN}\cdot\text{m}$$

空水时期最后荷载计算图形绘于图 3-123（b）中。

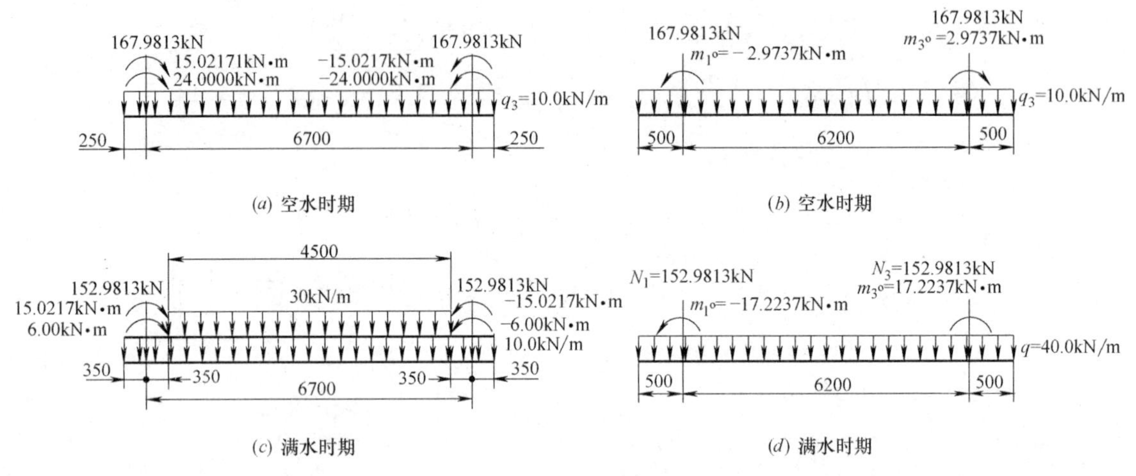

图 3-123　底板计算简图

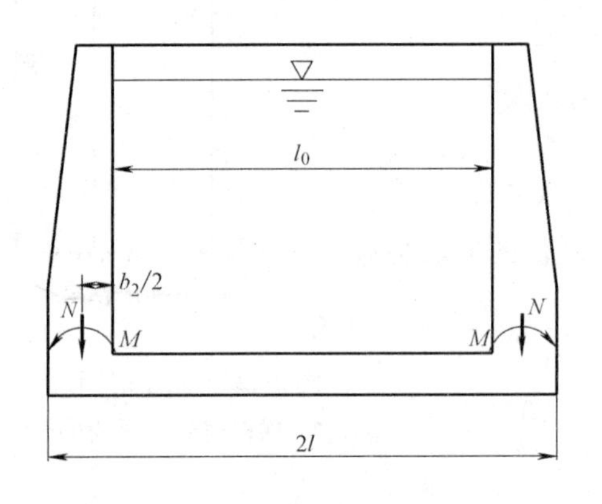

图 3-124　满水时期底板内力作用示意图

b. 满水时期（图 3-124）

满水时期，各项荷载的原始作用简图绘于图 3-123（c）中。我们除将边墙对边板作用的力和力矩移至边墙内侧以外，并假设水重（$30kN/m^2$）布满整个基宽 $2l$ 上，则可以得到如图 3-123（d）所示的最终计算图形。

其中：

$$N_1=N-b_2h_0\gamma_w$$

$$=167.9813-0.5\times3.0\times10=152.9813kN$$

（使洞内对底板的水压扩充至整个底板宽，因而竖向集中 P_1、P_3 作用力中减去这部分宽度的水压 $b_2h_0\gamma_w$、$b_4h_0\gamma_w$，作用在底板上的总力不变。）

$$q=h_0\gamma_w+h_3\gamma_c=3.0\times10+0.4\times25=40.0kN/m$$

$$m_1^0=-m_3^0=M_0+M_{max}-N_1\frac{h_2}{2}$$

$$=15.0217+6.00-152.9813\times\frac{0.5}{2}=-17.2237kN\cdot m$$

下面仅以满水时期为例，说明基底弯矩的计算方法。

② 选择图表

依照公式，计算条板柔性指数 t：

$$t=10\frac{E_0}{E_1}\cdot\frac{l^3}{h^3}=10\times\frac{100}{32500}\times\frac{3.1^3}{0.4^3}\approx14$$

$$\alpha=\xi=l_0/B_c=6.2/7.2=0.86\approx0.9$$

按照 t 和 α 的数值从附录 A 表 A. 5-1～A. 5-3、表 A. 6-1～A. 6-21、表 A. 7-1～A. 7-18 查得：$\overline{M}_q=0.004$、$\overline{M}_P=0.02$、$\overline{M}_M=0.97$。

③ 换算公式

对于均布荷载，可得：

$$M_q=\overline{M}_q ql^2=0.004\times40\times(6.2/2)^2=-1.5376\text{kN}\cdot\text{m}$$

对于集中荷载，可得：

$$M_P=\overline{M}_P Pl=0.02\times152.9813\times6.2/2=9.4848\text{kN}\cdot\text{m}$$

对于外力矩，可得：

$$M_M=\overline{M}_M M=-0.97\times(-17.2237)=16.7069\text{kN}\cdot\text{m}$$

④ 底板中点弯矩值的计算

$$M_3=M_q+M_P+M_M=-1.5376+9.4848+16.7069=24.6542\text{kN}\cdot\text{m}$$

3.6.5　箱涵、三圆拱涵、四圆拱涵、多圆弧涵技术参数对比

箱涵、三圆拱涵、四圆拱涵、多圆弧涵四种涵管结构、尺寸、使用功能等相似，都可以用作大型排水管道、低压输水管道、城市地下综合管廊、地下通道等场合。工程设计时选择何种型式涵管对工程建设进度、管道投资、管道运行质量等均有影响的重要因素，因而了解这几类涵管的技术参数，对工程设计是有用的。

1. 相当几何尺寸四类涵管的体积重量比

四类涵管的体积重量比　　**表 3-95**

涵管种类	内宽（m）	内高（m）	有效长度（m）	壁厚（mm）	埋土深度（m）	内孔面积（m^2）	重量（t）	重量比（%）
箱涵	4	3.2	2	300	4	100	100	100
三圆拱涵	4	3.2	2	280	4	50.3	90.9	123.2
弧涵	4	3.2	2	280	4	86.7	972.7	172.5
四圆拱涵	3.91	2.477	2	280	4	76.9	1068.2	260.9

2. 在相似工况条件下结构内力比值

结构内力比值　　**表 3-96**

涵管种类	内宽（m）	内高（m）	有效长度（m）	壁厚（mm）	埋土深度（m）	涵顶弯矩（%）	涵测弯矩（kg）	涵底弯矩（%）
箱涵	4	3.2	2	300	4	100	1347	100
三圆拱涵	4	3.2	2	280	4	71.5497	−84.4902	88.9936
弧涵	4	3.2	2	280	4	124.2741	−213.8579	119.1387
四圆拱涵	3.91	2.48	2	280	4	110.2265	−234.9998	183.7074

3. 材料用量成本比（混凝土单方价格：300 元/m^3；钢筋价格：3 元/kg）

材料用量成本比　　**表 3-97**

涵管种类	混凝土单方价格（元/m^3）	混凝土方量（m^3）	混凝土成本（元）	钢筋用量（kg）	钢筋单价（元/kg）	钢筋成本（元）	材料总费用（元/节）	材料成本比（%）
箱涵	300	9.41	2823	1347	3.00	4041	6864	100
三圆拱涵		8.24	2472	628		1884	4356	63.5
弧涵		7.41	2222	916		2748	4970	72.4
四圆拱涵		7.90	2370	1044		3132	5502	80.2

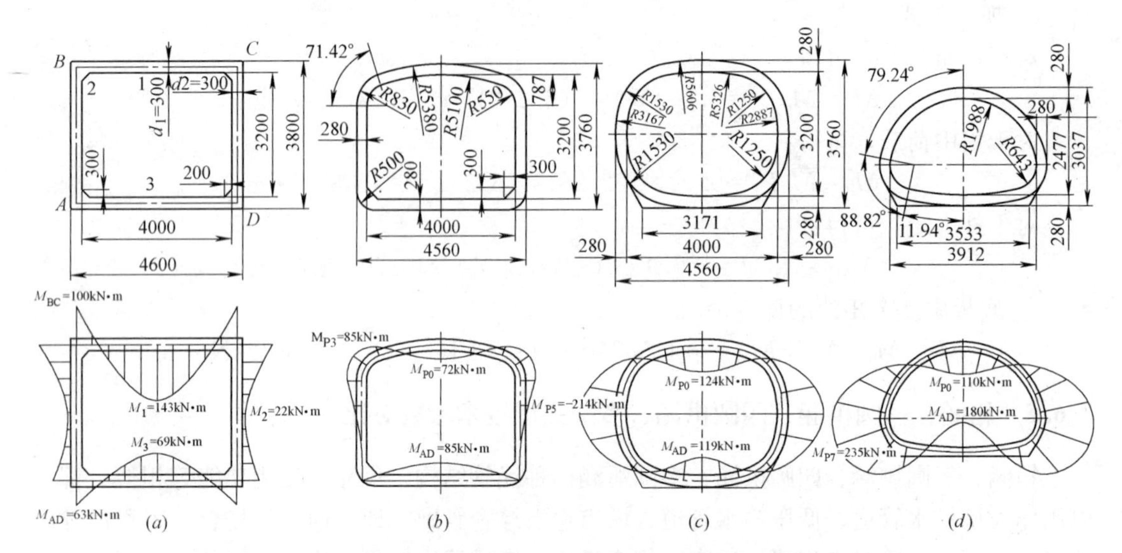

图 3-125　四种涵管断面形状、尺寸及相同工况条件下的弯矩对比图

由计算结果比较，箱形涵管的技术、经济指标均差于拱形涵管，其中以三圆拱涵较优，材料用量省，生产成本低，内孔下部为矩形，利于用作输水、综合管廊或地下通道，而且也适于采用不开槽顶进法施工，宜优先用于工程设计。

3.6.6　混凝土检查井计算示例

【例题 3.32】 凝土检查井收口井与井筒弯矩及应力计算

1. 计算条件

混凝土检查井的结构计算一般是在断面尺寸已定的情况下，按不同的条件，选择最不利的条件进行强度复核。使用中检查井的埋深一般不大于 8m，在设计计算时，考虑足够的安全贮备，采用埋深 10m 的条件进行计算。

检查井结构上的作用：

检查井结构上的作用，按其性质分为永久作用和可变作用。永久作用包括结构自重、土压力（竖向和侧向）、检查井内水重、地基不均匀沉降。可变作用包括地面车辆荷载、地面堆积荷载。结构计算中，通常取两者较大值为作用荷载。在检查井结构计算中，地面至结构计算断面距离极小，地面车辆荷载作用远大于地面堆积荷载，计算中不考虑地面堆积荷载的作用。

对永久作用，采用标准值作为代表值；对可变作用，应根据设计要求采用标准值、组合值或准永久值作为代表值。检查井结构计算中以标准值作为可变作用的代表值。

（1）检查井结构上的永久作用标准值

混凝土检查井自重标准值 $\gamma_e=25\text{kN/m}^3$；

作用在检查井上的竖向土压力标准值 $F_{sv,k}=1.2\gamma_s Z$；

作用在检查井上的侧向土压力标准值应按主动土压力计算 $F_{ep,k}=1/3\gamma_s Z$；

检查井内无水是结构受力的不利状态，因此检查井结构计算时，以井中无水为计算条件；

（2）检查井结构上的可变作用标准值——车辆荷载竖向压力标准值 q_{vk}

单个轮压的竖向压力标准值按下式计算：

$$q_{v,k}=\frac{\mu_d Q_{v,k}}{(a+1.4Z)(b+1.4Z)}$$

式中 μ_d——动力系数（表 3-98）；

$Q_{v,k}$——汽车荷载竖向轮压力，按单个轮压计算，140kN；

Z——行车地面至结构计算断面的深度，m；

a——车轮的着地分布长度，0.2m；

b——车轮的着地分布宽度，0.6m。

动力系数 **表 3-98**

地面在结构顶（m）	<0.25	0.25	0.30	0.40	0.50	0.60	≥0.70
动力系数（ud）	1.4	1.30	1.25	1.20	1.15	1.05	1.00

2. 计算实例

汽车荷载的作用位置：①汽车后轮与检查井某一侧接触（以下称为条件 A）；②汽车后轮在检查井井盖中央（以下称为条件 B）。

（1）条件 A 计算

① 土压力

a. 地面汽车荷载产生的侧向土压力

在检查井一侧作用的轮压向下传递时，受到检查井的阻隔，因此下式中 b 向的轮压传递扩散系数改为 0.7（见图 3-127）。

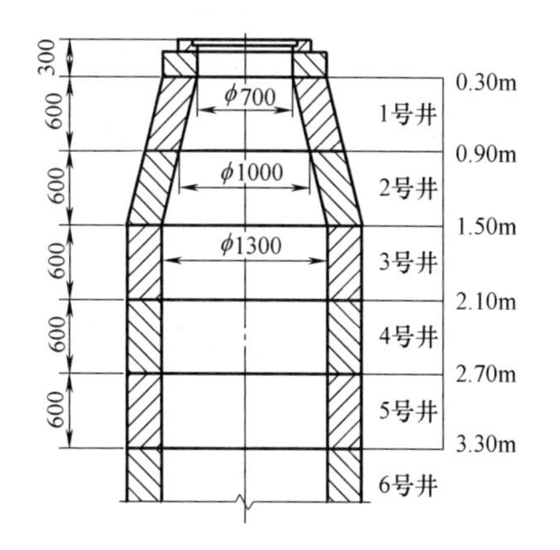

图 3-126 装配式混凝土检查井断面图

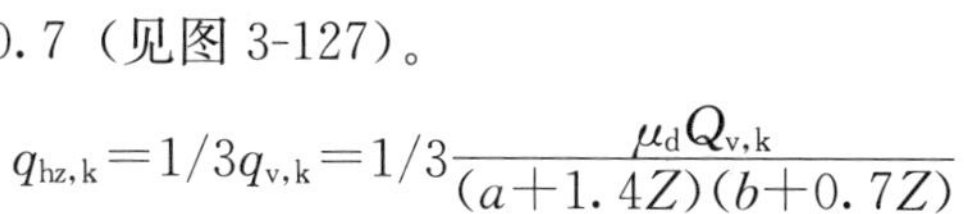

$$q_{hz,k}=1/3q_{v,k}=1/3\frac{\mu_d Q_{v,k}}{(a+1.4Z)(b+0.7Z)}$$

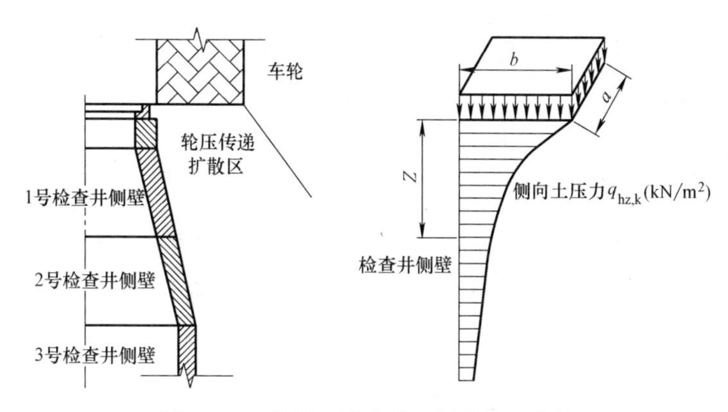

图 3-127 作用于检查井一侧的轮压荷载

根据上式可算出在不同深度时，由轮压作用产生的侧向土压力（计算结果见表 3-99 及图 3-128）。

条件 A　轮压作用于检查井一侧产生的侧向土压力　　　表 3-99

Z(m)	$m=0.2+1.4Z$	$n=0.6+0.7Z$	$m\times n$	$C=\frac{196}{m\times n}$	$q_{hz,k}=\frac{1}{3}C(kN/m^2)$
0.30	0.62	0.81	0.50	392.0	133.67
0.90	1.46	1.23	1.80	108.89	36.30
1.50	2.30	1.65	3.80	51.58	17.19
2.10	3.14	2.07	6.50	30.15	10.05
2.70	3.98	2.49	9.91	19.78	6.59
3.30	4.82	2.91	14.03	13.97	4.66

b. 土压力产生的侧向土压力

土压力产生的侧向土压力 $F_{eq,k}=1/3\gamma_s Z=1/3\times18Z=6Z$；

根据上述公式算出不同深度的侧向土压力（表 3-100 及图 3-128）。

条件 A、B 土荷载产生的侧向土压力　　　表 3-100

Z(m)	$F_{ep,k}=6Z(kN/m^2)$
0.30	1.80
0.90	5.40
1.50	9.00
2.10	12.60
2.70	16.20
3.30	19.80

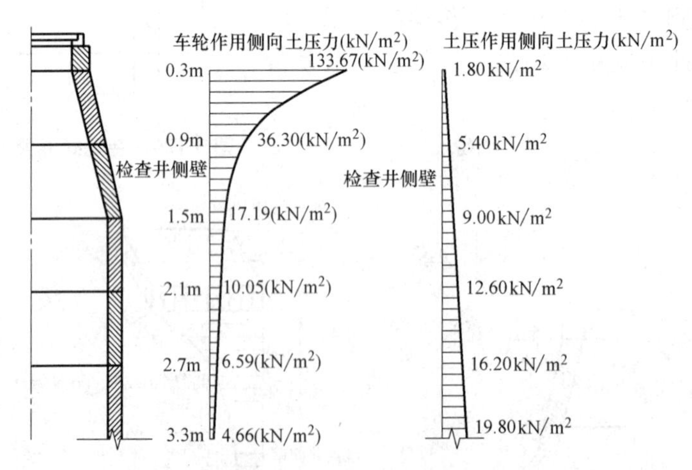

图 3-128　条件 A 侧向土压力分布图

② 应力计算

a. 由轮压荷载产生的弯矩和应力

由轮压荷载产生的侧向土压力作用于检查井的受力状态如图 3-129 所示。

轮压荷载所产生的 $q_{hz,k}$ 作用于右侧时，左侧相应会产生大小相等方向相反的力。在这两个力的作用下，产生压缩变形倾向（图中 D、D' 点产生图面上下的变形）。在这些力的

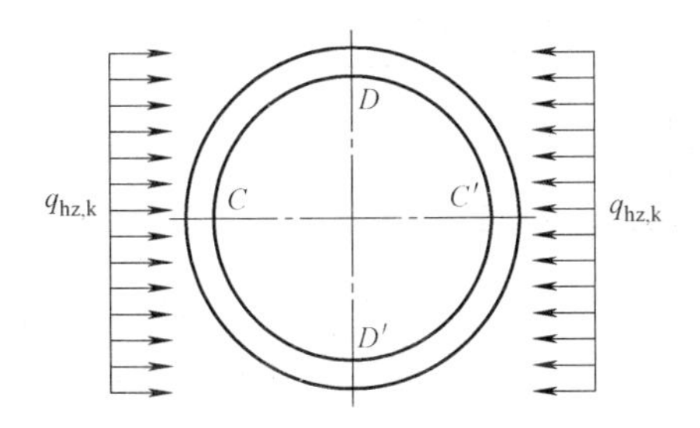

图 3-129 条件 A 轮压荷载产生的侧向土压力作用于井圈状态图

作用下，C、C'、D、D'点产生的弯矩由下式计算：

$$M_C=M_{C'}=\frac{q_{hz,k}}{8}r_0^2$$

$$M_D=M_{D'}=\frac{q_{hz,k}}{8}r_0^2$$

按以上弯矩，各点应力可用下式算出：

$$\sigma=\frac{M}{W}$$

式中 W——应力计算位置的截面系数；

r_0——应力计算位置的平均半径。

条件 A 轮压荷载产生的弯矩和应力 **表 3-101**

Z(m)	$q_{hz,k}$(kN/m²)	r_0(m)	$M_C=\frac{q_{hz,k}}{8}r_0^2$	d(m)	$W=d^2/6$(m³)	$\sigma=\frac{M}{W}$ (kN/m²)
0.3	133.67	0.41	2.81	0.12	0.0024	1170.30
0.9	36.30	0.56	1.42	0.12	0.0024	592.90
1.5	17.19	0.71	1.08	0.12	0.0024	451.33
2.1	10.05	0.86	0.93	0.12	0.0024	387.13
2.7	6.59	0.86	0.61	0.12	0.0024	253.85
3.3	4.68	0.86	0.43	0.12	0.0024	180.28

注：d——应力计算位置的断面厚度；

b. 由土荷载侧向土压力产生的应力

侧向土压力产生的应力计算一般式为 $\sigma=F_{ep,k}\frac{r_2^2}{r^2}\frac{(r_1^2+r^2)}{(r_2^2-r_1^2)}$

式中 r——应力计算断面的任意半径，m；

r_1——应力计算断面内半径，m；

r_2——应力计算断面外半径，m。

若 $r=r_1$ 时，$\sigma=F_{ep,k}\frac{2r_2^2}{r_2^2-r_1^2}$，计算断面的内缘应力。

若 $r=r_2$ 时，$\sigma=F_{ep,k}\frac{r_2^2+r_1^2}{r_2^2-r_1^2}$，计算断面的外缘应力。

条件 A、B 中土荷载产生的应力　　表 3-102

Z(m)	$F_{ep,k}$ (kN/m²)	r_1(m)	r_2(m)	r_1^2(m²)	r_2^2(m²)	$r_1^2+r_2^2$(m²)	$r_2^2+r_1^2$(m²)	$F_{ep,k}\frac{2r_2^2}{r_2^2-r_1^2}$ (kN/m²)	$F_{ep,k}\frac{r_2^2+r_1^2}{r_2^2-r_1^2}$ (kN/m²)
0.3	1.80	0.35	0.47	0.12	0.22	0.34	0.10	22.57	6.12
0.9	5.40	0.50	0.62	0.25	0.38	0.63	0.13	31.57	26.17
1.5	9.00	0.65	0.77	0.42	0.59	1.01	0.17	62.47	53.47
2.1	12.60	0.80	0.92	0.64	0.85	1.49	0.21	102.00	89.40
2.7	16.20	0.80	0.92	0.64	0.85	1.49	0.21	131.14	114.94
3.3	19.80	0.80	0.92	0.64	0.85	1.49	0.21	160.29	140.49

条件 A　C 点合计应力值（kN/m²）　　表 3-103

Z(m)	轮压荷载		土荷载		合计	
	内缘	外缘	内缘	外缘	内缘	外缘
0.3	1170.30	−1170.30	−22.57	−6.12	1147.73	−1176.42
0.9	592.90	−592.90	−31.57	−26.17	561.33	−619.07
1.5	451.33	−451.33	−62.47	−53.47	388.86	−504.70
2.1	387.13	−387.13	−102.00	−89.40	285.13	−476.53
2.7	253.85	−253.85	−131.14	−114.94	138.91	−368.79
3.3	180.28	−180.28	−160.29	−140.49	19.99	−320.77

注：正数值表示弯曲拉应力，负数值表示弯曲压应力（以下同）。

条件 A　D 点合计应力值（kN/m²）　　表 3-104

Z(m)	轮压荷载		土荷载		合计	
	内缘	外缘	内缘	外缘	内缘	外缘
0.3	−1170.30	1170.30	−22.57	−6.12	−1192.87	1164.18
0.9	−592.90	592.90	−31.57	−26.17	−624.47	566.73
1.5	−451.33	451.33	−62.47	−53.47	−513.80	397.86
2.1	−387.13	387.13	−102.00	−89.40	−489.13	297.73
2.7	−253.85	253.85	−131.14	−114.94	−384.99	138.91
3.3	−180.28	180.28	−160.29	−140.49	−340.57	39.79

（2）条件 B 计算

① 荷载计算

车轮接地形状实为矩形（轮胎接地宽度 $b=0.6$m，接地长度 $a=0.2$m），为便于计算，用面积相同的圆（半径 γ_t）置换。

$$r_t=\sqrt{\frac{a\times b}{\pi}}=\sqrt{\frac{0.2\times 0.6}{\pi}}=0.195\text{m}$$

作用在检查井中心的轮压荷载，按等分布考虑。作用点在断面中心 I_1，底面反力作用点在 I_2（见图 3-130）。I_1 点距检查井中心距离 $r_0=0.41$m，I_2 点距检查井中心距离 $r_0=0.56$m。

I_1 的周长 $L_1=2\pi r_0=2\pi\times 0.41=2.58$m

I_2 的周长 $L_1=2\pi r_0=2\pi\times 0.56=3.52$m

$$q_{v,k}=\mu_d Q_{v,k}=1.4\times 140=196\text{kN}$$

因此，作用于锥台形检查井断面中心的单位长作用力为：

$$Q_{L1}=q_{v,k}/L_1=196/2.58=75.97\text{kN/m}$$

$$Q_{L2}-q_{v,k}/L_2=196/3.52=55.68\text{kN/m}$$

设 M_1 为由 Q_{L1}、Q_{L2} 产生的弯矩，并把此弯矩置换成通过 B 点作用的水平力 P_N（P_B）

即：$M_1=Q_{L1}\times0.15=P_B\times0.6$

所以 $$P_B=\frac{Q_{L1}\times0.15}{0.6}=\frac{75.97\times0.15}{0.6}=18.99\text{kN/m}$$

P_B 即是作用于 1 号锥台形检查井上缘的外压力（见图 3-131）。考虑到轮胎接地不为圆形，作用力不是均布的，为了安全起见，该力在计算时取 2 倍系数，那么实际计算时 $P_B=37.98\text{kN/m}$。

同理作用于 1 号锥台形检查井下缘的由内向外的内压力 P_N（P_C）为：

$$P_C=2\times\frac{Q_{L2}\times0.15}{0.6}=2\times\frac{55.68\times0.15}{0.6}=27.84\text{kN/m}$$

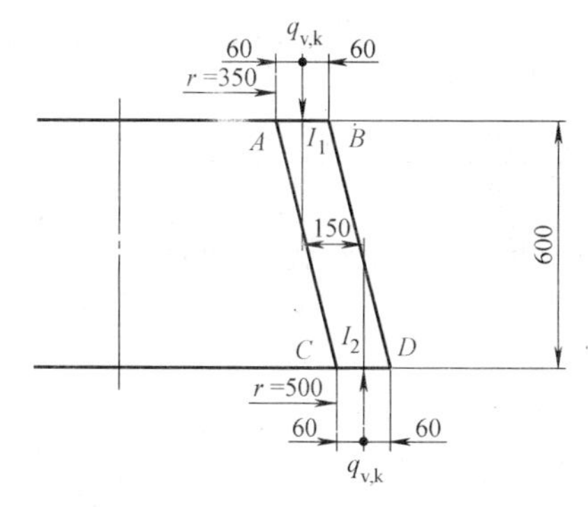

图 3-130　1 号锥台形检查井汽车轮压作用位置（单位：mm）

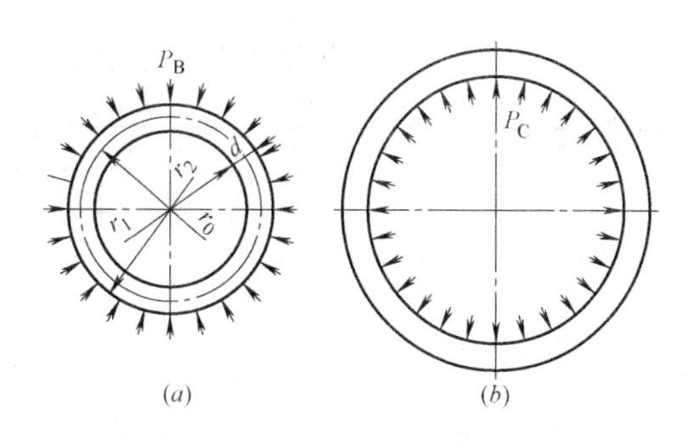

图 3-131　作用于锥台形检查井上下缘的压力

（a）上缘；（b）下缘

同样 2 号锥台形检查井可分别求出上下缘压力 P_N（P_E、P_G），$r_0=0.71\text{m}$。

$$P_E=P_C=49.35\text{kN/m}$$

$$L_3=2\pi r_0=2\pi\times0.71=4.46\text{m}$$

$$Q_{L3}=q_{v,k}/L_3=196/4.46=43.95\text{kN/m}$$

$$L_3=2\pi r_0=2\pi\times0.71=4.46\text{m}$$

所以 $$P_G=2\times\frac{Q_{L3}\times0.15}{0.6}=2\times\frac{43.95\times0.15}{0.6}=21.97\text{kN/m}$$

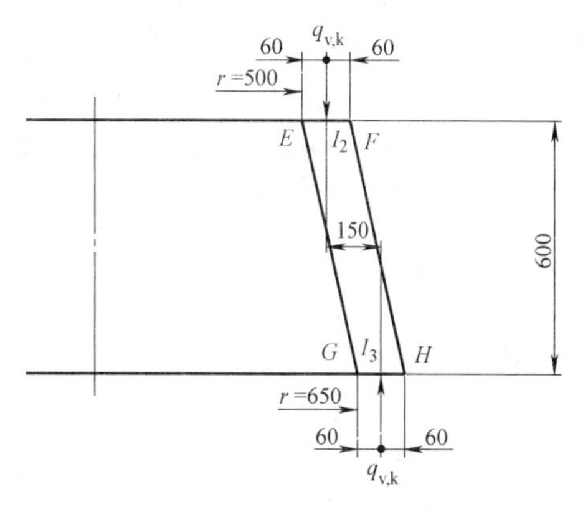

图 3-132　2 号锥台形检查井汽车轮压作用位置（单位：mm）

3 号井及以下检查井为直筒形，只受到轮压荷载的垂直作用力，不产生弯矩。

② 应力计算

由外压力产生的内缘应力 $\sigma=-P_N\dfrac{2r_2^2}{r_2^2-r_1^2}$

由外压力产生的外缘应力 $\sigma=-P_N\dfrac{r_2^2+r_1^2}{r_2^2-r_1^2}$

由内压力产生的内缘应力 $\sigma=P_N\dfrac{r_2^2+r_1^2}{r_2^2-r_1^2}$

由内压力产生的内缘应力 $\sigma=P_N\dfrac{2r_2^2}{r_2^2-r_1^2}$

条件 B 轮压荷载产生的应力值　　表 3-105

Z(m)	P_N (kN/m)	r_1(m)	r_2(m)	r_1^2(m²)	r_2^2(m²)	$r_2^2+r_1^2$(m²)	$r_2^2-r_1^2$(m²)	$P_N\frac{2r_2^2}{r_2^2-r_1^2}$ (kN/m²)	$P_N\frac{r_2^2+r_1^2}{r_2^2-r_1^2}$ (kN/m²)
0.3	37.98	0.35	0.47	0.12	0.22	0.34	0.10	167.11	129.13
0.9	27.84	0.50	0.62	0.25	0.38	0.63	0.13	162.76	134.92
1.5	21.97	0.65	0.77	0.42	0.59	1.01	0.17	152.50	130.52
2.1	—	0.80	0.92	0.64	0.85	1.49	0.21	—	—
2.7	—	0.80	0.92	0.64	0.85	1.49	0.21	—	—
3.3	—	0.80	0.92	0.64	0.85	1.49	0.21	—	—

条件 B　合计应力值　　表 3-106

Z(m)		轮压荷载(kN/m²)		土荷载(kN/m²)		合计(kN/m²)	
		内缘	外缘	内缘	外缘	内缘	外缘
1 号井	0.3	−167.11	−129.13	−22.57	−6.12	−189.68	−135.25
	0.9	162.76	134.92	−31.57	−26.17	131.19	108.75
2 号井	0.9	−162.76	−134.92	−31.57	−26.17	−194.33	−161.09
	1.5	152.50	130.52	−62.47	−53.47	57.23	60.73
3 号井	1.5			−62.47	−53.47	−62.47	−53.47
	2.1			−102.00	−89.40	−102.00	−89.40
4 号井	2.7			−131.14	−114.94	−131.14	−114.94
5 号井	3.3			−160.29	−140.49	−160.29	−140.49

上述计算得出了装配式混凝土检查井各个不同高程断面的弯矩及应力，在断面尺寸、配筋已定时可依此最大值进行结构强度安全性验算，也可依据此数值作结构配筋设计（配筋计算从略）。

3. 埋设深度 10m 处检查井应力计算

根据调查检查井使用最大深度一般小于 8m，为了安全起见，选择 10m 深度进行计算。

(1) 垂直荷载

各项技术参数：

① 公路Ⅰ级后轮荷载　　1.4×140=196kN

② 井盖重　　1.40kN

③ 高度调整块重　　2.40kN

④ 锥台 700 重　　4.80kN

⑤ 锥台 1000 重　　9.20kN

⑥ 井室 ϕ1300×2100　4 个　　53.50kN

合计　　267.3kN

计算中垂直荷载不均匀系数取 1.1

井室横断面面积 $S=\pi(r_2^2-r_1^2)=\pi\times(0.77^2-0.65^2)=0.54\text{m}^2$

由垂直荷载产生的应力 $\sigma=1.1\times267.3/0.54=544.5\text{kN/m}^2$

(2) 水平荷载

深度为 10m 时侧向土压力的计算：

① 轮压荷载产生的侧向土压力

$$q_{hz,k}=1/3q_{v,k}=1/3\frac{\mu_d Q_{v,k}}{(a+1.4Z)(b+0.7Z)}$$
$$=1/3\times\frac{1.4\times140}{(0.2+1.4\times10)\times(0.6+0.7\times10)}$$
$$=8.26\times10^{-3}\text{kN/m}^2$$

② 土压力产生的侧向土压力

$$F_{ep,k}=6Z=6\times10=60\text{kN/m}^2$$

③ 10m 处检查井所受的各项压力均小于上部检查井的各项压力数值，按上部结构计算制作的检查井在 10m 深处也是安全的。

4. 圆形井筒配筋

按照计算数据，圆形直筒形井筒埋置深度大于 1.0m 部位，井壁内的作用应力小于混凝土抗拉设计强度，一般可不配置结构钢筋或只配构造筋，满足生产、吊运、安装等过程中，保证构件不被损坏的要求。

【例题 3.33】 矩形混凝土检查井井室配筋计算

管道中检查井按其井室形状可分为圆形、矩形、扇形及其他形状。圆形检查井井室因其断面形状简单、可用多种工艺（离心、悬辊、立式振动、芯模振动等）制造、模型加工简便、可从多向连接支管等优点，在管道中应用得最多。当前随着城市的发展，各类管道的直径越趋增大，连接大型管道的圆形检查井井室显现出不足之处。如图 3-133 所示，在连接相同直径的支管时，圆形井室体量大于矩形、扇形检查井井室，材料用量增多；井内流水弧槽制作也难于矩形和扇形井室。因而在大型管道中的检查井井室可多用矩形和扇形井室。

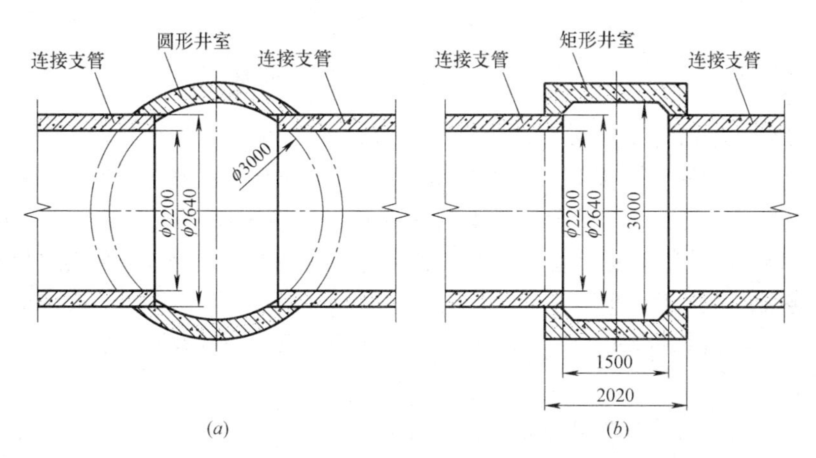

图 3-133 圆形、矩形、扇形检查井井室连接支管体量对比

(a) 圆形井室；(b) 矩形井室

图 3-133 (a) 中支管直径为 φ2200mm，连接井室尺寸为 φ3000mm 圆管，体积为 8.49m^3；图 3-133 (b) 中连接井室为 3000mm×1500mm 矩形井室，体积为 7.83m^3。

矩形检查井井室横断面形状为矩形，大型井室连接支管的立面基本接近于正方形，井室侧面也为矩形。

当壁板为单向受力时，壁厚＝1/10～1/20 高度 H；壁板为双向受力时，壁厚＝1/20～1/30 高度 H。底板厚度由强度计算决定。

侧向荷载包括：井内水压力、井外土压力；竖向荷载包括：井内水重和井外土重。荷载不利组合是井外有土、井内无水。

井室壁板受侧向荷载，一般可简化按受弯构件计算。按三边固定一边简支的双向板计算。

壁板之间和壁板与底板之连接处应设置加强腋角。

壁板和底板视其平面边长的比例、当 $a/b \geqslant 3$ 时，为长型井。壁板按其高宽比，分别按单向板或双向板计算。

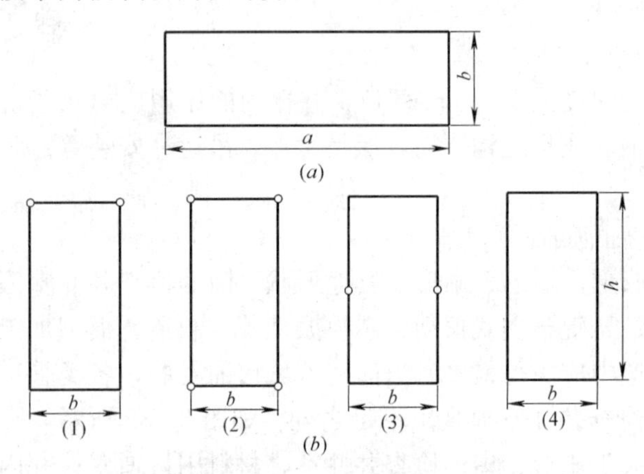

图 3-134 长型井及各类计算简图

(a) 横断面图；(b) 计算简图：

(1)—简支框架；(2)—上下简支框架；

(3)—中间简支框架；(4)—封闭框架

矩形检查井井室按其壁板和上顶及下底连接方式可分为：壁板与下底整体浇筑，壁底之间为刚接支点、顶部加盖顶板时，壁与顶之间为铰接支点，井室按简支框架计算［图 3-134（b1）］；井室壁板单独浇筑、施工时组装底板和加盖顶板，井室按上下简支框架计算［图 3-134（b2）］；特大井室上下分体浇筑时，上井室和下井室分别按简支框架计算［图 3-134（b3）］；壁板与上顶、下底整体浇筑制作时，按封闭框架计算［图 3-134（b4）］。

在预制矩形检查井井室中常用（1）、（2）、（3）三种结构形式。

矩形井室由壁板、底板和顶板组成，壁、底之间、壁与顶之间可设计成为刚接节点或铰接节点。［图 3-134（b1）］顶与壁间为铰接节点，壁与底为刚接节点；［图 3-134（b2）］顶与壁、壁与底均为铰接节点；［图 3-134（b3）］井室分为上下两部分，上下两部分间为铰接节点，顶与壁、壁与底间为刚接节点；［图 3-134（b4）］为刚接节点封闭框架，现浇混凝土检查井井室为此类结构。

井室上各种荷载产生的弯矩：

井室上端竖向荷载引起的弯矩图，壁板自重及顶端的竖向荷载一般可忽略不计，按受弯构件计算。

壁板水平向需按弯矩分配法进行计算，垂直向弯矩直接按双向板求得，其节点弯矩一般不再进行调整。

转角和底角如可以腋角加强，配筋可与壁板取相同钢筋直径的数量配置，否则需加粗钢筋直径。

检查井的应力计算一般是在断面尺寸已定的情况下，选择最不利的条件进行强度复核。使用中检查井的埋深一般不大于 8m，在设计计算时，考虑足够的安全贮备，采用埋深 10m 的条件进行计算。

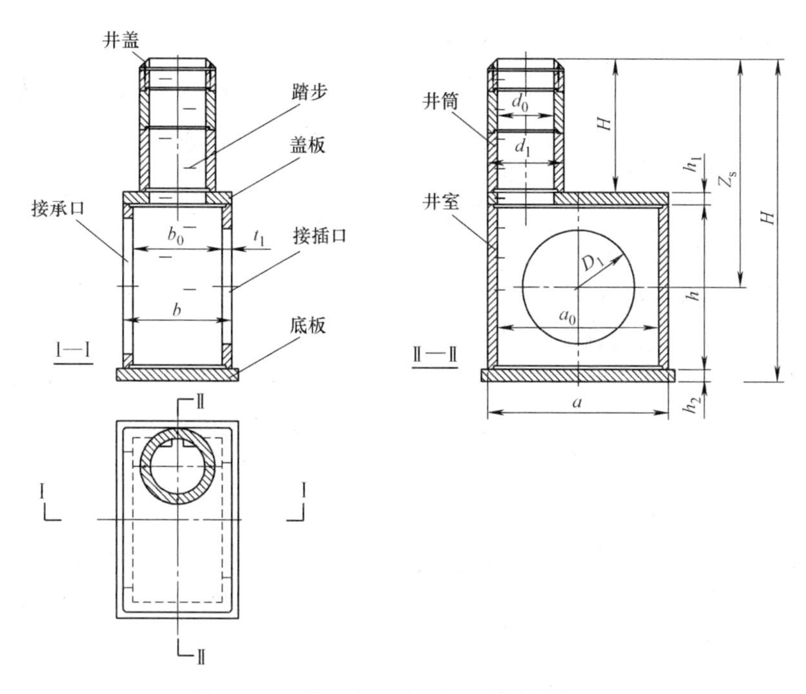

图 3-135 装配式矩形混凝土检查井断面图

1. 矩形检查井井室壁板上的作用

检查井结构上的作用，按其性质分为永久作用和可变作用。永久作用包括结构自重、土压力（竖向和侧向）、检查井内水重、地基不均匀沉降。可变作用包括地面车辆荷载、地面堆积荷载，计算中取两者较大值。检查井应力计算中应取汽车荷载为可变作用值。

对永久作用，采用标准值作为代表值；对可变作用，应根据设计要求采用标准值、组合值或准永久值作为代表值。

作用于矩形检查井井室壁板的作用主要是由地面荷载和竖向土压力引起的侧向荷载（图 3-136、图 3-137）。由井筒和盖板传递至井室壁板的竖向荷载，理论上只在壁板内产生压力，结构计算中可略去。

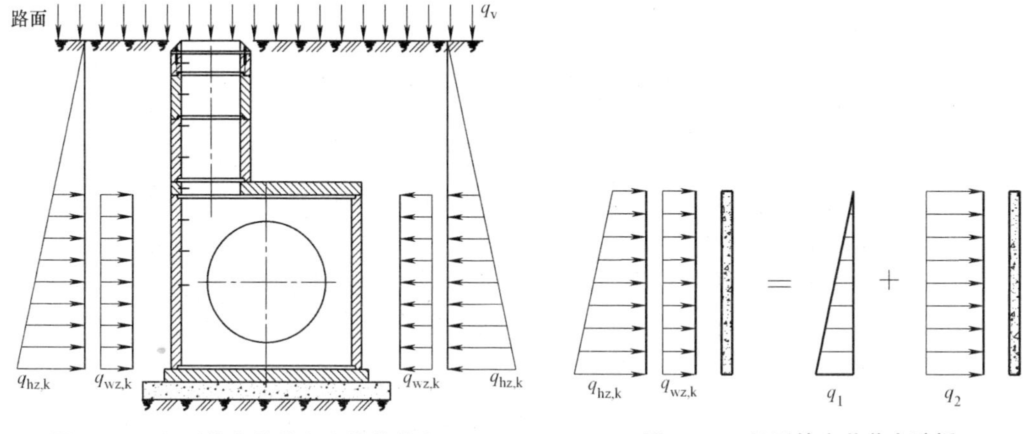

图 3-136 矩形检查井井室上的荷载作用图

$q_{hz,k}$—竖向荷载作用引起的侧向荷载；

$q_{wz,k}$——地下水压力作用引起的侧向荷载

图 3-137 矩形检查井井室壁板作用荷载等效转换

矩形检查井井室结构计算简图见图 3-136。

检查井内无水是结构受力的不利状态，因此检查井应力计算时，以井中无水为计算条件。

$$q_{hz,k}+q_{wz,k}=q_1+q_2$$

式中　$q_{hz,k}$——竖向荷载作用引起的侧向荷载；

$q_{wz,k}$——地下水压力作用引起的侧向荷载；

q_1——等效三角形侧向荷载；

q_2——等效均布侧向荷载。

2. 矩形检查井井室结构计算算例

（1）矩形检查井井室尺寸（图 3-138）

宽度 1 a=2800mm、宽度 2 b=1500mm、高度 h=2800mm、壁板厚度 d_1=220mm、底板厚度 d_d=220mm。

（2）矩形检查井井室结构计算简图（图 3-139）

壁板计算宽度取壁板中心距离，计算高度以井室净高为计算高度，图中计算宽度 a=b=3020mm、计算高度 h=3020mm。

井室顶距地面 Z_{s1}=6m；地下水位距地面 1m。

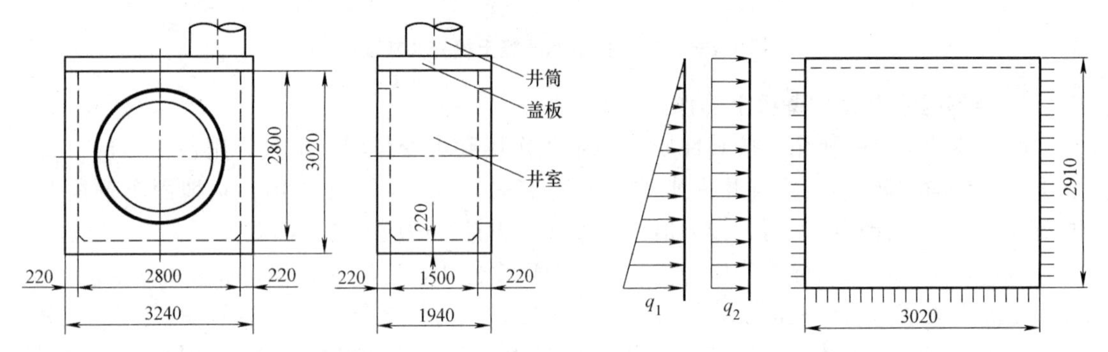

图 3-138　2800×1500 矩形检查井井室尺寸图

图 3-139　2800×1500 矩形检查井井室结构计算简图

（3）结构上的永久作用标准值

① 作用在检查井上的竖向土压力标准值 $F_{sv,k}=C_d\gamma_s H_s$kN/m^2

② 作用在检查井上的侧向土压力标准值应按主动土压力计算。$F_{ep,k}=1/3C_d\gamma_s Z$kN/m^2

C_d 为竖向土压力荷载系数，检查井的施工大都需开宽槽，一般按填埋式铺管形式取 C_d=1.4，沟埋式铺管 C_d=1.1～1.2；Z 为计算位置距地面距离。

（4）结构上的可变作用标准值

车辆荷载对检查井产生的竖向压力标准值 q_{vk}，其准永久值系数 ψ_q=0.5；

检查井的竖向轮压力宜按公路-I 级汽车荷载单个轮压计算，Q_{vk}=140kN，按表 3-107 选取冲击动力系数 μ_d。

冲击动力系数 μ_d　　表 3-107

地面至结构顶(m)	<0.25	0.25	0.30	0.40	0.50	0.60	≥0.70
动力系数 μ_d	1.4	1.30	1.25	1.20	1.15	1.05	1.00

单个轮压传递到检查井的竖向压力标准值按下式计算（图 3-140）：

$$q_{\mathrm{v,k}}=\frac{\mu_{\mathrm{d}}Q_{\mathrm{v,k}}}{(a+1.4Z)(b+1.4Z)}$$

式中　a——单个车轮的着地分布长度（m），$a=0.2$m；

b——单个车轮的着地分布宽度（m），$b=0.6$m；

Z——地面至井室顶距离（m）。

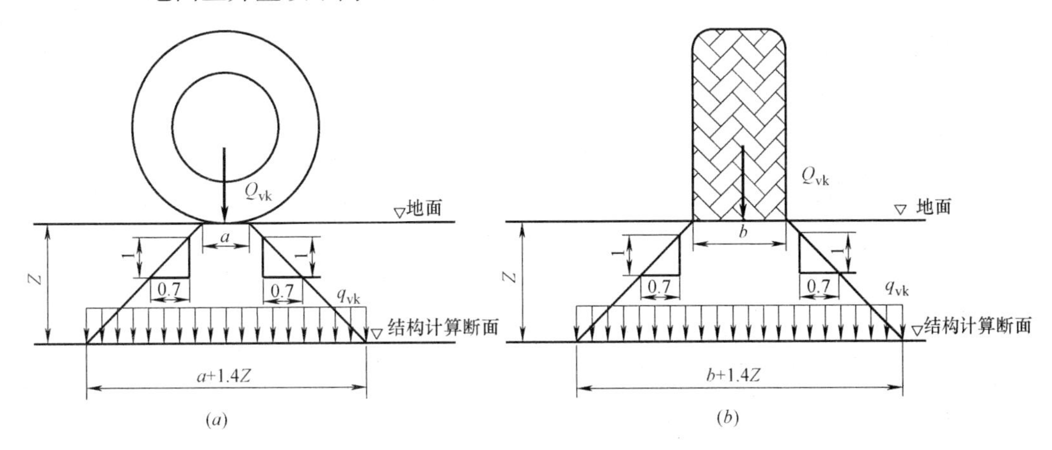

图 3-140　单个轮压的分布图

（a）顺轮胎着地长度的分布；（b）顺轮胎着地宽度的分布

地面活荷载作用值在堆积荷载与车辆轮压荷载中取较大值，当单个轮压传递到结构的竖向压力标准值小于地面堆积荷载值 $Q_{\mathrm{vk}}=10\mathrm{kN/m^2}$ 时，按堆积荷载取值计算。

（5）矩形检查井井室上的侧向土压力计算

① 地面汽车荷载产生的侧向土压力 $q_{\mathrm{hz,k}}$

$$q_{\mathrm{hz,k}}=\frac{1}{3}q_{\mathrm{v,k}}=\frac{1}{3}\times\frac{\mu_{\mathrm{d}}Q_{\mathrm{v,k}}}{(a+1.4Z)(b+1.4Z)}$$

$$=\frac{1}{3}\times\frac{\mu_{\mathrm{d}}\times140}{(0.2+1.4Z)\times(0.6+1.4Z)}$$

根据上式可算出在不同深度时由轮压作用传递到结构的竖向压力标准值（计算结果见表 3-108）。

轮压传递到结构的竖向压力标准值　　**表 3-108**

Z(m)	3	4	5	6	7	8	9	10
$q_{\mathrm{v,k}}$(kN/m^2)	6.6288	3.8932	2.5585	1.8088	1.3462	1.0407	0.8286	0.6753

从表 3-108 可知，轮压传递到结构的竖向压力标准值小于地面堆积荷载值 $Q_{\mathrm{m}}=10\mathrm{kN/m^2}$，地面活荷载竖向标准值取为 $Q_{\mathrm{m}}=10\mathrm{kN/m^2}$。

$$q_{\mathrm{hz,k}}=\frac{1}{3}Q_{\mathrm{m}}=\frac{1}{3}\times10$$

$$=3.3333\mathrm{kN/m^2}$$

② 竖向土压力产生的侧向土压力 $F_{\mathrm{ep,k}}$

$$F_{\mathrm{ep,k}}=\frac{1}{3}C_{\mathrm{d}}\gamma_{\mathrm{s}}Z_{\mathrm{s}}$$

式中　Z_s——地面至结构计算点距离。

根据上述公式算出矩形检查井井室的竖向土压力作用引起的侧向土压力。

$$F_{ep,k1}=\frac{1}{3}C_d\gamma_s Z_{s1}=\frac{1}{3}\times1.2\times18\times(6+0.24)=44.9280\text{kN/m}^2$$

$$F_{ep,k2}=\frac{1}{3}C_d\gamma_s Z_{s2}=\frac{1}{3}\times1.2\times18\times(6+2.8+0.24+0.22/2)=65.8800\text{kN/m}^2$$

式中　$F_{ep,k1}$——井室顶作用侧向土压力；

$F_{ep,k2}$——井室底作用侧向土压力；

Z_{s1}——井室顶距地面距离；

Z_{s2}——井室底距地面距离。

③ 地下水对结构侧向作用荷载

$$\begin{aligned}q_{w,k1}&=C_w\gamma_w(Z_{s1}-Z_w)\\&=1.0\times0.01\times(6+0.24-1)\times10^{-4}\\&=0.00005\text{kN/m}^2\end{aligned}$$

$$\begin{aligned}q_{w,k2}&=C_w\gamma_w(Z_{s1}+h-Z_w)\\&=1.0\times0.01\times(6+2.8+0.24+0.22/2-1)\times10^{-4}\\&=0.00008\text{kN/m}^2\end{aligned}$$

式中　$q_{w,k1}$——井顶地下水侧向作用荷载；

$q_{w,k2}$——井底地下水侧向作用荷载；

Z_w——地下水位深度；

C_w——地下水压荷载系数；

γ_w——水的自重密度。

④ 矩形检查井井室侧向荷载、等效转换荷载（图 3-141）

井顶侧向荷载之和：

$$\begin{aligned}q_1&=q_{hz,k}+F_{ep,k1}+q_{w,k1}\\&=3.3333+44.9280+0.00005\\&=48.2614\text{kN/m}^2\end{aligned}$$

井底侧向荷载之和：

$$\begin{aligned}q_2&=q_{hz,k}+F_{ep,k2}+q_{w,k2}\\&=3.3333+65.8800+0.00008\\&=69.2134\text{kN/m}^2\end{aligned}$$

等效转换三角形荷载：

$$\begin{aligned}q_s&=q_2-q_1\\&=69.2134-48.2614\\&=20.9520\text{kN/m}^2\end{aligned}$$

等效转换均布荷载：

$$\begin{aligned}q_j&=q_1\\&=48.2614\text{kN/m}^2\end{aligned}$$

（6）矩形井室受侧向荷载作用井室壁板中弯矩及挠度计算

① 等效荷载结构计算图

② 三角形荷载作用弯矩计算

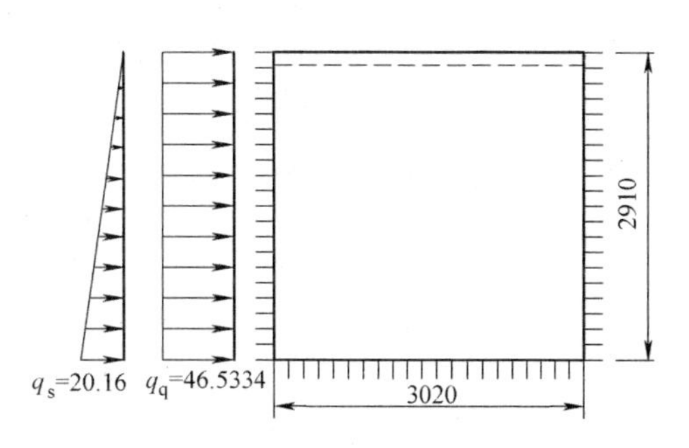

图 3-141 2800×1500 矩形检查井井室等效荷载结构计算图

$$M_{xmax}(s_0)=\overline{M}_x q_s h^2 =0.0106\times20.9520\times3.02^2 =2.0204\text{kN}\cdot\text{m}$$

$$M_{ymax}(s_0)=\overline{M}_y q_s h^2 =0.0102\times20.9520\times2.91^2 =1.8148\text{kN}\cdot\text{m}$$

$$M_{xmax}(s)=M_{xmax}(s_0)+\mu M_{ymax}(s_0) =2.0204+1/6\times1.8148 =2.3228\text{kN}\cdot\text{m}$$

$$M_{ymax}(s)=M_{ymax}(s_0)+\mu M_{xmax}(s_0) =1.8148+1/6\times2.0204 =2.1515\text{kN}\cdot\text{m}$$

$$M_x^0(s)=\overline{M}_x^0 q_s h^2 =-0.02947\times20.9520\times3.02^2 =-5.6322\text{kN}\cdot\text{m}$$

$$M_y^0(s)=\overline{M}_y^0 q_s h^2 =-0.03645\times20.9520\times2.91^2 =-6.4668\text{kN}\cdot\text{m}$$

式中 $M_{xmax}(s_0)$——$v_c=0$、三角形荷载引起的平行 l_x 方向弯矩；

$M_{ymax}(s_0)$——$v_c=0$、三角形荷载引起的平行 l_y 方向弯矩；

$M_{xmax}(s)$——$v_c=1/6$、三角形荷载引起的平行 l_x 方向弯矩；

$M_{ymax}(s)$——$v_c=1/6$、三角形荷载引起的平行 l_y 方向弯矩；

$M_x^0(s)$——三角形荷载引起的固定边中点沿 l_x 方向弯矩；

$M_y^0(s)$——三角形荷载引起的固定边中点沿 l_y 方向弯矩。

③ 三角形荷载作用挠度计算

井室壁板刚度 B_c：

$$B_c=\frac{Et^3}{12(1-\upsilon^2)} =\frac{30000\times220^2}{12\times[1-(1/6)^2]} =27.381\text{N}\cdot\text{mm/mm} =2.7381\times10^4\text{kN}\cdot\text{m/m}$$

$$f_{max}(s)=\overline{f}\frac{q_s h^4}{B_c} =0.0080\times\frac{20.9520\times3.02^4}{2.7381\times10^4} =5.1103\times10^{-5}\text{m} =5.1103\times10^{-2}\text{mm}$$

式中　$f_{max}(s)$——三角形荷载引起的最大挠度；

B_c——井室壁板刚度；

$\overline{f}$——挠度系数，$\overline{f}=0.0080$。

④ 均布荷载作用弯矩计算

$$M_{xmax}(j_0)=\overline{M}_x q_j h^2$$
$$=0.0233\times48.2614\times3.02$$
$$=10.2640\text{kN}\cdot\text{m}$$
$$M_{ymax}(j_0)=\overline{M}_y q_j h^2$$
$$=0.0200\times48.2614\times2.91^2$$
$$=8.1601\text{kN}\cdot\text{m}$$
$$M_{xmax}(j)=M_{xmax}(j_0)+\mu M_{ymax}(j_0)$$
$$=10.2640+1/6\times8.1601$$
$$=11.6240\text{kN}\cdot\text{m}$$
$$M_{ymax}(j)=M_{ymax}(j_0)+\mu M_{xmax}(j_0)$$
$$=8.1601+1/6\times10.2640$$
$$=9.8708\text{kN}\cdot\text{m}$$
$$M_x^0(j)=\overline{M}_{x0} q_j h^2$$
$$=-0.0621\times48.2614\times3.02^2$$
$$=-27.3397\text{kN}\cdot\text{m}$$
$$M_y^0(j)=\overline{M}_{y0} q_j h^2$$
$$=-0.0586\times48.2614\times2.91^2$$
$$=-23.9363\text{kN}\cdot\text{m}$$

式中　$M_{xmax}(j_0)$——$v_c=0$、均布荷载引起的平行 l_x 方向弯矩；

$M_{ymax}(j_0)$——$v_c=0$、均布荷载引起的平行 l_y 方向弯矩；

$M_{xmax}(j)$——$v_c=1/6$、均布荷载引起的平行 l_x 方向弯矩；

$M_{ymax}(j)$——$v_c=1/6$、均布荷载引起的平行 l_y 方向弯矩；

$M_x^0(j)$——均布荷载引起的固定边中点沿 l_x 方向弯矩；

$M_y^0(j)$——均布荷载引起的固定边中点沿 l_y 方向弯矩。

⑤ 均布荷载作用挠度计算

$$f_{max}(j)=\overline{f}\frac{q_j b^4}{B_c}$$
$$=0.0018\times\frac{48.2614\times3.02^4}{2.7381\times10^4}$$
$$=2.2249\times10^{-4}\text{m}$$
$$=2.2249\times10^{-1}\text{mm}$$
$$M_{xmax}=M_{xmax}(s)+M_{xmax}(j)$$
$$=2.3228+11.6240$$
$$=13.9468\text{kN}\cdot\text{m}$$
$$M_{ymax}=M_{ymax}(s)+M_{ymax}(j)$$
$$=2.1515+9.8708$$

$$=12.0223\text{kN}\cdot\text{m}$$

$$M_x^0=M_x^0(s)+M_x^0(j)$$
$$=-5.6322-27.3397$$
$$=-32.9719\text{kN}\cdot\text{m}$$

$$M_y^0=M_y^0(j)+M_y^0(j)$$
$$=-6.4668-23.9363$$
$$=-30.4031\text{kN}\cdot\text{m}$$

$$f_{max}=f_{max}(s)+f_{max}(j)$$
$$=5.1103\times10^{-5}+2.2249\times10^{-4}$$
$$=2.7359\times10^{-4}\text{m}$$
$$=0.2736\text{mm}$$

地下结构件允许挠度大于地面结构，可取跨度的 1/750。2800×1500 矩形井室的允许挠度为：

$$f_{ys}=a/750$$
$$=3120/750$$
$$=4.16\text{mm}$$

2800×1500 矩形井室在侧向荷载作用下发生的挠度远小于允许挠度，结构稳定。

式中 M_{xmax}——平行 l_x 方向最大弯矩；

M_{ymax}——平行 l_y 方向最大弯矩；

M_x^0——固定边中点沿 l_x 方向弯矩；

M_y^0——固定边中点沿 l_y 方向弯矩；

f_{max}——井室壁板最大挠度；

$\overline{f}$——挠度系数，$\overline{f}=0.0018$；

f_{ys}——井室壁板允许挠度。

按上述方法计算井室另一壁板的弯矩及挠度例于表 3-109。

壁板弯矩及挠度 **表 3-109**

壁板弯矩、挠度	M_{xmax}(kN·m)	M_{ymax}(kN·m)	M_x^0(kN·m)	M_y^0(kN·m)	f_{max}(mm)
内宽 2800 板	13.9468	12.0223	−32.9719	−30.4031	2.7359×10^{-4}
内宽 1500 板	7.72247	7.06325	−14.1076	−31.0714	3.8606×10^{-4}

2800×1500 矩形井室平面的 a、b 边及立面的 h 边方向的弯矩值相当，水平方向配筋可取最大弯矩 13.9468kN·m、竖向配筋取 12.0223kN·m 计算。在壁板与壁板连接处及壁板与底连接处有较大负弯矩，因此在这些节点处均应设置腋角及斜筋，增大节点的抗弯能力。

（7）底板弯矩计算

弹性地基上的梁在外荷载作用下，在某点上产生转角，若在该点上加一弯矩使此点的转角为零，此弯矩即为该点的固端弯矩。M^F 值按弹性地基梁的弹性特征值 t 从附录 A 中查取计算系数。

① 由侧墙传至底板的荷载计算

a. 盖板自重标准值

$$G_{lk}=k_{bj}\gamma_c t=1.1\times25\times0.24$$
$$=6.60kN/m^2$$

式中　G_{lk}——盖板单位面积自重标准值，kN/m^2；

k_{bj}——盖板自重计算系数；

γ_c——混凝土自重密度，kN/m^3；

t——盖板厚度，mm。

b. 盖板上检查井重量标准值

$$G_{jc}=k_{jc}\pi/4(d_{jw}^2-d_{jn}^2)H_s\gamma_c$$
$$=1.1\times\pi/4\times[(0.8+2\times0.08)^2-0.8^2]\times25$$
$$=36.4927kN$$

式中　G_{jc}——盖板上检查井重量标准值，kN；

k_{jc}——检查井自重计算系数；

H_s——井室顶埋设深度，m。

c. 地面车辆荷载标准值

$$Q_m=10kN/m^2$$

d. 竖向土压力标准值

$$F_{sv,k}=C_d\gamma_s H_s$$
$$=1.2\times18\times6$$
$$=129.6000kN/m^2$$

式中　$F_{sv,k}$——盖板上竖向土压力标准值，kN/m^2；

C_d——竖向土压力荷载系数；

γ_s——土壤自重密度，kN/m^3。

e. 由壁板传至底板的集中力

$$P_{hk}=1/2[(F_{sv,k}+G_{jk}+Q_m)(l_a l_b-\pi/4d_{jw}^2)+G_{jc}]/l_a l_b$$
$$=1/2\times[(124.4260+6.6+10)\times(3.24\times1.94-\pi/4\times0.96^2)+36.4927]/(3.02+1.72)$$
$$=96.8598kN/m$$

② 底板内力计算

为求解弹性地基上的框架，以下式计算弹性地基梁的弹性特征值：

$$t=10\frac{E_0}{E_h}\left(\frac{l_a}{d}\right)^3$$

式中　l_a——地基梁半长，m；

d——地基梁高度，m；

E_h——混凝土材料弹性模量，$3.0\times10^4N/m^2$；

E_0——地基的变形模量，$100N/m^2$；

使弹性地基梁上两对称点产生单位对称（或反对称）转角时，在该点所需施加的对称（或反对称）力矩值，为该点的抗挠刚度 S。抗挠刚度的倒数为柔度 f。S、f 的数值由弹性地基梁的弹性特征值 t 从附录 A 中查取。

$$t=10\frac{E_0}{E_h}\left(\frac{l_a}{d}\right)^3$$

数值代入公式计算得：

$$=10\times\frac{100}{3\times10^{4}}\times\left(\frac{3.020/2}{0.220}\right)^{3}$$

$$=10.7781\approx10$$

$$\alpha=\zeta=l_{a}/B_{a}$$

$$=3.02/3.24$$

$$=0.9321\approx0.9$$

式中 l_a——底板轴线宽，m。

按照 t 和 α 的数值从附录 A 查得：$\overline{M}_P=0.193$。

AD 底板跨中弯矩（图 3-142、图 3-143）：

$$M_{AP}=\overline{M}_P P_{hk} l_a/2$$

$$=0.193\times96.8598\times3.02/2$$

$$=28.2279\text{kN}\cdot\text{m}$$

$$M_3=M_{AP}-M_y$$

$$=28.2279-30.4031$$

$$=-2.1753\text{kN}\cdot\text{m}$$

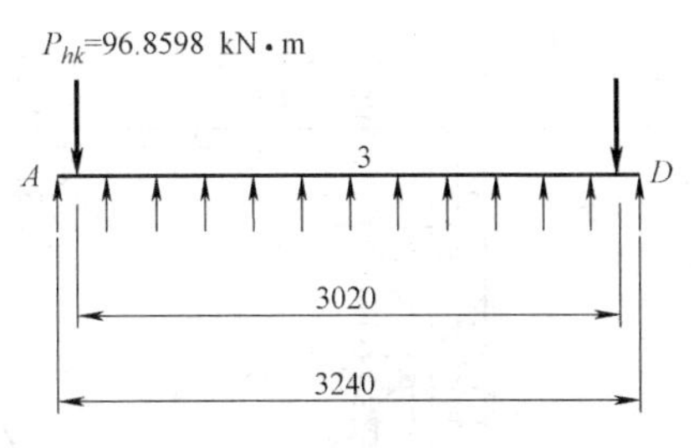

图 3-142 底板计算简图

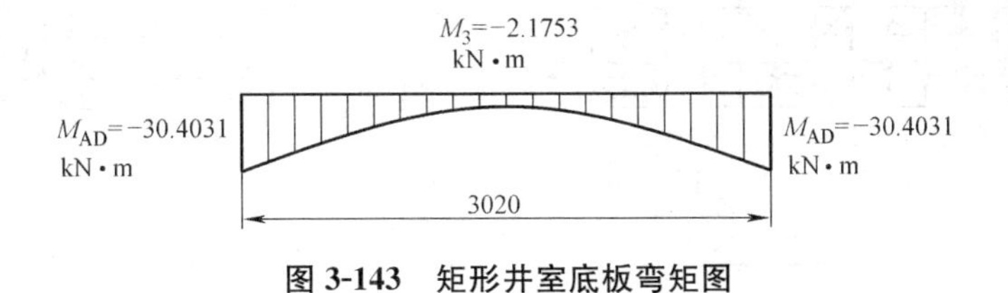

图 3-143 矩形井室底板弯矩图

(8) 配筋计算

井室水平向配筋，公式如下：

$$A_{sx}=\gamma_j\frac{M_{xmax}}{h_0 f_y}$$

$$=1.27\times\frac{13.9468\times10^{6}}{(220-40)\times360}$$

$$=361.5842\text{mm}^2/\text{m}$$

不同位置的配筋面积 表 3-110

配筋位置	M_x 向	M_y 向	M_{x0} 向	M_{y0} 向	M_3
配筋面积(mm^2)	361.5842	256.1825	610.5910	563.0210	56.3963

不同部位截面最大内应力 表 3-111

埋设深度 (m)	内宽 2800mm 板 X 向 (N/mm^2)	内宽 2800mm 板 Y 向 (N/mm^2)	竖向边角 (N/mm^2)	底板边角 (N/mm^2)	底板中点 (N/mm^2)
3	1.0840	0.9427	−2.5705	−2.4409	−0.4938
6	1.7289	1.4904	−4.087	−3.7690	−0.2697
9	2.3739	2.0380	−5.6043	−5.0970	−0.0455

注：内侧受拉应力为正。

不同井顶埋设深度的内力和配筋　　表 3-112

埋设深度(m)	内宽 2800mm 板		竖向边角		底板边角		底板中点	
	M_{xmax} (kN·m)	配筋面积 (mm²)	M_{x0} (kN·m)	配筋面积 (mm²)	M_{y0} (kN·m)	配筋面积 (mm²)	M_3 (kN·m)	配筋面积 (mm²)
3	8.7444	226.7054	−20.7357	383.9941	−29.5461	364.6317	−3.9835	103.2762
6	13.9468	361.5842	−32.9719	610.5910	−26.5461	563.0210	−2.1753	56.3963
9	19.1493	496.4630	−45.2082	837.1880	−29.5461	761.4104	−0.3671	9.5164

注：弯矩使构件内侧受拉为正。

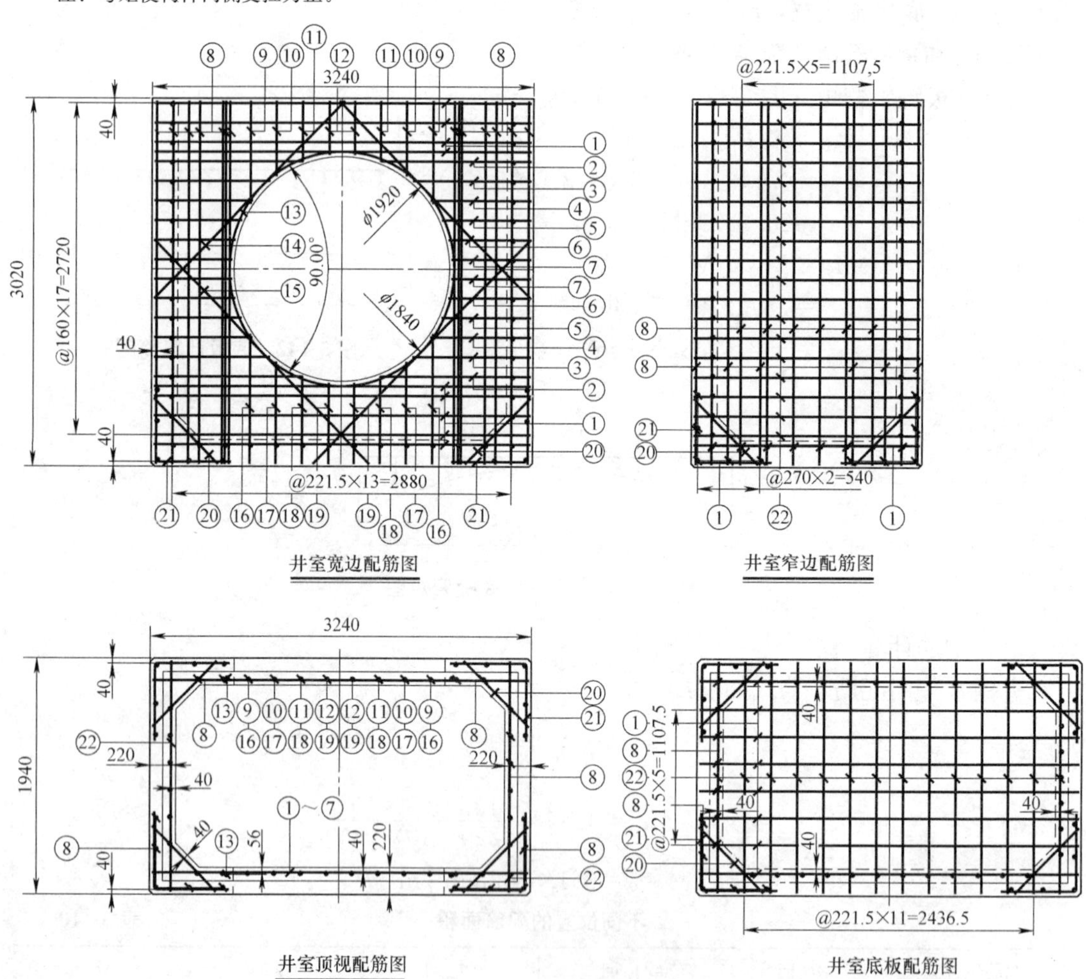

图 3-144　矩形井室配筋示意图

不同尺寸矩形检查井井室配筋面积　　表 3-113

井室规格 内长×内宽×内高 (mm)	埋设深度 (m)	宽板 X 向	竖向边角	底板边角	底板中点
		配筋面积 (mm²)	配筋面积 (mm²)	配筋面积 (mm²)	配筋面积 (mm²)
2400×1500×2400	3	164.1705	278.2197	259.0320	构造配筋
	6	265.5493	448.7662	406.6297	构造配筋
	9	366.9281	619.3126	554.2275	构造配筋

续表

井室规格 内长×内宽×内高 (mm)	埋设深度 (m)	宽板 X 向	竖向边角	底板边角	底板中点
		配筋面积 (mm^2)	配筋面积 (mm^2)	配筋面积 (mm^2)	配筋面积 (mm^2)
2800×1500×2800	3	226.7054	383.9941	364.6317	构造配筋
	6	361.5842	610.5910	563.0210	构造配筋
	9	496.4630	837.1880	761.4104	构造配筋
3200×1500×2800	3	293.3319	510.8370	381.0929	构造配筋
	6	461.8492	801.4349	579.4823	构造配筋
	9	630.3665	1092.0327	777.8716	构造配筋

【例题 3.34】 圆形开孔顶板计算

1. 计算简图

图 3-145 为常见检查井的安装图，开孔顶板安装于井室上，上面有井筒、调整块、井圈、井盖等部件。对顶板的作用有地面车辆荷载、顶板上部的检查井部件重量之和、竖向土压力几项作用。地面车辆直压于井盖上对顶板的作用力最大，其作用及检查井重量作用于顶板圆孔周边。顶板上均布有回填土，板面上的均布荷载为竖向作用土压力，其作用大小与埋设深度相关。

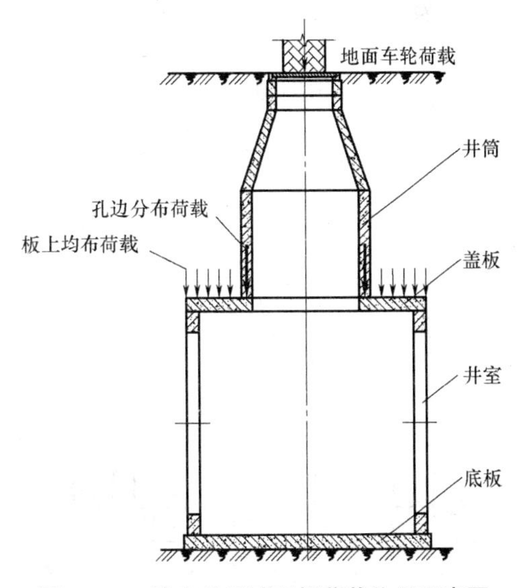

图 3-145 检查井开孔顶板荷载作用示意图

开孔检查井顶板上井孔一般位于板边，如图 3-146 (*a*) 所示，孔边下与井室内壁、上与井筒内壁相连成一直线，以便于安装上下的踏步。为了简化计算，顶板孔的位置移至板中心，如图 3-146 (*b*) 所示。

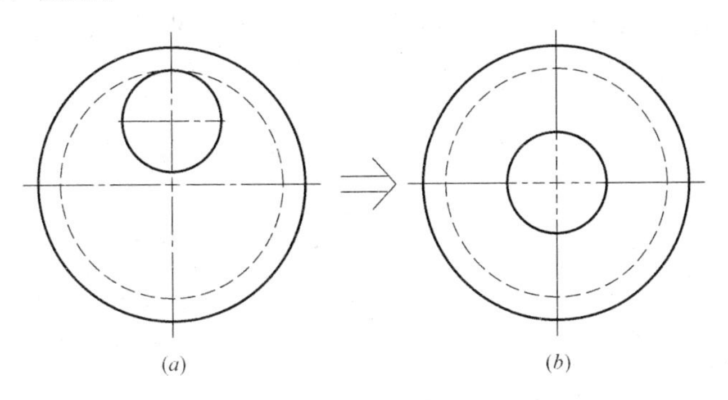

图 3-146 顶板计算简图

(*a*) 实际开孔位置检查井顶板图；(*b*) 开孔位置转化为中心检查井顶板图

图 3-147 是顶板的计算简图，开孔顶板按周边铰支的开孔圆板计算，板上荷载分别是孔边分布力和板上均布荷载，可分解为图 3-148、图 3-149 两种作用荷载，分别计算板上

的内力，叠加得板上的内力。

图中　P_L——顶板开孔处圆周分布力；

p_{sk}——作用于顶板上的均布荷载；

D_Z——顶板支承点直径；

d_k——顶板孔洞直径；

t——顶板厚度。

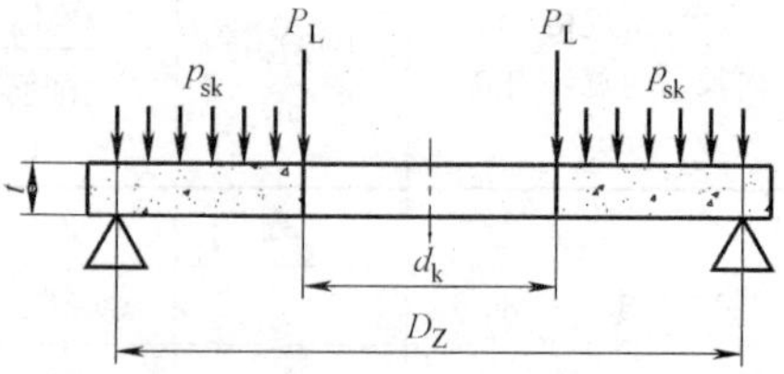

图 3-147　顶板计算简图

2. 内力计算公式

环形板的计算公式是根据弹性薄板小挠度理论推导的。检查井顶板上作用力由板面上均布荷载 p_{sk}和孔洞周边分布力 P_L 组合而成（见图 3-148、图 3-149），计算时分别计算集中力和均布荷载的内力后叠加而得。

（1）板面上均布荷载作用 p_{sk}弯矩公式

$$M_r=\frac{p_{sk}R^2}{16}\left\{(3+\mu)(1-\rho^2)+\beta^2\left[3+\mu+4(1+\mu)\frac{\beta^2}{1-\beta^2}\ln\beta\right]\left(1-\frac{1}{\rho^2}\right)+4(1+\mu)\beta^2\ln\rho\right\}$$

$$M_t=\frac{p_{sk}R^2}{16}\left\{\begin{array}{l}2(1-\mu)(1-2\beta^2)+(1+3\mu)(1-\rho^2)+\beta^2\left[3+\mu+4(1+\mu)\dfrac{\beta^2}{1-\beta^2}\ln\beta\right]\left(1+\dfrac{1}{\rho^2}\right)+\\+4(1+\mu)\beta^2\ln\rho\end{array}\right\}$$

$$Q_r=-\frac{p_{sk}R}{2}\left(\rho-\frac{\beta^2}{\rho}\right)$$

$$f=\frac{p_{sk}R^4}{64B_C}\left\{\begin{array}{l}\dfrac{2}{1+\mu}\left[(3+\mu)-\beta^2(3+\mu)+4(1+\mu)\dfrac{\beta^4}{1-\beta^2}\ln\beta\right](1-\rho^2)-(1-\rho^4)-\\-\dfrac{4\beta^2}{1-\rho}\left[(3+\mu)+4(1+\mu)\dfrac{\beta^2}{1-\beta^2}\ln\beta\right]\ln\rho-8\beta^2\rho^2\ln\rho\end{array}\right\}$$

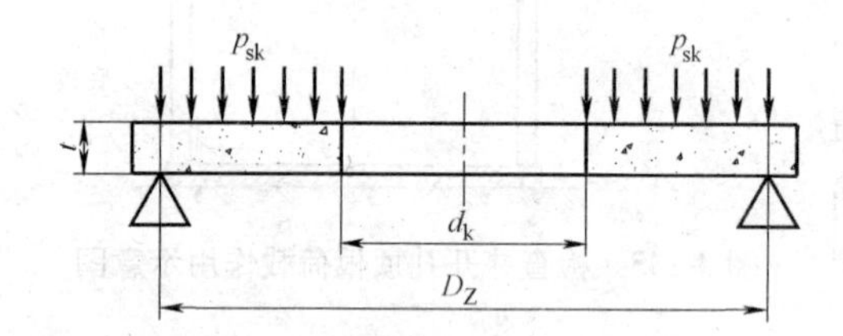

图 3-148　板面均布荷载作用计算简图

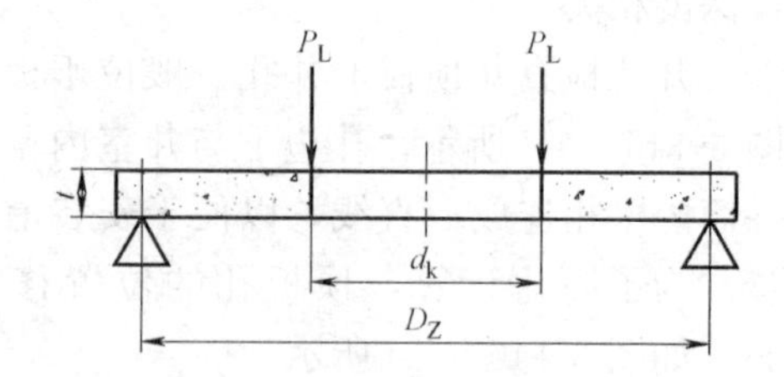

图 3-149　孔洞周边分布力作用计算简图

（2）孔洞周边分布力 P_L 弯矩公式

$$M_r=\frac{P_Lr}{2}(1+\mu)\left[\frac{(1-\rho^2)\beta^2}{(1-\beta^2)\rho^2}\ln\beta-\ln\rho\right]$$

$$M_t=\frac{P_Lr}{2}(1+\mu)\left[\frac{1-\mu}{1+\mu}-\frac{(1+\rho^2)\beta^2}{(1-\beta^2)\rho^2}\ln\beta-\ln\rho\right]$$

$$Q_r=-P_L\ \frac{\beta}{\rho}$$

$$f=\frac{P_LrR^2}{8B_C}\left[\left(\frac{3+\mu}{1+\mu}-\frac{2\beta^2}{1-\beta^2}\ln\beta\right)(1-\rho^2)+2\rho^2\ln\rho+\frac{4(1+\mu)\beta^2}{(1-\mu)(1-\beta^2)}\ln\beta\ln\rho\right]$$

式中　M_r——径向弯矩；

M_t——切向弯矩；

Q_r——剪力；

f——挠度；

p_{sk}——板面均布荷载；

P_L——孔周边环形分布荷载；

B_C——刚度，$B_C=\frac{Et^2}{12(1-\mu^2)}$；

E——弹性模量；

t——板厚；

μ——泊桑系数；

ρ——$\rho=\frac{x}{R}$；

β——$\beta=\frac{r}{R}$；

R——圆形顶板支承点半径；

r——圆形顶板孔半径；

x——计算点距顶板圆心距离。

正负号规定：弯矩——使截面上部受压、下部受拉者为正；

挠度——向下变位者为正。

3. 配筋计算

检查井开孔顶板应按周边支承圆形板类构件进行配筋计算。不同位置的内力不等（见图 3-150、图 3-152）。切向弯矩是顶板配筋控制内力，其值在圆孔边缘弯矩最大，至支承周边减为零。

为减少钢筋用量，非均等弯矩作用构件的配筋，不宜按最大弯矩计算配筋量均配在构件断面上，应划分区域，以每个区域的平均弯矩值分别计算各区域配筋量，按此给开孔顶板配筋。

图 3-150 中左边为实际顶板弯矩分布图，图 3-150 右边为用以配筋计算将顶板转化为区域及各个区域的平均弯矩分布图。各个区域的宽度为 L_1、L_2、L_3…，各个区域的平均弯矩为 M'_{t1}、M'_{t2}、M'_{t3}…。

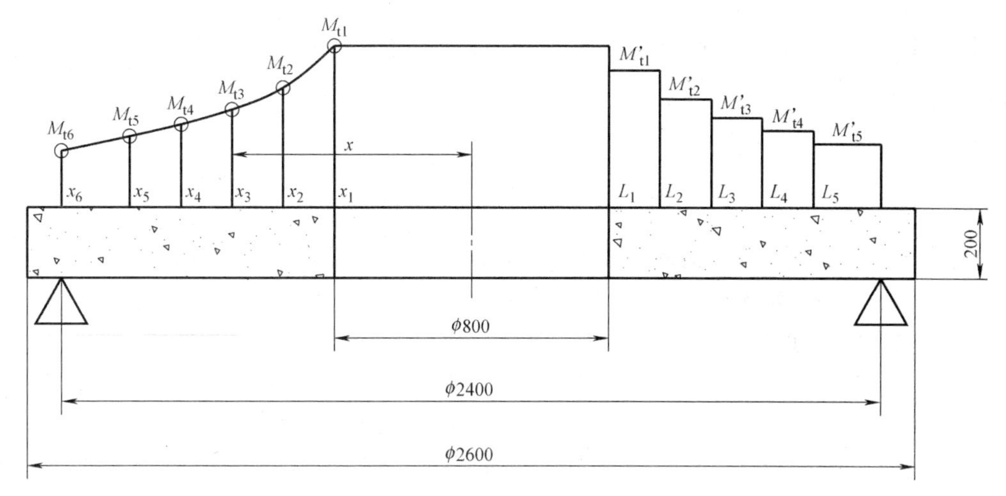

图 3-150 开孔顶板配筋计算区域划分和区域平均弯矩值

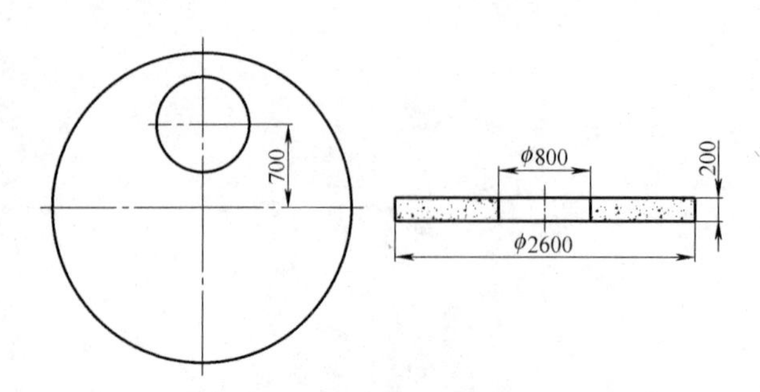

图 3-151　顶板尺寸图

4. 算例

（1）顶板规格（配装 ϕ2200 井室）与工况条件

顶板外径：$D_w=2600$mm；

孔筒内径：$d_n=800$mm；

顶板厚度：$t=200$mm；

顶板埋设深度：9m；

作用于顶板上的井筒规格：ϕ800、井壁厚度 80mm 的井筒；

地面作用荷载为公路Ⅰ级汽车。

（2）荷载计算

① 顶板自重标准值

$$G_{lk}=k_{bj}\gamma_c t=1.1\times25\times0.20$$
$$=5.5\text{kN/m}^2$$

式中　G_{lk}——顶板单位面积自重标准值，kN/m²；

k_{bj}——顶板自重计算系数；

γ_c——混凝土重力密度，kN/m³；

t——顶板厚度，mm。

② 顶板上检查井重量标准值

$$G_{jc}=k_{jc}\pi/4(d_{jw}^2-d_{jn}^2)H_j\gamma_c$$
$$=1.1\times\pi/4\times[(0.8+2\times0.08)^2-0.8^2]\times9\times25$$
$$=54.7391\text{kN}$$

式中　G_{jc}——顶板上检查井重量标准值，kN；

k_{jc}——检查井自重计算系数；

H_j——顶板埋设深度，m。

③ 地面车辆荷载标准值

公路-Ⅰ级汽车的后轮荷载为 140kN，汽车行进中直接辗压井盖传递作用力给顶板，故动力冲击系数取为 1.4。

$$P_{jc}=1.4p_l$$
$$=1.4\times140$$
$$=196\text{kN}$$

式中　P_{jc}——孔边地面汽车荷载标准值，kN/m；

p_l——汽车后轮轮压荷载，kN；

④ 竖向土压力标准值

$$F_{sv,k}=C_d\gamma_s H_j$$
$$=1.2\times18\times9$$
$$=194.4\text{kN/m}^2$$

式中　$F_{sv,k}$——板上竖向土压力标准值，kN/m²；

C_d——竖向土压力荷载系数；

γ_s——土壤重力密度，kN/m^3。

⑤ 孔边单位长度分布荷载之和

$$P_L = (P_{cj} + G_{jc})/(\pi d_j)$$
$$= (196 + 54.7391)/(\pi \times 0.8)$$
$$= 99.7659kN/m$$

式中 P_L——孔边单位长度分布荷载，kN/m。

⑥ 板上均布荷载

$$p_{sk} = F_{sv,k} + G_{jk}$$
$$= 194.4 + 5.5$$
$$= 199.9kN/m^2$$

式中 p_{sk}——板上均布荷载，kN/m^2。

（3）内力计算

① 圆孔周边分布荷载作用弯矩计算

混凝土泊桑系数：$\nu = 1/6$；

顶板覆盖于井室上，ϕ2200 井室壁厚取为 200mm，顶板支承点直径为 2400mm，顶板圆孔直径与顶板支承直径比 $\beta = 800/2400 = 0.3333$；计算位置与顶板直径比 $\rho = x/d_{zc}$，按 150mm 间距分隔区域，ρ 的计算结果如表 3-114 所示。

计算位置与顶板支承直径比 ρ　　　　表 3-114

计算位置 x	400	550	700	850	1000	1200
计算位置与板径比 ρ	0.3333	0.4583	0.5833	0.7083	0.8333	1.0

各项数据代入上列公式，计算由圆孔周边分布荷载作用的弯矩值，计算结果如表 3-115。

圆孔周边分布荷载作用引起的弯矩　　　　表 3-115

计算位置 x(mm)	弯矩方向	埋设深度(m)		
		3	6	9
400	切向弯矩 M_t(kN·m)	63.3751	68.7724	74.1698
	径向弯矩 M_r(kN·m)	0	0	0
550	切向弯矩 M_t(kN·m)	45.4600	49.3317	53.2033
	径向弯矩 M_r(kN·m)	5.2465	5.6933	6.1401
700	切向弯矩 M_t(kN·m)	35.6875	38.7269	41.7662
	径向弯矩 M_r(kN·m)	5.4252	5.8873	6.3493
850	切向弯矩 M_t(kN·m)	29.2424	31.7329	34.2233
	径向弯矩 M_r(kN·m)	4.1465	4.4996	4.8528
1000	切向弯矩 M_t(kN·m)	24.4991	26.5855	28.6720
	径向弯矩 M_r(kN·m)	2.4246	2.6311	2.8376
1200	切向弯矩 M_t(kN·m)	19.6707	21.3460	23.0212
	径向弯矩 M_r(kN·m)	0	0	0

② 板上均布荷载作用弯矩计算（表 3-116）

板上均布荷载作用引起的弯矩　表 3-116

计算位置 x(mm)	弯矩方向	埋设深度(m)		
		3	6	9
400	切向弯矩 M_t(kN·m)	30.7899	59.1710	87.5520
	径向弯矩 M_r(kN·m)	0	0	0
550	切向弯矩 M_t(kN·m)	23.3674	44.9065	66.4457
	径向弯矩 M_r(kN·m)	6.5902	12.6648	18.7394
700	切向弯矩 M_t(kN·m)	19.6884	37.8364	55.9844
	径向弯矩 M_r(kN·m)	8.0070	15.3876	22.7682
850	切向弯矩 M_t(kN·m)	17.1138	32.8885	48.6635
	径向弯矩 M_r(kN·m)	7.0883	13.6220	20.1558
1000	切向弯矩 M_t(kN·m)	14.8360	28.5112	42.1865
	径向弯矩 M_r(kN·m)	4.7425	9.1140	13.4855
1200	切向弯矩 M_t(kN·m)	11.7530	22.5864	33.4199
	径向弯矩 M_r(kN·m)	0	0	0

③ 圆孔周边荷载与板上均布荷载作用弯矩之和（表 3-117）

圆孔周边分布荷载与板上均布荷载作用引起的弯矩之和　表 3-117

计算位置 x(mm)	弯矩方向	埋设深度(m)		
		3	6	9
400	切向弯矩 M_t(kN·m)	94.1650	127.9434	161.7218
	径向弯矩 M_r(kN·m)	0	0	0
550	切向弯矩 M_t(kN·m)	68.8274	94.2382	119.6490
	径向弯矩 M_r(kN·m)	11.8367	18.3581	24.8795
700	切向弯矩 M_t(kN·m)	55.3759	76.5632	97.7506
	径向弯矩 M_r(kN·m)	13.4322	21.2749	29.1175
850	切向弯矩 M_t(kN·m)	46.3562	64.6215	82.8868
	径向弯矩 M_r(kN·m)	11.2348	18.1217	25.0086
1000	切向弯矩 M_t(kN·m)	39.3351	55.0968	70.8585
	径向弯矩 M_r(kN·m)	7.1672	11.7452	16.3232
1200	切向弯矩 M_t(kN·m)	31.4237	43.9324	56.4411
	径向弯矩 M_r(kN·m)	0	0	0

④ 顶板上切向弯矩分布图

由表 3-117 计算数据所绘制的切向和径向弯矩分布图分别见图 3-152、图 3-153。

⑤ 顶板最大挠度计算

按混凝土结构设计规范规定，检查井顶板的最大挠度不宜大于 $L/250$（L 为板跨度）。

$$[f_{\max}]=2400/250=9.6\text{mm}$$

式中　$[f_{\max}]$——荷载作用下顶板允许挠度，mm。

带孔顶板最大挠度位置发生在圆孔边，ϕ2600 开孔顶板埋设深度为 9m 计算的最大挠度为 2.63mm，小于允许挠度，顶板厚度设计是适宜的。

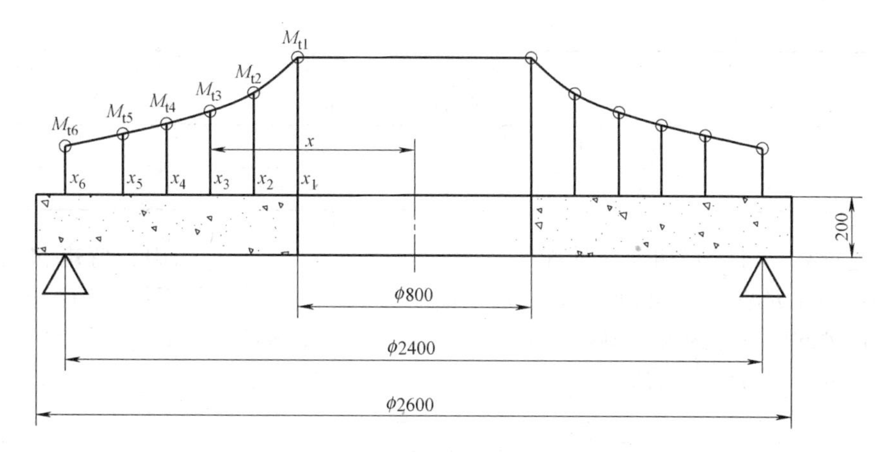

图 3-152 开孔顶板切向弯矩分布图

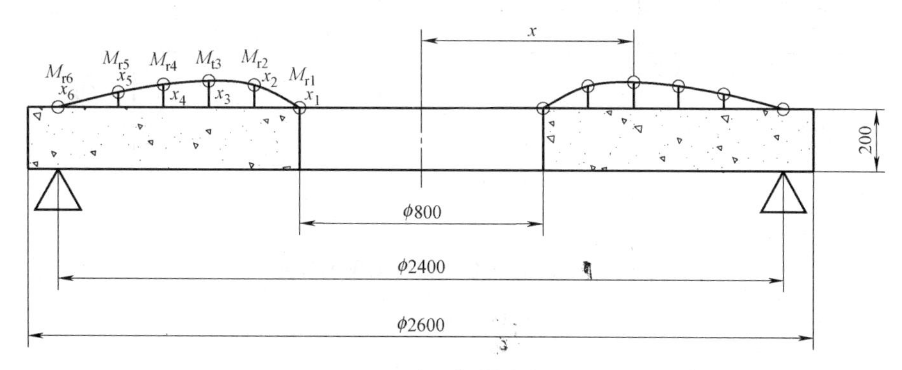

图 3-153 开孔顶板径向弯矩分布图

⑥ 配筋

由表 3-118 及图 3-152、图 3-153、图 3-154 可知：

a. 不同埋设深度的顶板内力不同；内力随埋设深度增大而加大。

b. 不同方向的顶板内力不同；荷载作用下在顶板中产生的弯矩，切向弯矩远大于径向弯矩，切向弯矩是开孔顶板中的主要内力。

c. 不同位置的顶板内力不同；顶板圆孔周边为最大切向弯矩作用位置，板支承点至圆孔边 1/2 距离附近为最大径向弯矩作用位置。

d. 不同位置的挠度不同；孔周边为最大挠度发生位置，在顶板支点处挠度为零。

e. 由结构分析可确定，开孔圆板的配筋应以抗切向弯矩为主配筋，在孔洞周边处的弯矩是配筋控制弯矩值；配筋形状以能承受切向弯矩的为最佳。

φ2200 开孔顶板配筋计算表 　　表 3-118

埋设深度 (m)	顶板厚度 (mm)	配筋位置 (mm)	平均弯矩 (kN·m)	配筋面积 (mm²/150mm)	钢筋直径 (mm)	配筋环数 (环/m)
9	180	400～550	196.9596	615.4987	18	2.42
		550～700	152.1797	396.3014		1.56
		700～850	126.4462	329.2870		1.29
		850～1000	107.6218	280.2650		1.10

续表

埋设深度（m）	顶板厚度（mm）	配筋位置（mm）	平均弯矩（kN·m）	配筋面积（mm²/150mm）	钢筋直径（mm）	配筋环数（环/m）
9	180	1000～1200	89.1097	232.0566	18	0.91
		合计	—	1853.4086		7.28

由上述计算，可以归纳为一种配筋方案，见图 3-154 。开孔四周为弯矩和挠度最大处，因而在圆孔处配置 2 环圆形环筋；水平横筋为主要受力筋，靠近圆孔边配筋密度大、间距小，向外间距逐渐增大；顶板支承圆处配置一圆形构造筋；钢筋骨架宜以焊接成型，或以焊接定型、辅以绑扎，使骨架不变形、钢筋间距符合要求。

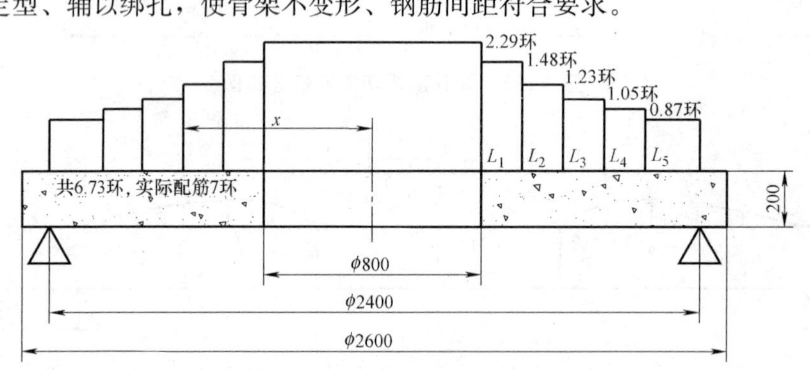

图 3-154　板上各区段计算配筋环数

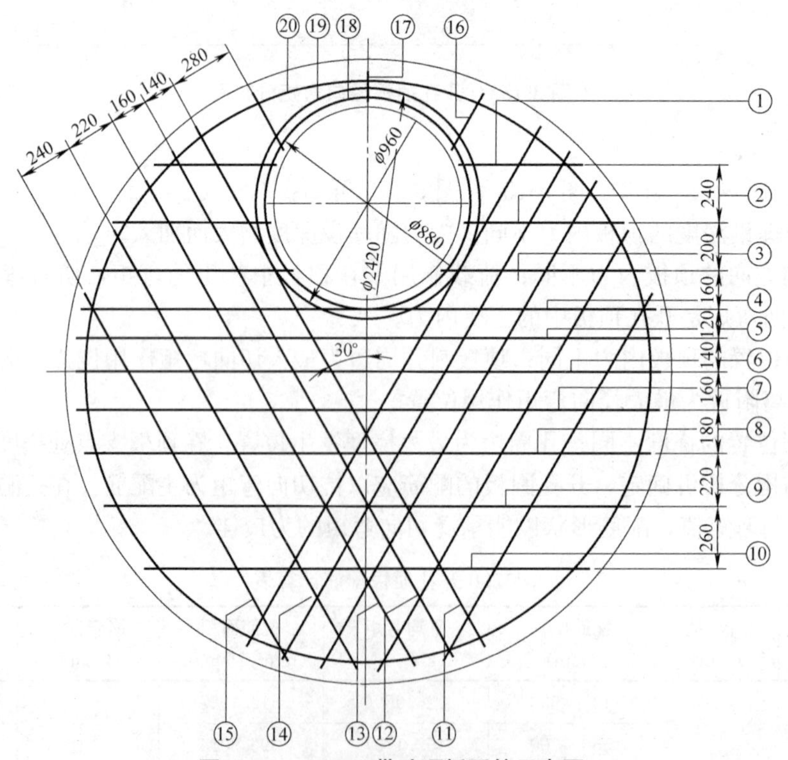

图 3-155　Φ2200 带孔顶板配筋示意图

【例题 3.35】 圆形开孔顶板四种井室内径三种埋设深度配筋表

圆形开孔顶板四种井室内径、三种埋设深度配筋表 **表 3-119**

埋设深度（m）	配筋位置（mm）	井室内径 ϕ1200				井室内径 ϕ1500				井室内径 ϕ1800				井室内径 ϕ2200			
		板厚（mm）	最大挠度（mm）	钢筋直径（mm）	配筋根数（环）	板厚（mm）	最大挠度（mm）	钢筋直径（mm）	配筋根数（环）	板厚（mm）	最大挠度（mm）	钢筋直径（mm）	配筋根数（环）	板厚（mm）	最大挠度（mm）	钢筋直径（mm）	配筋根数（环）
3	400～550	120	1.21	12	2.96	140	1.50	14	2.42	160	1.69	14	2.44	200	1.54	14	2.32
	550～700				1.24				1.48				1.52				1.63
	700～850				—				1.34				1.22				1.20
	850～1000				—				—				1.17				1.01
	1000～1200				—				—				—				0.84
6	400～550	120	1.48+	14	2.56	140	1.91	16	2.29	160	2.24	16	2.42	200	2.15	16	2.42
	550～700				1.07				1.41				1.52				1.55
	700～850				—				1.27				1.22				1.28
	850～1000				—				—				1.18				1.09
	1000～1200				—				—				—				0.90
9	400～550	120	1.76	16	2.26	140	2.32	18	2.15	160	2.79	18	2.34	200	2.76	18	2.42
	550～700				0.94				1.33				1.48				1.56
	700～850				—				1.19				1.20				1.29
	850～1000				—				—				1.15				1.10
	1000～1200				—				—				—				0.91

【例题 3.36】 圆形无孔顶板计算

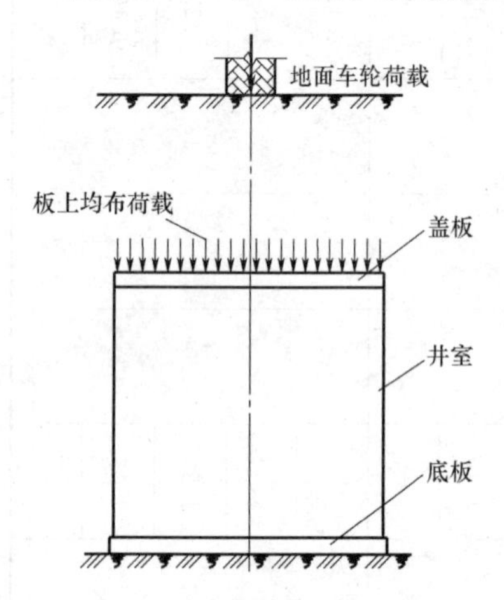

图 3-156 圆形顶板荷载图

1. 圆形无孔顶板计算简图

圆形顶板在地下所受荷载如图 3-156 所示，由地面荷载与竖向土压力荷载组成。地面荷载按汽车荷载和地面活荷载中取较大者计算，地面活荷载规定为 10kN/m²。

2. 内力计算公式

板面上均布荷载 p_{sk}（图 3-157）作用弯矩公式

$$M_r=\frac{p_{sk}R^2}{16}(3+\mu)(1-\rho^2)$$

$$M_t=\frac{p_{sk}R^2}{16}[3+\mu-(1+3\mu)\rho^2]$$

$$Q_r=-\frac{p_{sk}R}{2}\rho$$

$$f=\frac{p_{sk}R^4}{64B_C}(1-\rho^2)\left(\frac{5+\mu}{1+\mu}-\rho^2\right)$$

式中 M_r——径向弯矩；
M_t——切向弯矩；
Q_r——剪力；
f——挠度；
p_{sk}——板面均布荷载；
B_C——刚度，$B_C=\frac{Et^3}{12(1-\mu^2)}$；
E——弹性模量；
t——板厚；
μ——泊桑系数；
ρ——$\rho=\frac{x}{R}$；
R——圆形顶板支承点半径；
x——计算点距顶板圆心距离。

正负号规定：弯矩——使截面上部受压、下部受拉者为正；
挠度——向下变位者为正。

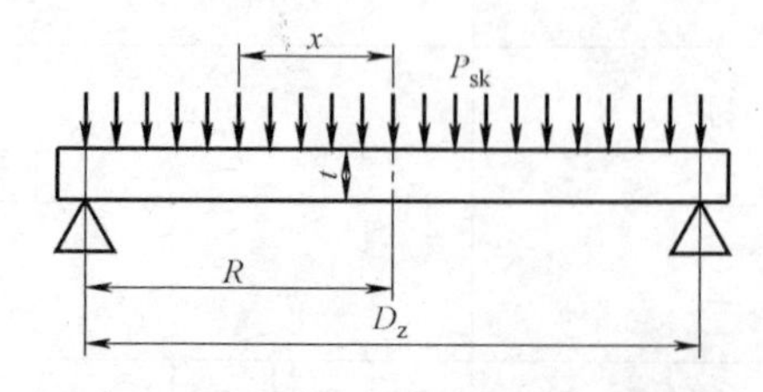

图 3-157 板面均布荷载作用计算简图

3. 配筋计算

检查井顶板应按周边支承圆形板类构件进行配筋计算。不同位置的内力不等（见图 3-159、图 3-160）。在圆心处弯矩最大，至支承周边减为零。

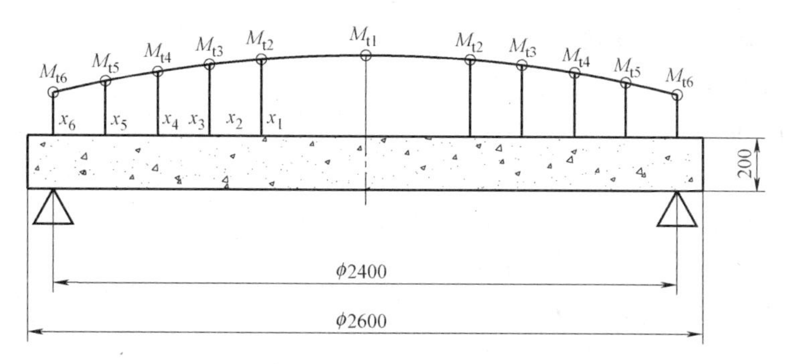

图 3-158 顶板切向弯矩分布图

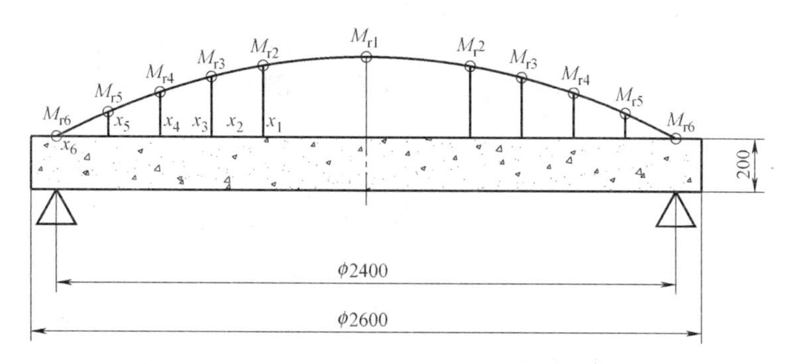

图 3-159 顶板径向弯矩分布图

为减少钢筋用量，非均等弯矩作用构件的配筋，不宜按最大弯矩计算配筋量均配在构件断面上，应划分区域，以每个区域的平均弯矩值分别计算各区域配筋量，按此配筋。

图 3-160 中左边为实际顶板弯矩分布图，图 3-160 右边为用以配筋计算将顶板转化为区域及各个区域的平均弯矩分布图。各个区域的宽度为 L_1、L_2、L_3…，各个区域的平均弯矩为 M'_{t1}、M'_{t2}、M'_{t3}…。

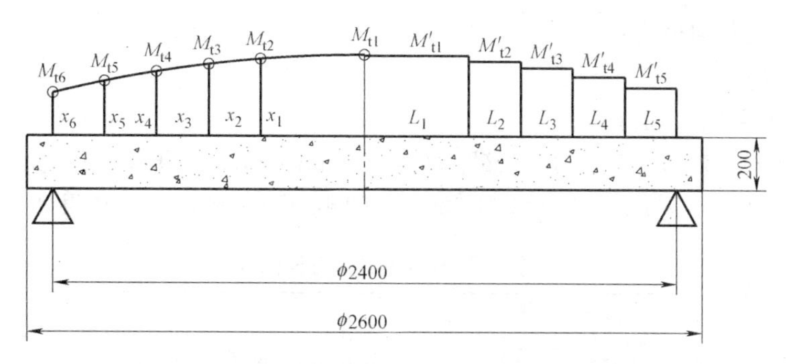

图 3-160 顶板配筋计算区域划分和区域平均弯矩值

4. 算例

(1) 顶板规格（配装 ϕ2200 井室）、工况条件

顶板外径：$D_w = 2600$mm；

顶板厚度：$t = 200$mm；

顶板埋设深度：9m；

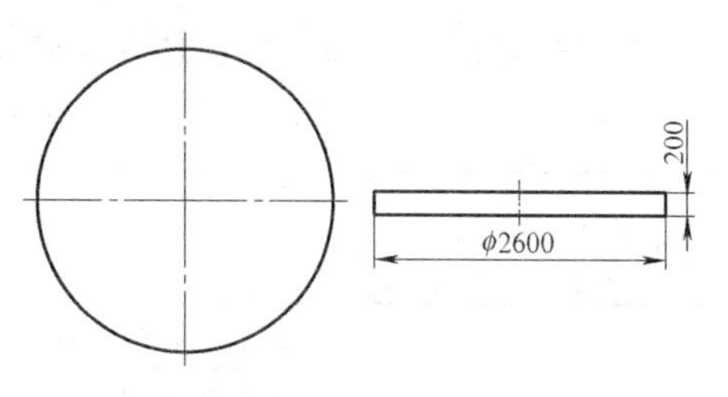

图 3-161 顶板尺寸图

地面作用荷载为公路-Ⅰ级汽车。

（2）荷载计算

① 顶板自重标准值

$$G_{lk}=k_{bj}\gamma_c t=1.1\times25\times0.20$$
$$=5.5\text{kN/m}^2$$

式中　G_{lk}——顶板单位面积自重标准值，kN/m^2；

k_{bj}——顶板自重计算系数；

γ_c——混凝土重力密度，kN/m^3；

t——顶板厚度，mm。

② 地面荷载标准值

因埋设深度较大，取 $q_{vk}=10\text{kN/m}^2$ 为地面荷载标准值。

③ 以竖向土压力标准值

$$F_{sv,k}=C_d\gamma_s H_j$$
$$=1.2\times18\times9$$
$$=194.4\text{kN/m}^2$$

式中　$F_{sv,k}$——板上竖向土压力标准值，kN/m^2；

C_d——竖向土压力荷载系数；

H_j——顶板埋设深度，m；

γ_s——土的重力密度，kN/m^3。

④ 作用于顶板面上均布荷载之和

$$P_{sk}=G_{lk}+q_{vk}+F_{sv,k}$$
$$=5.5+1.4\times10+1.27\times194.4$$
$$=266.3880\text{kN/m}^2$$

式中　P_{sk}——板上均布荷载，kN/m^2。

（3）内力计算

混凝土泊桑系数 $\upsilon=1/6$；

顶板覆盖于井室上，ϕ2200 井室壁厚取为 200mm，顶板支承点直径为 2400mm，计算位置与顶板直径比 $\rho=x/d_{zc}$，按 400 与 200mm 间距分隔区域，计算结果如表 3-120 所示。

计算位置与顶板支承直径比 ρ　　　　**表 3-120**

计算位置 x	400	600	800	1000	1200
计算位置与板径比 ρ	0.3333	0.50	0.6667	0.8333	1.0

各项数据代入上列公式，计算荷载作用的弯矩值，计算结果如表 3-121 所示：

荷载作用弯矩值　　　　**表 3-121**

计算位置 x(mm)	弯矩方向	埋设深度(m)		
		3	6	9
0	切向弯矩 M_t(kN·m)	29.0119	52.4662	75.9206
	径向弯矩 M_r(kN·m)	29.0119	52.4662	75.92060

续表

计算位置 x(mm)	弯矩方向	埋设深度(m)		
		3	6	9
400	切向弯矩 M_t(kN·m)	27.4849	49.7048	71.9248
	径向弯矩 M_r(kN·m)	25.7883	46.6366	67.4850
600	切向弯矩 M_t(kN·m)	25.5762	46.2531	66.9300
	径向弯矩 M_r(kN·m)	21.7589	39.3497	56.9404
800	切向弯矩 M_t(kN·m)	22.9041	41.4207	59.9373
	径向弯矩 M_r(kN·m)	16.1177	29.1479	42.1781
1000	切向弯矩 M_t(kN·m)	19.4685	35.2076	50.9467
	径向弯矩 M_r(kN·m)	8.8647	16.0313	23.1980
1200	切向弯矩 M_t(kN·m)	15.2694	27.6138	39.9582
	径向弯矩 M_r(kN·m)	0	0	0

(4) 顶板最大挠度计算

按混凝土结构设计规范规定，检查井顶板的最大挠度不宜大于 $L/250$（L 为板跨度）。

$$f_{max}=2400/250=9.6\text{mm}$$

式中 f_{max}——荷载作用下顶板允许挠度，mm。

顶板最大挠度位置发生在中心位置，Φ2600 顶板埋设深度为 9m 计算的最大挠度为 1.86mm，小于允许挠度，顶板厚度设计是适宜的。

(5) 配筋

由表 3-121 及图 3-159、图 3-160 可知：

(a) 不同埋设深度的顶板内力不同；内力随埋设深度增大而加大。

(b) 不同方向的顶板内力不同；荷载作用下在顶板中产生的弯矩，切向弯矩大于径向弯矩，切向弯矩是顶板中的主要内力。

(c) 不同位置的顶板内力不同；顶板中心为最大弯矩作用位置。

(d) 不同位置的挠度不同；顶板中心为最大挠度发生位置，在顶板支点处挠度为零。

(e) 由结构分析确定，顶板的配筋应以抗切向弯矩为主配筋，配筋形状以能承受切向

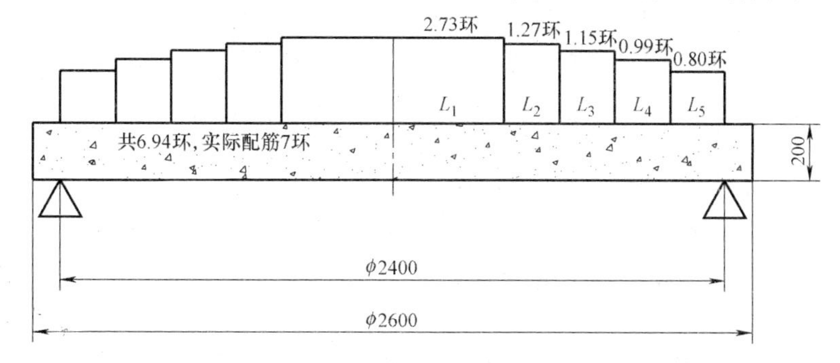

图 3-162 板上各区段计算配筋环数与实际配筋数

弯矩的为最佳。

ϕ2200 顶板配筋计算表　　　　表 3-122

埋设深度（m）	顶板厚度（mm）	配筋位置（mm）	平均弯矩（kN·m）	配筋面积（mm^2/150mm）	钢筋直径（mm）	配筋环数（环/m）
9	180	0～400	73.9227	695.2453	18	2.73
		400～600	69.4274	323.6084		1.27
		600～800	63.4336	292.3168		1.15
		800～1000	55.4420	251.7901		0.99
		1000～1200	45.4525	202.8771		0.80
		合计	—	1765.8377		6.94

由上述计算，可以归纳为一种配筋方案，见图 3-163。靠近顶板中心处配筋密度大、间距小，向外间距逐渐增大；顶板支承圆处配置一圆形构造筋；钢筋骨架宜以焊接成型，或以焊接定型、辅以绑扎，使骨架不变形、钢筋间距误差符合要求。

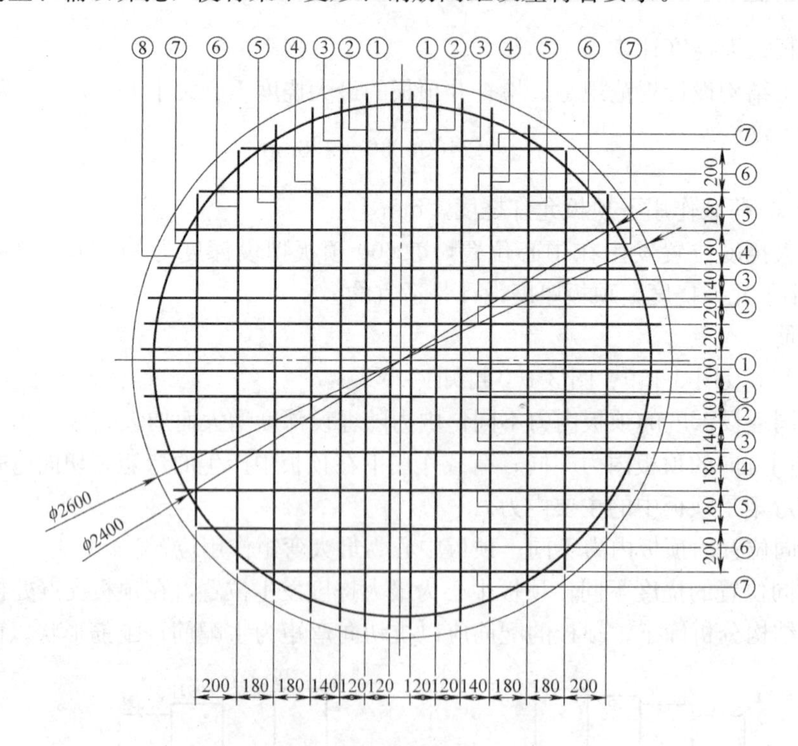

图 3-163　ϕ2200 顶板配筋示意图

【例题 3.36 附 1】　圆形顶板查表法计算配筋

圆形顶板（带孔或不带孔），也可从“【附录 B】检查井顶板查表法结构计算用表”查表法确定，不同支承、不同荷载作用下圆板的内力，从而以此计算板中的配筋。

（计算从略）

【例题 3.36 附 2】　圆形无孔顶板四种井室内径、三种埋设深度配筋表（表 3-123）

圆形无孔顶板四种井室内径、三种埋设深度配筋表 **表 3-123**

埋设深度（m）	配筋位置（mm）	ϕ1200				ϕ1500				ϕ1800				ϕ2200			
		板厚（mm）	最大挠度（mm）	钢筋直径（mm）	配筋根数（环）	板厚（mm）	最大挠度（mm）	钢筋直径（mm）	配筋根数（环）	板厚（mm）	最大挠度（mm）	钢筋直径（mm）	配筋根数（环）	板厚（mm）	最大挠度（mm）	钢筋直径（mm）	配筋根数（环）
3	0～400	120	0.28	10	1.74	140	0.42	10	2.32	160	0.60	12	1.96	200	0.71	14	1.64
	400～600				0.66				0.87				0.81				0.72
	600～800				—				0.51				0.60				0.61
	800～1000				—				—				0.31				0.45
	1000～1200				—				—				—				0.24
6	0～400	120	0.51	14	1.52	140	0.77	14	2.11	160	1.09	16	2.00	200	1.28	16	2.29
	400～600				0.69				0.90				0.90				1.07
	600～800				—				0.69				0.77				0.97
	800～1000				—				—				0.61				0.84
	1000～1200				—				—				—				0.68
9	0～400	120	0.73	16	1.76	140	1.12	16	2.47	160	1.58	18	2.42	200	1.86	18	2.73
	400～600				0.79				1.04				1.08				1.27
	600～800				—				0.79				0.91				1.15
	800～1000				—				—				0.71				0.99
	1000～1200				—				—				—				0.80

【例题 3.37】 圆形底板计算

1. 圆形底板计算简图

图 3-164 为常见检查井的安装图，底板安装于井室的底层，上面有井室、盖板、井筒、调整块、井圈、井盖等部件。对检查井底板有地面车辆荷载、底板上部的检查井部件重量之和及竖向土压力等作用力，其中，地面荷载以车辆直压于井盖上作用力最大。竖向土压力、车轮荷载及检查井重量等作用于检查井底板周边。

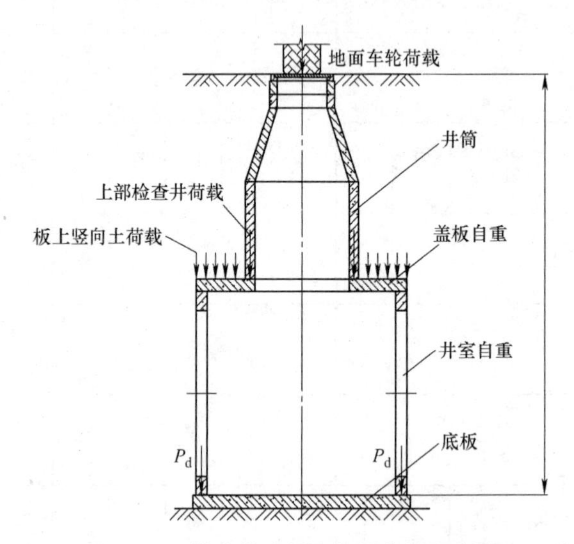

图 3-164　检查井底板上作用荷载示意图

图 3-165 为检查井圆形底板计算简图。板上荷载包括孔边分布荷载和板上均布荷载，可分解为图 3-166、图 3-167 两种作用荷载。

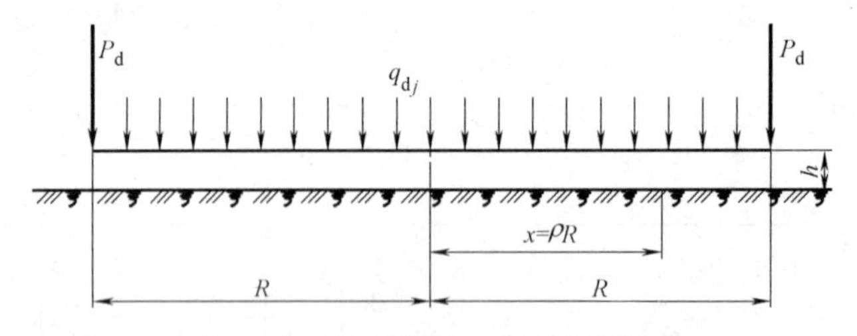

图 3-165　检查井圆形底板计算简图

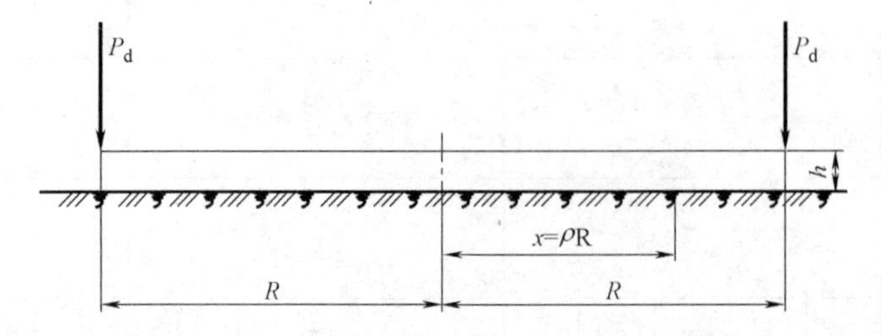

图 3-166　检查井底板边缘受集中荷载计算简图

2. 圆形底板内力计算

检查井圆形底板内力计算公式是按位于弹性地基上薄板理论推导的。检查井底板上的作用力由周边分布荷载 P_d 和板面上均布荷载 q_{dj} 组合而成，通过分别计算检查井底板边缘分布荷载和检查井底板板面均布荷载的内力叠加而得。

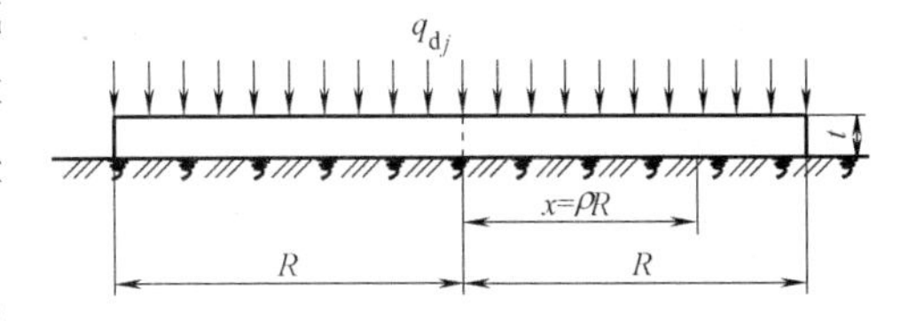

图 3-167　检查井底板面受均布荷载计算简图

周边分布荷载在板中产生的内力（弯矩）使板面上缘受拉（负弯矩）；板面均布荷载在板中产生的内力（弯矩）使板面下缘受拉（正弯矩），二者叠加为检查井底板的内力。实际运行过程中，井内可能无水，板上无均布荷载作用，从计算可知，板面均布荷载产生的弯矩较小，为简化计算和安全考虑，结构设计中可不计此项荷载，只需计算周边分布荷载的作用弯矩。

计算公式如下：

（1）切向弯矩计算公式

$$M_{td}=M_{Mt}P_dR$$

（2）径向弯矩计算公式

$$M_{rd}=K_{Mr}P_dR$$

式中　M_{td}——作用于检查井底板上的切向弯矩，kN·m；

M_{rd}——作用于检查井底板上的径向弯矩，kN·m；

P_d——检查井底板圆周边缘分布荷载，kN；

R——检查井底板支承点半径，m；

K_{Mt}——切向弯矩计算系数；

K_{Mr}——径向弯矩计算系数。

（3）检查井底板柔性指数计算公式

$$S=\frac{3(1-\upsilon_c^2)}{1-\upsilon_0^2}\frac{E_0}{E_c}\left(\frac{R}{t}\right)^3$$

式中　S——圆板的柔性指数；

E_c——混凝土的弹性模量，N/mm^2；

E_0——地基土的弹性模量，N/mm^2；

υ_c——钢筋混凝土的泊桑系数，取 0.17；

υ_0——地基土的泊桑系数，取 0.4；

t——检查井底板厚度，m。

（4）计算点位置系数计算公式

$$\rho=\frac{x}{R}$$

式中　ρ——计算点位置系数；

x——计算点至检查井底板中心的距离，m。

3. 检查井底板弯矩分布图

图 3-168 是检查井底板中不同位置的弯矩分布图，切向弯矩各计算点数值相近，径向弯矩在板边缘处为零。板中的配筋按最大弯矩值计算，平均分配布置于板中。

4. 检查井底板配筋算例

检查井底板外径：2600mm（配置检查井井室内径 ϕ2200mm）；检查井底板厚度：

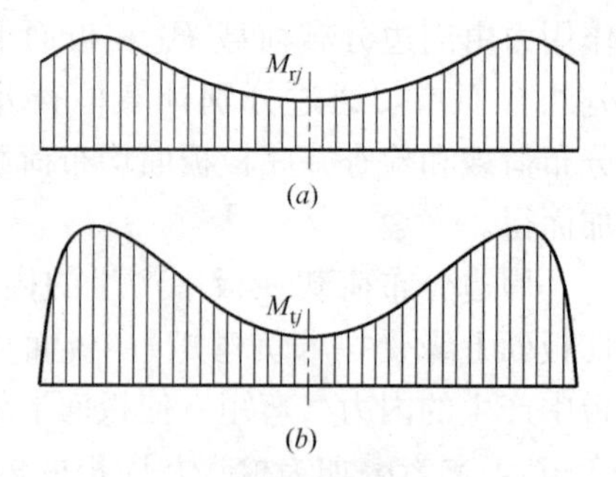

图 3-168　检查井底板边缘分布作用荷载弯矩图

(a) 径向弯矩；(b) 切向弯矩

200mm；荷载作用位置直径：2400mm；检查井底板埋设深度：12m。

检查井上井筒壁厚 80mm、盖板厚度 200mm。检查井井室高度 2.48m，井室壁厚 200mm。

(1) 荷载计算

① 检查井井筒重量计算

$$H_t = Z_d - H_s - t_g = 12 - 2.48 - 0.2 = 9.32\text{m}$$

$$G_{jt} = k_{jc}\pi/4(d_{tw}^2 - d_{tn}^2)H_t\gamma_c = 1.1\times\pi/4\times[(0.8+2\times0.08)^2 - 0.8^2]\times9.32\times25 = 56.6854\text{kN}$$

式中　G_{jt}——盖板上检查井井筒重量标准值，kN；

k_{jc}——检查井自重计算系数，取 1.1；

d_{tw}——检查井井筒外径，m；

d_{tn}——检查井井筒内径，m；

H_t——检查井井筒高度，m。

γ_c——混凝土重力密度，kN/m^3；

Z_d——检查井底板埋设深度，m；

H_s——检查井井室高度，m；

t_g——检查井盖板厚度，m。

② 盖板重量计算

$$G_{gd} = k_{jc}\pi/4D_{gw}^2 t_g\gamma_c = 1.1\times\pi/4\times2.6^2\times0.2\times25 = 29.201\text{kN}$$

式中　G_{gb}——检查井盖板重量标准值，kN；

D_{gw}——检查井盖板外径，m。

③ 井室重量计算

$$G_{jb} = k_{jc}\pi/4(D_{dw}^2 - D_{sn}^2)H_s\gamma_c = 1.1\times\pi/4\times(2.6^2 - 2.2^2)\times2.48\times25 = 102.8432\text{kN}$$

式中　G_{js}——检查井井室重量标准值，kN；

D_{dw}——检查井底板外径，m；

D_{sn}——检查井井室内径，m。

④ 竖向土压力计算

$$G_{Fsv} = C_d\gamma_s H_g\pi/4(D_{gw}^2 - d_{tw}^2) = 1.2\times18\times9.32\times\pi/4\times[2.6^2 - (0.8+2\times0.08)^2] = 923.1099\text{kN}$$

式中　G_{Fsv}——检查井底板上作用的竖向土压力标准值，kN；

C_d——竖向土压力荷载系数；

γ_s——土的重力密度，kN/m^3；

H_g——检查井盖板埋设深度，m。

⑤ 地面车辆车轮荷载计算

$$G_{qv}=\mu_d Q_{vk}=1.4\times140=196\text{kN}$$

式中 G_{qv}——轮压传递到检查井竖向荷载标准值，kN；

Q_{vk}——汽车单个后轮轮压标准值，kN；

μ_d——汽车动力系数，可按表 3-124 选用。

动力系数选用表 **表 3-124**

地面至计算点深度(m)	<0.25	0.25	0.30	0.40	0.50	0.60	≥0.70
μ_d	1.4	1.3	1.25	1.2	1.15	1.05	1

⑥ 检查井底板边缘分布荷载计算

$$P_d=(G_{jt}+G_{gd}+G_{js}+G_{Fsv}+G_{qv})/T_z$$
$$=(56.6854+29.2011+102.8432+923.1099+196)/[\pi\times(2.2+0.2)]$$
$$=173.4576\text{kN/m}$$

式中 P_d——检查井底板边缘分布荷载，kN/m；

T_z——检查井底板边缘受载圆周长，m。

(2) 内力计算

① 检查井底板柔性指数计算

$$S=\frac{3(1-\upsilon_c^2)}{1-\upsilon_0^2}\frac{E_0}{E_c}\left(\frac{R}{t_d}\right)^3$$
$$=\frac{3\times(1-0.1667^2)}{1-0.4^2}\times\frac{1550}{30000}\left(\frac{1200}{200}\right)^3$$
$$=38.75$$

② 计算点位置系数、弯矩系数

离检查井底板中心不同半径 x 处的弯矩系数以插入法计算如表 3-125 所示。

③ 弯矩计算

弯矩系数代入弯矩公式计算结果见表 3-125。

各计算点弯矩系数及弯矩计算结果 **表 3-125**

ρ	0	0.1	0.2	0.3	0.4	0.5	0.6	0.7	0.8	0.9	1.0
X(mm)	0	120	240	360	480	600	720	840	960	1080	1200
$S_t=30$	−0.0328	−0.0335	−0.0355	−0.0389	−0.0435	−0.0491	−0.0552	−0.0608	−0.0642	−0.0623	−0.0493
$S_t=50$	−0.0139	−0.0144	−0.0163	−0.0193	−0.0236	−0.0292	−0.0375	−0.0425	−0.0479	−0.0482	−0.0372
K_{Mt}	−0.0245	−0.0251	−0.0271	−0.0303	−0.0348	−0.0404	−0.0475	−0.0528	−0.0571	−0.0561	−0.0440
M_{td}	−5.1062	−5.2336	−5.6408	−6.3121	−7.2423	−8.4079	−9.8780	−10.9890	−11.8788	−11.6837	−9.1599
$S_r=30$	−0.0328	−0.0342	−0.0386	−0.0457	−0.0552	−0.0663	−0.0774	−0.0854	−0.0843	−0.0629	0
$S_r=50$	−0.0139	−0.0151	−0.0189	−0.0254	−0.0347	−0.0464	−0.0595	−0.0714	−0.0758	−0.0604	0
K_{Mr}	−0.0245	−0.0258	−0.0300	−0.0368	−0.0462	−0.0576	−0.0696	−0.0793	−0.0806	−0.0618	0
M_{rd}	−5.1062	−5.3794	−6.2406	−7.6638	−9.6230	−11.9881	−14.4807	−16.5010	−16.7729	−12.8649	0.0000

注：正负号规定：弯矩——使截面上部受压、下部受拉者为正。

(3) 配筋计算

由表 3-128 可得检查井圆形底板切向弯矩和径向弯矩分布图，见图 3-169 和图 3-170。

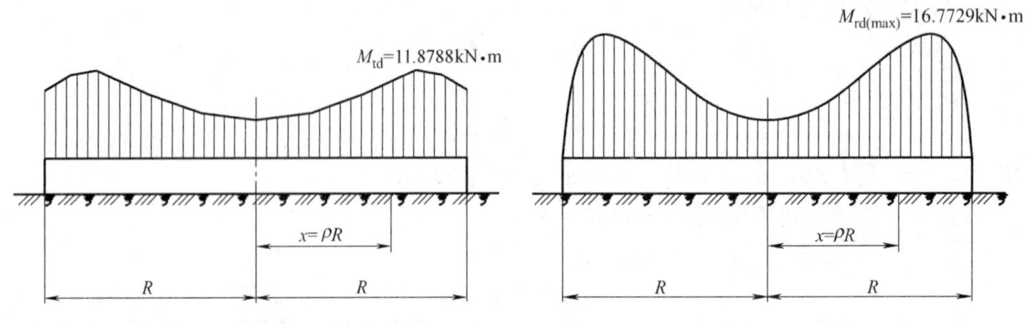

图 3-169　检查井圆形底板切向弯矩分布图　　**图 3-170　检查井圆形底板径向弯矩分布图**

检查井底板配筋按最大弯矩 M_{rd}=16.7729kN·m 计算配筋。

检查井底板按受弯构件计算配筋，可按内力从结构计算手册中选取。

以下式计算出配筋选取系数，再由手册确定配筋量。为确保结构安全，取 C30 级混凝土、钢筋强度标准值 f_{yk}=335N/mm^2 为设计参数。

$$A_0=\frac{M_{ri}}{bh_0^2}$$

式中　A_0——配筋选取系数；

M_{ri}——各区段弯矩；

b——单位计算长度；

h_0——结构计算有效高度。

表 3-126 为外径 ϕ2600mm 检查井底板配筋计算表。

外径 ϕ2600mm 检查圆形底板配筋计算表　　**表 3-126**

埋设深度(m)	检查井底板厚度(mm)	最大弯矩(kN·m)	配筋面积(mm²/m)	钢筋直径(mm)	计算配筋根数(根)	实际配筋根数(根)
4	200	5.6932	166.0520	8	7.93	8
8		11.3313	330.4968	10	10.10	10
12		16.7729	489.2101	14	7.63	8

由表 3-126 及图 3-169、图 3-170 可知：

① 不同埋设深度的检查井底板内力不同，内力随埋设深度增大而加大。

② 检查井底板受荷载作用，底板上部边缘受拉、下部边缘受压，板中内力为负弯矩。

③ 不同方向的检查井底板内力不同。荷载作用下在底板中产生的弯矩，距离板中心位置不同内力不同，边缘处略小，径向弯矩边缘处为零。

④ 由结构分析可确定，配筋以最大负弯矩为控制弯矩值。

由上述计算及分析，可以归纳为一种配筋方案，见图 3-171 和表 3-127。板中各部位弯矩差值不大，采用间距相同的矩形网格配筋方案；检查井底板支承圆处配置一圆形构造筋；钢筋骨架宜以焊接成型，或以焊接定型、辅以绑扎，使骨架不变形、钢筋间距符合要求。

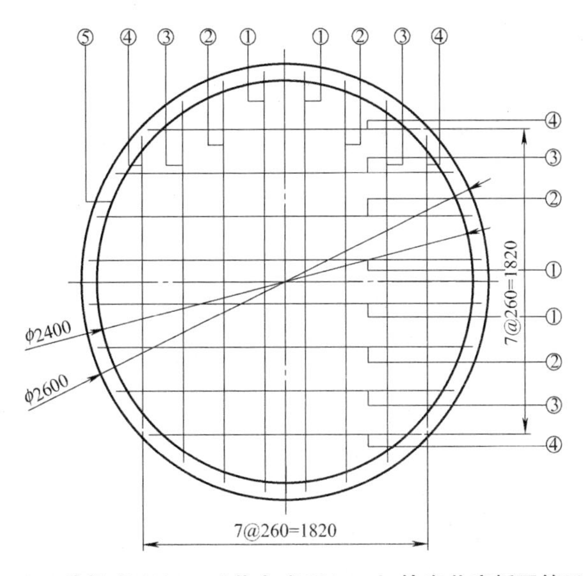

图 3-171 外径 ϕ2600mm（井室 ϕ2200mm）检查井底板配筋示意图

【例题 3.37 附 1】 四种直径三种埋设深度圆形底板配筋表。

四种直径三种埋设深度圆形底板配筋表 表 3-127

埋设深度（m）	井室直径 ϕ1200mm			井室直径 ϕ1500mm			井室直径 ϕ1800mm			井室直径 ϕ2200mm		
	板厚（mm）	钢筋直径（mm）	配筋根数（根）	板厚（mm）	钢筋直径（mm）	配筋根数（根）	板厚（mm）	钢筋直径（mm）	配筋根数（根）	板厚（mm）	钢筋直径（mm）	配筋根数（根）
4	120	8	6	140	8	7	160	8	8	200	8	8
8		10	6		10	7		10	9		10	10
12		12	5		12	7		12	9		14	8

第四章　预制混凝土涵管制造材料

4.1　混凝土材料

以胶凝材料（胶结料）、骨料（或称集料）、水及其他材料为原料，按适当比例配制而成的拌合物，经硬化形成的复合物为混凝土。

在混凝土中，以砂、石为骨架，因此称为骨料。胶凝材料（水泥）和水形成水泥浆，包裹在砂粒表面并填充砂粒间的空隙形成水泥砂浆，水泥砂浆又包裹在石子表面并填充石子间空隙。新拌混凝土，水泥浆起润滑作用，赋予混凝土拌合物一定的流动性，利于成型。硬化后，则将骨料胶结成一个坚实整体、产生一定力学性能。

混凝土所采用的材料与所配制的混凝土性能等有密切关系，正确地选择和使用混凝土的材料是获得高质量混凝土的关键和保障。

4.1.1　水泥

水泥是混凝土中主要的胶凝材料，水泥的性能在相当大的程度上影响混凝土的性能。因此，配制混凝土时，需根据混凝土的使用要求选用水泥，必须考虑以下几项技术条件：①水泥品种；②水泥强度等级；③在各种温、湿度条件下，水泥早期和后期强度发展的规律；④在制品的使用环境中，水泥的稳定性；⑤水泥的其他特殊性能。

4.1.1.1　水泥品种

凡细磨成粉末状，加入适量的水后成为塑性浆体，既能在空气中硬化，又能在水中硬化，并能将砂、石等材料牢固地胶结在一起的水硬性胶凝材料，通称为水泥。

水泥种类繁多，不同品种的水泥其技术性能不同，在实际生产中应根据具体情况选用所需要的水泥。水泥基本分类方法是按主要化学成分分为若干大类，每大类包括几个品种，则称为一个系列。一般可以按下列情况进行分类。

（1）按水泥的用途和性能分为通用水泥、专用水泥和特性水泥三大类。

（2）按水泥主要水硬性物质主要化学成分分为：

1）硅酸盐水泥系列，主要水硬性矿物为硅酸三钙（$3CaO \cdot SiO_2$）、硅酸二钙（$2CaO \cdot SiO_2$）。

2）铝酸盐水泥系列，主要水硬性矿物为铝酸钙（$CaO \cdot Al_2O_3$）、二铝酸一钙（$CaO \cdot 2Al_2O_3$）。

3）硫铝酸盐水泥系列，主要水硬性矿物为无水硫铝酸钙（$3CaO \cdot 3Al_2O_3 \cdot CaSO_4$）。

4）铁铝酸盐水泥系列，主要水硬性矿物为铁铝酸钙（$4CaO \cdot Al_2O_3 \cdot Fe_2O_3$）。

5）氟铝酸盐水泥系列，主要水硬性矿物为氟铝酸钙（$11CaO \cdot 7Al_2O_3 \cdot CaF_2$）。

6）其他以火山灰质或潜在水硬性矿物以及其他活性材料为主要组分的水泥。

适用于大多数工程及预制水泥制品的水泥主要为通用硅酸盐水泥系列、硫铝酸盐水泥系列水泥。

4.1.1.2 硅酸盐水泥

根据国家标准《通用硅酸盐水泥》GB 175—2007/XG1—2009 规定，凡由适当成分的生料，烧至部分熔解所得以硅酸钙为主要成分的硅酸盐水泥熟料，加入 0%～5%石灰石或粒化高炉矿渣，适量石膏磨细制成的水硬性胶凝材料，称为硅酸盐水泥（国外通称为波特兰水泥）。硅酸盐水泥分为两类，不掺加混合材料的称为Ⅰ型硅酸盐水泥，代号为 P·Ⅰ。在硅酸盐水泥熟料粉磨时掺加不超过水泥质量 5%的石灰石或粒化高炉矿渣混合材，称为Ⅱ型硅酸盐水泥，代号为 P·Ⅱ。

根据国家标准《通用硅酸盐水泥》GB 175—2007/XG1—2009 规定，通用硅酸盐水泥按混合材料的品种和掺量分为硅酸盐水泥、普通硅酸盐水泥、矿渣硅酸盐水泥、火山灰质硅酸盐水泥、粉煤灰硅酸盐水泥和复合硅酸盐水泥。通用硅酸盐水泥化学组分符合表 4-1 的规定。

通用硅酸盐水泥的组分规定　　表 4-1

品种	代号	熟料＋石膏	粒化高炉矿渣	火山灰质混合材料	粉煤灰	石灰石
硅酸盐水泥	P·Ⅰ	100	—	—	—	—
	P·Ⅱ	≥95	≤5	—	—	—
		≥95	—	—	—	≤5.0
普通硅酸盐水泥	P·O	≥80 且＜95	＞5 且≤20			—
矿渣硅酸盐水泥	P·S·A	≥50 且＜80	＞5 且≤50	—	—	—
	P·S·B	≥30 且＜50	＞5 且≤70	—	—	—
火山灰质硅酸盐水泥	P·P	≥60 且＜80	—	＞20 且≤40	—	
粉煤灰硅酸盐水泥	P·F	≥60 且＜80	—	—	＞20 且≤40	
复合硅酸盐水泥	P·C	≥50 且＜80	＞20 且≤50			

通用硅酸盐水泥的化学指标　　表 4-2

<table>
<tr><th>品种</th><th>代号</th><th>不溶物（质量分数）</th><th>烧失量（质量分数）</th><th>三氧化硫（质量分数）</th><th>氧化镁（质量分数）</th><th>氯离子（质量分数）</th></tr>
<tr><td rowspan="2">硅酸盐水泥</td><td>P·Ⅰ</td><td>≤0.75</td><td>≤3.0</td><td rowspan="3">≤3.5</td><td rowspan="3">≤5.0①</td><td rowspan="7">≤0.06③</td></tr>
<tr><td>P·Ⅱ</td><td>≤1.5</td><td>≤3.5</td></tr>
<tr><td>普通硅酸盐水泥</td><td>P·O</td><td>—</td><td>≤5.0</td></tr>
<tr><td rowspan="2">矿渣硅酸盐水泥</td><td>P·S·A</td><td>—</td><td>—</td><td rowspan="2">≤4.0</td><td>≤6.0②</td></tr>
<tr><td>P·S·B</td><td>—</td><td>—</td><td>—</td></tr>
<tr><td>火山灰质硅酸盐水泥</td><td>P·P</td><td>—</td><td>—</td><td rowspan="3">≤3.5</td><td rowspan="3">≤6.0②</td></tr>
<tr><td>粉煤灰硅酸盐水泥</td><td>P·F</td><td>—</td><td>—</td></tr>
<tr><td>复合硅酸盐水泥</td><td>P·C</td><td>—</td><td>—</td></tr>
</table>

① 如果水泥压蒸试验合格，则水泥中氧化镁含量（质时含量）允许放宽至 6.0%。

② 如果水泥中氧化镁的含量（质量分数）大于 6.0%时，需进行水泥压蒸安定性试验并合格。

③ 当有更低要求时，该指标由买卖双方协商确定。

通用硅酸盐水泥的特性　表 4-3

项　目		硅酸盐水泥	普通水泥	矿渣水泥	火山灰水泥	粉煤灰水泥
密度(g/cm³)		3.0～3.15	3.0～3.15	2.9～3.1	2.8～3.0	2.8～3.0
特性	1. 硬化	快	较快	慢	慢	慢
	2. 早期强度	高	高	低	低	低
	3. 水化热	高	高	低	低	低
	4. 抗冻性	好	好	较差	较差	较差
	5. 耐热性	较差	较差	好	较差	较差
	6. 干缩性	小	小	较大	较大	较小
	7. 抗裂性			较好	较好	较好
	8. 耐硫酸盐类化学侵蚀性			较好	较好	较好

1. 硅酸盐水泥矿物组成

硅酸盐水泥是以硅酸钙为主要成分的熟料制得的水泥的总称。硅酸盐水泥的原料主要是石灰石质原料和黏土质原料两类。石灰质原料主要提供氧化钙，它可以采用石灰石、白垩、石灰质凝灰岩等。黏土质原料主要提供二氧化硅、三氧化铝及少量三氧化二铁，它可以采用黏土、黄土等。如果所选用的石灰质原料和黏土质原料按一定比例配合不能满足化学组成要求时，则要掺加相应的校正原料。校正原料有铁质校正原料和硅质校正原料。铁质校正原料主要补充三氧化二铁，它可采用铁矿粉、黄铁矿渣等；硅质校正原料主要补充二氧化硅，它可采用砂岩、粉砂岩等。此外，为了改善煅烧条件，常常加入少量的矿化剂、晶种等。

硅酸盐水泥生产工艺主要为：生料制备，先把几种原材料按比例配合后在磨机中磨成生料；熟料的煅烧，将制得的生料入窑进行煅烧；熟料粉磨，把烧好的熟料配以适当的石膏（和混合材料）在磨机中磨成细粉，即得到水泥，生产工艺流程如图 4-1 所示。

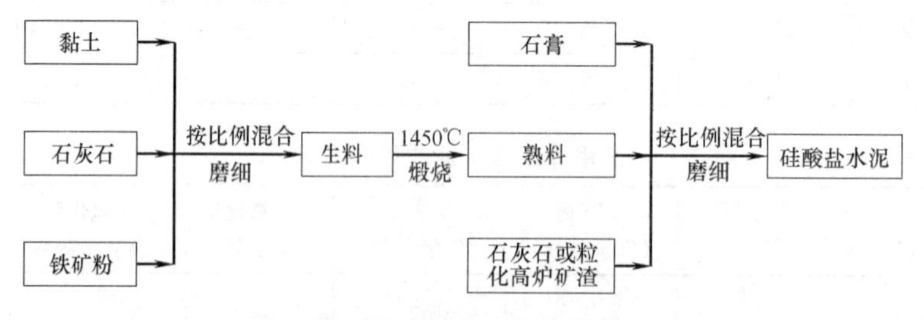

图 4-1　硅酸盐水泥生产工艺流程示意图

硅酸盐水泥矿物组成　表 4-4

氧化物组成		矿物组成	
氧化物	含量(%)	矿物	含量(%)
CaO	62～67	C_3S	30～60
SiO_2	20～24	C_2S	15～37
Al_2O_3	4～7	C_3A	7～15
Fe_2O_3	2～5	C_4AF	10～28
SO_3	1～3		

在以上的主要熟料矿物中，硅酸三钙和硅酸二钙的总量在70%～75%，铝酸三钙和铁铝酸四钙的含量在22%左右，故称为硅酸盐水泥。除主要熟料矿物外，水泥中还含有少量游离氧化钙、游离氧化镁、含碱矿物和玻璃相等，如果这些化合物的含量过高，会引起水泥体积安定性不良等现象，应加以限制，总量一般不宜超过水泥量的5%。

2. 硅酸盐水泥的性能特点

（1）硅酸盐水泥单矿物的水化

硅酸盐水泥的性能和熟料的矿物组成有关。水泥的技术性能，主要是水泥熟料中几种主要矿物的水化作用的结果，熟料中各种矿物含量不同，制成的硅酸盐水泥性能也不同，调整水泥组成可以制得不同要求性能的水泥。

水泥矿物与水发生的水解或水化作用统称为水化，水泥矿物与水发生水化反应，生成水化产物并放出一定的热量。水泥矿物水化的反应式如下：

$$2(3CaO \cdot SiO_2)+6H_2O \longrightarrow 3CaO \cdot 2SiO_2 \cdot 3H_2O+3Ca(OH)_2$$

硅酸三钙　　水化硅酸钙　　氢氧化钙

$$2(2CaO \cdot SiO_2)+4H_2O \longrightarrow 3CaO \cdot 2SiO_2 \cdot 3H_2O+3Ca(OH)_2$$

硅酸二钙

$$3CaO \cdot Al_2O_3+10H_2O+CaSO_4 \cdot 2H_2O \longrightarrow 3CaO \cdot Al_2O_3 \cdot CaSO_4 \cdot 12H_2O$$

铝酸二钙　　硫酸钙　　水化硫铝酸钙

$$3CaO \cdot Al_2O_3+12H_2O+Ca(OH)_2 \longrightarrow 4CaO \cdot Al_2O_3 \cdot 13H_2O$$

$$4CaO \cdot Al_2O_3 \cdot Fe_2O_3+7H_2O \longrightarrow 3CaO \cdot Al_2O_3 \cdot 6H_2O+CaO \cdot Fe_2O_3 \cdot H_2O$$

铁铝酸四钙　　水化铁酸钙

硅酸三钙和硅酸二钙水化生成的水化硅酸钙不溶于水，以胶体微粒析出，并逐渐凝聚成凝胶体（C-S-H凝胶）；生成的氢氧化钙在溶液中的浓度很快达到饱和呈六方晶体析出。铝酸三钙和铁铝酸四钙水化生成的水化铝酸钙为立方体晶体，在氢氧化钙饱和溶液中还能与氢氧化钙进一步反应，生成六方晶体的水化铝酸四钙。在有石膏存在时水化铝酸钙会与石膏反应，生成高硫型水化硫铝酸钙针状晶体（$3CaO \cdot Al_2O_3 \cdot 3CaSO_4 \cdot 31H_2O$），也称钙矾石。当石膏消耗完后，部分钙矾石将转变为单硫型水化硫铝酸钙（$3CaO \cdot Al_2O_3 \cdot CaSO_4 \cdot 12H_2O$）晶体。

四种熟料矿物的水化特性各不相同，对水泥的强度、凝结硬化速度及水化放热等的影响也不相同。各种水泥熟料矿物水化所表现的特性见表4-5。水泥是几种熟料矿物的混合物，改变熟料矿物成分间的比例时，水泥的性质即发生相应的变化，例如提高硅酸三钙的含量，可以制得高强度水泥；降低铁铝酸四钙和硅酸三钙含量，提高硅酸二钙含量，可制得低水化热水泥。不同C_3S含量水泥的强度增长关系见图4-2、图4-3。

熟料矿物与水作用所表现出的特性　　**表4-5**

矿物名称	凝结硬化速度	28d水化放热量	单矿物28d水化深度(μm)	强　度
硅酸三钙	快	多	5.7	强度最高
硅酸二钙	慢	少	4.7	早期低、后期高
铝酸三钙	最快	最多	0.3	低
铁铝酸四钙	快	中	—	低

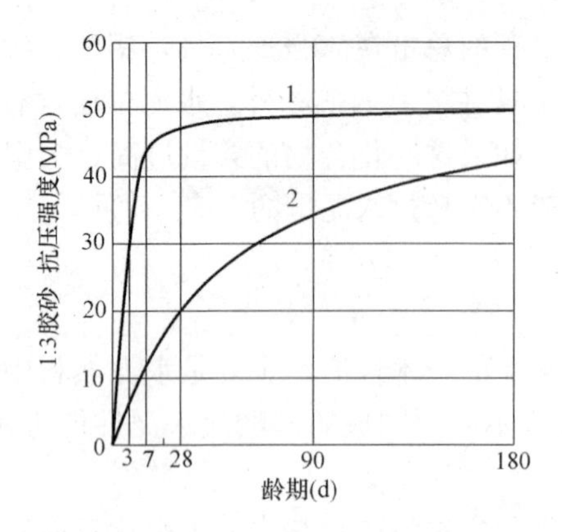

图 4-2　两种不同矿物组成水泥的强度—龄期特征曲线

1—70%C_3S，10%C_2S；2—30%C_3S，50%C_2S

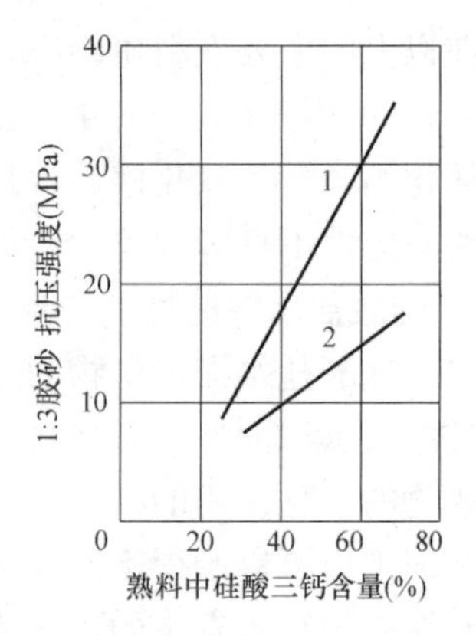

图 4-3　强度与硅酸三钙含量关系

1—1d；2—3d

硅酸盐水泥是多矿物、多组分的物质，它和水拌合后，就立即发生化学反应。硅酸盐水泥加水后，铝酸三钙立即发生反应，硅酸三钙和铁铝酸四钙也很快水化，而硅酸二钙则水化较慢。如果忽略一些次要的和少量的成分，则硅酸盐水泥与水作用后，生成的主要水化物有：水化硅酸钙和水化铁铝酸钙凝胶、氢氧化钙、水化铝酸钙和水化硫铝酸钙晶体。在充分水化的水泥石中，C-S-H 凝胶约占 68%，Ca $(OH)_2$ 约占 25%，钙矾石和单硫型水化硫铝酸钙约占 7%。

硅酸盐水泥的主要水化产物　　　　**表 4-6**

水化产物	名　称	大致含量(%)	密度(g/cm^3)	显微镜下形态	典型尺寸(μm)
C-S-H	硅酸钙凝胶	68	2.1～2.6	多变胶体	≈0.1
CH	氢氧化钙	25	2.24	等大晶体	10～100
AF_t	钙矾石	$AF_t+AF_m=7$	≈1.75	针状、柱状或圆柱状晶体	10×1
AF_m	水化单硫铝酸钙		1.95	六方薄片或花状晶体	1×0.1

（2）硅酸盐水泥的凝结硬化

水泥加水拌合后，成为可塑的水泥浆，水泥浆逐渐变稠失去塑性，但尚不具有强度的过程，称为水泥的“凝结”。随后产生明显的强度并逐渐发展而成为坚强的人造石——水泥石，这一过程称为水泥的“硬化”。凝结和硬化是人为划分的，实际上是一个连续的复杂的物理化学变化过程。

硅酸盐水泥的凝结硬化过程自从 1882 年雷·查特理（Le Chatelier）首先提出水泥凝结硬化以来，至今仍在继续研究。下面按照当前一般的看法作简要介绍。

硅酸盐水泥凝结硬化过程是：①水泥加水拌合后，未水化的水泥颗粒分散在水中，成为水泥浆体［图 4-4（*a*）］。②颗粒水化从其表面开始。水和水泥一接触，水泥颗粒表面的水泥熟料先溶解于水，然后与水反应，或水泥熟料在固态直接与水反应，形成相应的水化物，水化物溶解于水。由于各种水化物的溶解度很小，水化物的生成速度大于水化物向溶液中扩散的速度，一般在几分钟内，水泥颗粒周围的溶液成为水化物的过饱和溶液，先后析出水化硅酸钙凝胶、水化硫铝酸钙、氢氧化钙和水化铝酸钙晶体等水化产物，包在水泥颗粒表面。在水化初期，水化物不多，包有水化物膜层的水泥颗粒之间还是分离的，水泥浆具有可塑性［图 4-4（*b*）］。③水泥颗粒不断变化，随着时间的推移新生水化物增多，使包在水泥颗粒表面的水化物膜层增厚，颗粒间的空隙逐渐缩小，而包有凝胶体的水泥颗粒则逐渐接近，以至相互接触，在接触点借助于范德华力，凝结成多孔的空间网络，形成凝聚结构［图 4-4（*c*）］，这种结构在振动的作用下可以破坏。凝聚结构的形成使水泥浆开始失去可塑性，也就是水泥的初凝，但这时还不具有强度。④随着以上过程的不断进行，固态的水化物不断增多，颗粒间的接触点数目增加，结晶体和凝胶体互相贯穿形成凝聚——结晶网状结构不断加强。而固相颗粒之间的空隙（毛细孔）不断减小，结构逐渐紧密使水泥浆体完全失去可塑性，达到负担一定荷载的强度，水泥表现为终凝并开始进入硬化阶段［图 4-4（*d*）］。水泥进入硬化期后，水化速度逐渐减慢，水化物随时间的增长而逐渐增加，扩展到毛细孔中，使结构更趋致密，强度相应提高。

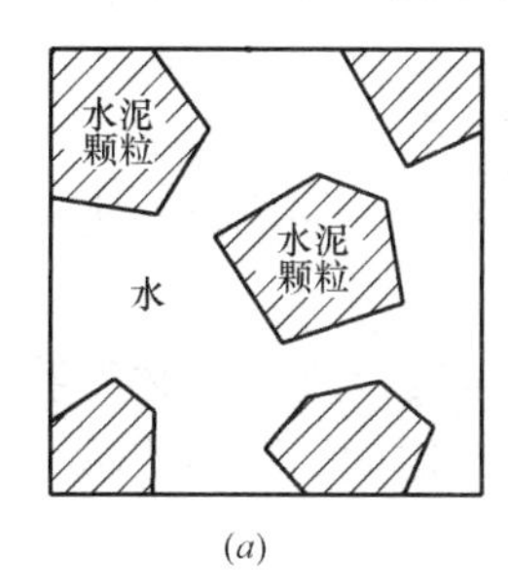

(*a*)

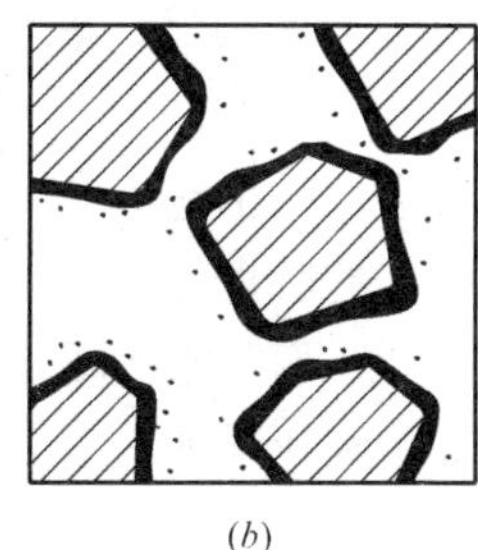
(*b*)

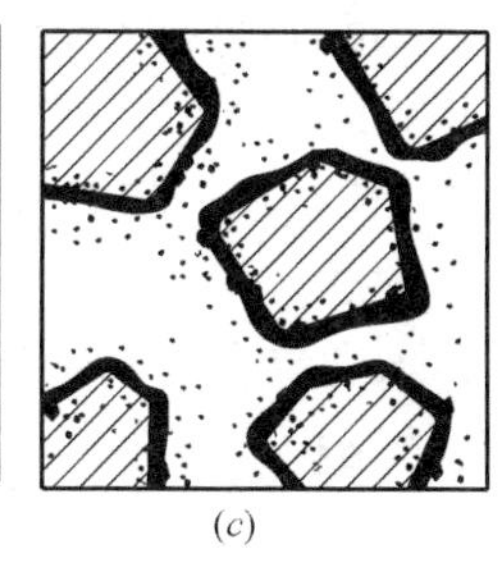
(*c*)

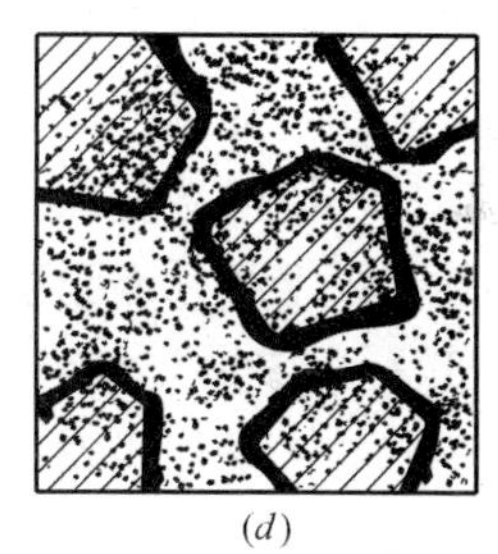
(*d*)

图 4-4 水泥凝结硬化过程示意图

（*a*）分散在水中的水泥颗粒；（*b*）在水泥颗粒表面形成水化物膜层；
（*c*）膜层长大并互相连接（凝结）；（*d*）水化物进一步发展填充毛细孔（硬化）

根据水化反应速度和物理化学的主要变化，可将水泥的凝结硬化分为几个阶段，见表 4-7。

水泥凝结硬化划分的几个阶段 **表 4-7**

凝结硬化阶段	一般的放热反应速度	一般的持续时间	主要的物理化学变化
初始反应期	168 J/(g·h)	5～10min	初始溶解和水化
潜伏期	4.2 J/(g·h)	1h	凝胶体膜层围绕水泥颗粒成长
凝结期	在 6h 内逐渐增加到 21 J/(g·h)	6h	膜层增厚，水泥颗粒进一步水化
硬化期	在 4h 内逐渐降低到 4.2 J/(g·h)	6h 至若干年	凝胶体填充毛细孔

注：初始反应期和潜伏期也可合称为诱导期。

水泥的凝结硬化是从水泥颗粒表面开始，逐渐往水泥颗粒的内核深入进行。开始时水化速度较快，水泥的强度增长快；但由于水化不断进展，堆积在水泥颗粒周围的水化物不断增多，阻碍水和水泥未水化部分的接触，水化减慢，强度增长也逐渐减慢，但无论时间多久，水泥颗粒的内核很难完全水化。因此，在硬化水泥石中，同时包含有水泥熟料矿物水化的凝胶体和结晶体、未水化的水泥颗粒、水（自由水和吸附水）和孔隙（毛细孔和凝胶孔），它们在不同时期相对数量的变化，使水泥石的性质随之改变。

（3）影响水泥凝结硬化的因素

水泥的凝结硬化过程，也就是水泥强度发展的过程。为了正确使用水泥，并能在生产中采取有效措施，调节水泥的性能，必须了解水泥水化硬化的影响因素。

水泥水化凝结硬化与矿物成分、细度、用水量，养护时间、环境的温度、湿度以及石膏掺量等有关。

① 养护时间。水泥的水化是从表面开始向内部逐渐深入进行的，随着时间的延续水泥的水化程度在不断增大，水化产物也不断地增加并填充毛细孔，使毛细孔孔隙率减小，凝胶孔孔隙率相应增大。水泥加水拌合后的前 28d 的水化速度较快，强度发展也快，28d 之后显著减慢。但是，只要维持适当的温度和湿度，水泥的水化将不断进行，其强度在几个月、几年、甚至几十年后还会继续增长。

② 温度和湿度。温度对水泥的凝结硬化有明显影响。当温度升高时，水化反应加快，水泥强度增加也较快；而当温度降低时，水化作用则减慢，强度增加缓慢。当温度低于 5℃时，水化硬化大大减慢，当温度低于 0℃时，水化反应基本停止。同时，由于温度低于 0℃，当水结成冰时，还会破坏水泥石结构。

潮湿环境下的水泥石能保持有足够的水分进行水化和凝结硬化，生成的水化物进一步填充毛细孔，促进水泥石的强度发展。

保持环境的温度和湿度，使水泥石强度不断增长的措施，称为养护。在测定水泥强度时必须在规定的标准温度和湿度环境中养护至规定的龄期。

③ 石膏掺量。水泥中掺入适量石膏，可调节水泥的凝结硬化速度，改变水化产物的种类、相对含量和水泥硬化体结构，从而改变水泥水化需水量、凝结时间、强度发展、徐变和抗侵蚀能力。

在水泥粉磨时，若不掺入石膏或石膏掺量不足时，铝酸三钙迅速水化形成板状水化物晶体将水泥颗粒粘结起来，发生急凝现象。急凝是不正常的凝结现象。其特征是：水泥加水后，水泥浆很快凝结成为一种很粗糙、非塑性的混合物，并放出大量的热量。

加入石膏后，石膏与水化铝酸钙作用，生成钙矾石，难溶于水，沉淀在水泥颗粒表面上形成保护膜，降低了溶液中（Al^{3+}）的浓度，并阻碍了铝酸三钙的水化，延缓了水泥的凝结。但如果石膏掺量过多，则会促使水泥凝结加快。同时，还会在后期引起水泥石的膨胀而开裂破坏。

3. 硅酸盐水泥的技术性能

国家标准《通用硅酸盐水泥》GB 175—2007/XG1—2009 对硅酸盐水泥技术要求有细度、凝结时间、安定性和强度等。

（1）密度及堆积密度

水泥的密度与矿物组成及粉磨细程度有关，其中细度的影响较大，水泥越细其密度越大。硅酸盐水泥的密度为 3.0～3.15g/cm^3，平均可取为 3.10g/cm^3。其堆积密度按松紧程度在 1000～1600g/cm^3 之间。

（2）细度

水泥细度是表示水泥磨细的程度或水泥分散度的指标。它对水泥的水化硬化速度、水泥的需水量、和易性，放热速度以及强度等都有影响。水泥颗粒粒径一般在 7～200μm（0.007～0.2mm）范围内，颗粒越细，与水起反应的表面积就越大，因而水泥颗粒较细水化就较快而且较完全，早期强度也都较高，但在空气中的硬化时收缩会较大，而且要消耗较多的粉磨能量，成本也较高。如水泥颗粒过粗则不利于水泥活性的发挥。一般认为水泥颗粒小于 40μm（0.04mm）时，才具有较高的活性，大于 100μm（0.1mm）活性就很小了。国家标准《通用硅酸盐水泥》GB 175—2007/XG1—2009 中规定水泥的细度可用筛析法和比表面积法检验。

筛析法是采用边长为 80μm 的方孔筛对水泥试样进行筛析试验，用筛余质量百分数表示水泥的细度。

比表面积法是根据一定量空气通过一定空隙率和厚度的水泥层时，所受阻力不同而引起流速的变化来测定水泥的比表面积（单位质量的粉末所具有的总表面积），以 m^2/kg 表示。

按照国家标准《通用硅酸盐水泥》GB 175—2007/XG1—2009 规定，硅酸盐水泥以比表面积表示水泥的细度，比表面积应不小于 $300m^2/kg$。

（3）需水量

水泥的需水量是水泥为获得一定稠度时所需的水量，国家标准规定用标准稠度测定仪测定水泥浆标准稠度的用水量，即水泥浆达到标准稠度时，所需的拌合用水量（以占水泥质量%表示）。硅酸盐水泥净浆标准稠度需水量一般为 21%～28%。

影响需水量的因素主要有：①水泥的细度。水泥越细，则包裹水泥表面的水越多，因而需水量越大；②水泥的矿物组成。铝酸三钙的需水量最大，硅酸二钙的需水量最小。

（4）凝结时间

水泥加水拌合成净浆后，会逐渐失去其流动性，由半流体状态转变为固体状态，此过程称为水泥的凝结。凝结时间分初凝和终凝。初凝为水泥加水拌合起至标准稠度净浆开始失去可塑性所需的时间；终凝为水泥加水拌合起至标准稠度净浆完全失去可塑性并开始产生强度所需的时间。为使混凝土和砂浆有充分的时间进行搅拌、运输、成型，水泥初凝时间不能过短。当施工完毕后，则要求尽快硬化，具有强度，故终凝时间不能太长。

国家标准《通用硅酸盐水泥》GB 175—2007/XG1—2009 规定，水泥的凝结时间是以标准稠度的水泥净浆，在规定温度及湿度环境下用水泥净浆凝结时间测定仪测定。硅酸盐水泥的初凝时间不得早于 45min，终凝时间不得迟于 6.5h。其他品种通用硅酸盐水泥的终凝时间不得迟于 10h。

影响水泥凝结时间的因素很多，除石膏掺量及熟料矿物组成外，还与粉磨细度、拌合物的用水量及水化温度的高低等有关。水灰比越小、凝结时的温度越高，凝结越快，水泥的细度越细，水化作用越快，凝结也越快。混合材料掺量大，水泥凝结减慢。

（5）体积安定性

水泥硬化过程中体积变化是否均匀的性质，是评定水泥质量的一个重要指标。如果在水泥已经硬化后，产生不均匀的体积变化，即所谓体积安定性不良，会使结构产生膨胀性裂缝，甚至破坏。影响安定性的主要因素是游离氧化钙、游离氧化镁过多或掺入的石膏过多。在高温下煅烧生成的游离氧化钙或游离氧化镁，水化很慢，在水泥已经硬化后才进行水化，引起水泥浆体积的膨胀。

$$CaO + H_2O \rightarrow Ca(OH)_2$$

$$MgO + H_2O \rightarrow Mg(OH)_2$$

这时体积膨胀，引起不均匀的体积变化，使水泥石开裂、甚至溃散。当石膏掺量过多时，在水泥硬化后，它还会与固态的水化铝酸钙反应，生成高硫型水化硫铝酸钙，体积约增大 1.5 倍，也会引起水泥石开裂。

国家标准《通用硅酸盐水泥》GB 175—2007/XG1—2009 规定，用沸煮法检验水泥的体积安定性。测试方法可以用试饼法，也可以用雷氏法，有争端时以雷氏法为准。试饼法是观察水泥净浆试饼沸煮（3h）后的外形变化来检验水泥的体积安定性，雷氏法是测定水泥净浆在雷氏夹中沸煮（3h）后的膨胀值。沸煮法起加速氧化钙熟化的作用，所以只能检查游离氧化钙所起的水泥体积安定性不良。由于游离氧化镁在压蒸下才加速熟化，石膏的危害则需长期在常温水中才能发现，两者均不便于快速检验。所以国家标准《通用硅酸盐水泥》GB 175—2007/XG1—2009 规定水泥熟料中游离氧化镁含量不得超过 5.0%，水泥中三氧化硫含量不得超过 3.5%，以控制水泥的体积安定性。

体积安定性不合格的水泥应作为废品处理，不能用于工程中。

（6）强度及强度等级

水泥的强度是水泥等级的指标，也是选用水泥的依据。水泥硬化后的强度，抗压强度高，抗拉强度低（约为抗压强度的 1/11～1/19）。水泥强度的发展，3d 和 7d 发展很快，28d 达到强度等级规定的最大值，所以，测定 3d、7d、28d 的强度值，并以 28d 的强度划分强度等级。根据国家标准《通用硅酸盐水泥》GB 175—2007/XG1—2009 和《水泥胶砂强度检验方法（ISO 法）》GB/T17671—1999 的规定，硅酸盐水泥和标准砂按 1∶3 混合，用 0.5 水灰比，按规定的方法制成试件，在标准温度（20℃±1℃）的水中养护测定 3d 和 28d 的强度。根据测定结果，将硅酸盐水泥分为 42.5、42.5R、52.5、52.5R、62.5 和 62.5R 六个强度等级（和欧洲水泥试行标准 BS EN197-1∶2011 相同），其中代号 R 表示早强型水泥。硅酸盐水泥各龄期强度不得低于表 4-8 中的数值。

硅酸盐水泥各龄期的强度要求 GB 175—2007/XG1—2009　　表 4-8

强度等级	抗压强度(MPa)		抗拉强度(MPa)	
	3d	28d	3d	28d
42.5	≥17.0	≥42.5	≥3.5	≥6.5
42.5R	≥22.0		≥4.0	
52.5	≥23.0	≥52.5	≥4.0	≥7.0
52.5R	≥27.0		≥5.0	
62.5	≥28.0	≥62.5	≥5.0	≥8.0
62.5R	≥32.0		≥5.5	

（7）碱含量

水泥中碱含量按 $Na_2O+0.658K_2O$ 计算值来表示。若使用活性骨料，碱含量过高将引起碱骨料反应，用户要求提供低碱水泥时，水泥中碱含量不得大于 0.60%，或由买卖双方协商确定。

（8）水化热

水泥在水化过程中放出的热量称为水化热。水化热主要在硬化初期放出，以后逐渐减少。水化热量和放热速度除决定于水泥的矿物成分外，还与水泥细度、水泥中掺混合材料及外加剂的品种、数量等有关。水泥矿物进行水化时，铝酸三钙放热量最大速度也快，硅酸三钙放热量稍低，硅酸二钙放热量最低，速度也慢。水泥细度越细，水化反应就比较容易进行，因此，水化放热量就越大，放热速度也越快。

大型基础、水坝、桥墩等大体积混凝土构筑物，由于水化热积聚在内部不易散失，内部温度常上升到 50～60℃以上，内外温度差所引起的应力，可使混凝土产生裂缝，因此水化热对大体积混凝土是有害因素。

熟料矿物的水化热 **表 4-9**

水化时间	放热量(cal/0.01g)			
	C_3S	C_2S	C_3A	C_4AF
3d	0.98	0.19	1.7	0.29
7d	1.1	0.18	1.88	0.13
28d	1.14	0.44	2.02	0.48
3m	1.22	0.55	1.88	0.47
6m	1.21	0.53	2.18	0.73
1y	1.36	0.62	—	—

(9) 硬化时体积变化

水泥在空气中硬化时体积会收缩。水泥收缩与熟料的矿物成分、细度、加水量等因素有关。熟料矿物中 C_3A 的收缩量最大，水泥颗粒越细，收缩越大。因此高强度等级水泥有较大的收缩。加水量越多，收缩也越大。

水泥硬化初期，应注意养护，不使其干燥过急，能减少收缩、防止干裂。在水中硬化时，体积会产生不大的膨胀。

4. 水泥石的侵蚀与防止

硅酸盐水泥硬化以后，是一种耐久性良好的材料。但是处在某些侵蚀性介质中或者经常受到流水与压力的水头作用下，可能会逐渐受到损害，性能改变，强度降低以及产生孔洞、裂缝、脱皮、掉角，严重时会引起整个结构的破坏。

引起水泥石侵蚀的原因很多，是一个相当复杂物理化学的作用过程，下面介绍几种典型的水泥石侵蚀。

(1) 软水侵蚀（溶出性侵蚀）

软水是不含或仅含少量钙、镁等可溶性盐的水。雨水、雪水、蒸馏水、工厂冷凝水及碳酸盐含量甚少的河水与湖水等都属于软水。各种水化产物与软水作用时，因为氢氧化钙溶解度最大，所以首先被溶出。在水量不多或无水压的静水情况下，由于周围的水迅速被溶出的氢氧化钙所饱和，溶出作用很快就中止，破坏作用仅发生在水泥石的表层，危害不大。但在流水及压力水作用下，氢氧化钙就会不断地被溶出，同时由于氢氧化钙的溶出使水泥石中石灰浓度降低，还会引起其他水化产物的分解溶蚀，使水泥石的密实度降低，破坏了水泥石的结构。软水能使水泥水化产物中的氢氧化钙溶解，并促使水泥石中其他水化产物发生分解，故软水侵蚀又称为“溶出性侵蚀”。

(2) 酸类侵蚀（溶解性侵蚀）

硅酸盐水泥水化产物呈碱性，其中含有较多的氢氧化钙，当遇到酸类或酸性水时就会发生中和反应，生出比氢氧化钙溶解度大的盐类，导致水泥石受损破坏。

① 碳酸的侵蚀。在工业污水、地下水中常溶解有较多的二氧化碳，这种碳酸水对水泥石的侵蚀作用如下：

$$Ca(OH)_2+CO_2+H_2O=CaCO_3+2H_2O$$

最初生成的碳酸钙溶解度不大，但如果继续处于浓度较高的碳酸水中，则碳酸钙与碳酸水会进一步发生反应。

$$CaCO_3 + CO_2 + H_2O \rightleftharpoons Ca(HCO_3)_2$$

此反应应为可逆反应，当水中溶有较多的二氧化碳时，则上述反应向右进行。所生成的碳酸氢钙溶解度大，因此水泥石中的氢氧化钙通过转变为易溶的碳酸氢钙而溶失。氢氧化钙浓度降低，还会导致水泥石中其他水化物的分解，使侵蚀作用进一步加剧。

② 一般酸的侵蚀。工业废水、地下水、沼泽水中常含有多种无机酸、有机酸。工业窑炉的烟气中常含有二氧化硫，遇水后即生成亚硫酸。各种酸类都会对水泥石造成不同程度的侵蚀，它们与水泥石中的氢氧化钙作用后生成的化合物，或者易溶于水，或者体积膨胀，在水泥石内产生内应力而导致破坏。无机酸中的盐酸、氢氟酸、硝酸、硫酸和有机酸中的醋酸、乳酸的侵蚀作用最为明显。盐酸与水泥石中的氢氧化钙的作用如下：

$$2HCl + Ca(OH)_2 = CaCl_2 + 2H_2O$$

生成的氯化钙易溶于水。

硫酸与水泥石中的氢氧化钙作用如下：

$$H_2SO_4 + Ca(OH)_2 = CaSO_4 \cdot 2H_2O$$

生成的二水石膏或者直接在水泥石孔隙中结晶产生膨胀 ，或者再与水泥石中的水化铝酸钙作用，生成高硫型水化硫铝酸钙，其破坏性更大。

酸性水对水泥石侵蚀的强弱取决于水中氢离子浓度，pH 值越小，氯离子越多，侵蚀就越强烈。

(3) 盐类侵蚀

①硫酸盐的侵蚀（膨胀性侵蚀）。在一些湖水、海水、沼泽水、地下水以及一些工业污水中常含钠、钾、铵等的硫酸盐，它们会先与硬化的水泥石中的氢氧化钙发生置换反应，生成硫酸钙。硫酸钙再与水泥石中的水化铝酸钙起反应，生成高硫型水化硫铝酸钙，其反应方程式如下：

$$3CsO \cdot Al_2O_3 \cdot 6H_2O + 3(CaSO_4 \cdot 2H_2O) + 20H_2O = 3CaO \cdot Al_2O_3 \cdot 3CaSO_4 \cdot 32H_2O$$

图 4-5　水泥石中针状晶体

生成的高硫型水化硫铝酸钙含有大量结晶水，比原有体积增加 1.5 倍以上，由于是在已经固化的水泥石中产生上述反应，因此对水泥石起极大的破坏作用。高硫型水化硫铝酸钙是针状晶体，俗称“水泥杆菌”。

当水中硫酸盐浓度较高时，硫酸钙会在孔隙中直接结晶成二水石膏，造成膨胀压力，从而导致水泥石破坏。

② 镁盐的侵蚀（双重侵蚀）。在海水及地下水中，常含有大量的镁盐，主要是硫酸镁和氯化镁。它们与水泥石中的氢氧化钙起复分解反应：

$$MgSO_4 \cdot + Ca(OH)_2 + 2H_2O = CaSO_4 \cdot 2H_2O + Mg(OH)_2$$

$$MgCl_2 + Ca(OH)_2 = CaCl_2 + Mg(OH)_2$$

生成的氢氧化镁松软而无胶凝能力，氯化钙易溶于水，二水石膏则引起硫酸盐的破坏作用。因此，镁盐侵蚀属于双重侵蚀，侵蚀特别严重。

(4) 强碱侵蚀

硅酸盐水泥水化产物呈碱性，一般碱类溶液浓度不大时是不会发生明显侵蚀的。但铝酸盐（铝酸三钙）含量较高的硅酸盐水泥遇到强碱（氢氧化钠）会发生侵蚀，生成铝酸钠，易溶于水。反应如下：

$$3CaO \cdot Al_2O_3 + 6NaOH = 3NaO \cdot Al_2O_3 \cdot 3Ca(OH)_2$$

当水泥石被氢氧化钠浸透后又在空气中干燥，则溶于水的铝酸钠会与空气中的二氧化碳生成碳酸钠。由于水分失去，碳酸钠在水泥石毛细管中结晶膨胀，引起水泥石疏松、开裂而破坏。

除上述四种侵蚀类型外，对水泥石有侵蚀作用的还有糖类、酒精、氨盐和含有环烷酸的石油产品等。

实际上水泥石的侵蚀往往是多种侵蚀同时存在的一个极为复杂的物理化学作用过程。但产生水泥侵蚀的基本原因一是水泥石中含有易引起侵蚀的组分氢氧化钙和水化铝酸钙；二是水泥石本身不密实。水泥水化反应理论需水量仅为水泥质量的23%，而实际应用时拌合用水量多为40%～70%，多余水分会形成毛细管和孔隙存在于水泥石中，侵蚀性介质不仅在水泥石表面发生反应，而且容易进入水泥石内部引起严重破坏。

由于硅酸盐水泥的水化产物中，氢氧化钙和水化铝酸钙的含量相对较多，所以其耐侵蚀性较其他水泥差。而掺混合材料的水泥水化反应生成物中氢氧化钙含量明显减少，故耐侵蚀性比硅酸盐水泥要明显改善。

（5）防止水泥石侵蚀的措施

根据以上侵蚀原因分析，可以采取下列措施来防止水泥石的侵蚀。

① 根据侵蚀环境的特点，合理选用水泥的品种、掺入活性混合材料。如减少硅酸三钙含量，可提高混凝土耐浸出性侵蚀的能力。减少铝酸三钙的含量，可提高水泥在硫酸盐溶液中的稳定性。在硅酸盐水泥中加入活性二氧化硅的火山灰质混合材，其中活性二氧化硅与氢氧化钙会结合成为在氢氧化钙浓度较低的液相中稳定的含水硅酸钙，可使淡水浸析速度显著降低。此外，水泥石中氢氧化钙浓度降低后将使高碱性水化铝酸盐转化为低碱性水化铝酸盐，使硫铝酸钙在液相中产生，它的结晶不引起显著的内应力，不会使水泥石发生破坏。亦可提高水泥石的抗硫酸盐侵蚀能力。

② 提高水泥石的密实度，使水分不能渗入内部。水泥石中的毛细管、孔隙是引起水泥石侵蚀加剧的内在原因之一，因此，采取适当技术措施，如强制搅拌、振动成型、真空吸水、掺加外加剂等，在满足施工操作的前提下，努力降低水灰比，提高水泥石的密实度，都将使水泥石的耐侵蚀性得到改善。

③ 与侵蚀性介质隔离。当侵蚀作用较强时，可在构件的表面加做保护层，保护层材料可以采用沥青、沥青油毡、水玻璃、硅氟酸盐、耐酸石料、耐酸陶瓷、玻璃、塑料等，亦可覆盖不透水的水泥喷浆层或其他耐蚀保护层，使水泥石与侵蚀介质或环境隔绝。

5. 硅酸盐水泥的特性及应用

（1）快硬、早强

硅酸盐水泥凝结硬化快，强度高，尤其是早期强度增长率大，3d抗压强度可达到28d的50%以上，特别适合早期强度要求高的工程、高强度混凝土结构和预应力混凝土工程。

（2）水化热较大

硅酸盐水泥中硅酸三钙和铝酸三钙含量高，水化速度快，放热集中，水化热较高。用于冬期施工常可避免冻害。但高放热量对大体积混凝土工程不利。

(3) 抗冻性好

硅酸盐水泥拌合物不易发生泌水，硬化后水泥石密实度较大，所以抗冻性优于其他通用水泥，适用于严寒地区受反复冻融作用的混凝土工程。

(4) 碱度高、抗碳化能力强

硅酸盐水泥的碱度强且密实度高，碳化反应不容易进行，故抗碳化能力强，所以特别适用于重要的混凝土结构和预应力混凝土工程。

(5) 干缩小

硅酸盐水泥在硬化过程中，形成大量的水化硅酸钙胶体，使水泥石密实，游离水分少不易产生干缩裂纹，可用于干燥环境的混凝土工程。

(6) 耐磨性好

水泥的耐磨性与水泥的强度有很好的相关性，硅酸盐水泥的强度等级高，因此硅酸盐水泥的耐磨性较好。

(7) 耐蚀性差

我国硅酸盐水泥技术要求中没有限制 C_3S 和 C_3A 的含量，抗硫酸盐侵蚀与水泥中 C_3S 和 C_3A 有关，因此我国硅酸盐水泥的耐侵蚀性差。硅酸盐水泥不宜用于受流动水、压力水、酸类和硫酸盐侵蚀的工程。

(8) 耐热性差

硅酸盐水泥在温度为 250℃时水化物开始脱水，水泥石强度降低，当受热 700℃以上将遭破坏，所以硅酸盐水泥不宜用于耐热混凝土工程。

(9) 湿热养护效果差

硅酸盐水泥在常规养护条件下硬化快、强度高。但经蒸气养护后，再经自然养护至 28d 测得的抗压强度往往低于未经蒸养的 28d 抗压强度。

4.1.1.3　掺混合材料的硅酸盐水泥

掺混合材料的硅酸盐水泥是由硅酸盐水泥熟料，加入适量混合材料及石膏共同磨细而制成的水硬性胶凝材料。

1. 水泥混合材料

在生产水泥时，加到水泥中去的人工或天然矿物材料，称为水泥混合材料。水泥混合材料通常分为活性混合材料和非活性混合材料两大类。掺用混合材料意义重大，不但变废为宝，改善环境，而且大大增加了水泥产量，节约了水泥能耗，降低成本，还可以调节水泥标号，降低水化热（利于大体积混凝土工程施工）和改善混凝土的耐久性等。

(1) 活性混合材料

常温下能与氢氧化钙和水发生反应，生成水硬性水化产物，并能逐渐凝结硬化产生强度的混合材料称为活性混合材料。属于这类性质混合材料有粒化高炉矿渣、火山灰质混合材料和粉煤灰。

① 粒化高炉矿渣。粒化高炉矿渣是将炼铁高炉的熔融矿渣，经急速冷却而成的质地疏松、多孔的粒状物，颗粒直径一般为 0.5～5mm。

粒化高炉矿渣中的化学成分与硅酸盐水泥熟料相近，差别在于氧化钙含量比熟料低，氧化硅含量较高。粒化高炉矿渣中氧化铝和氧化钙含量越高，氧化硅含量越低，则矿渣活性越高，所配置的矿渣水泥强度也就越高。

② 火山灰质混合材料。火山喷发时，随同熔岩一起喷发的大量碎屑沉积在地面或水中成为松软物质，称为火山灰。由于喷出后即遭急冷，因此含有一定量的玻璃体，这些玻璃体是火山灰活性的主要来源，它的成分主要是活性氧化硅和活性氧化铝。火山灰质混合材料是泛指火山灰一类的物质，按其化学成分与矿物结构可分为：含水硅酸质、铝硅玻璃质、烧黏土质等。

铝硅玻璃质混合材料有：火山灰、凝灰岩、浮石和某些工业废渣。其活性成分为氧化钙和氧化铝。

烧黏土质混合材料有：烧黏土、煤渣、煅烧的煤矸石等。其活性成分以氧化铝为主。

③ 粉煤灰。粉煤灰是煤灰锅炉吸尘器所吸收的微细粉尘。它的颗粒直径一般为0.001～0.05mm，呈玻璃态实心或空心的球状颗粒，表面致密者较好。粉煤灰的活性主要决定于玻璃体含量，粉煤灰的成分主要是活性氧化硅和活性氧化铝。

（2）非活性混合材料

常温下不能与氢氧化钙和水发生反应或反应甚微，也不能产生凝结硬化的混合材料称为非活性混合材料。非活性混合材料掺入硅酸盐水泥中主要起填充的作用，可以提高水泥产量和扩大水泥强度等级的范围，降低水化热，增加产量，降低成本等。

2. 普通硅酸盐水泥

凡由硅酸盐水泥熟料、6%～15%混合材料、适量石膏磨细制成的水硬性胶凝材料，称为普通硅酸盐水泥（简称普通水泥），代号为P·O。

掺活性混合材料时，最大掺量不得超过15%，其中允许用不超过水泥质量5%的窑灰或不超过水泥质量10%的非活性混合材料代替。

国家标准《通用硅酸盐水泥》GB 175—2007/XG1—2009中，将普通水泥分为42.5、42.5R、52.5、52.5R四个强度等级。普通水泥各龄期强度不得低于表4-10中的数值；普通水泥的细度以比表面积表示，不小于300m^2/kg；普通水泥的初凝时间不得早于45min，终凝时间不得迟于10h。

普通硅酸盐水泥各龄期的强度要求 GB 175—2007/XG1—2009　　表4-10

强度等级	抗压强度(MPa)		抗拉强度(MPa)	
	3d	28d	3d	28d
42.5	≥17.0	≥42.5	≥3.5	≥6.5
42.5R	≥22.0		≥4.0	
52.5	≥23.0	≥52.5	≥4.0	≥7.0
52.5R	≥27.6		≥5.0	

普通水泥混合材料掺量较少，只起辅助作用，性能主要取决于水泥熟料，因此普通水泥的各种性能与硅酸盐水泥没有根本区别。普通水泥的体积安定性及氧化镁、三氧化硫含量等其他技术要求与硅酸盐水泥相同。但由于掺入了少量混合材料，与硅酸盐水泥相比，既有高强度等级，也有相当数量中低强度等级；早期硬化速度较慢，抗冻性、耐磨性及抗碳化性能也略差；而耐侵蚀性略好，水化热略有降低。在应用方面，这种水泥适应性很强，广泛用于各种混凝土或钢筋混凝土工程，是中国的主要水泥品种之一。

普通水泥和硅酸盐水泥性能比较　　表 4-11

水泥品种	硅酸盐水泥	普通水泥
混合材用量(%)	—	≤15
标准稠度用水量(%)	24.39	24.45
终凝时间(min)	262	269
胶砂 28d 相对抗压强度(%)	100	98.5
耐蚀系数(%)	0.35	0.38
水化热(kJ/kg)	227	224
混凝土 28d 相对抗压强度(%)	100	98.7
抗冻性(%)	39.58	42.96
耐磨性(磨损量,kg/m^2)	4.06	4.38
干缩率(6 月,%)	0.243	0.251

3. 矿渣硅酸盐水泥

凡由硅酸盐水泥熟料、粒化高炉矿渣、适量石膏磨细制成的水硬性胶凝材料，称为矿渣硅酸盐水泥（简称矿渣水泥）。当掺入的粒化高炉矿渣含量在 21%～50%时，矿渣水泥的代号为 P·S·A；当掺入的粒化高炉矿渣的含量在 51%～70%时，矿渣水泥的代号为 P·S·B。水泥中粒化高炉矿渣允许用不超过水泥质量 8%的活性混合材料或非活性混合材料或窑灰中的任一材料代替，替代后水泥中的粒化高炉矿渣不得小于 20%。

按照国家标准《通用硅酸盐水泥》GB 175—2007/XG1—2009 的规定，矿渣水泥中氧化镁的含量不得超过 6%，水泥中三氧化硫含量不得超过 4%。

国家标准《通用硅酸盐水泥》GB 175—2007/XG1—2009 中，将矿渣水泥分为 32.5、32.5R、42.5、42.5R、52.5、52.5R 六个强度等级。矿渣水泥各龄期强度不得低于表 4-12 中的数值；矿渣水泥的细度以筛余质量百分数表示，80μm 方孔筛筛余不大于 10%或 45μm 方孔筛筛余不大于 30%；矿渣水泥的凝结时间及沸煮安定性与普通水泥相同；矿渣水泥的密度通常为 2.8～3.1g/cm^3，堆积密度为 1000～1200kg/m^3。

矿渣硅酸盐水泥各龄期的强度要求 GB 175—2007/XG1—2009　　表 4-12

强度等级	抗压强度(MPa)		抗拉强度(MPa)	
	3d	28d	3d	28d
32.5	≥10.0	≥32.5	≥2.5	≥5.5
32.5R	≥15.0		≥3.0	
42.5	≥15.0	≥42.5	≥3.0	≥6.5
42.5R	≥19.0		≥4.0	
52.5	≥21.0	≥52.5	≥4.0	≥7.0
52.5R	≥23.0		≥4.5	

矿渣水泥中混合材料的掺加量较多，因此在性能上与硅酸盐水泥、普通水泥相比有较大的变化，矿渣掺加量越多，水泥的性能变化越显著。

矿渣水泥的凝结硬化和性能，相对于硅酸盐水泥来说有如下的特点。

（1）凝结时间较长。矿渣水泥中熟料矿物较少而活性混合材料（粒化高炉矿渣）较多，就局部而言，其水化反应是分两步进行的。首先是熟料矿物水化，此时所生成的水化产物与硅酸盐水泥基本相同。随后是熟料矿物水化析出的氢氧化钙和掺入水泥中的石膏分别作为矿渣的碱性激发剂，与矿渣中的活性氧化硅、活性氧化铝发生二次水化反应生成水化硅酸钙、水化铝酸钙或水化铁铝酸钙，有时还可能生成水化铝硅酸钙等水化产物。而凝结硬化过程基本上与硅酸盐水泥相同。水泥熟料矿物水化后的产物又与活性氧化物进行反应，生成新的水化产物，称二次水化反应或二次反应。

（2）早期强度低、后期强度增进大。因为矿渣水泥中熟料矿物含量比硅酸盐水泥的少得多，而且混合材料中的活性氧化硅、活性氧化铝与氢氧化钙、石膏的作用在常温下进行缓慢，故凝结硬化稍慢，早期（3d、7d）强度较低。但在硬化后期（28d 以后），由于水化硅酸钙凝胶数量增多，使水泥石强度不断增长，最后甚至超过同强度等级普通水泥，如图 4-6 所示。

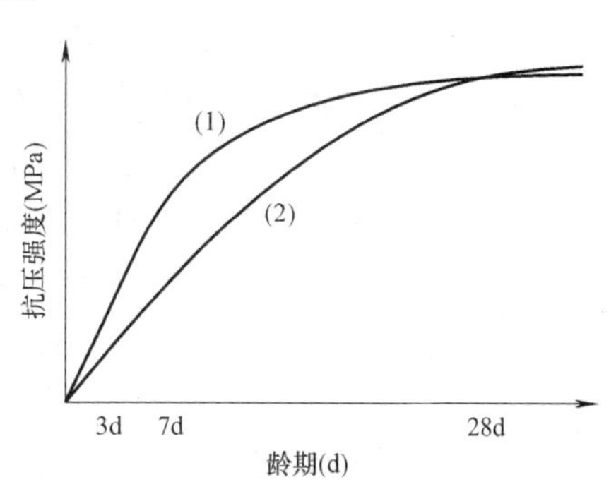

图 4-6 矿渣水泥与普通水泥强度增长情况的比较

（1）—普通水泥；（2）—矿渣水泥

（3）耐侵蚀性能好。矿渣水泥水化所析出的氢氧化钙较少，而且在与活性混合材料作用时，又消耗大量的氢氧化钙，水泥石中剩余的氢氧化钙就更少了。因此这种水泥抵抗软水、海水和硫酸盐侵蚀的能力较强，宜用于水工和海港工程。

（4）抑制碱—骨料反应。由于矿渣的大量掺入，一方面降低了水泥的碱含量，抑制了碱硅酸盐反应；另一方面，由于矿渣水泥水化体中氢氧化钙析出量减少，削弱了碱碳酸盐反应。

（5）矿渣水泥还具有一定的耐热性，因此可用于耐热混凝土工程，如制作冶炼车间，锅炉房等高温车间的受热构件和窑炉外壳等。但这种水泥硬化后碱度较低，故抗碳化能力较差。

（6）保水性较差。矿渣是一种内部空隙较少的玻璃质材料，水化慢，不能很快形成凝聚结构。因此一旦静置，水泥浆中的颗粒易产生沉降离析现象，拌合物中的水升到表面形成水膜，也称为泌水，泌水越大保水性越差。保水性差不仅影响水泥浆与骨料、钢筋的粘结力，同时也在混凝土结构中形成连贯性的毛细孔或粗大孔隙，降低水泥石的匀质性，从而影响了混凝土的抗冻性、抗渗性和抵抗干湿交替循环的性能。

（7）标准稠度需水量增大。水泥中混合材料掺量较多，且磨细粒化高炉矿渣有尖锐棱角，所以矿渣水泥的标准稠度需水量较大。故矿渣水泥的干缩性较大，如养护不当，就易产生裂纹。

（8）蒸汽养护效果好。矿渣水泥二次反应对环境的温度、湿度条件较为敏感，为保证矿渣水泥强度的稳步增长，需要较长时间的养护。若采用蒸汽养护或压蒸养护等湿热处理方法，能显著加快硬化速度，在处理完毕后不影响其后期的强度增长。并且由于矿渣活化作用提高了具有亚微晶体结构的水化的水化硅酸钙的生成量，增加了胶体结构组成的密实性，改善混凝土的抗冻、抗盐和抗裂性。所以用矿渣水泥配制的混凝土宜于蒸汽养护。

矿渣水泥应用较广泛，也是中国水泥产量最大的品种之一。

4. 火山灰质硅酸盐水泥

凡由硅酸盐水泥熟料、适量石膏、21％～40％火山灰质混合材磨细制成的水硬性胶凝材料，称为火山灰质硅酸盐水泥（简称火山灰水泥），代号P·P。

国家标准《通用硅酸盐水泥》GB 175—2007/XG1—2009中规定，火山灰水泥中氧化镁的含量不得超过6％，水泥中三氧化硫含量不得超过3.5％。

火山灰水泥的强度等级、细度、凝结时间及沸煮安定性要求与矿渣水泥相同。火山灰水泥的密度通常为2.8～3.1g/cm^3，堆积密度为900～1000kg/m^3。

火山灰水泥的性能不但取决于硅酸盐水泥熟料，还取决于火山灰质混合材料的品种和数量，火山灰质混合材掺加量越多，它的性能与硅酸盐水泥和普通水泥差别越大。

火山灰水泥的凝结硬化特性、强度发展、碳化等性能，都与矿渣水泥基本相同。其性能特点是需水量大、保水性好、水化放热低、早期强度低后期强度增进率大、耐侵蚀性能好。但火山灰水泥的抗冻性和耐磨性比矿渣水泥差，干燥收缩较大，在干热条件下会产生起粉现象。因此，火山灰水泥不宜用于有抗冻、耐磨要求和干热环境使用的工程。

5. 粉煤灰硅酸盐水泥

凡由硅酸盐水泥熟料、适量石膏、21％～40％的粉煤灰磨细制成的水硬性胶凝材料，称为粉煤灰硅酸盐水泥（简称粉煤灰水泥），代号P·F。

国家标准《通用硅酸盐水泥》GB 175—2007/XG1—2009中规定，粉煤灰水泥中氧化镁、三氧化硫的含量与火山灰水泥相同。粉煤灰水泥的强度等级、细度、凝结时间及沸煮安定性要求与矿渣水泥相同。

粉煤灰水泥的性能与熟料的组成、粉煤灰的品质及掺量有关，特别是粉煤灰的品质对粉煤灰水泥的性能影响很大。粉煤灰水泥的凝结硬化与火山灰水泥很相近，主要是水泥熟料矿物水化，所生成的氢氧化钙通过液相扩散到粉煤灰球形玻璃体的表面，与活性氧化物发生作用（或称为吸附和侵蚀），生成水化硅酸钙和水化铝酸钙，当有石膏存在时，随即生成水化硫铝酸钙晶体。

粉煤灰水泥的性能与矿渣水泥、火山灰水泥大体相同，但由于粉煤灰的形态效应、微骨料效应等使粉煤灰水泥具有矿渣水泥、火山灰水泥不可比的优点。粉煤灰水泥一般具有如下特点。

（1）需水量少，和易性好。粉煤灰的颗粒基本上由玻璃珠组成，粉煤灰水泥这一优良的性能主要得益于它的颗粒形态效应。

（2）泌水性、干缩性小。泌水现象是由于新拌混凝土的组分中固体颗粒下沉而水分上升的结果。泌水影响混凝土上层表面的质量和混凝土的耐久性。粉煤灰水泥的使用有利于弥补混凝土中细粉部分的不足，有利于保水和堵截泌水的通道。其中粉煤灰微珠颗粒具有良好的保水能力，因此减少泌水现象的效果尤其明显。

（3）干缩性小。由于需水量小，因此干缩性较小。干缩性小的水泥对于防止砂浆和混凝土的裂缝和保持混凝土的体积稳定性十分有益。

（4）水化热低。粉煤灰水泥的水化速度缓慢，水化热降低。

（5）耐侵蚀性好。粉煤灰的活性可以从化学作用上稳定氢氧化钙，又可以从结构密度上提高抗渗能力，这都是能提高混凝土耐蚀性的主要原因。

（6）抑制碱—骨料反应。粉煤灰活性效应的发挥拦截了与活性骨料反应的碱，同时混凝土细孔中的碱溶液为激发粉煤灰活性提供了良好的环境。

（7）早期强度低，后期强度增进率大。粉煤灰颗粒活性组分的化学反应迟缓，颗粒周围的水膜层间隙尚未填实，较大的空隙和敞开的毛细孔较多，结构密实性差。因此灰煤灰水泥使用过程中养护和早期的潮湿养护十分重要。实践证明，养护温度超过20℃就能够较好地发挥粉煤灰的活性。粉煤灰水泥的后期强度增进率很大，甚至可以超过硅酸盐水泥的强度。

（8）抗冻性差。由于粉煤灰水泥的强度发展迟缓，28d强度偏低，胶凝材料浆体体积增大。

6. 复合硅酸盐水泥

凡由硅酸盐水泥熟料、适量石膏、21%～50%的两种或两种以上规定的混合材料磨细制成的水硬性胶凝材料，称为复合硅酸盐水泥（简称复合水泥），代号P·C。

国家标准《通用硅酸盐水泥》GB 175—2007/XG1—2009中规定，复合硅酸盐水泥中氧化镁、三氧化硫的含量与火山灰水泥相同。复合硅酸盐水泥的强度等级、细度、凝结时间及沸煮安定性要求与矿渣水泥相同。

复合硅酸盐水泥的特性取决于所掺两种混合材的种类、掺量及相对比例，与矿渣水泥、火山灰水泥、粉煤灰水泥有不同程度的相似，其使用应根据所掺入的混合材料种类、参照其他掺混合材料水泥的适用范围和工程实践经验选用。

水泥中同量掺入两种或两种以上不同的混合材料，绝不是简单的混合，而是相互取长补短，产生单一混合材所不能起的效果。

为了便于识别，硅酸盐水泥和普通水泥包装袋上要求用红色字印刷水泥名称和强度等级，矿渣水泥采用绿色字印刷；火山灰水泥、粉灰灰水泥和复合水泥采用黑色或蓝色字印刷。

目前，硅酸盐水泥、普通水泥、火山灰水泥、粉煤灰水泥、矿渣水泥和复合水泥这六大通用水泥在我国被广泛地使用。在混凝土结构工程中，这些水泥的使用可参照表4-13来进行选择。

通用硅酸盐水泥的选用　　表4-13

混凝土工程特点或所处环境条件		优先使用	可以使用	不宜使用
普通混凝土	1. 在普通气候环境中的混凝土	普通水泥	矿渣水泥、火山灰水泥、粉煤灰水泥、复合水泥	
	2. 在干燥环境中的混凝土	普通水泥	矿渣水泥	火山灰水泥、粉煤灰水泥
	3. 在高湿度环境中或永远处在水下的混凝土	火山灰水泥、粉煤灰水泥	普通水泥、复合水泥	矿渣水泥
	4. 厚大体积的混凝土	粉煤灰水泥、矿渣水泥、火山灰水泥、复合水泥	普通水泥	硅酸盐水泥、快凝硅酸盐水泥

续表

混凝土工程特点或所处环境条件		优先使用	可以使用	不宜使用
有特殊要求的混凝土	1. 要求快硬的混凝土	快硬硅酸盐水泥、硅酸盐水泥	普通水泥	矿渣水泥、火山灰水泥、粉煤灰水泥、复合水泥
	2. 高强(大于C40级)的混凝土	硅酸盐水泥、普通水泥	矿渣水泥	火山灰水泥、粉煤灰水泥
	3. 严寒地区的露天混凝土、寒冷地区的处在水位升降范围内的混凝土	普通水泥	矿渣水泥	火山灰水泥、粉煤灰水泥
	4. 严寒地区水位升降范围内的混凝土	普通水泥		火山灰水泥、矿渣水泥、粉煤灰水泥、复合水泥
	5. 有抗渗要求的混凝土	普通水泥、火山灰水泥		矿渣水泥
	6. 有耐磨性要求的混凝土	硅酸盐水泥、普通水泥	矿渣水泥	火山灰水泥、粉煤灰水泥

注：蒸汽养护时用的水泥品种，宜根据具体条件确定。

4.1.1.4　快硬早强水泥

硅酸盐系列的通用水泥虽能适用于水泥制品的生产，但不能完全满足各种工艺的不同技术要求。如处于冬季自然条件下，悬辊工艺、离心工艺生产管材，成型后静定过程中，由于通用水泥在低温下水化、硬化速度慢，易产生管顶混凝土坍皮现象；为缩短养护时间、加快模型周转、提高产量等要求，需要不同性能的快凝快硬水泥。

快硬早强水泥按性能一般可分为两类：一类为快硬水泥，另一类为快凝快硬水泥。而按水泥熟料矿物的组成特征又可分为硅酸盐类、铝酸盐类、硫铝酸盐和铁铝酸盐类等。

1. 快硬硅酸盐系水泥

凡以硅酸盐熟料和适量石膏磨细制成的、以3d抗压强度表示标号的水硬性胶凝材料，称为快硬硅酸盐水泥，简称快硬水泥。它不但具有一般硅酸盐水泥的性能，而且具有快硬特性。快硬硅酸盐水泥其主要特点是早期强度发展快，1～3d的强度较高，通常1d抗压强度达到标号的50%以上，3d即达到普通硅酸盐水泥28d的强度，且后期强度继续增长。适于快速施工、低温施工工程及水泥制品的生产。与使用普通硅酸盐水泥相比采用快硬硅酸盐水泥可大大加快施工进度，加快模板周转，提高工程及制品质量，具有良好的技术经济效益和社会效益。

快硬硅酸盐系水泥主要性能　　表4-14

水泥		表面积(m^2/kg)	凝结时间(h:min)		抗压强度(MPa)		
名称	强度		初凝	终凝	1d	3d	28d
快硬硅酸盐水泥	32.5	320～400	0:45	10:00	15.0	32.5	52.5
	37.5				17.0	37.5	57.5
	42.5				19.0	42.5	62.5

续表

水泥		表面积 (m²/kg)	凝结时间(h:min)		抗压强度(MPa)		
名称	强度		初凝	终凝	1d	3d	28d
无收缩快硬硅酸盐水泥	52.5	400～500	0:30	6:00	13.7	28.4	52.5
	62.5				17.2	34.3	62.5
	72.5				20.5	41.7	72.5

快硬硅酸盐水泥的主要技术特点是凝结时间正常，初凝和终凝的时间间隔很短，早期强度发展快，后期强度持续增长。表 4-15 列出了快硬硅酸盐水泥的主要物理性能。

快硬硅酸盐水泥的主要物理性能　　表 4-15

水泥编号	SO_3 (%)	细度(%) (+80μm)	安定性	凝结时间(h:min)		强度,抗压/抗折(MPa)		
				初凝	终凝	1d	3d	28d
1	2.4	1.4	合格	2:46	3:30	21.0/4.8	44.9/7.5	61.3/8.9
2	3.1	1.2		2:25	3:18	23.8/5.5	48.5/7.7	60.4/8.3
3	2.7	3.2		1:11	1:53	24.6/4.8	44.0/6.8	60.9/8.8
4	2.7	2.6		1:28	2:03	27.9/5.4	47.1/7.2	63.7/8.5

用快硬硅酸盐水泥可以配制高早强混凝土。表 4-16 和表 4-17 分别为采用 42.5 快硬硅酸盐水泥配制的蒸养塑性混凝土和蒸养干硬性混凝土的性能。

蒸养塑性快硬硅酸盐水泥混凝土性能　　表 4-16

水泥编号	配合比	水灰比	抗压强度(MPa)			养护制度(最高温度℃)
	水泥∶砂∶石		蒸养12h	蒸养 12h 后存放 3d	蒸养 12h 后存放 28d	
1	1∶1.33∶2.97	0.452	31.9	39.7	39.9	95
2			36.4	44.3	52.3	

蒸养干硬性快硬硅酸盐水泥混凝土性能　　表 4-17

水泥编号	配合比	水灰比	抗压强度(MPa)			养护制度(最高温度℃)
	水泥∶砂∶石		蒸养12h	蒸养 12h 后存放 3d	蒸养 12h 后存放 28d	
1	1∶1.32∶2.72	0.345	43.4	52.5	58.9	85±5
2			43.7	49.0	60.9	

值得注意的是，快硬硅酸盐水泥含碱量偏高，使用时应加强碱度监控，避免采用碱活性骨料。

快硬硅酸盐水泥主要技术性能和选用范围　　表 4-18

主要技术性能	适用范围	不适用范围
a. 早期强度增长快、早期强度高 b. 水化热高而集中 c. 吸湿性强	a. 用于早期强度要求高的混凝土工程 b. 高强度等级的预制水泥制品 c. 紧急抢修工程 d. 抗冲击性、抗震性工程 e. 冬期施工工程	不适宜用于大体积混凝土工程

2. 铝酸盐系水泥

以铝酸钙为主的铝酸钙水泥熟料，磨细制成的水硬性胶凝材料称为铝酸盐水泥，代号CA，根据需要也可在磨制 Al_2O_3 含量大于68%的水泥时掺加适量的 α-Al_2O_3 粉。

铝酸盐水泥的主要矿物成分铝酸一钙（$CaO \cdot Al_2O_3$，简称为CA）。铝酸盐水泥常为黄褐色，也有呈灰色的。铝酸盐水泥的密度与普通硅酸盐水泥相近。按国家标准《铝酸盐水泥》GB 201—2000，铝酸盐水泥根据 Al_2O_3 的含量百分数分为CA-50（$50\% \leqslant Al_2O_3 < 60\%$）、CA-60（$60\% \leqslant Al_2O_3 < 68\%$）、CA-70（$68\% \leqslant Al_2O_3 < 77\%$）和CA-80（$77\% \leqslant Al_2O_3$）四类。对其物理要求是：

（1）细度：比表面积不小于 $300m^2/kg$，或0.045筛余不大于20%。

（2）凝结时间：CA-50、CA-70和CA-80的胶砂初凝时间不得早于30min，终凝时间不得迟于6h。CA-60的胶砂初凝时间不得早于60min，终凝时间不得迟于18h。

（3）强度：各类型铝酸盐水泥各龄期强度不得低于表4-19所列数值。

铝酸盐水泥各龄期强度　　　　**表4-19**

水泥类型	抗压强度(MPa)				抗拉强度(MPa)			
	6h	1d	3d	28d	6h	1d	3d	28d
CA-50	20	40	50		3.5	5.5	6.5	
CA-60		20	45	80		2.5	5.0	10.0
CA-70		30	40			5.0	6.0	
CA-80		25	30			4.0	5.0	

铝酸盐水泥具有快凝、早强、高强、低收缩、耐高温和耐硫酸盐侵蚀性强的特点，当与石膏共同水化时，能生成膨胀性水化产物水化硫铝酸钙，因此，可用于工期紧急工程、抢修工程和冬期施工的工程，以及配制耐热混凝土和耐硫酸盐混凝土。但铝酸盐水泥水化热大、耐碱性差、长期强度会降低，使用时应予注意。

铝酸盐水泥运输和储存时应特别注意防潮和不与其他品种水泥混杂。

3. 硫铝酸盐水泥

硫铝酸盐水泥是中国建筑材料科学研究院自主开发成功的特种水泥体系，居国际领先水平。包括以无水硫铝酸钙和硅酸二钙为主要组成矿物的硫铝酸盐水泥以及以无水硫铝酸钙和铁铝酸四钙为主要组成矿物的铁铝酸盐水泥。由这两个水泥熟料体系为基础，可以开发出快硬水泥、膨胀水泥及自应力水泥等，主要用于快硬早强工程、低温工程、抢修工程、补偿收缩混凝土工程以及自应力水泥制品等。

快硬硫铝酸盐水泥是以适当成分的生料，经煅烧所得的以无水硫铝酸钙和硅酸二钙为主要矿物成分的水泥熟料和石灰石、适量石膏共同磨细制成的，具有早期强度高的水硬性胶凝材料，代号R・SAC。

根据《硫铝酸盐水泥》GB 20472—2006标准规定，快硬硫铝酸盐水泥以3d抗压强度分为42.5、52.5、62.5、72.5四个等级。各龄期强度均不得低于表4-20的数值，水泥中不允许出现游离氧化钙。比表面积不低于 $350m^2/kg$。初凝时间不早于25min，终凝不迟于180min。

快硬硫铝酸盐水泥各龄期强度要求　　表 4-20

强度等级	抗压强度(MPa)			抗拉强度(MPa)		
	1d	3d	28d	1d	3d	28d
42.5	33.0	42.5	45.0	6.0	6.5	7.0
52.5	42.0	52.5	55.0	6.5	7.0	7.5
62.5	50.0	62.5	65.0	7.0	7.5	8.0
72.5	56.0	72.5	75.0	7.5	8.0	8.5

快硬硫铝酸盐水泥 12h 胶砂强度在 29.4MPa 以上，用这种水泥配制混凝土具有较高的早期强度以及良好的抗冻性和低温硬化性能。用这种水泥配制的砂浆或混凝土，拌合后立即受冻，再恢复正温养护，最终强度基本上不降低，因此可在负温（－25℃～－15℃）的条件下使用。

利用快硬硫铝酸盐水泥强度增长快、早期强度高的特点，可用于预制水泥制品的生产。特别是使用在离心工艺、悬辊工艺制作混凝土管中，它具有缩短生产周期、加快模型周转、提高劳动生产率及降低能耗等优点，尤其是冬期生产中，由于快硬硫铝酸盐水泥混凝土强度增长快，可以防止混凝土管成型后、静定过程中，由混凝土自重作用产生的混凝土下垂离皮、坍落等质量事故的发生，保障混凝土管内在质量。

快硬硫铝酸盐水泥的另一特点是水化产物的液相碱度低，pH 值为 10.5～11.5。由于这一特点，使钢筋在早期会发生轻微锈蚀，但以后不继续发展，因此不构成潜在危险。

快硬硫铝酸盐水泥抗渗性好，干缩性比硅酸盐水泥小，且有较好的耐硫酸盐侵蚀性能。

快硬硫铝酸盐水泥配制混凝土时应注意以下几个问题：每立方米混凝土水泥用量不宜小于 280kg；混凝土硬化后应及时保湿养护，养护期不宜少于 3d；蒸汽养护时温度不宜大于 80℃、时间不宜超过 2h；早期钢筋会轻微锈蚀，用于防锈要求较高的工程时，可加入适量的防锈剂；快硬硫铝酸盐水泥砂浆或混凝土失去流动性后，不得第二次加水拌合使用；快硬硫铝酸盐水泥搅拌中不得混入其他品种水泥和石灰等高碱性物质；快硬硫铝酸盐水泥混凝土不得与其他水泥混凝土混合使用，但可以浇筑在已硬化的其他水泥混凝土上。

4. 快硬铁铝酸盐水泥

以适当成分的生料，经煅烧所得以无水硫铝酸钙、铁相和硅酸二钙为主要矿物成分的水泥熟料和石灰石、适量石膏共同磨细制成的，具有早期强度高的水硬性胶凝材料，代号 R・FAC。

快硬铁铝酸盐水泥的强度等级、各龄期的强度要求、细度、凝结时间及技术性能与快硬硫铝酸盐水泥相似。

4.1.1.5 膨胀水泥

普通硅酸盐水泥在空气中硬化时，通常都表现为收缩，收缩的数值随水泥品种的矿物组成、水泥的细度、石膏的加入量的多少而定。由于收缩，混凝土构件内部会产生微裂缝，这样不但使水泥混凝土的整体性能破坏，而且会使混凝土的一系列性能劣化。例如，抗渗性和抗冻性下降，使外部侵蚀性介质（侵蚀性气体、水气）透入，总之，使混凝土的耐久性下降。

膨胀水泥是对应在空气中产生收缩的一般水泥而言的。膨胀水泥和水混合硬化后，体积不但不收缩反而有所膨胀，当用膨胀水泥配制混凝土时，硬化过程中产生一定数值的膨胀，可以克服或改善普通混凝土所产生的缺点。

膨胀水泥的线膨胀率一般在1%以下，相当于或稍大于普通水泥的收缩率。膨胀水泥适用于补偿收缩混凝土，用作防渗混凝土；填灌混凝土结构或构件的接缝及管道接头，结构的加固与修补，浇筑机器底座及固结地脚螺丝等。

按基本组成，膨胀水泥可以分为以下几种。

1. 硅酸盐膨胀水泥

由一定比例的硅酸盐水泥熟料、高铝水泥熟料和天然二水石膏共同粉磨而成的一种膨胀性胶凝材料。大致比例为，硅酸盐水泥熟料72%～78%、高铝水泥熟料14%～18%、天然二水石膏7%～10%。

硅酸盐膨胀水泥水化硬化时，其中的高铝水泥熟料和石膏遇水化合，生成钙矾石。水化过程中生成的晶形较大的钙矾石分布填充原来充水的空间，晶形较小的Aft则以原始固相为依托，彼此交叉搭接，因而具有显著的膨胀能力。

硅酸盐膨胀水泥性能特点是：与同一熟料制成的硅酸盐水泥相比，凝结时间较短；在比表面积相近情况下，强度比硅酸盐水泥降低将近一个等级；硅酸盐膨胀水泥水中养护净浆线膨胀，1d大于0.3%，3d之内基本上达到稳定，水泥的膨胀率一般在0.3%～1.0%之间波动，长期稳定性良好；硅酸盐膨胀水泥抗渗性能较好，抗冻性较差。

2. 铝酸盐膨胀水泥

由一定比例的硅酸盐水泥熟料、明矾石和石膏共同粉磨而成的一种膨胀性胶凝材料。大致比例为，硅酸盐水泥熟料50%～63%、明矾石12%～15%、硬石膏9%～11%、粉煤灰或矿渣15%～20%。

铝酸盐膨胀水泥性能特点是：初凝不小于45min，一般在80～210min之间，终凝不大于10h；水中养护净浆线膨胀率1d大于0.15%，28d在0.35%～1.2%之间；水化热3d为188～209kJ/kg，7d为243～251kJ/kg；抗硫酸盐性能好，但抗碳酸盐性能较差。

3. 硫铝酸盐膨胀水泥

由一定比例的硫铝酸盐水泥熟料和石膏共同粉磨而成的一种膨胀性胶凝材料。大致比例为，硫铝酸盐水泥熟料75%～85%、石膏15%～25%。比表面积控制在400±30m^2/kg。

硫铝酸盐膨胀水泥性能特点是：硫铝酸盐膨胀水泥试件，在水中养护净浆膨胀率为0.5%～1.0%，最终不大于1.0%；自应力值1.5～3.0MPa；硫铝酸盐膨胀水泥较快硬硫铝酸盐水泥早期强度（12h～1d）略低，后期强度相似；抗渗性能和耐侵蚀性能高。

4. 铁铝酸盐膨胀水泥

由一定比例的早强铁铝酸盐水泥熟料和石膏共同粉磨而成的一种膨胀性胶凝材料。大致比例为，早强铁铝酸盐水泥熟料75%～85%、二水石膏15%～25%。比表面积不低于400±30m^2/kg。

铁铝酸盐膨胀水泥性能特点是：净浆试件在水中养护的膨胀率，1d不小于0.1%，28d不大于1.0%；具有较早的早强和后期强度；自应力较高，自由膨胀较小，稳定期较短；抗侵蚀性较好，尤其是对抗Na_2SO_4、$MgCl_2$复合介质及各种铵盐的侵蚀更佳；抗渗性、抗冻性好，具有负温下施工的特性；具有良好的耐磨与抗海水冲刷的特性；对钢筋无锈蚀。

4.1.1.6 自应力水泥

自应力混凝土是采用自应力水泥或在普通水泥中掺加较大量的膨胀剂而制备的混凝土。自应力水泥的膨胀率一般在1%～3%，所以膨胀结果不仅使水泥避免收缩，而且尚有一定的最后线膨胀值，在配筋的有效限制下可使混凝土受到预压力（自应力），达到了预应力的目的，其大小和分布能够抵消给定外荷引起的全部应力或大部分应力，足以满足结构物安全承载的要求。自应力水泥适用于制造自应混凝土管及其配件。

作为自应力水泥的基本条件应为以下几点：应有一个宜于控制的较宽的膨胀量范围；一种适宜的膨胀速度；一个最低限度的强度值，常温水养护前期强度不应低于10MPa，常温水养护7d后的强度不应低于15MPa；应有一个低限度的自应力值；长期接触水分，后期稳定性好，在允许的膨胀期内膨胀组分应基本耗尽，膨胀基本完成，在使用过程中增加的膨胀量不得超过0.15%（砂浆或混凝土）和0.3%（纯水泥浆）。

自应力水泥主要品种为：自应力硅酸盐水泥；自应力铝酸盐水泥；自应力硫铝酸盐水泥；自应力铁铝酸盐水泥等。

4.1.1.7 白色和彩色硅酸盐水泥

由氧化铁含量少的硅酸盐水泥熟料、适量石膏及混合材料（石灰石或窑灰），磨细制成水硬性胶凝材料称为白色硅酸盐水泥（简称白水泥），代号为P·W。按国家标准《白色硅酸盐水泥》GB/T 2015—2005规定，白色硅酸盐水泥分为32.5、42.5、52.5三个强度等级，各强度等级的各龄期强度不应低于表4-21数值。水泥中三氧化硫的含量应不超过3.5%，80μm方孔筛筛余不超过10%，初凝不早于45min，终凝不迟于10h，安定性用沸煮法检验必须合格，水泥白度值应不低于87。

白水泥各龄期的强度 **表4-21**

强度等级	抗压强度(MPa)		抗折强度(MPa)	
	3d	28d	3d	28d
32.5	12.0	32.5	3.0	6.0
42.5	17.0	42.5	3.5	6.5
52.5	22.0	52.5	4.0	7.0

凡由硅酸盐水泥熟料及适量石膏（或白色硅酸盐水泥）、混合材及着色剂磨细或混合制成的带有色彩的水硬性胶凝材料称为彩色硅酸盐水泥。按《彩色硅酸盐水泥》JC/T 870—2012标准规定，彩色硅酸盐水泥分为27.5、32.5、42.5三个强度等级，各强度等级的各龄期强度不应低于表4-22数值。基本有红色、黄色、蓝色、绿色、棕色和黑色。

彩色硅酸盐水泥各龄期的强度 **表4-22**

强度等级	抗压强度(MPa)		抗折强度(MPa)	
	3d	28d	3d	28d
27.5	7.5	27.5	2.0	5.0
32.5	10.0	32.5	2.5	5.5
42.5	15.0	42.5	3.5	6.5

4.1.2 骨料

骨料也称集料。在混凝土工程中，一般将粒径小于4.75mm的骨料为细骨料（砂），粒径大于4.75mm的骨料为粗骨料（石子）。

细骨料一般是由天然岩长期风化等自然条件形成的天然砂，根据产源不同天然砂可分为河砂、海砂和山砂。此外，还可用岩石经除土、开采、机械破碎、筛分而成的人工砂以及由天然砂和人工砂按一定比例混合成的混合砂。

粗骨料有碎石和卵石。岩石由于自然条件作用而形成的颗粒，称为卵石；天然岩石或卵石经破碎、筛分而得的岩石颗粒，称为碎石。

骨料的分类 **表4-23**

分项	名称	技术数据
粒径	细骨料	粒径在0.15～4.75mm之间
	粗骨料	粒径>4.75mm
成因	天然骨料	河砂、河卵石、山砂、山卵石、火山碎石、火山碎石砂
	机制砂	岩石破碎而成
	混合砂	天然砂和机制砂按比例配制而成
	人造骨料	人工砂、粉煤灰砂、高炉矿渣粗骨料、高炉矿渣细骨料、烧成(轻)骨料等
密度	轻骨料	绝干密度2.3以下，烧成的人造轻骨料与火山渣
	普通骨料	绝干密度在2.4～2.8左右，通常混凝土用的天然骨料及人造骨料
	重骨料	绝干密度2.9以上，多者达4.0以上，放射性屏蔽用混凝土骨料等属于此类，如重晶石、铁矿石等

骨料体积一般占混凝土体积的70%～80%，骨料的质量优劣将直接影响混凝土各项性能的好坏。下面概括介绍对配制混凝土用砂、石子的质量要求。

4.1.2.1 骨料中的有害物质

砂、石中常含有一些有害物质，如云母、黏土、淤泥、粉砂等。这些有害物质黏附在砂、石子表面，妨碍水泥与砂、石子的粘结，降低混凝土强度、弹性模量；同时还会降低和易性、增加混凝土的用水量，加大混凝土的收缩，降低混凝土的抗冻性能和抗渗性能。另外，一些有机杂质、硫化物和硫酸盐会对水泥有侵蚀作用。

砂、石中的含泥量是指粒径小于0.08mm颗粒含量。碎石卵石中的泥块含量是指颗粒粒径大于5mm，经过水洗、手捏后颗粒小于2.5mm颗粒的含量。骨料中泥块含量对混凝土性能的影响更有害。

骨料中具有有害作用的矿物 **表4-24**

矿物			有害作用
硅酸盐矿物	石英		隐晶质石英中一部分具有碱活性。加热到573℃时结晶结构由α型转移成β型，体积膨胀2%
	方晶石		具有碱活性
	火山玻璃		具有碱活性
	黏土矿物	云母	吸水率高，强度及抗磨性差
		蒙脱石	易吸水，吸水、脱水时产生湿胀与收缩，表面易产生隆起
		绿泥石	易吸水，凝结快
	沸石	浊沸石	吸水、脱水时产生胀缩
		胆碱石	由于膨胀收缩，表面易产生隆起

续表

<table>
<tr><th colspan="2">矿　物</th><th>有　害　作　用</th></tr>
<tr><td rowspan="4">其他</td><td>磁铁矿</td><td>由于生锈表面发生污染</td></tr>
<tr><td>黄铁矿</td><td>与石膏生成钙矾石、表面易膨胀，铁锈污染表面</td></tr>
<tr><td>石膏</td><td>生成钙矾石产生膨胀</td></tr>
<tr><td>煤</td><td>强度低、产生膨胀</td></tr>
</table>

按行业标准《普通混凝土用砂、石质量与检验方法标准》JGJ 52—2006 规定，砂、石中有害物质的含量应符合表 4-25 的规定。

砂、石中有害物质含量规定　　表 4-25

<table>
<tr><th colspan="2" rowspan="2">项　目</th><th colspan="3">质　量　标　准</th></tr>
<tr><th>≥C60</th><th>C55～C30</th><th>≤C25</th></tr>
<tr><td rowspan="2">含泥量，按质量计(%)</td><td>砂</td><td>≤2.0</td><td>≤3.0</td><td>≤5.0</td></tr>
<tr><td>碎石或卵石</td><td>≤0.5</td><td>≤1.0</td><td>≤2.0</td></tr>
<tr><td rowspan="2">泥块含量(按质量计，%)</td><td>砂</td><td>≤0.5</td><td>≤1.0</td><td>≤2.0</td></tr>
<tr><td>碎石或卵石</td><td>≤0.2</td><td>≤0.5</td><td>≤2.0</td></tr>
<tr><td>云母含量(按质量计，%)</td><td>砂</td><td colspan="3">≤2.0</td></tr>
<tr><td>轻物质含量(按质量计，%)</td><td>砂</td><td colspan="3">≤1.0</td></tr>
<tr><td rowspan="2">硫化物和硫酸盐含量
(折算为 SO_3 按质量计，%)</td><td>砂</td><td colspan="3">≤1.0</td></tr>
<tr><td>碎石或卵石</td><td colspan="3">≤1.0</td></tr>
<tr><td rowspan="2">有机物含量(用比色法试验)</td><td>砂</td><td colspan="3">颜色不应深于标准色，如深于标准色，则应按水泥胶砂强度试验方法进行强度对比试验，抗压强度比不应低于 0.95</td></tr>
<tr><td>卵石</td><td colspan="3">颜色不应深于标准色，如深于标准色则应配制成混凝土进行强度对比试验，抗压强度比不应低于 0.95</td></tr>
<tr><td>针、片状颗粒含量(按质量计，%)</td><td>碎石或卵石</td><td>≤8</td><td>≤15</td><td>≤25</td></tr>
</table>

4.1.2.2 表观密度 ρ、堆积密度 ρ_t、空隙率

表观密度 ρ 是骨料颗粒单位体积（包括内封闭孔隙）的质量。骨料的密度有饱和面干状态和绝干状态两种。

根据所规定的捣实条件，把骨料放入容器中，装满容器后的骨料质量除以容器的体积，称为紧密密度 ρ_c。骨料在自然堆积状态下，单位体积的质量称为堆积密度 ρ_t。

骨料颗粒与颗粒之间没有被骨料占领的空间，称为骨料的空隙。在单位体积的骨料中，空隙所占的体积百分比，称为空隙率。只要测定骨料的表观密度和堆积密度，就可以计算出骨料的空隙率。如图 4-7 所示，让长方体的截面为 1×1，高度尺寸就可以表示体积。如果在总体积 V_0 中，把纯粹骨料的体积 V 绘于一方，由于空气的质量几乎等于 0，这时 V 内骨料的质量仍为 G，故：

$$\rho_t=\frac{G}{V_t}\qquad (kg/m^3)$$

$$\rho_c=\frac{G}{V_c}\qquad (kg/m^3)$$

$$\rho=\frac{G}{V}\qquad (\mathrm{kg/m^3})$$

$$骨料堆积空隙体积=V_t-V$$

$$骨料紧密空隙体积=V_c-V$$

堆积密度的空隙率：　$\nu_t=\left(1-\frac{\rho_t}{\rho}\right)\times100\%$

紧密密度的空隙率：　$\nu_c=\left(1-\frac{\rho_c}{\rho}\right)\times100\%$

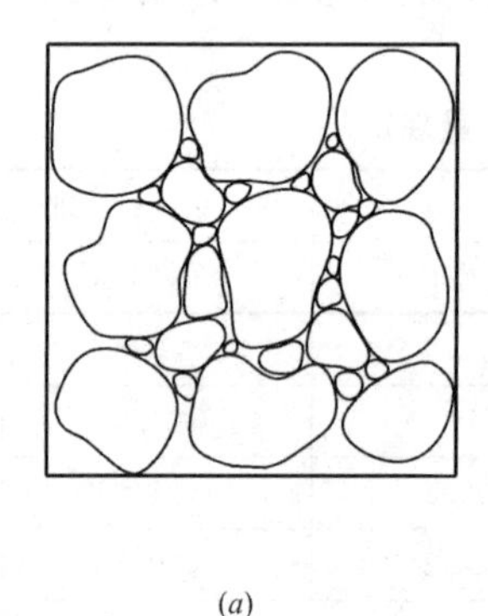

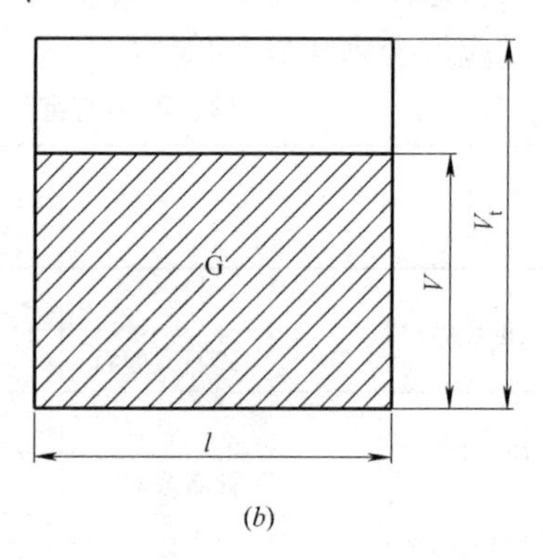

(a)　　(b)

图 4-7　骨料密度计算示意图

(a) 自然堆积状态；(b) 假想密实状态

空隙率主要取决于骨料的级配，颗粒的粒形和表面粗糙度对空隙率也有影响。颗粒接近球形或者正方形时，空隙率较小；而颗粒棱角尖锐或者扁长者，空隙率较大；表面粗糙，空隙较大。卵石表面光滑，粒形较好，空隙率一般比碎石小。卵石空隙率约为 35%～45%，碎石约为 45%左右。

砂的空隙率一般在 40%上下，粗砂颗粒有粗有细，空隙率较小；细砂的颗粒较均匀，空隙率较大。对于高强度等级混凝土，砂的堆积密度不应小于 1500kg/m³；对于低强度等级混凝土，不应低于 1400kg/m³。

4.1.2.3　骨料形状与表面特征

骨料表面特征是指骨料表面的粗糙程度及孔隙特征等，它与骨料的材性、岩石结构、矿物组成受自然磨蚀等有关。骨料的颗粒形状及表面特征会影响其与水泥的粘结及混凝土拌合物的流动性，对于高强度混凝土的影响更为明显。碎石具有棱角，表面粗糙，与水泥粘结较好，而卵石多为卵形，表面光滑，与水泥的粘结较差，在水泥用量和水用量相同的性况下，碎石拌制的混凝土流动性较差，但强度较高，而卵石拌制的混凝土则流动性较好，但强度较低。

骨料表面特性中更为复杂的是物理—化学作用，表现为骨料表面的吸附力和亲水性。一般来说，吸附力和亲水性较强的骨料，在混凝土硬化过程中不仅界面的粘结效果好，而逐步形成容易在界面上生成有利于界面层结构的晶胚。石灰石骨料一般亲水性较好，所制成的混凝土的早期强度比一般骨料混凝土能提高 30%；在石英石骨料界面上，在硬化早期就可发现水化硅酸钙晶胚。而疏水性骨料，如某些花岗岩骨料则效果相反，可能导致混凝土强度降低 19%～29%，抗拉强度降低 6%～28%。

砂的颗粒较小，一般较少考虑其形态，可是粗骨料就必须考虑其针状（颗粒长度大于该颗粒所属粒级的平均粒径的 2.4 倍）和片状（厚度小于平均粒径的 0.4 倍）的含量，这种针、片状颗粒过多，会使混凝土强度降低。对针、片状颗粒含量的限值要求见表 4-24。

4.1.2.4 级配和粗细程度

骨料的级配是指砂、石中各种不同的颗粒之间的数量比例，称为骨料级配。骨料的级配如果选择不当，以至骨料的比表面、空隙率过大，则需要多耗水泥浆，才能使混凝土获得一定的流动性，以及硬化后的性能指标，如强度、耐久性等。有时即使多加水泥，硬化后的性能也会受到一定影响。良好的级配应能使砂、石的空隙率和总表面积均小，若砂、石的粒径分布在同一尺寸范围内，则会产生很大的空隙率［图 4-8（*a*）］；若砂石的粒径在两种尺寸范围内，空隙率就减小［图 4-8（*b*）］；若砂、石的粒径分布在更多的尺寸范围内，则空隙率就更小了［图 4-8（*c*）］，只有适宜的砂、石颗粒分布，才能达到良好的级配要求。

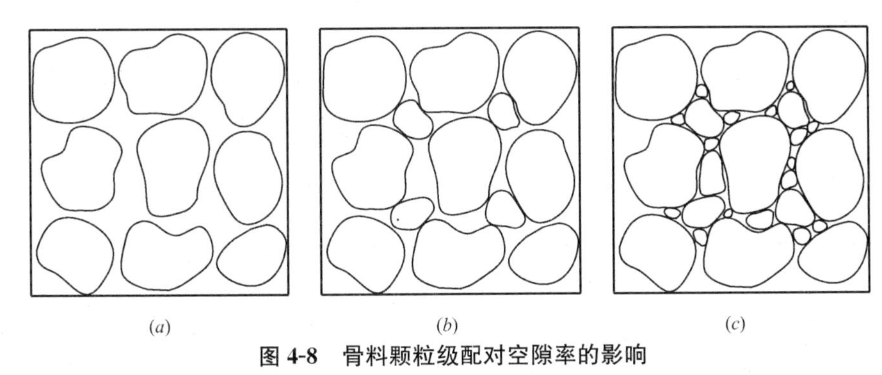

图 4-8 骨料颗粒级配对空隙率的影响

（*a*）同一尺寸范围粒径；（*b*）两种尺寸范围粒径；（*c*）多种尺寸范围粒径

砂、石的粗细程度是指不同粒径的颗粒混在一起后的总体粗细程度。相同质量的砂、石，粒径越小，总表面积越大。在混凝土中，砂、石表面需要水泥浆包裹，砂、石的总表面积越大，则需要包裹砂、石的水泥浆就越多。

因此在拌制混凝土时，骨料的颗粒级配和粗细程度应同时考虑。当骨料中含有较多的粗粒径骨料，并以适当的中粒径骨料及少量细粒径骨料填充其空隙，则可达到空隙率和总表面积均较小，不仅水泥浆用量较少，而且还可提高混凝土的密实性和强度。可见控制骨料的颗粒级配和粗细程度有很大的技术经济意义，因而它们是评定骨料质量的重要指标。

（1）砂的颗粒级配和粗细程度。砂的颗粒级配和粗细程度，常用筛分析的方法进行测定。用级配区表示砂的颗粒级配，用细度模数表示砂的粗细。国家标准中规定筛分析的方法，是用一套孔径为 4.75mm，2.36mm，1.18mm，600μm，300μm，150μm 的方孔标准筛，将抽样所得 500g 干砂，由粗到细依次过筛然后称得留在各筛上砂的质量，并计算出各筛上的分计筛余百分率 α_1、α_2、α_3、α_4、α_5 和 α_6（各筛上的筛余量占砂样总质量的百分率），及累计筛余百分率 A_1、A_2、A_3、A_4、A_5 和 A_6（各筛与比该筛粗的所有筛之分计筛余百分率之和）。累计筛余与分计筛余的关系见表 4-26。任意一组累计筛余（A_1～A_6）则表征了一个级配。

标准规定，砂按 600μm 筛孔的累计筛余百分率计，分成三个级配区，见表 4-27。砂的实际级配与表 4-26 中所示累计筛余百分率相比，除 4.75mm 和 600μm 筛号外允许稍超出分区界线，但其总量百分率不应大于5%。以累计筛余百分率为纵坐标，以筛孔尺寸为横坐标，根据表4-27的规定数值可以画出砂的Ⅰ、Ⅱ、Ⅲ级配区上下限的筛分曲线，如图4-9所示。配制混凝土时宜优先选用Ⅱ区砂；当采用Ⅰ区砂时，应提高砂率，并保持足够的水泥用量，以满足混凝土的和易性；当采用Ⅲ区砂时，宜适当降低砂率，以保证混凝土强度。

累计筛余与分计筛余关系　　**表4-26**

筛孔尺寸	分计筛余(%)	累计筛余(%)
4.75mm	α_1	$A_1=\alpha_1$
2.36mm	α_2	$A_2=\alpha_1+\alpha_2$
1.18mm	α_3	$A_3=\alpha_1+\alpha_2+\alpha_3$
600μm	α_4	$A_4=\alpha_1+\alpha_2+\alpha_3+\alpha_4$
300μm	α_5	$A_5=\alpha_1+\alpha_2+\alpha_3+\alpha_4+\alpha_5$
150μm	α_6	$A_6=\alpha_1+\alpha_2+\alpha_3+\alpha_4+\alpha_5+\alpha_6$

砂的颗粒级配区表　　**4-27**

筛孔尺寸	级配区		
	Ⅰ区	Ⅱ区	Ⅲ区
	累计筛余		
4.75mm	10～0	10～0	10～0
2.36mm	35～5	25～0	15～0
1.18mm	65～35	50～10	25～0
600μm	85～71	70～41	40～16
300μm	95～80	92～70	85～55
150μm	100～90	100～90	100～90

砂的粗细程度用细度模数表示，细度模数（μ_f）按式（4.1-1）计算：

$$\mu_f=\frac{(A_2+A_3+A_4+A_5+A_6)-5A_1}{100-A_1} \tag{4.1-1}$$

细度模数μ_f越大，表示砂越粗。普通混凝土用砂的细度模数范围一般为3.7～1.6，其中μ_f在3.7～3.1之间为粗砂，μ_f在3.0～2.3之间为中砂，μ_f在2.1～1.6之间为细砂，配制混凝土时宜优先选用中砂。μ_f在1.5～0.7之间为特细砂，用于配制混凝土时要作特殊处理。

应当注意，砂的细度模数并不能反映其级配的优劣，细度模数相同的砂，级配可以很不相同。所以，配制混凝土时必须同时考虑砂的颗粒级配和细度模数。

（2）石的颗粒级配和最大粒径。石的级配好坏对节约水泥和保证新拌混凝土的和易性有很大关系。特别是拌制高强度混凝土，石子级配更为重要。

石的级配分为连续粒级和单粒级两种。石的级配也通过筛分试验确定，石子的标准筛有孔径为2.36mm、4.75mm、9.50mm、16.0mm、19.0mm、26.5mm、31.5mm、37.5mm、53.0mm、63.0mm、75.0mm、90.0mm共12个筛子。普通混凝土用碎石或卵石的颗粒级配应符合表4-28的规定，试样筛分所需筛号应按表4-28中规定的级配要求选用。分计筛余和累计筛余百分率计算方法均与砂的相同。

单粒级一般用于组合具有要求级配的连续粒级。它也可以与连续级配的碎石或卵石混合使用，改善级配或配成较大粒度的连续级配。采用单粒级时，必须注意避免混凝土发生离析。

所谓连续级配，即颗粒由小到大，每级粗骨料都占有一定比例，相邻两级粒径之比为 $N=2$；天然河卵石都属于连续级配。但是，这种连续级配的粒级之间会出现干扰现象。如果相邻两级粒径 $D:d=6$，直径小的一级骨料正好填充大一级的骨料的空隙，这时骨料的空隙率最小。

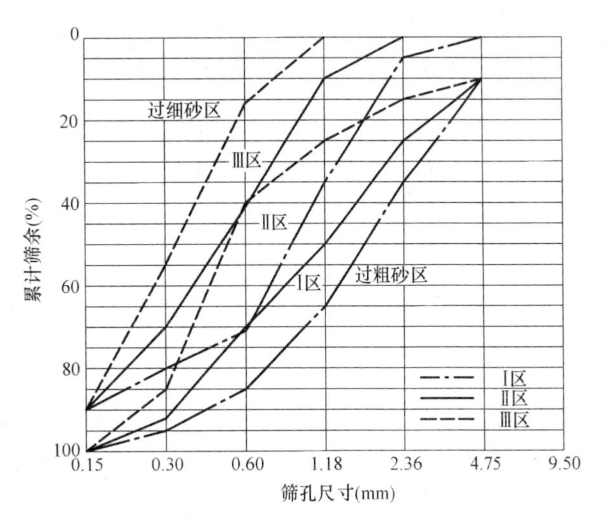

图 4-9　砂的Ⅰ、Ⅱ、Ⅲ级配区曲线

碎石或卵石的颗粒级配范围　　**表 4-28**

级配情况	公称粒径(mm)	累计筛余(%) 方孔筛筛孔边长尺寸(mm)											
		2.36	4.75	9.50	16.0	19.0	26.5	31.5	37.5	53.0	63.0	75.0	90.0
连续级配	5～10	95～100	80～100	0～15	0	—	—	—	—	—	—	—	—
	5～16	95～100	85～100	30～60	0～10	0	—	—	—	—	—	—	—
	5～20	95～100	90～100	40～80	—	0～10	0	—	—	—	—	—	—
	5～10	95～100	90～100	—	30～70	—	0～5	0	—	—	—	—	—
	5～10	95～100	90～100	70～90	—	15～45	—	0～5	0	0	—	—	—
	5～10	—	95～100	70～90	—	30～65	—	—	0～5	0	—	—	—
单粒粒级	10～20	—	95～100	85～100	—	0～15	0	—	—	—	—	—	—
	6～31.5	—	95～100	—	85～100	—	—	0～10	0	—	—	—	—
	20～40	—	—	95～100	—	80～100	—	—	0～10	0	—	—	—
	31.5～63	—	—	—	95～100	—	—	75～100	45～75	—	0～10	0	—
	40～80	—	—	—	—	95～100	—	—	70～100	—	30～60	0～10	0

图 4-10 为混凝土各连续粒级石子最佳级配区图。常用的石子级配曲线可按图选用，最佳级配的筛分曲线应接近区域的中间范围。

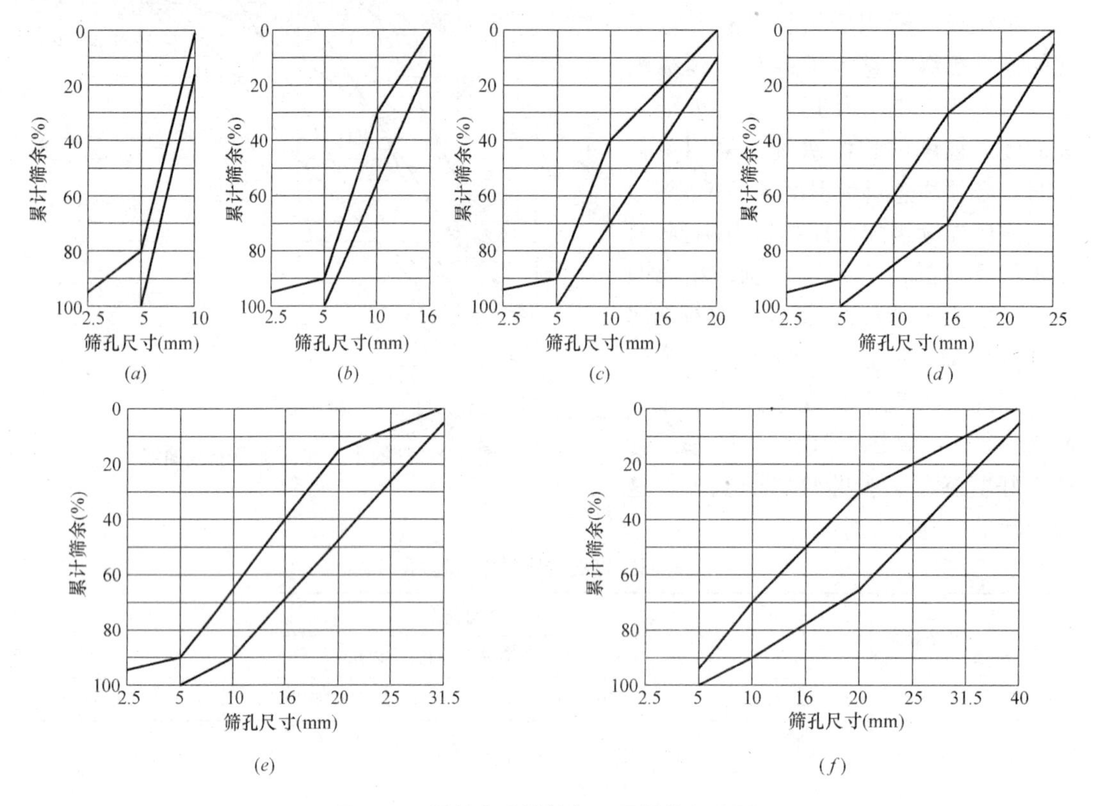

图 4-10　混凝土连续粒级石子最佳级配图

(*a*) 5～10mm 公称粒径；(*b*) 5～16mm 公称粒径；(*c*) 5～20mm 公称粒径；
(*d*) 5～25mm 公称粒径；(*e*) 5～31.5mm 公称粒径；(*f*) 5～40mm 公称粒径

粗骨料中公称粒径的上限称为该骨料的最大粒径。骨料的最大粒径大，比表面积小，空隙率也比较小，包裹其表面所需的水泥浆或砂浆的数量相应减少，可节约水泥，提高密实度、抗渗性、强度，减小混凝土收缩。所以在条件许可的情况下尽量选用较大的骨料最大粒径。但在普通混凝土中，骨料粒径大于 37.5mm 时，有可能造成混凝土强度下降。同时，骨料最大粒径还受到结构形式和配筋疏密的限制。一般情况下，混凝土粗骨料的最大粒径不得超过结构截面最小尺寸的 1/4～1/5，且不得大于钢筋间最小净距的 3/4。

石子粒径过大，对运输和搅拌都不方便。对于泵送混凝土，为防止混凝土泵送时管道堵塞，其粗骨料的最大粒径与输送管的管径之比，应符合表 4-29 中要求。

对于良好的级配，可总结如下的基本特征：①砂石混合物空隙率最小，可以减少水泥浆用量，配出性能好的混凝土。②砂石混合物具有适当小的表面积，因为水泥浆在混凝土中除了填充空隙以外，尚需将骨料包裹起来，因此，当骨料已达可能最大密实度的条件下，应力求减小表面积，从而节约水泥，改善工作度。③尽可能采用最大数量的最大粒径的骨料，这样可以大大提高密实度，减小表面积，因为不需要用更多细小颗粒去填充空隙，既减小了空隙，又不太大的增加表面积。此外，最大粒径骨料的数量越多，骨架作用越强。

碎石或卵石最大粒径与输送管内径之比 **表 4-29**

石子种类	泵送高度(m)	粗骨料最大粒径与输送管内径之比
碎石	<50	<1：3.0
	50～100	<1：4.0
	>100	<1：5.0
卵石	<50	<1：2.5
	50～100	<1：3.0
	>100	<1：4.0

4.1.2.5 骨料的含水状态

骨料的含水状态可分为干燥状态、气干状态、饱和面干状态和湿润状态四种，如图 4-11 所示。干燥状态时含水率等于或接近于零；气干状态时，含水率与大气湿度相平衡；饱和面干状态时骨料表面干燥而内部孔隙含水达饱和；湿润状态时，骨料不仅内部孔隙充满水，而且表面还附有一层表面水。

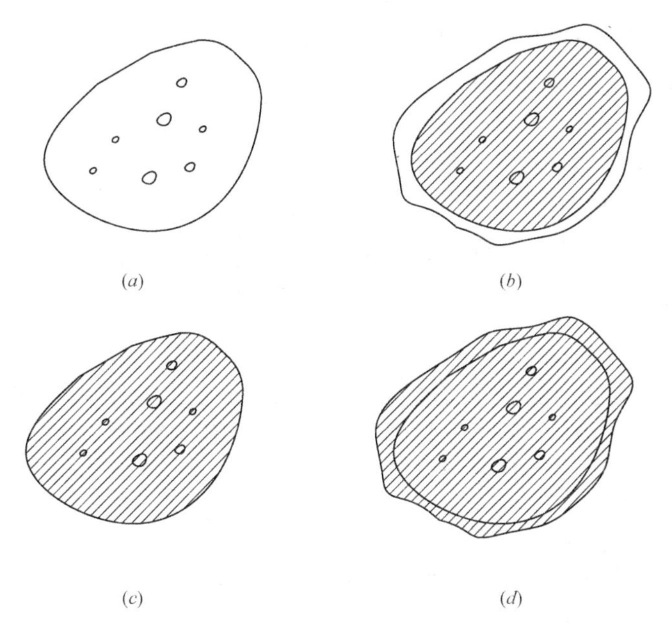

图 4-11 骨料的含水状态

(*a*) 绝干状态；(*b*) 气干状态；(*c*) 饱和面干状态；(*d*) 湿润状态

在拌制混凝土时，由于骨料含水状态的不同，将影响混凝土的用水量和骨料用量。骨料在饱和面干状态时的含水率，称为饱和面干吸水率。在计算混凝土中各项材料的配合比时，如以饱和面干骨料为基准，则不会影响混凝土的用水量和骨料用量，因为饱和面干骨料既不从混凝土中吸取水分，也不向混凝土拌合物中释放水分。因此一些大型土木工程常以饱和面干状态骨料为基准，这样混凝土的用水量和骨料用量的控制就较准确。而在一般工业与民用建筑工程中混凝土配合比设计，常以干燥状态骨料为基准。这是因为坚固的骨料其饱和面干吸水率一般不超过 2%，而且在工程施工中，必须经常测定骨料的含水率，以及时调整混凝土组成材料实际用量的比例，从而保证混凝土的质量。当细骨料被水湿润有表面水膜时，常会出现砂的堆积体积增大的现象。砂的这种性质在验收材料和配制混凝土按体积定量配料时具有重要意义。

按行业标准《普通混凝土用砂、石质量及检验方法标准》JGJ 52—2006 规定，砂和石子的吸水率，按式（4.1-2）、式（4.1-3）计算：

砂吸水率：
$$\omega_{wa}=\frac{500-(m_2-m_1)}{m_2-m_1}\times 100\% \quad (4.1\text{-}2)$$

式中　500——饱和面干试样质量，g；

m_1——烧杯质量，g；

m_2——烘干试样与烧杯总质量，g。

石吸水率：
$$\omega_{wa}=\frac{m_2-m_1}{m_2-m_3}\times 100\% \quad (4.1\text{-}3)$$

式中　m_1——烘干试样与烧杯总质量，g；

m_2——饱和面干试样与浅盘总质量，g；

m_3——浅盘质量，g。

吸水率表示骨料颗粒内部的孔隙比例，是衡量骨料质量的一项指标。一般情况下，骨料吸水率大，其密度小，安定性也不好。卵石和碎石的吸水率要在 3.0%以下；砂的吸水率要在 3.5%以下。

混凝土的抗冻融性能也与骨料吸水率有关，吸水率超过 3%，耐久性指数要下降。

4.1.2.6　骨料的坚固性

按行业标准《普通混凝土用砂、石质量及检验方法标准》JGJ 52—2006 规定，骨料的坚固性用硫酸钠溶液检验，试样经五次循环后其质量损失应符合表 4-30 的规定。

砂、石坚固性指标　　**表 4-30**

混凝土所处环境条件及其性能要求	循环后的质量损失（%）	
在严寒及寒冷地区使用，并经常处于潮湿或干湿交替状态下的混凝土；有侵蚀性介质作用或经常处于水位变化区的地下结构或有抗疲劳、耐磨、抗冲击等要求的混凝土	砂	≤8
	石	≤8
其他条件下使用的混凝土	砂	≤10
	石	≤12

4.1.2.7　强度

为保证混凝土的强度要求，粗骨料都必须是质地致密，具有足够的强度。碎石的强度用抗压强度和压碎值指标表示。卵石的强度用压碎值指标表示。

碎石的抗压强度，根据行业标准《普通混凝土用砂、石质量及检验方法标准》JGJ 52—2006 中规定，是将岩石制成长为 50mm 的立方体试件或 ϕ50×H50mm 圆柱体试件，在水饱和状态下测定其极限抗压强度值。碎石抗压强度一般在配制混凝土强度等级大于或等于 C60 时才检验，其他情况如有必要也可进行抗压强度检验。火成岩强度不宜低于 80MPa，变质岩不宜低于 60MPa，水成岩不宜低于 45MPa。

碎石和卵石的压碎值指标，根据行业标准《普通混凝土用砂、石质量及检验方法标准》JGJ 52—2006 中规定，是将一定量气干状态的粒径为 10～20mm 石子装入标准筒内按规定的加荷速度，加荷至 200kN，卸荷后称取试样质量（m_0），再用 2.36mm 孔径的筛筛

除被压碎的细粒，称取试样的筛余量（m_1）

$$压碎标准值(\delta_a)=\frac{m_0-m_1}{m_0}100\% \tag{4.1-4}$$

压碎指标表示石子抵抗压碎的能力，其值越小，说明石子抵抗受压破碎能力越强。碎石和卵石的压碎值指标应分别符合表 4-31 和表 4-32 的规定。

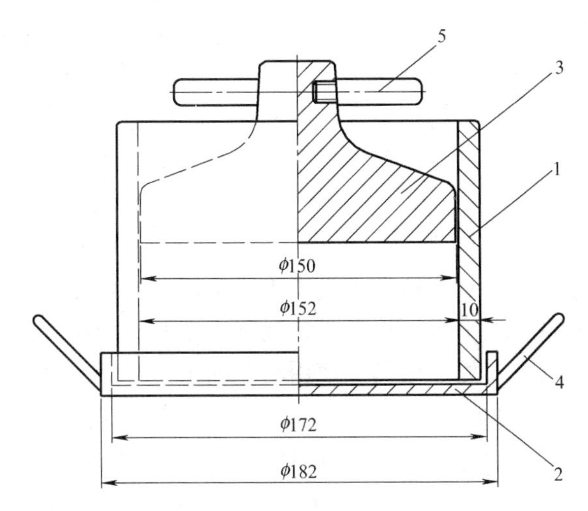

图 4-12 骨料压碎指标测定仪

1—圆筒；2—底盘；3—加压头；4—手把；5—把手

普通混凝土用碎石的压碎值指标 **表 4-31**

岩石品种	混凝土强度等级	碎石压碎值指标(%)
沉积岩	C60～C40	≤10
	≤35	≤16
变质岩或深成的火成岩	C60～C40	≤12
	≤35	≤20
喷出的火成岩	C60～C40	≤13
	≤35	≤30

普通混凝土用卵石的压碎值指标 **表 4-32**

混凝土强度等级	C60～C40	≤35
压碎值指标(%)	≤12	≤16

混凝土中使用的骨料抗压强度，一般是 70～200N/mm^2 左右；抗拉强度是抗压强度的 1/10～1/30。岩石强度应为混凝土强度 1.5 倍以上。含软弱颗粒多的混凝土，混凝土强度会大幅度降低。对于高强、超高强混凝土，要求相应的高强度的骨料。高强度混凝土应首先选用表观密度 2.65 以上、吸水率在 1.0%～1.5%以下、粒度 20～25mm 左右占 40%的碎石，级配良好（中偏粗砂）的河砂。

4.1.2.8 碱活性

砂、石子中若含有活性氧化硅或含有黏土的白云石质石灰石，在一定的条件下会与水泥石中的碱发生碱—骨料反应，体积膨胀导致混凝土开裂。因此，当用于重要结构混凝土或对砂、石子有怀疑时，须按标准规定，应首先采用岩相法检验碱活性骨料的品种、类型和数量，然后按砂浆长度法或岩石柱法进行碱活性检验。

4.1.2.9　骨料的耐久性

骨料的耐久性，是指混凝土由于温度与湿度变化以及冻融作用，使其中骨料产生分解或发生体积变化时，骨料能抵抗这种变化的能力。

对于一般混凝土结构物，骨料的耐久性，可以根据其表观密度和吸水率来判断。对于特殊要求的情况，要通过试验来判断。

骨料中软弱颗粒、风化骨料的物理性能降低；火山熔渣骨料内部空隙大，强度、抗冻融等耐久性差。配制高强度、高耐久性混凝土时注意控制其含量。

4.1.3　混凝土用水

混凝土拌合用水及养护用水应符合《混凝土用水标准》JGJ 63—2006 的规定。混凝土用水包括饮用水、地表水、地下水、再生水、混凝土企业设备洗涮水和海水等。其中，再生水是指污水经适当再生工艺处理后具有使用功能的水。

4.1.3.1　混凝土拌合用水

（1）混凝土拌合用水水质应符合表 4-33 的规定。对于设计使用年限为 100 年的结构混凝土，氯离子含量不得超过 500mg/L；对使用钢丝或经热处理钢筋的预应力混凝土，氯离子含量不得超过 350mg/L。

不溶物如黏土或淤泥等含量的增加可能会提高需水量、降低混凝土强度或增加干缩。水藻或其他不溶有机物在搅拌期间可能溶解，进而干扰水泥水化，对混凝土强度产生不利影响，也可能影响混凝土外加剂，如减水剂、引气剂、早强剂等的作用。

混凝土拌合用水水质要求　　**表 4-33**

项目	预应力混凝土	钢筋混凝土	素混凝土
pH 值	≥5.0	≥4.5	≥4.5
不溶物(mg/L)	≤2000	≤2000	≤5000
可溶物(mg/L)	≤2000	≤5000	≤10000
氯离子(mg/L)	≤500	≤1000	≤3500
硫酸根离子(mg/L)	≤600	≤2000	≤2700
碱含量(mg/L)	≤1500	≤1500	≤1500

注：碱含量按 $Na_2O+0.658K_2O$ 计算值来表示，采用非碱活性骨料时可不检验碱含量。

（2）地表水、地下水、再生水的放射性应符合现行国家标准《生活饮用水卫生标准》GB 5749—2006 的规定。

（3）被检验水样应和蒸馏水样（或符合国家标准的生活饮用水）进行水泥凝结时间对比试验。对比试验的水泥初凝时间差及终凝时间差均不应大于 30min；同时，初凝和终凝时间应符合现行国家标准《通用硅酸盐水泥》GB 175—2007 的规定。

（4）被检测水样应和蒸馏水样（或符合国家标准的生活饮用水）进行水泥胶砂强度对比试验，被检验水样配置的水泥胶砂 3d 和 28d 强度应不低于蒸馏水样（或符合国家标准的生活饮用水）配制的水泥胶砂强度的 3d 和 28d 强度的 90%。

（5）混凝土拌合用水不应有漂浮的油脂和泡沫，不应有明显的颜色和异味。

(6) 混凝土企业设备洗涮水不宜用于预应力混凝土、装饰混凝土、加气混凝土和暴露于侵蚀环境的混凝土，不得用于使用碱活性或潜在碱活性骨料的混凝土。

(7) 海水中含有大量的硫酸盐以及钠和镁的氯化物，能加速混凝土凝结，提高早期强度，然而由于硫酸盐会降低混凝土后期强度，特别是氯离子能引发钢筋锈蚀，所以未经处理的海水严禁用于钢筋混凝土和预应力混凝土。

(8) 在无法获得水源的情况下，海水也可用于素混凝土，但不宜用于装饰混凝土。

4.1.3.2 混凝土养护用水

(1) 混凝土养护用水可不检验不溶物和可溶物，其他检验项目应符合混凝土拌合用水的水质技术要求和放射性技术要求的规定。

(2) 混凝土养护用水可不检验水泥凝结时间和水泥胶砂强度。

4.1.4 外加剂

混凝土外加剂是一种在混凝土搅拌之前或拌制过程中掺入的用以改善新拌混凝土和(或) 硬化混凝土性能的材料。混凝土外加剂可改善新拌混凝土的和易性、调节凝结时间、改善可泵性、改变硬化混凝土强度发展速率、提高耐久性。随着土木工程材料技术的发展，外加剂已成为除水泥、砂、石和水以外的混凝土第五种必不可少的组分。

4.1.4.1 分类

根据国家标准《混凝土外加剂定义、分类、命名与术语》GB/T 8075—2005 的规定，混凝土外加剂按其主要使用功能分为四类。

(1) 改善混凝土拌合物流变性能的外加剂，包括各种减水剂和泵送剂等；

(2) 调节混凝土凝结时间、硬化性能的外加剂，包括缓凝剂、促凝剂和速凝剂等；

(3) 改善混凝土耐久性的外加剂，包括引气剂、防水剂、阻锈剂和矿物外加剂等；

(4) 改善混凝土其他性能的外加剂，包括膨胀剂、防冻剂、着色剂等。

除具有上述四类使用功能的外加剂外，通过它们合理搭配还可形成各种多功能外加剂，如引气减水剂、缓凝减水剂、早强减水剂等。它们能改善新拌合硬化混凝土两种或两种以上的性能。

另外，按传统习惯，外加剂又可分为化学外加剂和矿物外加剂。以上所述的外加剂均为化学外加剂，矿物外加剂主要有粉煤灰、硅粉、磨细矿渣粉等，也常被称为混凝土掺合物。

4.1.4.2 常用外加剂的命名与定义

根据国家标准《混凝土外加剂定义、分类、命名与术语》GB/T 8075—2005，混凝土外加剂主要有：

普通减水剂：在混凝土坍落度基本相同的条件下，能减少拌合用水量的外加剂；

早强剂：加速混凝土早期强度发展的外加剂；

缓凝剂：延长混凝土凝结时间的外加剂；

促凝剂：能缩短拌合物凝结时间的外加剂；

引气剂：在混凝土搅拌过程中能引入大量均匀分布、稳定而封闭的微小气泡且能保留在硬化混凝土中的外加剂；

高效减水剂：在混凝土坍落度基本相同的条件下，能大幅度减少拌合用水量的外加剂；

缓凝高效减水剂：兼有缓凝和高效减水功能的外加剂；

早强减水剂：兼有早强和减水功能的外加剂；

缓凝减水剂：兼有缓凝和减水功能的外加剂；

引气减水剂：兼有引气和减水功能的外加剂；

防水剂：能提高水泥砂浆、混凝土抗渗性能的外加剂；

阻锈剂：能抑制或减轻混凝土中钢筋或其他金属预埋件锈蚀的外加剂；

加气剂：混凝土制备过程中因发生化学反应放出气体，使硬化混凝土中有大量均匀分布气孔的外加剂；

膨胀剂：在混凝土硬化过程中因化学作用能使使混凝土产生一定体积膨胀的外加剂；

防冻剂：能使混凝土在负温下硬化，并在规定养护条件下达到预期性能的外加剂；

着色剂：能制备具有色彩混凝土的外加剂；

速凝剂：能使混凝土迅速凝结硬化的外加剂；

泵送剂：能改善混凝土拌合物泵送性能的外加剂；

保水剂：能减少混凝土或砂浆失水的外加剂；

絮凝剂：在水中施工时，能增加混凝土黏稠性，抗水泥和骨料分离的外加剂；

增稠剂：能提高混凝土拌合物黏度的外加剂；

减缩剂：减少混凝土收缩的外加剂；

保塑剂：在一定时间内，减少混凝土坍落度损失的外加剂；

除上述外加剂外，尚有一些特殊工程中应用的外加剂，如堵漏剂等。

4.1.4.3　常用的化学外加剂

土木工程中最常用混凝土外加剂介绍如下。

1. 普通减水剂和高效减水剂

减水剂是指在混凝土拌合物和易性基本相同的条件下，能减少拌合用水量的外加剂。混凝土掺入减水剂后若不减少拌合用水量，能明显提高拌合物的坍落度；当减水而不减少水泥用量，则能提高混凝土强度；若减水时，同时适当减少水泥，则能节约水泥用量。

普通减水剂可分为普通型减水剂、早强型减水剂及缓凝型减水剂。使用这类减水剂拌合水量可减少5%～8%。

减水剂一般为可溶于水的有机物，是一种表面活性剂，即其分子是由亲水基团和憎水基团两部分构成。当水泥加水拌合后若无减水剂，则由于水泥颗粒之间分子凝聚力的作用，使水泥浆形成絮凝结构，将一部分拌合用水（游离水）包裹在水泥颗粒的絮凝结构内，从而降低混凝土拌合物的流动性。如在水泥浆中加入减水剂，则减水剂的憎水基团定向吸附于水泥颗粒表面，使水泥颗粒表面带有相同的电荷，在电性相斥作用下，使水泥颗粒分开，从而将絮凝结构内的游离水释放出来。减水剂的分散和湿润——润滑作用使混凝土拌合物在不增加用水量的情况下，增加了流动性。另外，减水剂还能在水泥颗粒表面形成一层溶剂水膜，在水泥颗粒间起到很好的润滑作用。

普通减水剂的主要化合物可分为四类：

（1）木质素磺酸盐类，包括木质素磺酸钙、木质素磺酸钠、木质素磺酸镁及丹宁等，是减水剂最广泛使用的原料。

(2) 羟基羧酸。

(3) 碳水化合物，包括天然化合物，如葡萄糖和蔗糖、或是多糖部分水解得到的羟基聚合物。

(4) 其他化合物，有丙三醇、聚乙烯醇、甲基硅铝酸钠等。

高效减水剂主要有以下几类：

(1) 多环芳香族磺酸盐类。萘和萘的同系磺化物与甲醛缩合的盐类、氨基磺酸盐等。

(2) 水溶性树脂横酸盐类。磺化三聚氰胺树脂、磺化古码隆树脂等。

(3) 脂肪族类。聚羧酸盐类、聚丙烯盐类、脂肪族羟甲基磺酸盐高缩物等。

(4) 其他。改性木质素磺酸钙、改性丹宁等。

普通减水剂及高效减水剂可用于素混凝土、钢筋混凝土、预应力混凝土，并可制备高强高性能混凝土。为了保证减水剂能均匀分布于整个混凝土拌合物中，一般应将其配制成一定浓度的溶液，按规定量与拌合水一起加入混凝土中，如果减水剂有不溶的组分，则应将其加入水泥或干砂中，干拌后再加入其他组分进行搅拌，减水剂加量应准确。

普通减水剂宜用于日最低气温5℃以上施工的混凝土，不宜单独用于蒸养混凝土；高效减水剂宜用于日最低气温0℃以上施工的混凝土。掺普通减水剂、高效减水剂的混凝土采用自然养护时，应加强初期养护；采用蒸养时，混凝土应具有必要的结构强度才能升温，蒸养制度应通过试验确定。

2. 引气剂及引气减水剂

引气剂是一种搅拌过程中在砂浆或混凝土中引入大量均匀分布、稳定而封闭的微气泡，而且在硬化后能保留其中的一种外加剂。混凝土工程中也可采用由引气剂与减水剂复合而成的引气减水剂，兼有引气和减水两种功能。引气剂对混凝土性能的影响如下：

(1) 改善混凝土拌合物的和易性。引气剂的掺入使混凝土拌合物内形成大量微小气泡，相对增加了水泥浆体积，这些微气泡如同滚珠一样，减少骨料颗粒间的摩擦阻力，使混凝土拌合物的流动性增加。由于水分均匀分布在大量气泡的表面，使混凝土拌合物中能够自由移动的水量减少，拌合物的泌水量因此减少，而保水性、黏聚性提高。

(2) 提高混凝土的抗渗性、抗冻性。混凝土拌合物中大量微气泡的存在，堵塞或隔断了混凝土中毛细管渗水通道，改变了混凝土的孔结构，使混凝土抗渗性显著提高。此外气泡有较大的弹性变形能力，对由水结冰所产生的膨胀应力有一定的缓冲作用，因而可提高混凝土的抗冻性。

(3) 降低混凝土强度。一般来说，当水灰比固定时，空气量（体积）增加1%，混凝土抗压强度降低4%～5%，抗折强度降低2%～3%，所以引气剂的掺量必须适当。

引气剂均属表面活性剂，但其作用机理与减水剂有所不同。减水剂的作用主要发生在水-固界面，而引气剂的作用则发生在气-液界面。引气剂能显著降低混凝土拌合物中水的表面张力，使水在搅拌作用下容易引入空气并形成大量微小的气泡。同时，由于引气分子定向排列在气泡表面，使气泡坚固而不易破裂。气泡形成的数量和尺寸与加入的引气剂种类和数量有关。

混凝土工程中常采用的引气剂有以下几类：

(1) 松香盐类。松香热聚物、松香皂类等。

(2) 烷芳基磺酸盐类。十二烷基磺酸盐、烷基苯磺酸盐、烷基苯酚聚氧乙烯醚等。

（3）脂肪酸和树脂酸及其盐类。脂肪醇聚氧乙烯醚、脂肪醇聚氧乙烯磺酸钠、脂肪醇硫酸钠等。

（4）皂甙类。三萜皂甙等。

（5）其他。蛋白质盐、石油磺酸盐等。

引气剂及引气减水剂，可用于抗冻混凝土、抗渗混凝土、抗硫酸盐混凝土、泌水严重的混凝土、贫混凝土、轻质骨料混凝土、人工骨料配制的普通混凝土、高性能混凝土以及有饰面要求的混凝土。引气剂、引气减水剂不宜用于蒸养混凝土及预应力混凝土，必要时，应经试验确定。

掺引气剂混凝土的含气量与骨料粒径有关，振捣后含气量会减少，表 4-34 为国家标准《混凝土质量控制标准》GB/50164—2011 规定的混凝土的含气量限值，表 4-35 为美国推荐的混凝土含气量，可供使用时参考。

掺引气型外加剂含气量的限值　　表 4-34

粗骨料最大粒径(mm)	混凝土含气量(%)
10	7.0
15	6.0
20	5.5
25	5.0
40	4.5

美国推荐混凝土含气量参考表　　表 4-35

骨料最大粒径(mm)	拌合后的含气量(%)	振捣后的含气量(%)	不含引气剂的含气量(%)
10	8.0	7.0	3.0
15	7.0	6.0	2.5
20	6.0	5.0	2.0
25	5.0	4.5	1.5
40	4.5	4.0	1.0
50	4.0	3.5	0.5
80	3.5	3.0	0.3
150	3.0	2.5	0.2

引气剂及引气减水剂，宜以溶液掺加，使用时加入拌合水中，溶液中的水量应从拌合水中扣除。

引气剂及引气减水剂可与早强剂、缓凝剂、防冻剂复合使用。掺引气剂及引气减水剂混凝土，必须采用机械搅拌，搅拌时间及搅拌量应通过试验确定。出料到浇筑的停放时间也不宜过长，采用插入式振捣时，振捣时间不宜超过 20s。

3. 缓凝剂、缓凝减水剂及缓凝高效减水剂

缓凝剂是指能延缓混凝土凝结时间，而不显著影响混凝土后期强度的外加剂。混凝土工程中常采用由缓凝剂与高效减水剂复合而成的缓凝高效减水剂。

缓凝剂的主要作用是延缓混凝土凝结时间和水泥水化热释放速度，有机类缓凝剂大多是表面活性剂，吸附于水泥颗粒以及水化产物新相颗粒表面，延缓了水泥的水化和浆体结构的形成。无机类缓凝剂往往是在水泥颗粒表面形成一层难溶的薄膜，对水泥颗粒的水化起屏障作用，阻碍了水泥的正常水化。

混凝土工程中可采用下列缓凝剂及缓凝减水剂：

（1）糖类。糖钙、葡萄糖酸盐等。

（2）木质素磺酸盐类。木质素磺酸钙、木质素磺酸钠等。

（3）羟基羧酸盐类。柠檬酸、酒石酸钾钠等。

（4）无机盐类。锌盐、磷酸盐等。

（5）其他。胺盐及其衍生物、纤维素醚等。

缓凝剂、缓凝减水剂及缓凝高效减水剂可用于大体积混凝土、碾压混凝土、炎热气候条件下施工的混凝土、大面积浇筑的混凝土、避免冷缝产生的混凝土、需较长时间停放或长距离运输的混凝土、自流平免振混凝土、滑模施工或拉模施工的混凝土及其他需要延缓凝结时间的混凝土。缓凝高效减水剂也可制备高强、高性能混凝土。

缓凝剂、缓凝减水剂及缓凝高效减水剂以溶液掺加时计量必须正确，使用时加入拌合水中，溶液中的水量应从拌合水中扣除。难溶和不溶物较多的应采用干掺法并延长混凝土搅拌时间 30s。

4. 早强剂及早强减水剂

早强剂是指能加快砂浆或混凝土早期硬化，加快其强度发展的外加剂。实践表明，掺用早强剂是提高混凝土早期强度、缩短养护时间的最简便、最有效的方法之一。混凝土工程中常采用由早强剂与减水剂复合而成的早强减水剂。

混凝土工程中可采用下列早强剂：

① 强电介质无机盐类早强剂。硫酸盐、硫酸复盐、硝酸盐、亚硝酸盐、氯盐等。

② 水溶性有机化合物。三乙醇胺、甲酸盐、乙酸盐、丙酸盐等。

③ 其他。有机化合物、无机盐复合物。

三乙醇胺掺量对水泥砂浆强度的影响 **表 4-36**

掺量(%)	抗压强度(%)		
	3d	7d	28d
0	100	100	100
0.01	118	127	104
0.02	141	142	121
0.03	145	127	114
0.05	117	114	100

注：普通水泥砂浆 1∶3，W/C=0.55。

单一外加剂掺入混凝土中的作用有一定局限性，不能获得多功能的效果。几种外加剂复合，特别是有机盐与无机盐复合以及二者与减水剂复合，可以取得更好的技术经济效果。工程上常用的复合早强剂有三乙醇胺（TEA）与氯化钠（NACl）复合剂，三乙醇胺与亚硝酸钠（$NaNO_2$）和二水石膏（$CaSO_2$、$2H_2O$）复合剂，三乙醇胺与亚硝酸钠和氯化钠复合剂以及早强剂与木钙或高效减水剂复合等，可以起到早强和防冻的作用。

各类早强剂均可加速混凝土硬化过程，明显提高混凝土的早期强度，多用于冬期施工和抢修工程或用于加快模板的周转率。炎热环境条件不宜使用早强剂、早强减水剂。

不同种类早强剂作用机理各不相同。

（1）氯化钙早强作用机理。氯化钙水溶液与水泥中铝酸三钙反应生成水化氯铝酸钙（$3CaO \cdot Al_2O_3 \cdot 3CaCl_2 \cdot 32H_2O$），同时还与氢氧化钙作用生成氧氯化钙［$CaCl_2 \cdot 3Ca(OH)_2 \cdot 12H_2O$ 和 $CaCl_2 \cdot Ca(OH)_2 \cdot H_2O$］。氯铝酸钙为不溶性复盐，氧氯化钙亦不溶，因此增加了水泥浆中固相的比例，形成坚强的骨架，有助于水泥浆结构的形成。最终表现为硬化快、早期强度高。

（2）硫酸钠早强作用机理。硫酸钠掺入混凝土中后会迅速与水泥水化生成的氢氧化钙发生反应。

$$NaSO_4 + Ca(OH)_2 + 2H_2O = CaSO_4 \cdot 2H_2O + 2NaOH$$

此时生成的二水石膏呈高度分散性均匀分布于混凝土中，它与铝酸二钙的反应比外掺石膏更快，能更迅速生成水化硫铝酸钙，大大加快了混凝土的硬化过程，起早强作用。

（3）三乙醇胺类早强作用机理。三乙醇胺是一种较好的络合剂。在水泥水化的碱性溶液中，能与［Fe^{3+}］和［Al^{3+}］等离子形成比较稳定的络离子，这种络离子与水泥水化物作用形成结构复杂、溶解度小的络盐，使水泥石中固相比例增加，提高了早期强度。

常用早强剂掺量应符合表 4-37 中的规定。

常用早强剂掺量限值　　**表 4-37**

混凝土种类	使用环境	早强剂名称	掺量限值(占水泥质量,%)
预应力混凝土	干燥环境	三乙醇胺	0.05
		硫酸钠	1.0
钢筋混凝土	干燥环境	氯离子[Cl^-]	0.6
		硫酸钠	2.0
		与缓凝减水剂复合的硫酸钠	3.0
		三乙醇胺	0.05
	潮湿环境	硫酸钠	1.5
		三乙醇胺	0.05
有饰面要求的混凝土		硫酸钠	0.8
素混凝土		氯离子[Cl^-]	1.8

预应力混凝土、相对湿度大于 80％潮湿环境及处于水位变化部位的结构中、使用冷拉钢筋或冷拔低碳钢丝结构中；骨料具有碱活性的混凝土结构中，严禁采用含有氯盐配制的早强剂及早强减水剂。

粉剂早强剂和早强减水剂直接掺入混凝土干料中应延长搅拌时间 30s。

5. 速凝剂

速凝剂是一种能使混凝土迅速凝结硬化的外加剂。我国道路隧道、矿山井巷和地下洞室的支护衬砌采用喷射混凝土工艺中常使用速凝剂。

速凝剂大致可为两类：

（1）铝酸盐和碳酸盐为主，再复合一些其他无机盐类组成。

（2）以铝酸盐、水玻璃（Na_2SiO_3）为主要成分，再与其他无机盐类复合所组成。

速凝剂按形状可分为粉状和液状两类。

用于喷射混凝土的掺加速凝剂混凝土在喷至洞壁上后，混凝土拌合物在2～5min内初凝，在5～10min内终凝。

6. 防冻剂

温度低时水泥的水化反应慢，妨碍混凝土强度的增长，因此低温或负温对混凝土施工十分不利。试验得出，温度每降低1℃，水泥的水化作用约降低5%～7%，在0～1℃范围内水泥的活性剧烈地降低，水化作用缓慢。一般当温度低于0℃的某个范围时，游离水将开始结冰；温度达到－15℃左右时，游离水几乎全部冻结成冰，致使水泥的水化和硬化完全停止。当水转化为冰晶体时，由于体积增大使混凝土产生内应力和造成骨料与水泥颗粒的相对位移及内部水分向负温表面迁移，引起局部破坏。根据试验资料，新浇筑的混凝土过早受冻将大大降低最终强度，强度损失率可达到设计强度的50%，甚至引起结构整体破坏。

当混凝土中掺入防冻剂使水溶液的冰点降低，在负温下保持足够的液相，水泥水化作用得以继续进行，转入正温后，混凝土强度能进一步增长，并达到或超过设计强度。

混凝土工程中可采用下列防冻剂：

（1）亚硝酸钠类。以亚硝酸钠（$NaNO_2$）为主要成分，具有降低冰点、阻锈和早强作用。

（2）尿素类。以尿素［$CO(NH_3)_2$］为主要成分，与硫酸钠等组分复合具有防冻、促凝性能的复合防冻剂。

（3）硫酸钠盐类。以硫酸钠（Na_2SO_4）为主要成分，并与其他组分复合而成，具有促硬和早强作用。

（4）碳酸盐类。以碳酸钾（K_2CO_3）为主要成分，它是无机盐中降低混凝土冰点效果较好的一种防冻剂。

（5）亚硝酸钙—硝酸钙类。以亚硝酸钙［$Ca(NO_2)_2$］、硝酸钙为主要成分［$Ca(NO_3)_2$］，与$CaCl_2$复合后，可以大幅度降低冰点。

（6）氯盐类。以氯化钙（$CaCl_2$）或氯化钠（NaCl）为主要成分，防冻性能好，但对钢筋腐蚀性强，现已逐渐被其他复合防冻剂所取代。

（7）氨水类。以氨的水溶液（NH_4OH）为原料，防冻性能好，对水泥起缓凝和塑化作用，也对钢筋起阻锈作用，能在很低的负温条件保护混凝土不受冻，但该类防冻剂混凝土强度增长很慢，并使混凝土在相当长时间内散发氨味，应注意混凝土的使用环境。

防冻剂不宜在下列条件使用：

（1）使用时经常受热超过60℃的结构。

（2）处于水位变动区的结构。

（3）带有外露钢筋或金属埋设件又无防护措施的结构。

（4）预应力混凝土结构。

（5）距离高压电源100m以内的结构。

（6）与含有酸、碱和硫酸盐等物质的侵蚀性水相接触的结构。

（7）使用冷拉或冷拔低碳钢丝的混凝土结构。

7. 膨胀剂

膨胀剂是一种在水泥凝结硬化过程中混凝土产生可控膨胀，减少收缩的外加剂。在水泥水化和硬化阶段，膨胀剂既可本身产生膨胀，也可与水泥混凝土中其他成分反应产生膨胀。

膨胀剂按主要成分可以分为：硫铝酸钙和石灰系膨胀剂、铁粉系膨胀剂、加气剂。

（1）硫铝酸钙是广泛使用的单组分的膨胀剂，它是由石灰、石膏和矾土经配料煅烧而成的，其物化性能列于表 4-38。

硫铝酸钙膨胀剂的物化性能　　表 4-38

比面积(cm^2/g)	密度	化学成分(%)								
		SiO_2	Al_2O_3	Fe_2O_3	CaO	MgO	SO_3	FCaO	烧失量	不溶物
2290	2.92	1.4	13.1	0.6	47.8	0.5	32.2	19.4	0.9	1.4

UEA（简称 U 型）膨胀剂由硫铝酸钙水泥熟料、适量的明矾石和石膏共同磨制而成的，其物化性能列于表 4-39。

U 型膨胀剂的物化性能　　表 4-39

比面积(cm^2/g)	密度	化学成分(%)								
		SiO_2	Al_2O_3	Fe_2O_3	CaO	MgO	SO_3	FCaO	TiO_2	烧失量
3200	2.85	16.1	13.69	0.98	35.48	3.05	24.35	19.4	0.89	1.51

（2）石灰系膨胀剂主要利用加水后生成消石灰而发生膨胀，该产品的特点是：膨胀速度快，膨胀量大，但限制混凝土产生的自应力值较小。石灰系膨胀剂可以兼作膨胀剂和收缩补偿使用，推荐掺量为水泥质量的 6%～8%。

（3）铁粉系膨胀剂。一般由金属切削加工废料制取。铁粉系膨胀剂利用铁粉与氧化剂作用，生成氢氧化铁、氢氧化亚铁而使体积膨胀。

8. 防水剂（防湿剂）

混凝土中含有相互连通的毛细孔特别是在高水灰比时，水蒸气和水均可透过。混凝土防水剂是降低混凝土在静水压力下的透水性改善混凝土耐久性的外加剂。防水剂按主要成分分类如图 4-13 所示：

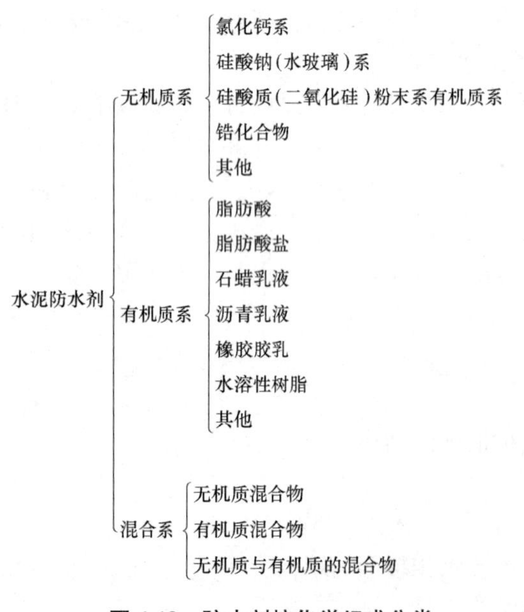

图 4-13　防水剂按化学组成分类

防水剂提高水密性的机理大致有如下几条：

（1）促进水泥的水化反应，生成水化凝胶，填充早期的空隙。

（2）掺入微细物质填充混凝土中的空隙。

（3）掺入疏水性的物质，或与水泥中的成分反应生成疏水性的成分。

（4）在空隙中形成致密性好的膜。

（5）涂布或渗透可溶性成分，与水泥水化反应过程中产生的可溶性成分结合生成不溶性晶体。

9. 阻锈剂

为了抑制混凝土中氯化物对钢筋锈蚀而使用的外加剂称为阻锈剂。混凝土通常因水泥水化的氢氧化钙［$Ca(OH)_2$］而呈现强碱性（pH=12.5～13），埋入混凝土中的钢筋表面覆盖着薄膜［厚度为2～6nm的钝态膜（r-Fe_2O_3）］，保护钢筋不受锈蚀。然而如果混凝土中的氯化物在规定量以上，由氯离子的作用，钝态膜被破坏，成为易腐蚀的状态。在混凝土中性化时，也会加速锈蚀的进行。这时就需要采取使用适当的阻锈剂等措施保护钢筋。

阻锈剂是一种化学制品，用量较少，当以适当浓度掺入混凝土或砂浆中，可以抑制、减少或阻止钢筋与环境之间的反应。

常用的阻锈剂按所用物质可分为有机和无机两大类，亦可按其影响锈蚀反应的电极位置分为三类：

（1）阳极阻锈剂。最广泛使用的材料有亚硝酸钠（$NaNO_2$）、硝酸钙［$Ca(NO_3)_2$］、苯甲酸钠和铬酸钠。

（2）阴极阻锈剂。有各种碱（NaOH、Na_2CO_3、Nh_4HO）这些材料提高了介质的pH值，从而降低了铁离子的溶解性。

（3）混合阻锈剂。在其分子中的电子密度分布使阻锈剂被吸附到阳极和阴极的两个位置，这种阻锈的分子可以有一个以上定向吸附基团，如［NH_2^-］，并具有下列特性，一个基本的分子可含有定向基共有的结构，这种盐由两个单独分子的定向基的质子和电子接受体所组成，具有良好的阻锈效果。

阻锈剂也可由多种组成配制而成，其中每种组成起规定的作用，或赋予不同的防锈性能。

以亚硝酸钙为主要成分的产品已经用于有氯盐侵蚀的各类混凝土工程和预应力结构。苯甲酸钠也用于有严重腐蚀的混凝土工程，将苯甲酸钠和亚硝酸钠复合在一起，配制成水泥浆体，涂在钢筋上使用也很有防锈效果。

4.1.4.4 混凝土外加剂的使用与注意事项

为了保证外加剂的使用效果，确保混凝土工程的质量，在使用混凝土外加剂时还应该注意以下几个问题。

1. 环境对混凝土外加剂品种与成分的要求

按国家标准《混凝土外加剂应用技术规范》GB 50119—2013的要求，混凝土外加剂除了满足工程对混凝土技术性能的要求外，还应严格控制外加剂的环保性指标。一般要求不得使用以铬盐或亚硝酸盐等有毒成分为有效成分的外加剂；对于用于居住或办公用建筑物的混凝土中还不得采用以尿素或硝胺为有效成分的外加剂，因为尿素和硝胺在混凝土中会逐渐分解并向环境中释放氨而影响环境质量。

对于含有氯离子的外加剂更应严格控制，通常对于预应力结构、湿度大于80%或处于水位变化部位的结构、经常受水冲刷的结构、大体积混凝土、直接接触酸碱等强侵蚀性介质的结构、长期处于60℃以上环境的结构、蒸养混凝土结构、有装饰要求的结构、表面进行金属装饰的结构、薄壁结构、工业厂房吊车梁和落锤基础、使用冷拉钢筋或冷拔钢丝的混凝土结构、采用碱活性骨料的混凝土结构不得使用含氯离子的外加剂。与镀锌钢件或铝件接触或接触直流电的结构不得采用含强电解质的无机盐早强剂或早强减水剂。

2. 掺量确定

混凝土外加剂品种选定后，需要慎重确定其掺量。掺量过小，往往达不到预期效果。掺量过大，可能会影响混凝土的其他性能，甚至造成严重的质量事故。在没有可靠资料供参考时，其最佳掺量应通过现场试验确定。

3. 掺入方法选择

混凝土外加剂的掺入方法往往对其作用效果具有较大的影响。因此，必须根据外加剂的特点及施工现场的具体情况来选择适宜的掺入方法。若将颗粒外加剂与其他固体物料直接投入搅拌机内的分散效果，一般不如混入或溶解于拌合水中的外加剂更容易分散。

4. 施工工序质量控制

对掺有混凝土外加剂的混凝土应做好各施工工序的质量控制，尤其是对计量、搅拌、运输、浇筑等工序，必须严格加以要求。

5. 材料保管

混凝土外加剂应按不同品种、规格、型号分别存放和严格管理，并有明显标志。尤其是对外观易与其他物质相混淆的无机物盐类外加剂（如 CaCl、Na_2SO_4、$NaNO_3$ 等）必须妥善保管，以免误食误用，造成中毒或不必要的经济损失。已经结块或沉淀的外加剂在使用前应进行必要的试验以确定其效果，并应进行适当的处理使其恢复均匀分散状态。

4.1.5 常用的矿物掺合料选择

在混凝土中掺入一定量的磨细矿物掺合料，可以节约水泥和保证拌合物有必要的和易性、提高硬化后的混凝土的耐久性。矿物掺合料超细粉成为高性能混凝土的必要组分，也有认为是混凝土的第六组分。这些掺合料可在粉磨水泥时掺入，也可在配制混凝土拌合物时掺入。

可作为掺合料的材料有：①具有弱自硬性的材料，如碱性粒状高炉矿渣、某些炉渣和烧页岩灰；②具有活性水硬性材料，这些材料不能自行硬化，但能够与水泥水化析出的氢氧化钙或者与加入的石灰相互作用而形成较强较稳定的胶凝物质。如酸性粒状高炉矿渣、炉渣、粉煤灰、烧黏土、烧页岩和含有非晶状氧化硅的火山灰和沉积岩；③微活性掺料，各种岩石风化分解的产物，如砂、粉石英、黄土、黏土及砂质黏土等。

作为活性掺合料用的矿物掺合料，其活性指标不应低于有关规定，磨细度不小于水泥的细度。对混凝土有害的有机杂质、未燃煤及可溶盐类的含量不得大于有关规定的限值。

常用的矿物掺合料主要有：粉煤灰、硅粉、磨细矿渣粉、沸石粉等。

4.1.5.1 粉煤灰

粉煤灰是由电厂煤粉炉烟道气体中收集到的粉末，其颗粒多呈球形，表面光滑。

粉煤灰按品种分为 F 类和 C 类，由褐煤燃烧形成的粉煤灰，呈褐黄色，称为 C 类粉煤灰，其氧化钙含量一般大于 10%，具有一定的水硬性；由烟煤和无烟煤燃烧形成的粉煤灰呈灰色或深灰色，称为 F 类粉煤灰，具有火山灰活性。

粉煤灰在混凝土中，具有火山灰活性作用，它的活性成分二氧化硅和三氧化二铝与水泥水化产物氢氧化钙反应，生成水化硅酸钙和水化铝酸钙，成为胶凝材料的一部分，具有：增大混凝土的流动性，减少泌水、改善和易性的作用；若保持流动性不变，则可起到减水作用；其微细颗粒均匀分布在水泥浆中，填充孔隙，改善混凝土孔结构，提高混凝土密实度，从而使混凝土的耐久性得到提高；同时还可降低水化热、抑制碱——骨料反应。

按国家标准《用于水泥和混凝土中的粉煤灰》GB/T 1596—2005 规定，粉煤灰分为三个等级，拌制混凝土和砂浆用粉煤灰的技术要求见表 4-40。

拌制混凝土和砂浆用粉煤灰的技术要求　　表 4-40

项目		技术要求		
		Ⅰ级	Ⅱ级	Ⅲ
细度(45μm 方孔筛的筛余量,%)≤	F 类粉煤灰	12.0	25.0	45.0
	C 类粉煤灰			
需水量比(%)≤	F 类粉煤灰	95	105	115
	C 类粉煤灰			
烧失量(%)≤	F 类粉煤灰	5.0	8.0	15.0
	C 类粉煤灰			
含水量(%)≤	F 类粉煤灰	1.0		
	C 类粉煤灰			
三氧化硫(%)≤	F 类粉煤灰	3.0		
	C 类粉煤灰			
游离氧化钙(%)≤	F 类粉煤灰	1.0		
	C 类粉煤灰	4.0		
安定性,雷氏夹沸煮后增加距离(mm)≤	C 类粉煤灰	5.0		

另外，粉煤灰中的碱含量按 $Na_2O+0.658K_2O$ 计算值表示，当粉煤灰用于活性骨料混凝土，要限制掺合料的碱含量时，由买卖双方协商确定；均匀性以细度（45μm 方孔筛筛余）为考核依据，单一样品的细度不应超过前 10 个样品细度平均值的最大偏差，最大偏差范围由买卖双方协商确定；粉煤灰的放射性检验必须合格。

按国家标准《粉煤灰混凝土应用技术规范》GBJ 146—1990 规定：Ⅰ级粉煤灰适用于混凝土和跨度小于 6m 的预应力混凝土；Ⅱ级粉煤灰适用于钢筋混凝土和无筋混凝土；Ⅲ级粉煤灰主要用于无筋混凝土。对强度等级要求等于或大于 C30 的无筋粉煤灰混凝土，宜采用Ⅰ、Ⅱ级粉煤灰。粉煤灰在混凝土中取代水泥量（以质量计）应符合表 4-41 的限定。

粉煤灰取代水泥的最大限值　　表 4-41

混凝土种类	粉煤灰取代水泥的最大限量,以质量计(%)			
	硅酸盐水泥	普通水泥	矿渣水泥	火山灰水泥
预应力混凝土	25	15	10	—
钢筋混凝土、高强度混凝土、高抗冻融性混凝土、蒸养混凝土	30	25	20	15
中低强度混凝土、泵送混凝土、大体积混凝土、地下混凝土、压浆混凝土	50	40	30	20
辗压混凝土	65	55	45	35

混凝土中掺入粉煤灰的方法有等量取代法、超量取代法和外加法。

等量取代法是指以等质量粉煤灰取代混凝土中的水泥。可节约水泥并减少混凝土发热量改善混凝土和易性，提高混凝土抗渗性。

超量取代法是指掺入的粉煤灰量超过取代的水泥量，超出的粉煤灰取代同体积的砂，其超量系数按规定选用。其目的是保持混凝土28d强度及和易性不变。

外加法是指在保持混凝土中水泥用量不变情况下，外掺一定数量的粉煤灰。其目的只是为了改善混凝土拌合物的和易性。

4.1.5.2 硅灰

硅灰又称硅粉或硅烟灰，是在冶炼硅铁合金或工业硅时，通过烟道排出的硅蒸气氧化后，经收尘器收集得到的以无定形二氧化硅为主要成分的产品，色呈淡灰到深灰。硅灰的颗粒是微细的玻璃体，其粒径为0.1～1.0μm，是水泥颗粒粒径的1/50～1/100，比表面积为18.5～20m^2/g。硅灰有很高的火山灰活性，可配制高强、超高强混凝土，其掺量一般为水泥用量的5%～10%，在配制超高强混凝土时，掺量可达20%～30%。

由于硅灰具有高比表面积，因而其需水量很大，将其作为混凝土掺合料需配以减水剂方可保证混凝土的和易性。

硅灰用作混凝土掺合料有以下几方面效果：

(1) 改善混凝拌合物的黏聚性和保水性。在混凝土中掺入硅粉的同时又掺用了高效减水剂，在保证了混凝土拌合物必须具有的流动性的情况下，由于硅粉的掺入，会显著改善混凝土拌合物的黏聚性和保水性。故适宜配制高流态混凝土、泵送混凝土及水下灌注混凝土。

(2) 提高混凝土强度。普通水泥水化后生成的氢氧化钙约占其体积的29%，硅灰能与该部分氢氧化钙反应生成水化硅酸钙，均匀分布于水泥颗粒之间，形成密实的结构。掺入水泥质量5%～10%的硅灰可配制出抗压强度达100MPa以上的超高强混凝土。

(3) 改善混凝土的孔结构，提高混凝土抗渗性、抗冻性及抗侵蚀性。掺入硅灰的混凝土其总孔隙率虽变化不大，但其毛细孔会相应变小，大于0.1μm的大孔几乎不存在，因而掺入硅灰的混凝土抗渗性明显提高，抗硫酸盐侵蚀性也相应提高。

(4) 抑制碱骨料反应。

4.1.5.3 磨细矿渣

磨细矿渣是由粒状高炉矿渣经干燥、粉磨等工艺达到规定细度的产品，又称粒化高炉矿渣粉，国家标准《用于水泥和混凝土中的粒化高炉矿渣粉》GB/T 18046—2008规定粒化高炉矿渣粉分为S105、S95、S75三个级别，表4-42列出了对各级别的技术要求。

粒化高炉矿粉的技术要求 **表4-42**

项目		级别		
		S105	S95	S75
密度(g/cm^3)		≥2.8		
比表面积(m^2/g)		≥350		
活性指数(%)	7d	95	75	55
	28d	105	95	75

续表

项目	级别		
	S105	S95	S75
流动度比(%)	≥85	≥90	≥95
含水量(%)	≥1.0		
三氧化硫(%)	≤4.0		
氯离子(%)	≤0.02		
烧失量(%)	≤3.0		

4.1.5.4 沸石粉

沸石粉是天然的沸石岩磨细而成的，颜色为白色。沸石是经天然煅烧后的火山灰质铝硅酸盐矿物，含有一定量活性二氧化硅和三氧化铝，能与水泥水化析出的氢氧化钙作用，生成胶凝物质。沸石粉具有很大的内表面积和开放性结构，其细度为0.08mm筛筛余小于5%，平均粒径为5.0～6.5μm。

沸石粉用作混凝土掺合料主要有以下两方面效果：

(1) 提高混凝土强度，配制高强混凝土。沸石粉与高效减水剂配合使用，可显著提高混凝土强度。

(2) 改善混凝土和易性，配制流态混凝土及泵送混凝土。沸石粉与其他矿物掺合料一样，具有改善混凝土和易性及可泵性的功能。

沸石粉的适宜掺量是根据所需达到的目的而定。配制高强混凝土时的掺量通常为10%～15%；以高等级水泥配制低强度等级混凝土时掺量可达40%～50%，置换水泥30%～40%；配制普通混凝土时掺量为10%～27%，可置换水泥10%～20%。

4.2 普通混凝土

4.2.1 普通混凝土的主要技术性质

混凝土各组成材料（水泥、砂、石、水等）按一定的比例搅拌而得的尚未凝结硬化的材料称为混凝土拌合物（混合物），也称之为新拌混凝土。混凝土拌合物可以看作是一种由水和分散粒子组成的体系，固体粒子之间彼此保持着一定的距离，具有弹性、黏性、塑性等。它最为特出的一种性能就是和易性，或称为工作性。

新拌混凝土必须具有良好的和易性，以获得质量均匀、成形密实的混凝土；同时，混凝拌合物凝结硬化后，应具有足够的强度、变形能力和必要的耐久性能，以满足结构功能的要求。

4.2.1.1 新拌混凝土的和易性

1. 和易性的概念

新拌混凝土的和易性，是指混凝土拌合物易于施工操作（拌合、运输、浇筑、振捣），并获得质量均匀、成形密实混凝土的性能。根据上述定义，混凝土拌合物的和易性包含流动性、黏聚性和保水性三项性能。流动性是指混凝土拌合物在自重或机械（振捣）作用下能产生流动并均匀密实地填满模板的性能，混凝土拌合物容易填充模型，形成所需尺寸和形状的构件的性能；黏聚性是指混凝土拌合物各组成材料之间有一定的黏聚力，不致在施工程中产生分层和离析的性能；保水性是指混凝土拌合物具有一定保水能力，不致在施工过程中出现严重的泌水的现象。这些性能不仅取决于混凝土拌合物自身的性质，还因施工条件而异。不同结构物种类、断面形状、配筋状态、施工方法及施工工期等因素，混凝土拌合物各自存在一个最佳和易性。

2. 和易性测定方法

目前还没有一种试验方法能全面反映混凝土拌合物的和易性。通常是测定混凝土拌合物的流动性，辅以其他方法或直观经验评定混凝土拌合物的黏聚性和保水性。

测定流动性的方法目前有数十种，普遍采用的是坍落度和维勃稠度试验方法。

（1）坍落度测定

坍落度试验用的模子，俗称坍落度筒，是一个 300mm 高的截头圆锥筒，下口内径为 200mm，上口内径为 100mm，圆锥筒内表面平整光滑。将搅拌好的混凝土拌合物均分三层装入筒内，每一层需用一直径 16mm、长为 650mm 的弹头形金属捣棒均匀插捣 25 次，顶面余料用镘刀刮平。然后垂直平稳地向上提起坍落度筒，量测筒高与坍落后混凝土试体顶点之间的高度差（mm）即为该混凝土拌合物的坍落度值。坍落度值越大表示流动性越大。用坍落度筒测试方法优点是操作简单，结果比较可靠，较适用于塑性混凝土和低流动性混凝土拌合物和易性的测定。在工程施工中坍落度的变化对于反映原材料和配合比，特别是用水量的变化比较敏感，用于评定混凝土拌合物质量是很有效的。其不足之处是不宜用于流动性较小（坍落度小于 10mm）的混凝土拌合物，如果坍落度小于 10，就测不出不同和易性的拌合物的变化，判定混凝土和易性不准确。此外石子最大粒径大于 40mm 的拌合物也不宜使用。坍落度试验如图 4-14 所示。

进行坍落度试验时应同时考察混凝土的黏聚性及保水性。黏聚性的检查方法是用捣棒在已坍落的混凝土锥体侧面轻轻敲打，此时如果锥体逐渐下沉，则表示黏聚性良好，如果锥体倒塌、部分崩裂或出现离析现象，则表示黏聚性不好。保水性是以混凝土拌合物中稀浆析出的程度来评定，坍落度筒提起后如有较多的稀浆从底部析出，锥体部分的混凝土因失浆而骨料外露，则表明此混凝土拌合物的保水性不好；若无稀浆或仅有少量稀浆自底部析出，则表明此混凝土拌合物保水性良好。

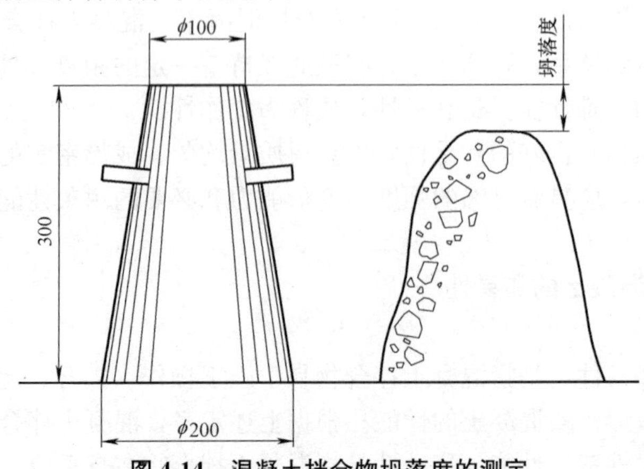

图 4-14　混凝土拌合物坍落度的测定

根据坍落度的不同，按国家标准《混凝土质量控制标准》GB50164—2011 将混凝拌合物分为四级，见表 4-43。

混凝土按坍落度的分类 **表 4-43**

级别	名称	坍落度(mm)	级别	名称	坍落度(mm)
T1	低塑性混凝土	10～40	T3	流动性混凝土	100～150
T2	塑性混凝土	50～90	T4	大流动性混凝土	≥160

其中坍落度大于 100mm 并用泵送的混凝土，则称为泵送混凝土。

(2) 维勃稠度测定

本方法适用于坍落度小于 10mm 的干硬性混凝土拌合物的流动性。其测试方法是将混凝土拌合物按一定方法装入坍落度筒内，按一定方式捣实，装满刮平后，将坍落度筒垂直向上提起，把透明圆盘转到混凝土圆台体顶面，开启振动台，并同时用秒表计时，当振动到圆盘底面布满水泥浆的瞬间停表计时，所读秒数即为该混凝土拌合物的维勃稠度。此方法适用于骨料最大粒径不超过 40mm，维勃稠度在 5～30s 之间的混凝土拌合物的稠度测定。维勃稠度试验仪如图 4-15 所示。

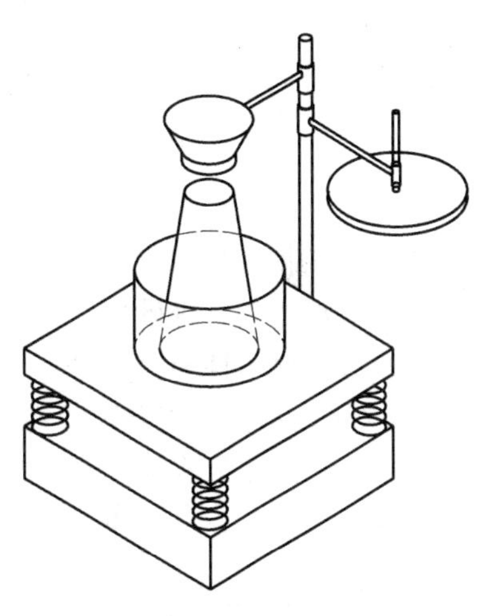

图 4-15 维勃稠度试验装置

混凝土拌合物流动性按维勃稠度大小，可分为四级，如表 4-44 所示。

混凝土按维勃稠度的分级 **表 4-44**

级　别	名　称	维勃稠度(s)
V_0	超干硬性混凝土	>31
V_1	特干硬性混凝土	30～21
V_2	干硬性混凝土	20～11
V_3	半干硬性混凝土	10～5

3. 影响和易性的主要因素

(1) 水泥浆的数量和用水量。混凝土拌合物的流动性是水泥浆所赋予的，因此在水灰比不变的情况下，单位体积拌合物内，水泥浆越多，拌合物的流动性也越大。但若水泥浆过多，将会出现流浆现象；若水泥浆过少，则骨料之间缺少粘结物质，易使拌合物发生离析和崩坍。

在胶凝材料用量、骨料用量均不变的情况下用水量增大，水泥浆自身流动性增加，故拌合物流动性增大；反之则减小。但用水量过大，会造成拌合物黏聚性和保水性不良；用水量过小，会使拌合物流动性过低，影响施工。故用水量不能过大或过小，一般应根据混凝土强度和耐久性要求合理地选用。因此，影响新拌混凝土和易性的决定性因素是单位体积用水量多少。

(2) 砂率。砂率是指细骨料含量占骨料总量的质量百分数。砂率对拌合物的和易性有很大影响，如图 4-16 所示，为砂率对坍落度的影响关系。

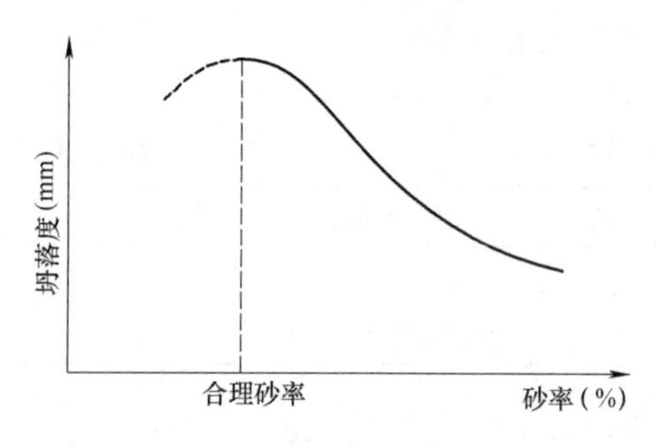

图 4-16 坍落度与砂率的关系
（水和水泥用量一定）

砂率影响混凝土拌合物流动性的原因有两个方面，由砂形成的砂浆在拌合物中起润滑作用，可减少粗骨料之间的摩擦力，所以在一定的砂率范围内随砂率增大，润滑作用明显增加，提高了流动性；另一方面在砂率增大石子减少的同时，骨料的总表面积必随之增大，需润湿的水分增多，在一定用水量的条件下，拌合物流动性降低，所以当砂率增大超过一定范围后，流动性反而是随砂率增加而降低。另外，砂率过小，即石子用量过大、砂用量过少，水泥砂浆的数量不足以包裹石子，使拌合物黏聚性和保水性变差，产生离析、流浆现象。因此，应在用水量和胶凝材料用量不变的情况下，选取可使拌合物获得所要求的流动性和良好的黏聚性与保水性的合理砂率。

（3）组成材料性质。

① 水泥。水泥对拌合物和易性的影响主要是水泥品种和水泥细度的影响。需水性大的水泥比需水性小的水泥配制的拌合物，在其他条件相同的情况下，流动性变小，但其黏聚性和保水性较好，见表 4-45。

不同水泥的需水性 **表 4-45**

水泥品种	标准稠度需水量（水泥质量的百分数,%）	水泥品种	标准稠度需水量（水泥质量的百分数,%）
普通硅酸盐水泥	21～27	矾土水泥	31～33
火山灰质硅酸盐水泥	30～45	石灰—火山灰水泥	30～60
矿渣硅酸盐水泥	26～30	石灰—矿渣水泥	28～40

② 骨料。骨料在混凝土拌合物中占的体积最大，对拌合物和易性的影响也较大，主要包括骨料的级配、颗粒形状、表面特征及粒径。一般来说，级配好的骨料空隙少，在相同水泥浆量的情况下，其拌合物流动性较大，黏聚性与保水性较好；表面光滑的骨料，如河砂、卵石等拌合物流动性较大；骨料的粒径增大，总表面积减小，拌合物流动性就增大；扁平和针状的骨料，比表面积大，对拌合物的流动性不利；多孔骨料，由于表面多孔，增加了拌合物的内摩擦力，又由于吸水性大，因此需水性增加。

③ 外加剂。外加剂对拌合物的和易性有较大影响。加入减水剂或引气剂可明显提高拌合物的流动性，引气剂还可有效地改善拌合物的黏聚性和保水性。

④时间。混凝土拌合物随时间的延长而变干稠，流动性降低，这是由于拌合物中一些水分被骨料吸收，一些水分蒸发，一些水分与水泥水化反应变成水化产物结合水。拌合物和易性随时间而损失的数值，随水泥浆量、水泥品种、拌合物的温度及最初的和易性而变化。如图 4-17 所示为拌合物坍落度随时间变化的关系。

⑤温度。混凝土拌合物的流动性也随温度的升高而降低，如图 4-18 所示。这是由于温度升高可加速水泥的水化，增加水分的蒸发，所以夏期施工时，为了保持一定的流动性应当提高拌合物的用水量。

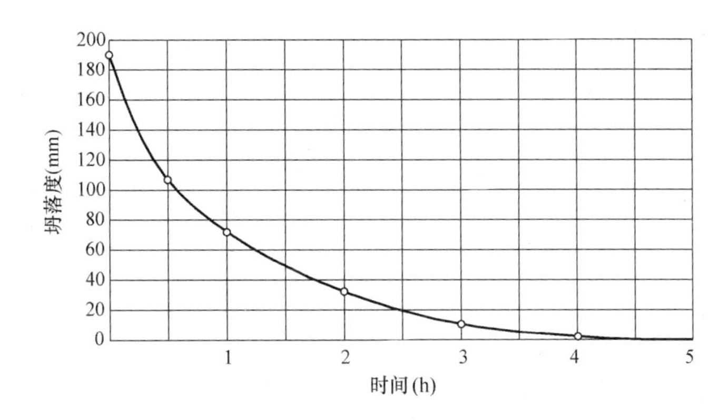

图 4-17　坍落度和拌合后时间之间的关系

（拌合物配比 1∶2∶4，$W/C=0.775$）

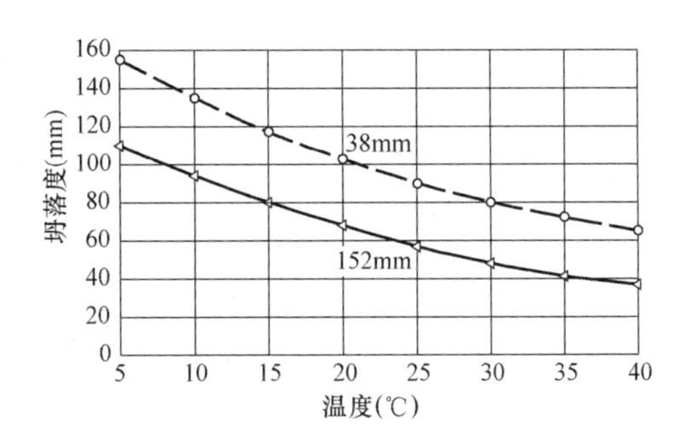

图 4-18　温度对拌合物坍落度的影响

（曲线上的数字为骨料最大粒径）

4.2.1.2　新拌混凝土离析、泌水

混凝土拌合物是由水泥、砂、石和水等密度、形态各不相同的物质拌合在一起制成的，新拌混凝土拌合物在浇筑之前各组分分离造成不均匀和失去连续性，这样的过程称为混凝土的离析。离析有两种形式，一种是石子从拌合物中分离；另一种是稀水泥浆从拌合物中淌出及水分的上浮，后者常被称为泌水。

1. 石子的离析

石子的离析是指石子从砂浆部分分离开，形成不均匀的状态。石子和砂浆密度的差别、石子和砂浆流动特性的差别、石子粒径同砂浆中砂的粒径的差别等是造成石子离析的原因。由于这些因素单独或组合发生影响，是致使混凝土发生蜂窝的缘由。

石子和砂浆密度的不同，使石子产生沉降分离，两者密度差越大，离析越严重。对于大坍落度混凝土，砂浆部分的黏聚性小，离析也越严重。在运输时、浇筑过程中，也会因振动造成离析。

石子和砂浆的流动特性有差别，在使用溜槽或向模板中灌料，石子和砂浆移动速度不同，造成石子砂浆分离。

2. 水泥浆或水的离析

水泥浆离析，致使产生从模型的接缝、间隙、孔洞等处向外漏浆等问题，混凝土表面处残留砂子，形成砂纹的不良外观。如在构件内部发生水泥浆或水的离析，会降低邻接混凝土层间的粘结能力。

混凝土拌合物的离析性能除与拌合物的黏聚性相关外，还随构件种类、模型形状、配筋状态、运输方法、浇筑和成型工艺等有关。

3. 离析、泌水对混凝土性能影响

离析、泌水对混凝土性能有较大影响：①泌水使混凝土上层含水多，水灰比加大，强度比下层混凝土低，造成混凝土质量不均匀，容易引起裂缝，降低了混凝土的使用效能；② 泌水使混凝土表面产生大量的浮浆，硬化后的面层混凝土不仅强度低，而且产生容易剥落的粉屑。如果混凝土分层浇筑，就会损害每层之间的粘结能力；③ 泌水性大混凝土，沉降量也大。上浮的水使在骨料或水平钢筋的下侧形成空隙，影响骨料与水泥浆、石子与砂浆以及钢筋与混凝土的粘结力，致使混凝土强度、结构承载能力下降；④ 如泌水较大，部分泌水留在石子下面或绕过石子上升，形成连通的孔道。水分蒸发后，这些孔道成为水分侵入混凝土内部的捷径，结构物耐久性降低；⑤ 泌水也是混凝土在终凝之前体积发生沉降收缩的原因之一。

泌水量受水泥与骨料的性质、构件高度、成型工艺、环境温度等各种因素的影响。水灰比和坍落度越大，石子量越多，砂子越粗，泌水量越多。防止泌水措施为：①减少混凝土单位用水量，使用干硬性混凝土；②注意材料的选用，使用粗细颗粒适当的砂子，使用卵石粗骨料；③混凝土中加入引气剂、减水剂等外加剂；④水泥细度越细、凝结时间越短，泌水越少；⑤合理选用配合比，提高混凝土拌合物的黏聚性；⑥ 注意施工操作，选用恰当的工艺成型方法。

不同种类混凝土的相对沉降量如图 4-19 所示。

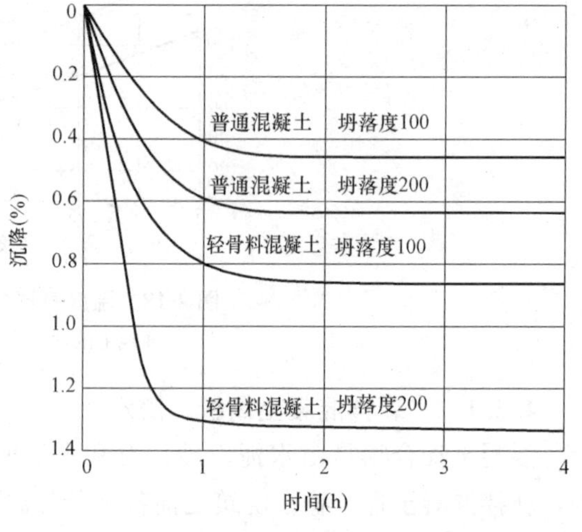

图 4-19　混凝土的沉降曲线

（轻骨料混凝土的骨料为火山砾石）

4.2.1.3　新拌混凝土的凝结时间

水泥和水一经拌合水化即开始，混凝土拌合物逐渐失去流动性，从半固体转化为固体，内部结构随龄期增长越来越致密，此过程即为混凝土的凝结硬化。

混凝土的凝结时间是施工中控制的重要参数，与混凝土运输、浇筑、振动时限、脱模时间等工艺密切相关。在此过程中，伴随着泌水、沉降、早期体积变化、因水泥水化热产生的温度上升等现象，因此正常的凝结是很重要的性能，凝结硬化过程中的混凝土性质及养护，对混凝土的长期质量具有很大的影响。

水泥与水之间的反应是混凝土产生凝结的主要原因，但是由于各种因素，混凝土凝结时间与配制该混凝土所用水泥的凝结时间并不一致，因为水泥浆体的凝结和硬化过程受到水化产物在空间填充情况的影响。因此，水灰比的大小会明显影响凝结时间，而配制混凝土的水灰比与测定水泥凝结时间规定的水灰比不同，故两者的凝结时间不同。一般情况下，水灰比越大，凝结时间越长。而且水泥的组成、环境温度和外加剂等都会对凝结时间产生影响。

通常采用贯入阻力仪测定混凝土的凝结时间，但此凝结时间并不标志着混凝土中水泥浆体物理化学特征的某一特定的变化，仅只是从实用意义的角度，人为确定的两个特定点。初凝时间表示施工时间极限，终凝时间表示混凝土力学强度的开始发展。具体测定凝结时间时，先用5mm筛从拌合物中筛取砂浆，按一定方法装入特定容器中，然后每隔一定时间测定砂浆贯入一定深度时的贯入阻力，绘制时间与贯入阻力关系曲线图。以贯入阻力为3.5MPa和28MPa划两条平行时间坐标的直线，直线与曲线交点的时间即分别为混凝土的初凝时间和终凝时间。

4.2.1.4 早期体积变化

混凝土的早期体积变化一般是指1～3d介于新拌混凝土到一定成熟度之间的一个阶段。早期体积变化包括塑性收缩、干燥收缩和自收缩。塑性收缩由沉降、泌水引起，一般发生在拌合后1～12h以内，在终凝前比较明显。干燥收缩是由于水分蒸发引起的，是引起混凝土体积变化的主要因素。自收缩则是因水泥水化过程造成混凝土内部自干燥而引起。

很多因素使混凝土发生早期收缩，当收缩遇到限制就产生应力，而在塑性阶段混凝土的强度很低，不足以抵抗收缩应力时就可能产生裂纹。柱子和墙体在浇筑几个小时内顶面会有所下沉，下沉受到钢筋或大颗粒骨料的限制时会产生水平裂纹。混凝土板蒸发失水过快，超过泌水速率，表面混凝土已相当黏稠，失去流动性，而强度不足以抵抗塑性收缩受限而产生的应力时，也会在板面产生相互平行的裂纹，裂纹间距为几厘米至十几厘米。

一般自收缩只为干缩值的1/10，常被忽略。但随着高性能混凝土、低水胶比混凝土的普遍使用，发现已不能忽略自收缩对混凝土性能的影响，自收缩是高性能混凝土早期开裂的一个重要原因。混凝土的自收缩随水胶比的降低而增大，随粉煤灰掺量的增加而减小；掺入细度大于400m^2/kg的磨细矿渣，降低早期胶凝材料体系的水化速度，自收缩较小。

影响早期收缩的因素有水泥品种、骨料、水胶比、外加剂、温度、湿度、风速、带模养护时间等。当混凝土与外界有水分交换时，收缩以干收缩为主。水泥用量多、养护温度高、风速大，均使混凝土早期收缩增大。试验发现山砂配制的混凝土的收缩大于河砂混凝土。脱模早的构件收缩较大。

4.2.1.5 混凝土的强度

材料抵抗外力不被破坏的能力称为强度。混凝土与其他工程材料有所不同，混凝土在承受外力之前内部已存在微裂缝，受力后会产生新的微裂纹。混凝土受外力时，很容易在具有几何形状为楔形的微裂缝顶部形成应力集中，随着应力逐渐增大，微裂缝进一步延伸、连通、扩展、发生失稳，最后形成几条可见的裂缝，试件就随着这些裂缝的发展而破坏。此时混凝土承受的最大应力为混凝土的强度。

1. 混凝土受压过程及破坏过程

通过显微镜观察所查明的裂缝扩展过程可以分为4个阶段，每个阶段的裂缝状态示意图如图4-20所示。典型的静力受压荷载—变形曲线如图4-21所示。

阶段Ⅰ：当荷载低于极限荷载的30%左右时，界面裂缝比较稳定，虽然局部也可能会

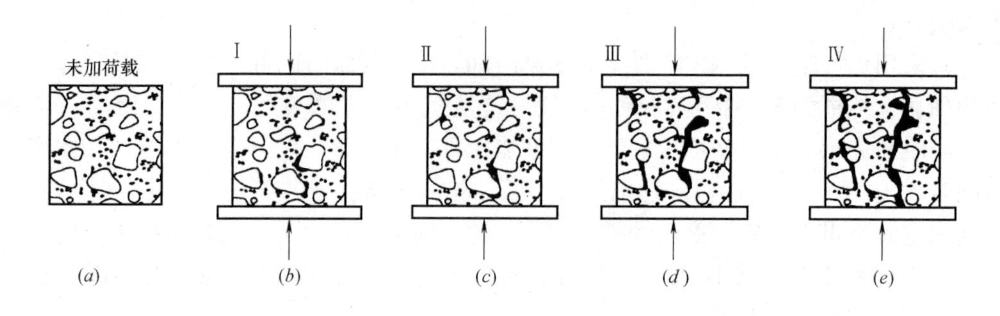

图 4-20　混凝土受压时裂缝的扩展过程示意图

因拉应变高度集中引发一些附加裂缝，但这一阶段内混凝土的荷载—变形曲线几乎为直线（图 4-21OA 段）。

阶段Ⅱ：当荷载超过极限荷载的 30%以后，界面裂缝开始扩展。起初比较缓慢，且其扩展多数仍在界面过渡区，但荷载—变形曲线开始出现弯曲。随着荷载的逐渐增加，界面裂缝的数量、长度和宽度都不断增大。此时界面继续承担荷载，尚无明显的砂浆裂缝（图 4-21 中 AB 段）

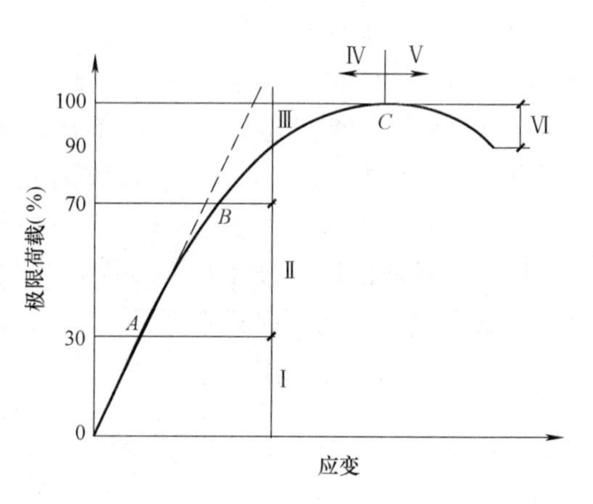

图 4-21　混凝土受压变形曲线

I—界面裂缝无明显变化；Ⅱ—界面裂缝增长；Ⅲ—出现砂浆裂缝及连续裂缝；Ⅳ—裂缝缓慢增长；Ⅴ—连续裂缝迅速增长；Ⅵ—裂缝迅速增长

阶段Ⅲ：当荷载超过极限荷载的 70%～90%以后，在界面裂缝继续发展的同时，开始出现砂浆裂缝，并将邻近的界面裂缝连接起来成为连续裂缝。此时，变形增大的速度进一步加快，荷载—变形曲线明显地弯向变形轴方向（图 4-21BC 段）。

阶段Ⅳ：荷载超过极限荷载以后，连续裂缝急速发展，此时，混凝土的承载能力下降，荷载减小而变形迅速增大，最后导致试件的完全破坏（图 4-21CD 段）。

由此可见，荷载与变形的关系是内部微裂缝发展规律的体现。混凝土在外力作用下的变形和破坏过程，也就是内部裂缝的发生和发展过程，这一变形、破坏过程是一个从量变发展到质变的过程。只有当混凝土内部的微观破坏发展到一定量级时才使混凝土的整体遭受破坏。

2. 混凝土的抗压强度和强度等级

混凝土的抗压强度，指的是单轴向抗压强度。混凝土在单轴向压力作用下的应力—应变曲线如图 4-22 所示。通常将该曲线峰值处对应的应力值 f_c 称为混凝土的单轴向抗压强度，简称为抗压强度度或强度。

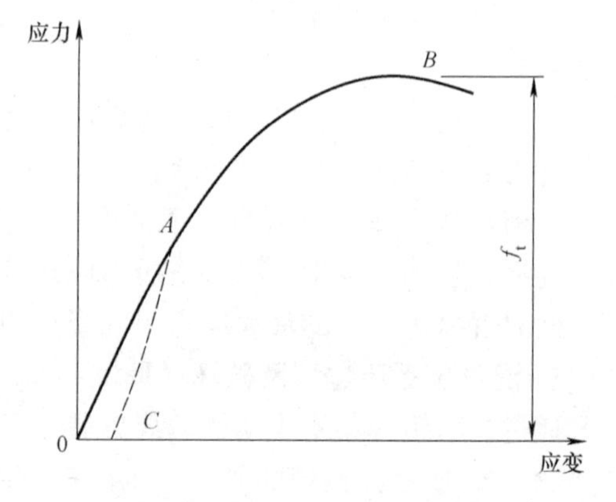

图 4-22　单轴受压应力—应变曲线

我国把立方体强度值作为混凝土强度的基本指标，并把立方体抗压强度作为评定混凝土强度等级的标准。国家标准《普通混凝土力学性能试验方法标准》GB/T 50081—2002规定以边长为150mm的立方体为标准试件，标准立方体试件在（20±2)℃温度和相对湿度95%以上的潮湿空气中养护28d，按照标准试验方法测得的抗压强度作为混凝土的立方体抗压强度，单位为N/mm²。另外，对非标准尺寸（边长100mm或200mm）的立方体试件，可采用折算成标准试件的强度值。边长为100mm的立方体试件的折算系数为0.95；边长为200mm的立方体试件折算系数为1.05，这是因为试件尺寸越大，测得的抗压强度值越小。

国家标准《混凝土结构设计规范》GB 50010—2010规定混凝土强度等级应按立方体抗压强度标准值确定，用符号 $f_{cu,k}$ 表示。即用上述标准试验方法测得的具有95%保证率的立方体抗压强度作为混凝土的强度等级。规范规定的混凝土强度等级有C15、C20、C25、C30、C35、C40、C45、C50、C55、C60、C65、C70、C75、C80，共有14个等级。

混凝土的抗压强度与试件的形状有关，不同几何形状——圆柱体、立方体、棱柱体的试件可给出不同的混凝土强度值，见表4-46。采用棱柱体比立方体能更好地反映混凝土结构的实际抗压能力。用混凝土棱柱体试件测得的抗压强度称为轴心抗压强度。

不同尺寸、形状试件的相对强度比较　　表4-46

试件形状	尺寸(mm)	相对抗压强度
立方体	100×100×100	1.05
立方体	150×150×150	1.00
立方体	200×200×200	0.95
圆柱体	ϕ150×300	0.80
棱柱体	150×150×300	0.80

国家标准《普通混凝土力学性能试验方法标准》GB/T 50081—2002规定：以150mm×150mm×300mm的棱柱体作为混凝土轴心抗压强度试验的标准试件，棱柱体试件与立方体试件的制作条件相同，试件上下表面不涂润滑剂。国家标准《混凝土结构设计规范》GB 50010—2010规定以上述棱柱体试件试验测得的具有95%保证率的抗压强度为混凝土轴心抗压强度标准值，用符号 $f_{c,k}$ 表示。

国家标准《混凝土结构设计规范》GB 50010—2010规定轴心抗压强度标准值与立方体抗压强度标准值的关系按下式确定。

$$f_{c,k}=0.88\alpha_{c1}\alpha_{c2}f_{cu,k} \tag{4.2-1}$$

式中 α_{c1}——棱柱体强度与立方体强度之比，对混凝土强度等级为C50及以下的取 $\alpha_{c1}=0.76$，对C80取 $\alpha_{c1}=0.82$，两者之间按直线规律变化取值；

α_{c2}——高强度混凝土的脆性折减系数，对混凝土强度等级C40及以下的取 $\alpha_{c2}=1.0$，对C80取 $\alpha_{c2}=0.87$，两者之间按直线规律变化取值。

0.88为考虑实际构件与试件混凝土强度之间的差异而取用的折减系数。

混凝土的抗压强度比其他强度大得多，结构物常以抗压强度为主要参数来进行设计；抗压强度与其他各种强度及变形特性等有良好的相关性，只要获得了抗压强度值，也可推测其他强度特性和变形特性；抗压强度的试验方法比其他强度试验方法简单。

3. 混凝土的轴心抗拉强度

混凝土在单轴向拉力作用下的应力—应变曲线类型与单轴向压力作用下的相似。在单轴向拉力作用下，混凝土中的裂缝扩展方向垂直于拉应力，少量的裂缝搭接就会引起失稳扩展，导致混凝土断裂破坏。由于这一特点，混凝土的抗拉强度比抗压强度小得多。

混凝土的轴心抗拉强度可以采用直接轴心受拉的试验方法来测定。但是，由于混凝土内部的不均匀性，加之安装试件的偏差等原因，准确测定抗拉强度是很困难的。所以中国采用150mm立方体（国际上多用圆柱体）的劈裂抗拉试验来测定混凝土的抗拉强度，称为劈裂抗拉强度 $f_{t,s}$。该方法的原理是在试件的两个相对的表面竖线上，作用均匀分布的压力，这样就能够在外力作用的竖向平面内产生均布拉伸应力，如图4-23所示，这个拉伸应力可以根据弹性理论计算得出。

混凝土劈裂抗拉强度可按下式计算。

$$f_{t,s}=\frac{2P}{\pi a^2} \tag{4.2-2}$$

式中　$f_{t,s}$——混凝土劈裂抗拉强度，MPa；

P——破坏荷载，N；

a——立方体试件平均边长，mm。

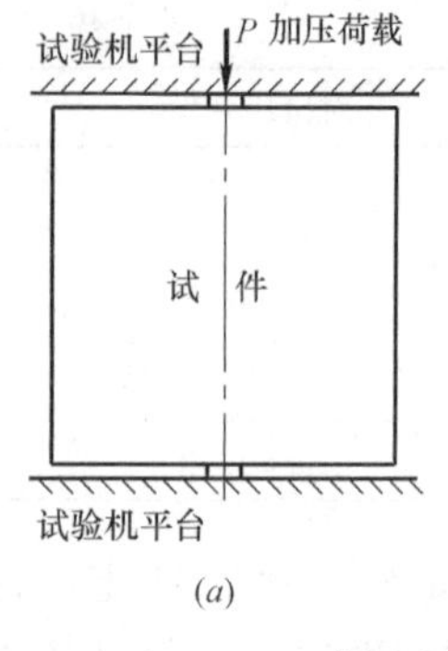

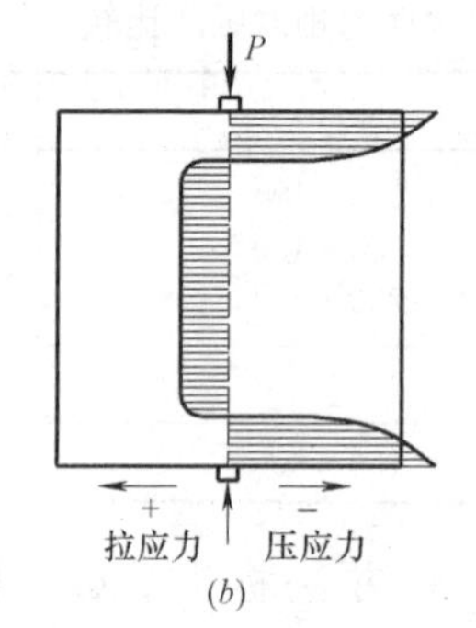

图4-23　劈裂试验

（a）劈裂试验示意图；（b）垂直于受力方向面的应力分布

混凝土按劈裂试验所得的抗拉强度 $f_{t,s}$ 换算成轴心抗拉强度 $f_{t,k}$，应乘以换算系数，该系数由试验确定。

4. 混凝土的弯拉强度

弯拉强度是进行混凝土路面、桥面设计及其配合比设计主要强度指标。据交通公路标准《公路水泥混凝土路面设计规范》JTG D10—2002规定，各交通等级要求的混凝弯拉强度标准值不得低于表4-47的限值。

混凝土弯拉强度标准值　　　　表4-47

交通等级	特　重	重	中　等	轻
水泥混凝土的弯拉强度标准值(MPa)	5.0	5.0	4.0	4.0
钢纤维混凝土的弯拉强度标准值(MPa)	6.0	6.0	5.5	5.0

按国家标准《普通混凝土力学性能试验方法标准》GB/T 50081—2002规定，测得混凝土的弯拉强度采用150mm×150mm×600mm（或550mm）小梁作为标准试件，在标准条件下养护28d，按三分点加荷方式测得其弯拉强度（图4-24），按式（4.2-3）计算。

$$f_{c,f}=\frac{PL}{bh^2} \tag{4.2-3}$$

式中　$f_{c,f}$——混凝土抗折强度，MPa；

P——破坏荷载，N；

L——支座距离，mm；

b——试件截面宽度，mm；

h——试件截面高度，mm。

当采用 100mm×100mm×400mm 非标准试件时，取得的弯拉强度应乘以尺寸换算系数 0.85。

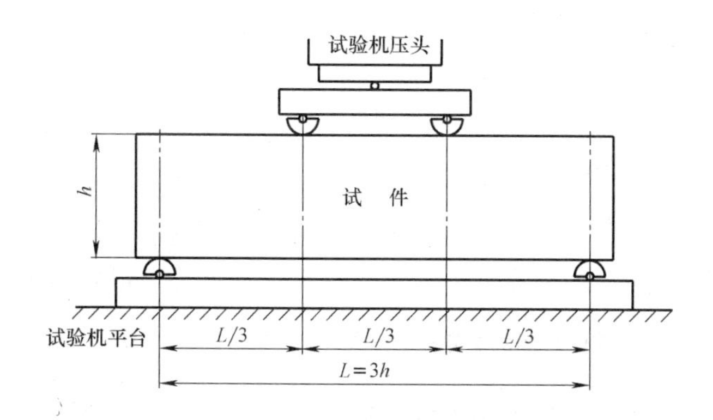

图 4-24　三分点弯曲试验示意图

由试验测定可知，混凝土劈裂抗拉强度约为直接抗拉强度的 110%～115%；抗折断裂强度约为直接抗拉强度的 150%～200%。通常混凝土直接抗拉强度与抗压强度之比约为 0.07%～0.11%，因此劈裂抗拉强度与抗压强度之比约为 0.08%～0.14%；抗折断裂强度与抗压强度之比约为 0.11%～0.23%。

5. 影响混凝土强度的因素

界面过渡区是混凝土的薄弱部位，混凝土受力破坏一般出现在骨料和水泥石的分界面上。当水泥石强度较低时，水泥石本身的破坏也是常见的破坏形式。在混凝土中，骨料的强度往往比水泥石和粘结面的强度高很多，骨料首先被破坏可能性较小。因此，混凝土的强度主要取决于水泥石强度及其与骨料表面的粘结强度。

影响水泥石强度及其与骨料的粘结强度因素极多，与水泥强度等级、水胶比有很大关系，骨料的性质、混凝土的级配、混凝土成形方法、施工质量、硬化时的环境条件及混凝土的龄期等也不同程度地影响混凝土的强度。

（1）水泥强度等级和水胶比。水泥强度和水灰比是影响混凝土抗压强度的最主要因素。因为混凝土的强度主要取决于水泥石的强度及其与骨料间的粘结力，而水泥石的强度及其与骨料间的粘结力又取决于水泥的强度和水胶比的大小。因此，在其他条件相同时，混凝土强度主要取决于水泥强度和水胶比。在水泥强度相同的情况下，混凝土强度将随水胶比的增大而降低。这是因为水泥水化所需的结合水，一般只占水泥质量的 20%～25%左右，但在拌制混凝土拌合物时，为了获得必要的流动性，常常需要加入较多的水，当混凝土硬化后，多余的水分就残留在混凝土中形成孔穴或蒸发后形成气孔，这大大减少了混凝土抵抗荷载的有效断面，逐步形成有可能在孔隙周围产生应力集中。故在水泥强度相同的情况下，混凝土强度将随水胶比的增加而降低。但如果水胶比过小，则拌合物过于干硬，在一定的捣实成形条件下，混凝土难以成形密实，从而使强度下降。混凝土强度与水胶比的关系，如图 4-25 所示。

另外，在相同水胶比和相同试验条件下，水泥强度越高，则水泥石强度越高，从而使其配制的混凝土强度也越高。根据工程实践经验，得出关于混凝土强度与水胶比、水泥强

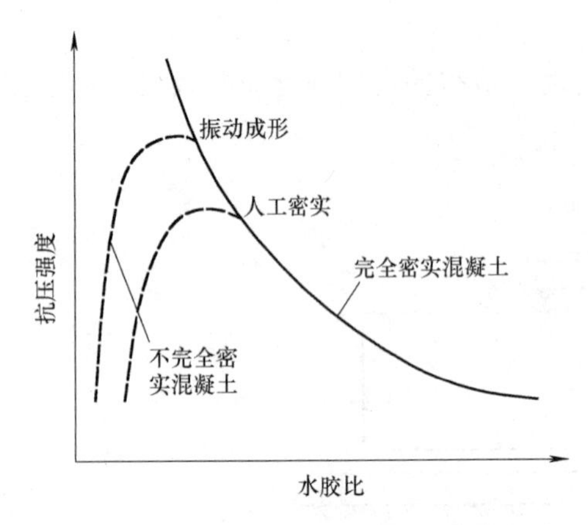

图 4-25　混凝土强度与水胶比之间的关系

度等因素之间保持近似恒定的关系。一般采用下面直线型的经验公式来表示。

$$f_{cu}=\alpha_a f_{ce}\left(\frac{B}{W}-\alpha_b\right) \tag{4.2-4}$$

式中　B——每立方米混凝土中的胶凝材料用量，kg；

W——每立方米混凝土中的用水量，kg；

B/W——胶水比（胶凝材料与水的质量比）；

f_{cu}——混凝土 28d 抗压强度，MPa；

f_{ce}——水泥 28d 抗压强度，MPa；

α_a、α_b——回归系数，与骨料的品种、水泥品种等因素有关。

α_a、α_b 的取值必须结合工地的施工方法和材料质量等具体条件，进行不同水胶比的混凝土强度试验，求出符合当地实际情况的 α_a、α_b 系数来。若无上述试验统计资料时则可按《普通混凝土配合比设计规程》JGJ 55—2011 提供的 α_a、α_b 经验系数值取用。

采用碎石：$\alpha_a=0.53$、$\alpha_b=0.20$；

采用卵石：$\alpha_a=0.49$、$\alpha_b=0.13$。

（2）骨料。骨料影响混凝土强度的因素有材质、粒形、表面特征、粒径等。骨料强度不同使混凝土的破坏机理也有所差别，如使用碎石或卵石，当骨料强度大于水泥浆强度时，混凝土强度由水泥浆强度、即间接地由水胶比支配；如使用轻骨料，当骨料强度低于水泥浆时，则骨料强度与混凝土相关。骨料粒形以球形或立方形为佳，扁平或细长骨料，增加空隙和骨料表面积，增加了混凝土的薄弱环节；碎石的棱角和表面较粗糙，使骨料同砂浆的啮合增强、粘结力提高，碎石混凝土可比卵石混凝土的抗压强度提高 20%～35%。骨料的粒径对混凝土强度的影响，在一定范围内大尺寸骨料可提高混凝土的抗压强度，但大尺寸骨料由于骨料限制水泥石收缩而产生的应力，使水泥石开裂或水泥石-骨料之间失去粘结，常会表现出混凝土后期强度衰减的现象。

（3）龄期。混凝土在正常养护条件下，其强度将随着龄期的增长而增加。最初 7～14d 内强度增长较快，28d 以后增长缓慢。但龄期延续很久其强度仍有所增长。不同龄期混凝土强度的增长情况如图 4-26 所示。因此，在一定条件下养护的混凝土，可根据其早期强度大致地估计 28d 的强度。

普通水泥制成的混凝土，在标准养护条件下，混凝土强度的发展，大致与其龄期的对数成正比关系（龄期不小于 3d）。

$$f_n=f_{28}\frac{\lg n}{\lg 28} \tag{4.2-5}$$

式中　f_n——nd 龄期混凝土的抗压强度，MPa；

f_{28}——28d 龄期混凝土的抗压强度，MPa；

n——养护龄期 d，（$n\geqslant 3$）。

（4）养护条件。混凝土养护的温度和湿度是影响其强度的主要因素，温度和湿度都是通过影

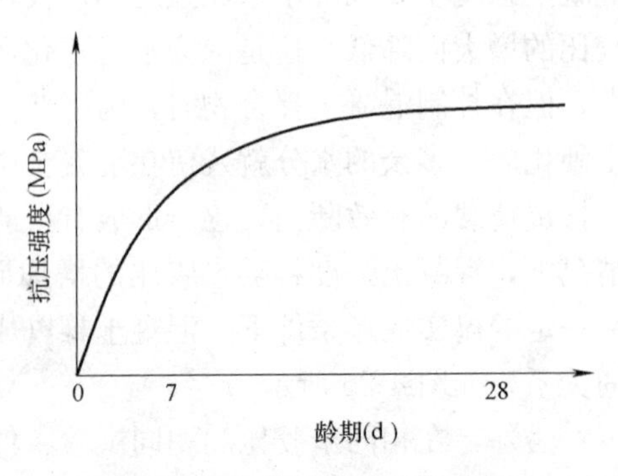

图 4-26　混凝土强度增长曲线

响水泥水化过程而起作用的。

混凝土的硬化是由于水泥的水化作用。水泥的水化是在充水的毛细孔空间发生，所以应创造条件防止水分自毛细管中蒸发失去，同时大量的自由水会被水泥水化产物结合或吸附，也需要水分的提供以保证水泥水化的正常进行。如图4-27所示，保持不同潮湿养护时间对混凝土强度的影响。

从图4-27可看出，养护湿度对混凝土强度的影响十分显著，因水泥的水化反应进行的时间极长，只有在保证足够的潮湿养护时间，混凝土才能达到应有的强度，如果在早期终止养护，混凝土在水化反应前暴露于干燥的空气中，混凝土强度将明显下降。所以混凝土在浇筑后的一定时间内必须维持一定的潮湿环境。实际工程中，使用硅酸盐水泥、普通水泥和矿渣水泥时，在混凝土凝结后，即可用草袋等覆盖其表面并浇水，浇水时间不少于7d；使用火山灰水泥和粉煤灰水泥时，应不少于14d；对掺有缓凝型外加剂或有抗渗要求的混凝土，也不应少于14d。在夏期应特别注意浇水，保持必要的湿度。

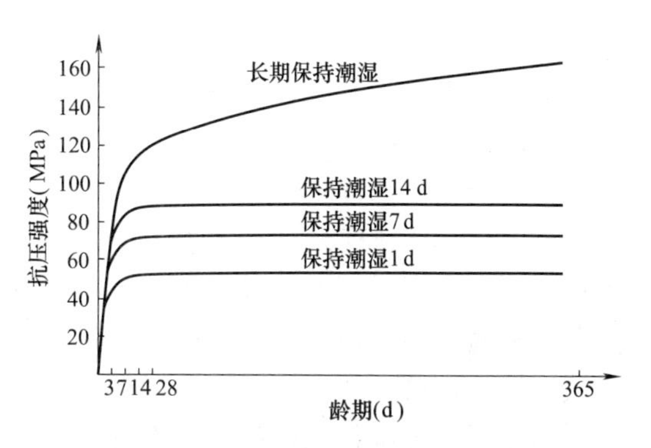

图4-27　混凝土强度与保持湿度日期的关系

水泥的水化反应也显著受到温度的影响，养护温度对于强度的影响，随水泥品种、配合比等条件而异，如图4-28所示。由图可看出，养护温度高可以增大初期水泥水化速度，提高混凝土早期强度。但急速的初期水化会导致水化物分布不均匀，水化物稠密程度低的区域将成为水泥石中的薄弱点，从而降低整体的强度；水化物稠密程度高的区域，水化物包裹在水泥粒子的周围，会妨碍水化反应的继续进行，对后期强度的发展不利。而在养护温度较低的情况下，由于水化缓慢，具有充分的扩散时间，从而使水化物在水泥石中均匀分布，有利于后期强度的发展。

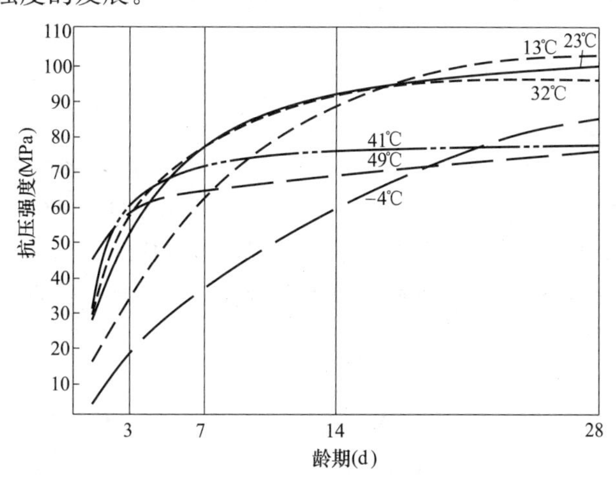

图4-28　养护温度对混凝土强度的影响

6. 提高混凝土强度的主要措施

（1）选料

① 采用高强度等级水泥，可以配制出高强度的混凝土，但成本提高。

② 选用级配良好的骨料，降低混凝土骨架的空隙率，减少水泥用量，提高混凝土的密实度。

③ 选用合适的外加剂。如掺入减水剂，可以在保证和易性不变的情况下减少用水量，提高其强度；掺入早强剂，可以提高混凝土的早期强度。

④ 掺加混凝土矿物掺合料。掺加细度大的活性矿物掺合料，如硅粉、粉煤灰、沸石粉等可以提高混凝土密实度，降低混凝土的早期水化热，减少裂缝并提高混凝土的后期强度，改善混凝土的耐久性。

（2）采用机械搅拌合振捣

混凝土采用机械搅拌不仅比人工搅拌工效高，而且搅拌得更均匀，能提高混凝土的密实度和强度。采用机械振捣混凝土，可以使混凝土拌合物的颗粒产生振动，降低水泥浆的黏度及骨料之间的摩擦力，使混凝土拌合物转入流体状态，提高其流动性。同时混凝土拌合物被振捣后，其颗料互相靠近并把空气排出，使混凝土内部孔隙大大减少，从而使混凝土的密实度和强度都得到提高。从图 4-29 可以看出机械捣实的混凝土强度高于人工捣实的混凝土强度。

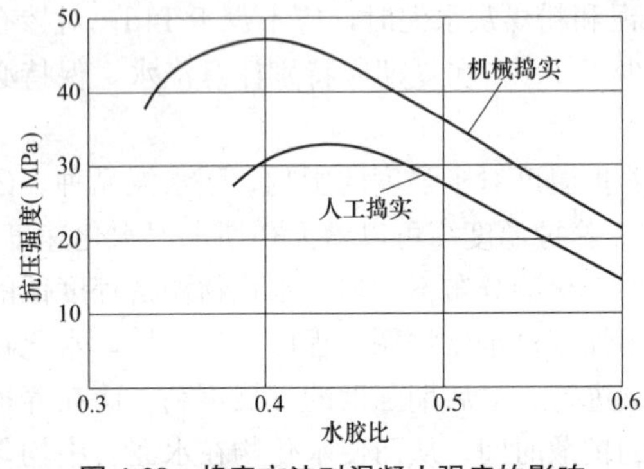

图 4-29　捣实方法对混凝土强度的影响

（3）适宜的养护

采用适宜的温度和湿度养护，有利于强度的增加。

4.2.1.6　混凝土的变形性能

硬化混凝土除了受荷载作用产生变形外，由于各种物理的或化学的因素也会引起局部或整体的体积变化。硬化混凝土的体积变化与含水量、温度、碳化、外力作用（弹性变形或徐变变形）等因素有关。混凝土体积变化是产生裂缝的主要原因。

1. 化学收缩

由于水泥水化物的固体体积小于水化前反应物（水和水泥）的总体积，混凝土的这种体积收缩是由水泥的水化反应产生的固有收缩亦称为化学减缩。混凝土的这一体积收缩变形是不能恢复的，其收缩量随混凝土的龄期延长而增加，但是观察到的收缩率很小。因此，在结构设计中考虑限制应力作用时，就不把它从较大的干燥收缩率中区分出来处理，而是一并在干燥收缩中一起计算。研究进一步表明，虽然化学减缩率很小，在限制应力下不会对结构物产生破坏作用，但其收缩过程中混凝土内部还是会产生微细裂缝，这些微细裂缝可能会影响到混凝土的受载性能和耐久性能。

2. 温度变形

混凝土与通常固体材料一样呈现热胀冷缩。一般室温变化对于混凝土没有什么大影响，但是温度变化很大时，就会对混凝土产生重要影响。混凝土与温度变化有关的变形除取决于温度升高或降低的程度外，还取决于其组成的热膨胀系数。

在温度降低时，对于抗拉强度低的混凝土来说，体积发生冷缩应变造成的影响较大。例如，混凝土通常膨胀系数约为（7～13）$\times10^{-6}$/℃，平均取 10×10^{-6}/℃，则温度下降

15℃，造成冷收缩量达 150×10^{-6}。如果混凝土的弹性模量为 21GPa，不考虑徐变等产生的应力松弛，该冷收缩受到完全约束所产生的弹性拉应力为 3.1MPa。因此，在结构设计中必须考虑到该项冷缩造成的不利影响。

混凝土温度变形稳定性，除由于降温影响外，还有混凝土内部与外部的温差对体积稳定性产生的影响，即大体积混凝土存在的温度变形问题。大体积混凝土内部温度上升，主要是由于水泥水化热蓄积造成的。水泥水化会产生大量水化热，经验表明 $1m^3$ 混凝土中每增加 10kg 水泥，所产生的水化热能使混凝土内部温度升高 1℃。由于混凝土的导热能力很低，水泥水化发出的热量聚集在混凝土内部长期不易散失，大体积混凝土表面散热快，温度较低，内部散热慢、温度较高，就会造成表面和内部热变形不一致。这样，在内部约束应力和外部约束应力作用下就可能产生裂缝。因此，对大体积混凝土工程，必须尽量设法减少混凝土发热量，如采用低热水泥、减少水泥用量、采取人工降温等措施。

水泥浆的热膨胀系数比骨料大，因此水泥浆含量越多的混凝土，膨胀系数越大。当温度变化引起的骨料颗粒体积变化与水泥石体积变化相差很大时，或者骨料颗粒之间的膨胀系数有很大差别时，都会产生有破坏性的内应力。许多混凝土的裂缝与剥落实例都与此有关。

3. 混凝土的干缩湿胀

混凝土随着水分的散失而引起的体积收缩，称为干燥收缩，简称干缩。但受潮后体积又会膨胀，即为湿胀。这种干湿变形取决于周围环境的湿度变化。

混凝土的膨胀值远比收缩值小，一般没有坏作用。在一般条件下混凝土的极限收缩值为 $(50 \sim 90) \times 10^{-5}$mm/mm。用作结构物的混凝土，受到约束而不能自由收缩，容易发生收缩裂缝，所以施工时应予以注意。通过大量的试验得知以下情况：

(1) 混凝土的干燥收缩是不能完全恢复的。即混凝土干燥收缩后，即使再长期放在水中也仍然有残余变形保留下来，一般情况下，残余收缩为收缩量的 30%～60%。

(2) 混凝土的干燥收缩与水泥品种、水泥用量和用水量有关。C_3A 含量越大，收缩越大；采用矿渣水泥比采用普通水泥的收缩大；采用高强度等级水泥，由于颗粒较细，混凝土收缩也较大；水泥用量多或水灰比大者，收缩量也较大。水泥用量、单位用水量与干缩的关系如图 4-30 所示。

(3) 在混凝土配合比相同情况下，干缩率随着砂率的增大而加大，如表 4-48 所示。

砂率对混凝土干缩的影响　　**表 4-48**

砂率	水胶比	灰骨比	150d 的干缩率($\times 10^{-6}$)
0.32	0.60	1∶6	280
0.36	0.60	1∶6	288
0.39	0.60	1∶6	302
0.42	0.60	1∶6	328

(4) 骨料的弹性模量越高，混凝土的收缩越小，所以轻骨料混凝土的收缩一般来说比普通混凝土大得多。

(5) 在水中养护或在潮湿环境下养护可大大减少混凝土的收缩。采用普通蒸养可减少混凝土的收缩，压蒸养护效果更显著，见图 4-31。

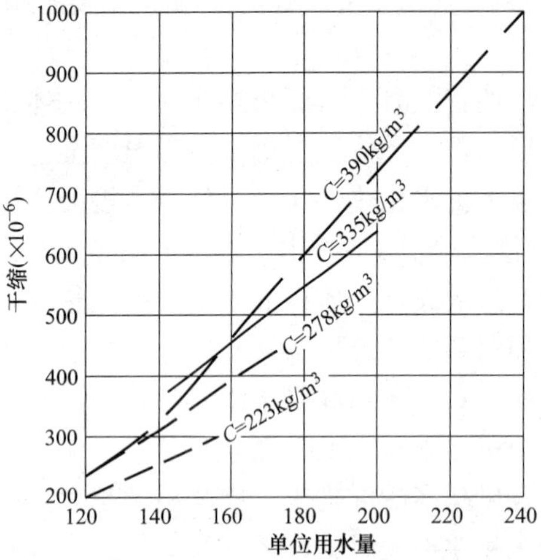

图 4-30　混凝土水泥用量、用水量与干缩关系

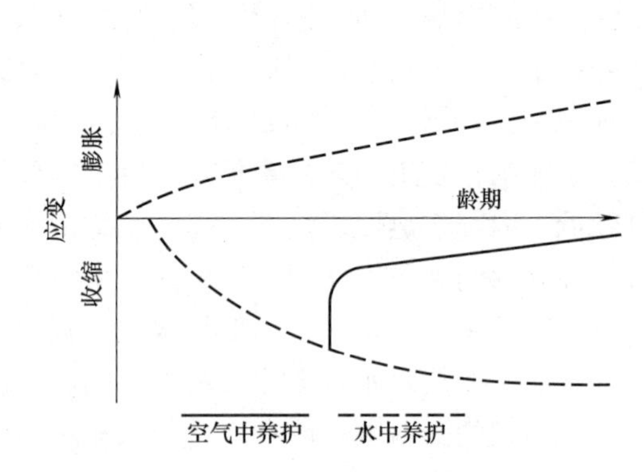

图 4-31　混凝土的胀缩

4. 碳化

由于水泥水化生成氢氧化钙，故混凝土呈碱性。混凝土中的氢氧化钙同二氧化碳反应可生成碳酸钙，所以当混凝土置于空气中或二氧化碳含量多的水中时，其碱性就会渐渐失去。这种混凝土失去碱性的现象称为碳化。研究表明，混凝土中的氢氧化钙碳化后，混凝土有所收缩。

氢氧化钙是溶于水的物质，混凝土与水接触氢氧化钙溶解渗出，特别是在流动水中时，混凝土就会很快碳化。置于混凝土中的钢筋不生锈，其缘由是包裹钢筋的混凝土呈碱性。若混凝土因二氧化碳等作用而碳化，那么钢筋就有锈蚀的危险，钢筋表面覆盖层因钢筋锈蚀引起体积膨胀遭受破坏，从而发生沿钢筋界面出现裂缝以及混凝土保护层剥落等现象，又进一步促使钢筋锈蚀。

防止碳化的方法主要是：①使用对防止碳化较有利的硅酸盐水泥；②使用减水剂，改善混凝土的施工特性，制取密实的混凝土；③使用密实、透气性小的骨料；④采用水灰比小、单位水泥用量大的混凝土配合比；⑤加强养护和浇筑作业，避免出现裂缝、蜂窝、气孔；⑥用抹涂料和水泥砂浆等措施进行表面处理，防止二氧化碳侵入混凝土内部。

5. 受力变形

混凝土在一次短期加载、多次反复加载和荷载长期作用下会产生变形，这类变形称为受力变形。

（1）短期荷载作用下的变形。

① 混凝土的弹塑性变形。混凝土是由砂石骨料、水泥石（水泥石中又存在着凝胶、晶体和未水化的水泥颗粒）、游离水分和气泡组成的不均匀体。它是一种弹塑性体，而不是完全的弹性体。所以在受力时，它既会产生可以恢复的弹性变形，又会产生不可恢复的塑性变形，其应力与应变关系是非线性的，如图 4-32 所示。混凝土的这种非线性应力-应变行为，一般认为主要与其受载时内部微裂缝的演变过程有关。

在静力试验的加荷过程中，若加荷至应力为 σ、应变为 ε 的 A 点，然后将荷载逐渐卸去，则卸荷时的应力-应变曲线如 AC 所示。卸荷后能恢复的应变 $\varepsilon_{弹}$ 是由混凝土的弹性作用引起的，称为弹性应变；剩余的不能恢复的应变 $\varepsilon_{塑}$ 则是由于混凝土的塑性性质引起的称为塑性应变。

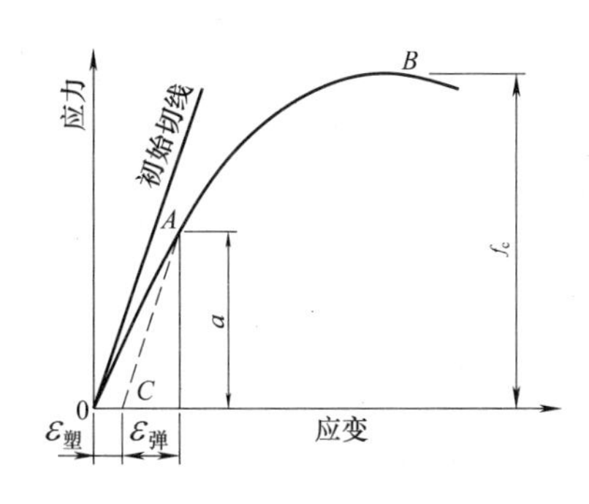

图 4-32 混凝土在压力作用下的应力-应变曲线

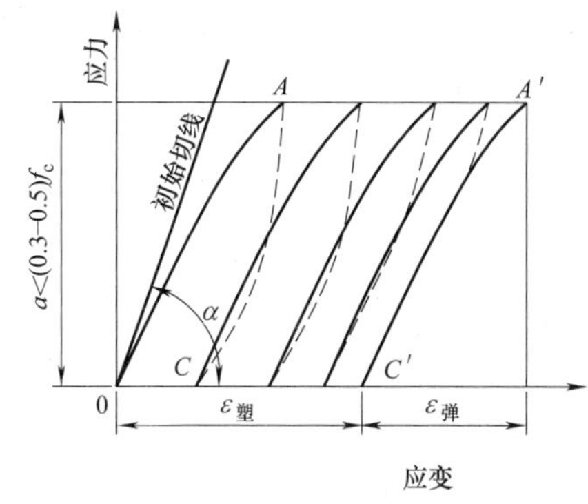

图 4-33 低应力下重复荷载的应力-应变曲线

在重复荷载作用下的应力-应变曲线，因作用力的大小而有不同的形式。当应力小于（0.3～0.5）f_c 时，每次卸荷都残留一部分塑性变形（$\varepsilon_{塑}$），但随着重复次数的增加，$\varepsilon_{塑}$ 的增量逐渐减小，最后曲线稳定于 $A'C''$ 线上。它与初始原点切线大致平行，如图 4-33 所示。若所加应力 σ 在（0.5～0.7）f_c 以上重复时，随着重复次数的增加，塑性应变逐渐增加，将导致混凝土疲劳破坏。

② 混凝土的变形模数。在应力-应变曲线上任一点的应力 σ 与其应变 ε 的比值，叫作混凝土在该项应力下的变形模数。它反映混凝土所受应力与所产生应变之间的关系，适用于计算钢筋混凝土的变形、裂缝开展及大体积混凝土的温度应力。

③ 混凝土的弹性模量。在应力-应变曲线的原点作一切线，其斜率为混凝土的原点模数，称为弹性模量，以 E 表示。

$$E=\tan\alpha \tag{4.2-6}$$

在静力受压弹性模量试验中，使混凝土的应力在 $0.5f_c$ 水平下经过 5～10 次反复加卸荷，最后所得应力-应变曲线与初始切线平行，该直线的斜率即定为混凝土的弹性模量。

按照国家标准《普通混凝土力学性能试验方法》GB/T 50081—2002 规定，采用 150mm×150mm×300mm（或 100mm×100mm×300mm）的混凝土棱柱体试件，0.3～0.5MPa/s 范围的恒加荷速率作纵向加压。加荷时取 40%轴心抗压强度为试验控制应力上限。经三次反复加荷卸荷后，在接着的加荷中测定 0.5MPa 初始应力与控制应力上限之间的应变。最后根据应力差与应变之比计算出混凝土的受压静弹性模量。

混凝土的强度越高，弹性模量越高，两者存在一定的相关性。当混凝土的强度等级由 C15 增高到 C80 时，其弹性模量相应的也会由 2.2×10^4MPa 增至 3.8×10^4MPa。

混凝土的弹性模量随其骨料与水泥石的弹性模量的不同而不同。由于水泥石的弹性模量一般低于骨料的弹性模量，所以混凝土的弹性模量一般略低于其骨料的弹性模量。在材料质量不变的条件下，混凝土的骨料含量较多、水灰比较小、养护较好及龄期较长的混凝土的弹性模量较大。

（2）长期荷载作用下变形-徐变。结构受持续荷载时，随时间的延长而增加的变形称为徐变。混凝土徐变在加荷早期增长较快，然后逐渐减慢，当混凝土卸载后，一部分变形瞬时恢复，还有部分要过段时间才恢复，称为徐变恢复。剩余不可恢复部分，称残余变形。

混凝土的徐变对混凝土及钢筋混凝土结构物的应力和应变状态有很大影响。徐变可能超过弹性变形，甚至达到弹性变形的 2～4 倍。徐变应变一般可达 $3\times10^{-4}\sim15\times10^{-4}$。徐变对混凝土结构和构件的和谐性能有很大的影响。由于混凝土的徐变，会使构件变形增加，在钢筋混凝土截面中引起应力重分布。在某些情况下，徐变有利于削弱由温度、干缩等引起的约束变形，从而防止裂缝的产生。但是在预应力混凝土结构中，徐变将产生应力松弛，会造成预应力损失。

产生徐变的原因，一般认为是由于水泥石凝胶体在长期荷载作用下的黏性流动或滑移，同时吸附在凝胶粒子上的吸附水因荷载应力而向毛细管渗出。

混凝土的徐变与作用力的大小有关。在作用力小于混凝土强度的 35%～40%的情况下，徐变与应力成正比。当作用力超过混凝土的非连续点强度（约为混凝土强度的 40%～70%）时，裂缝开始扩展，徐变性状随着改变，徐变的增加速度增大。当作用力超过混凝土强度的 75%时，就会发生徐变破坏。

影响混凝土徐变的因素有：环境湿度减小，由于混凝土失水会使徐变增加；水灰比越大，混凝土强度越低，则混凝土徐变越大；水泥的用量和品种对徐变也有影响，水泥用量越多，徐变越大，采用强度发展快的水泥则混凝土徐变减小；因骨料的徐变很小，故增大骨料含量会使徐变减小；延迟加荷时间会使混凝土徐变减小。

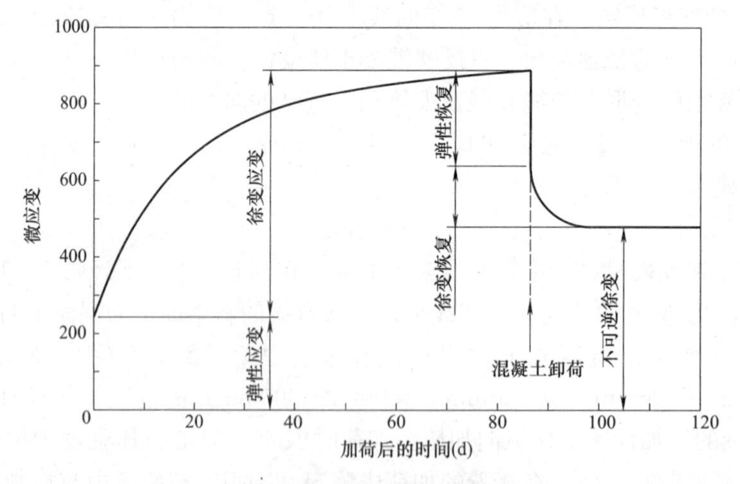

图 4-34 混凝土的徐变

4.2.1.7 混凝土的耐久性

混凝土除应具有设计要求强度，以保证其能安全地承受设计荷载外，还应具有要求的耐久性，即要求混凝土在长期使用环境中保持性能稳定。混凝土抵抗环境介质作用保持其形状、质量和使用性能的能力称为耐久性。混凝土的耐久性对延长结构使用寿命，减少维修保养费用等具有重要意义。

混凝土是通过水泥水化固化胶结砂石骨料而成的气、液、固三相并存的多孔性非匀质材料，它具有一定的渗透性。混凝土的渗透性高低影响液体（或气体）渗入的速率，而有害的液体或气体渗入混凝土内部后，将与混凝土组成成分发生一系列物理化学和力学作用；水还可以把侵蚀产物及时运出混凝土体外，再补充进去侵蚀性离子，从而引起恶性循环；此外，混凝土的饱和水，当混凝土遭受反复冻融的环境作用时，还会引起冻融破坏；水还是碱-骨料反应的众多条件之一。因此，抗渗性是提高和保证耐久性首先要控制的主要性能。

由于引起混凝土性能不稳定的因素很多，混凝土耐久性包含的面也就很广，下面讨论一些常见的耐久性问题。

1. 抗渗性

混凝土的抗渗性表征有三种，即透水性、透气性和抗氯离子渗透性。抗渗性对混凝土的耐久性起着重要作用，因为环境中各种侵蚀介质均要通过渗透才能进入混凝土内部。

混凝土的抗渗性主要与混凝土的密实度和孔隙率及孔隙结构有关，混凝土中相互连通的孔隙越多、孔径越大，则混凝土的抗渗性越差。

混凝土的抗渗性以抗渗等级来表示。采用标准养护28d的标准试件，按规定的方法进行试验，以其所能承受最大水压力（MPa）来计其抗渗等级。如P2、P4、P6、P8、P10、P12等，即分别表示能抵抗0.2MPa、0.4MPa、0.6MPa、0.8MPa、1.0MPa、1.2MPa的水压力而不出现渗透现象。大于或等于P6的混凝土称为抗渗混凝土。

混凝土内部连通的孔隙、毛细孔和混凝土浇筑过程中形成的孔洞、蜂窝等，都会引起混凝土渗水，因此提高混凝土密实度、改变孔隙结构、减少连通孔隙是提高混凝土抗渗性的重要措施。提高混凝土抗渗性的措施有：降低水灰比、采用减水剂、掺加引气剂、掺用粉煤灰或其他活性掺合料、防止离析及泌水的发生、加强养护及防止出现施工缺陷等。

2. 抗冻性

混凝土的抗冻性是指混凝土抵抗冻融循环作用的能力。混凝土的冻融破坏，是指混凝土中的水结冰后体积膨胀、使混凝土产生微细裂缝，反复冻融使裂缝扩展，导致混凝土由表及里剥落破坏的现象。

混凝土的抗冻性以抗冻等级来表示。抗冻等级是以28d的试块的吸水饱和后承受（－15～－20）℃到（15～20）℃反复冻融循环，以同时满足抗压强度下降不超过25%和质量损失不超过5%时所能承受的最大冻融循环次数来确定。混凝土可划分为以下九个抗冻等级：F10、F15、F25、F50、F100、F150、F200、F250和F300，分别表示混凝土能够承受反复冻融循环次数为10、15、25、50、100、150、200、250和300次。

影响混凝土抗冻性的因素有混凝土内部因素和环境外部因素两方面。外部因素包括向混凝土提供水分和冻融条件，气干状态的混凝土较少发生冻融破坏，一直处于冻结状态的混凝土也较少发生冻融破坏；混凝土内部因素包括组成材料性质及含量、养护龄期及掺加的引气剂等。采用质量好的原材料、小水灰比、延长冻结前的养护时间、掺加引气剂、尽量减少施工缺陷等措施可提高混凝土的抗冻性。其中掺加引气剂，可在混凝土中形成均匀分布的不相连微孔，可以缓冲因水冻结而产生的挤压力，对改善混凝土抗冻性有显著效果。

3. 抗侵蚀性

环境介质对混凝土的化学侵蚀有淡水的侵蚀、硫酸盐侵蚀、海水侵蚀、酸碱侵蚀等，其侵蚀机理与水泥石化学侵蚀相同。其中海水的侵蚀除了硫酸盐侵蚀外，还有反复干湿作用、盐分在混凝土内的结晶与聚集、海浪的冲击磨损、海水中氯离子对钢筋的锈蚀作用等，同样会使混凝土受到侵蚀而破坏。

氯离子是一种极强的阳极氧化剂，在水泥浸出液即使 pH 值（13）还较高，只要有 4～6mg/L 的氯离子就足以破坏钢筋钝化膜，使钢筋去钝化，它的发展导致钢筋点蚀，经不断扩大和合拢，形成大面积的锈蚀。

混凝土的抗侵蚀性主要取决于水泥的品种与混凝土的抗渗性。对以上各类侵蚀难以有共同的防止措施。一般是设法提高混凝土的密实度，改善混凝土的孔隙结构，以使环境侵蚀介质不易渗入混凝土内部，或者采用外部保护措施以隔离侵蚀介质不与混凝土相接触。

特殊情况下，混凝土的抗侵蚀性也与所用骨料的性质有关，若环境中含有酸性物质，应采用耐酸性高的骨料（石灰岩、白云岩、花岗岩等）。当工程所处的环境有侵蚀介质时，对混凝土必须提出抗侵蚀性要求。

4. 碳化

混凝土的碳化是指环境中的二氧化碳在有水存在的条件下，与水泥石中的氢氧化钙发生反应，生成碳酸钙和水，使混凝土碱度降低的现象。碳化对混凝土的物理力学性能有明显作用，会使混凝土出现碳化收缩，强度下降，还会使混凝土中的钢筋因失去碱性保护而侵蚀。碳化对混凝土的性能也有有利的影响，如表层混凝土碳化时生成的碳酸钙，可减少水泥石的孔隙、对防止有害介质的侵入具有一定的缓冲作用。

影响混凝土碳化的因素有以下几种：

（1）水泥品种。使用普通水泥要比使用早强硅酸盐水泥碳化要稍快些，而使用掺混合材的水泥则比普通水泥要快。

（2）水灰比。水灰比越低，碳化速度越慢，而当水灰比固定时，碳化深度则会随水泥用量的提高而减小。

（3）环境条件。常置于水中的混凝土，碳化会停止，常处于干燥环境的混凝土，碳化也会停止，相对湿度在 50%～75%时，碳化速度最快。

检查碳化的简易方法是凿下一部分混凝土，除去微粉末，滴以酚酞酒精溶液（浓度为 1%），碳化部分不会变色，而碱性部分则呈红紫色。

为防止钢筋锈蚀，钢筋混凝土结构构件必须设置足够的混凝土保护层。

5. 碱-骨料反应

混凝土中的碱-骨料反应包括碱-硅反应和碱-碳酸盐反应。前者指混凝土中含有活性氧化硅的骨料与所用水泥或其他材料中的碱（氧化钠和氧化钾）发生化学反应，形成复杂的碱-硅酸凝胶，此凝胶吸水膨胀，长期作用下会导致混凝土胀裂。后者是指混凝土中含有的碳酸盐岩石（主要是含有黏土的白云石质石灰石）与所用水泥或其他材料中的碱（氧化钠和氧化钾）发生反应，引起膨胀，长期作用下也会导致混凝土胀裂，严重影响混凝土的耐久性。

碱-骨料反应破坏的特点是，混凝土表面产生网状裂纹，活性骨料周围出现反应环、裂纹及附近孔隙中常含有碱硅酸凝胶等。

碱-骨料反应必须同时具备以下三个条件：

（1）混凝土中必须有相当数量的碱。水泥中的碱含量一般按 Na_2O 当量计算 $Na_2O+0.658K_2O$，当其含量大于水泥用量 0.60%的水泥称为高碱水泥。

（2）混凝土中必须有相当数量的碱活性骨料。属于活性氧化硅的矿物有蛋白石玉髓、鳞石英等，这些矿物常存在于流纹岩、安山岩、凝灰岩等天然岩石中。

（3）有水存在或潮湿环境中。只有在空气湿度大于80%，或直接接触水的环境，碱-骨料的破坏作用才会发生。

碱骨料反应的速度极慢，其危害需数年或十数年时间，甚至更长时间才逐渐表现出来。防范碱-骨料反应的措施主要是：

（1）尽量采用非活性骨料。

（2）当骨料被认为有潜在碱-骨料反应危害而非用不可时，则应严格控制混凝土中的碱含量，使用碱含量小于0.60%的水泥，外加剂带入混凝土中的碱含量不宜超过1.0kg/m³，并应控制混凝土中最大碱含量不超过3.0kg/m³。

（3）掺加磨细的活性矿物掺合料。利用活性矿物掺合料，特别是硅灰与火山灰质混合材料可以吸收和消耗水泥中的碱，使碱-骨料反应的产物均匀分布于混凝土中，而不致集中于骨料的周围，以降低膨胀应力。

（4）掺加引气剂或引气减水剂。这类材料可以在混凝土内产生微小气泡，使碱-骨料反应的产物能分散嵌入到这些微小的气泡内，以降低膨胀应力。

6. 提高混凝土耐久性的主要措施

以上所述，影响混凝土耐久性的各项指标虽不相同，但对提高混凝土耐久性的措施来说，却有很多共同之处。混凝土的耐久性主要取决于组成材料的品种与质量，混凝土本身的密实度、施工质量、孔隙率和孔隙特征等，其中最关键的是混凝土的密实度。常用提高混凝土耐久性的措施主要有以下几个方面：

（1）合理选择水泥品种和水泥强度等级。

水泥品种的选择应与工程结构所处环境条件相适应，尽量避免使用早强型水泥。根据使用环境条件，掺加适量的活性矿物掺合料。

（2）控制混凝土的最大水胶比及最小水泥用量

在一定的工艺条件下，混凝土的密实度与水胶比有直接关系，与水泥用量有间接关系。所以混凝土中的水泥用量和水胶比，不能仅满足于混凝土对强度的要求，还必须满足混凝土耐久性要求。JGJ 55—2011对建筑工程所用混凝土的最大水胶比和最小水泥用量做了规定，如表4-49所示，JTG/T F50—2011对公路桥涵所用混凝土的最大水胶比和最小胶凝材料用量做了规定，如表4-50所示。

普通混凝土的最大水胶比和最小水泥用量 JGJ 55—2011　　**表4-49**

环境条件		结构物类型	最大水胶比			最小水泥用量(kg/m³)		
			素混凝土	钢筋混凝土	预应力混凝土	素混凝土	钢筋混凝土	预应力混凝土
干燥环境		正常的居住或办公用房屋内部件	不作规定	0.65	0.60	200	260	300
潮湿环境	无冻害	a. 高湿度的室内部件 b. 室外部件 c. 在非侵蚀土和(或)水中的部件	0.70	0.60	0.60	225	280	300
	有冻害	a. 以经受冻害的室外部件 b. 在非侵蚀土和(或)水中且经受冻害的部件 c. 高湿度且经受冻害的室内部件	0.55	0.55	0.55	250	280	300

续表

环境条件	结构物类型	最大水胶比			最小水泥用量(kg/m³)		
		素混凝土	钢筋混凝土	预应力混凝土	素混凝土	钢筋混凝土	预应力混凝土
有冻害和除冰剂的潮湿环境	经受冻害和除冰剂作用的室内和室外部件	0.50	0.50	0.50	300	300	300

注：1. 当用活性掺合料取代部分水泥时，表中的最大水胶比及最小水泥用量即为替代前的水胶比和水泥用量。
2. 配制C15级及其以下等级的混凝土，可以不受表中规定限制。

公路桥涵混凝土的最大水胶比和最小胶凝材料用量（JTG/T F50—2011）　表4-50

混凝土所处环境	最大水胶比		最小胶凝材料用量(kg/m³)	
	无筋混凝土	钢筋混凝土	无筋混凝土	钢筋混凝土
温暖地区或寒冷地区，无侵蚀物质影响，与土直接接触	0.60	0.55	250	275
严寒地区或使用除冰盐的桥涵	0.55	0.50	275	300
受侵蚀性物质影响	0.45	0.40	400	325

注：1. 最大胶凝材料用量不宜超过500kg/m³，大体积混凝土不宜超过350kg/m³。
2. 严寒地区指最冷月平均气温≤－10℃，且日平均气温≤5℃的天数≥145d。

（3）选用好的砂、石骨料。

质量良好、技术条件合格的砂、石骨料，是保证混凝土耐久性的重要条件。改善粗、细骨料的级配，在允许的最大粒径范围内，尽量选用较大粒径的粗骨料，可以减少骨料的空隙率和总表面积，节约水泥，提高混凝土的密实度和耐久性。

（4）掺入引气剂或减水刘，提高混凝土的抗冻性、抗渗性。

（5）改善混凝土的施工、成型操作方法，搅拌均匀、振捣密实、加强养护等。

4.2.2　普通混凝土配合比设计

混凝土配合比设计是根据所选择的原料决定其合理且经济的定量比例，以满足技术经济要求，保证获得与工艺条件相适应的混凝土拌合物和易性（工作性），并在硬化以后达到设计的性能要求。

确定混凝土中各组成材料数量之间的比例关系，常用的表示方法有两种：一种是以每1m³混凝土中各项材料的质量表示，如水泥300kg、水180kg、砂720kg、石1200kg，每立方米混凝土总质量为2400kg；另一种表示方法是以各项材料相互间的质量比来表示(以水泥质量为1)，将上例换算成质量比，水泥：砂：石等于是1：2.4：4，水胶比为0.6。

4.2.2.1　凝土配合比设计的基本要点

确定配合比的工作称为配合比设计。配合比设计优劣直接影响到新拌混凝土的各项和易性能及硬化后混凝土的强度和抗渗、抗冻等各项耐久性能。

1. 混凝土配合比设计的基本要求

（1）硬化后混凝土的强度要求，满足混凝土强度等级。

（2）满足施工要求的混凝土拌合物的和易性。

（3）满足环境和使用要求的混凝土耐久性（抗渗性、抗冻性、抗侵蚀性等）。

（4）在满足上述要求的前提下合理使用材料、降低成本。

2. 混凝土配合比设计的任务

混凝土配合比设计的基本原理是建立在混凝土和混凝土拌合物的性能变化规律基础上的。通过计算确定单方混凝土中各组成材料的用量，确定水泥、水、砂和石这四项基本组成材料用量之间的比例关系——水胶比、砂率、用水量。

（1）水与水泥之间的比例关系，常用水胶比表示。

（2）砂与石子之间的比例关系，常用砂率表示。

（3）水泥浆与骨料之间的比例关系，常用单位用水量来反映。

水胶比、砂率、单位用水量是混凝土配合比的三个重要参数，因为这三个参数与混凝土的各项性能之间有着密切关系。在组成材料一定的情况下，其中水胶比对混凝土的性能起关键性作用；在水胶比一定的条件下，单位用水量是控制混凝土拌合物流动性的主要因素；砂率对混凝土拌合物和易性，特别是其中的黏聚性和保水性有很大影响。

3. 混凝土配合比设计的骨料基准

计算时，以干燥状态时骨料的质量为基准。所谓干燥状态，指细骨料含水率小于0.5%，粗骨料含水率小于0.2%。如需以饱和面干骨料为基准进行计算时，则应作相应的修改。

4.2.2.2 普通混凝土配合比设计的步骤（图4-35）

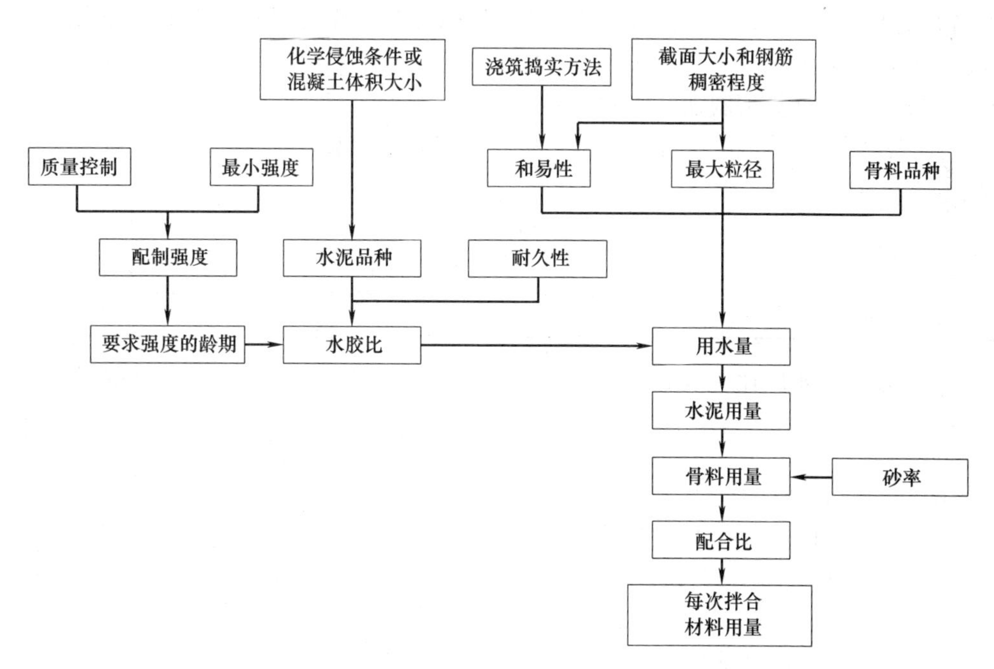

图4-35 普通混凝土配合比影响因素和设计步骤

进行配合比设计时，首先要正确选定原材料品种、检验原材料质量，然后按照混凝土技术要求进行初步计算，得出“计算配合比”；经试验室试拌调整，得出“基准配合比”；经强度复核（如有其他性能要求，则须作相应的检验项目）定出“试验室配合比”；最后以现场原材料实际情况（如砂、石含水等）修正“试验室配合比”，从而得出“施工配合比”。

1. 计算配合比的确定

混凝土配合比按下列步骤进行计算：①计算配制强度并求出相应的水胶比。②选取每立方米混凝土的用水量，并计算出每立方米混凝土的胶凝材料（水泥+渗合料）用量。③

选取砂率，计算石子的用量，并提出供试配用的计算配合比。

（1）确定配制强度 $f_{cu,0}$。为了使混凝土的强度具有要求的保证率，在设计混凝土配合比时，必须使混凝土的配制强度高于所设计的强度等级值。当混凝土强度保证率要求达到95%时，配制强度可按式（4.2-7）计算：

$$f_{cu,0}=f_{cu,k}+1.645\sigma \tag{4.2-7}$$

式中　$f_{cu,k}$——混凝土立方体抗压强度标准值，MPa；

σ——混凝土强度标准差，MPa。

σ 采用至少 25 组试件的标准差值。如具有 25 组以上混凝土试配强度的统计资料时，可按下式求得：

$$\sigma=\sqrt{\frac{\sum_{i=1}^{n}f_i^2-n\overline{f}_n^2}{n-1}} \tag{4.2-8}$$

式中　n——同一品种混凝土试件的组数；

f_i——第 i 组试件的强度值，MPa；

$\overline{f}_n$——n 组强度平均值，MPa。

当混凝土强度等级为 C20、C25 级，其强度标准差计算值小于 2.5MPa 时，计算配制强度用的标准差应取不小于 2.5MPa；当强度等级等于或大于 C30 级，强度标准差计算值小于 3.0MPa 时，计算配制强度用的标准差应取不小于 3.0MPa。

当无统计资料计算混凝土强度标准差时，其值应按国家标准《混凝土结构工程施工验收规范》GB 50204 的规定按表 4-51 取用。

σ 取值表　　**表 4-51**

混凝土强度等级	低于 C20	C20～C30	高于 C30
σ(MPa)	4.0	5.0	6.0

（2）初步确定水胶比。混凝土强度等级小于 C60 级时，混凝土水胶比宜按下式计算：

$$W/B=\frac{\alpha_a f_b}{f_{cu,0}+\alpha_a\alpha_b f_b} \tag{4.2-9}$$

式中　W/B——混凝土水胶比；

α_a、α_b——回归系数。应根据工程所使用的水泥、骨料，通过试验，由建立的水胶比与混凝土强度关系式确定；当不具备上述试验统计资料时，按表 4-52 选用；

$f_{cu,0}$——混凝土配制强度；

f_b——胶凝材料 28d 胶砂抗压强度，可实测。当无实测值时，公式中的 f_b 值可按 $f_b=\gamma_f\gamma_s f_{ce}$ 确定；

γ_f、γ_s——粉煤砂影响系数和粒化高炉矿渣粉影响系数，可按表 4-53 取用；

f_{ce}——胶凝材料 28d 胶砂抗压强度，f_{ce} 值可实测，当无实测值时，可按 $f_{ce}=\gamma_c f_{ce,g}$ 确定；

$f_{ce,g}$——水泥强度等级值；

γ_c——水泥强度等级的富余系数，可按实际统计资料，当缺乏实际统计资料时，也可按表 4-54 选用。

α_a、α_b 取值表　　表 4-52

系　数	碎　石	卵　石
α_a	0.53	0.49
α_b	0.20	0.13

γ_f、γ_s 选用表　　表 4-53

掺量(%)	粉煤灰影响系数	粒化高炉矿渣粉影响系数
0	1.00	1.00
10	0.85～0.95	1.00
20	0.75～0.85	0.95～1.00
30	0.65～0.75	0.90～1.00
40	0.55～0.65	0.80～0.90
50	—	0.70～0.85

注：1. 采用Ⅰ级、Ⅱ级粉煤灰宜取上限值；
2. 采用S75粒化高炉矿渣粉宜取下限值；采用S85粒化高炉矿渣粉宜取上限值；采用S105粒化高炉矿渣粉可取上限值+0.05；
3. 当超出表中掺量时，粉煤灰和粒化高炉矿渣粉影响系数应经试验确定。

γ_c 选用表　　表 4-54

水泥强度等级值	32.5	42.5	52.5
富余系数	1.12	1.16	1.10

为了保证混凝土必要的耐久性，水胶比还不得大于表 4-49 中规定的最大水胶比值，若计算所得的水胶比大于规定的最大水胶比值，应取规定的最大水胶比值。

(3) 选用每立方米混凝土的用水量

① 干硬性和塑性混凝土用水量的确定

a. 首先根据施工条件按表 4-55 选用适宜的坍落度。

b. 水胶比在 0.40～0.80 时，根据所要求的混凝土坍落度值及骨料种类、粒径，按表 4-56 选定每立方米混凝土用水量。

混凝土浇筑时的坍落度　　表 4-55

结构种类	坍落度(mm)
基础或地面等的垫层、无配筋的大体积结构(挡土墙、基础等)或配筋稀疏的结构	10～30
板、梁和大型及中型截面的柱子等	30～50
配筋密列的结构(薄壁、斗仓、筒仓、细柱等)	50～70
配筋特密的结构	70～90

注：1. 本表系采用机械振捣混凝土时的坍落度，当采用人工捣实混凝土时其值可适当增大。
2. 当需要配制大坍落度混凝土时应用外加剂。
3. 曲面或斜面结构混凝土的坍落度应根据实际需要另行选定。
4. 泵送混凝土的坍落度一般不宜低于 100mm。

② 大流动性混凝土的用水量宜以表 4-56 中坍落度 90mm 的用水量为基础，按坍落度每增大 20mm 用水量增加 5kg 计算出未掺外加剂时的混凝土的用水量。

③ 掺外加剂时的混凝土用水量可按下式计算：

混凝土单位用水量选用表 表 4-56

项目	指标	卵石最大粒径(mm)				碎石最大粒径(mm)			
		10	20	31.5	40	16	20	31.5	40
坍落度(mm)	10～30	190	170	160	150	200	185	175	165
	35～50	200	180	170	160	210	195	185	175
	55～70	210	190	180	170	220	205	195	185
	75～90	215	195	185	175	230	215	205	195
维勃稠度(s)	16～20	175	160		145	180	170		155
	11～15	180	165		150	185	175		160
	5～10	185	170		155	190	180		165

注：1. 本表用水量采用中砂时的平均取值。采用细砂时每立方米混凝土用水可增加 5～10kg；采用粗砂时则可减少 5～10kg。
2. 掺用各种外加剂或掺合料时，用水量应相应调整。
3. 水胶比小于 0.40 的混凝土以及采用特殊成形工艺的混凝土用水量应通过试验确定。

$$m_{wa}=m_{w0}(1-\beta) \quad (4.2\text{-}10)$$

式中 m_{wa}——每立方米掺外加剂混凝土的用水量，kg；

m_{w0}——每立方米未掺外加剂混凝土的用水量，kg；

β——外加剂的减水率，%。

(4) 计算混凝土的单位水泥用量（m_{c0}）。根据已选定的每立方米混凝土用水量和得出的水灰比（W/C）值，可求出水泥用量（m_{c0}）：

$$m_{c0}=\frac{m_{w0}}{W/C} \quad (4.2\text{-}11)$$

为保证混凝土的耐久性，由上式计算得出的水泥用量，还要满足表 4-49 中规定的最小水泥用量的要求，如计算得出的水泥用量小于规定的最小水泥用量，则应取规定的最小水泥用量。

(5) 选用合理的砂率值（β_s）。砂率值主要应根据混凝土拌合物的坍落度、黏聚性及保水性等要求来确定，一般应通过试验找出合理砂率。如无历史资料可参考时，坍落度为 10～60mm 的混凝土砂率，可按骨料种类、粒径及水灰比，参照表 4-57 确定。

坍落度大于 60mm 的砂率，可经试验确定，也可在表 4-57 的基础上，按坍落度每增加 20mm，砂率增大 1%的幅度予以调整。

坍落度小于 10mm 的混凝土，其砂率应经试验确定。

混凝土的砂率 表 4-57

水胶比(W/B)	卵石最大粒径(mm)			碎石最大粒径(mm)		
	10	20	40	16	20	40
0.4	26～32	25～31	24～30	30～35	29～34	27～32
0.5	30～35	29～34	28～33	33～38	32～37	30～35
0.6	33～38	32～37	31～36	36～41	35～40	33～38
0.7	36～41	35～40	34～39	39～44	38～43	36～41

注：1. 本表数值系中砂的选用砂率，对细砂或粗砂，可相应地减少或增大砂率。
2. 只用一个单粒级粗骨料配制混凝土时，砂率应适当增大。
3. 对薄壁构件，砂率取偏大值。
4. 本表中的砂率系指砂与骨料总量的质量比。

另外砂率也可根据以砂填充石子空隙并稍有富余，以拨开石子的原则来确定，根据此原则可列出砂率计算公式如下：

$$\beta_s=\frac{m_{s0}}{m_{s0}+m_{g0}} \tag{4.2-12}$$

$$v_{0s}=v_{0g}P' \tag{4.2-13}$$

$$\beta_s=\lambda\frac{m_{s0}}{m_{s0}+m_{g0}}=\lambda\frac{\rho'_{0s}v_{0s}}{\rho'_{0s}v_{0s}+\rho'_{0g}v_{0g}}=\lambda\frac{\rho'_{0s}v_{0g}P'}{\rho'_{0s}v_{0g}P'+\rho'_{0g}v_{0g}}=\lambda\frac{\rho'_{0s}P'}{\rho'_{0s}P'+\rho'_{0g}} \tag{4.2-14}$$

式中　β_s——砂率，%；

m_{s0}、m_{g0}——分别为每立方米混凝土砂及石子用量，kg；

v_{0s}、v_{0g}——分别为每立方米混凝土中砂及石子的松散体积，m^3；

ρ'_{0s}、ρ'_{0g}——分别为砂和石子的堆积密度，kg/m^3；

P'——石子空隙率，%；

λ——砂剩余系数，又称拨开系数，一般取1.1～1.4。

(6) 计算砂、石子的用量（m_{s0}、m_{g0}）。计算砂、石子用量的方法有质量法和体积法两种。当采用质量法时，应按式（4.2-15）计算：

$$m_{c0}+m_{s0}+m_{g0}+m_{w0}=m_{cp} \tag{4.2-15}$$

式中　m_{c0}——每立方米混凝土的水泥用量，kg；

m_{w0}——每立方米混凝土的用水量，kg；

m_{cp}——每立方米混凝土拌合物的假定质量，kg/m^3，可根据骨料的表观密度、粒径及混凝土强度等级，在2350～2450kg/m^3范围内选定。

采用体积法时，按式（4.2-16）计算：

$$\frac{m_{c0}}{\rho_c}+\frac{m_{s0}}{\rho_s}+\frac{m_{g0}}{\rho_g}+\frac{m_{w0}}{\rho_w}+0.01\alpha=1 \tag{4.2-16}$$

式中　ρ_c——水泥密度，kg/m^3；

ρ_s、ρ_g——分别为砂、石的表观密度，kg/m^3；

α——混凝土的含气量百分数，在不使用引气型外加剂时，α可取为1。

2. 基准配合比的确定

通过以上计算得到的每立方米混凝土各材料的用量，即为计算配合比。因为此配合比是利用经验公式和数据计算获得的，实际工程中材料的情况是变化的，所以须对此进行试配加以调整。

按计算配合比进行试拌，检查该混凝土拌合物的和易性是否符合要求。如果坍落度不符合要求，可以保持水灰比不变，增加适量的水泥浆，并相应减少砂石用量。对于普通混凝土，增加10mm坍落度，约需增加水泥浆2%～5%。若坍落度大于要求，并且拌合物黏聚性不足时，可减少水泥浆用量，并保持砂石总重不变，适当增加砂率（增加砂用量同时，相应地减少石子用量，以保持砂石总质量不变），重新进行试拌，直到和易性满足要求为止。调整和易性后提出的配合比，即是可供混凝土强度试验用的基准配合比。

3. 实验室配合比的确定

由基准配合比配制的混凝土虽满足了和易性要求，但是否满足强度要求尚未可知。检验混凝土强度时采用三个不同的配合比，除基准配合比外，其他两个配合比的水胶比应较基准配合比相应增加和减少0.05，其用水量与基准配合比相同，但砂率可分别增加或减少

1%。制作混凝土强度试件时，应检验相应配合比的拌合物性能，每种配合比至少按标准方法制作一组（三块）试件，标准养护28d试压。有条件可同时制作几组试块，供快速检验或早龄期时试压，以便提前制定出混凝土的配合比供使用。但必须以标准养护28d的检验结果为准调整配合比。然后通过将所测混凝土强度与相应的灰水比作图或计算，求出混凝土配制强度（$f_{cu,0}$）相对应的灰水比。最后按以下法则确定每立方米各材料用量。

用水量（m_w）在基准配合比用水量的基础上，根据制作强度试件时测得的坍落度或维勃稠度加以适当调整；

水泥用量（m_c）取用水量乘以选定的灰水比计算确定；

砂、石（m_s、m_g）取基准配合比的砂、石用量，按选定的水灰比值作适当调整后确定。

经调整后得到的配合比，还应根据实测的混凝土拌合物的表观密度（$\rho_{c,t}$）再作必要的校正，以确定每立方米混凝土拌合物的各种材料用量。为此，按式（4.2-17）计算出混凝土拌合物的计算表观密度（$\rho_{c,c}$）。

$$\rho_{c,c}=m_c+m_s+m_g+m_w \tag{4.2-17}$$

再计算出调整系数δ：

$$\delta=\frac{\rho_{c,t}}{\rho_{c,c}} \tag{4.2-18}$$

当混凝土表观密度实测值与计算值之差的绝对值不超过计算值的2%时，则按上述方法计算确定的配合比为确定的设计配合比，当二者之差超过2%时，应将配合比中每项材料用量均乘以系数δ值，即为确定的设计配合比。

最后按式（4.2-19）计算出试验室配合比：

$$\left.\begin{aligned}m_{cs,k}&=m_c\delta\\m_{ws,k}&=m_w\delta\\m_{ss,k}&=m_s\delta\\m_{gs,k}&=m_g\delta\end{aligned}\right\} \tag{4.2-19}$$

4. 混凝土的施工配合比

试验室得出的配合比是以干燥材料为准的，而实际施工工地存放的砂石材料含有一定的水分并且含水率是经常变化的。应随时根据现场砂石的含水情况进行修正，修正后的配合比称为施工配合比。

设工地测出砂的含水率为a、石子的含水率为b，则上述实验室配合比修正为施工配合比为：

$$\left.\begin{aligned}m'_c&=m_c\\m'_s&=m_s(1+a)\\m'_g&=m_g(1+b)\\m'_w&=m_w-m_sa-m_g\mathrm{b}\end{aligned}\right\} \tag{4.2-20}$$

4.2.2.3　掺减水剂混凝土配合比设计

在混凝土中掺入减水剂，一般从以下几方面考虑。改善混凝土拌合物的和易性；提高混凝土的强度；节省水泥。无论何种考虑，掺减水剂混凝土配合比均是以基准混凝土（此处指未掺减水剂的水泥混凝土）配合比为基础，进行必要的计算调整。基准混凝土的配合比设计计算方法与普通混凝土配合比设计方法相同。以下简述有关计算调整的方法。

（1）当掺入减水剂只为了改善混凝土拌合物的和易性时，混凝土中各材料用量与基准混凝土相同，为使拌合物黏聚性和保水性良好，应适当增大砂率，根据改变后的砂率，重新计算出粗、细骨料的用量。再经过试配和调整（其过程参照普通混凝土配合比设计）确定出设计配合比。

（2）当掺入减水剂是为提高混凝土强度时，设基准混凝土的配合比中各种材料用量：水泥（m_{c0}）、水（m_{w0}）、砂（m_{s0}）、石（m_{g0}）。其中砂率为 β_s，混凝土计算表观密度（$\rho_{c,c}$）。

减水剂的减水率 a、掺量 b。

则：水泥用量 $m_c=m_{c0}$；

用水量 $m_w=m_{w0}(1-a)$；

减水剂用量为 $m_c b$

砂率适当减小，确定为 β'_s；

砂、石总量 $m_s+m_g=\rho_{cc}-m_c-m_w$；

砂用量 $m_s=(\rho_{cc}-m_c-m_w)\beta'_s$；

石用量 $m_g=(\rho_{cc}-m_c-m_w)(1-\beta'_s)$。

以上通过计算得出的掺减水剂混凝土配合比，再经试配与调整（试配调整过程与普通混凝土相同），调整后的配合比为设计配合比。

（3）当掺入减水剂主要为节约水泥时，设基准混凝土配合比中各材料用量，水泥（m_{c0}）、水（m_{w0}）、砂（m_{s0}）、石（m_{g0}）、砂率（β_s）。混凝土计算表观密度（$\rho_{c,c}$）

水灰比（W/C）：为维持与基准混凝土强度相等，故 $W/C=m_{w0}/m_{c0}$；

用水量 $m_w=m_{w0}(1-a)$；

水泥用量 $m_c=\dfrac{m_w}{m_{w0}/m_{c0}}$；

砂、石总量 $m_s+m_g=\rho_{cc}-m_c-m_w$；

砂用量 $m_s=(\rho_{cc}-m_c-m_w)\beta'_s$；

石用量 $m_g=(\rho_{cc}-m_c-m_w)(1-\beta'_s)$。

同样，以上算出的配合比需经试配调整（试配调整过程与普通混凝土相同），调整后的配合比为设计配合比。

4.2.2.4 泵送混凝土配合比设计

泵送混凝土配合比除必须满足混凝土设计强度和耐久性要求外，还需满足可泵送性要求。泵送混凝土除按普通混凝土配合比设计和计算与试配规定进行外，还应符合以下规定：

（1）泵送混凝土的用水量与水泥和矿物掺合料的总量之比不宜大于 0.60。

（2）泵送混凝土的水泥和矿物掺合料的总量不宜小于 300kg/m^3。

（3）泵送混凝土的砂率宜为 35%～45%。

（4）掺用引气型外加剂时，其混凝土含气不宜大于 4%。

（5）泵送混凝土所采用的原材料应符合下列规定。

① 泵送混凝土应选用硅酸盐水泥、普通水泥、矿渣水泥，不宜采用火山灰水泥。

② 石子宜采用连续级配，其针片状颗粒不宜大于10%；石子的最大粒径与输送管径之比宜符合表4-58的规定。

石子最大粒径选取表　　　　**表4-58**

石子品种	泵送高度(m)	石子最大粒径与输送管径比
碎石	<50	≤1∶3.0
	50～100	≤1∶4.0
	>100	≤1∶5.0
卵石	<50	≤1∶2.5
	50～100	≤1∶3.0
	>100	≤1∶4.0

③ 泵送混凝土宜采用中砂，其通过0.315mm筛孔的颗粒含量不应少于15%。

④ 泵送混凝土应掺用泵送剂或减水剂，并宜掺用粉煤灰或其他活性矿物掺合料，其质量应符合国家现行有关标准的规定。

⑤ 泵送混凝土试配时要求的坍落度值应按式（4.2-21）计算：

$$T_t = T_p + \Delta T \quad (4.2\text{-}21)$$

式中　T_t——试配时要求的坍落度值；

T_p——入泵时要求的坍落度值；

ΔT——试验测得在预计时间内的坍落度经时损失值。

4.3　其他种类混凝土

4.3.1　轻混凝土

凡干表观密度小于1950kg/m^{3}的混凝土称为轻混凝土。轻混凝土因原材料与制造方法不同可分为轻骨料混凝土、多孔混凝土和无砂大孔混凝土。

4.3.1.1　轻骨料混凝土

凡是用轻粗骨料、轻细骨料（或普通砂）和水泥配制而成的混凝土，称为轻骨料混凝土。轻骨料混凝土具有轻质、保温和耐火特点，变形性能良好，弹性模量较低，在一般情况下收缩和徐变也较大。

轻骨料混凝土按细骨料种类又分为：全轻混凝土（粗、细骨料均为轻骨料）和砂轻混凝土（细骨料全部或部分为普通砂）。轻骨料混凝在组成材料上与普通混凝土的区别在于，其所用骨料孔隙率高，表观密度小，吸水率大，强度低。

轻骨料的来源有以下几个方面：

（1）天然多孔岩石加工而成的天然轻骨料，如浮石、火山渣等。

（2）以地方材料为原料加工而成的人造轻骨料，如页岩陶粒、膨胀珍珠岩等。

（3）以工业废渣为原料加工而成的工业废渣轻骨料，如粉煤灰陶粒、膨胀矿渣等。

轻骨料混凝土与普通混凝土相比较，有如下特点：表观密度较小；强度等级范围（LC5.0～LC50）稍低；弹性模量较小，收缩、徐变较大；热膨胀系数较小；抗渗、抗冻和耐火性能良好；保温性能优良。

轻骨料混凝土可用于保温、结构保温和结构三方面，见表4-59。

轻骨料混凝土用途 **表4-59**

混凝土名称	强度等级合理范围	密度等级合理范围(kg/m^3)	用途
保温轻骨料混凝土	≤LC5.0	<800	主要用于保温的围护结构或热工构筑物
结构保温轻骨料混凝土	LC5.0～LC15	800～1400	主要用于既承重又保温的围护结构
结构轻骨料混凝土	LC15～LC50	1400～1900	主要用作承重构件或构筑物

轻骨料混凝土按其表观密度分为12个等级，列于表4-60。

轻骨料混凝土的密度等级 **表4-60**

密度等级	干表观密度的变化范围(kg/m^3)	密度等级	干表观密度的变化范围(kg/m^3)
800	760～850	1400	1360～1450
900	860～950	1500	1460～1550
1000	960～1050	1600	1560～1650
1100	1060～1150	1700	1660～1750
1200	1160～1250	1800	1760～1850
1300	1260～1350	1900	1860～1950

4.3.1.2 多孔混凝土

凡是含有大量气孔、不含骨料的硅酸盐混凝土为多孔混凝土。根据孔的生成方式可分两种，一种是化学反应加气法，为加气混凝土；另一种是泡沫剂混合法，为泡沫混凝土。

多孔混凝土的特点是质轻、导热系数低、可加工性好（可刨、可锯、可钉、可钻、可粘结）。

（1）加气混凝土。加气混凝土是用含钙材料（水泥、石灰）、含硅材料（石英砂、矿渣、粉煤灰等）和发气剂（铝粉）为原料，经磨细、配料、搅拌、浇筑、发泡、静停、切割和压蒸养护工序生产而成。一般预制成砌块或条板等制品。

加气混凝土的表观密度为300～1200kg/m^3，抗压强度为0.5～7.5MPa，导热系数为0.081～0.29W（m·K）。

加气混凝土孔隙率大，吸水率高，强度较低，便于加工，保温性较好，常用作屋面材料和墙体的砌筑材料。

（2）泡沫混凝土。泡沫混凝土是由水泥浆和泡沫剂为主要原材料制成的一种多孔混凝土。其表观密度为300～500kg/m^3，抗压强度为0.5～0.7MPa，在性能和应用方面与相同表观密度的加气混凝土大体相同，还可现场直接用于屋面保温层。

4.3.1.3 无砂大孔混凝土

无砂大孔混凝土是由水泥、粗骨料和水拌制而成的一种不含砂的轻混凝土。由于其不含细骨料，仅有水泥浆把粗骨料胶结在一起，所以是一种大孔混凝土。根据无砂大孔混凝土所用骨料品种的不同，可将其分为普通骨料制成的普通大孔混凝土和轻骨料制成的轻骨料大孔混凝土。

普通大孔混凝土的表观密度 1500～1900kg/m³，抗压强度为 3.5～10.0MPa。而轻骨料大孔混凝土表观密度为 500～1500kg/m³，抗压强度为 1.5～7.5MPa。

大孔混凝土的导热系数小，保温性能好，吸湿性小。收缩比普通混凝土小 20%～50%，抗冻性可达 15～20 次冻融循环。适宜用作墙体材料。

4.3.2　纤维增强混凝土

纤维增强混凝土是一种用短纤维掺入混凝土中复合材料，纤维在混凝土中起着增强作用。分散的短纤维的增强效果较连续的长纤维差。但由于使用连续纤维在施工上的困难，因此，在纤维增强混凝土中一般采用短纤维。

常用的纤维有钢纤维、玻璃纤维、合成纤维和天然纤维材料等。表 4-61 列出一些纤维的性能。

各种纤维的物理力学性能　　表 4-61

纤维种类	抗拉强度(MPa)	弹性模量(MPa)	延伸率(%)	密度(g/cm³)
钢纤维	280～420	2.0×10^5	5～35	7.8
玻璃纤维	110～350	7.0×10^4	1.5～5.0	2.5
岩石纤维	49～77	$(7.0\sim12)\times10^4$	～0.6	2.7
丙烯酸类	21～42	2.1×10^3	25～45	1.1
尼龙(高韧性)	77～84	4.2×10^3	16～20	1.1
聚酯(高韧性)	74～88	8.4×10^3	11～13	1.4
聚乙烯纤维	70	$(1.4\sim4.2)\times10^2$	～10	0.95
聚丙烯纤维	56～77	3.5×10^3	～25	0.90
石棉纤维	56～98	$(8.4\sim14)\times10^4$	～0.6	3.2
棉纤维	42～70	4.9×10^3	3～10	1.5
碳纤维	98～350	$(1.8\sim4.6)\times10^5$	0.42～1.0	1.4～2.0

在普通混凝土中掺入碳纤维、钢纤维、有机纤维等纤维，可提高混凝土的抗拉、韧性、抗裂、抗疲劳等性能。普通混凝土在受荷载之前内部已有大量微裂缝，在不断增加的外力作用下，这些微裂缝会逐渐扩展，并最终形成宏观裂缝，导致材料破坏。当普通混凝土中加入适量的纤维之后，纤维对微裂缝的扩展起阻止和抑制作用，材料的行为将会发生变化。在水泥基材料中应用的纤维按其材料性质可分为：金属纤维（钢纤维和不锈钢纤维）、无机纤维和有机纤维。按纤维的弹性模量可分为高弹模纤维和低弹模纤维。

为了提高纤维和混凝土的粘结力，还制成各种形状的钢纤维。普通玻璃纤维的主要缺点是不耐碱，为了克服这个缺点，可以提高玻璃成分中的锆、钛含量制作抗碱玻璃纤维；或在玻璃纤维表面涂以树脂等被覆材料；采用低碱水泥，如铝酸盐水泥等。合成纤维的弹性模量低。尼龙、聚丙烯和聚乙烯等纤维在混凝土中不受化学侵蚀。棉、酯烯酸类和聚酯等纤维则不耐碱，不宜用来增强硅酸盐水泥混凝土。

4.3.2.1　高弹模纤维增强混凝土

高弹模纤维如钢纤维、碳纤维等的作用在于提高混凝土强度（特别是抗拉强度）、最大拉伸和弯曲破坏应变、断裂韧性、断裂能力和抗冲击能力。如图 4-36 所示为高弹模纤维增强混凝土受弯时典型的荷载-挠度曲线。当荷载达到 A 点时，基材出现开裂。通常，此值与未加纤维的基材的开裂应力大致相等。在开裂的截面上，基材不再能承受荷载，全部荷载由桥接着裂缝的纤维所承担。如果纤维的强度和数量恰当，随着荷载的进一步增加，纤维将通过其与基材的粘结力将增加的荷载传递给基材。若粘结应力不超过纤维与基材的粘结强度，基材中又会产生新的微裂缝（线段 AB），最大荷载（B 点）与纤维的强度、数量及几何形状有关。随后由于纤维局部脱粘的积累，导致纤维拔出或纤维的破坏，材料的承载力逐渐下降（线段 BC）。因此，通过纤维增强可使水泥基复合材料的性能得到改善，其改善的程度除了与基材性能有关之外，还与纤维的特性和掺量有关。

上述可知，钢纤维混凝土理想的破坏形式应是拔出破坏，因此提高纤维与混凝土界面粘结强度是有利于增进纤维对混凝土的增强、增韧、阻裂和限缩效果。

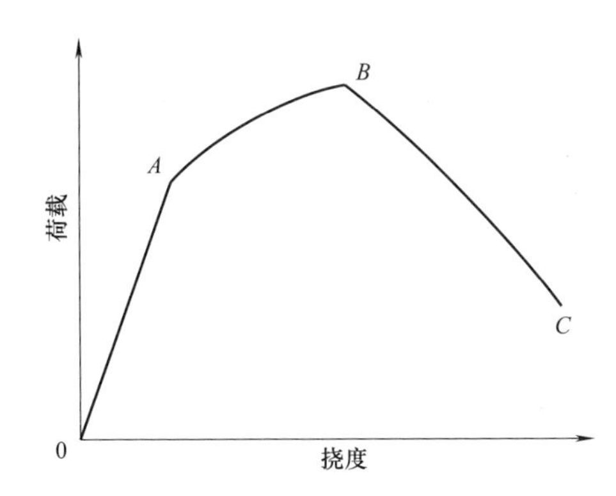

图 4-36　高弹模纤维增强混凝土受弯时典型的荷载-挠度曲线

钢纤维以直径（或边长）0.3～0.6mm，长度不超过 40mm 为宜，过短会使钢纤维丧失增强的效果。长度为直径的 40～60 倍时，纤维易均匀分布于混凝土中。采用异型或端部具有锚定效果的形状，可以提高钢纤维与混凝土的粘结强度。钢纤维既要有硬度又应有弹性，才能使钢纤维在拌合过程中，既较少发生弯曲也不致因过硬而折断。这样的钢纤维对混凝土性能的改善效果较好。钢纤维的类型列于表 4-62。

钢纤维的类型　　表 4-62

类型号	类 型 名 称	截 面 形 状	长度方向形状
Ⅰ	圆直型	圆形	直
Ⅱ	熔抽型	月牙形	直
Ⅲ	剪切型	矩形	直、扭曲或两端带钩

钢纤维的几何参数宜符合表 4-63 的规定。

钢纤维几何参数采用范围　　表 4-63

钢纤维混凝土结构类别	长度(mm)	直径或等效直径(mm)	长径比
一般浇筑成型的结构	25～50	0.3～0.8	40～100
抗震框架结点	40～50	0.4～0.8	50～100
铁路轨枕	20～30	0.3～0.6	50～70
喷射钢纤维混凝土	20～25	0.3～0.5	40～60

注：1. 钢纤维的等效直径是指非圆形截面按面积相等的原则换算成圆形截面的直径。
2. 钢纤维的长径比是指长度对直径（或等效直径）的比值，计算精确到个位数。

对每一种规格的钢纤维与每一种混凝土组分，均存在一最大纤维掺量的限值，若超过此值，则拌制过程中钢纤维会互相缠结形成“刺猬”。钢纤维的掺量以体积率表示，一般为 0.5%～2%。

表 4-64 为钢纤维增强混凝土与普通混凝土性能的比较。可见钢纤维混凝土较普通混

凝土的抗拉、抗弯、抗冲击等力学强度均有很大提高外，还具有良好的韧性、抗冲磨性和耐久性能。

钢纤维增强混凝土的性能　表 4-64

项目	与普通混凝土比较	项目	与普通混凝土比较
抗压强度	1.0～1.3倍	抗剪强度	1.5～2.0倍
抗拉强度和抗弯强度	1.5～1.8倍	疲劳强度	有所改善
早期抗裂强度	1.5～2.0倍	抗冲击强度	5.0～10倍
耐破损性能	有所改善	耐热性能	显著改善
延伸率	约2.0倍	抗冻融性能	显著改善
韧性	40～200倍	耐久性	密实性高，表面裂缝宽度不大于0.08mm，耐久性有所改善，暴露于大气中的面层钢纤维产生锈斑

碳纤维又称石墨纤维，是一种高强度、高弹性模量和耐高温的无机纤维。它的化学成分是碳。通常是用聚丙烯纤维为原料，经在高温下碳化并通过张拉使石墨晶体定向化而成的。

碳纤维的密度为1.0～2.0g/cm^3，抗拉强度为1800～2600MPa，弹性模量为（2.0～4.0）×10^{5}MPa，有时高达7.0×10^{5}MPa。耐酸与耐碱性均好，在3000℃下不软化。

碳纤维虽然具有明显的增强增韧效果，但由于价格昂贵，限制了它在增强混凝土中的应用。

4.3.2.2　低弹模纤维增强混凝土

1. 低弹模纤维

低弹模纤维主要是有机合成纤维，其与水泥基复合在世界范围内发展迅速。有机合成纤维的品种不同，性能不一，尤其是弹性模量差异很大，因而对水泥基的增强、增韧和阻裂效果也不尽相同。低弹模纤维一般都具有很高的变形性，且抗拉强度比混凝土高。低弹模纤维可有效地控制由混凝土黏聚产生的裂缝，使混凝土早期收缩裂缝减少50%～90%，显著提高混凝土的抗渗性和耐久性，使混凝土内钢筋锈蚀时间推迟2.5倍。除抗裂外，低弹模纤维尚能提高混凝土的韧性、抗冻性和抗高温爆裂性。

一些常用的低弹模纤维的性能，见表4-65。

某些低弹模纤维的性能　表 4-65

纤维种类	密度(g/cm^3)	抗拉强度(×10^{3}MPa)	弹性模量(×10^{3}MPa)	断裂伸长率(%)
聚丙烯纤维	0.91	0.56～0.77	3.5	1.5～2.5
尼龙纤维	0.9～1.5	0.40～0.84	1.4～8.4	10～45
聚乙烯纤维	0.96	0.56～0.70	0.1～0.4	1.5～10.0
丙烯酸纤维	1.18	0.20～0.40	2.1	25～45
醇胺纤维	0.85～1.1	0.42～0.84	2.4	15～25

2. 低弹模纤维增强混凝土

低弹模纤维混凝土的抗裂性除与纤维种类有关，还取决于纤维的长度和掺量，而纤维长度与骨料尺寸有关，砂浆和普通骨料混凝土，纤维长度一般取20mm为宜，大尺寸骨料应放大到30～40mm。混凝土的抗裂性随纤维掺量的增加而提高，但其递增率并不呈线性关系，如综合考虑技术与经济性，对目前应用最多的聚丙烯纤维和尼龙纤维，纤维掺量为600～900g/m^3 时，增强混凝土已有良好的抗裂性。

低弹模纤维能有效提高水泥基复合材料的断裂变形能力，从而增加其韧性。材料的韧性是指材料在破坏前吸收能量的能力，常用荷载-变形曲线下的面积来度量。无论使用何种纤维，纤维体积率的增加，韧化效果也提高。当然不同的纤维其韧化效果也不同，要获得较好的韧化效果，达到复合材料破坏时纤维是被拔出，而不是被拉断，这与纤维的种类和其几何形态（长度、表面形状、纤维轮廓等有关）。一般来说，与水泥基体粘结力高的纤维如三叶形截面的纤维、弹性模量高的纤维，韧化效果更好。

混凝土受到冻融作用后，往往出现两种形式的破坏：内部开裂与表面剥落，导致其动弹性模量与质量的下降。如0.5%（体积率）掺量的尼龙纤维混凝土和基准混凝土比较，300次冻融循环后，动弹性模量损失及质量损失分别为6.8%、0.6%和17.3%、2.5%；500次冻融循环后分别为10.8%、2.3%和47.7%、8.7%。

低弹模纤维混凝土在国外已广泛应用于大面积薄构件，如地面、楼板、车道等的防裂，公路路面和桥面的修补，屋面、地下、游泳池等的刚性防水。

4.3.2.3 玻璃纤维增强混凝土

玻璃纤维是由熔融玻璃制成的纤维，直径数微米至数十微米。玻璃纤维按其成分分为无碱、中碱、高碱和特种玻璃纤维。玻璃纤维性脆，较易折断，不耐磨，但抗拉强度高，吸湿性小，伸长率小，不燃、不腐，耐蚀。

玻璃纤维混凝土所用的玻璃纤维，除满足一般的要求外，尚应符合下列技术指标要求。

抗碱玻璃纤维的成分中含有一定量的氧化锆（ZrO_2）。在碱溶液作用下，此种纤维表面的ZrO_2会转化成含Zr（$OH)_4$的胶状物，并经脱水聚合在玻璃纤维表面上形成一层致密的膜层，从而减缓了Ca（$OH)_2$对玻璃纤维的侵蚀。表4-66与表4-67分别列出中国、英国、日本所产的抗碱玻璃纤维的化学成分与物理力学性能。

抗碱玻璃纤维的化学成分 **表4-66**

类别	化学成分（%）								
	SiO_2	CaO	Na_2O	K_2O	ZrO_2	TiO_2	AlO_3	MgO	Fe_2O_3
中国锆钛纤维	61.0	5.0	10.4	2.6	14.5	6.0	0.3	0.25	0.2
英国Cenrfir-2	60.0	4.7	14.2	0.3	18.0	0.1	0.7	—	—
日本Minilon-L	62.0	6.9	12.1	0.3	14.1	—	1.6	0.1	0.3

抗碱玻璃纤维的物理力学性能 **表4-67**

类别	化学成分（%）					
	单丝直径（μm）	长度（mm）	密度（g/cm^3）	抗拉强度（MPa）	弹性模量（$\times10^4$MPa）	极限延伸率（%）
中国锆钛纤维	12～14	30～40	2.7～2.78	2000～2100	6.3～7.0	4.0
英国Cenrfir-2	12.5	30～40	2.70	2500	8.0	3.6
日本Minilon-L	13.0	30～40	2.66	2300	7.0	—

玻璃纤维的掺量以体积率表示，一般为2%～5%。

4.3.3 聚合物混凝土

聚合物混凝土是一种有机、无机复合的材料，按聚合物引入的方法不同分为：聚合物浸渍混凝土、聚合物水泥混凝土。

4.3.3.1 聚合物浸渍混凝土

已硬化的混凝土（基体）经干燥后浸入有机单体，用加热或辐射等方法使混凝土孔隙内的单体聚合而成的混凝土称为聚合物浸渍混凝土。

由于聚合物填充了混凝土内部的孔隙和微裂缝，提高了混凝土的密实度，提高了相间特别是水泥石和骨料之间的粘结强度，所以聚合物浸渍混凝土的抗渗性、抗冻性、耐蚀性、耐磨性及强度均有明显的提高。与基材相比，抗压强度提高2～4倍，抗压强度可达150MPa以上，抗拉强度为抗压强度的1/10，可达24MPa。聚合物浸渍混凝土具有弹性材料的特征。弹性模量为基材的两倍，徐变较基材小很多，在较低应力作用下，会出现负徐变现象，吸水率降低，冻融循环大大增加。

聚合物浸渍混凝土因其造价高、工艺复杂，目前只是利用其高强和耐久性好的特性，应用于一些特殊场合，如隧道衬砌、海洋构筑物（如海上采油平台）、桥面板的制作。

4.3.3.2 聚合物水泥混凝土

聚合物水泥混凝土的生产工艺与聚合物浸渍混凝土不同，它是在拌合混凝土拌合料时，用聚合物乳液和水拌合水泥，并掺入砂或其他骨料而制成的一种混凝土。聚合物水泥混凝土生产工艺简单，与普通混凝土相似，便于现场使用。它用聚醋酸乙烯、橡胶乳液、甲基纤维素等水溶性有机胶凝材料代替普通混凝土中的部分水泥而引入混凝土，使混凝土的密实度得以提高。

聚合物水泥混凝土的性能主要是受聚合物的种类、掺量的影响。聚合物水泥混凝土具有较高的抗弯、抗拉强度，其抗拉弹性模量较低，收缩率较小，极限引申率较大，抗裂性明显优于普通水泥混凝土；且具有抗水和抗氯离子渗透、抗冻融等良好的耐久性，它是一种性能优异的新型补强加固材料。几种典型的聚合物水泥砂浆性能见表4-68。

几种典型的聚合物水泥砂浆性能　　**表4-68**

砂浆种类	聚灰比(%)	强度(MPa)		抗弯粘结强度(MPa)	吸水率(%)	干燥收缩($\times10^{-4}$)
		抗弯	抗压			
普通水泥砂浆	0	3～5	18～20	1～2	10～15	10～15
丁腈胶乳砂浆	10	4～6	15～17	1.5～2.5	10～15	14～16
	20	2～3	4～5	2.5～3	10～15	18～20
氯丁胶乳砂浆	10	5～6	18～19	1.5～2.5	10～15	13～15
	20	9～10	31～34	2.5～3	5～7	7～9
丁苯胶乳砂浆	10	6～9	15～29	2.5～7	4～10	8～17
	20	7～12	17～32	2～7	2～5	5～17
聚丙烯酸酯乳液砂浆	10	6～8	16～18	4.5～8	4～10	8～11
	20	6～9	14～20	7～8	4～7	6～10
聚醋酸乙烯—乙烯共聚乳液砂浆	10	6～9	18～29	1.5～6.5	6～13	9～12
	20	6～11	19～32	3～7	3～13	8～16
聚醋酸乙烯乳液砂浆	10	6～7	16～17	1.5～2.5	10～15	9～11
	20	6～7	15～16	2.5～3.5	10～15	8～10

4.3.4 自应力混凝土

利用水泥水化中所产生的化学膨胀能张拉钢筋，进而达到使混凝土产生预压应力，称为自应力混凝土，又称化学预应力混凝土。自应力混凝土在我国已广泛用来制造压力管，铺设输水、输油管道。

用来配制自应力混凝土的自应力水泥主要有三种，硅酸盐自应力水泥；铝酸盐自应力水泥；硫铝酸盐自应力水泥。配制的自应力混凝土须满足以下几点要求：

（1）具有最优的膨胀值范围

自应力水泥混凝土如膨胀过小，则钢筋受到的拉应力较小，混凝土的预压应力也就较低；如膨胀过大，就会破坏混凝土内部结构，使混凝土开裂甚至完全胀坏，所以应有一个合适的膨胀值，有一个宜控制的较大的膨胀值范围。

对于用于生产自应力管的硅酸盐自应力混凝土，其自由膨胀率（试件尺寸为 30mm×30mm×275mm）应在 1%～3%之间，后期增加膨胀值不超过 0.2%。

（2）具有最低限度的强度值

自应力水泥没有足够的强度，不可能将膨胀能传递给钢筋，因而也不可能获得自应力。在最优膨胀值范围内，虽然强度越高越好，但强度与膨胀两者的发展速度应相适应。由于允许膨胀波动范围较大，对强度也就不能规定高限，只能以低限来控制。这个最低值包括自应力混凝土预养强度和膨胀期间的强度。

对用于生产自应力管的自应力水泥混凝土的自由试体抗压强度为：

冷水养护前的预养强度≥10MPa；

冷水养护 7d 强度≥15MPa。

（3）具有合适的膨胀速度

为了保证膨胀和强度相适应，借以产生大的膨胀能，要有一个合适的膨胀速度，这个速度还要有利于生产。如膨胀太慢，需要很长的养护周期，必然降低生产效率，所以膨胀稳定期应不早于 3d，一般不超过 7～10d，最迟不应超过 28d。

所谓膨胀稳定，系指自应力混凝土的自由膨胀试体到 28d 后，继续在水中养护所测得的膨胀值与原始读数比不超过 0.2%。

（4）具有一定的自应力值

除了强度和膨胀外，还必须有限制膨胀的条件，才能产生自应力。自应力值越高，混凝土的抗裂性能越好。例如对 ϕ600mm 的自应力混凝土管，在其他条件不变的情况下，自应力值每提高 0.4MPa，管子承受内压能力约可提高 0.1MPa。

（5）长期接触水分，要求后期稳定性好

在允许的膨胀期内，自应力水泥中的膨胀组分或膨胀组分之一，应基本耗尽，膨胀基本完成，在使用过程中，增加的自由膨胀与原始长度比不能太大，否则会引起后期膨胀而造成结构破坏。

为此必须严格控制自应力水泥强度组分和膨胀组分的比例，特别是要控制产生膨胀的化学成分。

4.3.5 高性能混凝土

4.3.5.1 高性能混凝土的定义

高性能混凝土是指采用常规材料和工艺生产，具有混凝土结构所要求的各项力学性能，且具有高耐久性、高和易性和高体积稳定性的混凝土。

高性能混凝土是一种新型的高技术混凝土，具有良好的和易性、足够的强度，优良的体积稳定性和高抗渗性，因而成为具有优良耐久性能的新一代混凝土。高性能混凝土是在大幅度提高普通混凝土性能的基础上，以耐久性为主要设计指标，针对不同用途和要求，采用现代技术制作的、低水胶比的混凝土。

4.3.5.2　高性能混凝土的技术路线

高性能混凝土制作的主要技术途径是采用优质的化学外加剂和矿物外加剂，前者改善和易性，生产低水胶比的混凝土，控制混凝土坍落度损失，提高混凝土的致密性和抗渗性；后者改善界面的微观结构，堵塞混凝土内部孔隙，提高混凝土耐久性。

4.3.5.3　高性能混凝土的特性

（1）自密实性。高性能混凝土的用水量较低，流动性好，抗离析性高，从而具有较优异的填充性。因此，配合比恰当的大流动性高性能混凝土有较好的自密实性。

（2）体积稳定性。高性能混凝土的体积稳定性较高，表现为具有高弹性模量、低收缩与徐变、低温度变形。普通强度混凝土的弹性模量为20～25GPa。采用适宜的材料与配合比的高性能混凝土，其弹性模量可达40～45GPa。采用高弹性模量、高强度的粗骨料并降低混凝土中水泥浆体的含量，选用合理的配合比配制的高性能混凝土，90d龄期的干缩值可低于0.04%。

（3）强度。高性能混凝土的抗压强度已超过200MPa。目前，28d平均强度介于100～120MPa的高性能混凝土，已在工程中应用。高性能混凝土抗拉强度与抗压强度之比较高强混凝土有明显增加，高性能混凝土的早期强度发展较快，而后期强度的增长率却低于普通混凝土。

（4）水化热。由于高性能混凝土的水灰比较低，会较早地终止水化反应，因此，水化热总量相应地降低。

（5）收缩和徐变。高性能混凝土的总收缩量与其强度成反比，强度越高总收缩量越小。但高性能混凝土的早期收缩率随着早期强度的提高而增大。相对湿度和环境温度，仍然是影响高性能混凝土收缩性能两个主要因素。

高性能混凝土的徐变显著地低于普通混凝土，在徐变总量（基本徐变与干燥徐变之和）中，干燥徐变值的减少更为显著，基本徐变略有降低。而干燥徐变与基本徐变的比值，则随着混凝土强度的提高而降低。

（6）耐久性。高性能混凝土除通常的抗冻性、抗渗性明显高于普通混凝土外，高性能混凝土的［Cl^-］渗透率明显低于普通混凝土。高性能混凝土由于具有较高的密实性和抗渗性，因此，其抗化学侵蚀性能也显著优于普通强度混凝土。

（7）耐火性。高性能混凝土在高温作用下，会产生爆裂、剥落。由于混凝土的高密实度使自由水不易很快地从毛细孔中排出，在受高温时其内部形成的蒸汽压力几乎可达到饱和蒸汽压力。如在300℃温度下，蒸汽压力可达到8MPa，而在350℃温度下，蒸汽压力高达17MPa，这样的内部压力可使混凝土中产生5MPa的拉应力，使混凝土发生爆炸性剥蚀和脱落。高性能混凝土中掺入有机纤维，在高温下混凝土中的纤维素能溶解、挥发，形成许多连通的孔隙，使高温作用产生的蒸汽压力得以释放，从而改善高性能混凝土的耐高温性能。

4.3.5.4 高性能混凝土对原材料要求

(1) 水泥。不得采用立窑水泥，应采用符合国家标准《通用硅酸盐水泥》GB 175—2007/XG1—2009) 规定要求的水泥。

(2) 骨料。应采用质地坚硬、级配良好的骨料；石子最大粒径不宜大于 25mm，宜采用 15～25mm 和 5～15mm 两级骨料配合；石子中针片状颗粒含量应小于 10%；一般情况下不宜采用碱活性骨料。

(3) 矿物微细粉。宜采用符合标准规定的硅粉、粉煤灰、磨细矿渣粉、天然沸石粉、偏高岭土粉及其复合微细粉等。

矿物微细粉等量取代水泥时最大用量：硅粉不大于 10%；粉煤灰不大于 30%；磨细矿渣粉不大于 40%；天然沸石粉不大于 10%；偏高岭土粉不大于 15%；复合微细粉不大于 40%。当粉煤灰超量取代水泥时，超量值不宜大于 25%。

(4) 化学外加剂。高性能混凝土中采用的外加剂必须符合国家标准《混凝土外加剂》GB 8076—2008 和《混凝土外加剂应用技术规范》GB 50119—2013 的规定。采用的减水剂宜为高效减水剂，减水率不宜低于 20%。

4.3.5.5 高性能混凝土配合比设计

高性能混凝土的配合比设计应根据混凝土结构的要求，确保其施工要求的和易性以及结构混凝土的强度和耐久性。

高性能混凝土配合比设计试配强度公式与普通混凝土相同。

$$f_{cu,0}=f_{cu,k}+1.645\sigma \tag{4.3-1}$$

混凝土强度标准差 σ 当无统计数据时，对商品混凝土可取 4.5MPa。

高性能混凝土配合比的单方用水量不宜大于 175kg/m^3；胶凝材料总量宜采用 450～600kg/m^3，其中矿物微细粉不宜大于胶凝材料总量的 40%；宜采用较低的水胶比；砂率宜采用 37%～44%；高效减水剂掺量根据坍落度要求确定。

1. 高性能混凝土抗碳化耐久性设计

水胶比宜按下式确定：

$$\frac{W}{B}\leqslant\frac{5.83c}{a\sqrt{t}}+38.3 \tag{4.3-2}$$

式中 $\frac{W}{B}$——水胶比,%；

c——钢筋混凝土保护层厚度，cm；

a——碳化系数，室外取 1.0，室内取 1.7；

t——设计使用年限，年。

2. 高性能混凝土抗冻害耐久性设计

冻害地区分为微冻地区、寒冷地区、严寒地区。应根据冻害设计外部劣化因素的强弱，按表 4-69 的规定确定水胶比的最大值。

按国家标准《普通混凝土长期性能和耐久性能试验方法》GB/T 50082—2009 规定的快冻法测定混凝土的冻融循环次数，根据冻融循环次数用下式计算混凝土的抗冻耐久性指数，度应符合表 4-70 的要求。

$$K_m=\frac{PN}{300} \tag{4.3-3}$$

式中　K_m——混凝土的抗冻耐久性指数；

N——混凝土试件冻融试验进行至相对弹性模量等于60%时的冻融循环次数；

P——参数，取0.6。

不同冻害地区或盐冻地区混凝土水胶比最大值　　　　**表4-69**

外部劣化因素	水胶比(W/B)最大值
微冻地区	0.50
寒冷地区	0.45
严寒地区	0.40

高性能混凝土的抗冻耐久性指数　　　　**表4-70**

混凝土结构所处环境条件	冻融循环次数	抗冻耐久性指数K_m
微冻地区	所要求的冻融循环次数	<0.60
寒冷地区	≥300	0.60～0.79
严寒地区	≥300	≥0.8

高性能混凝土的骨料尚应符合表4-71的要求。

高性能混凝土骨料的要求　　　　**表4-71**

<table>
<tr><th rowspan="2">混凝土结构所处环境</th><th colspan="2">细骨料</th><th colspan="2">粗骨料</th></tr>
<tr><th>吸水率(%)</th><th>坚固性试验质量损失(%)</th><th>吸水率(%)</th><th>坚固性试验质量损失(%)</th></tr>
<tr><td>微冻地区</td><td>≤3.5</td><td rowspan="3">≤10</td><td>≤3.0</td><td rowspan="3">≤12</td></tr>
<tr><td>寒冷地区</td><td rowspan="2">≤3.0</td><td rowspan="2">≤2.0</td></tr>
<tr><td>严寒地区</td></tr>
</table>

高性能混凝土抗冻性宜采用引气型减水剂。水胶比小于0.3时，可不掺引气剂；大于0.3时，宜掺入引气剂。高性能混凝土的含气量应达到4%～5%的要求。

3. 高性能混凝土抗盐害耐久性设计

抗盐害耐久性设计时，对海岸盐害地区，可根据盐害外部劣化因素分为：准盐害环境地区（离海岸250～1000m）；一般盐害环境地区（离海岸50～250m）；重盐害环境地区（离海岸50m以内）。盐湖周边250m以内范围也属重盐害环境地区。

高性能混凝土中氯离子含量宜小于胶凝材料用量的0.06%，并应符合现行国家标准《混凝土质量控制标准》GB 50164的规定。

在盐害地区，高耐久性混凝土的表面裂缝宽度宜小于$C/30$（C——混凝土保护层厚，mm）。

高性能混凝土抗氯离子渗透性、扩散性，应以56d龄期、6h的总导电量（C）确定。根据混凝土导电量和抗氯离子渗透性，可按表4-72进行混凝土定性分类。

根据混凝土导电量试验结果对混凝土的分类　　　　**表4-72**

6h导电量(C)	氯离子渗透性	可采用的典型混凝土种类
2000～4000	中	中等水胶比(0.40～0.60)普通混凝土
1000～2000	低	低水胶比(<0.40)普通混凝土
500～1000	非常低	低水胶比(<0.38)含矿物微细粉混凝土
<500	可忽略不计	低水胶比(<0.30)含矿物微细粉混凝土

混凝土的水胶比应按混凝土结构所处环境条件从表 4-73 采用。

盐害环境中混凝土水胶比最大值　　　　表 4-73

混凝土结构所处环境	水胶比最大值
准盐害环境地区	0.50
一般盐害环境地区	0.45
重盐害环境地区	0.40

4. 高性能混凝土抗硫酸盐侵蚀耐久性设计

抗硫酸盐侵蚀混凝土采用的水泥，其矿物组成应符合 C_3A 含量小于 5%、C_3S 含量小于 50%的要求；其矿物微细粉应选用低钙粉煤灰、偏高岭土、矿渣、天然沸石粉或硅粉等。

胶凝材料的抗硫酸盐侵蚀性按表 4-74 评定。

胶砂膨胀率、抗蚀系数抗硫酸盐性能评定指标　　　　表 4-74

试件膨胀率(%)	抗蚀系数	抗硫酸盐等级	抗硫酸盐性能
＞0.4	＜1.0	低	受侵蚀
0.4～0.35	1.0～1.1	中	耐侵蚀
0.34～0.25	1.2～1.3	高	抗侵蚀
≤0.25	＞1.4	很高	高抗侵蚀

注：检验结果如出现试件膨胀率与抗蚀系数不一致的情况，应以试件的膨胀率为准。

抗硫酸盐侵蚀混凝土的最大水胶比宜按表 4-75 确定。

抗硫酸盐侵蚀混凝土的最大水胶比　　　　表 4-75

劣化环境条件	最大水胶比
水中或土中 SO_4^{2-} 含量大于 0.2%的环境	0.45
除环境中含有 SO_4^{2-} 外，混凝土还采用含有 SO_4^{-2} 的化学外加剂	0.40

5. 抑制碱-骨料反应有害膨胀

混凝土结构或构件在设计使用期限内，不应因发生碱-骨料反应而导致开裂和强度下降。

为预防碱-硅反应破坏，混凝土中碱含量不宜超过表 4-76 的要求。

预防碱-硅反应破坏的混凝土碱含量　　　　表 4-76

环境条件	混凝土中最大碱含量(kg/m³)		
	一般工程结构	重要工程结构	特殊工程结构
干燥环境	不限制	不限制	3.0
潮湿环境	3.5	3.0	2.1
含碱环境	3.0	采用非活性骨料	

当骨料含有碱-硅反应活性或碱-碳酸盐反应活性时，应掺入矿物微细粉（粉煤灰、沸石粉与粉煤灰复合粉、沸石粉与矿渣复合粉或沸石粉与硅灰复合粉等）。并宜采用相应的方法确定掺量和检验其抑制效果。

4.3.5.6　高性能混凝土的国内外研究和应用水平

高性能混凝土在节能、节料、工程经济、劳动保护及环境保护等方面都具有重大意义，是国内外土木建筑界研究的热点。有关文献报道，用优质矿物可生产出230MPa的超高强混凝土。如采用陶瓷代替矿物骨料可生产出抗压强度为160MPa的超高强混凝土。即使采用轻骨料也可生产出表观密度低于1900kg/m³、强度高于100MPa的轻骨料混凝土，上述技术水平属于实验室研究报道。

当前，高性能混凝土在工程上的应用，在国内外仍处于发展阶段。近10年高性能混凝土的研究与应用获得了长足进展，其技术水平可归纳为四个档次。见表4-77。

高强高性能混凝土技术水平　　表4-77

设计强度(MPa)	40～50	60	100	120
配合比强度(MPa)	60	80	120	140～150
水胶比(%)	30～35	25～30	20～25	<20
胶凝材料总量(kg/m³)	<500	<600	<700	
应用状况	已有工程应用	已有工程应用	日、美有工程应用，其他国家大都处于实验室研究阶段	实验室研究
备　　注	现行的材料及技术标准可生产和施工	可采用现行材料，但现行技术标准和质量标准值得研究，需使用矿物外加剂	现有材料及技术标准已不适合，必须加矿物外加剂	必须研发新型水泥、矿物外加剂、骨料及减水剂，也要求特殊的制造方法和养护方法

4.3.6　未来混凝土展望

随着科学技术的发展与混凝土技术的研究，人们将混凝土科学与其他学科相结合，提出了更多的新型的混凝土。例如活性粉末混凝土、智能混凝土、生态混凝土等，将混凝土技术推向更高的层次。

4.3.6.1　活性粉末混凝土（RPC）

活性粉末混凝土的理念首先是由P. Richard和M. Cheyrezy提出的，并于1993年在法国Bouygues实验室研制成功。它是具有超高抗压强度、高耐久性及高韧性的新型水泥基复合材料，不仅可获得200～800MPa的超高抗压强度，而且具有30～60MPa的抗折强度，有效地克服了普通高性能混凝土的高脆性。活性粉末混凝土是由级配良好的石英细砂（不含粗骨料）、水泥、石英粉、硅粉、高效减水剂等组成，为了提高混凝土的韧性和延性可加入钢纤维，在混凝土的凝结、硬化过程中采取适当的加压、加热等成型养护工艺制成。由于提高了组分的细度和反应活性，因此被称为活性粉末混凝土（Reactive Powder Concrete，RPC）。目前活性粉末混凝土已成为国际工程材料领域一个新的研究热点，包括三种系列的混凝土，即PRC200系列、RPC500系列和RPC800系列。

RPC的现场使用，是1997年在加拿大魁北克省Sherbrooke市建成的Sherbrooke大桥，桥构件采用30mm厚纤维RPC桥面板、直径150mm的预应力RPC钢管混凝桁架、纤维PRC肋和纤维梁，以抵抗当地冬季-30℃及反复洒除冰盐的严酷环境条件的侵蚀。韩国的首尔用RPC材料建造了一座跨度为120m的拱桥。1999年的建筑创新论坛上，RPC被提名为NOVA奖。由于RPC具有良好的抗渗透性能，在欧洲已被成功应用于核废料的隔离和密封。法国一核电站采用活性粉末混凝土为冷却系统生产了2500多根大小梁（耗用混凝土823m³）、生产了大量核废料储存容器。

国内近几年才开始RPC的研究，并首先在铁路客运专线工程预制电缆槽盖板等工程部位使用。与国外采用水泥-硅粉两组分胶凝材料不同，国内研究者结合我国高性能混凝土的制备技术及经验，选择了水泥-粉煤灰-硅粉三组分胶凝材料体系。粉煤灰的加入，在极低水胶比（0.16）的条件下，使混凝土工作度与成型密实程度得到明显改善，通过适当时间的热养护处理，可以获得与水泥-硅粉两组分胶凝系统相当强度和其他性能的效果。并为将RPC实际应用，进一步开展了搅拌设施、高频振捣与脱模剂的试验研究。

由于活性粉末混凝土具有高强和高韧性，可生产薄壁、细长、大跨等新颖形式的预制构件。RPC还具有超高密实度的微结构，其良好的防水和耐久性特征也很突出，因此，可用作工业和核废料储存设施。RPC具有特低的孔隙率渗透性、有限的收缩和强抗侵蚀性，因此，它具有超高的耐久性。既可用在有化学侵蚀性的环境中，也可用在其他混凝土的使用寿命受到极大限制的物理磨损环境中，或生产各种耐侵蚀的压力管和排水管道。

但是，在RPC材料组成中，传统混凝土中廉价材料被去除，代之以昂贵的材料。细砂相当于传统混凝土中的粗骨料，水泥相当于细骨料，硅灰相当于水泥的作用，使其成本比传统混凝土大增，约为5～10倍。

由于活性粉末混凝土还处于开发的起步期，因此其长期性能还需进一步验证；RPC的自身收缩明显增大、采用热养护的影响较显著等原因，因而还只能制作预制构件，尚不能现浇，在结构工程中的应用受到限制。

4.3.6.2 智能混凝土

智能混凝土是在混凝土原有组分基础上复合智能型组分，使混凝土具有自感知和记忆、自适应、自修复的多功能材料。根据这些特性可以有效地预报混凝土材料内部的损伤、满足结构自我安全检测需要、防止混凝土结构潜在脆性破坏，并能根据检测结果自动进行修复，显著提高混凝土结构的安全性和耐久性。以目前的科技水平制备完善的智能混凝土材料还相当困难。但近年来损伤自诊断混凝土、温度自调节混凝土、仿生自愈合混凝土等一系列智能混凝土的相继出现，为智能混凝土的研究打下了坚实的基础。

1. 损伤自诊断混凝土

自诊断混凝土具有压敏性和温敏性等自感应功能。普通的混凝土材料本身不具有自感应功能，但在混凝土基材中复合部分其他材料组分使混凝土本身具备本征自感应功能。目前常用的材料组分有：聚合类、碳类、金属类和光纤。其中最常用的是碳类、金属类和光纤。

碳纤维是一种高强度、高弹性且导电性能良好的材料。在水泥基材料中掺入适量碳纤维，不仅可以显著提高强度和韧性，而且其物理性能，尤其是电学性能也有明显的改善，可以作为传感器并以电信号输出的方式反映自身受力状况和内部的损伤程度。将一定形状、尺寸和掺量的短切碳纤维掺入到混凝土材料中，可以使混凝土具有自感知内部应力、应变和操作程度的功能。如碳纤维混凝土的电阻变化与其内部结构变化是相对应的，反映了混凝土内部的应力-应变关系，可实现对结构工作状态的在线监测；碳纤维混凝土材料的体积电导率会随疲劳次数的增加发生不可逆的降低。因此，可以应用这一现象对混凝土材料的疲劳损伤进行监测，尤其对公路、铁路桥梁监控有极大的应用价值；利用碳纤维混凝土的温度敏感性，可以实现对建筑物内部和周围环境温度变化的实时监控；也可以实现对大体积混凝土的温度自监控以及用于热敏元件和火警报警器等。此外还可应用于工业防静电构造、公路路面、机场跑道等的化雪除冰、钢筋混凝土结构中的钢筋阴极保护、住宅及养殖场的电热结构等。

光纤传感智能混凝土，是在混凝土结构的关键部位埋入光纤维传感器或其阵列，探测混凝土在碳化以及受载过程中内部应力、应变变化，并对由于外力、疲劳等产生的变形、裂纹及扩展等损伤进行实时监测。到目前为止，光纤传感智能混凝土已用于许多工程，典型的工程有加拿大 Caleary 建设的一座名为 Beddington Tail 的双跨公路桥内部应变状态监测，美国 Winooski 的一座水电大坝的振动监测，国内工程有重庆渝长高速公路上的红槽房大桥监测和芜湖长江大桥长期监测与安全评估系统等。

2. 自调节智能混凝土

自调节智能混凝土具有电力效应与电热效应等性能。混凝土结构除了正常负荷外，人们还希望它在受台风、地震等自然灾害期间，能够调整承载能力和减缓结构振动，但因混凝土本身是惰性材料，要达到自调节目的，必须复合具有驱动功能的组件材料，如：形状记忆合金和电流变体（ER）等。在混凝土中埋入形状记忆合金，利用形状记忆合金对温度的敏感性和不同温度下恢复相应形状的功能，在混凝土结构受到异常荷载干扰时，通过记忆合金形状的变化，使混凝土结构内部应力重分布并产生一定的预应力，从而提高混凝土结构的承载力。在混凝中复合电流变体，利用电流变体的这种流变作用，当混凝土结构受到台风、地震袭击时调整其内部的流变特性，改变结构的自振频率、阻尼特性以达到减缓结构振动的目的。

3. 自修复智能混凝土

混凝土结构在使用过程中，大多数是带缝工作的。混凝土产生裂缝，不仅强度降低，而且空气中的 CO_2 酸雨和氯化物等极易侵入混凝土内部，使混凝土发生碳化，并腐蚀混凝土内部的钢筋，这对地下结构物或盛有危险品的处理设施尤为不利，而且混凝土一旦产生裂缝，要想检查和维修都很困难。自修复混凝土就是应这方面需要而产生的。在传统混凝土组分中复合特性组分（如含粘结剂的液性纤维或胶囊），在混凝土内部形成智能型仿生自愈合神经网络系统，模仿动物这种骨组织结构和受创伤后的再生、恢复机理。采用粘结材料和基材相复合的方法，使材料损伤破坏后，具有自行愈合和再生功能，恢复甚至提高材料性能的新型复合材料。

4.3.6.3　生态混凝土

生态混凝土概念是日本混凝土工业协会于 1995 年提出的。它是通过材料研选，采用特殊工艺制造出来的具有特殊结构与表面特性的混凝土。生态混凝土是在满足过去对混凝土的强度和耐久性的要求基础上，进一步与环境问题结合起来，降低环境负荷，与生态环境协调，保存与提高环境景观。也就是说，生态混凝土要具有结构所要求的性能与功能之外，还要具有环境协调性和居住的愉适性。生态混凝土可分为环境友好型和生物相容型两类。

（1）环境友好型生态混凝土，是指在某些方面混凝土的生产、使用直至解体全过程中，能够降低环境负荷的混凝土。目前，相关的技术途径主要有以下 3 条：

1）降低生产过程中的环境负担。这种技术途径主要通过固体废弃物的再生利用来实现。绿色高性能混凝土是较好的方式。最早提出绿色高性能混凝土概念的是吴中伟院士。绿色高性能混凝土的提出在于加强人们对绿色的重视，要求混凝土工作者更加自觉地节约更多的资源、能源，将对环境的破坏减到最少，这不仅为了混凝土和建筑工程的继续健康发展，更是人类的生存和发展所必需的。

2）降低混凝土在使用过程中的环境负荷。这种途径主要通过提高混凝土的耐久性来提高建筑物的寿命。

3）通过提高性能来改善混凝土的环境影响。这种技术途径是通过改善混凝土的性能来降低其环境负担。例如透水性混凝土，与普通水泥混凝土路面相比，透水性道路能够使雨水迅速地渗入地下，还原成地下水，使地下水资源得到及时补充，保持土壤湿度，改善城市地表植物和土壤微生物的生存条件；同时透水性路面具有较大的孔隙率，与土壤相通，能蓄积较多的热量，有利于调节城市空间的温度和湿度，消除热岛现象；当集中降雨时，能够减轻排水设施的负担，防止路面积水和夜间反光，提高车辆、行人的通行舒适的交通环境。

（2）生物相容型生态混凝土是指能与动植物等生物和谐共存，对调解生态平衡、美化环境景观、实现人类与自然协调具有积极作用的混凝土。根据用途，这类混凝土可分为植物相容型生态混凝土、海洋生物相容型生态混凝土、淡水生物相容型生态混凝土以及净化水质型生态混凝土等。

1）植物相容型生态混凝土利用多孔混凝土空隙部位的透气、透水等性能，渗透植物所需营养，生长植物根系这一特点来种植小草、低灌木等植物，用于河川护堤的绿化，美化环境。例如绿化混凝土，适应植物的生长，用于城市道路两侧及中央隔离带、护坡、楼台顶、停车场等部位，可以增加城市绿色空间，调节人们的生活情绪，同时能够吸收噪声和粉尘，对城市的生态平衡也起到了积极作用，是与自然协调、具有环保意义的混凝土材料。

2）海洋生物、淡水生物相容型混凝土是将多孔混凝土设置在河、湖、海滨等水域，让陆生和水生小动物附着栖息在其凹凸不平的表面或连续空隙内，通过相互作用或共生作用，形成食物链，为海洋生物和淡水生物生长提供良好条件，保护生态环境。

3）净化水质用生态混凝土是利用多孔混凝土外表面对各种微生物的吸附，通过生物层的作用产生间接净化功能，将其制成浮体结构或浮岛设置在富营养化的湖、河内净化水质，使草类、藻类生长更加繁茂，通过定期采割，利用生物循环过程消耗污水的富营养成分，从而保护生态环境。

4）吸声混凝土

吸声混凝土是针对噪声采取的隔声、吸声措施。吸声混凝土具有连续、多孔的内部结构，具有较大的内表面积，与普通的密实混凝土组成复合构造。多孔的吸声混凝土直接暴露面对噪声源，入射的声波一部分被反射，大部分则通过连通孔隙被吸收到混凝土内部。

混凝土材料的生态化是人类对混凝土这一传统建筑材料的迫切需求，也是未来混凝土材料可持续发展的目标。生态混凝土是传统混凝土材料走可持续发展之路，保护生态环境与可持续发展观在建筑材料方面的具体体现和必然选择，因此，生态混凝土正向着智能化、规模化、理论化、体系化和集成化方向发展。

4.3.6.4　未来混凝土

2004年3月美国混凝土协会对未来混凝土的展望是：未来混凝土将是一种既高强又轻

质的混凝土。在施工过程中，混凝土将像水一样流动到位，然后非常迅速地凝结。既不需要养护，又不会有产生收缩裂缝的危险。混凝土中将采用随机分布和永不腐蚀的超高强纤维作增强材料。预埋的微型无线传感器将向设计师、承包商和开发商准确地告知材料和结构在其整个服务生命周期中的实时状态。混凝土结构的预期生命周期将大大超过100年。当其服务寿命终止时，所有混凝土将被破碎，并再生利用于新的混凝土结构。

4.4　混凝土质量控制

实践表明，即使在配合比相同、工艺相同的条件下生产出的混凝土，其强度试验结果也没有唯一的值。混凝土强度的这种随机变异性，决定了它的统计属性，因而必须用数理统计的方法分析研究这种随机变异性的内在规律，得出正确的结论，控制混凝土的质量。

混凝土质量控制的目标是要生产出质量合格的混凝土，即所生产的混凝土应能按规定的保证率满足设计要求的技术性质。混凝土质量控制包括初步控制、生产控制和合格控制。其中，初步控制主要包括人员配备、设备调试、组成材料的检验及配合比的确定与调整等内容；生产控制包括控制称量、搅拌、运输、浇筑、振捣及养护等内容；合格控制包括批量划分、确定批取样数，确定检测方法和验收界限等内容。

在以上过程的任一步骤中（如原材料质量、施工作业、试验条件等），都存在着质量的随机波动。故进行混凝土质量控制时，应采用数理统计方法进行质量评定。在混凝土生产质量管理中，由于混凝土的抗压强度与其他性能有较好的相关性，能较好地反映混凝土整体的质量情况，因此，工程中通常以混凝土抗压强度作为评定和控制其质量的主要指标。

4.4.1　混凝土强度的波动规律

对同一种混凝土进行系统的随机抽样，测试结果表明其强度的波动规律符合正态分布。该项分布如图4-37所示，可用两个特征统计量——强度平均值（m_{fcu}）和强度标准差（σ）做出描述。

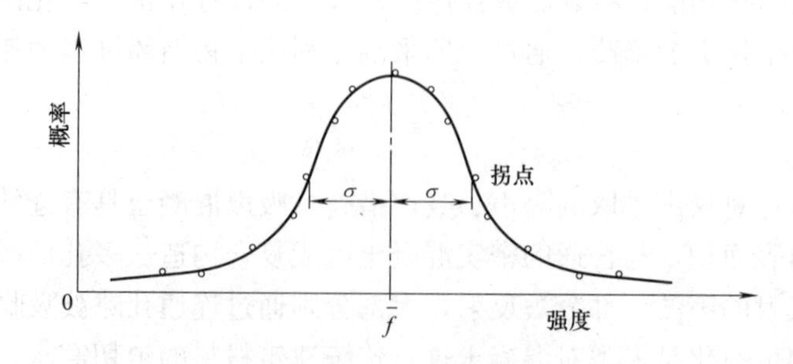

图4-37　混凝土强度的正态分布曲线

强度平均值按式（4.4-1）计算：

$$m_{fcu}=\frac{1}{n}\sum_{i=1}^{n} f_{cu,i} \tag{4.4-1}$$

强度标准差（又称均方差）按式（4.4-2）计算：

$$\sigma=\sqrt{\frac{\sum_{i=1}^{n}(f_{\mathrm{cu},i}-m_{\mathrm{fcu}})^2}{n-1}}=\sqrt{\frac{\sum_{i=1}^{n}(f_{\mathrm{cu},i}^2-nm_{\mathrm{fcu}}^2)}{n-1}} \tag{4.4-2}$$

式中 $f_{\mathrm{cu},i}$——第 i 组试件的抗压强度，MPa；

n——试验组数（$n\geqslant 25$）；

m_{fcu}——n 试件抗压强度的算术平均值，MPa；

σ——n 组试件抗压强度的标准差，MPa。

强度平均值对应于正态分布曲线中的概率密度峰值处的强度值，即曲线的对称轴所在之处。所以强度平均值反映了混凝土总体强度的平均水平，但不能反映混凝土强度的波动情况。强度标准差是正态分布曲线上两侧的拐点离强度平均值处对称轴的距离，它反映了强度离散性（即波动）的情况。如图 4-38 所示，σ 值越大，强度分布曲线越宽，说明强度的离散程度越大，反映了生产管理水平低下，强度质量不稳定。

在相同生产管理水平下，混凝土的强度标准差会随平均强度水平的提高而增大。所以平均强度水平不同的混凝土之间质量稳定性的比较，可用变异系数 c_{v} 表征，c_{v} 可按式（4.4-3）计算：

$$c_{\mathrm{v}}=\frac{\sigma}{m_{\mathrm{fcu}}} \tag{4.4-3}$$

c_{v} 值越小，混凝土强度质量越稳定。

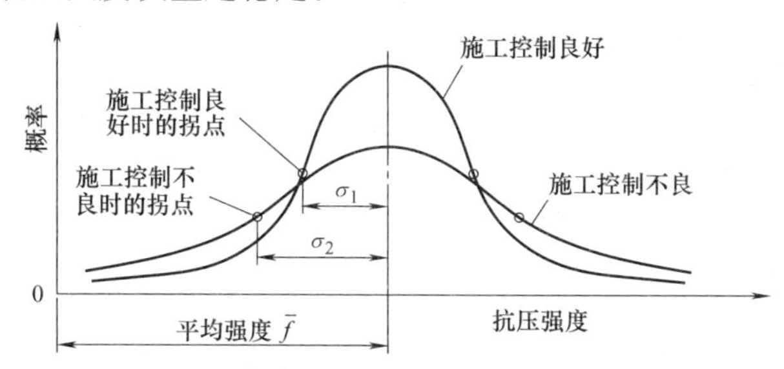

图 4-38 离散程度不同的两条强度分布曲线

4.4.2 混凝土强度保证率

在混凝土强度质量控制中，除了须考虑到所生产的混凝土强度质量的稳定性之外，还必须考虑符合设计要求的强度等级的保证率。混凝土强度保证率系指在混凝土强度总体分布中大于或等于设计要求的强度等级标准值（$f_{\mathrm{cu,k}}$）的概率 P（%）。如图 4-39 所示，强度正态分布曲线下的面积为概率的总和，等于 100%。

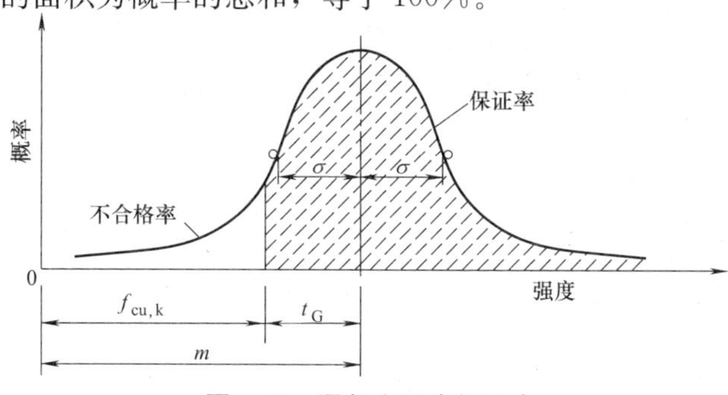

图 4-39 混凝土强度保证率

强度保证率按式（4.4-4）、式（4.4-5）计算，首先计算概率度：

$$t=\frac{m_{fcu}-f_{cu,k}}{\sigma} \tag{4.4-4}$$

$$t=\frac{m_{fcu}-f_{cu,k}}{c_v m_{fcu}} \tag{4.4-5}$$

再根据值，由表 4-78 查得保证率 P（%）。

不同 t 值的保证率 P　　　　**表 4-78**

t	0.00	−0.50	−0.84	−1.00	−1.20	−1.28	−1.40	−1.60
P(%)	50.0	69.2	80.0	84.1	88.5	90.0	91.9	94.5
t	−1.645	−1.70	−1.81	−1.88	−2.00	−2.05	−2.33	−3.00
P(%)	95.0	95.5	96.5	97.0	97.7	99.0	99.4	99.87

工程中 P（%）值可根据统计周期内，混凝土试件强度不低于要求强度等级标准值的组数 N_0 与试件总数 N（$N \geqslant 25$）之比求得：

$$P=\frac{N_0}{N}100\% \tag{4.4-6}$$

国家标准《混凝土强度检验评定标准》GB 50107—2009 规定，根据统计周期内混凝土强度的 σ 值和保证率 P（%），可将混凝土生产单位的生产管理水平划分为：优良、一般和差三个等级，见表 4-79。

混凝土生产管理水平　　　　**表 4-79**

评定指标 \ 生产单位 \ 混凝土强度等级 \ 生产管理水平		优良		一般		差	
		<C20	≥C20	<C20	≥C20	<C20	≥C20
混凝土强度标准差 σ(MPa)	预拌混凝土厂和预制混凝土构件厂	≤3.0	≤3.5	≤4.0	≤5.0	>5.0	>5.0
	集中搅拌混凝土的施工现场	≤3.5	≤4.0	≤4.5	≤5.5	>4.5	>5.5
强度等于和高于要求强度等级的百分率 P(%)	预拌混凝土厂和预制混凝土构件厂及集中搅拌混凝土的施工现场	≥95		>85		≤85	

4.4.3　混凝土强度的检验评定

当混凝土的生产条件在较长时间内能保持一致，且同一品种混凝土的强度变异性能保持稳定时，样本容量应为连续的三组试件，其强度应同时满足式（4.4-7）、式（4.4-8）要求：

$$m_{fcu} \geqslant f_{cu,k}+0.7\sigma_0 \tag{4.4-7}$$

$$f_{cu,min} \geqslant f_{cu,k}-0.7\sigma_0 \tag{4.4-8}$$

当混凝土强度等级不高于 C20 时，其强度的最小值尚应满足式（4.4-9）要求：

$$f_{cu,min} \geqslant 0.85 f_{cu,k} \tag{4.4-9}$$

当混凝土强度等级高于 C20 时，其强度的最小值尚应满足式（4.4-10）要求：

$$f_{cu,min} \geq 0.90 f_{cu,k} \tag{4.4-10}$$

式中 m_{fcu}——同一验收批混凝土立方体抗压强度的平均值，MPa；

$f_{cu,k}$——混凝土立方体抗压强度标准值，MPa；

$f_{cu,min}$——同一验收批混凝土立方体抗压强度的最小值，MPa；

σ_0——验收批混凝土立方体抗压强度的标准差，MPa。

验收批混凝土立方体抗压强度的标准差，应根据前一个检验期内同一品种混凝土试件的强度数据，按式（4.4-11）确定：

$$\sigma_0 = \frac{0.59}{m} \sum_{i=1}^{m} \Delta f_{cu,i} \tag{4.4-11}$$

式中 $\Delta f_{cu,i}$——第 i 批试件立方体抗压强度中最大值与最小值之差；

m——用以确定验收批混凝土立方体抗压强度标准差的数据总批数。

注：上述检验期不应少于 60d，也不宜超过 90d，且在该期间内强度数据的总批数不应少于 15 批。σ_0 不应小于 2.5MPa。

对大批量连续生产的混凝土，样本容量应不少于 10 组混凝土试件，其强度应同时满足式（4.4-12）、式（4.4-13）的要求：

$$m_{fcu} - \lambda_i S_{fcu} \geq f_{cu,k} \tag{4.4-12}$$

$$f_{cu,min} \geq \lambda_2 f_{cu,k} \tag{4.4-13}$$

式中 S_{fcu}——同一验收批混凝土样本立方体抗压强度的标准差，MPa；

λ_1、λ_2——合格判定系数，按表 4-80 取用。

注：本条中验收批的强度标准差 S_{fcu} 不应小于 2.5MPa。

混凝土强度的合格判定系数 **表 4-80**

试件组数	10～14	15～24	≥25
λ_1	1.00	0.95	0.90
λ_2	0.90	0.85	

混凝土样本立方体抗压强度标准差 S_{fcu} 要按式（4.4-14）计算：

$$S_{fcu} = \sqrt{\frac{\sum_{i=1}^{n} f_{cu,i}^2 - nm_{fcu}^2}{n-1}} \tag{4.4-14}$$

式中 $f_{cu,i}$——第 i 组混凝土样本试件的立方体抗压强度值，MPa；

n——混凝土试件的样本组数。

以上为按统计方法评定混凝土强度。若按非统计方法评定混凝土强度时，其强度应同时满足式（4.4-15）、式（4.4-16）要求：

$$m_{fcu} \geq \lambda_3 f_{cu,k} \tag{4.4-15}$$

$$f_{cu,min} \geq \lambda_4 f_{cu,k} \tag{4.4-16}$$

式中 λ_3、λ_4——合格判定系数，按表 4-81 取用。

混凝土强度合格判定系数 **表 4-81**

混凝土强度等级	<50	≥50
λ_3	1.15	1.10
λ_4	0.95	0.90

当检验结果不能满足上述规定时，该项批混凝土强度判为不合格。由不合格批混凝土制成的结构或构件，应进行鉴定。对不合格的混凝土可采用从结构或构件中钻取试件的方法或采用非破损检验方法，对混凝土的强度进行检测，作为混凝土强度处理的依据。

4.5　混凝土耐久性常用检测方法

4.5.1　混凝土抗氯离子渗透试验方法

以测定通过混凝土试件的电量，评价混凝土抵抗氯离子渗透的能力。

1. 试件制作

（1）根据施工配合比或设计研究的配合比配制混凝土试件，尺寸 150mm×150mm×150mm 或 ϕ100mm×200mm。经分别标养 28d、56d 或 90d；加工成 ϕ100mm×50mm 的试件，一组 3 块。用 ϕ100×200mm 的试件，将两端各切去 2.0cm，然后切成 ϕ100×50mm 的试件 3 块。

（2）对结构工程中的混凝土，可通过现场取芯，制成试件。

2. 试验步骤

（1）将 ϕ100×200mm 的试件在 80℃温度下烘干 3～5h，然后将圆柱面用热蜡或密封胶封好。

（2）封好的试件放入 1000mL 烧杯中，一起放入真空干燥器中。干燥器一端与负压泵连接，另一端与冷却的开水连接。打开负压泵抽真空 3h，然后将冷却的开水（减少空气含量）抽入干燥器中，直至淹没试件。对试件进行真空泡水，1h 后关闭负压泵，在负压下泡水 18±2h。

（3）将饱水试件取出，放入有机玻璃模具中（图 4-40），两端溶液池中分别加入 3% NaCl 和 0.3N NaOH 溶液。接通 60V 直流电源，正极连接 NaOH 溶液，负极连接 NaCl 溶液。

采用直流电量法检测混凝土抗氯离子渗透性。利用 6h 内通过混凝土试件的电量评价其抗氯离子渗透等级。试验仪器见图 4-41。

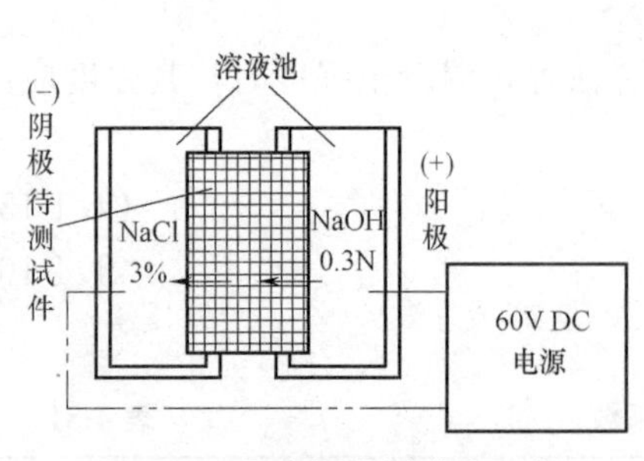

图 4-40　导电量检测试验示意

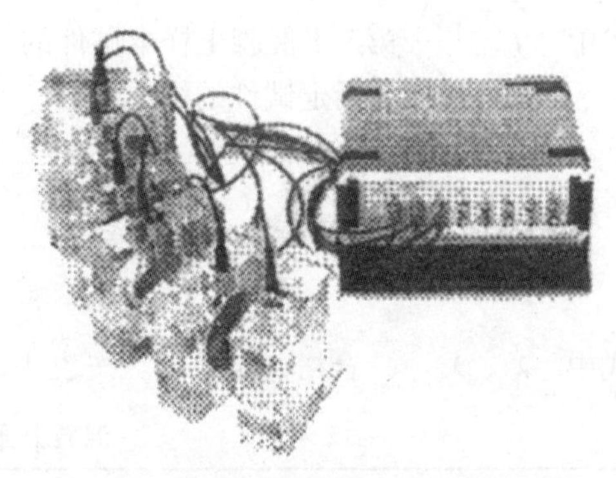

图 4-41　NEL-PER 混凝土渗透性检测仪

（4）试件开始通电时，测量初始电流，以后每 0.5h 测量一次，共测量 6h。根据各次的电流测得值按下式计算 6h 通过试件的总电量 Q（C）：

$$Q=900(I_0+2I_1+2I_2+2I_3+\cdots\cdots+2I_{11}+I_{12}) \tag{4.5-1}$$

式中 $I_0 \sim I_{12}$——是6h内不同时间检测的电流，A。

注：NEL-PER混凝土渗透性电测仪，可直接得出6h的测试结果。

3. 抗氯离子渗透性评估

根据6h导电量的测试结果，按表4-82评价混凝土抗氯离子渗透性等级。

混凝土抗氯离子渗透性　　表4-82

6h总导电量(C)	Cl^-渗透性级别	典型混凝土种类
>4000	高	水胶比>0.60的普通混凝土
>2000～4000	中	中等水胶比0.50～0.60的普通混凝土
>1000～2000	低	低水胶比0.50～0.60的普通混凝土
100～1000	非常低	低水胶比0.38的含矿物微细粉混凝土
<100	可忽略不计	低水胶比<0.38的含矿物微细粉混凝土

4.5.2 水泥和混凝土抗硫酸盐侵蚀检测方法

以此方法检验水泥和胶凝材料抗硫酸盐侵蚀性能，评价其抗硫酸盐侵蚀性能是否合格。并根据选用的胶凝材料配制混凝土，确定相应的水灰（胶）比，确保混凝土具有所需的抗硫酸盐侵蚀性能。

1. 试验方法

（1）检测水泥和胶凝材料抗硫酸盐侵蚀性能采用砂浆棒法。

（2）试件尺寸和制作

砂浆试件尺寸25mm×25mm×285mm。

砂浆棒制作时，使用0.25～0.5mm的细砂、水胶比0.485、胶砂比1：2.5，在胶砂搅拌机中拌合均匀后，放入两端安放好测头的25mm×25mm×285mm三联试模中，然后振捣成型。共制作测长试件6条，同时还制作70.7mm×70.7mm×70.7mm试件9块。

（3）试件养护

将成型好的测长试件和立方体试件放入35±3℃的养护箱养护24h后脱模，然后将试件放入饱合的Ca（OH）$_2$溶液中养护，3d后将70.7mm×70.7mm×70.7mm试件进行抗压试验，强度达到20MPa后，将3条25mm×25mm×285mm的测长试件和3块70.7mm×70.7mm×70.7mm试件放入5% $NaSO_4$溶液中浸泡，剩余试件均放入水中养护。$NaSO_4$溶液和水的温度均为23±2℃。

（4）测长

测长试件浸入5% $NaSO_4$溶液前，测定初始长度。浸入5% $NaSO_4$溶液后，前四周，每隔一周测一次长度，15周时测定和计算试件的膨胀率。

2. 抗硫酸盐侵蚀性能的评估

浸泡在5% $NaSO_4$溶液中15周时，如6条试件膨胀率的平均值小于0.4%,，则该种砂浆试件的水泥或胶凝材料的抗硫酸盐侵蚀性能合格。

15周时，水中和硫酸钠溶液中浸渍的立方体试件，两者的抗压强度比应大于1.0，可作为参考指标。

3. 混凝土的抗硫酸盐侵蚀

（1）可按第3条选择的水泥或胶凝材料配制抗硫酸盐混凝土。

（2）抗硫酸盐侵蚀混凝土的最大水灰（胶）比应符合表4-83规定。

抗硫酸盐侵蚀混凝土的最大水灰（胶）比　　**表4-83**

劣化环境	最大水灰(胶)比
水中或土中 SO_4^{2-} 含量大于0.2%的环境	0.45
除环境中含有 SO_4^{2-} 外，混凝土还采用含有 SO_4^{2-} 的化学外加剂	0.40

4.5.3　碱含量计算方法

配制混凝土时，计算水泥、矿物质微细粉和化学外加剂所带进的碱中，能参与碱-骨料反应的有效碱，控制混凝土中总碱量小于3.0kg/m³。

1. 试验方法

（1）水泥和矿物质微细粉的碱含量，按国家标准《水泥化学分析方法》GB/T 176—2008进行检验。

（2）化学外加剂的碱含量，按国家标准《混凝土外加剂匀质性试验方法》GB/T 8077—2012进行检验。

（3）混凝土组成材料中的有效碱含量按下列规定计算：

① 水泥中所含的碱均为有效碱含量。

② 粉煤灰中碱含量的20%为有效碱含量。

③ 矿渣微细粉中碱含量的50%为有效碱含量。

④ 硅粉中碱含量的50%为有效碱含量。

⑤ 天然沸石中的碱含量均为非有效碱含量。

⑥ 化学外加剂所带入的碱均为有效碱含量。

2. 评价

混凝土中有效碱的总含量可按式（4.5-2）计算：

$$A_{tot}=A_1+A_2+A_3 \tag{4.5-2}$$

式中　A_{tot}——混凝土中的有效碱总含量；

A_1——水泥带入的有效碱含量；

A_2——矿物质微粉带入的有效碱含量；

A_3——化学外加剂带入的有效碱含量。

4.5.4　砂浆棒法快速检测骨料碱活性

如采用碱活性骨料配制混凝土，将引发碱-硅反应，产生有害的膨胀。本方法是快速测定骨料碱活性的试验方法，特别适用于碱-硅反应缓慢或只在反应后期才产生膨胀的骨料。

试件浸泡于NaOH溶液中，水泥的含碱量对测定的膨胀值可忽略不计。

1. 取样和试件制备

（1）骨料的选取。将需要检测的骨料破碎成细骨料，并符合表4-84的规定的级配要求。

(2) 水泥选取。选用符合国家标准中强度为 42.5 的硅酸盐水泥。水泥中不得有结块。

(3) 试件制备。试验用砂浆干料应按 1 份水泥：2.25 份符合级配要求的细骨料来配制。

一次搅拌的砂浆干料量为水泥 440g、细骨料 990g，水灰比 0.47，制备 25mm×25mm×285mm 的试件 3 个。

骨料的级配要求 **表 4-84**

筛孔尺寸(mm)		质量(%)
颗粒通过	颗粒残留	
4.75	2.36	10
2.36	1.18	25
1.18	0.60	25
0.60	0.30	25
0.30	0.15	15

在完成一批砂浆搅拌后，应在不超过 20min 15s 的时间内成型试件。

将砂浆分成大致相等的 2 层填入模内，每层分别用捣棒捣实，并沿模具表面振捣，使试件均匀密实，然后用抹刀切除多余的砂浆。

2. 试件养护和测量

将成型后的试件放入标准养护室中标养 24±2h 后脱模，测量初始长度，精确至 0.02mm。

将全部试件放入 80±2℃的水浴中。24h 后取出试件，应在 15±5s 内完成擦干和测长读数过程。

测完初长后，将试件浸泡在 80±1℃的 1N NaOH 的溶液中。

试件在浸泡的 14d 内，至少测长 3 次。16d 时，测量三个试件的平均膨胀值（精确到 0.01%）作为该组材料在给定龄期的膨胀值。

3. 评定标准

当砂浆棒试件 16d 膨胀率平均值小于 0.10%时，评为非活性骨料；

当膨胀率为 0.10%～0.20%时，评为潜在减活性骨料；

当膨胀率大于 0.20%时，评为碱-骨料反应活性骨料。

4.5.5 骨料碱-碳酸盐反应活性试验方法（混凝土柱法）

通过测定混凝土柱长度变化，确定混凝土中碱（钾与钠）与某些钙质石灰岩与白云灰岩中的白云岩骨料对碱-碳酸盐膨胀反应的敏感性。

当骨料试样通过岩相分析或石柱试验方法分析，确定骨料中含有潜在的有害碱-碳酸盐反应成分时，使用本方法具有特别的价值。

本方法可作为判断碱-碳酸盐反应产生的膨胀是否应采取预防措施的依据。可通过对某些特定的水泥-矿物掺合料进行试验，作出相应的对策。

1. 取样和试件制作

(1) 骨料选取。将需要检测的骨料破碎成粒径 4.75～9.5mm。

（2）水泥选取。选用符合国家标准中强度为 42.5 的硅酸盐水泥，并将其碱含量（NaOH）调至 1.5%。

（3）试件制备。选用已备好的水泥和骨料，按水泥：骨料=1∶1、水灰比=0.33；制备尺寸 40mm×40mm×160mm 的试件。一组 3 条试件使用的材料用量符合表 4-85 的规定。

一组试件各种材料用量　　表 4-85

材料	胶凝材料	骨料	水	备注
用量	1000g	1000g	330mL	用 NaOH 调整碱含量(Na_2O)达 1.5%

将计量好的材料放入水泥砂浆搅拌机中拌合均匀，然后分成大致相等的 2 层填入模内，每层分别用捣棒捣实，并沿试件表面振捣，使试件均匀密实，然后用抹刀切除多余的混凝土。

2. 试件养护

将成型好的试件放入标准养护箱中标养。24h 后脱模，测量初始长度 L_1。放入温度为 80℃的 1N NaOH 溶液中养护。

3. 测长

在养护龄期 1d、3d、7d、14d、21d、30d 时分别测长；30d 龄期时试件的长度为 L_2。

4. 结果计算和判定

（1）根据测得的初长和终长，按式（4.5-3）计算膨胀率：

$$e=100(L_2-L_1)/(160-2b) \tag{4.5-3}$$

式中　e——试件膨胀率；

L_2——试件最终长度；

L_1——试件初始长度；

b——测头埋入混凝土柱的长度。

取 6 个试件的平均膨胀率为该配合比的膨胀率，当膨胀率大于 0.10%时，可判定为碳酸盐活性骨料。

（2）结果正确性判断

当 6 个试件的膨胀率都大于 0.10%，或都小于 0.08%时，可取平均膨胀率作为判定依据。

当 6 个试件的膨胀率在 0.10%左右波动时，各试件的相对变形值不得超过平均值的 15%，否则应重做试验。

5. 矿物质掺合料抑制碱-碳酸盐反应（ACR）的效果

（1）将试验中所用的水泥改为含有不同矿物质掺合料的胶凝材料，以 NaOH 调整胶凝材料中的碱含量为 1.5%。

（2）胶凝材料中能参与碱-骨料反应的有效碱含量，可按下列规定计算：

① 水泥中所含的碱均为有效碱含量。

② 粉煤灰中碱含量的 20% 为有效碱含量。

③ 矿渣微细粉中碱含量的 50% 为有效碱含量。

④ 硅粉中碱含量的 50% 为有效碱含量。

⑤ 天然沸石粉中的碱含量均为非有效碱含量。

⑥ 化学外加剂所带入的碱均为有效碱含量。

⑦ 混凝土试件总碱量应为水泥带入的碱量＋外加剂带入的碱量＋掺合料中的有效碱量。

（3）以配制的胶凝材料代替水泥，按表 3-83 规定的材料用量配制试件。其他步骤同水泥试件。

4.5.6 矿物微细粉抑制碱-硅反应效果检测方法（玻璃砂浆棒法）

检测不同矿物微细粉抑制碱-硅反应（ASR）的效果，选择优质的矿物微细粉抑制混凝土的碱-硅反应。

1. 试验方法

（1）以 10％粒径 0.15～5.0mm 的高活性石英玻璃砂，等量取代标准砂作为骨料。

（2）选取符合国家标准的 42.5 硅酸盐水泥，以 NaOH 加入水泥中，调整碱含量达到 1.0±0.5％；NaOH 与 Na_2O 的质量转换关系是 NaOH％＝Na_2O％×(2×40/62)＝1.29Na_2O。

（3）选用不同的矿物微细粉取代部分水泥，按水胶比 0.47、胶骨比 1∶2.25 制备 25mm×25mm×285mm 的试件 3 条。

（4）将试件放入标养室中养护 24±3h 后脱模，测量初始长度，然后放入温度 38℃、相对湿度 100％的养护箱中养护，并分别测定养护龄期 1d、3d、7d、10d、14d 时试件的长度。

2. 评价标准

（1）以砂浆棒 14d 膨胀率衡量各种矿物微细粉抑制 ASR 膨胀的效果。

（2）为对比不同矿物微细粉对 ASR 的抑制效果，采用膨胀率的降低程度指标评价。降低程度越大，抑制效果越好。

试件膨胀率降低率按式（4.5-4）计算：

$$e=(e_0-e_q)/e_0 \tag{4.5-4}$$

式中 e——膨胀降低率；

e_0——基准试件的膨胀率；

e_q——掺合料试件的膨胀率。

当降低率大于 75％时，可认为该矿物微细粉能够有效抑制碱-硅反应。

4.5.7 混凝土抗除冰盐冻融试验方法

检验混凝土在除冰盐作用下，抵抗冻融剥蚀的能力。

1. 试验方法

（1）试件

按工程采用的混凝土配合比，浇筑成型 150mm 的立方体试件 6 个；24h 脱模，水中养护 6d，然后转移到温度 20℃、相对湿度 65％的试验箱内养护至 28d 龄期测定抗压强度；并将 150mm 立方试件切成 150mm×150mm×75mm 的半立方体，周边用橡胶铝箔或环氧树脂密封。

（2）试验装置

抗除冰盐冻融试验应采用图 4-42 所示的装置。

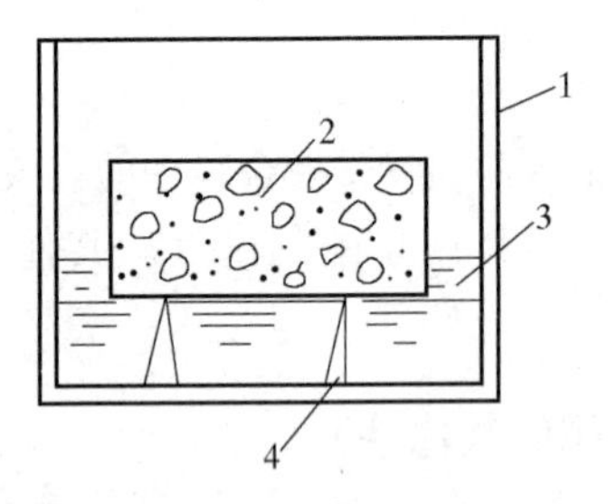

图 4-42 除冰盐冻融试验装置

1—不锈钢溶液箱 250mm×150mm×200mm，安置试件后用塑料盖盖上；2—混凝土试件 150mm×150mm×75mm；3—3% NaCl 溶液，浸入试件 1.5cm；4—支架

(3) 试验

试件达到 28d 龄期时，将试件放入试验装置（图 4-42），并倒入 3% NaCl 溶液，浸渍试件 1.5cm。试验溶液被混凝土吸附 7d 后，开始进行试验。因此，冻融开始时龄期为 35d。

2. 抗除冰盐剥蚀程序评定

混凝土抗盐冻性以单位面积的剥蚀量 Q_s (kg/m^2) 定量评价。按式 (4.5-5) 计算：

$$Q_s = M/A \tag{4.5-5}$$

式中 M——经 28 次盐冻循环后，试件的累计剥蚀量，g；

A——混凝土试件受盐冻面积，m^2。

经 28 次冻融循环后，试件的质量损失应小于 $1500g/m^2$，相应的剥落层厚度应小于 0.5cm。

4.6 钢筋选择与加工

钢是含碳量 0.06%～2.11%并含有某些其他元素的铁碳合金。含碳量为 2.11%～6.67%，且杂质含量较多的铁碳合金称为生铁。水泥制品中应用的钢筋、钢丝、钢板、钢管、型钢等都为钢材。

钢材的主要优点是：①材质均匀，性能可靠；②强度高，表现为抗拉、抗压、抗弯及抗剪强度都很高，在钢筋混凝土中可弥补混凝土抗拉、抗弯、抗剪和抗裂性能较低的缺点；③塑性和韧性较好，在常温下能承受较大冲击和振动荷载；④可冷弯、冷拉、冷拔、冷轧、焊接和铆接等各种加工。

钢筋与混凝土间有较大的握裹力，能牢固啮合在一起，改善混凝土的性能，扩展混凝土应用范围。混凝土的碱性环境又能很好地保护钢筋不受侵蚀。因而，钢筋是混凝土结构中重要材料，掌握钢筋的性能和在结构中合理选用，对水泥制品的功能、生产成本、工程安全有重大影响。

4.6.1 钢筋的种类及牌号

钢筋的规格品种很多，通常按下分类。

1. 按化学成分分类

按化学成分分类钢筋可分为碳素钢钢筋和普通低合金钢钢筋两种。

碳素钢钢筋是由碳素钢轧制而成，含碳量 ω_c<0.25%为低碳钢钢筋，含碳量 ω_c=0.25%～0.6%为中碳钢钢筋，含碳量 ω_c>0.60%为高碳钢钢筋；含碳量越高，强度和硬度也越高，但塑性、韧性、冷弯及焊接性等均降低。

碳素钢中加入少量硅、锰、钛、稀土等少量元素制成的钢筋为普通低合金钢钢筋，普通低合金钢钢筋优点是强度高、综合性能好，用钢量比碳素钢少 20%左右。常用普通低合金钢钢筋的钢种为 24MnSi、25MnSi、40MnSiV 等品种。

2. 按钢筋的外形分类

按钢筋外形分为光圆钢筋、带肋钢筋、钢丝、钢绞线。带肋钢筋根据外形分为月牙肋和等高肋。

光圆钢筋公称直径 8～20mm，直径允许偏差±0.4mm，不圆度不大于 0.4mm；热轧带肋钢筋公称直径 6～50mm；冷轧带肋钢筋公称直径 4～12mm；光圆预应力钢丝直径3～12mm，螺旋肋预应力钢丝直径 4～10mm；1×2 预应力钢绞线公称直径 5～12mm，1×3 预应力钢绞线公称直径 6.2～12.9mm，1×7 预应力钢绞线公称直径 9.55～18mm。

3. 按钢筋加工工艺分类

按钢筋加工工艺可分为热轧钢筋、余热处理钢筋、冷拉钢筋、冷拔钢丝、冷轧带肋钢筋、碳素钢丝、刻痕钢丝、钢绞线、冷轧纽钢筋等。

（1）热轧钢筋由低碳钢轧制而成，表面有光圆和带肋钢筋两种，钢筋直径一般为 5～50mm，分直条和盘条。是混凝土构件中最常用的钢筋。

按国家标准《钢筋混凝土用钢　第Ⅰ部分：热轧光圆钢筋》GB 1499.1—2008 的规定，热轧光圆钢筋按屈服强度特征值分为 235 级（HPB235）、300 级（HPB300）。其牌号的构成及含义如表 4-86 所示。

热轧光圆钢筋的分级、牌号　　**表 4-86**

类别	牌号	牌 号 构 成	英文字母含义
热轧光圆钢筋	HPB235	由 HPB+屈服强度特征值构成	HPB——热轧光圆钢筋的英文（Hot Rolled Plain Bars）缩写
	HPB300		

热轧光圆钢筋的公称直径为 5～22mm，规范推荐使用的钢筋直径为 6mm、8mm、10mm、12mm、16mm、20mm。

热轧光圆钢筋的强度低，但塑性和焊接性能好，便于各种冷加工，因而广泛用做小型钢筋混凝土结构中的主要受力钢筋以及各种钢筋混凝土结构中的结构筋。

热轧带肋钢筋表面有两条纵肋，并沿长度方向均匀分布有牙形横肋，如图 4-43 所示。钢筋表面轧有凸纹，可以提高混凝土与钢筋的握裹力。

按国家标准《钢筋混凝土用钢　第Ⅱ部分：热轧带肋钢筋》GB 1499.2—2007 的规定，热轧带肋钢筋分为普通热轧带肋钢筋和细晶粒热轧钢筋两类。普通热轧钢筋是按热轧状态交货的钢筋，其金相组织主要是铁素体加珠光体；细晶粒热轧钢筋是在热轧过程中，通过控轧和控冷工艺形成的细晶粒钢筋，其金相组织主要是铁素体加珠光体，晶粒度不粗于 9 级。其牌号的构成及含义如表 4-87 所示。热轧带肋钢筋按屈服强度特征值分为 335 级、400 级、500 级。

热轧带肋钢筋的分级、牌号　　**表 4-87**

类别	牌号	牌 号 构 成	英文字母含义
普通热轧钢筋	HRB335	由 HRB+屈服强度特征值构成	HRB——热轧带肋钢筋的英文（Hot-rolled Ribbed Bars）缩写
	HRB400		
	HRB500		
细晶粒热轧钢筋	HRF335	由 HRBF+屈服强度特征值构成	HRBF——热轧带肋钢筋的英文缩写后加"细"的英文（Fine）首位字母
	HRBF400		
	HRBF500		

热轧带肋钢筋的公称直径范围为 6～50mm，相关规范围推荐的钢筋公称直径为 6mm、10mm、12mm、16mm、20mm、25mm、32mm、40mm、50mm。

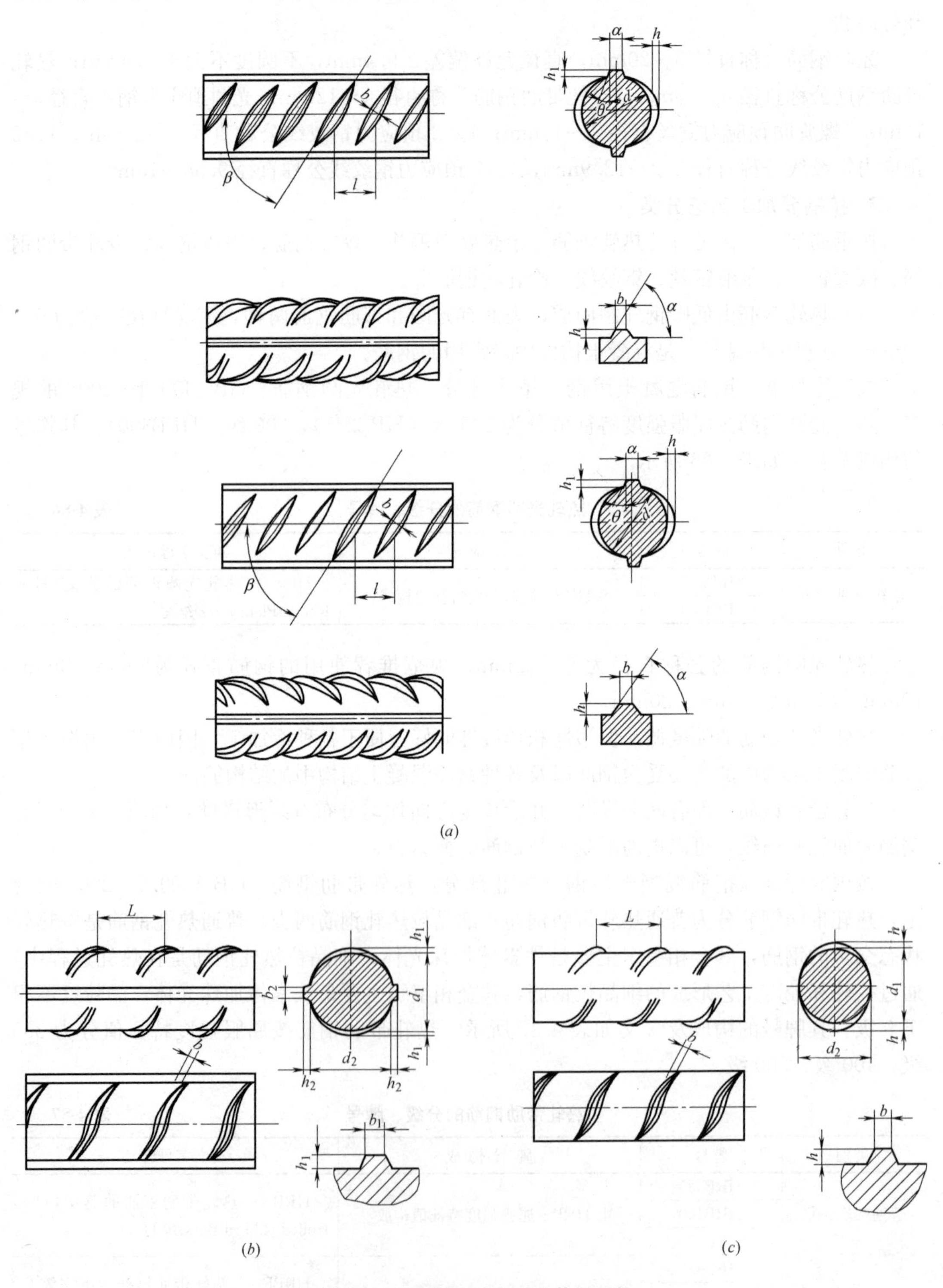

图 4-43　热处理钢筋表面及截面形状

(*a*) 月牙肋钢筋；(*b*) 有纵肋钢筋；(*c*) 无纵肋钢筋

HRB335、HRBF335、HRB400、HRBF400级别的钢筋强度较高，塑性和焊接性能也较好，是钢筋混凝土的常用钢筋，广泛用做大、中型钢筋混凝土结构中的主要受力钢筋。HRB500、HRBF500级钢筋的强度高，但塑性和可焊性较差，适宜做预应力钢筋。

（2）冷轧带肋钢筋是用低碳钢和低合金钢热轧的盘条为母材，经冷轧后表面形成有肋的钢筋。经冷轧加工的钢筋，强度提高，塑性良好，混凝土对钢筋的握裹力增加，可节约钢材，提高构件质量。

按国家标准《冷轧带肋钢筋》GB 13788—2008的规定，冷轧带肋钢筋按抗拉强度最小值分为CRB550、CRB650、CRB800、CRB970和CRB1170等五个牌号。其中C、R、B分别为冷轧（Cool Rolled）、带肋（Ribbed）和钢筋（Bars）三个英文首位字母。数值为抗拉强度最中值。

CRB550钢筋的公称直径范围为4～12mm，CRB650及以上牌号钢筋的公称直径为4mm、5mm、6mm。制造钢筋的盘条应符合《低碳钢热轧圆盘条》GB/T 701—2008、GB/T 4354—2008或其他相关标准的规定。

冷轧带肋钢筋将逐步取代低碳冷拔钢丝，应用于混凝土结构和预应力混凝土结构。

（3）冷拉钢筋是对热轧钢筋在常温下进行强力拉伸超过其屈服极限的拉应力作用下，促使其内部晶体组织发生变化，从而提高钢筋的屈服极限，达到节约钢筋的目的。

（4）冷拔钢筋是把钢筋用强力拉过比它直径小的硬质合金拔丝模，使钢筋的直径发生缩小的塑性变形，从而提高其强度。但钢筋的塑性显著下降，伸长率一般由21%降低到3.0%。

（5）冷轧扭钢筋是以低碳钢热轧圆盘条经专用钢筋冷轧扭机调直、冷轧、并冷扭（或冷滚）一次成型具有规定截面形式和相应节距的连续螺旋状钢筋。

冷加工钢筋受到高温时，强度会降低，因此冷加工钢筋在焊接加工时，应控制加热时间不宜过长。

4. 按钢筋在混凝土中的作用分类

安置在混凝土中的钢筋，按其作用性质可分为三类，受力钢筋、架立钢筋、分布钢筋。

钢筋主要配置在受拉、受弯、偏心拉压构件的受拉区承担拉力，亦可在受压区承担压力，这类钢筋均属受力钢筋。

用以保证箍筋间距及固定受力钢筋的钢筋为架立钢筋。

分布钢筋能将构件所受外力分布在较广的范围，以改善结构受力情况，并保证受力钢筋的位置。

4.6.2 各类钢筋性能

1. 热轧钢筋

（1）热轧圆盘条

按国家标准《热轧圆盘条》GB/T 14981—2009规定，热轧圆盘条的规格尺寸、化学成分及力学性能应分别符合表4-88、表4-89、表4-90的规定。低碳热轧圆盘条按屈服强度代号为Q195、Q215、Q235、Q275，供工程用为Q235。

① 热轧圆盘条的规格尺寸

热轧圆盘条规格尺寸及允许偏差 GB/T 14981—2009　　　　表 4-88

公称直径（mm）	允许偏差（mm）			不圆度（mm）			横截面积（mm）	理论质量（kg/m）
	A 级精度	B 级精度	C 级精度	A 级精度	B 级精度	C 级精度		
5	±0.30	±0.25	±0.15	≤0.48	≤0.40	≤0.24	19.63	0.154
5.5							23.76	0.187
6							28.27	0.222
6.5							33.18	0.260
7							38.48	0.302
7.5							44.18	0.347
8							50.26	0.395
8.5							56.74	0.445
9							63.62	0.499
9.5							70.88	0.556
10							78.54	0.617
10.5	±0.40	±0.30	±0.20	≤0.64	≤0.48	≤0.32	86.59	0.680
11							95.03	0.746
11.5							103.9	0.816
12							113.1	0.888
12.5							122.7	0.963
13							132.7	1.04
13.5							143.1	1.12
14							153.9	1.21
14.5							165.1	1.30
15							176.7	1.39
15.5	±0.50	±0.35	±0.25	≤0.80	≤0.56	≤0.40	186.7	1.48
16							201.1	1.58
17							227.0	1.78
18							254.5	2.00
19							283.5	2.23
20							314.2	2.47
21							346.3	2.72
22							380.1	2.98
23							415.5	3.26
24							452.4	3.55
25							490.9	3.85

续表

公称直径(mm)	允许偏差(mm)			不圆度(mm)			横截面积(mm)	理论质量(kg/m)
	A级精度	B级精度	C级精度	A级精度	B级精度	C级精度		
26	±0.60	±0.40	±0.30	≤0.96	≤0.64	≤0.48	530.9	4.17
27							572.6	4.49
28							615.7	4.83
29							660.5	5.18
30							706.9	5.55
31							754.8	5.92
32							804.2	6.31
33							855.3	6.71
34							907.9	7.13
35							962.1	7.55
36							1018	7.99
37							1075	8.44
38							1134	8.90
39							1195	9.38
40							1257	9.87
41	±0.80	±0.50	—	≤1.28	≤0.80	—	1320	10.36
42							1385	10.88
43							1452	11.40
44							1521	11.94
45							1590	12.48
46							1662	13.05
47							1735	13.62
48							1810	14.21
49							1886	14.80
50							1964	15.41
51	±1.00	±0.60	—	≤1.60	≤0.96	—	2042	16.03
52							2123	16.66
53							2205	17.31
54							2289	17.97
55							2375	18.64
56							2462	19.32
57							2550	20.02
58							2641	20.73
59							2733	21.45
60							2826	22.18

注：表中理论质量按钢的密度为7.85g/cm^3（以下相同）。

② 热轧圆盘条牌号和化学成分

热轧圆盘条牌号和化学成分 GB/T 14981—2009 **表 4-89**

牌号	化学成分(质量百分数%)				
	C	Mn	Si	S	P
			(不大于)		
Q195	≤0.12	0.25～0.50	0.30	0.040	0.035
Q215	0.09～0.15	0.25～0.60			
Q235	0.12～0.20	0.30～0.70	0.30	0.045	0.045
Q275	0.14～0.22	0.40～1.00			

注：Q为“屈服”的汉语拼音字头。

③ 热轧圆盘条力学性能

盘条的力学性能和工艺性能应符合表4-90的规定。经供需双方协商并在合同中注明，可做冷弯性能试验。直径大于12mm的盘条，冷弯性能由供需双方协商确定。

热轧圆盘条的力学性能和工艺性能 GB/T 14981—2009 **表 4-90**

牌号	力学性能		冷弯试验180° d=弯芯直径 a=试样直径
	抗拉强度R_m(N/mm²) 不小于	断后伸长率$A_{11.3}$(%) 不小于	
Q195	410	30	$d=0$
Q215	435	28	$d=0$
Q235	500	23	$d=0.5a$
Q275	540	21	$d=1.5a$

(2) 热轧光圆钢筋

按国家标准《热轧光圆钢筋》GB/T 1499.1—2008的规定，热轧光圆钢筋的规格尺寸、化学成分及力学性能应分别符合表4-91、表4-92、表4-93的规定。

① 热轧光圆钢筋的规格尺寸

热轧光圆钢筋的公称直径为6～22mm，推荐的钢筋公称直径为6mm、8mm、10mm、12mm、16mm、20mm。

热轧光圆钢筋公称直径、横截面积与理论质量 GB/T 1499.1—2008 **表 4-91**

公称直径(mm)	公称横截面积(mm²)	理论质量(kg/m)
6(6.5)	28.27(33.18)	0.222(0.260)
8	50.27	0.395
10	78.54	0.617
12	113.1	0.888
14	153.9	1.21
15	201.1	1.58
16	254.5	2.00
18	314.2	2.47
20	380.1	2.98

注：公称直径6.5mm的产品为过渡性产品。

② 热轧光圆钢筋的牌号及化学成分

热轧光圆钢筋牌号及化学成分 GB/T 1499.1—2008 **表 4-92**

牌号	化学成分(质量百分数%)不大于				
	C	Si	Mn	P	S
HPB235	0.22	0.30	0.65	0.045	0.050
HPB300	0.25	0.55	1.50		

③ 热轧光圆钢筋的力学性能

热轧光圆钢筋的力学性能 GB/T 1499.1—2008 **表 4-93**

牌号	屈服强度 R_{el} (MPa)	抗拉强度 R_m (MPa)	断后伸长率 A (%)	最大力下总伸长率 A_{gt}(%)	冷弯试验 180° d——弯芯直径 a——钢筋公称直径
	不小于				
HPB235	235	370	25.0	10.0	$d=a$
HPB300	300	420			

(3) 热轧带肋钢筋

按国家标准《热轧带肋钢筋》GB 1499.2—2007 的规定，热轧带肋钢筋的规格、性能见表 4-94、表 4-95。

① 热轧带肋钢筋公称直径、横截面积与理论质量

热轧带肋钢筋公称直径、横截面积与理论质量 GB 1499.2—2007 **表 4-94**

公称直径(mm)	公称横截面积(mm^2)	理论质量(kg/m)
6	28.27	0.222
8	50.27	0.395
10	78.54	0.617
12	113.1	0.888
14	153.9	1.21
16	201.1	1.58
18	254.5	2.00
20	314.2	2.47
22	380.1	2.98
25	490.9	3.85
28	615.8	4.83
32	804.2	6.31
36	1018	7.99
40	1257	9.87
50	1964	15.42

② 热轧带肋钢筋的技术性能

热轧带肋钢筋的技术性能 GB 1499.2—2007　　　　表 4-95

牌号	化学成分(%)						公称直径(mm)	屈服强度 R_{el}(MPa)	抗拉强度 R_m(MPa)	断后伸长率 A(%)	最大力下伸长率 A_{gt}	弯芯直径 d
	C	Si	Mn	Ceq	P	S						
	不大于							不小于				
HRB335 HRBF335	0.25	0.80	1.60	0.52	0.045	0.045	6～25	335	455	17	7.5	3d
							28～40					4d
							>40～50					5d
HRB400 HRBF400	0.25	0.80	1.60	0.54	0.045	0.045	6～25	400	540	16	7.5	4d5d
							28～40					6d
							>40～50					
HRB500 HRBF500	0.25	0.80	1.60	0.55	0.045	0.045	6～25	500	630	15	7.5	6d
							28～40					7d
							>40～50					8d

（4）余热处理钢筋

余热处理钢筋又称为调质钢筋，是钢材在热轧后立即穿水，进行表面控制冷却，仅利用自身芯部余热完成回火处理的钢筋。其形状同热轧月牙形钢筋，强度相当于 HRB400 级热轧钢筋，强度等级代号为 KL400（其中 K 为“控制”的汉语拼音字头）。

① 余热处理钢筋的公称横截面积与公称质量

余热处理钢筋规格　　　　表 4-96

公称直径(mm)	公称横截面积(mm^2)	公称质量(kg/m)
8	50.27	0.395
10	78.54	0.617
12	113.1	0.888
14	153.9	1.21
16	201.1	1.58
18	254.5	2.00
20	314.2	2.47
22	380.1	2.98
25	490.9	3.85
28	615.8	4.83
32	804.2	6.31
36	1018	7.99
40	1257	9.87

② 余热处理钢筋的力学性能和工艺性能应符合表 4-97 的规定。当冷弯试验时，受弯曲部位外表面不得产生裂纹。

余热处理钢筋力学性能和工艺性能　　　表 4-97

表面形状	钢筋级别	强度等级代号	公称直径(mm)	屈服点 σ_s(MPa)	抗拉强度 σ_b(MPa)	伸长率 δ_s(%)	冷弯试验 d——弯芯直径 a——钢筋公称直径
			不小于				
月牙肋	HRB400	KL400	8～25	440	600	14	90°$d=3a$
			28～40				90°$d=4a$

注：征得需方同意，在 KL400 HRB400 级钢筋性能符合《钢筋混凝土用钢　第二部分：热轧带肋钢筋》GB 1499.2—2007 中 HRB335 级钢筋的要求时，可按 RL335 级钢筋交货，此时应在质量证明书中注明。

2. 冷轧钢筋

冷轧带肋钢筋采用普通低碳钢或低合金钢热轧圆盘条为母材、经冷轧或冷拔减径，后在其表面冷轧带有沿长度方向均匀分布的三面或二面月牙形横肋的钢筋。

按照国家标准《冷轧带肋钢筋》GB 13788—2008 冷轧带肋钢筋的规格、力学性能和工艺性能分别见表 4-98、表 4-99。

冷轧带肋三面肋和二面肋钢筋的尺寸、质量及允许偏差 GB 13788—2008　　　表 4-98

公称直径 d(mm)	公称横截面积 (mm²)	质量		横肋中点高		横肋 1/4 处高 $h_{1/4}$ (mm)	横肋顶宽 b (mm)	横肋间隙		相对肋面积 f_t 不小于
		理论质量 (kg/m)	允许偏差 (%)	h (mm)	允许偏差 (mm)			L (mm)	允许偏差 (%)	
4	12.6	0.099	±4	0.30	+0.10 −0.05	0.24	～0.2d	4.0	±15	0.036
4.5	15.9	0.125		0.32		0.26		4.0		0.039
5	19.6	0.154		0.32		0.26		4.0		0.039
5.5	23.7	0.186		0.40		0.32		5.0		0.039
6	28.3	0.222		0.40		0.32		5.0		0.039
6.5	33.2	0.261		0.46		0.37		5.0		0.045
7	38.5	0.302		0.46		0.37		5.0		0.045
7.5	44.2	0.347		0.55		0.44		6.0		0.045
8	50.3	0.395		0.55		0.44		6.0		0.045
8.5	56.7	0.445		0.55	±0.10	0.44		7.0		0.045
9	63.6	0.499		0.75		0.60		7.0		0.052
9.5	70.8	0.556		0.75		0.60		7.0		0.052
10	78.5	0.617		0.75		0.60		7.0		0.052
10.5	86.5	0.679		0.75		0.60		7.4		0.052
11	95.0	0.746		0.85		0.68		7.4		0.056
11.5	103.8	0.815		0.95		0.75		8.4		0.056
12	113.1	0.888		0.95		0.75		8.4		0.056

注：二面肋钢筋允许有高度不大于 0.5h 的纵肋。

当进行弯曲试验时，受弯曲部位表面不得产生裂纹。反复弯曲试验的弯曲半径见表 4-100。

冷轧带肋钢筋力学性能和工艺性能 GB 13788—2008 表 4-99

牌号	$R_{PO.2}$ (MPa) 不小于	R_m (MPa) 不小于	伸长率(%) 不小于		弯曲试验 180°	反复弯曲次数	应力松弛 初始应力相当于公称抗拉强度的 70%
			$A_{11.3}$	A_{100}			1000h 松弛率(%)不大于
CRB550	500	550	8.0	—	$D=3d$	—	—
CRB650	585	650	—	4.0	—	3	8
CRB800	720	800	—	4.0	—	3	8
CRB970	875	970	—	4.0	—	3	8

反复弯曲试验的弯曲半径 GB 13788—2008 表 4-100

钢筋公称直径(mm)	4	5	6
弯曲半径(mm)	10	15	15

冷轧带肋钢筋强度标准值和强度设计值。

冷轧带肋钢筋强度标准值和强度设计值 GB 13788—2008 表 4-101

钢筋级别	钢筋直径(mm)	f_{stk} 或 f_{ptk}	f_y 或 f_{py}	f'_y 或 f'_{py}
CRB500	5、6、7、8、9、10、11、12	550	360	360
RB650	5、6	650	530	380
CRB800	5	800	530	380
CRB970	5	970	650	380

3. 冷拉钢筋

按标准《冷拉钢筋》，冷拉钢筋的力学性能不低于表 4-102 规定。冷拉后的钢筋不得有裂纹、起皮等现象。

冷拉钢筋的力学性能 表 4-102

钢筋级别	钢筋直径 (mm)	屈服强度 (MPa)	抗拉强度 (MPa)	伸长率 δ_{10} (%)	弯曲性能	
		不小于			弯曲角度	弯曲直径
Ⅰ级	≤12	280	370	11	180°	$3d$
Ⅱ级	≤25	450	510	10	90°	$3d$
	28～40	430	490	10	90°	$4d$
Ⅲ级	8～40	500	570	8	90°	$5d$
Ⅳ级	10～28	700	835	6	90°	$5d$

冷拉钢筋强度高，用它配筋的构件裂缝开展比较大，一般不宜用于普通混凝土轴心受拉和小偏心受拉构件中。冷拉后钢筋性能变脆，一般也不宜用于受冲击荷载或重复荷载的构件以及处于负温下的结构。钢筋冷拉后抗压强度并没有提高，所以冷拉钢筋用作受压钢筋时，不计其冷拉强度提高值。

冷拉Ⅱ、Ⅲ、Ⅳ级钢筋可用作预应力混凝土结构的预应力筋。

4. 低碳冷拔钢丝

低碳冷拔钢丝有低碳钢丝和碳素钢丝两种，由直径 6～8mm 的普通热轧圆盘条冷拔而成，分为甲、乙两个等级，其力学性能见表 4-103。

低碳冷拔钢丝力学性能　　表 4-103

钢筋级别	公称直径(mm)	屈服强度(MPa)	抗拉强度(MPa)	伸长率 δ_{100}(%)
		Ⅰ组	Ⅱ组	
		不小于		
甲级	5	650	660	3.0
	4	700	650	2.5
乙级	3～5	550		2.0

注：1. 甲级钢丝一般用作预应力筋，乙级钢丝用作非预应力筋。
2. 低碳冷拔钢丝经机械调直切断后，抗拉强度会降低 50MPa。

5. 冷轧扭钢筋

冷轧扭钢筋混凝土结构构件以板类及中小型梁类受弯构件为主。冷轧扭钢筋比采用普通热轧圆盘条钢筋节省钢材 35%～40%，经济效益明显。

按建工标准《冷轧扭钢筋》JG 190—2006 规定，外形尺寸、力学参数见表 4-104、表 4-105。

冷轧扭钢筋规格及截面参数　　表 4-104

强度级别	型号	标志直径 d(mm)	公称截面面积(mm^2)	理论质量(kg/m)
CTB550	Ⅰ	6.5	29.50	0.232
		8	45.30	0.356
		10	68.30	0.536
		12	96.14	0.755
CTB550	Ⅱ	6.5	29.20	0.229
		8	42.30	0.332
		10	66.10	0.519
		12	92.74	0.728
	Ⅲ	6.5	29.86	0.234
		8	45.24	0.355
		10	70.69	0.555
CTB650	Ⅲ	6.5	28.20	0.221
		8	42.73	0.335
		10	66.76	0.524

冷轧纽钢筋力学性能　　表 4-105

级别	型号	抗拉强度 f_{yk}(MPa)	伸长率 A(%)	180°弯曲(弯芯直径=$3d$)
CTB550	Ⅰ	≥550	$A_{11.3}\geqslant 4.5$	弯曲部位钢筋表面不得有裂纹
	Ⅱ		$A\geqslant 100$	
	Ⅲ		$A\geqslant 12$	
CTB650	Ⅲ	≥650	$A_{100}\geqslant 4$	

6. 预应力混凝土用钢筋

用于预应力混凝土的钢筋有光面或刻痕的冷拉钢丝、消除应力的高强度钢丝。冷拉钢丝代号为RCD、消除应力钢丝为S、消除应力刻痕钢丝为SI、消除应力螺旋肋钢丝为SH。

（1）预应力钢丝的尺寸、质量及允许偏差

光面钢丝的尺寸和允许偏差应符合表4-106的规定。

钢丝尺寸及允许偏差　　表4-106

公称直径(mm)	直径允许偏差(mm)	横截面积(mm^2)	质量(kg/m)
3	0.04	7.07	0.055
4		12.57	0.099
5	±0.04	19.63	0.154
6		28.27	0.222
7	±0.04	38.48	0.302
8		50.26	0.394
9		63.62	0.409

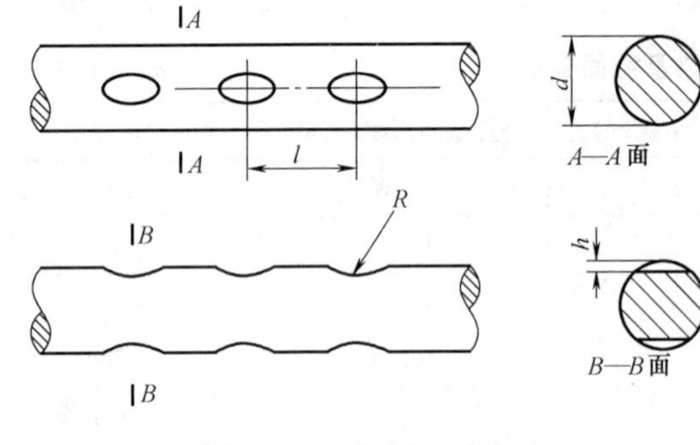

图4-44　轧痕钢丝外形

钢丝的不圆度不得超出公差之半。每盘钢丝由一根组成，盘重一般不小于800kg，最低质量不小于200kg，每交货批中最低质量的盘数不得多于10%。消除应力钢丝直径不大于5mm的，盘径不小于1700mm；直径大于5mm的，盘径不小于2000mm。冷拉钢丝的盘径不小于600mm；经协议也可供应盘径不小于550mm的钢丝。

（2）预应力混凝土用热处理钢筋。外形分为有纵肋和无纵肋两种。预应力混凝土用热处理钢筋强度高，配筋根数少，锚固性好，开盘后自然伸直，施工简便，可代替高强钢丝使用。

预应力混凝土用冷拉钢丝的力学性能　　表4-107

公称直径(mm)	抗拉强度(MPa)不小于	屈服强度(MPa)不小于	最大力下总伸长率(L=200mm) δ_{gt}(%)不小于	弯曲次数(次/180°)不小于	弯曲半径R(mm)	应力松弛	
						初始应力相当于抗拉强度的百分数(%)	1000h后应力松弛率r(%)不大于
3	1470	1100	1.5	4	7.5	70	8
4	1570	1180			10		
5	1670	1250			15		
	1770	1330					
6	1470	1100		5	15		
7	1570	1180			20		
8	1670	1250			20		
	1770	1330					

预应力混凝土用消除应力光圆及螺旋肋钢丝的力学性能　　表 4-108

公称直径(mm)	抗拉强度(MPa)不小于	屈服强度 MPa 不小于		最大力下总伸长(L=200mm) δ_{gt}(%)不小于	弯曲次数(次/180°)不小于	弯曲半径 R(mm)	应力松弛		
		WLR	WNR				初始应力相当于抗拉强度的百分数(%)	1000h后应力弛率 r(%)不大于 WLR	1000h后应力弛率 r(%)不大于 WNR
4	1470	1290	1250						
	1570	1380	1330		3	10			
4.8	1670	1470	1410						
	1770	1560	1500				60	1.0	4.5
5	1860	1640	1580		4	15			
6	1470	1290	1250		4	15	70	2.0	8
6.25	1570	1380	1330	3.5	4	20			
	1670	1470	1410		4	20	80	4.5	12
7	1770	1560	1500						
8	1470	1290	1250		4	20			
9	1570	1380	1330		4	25			
10	1470	1290	1250		4	25			
12					4	30			

预应力混凝土用消除应力刻痕钢丝的力学性能　　表 4-109

公称直径(mm)	抗拉强度(MPa)不小于	屈服强度(MPa)不小于		最大力下总伸长(L=200mm) δ_{gt}(%)不小于	弯曲次数(次/180°)不小于	弯曲半径 R(mm)	应力松弛		
		WLR	WNR				初始应力相当于抗拉强度的百分数(%)	1000h后应力弛率 r(%)不大于 WLR	1000h后应力弛率 r(%)不大于 WNR
≤5	1470	1290	1250						
	1570	1380	1330						
	1670	1470	1410			15	60	1.5	4.5
	1770	1560	1500						
	1860	1640	1580	3.5	3		70	2.5	8
>5	1470	1290	1250						
	1570	1380	1330				80	4.5	12
	1670	1470	1410			20			
	1770	1560	1500						

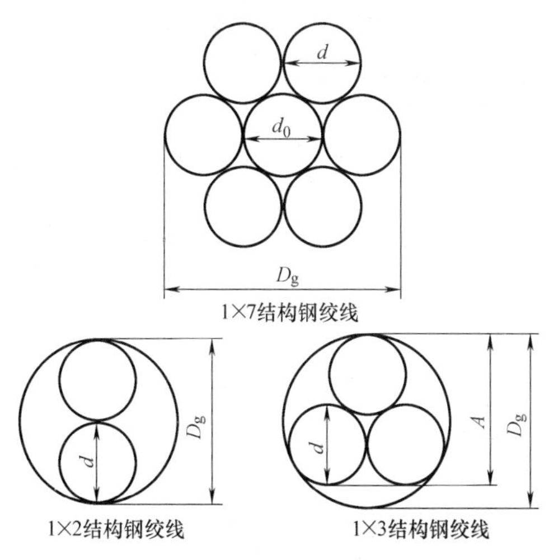

图 4-45　钢绞线图形

预应力钢绞线的力学性能　　　　**表 4-110**

钢绞线结构	钢绞线公称直径（mm）	抗拉强度不小于（MPa）	整根钢绞线的最大力（kN）	规定非比例延伸率（kN）	最大力下总伸长率（%）	应力松弛性能	
			不小于			初始负荷相当于公称最大力的百分数（%）	1000h 后松弛率 γ(%) 不大于
1×7	9.50	1720	94.3	84.9	3.5	60 70 80	1.0 2.5 4.5
		1860	102	91.8			
		1960	107	96.3			
	11.10	1720	128	115			
		1860	138	124			
		1960	145	131			
	12.70	1720	170	153			
		1860	184	166			
		1960	193	174			
	15.20	1470	206	185			
		1570	220	198			
		1670	234	211			
		1720	241	217			
		1860	260	234			
		1960	274	247			
	15.70	1770	266	239			
		1860	279	251			
	17.8	1720	327	294			
		1860	353	318			
(1×7)c	12.70	1860	208	187			
	15.20	1820	300	270			
	18.00	1720	384	346			

注：规定非比例延伸力不小于整根钢绞线公称最大力的 90%。

（3）预应力筋强度设计值

预应力钢筋强度设计值（N/mm^2）　　　　**表 4-111**

种　类		符　号	标准强度 f_{ptk}	设计强度 f_{py}
钢绞线	1×3	ΦS	1860	1320
			1720	1220
			1570	1110
	1×7		1860	1320
			1720	1220
消除应力钢丝	光面螺旋肋	ΦP ΦH	1770	1250
			1670	1180
			1570	1110
	刻痕	ΦI	1570	1110
热处理钢筋	$40Si_2Mn$	ΦHT	1470	1040
	$48Si_2Mn$			
	$45Si_2Cr$			

4.6.3　钢筋的力学性能

钢筋主要由低碳素钢和低合金钢两种钢材构成，热轧钢筋力学性能相对较软属于软钢，热处理钢筋及高强钢丝力学性能强度高而硬属于硬钢，两者的力学性能是很不相同的。

软钢的应力-应变曲线如图 4-46（*a*）所示，图中钢筋的受力分为四个阶段：

（1）*o*-*a* 完全弹性段。与 *a* 相对应的应力为弹性极限（σ_p），在此阶段应力与应变完全呈线性关系，其比值为常数，称为弹性模量 E。

（2）*a*-*c* 屈服段。当荷载增大应力超过 σ_p 时，产生塑性变形，应力和应变不再成比例。通常以屈服点的低值作为钢筋屈服极限（σ_s）。屈服极限是软钢的重要强度指标，当钢筋应力达到屈服极限后，应变迅速增大，使混凝土裂缝开展，构件变形过大，结构不能正常使用。故设计中软钢钢筋的强度取值以屈服极限为依据，钢筋的强化段只作为一种安全储备考虑。

（3）*c*-*d* 强化段。荷载超过屈服极限后，试件金属内部晶格组织重新排列，结构承受变形能力又提高，曲线最高点的应力称为极限强度（σ_b）。

（4）*d*-*e* 颈缩破坏段。达到极限强度后，试件薄弱处断面迅速缩小，塑性变形急剧增加，产生颈缩现象，到达 *c* 点时试件被拉断。

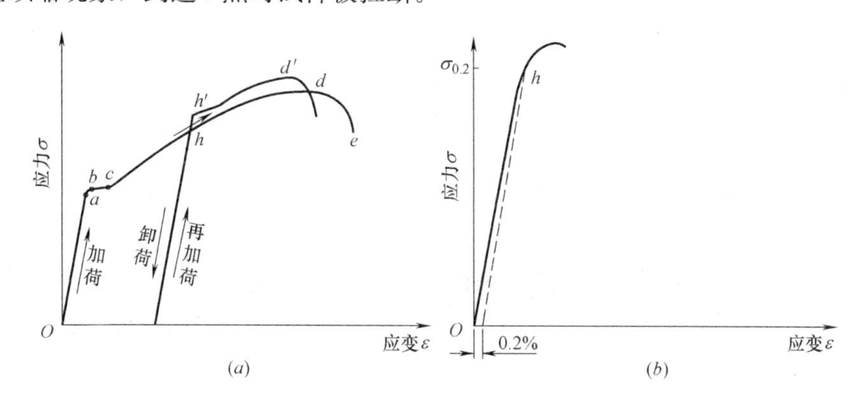

图 4-46　钢筋受拉应力-应变图

（*a*）软钢受拉应力-应变图；（*b*）硬钢受拉应力-应变图

试件的断裂长度与试件原始长度值之比称为伸长率。伸长率是钢筋塑性的重要技术指标，伸长率越大，钢筋塑性越好。

钢筋的塑性除用伸长率表示外，还用冷弯试验来检验。冷弯时把钢筋环绕在直径为 d 的钢辊外弯转 α 角而要求不发生裂纹。冷弯角越大、钢辊直径越小钢筋塑性越好。

钢筋中含碳量越高，屈服极限和极限强度就越高，伸长率则越小。

硬钢的强度高、塑性差、脆性大、伸长率小，加载过程中没有明显的阶段区分，不存在屈服极限。因此在构件中用硬钢配筋，受拉破坏断裂前没有明显的预兆，会突然脆断。

钢筋在多次反复加载时会呈现出疲劳特性。这是由于钢筋内部的缺陷及表面形状突变引起的应力集中造成的，应力集中过大时，使钢筋发生微裂缝，在应力反复作用下，裂缝不断开展发生突然断裂。

徐变和应力松弛是钢筋的重要力学特性。徐变是钢筋受长期恒载作用下，塑性变形逐渐增大发生的现象。如在上述作用过程中长度恒定不变，则产生应力松弛现象。徐变和应力松弛的影响因素较多，主要是钢材的化学成分、加工工艺、应用条件和环境温度等因素。徐变和应力松弛会影响到钢筋在结构中的承载作用，特别是在预应力混凝土结构中。

设计混凝土构件时，可根据其工作条件、混凝土的等级和品种、荷载特点、环境状况、加工方法等诸方面因素，合理选用钢筋。

4.6.4　钢筋构件加工

1. 钢筋进厂

进厂钢筋必须具备质量证明书和试验报告单，每捆钢筋应挂牌。除了直径小于 12mm 的 HPB235 级钢筋均需作机械性能试验。钢筋外观表面不得有裂纹、结疤和皱折，外形尺寸符合规定。

2. 钢筋的保管

钢筋应按品种、等级、牌号、规格及不同的生产厂家分别码放，不能混放，并在显著位置设立明确的标牌。堆放在露天的钢筋不能直接堆放在地面，应用垫木架起，离地 20cm 以上，并用油布遮盖，防止淋雨和浸水。锈蚀严重的钢筋表面会产生麻坑、裂纹而削弱截面，要作除锈处理甚或降级使用，造成损失。钢筋表面要洁净，不应受油渍、油漆等污染。

3. 钢筋下料及弯配

（1）直线钢筋、弯起钢筋、箍筋下料及弯配

钢筋的加工必须符合设计和有关标准的规定。钢筋下料和弯配前需熟悉图纸了解技术要求，准确计算下料长度。

直线钢筋只需以构件标注尺寸减去保护层厚度即可得到。对于弯起钢筋、斜向钢筋及特殊形状构件配置的钢筋长度、形状一般以三角法或放样法确定。

① 三角法。利用三角函数关系求得弯起钢筋斜线段长度 c（见图 4-47）。从 $c=b/\sin30°$、$c=b/\sin45°$、$c=b/\cos30°$等公式得到表 4-112 的弯起钢筋斜段长度数值。

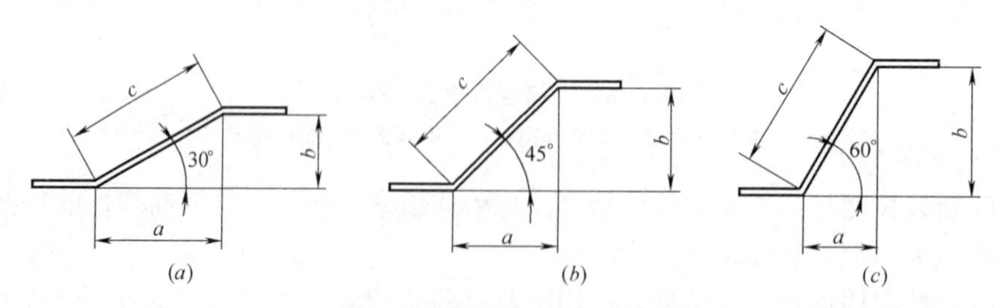

图 4-47　弯起钢筋斜段长度计算

（a）弯起 30°；（b）弯起 45°；（c）弯起 60°

弯起钢筋斜段长度计算　　　　**表 4-112**

弯起角度	30°	45°	60°
c	$2b$	$1.414b$	$1.155b$
	$1.155a$	$1.414a$	$2a$

注：1. 弯起钢筋水平投影长度。

2. 弯起钢筋高度。

3. 弯起钢筋斜段长度。

② 放样法。将钢筋配筋图按比例画成样图，通过对钢筋样图逐段量测，得到钢筋长度的方法。

钢筋弯曲时会发生弯曲压延伸长，其数值见表 4-113。

钢筋弯曲伸长值 **表 4-113**

序号	弯曲角度	伸长值(mm)	序号	弯曲角度	伸长值(mm)
1	30°	0.35d	3	90°	1.0d
2	45°	0.50d	4	180°	1.5d

注：d——钢筋直径。

承受拉力的光圆钢筋，为了防止在混凝土内滑动，在两端需要加工成半圆弯钩。螺纹钢筋、焊接网片、焊接骨架因本身已有足够的粘接能力，可不加弯钩。钢筋弯钩时需增加的下料长度见表 4-114。

钢筋弯钩增加长度值 **表 4-114**

钢筋直径 d (mm)	弯钩直径 D				钢筋直径 d (mm)	弯钩直径 D			
	2.5d	3d	4d	5d		2.5d	3d	4d	5d
	弯钩增加长度值(mm)					弯钩增加长度值(mm)			
6	28	32	38	45	17	81	90	108	126
7	33	37	44	52	18	85	95	114	134
8	38	42	51	59	19	90	100	121	141
9	43	48	57	67	20	95	106	127	148
10	47	53	64	74	22	104	116	140	163
11	52	58	70	82	24	114	127	152	178
12	57	63	76	89	26	123	137	165	193
`13	62	69	83	96	28	133	148	178	208
14	66	74	89	104	30	142	158	191	223
15	71	79	99	111	32	152	169	203	237
16	76	84	102	119	—	—	—	—	—

注：① 表中数值已扣除钢筋弯曲伸长值。
② 机制弯钩不需加钩端的平直段时，上表数值扣除 3d。

综上所述，钢筋下料长度按式（4.6-1）、式（4.6-2）、式（4.6-3）计算：

$$直线钢筋长度=构件长度-保护层厚度+弯钩增加长度 \quad (4.6\text{-}1)$$

$$弯起钢筋长度=直线长度+斜段长度-弯曲伸长值+弯钩增加长度 \quad (4.6\text{-}2)$$

$$箍筋下料长度=箍筋长度+箍筋调整值 \quad (4.6\text{-}3)$$

钢筋有一定的规格，不可能刚好是构件所用的长度，需进行钢筋连接。钢筋连接方法常用的有绑扎、焊接和机械连接。钢筋如需连接，上述钢筋还应增加连接长度。闪光对焊连接长度为 1d（d 为钢筋直径）；单面焊 HPB235 级钢筋搭接长度为 8d、HPB300 级钢筋搭接长度为 10d；双面焊 HPB235 级钢筋搭接长度为 4d、HPB300 级钢筋搭接长度为 5d；绑扎钢筋搭接长度见表 4-115。

绑扎钢筋接头的搭接长度 表 4-115

钢筋级别	C15 混凝土		C20～C30 混凝土		≥C35 混凝土	
	受压	受拉	受压	受拉	受压	受拉
Ⅰ级钢筋 Ⅱ级钢筋 HPB235	$25d$ $30d$	$35d$ $40d$	$20d$ $25d$	$30d$ $35d$	$15d$ $20d$	$25d$ $30d$
Ⅲ级钢筋 HRB335 Ⅳ级钢筋 HRB400	$35d$ $40d$	$45d$ $50d$	$30d$ $35d$	$40d$ $45d$	$25d$ $30d$	$35d$ $40d$

注：① 两根不同直径的钢筋搭接，以较细的钢筋直径计算。
② 在任何情况下，受拉钢筋的搭接长度不小于 300mm、受压钢筋的搭接长度不小于 200mm。

（2）曲线钢筋下料及弯配

在水泥混凝土制品中弧形曲线构件较多，如盾构管片、椭圆涵管、卵形涵管、三圆拱涵、箱涵等。这类制品的钢筋下料长度可用渐近法或放样法确定。

① 渐近法是将曲线钢筋长度分成较小段直线计算的方法。计算时，根据曲线的方程 $y=f(x)$，沿水平方向分段，分段越细，计算结果越正确，然后从已知 x 值求得相应的 y 值，再用三角公式求取每段斜长，叠加后得到曲线钢筋的全长 L（近似值）。

$$L=2\sum\sqrt{(x_i-x_{i-1})^2+(y_i-y_{i-1}{}^2)} \tag{4-53}$$

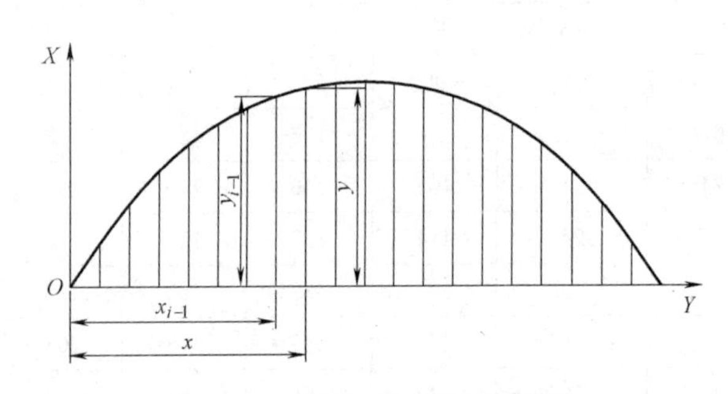

图 4-48 曲线钢筋长度计算简图

② 曲线钢筋放样可按构件曲线方程计算出部分关键点的尺寸，画出钢筋的图样，然后用铁丝按钢筋的图样制作成与钢筋图样相同的曲线，展开后量得钢筋的净长度，按上述公式调整后计算出曲线钢筋的下料长度。

③ 圆形构件钢筋下料长度

混凝土圆形检查井的盖板和底板等构件一般按直线配筋，其长度计算方法是先计算钢筋所在位置的弦长，再减去两端保护层厚度。当配筋为双数时，有相同的两组配筋；当配筋为单数时，其中最长的一根是通过圆心的直径，其余为相同的两组配筋。

④ 螺旋箍筋下料长度

圆形构件中（如电杆、管桩等），螺旋箍筋沿主筋表面缠绕。预应力混凝土梁中，预应力钢筋的锚固端在预应力钢筋的外周也要放置螺旋筋。每米螺旋筋的下料长度按下式计算：

$$l=1000/a\times\sqrt{(\pi D)^2+a^2}+\pi D/2 \tag{4.6-4}$$

式中 l——每米螺旋筋的下料长度，mm；

a——螺距，mm;

D——螺旋筋从螺旋中心至钢筋中心的距离，mm。

4. 中间半成品存放

已下料和弯曲成形后的钢筋按构件名称、钢筋形式、钢筋号挂牌排列，不许混放。

5. 钢筋加工处理

(1) 钢筋除锈

生锈的钢筋不能与混凝土很好的粘合，造成混凝土结构承载力和耐久性降低。在预应力结构中，承载作用主要靠预应力钢筋与混凝土之间的粘接力，更不能使用有锈的钢筋。因此，钢筋的防锈除锈是钢筋加工中重要的一项工作，要求把钢筋表面的锈皮和油污都去除干净。

钢筋的除锈在调直后、弯曲前进行，首先利用冷拉、调直工序的除锈功能。钢筋除锈常用人工除锈、机械除锈、酸洗除锈。

人工除锈一般使用钢丝刷、砂轮片、麻袋布擦拭或将钢筋在砂堆中来回拉动除锈。

机械除锈法主要是用自制的圆盘钢丝刷除锈机除锈，较细直径的光圆钢筋可在冷拉或调直过程中自动除锈。大批量钢筋除锈可用喷砂机法除锈，高压砂流喷击钢筋表面，除锈效率高、效果好。

当钢筋需进行冷拔加工时，一般要先对钢筋表面酸洗除锈，延长拔丝模的使用寿命。将盘圆钢筋放进硫酸或盐酸溶液中，经化学反应去除锈皮。在酸洗前通常先进行机械除锈，这样可以缩短酸洗时间、节省酸洗溶液。

酸洗除锈技术参数　　表 4-116

工序名称	时间(min)	设备及技术参数
机械除锈	5～10	倒盘机，台班产量约 5～6t
酸洗	20	硫酸液浓度：循环酸洗法 15%左右 酸洗温度：50～70℃用蒸汽加温
清洗	30	压力水清洗 3～5min，清水淋洗 20～25min
石灰肥皂液中和	5	石灰肥皂液配制：石灰水 100kg，动物油 15～20kg，肥皂粉 3～4kg，水 300～400kg 石灰肥皂液用蒸汽加热
干燥	120～240	阳光自然干燥

(2) 钢筋调直

弯曲不直的钢筋不能与混凝土共同作用，导致混凝土出现裂缝。用不直的钢筋计量下料，钢筋的长度不可能准确，会影响到钢筋成型、骨架制作等工序的准确性。钢筋调直主要用手工调直和机械调直。

直径 10mm 以下的盘条钢筋，一般用手工调直，也可用导轮牵引调直和冷拉调直。直

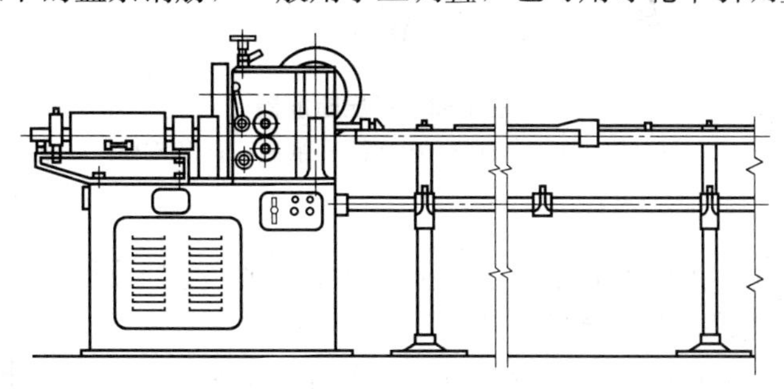

图 4-49　钢筋调直切断机外型图

径小于14mm钢筋及冷拔钢丝可用机械调直机调直和定长切断。粗钢筋一般用手工或机械平锤锤压弯折部位进行调直。

（3）钢筋切断

钢筋切断时应根据构件配筋和钢筋情况确定下料方案，确保钢筋品种、规格、尺寸符合设计要求以及有效地利用钢筋。

钢筋切断方法有手工方法和机械方法。手工方法主要工具有断丝钳、克子、手工断筋器，机械切断有手动液压切断机和机械切断机（见图4-50～图4-54）。直径16mm以内钢筋可用手工方法切断，16mm以上钢筋通常须用机械切断。

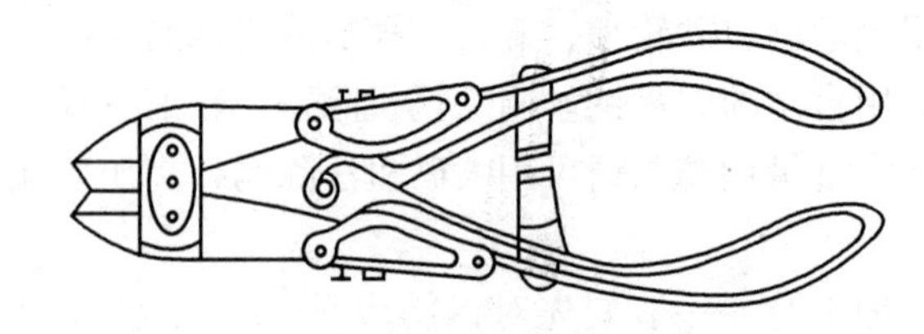

图4-50　断丝钳

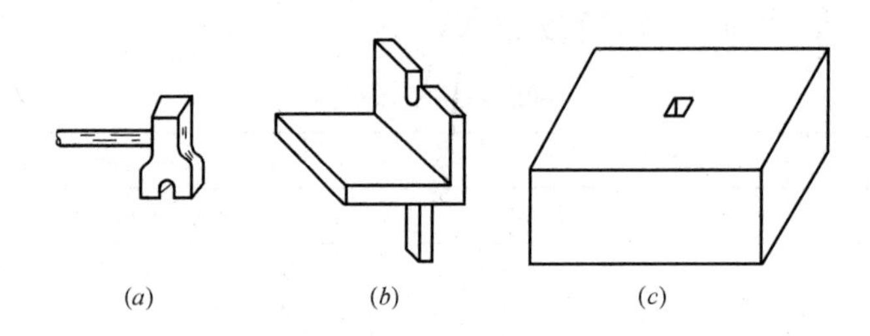

图4-51　克子断筋器

（a）上克；（b）下克；（c）铁砧

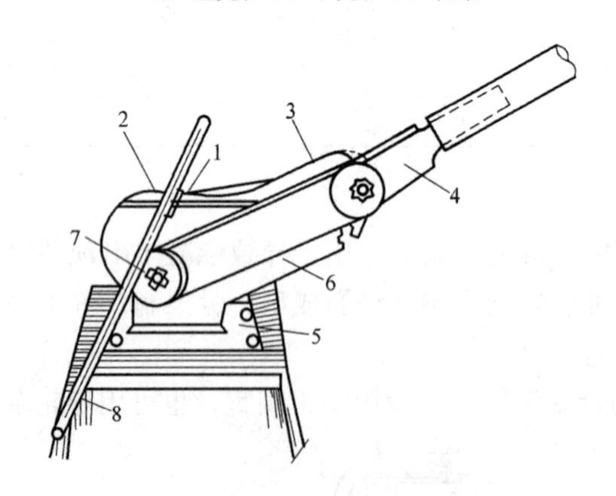

图4-52　手压断筋器

1—固定刀；2—活动刀；3—夹板；4—手柄；5—底座；6—固定板；7—轴；8—钢筋

（4）钢筋弯曲成形

钢筋弯曲成形是保证钢筋骨架加工质量的重要工序，弯曲成形操作时要严格保证成形后的钢筋尺寸、形状符合图纸要求。

加工时根据钢筋的弯曲类型、弯曲角度、弯曲半径等因素，分段计算出各段长度，通过试弯成形达到要求后，确定弯曲加工操作工序。在操作过程中，还应定时、定量检查成

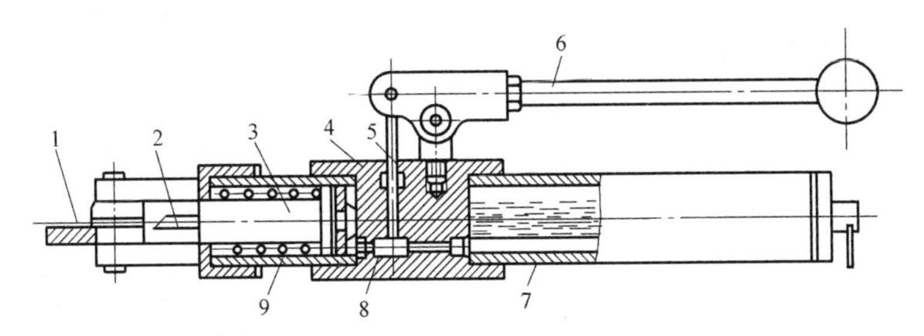

图 4-53　型手动液压断筋器

1—滑轨；2—刀片；3—活塞；4—缸体；5—柱塞；6—压杆；7—贮油筒；8—吸油阀；9—复位弹簧

图 4-54　钢筋切断机

形后的钢筋弯曲加工质量。

钢筋弯曲成形方法有手工方法和机械方法。手工方法主要工具有手摇扳手、钢筋卡盘扳手，机械弯曲成形有钢筋弯曲机（见图 4-55、图 4-56）。

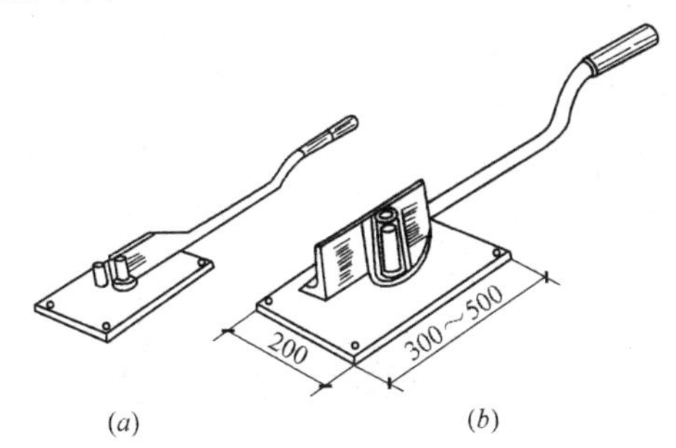

图 4-55　弯曲手摇扳手

（a）单根钢筋弯曲手摇扳手；（b）多根钢筋弯曲手摇扳手

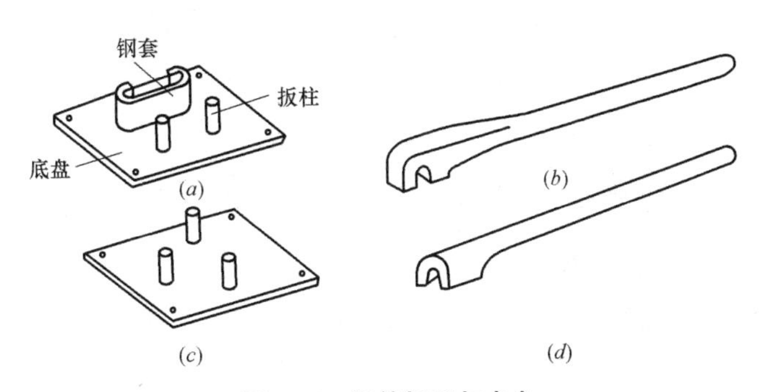

图 4-56　钢筋扳子与卡盘

（a）四扳柱底盘；（b）三扳柱底盘；（c）横口扳子；（d）顺口扳子

弯曲手摇扳手用于弯制 12mm 以下钢筋。钢筋扳子可弯制 32mm 以下钢筋。常用钢筋弯曲机型号为 GW40，可弯曲最大直径 40mm 的钢筋。

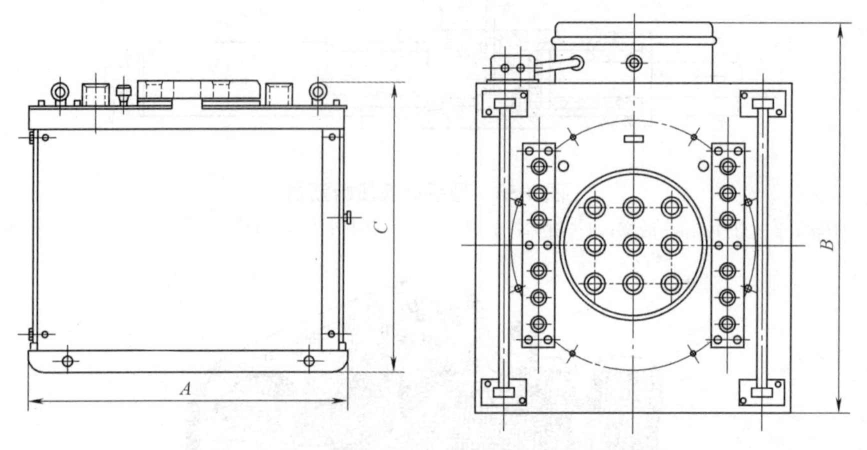

图 4-57　钢筋弯曲机

(5) 钢筋骨架制作

钢筋骨架制作是用已下料加工成形的钢筋按构件图纸要求安装绑扎（或焊接）成形的工序，是水泥制品生产的重要工序。

混凝土圆管及异形涵管中的四圆拱涵、弧涵等都可使有用钢骨架滚焊机制作，钢筋线材连续输送至焊头，边焊接边旋转，直至达到规定长度。

图 4-58　连续输筋钢筋滚焊机

图 4-59　钢筋骨架滚焊机

图 4-60　立式钢筋骨架滚焊机

大型箱涵，尺寸大、钢筋直径粗，钢筋骨架较难采用连续滚焊方式成型，为了提高钢筋骨架制作的工效和降低材料耗量，一般先按配筋要求制作钢筋网片，这类网片都可由钢筋网片成型机制作，然后再组合成钢筋骨架。

图 4-61 钢筋网片焊接机

图 4-62 焊接成的钢筋网片

通常钢筋骨架制作工序如下：

① 制作钢筋骨架前的准备工作

充分了解钢筋骨架制作有关规范，熟悉图纸要求。绑扎钢筋接头时，注意接头扎牢，保证主筋位置，确保整个钢筋骨架焊扎牢固，不发生变形和松脱现象。直径大于 25mm 的钢筋不应采用绑扎接头。

② 钢筋骨架制作工序

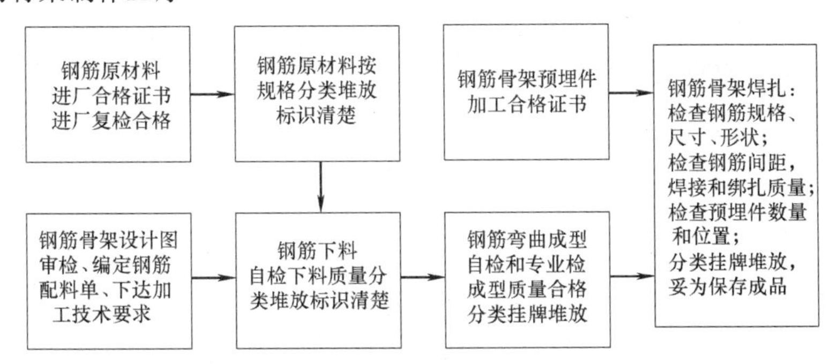

图 4-63 钢筋骨架制作工序流程

③ 钢筋骨架质量要求

水泥制品的承受荷载能力、使用寿命等重要技术参数取决于骨架的质量。保证钢筋骨架质量的主要要求是：

a. 配置的钢筋品种、级别、直径、根数等符合设计要求。

b. 钢筋连接达到规定强度。

c. 弯曲成形的钢筋半成品尺寸、形状符合图纸规定，并防止存放过程中的变形。

d. 绑扎成型时铁丝须扎紧，不得有滑动、折断、移位等现象。

e. 焊接成型时，焊接牢固，焊接处不得有缺口、裂纹及药皮。

f. 焊扎的骨架须稳定牢固，在浇筑混凝土时不得有松动和变形。

g. 偏差不超过表 4-117、表 4-118 所列规定值。

钢筋加工允许偏差表　　表 4-117

<table>
<tr><th rowspan="2">序号</th><th rowspan="2" colspan="2">检测项目</th><th rowspan="2">允许偏差(mm)</th><th colspan="2">检测频率</th><th rowspan="2">检测方法</th></tr>
<tr><th>范围</th><th>点数</th></tr>
<tr><td>1</td><td colspan="2">受力钢筋成型长度</td><td>+5　−10</td><td rowspan="5">每根(每一类型抽查10%,且不少于5件)</td><td>1</td><td rowspan="3">钢尺</td></tr>
<tr><td rowspan="2">2</td><td rowspan="2">弯起钢筋</td><td>弯起点位置</td><td>±20</td><td>1</td></tr>
<tr><td>弯起高度</td><td>0　−10</td><td>1</td></tr>
<tr><td>3</td><td colspan="2">箍筋尺寸</td><td>0　−3</td><td>2</td><td>钢尺,宽高各1点</td></tr>
<tr><td>4</td><td colspan="2">钢筋总长</td><td>+5　−10</td><td>1</td><td>钢尺</td></tr>
</table>

钢筋骨架质量要求表　　表 4-118

<table>
<tr><th rowspan="2">序号</th><th rowspan="2" colspan="2">检测项目</th><th rowspan="2">允许偏差(mm)</th><th colspan="2">检测频率</th><th rowspan="2">检测方法</th></tr>
<tr><th>范围</th><th>点数</th></tr>
<tr><td rowspan="2">1</td><td rowspan="2">钢筋网片</td><td>长、宽尺寸</td><td>±10</td><td rowspan="2">每片(每一类抽查10%)</td><td>2</td><td>钢尺</td></tr>
<tr><td>分布筋间距</td><td>±5</td><td>1</td><td>钢尺</td></tr>
<tr><td rowspan="4">2</td><td rowspan="4">骨架外形</td><td>长、宽、高尺寸</td><td>+5
−10</td><td rowspan="4">每个骨架</td><td>3</td><td>钢尺</td></tr>
<tr><td>主筋间距</td><td>±5</td><td>2</td><td>钢尺</td></tr>
<tr><td>网片间距</td><td>+5　−10</td><td>2</td><td>钢尺</td></tr>
<tr><td>箍筋间距</td><td>±10</td><td>1</td><td>钢尺</td></tr>
</table>

第五章　混凝土管生产工艺

混凝土管生产工艺常用的有，离心工艺，悬辊工艺，立式振动工艺，芯模振动工艺，径向挤压工艺，轴向挤压工艺。我国是混凝土管生产大国，各种工艺俱全，离心工艺、悬辊工艺及立式振动工艺应用较为普遍，近二十年芯模振动工艺迅速崛起，径向挤压工艺也因其极高的生产效率，国内水泥制品机械制造厂家在吸取国外先进技术基础上，研制开发了新型径向挤压制管机。

生产工艺是制造产品的核心，了解工艺、掌握工艺，是水泥制品企业技术人员最基本技能。

5.1　离心工艺

用离心工艺成型的混凝土，习惯上称为离心混凝土，其制品称之为离心水泥制品。成型过程中混凝土在管状钢模内随管模旋转，借助于离心力的作用制成管状混凝土。离心工艺生产水泥制品方法简便、效率较高、质量较好，长期以来大量用于制造排水管、压力输水管、电杆、管桩等。

离心工艺发展历史悠久，由澳大利亚人休莫（W. R. Hume）发明，1906 年使用离心工艺生产电杆、1910 年生产混凝土管（日本称为休莫管）、1927 年生产混凝土管桩。我国 20 世纪 30 年代在北京、辽阳等地建立离心混凝土管厂。离心水泥制品广泛用于市政、公路、水利、铁路等工农业输水、排水工程。

5.1.1　离心混凝土的成型原理

离心混凝土成型过程是：钢模慢速起转后，混凝土沿管模内壁摊开，形成中空管形，随着管模转速加快、离心力加大，混凝土中固相粒子沿着离心力方向沉降，混凝土内的水分、泥浆部分被排出，混凝土逐渐得到密实，从而管件成型（见图 5-1）。

可见，混凝土的旋转离心成型，主要是靠离心力的作用。

物体在作旋转时所产生的离心力，是和该物体的质量、角速度的二次方、旋转半径成正比例的，也就是和该物体的体积、密度、转速二次方、旋转半径成正比例。计算公式是：

$$P_s = m\omega^2 r = V\frac{\gamma_g}{g}\left(\frac{2\pi n}{60}\right)^2 r = 1.12\times10^{-6}V\gamma_g nr \tag{5.1-1}$$

式中　P_s——颗粒所受离心力，N；

m——颗粒质量，g；

ω——旋转角速度，$\left(\frac{2\pi n}{60}\right)$；

r——旋转半径，mm；
V——颗粒体积，mm^3；
γ_g——颗粒密度，g/cm^3；
g——重力加速度，$9810mm/s^2$；
n——旋转速度，转/min。

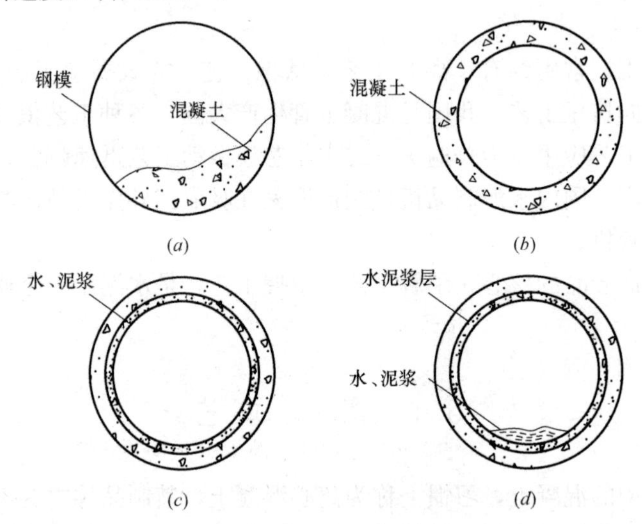

图 5-1　离心混凝土离心成型过程示意图

(a) 初始投料时；(b) 慢速旋转中；(c) 快速旋转中；(d) 快速旋转后

混凝土拌合物由水泥、砂、石、水等多种物料组成，通常被视为多相的，它们的颗粒体积、表观密度不同，是大小相差悬殊的悬浮体系，即使它们的旋转速度、旋转半径相同，而各自所受的离心力相差却很大。

混凝土中组成颗粒旋转离心力　　　　**表 5-1**

颗粒类别	颗粒直径 (mm)	颗粒体积 (mm^3)	颗粒密度 (kg/m^3)	旋转速度 (rpm)	旋转半径 (mm)	颗粒离心力 (N)
石子	30	14140	2600	400	600	39.4
	20	4188				11.7
	10	524				1.46
砂	5	65	2600	400	600	0.18
	3	14				0.04
	1	0.5				0.002
砂、石细粉	0.15	0.002	2600	400	600	0.000005
泥粉、粉煤灰某些混合材	0.08(80μ) 0.04(40μ)	0.0003 0.00003	2600	400	600	0.0000007
水泥	0.08(80μ) 0.04(40μ) 0.02(20μ)	0.0003 0.00003 0.000004	3100	400	600	0.0000009 0.0000001 0.00000001
水	不定		1000	400	600	为同体积砂石颗粒离心力的1/2.6、为同体积水泥颗粒离心力的1/3.1

从表 5-1 可知，混凝土中石子颗粒离心力可大到数十 N，砂子颗粒离心力较小，小到零点几 N 以下，而水泥和其他细粉颗粒的离心力则更小，小到千万分之 N。

在坍落度较大的混凝土拌合物中，可认为石子是悬浮在砂浆液相系统内，砂子颗粒是悬浮在水泥浆液相系统内，而水泥（泥粉等）是悬浮在水内的。因此，当混凝土随钢模快速旋转时，各种颗粒由于离心力相差悬殊，相互之间要发生相对移动。石子颗粒的离心力最大、沉降速度最快，极力外移，移向模壁，形成相互搭接的堆聚结构，水泥砂浆填充于石子颗粒间的空隙中，组成密实的混凝土层。剩余的一部分砂浆被排挤出外，在内形成一个砂浆层，砂浆层中砂子颗粒在水泥砂浆系统内也发生离析外移，排挤剩余部分的水泥和水。随着离心时间延长，水泥（泥粉等）粒子也发生离析、沉降外移，排出泥粉、水分。在整个离心离析过程中，由管体混凝土中排挤出来的泥浆的浓度，逐渐由浓变稀，充分离心离析时，甚至可能接近清水。

实际上，混凝土有相当大的黏稠性，各种颗粒不是真正处于液相系统中，也不是处在完全的游离状态下，它们的相对位移，将随混凝土混合物的流动性、黏稠性的不同，而受到相应程度的阻滞作用。但从生产中观察到的现象，是可以用“相对移动”来说明离心混凝土离析现象的。

颗粒沉降过程中周围液态介质对颗粒产生的阻滞力大小与液态介质的黏度和颗粒的运动速度有关，根据斯托克斯（Stokes）沉降定理，固相颗粒在液相中沉降受到的阻滞力计算公式：

$$F_z = 6\pi\eta\rho v_t \tag{5.1-2}$$

式中　F_z——颗粒在液相中沉降受到的阻滞力，N；

η——黏度系数，N/mm·s；

ρ——颗粒半径，mm；

v_t——颗粒移动速度，mm/s。

当作用在颗粒上的离心力和阻滞力相等时，颗粒便等速度沉降，颗粒沉降速度可用式（5.1-3）计算：

$$v_t = \frac{2\rho^2(\gamma_g - \gamma_s) r\omega^2}{9\eta} \tag{5.1-3}$$

式中　γ_g——固相介质密度，g/cm³；

γ_s——液相介质密度，g/cm³。

从离心成型后管体混凝土截面来看，可大致分成混凝土层（粗骨料层）、砂浆层、水泥浆（泥粉）层。就混凝土层的某一局部来看，在石子颗粒间隙内的砂浆，也同样发生局部的离心离析，在这个小范围内分成砂浆层、细粉析出层、析水层（膜）等。前者情况称为外离析（也称为外分层），后者情况称为内离析（内分层）。

通过以上讨论，离心混凝土的特殊性主要是“离心离析”，内部结构呈现明显的分层现象。

显然，对于离心混凝土的这个离心离析的特殊性，可以促进固体颗粒的密实，促使拌合水的排除和水灰比相应地降低，促使空气排除和间隙减少，促使管体混凝土成型良好。因此离心混凝土的密实度和强度可相应提高。

离心混凝土的这个特殊性也表现在（见图 5-2、图 5-3）外离析造成管体内侧形成的砂

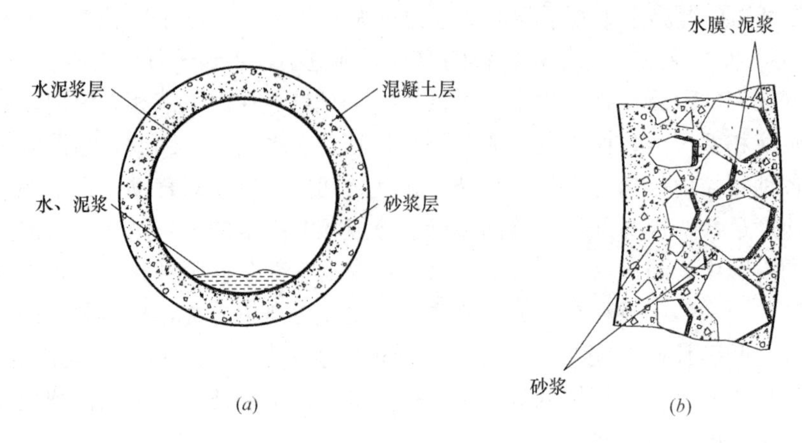

图 5-2　离心混凝土外离析、内离析性状示意图

(a) 外离析性状；(b) 内离析性状

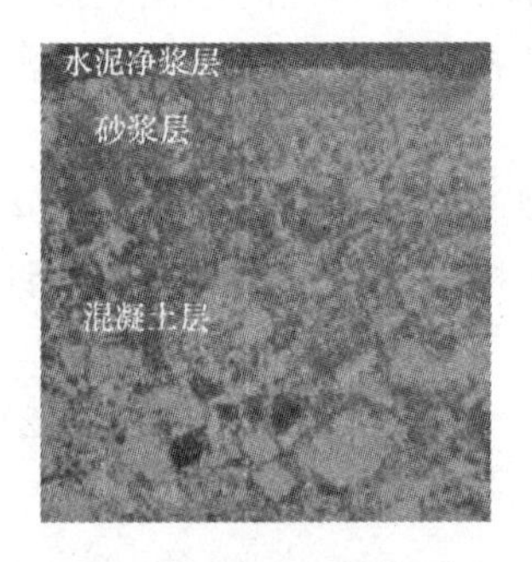

图 5-3　离心混凝土试块内离析、外离析剖视图

浆层、泥浆层，强度和弹性模量低于混凝土，而当这种砂浆层、泥浆层达到一定厚度而偏软时，在刚刚成型后的管壁混凝土还会引起流塌；内分层离析则在石子朝外的面上沉淀一层非胶结性析出物（灰白色），甚至析出一层水膜，减弱石子之间的胶结强度，在该处造成混凝土的薄弱点，严重时还可能在混凝土内部产生蜂窝和疏松夹层。

如将离心混凝土沿径向切开，可以看到如图 5-2（b）所示，粗大石子靠于外侧，水泥砂浆填充于大颗粒的空隙中而成密实的混凝土结构；小颗粒石子和砂浆靠于内侧，越靠管壁内侧颗粒粒径越小，挤出的水泥浆沉积在内壁形成水泥浆层。如沿其圆周切向切开（图 5-4），在石子靠外壁一侧可看到影响混凝土强度由水膜形成的间隙。试验确定离心混凝土内层强度与外层强度、径向强度与切向强度明显不同。与离心力垂直面的劈裂抗拉强度为 4.9MPa，与离心力平行面的劈裂抗拉强度为 6.2MPa，切向劈裂抗拉强度比径向劈裂抗拉强度低 21%。这就说明，内离析的存在是促使离心混凝土强度下降的主要原因，在生产过程中应尽量避免和减少内离析的发生。

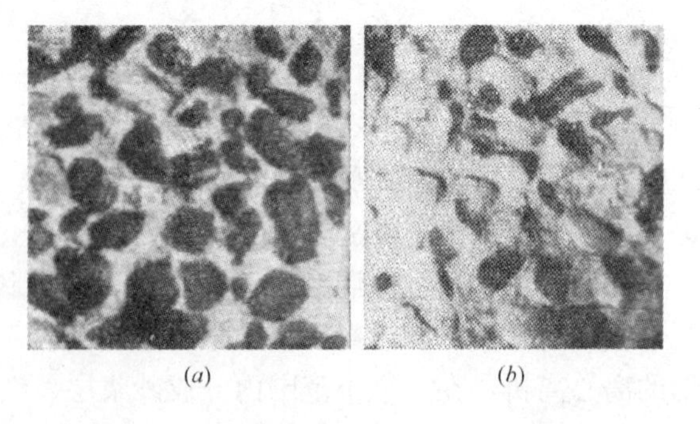

图 5-4　离心混凝土圆周切向切开断面图

(a) 切开面内侧；(b) 切开面外侧

在离心过程中，离心离析形成的混凝土层、砂浆层、水泥浆层，由于组成不同而使其弹性模量不同，从而各层的强度也不同。其对整体混凝土强度的影响可用如下公式进行分析。

若离心混凝土试块厚度为 h，其中水泥浆层厚 h_c、砂浆层厚 h_s、混凝土层厚 h_h；各层不同的弹性模量分别为 E_c、E_s、E_h，各层的强度为 R_c、R_s、R_h。离心试块受压破坏时的

整体强度 R_z，加荷载时，弹性模量大的材料中出现较大的应力，弹性模量较低的材料相应地起了卸荷载的作用。离心混凝土试块破坏时的强度为：

$$R_z = \frac{N}{A_z} = \frac{R_c A_c + R_s A_s + R_h A_h}{A_z}$$

$$= R_h \left(\frac{R_c A_c}{R_h A_z} + \frac{R_s A_s}{R_h A_z} + \frac{A_h}{A_z} \right)$$

$$= R_h \left(\frac{E_c h_c}{E_h h_z} + \frac{E_s h_s}{E_h h_z} + \frac{h_h}{h_z} \right) \quad (5.1\text{-}4)$$

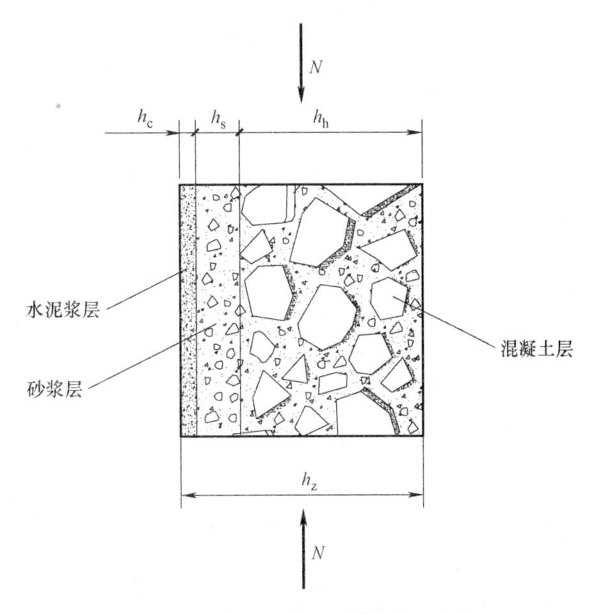

图 5-5 离心混凝土试块受压试验

若离心混凝土试块厚度 70mm、水泥浆层厚 5mm、砂浆层厚 12mm、混凝土层厚 53mm。一般水泥浆层弹性模量取 $E_c = 2.5 \times 10^4$MPa、砂浆层弹性模量取 $E_s = 2.8 \times 10^4$MPa、混凝土层弹性模量取 $E_h = 3.5 \times 10^4$MPa。数值代入式（5.1-4）求离心混凝土的整体强度：

$$R_z = R_h \left(\frac{E_c h_c}{E_h h_z} + \frac{E_s h_s}{E_h h_z} + \frac{h_h}{h_z} \right)$$

$$= \left(\frac{2.5 \times 10^4 \times 5}{3.5 \times 10^4 \times 70} + \frac{2.8 \times 10^4 \times 12}{3.5 \times 10^4 \times 70} + \frac{53}{70} \right) R_h$$

$$= 0.94 R_h$$

由上例可知，试块的整体强度比混凝土层强度低 6%。随着离心离析程度加剧，水泥浆层和砂浆层厚度加大，试块整体强度和混凝土层强度相差越大，整体强度降低越大。尤其是发生内离析对强度的危害更大。

离心混凝土离心离析的二重特殊性，是离心工艺的关键点，在一定范围内离心离析排出多余水分，降低剩余水灰比，有利于混凝土强度增长；随着离心过程中离心离析的增长，其不利作用渐趋明显，破坏了混凝土的组分结构，降低了混凝土整体强度，二者决定了离心混凝土的成型质量。

离心过程中，混凝土拌合物要挤出 20%～40%左右的水、流失 5%～8%水泥；离心后拌合物体积缩小 10%～12%，单位体积重量增加 8%～10%左右。

外离析是随着混凝土离心密实过程产生的，是离心混凝土的特点，不可避免，但要控制分层的程度。内离析常由工艺制度不当所致。因此，合理选用离心混凝土的材料、配合比，精心设计离心工艺、合理选取离心设备等都是决定获得优良离心水泥制品的重要因素。

5.1.2 离心混凝土的性能

强度和抗渗是离心混凝土的主要性能。

5.1.2.1 离心混凝土的强度

混凝土拌合物经离心后有 20% 以上的水分被排出、水灰比下降，混凝土强度提高。

对制管用混凝土分别以离心和振动成型，在同样条件下养护后的强度试验结果如表 5-2 所示。

离心成型混凝土与振动成型混凝土强度对比　　表 5-2

原始水灰比	28d 抗压强度（N/mm²）		强度提高系数
	离心成型	振动成型	（$R_{离}/R_{振}$）
0.7	51.3	23.4	2.19
0.6	53.1	26.4	2.01
0.5	65.0	32.5	2.00
0.45	68.1	36.0	1.89
0.4	72.1	47.1	1.53

由表 5-2 可知，离心成型混凝土强度显著高于振动成型混凝土，随着原始水灰比增大强度提高系数也增大，原始水灰比大于 0.5 时，强度提高系数逐渐趋同。说明离心前后水灰比变化越大，强度提高得越多，但水灰比超过一定限度后，剩余水灰比值变化不大，其强度变化也不大。从这点可知离心混凝土强度与剩余水灰化关系很大。

离心前后水灰比变化与原始水灰比、离心转速、离心时间、混凝土拌合物的保水性（特别是水泥的需水性）有关。在相同水泥品种和工艺条件下，剩余水灰比$\left(\frac{W}{C}\right)_{余}$与原始水灰比$\left(\frac{W}{C}\right)_{始}$之间呈线性关系（见图 5-6）。原始水灰比越大，排出水量越多，水灰比下降幅度越大，但其剩余水灰比也越大。从图 5-6 中可知，当原始水灰比在 0.3～0.7 范围内变化时，离心后排出的水量占混凝土拌合物总加水量的 25～40%，水灰比降低 30～42%。对于原始水灰比为 0.7 的混凝土拌合物，离心后的剩余水灰比为 0.41，水灰比降低了 42%。原始水灰比为 0.4 的混凝土拌合物，离心后的剩余水灰比为 0.27，水灰比降低了 31%。若以 K 值表示剩余水灰比与原始水灰比的比值$\left[K=\left(\frac{W}{C}\right)_{余}\Big/\left(\frac{W}{C}\right)_{始}\right]$，从 K 值的曲线变化可看出，原始水灰比越小，K 值就越大，随着原始水灰比逐渐增大 K 值迅速下降，当原始水灰比增大至一定程度时（约 0.55），曲线的变化平缓，最后趋于一常数。上述表明，在离心混凝土中采用过大的水灰比是不适宜的。由于在原始水灰比大的拌合物中，含有过多的自由水分，在离心力作用下，虽可排出较多的水量，但要将全部多余水分排出是困难的。原始水灰比增大，离心排水时间延长，混凝土分层离析增重。因此，不严加控制原始水灰比，而认为多余水分在离心力作用下都能被排出的观念是错误的。

离心混凝土与剩余水灰比之间的关系如图 5-7 所示。试验采用 42.5 普通硅酸盐水泥，水泥的标准稠度为 28%，当离心后混凝土剩余水灰比为 0.276 时，即接近于水泥的标准稠度时，混凝土强度最高。与此剩余水灰比相对应的原始水灰比为 0.42。因此，一般原始水灰比为水泥标准稠度的 1.5 倍时，离心混凝土强度最高。

如果原始水灰比过小，离心力不足以使混凝土拌合物密实，成型后会出现蜂窝、麻面，故而，原始水灰比也不是越小越好。

5.1.2.2　离心混凝土的抗渗性

离心混凝上较振动混凝土的抗渗性能有极大的提高。这主要是由于离心混凝土的离

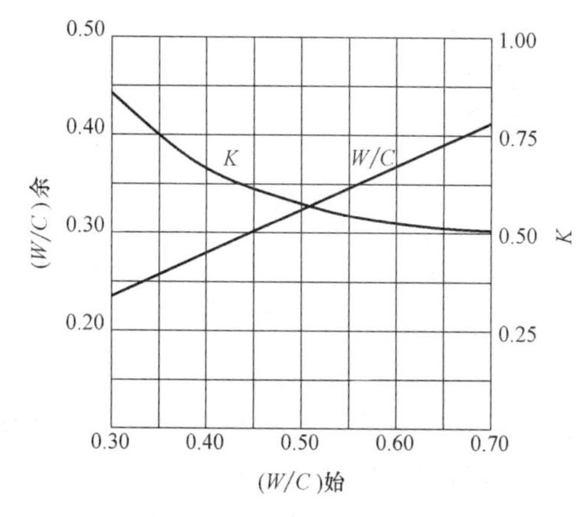

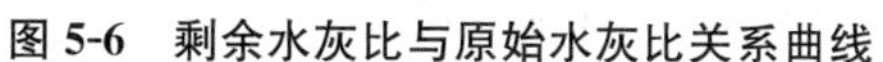
图 5-6 剩余水灰比与原始水灰比关系曲线

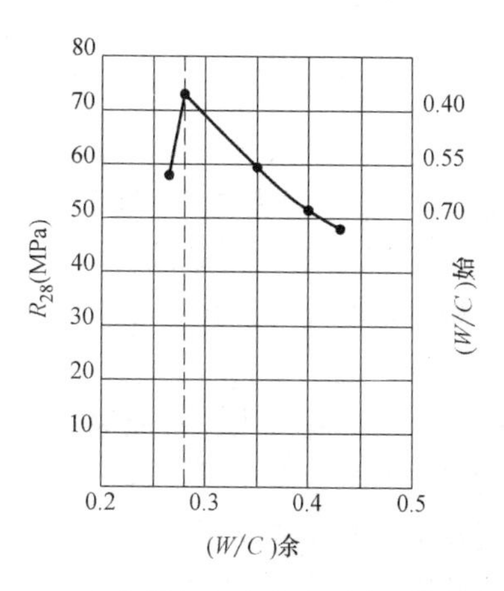

图 5-7 离心混凝土强度与剩余水灰比关系

析，形成了致密的水泥浆层的缘故。

在离心混凝土离析分层结构中，各层的材料组成不同，用配合比 1∶1.2∶1.5∶0.45（水泥∶砂∶石∶水）的混凝土拌合物进行离心，离心后测得各层材料组成见表 5-3。

离心后各层混凝土的材料组成 **表 5-3**

项别	离心前	离心后		
		水泥浆层	砂浆层	混凝土层
层厚(mm)	70	5	12	53
水灰比	0.45	0.22	0.26	0.30
砂率(%)	44	0	100	39.1
水泥含量(kg/m^3)	625	1045	620	576
表观密度(kg/m^3)	2100	1275	1560	2480
配合比	水泥∶砂∶石∶水 1∶1.2∶1.5∶0.45	水泥∶水 1∶0.22	水泥∶砂∶水 1∶1.26∶0.26	水泥∶砂∶石∶水 1∶1.18∶1.83∶0.30

由表 5-3 可知，离心后各层混凝土的剩余水灰比由内壁到外壁递增，水泥含量则由内壁到外壁递降。水泥浆层的水灰比只有 0.22，砂浆层的水灰比为 0.26，混凝土层的水灰比为 0.30，都较离心前原始水灰比低。混凝土层的水泥含量为 576kg/m^3，水泥浆层的水泥含量达到 1045kg/m^3，这一致密水泥浆层无疑使离心混凝土具有较高的抗渗能力，如水泥浆层在生产过程中受到破坏，将极大影响管体的抗渗。离心混凝土具备极高抗渗性，抗渗能力可达 2.0MPa 以上不渗漏。离心混凝土分层结构各层空隙率见表 5-4。

离心后各层混凝土的空隙率 **表 5-4**

离心混凝土分层结构	水泥浆层	砂浆层	混凝土层
空隙率(%)	0.77	3.05	2.23

5.1.3 离心混凝土工艺参数

离心法制作混凝土制品可获得密实高强的产品，但如工艺不当，容易发生外离析、内离析、外表面蜂窝麻面、塌料、疏松夹层空鼓、脱皮等缺陷。如在成型过程中合理选用离心混凝土的材料、配合比，精心设计离心工艺、离心设备等完善制作工艺，可以防止拌合物的分层离析、空鼓等现象的发生，获得优良的离心水泥制品。

5.1.3.1　采用优良的材料和混凝土配合比，保证混凝土质量

1. 离心混凝土的原材料

水泥是影响离心混凝土性能重要因素，该性能主要取决于水泥的矿物组成及所掺混合材料品种。在选用制管水泥上，尤应注意掌握水泥掺用混合材料的特性，慎用具有水化热较高的石灰质原料或火山灰质原料组成混合材的水泥，火山灰质混合材颗粒较细、较轻、保水性强，离心过程中易被排挤析出、形成软泥层。掺有粉煤灰混合材的水泥较之掺有火山灰质及填充性矿物材料者活性较高，尤其在成型和水泥的水化过程中，具有独特的"滚珠润滑效应"，可减缓水泥在局部失水状态下的干缩变形，使混凝土的干缩减少5%左右，使其弹性模量大约提高5%～10%。

水泥的需水量和泌水性很大程度上影响离心混凝土的和易性和剩余水灰比，适宜的水泥密度和颗粒细度可减少离心混凝土的离析。

不应为了提高混凝土强度，而选择高磨细度的高强水泥，过细的水泥颗粒不适宜离心制品减小离析的特性。

因此，离心混凝土宜用水化热较低、耐蚀性及耐高温性较好、适于高温蒸养的矿渣掺量大的普通硅酸盐水泥、矿渣硅酸盐水泥，不宜采有保水性高、表观密度低的火山灰质硅酸盐水泥。

由于钢模造价昂贵，加快模具周转，同时为提高生产率，提高混凝土管耐蚀性，对于离心混凝土管制作也可采用快硬硫铝酸盐水泥。快硬硫铝酸盐水泥引起混凝土一系列物理、化学及力学变化，从而加速其内部结构的形成，获得早强。

外加剂应选用适合离心工艺和蒸汽养护的早强型高效减水剂，外加剂的掺量与加入方法应进行试验，充分利用外加剂的减水性能，降低原始水灰比，提高混凝土强度。

采用洁净的砂、石，注意砂、石的形状和级配，尽量控制好砂、石的空隙率。砂、石表面应以粗糙麻面有棱角为宜，稍具粗糙表面的碎石有一定的吸水性，比光滑表面的卵石在减小内离析上有效，表面粗糙的骨料增大离心沉降中颗粒间的摩阻力，也能改善颗粒间结合强度。砂、石中石粉、泥灰杂物，颗粒多较细微，密度较小，较易离心析出，在外离析上形成极难密实挤硬的软泥层，在内离析上尤为不利结构层强度。应严加控制这一项技术指标，力求筛洗干净，含泥量应小于1%。石子最大粒径不超过壁厚的1/3、环向受力筋间距的3/4，并不大于40mm。为减少离心混凝土的离析分层，减少石子中的片状颗粒。尽量减少粗骨料中体积比表面积小的轻质颗粒的含量，如果骨料中轻质颗粒含量大，应调整离心工艺制度，适当提高慢转速度、减少慢速时间、提高快转速度，减少快速时间。

2. 离心混凝土的配合比

离心混凝土的强度主要决定于混凝土层（石子骨架层）的强度，而此层的强度又决定于石子骨架内的砂浆的特性，即决定于砂浆（水泥浆）本身强度及其与石子之间的胶接强度。

在设计混凝土配合比上，不可偏废其结构的合理性，提高石子骨架之间砂浆的质量，降低其水灰比，减轻其内离析程度。切忌单用增加水泥用量的办法来提高混凝土设计强度，或任意提高、降低砂率，致使混凝土结构内产生不合理的空隙，导致强度降低、干缩裂缝的滋生。

为了降低离心混凝土外、内离析的不利作用，在保证能良好成型的前提下，需尽量降低用水量和水泥砂浆含量。混凝土中水、水泥、砂的含量越多，意味着外离析层越增厚、内离析加重，结果未必因水泥用量增多而收到强度提高的效果，反而会招致坏作用。

当然减少水、水泥、砂的用量前提是保证成型良好。砂浆减得过量，石子量相对过多，混凝土成型质量降低，石子骨架间缺少砂浆，强度和抗渗都会受很大影响。

混凝土开始离心后，石子首先沉降，如混凝土的原始水灰比大，石子在砂浆中沉降的黏滞阻力减小，下降速度增快，石子紧靠在一起很快组成骨架，在骨架间隙内的砂浆和水留在原处不再受排挤外溢，导致骨架间砂浆含水量增大、砂浆质量下降，内离析加重。

因此，离心混凝土配合比设计中重要的技术指标是：①控制砂浆量；②控制原始水灰比。

考虑到高速离心时离心力的作用致使水泥浆流失，水泥用量按一般混凝土配合比增加8%计算，同时按水灰比增加用水量。混凝土拌合物的坍落度控制在30～70mm。

（1）水泥用量对离心混凝土性能的影响

在一定范围内离心混凝土强度随水泥用量的增加而增加，而且水泥用量对混凝土强度的影响、提高的速率大于普通混凝土。水泥用量的增加也能改善离心混凝土的抗渗性能（见图5-8）。

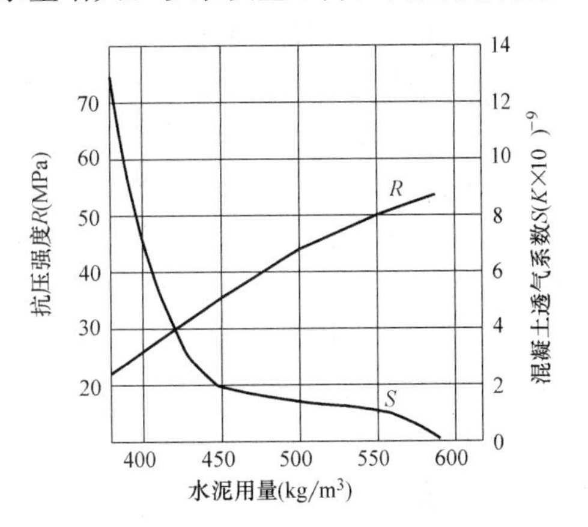

图5-8 水泥用量与离心混凝土强度和抗渗性关系

R—离心混凝土强度；S—离心混凝土透气系数

普通混凝土中水泥用量增加，在保持坍落度不变时用水量也增加，因而较大影响混凝土的强度，强度增长的比率缩小。离心混凝土离心排水量随原始用水量的增加而增加，因而其强度增加比普通混凝土显著。同时水泥用量的增加，加大离心后水泥浆层厚度，因而也提高了它的抗渗性。

不同水泥用量、坍落度4～6cm，各龄期离心混凝土强度试验结果如表5-5所示。

不同水泥用量各龄期混凝土强度 **表5-5**

水泥品种	水泥用量（kg/m³）	蒸养后抗压强度（MPa）				标准28d抗压强度（MPa）		标准劈裂抗拉强度（MPa）	提高系数
		即时	3d	7d	28d	离心	振动		
普通硅酸盐水泥	350	27.2/0.6	29.6/0.65	29.8/0.66	41.6/0.92	45.0	43.2	2.64	1.05
	400	35.8/0.65	36.6/0.67	40.1/0.73	47.0/0.86	54.8	44.0	2.90	1.25
	500	36.8/0.6	44.8/0.71	43.4/0.69	52.2/0.83	63.0	47.0	3.28	1.34
	600	52.5/0.69	52.5/0.69	53.0/0.69	59.1/0.72	76.8	54.0	3.33	1.42
矿渣水泥	350	16.6/0.60	19.0/0.68	20.6/0.74	31.1/1.11	27.9	21.7	2.19	1.29
	400	22.9/0.67	24.2/0.71	23.2/0.68	35.5/1.04	34.2	22.2	2.53	1.54
	500	29.2/0.61	34.0/0.71	36.8/0.77	48.5/1.01	48.0	32.1	3.03	1.50
	600	35.0/0.58	36.4/0.62	45.6/0.75	55.8/0.91	60.0	35.4	3.12	1.70

注：分母值为与标准28d抗压强度比值。

由表中试验数据分析可知：①离心混凝土强度提高系数与水泥品种、水泥用量关系很大，水泥用量越多，提高系数越大；②普通硅酸盐水泥蒸汽养护强度损失值与水泥用量有关，用量为350kg/m³试件，蒸汽养护后28d强度比标准强度低8%，用量为600kg/m³时，降低率达28%，随着水泥用量增加，降低率增大；③对于矿渣水泥，在水泥用量低于500kg/m³时，蒸汽养护对强度是有利的，如用量为350kg/m³时，28d强度比标准强度提高11%，用量为600kg/m³时，28d强度比标准强度低9%；④水泥用量越多，蒸养后强度越高，而后期强度增长趋缓。

（2）砂率对离心混凝土性能的影响

砂率是混凝土配合比中一项重要参数。振动混凝土中砂率低，更能发挥石子骨架的作用，对提高混凝土强度有利；在离心混凝土中，由于砂的挤压排水作用能促进水泥净浆剩余水灰比降低、强度和抗渗性能能提高；由于离心分层作用，砂浆被挤出混凝土层，为保持混凝土层中适当含砂量，增加混凝土层强度；因此离心混凝土与振动混凝土相比，最佳砂率略高一些，而且随着水泥用量增加，最佳砂率也提高。

据相关试验数据：①从混凝土强度看，水泥用量500～600kg/m³，砂率在0.35～0.44之间时，强度变化不大；②从混凝土抗渗看，水泥用量为600kg/m³时，透气系数随砂率提高而逐渐上升；③砂率在一定范围内提高，混凝土相对排水量增大，因此，离心混凝土强度提高系数基本上随砂率提高而增大；④离心混凝土制品（最大粒径20mm以内卵石），以强度为主的制品，最佳砂率在35%左右；要求抗渗及强度的制品，水泥用量400kg/m³时，砂率在0.35左右、水泥用量在500kg/m³时，砂率在0.4左右、水泥用量在600kg/m³时，砂率在0.45左右。使用碎石时，砂率还应适当增加。

砂率对离心混凝土强度、抗渗性能影响　　**表5-6**

水泥用量（kg/m³）	砂率（%）	配合比 水泥：砂：石：水	坍落度（cm）	表观密度（t/m³）	抗压强度（MPa）	提高系数	劈裂抗拉强度（MPa）	透气系数（cm/s）
400	30	1：1.31：3.05：0.42	4	2.52	37.1	1.14	1.88	3.24×10^{-9}
	35	1：1.53：2.82：0.44	3.5	2.49	37.6	1.37	1.81	3×10^{-9}
	40	1：1.73：2.56：0.44	3.5	2.47	32.9	1.37	1.83	4.4×10^{-9}
	45	1：1.88：2.1：0.46	4.5	2.48	34.8	1.63	1.58	5.5×10^{-9}
500	35	1：1.16：2.14：0.38	5.5	2.52	43.2	1.20	2.16	5.25×10^{-10}
	40	1：1.33：1.98：0.41	8	2.50	41.7	1.50	2.00	3.5×10^{-10}
	45	1：1.45：1.72：0.42	15	2.50	42.8	1.52	2.21	5.4×10^{-10}
	50	1：1.59：1.59：0.42	4	2.44	37.4	1.30	2.45	1.02×10^{-10}
600	35	1：0.9：1.67：0.36	4.5	2.51	53.0	1.49	2.40	2.1×10^{-10}
	40	1：1.02：1.52：0.36	5.5	2.52	48.8	1.6	2.47	3.3×10^{-10}
	45	1：1.12：1.25：0.36	5	2.51	53.0	1.96	2.56	4.62×10^{-10}
	50	1：1.23：1.23：0.38	5.5	2.49	47.4	1.84	2.57	5.34×10^{-10}

5.1.3.2　离心工艺制度对离心混凝土性能的影响

离心工艺制度主要是决定各阶段离心转速和离心时间。离心中混凝土颗粒在离心力作用下，其沉降速度是由式（5-5）计算：

$$v_t=\frac{dr}{dt}=\frac{2\rho^2(\gamma_g-\gamma_s)r\omega^2}{9\eta} \quad (5.1\text{-}5)$$

$$\frac{dr}{r}=\frac{2\rho^2(\gamma_g-\gamma_s)\omega^2}{9\eta}dt$$

在离心力场中，当某颗粒从混凝土表面移动至模内壁时，经过的距离为 $\delta=r_w-r_0$，所需时间为 t，则积分：

$$\int_{r_0}^{r_w}\frac{dr}{r}=\int_0^t\frac{2\rho^2(\gamma_g-\gamma_s)\omega^2}{9\eta}dt \quad (5.1\text{-}6)$$

求得：

$$\omega^2 t=\frac{9\eta\ln\left(1+\frac{\delta}{r_0}\right)}{2(\gamma_g-\gamma_s)\rho^2}$$

式中，$\frac{\delta}{r_0}$ 与离心制品尺寸有关，对在同一管模内离心的混凝土拌合物来说，它是常数。η、$(\gamma_g-\gamma_s)$、ρ 是随着多相悬浮体中的不同颗粒而异，但对于拌合物内所有固体颗粒都有该颗粒所对应的固定值。因此拌合物中某一颗粒而言，公式右边各项皆为常数，也即 $\omega^2 t$ 为常数。

公式的物理意义是，在旋转的管模内，混凝土拌合物中某一颗粒在离心力作用下，沿垂直于旋转轴方向（径向）作等速运动时，从混凝土表面开始，通过厚度为 δ 的混凝土层到达管模内壁，所需时间 t 与旋转角速度平方的乘积为一常数。

由此可见，在离心成型过程中，混凝土拌合物的沉降密实、骨料的排列和结构的形成，与离心加速度、离心时间有很大关系。

1. 离心加速度对离心混凝土强度的影响

离心加速度 $a=\omega^2 r$，一般可以重力加速度的倍数来表示：

$$a=\omega^2 r=\omega^2 r\frac{g}{981}=\left(\frac{2\pi n}{60}\right)^2\frac{rg}{981}=\frac{n^2 r}{90000}g \quad (5.1\text{-}7)$$

式中 a——离心加速度，×g；

g——重力加速度，cm/s^2；

n——离心转速，转/min；

r——离心半径，cm。

离心混凝土强度随剩余水灰比的大小而变化。对配合比为 1∶1.2∶1.5（水泥∶砂∶石）混凝土拌合物在不同加速度下进行排水量试验，其离心制度：慢速 3min，离心加速度 $8g$、中速 1min、升至要求离心加速度进行高速离心 15min。测定结果见表 5-7。

从表 5-7 可知，当离心加速度从 $10g$ 增大到 $20g$ 时，原始水灰比为 0.70 的混凝土拌合物的排水量增加 11%；但原始水灰比为 0.45 的混凝土拌合物，其排水量变化并不显著。

离心加速度对排水量的影响 **表 5-7**

原始水灰比	混凝土排水量占总加水量百分数(%)				
	$10g$	$15g$	$20g$	$25g$	$30g$
0.7	37.4	40.6	41.7	42.8	42.3
0.6	30.1	35.7	36.3	38.8	37.5
0.5	33.0	35.2	35.4	35.2	36.8
0.45	30.2	30.9	31.6	32.0	32.5

从图 5-9 可知，原始水灰比大者，离心加速度增大，排水量也增加；对于原始水灰比为 0.45 的混凝土拌合物，排水量基本不随离心加速度的加大而改变。对用不同离心加速度成型的混凝土拌合物所测得的离心加速度和剩余水灰比关系、离心混凝土表观密度关系如图 5-9 所示，不同离心加速度成型的混凝土抗压强度和抗拉强度见表 5-8。

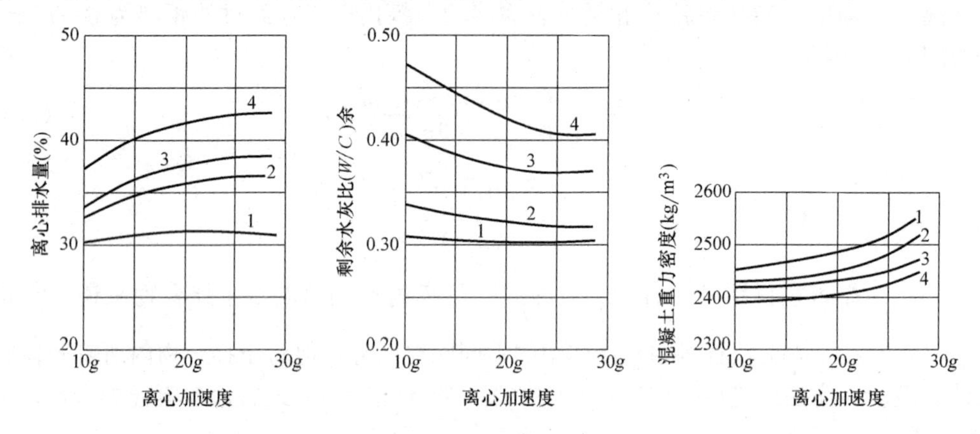

图 5-9　离心排水量、剩余水灰比、混凝土表观密度与离心加速度关系

1—$(W/C)_{始}=0.45$；2—$(W/C)_{始}=0.50$；3—$(W/C)_{始}=0.60$；4—$(W/C)_{始}=0.70$

离心加速度对离心混凝土强度的影响　　**表 5-8**

原始水灰比	混凝土强度项别	离心混凝土强度(MPa)				
		10g	15g	20g	25g	30g
0.7	抗压强度 R_{28}	43.0	45.5	51.8	49.6	48.1
	劈裂抗拉强度 R_f	2.26	2.42	2.65	2.55	2.49
0.6	抗压强度 R_{28}	45.7	50.3	60.2	56.4	50.2
	劈裂抗拉强度 R_f	2.86	2.99	3.09	3.00	2.64
0.5	抗压强度 R_{28}	68.6	70.8	69.9	68.3	66.5
	劈裂抗拉强度 R_f	3.36	3.48	3.39	3.34	3.19
0.45	抗压强度 R_{28}	72.4	77.0	76.0	72.1	71.6
	劈裂抗拉强度 R_f	3.58	3.82	3.77	3.57	3.35

离心加速度对离心混凝土强度的影响如图 5-10 所示。

试验结果说明：①随着离心加速度的减小，达到最高强度的离心时间增加，而强度绝对值加大。当加速度小于 10g，强度随离心时间持续增大；②随着离心加速度加大，达到最高强度的离心时间减少，但最大值减小。过大加速度、最高强度降低的原因是：加速度增大、离心力增大，石子沉降加快，在快速离心早期即形成石子骨架结构，阻碍水分的外排除，内离析加重，影响强度增长。对一定混凝土拌合物有相应的最佳离心加速度，在此加速度下能得到最高强度值；③最佳离心加速度与原始水灰比有很大关系，图 5-10 为四种不同原始水灰比的混凝土拌合物在不同离心加速度下抗压和抗拉强度关系变化曲线。由图可知，原始水灰比为 0.45 和 0.50 两种混凝土拌合物，离心加速度为 15g 时抗压抗拉强度最高，原始水灰比为 0.60～0.70 的混凝土拌合物，离心加速度为 20g 时抗压抗拉强度最高。一般条件下，原始水灰比大于 0.6 的混凝土拌合物，最佳离心加速度为 20g～25g、

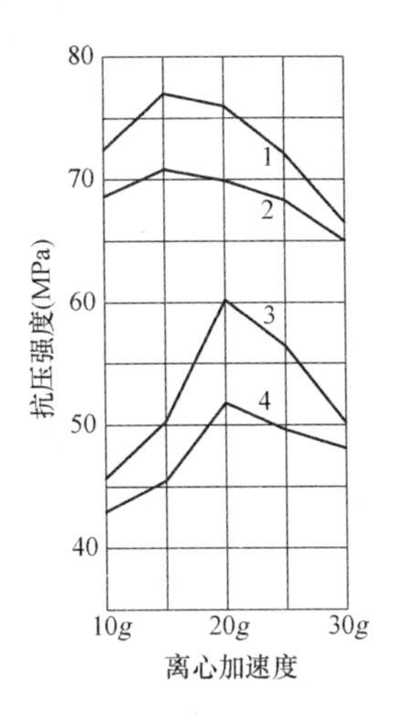

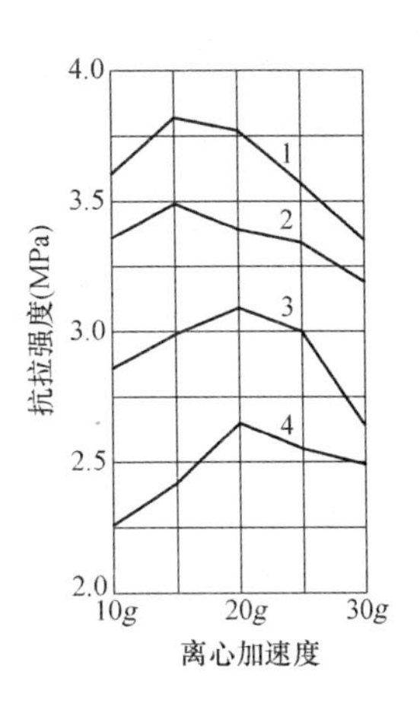

图 5-10 离心加速度对离心混凝土强度的影响

1—$(W/C)_{始}$=0.45；2—$(W/C)_{始}$=0.50；3—$(W/C)_{始}$=0.60；4—$(W/C)_{始}$=0.70

原始水灰比小于 0.6 混凝土拌合物，最佳离心加速度为 15g～20g。离心加速度过大、过小都会影响离心混凝土强度。

2. 离心时间对离心混凝土强度的影响

不同原始水灰比的混凝土拌合物，在慢速 3min、中速 1min，然后升至快速离心。不同快速离心时间对离心混凝土剩余水灰比的影响见图 5-11。从图中曲线可知，对于原始水灰比较大的混凝土拌合物，离心时间增长，剩余水灰比下降较快，当原始水灰比在 0.5 以下时，延长离心时间，剩余水灰比变化不大。

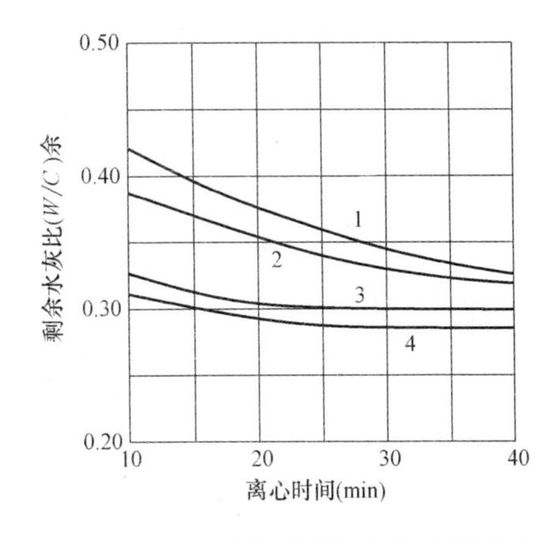

图 5-11 离心时间对剩余水灰比的影响

1—$(W/C)_{始}$=0.45；2—$(W/C)_{始}$=0.50；3—$(W/C)_{始}$=0.60；4—$(W/C)_{始}$=0.70

用不同离心时间成型的混凝土强度试验结果如表 5-9 所示。

不同离心时间对离心混凝土强度的影响 表 5-9

原始水灰比	混凝土强度项别	离心混凝土强度(MPa)					
		10 分	15 分	20 分	25 分	30 分	40 分
0.7	抗压强度 R_{28}	46.4	48.1	49.2	51.7	49.5	38.8
	劈裂抗拉强度 R_f	2.47	2.49	2.55	2.63	2.42	2.12
0.6	抗压强度 R_{28}	48.9	50.2	53.7	57.9	55.0	49.0
	劈裂抗拉强度 R_f	2.57	2.64	2.69	2.76	2.61	2.53
0.5	抗压强度 R_{28}	59.0	65.0	68.0	66.1	63.0	59.8
	劈裂抗拉强度 R_f	3.22	3.53	3.60	3.31	3.27	3.08
0.45	抗压强度 R_{28}	71.7	73.6	70.6	70.2	69.1	67.9
	劈裂抗拉强度 R_f	3.40	3.58	3.75	3.47	3.36	3.16

从试验结果可知，离心时间不同，混凝土强度也不同。对于原始水灰比大于 0.6 的混凝土，其强度随离心时间延长而增大，当离心时间为 25min 时强度达到最大。对于原始水

灰比小于0.5混凝土，离心时间在15～20min范围内，混凝土的强度最高。离心时间过短，不足以使混凝土密实；离心时间过长，加重混凝土中的内离析，而且在离心中的振动冲击作用下，在失去塑性的混凝土层中产生微细裂缝，使混凝土强度降低。

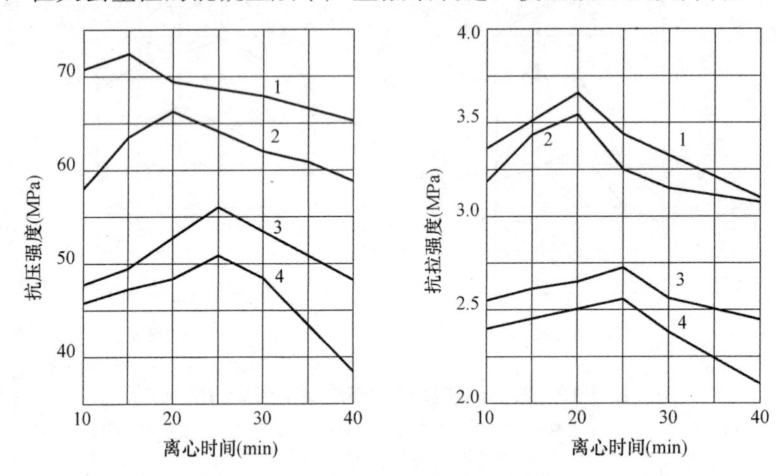

图 5-12 离心时间对混凝土强度的影响

1—$(W/C)_{始}$=0.45；2—$(W/C)_{始}$=0.50；3—$(W/C)_{始}$=0.60；4—$(W/C)_{始}$=0.70

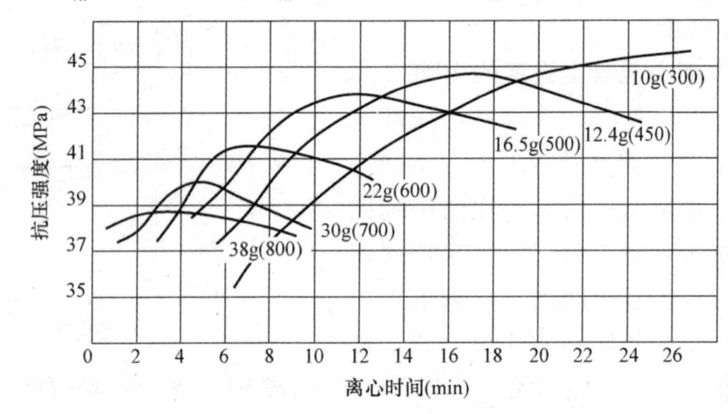

图 5-13 离心加速度、离心时间和强度关系

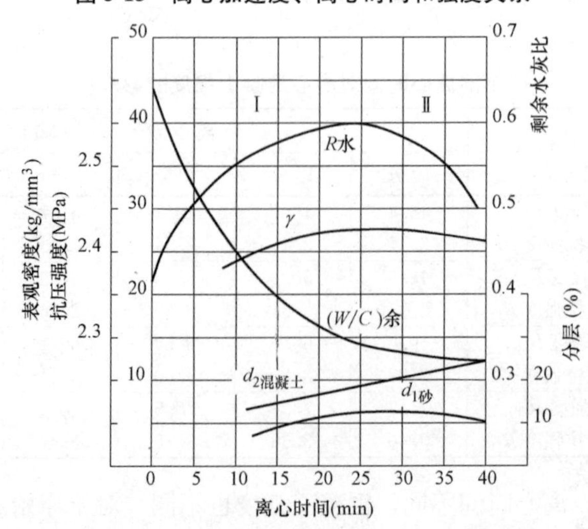

图 5-14 离心混凝土强度、表观密度、剩余水灰比、分层情况与离心时间关系

离心时间只是影响混凝土强度的因素之一。最优离心时间随着离心加速度、混凝土配合比、管体厚度的变化而变化。

5.1.3.3 离心工艺参数的确定

离心过程一般分慢速（投料）、中速和快速三个阶段。慢速是使混凝土拌合物投入管模后，立即被转动的管模带动粘合在管模上、沿管模周壁均匀分布，中速是使混凝土在壁厚层上均质分布，快速阶段是在离心力作用下使混凝土排水密实。

慢速阶段应使混凝土拌合物能沿管模周壁均匀分布不至从管模顶部塌落下来，即颗粒旋转时产生的离心力大于颗粒重力相平衡的条件。当混凝土流动性偏低时，慢转速度宜低些，时间亦宜长些；流动性偏高时，转速可酌提高，时间也宜短些。经观察在慢速阶段旋转中的情况，速度过慢混凝土拌合物在自重力作用下沿着模壁串动，管模向上旋转一侧的壁厚大于向下旋转一侧的壁厚，相差可达 15%，旋转速度加快时，这个厚薄不匀现象随即消失。慢转速度要使投料方便，时间不需过长，在投料完毕后即可升速。

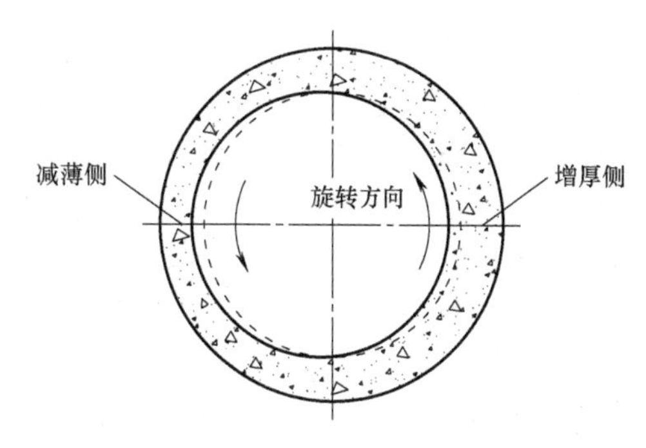

图 5-15 慢速旋转中壁厚不均现象（右侧增厚）

慢速的转速须遵从下列条件：

$$gm \leqslant rm\omega^2 \quad (5.1\text{-}8)$$

式中 g——自由落体加速度，cm/s^2；

m——颗粒质量，kg；

r——管模内半径，cm；

ω——管模旋转角速度，°/s。

按此公式，$\omega=\pi n/30$、$g=981cm/s^2$，可以确定制品离心成型第一阶段的最低初始布料速度公式为：

$$n_0=300/\sqrt{r} \quad (5.1\text{-}9)$$

考虑到混凝土拌合物的粘度和离心设备、管模旋转时的振动，离心成型所需布料转速：

$$n_m=300C/\sqrt{r} \quad (5.1\text{-}10)$$

式中 n_m——慢速转速，转/min；

C——离心慢速布料转速增加系数（可取 1.5～1.8）。

低速向中速变速，升速太快时，影响混凝土拌合物向模壁摊匀、也导致大颗粒骨料过早、过快向外聚集堆积，阻塞排水排浆通路、加大管壁混凝土内离析分层，也可能在内部造成松空现象，对离心混凝土强度、抗渗影响很大。当混凝土流动度偏低时，尤为需要控制升速不能过快。升速过慢、时间过长，过多的砂浆被挤出，又会加重外离析。

中速阶段是慢速至快速之间的过渡阶段，是形成离心混凝土结构、影响离心混凝土性能主要阶段。中速速度和时间是重要参数，中速阶段要求混凝土拌合物在离心力作用下骨料既能随管模环向转动，又要在内部蠕动，达到骨料大小镶嵌、空隙较少、结构致密，沿管模纵向和周向均匀布料、颗粒粒子沿壁厚方向定位，并排除颗粒间的空气，挤压离析多余的砂浆，为最终强度形成条件。中速阶段升速过快，转速过快、过慢，时间过长、过短都会加大结构离析分层，不利于形成良好的结构而影响离心混凝土的强度和抗渗性能。中速速度过慢，骨料环向转动过程中向下坍落过多，形不成致密结构；速度过快，骨料以径向移动为主、蠕动不够，同样达不到致密的结构。

一般可由式（5.1-11）确定中速转速：

$$n_z = n_k / \sqrt{2} \quad (5.1\text{-}11)$$

式中 n_z——中速转速，转/min；

n_k——快速转速，转/min。

快速旋转是离心混凝土成型的主要过程。当混凝土拌合物流动度偏大时，石子很快沉降至砂浆中，组成石子骨架；流动度偏小时，石子沉降减慢。快速离心中砂浆和水泥浆受排挤向内层移动，随着时间的延长，内侧的砂浆、水泥浆逐渐地变实变硬，但在中速阶段形成的石子层骨架厚度无明显变化。快速时间过长，外离析加剧同时引起石子骨架间砂浆离析，分离出水膜、粉料贴在石子外侧（内离析），影响离心混凝土强度。快速时间过短时，砂浆层、水泥浆层沉淀得不密实，影响离心混凝土强度，也可形成软黏层，如再受震动、蒸养等因素影响，局部的软黏层可能坍塌下沉，造成内空鼓缺损。

快速转速是影响离心混凝土性能的重要因素，所以离心设备条件许可，离心旋转安全、平稳，则就需要提高快转速度。快转速度提高后，快转时间可缩短；而这对避免严重内离析也是有好处的。

快速转速加速度国外资料常取为 30g～40g，由于我国离心设备性能影响，一般宜为 15g～25g。密实混凝土拌合物的管模快转理论速度按式（5.1-12）计算：

$$n_k = 10598P\sqrt{\frac{10r_w P}{r_w^3 - r_0^3}} \quad (5.1\text{-}12)$$

式中 P——对混凝土拌合物的离心压力，MPa；

r_0、r_w——制品内、外半径，cm。

一般，投料时的管模慢转速度为 60～150 转/min；密实时的快转速度可达 150～500 转/min，离心力对混凝土产生的压力为 0.02～0.15MPa。

慢速时间以满足投料为准、中速时间按使混凝土拌合料均匀摊铺于模内为准，并适当延长几分钟；为使混凝土获得所需的密实度，快速离心时间取决于直径、壁厚、快转速度、混凝土拌合物性能、产品特征等因素，初始值可按制品内径每 100mm 快速延续时间为 0.8～1.2min，通过实际生产制管效果选定快速时间。

离心制品投料层数由管壁厚度确定，一般排水管 50～80mm 以下一层投料，壁厚90～180mm 二层投料，壁厚大于 180mm 宜三层投料；压力输水管壁厚 40mm 以下一层投料，壁厚 40mm 以上二层投料。

分层投料优点为：①减轻内、外离析分层现象，分层投料每次离心的料层薄，骨料搭接结构层相应减薄，有利于排水密实，混凝土剩余水灰比可降低、密实度提高，离心混凝土的强度、抗渗都可提高；②分层投料分层离心结果，使两层混凝土之间夹着一层砂浆、一层水泥浆层（有效的防渗层），可以在壁厚断面上形成两道防渗层，阻断挤压排水形成的壁厚断面中径向微细通道。在内壁夹层中水泥浆层不易受蒸养等对它的破坏作用，更对提高管壁的抗渗起到极有利的作用；③管内壁砂浆层、水泥浆层减薄，减轻内壁干缩龟裂现象。投料次数对离心混凝土强度和抗渗影响试验结果见表 5-10。

投料次数对离心混凝土强度和抗渗的影响 表 5-10

投料方式	抗压强度（MPa）	透气系数（mm/s）	表观密度（kg/m^3）
一次投料	35.0	10.2×10^{-10}	2480
一次投料	36.5	9.2×10^{-10}	2470
二次投料	43.4	3.0×10^{-10}	2530
二次投料	46.8	2.0×10^{-10}	2510
二次投料	45.2	5.0×10^{-10}	2510

采用离心工艺成型承插口式混凝土管或预应力混凝土管（统称为承插口式混凝土管），常有接口窜皮渗水、承口工作面窝气、窝水，承口内立面露砂等缺陷，这是工艺制度第一层投料厚度不当造成的。

承插口式混凝土管承口成型时应严格控制第一层的投料量，第一层投料量过多（见图 5-16）、超过承口工作面过厚，承口内空气和水不易排出，残留气体、水量大，混凝土密实度下降；排出的水和空气较多滞留在承口工作面钢模处，造成承口工作面不平整；承口工作面处水泥浆层较薄、内水压试验时，压力水极易穿透水泥浆层、通过砂浆层和混凝土层向外沿纵向钢筋窜水渗漏。

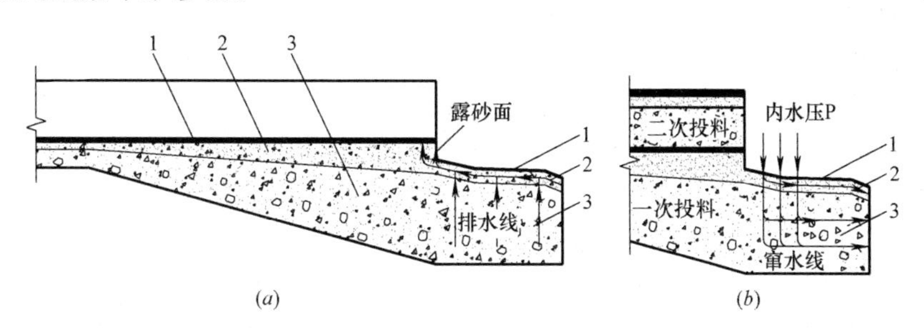

图 5-16 一次投料厚度过高于承口根部

（*a*）第一层投料位置图；（*b*）内水压试验承口窜水渗水示意图

1—水泥浆层；2—砂浆层；3—混凝土层

承插口式混凝土排水管承口成型时第一层投料高度基本可控制在高于承口根部上 3～5mm（见图 5-17），经离心在承口工作面上形成密实的水泥浆层，挤压排水线路缩短，混凝土中残余空气和残余水都减少，承口段混凝土密实度、抗渗性能提高，内水压试验，不易发生窜水渗漏；在承口工作面表面光洁度也能提高；承口内立面上不会产生露砂面。

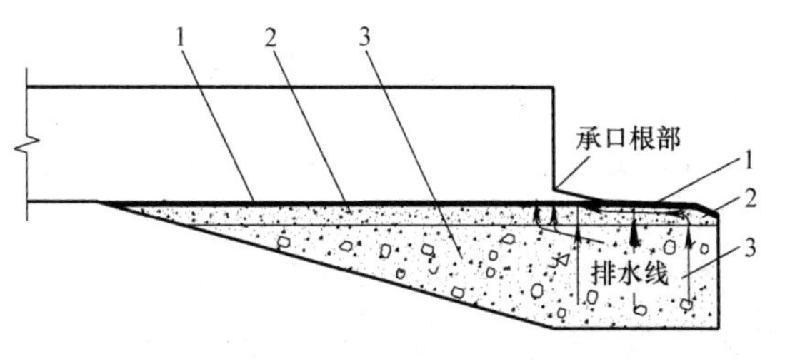

图 5-17 一次投料厚度略高于承口根部

1— 水泥浆层；2—砂浆层；3—混凝土层

预应力混凝土管需承受更大的内水压力，为保证承口的抗渗性能，还需采用三次、四次投料工艺（见图 5-18）。第一次投至承口 2/3～3/4 厚度处，承口段内形成高抗渗水泥浆夹层；第二次投入流动度较好的砂浆，投至略高于承口根部处，形成光洁平整的工作面；

第三、四次投至所需壁厚。

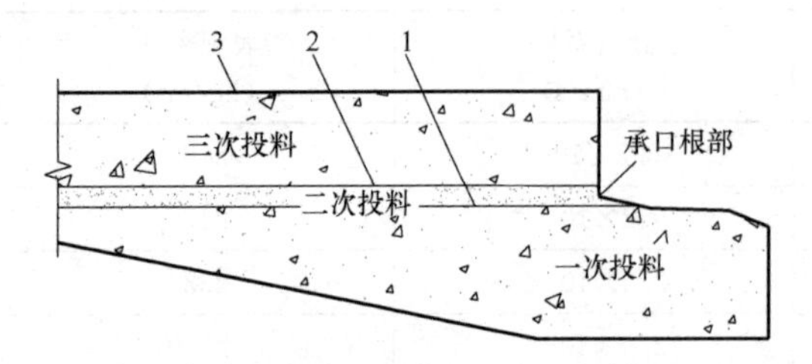

图 5-18　小口径输水管一次、二次投料厚度位置

1—水泥浆层；2—砂浆层；3—混凝土层

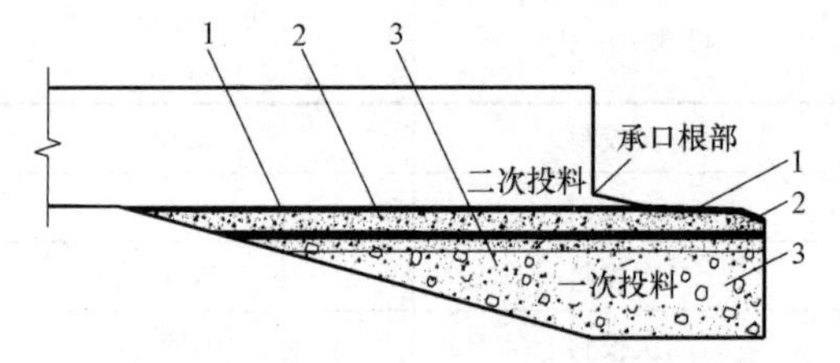

图 5-19　大口径输水管一次、二次投料厚度位置

1—水泥浆层；2—砂浆层；3—混凝土层

工业化生产为缩短周期、加快管模周转，大都采用蒸气养护，加快水泥水化、加快混凝土强度增长。但蒸养也会破坏混凝土结构，减弱某些技术性能（密实性、抗冻性、后期强度）。

混凝土在蒸养的逐渐升温中，砂、石、水泥颗粒都会发生热膨胀，一般膨胀较微小，不至于造成危害。几种材料在 20℃时的线膨胀系数是：

（1）砂——$7.9\sim12.7\times10^{-6}$mm/℃；

（2）石灰石——$5.0\sim5.6\times10^{-6}$mm/℃；

（3）卵石——$10.2\sim10.8\times10^{-6}$mm/℃；

（4）水泥石——$11\sim14\times10^{-6}$mm/℃。

但湿空气和水在 60～80℃时，体膨胀系数可达：

（1）湿空气——$4000\sim9000\times10^{-6}$mm^3/℃；

（2）水——$520\sim6404\times10^{-6}$mm^3/℃；

（3）水泥石——$40\sim60\times10^{-6}$mm^3/℃。

湿空气和水的体积膨胀量分别是水泥石的 100 倍和 10 倍。随着温度升高，水的体积增大，活动性增大，并逐步气化，在混凝土内部石子底部产生水膜、砂浆内部产生微细裂隙，在混凝土外部产生肿胀和裂缝，表面极其疏松，混凝土的技术特性被严重破坏。

混凝土中含水量越多，蒸养升温越快，温度越高，破坏作用越严重。这个影响除了蒸养制度外，还与混凝土使用的水泥种类、配合比、混凝土成型质量等有关。

从工厂生产来说希望加速养护，缩短生产周期，但从混凝土质量上来说，急速给气升温，养护温度越高越不利，一般情况下都应在满足混凝土质量前提下再加速养护。因此，对普通混凝土进行蒸汽养护时，要有足够的预养护，升温速度不大于 15～20℃，恒温温度不大于 80℃。

离心混凝土是在带着管状钢模中养护，与一般混凝土的养护有其一些特点：①钢模刚性很大，封合严密，混凝土受其限止不能外胀，可以起到蒸养时抑止混凝土体积膨胀疏松的作用；②混凝土在离心成型后，剩余水灰比降低，含水量少、密实度高，有利于抵抗高温快速升温的破坏作用；③离心制品内壁呈圆环形，虽然内壁开放，但是有抵止蒸养体积向内肿胀的作用；④离心混凝土制品内壁有一层水泥浆层，不是制品强度结构层，即使由于蒸养表面局部受损（如龟裂等），对制品整体承载能力影响不大。

实际试验观察，即使将 100℃蒸汽直接通入刚离心成型的管体中，在外观上并未有明显的蒸养发泡现象，对混凝土强度也没有明显的影响。

离心混凝土带模蒸养的这些特点，使其不必像普通混凝土制品那样，可适当放宽预养护、升温速度、恒温温度、降温速度等养护制度。小口径离心制品可以采用快速蒸养制度，大口径离心制品也可通过调整静定时间、升温速度、恒温温度、降温速度等缩短整个养护时间。

5.1.4 国内工厂离心工艺制度介绍

5.1.4.1 镇江华龙管道有限公司离心法生产 ϕ1200×3000 钢承口顶管用管

(1) 原材料

525 普通硅酸盐水泥或矿渣硅酸盐水泥，单方水泥用量不少于 400kg；中砂，细度模数 2.3～3.0，含泥量小于 1%，砂率 42%～45%；5～16mm 连续级配碎石；坍落度 1～2cm；掺加适于离心和蒸养的早强型减水剂，用量由试验确定。

(2) 离心工艺制度表（表 5-11）

离心工艺参数（一） **表 5-11**

管子规格（mm）	投料次数	投料		慢速		中速		快速		总时间（min）
		转速（rpm）	时间（min）	转速（rpm）	时间（min）	转速（rpm）	时间（min）	转速（rpm）	时间（min）	
ϕ1200×3000	1	280	30	300	10	800	5	1300	20	65

注：转速为电机转速。

(3) 蒸养制度表（表 5-12）

蒸养制度 **表 5-12**

静定时间(h)	升温温度(℃)			恒温温度(℃)			降温（h）	总用时（h）
	第 1 小时	第 1 小时	第 2 小时	第 4 小时	第 5 小时	第 6 小时		
0.5	35～45	60±5	80±5	85±5	85±5	85±5	1	7.5

5.1.4.2 西安水泥制管厂离心法生产（ϕ100～ϕ800）

(1) 原材料

普通硅酸盐水泥、矿渣硅酸盐水泥或粉煤灰硅酸盐水泥；中砂，细度模数 2.4～2.7，砂率 38%～44%；石子粒径 10～20mm；C30 混凝土配合比，水泥：砂：石：水＝1：1.45：2.2：0.40，坍落度 3～6cm。

(2) 离心工艺制度表（表 5-13）

离心工艺参数（二） **表 5-13**

管子规格（mm）	投料次数	慢速		中速		快速	
		转速（rpm）	时间（min）	转速（rpm）	时间（min）	转速（rpm）	时间（min）
ϕ100～ϕ300	1	120～160	2～4	220～270	3	350～550	6～8
ϕ400	1	120～160	3～5	220～270	3	350～450	10～18
ϕ500～ϕ600	1	120～160	5～7	180～250	3	300～380	14～18
ϕ800	1	110～150	6～9	180～220	3	300～340	25～28

注：转速为托轮转速。

5.1.4.3　混凝土排水管离心工艺参数（表5-14～表5-16，由东北工业建筑设计院整理）

离心工艺参数（三）　　表5-14

管子规格（mm）	投料次数	投料		慢速		中速		快速	
		转速（rpm）	时间（min）	转速（rpm）	时间（min）	转速（rpm）	时间（min）	转速（rpm）	时间（min）
100～300	1	80～120	1～2	120～170	1～2	150～250	2～5	250～280	6～8
300～600	1	80～120	2～4	120～170	1～2	150～250	2～5	350～400	9～15
700～900	1	80～110	3～6	120～170	2～4	200～280	3～5	340～450	16～24
1000以上	1～2	80～110	＞5	120～170	＞4	200～280	4～5	350～450	25～35

注：表中转速系指离心机托轮转速，托轮直径600mm。

离心工艺参数（四）　　表5-15

管子规格（mm）	快速转速（rpm）	离心加速度 g倍	离心压力 P（MPa）
300	280～330	13g～18g	0.013～0.018
600	350～400	18g～24g	0.027～0.035
900	450～500	22g～27g	0.047～0.058
1200	480～530	20g～25g	0.059～0.072
1500	500～550	17g～21g	0.062～0.075
1800	520～580	16g～20g	0.071～0.088

注：表中转速系指离心机托轮转速，托轮直径600mm。

离心工艺参数（五）　　表5-16

管子规格（mm）	投料次数	投料		慢速		中速		快速	
		转速（rpm）	时间（min）	转速（rpm）	时间（min）	转速（rpm）	时间（min）	转速（rpm）	时间（min）
100～300	1	80～120	1～2	120～170	1～2	150～250	2～5	280～330	6～8
300～600	1	80～120	2～4	120～170	1～2	150～250	2～5	350～400	9～15
700～900	1～2	80～110	3～6	120～170	2～4	200～280	3～5	400～450	16～20
1000～1200	2	80～110	＞5	120～170	＞4	200～280	4～5	480～530	20～25
1300～1500	2	80～110	＞8	120～170	＞6	220～300	5～6	500～550	20～25
1600～2000	2	80～110	＞8	120～170	＞6	250～320	5～6	520～580	25～30

注：1. 表中转速系指离心机托轮转速，托轮直径600mm；
2. 表中投料次数不包括承口层投料。

预应力混凝土管管芯成型工艺见表5-17。

管芯成型工艺参数　　表5-17

管子规格(mm)	投料次数	投料		慢速		中速		快速		成型总时间(min)	生产厂
		转速(rpm)	时间(min)	转速(rpm)	时间(min)	转速(rpm)	时间(min)	转速(rpm)	时间(min)		
500	第一次	80～110	4	150～250	4	300～400	3	460以上	8	41	辽阳水泥制品厂
	第二次承口砂浆	80～110	1	150～250	1	300～400	1	460以上	3		
	第三次	80～130	2	150～250	2	300～400	2	460以上	10		
600	第一次	80～110	5	150～250	4	300～400	3	460以上	10	47	
	第二次承口砂浆	80～110	1	150～250	1	300～400	1	460以上	3		
	第三次	80～130	3	150～250	2	300～400	2	460以上	12		
700	第一次	80～110	5	150～250	4	300～400	6	460以上	10	57	
	第二次承口砂浆	80～110	1	150～250	1	300～400	1	460以上	3		
	第三次	110～130	5	150～250	3	300～400	5	460以上	13		
800	第一次	80～110	6	150～250	4	300～400	6	460以上	12	65	
	第二次承口砂浆	80～110	1	150～250	1	300～400	1	460以上	4		
	第三次	110～130	5	150～250	4	300～400	5	460以上	15		
1000	第一次	110～130	3	150～250	6	300～400	4	460以上	10	85	
	第二次承口砂浆	120～140	4	150～250	5	300～400	4	460以上	12		
	第三次	120～140	1	150～250	1	300～400	1	460以上	4		
	第四次	120～140	4	150～250	5	300～400	3	460以上	18		
300	第一次	以料不下坍为准	3～4	100～150	5	300	3	420～450	8	69	广州市人民供水制管厂
	第二次		2～3	100～150	3	300	5	420～450	14		
	第三次		3	100～150	3	300	5	420～450	13		
400	第一次	以料不下坍为准	4～5	100～150	5	300	3	420～450	10	74	
	第二次		3	100～150	3	300	5	420～450	15		
	第三次		3	100～150	3	300	5	420～450	14		
600	第一次	以料不下坍为准	5～6	100～150	6	300	4	420～450	12	90	
	第二次		4～5	100～150	3	300	6	420～450	18		
	第三次		4	100～150	3	300	5	420～450	18		
800	第一次	以料不下坍为准	6～7	100～150	5	300	5	420～450	17	107	
	第二次		5～6	100～150	3	300	6	420～450	22		
	第三次		4～5	100～150	3	300	6	420～450	21		
1200	第一次	以料不下坍为准	7	150～250	8	350	3	550～600	18	99	
	第二次		5	150～250	6	350	3	550～600	15		
	第三次		6	150～250	6	350	3	550～600	20		

5.1.4.4 京海水泥制品厂预应力混凝土管离心工艺制度（表5-18）

离心工艺参数（六）　　表5-18

管子规格(mm)	投料次数	投料		慢速		中速		快速		成型总时间(min)
		转速(rpm)	时间(min)	转速(rpm)	时间(min)	转速(rpm)	时间(min)	转速(rpm)	时间(min)	
600	第一次	150～170	4	200～240	4	250～300	3	400～470	8	57
	第二次	150～170	5	200～240	4	250～300	3	400～470	10	
	第三次	150～170	3	200～240	3	250～300	2	400～470	8	

续表

管子规格（mm）	投料次数	投料		慢速		中速		快速		成型总时间（min）
		转速（rpm）	时间（min）	转速（rpm）	时间（min）	转速（rpm）	时间（min）	转速（rpm）	时间（min）	
800	第一次	150～170	4	200～240	5	250～300	4	400～470	10	68
	第二次	150～170	6	200～240	5	250～300	4	400～470	12	
	第三次	150～170	3	200～240	4	250～300	3	400～470	8	
1000	第一次	170～190	5	220～260	5	280～330	4	400～470	12	77
	第二次	150～170	6	220～260	5	280～330	4	400～470	15	
	第三次	150～170	4	220～260	4	280～330	3	400～470	10	
1200	第一次	170～190	5	220～260	5	280～330	4	400～470	15	85
	第二次	150～170	8	220～260	5	280～330	4	400～470	15	
	第三次	150～170	7	220～260	4	280～330	3	400～470	10	

京海水泥制品厂普通混凝土管离心工艺制度见表5-19。

离心工艺参数（七）　　表5-19

管子规格（mm）	投料次数	投料		慢速		中速		快速		成型总时间（min）
		转速（rpm）	时间（min）	转速（rpm）	时间（min）	转速（rpm）	时间（min）	转速（rpm）	时间（min）	
1150	第一次	215～235	5	300～350	5	420～450	2	600以上	15	54
	第二次	215～235	5	300～350	5	420～450	2	600以上	15	

5.1.4.5　北京市政水泥制品厂ϕ2000mm低压混凝土管离心工艺制度（表5-20）

（1）原材料

水泥：42.5硅酸盐水泥；中砂；破碎卵石5～20mm；

（2）离心试件

配合比：水泥∶砂∶石∶水＝1∶1.2∶1.5∶0.4；坍落度4～6cm；

（3）试件强度

抗压强度：47～55MPa；抗拉强度：25～32MPa。

离心工艺参数（八）　　表5-20

管子规格（mm）	投料次数	混凝土坍落度（cm）	投料		慢速		快速		成型总时间（min）
			转速（rpm）	时间（min）	转速（rpm）	时间（min）	转速（rpm）	时间（min）	
2000	试验数统计		280～295	5	330～400	5	520～580	2	80～90
2000	第一次	5	285	5	385	3	520	24	95
	第二次		285	7			480	26	
	第三次		285	8			510	22	
2000	第一次	3.5	295	5	400	4	580	20	89
	第二次	4.5	285	5	420	3	495	20	
	第三次	6.5	350	5	420	4	550	17	

续表

管子规格（mm）	投料次数	混凝土坍落度（cm）	投料		慢速		快速		成型总时间（min）
			转速（rpm）	时间（min）	转速（rpm）	时间（min）	转速（rpm）	时间（min）	
2000	第一次	3.5	285	3	330	4	550	27	96
	第二次	5.5	305	4			550	23	
	第三次	6.5	290	4	380	4	580	35	

注：托轮直径 700mm；轮转离心力 0.089MPa；离心加速度 25g。

5.1.4.6 北京第一水泥管厂（2150Ⅲ级管离心工艺参数见表 5-21）

（1）原材料

水泥：42.5 硅酸盐水泥、中砂偏细、破碎卵石 5～35mm（也可用 5～20mm）。

（2）混凝土

42.5 水泥配合比：水泥∶砂∶石∶水＝1∶1.9∶3.5∶0.40；坍落度 6～8cm（7～9月），5～7cm（其他月份）。

32.5 水泥配合比：水泥∶砂∶石∶水＝1∶1.3∶3.0∶0.42。

（3）养护

静定 1～2h；升温 2～3h；升温速度 25～30℃；恒温 9～16h；降温 2～5h。

恒温温度：矿渣硅酸盐水泥 90±5℃；普通硅酸盐水泥 80±5℃。总养护达到1230 度·时。

离心工艺参数（九） **表 5-21**

管子规格（mm）	投料次数	投料		中速		快速		成型总时间（min）
		转速（rpm）	时间（min）	转速（rpm）	时间（min）	转速（rpm）	时间（min）	
2150	第一次	200～270	3～5	250～350	5	450～525	20	75（不含投料）
	第二次	200～270	3～5	250～350	5	450～525	20	
	第三次	200～270	3～5	250～350	5	450～525	20	

5.1.5 附则——离心工艺常用计算公式

5.1.5.1 混凝土离心成型颗粒沉降速度公式

混凝土离心成型是靠离心作用克服重力，促使混凝土拌合物沿钢模内壁环向均匀分布，并进一步挤压水分达到密实的目的。在分析该问题时，不能忽略重力的影响。

当颗粒开始沉降时，要受阻力和浮力的作用，根据斯托克斯（Stokes）定理：

$$F_z = 6\pi\eta\rho v_t \tag{5.1-13}$$

式中 F_z——黏滞阻力；

v_t——颗粒沉降速度；

η——颗粒与水泥砂浆之间的黏度系数；

ρ——颗粒半径。

根据浮力定理：

$$F_f = \gamma_0 a_1 V_g \eta \tag{5.1-14}$$

式中　F_f——浮力；

γ_0——黏性液体（水泥浆）的密度；

V_g——颗粒体积；

a_1——颗粒离心加速度。

设 a_c 为颗粒沉降加速度，颗粒沉降方向的运动方程式为 $ma_l - F_z - F_f = ma_c$

$$ma_l - 6\pi\eta\rho v_g - \gamma_0 a_l V_g \eta = ma_c \tag{5.1-15}$$

因 $a_l = r\omega^2$；$V_g = \frac{4}{3}\pi\rho^3$；$m = \frac{4}{3}\pi\rho^3\gamma_g$；$a_c = -\frac{dv_t}{dt}$，代入式（5.1-15）并整理：

$$\frac{dv_t}{dt} + \frac{9\eta}{2\gamma_g} v_g = r\omega^2[(\gamma_g - \gamma_0)/\gamma_g] \tag{5.1-16}$$

式中 r 为离心半径；ω 为颗粒离心角速度；γ_g 为颗粒密度。利用初始条件，$t=0$、$v_t=0$，解上列微分方程，得某一时刻 t 颗粒的沉降速度公式：

$$v_t = \{2\rho^2(\gamma_g - \gamma_0)\left[1 - \exp\left(\frac{9\eta t}{2\gamma_g\rho^2}\right) r\omega^2\right]\}/9\eta \tag{5.1-17}$$

当 t 足够大时，$\exp\left(-\frac{9\eta t}{2\gamma_g\rho^2}\right) \to 0$，可得：

$$v_t = \frac{2\rho^2}{9\eta}(\gamma_g - \gamma_0) r\omega^2 \tag{5.1-18}$$

从公式可以看出，当离心加速度 $r\omega^2$ 一定时，固体颗粒沉降速度与颗粒半径的平方成正比、与颗粒密度和水泥砂浆密度的差成正比、与黏度系数成反比。

5.1.5.2　混凝土离心成型颗粒沉降时间公式

如果固体颗粒初始离心半径为 r_1，沉降结束离心半径为 r_2，颗粒的沉降速度为 $v_t = \frac{dr}{dt}$，代入式（5.1-17），得：

$$\frac{dr}{dt} = \left\{2\rho^2(\gamma_g - \gamma_0)\left[1 - \exp\left(-\frac{9\eta t}{2\gamma_g\rho^2}\right) r\omega^2\right]\right\}/9\eta \tag{5.1-19}$$

对上式从 r_1 到 r_2 进行积分，得：

$$t + \frac{2\gamma_g\rho^2}{9\eta}\left[\exp\left(-\frac{9\eta t}{2\gamma_g\rho^2}\right) - 1\right] = \frac{9\eta}{2\rho^2(\gamma_g - \gamma_0)\omega^2}\ln\frac{r_1}{r_2} \tag{5.1-20}$$

忽略 $\exp\left(-\frac{9\eta t}{2\gamma_g\rho^2}\right)$，得颗粒沉降时间为：

$$t = \frac{9\eta}{2\rho^2(\gamma_g - \gamma_0)\omega^2}\ln\frac{r_1}{r_2} + \frac{2\gamma_g\rho^2}{9\eta} \tag{5.1-21}$$

由式可知，影响沉降时间的因素与影响沉降速度的因素相同。在给定沉降距离后，沉降时间与黏度系数成正比、与颗粒半径成反比。

5.1.5.3　离心制品离心力计算公式

离心制品内半径为 r_0、外半径为 r_w，管模的旋转速度为 n_k，离心制品离心力公式为：

$$P = \frac{n_k^2(r_w^3 - r_0^3)}{10598^2 r_w}/10 \tag{5.1-22}$$

$$= 8.9033 \times 10^{-10}\frac{n_k^2(r_w^3 - r_0^3)}{r_w}$$

5.2 悬辊工艺

悬辊工艺全称为《悬置辊轴辊压成型制管工艺》，是 20 世纪 40 年代（1943 年）澳大利亚工程师罗克逊（Rokertson）和克拉克（Clark）创制的，所在生产混凝土管和制管设备公司取名为罗克拉公司。采用悬辊工艺生产混凝土管，与离心工艺相比在经济上、技术上有一定的优势。因此，该工艺问世后，很快受到各国制管行业的重视，广泛用来成型混凝土管和预应力混凝土管。

1974 年澳大利亚在我国北京举办工业展览会，会上参展悬辊制管工艺并与我国相关单位进行了技术交流，之后我国开始使用这种制管技术生产混凝土管。悬辊工艺因其工艺成熟、设备简单、投资小、见效快；采用干硬性混凝土，水灰比较小，依靠辊压密实成型，混凝土强度较高；在同等强度条件下，混凝土水泥用量较少；生产中没有水泥浆排出，利于生产环保；管模套置在辊轴上，不会飞模，安全性较高；转速较低，与离心工艺相比噪声小；滚圈采用铸钢制造，既是承力圈，又是管子接口成型圈，易于保证接口尺寸精度等优点，在我国当前约 70%左右的工厂使用悬辊工艺生产混凝土排水管，部分工厂以此工艺生产预应力混凝土输水管，管径从Φ100mm 至Φ2400mm、长度从 1500mm 至 5000mm，接口形式除平口外，已能生产国家产品标准《混凝土和钢筋混凝土排水管》中规定的企口、承插口、钢承口等各种接口形式，是我国当前应用最为广泛的制管工艺。

5.2.1 悬辊工艺成型原理

5.2.1.1 悬辊工艺成型过程

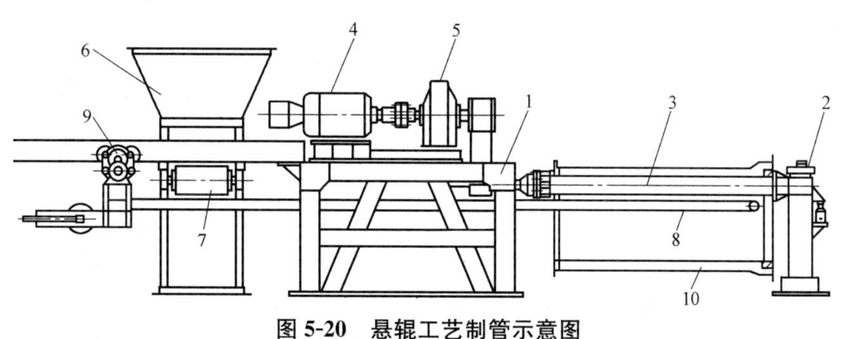

图 5-20 悬辊工艺制管示意图

1—机架；2—门架；3—辊轴；4—电动机；5—传动机构；6—混凝土贮料斗；7—输料皮带机；8—喂料皮带机；9—喂料皮带机行走机构；10—管子管模

悬辊制管机辊轴在电动机、变速装置驱动下以一定的速度旋转，套入悬辊制管机辊轴的管模，由管模滚圈（也称为挡圈）与悬辊制管机辊轴之间的摩擦力带动，管模绕辊轴按操作工艺速度旋转。将混凝土投入管模内，混凝土在旋转离心力作用下，分布于管模内壁。随着投料量的增加，混凝土料层逐渐增厚，当投入的混凝土物料厚度超过管模滚圈的高度时，混凝土与旋转的辊轴直接接触，滚圈被托离辊轴，管模依靠辊轴与混凝土之间的摩擦力继续旋转，辊轴对混凝土进行反复碾压。管壁混凝土在辊轴滚动压力作用下逐渐密实，同时，由于投入管模内的混凝土表面不平整、设备不平衡，旋转中的管模产生振动，一定条件下这种振动有助于混凝土在管模中的分布和密实。正是在离心力、辊轴的滚动压力和振动力三者共同作用下，投入管模内的水泥混凝土被密实成型并获得光洁的内表面（图 5-21、图 5-22），制成混凝土管。

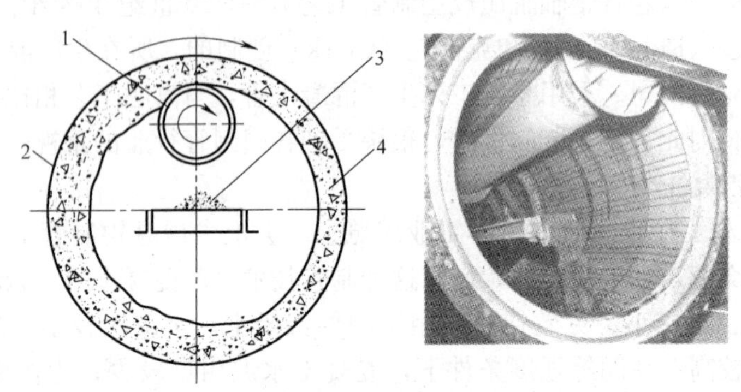

图 5-21　混凝土辊压示意图

1—辊轴；2—管模；3—胶带喂料机；4—管体混凝土

5.2.1.2　悬辊工艺制作混凝土管成型、密实机理

悬辊工艺制作混凝土管成型一般分为投料和辊压两个阶段。

投料阶段，松散的混凝土物料在离心力作用下，混凝土拌合物粘附于管模内壁沿轴向和周向蠕动，摊铺于管模内壁。悬辊工艺制管所用混凝土拌合物水灰比小、干硬度大，流动性差，随管模旋转摊铺混凝土物料所需作用力大于摊铺塑性混凝土的作用力，因此悬辊工艺成型混凝土管时，投料管模旋转速度应大于离心工艺中的投料速度，需取高于离心工艺中中速的旋转速度。

投料阶段，要求投料方式、管模转速等操作工序有助于形成砂、石、水泥浆相互嵌合、分布均衡（不离散）、表面平整厚薄均匀的易于辊压压实的混凝土结构层。

投料阶段，由悬辊机、钢模、辊轴旋转过程中引起的跳动较为轻微，跳幅较小，有一定频率，相当于在成型中施加了振动，在此振动力作用下混凝土液化程度增大，并在旋转离心力作用下混凝土更易向外沉降和密实，有利于投料阶段混凝土的均匀摊铺，有利于形成骨料互相嵌合、水泥浆填充于骨料间隙中的骨架结构。

随着混凝土拌合物投入管模，混凝土料层逐渐增厚，当超过管模滚圈厚度时，进入悬辊工艺的辊压阶段。辊轴开始对混凝土施加由管模和混凝土自重产生的辊压力，管模依靠辊轴与混凝土之间的摩擦力继续旋转，辊轴对混凝土进行反复碾压。

在辊压过程中，混凝土同时受到钢模转动的离心力，辊轴对混凝土的径向和周向辊压力，辊轴与混凝土之间的摩擦和粘结阻力，混凝土自重和管模跳动的振动力。

辊压初期阶段，混凝土物料超过滚圈高度，表面不平度远过于滚圈面，应而跳动幅度增大，振动冲击作用加大，有利于管身混凝土成型密实。但过大的跳动，混凝土会被振散、也使钢筋偏移变位，对管子的质量有害。

辊压后期阶段，混凝土料层逐渐被压平，跳动有所减轻，辊压面宽度迅即减小，辊压作用显现，充足的辊压力和充分的辊压时间完成管子的成型，达到要求的密实度。

投料和辊压初期是形成悬辊混凝土结构的重要阶段，在投料和辊压初期阶段形成的混凝土骨架结构缺陷虽经后期辊压，但不能完全被消除，因而投料均匀平整是管子质量的关键。

加大辊压力、可以增加压散辊压初期形成的结构缺陷的可能性，有利于提高管体混凝土的密实度，提高管子质量。

辊压力与管模重量及管子重量成正比，辊压力大小也与混凝土物料的干硬度（混凝土黏度）相关。悬辊混凝土是干硬性混凝上，需要更大的作用力才能克服混凝土物料之间的摩擦力，使混凝土物料靠近、挤压密实和排出空气，因而悬辊工艺辊压密实混凝土的辊压力需大于离心工艺中快速离心密实混凝土时的离心力，据试验，不同内径的混凝土管，静态压力一般是离心力的 1～5 倍，约为 0.1～1.2MPa，动态辊压力是离心力的 5～15 倍，约为 1～3MPa。

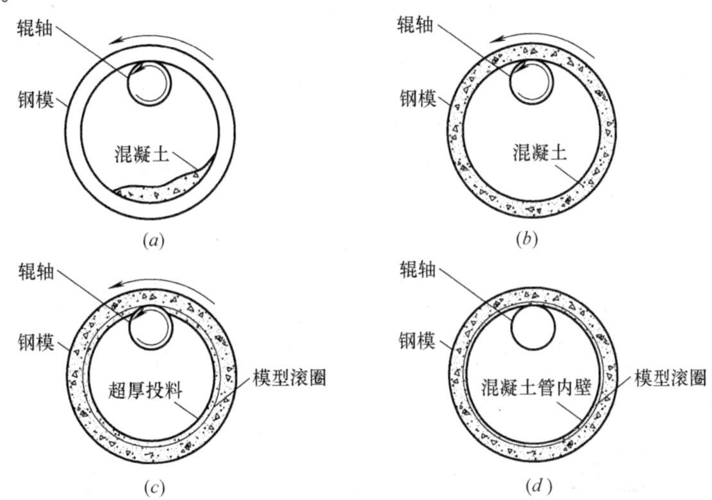

图 5-22 悬辊工艺成型过程示意图

(a) 初始投料时；(b) 旋转布料中；(c) 超厚投料及辊压中；(d) 辊压完毕后

5.2.2 悬辊混凝土工艺特性

强度和抗渗是混凝土管的主要性能。影响离心混凝土管抗渗性能的最主要因素是离心挤压排水过程中形成的定向毛细孔道。悬辊工艺制作的混凝土管，影响强度和抗渗性能的主要因素是混凝土孔隙率（密实度），管体中连续的孔腔是渗水的主要通道。

悬辊工艺制作混凝土管可获得密实、高强的产品，但工艺不当会产生各种质量缺陷，尤其是管体密实度差、混凝土空隙率大，产生渗水。因此悬辊工艺成型混凝土管应合理选用混凝土的材料、配合比，精心设计悬辊工艺、悬辊设备等，防止这些缺陷的发生，获得品质优良的混凝土管。

5.2.2.1 采用优良的材料和混凝土配合比，保证混凝土质量

1. 悬辊工艺混凝土原材料

水泥对悬辊混凝土管性能有较重影响。悬辊混凝土管的混凝土要求具有早强、快硬的特点，成型后管子的内壁才不易塌落。因此，要优先选用早强型硅酸盐水泥或早强型普通硅酸盐水泥，所选水泥按不同季节的气温下其初凝时间似少于 100mim 为最佳。

由于管模造价昂贵，为加快模具周转，也为提高生产率，提高混凝土管耐蚀性，对于悬辊工艺制作混凝土管也可采用快硬硫铝酸盐水泥。快硬硫铝酸盐水泥引起混凝土一系列物理、化学及力学变化，从而加速其内部结构的形成，获得早强，可有效防止已成型的混凝土管静定过程中内壁混凝土层的坍塌，尤其在气温较低的秋冬季节效果更为显著。

悬辊工艺混凝土中掺加粉煤灰也能达到节约水泥、改善管子成型性能和提高产品质量的效果。一般掺量为水泥重量的15%～20%，超量取代可达30%，同时掺加对粉煤灰强度有激发作用的外加剂时，混凝土早期强度还有提高。

悬辊工艺制管依靠辊压力压实混凝土，砂、石质量对混凝土的质量影响较大，石子粒径过大由于粒径效应会降低混凝土密实度和抗渗性能；针片状石子除影响混凝土强度外，还会增大混凝土内摩擦力，影响辊压混凝土的密实度，辊压中还易使钢筋变位；泥粉、石粉比表面积大，需增加水泥用量和用水量，降低水泥石和骨料之间的粘接力。因此应选用干净、颗粒形状、大小和级配良好的材料。

预应力混凝土管中石子最大粒径不宜大于15mm、空隙率38%～42%。普通混凝土管中石子最大粒径不宜大于25mm、空隙率38%～44%。

石子颗粒尺寸对辊压混凝土抗渗性能的影响　　表5-22

试验编号	混凝土配合比	石子粒径(mm)	成型方式	抗压强度(MPa)	试块水压洇水高度(mm)
1	1∶1.35∶1.90∶0.31	5～20	振动加压	38.2	78
2	1∶1.35∶1.90∶0.31	5～15	振动加压	43.3	66
3	1∶1.35∶1.90∶0.31	5～10	振动加压	52.5	50

注：1. 试块成型方法为振动成型后在压力机上加压，加压压力0.3MPa，标准养护室内养护28d；
2. 水压试验S10。

2. 悬辊混凝土配合比

悬辊混凝土配合比设计中重要的技术指标是：①水灰比；②砂率。

悬辊混凝土管用混凝土属防渗、干硬性混凝土，根据悬辊成型工艺的特点，适当增大砂率有利于辊压密实、有足够的砂浆填充石子的空隙，达到较高的致密度，有利于提高混凝土管抗渗能力。在混凝土配合比设计中，砂率要比普通混凝土高2%～5%。通常悬辊法用混凝土的砂率，混凝土排水管为34%～40%、预应力混凝土输水管为36%～42%。

混凝土配合比设计要注意结构合理性，提高砂浆质量，在满足成型的要求下降低其水灰比。在一定范围内悬辊混凝土强度随水泥用量的增加而增加，水泥用量的增加也能改善悬辊混凝土的抗渗性能。

(1) 水灰比对悬辊混凝土性能的影响

图5-23为悬辊工艺制作管径ϕ220mm素混凝土管的内水压试验资料，混凝土配合比为水泥∶砂∶石=1∶1.10∶2.28，单方混凝土水泥用量548kg/m^3，试验结果表明管子开裂水压力（以环向开裂水压力代表混凝土抗拉强度）与水灰比关系密切，水灰比过小或过大，均使管子抗内水压力能力下降，在此试验中最佳水灰比为0.27～0.31。

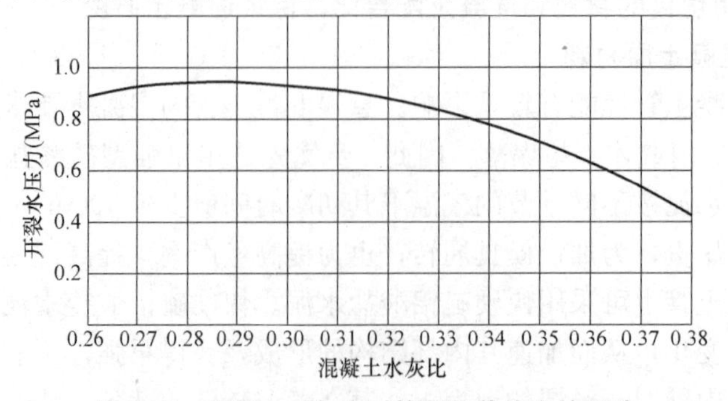

图5-23　混凝土水灰比对管子承载能力的影响

(2) 砂率对悬辊混凝土性能的影响

砂率影响混凝土拌合物的和易性，对成型后管体混凝土的抗渗性能有极大影响，砂率是混凝土配合比的重要参数，一定范围内加大砂率有利于提高混凝土抗渗性能，减小砂率有利于提高混凝土的强度。相应制作普通混凝土管与预应力混凝土管应采用不同砂率。

表 5-23

产品名称	砂率范围(%)	水灰比	水泥用量(kg/m^3)
普通混凝土管	34～40	0.30～0.38	350～420
预应力混凝土管	36～42	0.35～0.38	450～550

5.2.2.2 辊压时间对混凝土强度的影响

悬辊工艺最佳辊压时间与成型管子的种类、材料性能、混凝土拌合物操作性、管子直径和壁厚等因素有关。

在一定辊压压力作用下混凝土密实度、强度随辊压时间增加而增加。图 5-24 为悬辊工艺制作混凝土管净辊压时间与管子开裂水压力（抗拉强度）的关系。从图 5-24 中可知，辊压时间短，混凝土未能压实，开裂压力低；辊压时间过长，开裂压力虽略有增大，但成型时间延长，效率低、能耗增大；辊压时间超过一定值，混凝土强度非但不能增长，反而会有所下降。悬辊工艺制作配置钢筋骨架普通混凝土管时，辊压时间加长，混凝土密实度不能显著增长，反而因过长时间辊压，钢筋骨架变位等破坏因素加剧，因此更需合理控制辊压时间。

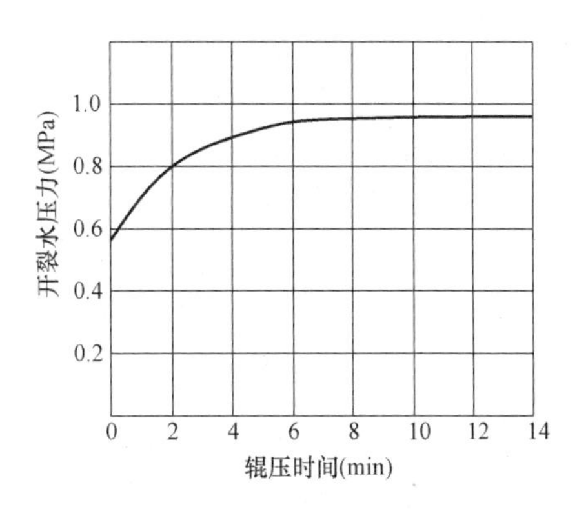

图 5-24 辊压时间对管子承载能力的影响

（管径 ϕ220mm 素混凝土管试验资料，混凝土配合比为水泥∶砂∶石=1∶1.10∶2.28）

此例中，4～6min 为合理有效的辊压时间。

5.2.2.3 辊压压力对混凝土强度的影响

理论上混凝土强度随压力增大而增大，但超过一定范围，并不能进一步有效增加混凝土强度，相反，由于压力过大引起钢筋变形位移增大，混凝土管成型完毕后钢筋回弹等破坏因素加剧，混凝土内部微细裂缝增多，混凝土强度有所下降。

压力对混凝土表观密度和强度的影响 **表 5-24**

试验编号	混凝土配合比	成型方式	加压压力(MPa)	表观密度(kg/m^3)	抗压强度(MPa)
1	1∶1.35∶1.90∶0.31	振动加压	0.2	2408	37.5
2	1∶1.35∶1.90∶0.31	振动加压	0.3	2468	43.3
3	1∶1.35∶1.90∶0.31	振动加压	0.4	2492	48.2

辊压力大小与成型管子品种、管径大小（管壁厚度）、混凝土干硬度等有关。

成型预应力混凝土管、素混凝土管，管身内无钢筋骨架，可适当加大辊压力，有利于增大混凝土密实度、减少辊压时间。成型普通混凝土管，不宜施加过大辊压力。

一般条件下，以混凝土管管重加管模重之和控制辊压力。常用悬辊工艺辊压力，成型普通混凝土管辊压力等于（1.6～2.2）倍管重，大口径管取较大倍数，小口径管取较小倍数；成型预应力混凝土管辊压力等于（1.8～2.5）倍管重。

5.2.3　悬辊工艺制度的选择

按悬辊工艺成型原理可知，悬辊混凝土管成型制度分为投料及辊压两个阶段。

5.2.3.1　投料阶段工艺制度选择

1. 投料方式

按混凝土管管壁厚度及混凝土管的品种不同可分别采用单层投料或多层投料。管壁厚度薄（小于100mm，单层配筋）的混凝土管可采用单层投料成型工艺，管壁厚度厚（大于100mm，双层配筋）的混凝土管宜采用双层投料成型工艺；钢筋骨架易变位，产生保护层厚度超差或露筋等现象，宜采用双层投料成型工艺；用于压力输水的混凝土管应用双层投料成型工艺；柔性胶圈接口混凝土管的承口使用滚圈成型的混凝土管，尚需采用三层投料成型工艺，有利于提高混凝土管管口的密实度和抗渗性能。

双层投料工艺有利于提高混凝土管的抗渗性。在第一层投料完成后，可提高转速，增大作用于混凝土的离心力和振动力，延续一段时间，此时，在离心力及振动力双重作用下，促进混凝土的液化和分层离析，在内壁形成水、水泥含量增多的水泥砂浆层，有利于提高混凝土密实度、抗渗性能。在悬辊工艺生产压力输水混凝土管中常用此法提高管子的抗渗性能。

双层投料工艺有利于提高混凝土管的强度。双层投料工艺分次投入混凝土，第一层经一段时间离心力和振动力作用，形成具有一定强度的结构层，投入第二层进行辊压，减薄混凝土层成型厚度，减小表层结壳对混凝土密实度的影响。有利于提高混凝土的密实度和强度。

双层投料工艺有利于保护钢筋骨架。双层投料的混凝土管钢筋骨架大都是双层钢筋骨架，采用双层投料工艺第一层投料后，经一段时间离心力和振动力作用，形成具有一定强度的结构层，钢筋骨架的外层埋固于混凝土中起到固定钢筋骨架作用，增强辊压阶段钢筋骨架抗位移和抗扭能力，克服悬辊工艺混凝土管钢筋骨架位置公差大的缺陷。双层投料工艺，先投入3/5左右混凝土物料，固压住钢筋骨架后再投入余料。

无论单层投料或双层投料工艺，均应先薄摊一层干硬度稍小的混凝土，或投料中适当喷洒一些水花，提高外表层混凝土的和易性，减少蜂窝麻面，有利于提高表面外观质量。

投料阶段是保证管子质量的重要阶段，投料转速使混凝土物料投入管模后，在离心力的作用下，克服混凝土物料自重、被转动的管模带动粘合在管模上，并使混凝土沿管模周向和轴向均匀分布、形成初始结构，在管模内壁形成管柱状混凝土筒体。

由于悬辊工艺使用的混凝土流动性低，蠕动阻力大，因此投料速度要高于离心工艺的投料速度，所需的离心力宜高于离心工艺中中速转速的离心力，投料时间亦宜长些。

不合理的投料方式易造成管壁密实度差、钢筋骨架变形、露筋、钢筋回弹管壁裂纹等缺陷。应用喂料机投料时，应先从一端（承口端）开始，人工投料先两头后中间，不宜局部堆料超厚，造成管模大幅跳动，破坏混凝土结构并损坏设备。

控制投料速度，均匀连续地下料，投料量太大、投料过快，砂石料易离析，石子滚动量过多，料层厚薄不匀，管模跳动加剧。投料速度过慢，时间延长，滚圈与辊轴摩擦生热，先投料一端水分蒸发，水灰比减小，混凝土结硬，造成混凝土辊压不实。

宜在辊压初期阶段完成投料，应避免在辊压后期再补料。混凝土料层经一段时间辊压，已形成有一定强度的结构，可塑性降低，补投的物料压到料层中，极易推动混凝土物料作周向和轴向移动，使混凝土出现裂隙和带动钢筋骨架变形，并加大管模跳动。

投料最终洒入砂子灰，如内层灰过硬，还应喷些许水花，提高内壁光滑度。

悬辊旋转过程中由于制管机和管模不圆、混凝土料层不平等因素引起的管模跳动，频率低、幅度大，在布料阶段对布料摊平混凝土有一定益处，而在辊压阶段过大的跳动会使已经压实的混凝土又被振松，是管子成型后发生下沉和塌皮的主要原因。

2. 投料时管模旋转速度

悬辊工艺实则为离心复合工艺中的一种——离心辊压复合工艺，是离心工艺的派生工艺，具有离心工艺的基本特性，研究两者工艺特性的异同，参照离心工艺参数用以确定悬辊工艺制度是有益的。

按离心力应克服混凝土物料重力原则，确定的混凝土管离心成型布料理论转速公式为：

$$n_0 = 300/\sqrt{r} \tag{5.2-1}$$

考虑到混凝土拌合物的黏度和离心设备、管模旋转时的振动，离心成型布料所需实际转速：

$$n_m = 300C/\sqrt{r} \tag{5.2-2}$$

式中 n_0——离心工艺投料时管模所需理论转速，转/min；

n_m——离心工艺投料时管模所需实际转速，转/min；

C——离心布料转速增加系数（可取1.5～1.8）；

r——旋转半径。

因悬辊工艺使用的混凝土流动性低，蠕动阻力大，要使混凝土物料能摊铺平整，所需的离心力要大于摊铺塑性混凝土所需的离心力，因此悬辊工艺投料速度要高于离心工艺投料速度，按生产实践，三种不同品种悬辊混凝土管管模的旋转速度，以离心成型布料理论转速公式乘以相应的布料转速增加系数确定。

（1）悬辊工艺成型素混凝土管投料阶段布料转速计算公式：

$$n_s = 300T/\sqrt{r} \tag{5.2-3}$$

式中 n_s——悬辊工艺成型素混凝土管投料阶段管模转速，转/min；

r——混凝土管内半径，cm；

T——悬辊工艺成型素混凝土管布料转速增加系数（可取2.0～3.0）。

（2）悬辊工艺成型钢筋混凝土管投料阶段布料转速计算公式：

$$n_g = 300G/\sqrt{r} \tag{5.2-4}$$

式中 n_g——悬辊工艺成型钢筋混凝土管投料阶段管模转速，转/min；

G——悬辊工艺成型钢筋混凝土管布料转速增加系数（可取1.5～2.5）。

（3）悬辊工艺成型预应力混凝土管投料阶段布料转速计算公式：

$$n_y = 300Y/\sqrt{r} \tag{5.2-5}$$

式中 n_y——悬辊工艺成型预应力混凝土管投料阶段管模转速，转/min；

Y——悬辊工艺成型预应力混凝土管布料转速增加系数（可取2.5～3.5）。

悬辊工艺成型素混凝土管，辊压时管模旋转速度取等于或大于投料速度；悬辊工艺成型三阶段预应力混凝土管管芯时，辊压时管模旋转速度大于投料速度；悬辊工艺成型配有钢筋骨架的普通混凝土管，辊压时管模旋转速度取小于或等于投料速度。悬辊工艺辊压时管模旋转的离心加速度一般取 3g～6g（g 为重力加速度）。

按上述公式计算，悬辊工艺转速参数如表 5-25 所示。

悬辊工艺转速理论计算值　　**表 5-25**

管径（cm）	转速系数（T）	管模转速（r/m）	辊轴直径（cm）	辊轴转速（r/m）	线速度（cm/s）	加速度（cm/s²）	g 倍加速度
200	2	60	50	240	628	3948	4.0g
160	2	67	40	268	562	3948	4.0g
120	2	77	30	310	487	3948	4.0g
100	2.2	93	30	311	489	4777	4.9g
80	2.2	104	20	417	437	4777	4.9g
60	2.5	137	20	411	430	6169	6.3g
40	2.5	168	15	447	351	6169	6.3g

生产中悬辊工艺的转速技术参数可根据公式计算值，结合季节气温的变化、原材料的变化，产品品种、规格的不同，调整投料和辊压时的管模转速。

5.2.3.2　辊压阶段工艺制度选择

1. 辊压阶段管模旋转速度

投料厚度超过管模滚圈高度后，松散的混凝土物料在辊压力推动下沿周向和轴向移动，周向混凝土物料主要以滚动方式移动，作用于钢筋骨架的推力小；轴向混凝土物料以滑动方式移动，作用于钢筋骨架的推力大，骨架易受推移变形。混凝土物料受周向辊压是工艺密实混凝土所要求的，但辊轴压力使混凝土物料轴向移动，最易产生管子质量缺陷。因此，投料中应均匀投料，沿管子轴线方向厚薄一致，尽量减少混凝土物料的轴向移动。

投料厚度超过管模滚圈高度后，松散的混凝土物料在辊压力的推动下沿周向和轴向移动与混凝土干硬度相关，当混凝土物料干硬性大时，径向辊压力大，发生时间也较早；当混凝土物料干硬性小时，由于混凝土物料沿轴向和周向被推移，径向辊压力减小。

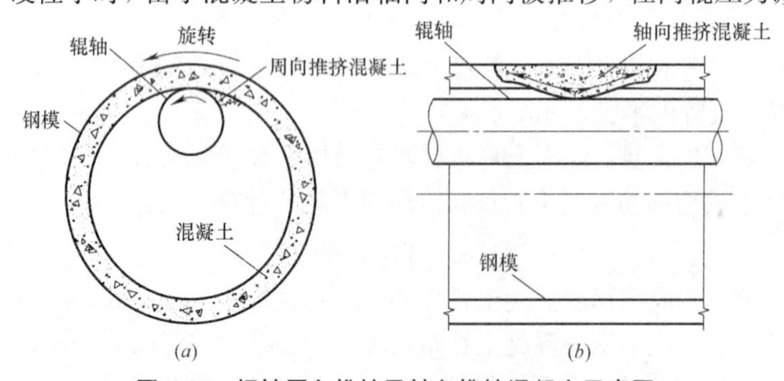

图 5-25　辊轴周向推挤及轴向推挤混凝土示意图

（a）辊轴周向推挤混凝土示意图；（b）辊轴轴向推挤混凝土示意图

悬辊工艺管模转速对管子质量影响很大，辊轴转速增大，可产生较大的离心力、振动冲击力，有利于成型时混凝土布料和密实。

辊压阶段管模转速过快，辊轴碾压管壁混凝土的加压时间延续过短、瞬压即过，辊轴作用于混凝土物料的径向密实效果减小，不利于混凝土密实；辊压转速过快增大周向挤压力，增加混凝土周向移动，推动钢筋骨架，钢筋骨架易变形、破坏，造成露筋或由于钢筋回弹在成型后管壁中产生裂纹。辊压转速过快，管模跳动幅度增大，已成型的混凝土结构破坏越严重；管模跳动也引起钢筋颤动，振离、振松钢筋周围的混凝土，影响钢筋与混凝土的粘接力，甚或在钢筋背向产生空穴，形成渗水通道；过大的旋转冲击力，内壁混凝土局部迅即被压实，辊压力消散于这层具有一定强度的内壁混凝土上，难于向壁厚深度传递，俗称为“压死”，表层压实、内层疏松，对管子的质量影响很大。

辊压转速减低，则辊轴与混凝土接触时间延长，使辊压力传到管体混凝土的时间得到保证，压实效果好。

从测试也得，辊轴旋转速度对管壁混凝土辊压力的影响，静止状态压力大于旋转时的动态辊压力，辊轴旋转速度越小传压效果越好，辊轴旋转速度越大传压效果越差。

辊压阶段转速加大，管模与辊轴振动产生的冲击力加大，会明显增大作用于管子内表面上的冲击压力，产生有利于提高悬辊混凝土密实度的正作用。同时这样的冲击力也在产生破坏悬辊混凝土结构的副作用。辊压时转速超过临界转速，破坏混凝土结构的副作用将更为明显。

因而投料后进入辊压阶段的转速是加大还是减小，其中很重要的因素应看混凝土的干硬度、悬辊制管机、管模的性能及投料的操作等，如能产生正作用，可提高辊压时转速；如果副作用大于正作用，应降低辊压时转速。

当前我国的悬辊制管机和管模的设计、加工、安装与维护，水平还不高，基本不作动平衡测试，随着管模速度的提高，管模的跳动较为严重，对悬辊混凝土的副作用大于正作用，故而在投料完毕进入辊压阶段，不宜提高辊轴旋转速度，降低转速减小管模的跳动，减轻跳动对混凝土结构的破坏，改善混凝土内在质量，避免内层混凝土塌沉和微细裂缝的产生，减小辊轴对混凝土的推移量，减小钢筋位移，保护钢筋骨架。而且悬辊工艺管模旋转离心力一般在0.01～0.02MPa，数值较小，以提高转速增大悬辊离心力密实混凝土方法效果有限，相反由于转速提高引起的质量缺陷会更明显，这也说明，悬辊工艺中辊压阶段不宜提高转速。

辊压阶段辊轴旋转速度与制作管子类型有关。成型带钢筋骨架的混凝土管，辊压速度宜低一些，成型不带钢筋骨架的预应力混凝土管、素混凝土管，辊压速度可适当提高，发挥离心力对混凝土的密实作用。

成型钢筋混凝土管进入辊压阶段，即应逐渐减速，减小辊轴对混凝土物料的周向挤压力、增大径向压力，超厚的混凝土物料在此压力轮次循环作用下获得足够的密实度。

2. 辊压阶段辊压力

悬辊工艺密实混凝土主要依靠辊压力，辊压力大小决定了混凝土的密实度。与离心工艺相比较，悬辊混凝土的工作度大于离心混凝土，密实悬辊混凝土的作用力就该大于密实离心混凝土的离心作用力；与挤压工艺成型混凝土砖相比，混凝土砖所用混凝土干硬度大于悬辊工艺混凝土干硬度，挤压砖的密实单靠压力值，基本无振动冲击作用，加压时间较短（5～10s），悬辊工艺成型混凝土管是动态加压成型，有离心力、振动力及辊压力共同作用，整个辊压过程中振压充分，混凝土圆管内表面经300～600次碾压，因而悬辊工艺密实混凝土的辊压作用力可以小于挤压制砖工艺的压力值。国内离心工艺离心力对混凝土产生的压力为0.02～0.15MPa，挤压成型混凝土砖的压力为2～4MPa。悬辊工艺的辊压力应在两者之间，按不同管径、壁厚悬辊制管工艺辊压力取1～3MPa、静态压力取0.1～1.5MPa范围较为合宜。

国内某研究院曾对悬辊工艺成型混凝土管作过辊压力测试，具体数据如下：

管子规格：ϕ700mm×5000mm×45mm预应力混凝土管；

悬辊直径：ϕ263mm；

管模滚圈总宽度：插口滚圈宽80mm、承口滚圈宽95mm，共175mm；

管模重量：1.25t。

工艺制度：

工艺制度　　**表5-26**

成型阶段	转速(rpm)		成型时间(min)
	电动机	管模	
投料	1498	159	9
辊压	1498	159	3
	928	98	2
	752	80	2
	578	61	2

动态悬辊压力测试结果：

测试结果　　**表5-27**

管子编号	测点编号	测点位置	测点方向	辊压力(MPa)		混凝土拌合物状态(Pa)
				平均值	最大值	
1	1	800/7	径向	2.31	2.75	300
	2	800/13		1.62	2.17	
	3	800/23		1.19	1.62	
	4	4004/18		损坏	损坏	
2	1	800/7	径向	2.57	2.96	
	2	800/12		1.59	6.30**	
	3	800/29		1.37	6.30**	
	4	4004/22		2.38	6.30**	

注：1. 斜线上数字为测点距插口端距离，斜线下数字为距外壁距离；

2. **表示超过传感器允许使用范围，这些数据不作分析用。

上述测试的动态辊压力在1.19MPa～2.57MPa，最大动态压力为2.96MPa。

很明显，动态辊轴压力中冲击力的作用占很大成分，测试数据管重加管模重共2566kg，悬辊完成后管模悬置于辊轴上时压力等于0.16MPa，约占悬辊压力的10%，90%为旋转中的振动冲击力。试验中证实，在未投料部位也测出由振动和离心作用的辊压力；当辊压过程后期转速减小时，管内壁渐为平整，辊压力急剧下降，说明旋转冲击力作用力是较大的。

从工艺原理分析，实际成型辊压过程中，辊轴不是在辊压宽度上与混凝土管内表面完全贴合，管子与管模重量不是平均作用在整条贴合面上，而是作用在管内壁局部高点上辊压混凝土，因而这些局部高点上辊压力远大于以挤压宽度计算的静态压力，混凝土受较大的冲击压力，达到充分密实混凝土所需的压力。测试数据显示动态辊压力为静态悬置压力的 10～15 倍。

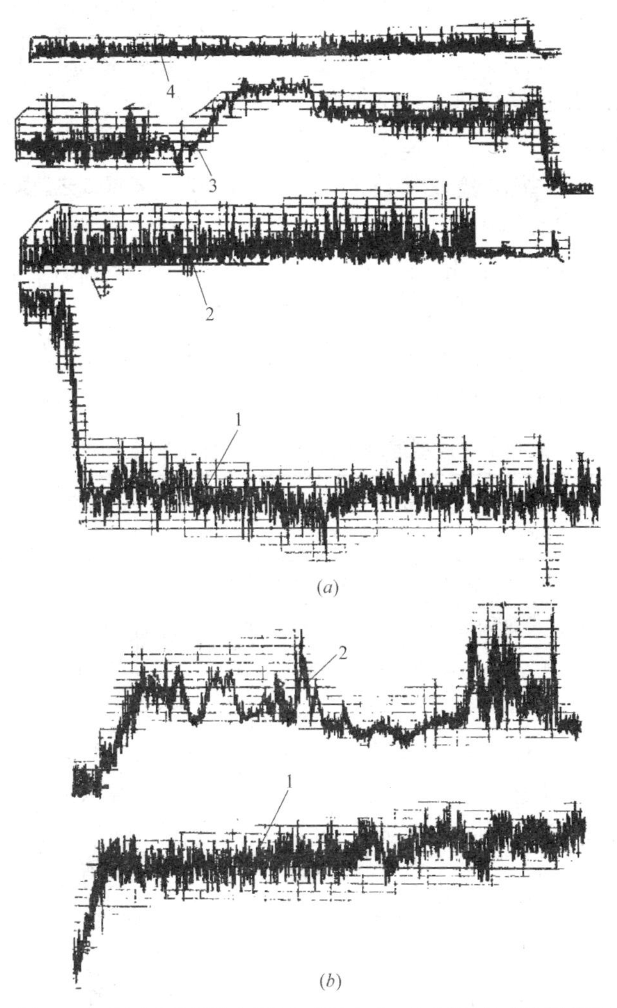

图 5-26 动态下辊压力测试（图中 1～4 为测点或曲线编号）

（a）投料时辊压力曲线；（b）辊压时辊压力曲线

测试数据显示在辊压过程中，厚度减小（转速不变）、密实度增高，辊压力急剧升高。这是随着辊压的进展，混凝土密实度提高，辊轴陷入混凝土中深度减小、辊压宽度减小，使单位面积上的压力增大。

如上分析，旋转中的冲击力既是成型密实的重要作用力，也存在对结构的破坏作用，在生产中应根据企业的条件，合理确定辊压转速和管模的重量。

3. 管模重量的确定

按测试数据从理论上可用以计算各种规格混凝土管的理论辊压力及管模的重量，计算过程如下：

（1）辊轴压痕宽度计算（图 5-27）

$$2\Delta_S=2\sqrt{(d_g/2)^2-(d_g/2-h_g)^2} \tag{5.2-6}$$

式中　Δ_S——1/2 压痕宽，mm；

d_g——辊轴直径，mm；

h_g——辊压完成后辊轴压入管壁深度，mm。

（2）管模重量计算

$$G_m = 2P_g L_g \Delta_S - G_g \qquad (5.2\text{-}7)$$

式中　G_m——管模重，kg；

P_g——悬置压力，按试验取其数值可参考表 5-28，MPa；

L_g——管子辊压长度，mm；

G_g——管重，kg。

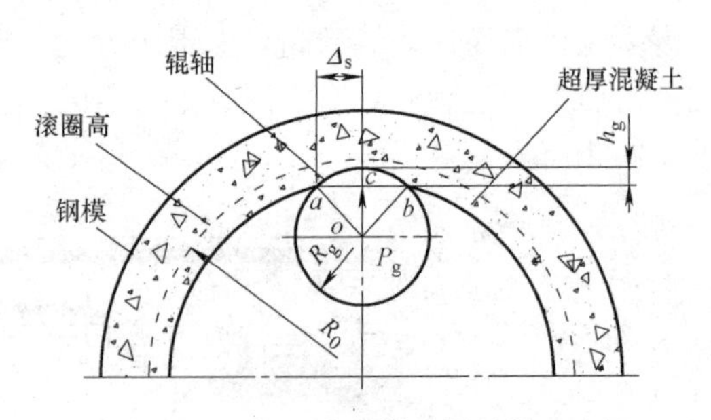

图 5-27　悬辊工艺管模重量计算示意图

悬辊工艺辊压力测试结果与分析较为吻合，可以采用测试中静态悬置压力参数确定管模重量。由此得管模重如表 5-28 所示。

悬辊工艺成型混凝土排水管管模理论计算重量　　　　表 5-28

管径（mm）	管子壁厚（mm）	管子长度（mm）	管重（kg）	悬置压力（MPa）	辊轴直径（mm）	压痕深度（mm）	压痕宽度（mm）	管模重（kg）
300	30	2500	1.944E+02	0.1	110	1	20.88	3.28E+02
400	40	2500	3.456E+02	0.2	110	1	20.88	6.98E+02
600	60	3000	9.331E+02	0.2	250	1	31.56	9.61E+02
800	80	3000	1.659E+03	0.3	250	1.2	34.56	1.45E+03
1000	100	3000	2.592E+03	0.4	350	1.4	44.18	2.71E+03
1200	120	3000	3.732E+03	0.5	350	1.6	47.22	3.35E+03
1400	140	3000	5.080E+03	0.6	350	1.8	50.07	3.93E+03
1600	160	3000	6.635E+03	0.6	450	2	59.87	4.14E+03
1800	180	3000	8.397E+03	0.7	450	2.2	62.77	4.79E+03
2000	200	3000	1.037E+04	0.8	500	2.4	69.12	6.22E+03
2200	220	3000	1.254E+04	0.9	500	2.8	74.62	7.60E+03
2400	240	3000	1.493E+04	1	500	3	77.23	8.24E+03

4. 承口成型

悬辊工艺引入我国早期生产柔性胶圈接口的承插口管时，承口的质量难以保证，较多发生承口混凝土密实度不高，大多发生渗漏，严重影响产品质量。

（1）滚圈管模成型工艺

悬辊工艺制作带柔性接口（承插口式、柔性企口式）混凝土管或预应力混凝土管时，因混凝土物料流动度小，承口内混凝土不能直接受到辊压，成型的混凝土承口更易出现密实度不够、表面蜂窝麻面、接口窜皮渗水等缺陷，使承口混凝土强度和抗渗达不到产品标准要求。

提高管子的承口成型质量应注意工艺方法：①承口内混凝土物料只受振动力、离心力作用，流动度较低的混凝土物料难以进入承口段，因此，要使混凝土物料能够依靠轴向挤压力填满承口管模，承口部位混凝土物料的流动度要大于管身混凝土的流动度，可适当增加承口段混凝土水泥用量和用水量，增加其流动性，常用的方法是，承口投料时边投料边喷露状水，或单独投入工作度配制合宜的混凝土；②合理的投料方法是先在承口段和斜坡段（图中 ABC 段）投加部分混凝土物料，投料至略高过承口根部。然后把喂料机移到插口端，从插口段向承口段投料。在此阶段承口段混凝土物料有足够的时间在离心力和振动力作用下充分填充承口；③进行承口二次投料时，物料落在已经加够厚度的部位，落料点尽量接近承口（图中的 D 点），后加的混凝土物料挤压先加的混凝土物料，如图中的 AB 段混凝土，使混凝土受轴向挤压力作用向内移动（如图 5-28 中箭头所示方向），密实承口段混凝土。这样，承口混凝土物料不仅受到振动力和离心力的作用，而且还受到了轴向挤压力的作用，轴向挤压力的存在克服了混凝土物料间轴向摩阻力，减小混凝土物料的轴向间隙，提高了承口段混凝土密实度和抗渗性能；④ 改进管型设计，加大承插口管喇叭口段的坡度角度，增大混凝土受辊压时的轴向分力，提高混凝土向承口蠕动的挤压力。悬辊工艺制造的承插口式混凝土管喇叭口坡角宜取为 30°～35°。

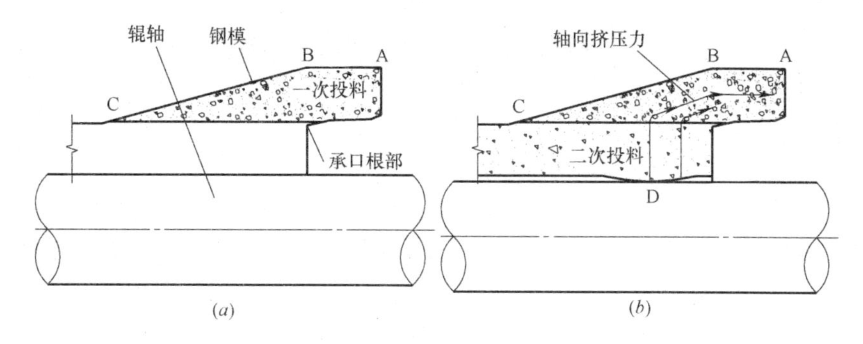

图 5-28 承口投料轴向挤压密实方法示意图

(a) 第一次投料；(b) 第二次投料

(2) 承口辊压环成型工艺

悬辊工艺制作小口径承插口混凝土管，国内部分工厂以承口辊压环（图 5-29）直接辊压成型混凝土管承口，取消承口管模。承口混凝土强度可与管身相当，抗渗性能也能提高，控制设备的精度和操作，掌握投料量，接口尺寸也能达到标准要求。一般常用于以砂浆或防水密封油膏等作为接口密封材料的承插口式钢筋混凝土管或企口式钢筋混凝土管。

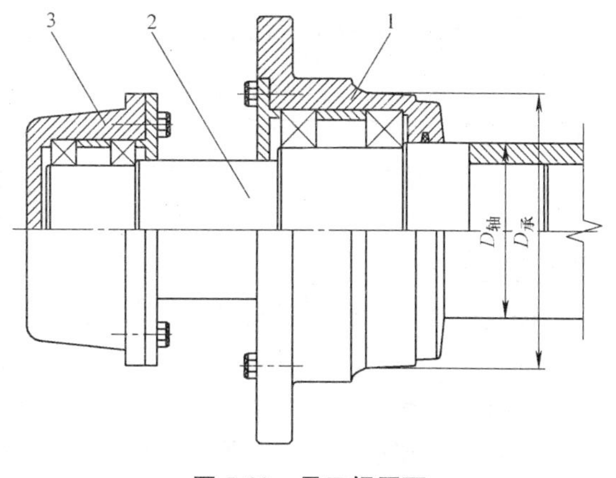

图 5-29 承口辊压环

1—辊轴支承头；2—辊轴；3—承口辊压环

5. 悬辊工艺管养护

悬辊工艺制作的混凝土管养护与离心混凝土管相似，使其不必像普通混凝土制品那样，可适当放宽预养护、升温速度、恒温温度、降温速度等养护制度。

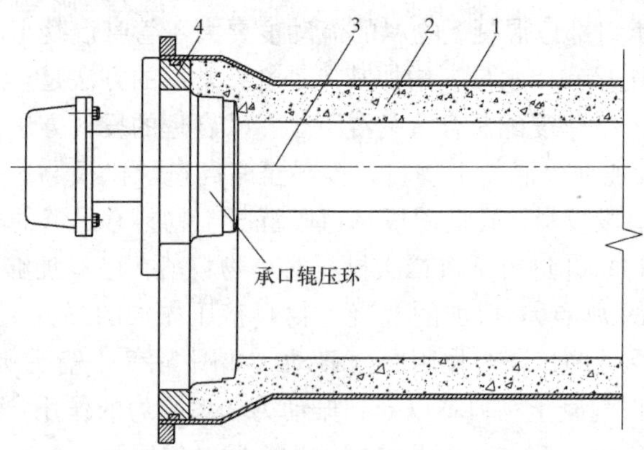

图 5-30　利用辊轴辊压环成型混凝土管承口工艺示意图

1—管模；2—混凝土管；3—辊轴；4—管模滚圈

5.2.4　悬辊工艺成型混凝土排水管工艺制度

悬辊工艺制度应随混凝土管规格品种、材料特性、气候条件不同而不同，生产中应按照原材料的特性和产品特性确定生产工艺制度，按多年生产经验悬辊工艺成型混凝土排水管的工艺制度归纳整理如下。

5.2.4.1　混凝土原材料及配合比要求

（1）水泥

优先选用早强型硅酸盐水泥或早强型普通硅酸盐水泥，所选水泥按不同季节的气温下其初凝时间似少于 100mim 为最佳。

为提高生产率，或寒冷地区冬期生产，可采用快硬硫铝酸盐水泥。

（2）砂

宜用细度模数在 2.2～3.2 的河砂为好，含泥量小于 2%。

（3）石

悬辊工艺成型混凝土管时骨料不宜过大，以使用小粒径骨料为佳。骨料粒径过大，骨料易起拱，砂浆也不易填满骨料间空隙，管壁难于被压实、造成内部孔道、表面砂眼蜂窝，管子抗渗、抗压、外观质量性能全面变差。骨料粒径适中，成型方便、内外表面光滑，抗渗、抗压性能提高。

大颗粒骨料还易被卡住，使钢筋骨架变形、移位，并且会引起管模不规则跳动，对管壁成型起破坏作用。

小颗粒粗骨料，有利于提高管子外观质量和提高管子抗渗性能，但影响混凝土的强度，混凝土强度会降低。避免的措施是注意选取良好级配的粗骨料和适宜的砂率，提高骨料的堆积密度、降低其空隙率。

卵石或卵石破碎的石子为粗骨料的混凝土内摩擦力小，有利于密实成型。

用于悬辊工艺的石子应选用级配良好，空隙率范围 38%～42%；大口径混凝土管石子粒径选用 5～25mm、中口径混凝土管石子粒径选用 5～20mm、小口径混凝土管石子粒径选用 5～15mm。

（4）矿物掺合料

可掺加符合标准要求的粉煤灰、磨细矿渣粉等矿物掺合料，提高悬辊混凝土的和易性、抗渗性、耐久性。

（5）化学外加挤

一般干硬性混凝土不需掺加减水剂，如为提高混凝土早期强度、加快混凝土的强度增长速度、或免蒸养等要求时，可按要求分别掺加早强型外加剂、免蒸养外加剂等。

工艺参数中混凝土的工作度也是极重要的参数，它与气温、管径大小相关。气温高工作度应小，相反，气温低工作度应大；管径小工作度小，管径大工作度大。

混凝土干硬度 **表 5-29**

管径（mm）	工作度（s）	
	夏季	冬季
300～600	20	30
700～1400	25	35
≥1500	30	40

注：表中数值根据生产条件，上下作调整。

（6）悬辊混凝土配合比

悬辊工艺常用混凝土配合比 **表 5-30**

强度等级	水泥	砂（细度模数）	碎石最大粒径（mm）	工作度（s）	掺合料	配合比 水泥：砂：石：水：粉煤灰
C30	P. O42. 5	2. 3～3. 0	25	20～40	粉煤灰	1：2. 54：3. 97：0. 38：0. 12 （300：761：1191：114：35）
C40	P. O42. 5	2. 3～3. 0	25	20～40	粉煤灰	1：2. 07：3. 52：0. 39：0. 14 （340：703：1198：132：46）

5. 2. 4. 2 悬辊工艺成型制度

悬辊工艺生产排水管，工艺制度的选择应根据产品标准、设备、模具、机械化程度等因素进行选择。它是产品生产过程质量控制的保证。

悬辊制管机一般一台跨越 3～4 种规格品种，根据多年生产经验，悬辊机按下表选择参数，匹配较为合理。

轴径比（辊轴外径：混凝土管内径）＝1：4～1：5，轴径比越小，辊轴与管内混凝土接触面越小，施加的辊压力越大；轴径比越大，施加的辊压力越小。但过小的轴径比，会使成型困难、成型后混凝土易塌落、内壁不光滑出现鱼鳞纹等缺陷。

悬辊制管机工艺参数 **表 5-31**

管径（mm）	管长（mm）	辊轴直径（mm）	电动机功率（kW）
300～500	2000～2500	110	10
600～1000	2500～3000	250	30
1200～1500	3000	350～450	60
1600～2000	3000	450～500	90
2200～2400	3000	500～550	120

辊压时控制线速度 3～8m/s、净辊压时间 3～5min；承口部分加料厚度大于管身 1～3mm。

悬辊工艺成型参数　　表 5-32

<table>
<tr><th rowspan="2">管径
(mm)</th><th rowspan="2">投料管模转速
(转/min)</th><th rowspan="2">投料时间
(min)</th><th rowspan="2">辊压管模转速
(转/min)</th><th rowspan="2">辊压时间
(min)</th><th colspan="2">管壁超厚(mm)</th></tr>
<tr><th>承口端</th><th>插口端</th></tr>
<tr><td>300</td><td rowspan="3">130～140</td><td rowspan="3">3～5</td><td rowspan="3">100～110</td><td rowspan="3">2～3</td><td rowspan="3">3～5</td><td rowspan="3">1～2</td></tr>
<tr><td>400</td></tr>
<tr><td>500</td></tr>
<tr><td>600</td><td rowspan="3">120～130</td><td rowspan="3">4～6</td><td rowspan="3">90～100</td><td rowspan="3">3～4</td><td rowspan="3">3～6</td><td rowspan="3">2～3</td></tr>
<tr><td>700</td></tr>
<tr><td>800</td></tr>
<tr><td>900</td><td rowspan="3">110～120</td><td rowspan="3">5～7</td><td rowspan="3">80～90</td><td rowspan="3">4～5</td><td rowspan="3">3～6</td><td rowspan="3">2～3</td></tr>
<tr><td>1000</td></tr>
<tr><td>1100</td></tr>
<tr><td>1150</td><td rowspan="5">100～110</td><td rowspan="5">8～10</td><td rowspan="5">75～85</td><td rowspan="5">6～7</td><td rowspan="5">4～6</td><td rowspan="5">3～4</td></tr>
<tr><td>1200</td></tr>
<tr><td>1350</td></tr>
<tr><td>1400</td></tr>
<tr><td>1600</td></tr>
<tr><td>1800</td><td rowspan="2">85～90</td><td rowspan="2">10～13</td><td rowspan="2">70～80</td><td rowspan="2">8～10</td><td rowspan="2">5～7</td><td rowspan="2">3～5</td></tr>
<tr><td>2000</td></tr>
<tr><td>2200</td><td rowspan="2">70～75</td><td rowspan="2">12～15</td><td rowspan="2">60～70</td><td rowspan="2">10～15</td><td rowspan="2">6～8</td><td rowspan="2">3～5</td></tr>
<tr><td>2400</td></tr>
</table>

5.2.4.3　蒸养制度

悬辊混凝土管养护时外有刚度极大的管模约束，内壁为圆柱管状、干硬性混凝土含水量少，因而可以缩短升降温时间。

悬辊工艺混凝土管蒸养制度　　表 5-33

<table>
<tr><th colspan="2">阶段</th><th>静停</th><th>升温</th><th>恒温</th><th>降温</th></tr>
<tr><td colspan="2">时间(h)</td><td>>2</td><td>3</td><td>5</td><td>>2</td></tr>
<tr><td rowspan="2">温度(℃)</td><td>硅酸盐水泥</td><td>35</td><td>35～75</td><td>75±5</td><td>75→常温</td></tr>
<tr><td>矿渣硅酸盐水泥</td><td>40</td><td>40～95</td><td>95±5</td><td>95→常温</td></tr>
</table>

注：夏季蒸养制度：静定时间可减少 0.5～1h；升温、降温时间可减少 1h；恒温时间可减少 0.5～1h。

5.2.5　国内工厂悬辊工艺制度介绍

5.2.5.1　广西南宁-河池公路悬辊法预制混凝土涵管工艺

(1) 管子规格：ϕ1000mm、ϕ1250mm、ϕ1500mm、ϕ2000mm。

(2) 原材料性能

① 水泥

广西红水河水泥股份有限公司及广西鱼峰水泥股份有限公司 52.5 普通硅酸盐水泥，性能如表 5-34 所示。

水泥性能表 **表 5-34**

密度 (g/cm³)	细度 (%)	稠度 (%)	安定性	凝结时间(h：mim)		抗压强度(MPa)		抗折强度(MPa)		水泥厂牌
				初凝	终凝	3d	28d	3d	28d	
3.05	2.8	24.6	合格	3∶31	4∶55	32.7	59.6	5.9	8.9	红水河
3.10	1.7	25.6	合格	2∶44	4∶08	27.7	61.3	5.9	9.2	鱼峰

② 砂：采用天然河砂，性能如表 5-35 所示。

砂性能表 **表 5-35**

表观密度 (g/cm³)	堆积密度 (g/cm³)	紧装密度 (g/cm³)	细度模数 (F.m)	吸水率 (%)	含泥量 (%)	云母含量 (%)	有机质含量 (比色法)	压碎值 (%)
2.64	1.56	1.64	2.8	1.82	1.0	0.1	浅于标准液	18.8
2.63	1.50	1.62	2.6	1.85	1.2	0.5	浅于标准液	21.1

砂的颗粒级配

筛孔尺寸(mm)	5.0	2.5	1.25	0.63	0.315	0.16	<0.16
累计筛余率(%)	5.6	14.4	25.7	62.2	87.9	95.9	4.1
累计筛余率(%)	3.4	15.3	27.6	49.4	79.0	93.5	6.5

③ 石：性能见表 5-36。

石的物理力学性能表 **表 5-36**

最大粒径 (mm)	表观密度 (g/cm³)	表干密度 (g/cm³)	堆积密度 (kg/m³)	振实密度 (kg/m³)	吸水率 (%)	含泥量 (%)	针片状含量 (%)	压碎值 (%)
31.5	2.72	2.71	1590	1710	0.4	0.3	11.6	10.9
25	2.71	2.69	1570	1650	0.5	0.2	10.7	9.6

石的颗粒级配

筛孔尺寸(mm)	31.5	20	10	5	2.5	<2.5
累计筛余率(%)	1.3	32.5	79.4	94.3	98.5	1.5

筛孔尺寸(mm)	25	16	5	2.5	<2.5
累计筛余率(%)	3.5	42.6	97.5	99.7	0.3

(3) 配合比

水灰比：0.30～0.40；单位用水量：110～140kg/m³；砂率：30%～40%；混凝土设计强度：C30，试配强度 38.3MPa。管子自重密度取 2450kg/m³。

混凝土拌合工作度（维勃稠度）：20～30s。

混凝土试配中强度与混凝土自重密度的关系如表 5-37 所示。

生产中选用的配合比见表5-38。

混凝土强度与自重密度关系　　表5-37

编号	配合比 水泥∶砂∶石∶水	实测强度 (MPa)	实测密度 (kg/m³)	密实度 (%)	设计强度 (MPa)	设计密度 (kg/m³)
1	1∶2.25∶4.00∶0.39	38.1 42.8 46.4	2406 2452 2497	98 100 102	C30	2450
2	1∶2.14∶3.64∶0.40	37.9 43.3 45.8	2400 2458 2491	98 100 102	C30	2450

注：编号1的混凝土采用最大粒径31.5mm碎石；
　　编号2的混凝土采用最大粒径25mm碎石；

选用的配合比　　表5-38

编号	主要参数			单位用量				配合比	试验值		
	用水量(kg/m³)	水灰比	砂率(%)	水泥(kg/m³)	砂(kg/m³)	石(kg/m³)	水(kg/m³)	水泥∶砂∶石∶水	抗压强度(MPa) 7d	抗压强度(MPa) 29d	工作度(s)
1	125	0.38	37	329	739	1257	125	1∶2.25∶3.82∶0.38	39.5	46.4	24
2	130	0.40	36	325	718	1277	130	1∶2.21∶3.93∶0.40	34.3	41.4	28
3	130	0.40	38	325	758	1237	130	1∶2.33∶3.81∶0.40	36.5	43.3	25
4	125	0.39	36	321	721	1283	125	1∶2.25∶4.00∶0.39	35.5	46.5	27
5	130	0.40	37	325	738	1257	130	1∶2.14∶3.64∶0.40	36.4	4.1	26

(4) 主要工艺参数

控制混凝土的干硬度（维勃时间）是保证质量的关键，每小时测定一次，应按季节气温等影响因素调整混凝土干硬度。

采用喂料机投料，先两头、后中间，均匀连续并适量，投料量超高5～6mm，使混凝土辊压密实并达到包裹钢筋的效果。

采用蒸气养护时，应从低温升至高温，(50～80℃)，恒温5～8h，等混凝土强度达到设计强度的70%可脱模，保湿养护至28d。

5.2.5.2　亚环路（埃塞俄比亚）悬辊工艺制度

(1) 管子规格：ϕ500mm、ϕ550mm、ϕ1500mm、ϕ2000mm。

管子规格及数量　　表5-39

管径(mm)	500	550	600	700	750	850	1000	1150	1300	1450
数量(m)	93142	5572	2970	6011	2236	1366	330	120	25	120

(2) 原材料性能

① 水泥

选用42.5普通硅酸盐水泥或早强型普通硅酸盐水泥。工程选用的是当地（MUGHER CEMENT FACTORY）产水泥，符合悬辊工艺用制管和英国BS规范的要求。C40等级混凝土，水泥用量 420kg/m³。

② 石

利用当地资源自行轧制碎石，石子粒径 5～20mm，

③ 砂

工程中自制骨料，利用破碎石料中产生的石屑作为细骨料，单方用量 680.3kg、砂率为 39.9。

④ 钢筋

钢筋规格为 ϕ5、ϕ6 冷拔低碳钢丝，钢丝的极限抗拉强度 550～650MPa。

(3) 混凝土配合比（表 5-40）

混凝土设计强度不得低于 C30，制管用混凝土强度 R_{28}=40MPa。

混凝土配合比 **表 5-40**

强度等级	成型部位	砂（细度模数）	碎石最大粒径(mm)	工作度(s)	配合比 水泥：石屑：石：水	水灰比
C30	管身部位	2.3～3.0	20	20～40	1：1.62：2.44：0.46 (420：680：1025：194)	0.46
	承口部位	2.3～3.0	20	1～2(cm)	1：1.43：1.43：0.5 (500：715：715：250)	0.5

(4) 混凝土搅拌

干硬性混凝土，必须采用强制式搅拌机，搅拌时间不少于 1.5min。

(5) 成型

① 投料阶段

使用喂料机投料，管模转速不宜过高，以能带起投入的混凝土旋转、克服混凝土的重力下滑、转速再稍高一些即可。小管径的转速稍快，大管径的转速稍慢。管模的转速参考式（5-30）确定：

$$n=300K/\sqrt{R} \quad (5.2\text{-}8)$$

式中 n——管模转速，转/min；

R——管模内半径，cm；

K——系数，1.5～2（一般取 2）。

② 净辊压阶段

投料结束后，可适当提高管模转速，进入净辊阶段（表 5-41）。利用管内壁混凝土在辊轴上的摩擦和振动力，继续辊压密实、并擀平管内壁混凝土。

悬辊成型辊轴转速 **表 5-41**

管径(mm)	500	550	600	700	750	850	1000	1150	1300	1450
投料阶段(r/min)	70～75	70～75	70～75	70～75	70～75	70～75	70～75	70～75	70～75	70～75
净辊阶段(r/min)	120～130	100～120	90～110	80～100	80～100	80～90	100～120	80～90	80～90	80～85

（6）养护

在养护池中蒸汽养护，相对湿度90%以上、温度不超过100℃。分为预养、升温、恒温、降温四个阶段。

5.2.5.3　制造ϕ1650柔性接口钢承口管悬辊工艺制度

采用悬辊工艺生产顶进法施工用柔性接口钢承口混凝土管，管子规格为ϕ1650×2500mm，管材的结构尺寸按《顶进法施工用钢筋混凝土管》JC/T 640确定。

（1）原材料

材料性能均应符合相应标准的要求。

① 混凝土设计强度C50。出厂强度需达到设计强度的90%。

② 水泥选用42.5硅酸盐水泥或普通硅酸盐水泥，单方用量不少于400kg。

③ 选用细度模数2.3～3.0中砂，含泥量小于1%，砂率控制在35%～38%。

④ 选用5～25mm符合规定级配的碎石，含泥量小于1%。

⑤ 选用热轧带肋钢筋，承口钢圈应用16锰钢。

（2）钢筋骨架

钢筋骨架应有足够的刚度，不松散、不下塌、不倾斜，无明显扭曲变形。钢承口圈通过锚固筋与内层钢筋焊接定位，确保钢筋骨架与钢承口圈在钢模内相对固定，悬辊成型时不发生偏移。

（3）成型制度

① 成型管身先薄投一层混凝土拌合物，人工向管模内喷射少量露状水，使混凝土干硬度降低。

② 投入管身中层料。中层料是保证管体辊压强度的关键，须严格控制混凝土干硬度，投到管壁厚度超过滚圈2～4mm时，降低辊轴转速，再喷射少量露状水，使表层混凝土干硬度降低。

③ 以人工撒入第三层料（水泥：砂＝1：2.5的干灰砂）。

④ 中层投料时，当管内壁基本平整后，净辊压净辊压2.5～3min。

⑤ 撒入第三层料后，应慢速辊压几周，避免管内壁粗糙，防止粘轴、坍落、麻面和出现压痕。

（4）蒸养制度

采用蒸气养护，冬季静定100min、夏季静定90min左右。蒸养制度见表5-42。

蒸养制度　　**表5-42**

季节	升温		恒温		降温	
	时间(h)	速度(℃)	时间(h)	温度(℃)	时间(h)	速度(℃)
夏季	＞1	25±5	＞4	75±5	＞1	25±5
冬季	＞2	25±5	＞5	75±5	＞2	25±5

5.2.5.4　东北工业建筑设计院整理悬辊工艺制度

（1）辊轴外径

经验表明，辊轴外径与成型的混凝土管内径有一定的比例关系，见表5-43。

辊轴外径与管子内径的比值　表 5-43

管径(mm)	辊轴外径：管子内径
ϕ300 以下	1：3
ϕ300～ϕ1500	1：3～1：4
ϕ1500 以上	1：4～1：5

（2）辊轴转速

辊轴转速按下式计算：

$$n_2 = \frac{R}{r} n_1 \tag{5.2-9}$$

式中　n_1——管模转速，r/mim；

n_2——辊轴转速，r/min；

R——管模滚圈内半径，cm；

r——辊轴外半径，cm。

不同管径管模的辊压转速　表 5-44

管径(mm)	管模转速(r/min)
ϕ300	110～140
ϕ500	80～110
ϕ1000	70～100

注：投料阶段取小值，净辊压阶段取大值。

（3）辊压时间和超高厚度

辊压时间取决于管子规格和混凝土拌合物的性能，表 5-45 为国内一些工厂选用的辊压时间。

某些工厂使用的净辊压时间　表 5-45

管径(mm)	辊压时间(min)	生产厂
ϕ1000×2000	5	北京第一水泥管厂
ϕ300×2600	1	沈阳自来水公司制管厂
ϕ300×2000	2	齐齐哈尔水泥制品厂
ϕ600×2000	3	
ϕ700×2000	5	
ϕ1200×2000	6	

超高厚度是为保证辊压过程使管壁致密，一般为 5mm 左右。

5.2.6　悬辊工艺制管易发生的质量缺陷及防止措施

悬辊工艺制管采用干硬性混凝土，单位混凝土水泥用量、用水量、水灰比小，可节约水泥、环保、成型时间短、管体混凝土强度高、带模养护时间短等优点。但工艺也会引起下述缺陷，影响悬辊工艺混凝土管的质量。

5.2.6.1　钢筋骨架位移和露筋缺陷

1. 钢筋骨架轴向位移

管子在成型辊压过程中，投料不均匀，局部堆料超厚较严重，辊轴安装不水平在辊轴压力作用下钢筋骨架受到混凝土物料的轴向推挤，产生轴向力，骨架由一端向另一端窜动（窜动方向与投料方向相关），这样管子的一端钢筋保护层厚度很小或出现露筋，钢筋易生锈影响管材的耐久性；另一端增厚，管端缺筋易损坏；严重时轴向推挤力超过钢筋结点的固结力时，钢筋骨架变形散架破坏。

2. 钢筋骨架径向位移

在混凝土物料尚未形成一定密实度时，投料加料量集中堆积，辊压力对钢筋骨架产生很大径向挤压力，钢筋定位器被压倒，钢筋骨架偏向一侧，甚至因钢筋骨架结构强度、刚度不足，导致钢筋骨架散架或断筋。当钢筋骨架偏向一侧时，这一侧保护层偏小，甚或露筋，影响管子耐久性；另一侧保护层增厚，钢筋承载有效高度减小，降低管子承受外压荷载能力。

3. 钢筋骨架周向挤压位移

因钢筋骨架定位卡子数量不足或刚度不足，受到辊轴辊压力时骨架倾倒、钢筋位移，这在悬辊工艺制管中也是常见缺陷。

要减小和控制钢筋的位移，制作钢筋骨架应：

（1）提高钢筋骨架质量，必须采用滚焊成型骨架，根据钢筋直径和表面特征调节好焊接电流，既避免过焊烧伤钢筋，又要焊接牢靠，整个虚焊、漏焊点要控制在整个焊点数的2%以下，而且相邻点不能同时漏焊，保证钢筋骨架有足够的强度和刚度，焊后钢筋极限强度降低值不应大于原始强度的8%，焊接点侧向拉开力不应小于1.2kN；双层钢筋骨架两层钢筋骨架间的定位装置应有足够的数量，且有一定的刚度；安装定位塑料卡子或定位钢筋卡子后，其外径大于管模内径2～3mm，管模组装后，能卡压住钢筋骨架，受力后不易变位。

（2）注意石子颗粒的最大尺寸，通过试验在满足强度要求下，减小石子的最大粒径；控制混凝土物料不要过干，水灰比不要过小，水灰比小、料过干，增大混凝土物料对钢筋骨架的挤压力。

（3）合理操作投料是关键。对于小口径薄壁管可采用一次投料，必须先投入部分混凝土物料固定住钢筋骨架，一般先投承口部位，再投插口部位，两端固定住钢筋骨架就不易发生轴向窜动，再从插口投向承口，均匀连续下料；大口径厚壁管采用二次投料，第一次投至钢筋层，埋住钢筋，然后投第二次料，投至要求厚度，人工投料应散锹投入混凝土物料，机器投料皮带要有足够的宽度，下料宽而厚度小，避免堆积超厚引起混凝土物料对钢筋骨架的挤压力增大。

（4）降低辊压时的辊轴转速。大部分公司在投料达到要求厚度后，仍以投料时的转速或加速旋转辊压几分钟，在此期间混凝土物料表层很快被压实，而内层混凝土物料仍较为虚松，由于辊轴对混凝土的推力迅速增大，引起钢筋位移、变形，这是钢筋骨架破坏的主要阶段。为避免辊压阶段钢筋骨架的破坏和变形，在投料至要求厚度或稍之前即应开始减速，提前降低辊轴转速。

（5）投料阶段将混凝土物料投够，尽量不在辊压后期阶段补料。

(6) 辊压完毕停车后反向慢速旋转 20～60s，在辊轴作用下帮助钢筋骨架复位，并辗合混凝土中可能发生的微细裂缝。

4. 钢筋与混凝土握裹力不足

成型过程中，由于钢筋骨架与管模卡固不实或固筋卡子数量不足、管模跳动过剧，钢筋随之颤动，钢筋四周混凝土被振开、振松产生间隙，影响两者间的握裹力。

要提高钢筋与混凝土的握裹力，应控制钢筋骨架保护层定位器（卡子）的外径尺寸，大于管模内径 2～3mm，定位器数量足够，成型中减小管模跳动等措施。

5.2.6.2 承口部位混凝土成型密实度差

承插口式混凝土管或柔性企口式混凝土管成型时，如管体承口部位采用承口模成型，混凝土料由离心力、振动力以及辊压力作用推压进承口（图 5-28），承口部混凝土未经直接辊压，因而密实度受混凝土拌合物性能，操作工艺影响较大，很易使管子承口密实度不够，强度和抗渗均有可能低于管身。

为避免承口混凝土密实度不足，适当降低用于承口的混凝土干硬度；投料工序第一次先投承口段、达到图 5-28 所示要求高度，内层混凝土承口段投料厚度大于管身 3～5mm；喇叭口坡角加大为 30°～35°。

5.2.6.3 钢筋骨架受压回弹形成渗水通道

辊压成型过程中，转过辊轴上端的钢筋骨架部分受到径向挤压力作用，钢筋受压弯曲变形，转过辊轴后压力消除钢筋回弹，钢筋与混凝土脱开产生微细空隙，循环往复的压缩、回弹，使钢筋与混凝土之间空隙越来越大，沿着钢筋形成连通空腔，影响结构强度，也是管子渗水的通道（见图 5-31）。

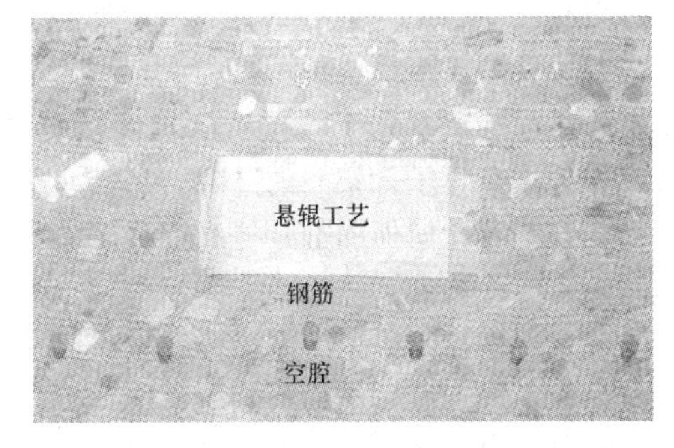

图 5-31 悬辊工艺制作管子断面剖切图

要避免钢筋与混凝土结合面上产生空腔：一般措施与减小钢筋位移的措施相同；针对性措施是在第一次投料后提高辊轴的转速和旋转时间，依靠离心力和振动力密实第一次投入的混凝土物料，使混凝土达到一定的密实度、石子沉积形成有一定强度的结构层，在二次投料由辊轴辊压密实混凝土时，避免和减小钢筋的径向位移，减小钢筋回弹量，钢筋与混凝土结合面上就难以产生空腔了。

5.2.6.4 管壁厚度超差

为了辊压混凝土，悬辊工艺成型混凝土管时需超量投入混凝土物料，超量料的控制对管壁厚度有重大影响，过量时壁厚超厚，不足时，壁厚超薄、混凝土压不密实。

投料量由人掌控，凭经验操作，每节管都存在差异，人为因素影响产品稳定性。管模滚圈磨损、高度变化时，也会引起管壁厚度变化。

避免措施是：仔细操作，掌握投料量，布料均匀，布料厚度控制在超过滚圈高度 3～5mm；要常检查管模挡圈高度尺寸，超差时及时修复或更换挡圈。

5.2.6.5 表面蜂窝麻面

悬辊工艺制作的混凝土管，表面容易出现蜂窝、麻面，原因主要是：混凝土物料过干（水灰比小或混凝土拌合物静放时间过长）、投料量不足、辊压时间短，成型辊压效果差等原因，使混凝土内部空隙增多，内外表面不能出浆，形成气孔麻面，严重时出现较大蜂窝空洞。

避免方法是：控制混凝土物料水灰比，拌制好的混凝土不要停放过长时间，保持其良好的工作性；采用分层投料工艺，第一层投入水灰比稍大的混凝土拌合物或加入高效减水剂，提高混凝土拌合物的成型性；第二层投入干硬度较大的混凝土，投料厚度超过管模滚圈足够高度，有效地辊压密实；第三层投入一定数量的干灰砂，填充碾平表面孔腔和麻面。

5.2.6.6　混凝土管密实度、抗渗性能差

悬辊工艺制作的混凝土管如操作不当，密实度、强度、管体抗渗性能不易保证，局部有砂眼或较大面积的渗水。成型输水管其抗渗一次合格率较低，较多要经修补才能满足要求，影响工厂的生产秩序和产品性能。

悬辊工艺采用干硬性混凝土，主要靠辊压力加压密实混凝土，如材料选用不当、骨料颗粒过大，级配不好，砂石中含泥量大，砂浆量少、石子量多，水灰比过小、混凝土物料过干；成型过程中，投料抛洒不均匀、不连续、料流过大，投料时辊轴转速与混凝土和易性不匹配，过快或过低，投料不匀，物料内骨料很快形成有较大强度的骨架结构，辊压时难于将其压塌压密实；净辊压时间不够、辊压力小等因素；管壁内有较大空隙形成渗水通道造成管身渗漏。

要提高悬辊工艺混凝土管的抗渗性能应：

（1）大颗粒粗骨料挤压阻力大，形成的结构骨架不易密实，因此，悬辊工艺中适当减小石子的粒径，有利于管子抗渗性能的提高；增加砂率和胶凝材料用量，保证足够的砂浆，充分填充石子骨架间的空隙；加大水灰比，混凝土拌合物干硬度不要过大；使用塑化剂、膨胀剂等化学外加剂，提高混凝土物料的成型性能和利用化学膨胀性能填补混凝土骨架间隙。

（2）严格控制成型工序操作质量，可采用分层投料工艺，第一层适当加大水灰比或使用外加剂，增加混凝土物料的成型性；提高一次投料后的转速，依靠离心作用力密实混凝土、形成抗渗性能好的砂浆层；二次投料量达到规定的厚度；控制辊压阶段辊轴转速，尽快降低辊压转速，使内外层混凝土整体压实；增大管模重量，适当增加辊压力和辊压时间。

（3）应用辊压复合工艺提高悬辊工艺混凝土管的抗渗性能。预应力混凝土管抗渗要求高，为有效提高管芯的抗渗性能，可采用复合工艺成型管子，常用的有悬辊—离心复合工艺、悬辊—振动复合工艺。

（4）加大管子成品堆放过程中的湿养护，利用水泥水化析出物填满间隙。

5.2.6.7　成型后管体混凝土坍塌离皮

悬辊工艺成型后的管子与离心工艺比较，更多发生顶部混凝土塌陷质量问题。管体脱模后静定养护过程中，在自重作用下发生下沉塌陷，管体变形。

发生的状况有：①管子顶部一定宽度、长度的混凝土表面色泽呈深暗，在管体内部有微细裂缝、表面无可见裂缝；②管子顶部纵向有一至数条可见裂缝；③管子顶部混凝土下塌，严重时顶部中线两侧 35°范围内混凝土呈梯形塌料，露出钢筋。

悬辊工艺成型后的管子静定过程中，在冬季气温低时更易发生混凝土坍塌离皮，产生

的原因主要是：工艺制度、各项技术参数不能保证成型后的混凝土达到要求的密实度和初始强度，混凝土即时强度承受不了自重作用，管模停转后或静定放置一定时间后，混凝土逐渐产生下沉移位。

要防止悬辊工艺成型后的管子发生坍塌离皮的缺陷，应控制混凝土拌合物的和易性，增大混凝土拌合物的黏聚度。生产中应按生产产品规格、材料性能、季节气候，随时调整混凝土用水量，保证成型后混凝土涵管静定养护过程中的变形在控制范围内。选用的工艺技术参数应能保证成型后的管子混凝土有足够的密实度、保证钢筋骨架位移变位量小，可采用其他章节的一些提高辊压混凝土密实度的措施。

要防止悬辊工艺成型后的管子发生混凝土坍塌离皮的缺陷还应：①当混凝土物料过硬或静放时间过长时，混凝土物料的成型性下降，不要在投料过程中往管模中喷过多的水来提高混凝土物料的和易性，这样水分不能均匀分布于混凝土物料中，容易在管壁中形成夹水层，成型后的管子混凝土极易发生下沉塌落，应在投料前适当加水拌和或回锅重拌；②当进入净辊压阶段、特别是后期，不应再往管模中投料。此时先投入的混凝土物料已经辊压结硬，再投入的混凝土物料在管模中形成滚球现象，管模会剧烈跳动，把混凝土振松、振塌；③成型后的管模定向摆放，放置在上端部位的内层环筋之间绑扎或焊接构造短筋，增加钢筋承托混凝土作用力；④操作中注意不使管子受冲击，管子静定中，间隔一段时间转动管模一定角度，特别是初期应勤转动。

要防止悬辊工艺成型后的管子发生混凝土坍塌离皮的缺陷还可：①应用初凝时间短、强度增长快的早强型硅酸盐类水泥、掺加早强剂或应用早强型硫铝酸盐水泥，这些措施使成型后混凝土强度增长快，在静定过程中能承载混凝土自重而不产生坍塌下垂；②应用立式养护工艺。管子成型后，由吊具把管模由卧式翻转为立式。

预应力混凝管管芯中钢筋量少，成型后的管芯混凝土在自重作用下较易发生塌料现象。为有效防止成型后管子混凝土的坍塌，可增加部分构造筋，还可采用复合工艺成型管子，常用的有悬辊—离心复合工艺、悬辊—振动复合工艺。也可在成型后的管体内壁增加支撑结构，支托管体混凝土不下垂。

5.2.6.8 管身混凝土裂缝

1. 承口端径向裂纹

悬辊工艺制作柔性接口混凝土管时，在承口端面出现径向微细裂纹，整个圆周间隔均匀分布，裂纹宽度 0.05～0.15mm（见图 5-32）。使用早强硫铝酸盐水泥材料发生率更多；不论炎热夏季和寒冷冬季都有可能发生。

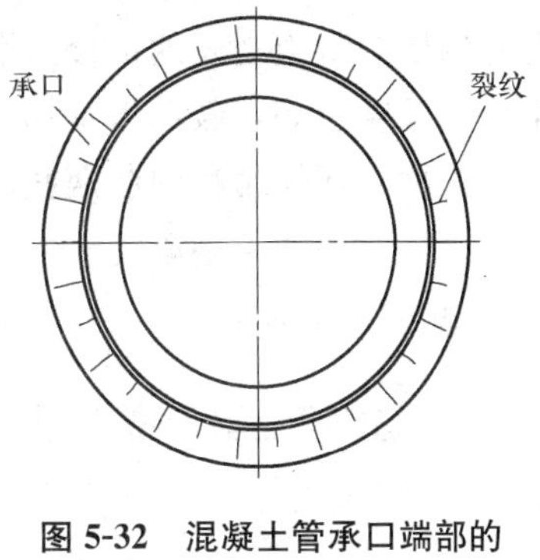

裂纹的产生与季节气温无关，使用早强型水泥更多发生，发生在有承口内模段部位。这些现象表明，悬辊工艺成型过程中，管模承口滚圈与辊轴挡圈摩擦生热，温升很高，水泥水化加快，混凝土内水分大量散失、很快结硬，随着温度升高，承口管模胀大，在承口端部使已失去塑性的混凝土随之膨胀产生径向均布的微细裂纹。中间待料、成型时间过长，更易产生承口径向裂缝。

图 5-32 混凝土管承口端部的径向微细裂纹示意图

防止这种裂纹发生，要加强生产管理，按照预定的生产流程生产，不要过度延长成型时间；设备安装辊轴水平精度要符合规定要求，管模旋转时不向一端窜动，避免承口滚圈端边与辊轴挡圈端边发生滑动摩擦。必要时可向温升较高的一端管模喷水冷却。

2. 内壁鱼鳞状裂纹

成型过程中，管子内壁混凝土一方面受到辊压作用压实和压光，另一方面，摩擦力和辊轴与混凝土的粘接力不断对混凝土产生拉应力，辊压时间过长，辊压速度过快，辊轴与混凝土的摩擦力增大，摩擦力和粘接力不断对混凝土产生拉力，将内表面混凝土拉裂，在内壁产生鱼鳞状裂纹。辊轴直径过小，这种现象更趋严重。

避免这种缺陷产生，辊轴直径不宜过小，控制辊压时间不要过长，另外在辊压结束前投入一定量的砂子灰（按比例混配的水泥和砂），减小内壁混凝土与辊轴的粘接力和摩擦力。

3. 管内壁纵向裂纹

主要是由成型后顶部混凝土坍塌离皮严重形成的沿管子轴向纵裂，消除避免措施与防止管顶混凝土成型后坍塌方法相同。

4. 成形后管节内壁表层出现收缩裂纹

悬辊工艺生产的混凝土管内壁产生收缩裂缝，（大口径管 ϕ1200mm 以上更为严重），存放期间在管顶部出现纵向微细贯通裂缝。有的在脱模前已产生裂缝。

成形后管节内壁出现收缩裂纹主要原因有两种。一种是生产时操作不当管壁达到密实状态后，没有经过缓慢降速而直接停机。严格按照操作规程施工，并注意逐渐降速即可解决。另一种是蒸汽养护阶段直接充入高温蒸汽，混凝土表面温度突然升高，致使混凝土产生收缩应力而形成。预防方法：蒸汽养护时，控制蒸汽温度，由低温到高温逐步升温，降温时也应控制降温速度，不能过快。

5.2.6.9　空鼓

悬辊工艺成型钢筋混凝土管在部分企业中出现外表面保护层空鼓的质量缺陷，影响管子的承载能力和耐久性。

产生的原因主要两种缘故，成型中管模跳动过大，钢筋也发生颤震，钢筋四周的混凝土与钢筋脱开，在钢筋周围积聚一层水膜，另外是第一层混凝土料水灰比大，或在投料过程中喷水量大，水的体积膨胀量为水泥石的 10 倍，当中间夹层含有较多自由水时，在蒸养阶段随着温度升高，水的体积增大，活动性增大，并逐步气化，在混凝土内部石子底部、砂浆内部产生微细裂隙，混凝土极其疏松，在混凝土外部产生肿胀和裂缝，表层混凝土与内层混凝土之间的接合力受破坏，形成保护层空鼓。混凝土中含水量越多，蒸养升温越快，温度越高，破坏作用越严重。

这种破坏作用在内层钢筋范围处，也是管顶混凝土开裂、坍塌的原因。

预防方法是控制混凝土的水灰比和投料过程中喷水量，蒸汽养护时，控制蒸汽温度，由低温到高温升温速度。

5.2.7　悬辊工艺工序操作要点

生产中为保证产品质量，除必须合理选择工艺制度外，也需重视工序的操作，确保工序的操作达到工艺制度的实现。

5.2.7.1 混凝土拌合物的制备

充分搅拌，提高混凝土和易性，形成粗细骨料均匀分布、黏聚性良好适宜于悬辊工艺的混凝土拌合物。质量控制要点是，加强原材料性能试验，不断根据材料的性能调整配合比。

悬辊工艺采用干硬性混凝土，混凝土流动性小，辊压成型过程中，在工艺力（振动力、辊压力、离心力）作用下，混凝土颗粒难于在大范围内移动，物料只在其原位附近蠕动、就近就位，颗粒相互靠近、相互嵌入，排出气体，密实成型。如果搅拌不匀，水、水泥、砂、石等物料分布不均，辊压完成后的管体混凝土匀质性也差。

在石子多、砂和水泥浆少的部位，成型中颗粒移动摩阻力大，更难于蠕动，粗骨料之间的空隙缺乏砂浆填充，形成连通的空隙，影响混凝土密实度和抗渗性能。砂和水泥浆多的部位，缺少粗骨料，强度也必然降低。

悬辊工艺搅拌工序对混凝土管的性能有较重影响，应予以充分重视，搅拌工序须确保新拌混凝土的匀质性。

搅拌干硬性混凝土为使混凝土搅拌均匀，须采用立轴强制式搅拌机搅拌混凝土，延长搅拌时间，搅拌充分。净搅拌时间比常规要求的搅拌时间延长1～2min，保证混凝土的匀质性，也使混凝土的和易性得到改善，有益于提高混凝土管的成型质量。

5.2.7.2 装筋与组模

悬辊制管使用的钢筋骨架应节点牢固、刚度大，一定采用滚焊机焊接制作的骨架。要求：①环筋与纵筋搭接节点焊接破坏剪切力需大于1.2kN；②有足够数量的钢筋骨架定位卡子，保证内外层钢筋尺寸间隔准确、连接抗扭刚度大；③钢筋骨架保护层定位卡子尺寸略大于混凝土管外径2～3mm，骨架放置于管模内利用管模卡住钢筋骨架，在管模中不松动，提高成型时抗变位的能力。

组模中检查钢筋骨架在管模中的位置，内外保护层厚度及骨架边环与滚圈距离符合要求，外层环筋不贴模、内层环筋钢筋头不翘起。管模清理干净、螺栓拧紧、不得缺数。

管模内壁均匀涂刷防粘脱模剂，防止粘皮缺陷发生。

5.2.7.3 投料

投料阶段是悬辊工艺最重要的操作工序，应严格按规程要求操作。

（1）投料时管模转动与投料需协调。应按照生产管子规格调整投料工艺参数、同时调整投料管模转速和投料量。控制料流均匀，连续无间断，进或退有序，不得频繁来回往复，应保证在2～3次往返后将料喂足；喂料机移动速度适中，投料厚度宜薄、宽度宜大，摊铺厚薄均匀；不应断续补料，避免物料堆积、石子过多滚动，引起管模跳动。

（2）管壁厚度小于50mm时，自前端（企口及承插口的承口端）距管口约250～300mm处依次投至管口，再自另一端250～300mm处依次投至管口，确保管子两个端口的成型质量。

管壁大于80mm时，宜采用双层投料。先按上述步骤投第一层料，料层厚度约为管壁厚度的2/3、埋住钢筋骨架减小其移位和变形。然后从一端向另一端投第二层料，达到要求厚度。

为改善悬辊混凝土管的外观，尽可能不用单层投料成型工艺。

（3）投料量需控制物料的压缩量，达到密混凝管身混凝土要求。一般密实后的管壁混凝土高于滚圈高度 3～5mm，过低不能达到密实混凝土，过高使壁厚超厚。

(4) 控制投料厚度均匀。投料厚薄不匀，料层厚处辊压作用力大，密实度高。料层薄处，辊轴压不着，混凝土密实度不足，强度下降、吸水率增大。

进入辊压阶段，随时刮去滚圈上粘着的混凝土，不使辊压力由滚圈传至管模，减小了作用于混凝土的辊压力。

(5) 每层投料掌握好混凝土的干硬度，确保成型达到要求，提高管子的内在和外观质量。

悬辊工艺使用干硬性混凝土，辊压力由里向外传递，压力逐渐减弱，造成管体外壁气泡、麻面较多。为了提高混凝土管外壁质量，可采用不同工作度的混凝土分层喂料，第一层投相对工作度较小的混凝土，水灰比比内层大，这样外层混凝土在相对较小的辊压力和离心力作用下容易液化密实出浆，达到类同离心管的光滑平整的外观。内层再投工作度较大、符合悬辊工艺要求工作度的混凝土，并考虑第一层混凝土料离心析出的浆水对第二层混凝土成型的影响，根据出浆程度调整第二层混凝土的水灰比，达到吸取第一层浆水后干硬度符合成型的要求，辊压成型后不塌不坍。管内表面最终投入灰砂料、喷水，经辊压形成光洁的内壁。

5.2.7.4　辊压成型

(1) 投料中物料摊铺过分不平整时，可向内壁喷洒少许水花，应均匀、不能过多，使辊压中易于推平压实混凝土，减小管模过大跳动引起的质量缺陷。

(2) 辊压时管模旋转速度控制在要求范围，辊压阶段宜降低管模转速，增大单位面积上的辊压力，减小管模的跳动。

(3) 严格掌握净辊时间，按管壁厚度确定，过短辊压不实，过长引起骨架过大变形位移，增加钢筋回弹引起管壁裂缝的可能性。

(4) 辊压近结束时，适当降低转速，投入水泥与细砂拌和的 1∶2.5 干灰砂，如内壁出浆较多，可直接投入细砂，防止混凝土粘连辊轴，填充坑凹麻面使内壁光滑平整。

如内壁过干，鱼鳞纹严重，在投入灰砂过程中，适当泼入少量水花，碾压辗光内壁，消除裂纹。

(5) 停车后反向旋转 20～30s，消除管壁中钢筋骨架的变形位移，使混凝土内在结构颗粒更趋紧凑稳定，有利于增加混凝土对钢筋的握裹力，消除内应力，减少混凝土内部的微细裂纹。

5.2.7.5　静定和养护

成型完毕的管模与混凝土管吊运至修整区，进行内表面及滚圈边缘混凝土修整。修整区地面应松软平整，避免管模落地时受冲击，引起混凝土下塌震裂。

静定、养护初期不宜受扰动；根据不同季节、气候条件，可分别采用水泥水化热量自然养护或蒸汽养护。采用蒸汽养护需严格掌握蒸养的升降温速度，养护时间应以满足脱模所需混凝土强度确定，一般混凝土强度须达 C20 以上时方可脱模。

5.2.7.6　悬辊设备

悬辊成型中如管模跳动过大会引起混凝土管各项质量缺陷，为避免这种现象，对成型混凝土管的悬辊设备要求较高的制造和安装精度，提高管模旋转中的平稳度，有利于保证混凝土管质量。

1. 悬辊制管机

悬辊制管机架应有足够的刚度，在制管过程中不得有明显的颤动，辊轴在满足刚度的要求下，直径小一些为佳，可提高对混凝土的辊压力。在门架关闭状态下，辊轴每延长米高差应小于1mm。辊轴应满足无级调速。

2. 钢模质量

钢模设计有其特殊的重要性，应满足：①加强筋板数量和位置设置合理；②模板的强度和各个部分的刚度满足要求；③尺寸精确，模板达到防漏浆的严密性。

3. 设备安装

设备安装对产品质量有重大影响，应严格按图要求作好混凝土基础，有效的消振措施；保证安装精度，辊轴的水平度符合要求。

设备和管模的维护修理不及时、不重视，轴头松动，辊轴、管模跳动增大，对混凝土管质量影响严重。

5.3 振动工艺

5.3.1 振动密实成型工艺

使混凝土、特别是干硬性混凝土增实的最有效方法就是振实法。利用振实设备，采用振实法密实成型的混凝土即称为振实混凝土。利用振动设备使混凝土流动充满管模、密实成型的方法为混凝土振动密实成型工艺，简称为振动工艺。

混凝土的振实比拌合更能影响混凝土的性能。振实不充分会明显降低混凝土的强度（图5-33），并使其耐久性和其他性能变差。早期应用插捣的方法只能成型稀质（大流动性）混凝土，混凝土密实度低、强度不高，劳动强度大、生产率较低。一个多世纪以来，随着混凝土结构施工的发展，振动工艺不断趋于完善。采用振动设备可密实成型低流动性混凝土和干硬性混凝土，改善了混凝土的性能、加快施工速度并提高劳动生产率，从而各种新型、复杂的混凝土结构得以建成。而在建筑工业化预制构件生产的推动下，振动设备和振动工艺更得到飞快的进步。当前振动工艺是密实成型混凝土工程最主要方法。

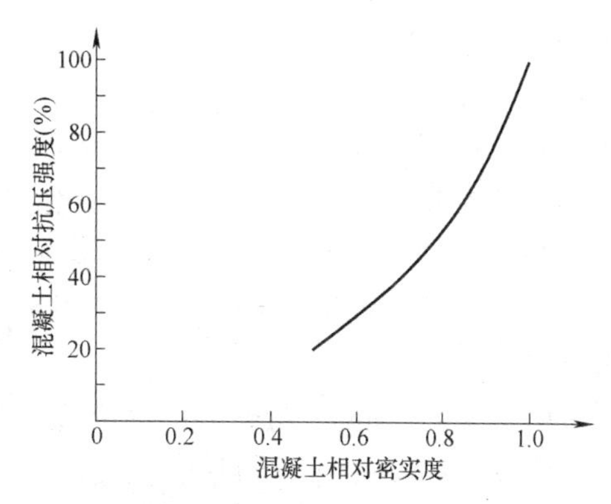

图 5-33 混凝土密实度对其抗压强度的影响

5.3.2 振动工艺原理

5.3.2.1 振动工艺特性

在混凝土拌合物中插入振动器，或者是通过模板对混凝土拌合物施加振动作用，就使混凝土拌合物进入颤振运动，混凝土拌合物中粒子获得脉冲，他们在不稳定平衡位置上振动。

在脉冲影响下，混凝土拌合物的粒子围绕着某种不稳定平衡的中间位置作连续不断的颤振运动，相邻粒子发生移位，形成空穴，别的粒子借其重力作用填补这些空穴，并在新的不稳定平衡位置上继续振动。因此，粒子的彼此相继运动主要是向下方进行。

混凝土拌合物在某种程度上具有黏稠液体的性能。空气以气泡的形状从混凝土拌合物中析出；拌合物可具有任何形状，并在模板的侧立面上造成压力，这种压力随着深度增加而增大，可以用水力学原理进行计算。

混凝土拌合物转入液体状态的程度，决定于振动器传递的脉冲作用使粒子间内摩擦减小的程度。用振动器使混凝土拌合物增实时，粒子互相靠近，将空气排出，而这种空气成为许多气泡升至混凝土的表面。浮到混凝土表面上的，只能是一些具有一定直径的气泡。直径小于某种限值的气泡的浮力不足以克服内摩擦力。这一现象保证了振动使拌合物能够获得密实的混凝土。

施行振动作业时析出气泡的强烈程度，以及在混凝土表面上析出的空气的数量，都不能据以评定振实过程的终点，因为气泡完全停止析出的时刻是极难观察出来的，而确定气泡显著减少的时刻也有困难。

在施行振动时在混凝土表面上成气泡形状析出的空气，不仅是在搅拌和输送混凝土拌合物时夹杂进内的空气，而且还有在振动期间由外界吸入的空气。在振动台上振实水泥制品时，以及用外部振动器向构件模板内浇筑混凝土拌合物时，都可以看到这一现象。此时，混凝土拌合物的物理性能对于空气吸入的数量是有影响的，与管模表面粘着不佳的干硬性混凝土拌合物，比稀质混凝土拌合物易吸入较多的空气。工作度越大、混凝土越松散，振动作业过程中吸入空气量越大。振动参数对于空气吸入的数量也是有影响的，行施振实作业时，随着振幅的增加，空气吸入的数量亦将有所增加。吸入的空气量随着振动频率的增加而减少。

减少振动过程中吸入的空气数量，有效的办法是使用振幅较小的高频率振动、尽可能缩短振动时间。当施行内部振动时，也会发生空气吸入混凝土拌合物的现象，但是程度要比以振动台作业时为轻。

模板侧壁上安装振动器施行侧壁外部振动时，水泥制品或构件的表面上也总会有气泡。

5.3.2.2 混凝土拌合物的黏度（黏滞度）

水-水泥体系对于骨料粒子在其中移位的抵抗，可以按振实过程中水泥浆的黏度来估计。振实的效果决定于介质的黏度，骨料粒子的形状、尺寸和表面性质、固相的数量，并在很大程度决定于传递给混凝土拌合物粒子的脉冲的大小和频率。

黏度以液体作用于两个与运动方向平行的单位面上的力 τ 来测定，这两个面之间的距离，在垂直于运动面的方向上等于 x，黏度的方程式为：

$$\tau=\eta\frac{\mathrm{d}v}{\mathrm{d}x} \tag{5.3-1}$$

式中 η——黏度系数（绝对单位为泊）；

v——一个层次对于邻层移位的速度。

黏滞系数（或称内摩擦系数）就是在单位面积上所发生的、为维持一个等于1的速度梯度所必需的力。

影响混凝土拌合物黏度的主要因素：

① 水灰比。混凝土拌合物的黏度决定于水泥浆的稠度或水灰比。随着水灰比加大，混凝土拌合物的黏度下降、和易性有所改善。但是太大的和太小的黏度都将损害混凝土拌合物的性能。

② 水泥用量。随着水泥用量减少，拌合物就变得更加干硬，内摩擦系数增大。

③ 水泥品种。不同品种水泥矿物成分不同，标准稠度需水量不同，因而水泥品种对混凝土拌合物的黏度有较大影响。成型中可明显感觉火山灰质硅酸盐水泥混凝土不如普通硅酸盐水泥混凝土易浇筑，振动效果差。

使用振动黏度仪测定表明，用掺加硅藻石、火山灰、火山凝灰岩等混合材水泥配制的水泥砂浆结构黏度影响很大。

④ 骨料性质。骨料级配和表面性质对于混凝土拌合物结构黏度均有巨大影响。表面光滑圆润的卵石、级配合适和最大颗粒尺寸小的骨料拌制的混凝土拌合物黏度减小；表面粗糙有棱角碎石、级配不良、最大颗粒尺寸大的骨料拌制的混凝土拌合物黏度增大。

⑤ 塑化作用的外加剂。塑化剂或塑化减水剂掺加于混凝土中，能有效降低混凝土拌合物的黏度。

合理使用各项措施降低混凝土拌合物的黏度，有利于提高混凝土成型的效率、减少工作量，也能增加混凝土的密实度，提高强度、改善抗渗性和耐久性等各项性能。

5.3.2.3 影响混凝土振实的因素

混凝土拌合物在振动过程中，骨料和水泥颗粒将赋有加速度，而其值和方向都是变化的。水泥浆在振动时结构被破坏过程中，骨料和水泥颗粒便有可能占据更加紧凑（稳定）的相互排列的位置。因此，在混凝土拌合物振动密实时，振动运动的能量消耗于：

① 破坏水泥浆的结构连系（克服结构的抗切强度 τ_0），降低系统的黏度和振实骨料的构造。

② 建立结构新平衡状态，在这过程中介质黏度被增高。

由于结构连系的存在，水泥浆跟普通液体间的差别是水泥浆具有较大的承载能力（浮力），此能力主要取决于水比灰大小。水泥浆结构越坚固，它的浮力就大，因此骨料在混凝土拌合物中的下沉就越困难。

骨料在静止水泥浆中的下沉，仅在颗粒重（减去颗粒排除出的水泥浆重）大于抗切强度的条件下才能发生。此条件可以下式表示：

$$d \geqslant \frac{6\varphi\tau_0}{\gamma_a - \gamma_c} \tag{5.3-2}$$

式中 d——颗粒的最大粒径；

φ——颗粒形状系数，平均等于 1.4；

γ_a——颗粒表观密度；

γ_c——水泥浆表观密度。

常态下，骨料颗粒在静止的水泥浆中不能下沉，为了促进骨料颗粒在水泥浆中下沉，必须施加机械振动作用，消除水泥浆的平衡（静止）状态。骨料颗粒下沉的速度取决于水泥浆凝聚结构破坏的程度、颗粒质量和形状（见表 5-46）。在水泥浆中沉降的颗粒，当振动停止时并不浮上来，停留于所达到的深度说明，颗粒向下的总加速度大于向上的总加速度。在谐和振动作用下，最大加速度可用下式表示：

$$\omega_{max}=4\pi^2An^2 \tag{5.3-3}$$

式中　A——振幅，cm；

n——频率，次/s。

颗粒在振动影响下增大的虚表观密度 γ'_a 等于：

$$\gamma'_a=\gamma_a\frac{\omega+g}{g}=\gamma_a\frac{4\pi An^2}{g}+\gamma_a \tag{5.3-4}$$

将 γ'_a 值代替 γ_a 代入式（5.3-2）中，可得到振动时颗粒在水泥浆中下沉的条件：

$$d\geqslant\frac{6\varphi\tau_0}{\gamma_a\left(\frac{4\pi^2An^2}{g}+1\right)-\gamma_\tau} \tag{5.3-5}$$

对 n 化解上式，得到：

$$n\geqslant\sqrt{\frac{\frac{6\varphi\tau_0}{\gamma_a}-d\left(1-\frac{\gamma_\tau}{\gamma_a}\right)}{0.04dA}} \tag{5.3-6}$$

在不同振动制度下粒子在水泥浆中（硅酸盐水泥）的下沉速度　　表 5-46

d_{max} (mm)	d_{min} (mm)	d_{max}/d_{min}	颗粒质量 (g)	颗粒形状	粒子下沉速度(cm/s)										
					W/C=0.27，γ_τ=2.1g/cm³				W/C=0.3，γ_τ=1.98g/cm³				W/C=0.36，γ_τ=1.95g/cm³		
					振动速度(cm/s)										
					6.73	7.5	10.5	50.5	6.73	7.5	10.5	50.5	6.73	7.5	10.5
9	8	1.125	0.65	球形	0.0334	0.0625	0.083	2.8	1.8	2.1	2.5	8.7	11	15	25
16	12	1.33	2.88	椭圆	0.333	0.434	0.5	6	2	2.2	5.8	8.05	15	17	28
19	16	1.285	5.4	片状	0.0835	0.117	0.15	3.8	2.8	2.97	3.2	9	18	22	26.5
25	23	1.08	8.25	片状	0.133	0.167	0.2	4	2.8	3.2	3.5	7.6	19	23	25.5
43	30	1.43	37.8	椭圆	0.24	0.267	0.333	4.7	4.4	4.6	5	10.33	25	27	21
30	24	1.25	11.9	片状	0.334	0.42	0.5	2.1	2.3	2.5	3	8	18	23	26
43	32	1.34	19.35	片状	0.03	0.06	0.085	2.6	1.8	2.2	2.5	9.6	11	16	24.5
62	38	1.63	111.35	椭圆	0.6	0.935	1.35	10.5	9.3	10	11	23	—	—	—
61	44	1.385	66.9	片状	0.2	0.25	0.3	2.6	3.4	3.8	4.4	16.5	—	—	—
59	42	1.4	103.66	椭圆	0.835	0.932	1.03	5.4	3.6	4.2	4.8	24	—	—	—
86	47	1.83	259.85	椭圆	1.47	1.6	1.8	13.5	14	16	18	60	—	—	—
88	57	1.545	181.43	片状	0.37	0.54	0.55	5	4	5.2	5.2	26	—	—	—

从上式分析可得出，使颗粒产生下沉的振动频率取决于水泥浆的连系性及表观密度，取决于颗粒的形状、粒度、表观密度以及振幅。

把水泥浆在不同 W/C 时相应的 τ、γ_τ 和 γ_a 值代入以后，就可以根据振幅算出振动频率值，在这样频率之下，不同粒度的颗粒在混凝土拌合物振动过程中将沉入水泥浆中。

在表 5-47 中列出了振动器在 0.05 及 0.1cm 两种振幅时的振动频率与骨料粒度关系。材料特性为 γ_a=2.6g/cm³，W/C 由 $0.875K_c$ 至 $1.65K_c$。

颗粒粒度与振动参数间的关系　　表 5-47

$x=\frac{W/C}{K_c}$	τ_0 (g/cm²)	γ_τ (g/cm³)	每分钟振动次数 n，颗粒粒径为(cm)							
			4	2	1	0.5	0.25	0.1	0.015	0.01
0.876	8.15	1.98	$\frac{3380}{2145}$	$\frac{4830}{3110}$	$\frac{6850}{4850}$	$\frac{9700}{6870}$	$\frac{13750}{9700}$	$\frac{21750}{15350}$	$\frac{55300}{39800}$	$\frac{68700}{48600}$
1	2.65	2.105	$\frac{1870}{1320}$	$\frac{2715}{1915}$	$\frac{3390}{2750}$	$\frac{5530}{3910}$	$\frac{7850}{5550}$	$\frac{12250}{8720}$	$\frac{32100}{22700}$	$\frac{39300}{27800}$
1.2	1.3	1.94	$\frac{1200}{844}$	$\frac{1875}{1290}$	$\frac{2665}{1885}$	$\frac{3835}{2710}$	$\frac{5350}{3860}$	$\frac{8670}{6150}$	$\frac{22450}{15850}$	$\frac{27500}{19460}$
1.4	0.47	0.82	$\frac{380}{268}$	$\frac{910}{640}$	$\frac{1485}{1050}$	$\frac{2220}{1570}$	$\frac{3230}{2280}$	$\frac{5170}{3660}$	$\frac{13500}{9530}$	$\frac{16500}{11700}$
1.65	0.122	1.75	—	—	$\frac{350}{248}$	$\frac{912}{645}$	$\frac{1500}{1060}$	$\frac{2550}{1810}$	$\frac{6850}{4830}$	$\frac{8400}{5950}$

注：1. 分子是振幅 0.05cm 时的频率；而分母是振幅 0.1cm 时的频率。
2. K_c——水泥标准稠度需水量。

按表 5-47 的数据针对 0.1cm 振幅绘制的 n-d 关系曲线（图 5-34）。

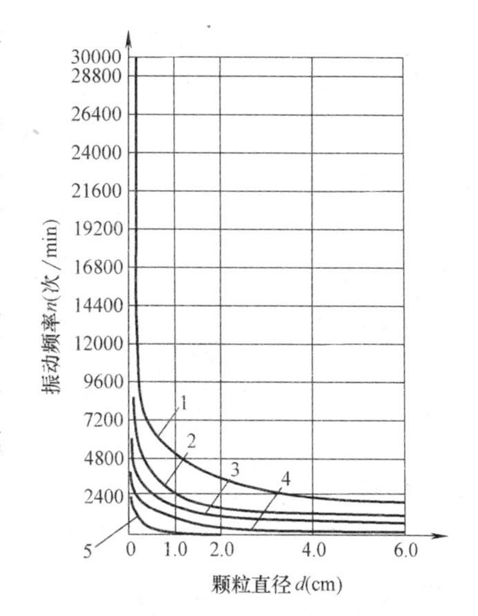

图 5-34　颗粒尺寸与振动频率关系曲线

$W/C=0.262$；2—$W/C=0.285$；3—$W/C=0.35$；4—$W/C=0.4$；5—$W/C=0.45$

混凝土拌合物受振动时，产生两个过程：骨料的沉降（空间相对位置的密实）和水泥浆结构在水泥粒子凝聚过程中的密实。振动频率对混凝土拌合物的密实起主要的影响，假如对混凝土拌合物施加低频振动，所产生的振动运动不能引起水泥浆的液化和整个混凝土拌合物的密实；当振动频率非常高时，粗骨料几乎处于静止状态，而全部动能蓄存于砂浆中，这种情况下，很易使水泥浆液化。根据试验资料，最佳振动频率与颗粒粒度之间的关系可由下面公式决定：

$$d<\frac{14\times10^6}{n^2} \tag{5.3-7}$$

式中　d——颗粒粒度，cm；

n——振动频率，次/min。

由此可得不同粒子粒度的最佳振动频率：

当 $d<60$mm，　$n=1500$ 次/min；

当 $d<15$mm，　$n=3000$ 次/min；

当 $d<4$mm，　$n=6000$ 次/min；

当 $d<1$mm，　$n=12000$ 次/min；

当 $d<0.1$mm，　$n=37000$ 次/min；

水泥浆在振动作用下被液化时，颗粒由其原始位置转移到较稳定的位置，因而使骨料颗粒得到密实的排列。与此同时，混凝土拌合物中水泥浆结构连系性被破坏，内力和外力的平衡条件被打破，在压力的作用下一部分水被从水泥浆中挤压出来，如在长时间的强烈振动作用下（振动频率相当高时），在水泥浆中将产生水分的重分布过程。对于各种原始水灰比，在振动以后水泥浆中剩余水灰比值列于表5-48中（水泥特性标准稠度 K_c＝0.3）。

水泥浆振动以后的剩余水灰比　　表5-48

原始水灰比 W/C	原始空隙率系数	剩余空隙率系数	剩余水灰比 W/C
0.262	0.524	0.524	0.262
0.3	0.524	0.524	0.3
0.33	0.602	0.59	0.33
0.35	0.63	0.626	0.34
0.4	0.785	0.776	0.385
0.45	0.892	0.823	0.42
0.5	1.02	0.89	0.45

表中数据表明，接近于水泥标准稠度时的低水灰比水泥浆，振动前后的水灰比和空隙率变化不大；随着原始水灰比的增大，压出的水量增多，剩余水灰比的减小值增大；大水灰比混凝土拌合物的振动密实效果决定于被挤出的水量。

实验证明，相同剩余水灰比的混凝土拌合物，对于干硬性混凝土采用一定的振动制度时，混凝土强度的增长将比由于水被挤出而得到的增长大得多。

振动频率对水泥石密度和强度的影响　　表5-49

振动频率(Hz)	水灰比 W/C	凝固时的表观密度 γ_τ	各龄期(d)时的表观密度 γ_d (g/cm^3)			试件在各龄期(d)时的抗压强度 f_d (MPa)				
			2	7	28	2	7	28	相对增长	
									γ_d	f_d
46.5	0.219	2.27	2.21	2.20	2.20	10.8	50.0	64.3	1	1
330		2.35	2.33	2.32	2.32	16.0	73.0	95.0	1.05	1.5
3300		2.345	2.32	2.32	2.32	16.4	72.0	95.0	1.05	1.5
46.5	0.25	2.29	2.24	2.22	2.2	10.0	40.0	64.0	1	1
330		2.4	2.36	2.35	2.34	14.7	71.5	95.0	1.05	1.5
3300		2.4	2.35	2.35	2.35	14.6	70.0	94.3	1.05	1.5

注：1. 采用硅酸盐水泥，标准稠度0.25。
2. 频率330Hz和3300Hz采用电磁式振动器密实。
3. 频率330Hz，振动时间为3～4min；频率3300Hz，振动时间为1～2min。
4. 频率46.5Hz试件为标准试件。

上述试验表明，振动频率从46.5Hz提高至330Hz，表观密度提高1.053倍，强度提高1.45～1.5倍。进一步提高振动频率至3300Hz，表观密度和强度没有明显增加。

如果在骨料颗粒达到最紧凑的空间相对位置后，把混凝土再振捣一个时间，那么，混凝土体积已不会由于骨料堆积方式的改变和水的压出而继续缩小（混凝土密实）。因而振动时间不宜过长。

振动处理的混凝土拌合物除了排水、密实效果使混凝土强度增长外，水泥石在凝聚过程中的振动活化作用使水泥活性增强凝结加快，混凝土强度也有增长。

从图5-35、图5-36中可知，振动延续时间对混凝土拌合物表观密度和强度的影响。随着振动时间的延长，混凝土表观密度随之增加，至一定时间后，表观密度不再增大；随着振动时间的延长，一定时间内混凝土强度随之增加，至一定时间后，强度非但不增大、而且有下降的趋势。

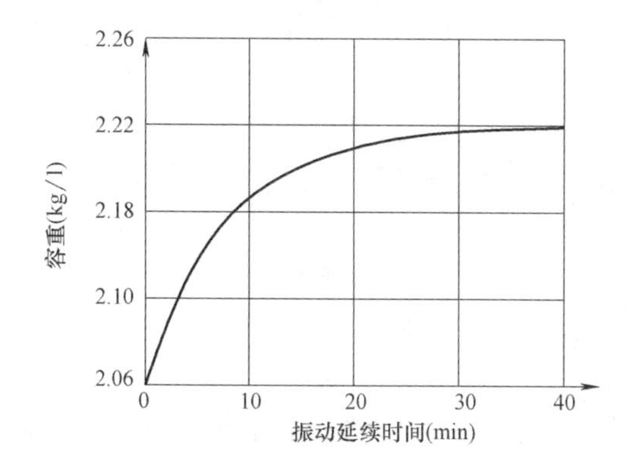

图5-35 振动延续时间对表观密度的影响

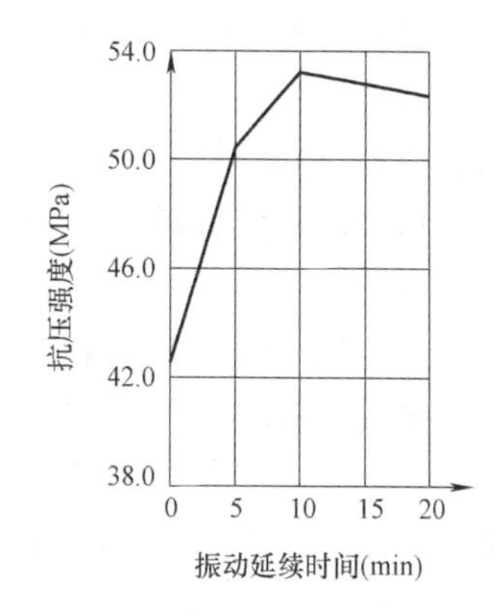

图5-36 振动延续时间对强度影响

重复振动（二次振动）能对混凝土强度产生影响，一组试件在成型时经短时间振动密实（n=46.5Hz）后，静停至水泥浆初凝时给以重复振动，振动作用的延续时间为1min，标准条件下养护28d，对试件作抗压和抗渗试验，混凝土强度的最大增长可为40%～50%，而渗透系数值最小。

这是由于在凝结过程晚期，在凝聚结构的本体中出现结晶过程，此时一部分业也形成的结构在振动动力脉冲影响下能够表现出触变特性。对已形成的水泥浆凝聚结构（主要是在初凝时）产生水的重分布，包裹粒子的水膜变薄，粒子间的聚合力增强。由于对进展中的水泥浆凝聚过程加以干扰的结果，形成了更加密实的水泥石结构。

也由于在一次振动时积聚在骨料底面被挤出的水分和空气，受到二次振动的干扰而重分布，骨料底面的水膜和气泡减少，颗粒间的聚合力增强，形成了更加密实的混凝土结构。

5.3.2.4 混凝土拌合物中振动的传播

了解弹性介质中振动的传播规律可以正确评定各种振动方式（内部振动、外部振动、表面振动、台面振动）的振实效果，发挥振动器的振动能力。

考察插入混凝土拌合物中的内部振动器的工作情况，以研究振动的传播。振动器是混凝土拌合物粒子振动波的策源地。如果把具有一定频率和振幅的振动波传递于混凝土拌合物的粒子，那么这种拌合物将具有液体的一系列性能。使用振动器浇筑混凝土即在于最完全地利用振动时使混凝土拌合物转入液体状态的功能。

已知给定振动器的振幅数值 A_1 和衰减（阻尼）系数 β、离开振源距离 r_2 处振幅 A_2，其理论关系如式（5.3-8）所示。此式提供了解决振动器作用半径的可能性。

$$A_2=A_1\sqrt{\frac{r_1}{r_2}e^{-\beta(r_2-r_1)}} \tag{5.3-8}$$

式中　e——自然对数的底；

r_1——振动器的半径。

为了使用上式计算振动器的作用半径，必须知道不同混凝土拌合物的衰减系数β以及使混凝土拌合物得以增实的最小振幅的数值。这里假定振幅是无损失地传递于贴近于振动器的混凝土拌合物粒子的。

振动时间对于衰减系数有很大的影响，在振动的最初时期（稳定状态尚未建立以前），衰减系数较大，随着更多的混凝土拌合物进入振动，衰减系数逐渐减小，一般到60s振动后，通常就稳定下来。

随着振动时间加长（30～60s），衰减系数逐渐减小，振动就能够传播到更远点；在贴近振动器边缘层次内振幅有所增大；而振动时间继续增加到一定时（210s），边缘层次内振幅不再变化。

振动器的生产能力是作用半径和振动时间的函数，最大生产能力相当于最佳的振动时间。随着振动时间增加，作用半径有所增加，但是从某一瞬间开始，生产能力就开始减小。

掺有黏土、硅藻土等的胶结材料拌制的混凝土，比以硅酸盐水泥拌制的混凝土具有更大的振动衰减系数。

随着混凝土拌合物的流动度的增加，衰减系数有所减小。以卵石为骨料制成的混凝土拌合物中，振动的传播比以碎石制成的混凝土拌合物中为佳，衰减系数减小。

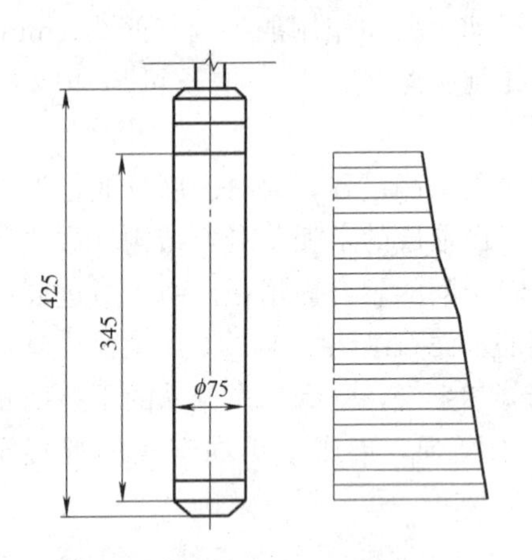

图 5-37　插入式振动器振动有效半径分布图

振动器机头的直径增大，振动作用距离有所增加。其工作部分高度上的振幅分布图形为一个三角形（图5-37）。振动器头部大都为圆锥形或圆球形，因此，传递于拌合物粒子的力可分为法向力和切向力，法向力与水平线成斜角，使振动器圆锥顶点以下的混凝土拌合物也能得到增实；另一个分力的方向是向上的，它使振动器趋向于向上浮起，同时使其四周混凝土松散。分布在振动器圆柱体上的切向力使环绕振动器的混凝土增实，并吸引振动器使之向下。两个力的合力成为一个吸引振动器的力，或者相反地成为一个拔出的力。

随着振动频率减小，混凝土拌合物中的衰减系数增大，也就是低频振动衰减较为迅速，无疑高频振动的衰减系数减小、振动效能大大提高。但当振动频率高于11000～12000次/min时，试验资料表明，衰减系数反而有增大的趋势。内部振动器作用半径随着振动频率增大而增大，振动频率从3000次/min增加到6000次/min时，振动器的作用半径增加一倍，而生产能力约增加3倍。在高频率下作用半径的增加，是与振动器所需功率的提高分不开的。但能耗增加与生产能力提高相比，生产能力的提高超过了能耗的增加。

试验表明，混凝土拌合物中振动衰减系数决定于拌合物的黏度和振动频率及振幅。为计算振动器作用半径，可以采用下表所列衰减系数的数值。

混凝土拌合物衰减系数值　　表 5-50

频率（次/min）	衰减系数(cm^{-1})		
	硅酸盐水泥混凝土		火山灰质水泥混凝土
	坍落度 2～4cm	坍落度 4～6cm	坍落度 4～6cm
3000	0.1	0.07	0.19
4500	0.09	0.06	0.16
6000	0.08	0.05	0.12
12000	—	—	0.15

5.3.3 振动工艺参数

在振动时，混凝土各颗粒承受机械振动，结果会逐渐破坏颗粒间粘结力和摩擦力，减少其间的凝聚力，混凝土获得重力溶液性能，在重力作用下流散、填满模板并被振实。

振动效果取决于振动频率 f 和振幅 A。振动效率的参数是振动强度 Z_j，Z_j 可按式（5.3-9）计算：

$$Z_j = A^2 f^3 = Af \times Af^2 \tag{5.3-9}$$

式中　Af——振动颗粒单位时间内所经过的路程，即振动速度，cm/s；

Af^2——振动加速度，cm/s^2。

每种混凝土拌合物均有一个振幅和频率，粗骨料混凝土的振幅通常为 0.3～0.7mm，随着混凝土拌合物干硬度提高，振幅也增加，(维勃稠度为 15～20s 时，A=0.3～0.4mm；维勃稠度为 30～40s 时，A=0.6～0.7mm)。细骨料混凝土拌合物的振幅为 0.15～0.4mm。过大振幅、振动荷载过小，相反导致混凝土松散，含气量增多，性能变坏。

为了要获得良好的振实效果，使混凝土具有较高的强度和密实度，以及合适的振动时间，从工艺上必须根据混凝土拌合物特性，合理确定振动频率、振幅、振动速度和振动时间，作为选择振动设备的依据。

5.3.3.1 振动频率

振动频率取决于混凝土拌合物中骨料的粒径大小，一般情况下，取混凝土拌合物中骨料的某一平均粒径或以含有最多的一种粒径来选取振动频率，振动频率选取参见表 5-51。

物料粒径与振动率关系　　表 5-51

骨料的平均粒径(mm)	振动频率(r/min)
5～10	6000～7500
15～20	3000～4500
25～45	2000
大于 45	小于 2000

5.3.3.2 振动振幅

振动振幅与混凝土拌合物性能和振动频率有关，对于一定的混凝土，振幅和频率数值应该选得互相协调。在振动速度一定时，增加振幅可以降低频率，反之亦然。根据试验和生产总结，对于不同性质的混凝土拌合物，在获得较好的振实效果时，其合适的振动频率和振幅可参见表5-52。

混凝土拌合物性质与振幅关系　　表5-52

拌合物性质	不同振动频率(r/min)下的振幅(mm)			
	1500	3000	6000	10500
塑性混凝土	0.56～0.8	0.20～0.28	0.07～0.1	
低流动性混凝土		0.28～0.4	0.10～0.14	0.06
干硬性混凝土		0.4～0.7	0.14～0.25	0.06～0.11

5.3.3.3　振动速度

使混凝土拌合物达到足以克服物料颗粒间的内摩擦和内聚力时的振动速度，称为振动的极限速度。在已知频率和振幅的条件下，可用下列公式计算出极限速度：

$$v=0.105Af \tag{5.3-10}$$

式中　v——振动振幅极限速度，cm/s；

A——振动振幅，cm；

f——振动频率，r/min。

5.3.3.4　振动时间

每一种混凝土拌合物在合宜的振幅振动作用下，也需有相应的振动时间。振捣时间不足，则混凝土不密实，强度会降低；过多的延长振捣时间，不会明显提高混凝土的密实度和强度。

当选定的振动频率和振幅保持不变，则最佳振动延续时间取决于混凝土拌合物的流动性（干硬度），其值可在几秒至几分钟之间。此外还与振动工艺措施及设备条件有关，如加压振动可减少振动时间。

5.3.4　成型薄壁管形制品振动工艺

混凝土管形制品的特点是管壁薄，一般不超过400mm；相对高度高，1000～6000mm；封闭管柱状，内部空间尺寸由100～4000mm。一般采用插入式（内部）振动器、附着式（外部）振动器和振动台振动成型三种方式。

按照振动机理，成型薄壁管形制品，一般振动台振动成型为垂直振动，附着式振动器振动成型为水平振动，两种工艺对薄壁管形制品的成型振实效果不同，为探索薄壁管形制品最佳振动方式，20世纪80年代北京市市政工程研究院曾进行垂直振动和水平振动振实效果试验，试验资料介绍如下。

5.3.4.1　振动台竖向振动成型管形制品工艺原理分析

1. 振动台成型一阶段管试验

国内生产一阶段预应力混凝土管（简称为一阶段管）大都采用振动台成型，振动台具有使用寿命长、维修量少、操作简便、成型时间短、辅助操作少等优点。但容易引起管体强度上下不均匀，上部振不实、下部离析的现象。

ϕ1200mm一阶段管（管长5160mm），经测试振动台成型时上端的振幅、加速度和振动台的加速度、振幅有一定差异（见表5-53）。从上至下布置9个振动传感器（图5-38）。振动台振动频率1450次/min，混凝土坍落度40mm。

ϕ1200mm 一阶段管振动台成型振动参数测试结果 **表 5-53**

测点	1	2	3	4	5	6	7	8	9	频率(Hz)
空振	0.11	0.23	0.2	0.2	0.14	0.18	0.23	0.43	0.30	29.5
满振	0.11	—	0.21	0.2	0.17	0.20	0.28	0.28	0.39	29.5HZ

由于管模置于振动台上未加固定，振幅从管模上部至下部逐渐增大，管模上部的振幅明显小于管模下部振幅。

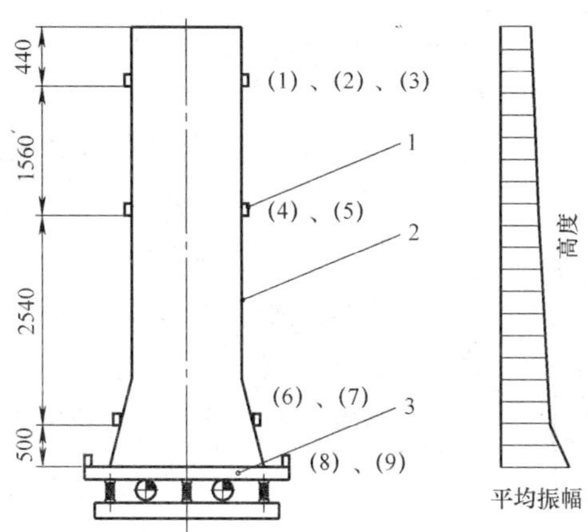

图 5-38 振动台成型管形制品振动参数测定示意图

1—振动传感器；2—管模；3—振动台

ϕ1400mm 一阶段管振动台成型的振动参数测定见表 5-54。表中测试数字表明管模上端的振幅均比振动台台面振幅要小，内模顶端振幅大于外模顶端处振幅。

ϕ1400mm 一阶段管振动台成型振动参数测试结果 **表 5-54**

混凝土料加料情况	测量位置	测量值	测量方向				平均值
			东	南	西	北	
混凝土料浇制一半	振动台面	a	5.0	5.6	3.3	3.3	4.3
		A	1.02	1.03	0.83	0.9	0.945
		f	1560	1500	2500	1560	—
	外模上端	a	1.4	2.2	1.5	1.4	1.625
		A	0.45	0.52	0.55	0.43	0.488
		f	1500	1500	1500	1500	—
混凝土料浇制加满	振动台面	a	4.6	5.0	4.1	5.0	4.68
		A	0.99	0.93	0.75	0.85	0.88
		f	1500	1560		1500	—
	外模上端	a	2.5	5.8	3.6	5.3	4.3
		A	0.54	0.44	0.37	0.41	0.44
		f	1560	1500	1500	1500	—
	内模上端	a	3.3	4.2	5.0	5.0	4.38
		A		0.77	0.76	0.78	0.77
		f	1500	1500	1500	1500	—

注：a——振动加速度（g）；A——振幅（mm）；f——频率（次/min）。

从一阶段管的振动成型测试数据说明，采用振动台竖向振动成型混凝土管形制品，振动参数有不可克服的缺点，会引起管体上下混凝土质量的差异。

实际，由于一阶段管生产的工艺特点，管体混凝土上下均质性差异并不如同振动参数差异那样明显，一阶段管生产为克服上下质量不均匀的缺陷，采用的振动参数缩小了上下混凝土质量的差异。在振动密实一阶段管时，应用高流动性混凝土，减少振动时间，从而减小混凝土的分层离析及上下混凝土密实度的差异。一阶段管成型中振动主要目的为，使混凝土拌合物流动充满管模；振动后立即向胶套内充入水压，胶套膨胀挤压混凝土、排出混凝土中水分和空气、使管体混凝土达到密实成型。

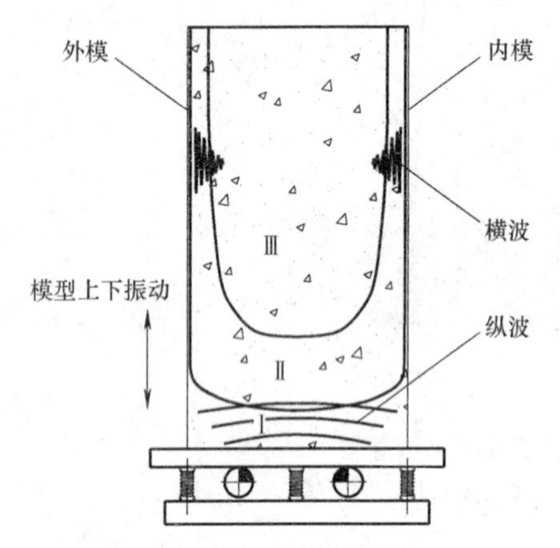

图 5-39　垂直振动振动波的传播

2. 振动台竖向振动成型管形制品工艺原理分析

振动台振动成型时，同时产生两种振动波——纵波和横波（见图 5-39）。在振动成型过程中，管模内混凝土按其受振程度，可分为三个区域：①在振动台面（振动源）附近，形成混凝土液化区域（图 5-39 中Ⅰ区）。②在离振源稍远地方，形成正在液化的区域（图 5-39 中Ⅱ区）。③非液化区域（图 5-39 中Ⅲ区）。随着振动强度和振动时间的增加，非液化区域将逐渐过渡到准液化区和液化区。

波峰与波的传递方向一致的称为纵波，波峰与波的传播方向垂直的称为横波。振动波在介质中的传播，纵波能量消耗大，衰减快；横波传播能量消耗小，衰减慢。根据试验，传播相当强度、同等距离的振动波，纵波耗能为横波的八倍。

由振动台产生的纵波，传播方向与混凝土中颗粒的振动沉降方向相一致。在底部，纵波对混凝土振实起主导作用，随着高度的增加，纵波迅速衰减。

在振动台的作用下，管模上下振动，管模内壁与混凝土之间的摩擦力引起了振动横波，其振动方向也与颗粒振动方向一致。模壁与混凝土的摩擦力大小主要取决于其两者的摩擦系数以及混凝土对模壁的横向压力。

横波传播时也形成三个区域，由于混凝土经振动液化后，混凝土与模壁之间摩擦系数急剧减小，模壁表面形成一层液化层（砂浆层），使通过液化层的横波产生很大衰减，所以沿模壁的第一、第二区域很窄。在管模底部附近，由于纵波和横波共同作用，故一、二区的宽度加大。

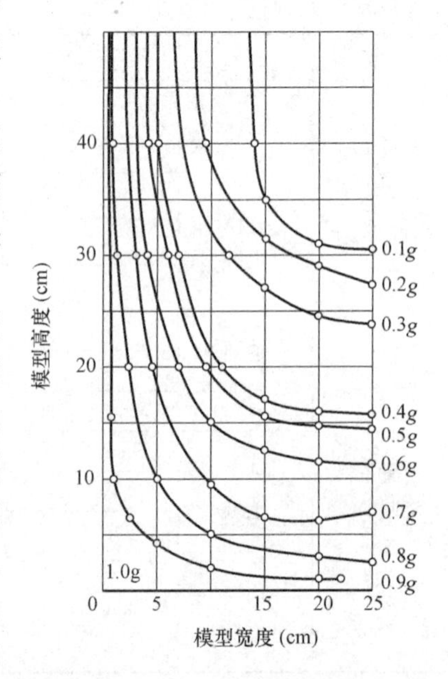

图 5-40　等加速度曲线

图 5-40 为振动台振动试验所得结果，试验管模内的混凝土垂直断面上配置加速度秤，测得的振动台振动成型时断面上等加速度轮廓线。从图中可知，若以

0.3g 为混凝土极限加速度，则底部混凝土的液化高度为 23cm，而模壁一侧的液化宽度约为 6cm。

振动台成型管形制品，底部受纵波与横波复合振动，液化效果好。成型全过程受振动、受振时间长，从而易发生石子沉降、产生离析。管形制品一定高度之上（直至顶部）靠管模上下振动（跳动），由模壁与混凝土拌合物之间的摩擦力带动混凝土颗粒颤动而液化，作用距离近。随着混凝土拌合物的液化，摩擦系数减小，但侧压力增大，故仍维持一定的摩擦力带动颗粒颤动，但振动时间延长不能扩大液化宽度。因而以振动台成型管形制品，要严格控制振动时间，不然因混凝土分层离析，破坏混凝土匀质性，各项性能全面下降。

为克服振动台成型高而薄的管形制品所存在的缺点，应着重改善混凝土拌合物性能，使用高效塑化剂，在不增加用水量的条件下，增大混凝土拌合物的流动性，缩短振动时间，达到充满、密实、不分层的振实效果。

5.3.4.2　附着式振动器水平振动成型管形制品工艺原理分析

附着式振动器安装于管模，振动管模传递振动给模内混凝土，同样产生纵波与横波两种振动波（见图 5-41），纵波垂直于管模纵向轴线，横波平行于纵向轴线。由于管模刚度大，因而振动产生的纵波沿管模高度上分布较均匀，但传播距离短。

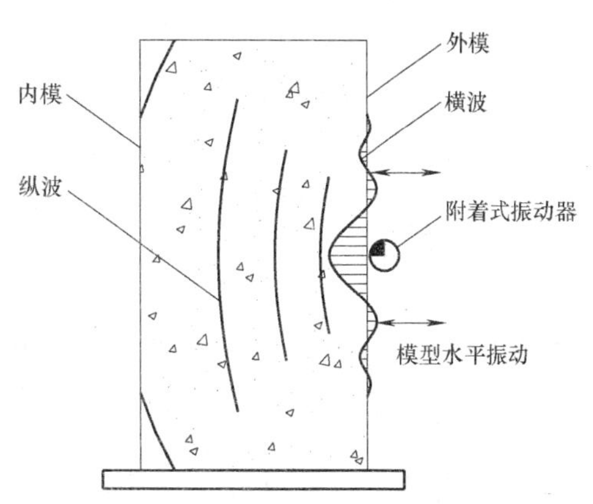

图 5-41　水平振动波的传播

纵播的传播方向与颗粒沉降密实方向垂直，有利方面是，水平振动仅需克服颗粒之间水平方向的内摩阻力，颗粒就在其自重作用下沉降；可以减小水平振动所需的极限加速度（振幅）；不利的是，振动波与重力沉降方向垂直，故颗粒下降仅靠自重作用，不利于颗粒沉降。两者相抵，与垂直振动相比，水平振动液化极限加速度有所减小。

水平振动沿管模高度分布较均匀，从而使整个管模中的混凝土沉降密实较均匀，减小了混凝土离析的可能性。垂直振动振动力的方向与颗粒沉降方向一致，当振动力较大（振幅较大）时，促使大颗粒加快沉降到制品下部，容易导致混凝土产生离析。

水平振动振动波所需传播区域短（壁厚），整个壁厚很快形成液化区，较小加速度、缩短振实混凝土时间。

垂直振动管模上部主要依靠横波振实混凝土，当混凝土液化后，就会降低振动波的传递效率，移长混凝土振实时间，增加离析，增大制品上下端混凝土性能偏差。

由上述可知，成型管形水泥制品使用水平振动比垂直振动具有：①传播到管体各部位的振动较均匀，使管体混凝土强度、密实度的匀质性提高；②能有效地减小管体高度对混凝土强度的影响；③可采用较小的加速度和振幅就能有较好的振实效果，这对节能、减小噪声均有一定的意义；④管模不易变形，移长使用寿命。

5.3.4.3　水平振动、垂直振动成型管形制品工艺试验

为了分析水平振动和垂直振动两种不同工艺成型管形制品对混凝土性能的影响，分别进行了两组试验，一组为混凝土柱体试件，另一组为混凝土管试件。

1. 试验条件

（1）混凝土柱体试件：正方断面 50mm×50mm，高 700mm，见图 5-42；按图 5-43（*a*）所示，锯切取样，制成 50mm×50mm×50mm 立方体试件。

试件若有局部缺损，用砂浆填补。抗压试验加荷速度 2～3kg/s，试压时压力方向与浇筑方向垂直（即以柱体试件的侧面为受压面）。

（2）试验管环形试件：外径 142mm；内径 102mm；管长 700mm。

混凝土管脱模后，洒水养护每天 3 次，14d 后按图 5-43（*b*）示位置切割成高 80mm 环状试件。

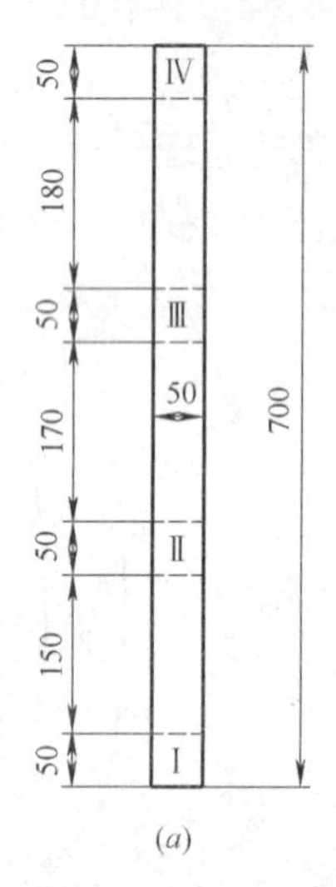

(*a*)

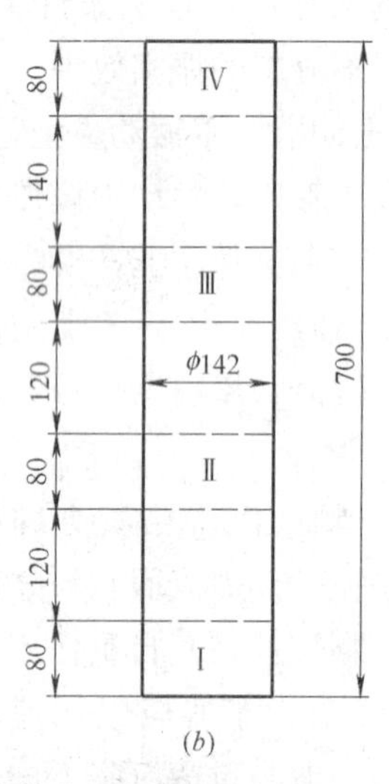

(*b*)

图 5-42　混凝土柱、混凝土管试体及试件取样位置

（*a*）正方形混凝土柱；（*b*）混凝土圆管

(*a*)

(*b*)

图 5-43　试件制作

（*a*）混凝土管试件；（*b*）环形外压试验试件

2. 试验材料

（1）矿渣硅酸盐水泥，产地北京琉璃河水泥厂，水泥性能及化学组成见表5-55、表5-56。

试验用水泥性能　　表5-55

水泥标号	初凝时间 h：min	终凝时间 h：min	密度 (g/cm³)	抗压强度(N/mm²)		抗折强度(N/mm²)	
				7d	28d	7d	28d
425	1：47	4：57	3.16	27.8	43.7	5.9	7.6

试验用水泥化学成分（单位：%）　　表5-56

SiO_2	Fe_2O_3	Al_2O_3	CaO	MgO	SO_3	烧失量	总计
24.76	4.01	7.36	53.78	4.68	2.84	0.86	98.29

（2）砂

试验用砂的性能　　表5-57

平均粒径(mm)	细度模数	密度(g/cm³)	表观密度(g/cm³)	含泥量(%)	吸水率(%)
3.7	2.5	2.50	1.66	1.5	0.85

（3）石—卵石

试验用石子性能　　表5-58

最大粒径(mm)	密度(g/cm³)	表观密度(g/cm³)	针片状含量(%)	含泥量(%)	吸水率(%)
10	2.70	1.50	8.8	0.8	0.8

（4）混凝土配合比

水泥：砂：石：水＝1：2.03：3.78：0.54

3. 混凝土柱立方试件试验结果

（1）振动频率25Hz，振动加速度1.5g、2g、3g、4g四种，振动时间90s。水平振动和垂直振动成型的试件抗压强度对比如表5-59所示。

水平振动与垂直振动不同高度的试件强度（单位：MPa）　　表5-59

试件高度位置(cm)	振动方式	1.5g	2g	3g	4g
67.5	水平	21.4	22.8	21.0	20.2
	垂直	20.5	19.4	21.0	20.7
44.5	水平	20.5	23.4	23.2	22.9
	垂直	20.0	22.4	25.2	22.1
22.5	水平	19.1	22.0	22.7	21.2
	垂直	18.9	23.4	24.2	23.1
67.5	水平	19.4	21.9	23.8	23.7
	垂直	19.5	23.9	25.0	23.5

从表5-60数据可知，两种振动当振动加速度超过1.5g时，强度增长较快。在不同加

速度（振幅），垂直振动试件，其上部试件强度低于下部，上下试件强度差最大达4.5MPa。振动加速度为4g时，试件强度降低，拆模时可看到试件局部表面有卵石裸露，说明因振幅过大混凝土发生离析。当垂直振动振动加速度为3g时，试件的平均强度较高。

水平振动可使上部强度降低程度减小，在振动加速度为2g时，强度的匀质性较好，平均强度也较高。

试件平均强度和上下部强度差（单位：MPa）　　**表 5-60**

振动参数		水平振动		垂直振动	
频率(Hz)	加速度(g)	平均强度	上下强度差	平均强度	上下强度差
25	1.5	20.1	2.0	19.7	1.0
	2	22.5	0.9	22.3	4.5
	3	22.7	2.8	23.9	4.0
	4	22.0	3.5	22.4	2.8

注：上下强度差指从下部起，高度67.5cm处强度和高度2.5cm处强度差的绝对值。

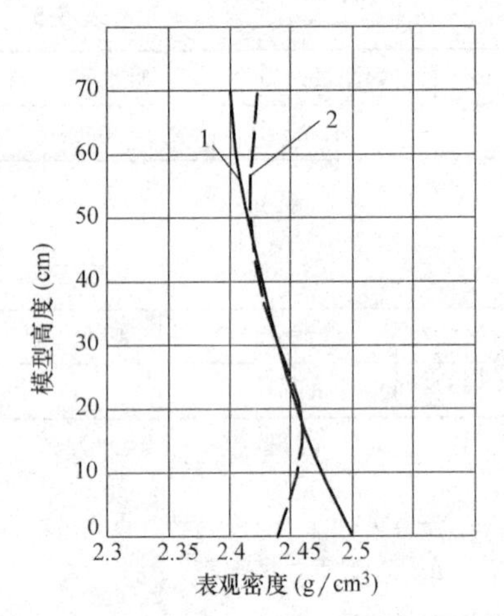

图 5-44　水平振动和垂直振动对混凝土柱不同高度混凝土表观密度的影响

1—垂直振动曲线；2—水平振动曲线

（2）振动频率25Hz，振动加速度2g，振动时间120s。水平振动和垂直振动成型的试件混凝土表观密度对比如图5-44所示。

混凝土柱中间高度（20～50cm）段，两种振动的混凝土表观密度接近；水平振动的 γ-h 曲线变化较平缓，差值较小；上部水平振动混凝土表观密度较垂直振动混凝土表观密度为大；垂直振动上部混凝土表观密度与下部相比，差值较大。

表观密度试验数据也表明，水平振动成型混凝土性能较为均匀，垂直振动成型混凝土性能有一定差异。

4. 混凝土管环形试件试验

用垂直、水平振动方式成型后，养护达到规定龄期，切割成高度80mm环状试件，分别进行外压线荷载，见图5-45。

环状试件按两点法加压，环体上下各垫有3mm厚橡胶板。以每分钟低于3kg/cm的加荷速度连续加荷至环体开裂。

（1）垂直振动成型工艺

装配好的管模锁定在连接板上，与振动台固定，加料斗置于管上端，将振动频率、加速度调整至所需数值后，开启振动台。边振动、边下料，振动时间120s，振动过程中加速度值有微小摆动，需不断进行调整。振动完毕后，小心卸下管模，送至静停养护。

（2）水平振动成型工艺

管模与可水平移动的小车连接，以三根套箍将管与连接板固定至水平振动台，以与垂直振动相同工艺振动。成型完毕，卸下管模。

两种工艺各成型四根管，试验三根、一根备用。

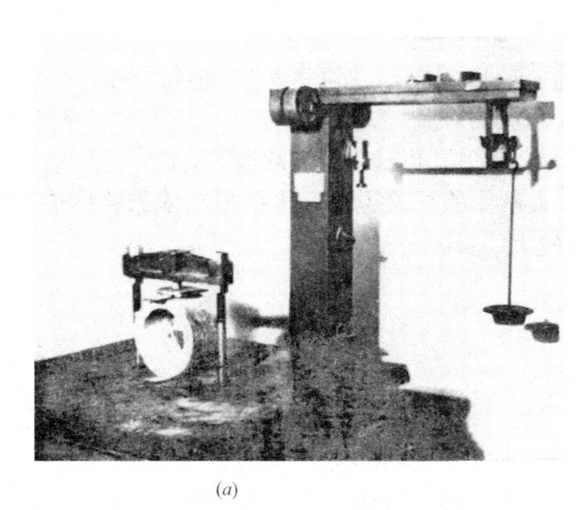
(a)

(b)

图 5-45 外压试验

(a) 外压加载设备；(b) 试件加压

(3) 混凝土管外压线荷载试验

试验结果取三根管的平均值，试验结果见图 5-46。

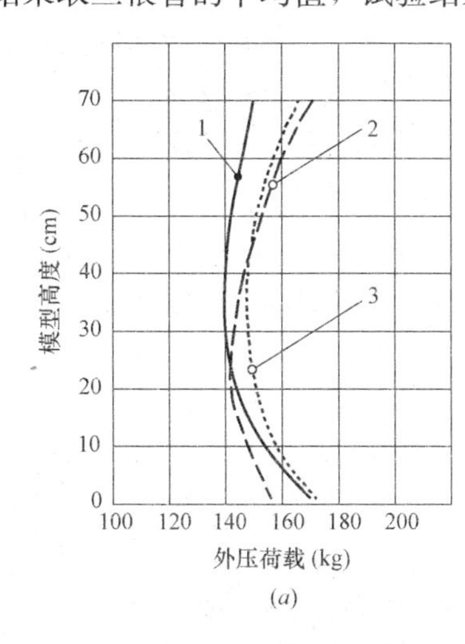

(a)

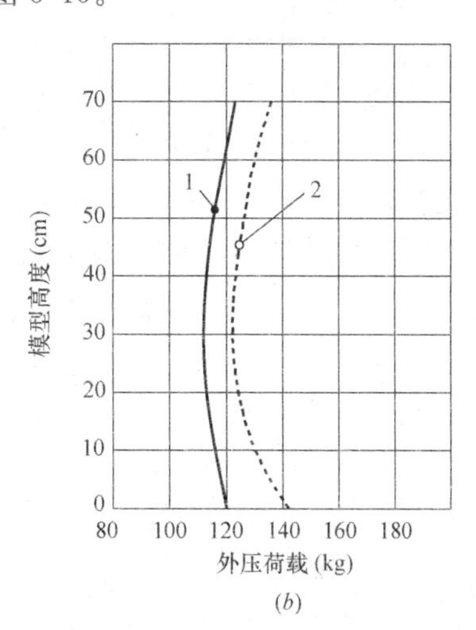

(b)

图 5-46 不同振动工艺混凝土管外压试验结果

(a) 振动频率 25Hz；

1—垂直振动，$a=2g$、$T_c=6$cm；2—水平振动，$a=2g$、$T_c=6$cm；3—水平振动，$a=1.5g$、$T_c=6$cm

(b) 振动频率 50Hz、$a=3.5g$、$T_c=2\sim3$cm；

1—垂直振动；2—水平振动

管体上部与下部外压荷载对比值 **表 5-61**

振动参数 频率、加速度、振幅	坍落度 (cm)	水平振动 (kg/cm)	垂直振动 (kg/cm)	荷载对比 $K=R_{水}/R_{垂}$
25Hz、2g、0.794mm	6	16.41	14.4	1.1396
50Hz、3.5g、0.35mm	2	13.0	11.78	1.1036
25Hz、1.5g、0.596mm	6	15.9	* *	1.1042

注：* * 表示与第一项（25Hz、2g、0.794mm）荷载数据比较值。

试验数据说明：

① 水平振动管体强度高于垂直振动管体强度，特别是上部强度外压荷载提高10%～14%。

② 水平振动混凝土拌合物坍落度以6cm为好。

③ 水平振动的振动加速度在1.5g～2.0g时，可获得较好的振实效果。

从水平振动和垂直振动工艺原理探索所作的试验说明，水平振动依靠管模传递振动力，振动分布较为均匀，适宜成型高度较大的管形水泥制品。

5.3.5　混凝土振动成型设备

5.3.5.1　振动成型设备分类

通常使用的振动器属于惯性机构的形式。根据驱动和动能的种类振动器分为：电动振动器、电磁振动器、风动（气动）振动器。最广泛采用的是电动振动器。

电动振动器。包括电动机、偏心子、振动器工作部分（平板、棒、台等）和操作体系。偏心子可以直接装入电动机转子的轴上，也可设在电动机以外，借助传动带、软轴或联轴器与电动机相连。

电磁振动器是一个交流电的铁芯电磁石，振动器的振动部分刚性地安装在磁枢铁芯之上，装有减震的弹簧和操作手柄。当一个方向的电流通过铁芯线圈时产生磁场，吸引衔铁到铁芯上，当电流方向改变时弹簧将衔铁推开，这样在一个电流的周期内衔铁完成两次振动。一般用于小功率振动装置，如电磁振动给料器等。

风动振动器以压缩空气为动力，通过柔性胶管送入转子内、从滑槽叶片中定向喷出，产生强大推力推动偏心辊子旋转，引起振动。

混凝土振动器按传播振动的作业方式不同，可分为：内部振动器（插入式振动器）；表面（平板）振动器；外部（附着式）振动器；台式（振动台）振动器等四类

混凝土工程常用的振动设备　　表5-62

类型	特　点	适用范围
内部振动器（插入式振动器）	插入混凝土内直接振捣，振动部分有棒式、片式，传动轴有硬管和软管两种，振动频率高	广泛用于各类混凝土工程，在钢筋十分密集或竖向结构厚度较薄时较少使用
表面振动器（平板振动器）	在钢或木制平板上安装有偏心块式电动振动器，振动作用依靠平板传给混凝土，振动作用深度较小	薄而平的板面结构或构件，如地面、楼面、盖板、混凝土路面
外部振动器（附着式振动器）	将电动或风动振动器固定于模板侧面或底面，通过模板将振动传递给混凝土	截面不是特大的墙、柱、板，特别适用于管状结构和构件，如大口径混凝土管
台式振动器（振动台）	振动器安装于台面下方，以弹簧支承台面，一般是垂直单向振动，以机械或电磁卡具将制品模板固定于台面上	高度不大的构件，如楼板、梁、柱等预制构件，也可用于生产管，如一阶段管

插入式插动器按产生振动原理分为偏心式或行星式，按振动频率分为低频（25～50Hz）、中频（83～133Hz）和高频（167Hz），传动方式有软轴连接和直接连接。

插入式振动器其结构原理如图5-47所示。① 偏心式振动器是在振动棒内装置偏心转轴，转轴高速旋转产生离心力，通过轴承传递给振动棒使之振动。其主要特点是振动器产生的振动频率与转轴的转速相等。这类振动器的结构简单，性能稳定可靠；② 行星式振动器是在振动棒内装有与转轴相连并悬置的滚锥体，当转轴旋转时，滚锥体沿振动棒内壁

的滚道滚动，从而产生行星运动，即与转轴相连接的滚锥体，除绕其轴线和驱动软轴同速自转外，同时还沿振动棒内壁的滚道作周期的反向公转运动，从而使振动棒产生高频振动。

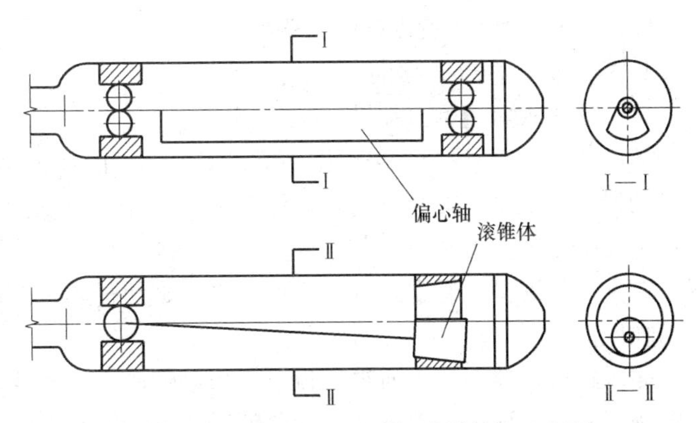

图 5-47 偏心式与行星式振动器结构示意图

行星式振动器的滚锥体的公转速度，一般为原动机转速的 3～4 倍较为合适。

行星式振动器是利用滚锥体的行星运动来获得高频振动，传动软轴的转速与原动机的转速相同，不需另设增速装置，克服了偏心式振动器频率低和轴承寿命短的缺点，因而得到了广泛的应用。

在大体积混凝土工程施工中混凝土量大，为了提高生产效率、降低劳动强度，可采用自浮式内部振动器振实混凝土。自浮式内部振动器封闭式外壳体积产生的浮力大于振动器自重、混凝土拌合物中摩擦阻力及其他附件的总重，随着混凝土拌合物浇筑入模，产生的浮力自动使振动器逐渐升起。升起速度应与所需振实时间相适应，一般浮托力为其他各力和的 1.5～2 倍。

表面振动器是将一个带偏心块的电动振动器安装在钢板或木板上，振动力通过平板传给混凝土。

表面振动器振动作用有效深度小，适用于振实面积大、厚度小的结构或构件。平板面积大小以振动器能浮在混凝土面上为准。

附着式振动器是将振动器（电动偏心式振动器或风动振动器等）用螺栓、楔形插板或钳形夹具固定在模板的外侧或底部，振动力通过模板传递给混凝土。

附着式振动器振动作用有效距离小，适于振实柱状和薄壁形工程和构件。

台式振动器主要在工厂或工程预制工场，用以生产预制混凝土构件，如混凝土梁、柱、板、桩、桥梁及管等。

台式振动器由支承于弹簧上的工作平台、支承架、安装于平台下的激振器和驱动电动机组成。常用偏心块式激振器，可单组或多组联动，可单轴或双轴组成。电动机单独安装于基础上，由联轴器与激振器轴连接。

几种振动器对比 **表 5-63**

振动器名称	振实效果	振动频率	劳动强度	劳动效率	能耗	维护	设备
插入式振动器	好	高	高	低	低	易损坏	价廉、质轻
电动表面振动器	中	低	高	低	低	简便	价廉、质轻
电动附着式振动器	中	中	中	中	中	易损坏	价廉
风动附着式振动器	好	高	中	高	高	维护量大	价高、质轻
台式振动器	中	中、低	低	高	较高	简便	价中

注：1. 振实效果是指可能达到的混凝土强度及密实性，或是所需的振动持续时间。
2. 劳动效率是指指定时间内完成的混凝土方量。
3. 能耗是指完成相当产量混凝土所消耗的能。

5.3.5.2　振动成型设备的工作特性

1. 插入式（内部）振动器

（1）插入式（内部）振动器工作特性

插入式（内部）振动器适用于捣实柱、梁、桁架、厚的板等各种构件。由人工操作，将振动器插入混凝土拌合物内，使激振力直接作用于混凝土。此外，还可将插入式振动器按一定要求排列安装在一个机械上，配置其他升、降、行走等机构，成为专用成组振动器。在大口径混凝土管立式振动成型中采用成组插入式振动器，可以提高生产效率，减轻劳动强度。

插入式振动器振源不通过平板、模板等传震，而是放入混凝土内部直接作用使混凝土拌合物振实，因而传震效率高，能源消耗小，是振实混凝土拌合物最高效、节能的方式。

插入式振动器频率可为低频（3000 次/min 以下）、中频（3000～6000 次/min）和高频（6000～15000 次/min）。低频一般由电动机直接驱动，或用齿轮（或皮带轮）增速器增频，高频是用行星机构增频。

带有软轴的轻型高频插入式振动器（图 5-48）由电动机、软轴、和可更换的振动棒组成。振动棒直径范围为 33～71mm，生产效率一般为 2～8m^3/h。

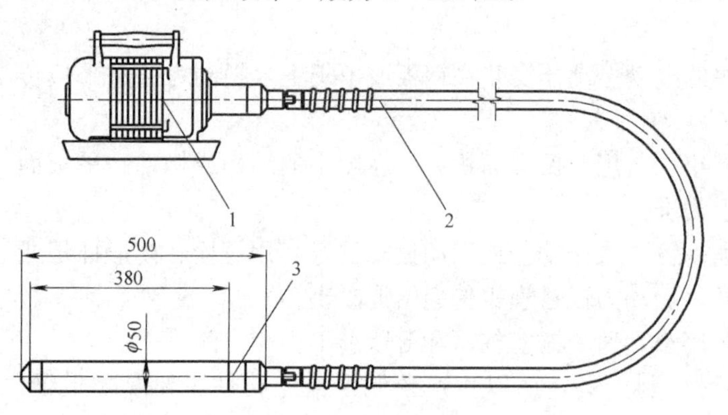

图 5-48　带有软轴的轻型高频插入式振动器

1—电动机；2—软轴；3—振动棒

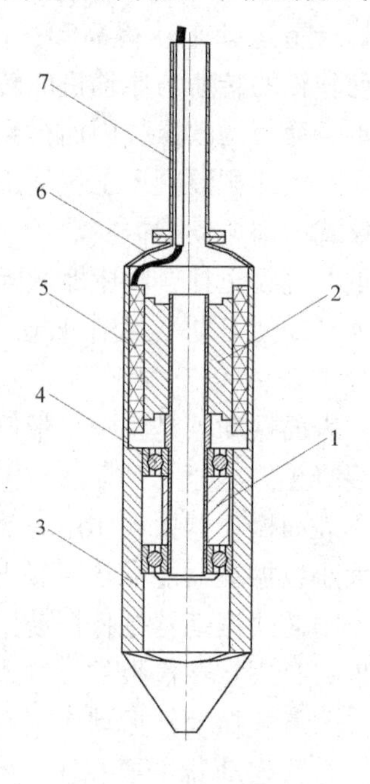

图 5-49　中型、重型插入式振动器结构示意图

1—偏心块；2—电动机转子；3—振动器外壳；4—轴承；5—定子线圈；6—电源导线；7—操作手柄

超小型插入式振动器，软轴较短，将驱动电动机直接安装于操作手柄上，更具操作方便灵活的特点。

中型插入式高频振动器具有直接装在电动机轴上的偏心块，振动棒外壳直径为 133mm，电动机装在振动棒外壳里，振动器由变频器输入高频率电流，振动频率为5500～5700 次/min，振动器动力矩为 1～1.5kg・cm，生产率为 12～15m^3/h。

重型插入式高频振动器的操作原理、构造和电流的供给等和中型振动器相似。振动棒外壳直径为 135mm，振动频率为 5500～5700 次/min，振动器动力矩为 2～2.2kg・cm，生产率为 16～20m^3/h。

根据驱动能源不同，插入式插动器又有内燃机式驱动插入式振动器和气（风）动插入式振动器。

以压缩空气为气源，叶片式气动马达为动力插入式振动器，具有振幅大、频率高、质量轻、结构合理、操作安全、维修使用方便等优点。在缺少电源工程地点，可用内燃机为动力的插入式振动器。

图 5-50 内燃机驱动插入式振动器

图 5-51 气动插入式振动器

应根据结构浇筑高度、厚度及配筋密集程度选择插入式振动器；按软轴不出现急弯、保持顺畅的原则确定软轴长度。根据要求软轴可加长至 12m。

振动棒与混凝土以垂直插捣为宜，必须斜插振捣时，棒与混凝土面应保持大于 40°～45°夹角，以免软轴过度弯折降低使用寿命。

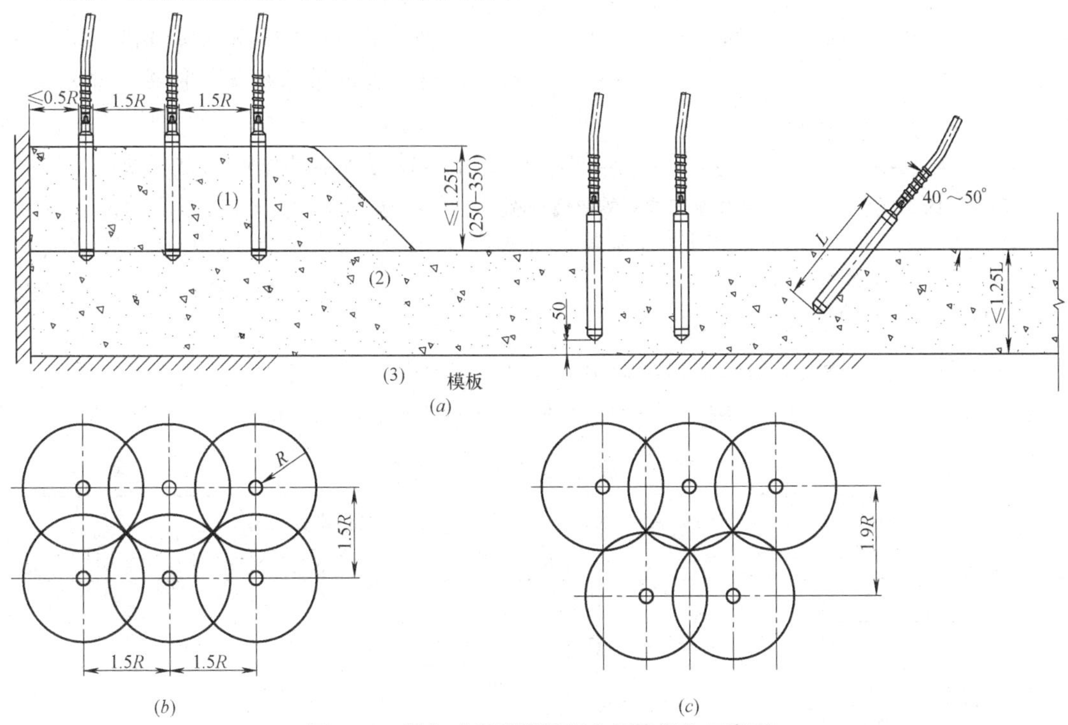

图 5-52 插入式振动器混凝土振捣操作示意图

(a) 振动器操作示意图；(b)、(c) 振动器移动时压棒图

(1) 新浇筑的混凝土；(2) 下层未初凝的混凝土；(3) 基层；

L—振动棒长；R—振动器作用半径

振动棒振捣混凝土的影响深度最大不超过棒长的 1.25 倍，振捣时棒头不得完全插入混凝土中，振动棒插捣间距应不大于 1.5R（R 为振动棒的作用半径，一般为 30～50cm），振动棒与模板距离不应大于 0.5R。振动棒与已硬化的混凝土应保持 5cm 距离，分层浇筑时振动棒应插入下层新浇筑混凝土中 5cm，并在振捣时适当上下抽动，使两层混凝土间不存在界面，材料保持均匀。

振捣时振动棒应避免碰到模板、钢筋及其他各类预留预埋件。钢筋密集的结构，在布设钢筋时应考虑适当调整钢筋排距，留出振动棒插捣必要的操作位置。

插入式振动器在每一振点的振捣时间应根据混凝土的和易性区别对待，使用高频振动器时，一般在 20～30s，且不应少于 10s，做到不漏振，不过振。在操作时须作到振动棒“快插慢提”，以免形成插孔。

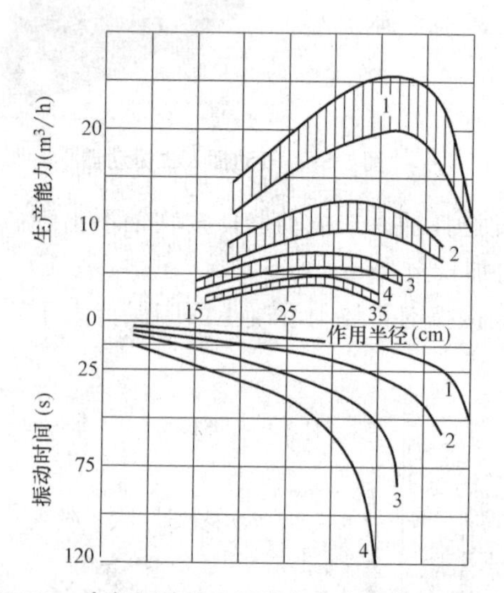

图 5-53 内部振动器作用半径和生产能力的曲线

1—塑性混凝土；2—半塑性混凝土；3—低流动性混凝土；4—干硬性混凝土（按梅花形顺序振动；在厚度小于 30cm 层次内按方格形顺序振动）

在浇筑与柱和墙连成整体的梁和板时，应在柱、墙浇筑完毕后停歇 1～1.5h，待柱、墙混凝土充分沉实后，再浇梁、板。在高度方向有截面突变的结构，同样宜在变截面部位以下混凝土适当沉实后继续浇筑为宜。若难以停歇时，则应在变截面部位以上混凝土振捣完毕以后，对易出现沉缩裂缝的部位进行二次振捣，以免在交接处出现早期的沉缩裂缝。

二次振捣可用木槌敲打易出裂缝部位模板，可对上表面进行振捣。振捣必须适度，以免混凝土流出，反而使沉缩裂缝变大。

插入式振动器的生产能力与振动结构混凝土外形、钢筋密度、混凝土坍落度、振动器本身功率等因素有关，一般情况下可从参考图 5-53 资料中选取，并从施工中加以调整。

振动器的基本技术参数是：振动频率、振幅、激振力和结构尺寸。选用振动器时，必须针对混凝土的性质和生产条件，合理选择振动器的振动参数和结构尺寸。

常用插入式振动器型号及主要技术参数 **表 5-64**

项目		HZ-50A 行星式	HZ6X-30 行星式	HZ6P-70A 偏心式	HZ6X-35 行星式	HZ6X-50 插入式	HZ-50 插入式	HZ60X-60 插入式	HZ6-50 插入式	NDZ 系列		
										NDZ-35	NDZ-45	NDZ-50
振动棒	直径(mm)	53	33	71	35	50	50	62	50	35	45	50
	长度(mm)	529	413	400	468	500	500	470	500	375	405	440
	振动力(N)	4800～5800	2200		2500	5700	5800	9200	6000	1760	2940	5400
	频率(次/min)	12500～14500	19000	620	15800	14000	14000	14000	6000	200次/SH2	200次/SH2	200次/SH2
	振幅(mm)	1.8～2.2	0.5	2～2.5	0.5	1.1	2.4	1.5～2.5				

续表

项目		HZ-50A 行星式	HZ6X-30 行星式	HZ6P-70A 偏心式	HZ6X-35 行星式	HZ6X-50 插入式	HZ-50 插入式	HZ60X-60 插入式	HZ6-50 插入式	NDZ 系列		
										NDZ-35	NDZ-45	NDZ-50
软轴软管	软管直径(mm)	外 26 内 20	36	30	40/20	42	40	42				
	软管长度(m)	4.0、6.0、8.0										
	软轴直径(mm)	13	10	13	10	13	12	13	13			
电动机	功率(kW)	1.1	1.1	2.2	1.1	1.1	1.1	1.1	1.5	BPOZ 型变频机组		
	转速(r/min)	2850								1.5kV A3 相	2kV A3 相	
总重(kg)		34.0	26.4	43	25	33	32.5	35.2	48	棒重 4.0	棒重 6.0	棒重 7.0

(2) 插入式振动器设计计算

内部振动器的振幅、动力矩和生产率确定。内部振动器的振幅计算公式如下：

$$\ln A_1=\ln A_2-\ln\sqrt{\frac{r_1}{r_2}}+\beta(r_2-r_1) \tag{5.3-11}$$

式中 A_1——振动器振幅，cm；

A_2——混凝土开始转化为液态时的最小振幅，cm；

r_1——振动器外壳半径，cm；

r_2——振动器的作用半径（自轴的旋转轴线算起），cm；

β——决定于混凝土的黏度、振动频率和扰动力的混凝土拌合物的振动衰减（阻尼）系数（按表 5-50 选取）。

确定了振动器强迫振动的振幅 A_1，可按下式计算偏心块的动力矩：

$$M=G_1e=G_2A_1 \tag{5.3-12}$$

式中 M——偏心块动力矩，kg·cm；

e——带有不平衡重的轴的旋转轴线至不平衡重的重心之距离，cm；

G_2——被振动体（振动器和相联的混凝土部分）的质量，kg。

相联的混凝土部分采用等于振动器作用半径范围内的混凝土重量乘以相联系数，相联系数在 0.15～0.2 范围内变动。

当振动器移动方向与偏心块方向之间在混凝土中的相位移角为 δ 时，振动作业中所消耗的功率按下式确定，相位移角近似地采用 20°～35°。

$$N=0.98Q_0A_1\sin\delta 10^{-4} \tag{5.3-13}$$

式中 N——振动作业时所耗功率，kW；

Q_0——振动器的扰动力，等于下式：

$$Q_0=me\omega^2 \tag{5.3-14}$$

m——不平衡重的不平衡部分的质量；

ω——振动器轴的角速度，r/min。

消耗在内部损失上的功率，根据振动器的振动频率和结构可采用在 0.1～0.4kW 范围内。

振动器电动机的公称功率等于：

$$N_j = N + (0.1 \sim 0.4) \tag{5.3-15}$$

式中　N_j——振动器电动机功率，kW。

内部振动器的生产率按下式计算：

$$Q = 2kr_2h\frac{3600}{t_1 + t_2} \tag{5.3-16}$$

式中　Q——振动器生产率，m^3/h；

r——振动器的作用半径，m；

h——混凝土层厚度，m；

t_1——在每一点上振动延续时间，s；

t_2——从一点到另一点振动器移放时间，s；

k——振动器利用系数，$k=0.85$。

【例题 5.1】　内部振动器计算

设：混凝土中骨料平均粒径 $d=25$mm、坍落度 4～6cm，参见表 5-50 数据，确定衰减系数 $\beta=0.04$；振动作用半径 $r_2=30$cm；参见表 5-52 数据，作用半径处最小振动振幅取 $A_2=0.03$mm。

选定：内部振动器半径 $r_1=2.5$cm、棒长 $L=60$cm。

解：（1）内部振动器振幅计算：

$$\ln A_1 = \ln A_2 - \ln\sqrt{\frac{r_1}{r_2}} + \beta(r_2 - r_1)$$

$$\ln A_1 = \ln 0.003 - \ln\sqrt{\frac{2.5}{30}} + 0.04 \times (30 - 2.5)$$

$$\ln A_1 = -1.82$$

$$A_1 = 0.16\text{cm}$$

（2）计算偏心块动力矩：

设：内部振动器的振动棒自重 $G_1=15$kg

$$\begin{aligned} G_2 &= \zeta\pi(r_1^2 - r_1^2)1.25L\gamma_c + G_1 \\ &= 0.20 \times \pi \times (30^2 - 2.5^2) \times 1.25 \times 60/10^6 \times 2400 + 15 \\ &= 99.23\text{kg} \end{aligned}$$

$$\begin{aligned} M &= G_2A_1 \\ &= 99.23 \times 0.16 \\ &= 16.13\text{kg} \cdot \text{cm} \end{aligned}$$

（3）设计取偏心距 $e=2$cm，偏心块偏心部分重：

$$\begin{aligned} G_p &= M/e \\ &= 16.13/2 \\ &= 8.07\text{kg} \end{aligned}$$

（4）计算偏心块偏心部分质量及扰动力：

$$\begin{aligned} m &= G_p/g \\ &= 8.07/980 \end{aligned}$$

$$
\begin{aligned}
&= 0.00823\text{kgs}^2/\text{cm} \\
Q_0 &= me\omega^2 \\
&= 0.00823 \times 2 \times (11000/60)^2 \\
&= 553.24\text{kg}
\end{aligned}
$$

（5）计算振动作业所耗功率：

当振动器移动方向与偏心块方向之间在混凝土中的相位移角为 δ 时，振动作业中所消耗的功率按下式确定，相位移角近似地采用 20°～35°。

$$
\begin{aligned}
N &= 0.98Q_0A_1\sin\delta 10^{-4} \\
&= 0.98 \times 553.27 \times 0.16 \times \sin 35^\circ \times 10^{-4} \\
&= 0.51\text{kW}
\end{aligned}
$$

（6）电动机功率计算：

消耗在内部损失上的功率根据振动器的振动频率和结构可采用在 0.2～0.4kW 范围内。

振动器电动机的公称功率等于：

$$
\begin{aligned}
N_j &= N + (0.2 \sim 0.4) \\
&= 0.51 + 0.4 \\
&= 0.91\text{kW}
\end{aligned}
$$

（7）内部振动器生产率计算：

$$
\begin{aligned}
Q &= 2kr_2h\frac{3600}{t_1+t_2} \\
&= 2 \times 0.85 \times 0.3 \times 0.3 \times \frac{3600}{40+20} \\
&= 9.18\text{m}^3/\text{h}
\end{aligned}
$$

2. 表面（平板）振动器

表面振动器有两种类别：电动式表面振动器和电磁式表面振动器，常用电动式表面振动器。电动式表面振动器转子上带有两块偏心块。

（1）表面（平板）振动器工作特性

表面振动器通过一些形状尺寸不同的工作底板将振动传递于混凝土拌合物，这些底板在振动过程中安放在混凝土的表面上，见图 5-54。

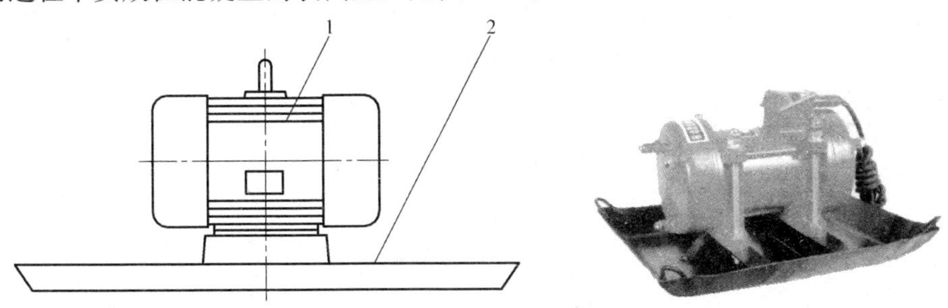

图 5-54　平板振动器示意图

1—偏心块式电动振动器；2—工作平板

表面振动器是在混凝土表面拖动进行振捣。按试验，振动在介质中的传播，竖直方向上要比水平方向上衰减得快一些，因而表面振动作用深度不大（图 5-55、图 5-56），常用于成型素混凝土或单层配筋的板高度 200mm、双层配筋高度 120mm 以内的板，如板类构件、楼面、地面和路面等。混凝土坍落度不宜过大，控制在 2～4cm 范围内，表面振动器不会陷入混凝土中才能正常使用。也可用于泵送混凝土楼、地面二次振捣，消除表面沉缩裂缝。

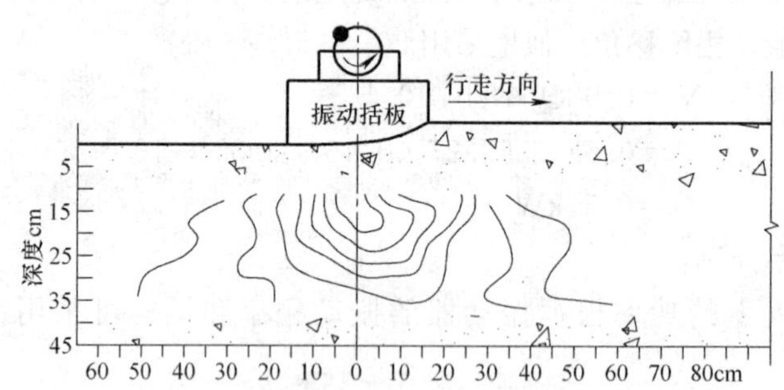

图 5-55　在移动刮板下方的振幅传播曲线

振动频率为 3440 次/min、振幅为 0.53mm 的振动刮板，行走速度 1.2m/min

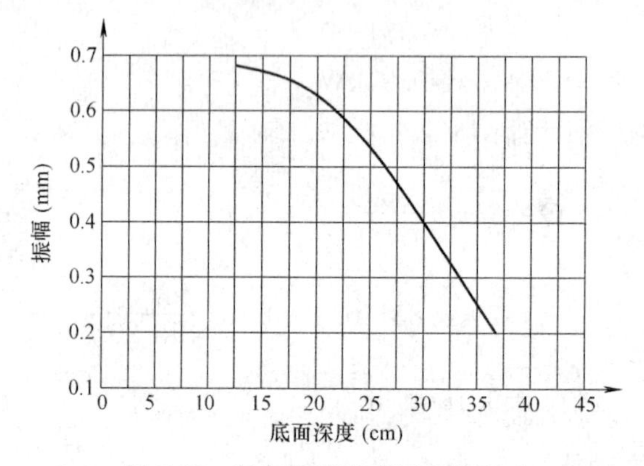

图 5-56　竖向振动随着深度的衰减

表面振动器在每一位置上应振动至表面均匀出现浆液，一般振动 30～40s，振动器应有序的移动，不发生漏振。

振动倾斜面时，应由低向高进行振捣。

常用附着式与表面振动器见表 5-65。

附着式与表面振动器型号及主要技术参数　　　　**表 5-65**

项目名称		附着式(可安装振板改装成表面振动器)								表面振动器	
		B-11A	HZ2-10	HZ2-11	HZ2-4	HZ2-5	HZ2-5A	HZ2-7	HZ2-20	PZ-50	N-7
电动机	功率(kW)	1.1	1.0	1.5	0.5	1.1	1.5	1.5	2.2	0.5	0.4
	振动力(N)	4300	9000	10000	3700	4300	4800	5700	18000	4700	3400
	振幅(mm)		2				2	1.5	3.5	2～8	
	振动频率(次/min)	2840	2800	2850	2800	2850	2860	2800	2850	2850	2850
外形尺寸(mm)(长×宽×高)		395×212×228	410×325×246	390×325×246	364×210×218	425×210×220	410×210×240	420×280×260	450×270×290	600×400×280	950×550×270
总重(kg)		27	57	57	23	27	28	38	65	36	44

（2）表面振动器设计计算

表面振动器的一般行走速度 $V_x=0.7\sim3\text{m/min}$，须根据被振捣的构件形状、尺寸、空心或实心、混凝土性质及振实要求，通过试验确定。不同产品的平板振动器作业时的行走速度见表 5-66。

平板振动器行走速度 **表 5-66**

混凝土性能	制品性能	行走速度(m/min)
塑性	空心板	1.0～1.2
低流动性、干硬性	空心板	0.85～1.0

在最佳振动条件下，振捣时间由下式计算：

$$t=\frac{C}{f} \tag{5.3-17}$$

式中 t——振捣时间，min；

f——振动器振动频率，次/min；

C——颗粒受振动次数，一般塑性混凝土 $C=1000\sim1500$ 次/min、干硬性混凝土$C=1500\sim2000$ 次/min。

平板振动器底板长度是按构件尺寸及生产工艺需要而定。底板宽度由下式确定：

$$b=\frac{V_x t}{Z} \tag{5.3-18}$$

式中 b——振动器底板宽度，m；

V_x——行走速度，m/min；

t——振捣作业总时间，min；

Z——振动器在构件表面分段作业振捣次数。

当振动梁式表面振动器在板面上连续行走作业时，其底板宽度用下式计算：

$$b=V_x t \tag{5.3-19}$$

3. 附着式（外部）振动器（图 5-57）

对于面积较大或钢筋密集、料层较薄的构件，采用外部和表面振动器对混凝土表面或通过模板对混凝土进行捣实。外部振动器系在电动机两端伸出的转子轴上装置偏心块，偏心块随转子轴转动产生的离心力和振动，通过振动壳体传给模板和混凝土，从而使混凝土得以捣实。近年来，除了传统结构的非定向圆振动的外部振捣器外，还出现了准定向和定向的外部振动器，这种振动器的激振力可按作业需要进行调整。

附着式振动器按其动力分为电动附着式振动器和风动附着式振动器。振动方向是环向振动，作业时能量消耗相对于定向振动较大，影响成型质量。但由于这种振动器构造简单，使用方便，适用性强，故广泛采用。

附着式振动器的作用深度一般在 250mm 左右，对于较厚的构件应在两侧模板设置振动器，模板应坚固能承受附着式振动器的振动。

附着式振动器的设置间距、振动时间与结构混凝土外形、钢筋密度、混凝土坍落度、模板的坚固程度、振动器本身功率等因素有关，需经试验确定。面积应与振动器额定振动面积相一致，一般情况下可按 1～1.5m 间距固定在模板上，振至混凝土表面呈水平而且无气泡逸出为度。

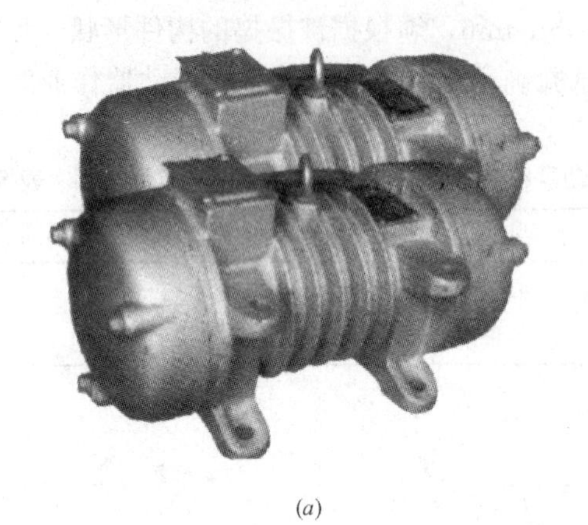

(a)

(b)

图 5-57　附着式电动振动器

(a) 中频附着式电动振动器；(b) 高频附着式电动振动器

附着式振动器在混凝土入模后，混凝土下料要高于振动器安装部位时才可开始振捣。当钢筋密集构件深窄时也可边下料边振，但在下料高度以上模板内要适当支撑，以防模板变形。在一个模板上同时使用多台附着式振动器时，混凝土振动器的频率应保持一致，相对面的振动器应错开安装。附着式振动器轴承不应承受轴向力，在使用时，电动机轴应保持水平状态。

振动力的大小和振动时间的长短直接影响构件的外观质量。使用时需摸索最适合的振动工艺，必要时应随时进行调整，包括振动时间和振动力大小的调整。振动器的基本技术参数是：振动频率、振幅、激振力和结构尺寸。选用振动器时，必须针对混凝土的性质和施工条件，合理选择振动器的振动参数和结构尺寸，才会达到理想的振动效果。

电动附着式振动器将偏心块直接安装在电动机转子轴上。振动频率一般在 2800～3000 次/min，高频电动附着式振动器振动频率可达 4000 次/min 以上，频率以电子变频器调整。常用电动附着式振动器型号与规格见表 5-65。

高频附着式振动器与传统附着式振动器的性能对比如表 5-67 所示。

高频附着式振动器与传统附着式振动器性能对比　　表 5-67

传统附着式振动器		高频附着式振动器	
频率	50Hz	频率	100～150Hz
振幅	2.5mm	振幅	0.8mm
振动时间	>120s	振动时间	30～40s
激振力	10kN	激振力	12kN
功率	1.5kW	功率	1.5kW
重量	37kg	重量	19kg

综合上表，高频附着式振动器的工作效率是传统附着式振动器的 4 倍。

电动附着式振动器和风动附着式振动器成型混凝土管如图 5-58 所示。

风动振动器（图 5-59）以压缩空气为动力，通过柔性胶管送入转子内、从滑槽叶片中定向喷出，产生强大推力引起振动。

(*a*)

(*b*)

图 5-58 电动附着式振动器和风动附着式振动器成型混凝土管

(*a*) 装有电动附着式振动器的管模；(*b*) 装有风动振动器的管模

风动振动器工作原理见图 5-60。振动器由转子 A、转子 B、滑槽叶片、定子、外壳、侧盖和进气管等组成。压缩空气从带有纵向滑槽的定子中心吹入，滑槽中装有电木滑片［图 5-60 (*b*)］，滑片上带空槽，压缩空气从滑片空槽吹动转子 A、转子 A 带动转子 B，转子 A、B 绕定子旋转。转子 A、B 中心与定子中心偏心差分别为 2.5mm、4.5mm，组成行星式振动机构，形成复合高频振动。偏心激振力通过定子传至侧盖、引起振动器整体振动。

风动振动器的振动频率、激振力与压缩空气的风量及风压有关，可以通过调整风量、风压调整振动参数。其振动频率为 7000～12000 次/min，振幅可达 0.02～1.35mm，空气耗量 0.35～1.6m³/min，空气压力 0.3～0.6MPa。

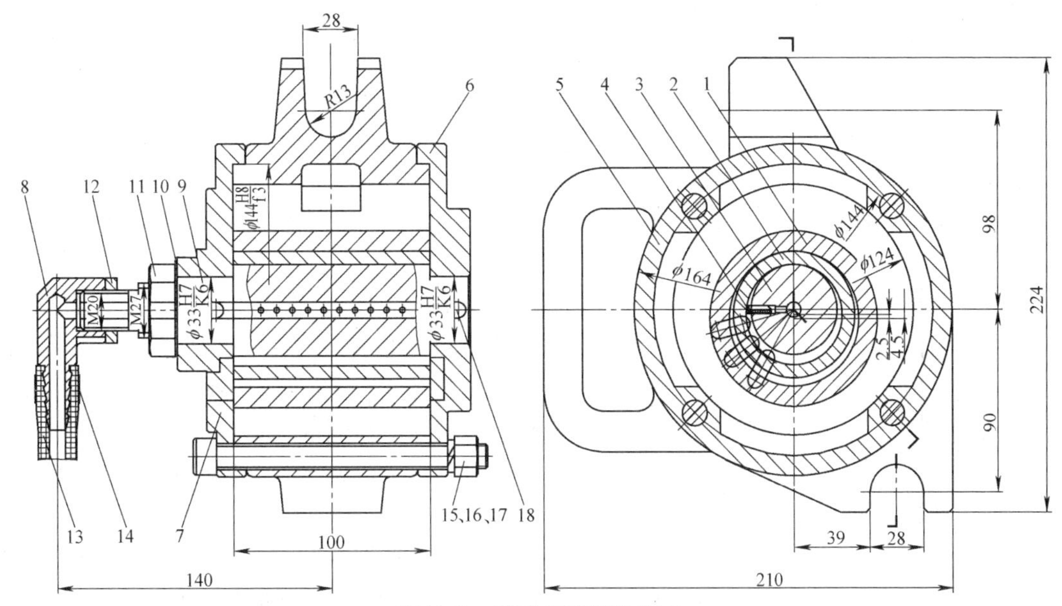

图 5-59 风动振动器结构图

1—转子 B；2—转子 A；3—定子；4—滑槽叶片；5—外壳；6—侧盖 A；
7—侧盖 B；8—进气接头；9—键；10—垫片；11—螺母；12—螺母；
13—胶管；14—胶管卡；15、16、17—螺栓、螺母、垫圈；18—键由风动原理决定，风动振动器激振力大、频率高，振实效果好；维修简单方便、使用寿命长；无电器设备的缺陷，不怕潮，可随同水泥制品带器蒸养；体积小，质量轻；不带电，现场作业安全。因而在有条件时应优先选用风动振动器为成型设备。

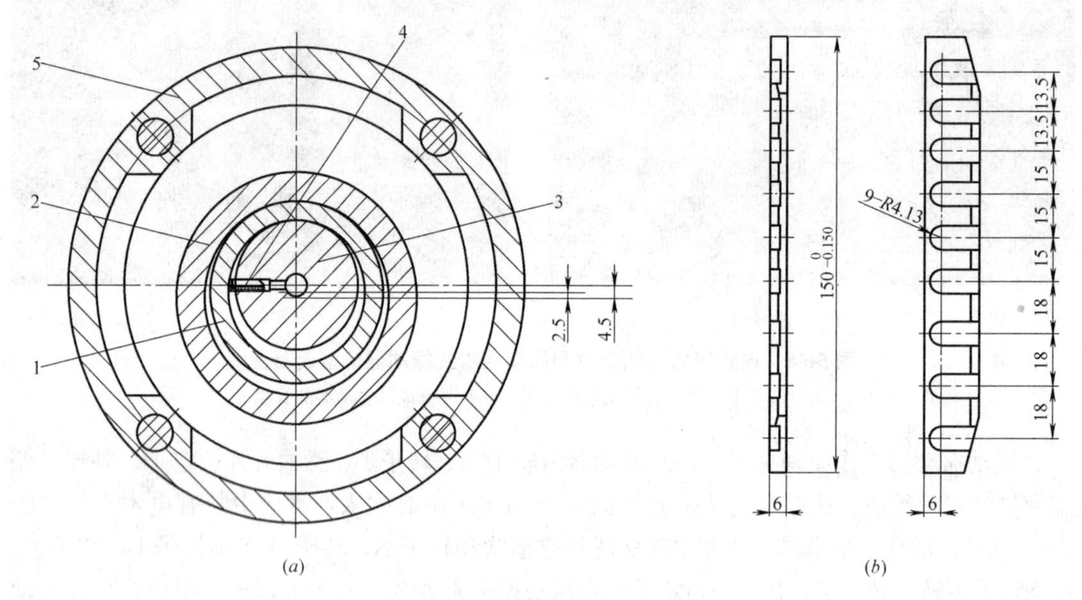

图 5-60　风动振动器工作原理图

（a）振动子工作原理图；（b）滑槽叶片图

1—转子 B；2—转子 A；3—定子；4—滑槽叶片；5—外壳

风动振动器加工精度要求高；属于小巧精密设备，维护工作量大；造价相对高一些；需配备大风量空气压缩机，噪声大，投资大，能耗大。

附着式振动方式的振动效果决定于：振动器的动力矩；模板的弹性；混凝土拌合物性能；振动器安装在模板上的刚性。要获得有效的振动，必须使贴近于模板的混凝土粒子的振动速度足以削减内部摩擦力。振动在介质中传播分为纵波和横波，纵波的传播速度快、衰减快，传播距离近；横波传播速度慢、衰减慢，传播距离远。因而，附着式振动器通过模板激振在水平方向上振幅衰减较快，构件振实厚度受限制。振幅在构件垂直方向的横波传递如图 5-61 所示。

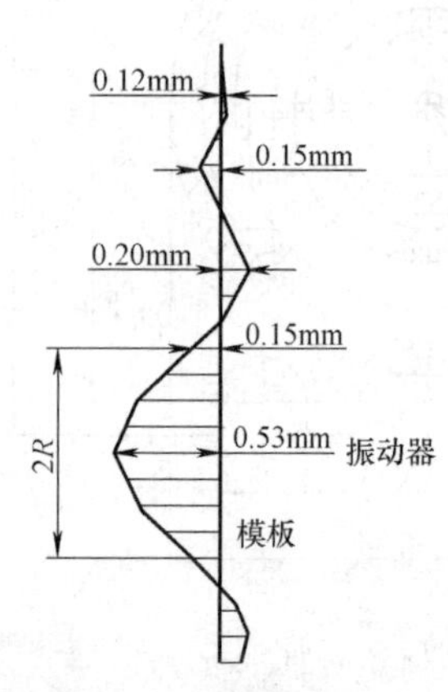

图 5-61　模板振动曲线

R—振动器振动有效区段

从图 5-61 可知，模板的振动存在着零点，在零点位置即使长时间振动也不能得到良好的效果。零点数与振动器安装位置有关，合适的安装可减小零点数，从而减小振动器数量，因此附着式振动器在模板上的安装位置应科学地确定。

附着式振动器的振动方式，混凝土拌合物与模板一起振动，经常会发生振动相的滞后，导致混凝土与模板之间周期性地出现空隙，而在这些空隙闭合时就形成向混凝土内部移动的气泡，因而在构件竖向表面更容易出现气泡。减小振动相滞后角的有效措施是使振动频率与混凝土拌合物颗粒自振动频率接近。

从上述可知，采用附着式振动方式成型构件，钢模设计有其特殊的重要性。设计的钢模应满足：

①模板的整体强度和各个部分的强度；②模板防漏浆的严密性；③利于振动的传递、保证振动效果的钢模的弹性；④减轻振动相滞后角，能够保证振实后质地的均匀性；⑤以最小的动力使混凝土拌合物转呈为液相状态，加强筋板数量和位置设置合理，模板质量轻；⑥振动器安装固定简便。

混凝土附着式振动器、平板式振动器与插入式振器操作要点：

（1）附着式振动器、平板式振动器轴承不应承受轴向力，在使用时，电动机轴应保持水平状态。

（2）在一个模板上同时使用多台附着式振动器时，各振动器的频率应保持一致，相对面的振动器应错开安装。

（3）作业前，应对附着式振动器进行检查和试振。试振不得在干硬土或硬质物体上进行。安装在料仓上的振动器，应安置橡胶垫。

（4）安装时，附着式振动器底板安装螺孔的位置应正确，应防止地脚螺栓安装扭斜而使机壳受损。地脚螺栓应紧固，各螺栓的紧固程度应一致。

（5）附着式振动器使用时，引出电缆线不得拉得过紧，更不得断裂。作业时，应随时观察电气设备的漏电保护器和接地或接零装置并确认合格。

（6）装置附着式振动器的构件模板应坚固牢靠，其面积应与振动器额定振动面积相适应。

（7）平板式振捣器的电动机与平板应保持紧固，电源线必须固定在平板上，电器开关应装在手把上。

（8）平板式振动器作业时，应使平板与混凝土保持接触，使振波有效地振实混凝土，待表面出浆，不再下沉后，即可缓慢向前移动，移动速度应能保证混凝土振实出浆。在振的振动器，不得搁置在已凝或初凝的混凝土上。

（9）用绳拉平板振捣器时，拉绳应干燥绝缘，移动或转向时，不得用脚踢电动机。作业转移时电动机的导线应保持有足够的长度和松度。严禁用电源线拖拉振捣器。

4. 振动台

振动台成型操作简便，振动效果稳定有效，适合规模较大的水泥制品厂生产板、梁、柱、管等制品。

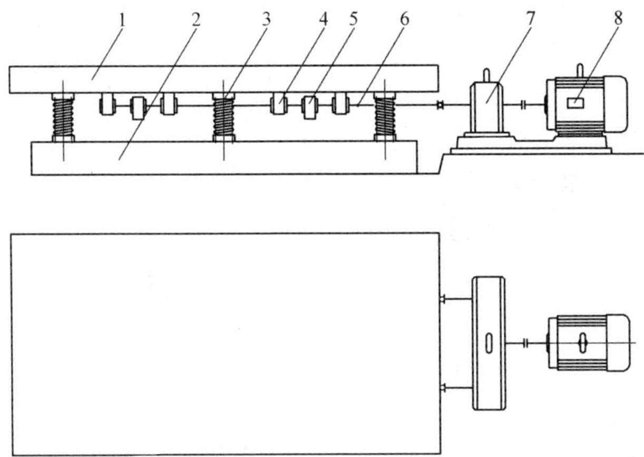

图 5-62　双轴竖向振动台示意图

1—台面；2—基架；3—支承弹簧；4—轴承；5—偏心振动子；6—驱动轴；7—同步协调箱；8—电动机

振动台有型钢焊接成的机架，机架上装有工作台面，成型的构件连同模具放在台面上。振动台机架一端底部（小型振动台有时在机架下面）装有电动机，电动机通过传动系统带动偏心机构运转而产生振动力，将管模内的混凝土拌合物振实。

振动台依其载重量分为轻型（载重量1～3t）振动台、重型（载重量5～10t）振动台和特重型（载重量10～20t）；依其振动机构轴数又可分为单轴和双轴振动台；也可按照成型产品的特点自行设计非标准振动台，如制造一阶段管使用的方形特重型振动台等。

为防止管模在振动台台面上窜动，提高振动效果，可在振动台上设置机械或电磁管模固定装置。为了使振动台台面上振幅较均匀，减少启动和停止时上部框架的共振，可在上部框架的支承槽钢下设置弹性支承。为了提高制品混凝土密实度、缩短振动时间，可在混凝土拌合物顶面加压振实，加压重力为25～50g/cm^2，加压方式有机械加压、液力加压或气力加压。

应当使振动台台面上各部位的振幅均匀分布。振幅均匀分布可用下列方法达到：振动台的框架应有足够的刚度；偏心体的旋转轴线与整个系统重心相重合；模板固定在振动台上应对称于振动台纵向轴线。

振动台频率高低可用变动电动机的极数，传动速比、变频电机来解决。振幅的大小可用更换振动轴上不平衡块的位置或块数来调节。

（1）振动台工艺参数

为了使混凝土拌合物在振动时很好密实，就要使振动设备在最适宜速度下工作，达到和超过混凝土拌合物所需的极限速度。决定振动设备振动速度的主要因素是频率和振幅。其关系如式（5.3-20）所示。

强迫振动的振幅公式：

$$A=\frac{Q}{M\omega^2}=\frac{me\omega^2}{M\omega^2}=\frac{me}{M}=\frac{mge}{Mg}=\frac{pe}{P} \tag{5.3-20}$$

式中 A——强迫振动的振幅，cm；

Q——激振力，kg；

M——动力矩，kg·cm；

m——偏心块质量，kg·s^2/cm；

e——偏心块的偏心距，cm；

ω——强迫振动的旋转频率，s^{-1}；

g——重力加速度，g=980cm/s^2；

pe——振动台振动器的偏心动力矩，kg·cm；

P——振动台振动物体的质量，kg。

振动台最大振动速度及最大加速度：

$$\nu_{max}=A\omega\approx\left(\frac{pe}{P}\right)\left(\frac{2\pi n}{60}\right)=0.105\frac{pe}{P}n \tag{5.3-21}$$

$$a_{max}=A\omega^2\approx\left(\frac{pe}{P}\right)\left(\frac{2\pi n}{60}\right)=0.11\frac{pe}{P}n^2 \tag{5.3-22}$$

式中 ν_{max}——最大振动速度，cm/s；

a_{max}——最大振动加速度，cm/s^2；

n——带有偏心块的轴每分钟转数，r/min、亦即振动频率，次/min。

从以上两式可看出，在最适宜的振动速度下，提高振动频率可减少振幅。振幅太大，混凝土拌合物的粒子不能自上而下的垂直运动，而发生紊乱现象，造成混凝土分层离析，不利于成型，影响产品产量。采用振幅小频率低的振动，则使振动速度减小，造成振动效能降低，并将大大延长振动操作时间，降低振动台的生产能力。采用振幅小、频率高的振动，对于水泥制品、特别是薄壁制品十分重要。采用高频振动，还可以缩短振动时间、提高振动台的生产能力。因此在选型振动台时，应合理确定振幅和振动频率。

首先由骨料颗粒粒度大小确定振动频率，粒度越小，最适宜的频率越高。当频率确定以后，根据混凝土拌合物的特性确定适宜的振动振幅，以达到最适宜的振动速度。振幅的选定可由试验确定，也可按式（5.3-23）计算后，再参照试验确定。

$$A=A_1 e^{\beta h/2} \tag{5.3-23}$$

式中 A——振动台的振幅，cm；

A_1——在不同振动频率下，振实混凝土所需的最小振幅，cm，可从表5-68中选择；

e——自然对数的底，$e=2.718$；

β——振动衰减系数，可由试验确定，也可参照表5-50确定；

h——制品的厚度，cm。

振实混凝土拌合物不同振动频率所需振幅 **表5-68**

频率(次/min)	1500	3000	4500	6000
振幅 a_1(mm)	0.37	0.14	0.06	0.04

振动方向对于振动效果是很重要的，多方向的振动会互相干扰，影响振动效果，当振动台有两个以同步转速相向旋转的轴，轴上带有相同偏心矩的偏心体，则可产生定向的振动效果。此时，水平方向的振动抵消，只有垂直方向的振动，故生产中选用双轴振动台较好。

振动台振动的混凝土拌合物一层高度一般不宜超过40cm，为了避免由于过度振动而产生分层的现象，应在前一层受振泛出浆水时，立即继续加料振动。

混凝土拌合物受振时间，应根据振动设备的频率高低、振幅大小和拌合物的特性确定。一般需通过生产试验确定，要求达振动密实，表面普遍泛浆，但不得有泌水现象。

（2）振动台设计计算

1）根据混凝土工艺所要求的振幅计算振动器必须达到的动力矩

$$M_d=AG_z \tag{5.3-24}$$

式中 M_d——振动器的动力矩，kg·cm；

A——振动器的振幅，cm；

G_z——所有参与振动部分的质量（包括振动器的自重），kg。

2）使偏心块总偏心矩达到振动器需有的动力矩，计算单个偏心块需要达到的动力矩

$$M=\frac{M_d}{i} \tag{5.3-25}$$

式中 M——单个偏心块的动力矩，kg·cm；

i——达到 M_d 时的偏心块数量。

3）计算假定偏心块质量及偏心矩

$$G_p = Fd\gamma \quad (5.3\text{-}26)$$

式中　G_p——偏心块质量，kg；

F——假定偏心块的有效面积（cm^2），根据假定偏心块形状，参见表 5-69；

d——偏心块厚度，cm；

γ——偏心块用钢的密度，kg/cm^3，取 0.0078kg/cm^3。

偏心距 e 按表 5-69 查知。

各种形状偏心块的面积和偏心距　　表 5-69

形　状	图　例	面积 F(cm^2)	偏心矩 e(cm)
圆　形	R_2, R_1, e_1, e_2, e	$\pi(R_1^2-R_2^2)$	$\dfrac{R_1^3-R_2^3}{R_1^2-R_2^2}-R_2$
半圆形	R_2, R_1, e	$\pi(R_1^2-R_2^2)/2$	$\dfrac{4}{3}\dfrac{R_1^3-R_2^3}{R_1^2-R_2^2}$
扇　形	R_2, R_1, α, e	$\pi(R_1^2-R_2^2)\alpha/360$	$\dfrac{2}{3}\dfrac{(R_1^3-R_2^3)\sin\frac{\alpha}{2}}{(R_1^2-R_2^2)\frac{\alpha}{2}}\dfrac{180}{\pi}$

4）计算假定偏心块动力矩

$$M_p = G_p e \quad (5.3\text{-}27)$$

只有当假定偏心块动力矩 M_p 大于或等于要求的偏心块动力矩 M 时，假定偏心块方可作为实际应用偏心块，反之需重新假定设计计算。

5）计算每个偏心块的激振力

$$Q = \frac{M\omega^2}{g} = \frac{M}{g}\left(\frac{2\pi n}{60}\right)^2 \quad (5.3\text{-}28)$$

式中　Q——激振力，kg；

M——偏心块动力矩，kg · cm；

ω——旋转角速度，弧度/s；

n——频率，次/min；

g——重力加速度，cm/s^2。

6）计算双扇形偏心块组合激振力

$$Q = 2Q_1\cos\frac{\theta}{2} \quad (5.3\text{-}29)$$

式中　Q——双扇形偏心块激振力，kg；

Q_1——每个扇形偏心块单独产生的激振力，kg；

θ——夹角。

（3）标准振动台规格及技术性能

标准振动台技术性能 表 5-70

项目名称		HZ9-1×2	HZ9-1.5×6	HZ9 2.4×6.2
台面尺寸(mm)		1000×2000	1500×6000	2400×6200
振动频率(次/min)		2850～2950	2940	1470,2750
振幅(mm)		0.3～0.7	0.1～0.7	0.3～0.7
偏心动力矩(kg·cm)		13～33	50～140	160～240
激振力(kg)		1460～3070	1800～3500	15000～23000
电动机	型号	$JO_2$42-2	$JO_2$72-2	JO83-4
	功率(kW)	7.5	30	55
	转速(转/min)	2900	2940	1470
外形尺寸(长×宽×高)(mm)		2800×1000×515	6860×1500×710	8500×2400×870
振动部分质量(kg)		450	2900	4135
总质量(kg)		900	4000	6500

（4）振动台选型

振动台选型应考虑以下因素：

1）根据混凝土的骨料种类、胶骨比、水胶比等拌合物特性，确定振动台的振动频率、振幅和振动时间等参数。

2）根据产品确定模板尺寸规格，一般振动台的台面应大于模板的底面尺寸。

3）根据模板与制品的总重选定振动台的载重量，总重量应小于振动台的载重量。

4）根据工厂生产规模、工作制度、每班生产产品的立方米数，先计算选定振动台的台班产量，再确定振动台台数。由于振动台需要日常维修保养，选型时应适当考虑备用因数。振动台的台班产量按下式计算：

$$Q_j = V_M \frac{60}{t_j} T_B K \tag{5.3-30}$$

$$t_j = t_a + t_b \tag{5.3-31}$$

式中 Q_j——振动台的台班产量，m^3/班；

V_M——模板的制品立方米数，m^3；

t_j——振动成型周期，min；

t_a——振动成型时间，min；

t_b——辅助操作时间，min；

T_B——每班生产时间，h；

K——生产时间利用率，一般取 0.85～0.9。

【例题 5.2】 振动台激振器设计

已知：采用可调整双扇形偏心块，按混凝土工艺要求，取最大振幅 0.07cm，最小振幅 0.03cm，振动频率 3000 次/min。振动部分有效载重之和 G_z=5000kg。

求解：2000×2000 一阶段管振动台激振器。

解：（1）激振器总动力矩

$$M_d = G_p e = Ag\left(U - \frac{G_z}{g} - \frac{100C}{n^2}\right)$$

式中　U——阻力系数；

C——弹簧常数。

$$U = \frac{G_z}{g}\left(2.1 - \frac{n}{10000}\right)$$
$$= \frac{5000}{981}\left(2.1 - \frac{3000}{10000}\right)$$
$$= 9.2\text{kg} \cdot \text{s}^2/\text{cm}$$
$$C = 3G_z$$
$$= 3 \times 5000$$
$$= 15000\text{kg/cm}$$

最小动力矩：

$$M_{min} = 0.03 \times 981 \times \left(9.2 - \frac{5000}{981} - \frac{100 \times 15000}{3000^2}\right)$$
$$= 115.9\text{kg} \cdot \text{cm}$$

最大动力矩：

$$M_{max} = 0.07 \times 981 \times \left(9.2 - \frac{5000}{981} - \frac{100 \times 15000}{3000^2}\right)$$
$$= 268.6\text{kg} \cdot \text{cm}$$

（2）设计为垂直定向激振器，由二根旋转轴带动，每根轴上装有6组偏心块，故有12对扇形块组成。每对偏心块须达到最小、最大动力矩：

$$M_{min} = 115.9/12$$
$$= 9.7\text{kg} \cdot \text{cm}$$
$$M_{max} = 268.6/12$$
$$= 22.4\text{kg} \cdot \text{cm}$$

图5-63为偏心块尺寸及叠合组成示意图。

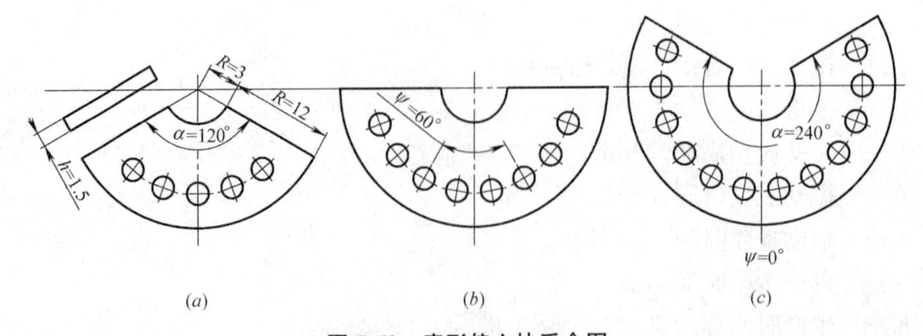

图5-63　扇形偏心块重合图

（a）单块偏心块尺寸图；（b）两块扇形偏心块错角 $\psi=60°$ 重合图；（c）$\psi=0°$ 重合图

1）偏心块面积：

$$F = \pi(R_1^2 - R_2^2)\alpha/360$$

$$=3.1416\times(12^2-3^2)\times120/360$$
$$=141.4\text{cm}^2$$

2）偏心矩：

$$e=\frac{2}{3}\frac{(R_1^3-R_2^3)\sin\frac{\alpha}{2}180}{(R_1^2-R_2^2)\frac{\alpha}{2}}\frac{180}{\pi}=38.2\frac{(R_1^3-R_2^3)\sin\frac{\alpha}{2}}{(R_1^2-R_2^2)\frac{\alpha}{2}}$$

$$=38.2\times\frac{(12^3-3^3)\sin\frac{120^\circ}{2}}{(12^2-3^2)\frac{120}{2}}$$

$$=6.9\text{cm}$$

扇形偏心块三种叠合情况下的最大、最小动力矩：

1）当两块扇形块重合时：

$$G_p=2Fd\gamma_g$$
$$=2\times141\times1.5\times0.0078$$
$$=3.3\text{kg}$$
$$M_{max}=G_pe$$
$$=3.3\times6.9$$
$$=22.8\text{kg}\cdot\text{cm}$$

2）当两扇形偏心块错角 $\psi=60^\circ$时，$\alpha=180^\circ$：

$$e=38.2\frac{(R_1^3-R_2^3)\sin\frac{\alpha}{2}}{(R_1^2-R_2^2)\frac{\alpha}{2}}$$

$$=38.2\times\frac{(12^3-3^3)\times\sin\frac{180^\circ}{2}}{(12^2-3^2)\times90^\circ}$$

$$=5.35\text{cm}$$

$$M_d=G_pe$$
$$=3.3\times5.35$$
$$=17.7\text{kg}$$

3）当两扇形偏心块错角 $\psi=0^\circ$时，$\alpha=240^\circ$：

$$e=38.2\frac{(R_1^3-R_2^3)\sin\frac{\alpha}{2}}{(R_1^2-R_2^2)\frac{\alpha}{2}}$$

$$=38.2\times\frac{(12^3-3^2)\times\sin\frac{240^\circ}{2}}{(12^2-3^2)\times120^\circ}$$

$$=3.5\text{cm}$$

$$M_{min}=G_pe$$
$$=3.3\times3.5$$

$$=11.5\text{kg}$$

（3）一对偏心块之激振力

1）两个偏心块重合时的激振力：

$$Q_{max}=\frac{M_{max}\omega^2}{g}$$
$$=\frac{22.8}{981}\times\left(\frac{2\times\pi\times3000}{60}\right)^2$$
$$=2290.8$$

2）当两扇形偏心块错角 $\psi=60°$时激振力：

单块扇形偏心块的激振力：

$$Q_1=\frac{M_d\omega^2}{2g}$$
$$=\frac{17.7}{2\times981}\times\left(\frac{2\times\pi\times3000^2}{60}\right)$$
$$=890.0\text{kg}$$

两块扇形偏心块的激振力：

$$Q_d=2Q_1\cos(\psi/2)$$
$$=2\times890.0\times\cos(60°/2)$$
$$=1541.5\text{kg}$$

3）当两扇形偏心块错角 $\psi=0°$时激振力：

单块扇形偏心块的激振力：

$$Q_1=\frac{M_d\omega^2}{2g}$$
$$=\frac{11.5}{2\times981}\times\left(\frac{2\times\pi\times3000^2}{60}\right)$$
$$=578.0\text{kg}$$

两块扇形偏心块的激振力：

$$Q_{min}=2Q_1\cos(\psi/2)$$
$$=2\times578.0\times\cos\ (0°/2)$$
$$=1156.0$$

（4）振动加速度：

$$a_1=f_{max}\omega^2$$
$$=0.07\times\left(\frac{2\pi\times3000}{60}\right)^2$$
$$=6909\text{cm/s}^2$$
$$a_2=f_{min}\omega^2$$
$$=0.03\times\left(\frac{2\pi\times3000}{60}\right)^2$$
$$=2961\text{cm/s}^2$$

根据计算，两块扇形偏心块重合时的动力矩大于制品实际所需之最大动力矩，两扇形偏心块错角 $\psi=0°$时，动力矩大于制品实际所需之最小动力矩。使用这两扇形偏心块均能满足使用要求。

(5) 振动台电动机功率计算

$$N=\frac{M^2\omega^3\sin\delta}{2G_z\times10^7}+\frac{K\mu M\omega^2 D}{2\times10^7}$$

$$=\frac{22.8^2\times3000^3\times\sin20^\circ}{2\times5000\times10^7}+\frac{1.2\times0.01\times22.8\times3000^3\times0.06}{2\times10^7}$$

$$=48.9\text{kW}$$

考虑采用皮带传动、协调箱同步转速等功率损失，振动台电动机功率选用50kW。

式中 N——振动台电动机功率，kW；

M——振动器偏心力矩，kg·cm；

ω——振动器的旋转频率，s^{-1}；

G_z——振动器振动部分质量，kg；

δ——振动器位移和偏心子方向之间相位滑移角，一般取20°～60°；

K——由于空气阻力，减振元件、橡胶、万向联轴节、转轴密封和结构装配连不妥而产生阻力所消耗功订的扩大系数，取$K=1.2$；

μ——激振器中轴承摩擦系数；

D——激振器中轴颈直径，m。

K值选取表 **表 5-71**

频率(次/min)	水灰比≥0.5	水灰比≤0.45
2000～3000	0.5～0.7	0.9～1.2
3000～5000	0.7～1.0	1.2～1.6

5.4 芯模振动工艺

芯模振动工艺属于振动工艺范畴，但它区别于普通振动工艺，有显著的工艺特性，因而单立一节。

芯模振动工艺是丹麦佩德哈博（Pedershaab）公司于20世纪20年代创制发明的，后来欧美各国——德国祖布林公司、佩弗尔公司、美国哈卡公司、意大利科利公司等也研制生产此种工艺设备。至今已有70余个国家采用这种工艺生产混凝土管。我国上海水泥成品厂（现浦东混凝土制品有限公司）于20世纪80年代末首先自丹麦佩德哈博公司引进此设备，此后北京、武汉、上海、杭州等地先后引进了十余套。由于芯模振动成型工艺在制作混凝土管中与国内原用工艺——离心、悬辊、立式振动、径向挤压、轴向挤压等工艺相比有其不同的特性（见表5-72），因此，我国较多单位开始研制芯模振动工艺和设备。21世纪初第一台芯模振动制管设备在福建厦门千秋业水泥制品有限公司建成投产，开创我国自主知识产权制造芯模振动工艺设备的先驱，为我国采用新工艺改进提高混凝土管的生产水平创造了条件。芯模振动成型工艺经20余年应用和完善、提高，逐渐体现出工艺的优点，在短期内得到迅速推广，全国已建成二百余条芯模振动工艺生产线。

芯模振动工艺通过芯模高频振动，成型、密实混凝土。优点是：①高度集约化、机械化、自动化生产，效率高，劳动力占用少，使混凝土管行业有条件从劳动力密集型生产模式转化为现代技术型生产模式；②能按照生产管子规格方便调整振动参数，保证成型质量，管子质量好、能源省；③一种规格产品使用一套管模生产，产品尺寸精度极高；④应用干硬性混凝土，胶凝材料使用量少，降低成本；⑤干硬性混凝土、高频振动成型，混凝土不发生分层离析作用，管体混凝土致密、强度高、吸水率可小于6%；⑥成型后、湿态即时脱模，管模数量少，极大地降低了管模投入的费用，能满足大规模急期工程对管子生产的需求，产量不受管模数量的限制；⑦可采用自然或低温（30～40℃）养护方法，节约能源；⑧可成型带底座及非圆形混凝土管；⑨生产环境改善，操作劳动强度低，文明生产；⑩可生产内壁嵌合防侵蚀塑料薄膜管，工艺简单；⑪工序少，工艺生产线短、辅助吊运设备减少；⑫不产生废水泥浆，工业废渣少；⑬芯模振动工艺生产特大口径（内径大于2400mm）混凝土管更有突出的优点；⑭配置各种管模（圆管、检查井、箱涵、化粪池、其他异形涵管等），在一台机组上可生产不同产品，对生产品种多、批量少产品适应性强，而且有投入省（只需一套管模）的特出优点。

几种生产工艺对比汇总表　　**表 5-72**

工艺名称	内在质量	外观质量	生产效率	文明生产	水泥消耗	能源消耗
离心	优	优	低	低	高	高
悬辊	中	中	高	中	低	高
立式振动	优	优	中	中	中	低
芯模振动	优	中	高	高	低	中
径向挤压	中	中	极高	高	低	中

芯模振动工艺存在的缺点主要是：①设计、加工质量不高的设备，成型中振动噪声大；②混凝土工作度控制要求严，过干、过湿都较易影响产品质量；③设备维修保养要求高；④不带模垂直养护，管体和插口尺寸易变形；⑤垂直抽拔外模，起重设备起重高度高；⑥当前产品质量上管子还存在内外表面粗糙，气泡、麻面较多、面积较大；管体内部也分布有空径较大的孔腔。

但是，由于芯模振动工艺有较为突出的长处，21世纪在我国得到迅速发展，成为新建厂或老厂改造首选工艺。

5.4.1　芯模振动工艺原理

5.4.1.1　工艺原理

芯模振动工艺使用干硬性混凝土，芯模（内模）振动，立式成型。内模中芯子装有偏心块，高速旋转产生振动，通过内模传递给混凝土拌合物，降低混凝土拌合物颗粒之间的粘结力（内聚力）、内摩擦力和机械啮合力，形成相互间填充的结构，从而使混凝土拌合物密实，获得所需的混凝土强度和各项性能。

芯模振动工艺在芯模立轴上装有3～4组偏心块，偏心块旋转产生的振动力与管子轴线垂直，形成环向振动。相似于管模上装有上下振动振幅均匀一致的附着式振动器的水平振动；又相似于一个外径等于管子内径的插入式（内部）振动器，插入于混凝土中进行振动成型。

成型过程中管身边加混凝土边在振动力作用下密实；管子上口除受振动外，同时端口成型盘下降，垂直加压往复碾压混凝土，形成管子上端接口管型，避免上口因振动时间短、混凝土的密实度不足而低于管身的缺陷，达到充分密实、提高强度和保证端口尺寸的精度要求。管子成型完成后即时脱模，在无管模支护作用下，混凝土管直立养护。混凝土初凝之前在重力作用下会产生沉降，容易造成管体变形，特别是上端管口。因此芯模振动工艺应严格控制工艺技术参数，确保成型后的管子能承受自重作用、变形不超过公差规定值。为保证端口尺寸精度，在静定养护阶段，端口宜套上金属制或玻璃钢制养护模具，可减小或避免端口混凝土的变形。

5.4.1.2 振动混凝土表面气泡、内部孔腔形成机理

振动密实过程是通过振动设备对混凝土拌合物施加振动、混凝土拌合物中粒子获得脉冲，粒子围绕着某种不稳定平衡的位置作连续不断的颤振运动，相邻粒子发生移位，形成空穴，别的粒子借其重力作用填补这些空穴，并在新的不稳定平衡位置上继续振动。

振动使混凝土拌合物增实时，粒子互相靠近，挤压将空气排出，许多气泡升至混凝土的表面和贴附于与模皮接触的制品表面。

浮到混凝土表面上的气泡，只能是一些具有一定直径的气泡。浮力不足以克服内摩擦力的直径小于某种限值的气泡，留存于混凝土内部。

在混凝土中成气泡形状的空气，不仅是在搅拌和输送、浇筑混凝土拌合物时夹杂进内的空气，而且还有在振动期间由外界吸入的空气。吸入的空气量和振动排出的空气量之差，形成最终混凝土中的含气量。振动期间由外界吸入的空气多少，是不同工艺影响振实混凝土性能的最主要因素。

当混凝土拌合物与模板一起振动时，会发生振动相滞后，因而导致在混凝土与模板之间周期性地出现间隙，而在这些空隙闭合时，就在模板上形成气泡和形成向混凝土内部移动的气泡。

因而，表面振动器和振动台振动成型时，混凝土表面产生的气泡多，使其表面质量下降；插入式振动器振动成型时，混凝土内部引入的空气量多，表面较为光滑；芯模振动工艺在其内外表面形成较多气泡。振动期间由外界吸入的空气多少，是不同工艺影响振实混凝土性能的最主要因素。

混凝土振动时的空气吸入量与振幅、频率等因素有关，同时也受混凝土拌合物的物理性能的影响。主要是：

（1）施行振实作业时，随着振幅的增加，空气吸入的数量有所增加。

（2）吸入的空气量随着振动频率的增加而减少。

（3）振动时间越长，吸入空气量越大。

（4）与管模表面附着不佳的干硬性混凝土拌合物，比稀质混凝土拌合物易吸入较多的空气。

（5）工作度越大、混凝土越松散，振动作业过程中吸入空气量越大。

（6）吸入的空气量随着混凝土黏滞度的加大而增加。

干硬性混凝土振动成型中减少振动过程中吸入的空气数量，有效的办法是使用振幅较小的高频率振动、尽可能缩短振动时间。

从芯模振动工艺不同振动频率对混凝土密实度（吸水率）影响的试验结果中，充分说明了这一点。试验取相同的激振力、相同的混凝土材料，不同的振动频率（四种频率），振动成型混凝土管，从管体上、中、下三个部位钻芯取样，分别作了吸水率试验，试验结果见表 5-73。

不同振动频率对混凝土吸水率的影响　　**表 5-73**

编号	加料时刻	振动时刻	碾压时刻	总成型时间	振动频率（rpm）	管外观	试件吸水率			试件表面空腔
							上	中	下	
1	13:21～13:27	13:22:30～13:28:45	13:28:45～13:32	11min	3611	下表完好，上有面有少许气泡，最大 4～6mm	0.059	0.065	0.048	有 1 个
2	14:33:30～14:40	14:35～14:41:30	14:41:30～14:44	10min30s	3963	较前稍好，最大气泡 2～4mm	0.061	0.054	0.040	有 1 个
3	9:41:45～9:47	9:42:30～9:48:30	9:48:30～9:53	11min8s	3011	上表面明显气泡，局部成片，最大气泡 6～10mm，但下部 1/3 处较好	0.071	0.068	0.048	有 2 个
4	11:05～11:10:30	11:07～11:14	11:14～11:17	12min	4166	和前几根相比，外表明显要好些，上表面有少许细小气泡，下表面无气泡	0.054	0.046	0.047	无

按试验结果可知：

(1) 芯模振动工艺成型混凝土管，管子高度上下混凝土吸水率不同，由下至上吸水率逐渐增大。

(2) 管体上部、中部随着振动频率的提高混凝土吸水率减小；管体下部，由于振动时间较长，振动频率对混凝土吸水率影响不大。

(3) 振动频率 4166rpm 时，管中部混凝土与下部混凝土吸水率接近，说明混凝土在高频振动作用下，管中部的受振时间已能充分密实；下部混凝土振动时间的延长并不继续增加密实度。因而在振动成型中可采用变速喂料，加快下部喂料速度，加大喂料量，减少下部混凝土受振时间；从下至上逐渐放慢喂料，增加上部混凝受振时间，减小上下混凝土密实度的不均匀性。

芯模振动工艺不同振动频率对混凝土管不同部位混凝土的吸水率影响的直方图见图 5-64。

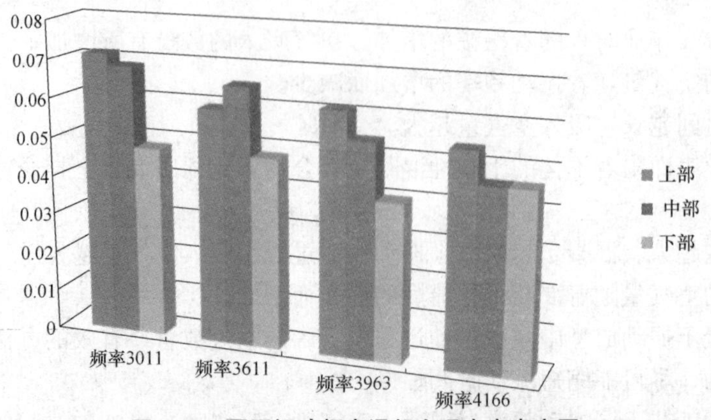

图 5-64　不同振动频率混凝土吸水率直方图

芯模振动工艺振动过程中空气吸入的机理是，芯模振动工艺的振动以水平向纵波振动为主（见图 5-65），传递速度快、能量消耗大。管模受环向振动力作用，如图 5-66 中所示，当振动使模皮向右时，内外模连接刚性大，可认为是同步向右移动，推动混凝土颗粒向右移动。

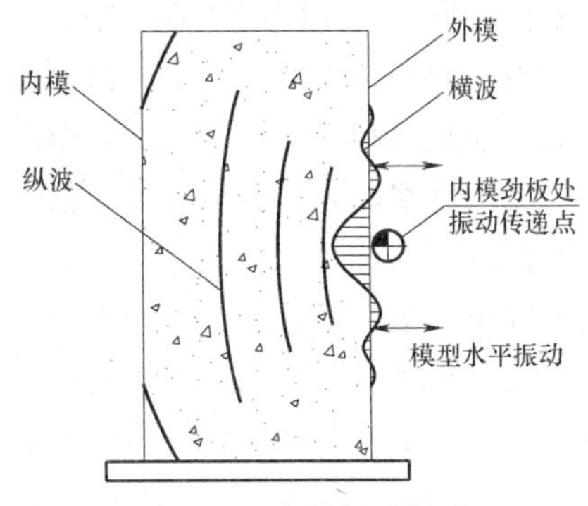

图 5-65 芯模振动原理

新拌混凝土为弹塑性材料，与管模的移动在黏滞力作用下有相位滞后角，管模移动早于混凝土颗粒的移动，因而在内模皮与混凝土颗粒间形成空腔；当振动使模皮向左时，同样由于相位滞后角，在外模皮与混凝土颗粒间形成空腔，引入空气。混凝土越干，与模皮附着力越小，越容易形成空腔，引入空气量越多。振幅越大，相位滞后角越大，模皮与混凝土之间的间隙越大，引入的空气量越多。引入的空气都吸附在制品与模皮接触的表面上，在制品内外表面上形成蜂窝、麻面和气泡。

这种相位滞后空腔引入的空气量与频率成反比、与振幅成正比，与混凝土和易性成反比（如是水，流动性大，不易产生相位滞后现象）。减小振动相位滞后角的有效措施是使振动频率与混凝土拌合物颗粒自振动频率趋近。

因而，减少振动过程中吸入的空气数量，有效的办法是使用振幅较小的高频率振动，使混凝土和管模之间的空腔减小，选择适宜和易性的混凝土，减小振动相位滞后角。

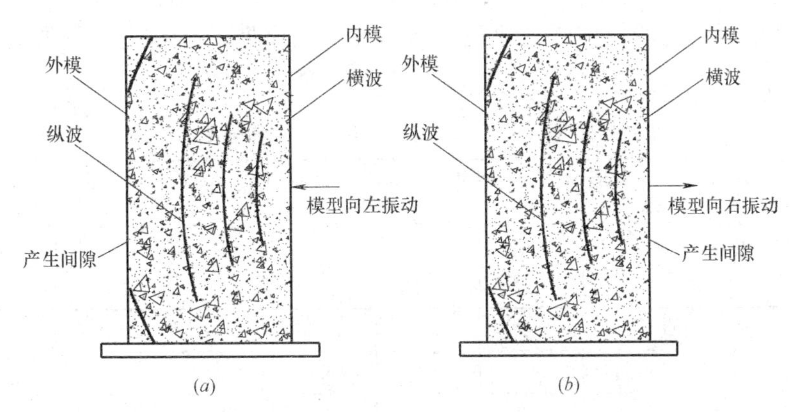

图 5-66 芯模振动工艺混凝土颗粒振动引入空气机理

(*a*) 当管模向左振动示意图；(*b*) 当管模向右振动示意图

5.4.1.3 振动参数对排出气体、密实混凝土的影响

混凝土拌合物受振动时，产生两个过程：骨料的沉降（空间相对位置的密实）和水泥浆结构在水泥粒子凝聚过程中的密实。振动频率对混凝土拌合物的密实起主要的影响，假如对混凝土拌合物施加低频振动，所产生的振动运动不能引起水泥浆的液化和整个混凝土拌合物的密实；当振动频率非常高时，粗骨料几乎处于静止状态，而全部动能蓄存于砂浆中，这种情况下，很易使水泥浆液化。

水泥浆在振动作用下被液化时，颗粒由其原始位置转移到较稳定的位置，使骨料颗粒得到密实的排列。与此同时，混凝土拌合物中水泥浆结构连系性被破坏，内力和外力的平衡条件被打破，在压力的作用下一部分水被从水泥浆中挤压出来，如在长时间的强烈振动作用下（振动频率相当高时），在水泥浆中将产生水分的重分布过程。对于各种原始水灰比，在振动以后水泥浆中剩余水灰比值如表5-74所示（水泥特性标准稠度 $K_c=0.3$）。振动以后水泥浆的表观密度和强度如表5-75所示。

表中数据表明，接近于水泥标准稠度时的低水灰比水泥浆，振动前后的水灰比和空隙率变化不大；随着原始水灰比的增大，压出的水量增多，剩余水灰比的减小值增大；大水灰比混凝土拌合物的振动密实效果决定于被挤出的水量。

水泥浆振动以后的剩余水灰比　　**表5-74**

原始水灰比 W/C	原始空隙率系数	剩余空隙率系数	剩余水灰比 W/C
0.262	0.524	0.524	0.262
0.3	0.524	0.524	0.3
0.33	0.602	0.59	0.33
0.35	0.63	0.626	0.34
0.4	0.785	0.776	0.385
0.45	0.892	0.823	0.42
0.5	1.02	0.89	0.45

实验证明（表5-74），相同剩余水灰比的混凝土拌合物，对于干硬性混凝土采用一定的振动制度时，混凝土强度的增长将比由于水被挤出而得到的增长大得多。这就是芯模振动工艺成型的混凝土管的管体强度要高于塑性混凝土成型工艺制作的混凝土管体强度的原因。

振动频率对水泥石表观密度（含气量）和强度的影响　　**表5-75**

振动频率(Hz)	水灰比 W/C	凝固时的表观密度 γ_τ	各龄期(d)时的表观密度 γ_d (g/cm³)			试件在各龄期(d)时的抗压强度 f_d (MPa)				
			2	7	28	2	7	28	相对增长	
									γ_d	f_d
46.5	0.219	2.27	2.21	2.20	2.20	10.8	50.0	64.3	1	1
330		2.35	2.33	2.32	2.32	16.0	73.0	95.0	1.05	1.5
3300		2.345	2.32	2.32	2.32	16.4	72.0	95.0	1.05	1.5
46.5	0.25	2.29	2.24	2.22	2.2	10.0	40.0	64.0	1	1
330		2.4	2.36	2.35	2.34	14.7	71.5	95.0	1.05	1.5
3300		2.4	2.35	2.35	2.35	14.6	70.0	94.3	1.05	1.5

注：1. 采用硅酸盐水泥，标准稠度0.25；

2. 频率330Hz和3300Hz采用电磁式振动器密实；

3. 频率330Hz，振动时间为3～4min；频率3300Hz，振动时间为1～2min。

4. 频率46.5Hz试件为标准试件。

上述试验表明，振动频率从46.5Hz提高至330Hz，表观密度提高（含气量减少）

1.053倍，强度提高1.45～1.5倍。进一步提高振动频率至3300Hz，表观密度和强度没有明显增加。

如果在骨料颗粒达到最紧凑的空间相对位置后，把混凝土再振捣一个时间，那么，混凝土体积已不会由于骨料堆积方式的改变和水的压出而继续缩小（混凝土密实）。因而振动时间不宜过长。干硬性混凝土经振动主要是使颗粒紧密接触，挤出颗粒间的空气，形成合适的骨架结构，经水泥粘结形成高强度混凝土。

5.4.1.4 混凝土拌合物振动衰减系数对空气吸入量影响h

空气吸入量与振动在混凝土中传播衰减系数相关。衰减系数小，可以以较小的振幅达到振动传递效果，减小振源处振幅，减少吸入空气量，在边缘处能达到使混凝土拌合物得以增实的最小振幅的数值，满足密实混凝土要求。

1. 影响振动衰减系数因素

衰减系数受振动时间有很大的影响，在振动的最初时期（稳定状态尚未建立以前），衰减系数较大，随着更多的混凝土拌合物进入振动，衰减系数逐渐减小，一般到60s振动后，通常就稳定下来，振动就能够传播到更远点，在贴近边缘层次内振幅有所增大，而振动时间继续增加到一定时（210s），边缘层次内振幅不再变化。

随着混凝土拌合物的流动度的增加，衰减系数有所减小。以卵石为骨料制成的混凝土拌合物中，振动的传播比以碎石制成的混凝土拌合物中为佳，衰减系数减小。

随着振动频率减小，混凝土拌合物中的衰减系数随着增大。也就是低频振动衰减较为迅速，无疑高频振动的衰减系数减小、振动效能大大提高。但当振动频率过高时，试验资料表明，衰减系数反而有增大的趋势。内部振动器作用半径随着振动频率增大而增大，振动频率从3000次/min增加到6000次/min时，振动器的作用半径增加一倍，而生产能力约增加3倍。在芯模振动工艺中增加振动频率有利缩短成型时间、提高生产效率。

试验表明，混凝土拌合物中振动衰减系数决定于拌合物的粘度和振动的频率及振幅。影响混凝土衰减系数的因素主要为：

（1）水灰比。混凝土拌合物的衰减系数决定于水泥浆的稠度或水灰比。随着水灰比加大，混凝土拌合物的衰减系数下降、和易性有所改善。

（2）水泥用量。随着水泥用量减少，拌合物就变得更加干硬，衰减系数增大。

（3）水泥品种。不同品种水泥矿物成分不同，标准稠度需水量不同，因而水泥品种对混凝土拌合物的衰减系数有较大影响。

（4）骨料性质。骨料级配和表面性质对于混凝土拌合物结构衰减系数均有巨大影响。表面光滑圆润的卵石、级配合适和最大颗粒尺寸小的骨料拌制的混凝土拌合物衰减系数减小；表面粗糙有棱角碎石、级配不良、最大颗粒尺寸大的骨料拌制的混凝土拌合物衰减系数增大。

（5）塑化作用的外加剂。塑化剂或塑化减水剂掺加于混凝土中，能有效降低混凝土拌合物的衰减系数。

合理使用各项措施降低混凝土拌合物的衰减系数，有利于提高混凝土成型的效率，也能增加混凝土的密实度，减少混凝土内外的气泡，提高强度、改善抗渗性和耐久性等各项性能。

2. 芯模振动工艺对混凝土性能要求

芯模振动工艺采用即时脱模，成型后起吊外模带同混凝土管从内模上脱却，运至养护点垂直平稳落地，随即脱却外模，这与其他工艺带模养护有区别，没有管模的支护作用，混凝土管自身竖立在底座管模上处于弱约束状态，水泥凝结前在重力作用下会产生不均匀的下沉和变形。因而要求混凝土有足够的黏聚性，成型后的湿混凝土管身具有自立作用，能承受管体混凝土自重，不塌、小变形。

从而芯模振动用混凝土的黏聚性极其重要，混凝土材料的选择及配合比，均应以提高混凝土的黏聚性为主要性能要求，保证充分的振动密实并有足够的黏聚性。

芯模振动工艺依靠中心振动棒的振动使混凝土拌合物粒子移动，布满管模并密实，管子上端又依靠液力碾压和振动密实，因而芯模振动工艺所设计的混凝土应适合振动工艺(管身)、又适合碾压的干硬性混凝土。设计良好的混凝土是管身易于密实成型、良好的黏聚性；较少气泡、麻面、环裂、塌落等缺陷；管口易于成型且密实度好，管口碾压后不出水，在 2～3min 内良好成型，无蜂窝、麻面、露石等。

满足芯模振动工艺用的混凝土按当前各工厂的经验可按下述参数确定混凝土配合比。

（1）水灰比（水胶比）

水灰比对混凝土拌合物的性能有重要影响，水灰比决定着混凝土的和易性。芯模振动工艺要求成型中振实混凝土，达到良好致密性；同时混凝土须是干硬性的，坍落度为零，维勃稠度在 20～40s 范围，手捏能成团、触及会碎。一般水灰比取 0.36～0.39 之间。

（2）水泥用量

水泥用量影响骨料周围浆体厚度和骨料之间的粘结强度，在一定范围内适当增加水泥用量，可有效提高混凝土强度，改善混凝土和易性，受到振动时易于液化产生流动。但水泥用量过多，强度不会增加，而成本加大。一般 C30 混凝土，水泥用量 320～370kg/m^3；C40 混凝土，水泥用量 340～380kg/m^3；C50 混凝土，水泥用量 360～400kg/m^3。如果掺加化学外加剂或矿物掺合料等增强物料，尚可减少单位体积混凝土水泥用量。

（3）砂率

砂率是影响混凝土和易性、黏聚性的主要因素。砂率过大影响混凝土强度，比表面积增大，加大用水量；砂率不足，混凝土稳定性差，和易性也降低。芯模振动成型工艺中砂率比振动成型塑性混凝土中要大，一般取 0.40～0.48。

（4）砂、石用量

成型干硬性混凝土石子的级配和砂率是影响混凝土各项性能的重要参数。生产中应控制粗骨料的级配，使混凝土原始空隙率和最终空隙率均控制在极优的状态，达到减少水泥用量、提高外观质量和内在质量的目的。

日常生产中可按图 5-67 所示方法进行骨料粒级调配和砂率的确定。

选用两种不同粒级的石子，按各种比例掺配，加入于振动台上的料筒内，边振动边加，直至筒顶再振动一段时间。找平后称量筒内石子的重量，以重量最重的掺配比为最佳，得出使用此两种骨料时的骨料比，以此最佳比例掺配的石子作为生产中使用的粗骨料。

同理，在选定好的石子，与不同砂率的砂子拌和，按上述试验取得最小空隙率的

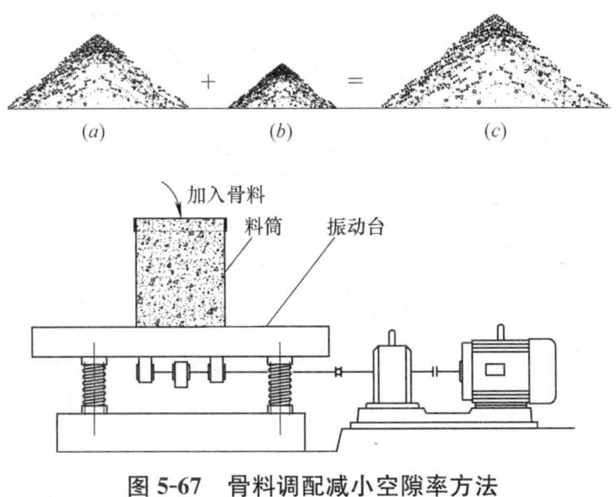

图 5-67 骨料调配减小空隙率方法

(*a*) 骨料甲；(*b*) 骨料乙；(*c*) 按比例调配的骨料

砂率。

混凝土中砂、石用量可按上述几项试验参数，按混凝土容重 2450kg/m^3 计算所得。

按试验确定了石子骨料比、砂率后，按强度和工作度要求确定水泥用量和用水量。

生产中尚须通过实践验证，不断根据材料性能、季节气候、生产管子规格变化等条件修正，达到满足产品质量的要求。

混凝土拌合物质量对芯模振动工艺产品质量有重大影响，控制混凝土质量和稳定尤为重要，生产中要注意原材料的相对稳定，不宜频繁变动。

5.4.2 芯模振动工艺参数

5.4.2.1 芯模振动工艺成型制度选择

干硬性混凝土拌合物结构较松散，在振动液化过程中，固相颗粒由于拌合物受振结构黏度减小，在重力作用下下沉并趋于适宜的稳定位置，水泥砂浆填充于石子颗粒的空隙，水泥净浆填充于砂子颗粒的间隙，其中大部分空气被排出，使原来的堆聚结构变为密实结构。因此，干硬性混凝土受到振动必须使大部分颗粒运动速度超过特定的极限速度，使混凝土拌合物液化，才能达到振实效果。混凝土拌合物极限振动速度决定于振动器的振动频率和振幅，并与水泥品种、细度、水灰比、骨料表面性质、级配及粒度、介质的温度等有关。

振动波在传播过程中会衰减，靠近振源处振动波最强、振幅最大，远离逐渐减弱，直至消失。一般高频振动比低频振动衰减得慢，但超过某一限度后，振幅衰减反而加速。

塑性混凝土通常按骨料颗粒对振动的响应度（自振）、即以混凝土拌合物中颗粒大小的平均值或含量最多的一种颗粒粒径来选择振动频率的最佳值。在此频率和振幅振动下，这些适宜振动参数的粒子首先达到最佳振动，并振荡水泥浆和其他粒子颤振，因塑性混凝土拌合物中水分多、流动度大，从而在振动作用下，水泥浆很快液化并使混凝土拌合物整体液化，流动、充填管模并密实。

干硬性混凝土中拌合物内水泥浆少，在低频振动作用下整体混凝土拌合物的液化程度低，混凝土拌合物流动、充填管模和密实度下降。须采用促使水泥浆液易液化的高频振动、并且具有足够的振动强度才能使干硬性混凝土拌合物充分液化，达到流动和密实混凝土的作用。

粒径与振动频率关系　　　　**表 5-76**

粒径(mm)	$d<60$	$d<15$	$d<4$	$d<1$	$d<0.1$
频率(rpm)	1500	3000	6000	12000	37000

在最佳振动条件下，颗粒受振动次数一般塑性混凝土为 2000～3000rpm，干硬性混凝土需 4000～6000rpm，说明振实干硬性混凝土，在不增加振动成型时间时，必须加大振动频率。干硬性混凝土的成型只有在高频和强烈振动时才能达到应有的性能。

生产中石子的颗粒尺寸一般在 5～25mm，含量最多的经常为 15mm 左右；砂的粒径在 5mm 以下，综合考虑粒径和振动能量衰减，干硬性混凝土要以激活砂浆液化为主，较适宜的环状旋转振动频率最佳为 6000 次/min 以上。按当前我国的设备性能，芯模振动工艺振动频率应不低于 4000 次/min。

芯模振动属于外部振动，水平方向的密实主要由纵波作用，衰减极快，传播距离近，为了增大振动有效作用距离，使管体厚度方向上均匀密实，减少管体外表面空洞、气孔和麻面，又需达到一定振幅值。对于石子粒径在 5～25mm 的干硬性混凝土，振动频率为 4000rpm 时，振幅一般控制在 0.3～0.7mm 范围。

选定振动频率和振幅后，振动所需最佳延续时间决定于混凝土拌合物的工作度。如果振动时间低于最佳值，混凝土不能充分密实；如果高于最佳值，混凝土密实度也不会显著增加，而工效降低。对于干硬性混凝土而言，表面有浆水出现、拌合物不再下沉时，表示混凝土已充分振实。

振动时间一般随振动速度的增大而缩短，可见在选定振动频率和振幅后，提高生产效率的最好办法就是尽量缩短振动时间。

振动时间不仅与振动速度有关，也与混凝土拌合物的工作度有关。若混凝土拌合物过干，水分过少，水分大部分被水泥和骨料表面吸附，此时混凝土拌合物呈十分疏松状态，近于散体，振动时若不加压力，再延长振动时间，混凝土拌合物也不会成连续体，不会被振实。若混凝土拌合物偏湿，维勃稠度小于 10s，很容易振动，但因水灰比大，用水量多，在内、外模封闭状态下，气泡、水泡排不出，内部空隙率增大，造成气隙麻坑、麻面，混凝土密实度差，静定养护时管体混凝土也易下沉、变形。因此，要控制好水灰比，保持适宜的维勃稠度，控制在 20～40s，才能缩短振动时间，保证混凝土密实度，提高生产率。

振动频率和振幅增大能缩短成型时间，提高生产效率，但缺点是使设备轴承易碎、芯轴易震断、底架易震裂，同时噪声增大。可使操作人员耳朵发胀、心脏发慌、脚底发麻等，对人体健康不利。按试验确定的振动参数，喂料量以 0.2～0.25m^3/min 为好，由此计算不同管径所需振动成型时间见表 5-77。

管子上部端口成型需振动与碾压，管口工作面在振动碾压中成型并密实。压力大小一般为 0.1MPa。

不同规格产品振动加料时间 表 5-77

管径(mm)	混凝土用量(m^3)	加料时间(min)	管径(mm)	混凝土用量(m^3)	加料时间(min)
600	0.443	6～7	1800	3.33	10～15
800	0.678	7～8	2000	3.87	12～18
1000	1.01	8～9	2200	4.48	15～20
1200	1.476	9～10	2400	5.02	16～25
1350	2.08	9～10	2600	5.47	20～28
1500	2.52	9～12	2800	6.06	25～32
1650	2.91	9～13	3000	7.20	28～35

按当前我国芯模振动设备合理的振动成型时间应能控制在表 5-78 的范围内。

芯模振动工艺成型混凝土管成型振动时间 表 5-78

管径(mm)	1350	1500	1800	2000	2400	3000
振动成型时间(min)	13±3	15±3	18±3	20±5	24±5	30±5

管子上部端口成型需振动与碾压，管口工作面在振动碾压中成型并密实。压力大小一般为 0.1MPa。

芯模振动工艺成型的混凝土涵管内外表面难以避免气隙、麻面，根据多年生产经验，管子表面麻面气孔大小、数量与混凝土涵管质量的关系，只要麻面气孔面积小于 25mm^2、深度小于 5mm、数量每 100cm^2 上平均少于 5～8 个时，不会影响混凝土涵管结构强度和使用耐久性，管子的内压抗渗能力均能超过国家产品标准《钢筋混凝土排水管》GB/T 11836—2009 中Ⅲ级管的等级要求（>0.1MPa）。芯模振动工艺的混凝土质量指标在微观上应以吸水率为考核指标，吸水率不宜大于 6%。

5.4.2.2 芯模振动工艺混凝土配合比

芯模振动工艺通常使用下述材料和混凝土配合比。

水泥：普通硅酸盐水泥 42.5；中砂：细度模数 2.2～3.0；石：碎石或卵石，中小型涵管使用 5～15mm 粒径、大型涵管使用 5～20mm 粒径，最大粒径一般不宜超过 25mm。

当水泥初凝时间由于水泥性能或生产环境温度影响少于 1.0h 时，宜掺用缓凝型外加剂；当生产环境温度低于 10℃，宜采用早强型外加剂。

C50 混凝土参考配合比：水泥：砂：石：水：=1：1.97：3.5：0.34～0.38

C40 混凝土参考配合比：水泥：砂：石：水：=1：2.22：3.60：0.36～0.37

芯模振动工艺用混凝土材料参考用量 表 5-79

混凝土等级	水泥用量(kg/m^3)	砂用量(kg/m^3)	石用量(kg/m^3)	水(kg/m^3)
C50	358	735	1173	125～130
C40	332	738	1197	120～125

为提高混凝土拌合物的和易性可利用粉煤灰的“形态效应”、“微骨料效应”，可以

在混凝土中掺加10%～20%粉煤灰取代水泥，提高混凝土的成型性能和混凝土的后期强度。

也可双掺粉煤灰和微细矿粉，提高混凝土的各项性能。

混凝土拌合物质量对芯模振动工艺产品质量有重大影响，控制混凝土质量和稳定尤为重要，生产中要注意原材料的相对稳定，不宜频繁变动。

5.4.3　芯模振动工艺生产过程

5.4.3.1　芯模振动工艺生产工序流程图

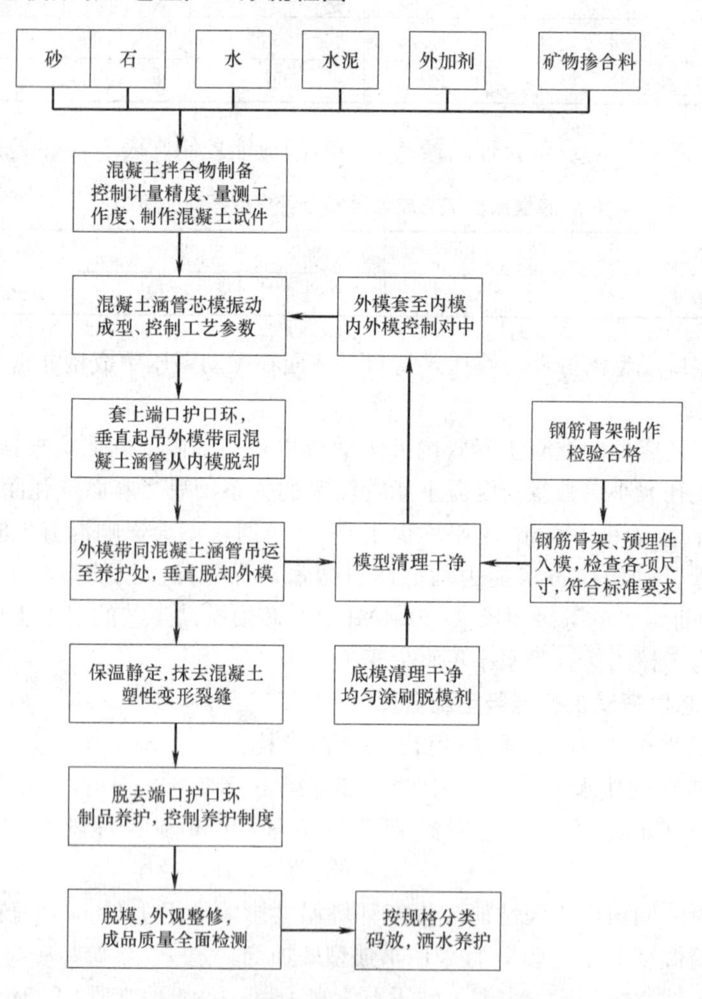

图5-68　芯模振动工艺生产工序流程图

5.4.3.2　芯模振动工艺成型工序

(1) 清理底模、涂上脱模剂，放置钢筋骨架。

混凝土管纵向钢筋端部应有不小于10mm以上的混凝土保护层，保护纵向钢筋使用中不生锈。可以采用在纵筋端头套上塑料保护层定位器、或绑扎混凝土垫块。

(2) 外模套入底模，以扣接螺栓连接外模与底模，螺栓承重较大，要求连接牢固、可靠，不得有松动，更不允许未连接螺栓存在。

图 5-69 钢筋骨架放上底模

图 5-70 外模套入，扣上连接螺栓

（3）外模吊至成型坑，注意对中逐渐下降，内外模组装。

图 5-71 外模套上内模

图 5-72 浇筑混凝土

（4）开始浇筑混凝土，根据管径调整胶带输料机的喂料量，加料至高度 50cm 左右，开启振动芯棒，边加料、边振动，密实管体混凝土。

图 5-73 加料至端口

图 5-74 液力碾压管端口

（5）加料至端口，边受振动，边以液力加压往复搓动碾压盘，辗转向下成型至要求位置，形成要求端口形状。

图 5-75　起吊架起吊外模与混凝土管

图 5-76　在养护地脱却外模

（6）起吊架吊起外模和混凝土管，运至养护地平稳降落，避免振动。

图 5-77　整理管体外壁

图 5-78　套上管子端口护口罩

（7）整理管子外壁和端口，套上护口罩，保证管子端口尺寸精度。至水泥近初凝时，脱去护口罩。护口罩可用钢制或玻璃钢制，钢制护口罩不易变形，使用寿命长。

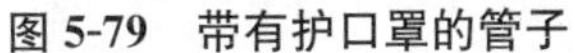

图 5-79　带有护口罩的管子

图 5-80　包裹塑料薄膜保温养护

（8）一般芯模振动工艺中可以水泥水化热的热量养护增强混凝土，不需蒸养，可采用图 5-80 所示裹上塑料薄膜保温、保湿养护。如在北方地区冬季气温较低，需辅助加温养护，可加盖保温罩，在内通上蒸气养护增强混凝土。

（9）管体达要求强度后，吊运至成品堆场。继续养护混凝土和进行产品质量检验。

5.4.3.3　芯模振动成型工艺设备示意图

芯模振动成型工艺设备主要组成部分：①上部操作台，可按产品规格更换；②定位架，可使外模正确定位；③混凝土胶带喂料机，带有储料斗，可根据管径、工艺参数变换喂料流量；④内芯振动器，带润滑系统，振动动力矩可调；⑤振动器支承座，具有良好的减振和根据生产管径变换尺寸功能；⑥振动器支架，与制管机基础刚性连接，装有液力起动器和三只电动机；⑦液力碾压装置，可调节压力，往复碾压管子端口，提高端口混凝土密实度；⑧专用吊具，可快速、安全、稳定起吊外模和混凝土管；⑨操作台，具有指示仪，手动和自动操作系统，可与混凝土搅拌站声光讯号联络。

图 5-81　养护完成后产品吊运去成品堆场

芯模振动工艺一般为双工位生产机组，可以同时生产不同管径或相同管径混凝土管。双工位布置有利于提高生产效率和场地的合理利用，见图 5-82。

如图 5-83 所示，混凝土拌合料从搅拌楼通过胶带输送机输至喂料机上方的贮料斗，下部有回转喂料机及悬挂有旋转布料机（见图 5-84）。

回转输料机转至生产工位，胶带输送机上料，启动回转输料机和旋转布料机，开始往管模中加料。

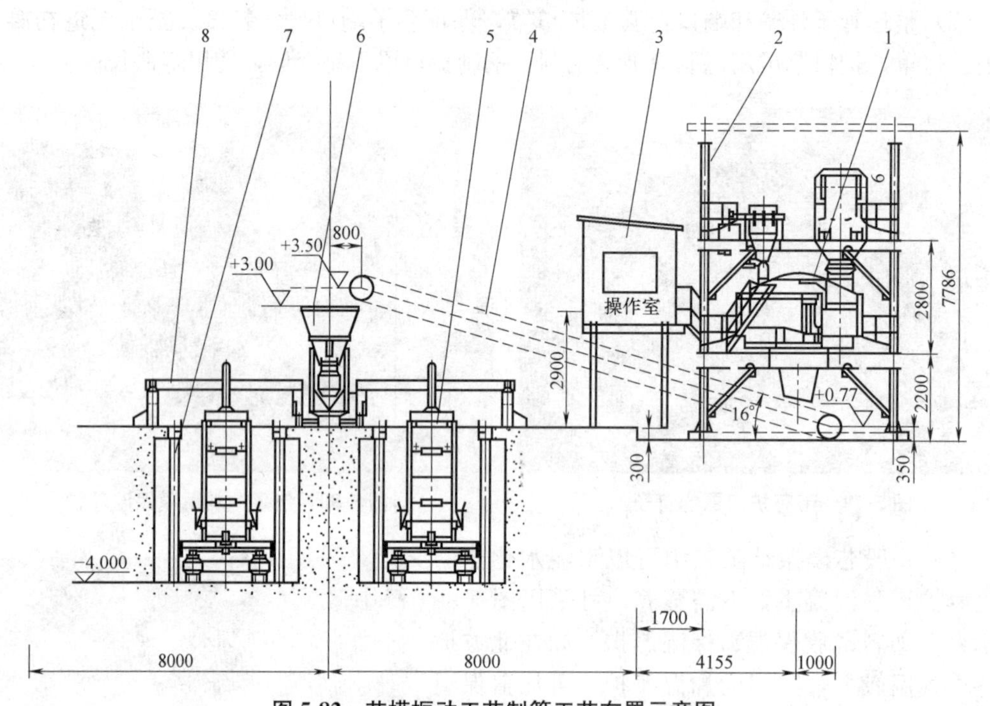

图 5-82　芯模振动工艺制管工艺布置示意图

1—强制式搅拌机；2—搅拌楼；3—操控室；4—上料胶带输送机；
5—管模；6—旋转布料机；7—支承架；8—管口碾压成型架

图 5-83　双工位芯模振动制管机

图 5-84　芯模振动制管机喂料机构

(1) 回转胶带输料机；(2) 悬挂旋转布料机

5.4.3.4　芯模振动工艺制管机主要部件

1. 振动芯棒

振动芯棒组成：①偏心块；②振动芯棒与内模锁紧装置；③密封外壳；④传动轴。

振动芯棒是芯模振动工艺设备核心技术部件，按成型产品规格品种分为 2～5 节组成，每节偏心块由中轴带动旋转产生激振力，当偏心块处于最大偏心距时，产生的激振力最大，处于最小偏心距位置时，产生的激振力最小。偏心位置一般分为五档，可调控；也可改变偏心块的质量进行调控。同时还可通过变频器调节振动频率，满足不同规格不同振动强度需要。

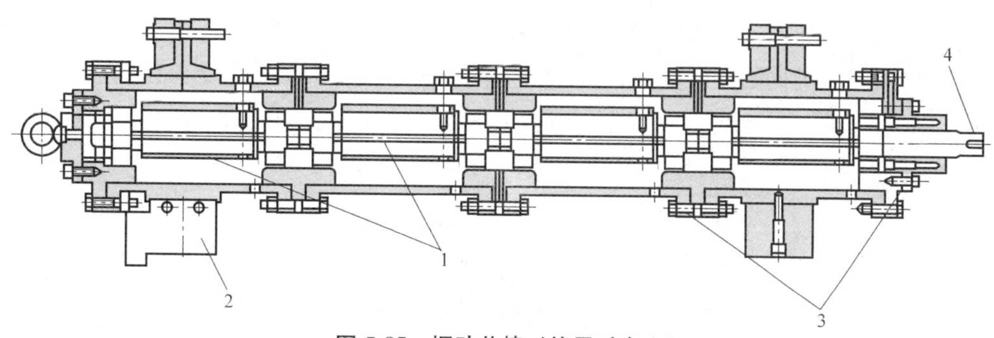

图 5-85 振动芯棒（使用时直立）

1—偏心块；2—振动芯棒锁紧装置；3—密封外壳；4—传动轴

2. 喂料机构

芯模振动工艺成型干硬性混凝土，适宜使用胶带式输料机为输料机构。

图 5-86 振动芯棒

喂料机主要由：①回转胶带输料机（或为横向行走输料机）；②旋转布料机；③贮料斗；④布料机悬挂和旋转装置；⑤输料机回转支座。

布料机应能调节探出长度，也可在喂料过程中自动控制变换探出长度，满足成型不同规格、不同管型产品所需。贮料斗斗壁角度应大于 60°，防止混凝土拌合物起拱难以下料。

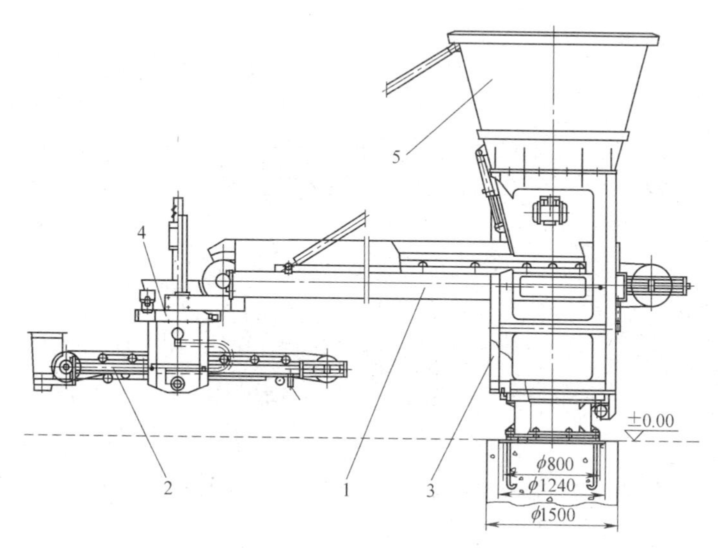

图 5-87 喂料机构

1— 回转胶带输料机；2—旋转胶带布料机；3—回转支座；4—旋转轴；5—贮料斗

3. 混凝土管端口成型碾压机构

端口成型碾压机构主要组成为：①碾压盘；②加压油缸；③往复搓动油缸；④回转行

走机构；⑤加压框架；⑥框架锁紧装置。

端口成型碾压机构的碾压盘中心线应与内模中心线重合，锁紧后定位正确。

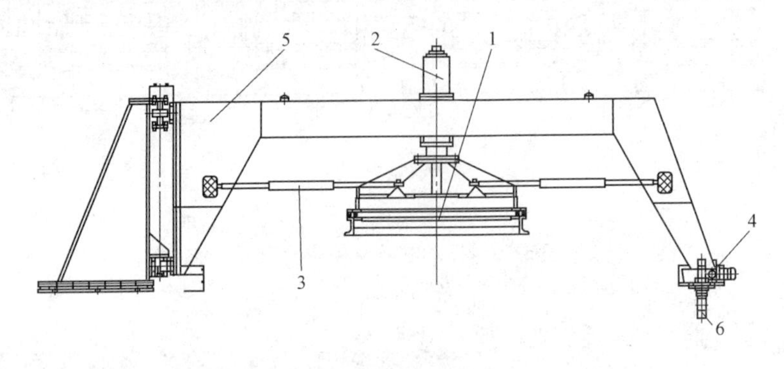

图 5-88　端口成型碾压机构

1—碾压盘；2—加压油缸；3—往复搓动油缸；4—回转行走机构；5—加压框架；6—框架锁紧装置

5.4.4　芯模振动工艺制管易发生的质量缺陷及操作要点

5.4.4.1　芯模振动工艺制管易发生的质量缺陷

芯模振动工艺生产混凝土管，是当前较为先进有效的工艺方法。相应生产中的工艺技术要求也较高，需严格按照工艺操作，否则易发生产品质量缺陷。

产品易发生的质量缺陷主要是，管子内外表面粗糙，气泡、麻面较多、面积较大；管体内部也分布有空径较大的孔腔；产品上端和插口工作面台阶处有环向裂缝等缺陷。

图 5-89 是芯模振动工艺与悬辊工艺成型的管子剖切面混凝土致密度对比，悬辊工艺混凝土剖面内无可见孔腔，芯模振动工艺混凝土剖面内有较多可见孔腔，在面积不大的截面上孔腔分布密度较大。

(*a*)

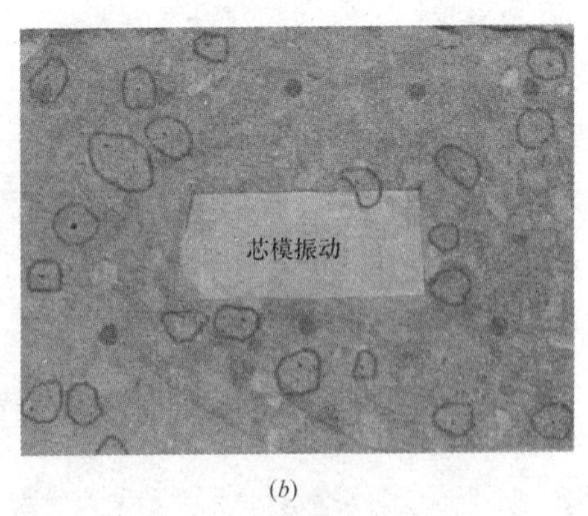

(*b*)

图 5-89　芯模振动工艺与悬辊工艺成型混凝土管管壁致密度对比（圈点内为孔腔所在处）

(*a*) 悬辊工艺成型的管壁剖面；(*b*) 芯模振动工艺成型的管壁剖面

图 5-90 是从芯模振动工艺管体钻芯取样试件观察到的混凝土中的孔腔，较多试件中均存在孔腔。

图 5-91 管子外表面气泡、麻面较多、较大，在顶管工程中使用，会增大顶进中的摩阻力。生产中需增加抹面压光工序。

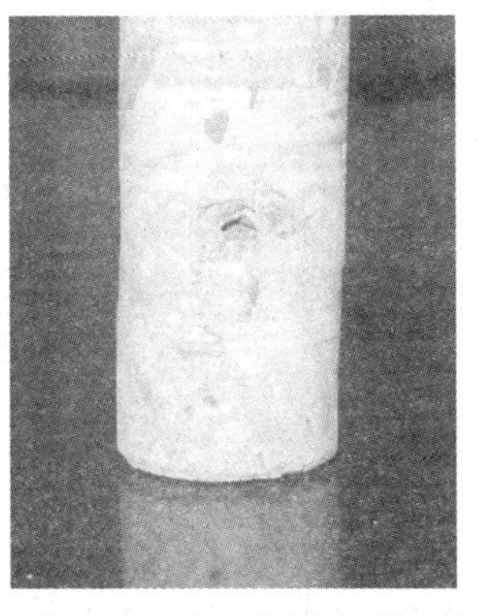
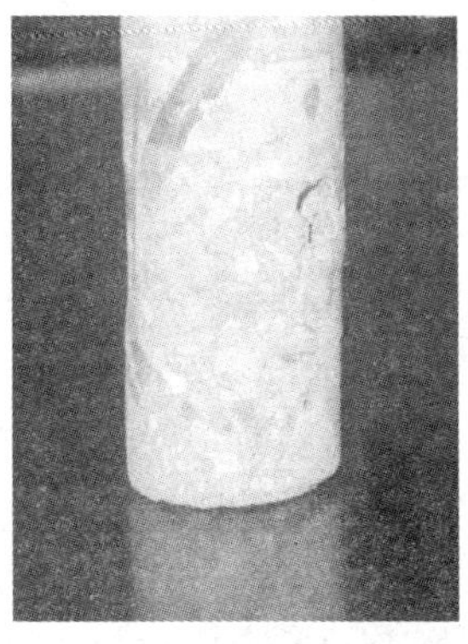

图 5-90 芯模振动混凝土管管体钻芯取样试件中的孔腔

图 5-92 是刚脱外模的管子，上口环裂严重。

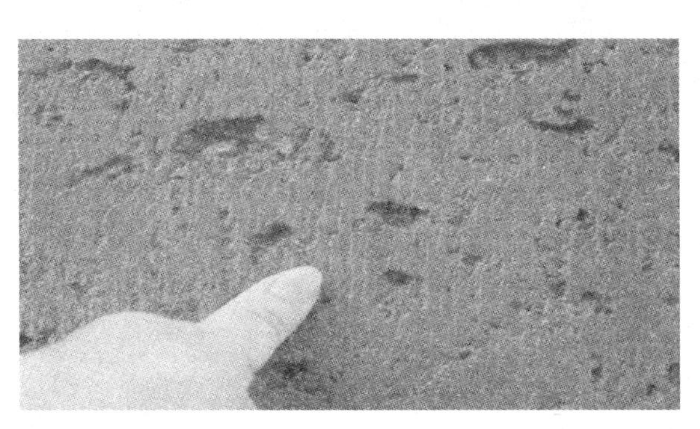

图 5-91 表面的气泡麻面

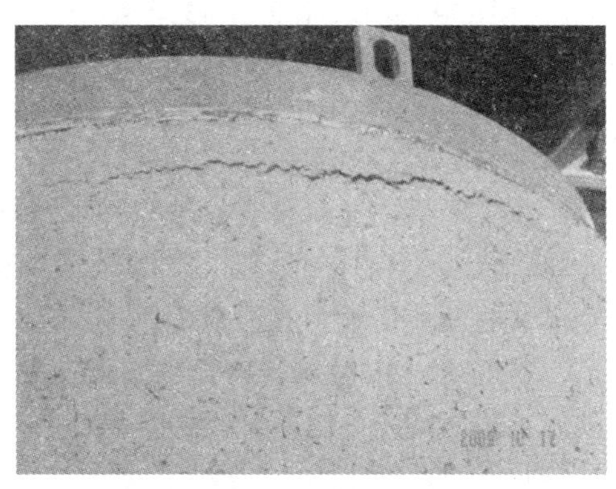

图 5-92 抽拔外模后管体上端出现的环向裂缝

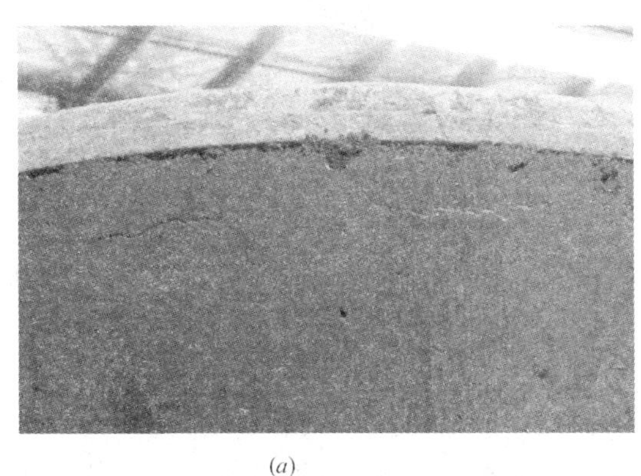

(*a*)

(*b*)

图 5-93 环向沉降裂缝

(*a*) 刚脱模时可见沉降裂缝；(*b*) 养护后可见的沉降裂缝（产品落地卧放）

图 5-93 是静定过程中由于混凝土下沉产生的沉降环裂，图片（*b*）是最典型的沉降裂缝，间隔均匀，与钢筋间距相似，内外裂透。

图 5-94 是在插口工作面台阶处出现较为严重的环裂。

管子管体内外较多气泡，孔腔，影响混凝土强度、降低管体抗渗性；特别是增大管体混凝土吸水率，在存在腐蚀性介质环境中应用，加快管子的腐蚀破坏，降低管道的使用寿

图 5-94 插口工作面台阶处环裂
（产品落地卧放）

命；管子端口存在的环裂，对应用于顶管工程中的管子，极大降低管子的允许顶力，容易造成工程事故，是顶管工程施工中的隐患。

5.4.4.2 芯模振动工艺减少缺陷的操作要点

1. 严格按制混凝土拌合物的和易性

管体脱模后静定养护过程中，在自重作用下发生不均匀沉降，造成管体变形，尤其是上端管口变形严重。结果是端口失圆、壁厚不均、管长不足，严重时整体坍塌。

变形原因主要有：①吊运脱模过程中不平稳、受冲击；②底模和管体与地面不垂直；③细高比过大；④混凝土用水量过大，干硬度不够。

避免上述事故发生，除操作中注意不使管子受冲击，地面平整度提高，管模精度、尺寸符合要求外，生产过程中着重点是控制混凝土拌合物的和易性。

成型后混凝土管体自立性是保证产品各部尺寸符合标准要求的重要指标，生产中应按生产产品规格、材料性能、季节气候，随时调整混凝土用水量，保证成型后混凝土涵管静定养护过程中的变形在控制范围内。

2. 采用立轴强制式搅拌机，延长搅拌时间

芯模振动工艺使用的混凝土工作度在20～50s之间，成型过程中混凝土拌合物中各组成成分只在其原位作颤振，相近的颗粒挤紧密实，移动距离小，骨料间的间隙只是就近的砂浆予以填充。如果拌合物料不均匀，局部无细颗粒可填充，粗骨料的骨架就易产生空腔（见文中芯样图片）。因而振动后体系内各部位组成材料的均质性，取决于搅拌时拌合物的均匀度。在芯模振动工艺中采用干硬性混凝土，混凝土搅拌质量对成型后混凝土管的性能影响更大。干硬性混凝土的搅拌操作必须确保新拌混凝土的匀质性，生产中要求采用有效的搅拌设备和足够的搅拌时间，一般宜用立轴强制式搅拌机和适当延长搅拌时间（延长1～2min）。

3. 足够的振动强度

振动是芯模振动工艺成型混凝土管最主要手段，按照产品规格和混凝土拌合物性能选择适宜的振动参数，达到密实、高强和高效的效果。

4. 喂料与振动的协调

芯模振动工艺成型时采用旋转胶带布料机喂料，边喂料边振动，振动与喂料需协调。应按照生产管子规格调整振动参数，同时调整喂料速度和喂料量。如喂料量过大、喂料速度过快，混凝土拌合物不能同步受振液化、流动布满管模；气泡尚未完全排出又已喂入混凝土；在模体内混凝土骨料构架，砂浆不能完全填充石子间隙，形成“空腔”，继续振动，也不能破坏已形成的骨架结构，空隙率增大，密实度下降、骨架强度不足。

应采用从下至上不同的喂料速度，下部快、从下至上逐渐减慢，既能使上下各部混凝土充分密实，又能缩短成型时间提高生产效率。

研制行星辊道式振动子，使振动频率提高至7000次/min及以上的振动频率，振动密实效果达到管体内外气泡、孔腔降低至最少，功率消耗减小，成型时间缩短，生产效率提高。

5. 起振时间

芯模振动工艺内模整体振动，整个喂料过程中从下至上始终受振，下部受振时间长，上部端口受振时间短，易使下部过振，上部缺振。因而应按管子规格和振动参数，喂料至一定高度（1/4～1/3）后，开始起振。启振早，设备空振，造成噪声大、振动器和管模易损坏；启振迟，下部混凝土拌合物中气体难以排尽，管壁残留气泡、麻面多，密实度下降。

6. 管口碾压搓动成型

上部端口受振时间短，在振动时附加碾压，提高端口混凝土密实度和强度。操作中应注意缓慢、逐渐加压，避免被“压死”。碾压初期尤须以振动为主，避免环向钢筋受压变形，卸除压力后钢筋回弹，这是管体上端插口工作面台阶处及离上端200～300mm处混凝土产生环向裂纹的主要原因。

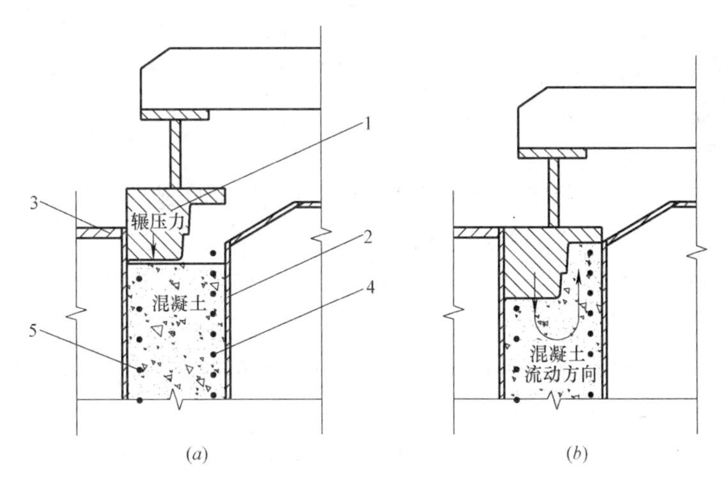

图 5-95　插口振动碾压成型示意图

1—端口碾压盘；2—内模；3—外模；4—内层环向钢筋；5—外层环向钢筋

（*a*）端口振动辗压成型；（*b*）混凝土成型流动方向

7. 改进插口成型方式

承插口式混凝土管及钢承口混凝土管，插口挡胶圈台高度较小，原有以碾压盘成形，

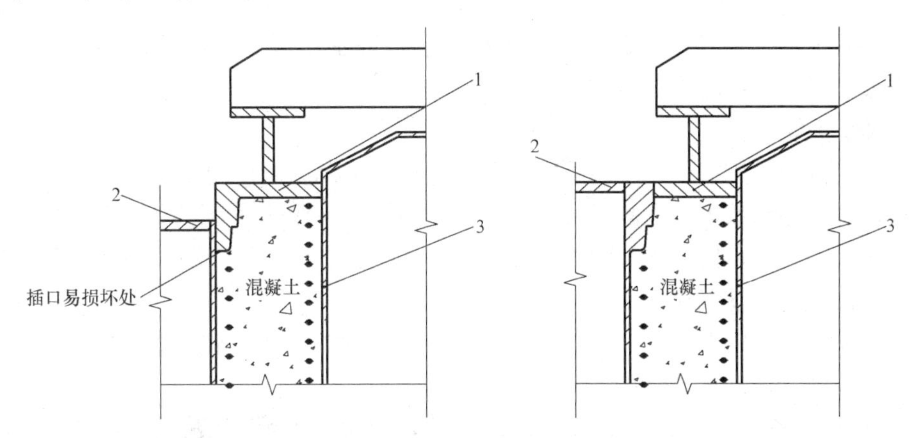

图 5-96　插口成型改进示意图

1—端口碾压盘；2—外模；3—内模

碾压中在台阶处经常发生缺棱掉角现象，外观质量较次，如改为插口模固接于外钢模上，碾压盘不再起成型插口的作用，这样可大为改善插口的外观质量。

8. 静定和养护

芯模振动工艺特点是：①使用干硬性混凝土；②湿态即时脱模。因此芯模振动工艺操作中对成型后混凝土的静定和养护有更严格的要求。

上口管端要及时套上护口罩，一般在成型完毕、起吊外模前即套上外护口罩；去除护口罩时间不宜早于水泥初凝时间，可通过试验确定，并随时调整；静定、养护过程中不宜受扰动；及时覆盖塑料薄膜防止表面失水、产生裂缝和影响混凝土强度；根据不同季节、气候条件，可分别采用水泥水化热量自然养护或蒸汽养护。养护时间应以满足脱底模所需混凝土强度确定，一般混凝土强度须达 C20 以上时方可脱底模。

使用具有防变形钢圈的玻璃钢护口罩，减轻静定中作用在管端混凝土上的荷载，使尚未具有强度的混凝土不易下沉变形，这样也可适当减小混凝土的工作度，有利于减少成型中混凝土中的气泡。

9. 钢筋骨架

即时脱模的成型工艺，都需注意钢筋骨架焊接质量，保证焊点的牢度。不佳的钢筋骨架，混凝土管成型过程中焊点易开焊，脱模后钢筋回弹，引起管体混凝土开裂。

钢筋骨架定位器的外径宜小于外模内径 2～5mm（内径与内模外径同理），否则脱模后，钢筋骨架也会因回弹而引起管体混凝土开裂。

上部端口碾压时，如钢筋骨架纵筋过长，碾压端口混凝土同时也使纵筋受压弯曲，带动钢筋骨架变形，这也是端口环裂的主要起因。

芯模振动工艺中使用的钢筋骨架，管子上端纵筋保护层厚度应比其他工艺的稍大，可取为 25mm 为宜。

10. 管型设计

芯模振动工艺管口碾压后，提升碾压盘时，如管口工作面坡角小，混凝土尚未具有强度，在摩擦力作用下，管口很易被拉裂，出现插口在工作面台阶处环裂。新加工的管模插口工作面坡角应加大 0.5°～1°，可避免这种裂缝的出现。

11. 养护区地面平整度

因是立式成型，需要垂直起吊立即脱模，所以养护场地平整度非常重要。地面不平整，常造成产品拉裂或碰坏，管体和管口变形。

12. 钢模质量

芯模振动是通过钢模传递给混凝土，国外引进的钢模制作使用的是优质钢材，管模重量轻、弹性好，振动效率大大高于目前我国现用的钢模，在同一套芯模上使用国内和国外两种钢模成型的管子，内外表面的气泡数有明显的差别。今后国产钢模也应限制使用普通钢材，必须使用优质锰钢板制作管模。

芯模振动工艺原则上只需一套管模可生产一种（或多种）规格、品种产品，因而产品尺寸的同一性非常高，从而钢模加工质量更显重要。

钢模设计有其特殊的重要性，应满足：①加强筋板数量和位置设置合理，传振效率高；②模板质量轻、弹性好，以最小的动力使混凝土拌合物转呈为液相状态，减轻振动相滞后角，减少表面气泡，保证振实后混凝土质地的均匀性；③模板的强度和各个部分的刚度满足要求；④尺寸精确，模板达到防漏浆的严密性。

钢模加工时表面应控制车刀刻痕纹深度，达到表面光洁，焊缝打磨平整，筒体不得有锤击等各种坑凹；上下直径差均匀一致，锥度直径差 3mm，2 使脱模时顺畅、附阻力减小，降低起重设备荷载，管身混凝土不易被拉裂。

13. 设备安装

设备安装对振动效果有重大影响，应严格按图要求作好混凝土基础以及有效的消振措施，保证安装精度，内模的垂直度符合要求。

5.5 径向挤压工艺

径向挤压工艺制管技术是美国麦克拉肯（MCCRANCKEN）混凝土制管机械公司发明的，于 1940 年取得挤压成型头专利。经过几十年的创新、使用、改进及配套技术的研究，该项工艺在水泥制管行业独树一帜，成为混凝土管生产先进技术之一。由于该项工艺体现出公认的优越性，故在欧美许多国家推广应用。世界许多著名水泥制品设备制造企业大都制造、销售这种设备，在美国还有亥爵太勒（HYDROTILE）公司、泽德莱尔（ZELDLER）公司、德国祖布林（ZUBLIN）公司、德国 BFS 公司、德国海斯集团-凡尔（HESS GROUP-PFEIFER）公司、意大利索密（SIOME）公司及俄罗斯等国都设计、加工使用这类制管设备。

美国麦克拉肯公司径向挤压制管设备 PH 系列制管机有 24、36、48、60、72、84、96 等多种型号，数字代表此设备所能生产的最大内径（英制：英寸），如 PH48，代表可制造最大内径 1200mm 混凝土管、PH96，代表可制造最大内径 2400mm 混凝土管。

美国麦克拉肯公司 1979 年来我国介绍径向挤压工艺制管设备，并前后十余次来我国与北京市市政工程研究院等院所进行技术交流。当时世界 50 多个国家使用该公司设备。

1980 年美国亥爵太勒公司通过其代理商日本丸红建设株式会社来华详细介绍该公司生产的立式径向挤压制管机。1985 年该公司加拿大分公司来华进行了技术交流，他们生产 24、36、48、54、60、72、84 等多种型号。据介绍也有 50 多个国家使用该公司设备。

1985 年 10 月，德国祖布林公司也来北京进行技术交流，当时他们的型号有三种，即 3080、30120、30150，后三个数字代表制管机制作混凝土管的最大内径，如 30120 型即可制造内径 300～1200mm 的混凝土管。

1979 年苏联高尔基市钢筋混凝土公司第五钢筋混凝土构件厂使用由全苏机械设计院研制、混凝土与钢筋混凝土科学研究院及全苏钢筋混凝土科学研究院参与成型工艺研究协助下，第五钢筋混凝土构件厂正式投入苏联第一台径向挤压制管机生产直径 ϕ800～ϕ1200mm 混凝土管。

德国海斯集团-凡尔（HESS GROUP-PFEIFER）公司在我国河北廊坊建有工厂——廊坊海斯建材机械有限公司，设备型号有 RP825、RP1235、RP1635、RP2035，后二位数代表管长，前代表管径；管径 ϕ25～2000mm、最大有效管长 3.5m。

径向挤压工艺制管具极高生产效率，约为离心工艺的 3～4 倍，表 5-80 是麦克拉肯公司提供的 PH24 机生产素混凝土管能力。

表 5-80

管内径 (mm)	管长 (m)	每根管生产时间 (min)	每小时产量 (根\m)	班产量 (m)
200	1.2	0.9	65\88	468
300	1.2	1.3	45\54	324
400	2.0	1.7	35\70	420
500	2.0	2.3	26\52	312
600	2.0	2.5	24\48	288

德国 BFS 公司提供的生产能力表：

表 5-81

管内径 (mm)	每小时产量 (根/h)	混凝土产量 (t/h)	混凝土产量 (m^3/h)
300	39	18	8
600	30	32	14
800	26	45	19
1000	23	60	25
1200	21	77	33

德国海斯公司提供的生产能力表：

表 5-82

管内径 (mm)	8h 产量 (根/8h)	管有效长度 (m)
300	250	3.5
800	185	3.5
1200	160	3.5

径向挤压工艺工艺特点如上述表中所示，有极高的生产效率；易于全自动化生产，一条生产线只需 2～5 人，用工省；可生产不同管型——柔性企口型、承插口型、钢承口型、双插口型、带底座型，圆管或内圆外异的涵管；使用最新的径向挤压系统可获得高密实混凝土，抗渗水压达 0.3MPa；设备保养维护简单；是各种工艺中单方混凝土水泥用量最低的工艺，耗能少于其他工艺，生产成本降低，典型的节能降耗绿色生产工艺。径向挤压工艺的特点如下：

（1）生产效率：ϕ300×3500mm 混凝土管生产时间 90～100s；

ϕ1200×3500mm 混凝土管生产时间 180～200s；

（2）换径时间：换径（换模）时间短，最多 90min；

（3）模具：模具用量少，一种管径只需 1 套挤压成型头、2 套管模；

（4）养护方式节约能源：采用干硬性混凝土生产混凝土管，脱模后在开放式养护室养护，使用的蒸汽量非常少；

（5）混凝土管立式生产、养护，节省车间面积；

（6）没有废渣排出，生产过程环保；

（7）车间操作人员少，易于生产管理和质量控制；

（8）生产车间噪声低。

20世纪40年代联合国援助中国经济，由美国麦克拉肯公司提供三台PH24径向挤压制管机，分别安装于上海、洛阳和兰州市，可生产直径ϕ200～ϕ600mm、长度1.2m的素混凝土、刚性连接接口的承插口式混凝土管。

20世纪60年代，北京市第二水泥管厂（原北京市市政工程水泥制品厂）与东北工业建筑设计院合作，自主设计制作了PH24机，生产效率极高，ϕ300管长1m素混凝土管班产达到800～1200m。80年代制造了改进型PH24机30余台供国内各地水泥制管厂使用。

1985年上海水泥制管厂从美国引进麦克拉肯PH48径向挤压制管机，

20世纪80年代初期，北京市市政工程研究院与沧州水泥制品厂合作，研制成功LZ600径向挤压制管机，可生产直径ϕ200～ϕ600mm、管长1～2m柔性胶圈接口承插口型素混凝土管及钢筋混凝土管。

20世纪80年代后期，北京市第二水泥管厂与北京市市政工程研究院合作，研制成功我国第一台LZ1200径向挤压制管机，生产直径ϕ600～ϕ1200mm、管长2.5m多种接口型式钢筋混凝土管。

但基于当时我国机械加工水平等的限制，设备水平尚有欠缺，配套设备达不到要求，特别是没有质量可靠的钢筋骨架滚焊机，承口段需人工绑扎钢筋，管身段滚焊的钢筋牢度也不足，管子成型过程中钢筋骨架易发生变形开焊、保护层偏差露筋等缺陷发生率较高，管子抗渗合格率达不到离心工艺混凝土管标准，因而径向挤压工艺制管技术当时没有在我国得到推广应用。

20世纪90年代以来，改革开放，我国经济建设发展最快历史时期，也是水泥制品大发展时期，从国外引进了先进的水泥制品工艺和装备，我国也自行研制了各种工艺的装备，取得长足进步。随着质量优异的钢筋骨架滚焊机的研制成功，沉积了20年的径向挤压工艺重又起步，特别是国内一些企业引进德国等公司的径向挤压制管机给国人看到径向挤压工艺的特点，提高了信心，国内水泥制品机械厂在20世纪80年代图纸基础上修改设计，试制成多层挤压成型头、加大了挤压成型头的动力和转速，设备性能达到同类国外制管机的性能，相应在国内多家水泥制管厂得到应用，为我国中小口径混凝土管生产增添了新工艺。

径向挤压工艺一般常用于制作小口径混凝土管，ϕ150～ϕ600mm、管长1～1.2m的素混凝土管，ϕ300～ϕ1200mm、管长1.5～3.5m的钢筋混凝土管。也可生产直径是ϕ2400mm的大口径钢筋混凝土管。

5.5.1 径向挤压工艺成型原理

以径向挤压工艺成型混凝土管的制管机称之为径向挤压制管机（或立式径向挤压制管机），径向挤压制管机主要组成为（图5-98）：①混凝土布料器。位于机架中部，使混凝土均匀地投入到管模中，并能根据需要进行投料速度的调整；②挤压成型头。由多层不同功能的刮料器、挤压轮或挤压刮板、抹光环组成；③双向旋转主轴。主轴由外套和内轴组成，不同向旋转，使径向成型头的挤压轮和抹光环以不同方向旋转；④动力头。提供主轴

图 5-97　径向挤压工艺生产混凝土管示意图片（德国汉斯公司图片）

（混凝土拌合物制备设备、径向挤压制管机、管模、运输车辆）

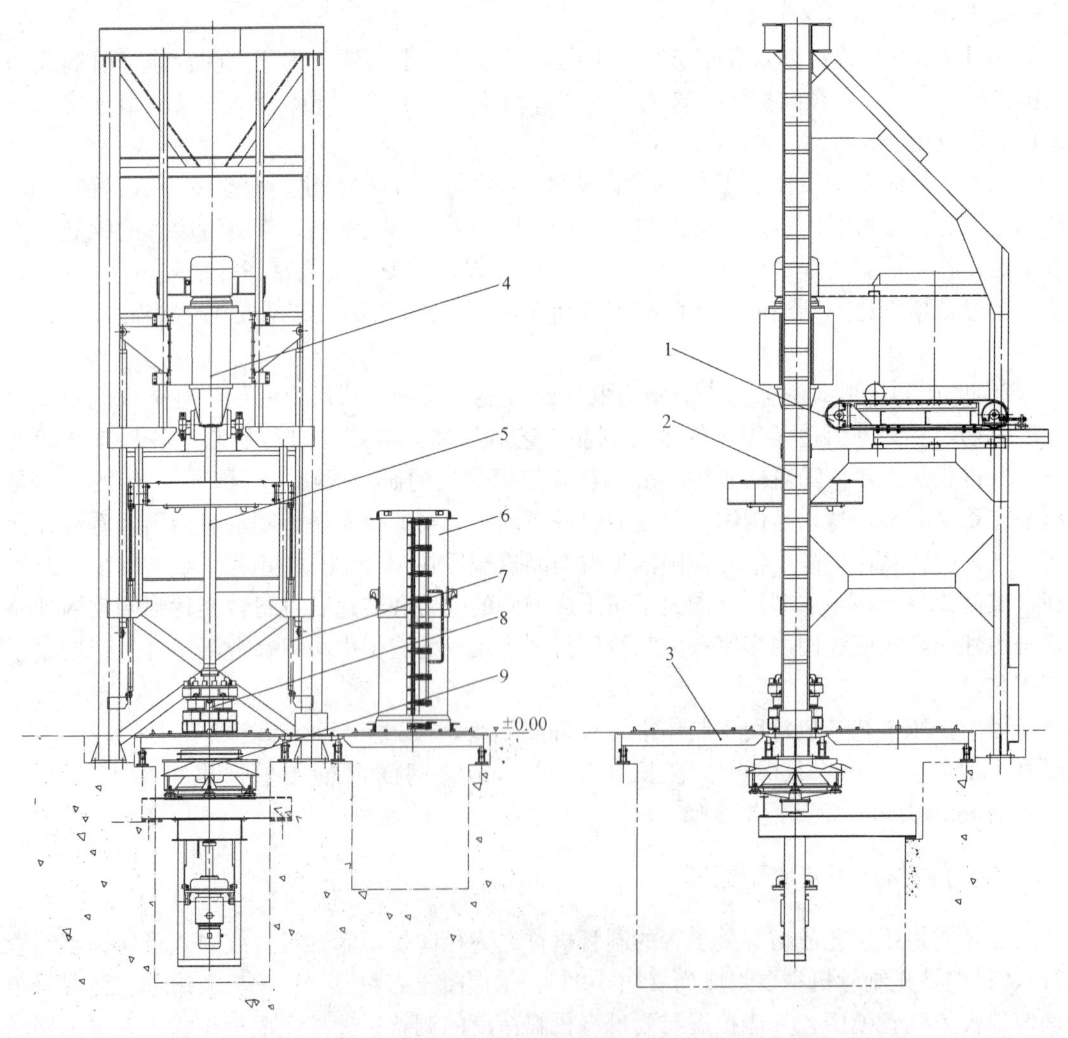

图 5-98　LZ1200 径向挤压制管机总图（北京市市政工程研究院设计图）

1—混凝土输料器；2—主机架；3—转盘；4—动力头；5—主轴；

6—管模；7—升降机构；8—挤压成型头；9—承口成型装置

旋转动力；⑤升降机构。由油缸组成，用以升降主轴等机构；⑥承口成型装置。装有振动器、旋转拨盘，利用振动力密实混凝土管承口段混凝土，旋转拨盘带动管模承口模（底托）旋转，抹光承口混凝土；⑦转盘。管模锁卡于转盘上，成型完成后，转盘转动180°，更换管模，已成型混凝土管管模转出、装配好的空模转入；⑧管模。按不同管型配置所需管模，按照需要管模上装有钢筋骨架固定装置；⑨控制系统。通过传感器由计算机操控混凝土投料速度、承口成型装置振动器开启时间、主轴旋转速度和提升速度等工艺参数和工艺过程；⑩主机架。

5.5.1.1　径向挤压工艺成型过程

径向挤压工艺成型混凝土管时，管模竖立放置，管模轴线垂直于水平面，因而也称为立式径向挤压工艺。径向挤压制管机主轴和挤压成型头由动力头带动高速双向旋转，升降装置将其伸入到固定于转盘上的管模内；胶带输料机启动向管模内送料，混凝土物料达到一定量，承口成型装置启动，振动器开启、承口模旋转，成型和密实混凝土管承口段混凝土；挤压成型头边旋转边提升，混凝土受径向挤压，高度密实；挤压成型头到达管模顶部，输料终止，完成成型，挤压成型头和布料盘一起升至要求高度；转盘转动，转出已成型的混凝土管管模，转入准备好的空模，循环进行下一工艺制管过程；转出的带混凝土管管模由运输装置运至养护场地，脱去外模，修整外观；养护至混凝土达到规定强度；转运至成品场，制成混凝土管。

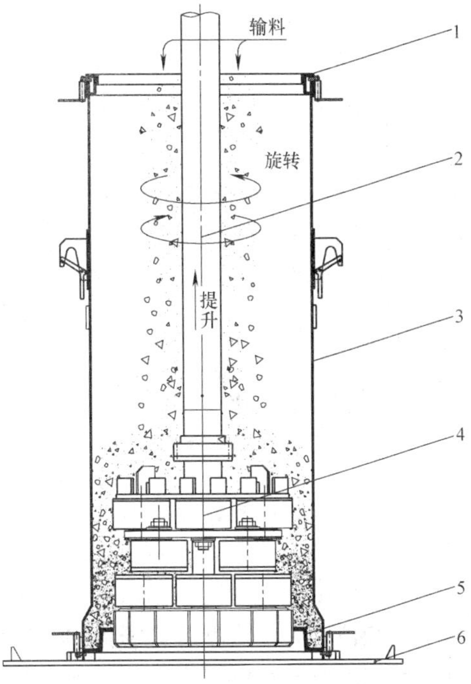

图5-99　径向挤压工艺示意图

1—插口模；2—主轴；3—管模；4—挤压成型头；5—承口模；6—转盘管模定位圈

5.5.1.2　径向挤压工艺制作混凝土管成型机理

应用振动工艺成型干硬性混凝土制作混凝土管，存在能量使用不够合理、振动功耗很大；成型时间长，振幅衰减快、作用范围减小；密实速度随时间推移迅速下降，因而混凝土很难达到高密实度，管子内部及表面不可避免存在气泡和麻面，若粗骨料相互卡住、骨架排列不合理，更易形成空腔和蜂窝。

采用压制混凝土成型工艺，不将能量分布到整个混凝土体积，而是集中在局部区域内，使移动混凝土发生的剪力减小，所以颗粒较易移动。这样在外部压力的作用下，混凝土拌合物内的颗粒相互靠近，颗粒间接触面积增加，体积被压缩、气体被排出，并从局部逐渐波及全部，最终达到较好的密实成型效果，形成密实的整体。

使用干硬性混凝土的径向挤压成型工艺即是利用压制成型混凝土的原理，成型制作混凝土管。径向挤压成型工艺密实成型混凝土时由挤压轮向外（径向）挤压密实混凝土，故称为径向挤压成型工艺。

径向挤压成型工艺的挤压成型头由三种功能多层结构组成（图5-100）：①拨料轮（刮

板或刮料叉）；②挤压轮（辊压轮）；③抹光环。挤压轮由早期的单层挤压轮改进为多层挤压轮，一般取三层，大型径向挤压制管机还可增加为四层或五层。最下一层挤压轮与抹光环组装成下层挤压头；上几层挤压轮及拨料轮组装成上层挤压头。

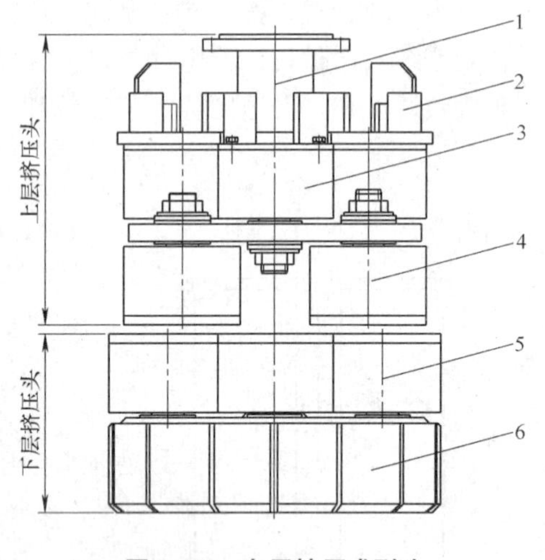

图 5-100　多层挤压成型头

1—旋转传动轴（内空）；2—刮料板；
3～5—第一层至第三层挤压轮（滚压轮）；
6—抹光环（单层或双层）

挤压成型头伸向管模底部，主轴由外套轴和内轴组成，逆向转动。动力头带动主轴旋转，刮料板（叉）及上层挤压头由外套轴传动，向某向旋转；内轴以反向旋转，带动下层挤压头反向旋转；挤压成型头边旋转边向上提升。

混凝土拌合物从管模顶端输送至管模内，刮料板（叉）旋转将混凝土料向外均匀推送至挤压轮与模壁间的缝隙中，第一层挤压轮向外（径向）碾压混凝土，随着主轴提升，再由以下的挤压轮分别碾压混凝土，并由抹光轮抹光混凝土管内壁，达到密实和平整光洁的要求。

挤压成型头组装时，每层挤压轮的外缘与轴心距离不同，从第一层挤压轮至最下层挤压轮，与轴心的距离逐层加大。径向挤压头边旋转边提升，挤压轮螺旋形向上逐层挤压混凝土，径向挤压量逐层增加，逐层增加混凝土密实度。这种多层挤压轮挤压，既达到混凝土密实所需的挤压厚度，又分散了挤压力，各层受到相对较小的挤压力，因而在挤压过程中减小了作用于钢筋骨架的挤压力；多层挤压轮采用不同方向的旋转方式，相互抵消挤压过程中产生的环向扭力，减轻钢筋骨架成型过程中的变形和位移，使成型后管子内钢筋反弹力减小，脱模后混凝土管不易发生开裂；并可保证钢筋混凝土保护层厚度均匀一致，有利于提高混凝土的质量均匀性和提高承载能力。

径向挤压成型工艺归属于碾压密实成型范畴，成型中通过挤压密实轮挤压力作用于混凝土，与道路压路机压实沥青混凝土原理相似，这种作用不是将挤压能量分布于整个混凝土面，而是集中于局部面积上（各个挤压轮与混凝土接触面），使混凝土位移中剪切阻力减小，颗粒容易产生移动。这样，在逐轮、逐层挤压轮挤压力作用下，混凝土拌合物颗粒靠近、产生排气、体积压缩、水分移动等作用，并逐渐由局部波及整体，使整个管体混凝土形成高度密实、强度均匀、内外表面出浆光滑平整的整体。

挤压成型头挤压轮旋转中除了径向压力作用外，还会环向带动混凝土产生旋转，使钢筋骨架在此旋转力的作用下产生环向旋扭变形，脱模后，随着此力的释放，钢筋回弹，管体混凝土变形甚至产生裂缝，严重者使尚未有强度的混凝土管坍塌，成型失败、产生废品。为了平衡作用于混凝土和钢筋骨架的环向扭转力，工艺中采用多层挤压轮不同转向的设置，下层挤压轮和抹光环与上几层挤压轮转向相反，由上几层产生的环向力经下层反向旋转的挤压轮、抹光环的反向旋转力作用，可以抵消、减小钢筋骨架环向扭转量，脱模后混凝土管混凝土不再会轻易发生开裂、变形或坍塌。

图 5-101 为径向挤压密实原理图。图中，中心主轴带动装有刮料板的四对挤压轮，在主轴驱动下四对挤压轮以逆时针方向旋转，挤压轮与混凝土之间摩擦力使挤压轮以顺时针

方旋转。挤压轮旋转中，刮料板刮动混凝土物料向管模内壁移动，挤压轮旋转中碾压混凝土，混凝土被挤压密实。

5.5.1.3 径向挤压中混凝土结构形成过程

在挤压轮压力作用下，混凝土颗粒之间在接触点上产生的压力，称为固相粒间压力，在填充于固相颗粒之间的液相中产生的压力称为液相压力。只有固相之间的压力能引起混凝土物料的变形，使颗粒互相挤紧。在此挤压过程中，混凝土拌合物中除液相外，尚存在部分气泡包围颗粒，使之相隔一定距离，所以通过粒间压力和液相压力的作用，部分气泡被挤压排出，部分多余水分也随压力的增大和颗粒的挤紧而被泌出。留在体系内部的封闭气泡也被挤压缩小。如图 5-102 所示，最初是靠近挤压轮的料层被压紧，再克服颗粒间的摩擦力，使压力逐渐向外层传递，逐层压实。当固相颗粒相互挤紧时，骨料形成骨架，外界压力由此骨架承受，液相和气泡上的压力减小，液相和气泡停止排出和停止压缩，在这种情况下，体系中余留的是不连续的液相和隔绝封闭的气泡，混凝土被挤压密实，形成稳定的能承受一定外力的结构。

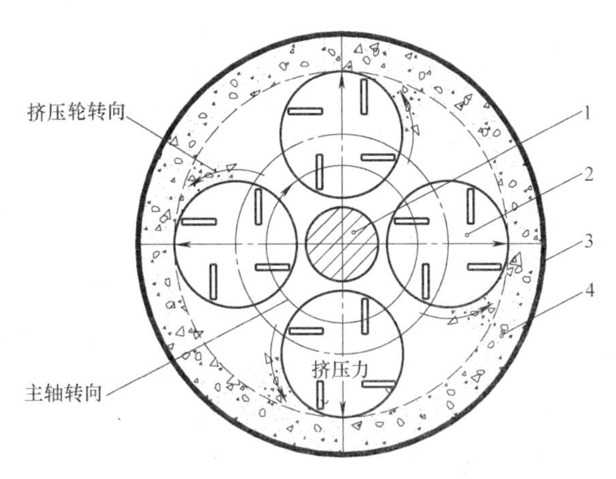

图 5-101 径向挤压工艺碾压密实原理图

1—主轴；2—密实轮；3—管模；4—混凝土拌合物

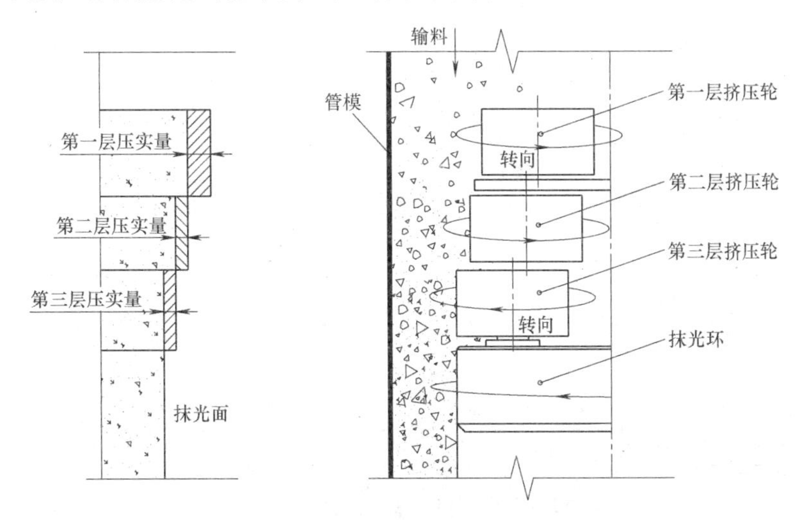

图 5-102 双向旋转、逐层碾压工艺示意图

5.5.2 径向挤压生产工艺

5.5.2.1 径向挤压工艺生产流程图

径向挤压工艺生产流程如图 5-103 所示。

5.5.2.2 径向挤压工艺成型工序

径向挤压工艺成型工序流程如图 5-104 所示。

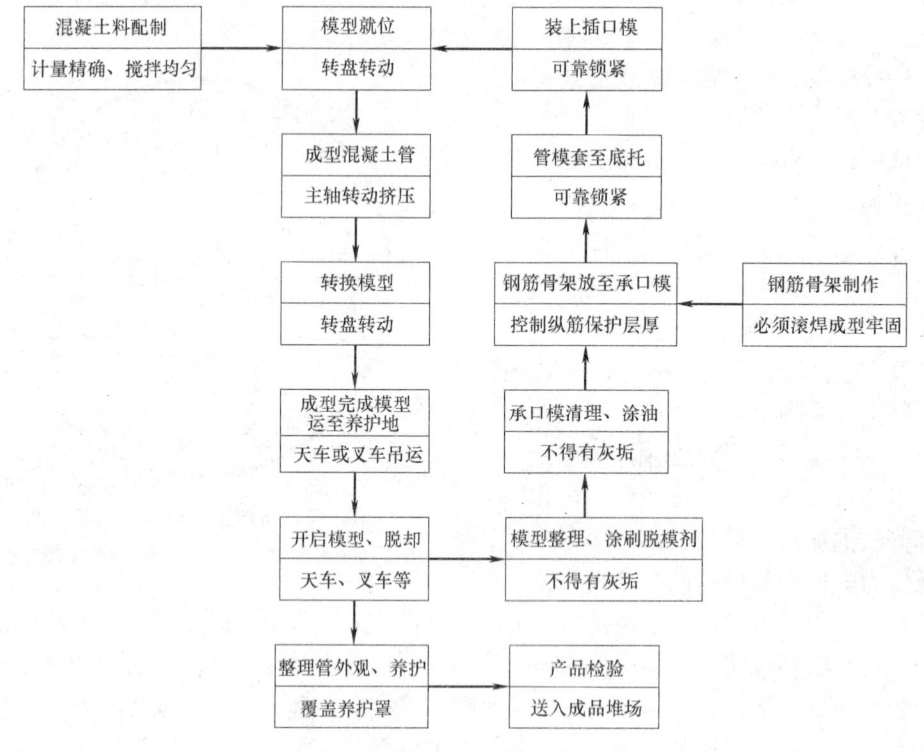

图 5-103　径向挤压工艺生产流程图

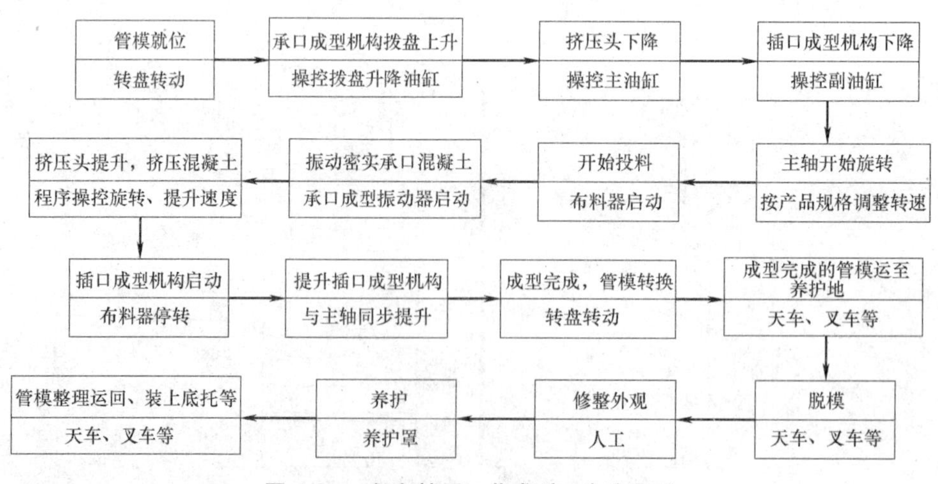

图 5-104　径向挤压工艺成型工序流程图

(1) 管模就位：管模底托清理干净，刷上脱模剂；放上钢筋骨架，套上外模并与底托连接，管模上端装上插口模（如需）；管模运至制管机就位于转盘管模定位圈；转盘旋转180°，锁紧定位机构锁住转盘，确保管模中心与主轴中心同心。

(2) 承口成型装置拨盘提升、插口成型装置下降卡住管模，振动、旋转成型承口

承口成型装置由油缸提升，拨盘卡入管模底托的拨动块；插口成型装置下降，卡住管模上端。布料机构向管模内投料，制管机主轴旋转，承口成型装置驱动拨盘旋转，带动管

图 5-105 钢筋放至底托

图 5-106 钢模套入带钢筋的底托

图 5-107 管模与转盘定位圈固定

图 5-108 管模转入成型工位

模底托旋转；开动承口成型装置的振动器，使管模受到振动。管子承口部位混凝土在振动和抹光的作用下密实成型。

图 5-109 带振动器的承口成型装置

图 5-110 插口成型装置下降卡住管模上端

（3）挤压成型头下降：操控主油缸平稳到位，使挤压头抹光环的 1/2 高度处在承口模的上方。防止混凝土料从挤压头与管模底托间的间隙漏灰。

注：(2)、(3) 两步同步操作。

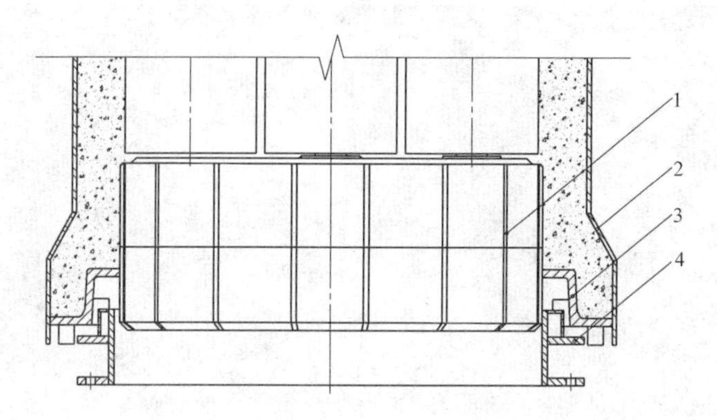

图 5-111　挤压头、底托、承口盘旋转拨动装置之位置关系图

1—挤压成型头抹光环；2—管模；3—管模底托；4—承口成型装置拨盘

图 5-112　挤压成型起始准备

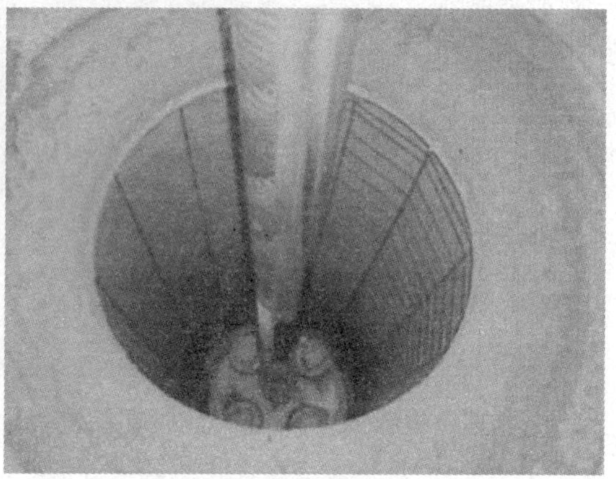

图 5-113　挤压头下降到位

图 5-114　运转布料器，开始投料

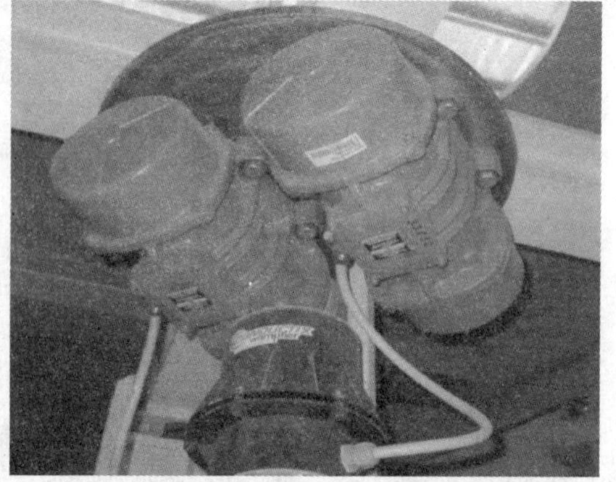

图 5-115　投料至一定高度，承口成型装置启动成型承口

(4) 挤压头提升，挤压管身混凝土

承口振动成型完成后，挤压头提升，挤压成型管身混凝土，直至管上端。

(5) 成型插口管端：主轴提升到位、抹光环到达规定高度，布料器停转。插口成型装置旋转，碾压、抹光插口工作面（部分设备无此装置）。

(6) 提升插口成型装置：主轴与插口成型装置同步提升，挤压成型头抹光环的1/2位置在插口成型盘之上，防止混凝土料泄漏。

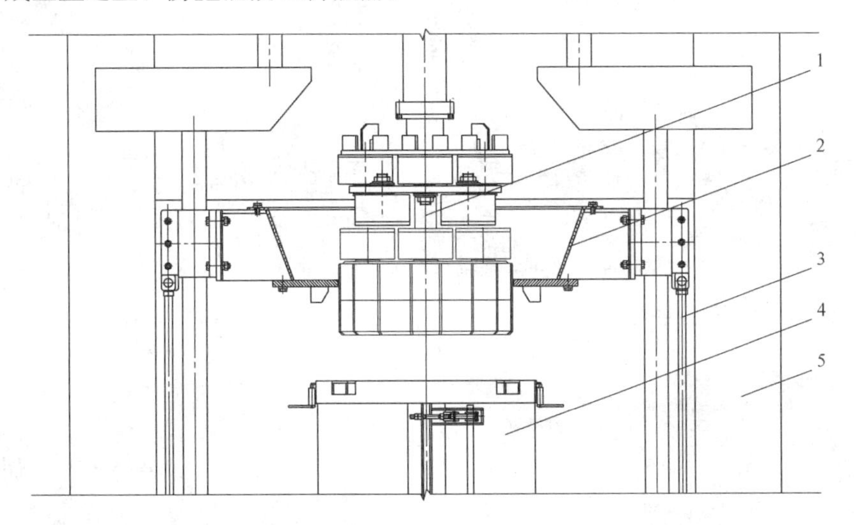

图5-116　挤压成型头、插口成型装置提升到位

1—挤压成型头；2—插口成型装置；3—插口成型装置升降油缸；4—管模；5—主机架

图5-117　挤压成型管身混凝土

图5-118　布料器停转，插口成型装置启动成型插口

(7) 转盘转动，开始下一生产循环

成型完成，插口成型装置提升。转盘转动180°，完成成型的管模转出，待成型管模转入。

(8) 运出成型后的管模，脱模、养护

成型完成的管模吊运至养护地，养护地面应平整，轻缓操作、防止冲击。

脱模注意缓慢打开管模，不应粗糙操作，避免碰残混凝土管或走形。

修整毛刺及表面瑕疵。及时加盖养护罩，防止失水和保温。

(9) 产品运至成品场，产品质量检验

图 5-119　挤压头提升出管模

图 5-120　转盘转动 180°

图 5-121　运至养护地，脱却外模

图 5-122　车间内加罩常温养护

成品检验：进行外观等检验，进入成品场继续增强养护。

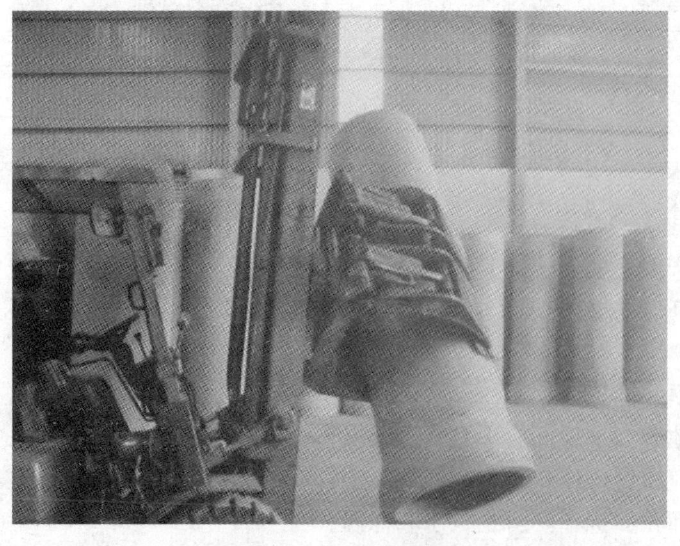

图 5-123　管子运出车间

图 5-124　产品质量检验

（10）管模底托清理

底托从养护后的混凝土管上脱下，除去灰垢，涂刷脱模剂。开始新的生产循环。

底托可由人工锤击卸脱，在自动生产线上可由气锤卸脱。

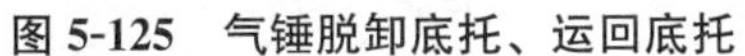

图 5-125　气锤脱卸底托、运回底托

图 5-126　自动清理底托和涂刷脱模剂

5.5.3　径向挤压工艺参数

径向挤压工艺制管车间可以选择多种机械化程度不同的生产方式，从人工辅助为主生产线到半自动生产线，也能达到无人自动化生产，都可按需选择。

当前我国仍以人工辅助操作方式为主，本节介绍的工艺制度也是以人工操作方式为主。

5.5.3.1　径向挤压工艺混凝土配合比

径向挤压工艺采用干硬性混凝土、辊压成型，因而对混凝土的要求是控制粗骨料最大粒径不宜过大，5～15mm；细骨料含量多，中砂偏细，细度模数 2.2～2.4；宜用卵石破碎骨料，瓜片状颗粒应少，使用粉煤灰，减小混凝土内摩擦力；也较多掺用 1～7mm 石屑。

国内生产厂家推荐的混凝土配合比　　表 5-83

厂名	水泥	砂	石	石屑	粉煤灰或矿粉	砂率
上海水泥制管厂	230	900	800～900	—	120	＞50％
天津贯通公司	240	800	500	500	120	48％

5.5.3.2　径向挤压工艺成型参数

径向挤压工艺参数如表 5-84 所示。生产中应按生产技术条件的变化而加以调整。

径向挤压工艺参数　　表 5-84

管径(mm)	300	400	600	800	1000	1200
承口成型振动时间(s)	10～18	14～22	18～26	22～30	26～32	30～35
主轴转速(转/min)	130～150	120～140	100～120	60～80	40～60	30～50
主轴提升速度(m/min)	3500	3200	3000	2500	2000	1800
主轴提升时间(s)	60	66	72	84	108	120
辅助时间(s)	20	22	24	26	28	30
3.5m 长管生产时间(s)	90～100	105～115	130～140	145～160	160～178	180～200
投料速度(m^3/min)	0.02	0.03	0.07	0.13	0.23	0.34
每小时产量(根/h)	39	35	30	26	23	21

5.5.3.3　工序操作控制方式

具备手控和自控两种操作。

1. 手动人工控制

操控盘上控制钮：①主轴转速；②主轴提升速度；③振动器振动时间；④振动器振动频率；⑤加料速度；⑥加水喷雾阀门。

操控盘上显示数据：①主轴转速；②主轴提升速度；③振动器振动时间；④振动器振动频率；⑤加料速度；⑥主电机电流、电压；⑦总成型时间。

2. 自动控制

生产实践中，各种生产要素不断变化，现代化的径向挤压制管机应能适应各种变化，自动作出工艺参数的调整，以最佳工艺参数生产满足产品标准的优质产品。当前大部分设备，以主轴的扭矩通过电脑自动调整各项工艺参数。生产过程中，主要需求为：

① 按承口段混凝土密实度要求，需能自动调整承口成型装置的振动频率和振动成型时间。

② 按管身混凝土密实度要求，自动调整投料速度、主轴旋转速度和提升速度。

③ 按成型管身时工艺参数，控制混凝土的和易性，自动操作加水喷雾装置。

④ 按生产产品规格自动按①～③要求调整各项工艺参数。

5.5.4　径向挤压工艺制管易发生的质量缺陷及操作要点

径向挤压工艺与悬辊工艺相似，都是使用干硬性混凝土，依靠圆辊旋转加压挤实混凝土，制得的产品质量可能产生的缺陷包括：

1. 钢筋骨架位移和露筋缺陷

管子在成型滚压过程中，挤压轮对混凝土产生两个方向的作用力，径向挤压力和环向旋转扭力，在这两项力作用下混凝土被密实，在此同时钢筋骨架也受到混凝土物料的推挤。如果径向或环向作用力不平衡，钢筋骨架会发生变形，产生保护层厚度不均匀、露筋、骨架环向扭曲等缺陷，严重时作用力超过钢筋结点的固结力时，钢筋骨架变形散架破坏（图 5-127）。

要减小和控制钢筋位移工艺操作应：

① 采用多层挤压头，每层挤压轮分布均匀，使径向挤压力得到平衡；多层挤压头层数的设置，应使正反环向扭力得到平衡，减小对钢筋骨架的环向扭曲力，避免钢筋骨架环向扭曲变形。

② 挤压头上部的拨料叉或拨料板，应能周向布料均匀，避免局部混凝土物料堆聚，产生的挤压力对钢筋骨架作用不平衡。

③ 主轴旋转平稳，不摆动。

④ 管模上应装备钢筋骨架辅助定位装置（图 5-128）。

⑤ 提高钢筋骨架质量，必须采用滚焊成型骨架，根据钢筋直径和表面特征调节好焊接电流，既避免过焊烧伤钢筋，又要焊接牢靠，整个虚焊、漏焊点要控制在整个焊点数的1%以下，而且相邻点不能同时漏焊，保证钢筋骨架有足够的强度和刚度，焊后钢筋极限强度降低值不应大于原始强度的8%，焊接点侧向拉开力不应小于1.2kN；双层钢筋骨架两层钢筋骨架间的定位装置应有足够的数量，且有一定的刚度。

(a)

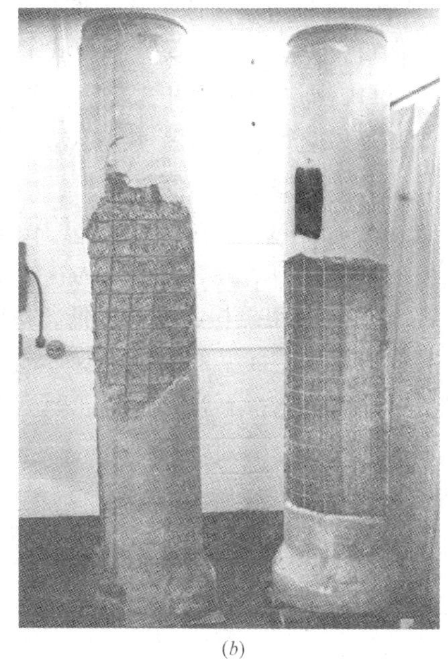
(b)

图 5-127 钢筋位移、扭转示意图

(a) 承口喇叭口段钢筋变形情况；(b) 左图：钢筋发生扭曲；右图：正常位置钢筋

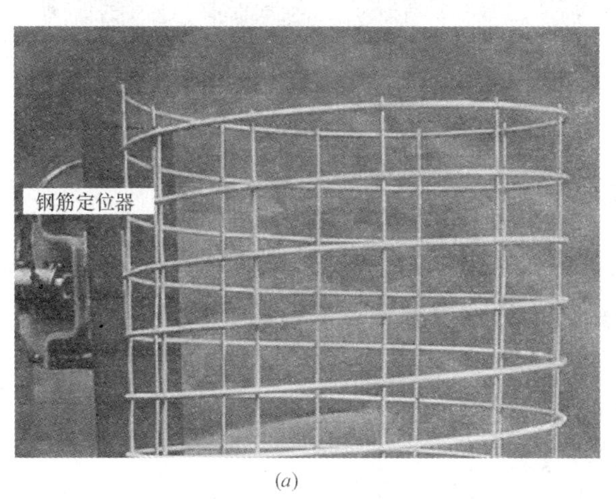

(a)

(b)

图 5-128 管模内钢筋定位装置

(a) 管模内钢筋定位示意图；(b) 气动钢筋定位器

⑥ 注意石子颗粒的最大尺寸，通过试验在满足强度要求下，减小石子的最大粒径；控制混凝土物料不要过干，水灰比不要过小，水灰比小、料过干，增大混凝土物料对钢筋骨架的挤压力。

⑦ 合理操作投料。对于多层滚压轮的挤压成型头可采用一次投料方式；双层滚压轮的挤压成型头必须采用二次投料方式，先投入部分（约 4/5～5/6）混凝土物料，固定住钢筋骨架，然后投第二次投料，投至要求厚度。

⑧ 以振动方式密层成型的承口段混凝土有足够高度，使钢筋骨架定位。

2. 承口部位混凝土成型密实度差

承插口式混凝土管或柔性企口式混凝土管成型时，混凝土料由振动力以及辊压力作用推压进承口，承口部混凝土未经直接辊压，因而密实度受混凝土拌合物性能，操作工艺影响较大，很易使管子承口密实度不够，强度和抗渗均有可能低于管身。

为避免承口混凝土密实度不足，承口部位混凝土可稍增用水量、减小工作度；承口成型装置应有足够的振动强度和足够的振动成型时间；喇叭口坡角加大为 30°～45°，使径向挤压力的轴向分力增大（图 5-129）。

3. 管身混凝土疏松、密实度低，影响管体抗渗

径向挤压工艺成型的混凝土管，成型过程中如工艺参数，投料量、挤压成型头转速、主轴提升速度等选择不当，管身混凝土产生如图 5-130 所示的疏松状态，密实度不够，管体抗渗和强度均会受到影响。

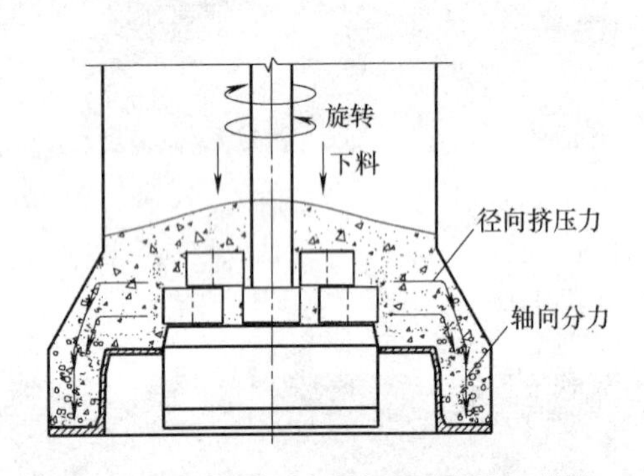

图 5-129　承插口式混凝土管喇叭口段坡角对承口成型密实度影响示意图

图 5-130　径向挤压工艺混凝土管管身混凝土疏松及环裂状态图

避免产生径向挤压管管身疏松的缺陷，工艺中不能使用过于干硬的混凝土；足够的投料量；适宜的挤压成型头转速和主轴提升速度。

应采用程序控制，通过传感器检测主轴扭矩，掌控主轴转速和提升速度。

4. 表面蜂窝麻面

径向挤压工艺制作的混凝土管，如操作不当，密实度、强度、管体抗渗性能不易保证，表面容易出现蜂窝、麻面，局部有砂眼或较大面积的渗水。

原因主要是：径向挤压工艺采用干硬性混凝土，主要靠滚压力加压密实混凝土，如材料选用不当、骨料颗粒过大，级配不好，砂浆量少、石子量多，水灰比过小、混凝土物料过干（水灰比小或混凝土拌合物静放时间过长）；主轴转速与混凝土和易性不匹配，过快或过低；主轴提升速度过快，净滚压时间不够；挤压成型头滚轮及抹光环外径偏大，混凝土压缩层厚度不够，成型滚压效果差；投料速度慢、投料量不足等。使混凝土内部空隙增多，内外表面不能出浆，形成气孔麻面，严重时出现较大蜂窝空洞。

避免方法是：大颗粒粗骨料挤压阻力大，径向挤压工艺中应适当减小石子的粒径，有利于管子成型和抗渗性能的提高；增加砂率和胶凝材料用量，保证足够的砂浆充分填充石子骨架间的空隙；控制混凝土物料水灰比，混凝土拌合物干硬度不要过大；拌制好的混凝土不要停放过长时间，保持其良好的工作性；控制挤压成型头辊子的外径尺寸符合挤压层厚度要求；按管径规格投足混凝土；控制成型头的旋转速度及提升速度符合工艺要求；管子成品堆放过程中的湿养护，利用水泥水化析出物填满间隙。

5. 钢筋骨架受压回弹形成管身环裂

径向挤压成型过程中，钢筋骨架受到辊子径向挤压力作用，钢筋受压弯曲变形，辊子转过后压力消除钢筋回弹，钢筋与混凝土脱开产生微细缝隙，循环往复的压缩、回弹，使钢筋与混凝土之间缝隙越来越大，沿着钢筋形成连通空腔，影响结构强度，也是管子渗水的通道。

要避免钢筋与混凝土结合面上产生空腔：一般措施与减小钢筋位移的措施相同。

6. 管壁厚度超差

挤压成型头滚子外径尺寸误差大，滚子磨损后没有及时调整尺寸，主轴旋转中摆动严重等因素，使成型后管壁厚度超差；投料量由人工掌控的设备，凭经验操作，每节管都存在差异，人为因素影响产品尺寸稳定性。

避免措施是：主轴安装质量达到要求，减小摆动量；仔细操作，掌握投料量；及时调整滚子外径，达到工艺要求尺寸。

7. 插口破损、管体混凝土坍塌

径向挤压工艺成型的管子脱模后管体静定养护过程中，在自重作用下发生插口变形、下沉坍塌。

发生的状况有：①管子插口变形；②管子长度缩短；③管子端部混凝土坍塌；④管子整体塌落倒地。

径向挤压工艺成型后的管子静定过程中，发生混凝土坍塌、变形。产生的原因主要是：工艺制度、各项技术参数不能保证成型后的混凝土达到要求的密实度和初始强度，混凝土即时强度承受不了自重作用，脱模后混凝土逐渐产生下沉移位。

图 5-131 管子端部混凝土坍塌

要防止径向挤压工艺成型后的管子发生坍塌、变形缺陷：

(1) 控制混凝土拌合物的和易性，增大混凝土拌合物的黏聚度。生产中应按生产产品规格、材料性能、季节气候，随时调整混凝土用水量，保证成型后混凝土涵管静定养护过程中的变形在控制范围内。

(2) 选用的工艺技术参数应能保证成型后的管子混凝土有足够的密实度、保证钢筋骨架位移变位量小。

(3) 当混凝土物料过硬或静放时间过长时，混凝土物料的成型性下降，不要在投料过程中往管模中喷过多的水来提高混凝土物料的和易性，容易在管壁中形成夹水层，成型后的管子混凝土极易发生下沉塌落，应在投料前回锅重拌。

(4) 钢筋骨架上端部位增加构造短筋，提高钢筋对混凝土承托作用力。

(5) 操作中注意不使管子受碰撞和冲击。

(6) 应用初凝时间短、强度增长快的早强型硅酸盐类水泥、掺加早强剂，这些措施使成型后混凝土强度增长快，在静定过程中能承载混凝土自重而不产生坍塌下垂，也能增加水化热，缩短混凝土管的养护时间。

8. 管身混凝土裂缝

如图 5-130 所示，管身环向产生微细裂缝。产生原因主要是环筋在成型过程中发生变位，管模脱却后，钢筋回弹引起管身混凝土开裂；也有钢筋骨架定位卡或塑料定位环的外径大于管模内径，钢筋装入管模后受压，脱模后也是由于钢筋回弹而使管身混凝土开裂。

防止这种裂缝的发生，要加强混凝土料的工作度控制和合理选择各项工艺参数，减小成型过程中钢筋骨架的变形；钢筋骨架制作时，钢筋骨架尺寸、焊接质量符合技术要求。

养护时也应注意防止温度裂缝。

9. 内壁螺旋纹

成型后管子内壁产生螺旋纹，主因是抹光环、挤压成型头上的滚子等局部凹凸，主轴在螺旋上升时，在内壁划出一道螺旋纹；主轴旋转时摆动较为严重。

避免这种缺陷产生，注意挤压成型制作装配质量。

5.5.5　径向挤压制管机

径向挤压制管机主要组成部分：①混凝土布料器；②主机架；③转盘；④动力头；⑤主轴；⑥管模；⑦插口成型装置；⑧挤压成型头；⑨承口成型装置。

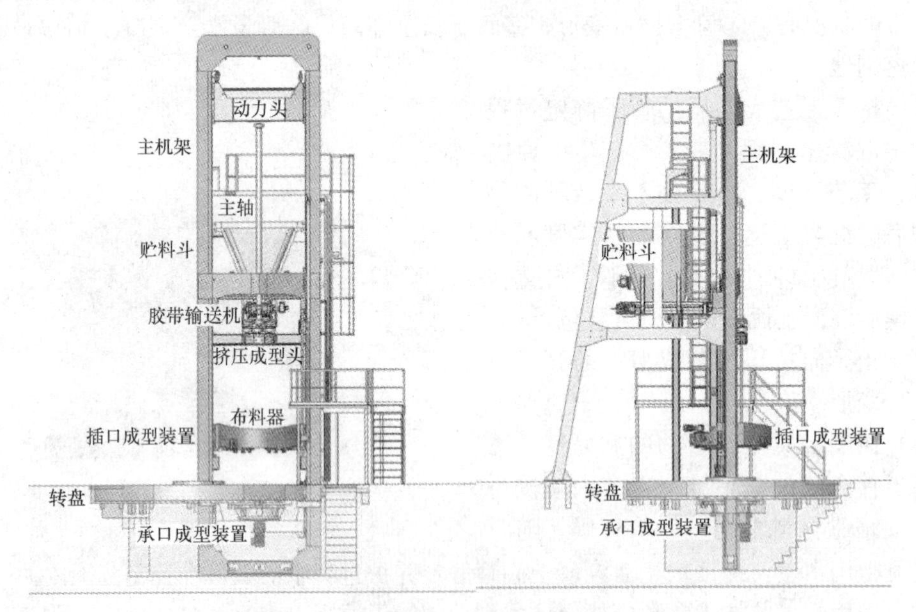

图 5-132　径向挤压制管机主要组成部件

5.5.5.1　混凝土布料器

混凝土布料器的功能是向成型中的管模内投入混凝土，投料速度应能按照不同规格混凝土管、混凝土性能变化、成型中混凝土工艺参数变化而调节投料速度。因而当前的径向挤压制管机都是采用调频调速胶带输送机。为保证投入管子周向混凝土料厚薄均匀，可采用旋转的拨料装置向管模内投料。

一般径向挤压制管机的插口成型装置（布料盘）上尚需装配自动加水喷雾装置。

图 5-133 布料器中可调速胶带输送机

图 5-134 布料器的拨料装置

径向挤压工艺混凝土管承口段依靠振动成型，混凝土料过干，难于密实成型，投入承口段的混凝土需适当加水喷雾提高其和易性；插口段为确保混凝土工作面的光洁平整，也需加水喷雾；生产过程中，已搅拌的混凝土料干硬度会随时间而发生变化逐渐变硬，有时也需对管身部分混凝土加水喷雾，调整混凝土料的和易性。

径向挤压制管成型工艺投入管模内的混凝土，受布料盘中拨料器、挤压成型头上的拨料叉等翻动搅拌，因而喷雾加入的水分能均匀分布于混凝土中，不易造成局部水分积聚，喷雾加水对混凝土管成型质量有利。

5.5.5.2 主机架

主机架是径向挤压制管机重要部件，各种部件安装于主机架上，应有足够的刚度和尺寸精度。

5.5.5.3 转盘

转盘常用四孔工位，180°方向对称为两种尺寸规格工位，装有管模卡位装置，这样不需更换管模承口卡圈，就可生产两种规格产品。

转盘支承在圆周均布的支承轮上，要求安装水平、转动平稳和自如。转盘由橡胶轮驱动装置驱动。转盘定位锁紧装置要求锁紧可靠、定位正确，保证管模与挤压成型头主轴对中、同心。

图 5-135　转盘及管模承口卡圈

(*a*)

(*b*)

图 5-136　转盘支承托轮

（*a*）转盘内周支承托轮；（*b*）转盘外周支承托轮

(*a*)

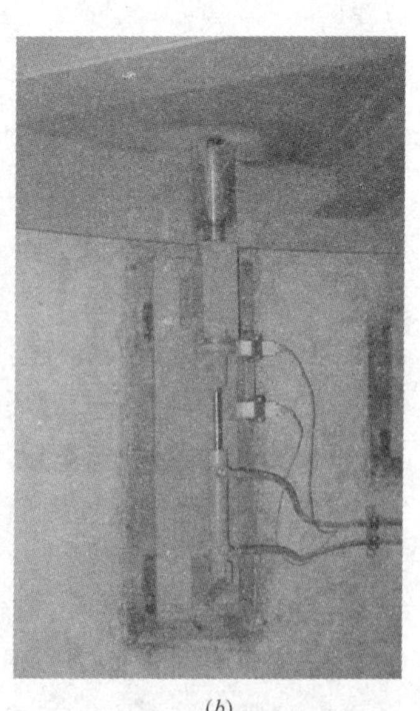

(*b*)

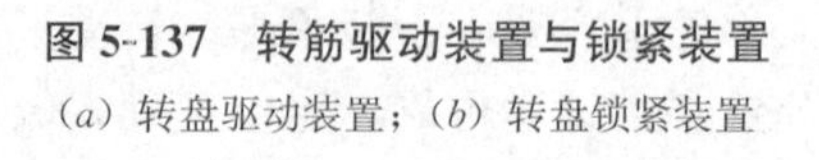

图 5-137　转筋驱动装置与锁紧装置

（*a*）转盘驱动装置；（*b*）转盘锁紧装置

5.5.5.4 动力头及主轴

动力头及主轴是径向挤压制管机最重要的驱动机构。现代径向挤压制管机主轴由双轴套合组成，内轴和外套轴。内轴和外套轴不同方向旋转，使挤压成型头以两个方向旋转碾压混凝土，克服抵消碾压混凝土时的环向扭力。

动力头是主轴传动机构，分别驱动内轴和外套轴。其动力可以由单台电机提供或两台电机提供，使主轴产生两个转向的驱动力。也可由液压马达作为主轴的驱动动力。采用液压马达传动的优点是运转平稳，低速时扭矩大。

(a)

(b)

图 5-138 驱动电机、动力头、主轴

(a) 双电机驱动；(b) 单电机驱动

5.5.5.5 挤压成型头

挤压成型头是径向挤压制管机关键部件，决定了设备性能。一般为双层或多层组成，由上至下为：拨料板（或拨料叉）；挤压轮（或挤压刮板，单层或多层）；最底下层为抹光环。

拨料板作用是使投入管模的混凝土料周向均匀分布，使挤压密实后的管壁混凝土密实均匀。

挤压轮（挤压板）在主轴的带动下旋转挤压密实混凝土。多层挤压轮的挤压轮分层以不同方向旋转。挤压板的挤压成型头只用于小口径（ϕ400m 以下）管的成型，中大口径管成型均采用挤压轮成型头。

图 5-139、图 5-140 为早期径向挤压制管机所用挤压成型头，只有两层组成，挤压轮或挤压板及抹光环。此类挤压头的挤压和抹光装置同向旋转，组装在一根主轴上。

图 5-139 挤压板与抹光环组成的双层挤压成型头

图 5-141 是近期径向挤压制管机上用的挤压成型头，由四层至五层组成，对克服平衡环向扭力更有效，防止钢筋骨架移位、变形更起作用。

图 5-140　双层挤压成型头（右图地上散件为抹光环的耐磨衬板）

(a)

(b)

图 5-141　多层挤压成型头

(a) 带拨料板挤压成型头；(b) 带拨料叉挤压成型头

5.5.5.6　承口成型装置

径向挤压工艺成型承插口式混凝土管，以承口模成型承口，此部位混凝土不能直接受到挤压轮挤压作用，如果不附加其他工艺措施，承口部位混凝土密实度将达不到管材质量要求。当前，径向挤压制管机大都采用振动及旋转碾压复合的方式密实承口部位混凝土，使混凝土管的承口质量与管身部位质量相一致。

因而，承口成型装置主要由振动器、承口成型升降台、底托转动传动装置等组成。

5.5.5.7　插口成型装置

混凝土管接口有多种形式，不同形式接口需采用不同工艺制作。因而，径向挤压制管机的插口成型装置有多种形式。目前主要有两种：直接由插口模成型方式；插口模旋转或摆动、碾压插口混凝土工作面方式。

(a)

(b)

图 5-142　承口成型装置

(a) 承口成型装置；(b) 承口成型振动器

图 5-143　插口成型装置

5.5.5.8　管模

径向挤压工艺制作混凝土管是在管成型后即时脱模，因而要求设计的管模脱模操作轻

(a)

(b)

图 5-144　管模开合装置

(a) 手动联动开合装置；(b) 气动或电动开合装置

捷简易，脱模速度快，不损伤尚未具有强度的混凝土管体。

径向挤压工艺管模开合装置可有人工开合及气动开合、电动开合、机械开合等装置。为增加工效，开合装置现大都采用整体联动开合。

成型中钢筋受扭转力作用，易变形。经生产中检验，在管模上装置有钢筋定位器的管模，挤压成型过程中骨架不易变形，具有良好的保护作用。钢筋定位器有手动型和气缸操作型两类。

(*a*)

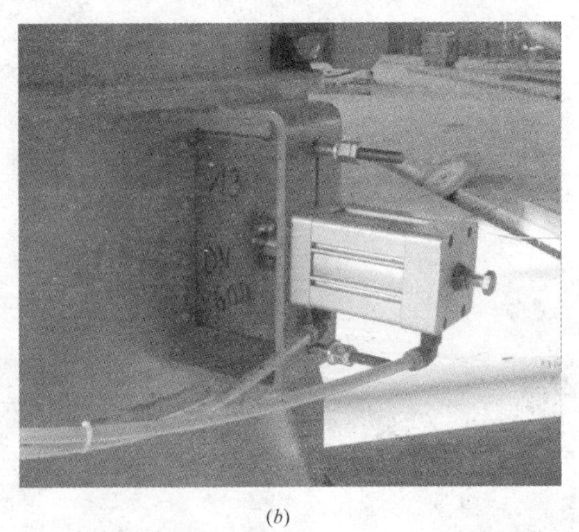

(*b*)

图 5-145　钢筋骨定位器

(*a*) 手动钢筋定位器；(*b*) 气动钢筋定位器

不同吊运方式采用不同的脱模方式，因而设计采用不同管模。常用的有：单缝式管模；两片式管模；三片式管模。

使用天车吊运、脱模方式，大都采用单缝式管模；使用叉车吊运、脱模方式，可采用

(*a*)

(*b*)

(*c*)

图 5-146　管模形式

(*a*) 单缝模；(*b*) 两片模；(*c*) 三片模

单缝式管模或三片式管模；人工脱模方式，需采用两片式管模；自动生产线中自动吊运机吊运、脱模方式，需用三片式管模。

5.5.5.9　吊运方式

径向挤压工艺生产线吊运方式，常用的有：天车吊运；叉车吊运；自动吊运机吊运。

(*a*)

(*b*)

(*c*)

图 5-147　管模吊运方式

(*a*) 天车吊运方式；(*b*) 叉车吊运方式；(*c*) 吊运机吊运方式

第六章 耐蚀混凝土管

混凝土涵管较多用于城市污水排放。经研究发现日常污水中的硫化氢（H_2S）气体氧化后形成硫酸（H_2SO_4），附着在混凝土涵管管壁上，导致混凝土脆化剥离、钢筋生锈膨胀，结构物产生龟裂以至崩坍。因此，为保护下水道系统的安全，提高排污管道的使用年限，耐蚀混凝土涵管应运而生。

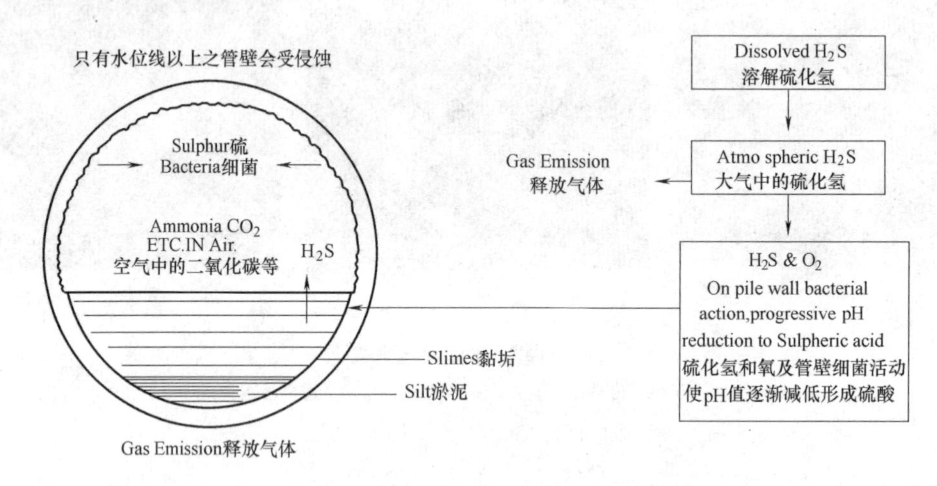

图 6-1 混凝土管道中管壁腐蚀机理

现阶段耐蚀混凝土涵管主要有：内衬塑片（PVC或PE）混凝土涵管；内掺耐蚀外加剂混凝土涵管（传统混凝土清管）；外涂或外喷耐蚀涂料（环氧沥青漆、环氧陶瓷漆等）混凝土涵管；内衬玻璃钢混凝土涵管；几种耐蚀措施综合使用混凝土涵管。

各种耐蚀管对比 **表 6-1**

管材类别	耐腐蚀性	流水阻力	刚性	价格	开挖施工	顶进施工
玻璃钢夹砂管	好	小	差	高	可	可
双壁波纹管	好	小	差	高	可	不可
混凝土管	中	较大	好	低	可	可
PVC内衬管	好	小	好	适中	可	可
内掺耐蚀混凝土管	较好	较大	好	低	可	可
涂、喷耐蚀混凝土管	较好	较小	好	适中	可	喷涂层易损伤
玻璃钢内衬管	好	小	好	高	可	可

6.1 内衬PVC片材混凝土涵管

内衬PVC片材混凝土涵管简称PVC内衬管，是以混凝土涵管为主体，以改性聚氯乙烯（PVC）片材为内衬层构成的复合管材。

PVC 耐蚀片材与一般耐蚀涂料材质相比较，有以下优点：①PVC 耐化学性，容易检测，可确保耐蚀效果；②PVC 具有高伸缩性，其高伸长率及抗拉强度可承受因荷载而造成混凝土结构物开裂的拉伸；③PVC 具有耐候性；④PVC 可塑性强，软硬可调，抗力性极强；⑤当其受压力作用时，不易损坏，且固定键条镶嵌入混凝土管壁中，握裹力强，不易剥落；⑥制作不受气候影响，接头可采用熔接方式，确保不渗漏；⑦检测方便、修补容易，耐蚀功能不受影响。

6.1.1 PVC 片材

PVC 片材以聚氯乙烯为主料，配合其他改性辅料经过高温高压挤出成型。分为菱形键和 T 形键两种（见图 6-2、图 6-3）。菱形键结构形式适用于离心制管工艺、悬辊制管工艺及芯模振动工艺，T 形键适用于立式振动制管工艺。

图 6-2 菱形键

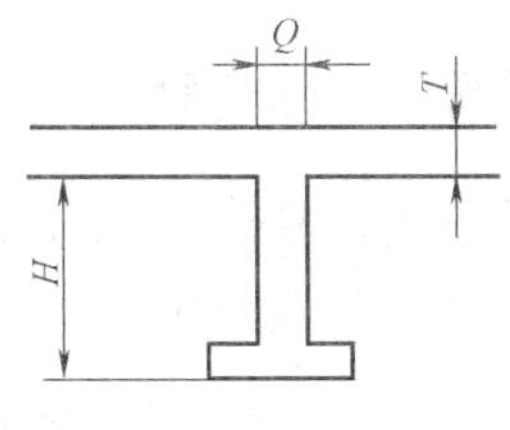

图 6-3 T 形键

PVC 片材一般为卷材，厚度不小于 1.5mm，宽度可在 1.5m 内调整，长度则可以任意变更，为运输和搬运方便，一般整卷总长度为 30m。这种卷材具有良好的热熔性能，可以方便地使用热风焊枪进行焊接，拼接出任意形状和尺寸的塑片。

国家标准《内衬 PVC 片材混凝土和钢筋混凝土排水管》中 PVC 片材性能要求，主要参照我国台湾地区标准《聚氯乙烯防蚀衬里管》CNS13781，K3112、美国标准 ASTM D412、ASTM D543 等制定，其主要技术指标见表 6-2、表 6-3。

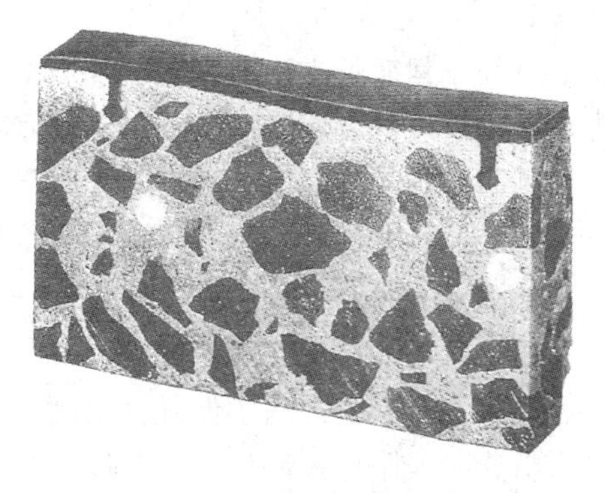

图 6-4 PVC 片材镶嵌于混凝土示意图

PVC 片材物理性能指标　　表 6-2

物理试验项目	试验方法	标准值
拉伸强度(纵、键位方向)	ASTM D412	17.25MPa(最小值)
延伸率(断裂时实测)	ASTM D412	22.5%(最小值)
水溶性物质含量(24h)	ASTM D570	0.05%(最大值)
吸水率(75mm×25mm,24h)	ASTM D570	0.10%(最大值)
拉裂力度(纵、键位方向)	ASTM D1004	80N/mm(最小值)
老化试验	ASTM D1203	1.0(最大值)
硬度(邵氏硬度)	ASTM D2240	54°～65°

PVC 片材耐化学试剂性能　　表 6-3

各种浓度化学药液	试验方法	重量弯化率最大值
20%硫酸	ASTM D543 (7d、20℃)	0.12%
5%氢氧化钠		0.20%
5%氨水		0.40%
1%硝酸		0.20%
1%氯化铁		0.60%
5%氯化钠		0.15%
1%次氯酸钠		0.20%
2%肥皂液和洗涤剂		0.40%

6.1.2　内衬 PVC 混凝土管材成型

6.1.2.1　离心成型内衬 PVC 混凝土管

离心成型内衬 PVC 混凝土管的成型与离心成型普通钢筋混凝土排水管的方法基本相同，利用离心力将混凝土料压实，排出多余的水分，最终形成管柱状混凝土管。但由于内衬 PVC 混凝土管的内壁要嵌贴 PVC 塑片，因而内层混凝土层必须留有一定厚度（10～15mm）、较为黏稠的浆层。故离心成型内衬 PVC 混凝土管的混凝土材料、配合比及成型工艺与通常的离心工艺有所区别。

1. 混凝土料

水泥用量较通常离心工艺增加 5%～10%，增加减水剂用量，水灰比约为 0.25～0.27 左右，坍落度控制在 30～60mm。宜采用细度较细的砂子，$m=2.4\sim2.6$。

适当延长搅拌时间，搅拌时加水量以看到干料开始成团即停止加水、并继续搅拌，至干料团在搅拌叶的翻动下有轻微泛光、且成团均匀为止。

2. 离心成型

由于用于离心成型内衬 PVC 混凝土管的混凝土较干，应保证投料均匀，延长慢速布料和出浆离心时间。为了保证密实度防止端面出现砂窝，需增加一个“中低速”阶段。也可在低速阶段附加振动作用。具体工艺制度为：

(1) 慢速投料：转速与普通混凝土管离心一样，约为高速阶段转速的 35%～40%，时间以投完料为准；

(2) 低速出浆：转速约为普通混凝土管离心高速阶段转速的 48%～53%，时间为 8～12 min，以管内壁混凝土料铺平，可以看到整条管内表面均匀的暗哑的水质泛光为准。若料太干可以适当喷一点水花进去，或在离心机托轮与管模跑轮之间撒适当的 0～5mm 豆石增加管模的跳动（产生振动效果）；

(3) 中速排水：转速约为普通混凝土管离心高速阶段转速的 68%～72%，时间为 5～8 min，以管内壁混凝土料铺平，可以看到整条管内表面均匀的明显的水质泛光为准。

(4) 高速密实：转速与普通排水管离心高速阶段转速相同，时间为 5～10 min，以管内壁水质均匀稳定、不再增加为准。

(5) 打水：转速降至普通排水管离心高速阶段转速的 80%左右，时间约为 3～5 min，以排干管内壁的水为准。

(6) 混凝土成型操作注意事项

① 慢速投料时先投管头、管尾，投料均匀且饱满，不够满的一定要补够，投完料再多转 3～5min。

② 中速阶段应检查内壁是否有高低不平或有石子突出，若有的话应刮平打掉。

③ 打水时不能大力压钎，以防止将水泥浆层破坏或排出，应轻轻拖过，只将内壁的水拖出即可。

④ 停机后内壁余留的水分用毛刷扫出。

⑤ 离心完的管是否达到压胶的要求，可以用手指插入内壁来检查，以手指能插入一节指头（约 10～20mm）且不发生顶部浆层塌落为合格。

⑥ 若离心后管壁内层偏硬，较大面积无法满足插入手指的要求时，重新启动离心机，投入一层砂浆，以中速离心成型，在内壁形成能插入手指的浆层。

⑦ 为了方便操作，保证成功率，也可以采用后加砂浆的方法。初始投料离心成型时，减去 1.5cm 厚的混凝土方量，按普通离心工艺成型混凝土管，排干管内浆水后，之后再投进水泥砂浆，按中速离心，达到能插入 PVC 塑片键条的要求。

3. 压贴 PVC 塑片

压胶是离心成型内衬 PVC 混凝土管的重要工序，其过程是利用专门的设备，通过振动将已经预热截剪成形的 PVC 塑片压进离心好的管子内壁，待混凝土浆经振动加压进入 PVC 塑片键槽，PVC 塑片底面的箭头状键条就牢牢地嵌在混凝土里。嵌人时 PVC 塑片底面的箭头状键条沿内壁圆周布置，也就是说与管子的轴线垂直。

图 6-5 正在离心成型的混凝土管

(1) 裁胶及烫胶

根据管子规格的不同，PVC 塑片的尺寸 $B \times L$ 也相应变化。

其中，B 是塑片的宽度，即垂直于塑片底面键条的方向，其取值为管子长度加 100mm，例如对 2000mm 长的管 B=2100mm，对 2500mm 长的管 B=2600mm。

L是塑片的长度，即与塑片底面键条平行的方向，其取值为管内孔的周长加100mm，即$3.14\times D_0+100$mm，(D_0为管的内孔直径)。

例如：对于$\phi800\times2500$的管，$B=2600$mm，$L=3.14\times800+100=2612$mm

对于$\phi900\times2000$的管，$B=2100$mm，$L=3.14\times900+100=2926$mm

PVC塑片裁剪后，两个方向都应留有100mm的搭接部位，此范围内的塑片底面键条要削除，仅留下塑片。

PVC塑片平铺在专门的热胶台上加热（键条朝上），热胶台一般采用蒸汽加热，达到能烘热PVC塑片，使其具有足够的柔软度和良好的操作性即可。

内衬层相互搭接后，采用专用热熔工具将连接边面部位进行加热使其熔化连接一体。

(2) 压胶准备

将软化的PVC塑片翻转过来（键条朝下），表面上薄薄地扫一层柴油，再卷到专门的卷胶轴上。卷塑片时应沿键条方向进行，且从搭接边开始，先用铁夹子将搭接边固定在卷胶轴上，再沿键条方向均匀地将整块塑片卷起，用塑料绳稍作绑扎。卷好塑片的卷胶轴放到压胶机的压胶滚筒上，注意垂直于键条方向的搭接边应在管子的插口尾端。

检查离心好的管子内壁是否符合压胶要求，若出现局部的偏硬或露石，要把该部分凿除10～15mm深度，再用水泥砂浆补足。管内壁必须全部饱满，不得欠料，否则要补砂浆。两端门头内孔必须清干净，不得有砂石或混凝土块，以免压穿塑片，将合格的管吊放在压胶机转动台上。

在压胶筒的滚筒弧面上薄薄地扫一层柴油，准备好支撑环以及水泥砂浆。开启电源，启动压胶机油泵，完成压胶准备工作。

图6-6　PVC塑片截剪成形

(3) 压贴PVC塑片

将压胶滚筒升（或降）到合适的高度，启动大车前进按钮，将压胶滚筒伸到管内，至PVC塑片边缘与管端匹配。非搭接端（承口端）键条应在门板以内20mm位置，搭接端（插口尾端）键条也应在门板以内20mm位置，且预留搭接塑片长度应有100mm左右。

将卷好的塑片拉下一截，按设计位置轻轻铺在管内壁上，将压胶滚筒降低到内壁表面（自由压在胶面上），开动振机（视管内壁沙浆层决定四台振机的开启次序和数量），转动管模，操作工站在管的两端，一边拉动塑片，保持塑片的顺滑和整齐，一边向管内壁补入砂浆。转动一周后，关掉振机，再慢转一周，压实塑片固定键与管体紧密连接。

待塑片搭接位置转到下方时，停止转动。将压胶滚筒升起，离开管内壁，大车后退，将压胶滚筒退出管外。即刻将支撑铁环安放到管内两端，撑紧塑片。

清理干净管内的砂浆及杂物，涂上一层柴油，管子养护至拆模强度脱模。

脱模后混凝土管，用专门的风热式焊接枪将管内的PVC搭接部位焊接起来，即完成压胶的全过程。

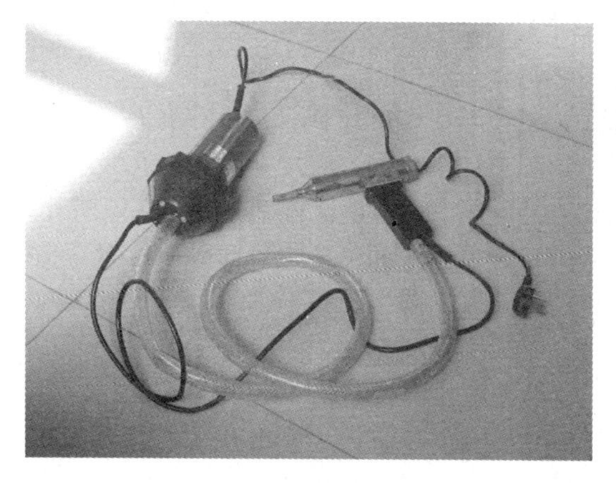

图 6-7 PVC 塑片热风焊枪

图 6-8 正在压贴 PVC 塑片

（4）压贴 PVC 塑片注意事项

① PVC 塑片要在足够的温度下操作，使其有必须的柔软性。

② 压贴 PVC 塑片时，按混凝土管内壁混凝土硬度控制好旋转速度和振动加压时间，应保证塑片键条四周砂浆充填饱满。

③ 支撑铁环安装到位，防止混凝土管静停过程中上部混凝土发生坍塌。

④ PVC 片键条方向应与管子轴线垂直，不致影响内衬 PVC 混凝土管的承载强度。

图 6-9 正在脱模的内衬 PVC 混凝土管

⑤ PVC 片键条方向与管子轴线垂直的塑片，应在纵向切出排气槽，防止蒸养中温度升高气体膨胀，而使塑片键条在混凝土中松动或被拔出。

4. 管材检验

内衬 PVC 混凝土管的检测分两部分，第一部分是管子的强度检验，这跟普通的钢筋混凝土管的检验方法是相同的；第二部分是 PVC 塑片的检验，包括塑片破损检验和塑片抗拔检验。

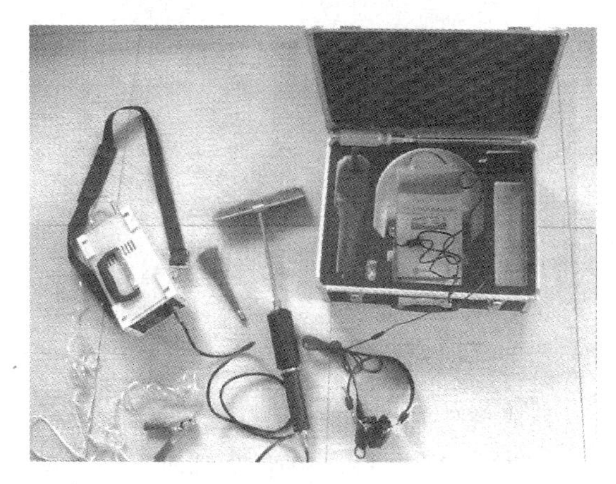

图 6-10 PVC 塑片检漏仪——高压电击火花仪

（1）塑片漏损检验

此检验必须采用专门的仪器——高压电击火花仪，首先按要求接好地线和金属扫把，把地线搭在管子外壁的混凝土上，必要时可以再搭上一块湿布以增强接地效果，用金属扫把顺管内壁圆周方向慢慢扫过，若发现金属扫把与塑片之间产生电击火花（一般伴有响声），则说明此处塑片有漏损。用粉笔在破损位置作好记号，待检测完毕后再进行修补。

(2) 塑片抗拔检验

管道出厂前应对PVC键条抗拉拔强度进行检测，固定键抗拉拔强度标准值应不小于14N/mm，检测方法如下。

在管内壁选好位置（一般在正下方），量出100mm×100mm大小的一块PVC塑片，要求塑片包括一条键条（键条圆周方向长100mm），且位于中间（两边各50mm）。将特制的秤杆放入管内，用铁夹子将PVC塑片夹住，轻轻拉紧。另一端逐步加载，直至荷载总量达到28.5kg，静止60s，若塑片没有被拉出则为合格。

图6-11　PVC塑片键条握裹力抗拉拔检验仪

(3) 管道PVC修补

管道内衬的PVC塑片如发生局部损伤，以及顶管用管管壁上预留的注浆孔等部位，应按如下方法进行相应粘补：

① 面积很小时，例如针眼、小的刮伤或磨损等造成损伤，直接采用平面PVC（不带键条）胶片进行覆盖焊接修补，重新覆盖尺寸应比原来修补处周边大12mm。

② 当损伤面积较大时，宜将损伤部位切除，在填补材料背面涂上合成聚氨酯粘胶贴到损伤部位，同时采用改性PVC焊接带焊在破损搭界处进行覆盖。

③ 如果焊接过程中由于温度过高，出现焊接部位严重碳化现象，必须去掉碳化部分重新进行修补。

(4) 内衬PVC混凝土管吊运

内衬PVC混凝土管及管件应采用兜身吊带或专用工具起吊，不得穿心吊运，以免碰坏PVC塑片。

6.1.2.2　悬辊工艺成型内衬PVC混凝土管

我国广泛应用悬辊工艺制作混凝土管，按我国特情，研制成内衬PVC塑片悬辊工艺的混凝土管。

图6-12　制作完成的内衬PVC混凝土管

悬辊工艺成型普通钢筋混凝土管，主要利用辊压力将混凝土料压实。悬辊工艺成型内衬PVC混凝土管，由于内衬PVC混凝土管的内壁要嵌贴PVC塑片，因而内层混凝土层必须留有一定厚度（10～15mm）、较为黏稠的浆层。这样悬辊工艺成型内衬PVC混凝土管的混凝土材料、配合比及成型工艺与通常的悬辊工艺有所区别。

悬辊工艺成型内衬PVC混凝土管按管壁厚度分层投料，初始投料成型时，减去1.5cm厚的混凝土方量，按普通悬辊工艺成型混凝土管，之后再投进水泥砂浆，辊压后达到能插入 PVC 塑片键条要求的砂浆层。

悬辊工艺成型内衬 PVC 混凝土管操作要点是：最内层投入的混凝土料是水泥用量及水灰比较大的砂浆，且不宜过分压实，以免难以压入 PVC 塑片，这样外层投入管模内的混凝土料所受辊压力被减小，密实度会降低。为保证外层混凝土的强度和密实度，外层混凝土料在悬辊成型时，应适当提高悬辊辊轴的转速，依靠增大离心力方法增加外层混凝土的密实度，一般提速 20%～40%。也可在成型外层混凝土料时，对辊轴施加振动，利用振动力提高密实度。

PVC 塑片的压入及其他工序与离心成型内衬 PVC 混凝土管相似。

6.1.2.3 振动工艺成型内衬 PVC 混凝土管

图 6-13 悬辊工艺成型内衬 PVC 塑片混凝土管

立式振动或芯模振动工艺适宜制作内衬 PVC 混凝土管，混凝土浆包裹 PVC 塑片键条更为充分饱满，抗拉拔力提高。振动工艺成型内衬 PVC 混凝土管生产工艺与普通振动工艺成型混凝土管基本相同，只是芯模振动工艺成型内衬 PVC 混凝土管时，需适当增加混凝土的流动性，减缓投料速度、延长振动时间。

在立式振动工艺成型的内衬 PVC 混凝土管的塑片，分为整体式和局部式。整体式是在混凝土管内壁整圆镶贴 PVC 塑片；局部式是在管内壁镶贴圆周 3/4 周长的 PVC 塑片。

整体式塑片又可分预制整圆与后期熔接两种方式。整体式塑片在套至内模上时操作费时、周长超大时，成型后的塑片易起皱折。后期熔接方法与离心成型内衬 PVC 混凝土管相似，混凝土管养护脱模后，再把 PVC 塑片熔接成整体。

芯模振动工艺成型内衬 PVC 混凝土管，只能应用整体式 PVC 塑片。

套至内模上的 PVC 塑片，为防止其振动过程中下垂，可以用铁丝或胶带将其固定在内模上。

图 6-14 芯模振动工艺成型内衬 PVC 混凝土管塑片安放

图 6-15 正在投料振动成型中的内衬 PVC 混凝土管

图 6-16　制作完成芯模振动工艺内衬 PVC 混凝土管

6.1.2.4　内衬 PVC 混凝土管接口

内衬 PVC 混凝土管接口按管径分为承插口式及企口式两种接口形式，按施工方法不同有混凝土承口和钢制承口两种形式。接口密封材料可用橡胶圈密封，也可采用其他密封材料，甚或在低压输水管中，可取消接口处的密封材，仅依 PVC 塑片密封。

管道 PVC 内衬层在接口位置连接分为搭接和对接两种形式：

（1）采用搭接形式时应使管道承口及插口处的内衬层相互重叠，并用专用热熔工具将其焊接成整体，焊接宽度不小于 50mm，详见图 6-17（单位：mm）。

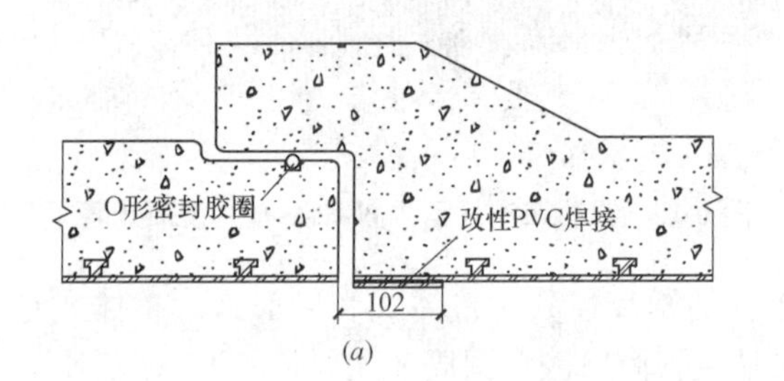

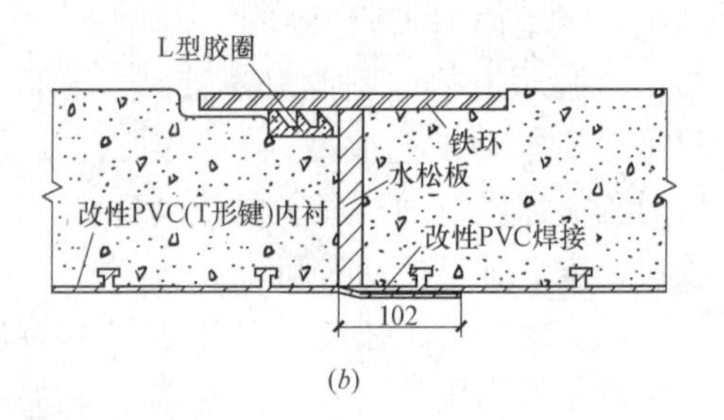

图 6-17　管道 PVC 内衬层搭接示意图

（*a*）开槽法施工；（*b*）顶管法施工

（2）采用对接形式时将管道的承口和插口直接对接，并应对管体承口和插口端面进行防腐处理，防腐材料宜采用环氧煤沥青，防腐层厚度不小于 0.2mm，详见图 6-18。

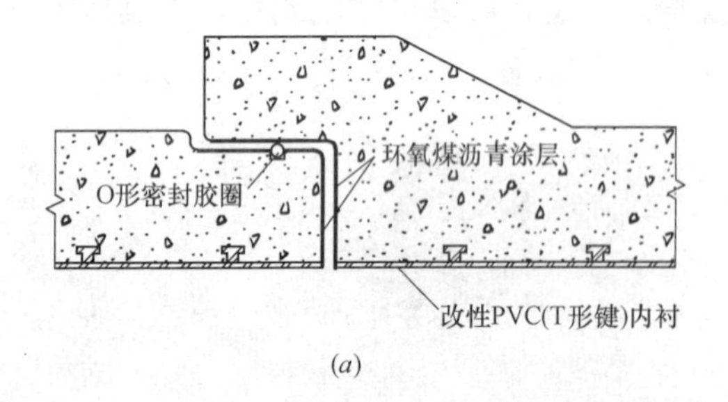

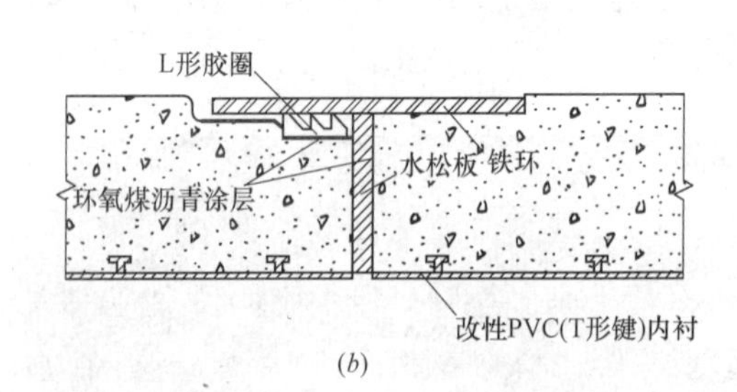

图 6-18　管道内衬层对接示意图

（*a*）开槽法施工；（*b*）顶管法施工

6.1.3　内衬 PVC 片材混凝土检查井

与运行于腐蚀介质中的管道相似，用于此类的混凝土检查井也应具有相应的耐蚀能力。如图 6-19 所示，预制混凝土检查井的各类部件都可与管相似，采用内衬 PVC 方法，制成内衬 PVC 混凝土检查井。

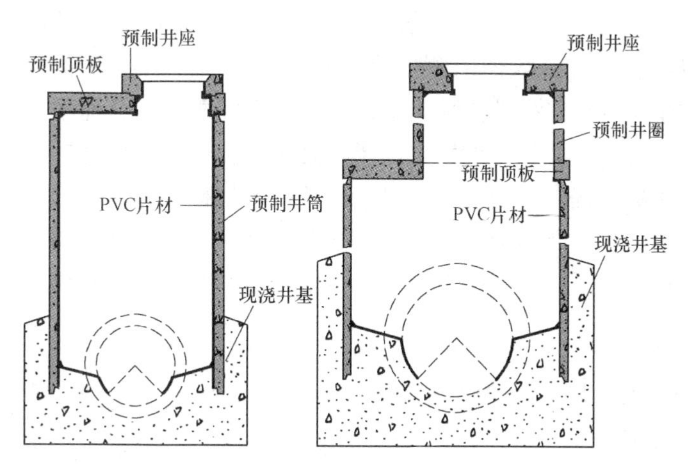

图 6-19 内衬 PVC 检查井

内衬 PVC 预制混凝土检查井现场装配后，再在其各连处及检查井的流水槽各处以熔接 PVC 塑片，或涂刷环氧沥青漆或其他防腐涂料（Epoxy 涂料等）作防蚀。

6.1.4 内外镶衬 PVC 片材混凝土涵管

镶衬 PVC 混凝土涵管除了用于排水管道外，还可用于抽水站、污水处理厂结构物、地下防水结构物、化工厂防蚀 RC 贮槽等。

特别是埋设在地下海水水位较高、盐碱地的各类金属管道（输水、输油）的混凝土套管、混凝土输水、排水管道，受盐类侵蚀使用年限较短。为提高此类结构物使用年限，除了在其内壁镶衬 PVC 塑片外，也在其外壁镶衬 PVC 塑片。

6.2 内掺型耐蚀混凝土管

预制混凝土涵管在使用过程中受使用环境的影响，常会遇到对混凝土产生腐蚀的土壤、地下水，一般使用 30 多年的混凝土构件就遭受严重腐蚀，影响结构耐久性和安全性。为了保证混凝土涵管的安全运行，必须采取各种有效的防腐蚀措施，提高结构耐久性和保证结构安全性。

传统的防止土壤（地下水）对地下混凝土结构物腐蚀的方法有：

(1) 使用抗硫酸盐硅酸盐水泥；此种方法不足之处是：抗氯盐腐蚀能力较差，在氯盐与硫酸盐并存的环境中（如海水），混凝土中钢筋容易腐蚀，防蚀效果不佳。

(2) 外涂防腐涂料；此种方法不足之处是：作用有效时限短，一般为 6～7 年，维护费用大，施工工艺复杂且价高。

(3) 加大混凝土保护层；此种方法不足之处是：混凝土结构厚度有限，保护层厚度提高受到限制。

(4) 提高混凝土强度；此种方法不足之处是：混凝土本身就是一种较好的防蚀材料，提高混凝土强度等级，虽然延缓了腐蚀时间，却提高了工程造价。

(5) 阴极保护；此种方法不足之处是：虽然效果尚可，但施工过程复杂，一次性投入大，后期维护费用也高。

（6）镶衬 PVC 片材混凝土涵管：此种方法不足之处为工程费用增加。

在预制混凝土涵管的混凝土中添加适量防蚀外加剂是一项常用的防腐蚀措施之一，可以促进混凝土质量的优化，提升混凝土的性能，降低混凝土的孔隙率和透水性，从而提高结构耐久性。在混凝土中添加外加剂也成了混凝土配合比优化设计常用方法，从而内掺防蚀增强剂的混凝土成为提高预制混凝土涵管耐久性新的材料。

掺加防蚀剂混凝土，防蚀剂直接掺加入在普通混凝土中，操作简单、使用方便；掺量少、成本低，使用工业下脚料，提管混凝土涵管的耐蚀能力，具有良好的经济效益和社会效益。

6.2.1　混凝土涵管受土壤腐蚀原因

土壤中的混凝土受有害离子对混凝土的化学侵蚀、以及冻融、干湿等物理作用破坏外，还有混凝土收缩开裂、抗渗性差也是重要原因之一。裂缝成为有害离子 Cl^-、Mg^{2+} 等渗入混凝土内部的渠道，与混凝土中的 $Ca(OH)_2$ 起化学反应，使钢筋的侵蚀和冻害加剧，导致管道混凝土耐久性下降。混凝土的破坏是若干物理化学作用的综合结果。

混凝土表面或内部不可避免出现裂缝，这对长期处在具有腐蚀性环境中的混凝土无疑是致命的，如何防止或减少混凝土结构开裂并提高混凝土密实度和抗渗性是至关重要的。

6.2.2　提高混凝土涵管耐久性的技术措施

6.2.2.1　水泥品种的选择

对耐蚀混凝土选择合适的水泥品种是十分重要的，应保证降低孔隙率、降低透水性和增强抗渗性，以及保护层不出现裂缝或控制有害裂缝宽度不大于 0.2mm。为确保混凝土的耐久性，宜优先选用 C_3A 含量小于 8%的普通水泥或抗硫酸盐水泥。

6.2.2.2　适量添加高效减水剂

单靠水泥品种选择和水泥用量增加是不够的，国内外现在越来越多地通过添加外加剂来调节混凝土的性能，取得了很好的效果。

在耐蚀混凝土中添加高效减水剂，能保持混凝土工作性质不变而显著减少拌合用水量、降低水灰比，提高混凝土的密实性和不透水性。同时，在混凝土中添加相适应的高效缓凝减水剂还可以改善混凝土和易性、降低水化热、减缓水化速度推迟初凝时间，延缓水泥水化热的释放速度，推迟混凝土放热高峰时间，延长混凝土升温期，减少混凝土表面温度梯度，避免或减轻混凝土开裂。混凝土防蚀剂中的有机硅及氟硅酸盐成分与水泥的水化物产生反应，在水泥表面气孔和毛细孔中生成极难溶的硅胶薄膜，进一步提高了混凝土的耐蚀性。

6.2.2.3　适量添加优质粉煤灰、矿渣粉等活性混合材

粉煤灰、矿渣、硅灰等火山灰质材料的应用，改善混凝土和易性、降低水化热、与硅酸盐水泥水化过程中产生的 $Ca(OH)_2$ 反应，使混凝土中 $Ca(OH)_2$ 含量减少，减轻 NaCl 等对水化硅酸钙的腐蚀。粉煤灰还能改善水泥石孔结构，致密水泥石结构、改善集料和水泥浆体界面之间的粘结等作用，提高硬化混凝土微结构的均匀性和抗裂能力。大大降低 Cl^- 的扩散系数，从而降低海水对混凝土的化学侵蚀。

6.2.2.4 适量添加混凝土防蚀增强剂

当前掺加于预制混凝土涵管中的防蚀增强剂主要有 CPA 及 NFS。

1. 混凝土防蚀增强剂 CPA

CPA 混凝土防蚀增强剂是一种复合外加剂，适量添加混凝土中，达到相关技术规范中的混凝土技术要求，具有很好的抗裂性能和抗渗性。

(1) 混凝土防蚀增强剂 CPA 的性能

是一种复合外加剂，适量添加混凝土中，达到《海港工程混凝土结构防腐蚀技术规范》中混凝土抗氯离子渗透性要求、满足《混凝土外加剂应用技术规范》、《混凝土膨胀剂》中的补偿收缩混凝土技术要求，具有优异的抗裂防渗性能。有效解决了混凝土因干缩和冷缩产生有害裂缝、氯离子渗透、海水侵蚀等问题，是提高海港工程混凝土结构耐久性的优质材料。

CPA 的组成大致有：

① 硫铝酸盐类膨胀剂——起补偿收缩的抗裂作用；

② 高效引气剂——起抗冻作用；

③ 高效阻锈剂——起防止钢筋锈蚀作用；

④ 硅粉或超细磨矿渣粉——起密实、防蚀作用。

经过大量的试验研究，CPA 内掺量——替代胶凝材料重量，为 10%左右。CPA 外观为灰白粉末，比重 2.90。CPA 中的 MgO 含量 3%，氯离子含量 0.03%，碱含量 0.7%，无有害成分。在 P.O.42.5 水泥中添加 10%CPA，与基准水泥相比，CPA 水泥的凝结时间正常，对强度影响不大，7d 水中限制膨胀率 $\varepsilon_2=3.1\times10^{-4}$，180d 限制干缩率为 1.02×10^{-4}。CPA 化学成分见表 6-4。物理性能见表 6-5。

CPA 防蚀增强剂的化学成分 **表 6-4**

烧失量	SiO_2	Al_2O_3	Fe_2O_3	CaO	MgO	SO_3	K_2O	Na_2O	Cl^-
1.10	11.20	18.50	0.65	36.50	2.35	28.55	0.20	0.10	0.02

CPA 的物理性能 **表 6-5**

水泥组成(%)		净浆稠度(%)	凝结时间(h)		限制膨胀率($\times10^{-4}$)				强度(MPa)				氯离子渗透C
PC	CPA		初凝	终凝	水中		空气中		抗压强度		抗折强度		
					3d	7d	28d	180d	7d	28d	7d	28d	
100	—	27.0	2.33	3.33	0.90	1.00	−2.50	−3.50	32.1	59.2	6.0	8.7	—
90	10	27.5	2.75	3.83	2.00	3.10	−0.40	−1.02	30.0	49.4	5.7	8.5	<800

(2) CPA 混凝土特性

CPA 水泥砂浆具有膨胀性能，且干缩率较小，也即具有补偿收缩及抗裂性能，混凝土的配合比设计见表 6-3。CPA 以 8%、10%、12%等量取代水泥和粉煤灰。FDN 减水剂掺量为胶凝材料的 0.8%，配制 C40 高性能混凝土。

① CPA 对混凝土的坍落度影响不大，凝结正常，工作性良好。

② 随 CPA 添加量增加混凝土早期强度有所降低，但后期强度稳定上升。

③ 随 CPA 添加量增加，混凝土的限制膨胀率从 1.9×10^{-4} 提高到 3.15×10^{-4}，其膨

胀效应比空白混凝土增加 4～6 倍，干缩率也下降 1～2 倍。说明 CPA 混凝土具有良好的补偿收缩功能。

④ 添加与不添加 CPA 混凝土的弹性模量基本相同，28d 的 E_c 在 3.50GPa 左右。

⑤ 将 Φ15×30mm 光面钢段埋入尺寸为 10cm×10cm×10cm CPA 混凝土中养护 6 个月和 1 年后破型观察钢段表面无锈斑痕迹，说明 CPA 对钢筋无锈蚀作用。

⑥ 将 10cm×10cm×10cm 的 CPA 混凝土块，经 28d 标准养护后，放入恒温恒湿碳化箱内 6 个月，取出后用酚酞溶液检测其表面碳化深度，结果表明 CPA 混凝土抗碳化性能优于普通混凝土。

⑦ 具有较高的不透水性、优异的抗氯离子渗透性及抗硫酸盐腐蚀能力。

表 6-6 为掺 CPA 混凝土配合比、表 6-7 为 CPA 混凝土性能。

掺 CPA 混凝土配合比　　　　**表 6-6**

编号	CPA 掺入量（%）	W/C	SL（cm）	胶凝材料用量（kg/m³）	材料用量（kg/m³）						
					水泥	粉煤灰	CPA	砂	石	水	FDN
1	0	0.46	17.5	380	320	60	—	701	1144	175	3.04
2	8		17.0		295	5	31				
3	10		16.5		188	54	38				
4	12		16.0		282	53	45				

CPA 混凝土性能　　　　**表 6-7**

编号	限制膨胀率（×10⁻⁴）						抗压强度（MPa）				28d 弹性模量（GPa）	钢筋锈蚀		碳化深度（mm）
	水中			空气中			3d	7d	28d	1a		6m	1a	6m
	3d	7d	14d	28d	60d	180d								
1	0.48	0.56	0.56	−1.2	−2.4	−3.2	29.8	35.8	42.7	52.5	3.69	无	无	10.8
2	1.41	1.90	2.56	−0.9	−0.5	−1.8	28.5	37.3	44.2	55.9	3.75			2.5
3	1.92	2.50	3.15	1.3	−1.2	−1.46	27.5	38.2	42.6	54.5	3.52			3.0
4	2.10	3.15	4.25	2.50	−1.05	−1.22	25.2	33.6	38.2	50.2	3.35			3.5

2. 混凝土防蚀增强剂 NFS

NFS 是一种复合外加剂，NFS 的组成大致有：

①（亚硝酸盐类）高效阻锈剂——起防止钢筋锈蚀作用。

② 高效减水剂——降低水灰比，减少用水量。

③ 防蚀剂——氟硅酸盐、松香酸钠、有机硅。

④ 粉煤灰和磨细矿渣粉——起密实、防蚀作用。

在预制混凝土涵管中，以普通硅酸盐水泥加入这种防蚀剂和粉煤灰配制的混凝土水化热较普通混凝土降低了 30%、混凝土 28d 收缩率较普通混凝土减少 22.5%、抗冻融标号≥F300、抗硫酸根离子浓度值≥15000mg/L、耐腐蚀系数>0.8、抗氯离子渗透系数为抗硫酸盐水泥的 1/10。

国内首钢在唐山曹妃甸建厂工程中以此混凝土作了大量埋设试块耐蚀对比试验，地下水化学指标见表 6-8。各种普通水泥和特种水泥所作的试件为：

①外涂防护层的混凝土试件；②高强度等级混凝土试件；③加大保护层的混凝土试件；④加入 NFS 混凝土防蚀剂的混凝土试件。

对埋设现场进行了长期观察，于五年后从埋设现场取出混凝土试件，试验结果表明，掺入 NFS 混凝土防蚀剂的混凝土试件是一种最为有效的防蚀措施。

地下水样主要化验指标　　**表 6-8**

编号	取样地点	取样深度	取样日期	主要指标含量				侵蚀性	pH 值	总矿度 (mg/L) $\times10^4$
				SO_4^{2-}	Cl^-	HCO_3^-	Mg^{2+}	CO_2		
1	虾池	地表水	02.09.14	3.57	4.08	3.40	1.70	17.6	8.11	7.13
2	S10	0.80	03.04.04	4.41	3.50	4.00	2.40	0.0	7.34	6.23
3	S20	0.60	03.07.09	3.92	2.95	3.84	2.00	46.0	7.16	5.28
4	F14	0.80	03.07.09	4.86	3.20	9.66	2.28	0.0	7.59	5.86
5	抽水孔	15.00	03.07.09	2.61	3.68	26.43	2.60	0.0	7.24	6.38
6	F5	1.05	03.07.09	4.96	4.48	6.24	3.37	0.0	7.70	7.86
7	抽水孔	18.00	03.07.09	2.47	3.69	23.82	2.64	0.0	7.44	6.40
8	湖林新河	地表水	03.07.09	2.55	1.90	3.04	1.27	0.0	7.53	3.41

因而首钢曹妃甸建厂所有地下工程全部使用掺加 NFS 防蚀剂混凝土，预制混凝土涵管的制作也要求掺加 NFS 混凝土防蚀增强剂。天津宝坻和河北秦皇岛两工厂生产此批防海水腐蚀混凝土管所用的配合比如下：42.5 级普通硅酸盐水泥，I 级粉煤灰及磨细矿渣粉双掺取代 15%水泥，NFS 防蚀剂水泥用量的 2%，水灰比 0.28。

悬辊法工艺成型，管径 ϕ300～1800mm。外观光洁，内水压检验达到 0.15MPa，外压检验荷载高于国家标准 GB/T 11836 同级别管子 26%～40%。

埋设地下一年半后检查，管子外表无任何腐蚀迹象，效果较好。

第七章　混凝土管道施工

7.1　地基处理与管道基础

管道埋入土中，受力特性是管道与地基土共同作用，土既对管道产生作用，也是与管道承受作用的载体。因而地基土的特性对管道的结构具有特种意义，了解、掌握地基土的特性是管道施工中重要组成部分。

7.1.1　地基土分类

土是岩石风化后经搬移、堆积而成的，由矿物固体颗粒、水分和空气组成。地基土一般可分为岩石、碎石土、砂土、粉土、黏性土和人工填土。

1. 岩石

指颗粒间牢固连接呈整块状的岩石。按其坚硬程度分为坚硬岩、较硬岩、较软岩、软岩和极软岩。按岩体破碎程度分为完整、较完整、较破碎、破碎与极破碎五种。岩石的风化程度可分为未风化、微风化、中风化、强风化与全风化。

2. 碎石土

粒径大于2mm的颗粒含量超过全重50%的土。按颗粒级配及形状分为漂石、块石、卵石、碎石、圆砾和角砾，见表7-1。按密实度分为密实、中密、稍密和松散。

碎石土的分类　　**表7-1**

土的名称	颗粒形状	粒组含量
漂石	圆形及亚圆形为主	粒径大于200mm的颗粒超过全重的50%
块石	棱角形为主	粒径大于200mm的颗粒超过全重的50%
卵石	圆形及亚圆形为主	粒径大于20mm的颗粒超过全重的50%
碎石	棱角形为主	粒径大于20mm的颗粒超过全重的50%
圆砾	圆形及亚圆形为主	粒径大于2mm的颗粒超过全重的50%
角砾	棱角形为主	粒径大于2mm的颗粒超过全重的50%

3. 砂土

砂土又分为砾砂、粗砂、中砂、细砂和粉砂。砂土密实度按天然空隙比，分为密实、中密、稍密和松散，见表7-2。

4. 粉土

粉土介于砂土和黏性土之间，塑性指数$I_p \leqslant 10$而且粒径大于0.075mm颗粒含量不超过全重的50%。

砂土的分类　　**表 7-2**

砂土的名称	粒组含量
砾砂	粒径大于 2mm 的颗粒占全重的 25%～50%
粗砂	粒径大于 0.5mm 的颗粒占全重的 50%
中砂	粒径大于 0.25mm 的颗粒占全重的 50%
细砂	粒径大于 0.075mm 的颗粒占全重的 85%
粉砂	粒径大于 0.075mm 的颗粒占全重的 50%

5. 黏性土

黏性土为 $I_p>10$ 的颗粒，又可分为黏土和粉质黏土。黏性土具有黏性和可塑性，其状态按液性指数分为坚硬、硬塑、可塑、软塑和流塑。

6. 人工填土

人工填土根据其组成和成因，可分为素填土、压实填土、杂填土、冲填土。

素填土为由碎石土、砂土、粉土、黏性土等组成的填土。经过压实或夯实的素填土为压实填土。杂填土为含有建筑垃圾、工业废料、生活垃圾等杂物的填土。冲填土为由水力冲填泥沙等形成的填土。

7. 土的工程分类

在土方施工过程中，还常按土的坚硬程度、开挖难易程度将土石分为 8 类，如表 7-3 所示。其中坚实系数是不开槽顶进法施工用管，管顶土压力计算中必不可少的参数。

土的开挖难易分类　　**表 7-3**

土的分类	土的级别	土的名称	坚实系数	开挖方法及工具
一类土（松软土）	Ⅰ	砂；亚砂土；冲积砂土层；种植土；淤泥	0.5～0.6	能用锹、锄挖掘
二类土（普通土）	Ⅱ	亚黏土；潮湿的黄土；夹有碎石、卵石的砂；种植土；填筑土及轻亚黏土	0.6～0.8	用锹、锄挖掘，少许用镐翻松
三类土（坚土）	Ⅲ	软及中等密实黏土；重亚黏土；粗砾石；干黄土及含碎石、卵石的黄土；亚黏土；压实的填筑土	0.8～1.0	主要用镐，少许用锹，部分用撬棍
四类土（砂砾坚土）	Ⅳ	重黏土及含碎石、卵石的黏土；粗卵石；密实的黄土；天然的级配砂石；软泥灰岩及蛋白石	1.0～1.5	整个用镐和撬棍，然后用锹挖掘，部分用楔子和大锤
五类土（软石）	Ⅴ～Ⅵ	硬石炭纪黏土；中等密实的页岩；泥灰岩；白垩土；胶接不紧的砾岩；软的石灰岩	1.5～4.0	用镐、撬棍或大锤挖掘，部分使用爆破方法
六类土（次岩石）	Ⅶ～Ⅸ	泥岩；砂岩；砾岩；坚实的页岩；泥灰岩；密实的石灰岩；风化花岗岩；片麻岩	4～10	用爆破方法开挖，部分用风镐
七类土（坚石）	Ⅹ～ⅩⅢ	大理岩；灰绿岩；玢岩；粗、中粒花岗岩；坚实的白云岩；砂岩、砾岩、片麻岩；石灰岩；风化痕迹的安山岩	10～18	用爆破方法开挖
八类土（特坚石）	ⅩⅣ～ⅩⅥ	安山岩；玄武岩；花岗片麻岩；坚实的粗细花岗岩；闪长岩；石英岩；灰长岩；辉绿岩；玢岩	18～25 以上	用爆破方法开挖

7.1.2　地基勘查

7.1.2.1　地基

地基就是基础下面承受荷载的部分土层。地基和管道基础，必须具备足够的强度和稳定性，共同保证管道的坚固、耐久和安全。

构筑物荷载作用于地基，导致地基土产生应力。这种应力称为附加应力。矩形面积地基受垂直均布荷载作用时，附加应力如图 7-1 所示。当均布荷载作用于非矩形面积，或荷载为非均布时，土中附加应力分布也就不同。

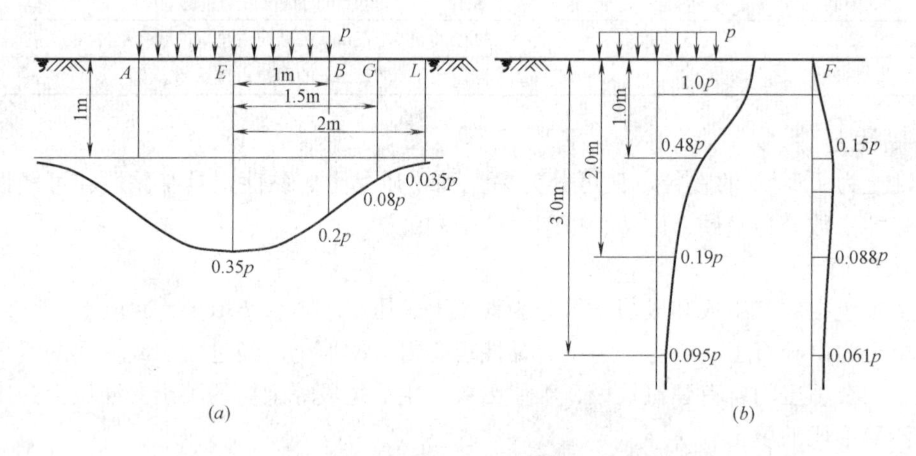

图 7-1　矩形面积地基受垂直均布荷载的附加应力分布

(a) 地面下 1m 的附加应力分布；(b) 均布荷载中心各深度的附加应力

A、E、B、G、L、O、F—地基的各点；p—荷载

由上部土重使地基产生的应力称为自重应力。自重应力分布如图 7-2 所示。

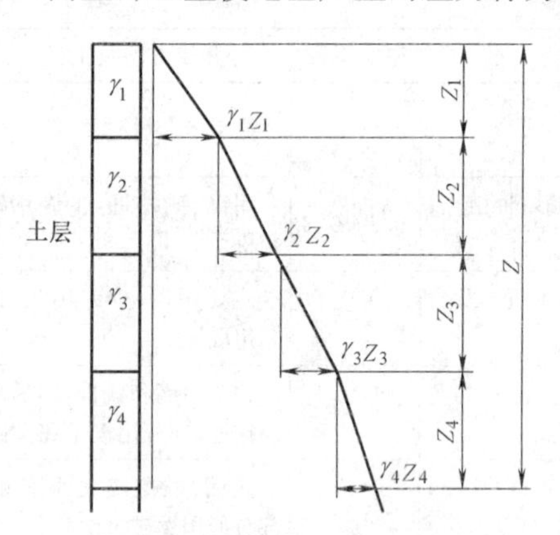

图 7-2　土中自重应力分布

γ_1、γ_2、γ_3、γ_4—不同土层土的容重；

Z_1、Z_2、Z_3、Z_4—不同土层各层厚度；

Z—土层总厚度

1. 地基的承载力

地基在构筑物荷载作用下，既不因地基土产生的剪应力超过土的抗剪强度而导致地基和构筑物破坏，又不使地基土产生超过构筑物所允许的沉降量或不均匀沉降差，导致构筑物发生裂缝，地基的这种承受荷载的能力称为地基允许承载力，或称为地耐力、地基强度。

地基的承载力，即是指在保证地基稳定的情况下，管道地基变形值不大于地基变形允许值、地基单位面积上所能承受的最大压力。

各种地基土的允许承载力，取决于土层的抗剪强度和压缩性，又受土质、含水量、孔隙比等物理力学指标的影响。以施工中常见的砂性土和黏性土为例，密实的粗砂、中砂容许的承载力为 $40t/m^2$，中密程度为 $20\sim34t/m^2$。黏性土若孔隙体积与土颗粒体积相等，地基承载力约为 $10t/m^2$，同类黏土当孔隙体积为土颗粒体积的 50%时，地基的承载力可达 $40t/m^2$。含水的粉砂地基承载能力为 $20t/m^2$，孔隙完全被水充满时，承载力即降为 $10t/m^2$。

2. 地基变形与不均匀沉降

土是可压缩的，地基在压力作用下就会产生变形。由于地基中不同点可压缩土层的厚度、土质和受力的差异，地基的变形往往是不均匀的，会产生地基的不均匀沉降，导致管基断裂、管道接头脱开，影响工程质量。

地基不均匀沉降，一般情况下主要是管道荷载引起的，另外土质不均匀、地下水位的升降、施工中超挖、土的冻胀等因素也会造成地基不均匀沉降。

7.1.2.2 地基勘察

1. 地质勘测资料

管道工程设计的施工图一般具有地质勘测资料。勘测资料应包括：钻孔剖面图；地质剖面图；土壤试验报告。

2. 验槽

沟槽开挖至槽底后，应全面检查整个槽底，进行验槽。

检查槽底是否为老土（原状土），是否与设计要求相同；检查槽底高程是否超挖；地基是否因施工被扰动；槽底坚硬程度是否一致，有无局部松软或坚硬的地方，土的颜色、土质是否均匀；局部含水量是否有异常现象，在其上部行走是否有颤动感觉等；凡是有现状与设计不符时，均应会同设计单位共同研究是否需做补探。一般情况下可采用工地简易测量方法，确定地基处理措施。

3. 工地简易测量方法

施工现场经常采用一些简易的测量方法，决定处理的地段方法及处理厚度。

（1）钎探法。此方法有两种：一种是用 $\phi12$～$\phi16$mm 钢筋杆，对槽底地基土层进行人力钎探。原状地基土未被扰动时，钎探深度一般仅在 10～20cm。地基被扰动时，钢筋杆可插入较大深度；另一种是用钢筋钎子作探钎，检查土层中有无坟穴、枯井、土洞等的简易钎探方法，探钎用 $\phi22$～$\phi25$mm 钢筋杆，端头做成 60°链状，长度 1.8～2m，用 8～10 磅大锤，一般以人力举锤 50～70cm，将钢钎垂直打入土层，记录打入土层的锤击数。当发现锤击数有明显差别时，说明地基存在问题。

（2）钻探法。钻探是用钻机在地层中钻孔，以鉴别地层和土质情况，也可沿孔深取样，用来测定岩层和土层的物理力学性质。同时土的某些性质也可以直接在孔内进行原位测试。该勘探方法钻探深度大，不受地下土质较差、易于坍孔的影响，因此被广泛采用。

（3）触探法。触探法是通过探钎用静力和动力将探头贯入土层，并测量各土层对触探头的贯入阻力的大小，从而间接地判断土层及其性状的一种勘探方法和原位测试技术。作为勘探方法，触探可用于划分土层，了解地层的均匀性；作为测试技术，则可估计黏性土、软土和砂土地基容许承载力、变形模量和压缩模量。

根据触探试验可以确定地基的容许承载力。利用落锤能量，将一定尺寸的触探头贯入勘探土层中，根据贯入的难易程度得到每贯入一定深度的锤击数来判断土的性质及容许承载力。触探试验有轻型、中型及标准动力触探三种，常用为人力轻型触探，触探工具为 $\phi40$mm、锥角 60°，与 $\phi25$mm 的钻杆连接穿心锤，锤重 10kg，贯入时，落锤高度为 50cm，当贯入 30cm 时，记录其落锤数，利用计算公式和查表 7-4 即可求得地基容许承载力。

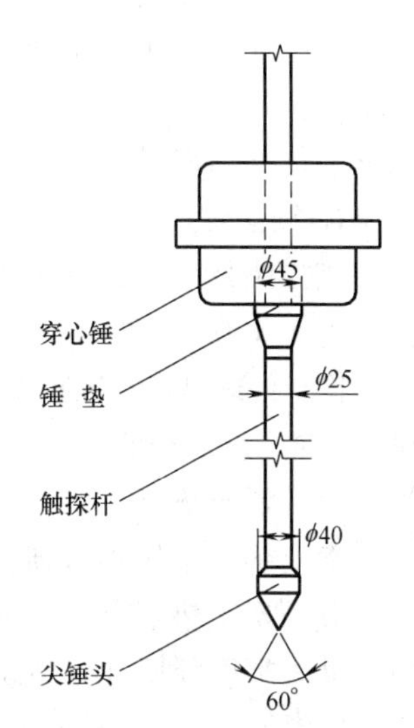

图 7-3 轻便触探试验设备

各类土的容许承载力 表 7-4

土的名称	黏土				黏性素填土				新近堆积土(黄土)					
轻便锤击试验次数	15	20	25	30	10	20	30	40	7	11	15	19	23	27
容许承载力(t/m^2)	10	14	18	22	8	11	13	15	6	7.5	9	10.5	12	13.5

7.1.3 常见地基处理

管道大部分建在地下，一般埋深较浅。我们所指的地基是地表面以下一定深度长久未经扰动的土层，又称为原状土。管道应铺设在未被扰动的坚实原状土层上，管道工程中柔性接口的混凝土管一般情况下可不做管基直接铺设在地基上，地基可不做加固处理。

但在管道建设中，会经常遇到软弱土层的情况，槽底以下土的承载力不够，或局部地段土层显著坚硬，会导致管道产生不均匀沉降，此时需对地基进行处理。

地基处理的目的是：改善土的剪切性能，提高土的抗剪强度；降低软弱土的压缩性，减少基础的沉降或不均匀沉降；改善土的透水性，加强其截水、防渗的作用；消除或减少湿陷性黄土的湿陷性和膨胀性土的胀缩性。

7.1.3.1 需处理的情况

管道施工中需处理的情况是：①管道施工中发现槽底地基上土质松软、与设计要求不符或发现坟穴、枯井、地质不均匀等；②管道通过旧河床、苇塘、洼地；③管道地基土层为砂土、粉砂、细砂、亚砂土，且位于地下水位以下呈饱和状态，由于排水不慎，致使管底受力层土壤被地下水扰动，丧失承载能力；④人工和机械挖土，槽底超挖和槽底受冻范围被扰动；⑤管道交叉，上层管道落在下层管道的开槽回填土上，造成上层管道地基不均匀沉降。

为克服地基不均匀沉降，在施工中采取的技术措施主要有加固地基、加强基础刚度、加强上部结构物的刚度、设置沉降缝等方法。加固地基是管道施工中最常见的方法。

7.1.3.2 地基加固方法

当地基的强度不能满足要求时，应对地基进行加固处理，处理的目的即增加地基的强度和稳定性，减少基础变形。常用的地基加固方法有换土法、夯实挤密法、化学加固法及桩基地基处理。加固方法必须根据工程和地基的具体情况，并考虑处理深度、处理面积、地下水位等情况进行选择，要做到技术上可靠，经济上合理。

1. 换土法

该方法是目前最常采用的一种方法，适用于较浅的地基处理地段，一般用于地基扰动深度不大于 0.8m 处。

换土处理是将基础底面下一定范围内的软弱土层与被扰动的土层挖掉，换填其他低压缩性材料，进行分层夯实作为地基的持力层。回填材料有素土、灰土、砂土、块石及混凝土等。

(1) 素土垫层

素土垫层是先将基础底面下一定范围内的软弱土层挖出，然后分层回填较好的素土夯实而成。素土垫层有一定的承载力，压缩模量在 14.0～30.5MPa，不用建筑材料，施工简便，可大幅度降低施工造价，加快建设速度。适用于处理软土、湿陷性黄土和杂质土地基。但素土的稳定期长，承载力比较低，一般仅用于上部荷载不大和相对沉降差要求不高的浅层地基加固。

槽底在地下水位以上的干槽，挖槽施工时超挖或软土层在15cm内需处理的情况，回填素土夯实，保证其密实度不低于地基的天然密实度。

土料一般用黏土、砂质黏土，有机物含量不得超过5%，也不得含有冻土和膨胀土；用于湿陷性黄土地基时，土料中不得加有砖瓦和石块。

在填土前应先清除地基上的草皮、树根、淤泥、杂物和要求深度范围内的软弱土层，排出积水，以保证正常施工和防止边坡遭受冲刷，在地形起伏之处，即填土与天然土交接处，应修筑1∶2台阶形边坡，每台阶高可取500mm，宽1000mm。

填土应从最低处开始进行整片分层回填夯实，不应任意分段接缝，填土地区应碾压成中间稍高，两边稍低，以便排水。

小面积填土，可用人工铺土，用人力夯或蛙式打夯机进行夯实；大面积填土，用人力或推土机铺土，用中、重型碾压机械碾压，平碾每碾压一层表面，应采用人工或推土机拉毛，然后继续回填，以保证上下层良好地接合，夯实后夯迹必须叠合一半。机械碾压行走方向与边坡平行，每次碾压均应与前次碾压后轮迹宽度重叠一半。机械碾压不到之处，用人工和小型夯实机械配合夯实。上下相邻土层接茬应错开，其间隔距离不应小于50cm，同时接茬不宜在基础下、墙角、柱墩等部位，在接茬50cm范围内应增加夯实（碾压）遍数。在碾压高填方时，边坡宽度应为设计宽度加宽1～2m。

施工中每班所铺平的土料，必须夯实（碾压）完毕，不得隔日夯实；如遇下雨，填土层表面上有泥浆、积水，清除后才能继续回填。

（2）灰土垫层

灰土垫层是将基础底面下要求范围内的软弱土层挖去，用一定比例的石灰与土，在最优含水量情况下充分拌和，分层回填夯实或压实而成。灰土垫层具有一定的强度、稳定性和抗渗性，施工工艺简单，取材容易，费用较低，是一种应用广泛、经济实用的地基加固方法，适用于加固深1～4cm的软弱土、湿陷性黄土、杂填土、还可用作结构的辅助防渗层。

槽底在地下水位以上的干槽，需处理层厚度在15cm以上者，常用灰土处理，灰土体积比一般为2∶8或3∶7，其密实度不低于95%。灰土垫层对材料有以下要求：土料：采用就地取材的黏性土及塑性指数大于4的粉土，土内不得含有松软杂质或使用耕植土，土料应过筛，其颗粒不应大于15mm。石灰应选用三级以上新鲜块灰，含氧化钙、氧化镁越高越好，使用前1～2d消解并过筛，其颗粒不得大于5mm，且不应夹有未熟化的生石灰块料及其他杂质，也不得含有过多的水分。

施工中对沟槽应先验槽，消除松土，并打遍底夯，要求平整干净。如有积水、淤泥应晾干；局部有软弱土层或孔洞，应及时挖除后用灰土分层回填夯实。

灰土最大虚铺厚度　　**表7-5**

夯实机具种类	质量(t)	虚铺厚度(mm)	备　注
石夯、木夯	0.04～0.08	200～250	人力送夯，落距400～500mm，一夯压半夯，夯实后，80～100mm厚
轻型夯实机械	0.12～0.4	200～250	蛙式夯机、柴油打夯机，夯实后，100～150mm厚
压路机	6～10	200～300	双轮

3∶7或2∶8灰土多用人工翻拌，不少于三遍，使其达到均匀、颜色一致。并适当控

制含水量，现场以手握成团，两指轻捏即散为宜，一般最优含水量为14%～18%；如含水过多或过少时，应稍晾干或洒水湿润，如有球团应打碎，要求随拌随用。

铺层应分段分层夯实，每层虚铺厚度可参见表7-5，夯实机具可根据工程大小和现场机具条件采用人力或机械夯打和碾压，遍数按设计要求的干密度由试夯（或碾压）确定，一般不少于4遍。

（3）砂和砂砾石垫层

砂和砾石垫层是用砂和砂砾石混合物（级配砾石），经分层夯实，作为地基的持力层，提高基础下部地基强度，并通过垫层的压力分散作用，降低对地基的压应力、减少变形量。同时垫层可起排水作用，地基土中的空隙水可通过垫层快速排除，能加速下部土层的沉降和固结。在处理沟槽时，多用于槽底有地下水或地基土壤含水量较大，不能加夯时，可用级配砾石和块石处理。

砂和砂砾石垫层由于砂粒大，可防止地下水因毛细作用上升，地基不受冻结的影响；能在施工期间完成沉陷；不用水泥、石材；用机械或人工都可使垫层密实，具有应用范围广泛、施工工艺简单、可缩短工期、降低造价等特点。

适用于处理3m以内的软弱、透水性强的黏性土地基；不宜用于加固湿陷性黄土地基及渗透性系数小的黏性土地基。

当排水不良造成地基扰动时，可按以下方法处理，扰动深度在10cm以内，宜填天然级配砂石或砂砾石处理；扰动深度在30cm以内，但下部坚硬时，宜填卵石或块石，再用砾石填充空隙并找平表面。需处理的深度在10cm以上时，每层厚度应不超过15cm，分层回填，可用平板振动器夯实。当处理深度在10～30cm时，可填块石和大卵石处理，填块石时应由一端顺序进行，块石大面向下，块石之间要互相挤紧，脚踩踏时不得有松动及颤动情况，块石之间应用级配砾石和砾石填充空隙和找平表面。石料的最大颗粒不大于10cm。

砂和砂砾石垫层对材料有以下要求：

宜用颗粒级配良好、质地坚硬的中砂和粗砂，当用细砂、粉砂时，应掺加粒径20～50mm的卵石（或碎石），但要分布均匀。砂中不得含有杂草、树根等有机杂质，含泥量应小于5%，兼作排水垫层时，含泥量不得超过3%。

用天然级配的砂砾石（或卵石、或碎石）混合物，粒径应在50mm以下，其含量应在50%以内，不得含有植物残体、垃圾等杂物，含泥量小于5%。

施工中铺设垫层前应验槽，将基底表面浮土、淤泥、杂物清除干净，两侧应设一定坡度，防止振捣时塌方。

垫层底面标高不同时，上面应挖成阶梯和斜坡搭接，并按先深后浅的顺序施工，搭接处应夯压密实。分层铺设时，接头应做成斜坡或阶梯形搭接，并注意充分压实。

人工级配的砂砾石，应先将砂、卵石拌和均匀后，再铺夯压实。

垫层铺设时，严禁扰动垫层下和侧壁的软弱土层，防止被践踏、受冻和受浸泡而降低其强度。如垫层下有厚度较小的淤泥和淤泥质土层，在碾压荷载下抛石能挤入该层底面时，可采取挤淤处理。先在软弱土面上堆垫块石、片石等，然后将其压入以置换和挤出软弱土，再做垫层。

另外，换土法还有碎石和矿渣垫层、碎砖三合土垫层、粉煤灰垫层等。

2. 夯实挤密法

处理松散的地基土如含水量较低的填土和杂填土时，经碾压和夯实后可使地基的密度加大，压缩性减小。夯实挤密法较常用于加固表层土。

（1）重锤夯实法

重锤夯实法是用起重机械将夯锤提升到一定高度，然后自由落下，重复夯击地基表面，使地基表面形成一层比较密实的硬壳层，从而使地基得到加固。该方法适用于地下水位在0.8m以上、稍湿的黏性土、砂土、饱和度较低的湿陷性黄土、杂质土以及分层填土地基的加固处理。但当夯击对邻近建筑物有影响，或地下水位高于有效夯实深度时，不宜采用。

（2）强夯法

强夯法是用起重机械将大吨位（一般8～30t）夯锤起吊到6～30m高度后，自由落下，给地基以强大冲击能量的夯击，使土中出现冲击波和很大的冲击应力，迫使土层空隙压缩，土体局部液化，在夯击点周围出现裂缝，形成良好的排水通道，空隙水和气体逸出，使土粒重新排列，经时效压密达到固结，从而提高地基承载力，降低其压缩性。这是目前最为常用和最经济的深层地基处理方法之一。

3. 挤密桩

（1）灰土桩

灰土挤密桩是利用锤击将钢管打入土中，侧向挤密成孔，将管拔出后，在桩孔内分层回填2∶8或3∶7灰土夯实而成，与桩间土层共同组成复合地基以承受上部荷载。

灰土挤密桩成桩时为横向挤密，但可同样达到所要求加密处理后的最大干密度指标，可消除地基上的湿陷性，提高承载力，降低压缩性；与换土垫层相比不需大量开挖回填，可节省土方开挖和回填土方工程量，工期可缩短50%以上；处理深度较大，可打12～15m；可就地取材，应用廉价材料，降低工程造价；具有机具简单、施工方便、工效高等优点。

（2）石灰桩

石灰桩又称石灰挤密桩，是在桩孔内加入新鲜石灰块夯实挤密而成。具有加固效果显著、材料易得、施工简便、造价低廉等优点。适于处理含水量较高的软弱土地基、不太严重的黄土地基湿陷性事故，或作为较严重的湿陷性事故的辅助处理措施，是一种处理软弱地基的简易有效的方法。

（3）砂石桩

对于砂松地基，通过挤压、振动等作用，使地基达到密实，从而增加地基承载力，降低空隙比，减少构筑物的沉降，提高砂基抵抗振动液化的能力；用于处理软黏土地基时，可以起到置换和排水砂井的作用，加速土的固结，形成置换桩与固结后软黏土的复合地基，显著地提高地基的抗剪强度。这种方法施工采用常规机具，操作工艺简单，可节省水泥、钢材，就地使用廉价地方材料，速度快，工程成本低，因此应用较为广泛。适用于挤密松散砂土、素填砂土和杂填土等地基，对建在饱和黏性土地基上的工程，也可采用砂石桩做置换处理。

（4）短木桩法

用短木桩加密排列，挤实被扰动的土壤，恢复其承载能力。一般适用于槽底土被扰动深度在 0.8～2m 的情况下，桩长为 1.5～3.0m，桩径 15～20cm，桩距 0.5～0.7m。如桩与桩间的土松散时，还应在桩间挤压块石，也可与上面钢筋混凝土承台构成短木桩基础。这种处理方法用得较多，尤其在大型管道上效果较好。短木桩法多采用木桩。木桩制作容易，搬运吊装方便，所需打桩设备轻便，但需用大量木材，承载能力较低，一般适用于地下水位较高且变化不大的地基加固，也适用于地下管道工程。

（5）长桩法

这种方法是用木桩或混凝土桩将构筑物的荷载传到深层地层中，长桩法适用于槽底土被扰动深度在 2m 以下的情况，多用于旧河床、苇荡等处。桩长一般为 4～4.5m。长桩采用混凝土预制时有方形和圆形两种。

7.1.4　常见管道基础

管道的基础一般由地基、基础和管座组成。地基是指沟槽底的土壤部分，它承受管子和基础的重量、管内水重、管上土压力和地面荷载。基础是指管子与地基间经人工处理过的或专门建造的设施，其作用是将较为集中的荷载均匀分布，以减小对地基单位面积的压力，或由于土的特殊性质的需要，为使管道安全稳定运行而采取的一种技术措施，如原土夯实、混凝土基础等。管座是管子下侧与基础之间的部分，设置管座的目的在于它使管子与基础连成一个整体，以减少对地基的压力和对管子的反作用力。管座包角的中心角越大，基础所受单位面积的压力和地基对管子的单位面积反作用力越小。

为保证管道系统能安全正常运行，除管道工艺本身设计施工应正确外，管道的地基与基础要有足够的承受荷载的能力和可靠的稳定性，否则给水排水管道可能产生不均匀沉陷，造成管道错口、断裂、渗漏等现象，导致对附近地下水的污染，甚至影响到附近建筑物的基础。一般应根据管道本身情况及其外部荷载的情况、埋土的深度、土壤的性质合理地选择管道基础。非永冻土地区，管道不得铺设在冻结的地基上；管道安装过程中，应防止地基冻胀。

目前常用的管道基础有砂土基础、砂石基础、混凝土枕基和混凝土带形基础。

7.1.4.1　砂土基础

砂土基础包括弧形素土基础和砂垫层基础，如图 7-4 所示。

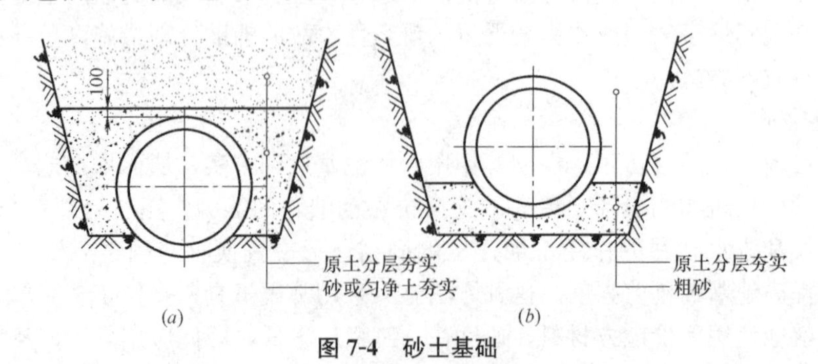

图 7-4　砂土基础

（*a*）弧形素土基础；（*b*）砂垫层基础

弧形素土基础是在原土上挖一弧形管槽（通常采用 90°弧形），管子落在弧形管槽里。

这种基础适用于无地下水、原土能挖成弧形的干燥土壤；管材是小于直径 600mm 的混凝土管、钢筋混凝土管、管顶埋土厚度在 0.7～2.0m 小区道路下的污水管道以及不在车行道下的次要管道及临时性管道。

砂垫层基础是在挖好的弧形管槽上，用带棱角的粗砂填10～15cm厚的砂填层。这种基础适用于无地下水、岩石或多石土壤，管道直径小于600mm的混凝土管、钢筋混凝土管，管顶埋土厚度0.7～2.0m的排水管道。砂垫层厚度应符合表7-6的规定。

砂垫层厚度　　　**表7-6**

管道种类	垫层厚度		
	$D_0 \leqslant 500$	$500 < D_0 \leqslant 1000$	$D_0 \geqslant 1000$
柔性管道	≥100	≥150	≥200
柔性接口的刚性管道	150～200		

7.1.4.2　砂石基础

柔性接口的刚性管道的基础结构，设计无要求时，一般土质地段可铺设砂垫层，亦可铺设25mm以下粒径碎石，表面再铺20mm厚的中、粗砂垫层，总厚度应符合表7-7的规定。

柔性接口刚性管道砂石垫层总厚度　　　**表7-7**

管外径(mm)	垫层总厚度(mm)
300～800	150
900～1200	200
1350～1500	250

7.1.4.3　混凝土枕基

混凝土枕基是只在混凝土管道接口处才设置的管道局部基础，如图7-5所示。

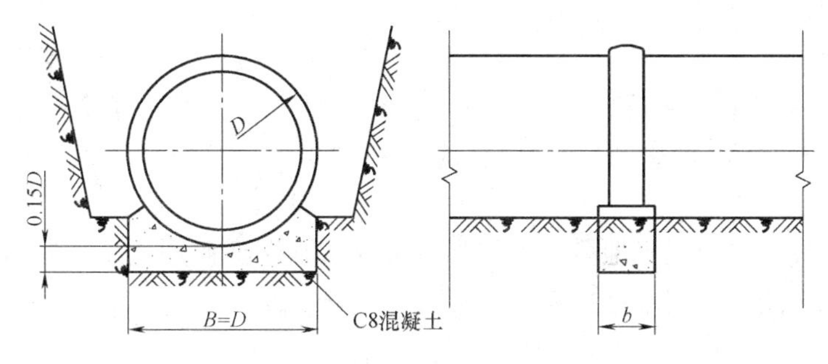

图7-5　混凝土枕基

通常在管道接口下用C8混凝土做成枕状垫块。此种基础适用于干燥土壤中的雨水管道及不太重要的污水支管。常与素土平基或砂垫层基础同时使用。

7.1.4.4　混凝土带形基础

混凝土带形基础是沿管道全长铺设的基础。按管座的形式不同可分为90°、135°、180°三种管座基础，90°、135°带形基础如图7-6所示。

这种基础适用于各种潮湿土壤以及地基软硬不均匀的排水管道，无地下水时在槽底原土上直接浇混凝土基础，一般采用强度为C8的混凝土。当管顶埋土厚度在0.7～2.5m时采用90°管座基础。管顶埋土厚度在2.6～4.0m时采用135°基础。在地震区、土质特别松软、不均匀沉陷严重地段，最好采用钢筋混凝土带形基础。

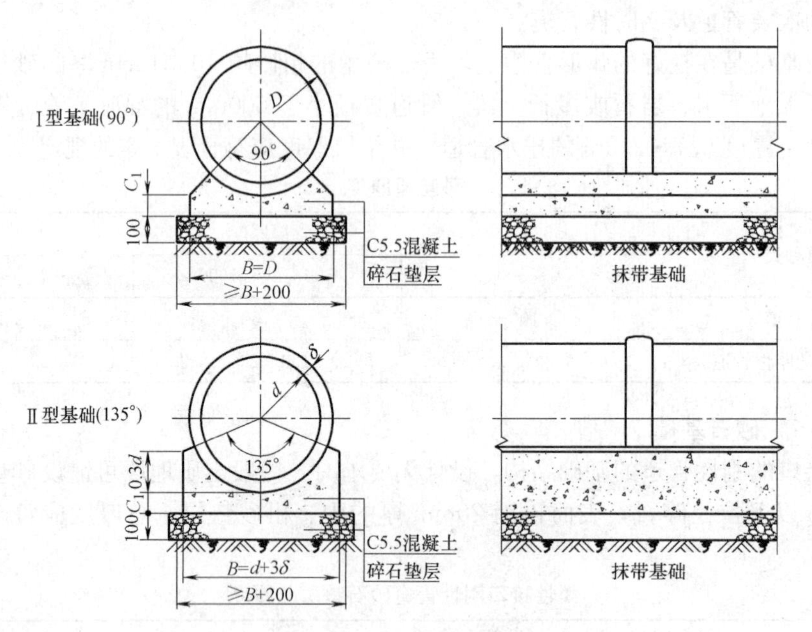

图 7-6　混凝土带形基础

平基与管座的模板，可一次或两次支设，每次支设高度宜高于混凝土的浇筑高度；平基、管座的混凝土设计无要求时，宜采用强度等级不低于 C15 的低坍落度混凝土；管座与平基分层浇筑时，应先将平基表面凿毛冲洗干净，并将平基与管体相接触的腋角部位，用同强度等级的水泥砂浆填满、捣实后，再浇筑混凝土，使管体与管座混凝土接合严密；管座与平基采用垫块法一次浇筑时，必须先从一侧灌注混凝土，对侧的混凝土高过管底与灌注侧混凝土高度上相同时，两侧同时浇筑，并保持两侧混凝土高度一致；管道基础应按设计要求留变形缝，变形缝的位置应与柔性接口相一致；管道平基与井室基础同时浇筑；跌水井上游接近井基础的一段应砌砖加固，并将平基混凝土浇至井基础边缘；混凝土浇筑中应防止离析，浇筑后应进行养护，强度低于 1.2MPa 时不得承受荷载。

对地基松软或不均匀沉降地段，为增强管道强度，保证使用效果，宜对管道基础或地基采取加固措施，接口采用柔性接口。

7.2　管道开槽法施工

大部分市政管道都敷设在地下，多采用直埋敷设，如室外排水管道的安装顺序大致是：测量放线、沟槽开挖、沟底找坡、基础处理、下管、管道安装、试压检查、回填等。

7.2.1　沟槽开挖

7.2.1.1　开挖前的现场调查

沟槽开挖之前，必须弄清与施工相关的地下情况。根据图纸及有关资料的提供，采用现场探坑的方法，查明其情况。

一般坑探的内容及工作程序、注意事项参见表 7-8。

表 7-8

坑探内容	工作程序与注意事项
无现场近期水文地质资料，但需要了解施工时地下水位及土质情况	1. 开挖探坑； 2. 观测水位； 3. 根据土的野外鉴别法，确定土质
已有地下管道与施工管线有关或交叉，需要找到具体位置	1. 请管理单位代表在现场指出已有管线位置，估计其深度； 2. 在保证的安全条件下，进行试挖
需要探明与施工有关的地下各种电缆的具体位置	1. 请管理单位代表在现场指出已有电缆位置，估计其埋深； 2. 根据具体情况，共同商定安全防护措施及开挖方法； 3. 在管理单位代表现场指挥下，开挖探坑
对施工图上标出，与施工有关又找不到管理单位的地下管线需要确定有、无，及其具体位置	1. 根据管线的类别，可参考同类管线的安全防护措施和开挖方法探坑； 2. 探明有管线后，根据类别，找其管理单位核实，否则登报声明处理

7.2.1.2　沟槽的断面

依据沟槽深度、土质、地下水情况，管体结构和挖槽方法（人工开挖、机械开挖、人机混合开挖）以及施工季节等因素，选定开槽断面和槽帮宽度。沟槽断面示意见图 7-7、图 7-8。

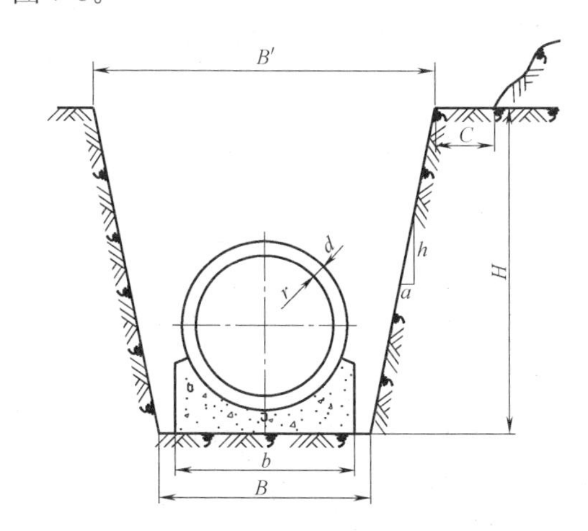

图 7-7　一步大开槽断面示意图

B—槽底宽度；b—管道结构宽度（包括碎石基础）；H—槽深；B'—槽上口宽度；C—边台宽度；槽帮坡度$=h/a$；$(B-b)/2$ 为工作宽度

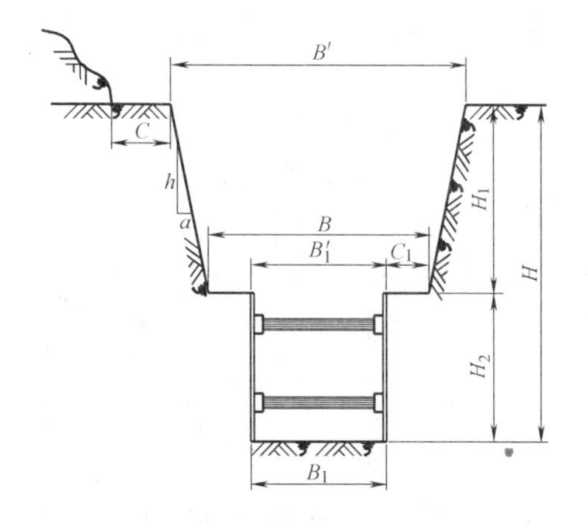

图 7-8　二步槽下部支撑上部大开槽断面示意图

B_1—二步槽底宽度；B—头步槽底宽度；B_1'—二步槽上口宽度；B'—头步槽上口宽度；H_2—二步槽深；H_1—头步槽深；C_1—二步槽台宽度；C—边台宽度；槽帮坡度$=h/a$

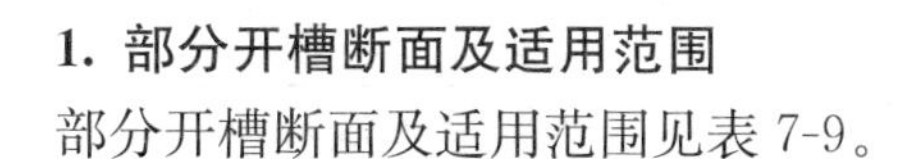

1. 部分开槽断面及适用范围

部分开槽断面及适用范围见表 7-9。

2. 不支撑开直槽的深度限制

不支撑开直槽的深度限制见表 7-10。

部分开槽断面及适用范围　　**表 7-9**

序号	示意图	名称	适用槽深(m)		其他适应条件
			机挖	人挖	
1	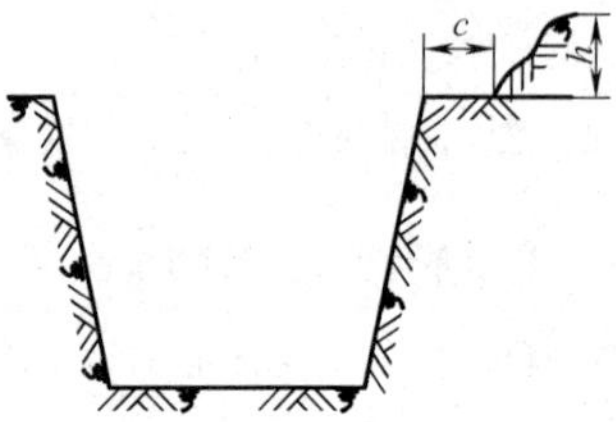	一步大开槽	≤5	≤3	土质良好无水
2	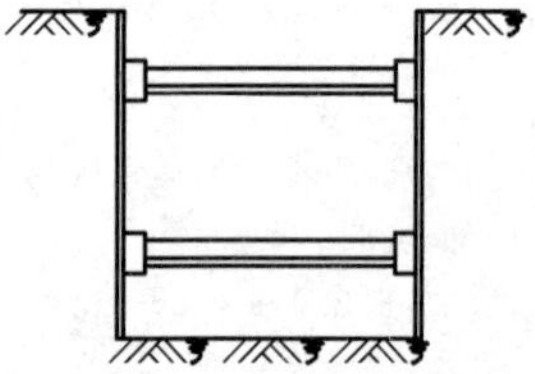	一步支撑槽	≤5	≤3	土质差有水
3	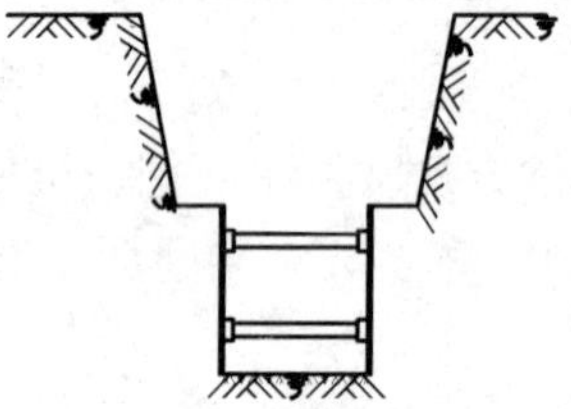	二步槽上开下支	≤8	≤5	上槽土质良好
4	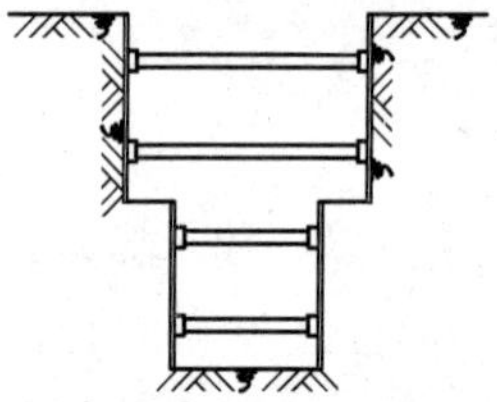	二步槽全支撑	≤8	≤5	土质差有水
5	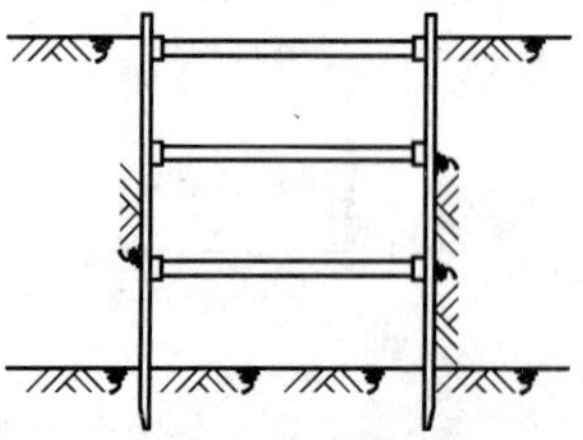	板桩槽	≤8	≤3	土质及排水条件差

不支撑开直槽的深度限制　　**表 7-10**

示意图	土质	允许深度(m)
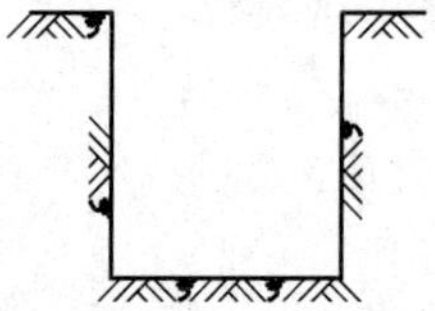	砂土和砂砾石	3.0
	亚砂土和亚黏土	1.25
	黏土	1.5

注：1. 在天然湿度的土中开挖沟槽，限地下水位低于槽底时方可开直槽，不支撑。
2. 直槽槽帮坡度为 20∶1～10∶1。

7.2.1.3 沟槽底面的开槽宽度

管道沟槽底面宽度可由下式确定：

$$B=D_1+2(b_1+b_2+b_3) \tag{7.2-1}$$

式中 B——管道沟槽底部的开槽宽度，mm；

b_1——管道一侧的工作面宽度，mm，见表 7-11；

b_2——管道一侧的支撑面宽度，mm，一般可为 150～200mm；

b_3——现浇混凝土模板一侧的宽度，mm。

管道一侧工作面宽（mm） **表 7-11**

管道结构的外缘宽度(D_1)	管道一侧的工作面宽度(b_1)
$D_1 \leqslant 500$	400
$500 \leqslant D_1 \leqslant 1000$	500
$1000 \leqslant D_1 \leqslant 1500$	600
$1500 \leqslant D_1 \leqslant 3000$	800

注：1. 槽底需设排水沟时，工作面宽度（b_1）应适当增加。
2. 管道有现场施工的外防水层时，每侧工作面宽度宜取 800mm。

7.2.1.4 梯形槽的槽帮坡度

地质条件良好、土质均匀，地下水位低于沟槽底，槽深在 5m 以内，不加支撑的边坡最陡坡度应符合表 7-12 的规定。

深度在 5m 以内的沟槽边坡的最陡坡度 **表 7-12**

土的类别	边坡坡度(高：宽)		
	坡顶无荷载	坡顶有荷载	坡顶有动载
中密的砂土	1：1.0	1：1.25	1：1.50
中密的碎石类土(充填物为砂土)	1：0.75	1：1.0	1：1.25
硬塑的轻亚黏土	1：0.67	1：0.75	1：1.0
中密的碎石类土(充填物为黏性土)	1：0.50	1：0.67	1：0.75
硬塑的亚黏土、黏土	1：0.33	1：0.50	1：0.67
老黄土	1：0.10	1：0.25	1：0.33
软土(经井点降水后)	1：0.1	—	—

注：1. 当有成熟的施工经验时，可不受本表限制。
2. 在软土沟槽坡顶不宜设置静载或动载，需要设置时，应对土的承载力和边坡的稳定性进行验算。

7.2.1.5 人工开挖多层槽的层间留台宽度

一般可依据上下层槽的状况参照表 7-13 选取。

沟槽允许偏差 **表 7-13**

序号	项目	允许偏差(mm)	检验频率		检验方法
			范围	频数	
1	槽底高程	0～30	两井之间	3	用水准仪测量
2	槽底中线每侧宽度	不小于宽度	两井之间	6	挂中心线用尺量每侧计 3 点
3	沟槽边坡	不陡于规定	两井之间	6	用坡尺检验每侧计 3 点

7.2.1.6　槽底超挖处理方法

干槽超挖在15cm以内者，可用原土回填夯实，其密实度不应低于原天然地基土。干槽超挖在15cm以上者，可用石灰土分层处理，其相对密实度不应低于95%。槽底有地下水或地基土含水量较大，不适于加夯时，可用天然级配砂石或卵石回填。

7.2.1.7　槽边堆土有关规定

在沟槽开挖之前，应根据施工环境、施工季节和作业方式，制定安全易行、经济合理的堆土、弃土、存土、回运土的施工方案。

有关规范、规程的规定和注意事项可参照表7-14。

一般堆土的有关规定和注意事项　　表7-14

工作环境或作业方式	有关规定和注意事项	附注
沟槽上堆土（一般土质）	1. 堆土坡脚距槽边1m以外； 2. 留出运输道路，井点干管位置及排管的足够宽度； 3. 适当距离要留出运输交通路口； 4. 堆土高度不宜超出2m； 5. 堆土坡度不大于自然休止角	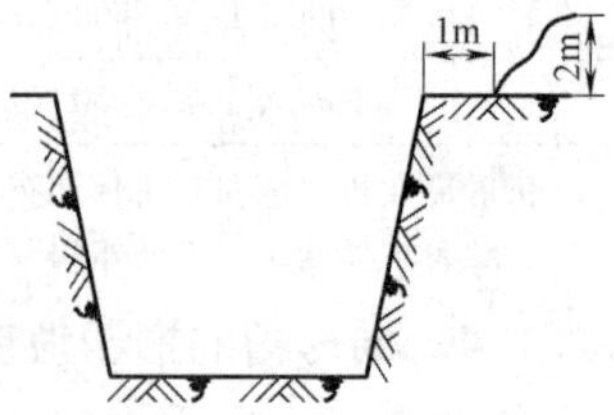 1m 2m
挖运堆土	1. 弃土和回运土分开堆放； 2. 好土回运，便于装车运行	
城镇市区开槽时的堆土	1. 路面、渣土与下层好土分开堆放，堆土要整齐便于路面回收利用及保证市容整洁； 2. 合理安排交通、车辆、行人路线，保证交通安全； 3. 不得埋压消火栓、雨水口、测量标志及各种市政设施，各种地下管道的井室井盖、建筑材料等，且要留有足够的交通道路	
靠近建筑物和墙堆土	1. 须对土压力和墙体结构承载力进行核算； 2. 一般较坚实的砌体、房屋，堆土高度不超过房檐高的1/3，同时不超过1.5m； 3. 严禁靠近危险房、危险墙堆土	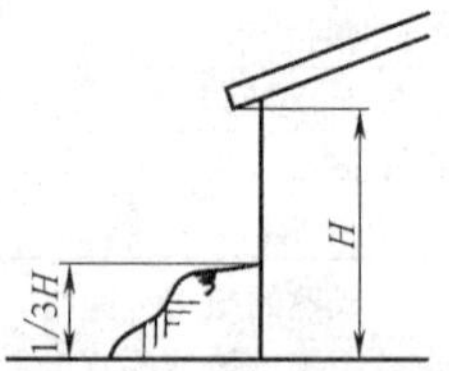 H 1/3H
农田里开槽时的堆土	1. 表层土与下层生土分置； 2. 要方便原土原层回填时的装取和运输	
高压线和变压器附近堆土	1. 一般尽量避免在高压线下堆土，如必须堆应预先会同供电部门及有关单位勘查确定堆土方案； 2. 要考虑堆、取土及行人攀援，电压线类等安全因素； 3. 要考虑雨、雷天的安全； 4. 按供电部门有关规定办理	

续表

工作环境或作业方式	有关规定和注意事项	附注
雨季堆土	1. 不得切断或堵塞原有排水线路； 2. 防止外水进入沟槽，堆土缺口应加叠闭合防汛埂； 3. 在暴雨季节堆土，内侧应挖排水沟，汇集雨水排至槽外； 4. 向槽一侧的堆土面，应铲平、拍实，避免雨水冲塌； 5. 雨季施工不宜靠近房屋或墙壁堆土	
冬季堆土	1. 应集中、大堆堆土； 2. 应便于从向阳面取土； 3. 应便于防风、防冻保温； 4. 应选在干燥地面处	

7.2.1.8 沟槽开挖注意事项

1. 机械挖掘

采用机械挖掘时，机手应详细了解挖掘断面、堆土位置、地下构筑物情况及施工技术、安全要求等。应有专人与机手配合，及时测量槽底高程和槽宽，防止超挖。

应确保槽底土壤结构不被扰动和破坏，由于机械不可能准确地将槽底按规定高程整平，开挖时应在设计槽底高程以上保留 20cm 左右一层不挖，用人工清底。

单斗挖土机及吊车不得在架空输电线路正下方工作，如在架空线路一侧工作时，其与线路的垂直、水平安全距离，不得小于表 7-15 规定。

架空线下安全距离 **表 7-15**

输电线路电压(kV)	垂直安全距离(≮m)	水平安全距离(≮m)
<1	1.5	1.5
1～20	1.5	2.0
35～110	2.5	4.0
154	2.5	5.0
220	2.5	6.0

注：① 遇有大风、雷雨、大雾的天气时，机械不得在高压线附近工作。
② 如因施工条件所限，不能满足上表要求时，应与有关部门共同研究，采取必要安全措施后，方可施工。

2. 槽底预留

当下一步工序不能与本工序连续进行时，槽底亦应留 20cm 左右的土层不挖，待下步工序开工时再挖。

3. 设标志

在街道、厂区、居民区及公路上开挖沟槽，无论工程大小，开挖土方时，应在沟槽施工两端设立警告标志，沟槽边侧设护栏、夜间悬挂红灯，红灯的间距约为 30m/对。

4. 冬、雨季挖槽

冬季施工沟槽开挖应具体制定开挖方法及防冻措施，防止槽底以及沟槽内所暴露出来的通水管道受冻，保证安全施工。

雨季施工沟槽应充分考虑雨水排除问题，防止泡槽，保证施工环境安全、制定可靠的防汛措施。

7.2.2　下管

7.2.2.1　下管前的准备工作

（1）沟槽的检查。下管前应对沟槽进行检查，主要有以下内容：

检查槽底是否有杂物，若有应清理干净，槽底如遇棺木、粪污等不洁之物，应清除干净并做地基处理，必要时须消毒。

检查槽底宽度及高程，应保证管道结构每侧的工作宽度，槽底高程要符合现行的检验标准，不合格者应进行修整。

检查槽帮是否有裂缝及坍塌的危险，如有用支撑加固等方法处理。

检查槽边堆土的高度，下管的一侧堆土过高、过陡的，应根据下管需要进行整理，并须符合安全要求。

检查地基、基础，如有被扰动的，应进行处理，冬季管道不得铺设在冻土上。

在混凝土基础上下管时，除检查基础面高程必须符合质量标准外，同时混凝土强度须达到5.0MPa方可在基础上下管。

管子下沟前，应将管沟内塌方土、石块、雨水、油污和积雪等清除干净；应检查管沟或涵洞深度、标高和断面尺寸，并应符合设计要求；石方段管沟，松软垫层厚度不得低于300mm，沟底应平坦、无石块。

（2）管道检验。下管前对下管工具及设备必须进行安全检查，发现不正常情况，应及时修理或更换。下管前须详细检查管材、管件及接口材料是否符合质量要求。

7.2.2.2　管节堆放

管节宜堆放在平整、坚实的场地，堆放时必须垫稳、防止滚动，堆放高度符合表7-16的规定。装卸时应轻装轻放，运输时应垫稳、绑牢，不得相互撞击，接口应采取防护措施。

混凝土管管节堆放层数和层高　　表7-16

管径(mm)	100～200	250～400	450～600	700～900	1000～1350	1500～1800	≥2000
堆放层数	7	6	5	4	3	2	1

7.2.2.3　管子运输和布管

管子运输和布管应尽量在管槽挖成后进行，将管子布置在管槽堆土的另一侧，管槽边缘与管外壁间的安全距离不得小于500mm。禁止先在槽侧布管再挖沟槽，禁止将土、砖、石块等压在管子上。布管时，应注意首尾衔接。在城市街道布管时，应尽量靠一侧布管，不要影响交通，避免车辆等损伤管子，并尽量缩短管子在道路上的放置时间。

7.2.2.4　下管常用的方法

管子经过检验、修复后，运至槽边，按设计排管，经核对管节、管件位置无误方可下管。把管子下到沟槽的方法很多，应以施工安全、操作方便为原则，并根据工人操作熟练程度、管径大小、每节管子的长度和重量、管材和接口强度、施工环境、沟槽深度及吊装设备供应条件，合理地确定下管方法。

下管一般都沿着沟槽把管子下到槽位，管道下到槽内基本上就位于铺管的位置，减少管子在沟槽内的搬动，这种方法称为分散下管。如果沟槽旁场地狭窄，两侧堆土或沟槽设支撑，分散下管不便，或槽底宽度够大，便于槽内运输时，则可选择适宜的几处集中下管，再在槽内将管子分散就位，这种方法称为集中下管。

当管径较小、管重较轻时（一般管径小于600mm的管子），可采用人工方法下管。大口径管道只有在缺乏吊装设备和现场条件不允许机械下管时，才采用人工下管。

1. 立管溜管法

利用大绳及绳钩由管内钩住管端，人拉紧大绳的一端，管子立向顺着槽边溜下的下管方法，见图7-9。

直径为150～200mm混凝土管，可用绳钩钩住管端直接顺槽边溜下。直径为400～600mm混凝土管，可用绳钩钩住管端，顺靠于槽边的木溜子溜下。为保护管子不受磕碰，在木溜子底下可垫麻袋、草袋、砂子等。

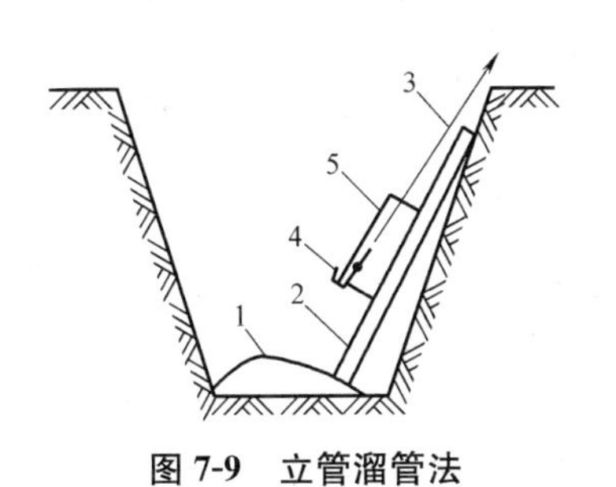

图7-9 立管溜管法

1— 草袋；2—木溜子；3—大绳；
4—绳钩；5—管子

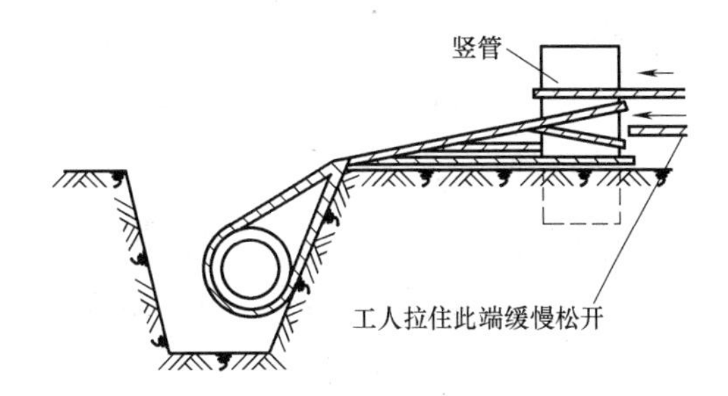

图7-10 马道下管法

2. 马道下管法

大于900mm的混凝土管，可采用马道下管方法，见图7-10。该方法尤其适合于集中下管。

事先在距沟边一定距离处直立埋下半截（不小于1m）混凝土管，管中用土填实，管柱外围认真填土夯实，管柱一般选用下管的钢筋混凝土管即可。如选用较小的混凝土管时，最小管径可参照表7-17选用。将绳子一端固定拴在管柱上，另一端绕过管子也拴在管柱上，利用绳子间的摩擦力控制下管速度，同时也可在下管处槽部开挖一下管马道，其坡度不应大于1∶1，宽度一般为管长加50mm。管子沿马道慢慢下入沟槽内。下管时，管前、两侧及槽下均不得有人，槽底及马道口处应垫草袋，以减小冲撞。该方法操作安全。当管径较大时，也可设置两个管子做立柱，使操作更安全、稳妥。

混凝土管柱最小直径（mm） **表7-17**

下管直径	管柱最小直径
<1100	600
1250～1350	700
1500～1800	800

3. 压绳下管法

管子较长，可采用压绳下管法，见图 7-11。压绳下管法先在槽底横放两根滚木，将管子推至槽边，然后用两根大绳分别穿过管底，下管时大绳下半段用脚踩住，上半段用手往下放，前面用撬棍拨住，以便控制下管速度，再用撬棍拨管子，两组大绳用力一致，听从指挥，慢慢将管下入槽内，放在滚木上，撤掉大绳。大口径管下入槽内时，应选用坚固的大绳，下管处的槽边可根据情况斜立方木两根，以缓冲均衡下管受力情况。这种方法多用于分散下管。

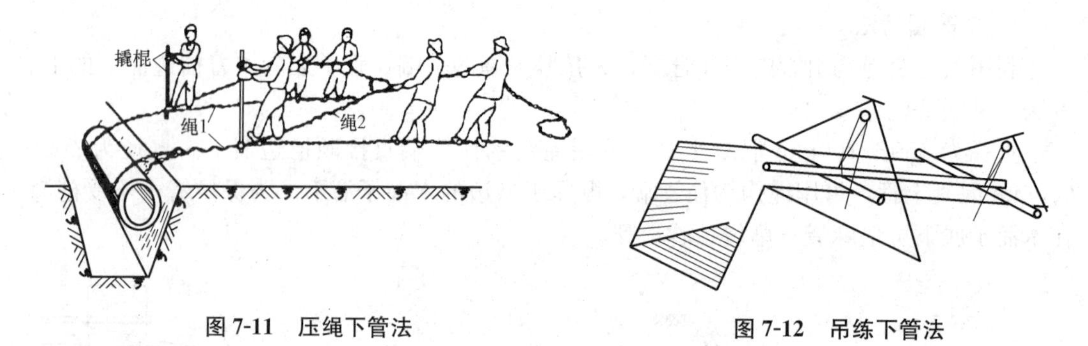

图 7-11　压绳下管法

图 7-12　吊练下管法

4. 吊练下管法

见图 7-12。采用此法时，先在下管位置沟槽上搭设吊练架或下管架，吊练通过架的滑轮下管。用型钢、方木、圆木横跨在沟槽上搭设平台。平台必须具有承受管重及下管要求的承载能力。下管时，先将管子推至平台上，用木楔将管子楔紧，严防管子走动，工作平台下严禁站人。用吊练将管子吊起，随后撤出方木或圆木，管子即可徐徐下入槽底。其优点是省力、容易操作，但工作效率低。

5. 机械下管法

机械下管一般采用汽车式或履带式起重机械进行下管。下管时，起重机械沿沟槽开行。当沟槽两侧堆土时，其中一侧堆土与槽边应有足够的距离，以便起重机运行。起重机距槽边必须 1m 以上，以保证槽壁不坍塌。根据管子重量和沟槽断面尺寸选择起重机的起重量和起重杆长度。起重杆外伸长度应能把管子吊到沟槽中央。管子在地面的堆放地点最好也在起重机的工作半径范围内。为保证安全，下管前，应制定安全技术措施，检查起重索和吊具等。

7.2.3　稳管

7.2.3.1　稳管的要求及方法

稳管是将管子按设计要求的高程和平面位置稳定在地基或基础上。管子应放在槽底中心，其允许偏差不得大于 100mm。管子安放在管槽中，管下不得有悬空现象，以防管道承受附加应力。

1. 重力流管道的稳管

重力流是管道中的介质在重力作用下自然流动。重力流管道的敷设位置应严格符合设计要求，其中心线偏差允许 10mm；管内底高程允许偏差±10mm；相邻管内底错口不得大于 3mm。要保证铺管不发生反坡。相邻两节管子的管底应齐平，以免水中杂物沉淀和流水淤塞。为避免因紧密相接而使管端头损坏，使用柔性接口能承受少量弯曲，两管之间要留 1cm 左右的间隙。室外排水管道安装的允许偏差见表 7-18。

室外排水管道安装的允许偏差和检验方法　　表 7-18

<table>
<tr><th>项次</th><th colspan="3">项目</th><th>允许偏差(mm)</th><th>检验方法</th></tr>
<tr><td rowspan="2">1</td><td rowspan="6">管道</td><td rowspan="2">坐标</td><td>埋地</td><td>50</td><td rowspan="8">用水准仪(水平尺)、直尺、拉线和尺量检查</td></tr>
<tr><td>敷设在沟槽内</td><td>20</td></tr>
<tr><td rowspan="2">2</td><td rowspan="2">标高</td><td>埋地</td><td rowspan="2">±10</td></tr>
<tr><td>敷设在沟槽内</td></tr>
<tr><td rowspan="2">3</td><td rowspan="2">水平管道纵横方向弯曲</td><td>每 1m</td><td>2</td></tr>
<tr><td>全长 25m 以上</td><td>≤50</td></tr>
<tr><td>4</td><td>井盖</td><td colspan="2">标高</td><td>±5</td></tr>
<tr><td>5</td><td>化粪池丁字管</td><td colspan="2">标高</td><td>±10</td></tr>
</table>

2. 压力流管道的稳管

压力流是管道中的介质在压力的作用下进行流动。压力流管道稳管的中心和高程精度都可稍低一些，其允许偏差见表 7-19。

室外输水管道安装的允许偏差和检验方法（mm）　　表 7-19

<table>
<tr><th>项次</th><th colspan="2">项目</th><th>允许偏差(mm)</th><th>检验方法</th></tr>
<tr><td rowspan="2">1</td><td rowspan="2">坐标</td><td>埋地</td><td>50</td><td rowspan="6">用水准仪(水平尺)、直尺、拉线和尺量检查</td></tr>
<tr><td>敷设在沟槽内</td><td>20</td></tr>
<tr><td rowspan="2">2</td><td rowspan="2">标高</td><td>埋地</td><td>±30</td></tr>
<tr><td>敷设在沟槽内</td><td>±20</td></tr>
<tr><td rowspan="2">3</td><td rowspan="2">水平管道纵横方向弯曲</td><td>每 1m</td><td>2</td></tr>
<tr><td>全长 25m 以上</td><td>≤50</td></tr>
</table>

承插口间的缝隙应力求均匀，可在接口间楔入木楔或铁楔，接口时，再除去楔块。

管道在土基上或枕基上稳管时，一般挖弧形槽，并铺垫砂子，使管道与管基接触良好。在平基或垫块上稳管时，对好口将管稳好后，应用干净的石子或碎石从两边卡牢。用垫块时应放置平稳，防止管子移动，在管子两侧应立保险杠以保安全。管道高程应符合质量标准。稳较大的管道时，宜进入管内检查对口，减少错口现象。浇筑混凝土时，所用的垫块、石子、碎石等浇筑在混凝土的基础或管座中。

稳管工作完成后应及时进行接口，以免管道位置移动。

7.2.3.2 对中的方法

1. 中心线路

在两坡度板间的中心线上挂一垂球，而在管内放置带有中心刻度的水平尺，当垂球线通过水平尺中心时，则表示管道已对中，这种对中方法较准确，采用较多，见图 7-13。

2. 边线法

当采用边线法时，边线的高度应与管道中心高度一致，平行于管道中心线，其位置以距管外皮 10mm 为宜。边线的两端拴在槽壁的小桩上，稳管时控制管外皮或管中心与边线间的距离为一定，则管道处于中心位置，当槽较窄且深时，用此法对中要比中心线法速度快，见图 7-14。

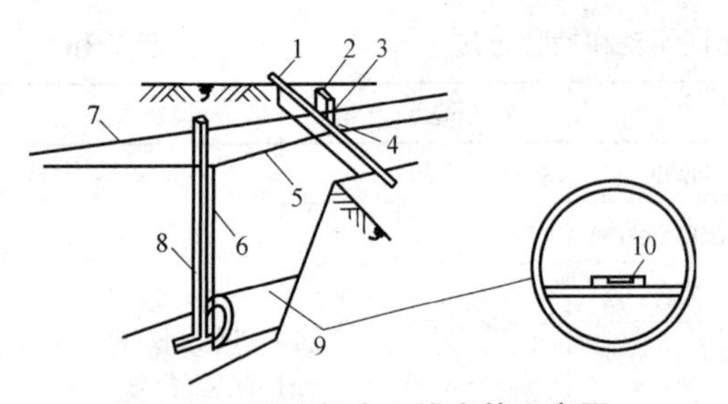

图 7-13 坡度板中心线安管示意图

1— 坡度板；2—高程板；3—高程钉；4—中心钉；5—中线；6—垂球；7—高程线；8—高程尺杆；9—管；10—水平尺

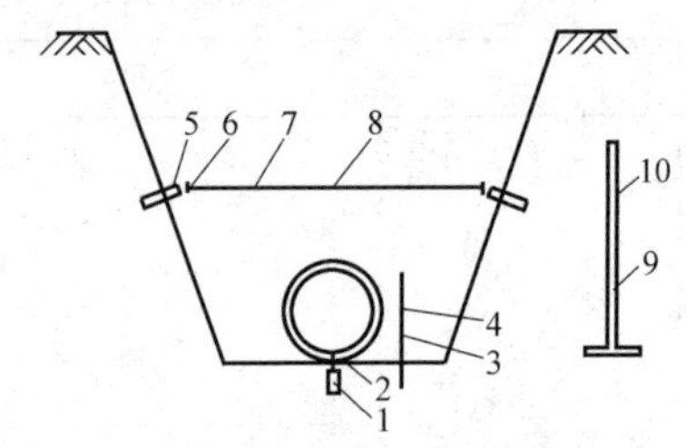

图 7-14 边线法安管示意图

1—给定中心桩；2—中心钉；3—边线铁钉；4—边线；5—高程桩；6—高程钉；7—高程辅助线；8—高程线；9—高程尺杆；10—记号

7.2.3.3 高程控制

一般常用方法是使用一个丁字形高程尺，尺上刻有管底内皮和坡度线之间的距离，即相对高程的下反数。将高程尺垂直放置在管底内皮上，当标记与坡度线一致时，则高程准确。高程以量管内底为准。当管椭圆度及管壁厚度误差较小时，可量管顶外皮。但管壁厚度尺寸误差较大时，这种方法不易准确，应慎重从事。

7.2.4 管道安装

管道安装工程应根据各工程特点，结合现场的具体条件，合理安排施工顺序。一般应先装地下，后装地上；先装大管道，后装小管道；先装支架、吊架，后装管道。

7.2.4.1 管道安装要求

管道安装工程的最终目的是使管道系统满足使用功能的要求，保证安全运行，因此安装施工时必须达到如下基本技术要求：

(1) 管道流程、材质及安装位置等均应符合设计要求，材质必须经过检验。

(2) 接口应严密和坚固，接口时不应强行对口，消除接口的附加应力。强度试验和严密性试验合格。

(3) 支架和管座应牢固和稳定，支架位置恰当，管道使用时，转弯处与末端应稳定。

(4) 立管垂直，横管坡度符合设计要求，应能正常排水或放气。

(5) 阀类等附件和仪表安装正确。

(6) 管道防腐良好。

(7) 管道安装时不损坏附近房屋结构和其他设施。

(8) 在进行管道安装时，要将管内清扫干净，让管道产品标记座位于管子顶部。安装时，使用边线或中心垂线控制管道中心，砂垫层标高必须准确，以控制安管高程，并以水准仪校核。

(9) 管子安装后不得移动，将管底两侧均匀回填砂土并夯实，或用垫块等将管子固定。

7.2.4.2 接口

1. 开挖工作坑

管道接口是管道铺设中的一个关键性工序，在管道施工过程中对接口质量要严格控制。根据材质的不同、接口形式的不同，安装工艺也就不同。接口工作坑应根据管子尺寸，在槽内丈量，确定其位置，在下管前挖好。表 7-20 为工作坑开挖尺寸。管子对口前应将管内的泥土、杂物清除干净。槽内组对时，对口间隙与错边量应符合要求，并保持管道成一直线。

混凝土管工作坑开挖尺寸　　　　**表 7-20**

管径 D_0 (mm)	工作坑尺寸(m)			
	宽度	长度		深度
		承口前	承口后	
≤500	承口外径+0.8	0.2	承口长度+0.2	0.2
600～1000	承口外径+1.0	0.2	承口长度+0.2	0.4
1100～1500	承口外径+1.6	0.2	承口长度+0.2	0.45
≥1600	承口外径+1.8	0.2	承口长度+0.2	0.5

2. 接口允许转角

管道弯曲部尽可能使用弯头，如必须用直管沿曲线敷设管道时，所找角度要在允许角度范围内，并且用多个接口找回角度。

承插口混凝土管常利用承插口的间隙，使管道调整一定的角度（图 7-16），以适应敷设的需要。但如果调整过量，将使承插口间隙不均匀，造成接口漏水。不同管材、不同接口形式、不同接口设计尺寸的允许转角及纵向位移是不同的，表 7-21 中为部分混凝土管的允许转角和纵向位移。表中所示值是回填完了后的最大值。在施工时应考虑地基、管基础、回填等条件，使之不超过允许值的规定。

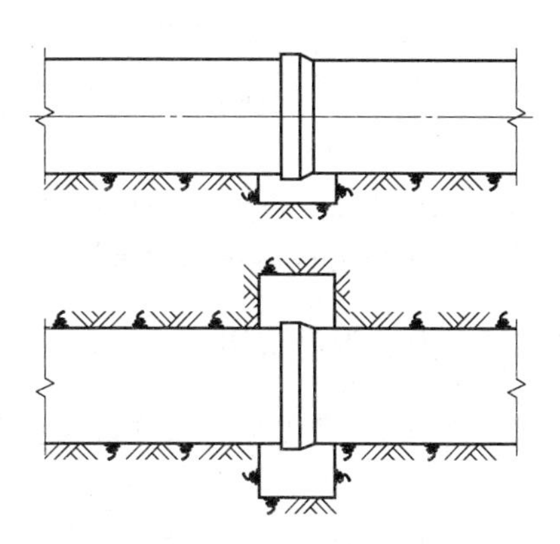

图 7-15　混凝土管接口工作坑

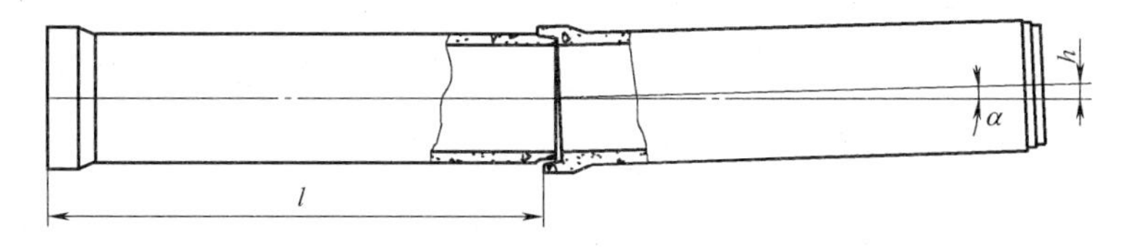

图 7-16　柔性接口混凝土管单根管道接口转角示意图

混凝土管的允许转角及纵向位移值　　　　**表 7-21**

管的种类	管径 (mm)	接口形式	接口允许转角 α (°)	接口纵向允许位移 s(mm)	相对沉降量 h (mm)
混凝土排水管	300～600	滑动插入楔形胶圈	1.5	10/20	79
	700～1000		1.2		63
	1100～1200		1.0		52
	1400～1600		0.8		42
	1800～2000		0.6		31
	2200～2600		0.5		26
	2800～3200		0.4		21
	3400～4000		0.3		16

续表

管的种类	管径（mm）	接口形式	接口允许转角 α（°）	接口纵向允许位移 s(mm)	相对沉降量 h（mm）
预应力混凝土管	500	滚动插入“O”形胶圈	2.3	20	200
	800		1.4		125
	1000		1.1		100
	1200		0.95		83
	1500		0.76		67
	1800		0.64		56
	2000		0.57		50

注：① 表中纵向允许位移数值，斜线上端数值为承口工作面与插口工作面坡角和大于 2°的允许位移；斜线下端数值为承口工作面与插口工作面坡角和小于 2°的允许位移。

② 表中相对沉降量，混凝土排水管管长为 l=3m；预应力混凝土管管长为 l=5m。

7.2.4.3 承插口管承口朝向的规定

管子下沟时，一般以逆流方向铺设。

承插口管连接时，承口应朝向介质流来的方向。在坡度较大的区域，承口应朝上，以利施工。承口方向尽量与管道铺设方向一致。

7.2.5 排水管道常用施工方法

7.2.5.1 柔性承插口式混凝土管连接安装方法

柔性承插口式混凝土管安装连接后，胶圈弹力在接口工作面斜面上产生纵向推力，推动管节向外移动，因而柔性承插口式混凝土管的安装常用如图 7-17 所示的方法安装。采用手动葫芦或倒链、钢丝绳套、方木合龙管节。合龙管节时，手板倒链一端连接钢丝绳和置于管端的方木；另一端缠套于管外侧的钢丝绳套或用斜撑的方木作支承推拉反力，同时板动两侧倒链，使插口均匀进入承口，管子承插到位，放松钢丝绳，复核管节的高程和中心线，检查承插口之间的间隙。

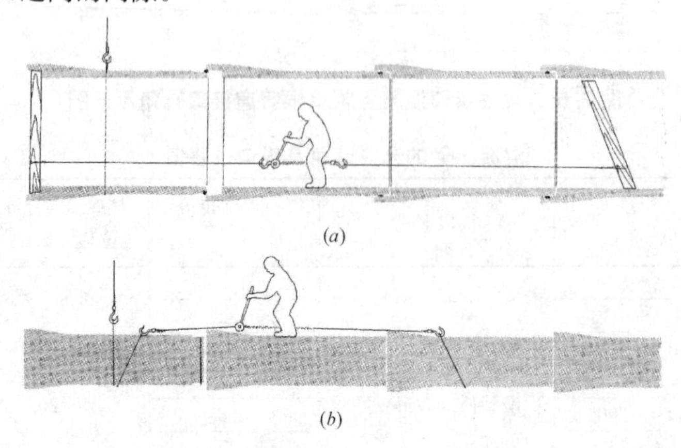

图 7-17 管节连接安装示意图

(*a*) 以内壁木撑为推拉支承反力安装方式；(*b*) 以钢丝绳套为推拉反力安装方式

7.2.5.2 四合一施工法

排水管道施工，把平基、稳管、管座、抹带四道工序合在一起一气呵成的做法，称为“四合一”施工法。这种方法速度快、质量好，是小管径管普遍采用的施工方法之一。

施工顺序为：验槽→支模→下管→排管→四合一施工→养护。

1. 支模、排管施工要点

四合一施工，根据操作需要，第一次支模为略高于平基或90°基础高度，由于在模板上滚运和放置管子，模板安装应特别牢固，模板材料一般使用15cm×15cm方木，方木高程不合适时，用木板平铺找齐，木板与方木用铁钉钉牢；模板内部可用支杆临时支撑，外部应支牢，防止安管时走动，一般可用靠模板外侧钉铁钎的方法，见图7-18。

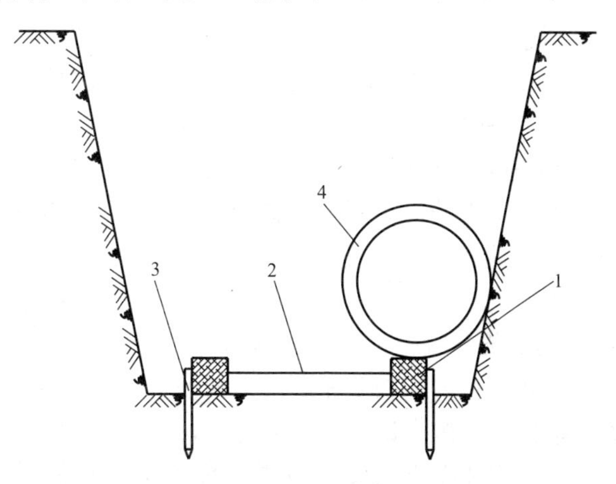

图7-18 “四合一”安管支模排管施工示意图

1—方木；2—临时撑杆；3—铁钎；4—排管

管子下至沟内，利用模板作为导木，在槽内滚运至安管地点，然后将管子顺排在一侧方木模板上，使管子重心落在模板上，倚在槽壁上，要比较容易滚入模板内，槽宽不够时，要先修坡，再将管子靠坡放稳，并将管子洗刷干净。

如果是135°及180°管座基础，模板宜分两次支设，上部模板待管子铺设合格后再安装。

2. “四合一”施工

（1）平基。灌浇平基混凝土时，一般应使混凝土面高出平基面2～4cm（视管径而定）并进行捣固。管径400mm以下者，可将管座混凝土与平基一次灌齐，并将混凝土做成弧形。混凝土的坍落度一般采用2～4cm，应按管径大小和地基吸水程度适当调整。靠管口部位应铺适量与混凝土同强度等级的砂浆，使基础与管口粘结良好。

（2）稳管。将管子从模板上移至混凝土面，轻轻揉动，将管子揉至设计高程（一般掌握高1～2mm，以备稳下一节时又稍有下沉），同时注意保持对口和中心线位置的准确，如管子下沉过多，超过质量要求时，应将管子撬起，补填混凝土或砂浆，重新揉至设计高程。

（3）管座。管子安好后，马上支搭管座模板，浇筑两侧管座混凝土，认真捣固管座两侧三角区，补填对口砂浆，抹平管座两肩。如管道接口采用钢丝网砂浆接口抹带时，捣固混凝土应注意保持钢丝位置的正确。应配合勾捻相应的管内缝，管径在600mm以下时，由于无法进行管内勾缝，可用麻袋球或其他工具在管内来回拖动，将管口处砂浆拉平。

（4）抹带。管座混凝土浇筑完毕，立即进行抹带，使带和管座连成一体，随后勾捻内缝，抹带与稳管至少相隔2～3节管，以免稳管时不小心碰撞管子，影响接口的质量。

7.2.5.3 垫块法施工

管道施工，把在垫块上安管，然后再浇筑混凝土基础的接口的安管方法，称为垫块法。用这种方法可避免平基、管座分开浇筑，是污水管道常用的施工方法。

施工顺序为：预制垫块→安垫块→下管→在垫块上安管→支模→浇筑混凝土基础→接口养护。

1. 预制混凝土垫块

垫块尺寸长等于混凝土管径的0.7倍、高等于平基厚度，允许偏差$^{+0}_{-10}$mm，宽大于或等于高。

垫块混凝土强度等级同混凝土基础。每根管垫块个数一般为2个。

2. 垫块上安管要点

垫块应安置平稳，高程符合要求。安管时，管子两侧立置保险杠，防止管从垫块上滚下伤人。安管的对口间隙，管径700mm以上者按10mm左右掌握；稳较大的管子时，宜进入管内检查管口，减少错口现象。

管子安装好后，一定要用干净石子或碎石将管卡牢，并及时浇筑混凝土管座。

3. 浇筑混凝土基础注意事项

先将模板内清扫干净，浇筑时要分层，第一层可摊铺薄些，振捣时使一侧的混凝土从管下捅向另一侧，即两侧混凝土要碰头，成为一个整体。

混凝土要振捣密实，防止形成管子漏水的通道。管子以上，与管子接触的三角部分(肩三角)，要选些同强度等级混凝土中软灰用抹子压实。

135°以上的管座模板，要分层支搭，配合混凝土浇捣。两侧要同时同步浇筑，防止将管子挤偏。

如是钢丝网水泥砂浆抹带接口，应在插入部分另加适当抹带砂浆，认真捣固，并保持钢丝线丝位置正确。

注意管口处插捣密实，防止管口漏水，配合浇筑勾好内缝。

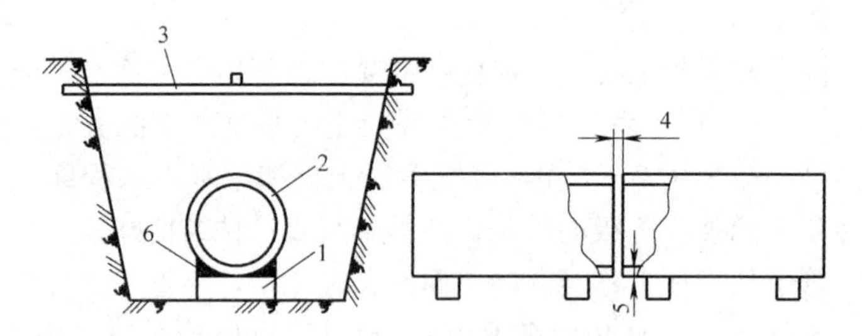

图7-19　在垫块上安管示意图

1—垫块；2—混凝土管；3—坡度板；4—对口间隙；5—错口；6—干净石子或碎石卡牢

7.2.5.4　平基法施工

排水管道施工，先浇筑平基混凝土，等平基混凝土达到一定强度再下管、安管、浇筑管座及抹带接口的安管方法，称为平基法。适合于雨季施工或地基不良者，雨水管用得较多。

施工顺序为：支平基模板→浇平基混凝土→下管→安管→支管座模板→浇座混凝土→接口→养护。

1. 浇筑平基施工要点

验槽合格后，应及时浇筑平基混凝土，减少地基扰动的可能。应严格控制平基顶面高程，不能高于设计高程，低于设计高程不超过10mm。平基混凝土终凝前不得泡水，应进行养护。

2. 下管、安管施工要点

平基混凝土强度达到5MPa以上时，方可安管。下管前可在平基面上弹线，控制安管中心线。安管的对口间隙，管径大于等于700mm按10mm控制，小于700mm可不留间隙，稳较大的管子，宜进入管内检查对口，减少错口现象，稳管以达到管内底高程偏差±10mm以内，中心线偏差不超过10mm，相邻管内底错口不大于3mm为合格。

管子安好后，应用干净石子或碎石卡牢，并及时浇筑混凝土管座。

3. 浇筑管座注意事项

浇筑前，平基应凿毛或刷毛，并冲洗干净。平基与管子接触的三角部位，要选用同强度等级混凝土中的软灰，先行振捣密实（见图7-20）。

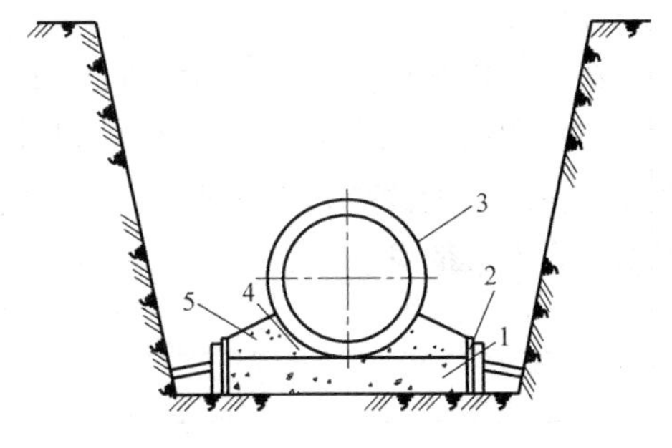

图7-20　平基法浇筑管座混凝土示意图

1—平基混凝土；2—管座模板；3—混凝土管；4—底三角部分；5—管座混凝土

浇筑混凝土时，应两侧同时进行，防止将管子挤偏。较大的管子，浇筑时宜同时进入配合勾捻内缝，直径≤700mm的管子，可用麻袋球或其他工具在管内来回拖动，将流入管内的灰浆拉平。

7.2.5.5　管道基础混凝土的模板

可用钢木混合模板、木模板、土质好的还可用土模。木模的面板一般用4～5cm厚的木板；对“四合一”施工因模板需滚运管子，所以底层常用15cm×15cm方木。

模板制作应考虑混凝土的浇筑和振捣从高度上分层。一般90°基础（包括平基和管座）可不分层，对135°、180°基础应分层；对180°管座应分两层。分层支搭的模板应事先拼装好，拼装高度可以大于混凝土浇筑高度，接缝应有防止漏浆措施。

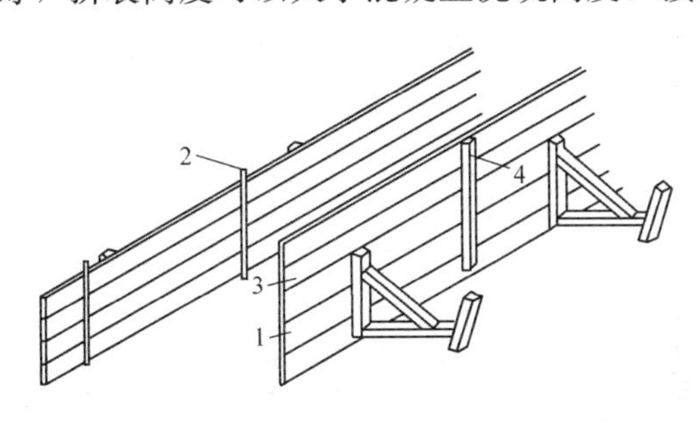

图7-21　管道基础木模分层支搭示意图

1—底（下）层模板；2—钢钎；3—上层模板；4—立柱和支撑位置

支模时面板对准给定的基础边线垂直竖立，内外打撑钉牢，内侧打钢钎固定，配合浇筑进行拼装（见图7-21），注意处理好拼缝以防漏浆，并在面板内侧弹线控制混凝土浇筑高度。

用流动性大的混凝土浇筑180°管座时，第一次支模高不超过管座的1/2，于下层混凝土浇筑后，再支上层模板，并于下层混凝土失去流动性后浇上层混凝土，避免不分层产生漂管。

7.2.6　管道回填

7.2.6.1　沟槽回填部位划分

沟槽回填时，对不同部位应有不同的要求，以达到既保护管道的安全又满足承受上部动、静载荷；既要保证施工过程中管道安全又保证上部修路、放行后的安全。对沟槽回填土的部位划分如图7-22所示。

7.2.6.2　回填土压实每层虚铺厚度

回填土压实的每层虚铺厚度，应按采用的压实工具和要求的压实度确定，对一般压实工具，铺土厚度可参考表7-22中的数值选用。

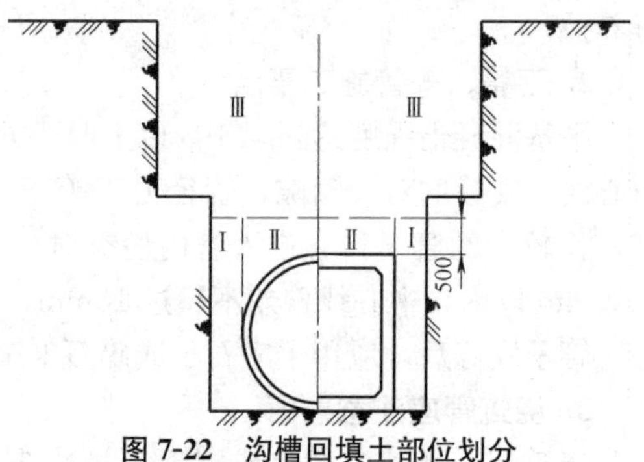

图7-22　沟槽回填土部位划分

Ⅰ—胸腔；Ⅱ—结构顶部；Ⅲ—路床（槽）以下

7.2.6.3　不同土的最佳含水量和最大干密度

不同土质、不同含水量，有不同的干密度。在最佳含水量时的最大干密度是衡量回填土质量的依据。土的最佳含水量和最大干密度应按《土工试验方法标准》作标准击实试验确定。北京市市政工程局提供《规程》中提供的参考数值见表7-23。

回填土压实每层的虚铺厚度　　表7-22

压实工具	虚铺厚度(cm)
木夯、铁夯	20～25
蛙式夯、火力夯	25～30
压路机	25～40
振动压路机	30～45

不同土的最佳含水量和最大干密度参考数值　　表7-23

土的种类	最佳含水量(重量,%)	最大干密度(g/cm^3)
砂土	8～12	1.80～1.88
亚砂土	9～15	1.85～2.88
粉土	16～22	1.61～1.80
亚黏土	12～15	1.85～1.95
重亚黏土	16～20	1.67～1.79
粉质亚黏土	18～21	1.65～1.74
黏土	19～23	1.58～1.70

注：本表提供的数值，是轻型标准击实（锤重2.5kg）。

7.2.6.4　回填土注意事项

回填土土质原则上采用砂或土质较好的土。当采用开槽中的较好土质作为回填土时，应将土块、砾石、异物等去除。

管道安装工作完成后，应邀请设计、建设部门等有关单位，进行隐蔽验收，然后及时回填土施工。

有支撑的沟槽，填土前拆支撑时，要注意检查沟槽及邻近建筑物、构筑物的安全。

填土应在管道基础混凝土达到一定强度后进行。

沟槽回填顺序，应按沟槽排水方向由高向低分层进行。

在回填土时，应注意不要在沟槽内管的一侧卸入多量的土，防止管道产生位移。

回填时先由管子的两侧向管底均匀回填砂土，然后在两侧胸腔部分同时分层回填夯实，禁止只由一侧回填。井室等构筑物四周回填土时应同时进行。

回填土时不得将土直接砸在抹带接口及防腐层上。支墩的背部应是原状土，保持承受土压。

直径700mm以上的管道，回填夯实后，应再次测量管内各部分的安装尺寸，检查管道有无异常并作记录，以备确认和对问题进行研究处理。

7.2.7 管道接口形式

混凝土管多用于雨、污水管道，接口形式有刚性和柔性两种，根据管径、接口承压要求、施工方式、地基状况等不同而变化。当今多用柔性接口。

柔性接口允许管道纵向轴线交错3～5mm或交错一个较小的角度，而不置引起渗漏。常用的柔性接口有橡胶圈接口和防水油膏接口。防水油膏接口用在无压、地基软硬不一、沿管道轴向沉陷不均匀的管道上。橡胶圈接口使用极为广泛，特别是在地震区、地下水位高、地基软硬不均匀、地基承载力低、有内压要求的管道。

刚性接口不允许管道有轴向交错，抗震能力差。但比柔性接口造价较低、管子生产简单，因而也被用于地基比较良好、有带形基础的无压管道中。常用的刚性接口有水泥砂浆抹带接口、钢丝网水泥砂浆抹带接口。

7.2.7.1 常用接口

1. 橡胶圈接口

如图7-23所示，属于柔性接口。结构简单、施工方便、接口密封可靠、抗地震性能好，适用于施工地段土质较差、地基不均匀或地震地区。

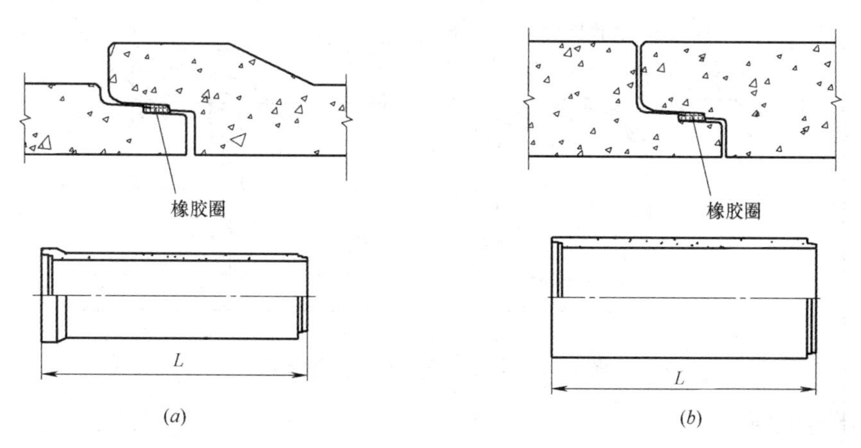

图7-23 橡胶圈接口

(*a*) 承插口式橡胶圈接口；(*b*) 企口式橡胶圈接口

2. 水泥砂浆抹带接口

图7-24为水泥砂浆抹带接口。在管子接口处用1∶2.5～3.0水泥砂浆抹成半椭圆形或其他形状的砂浆带，带宽120～150mm，属于刚性接口。一般适用于地基土质较好的雨水管道上，或用于地下水位以上的污水支线上。企口管、平口管、承插口管均可采用此种接口。水泥砂浆配合比见表7-24。

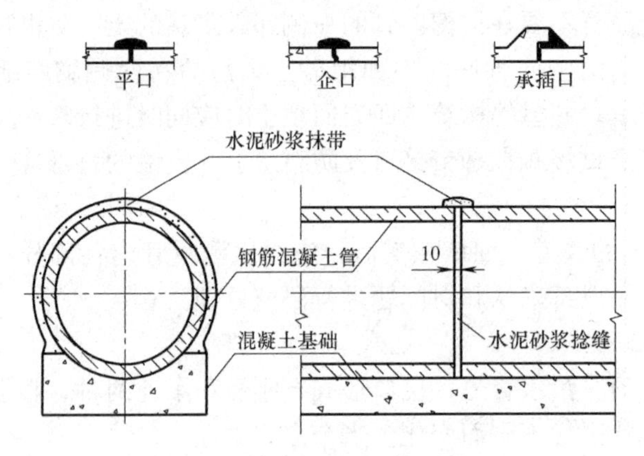

图 7-24　水泥砂浆抹带接口

水泥砂浆配合比（质量比）　　表 7-24

使用范围	水泥	砂浆	水灰比	注
接口填缝	1	2.0	≤0.5	砂应过 2mm 孔径筛子
抹带	1	2.5～3.0	≤0.5	

3. 钢丝网水泥砂浆抹带接口

钢丝网水泥砂浆抹带接口属刚性接口，见图 7-25。将抹带范围的管外壁凿毛，抹 1∶2.5 水泥砂浆一层，厚 15mm，中间采用 20 号 10×10 钢丝网一层，两端插入基础混凝土中，上面再抹一层厚 10mm 砂浆。适用于地基土质较好的具有带形基础的雨水、污水管道上。

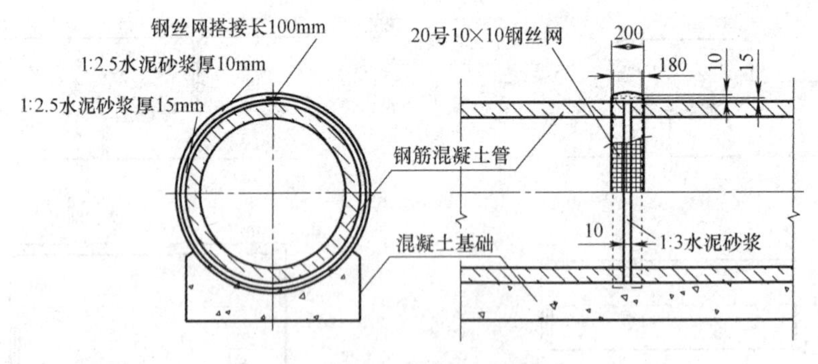

图 7-25　钢丝网水泥砂浆抹带接口

4. 沥青卷材接口

如图 7-26 所示，沥青卷材接口属于柔性接口。沥青砂质量配比为沥青∶石棉∶细砂＝7.5∶1∶1.5。先将接口处刷净烤干，涂上冷底子油一层，再刷 3mm 厚的沥青玛蹄脂，再包上沥青卷材，再涂 3mm 厚沥青砂，这叫“三层做法”。若再加沥青卷材、沥青砂各一层，便叫“五层做法”。一般适用于地基沿管道纵向沉陷不均匀地区。

5. 预制套环石棉水泥油麻（或沥青砂）接口

预制套环石棉水泥油麻（或沥青砂）接口属于半刚半柔接口，如图 7-27 所示。石棉水泥质量比为水∶石棉∶水泥＝1∶3∶7（沥青砂配比为沥青∶石棉∶砂＝1∶0.67∶0.67）。适用于地基不均匀地段，或地基经过处理后管道可能产生不均匀沉陷且位于地下

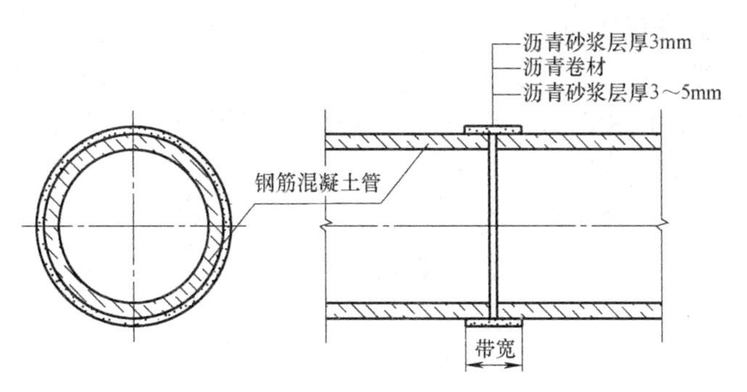

图 7-26 沥青卷材接口

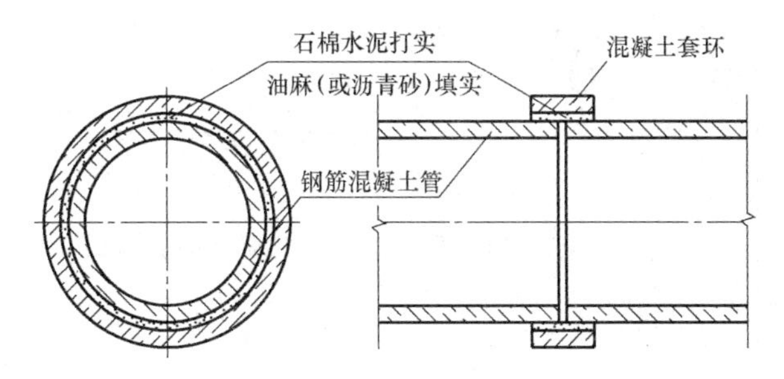

图 7-27 预制套环石棉水泥油麻（或沥青砂）接口

水位以下、内压低于 0.1MPa 的管道上。

6. 现浇套环接口

为了加强管道接口的刚度，根据特殊需要可采用现浇混混凝土或钢筋混凝土套环接口，见图 7-28。

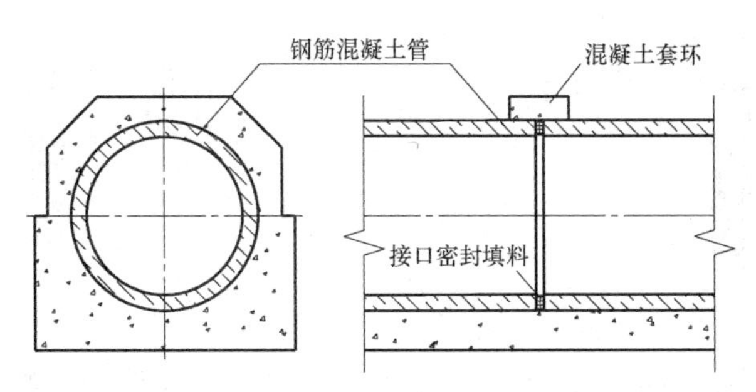

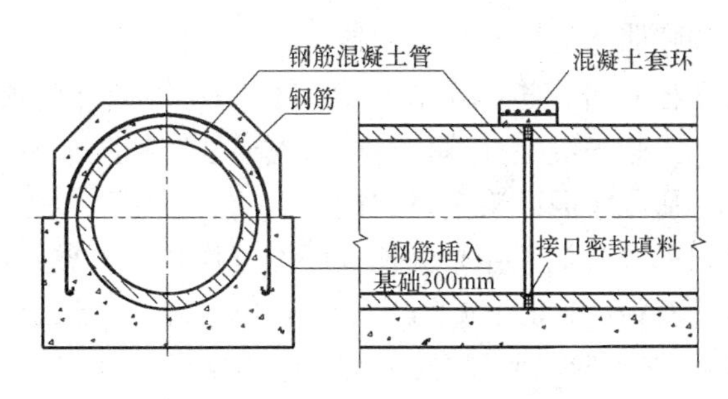

图 7-28 现浇混凝土套环接口

7.2.7.2　顶管施工用接口

1. 企口式橡胶圈接口

接口形式如第2章中图2-7所示，特性与使用范围相同。用于顶管施工的各种橡胶圈接口形式可参考第2章节内容。

2. 混凝土（或铸铁）内套环石棉水泥接口

如图7-29所示，主要用于平口管、接口有抗渗要求的污水管道。

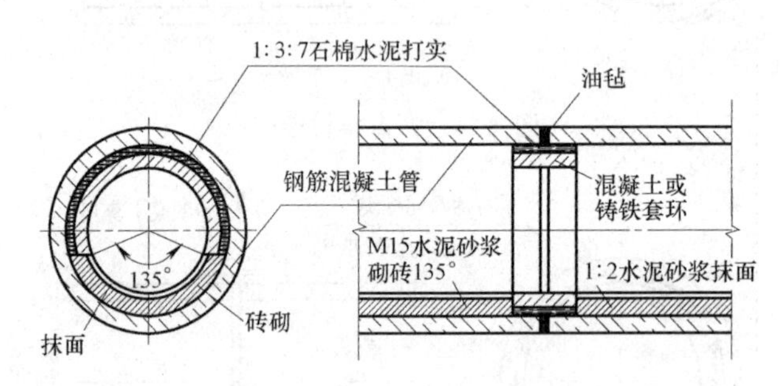

图7-29　预制内套环石棉水泥（或沥青砂）接口

3. 沥青油毡、石棉水泥接口

如图7-30所示。

4. 麻辫（或塑料圈）石棉水泥接口

如图7-31所示。在内撑环连接之前即将麻辫打进两管节平口之间，再支设内撑环，待顶进结束拆除内撑环，在管内缝隙处填打石棉水泥（石棉：水泥＝3：7），或填塞膨胀水泥砂浆（膨胀水泥：砂：水＝1：2：0.3）。这种接口一般用于雨水管道。

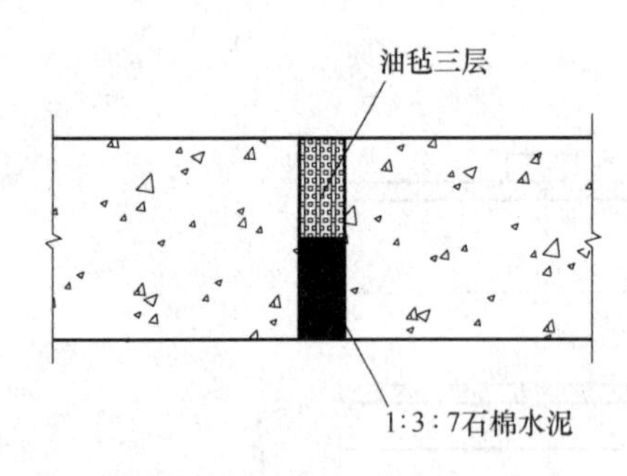

图7-30　沥青油毡、石棉水泥接口

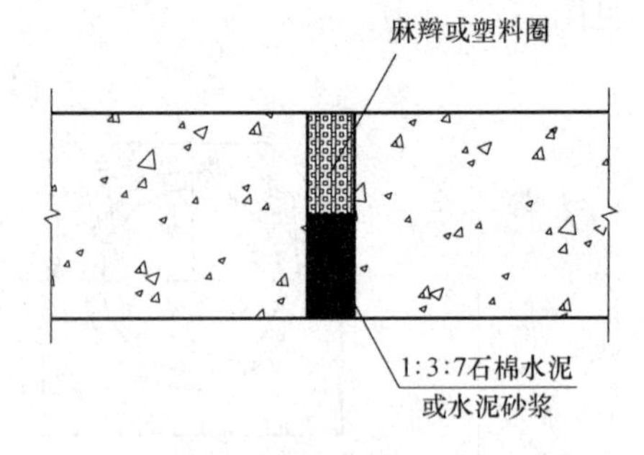

图7-31　麻辫（或塑料圈）石棉水泥接口

5. 刚性企口接口

（1）石棉水泥砂浆或膨胀水泥砂浆企口式接口

在内撑环连接之前即将麻辫打进两节管的企口之间，管壁外侧顶进中夹进油毡3～4层，顶毕，拆除内撑环，于管内缝隙处填打石棉水泥或填塞膨胀水泥砂浆。见图7-32。

（2）聚氯乙烯胶泥与膨胀水泥砂浆企口式接口

见图7-32。在内接口的外半圈采用聚氯乙烯胶泥（煤焦油：聚氯乙烯树脂：邻苯二甲酸二甲酯：硬脂酸钙：滑石粉＝100：15：1：1：5）填塞进去，填塞前在管口表面涂刷冷底子油（煤焦油：二甲苯＝1：5）顶力将胶泥带条挤压密实。顶毕，于管口内半圈缝隙处填塞硫铝酸盐膨胀水泥砂浆。

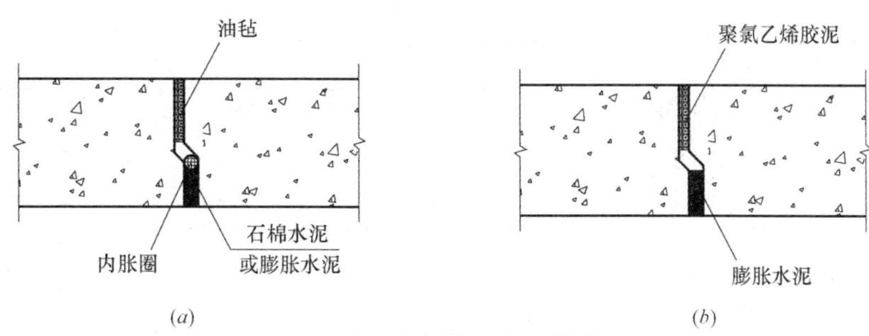

图 7-32 企口式钢筋混凝土管内接口

(a) 石棉水泥砂浆或膨胀水泥砂浆企口式接口；(b) 聚氯乙烯胶泥与膨胀水泥砂浆企口式接口

7.3 管道顶进法施工

管道穿越铁路、公路、河流、建筑物等障碍物，或在城市道路下铺设管道，除需要满足管道安装质量外，还须保证穿越对象的正常使用，故常采用顶管施工。采用最多的是圆形混凝土管，也可采用矩形或其他预制异形混凝土涵管。除直线管道外，顶管也可用于弯管的施工。

顶进法施工也称为不开槽施工。与开槽施工相比，顶进法施工的土方开挖和回填工作量减少很多；不必拆除地面障碍物；不会影响地面交通；穿越河流时既不影响河道航运，也不需修建围堰或进行水下作业；消除了冬季、雨季对开槽施工的影响；不会因管道埋设深度增加而增加土方量；管道不需设置管座和基础；施工人员比开槽施工人员少；工期比开挖埋管工期短；可减少对管道沿线的环境污染，建设公害少。由于顶进法施工的技术进步，施工费用也是较低的，在埋土深度较大的情况下，比开挖埋管经济。

顶管施工与开挖施工相比也有不足处：曲率半径小而且多种曲线组合在一起时，施工较为困难；在软土层中顶管容易发生偏差，且纠正偏差难度较大，管道易发生不均匀沉降；顶进时如遇到障碍物处理较为困难；在埋土浅的地层中顶管，显得不经济上。

顶进法施工一般适用于非岩石性土层。在岩石层、含水层施工，或遇坚硬地下障碍物，都需有相应的附加措施。因此，施工前应详细勘察施工地段的水文地质和地下障碍物等情况。

7.3.1 顶管分类

顶进方法有很多种，主要可分为：人工；机械或水力掘进顶管；挤压土层顶管等。顶进方法的选择应根据管道所处土层性质、管径、地下水位、附近地上和地下建筑物、构筑物和各种设施的因施，经技术经济比较后确定，一般情况下可参考表 7-25 。

顶管方法选择 **表 7-25**

顶管方法	适用情况
手掘式或机械挖掘式顶管	黏性土或砂性土且无地下水影响
手掘式或机械挖掘式顶管 （具有支撑的工具管或注浆加固土层的措施）	土质为砂砾土

续表

顶管方法	适用情况
挤压式或网格式顶管	软土层且无障碍物的条件下，管顶以上土层较厚
土压平衡顶管	黏性土层中必须控制地面隆陷
加泥式土压平衡或泥水平衡顶管	粉砂土层中且需要控制地面隆陷

顶管按断面尺寸（管径）分为大口径、中口径、小口径和微型顶管四种。大口径指直径>2000mm的顶管，人能在这样的管道中直立和自由行走。设备比较庞大，管子自重较大，顶进时比较复杂，当前随着城市建设的发展，在顶管中所占比例日渐增大。我国当前最大顶管直径为Φ4000mm的混凝土管。中口径是指管径为1200～1800mm，人猫着腰能在管中行走。小口径顶管是指人在管中只能爬行，有时甚至于爬行也比较困难的顶管。这类管管径为500～1200mm。微型顶管的管径很小，通常管径<400mm，最小的只有175mm。这类顶管大多埋深较浅，已成为顶管施工的一个分支。

按照其顶进管线长度分为普通顶管和长距离顶管。过去把100m左右的项管就称为长距离顶管，而现在随着注浆减摩技术水平的提高和顶进设备的改进，100m已不成为长距离顶管了。通常把一次顶进300m以上距离的顶管才称为长距离顶管。

按照顶管作业线路形状分为直线顶管和曲线顶管。曲线顶管技术复杂，是顶管施工难点之一。

7.3.2　顶管顺序

顶管工作过程：先开挖工作坑，再按照设计管线的位置和坡度，在工作坑底修筑基础、设置导轨，把管子安放在导轨上顶进。顶进前，在管前端开挖坑道，然后用千斤顶将管子顶入。一节管顶完，再连接一节管子继续顶进。千斤顶支撑于后背，后背支撑于原土后背墙或人工后背墙上。常见的人工顶管工艺如图7-33所示。顶管示意图如图7-34所示。

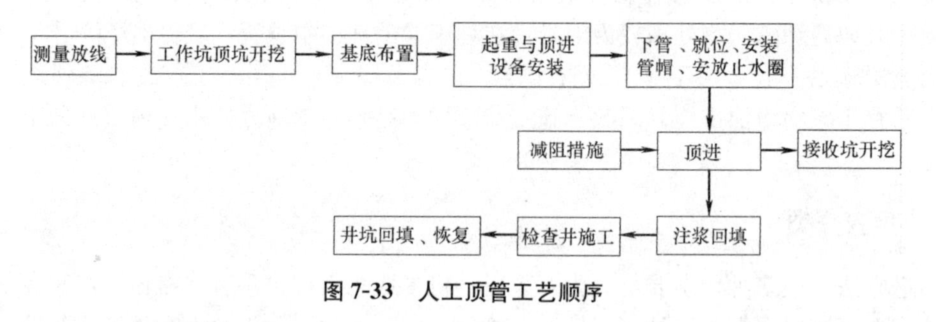

图7-33　人工顶管工艺顺序

7.3.3　工作坑及其布置

项管工程中需修建工作坑和接收坑。

顶管工作坑是顶管施工时在现场设置的临时性设施，工作坑由基础、导轨和后背墙等。工作坑是人、机械、材料较集中的活动场所，是顶管掘进机的始发场所，也还是承受千斤面推力的反作用力的构筑物。

接收坑是接收掘进机的场所，通常管子从工作坑中一节节顶进，到接收坑中把掘进机

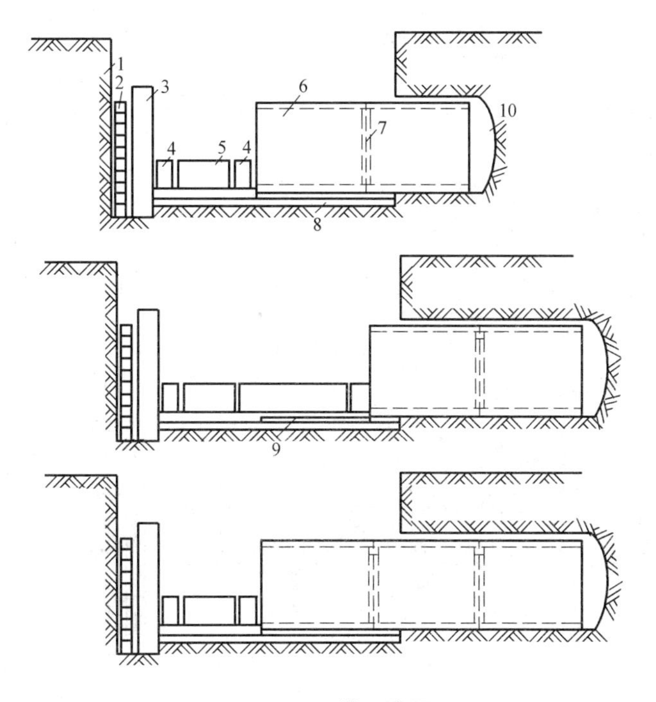

图 7-34 顶管示意图

1—后背墙；2—后背；3—立铁；4—横铁；5—千斤顶；6—管子；7—内胀圈；8—基础；9—导轨；10—掘进工作面

吊起以后，再把第一节管顶出一定长度后，这一段顶管工程才告一段落。有时在多段连续顶管的情况下，工作坑也可当接收坑用，但反过来则不行，因为一般情况下，接收坑比工作坑小许多，顶管设备无法安装。

7.3.3.1 工作坑种类（图 7-35）

顶管工作坑通常设置在穿越地面障碍物的顶管作业地段的两端，且与地面被穿越障碍物保持一定的安全距离。工作坑的位置要根据地形、管线设计、地面障碍物情况等因素确定。

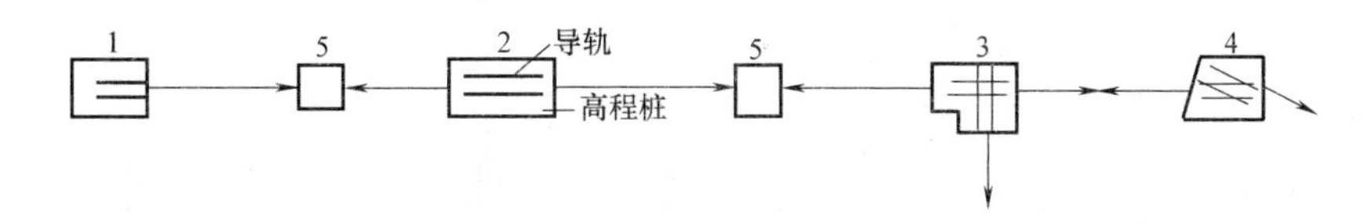

图 7-35 工作坑种类

1— 单向坑；2—双向坑；3—多向坑；4—转向坑；5—交汇坑

顶管工作坑的位置应按下列条件选择：有可利用的原状土作后背；排水管道的顶进工作坑通常设在检查井位置上，其他管道的顶进工作坑也宜设在管道的井室位置上；便于排水、出土和运输，并具备堆放少量管材及暂存土的场地；工作坑尽量远离建筑物，对地上、地下建筑物、构筑物宜采取保护和安全施工的措施；距电源、水源较近，交通方便；单向顶进时，宜设在下游一端。

工作坑按其功能不同，通常分为单向坑、双向坑、多向坑、转向坑、交汇坑等几种，如图 7-36 所示。只向一个方向顶进的称为单向坑。向一个方向顶进所能达到的最大长度称为一次顶进长度。

在工作坑双向顶进时，已顶进的管段作为未顶进管段的后背。双向同时顶进时，就不必设后背和后背墙。

转向顶进时，工作坑后背布置如图 7-36 所示。

工作坑纵断面有直槽形、阶梯形等。由于操作需要，工作坑最下部的坑壁一般应为直壁，其高度一般不小于 3m。如需开挖斜槽，则顶管前进方向两端应为直壁。土质不稳定的工作坑坑壁应设支撑或板柱，如图 7-37 所示。

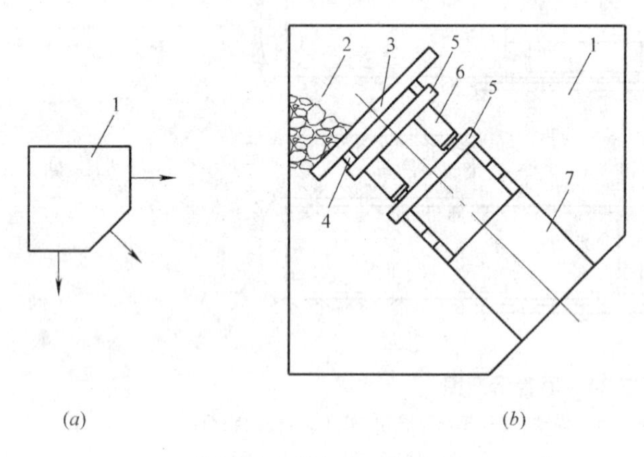

图 7-36　转向坑后背布置

(a) 顶进方向；(b) 工作坑布置

1—工作坑；2—填石后背；3—后背方木；4—立铁；5—横铁；6—千斤顶；7—混凝土管

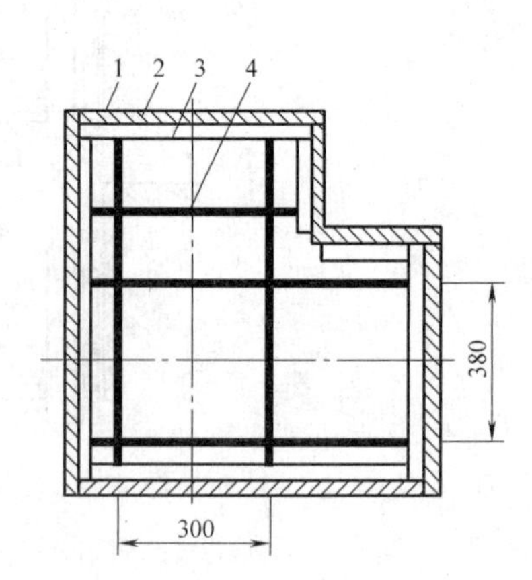

图 7-37　工作坑坑壁支撑示意图（单位：cm）

1—坑壁；2—撑板；3—横木；4—撑杠

7.3.3.2　工作坑尺寸

工作坑平面尺寸由顶管的管径、管节长度、接口方式、顶进方法、出土方式与顶进长度等确定。

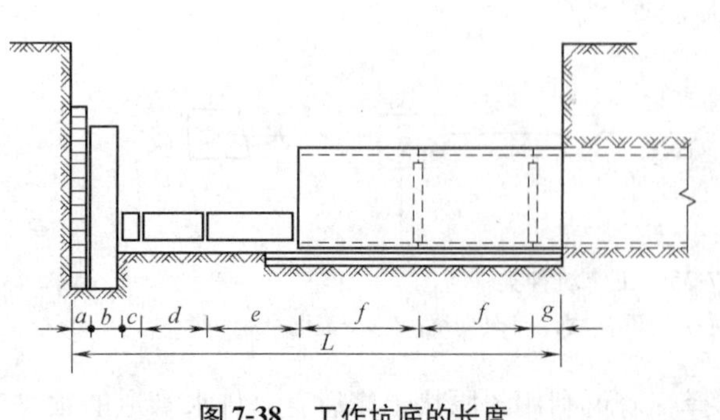

图 7-38　工作坑底的长度

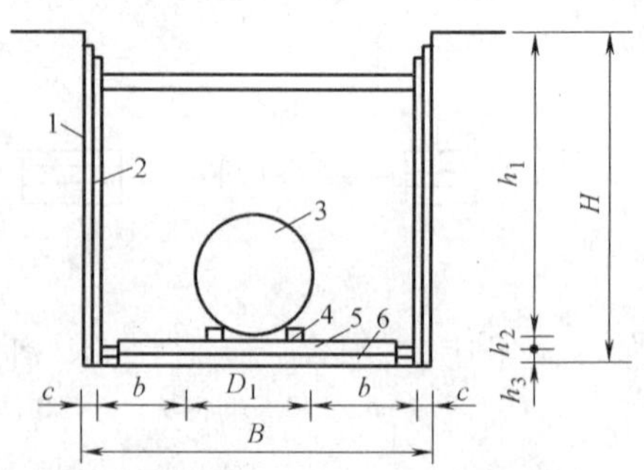

图 7-39　工作坑的底宽和高度

1—撑板；2—支撑立木；3—管子；4—导轨；5—基础；6—垫层

工作坑的尺寸如图 7-38 、图 7-39 所示。

工作坑长度计算：

坑长：

$$L=L_1+L_2+L_3+L_4+L_5+L_6+L_7+L_8 \quad (7.3\text{-}1)$$

式中 L_1——后背宽度，m；

L_2——顶进装置长度，m；

L_3——工作坑掉头顶进时附加长度，m；

L_4——管尾出土预留长度，m，取小铁车长约0.6m；

L_5——管节长度，m；

L_6——稳管时，已顶进管预留在导轨上的长度，0.3～0.5m。

坑宽：

$$B=D_1+2b+2c \quad (7.3\text{-}2)$$

式中 D_1——待顶管外径，m；

b——操作宽度，0.8～1.0m；

c——撑板厚度，0.2m。

工作坑深度应符合下列要求：

$$H=h_1+h_2+h_3 \quad (7.3\text{-}3)$$

式中 H——顶进坑地面至坑底的深度，m；

h_1——地面至管道底部外缘的深度，m；

h_2——管道外缘底部至导轨底面的高度，m；

h_3——基础及垫层的厚度，但不应小于该处井室的基础及垫层的厚度，m。

7.3.3.3 工作坑基础

为防止工作坑地基沉降，导致管子顶进位置误差过大，应在坑底修筑基础或加固地基。

基础的形式决定于基低的土质、管节的重量、地下水位等情况。一般有三种形式基础：①土槽木筏基础；②卵石木筏基础；③混凝土木枕基础。

当在地下水位以上且土质较好时，工作坑内可采用土槽木筏基础，木筏基础由方木铺成，如图7-40所示。平面尺寸与混凝土基础相同，分密铺、疏铺两种。

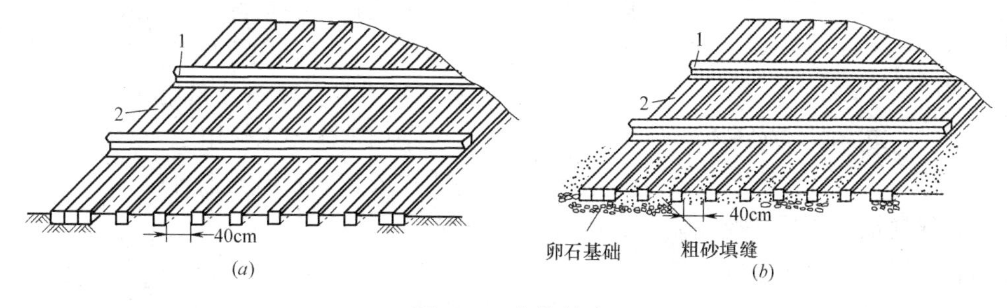

图7-40 方筏基础

(*a*) 土槽木筏基础；(*b*) 卵石木筏基础

1—导轨；2—方木

当在地下水位以下含水弱土层时，通常采用混凝土木枕基础（图7-41），基础尺寸根据地基承载力、施工荷载、操作要求而定。基础宽不小于管外径，长度至少为1.2～1.3倍管节长。基础一般厚度为15～25cm的C10混凝土，卵石垫层厚约10cm。为了安放导轨，应在混凝土基础内预埋方木轨枕，方木轨枕分横铺和纵铺两种。

在粉砂地基并有少量地下水时，为了防止扰动地基，可铺设厚为10～20cm的卵石或

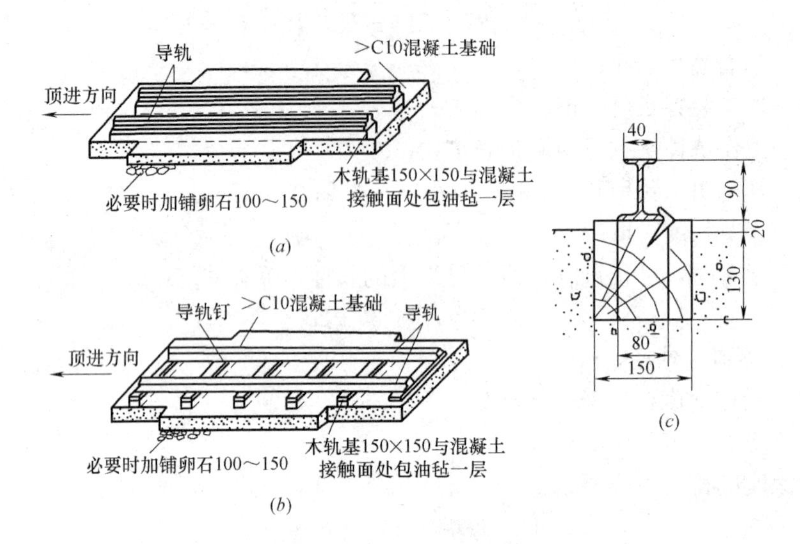

图 7-41　混凝土木枕基础

(*a*) 纵铺混凝土轨枕基础；(*b*) 横铺混凝土轨枕基础；(*c*) 本轨枕卧入混凝土的高度

级配砂石，在其上安装轨枕，铺设导轨。

7.3.3.4　导轨

导轨的作用是引导管子按设计的中心线和坡度顶入土中，因而导轨安装是顶管施工中一项重要工作，安装准确与否直接影响管子的顶进质量。导轨应选用钢质材料制作，可用轻轨、重轨、形钢或滚轮做成。

导轨应满足以下要求：

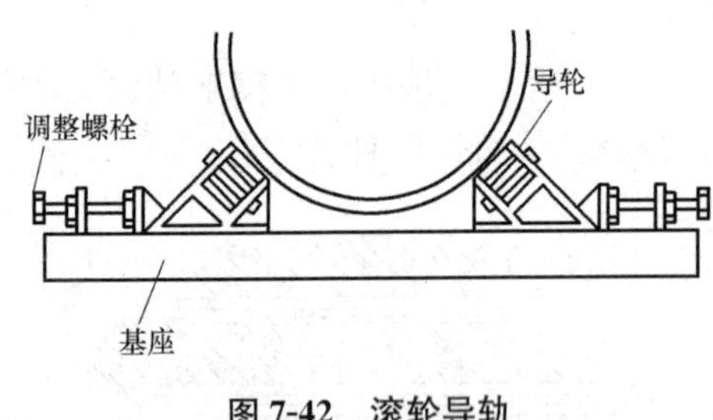

图 7-42　滚轮导轨

(1) 无论导轨铺设在哪种基础上均要求稳固，顶进过程中不能产生位置改变。

(2) 基底务求平整，满足基底高度要求。

(3) 导轨材料必须直顺，一般采用 43kg/m 的重轨做成，且附有固定螺栓，螺栓间距约为 800mm，也可视实际条件采用 18kg/m 的轻型钢轨。或采用木轨，木轨用 15cm×15cm 方木，刨角包铁皮或在方木内侧包角铁。

(4) 导轨铺设须严格控制内距、中心线与高程，其纵坡要求与管道纵坡一致。

导轨高程按管线坡度铺设，导轨用道钉固定于方木基础的轨枕上，或固定于混凝土基础内预埋的轨枕上。每条导轨选 6～8 个点，测每个点高程，检查安装质量。还可采用滚轮式导轨，这种导轨的优点是可以调节两导轨的距离，而且减少导轨对管子的摩擦，见图 7-42 。

(5) 两导轨内距。导轨通常是铺设在基础之上的方木或钢轨上，管中心至两钢轨的圆心角在 70°～90°，如图 7-43 所示。

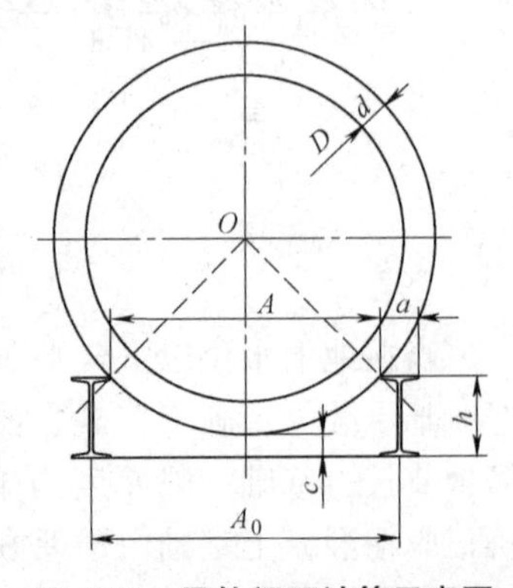

图 7-43　导轨间距计算示意图

导轨安装允许偏差为：

轴线位置 3mm；顶面高程+3mm；两轨内距±2mm。

安装后的导轨应牢固，不得在使用中产生移动，并应经常检验、校核。

两导轨间距可按下式计算：

$$A=2\sqrt{(D+2d)(h-c)-(h-c)^2} \tag{7.3-4}$$

式中 D——顶进管的内径；

d——管壁厚度；

h——导轨高；

c——管底与基础面垂直净距，为 0.01～0.03m。

7.3.3.5 后背墙与后背

后背墙与后背是千斤顶的支承结构，后背的作用是减少对后背墙单位面积的压力。

1. 后背墙

经常采用原土后背墙，这种后背墙造价经济，修建方便。黏土、粉质黏土均可做原土后背墙。根据施工经验，管道埋土 2～4m，浅埋土原土后背墙的长度一般需 4～7m。选择工作坑位置时，应考虑有无原土后背墙可以利用。

无法建立原土后背墙时，可修建人工后背墙。人工后背墙的种类很多，有块石后背墙、混凝土管联合后背墙和方木联合后背墙等。块石后背墙如图 7-44 所示，其许可顶力值由块石与其以上土重（地面荷载不计）及块石后面土壤侧压力两部分合成。混凝土管联合后背墙如图 7-45 所示，其许可顶力值由混凝土管与其以上土重及混凝土管后面土壤侧压力两部分合成。方木联合后背墙如图 7-46 所示，其许可顶力值由方木与其以上土重及方木后面土壤侧压力两部分合成。

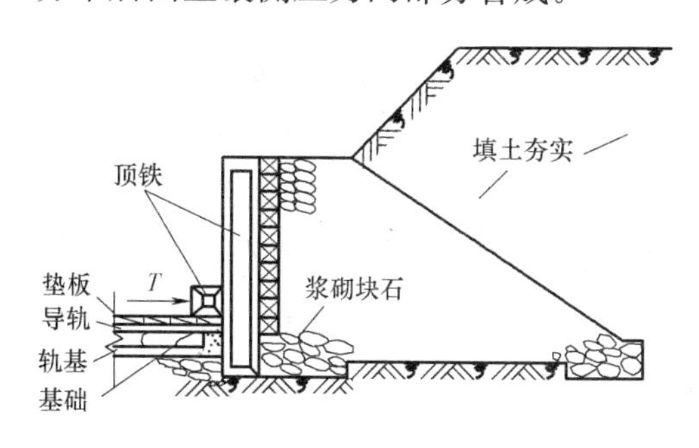

图 7-44 块石后背墙

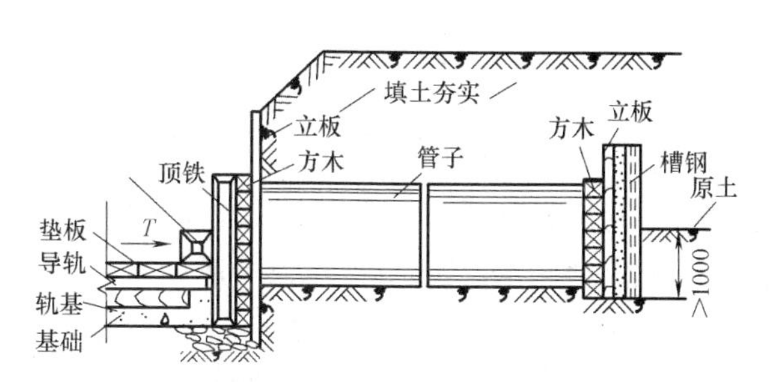

图 7-45 混凝土管联合后背墙

后背墙的类型还可分为装配式后背墙、钢板桩后背墙、沉井后背墙、连续墙后背墙等，其中以装配式后背墙用得最多。装配式后背墙是指工作坑开挖以后，采用方木、工字钢、槽钢、钢板等型钢或其他材料加工的构件，在现场组装的后背墙。

设计后背墙时，其许可顶力值一般应不小于 1.5 倍的阻力值。

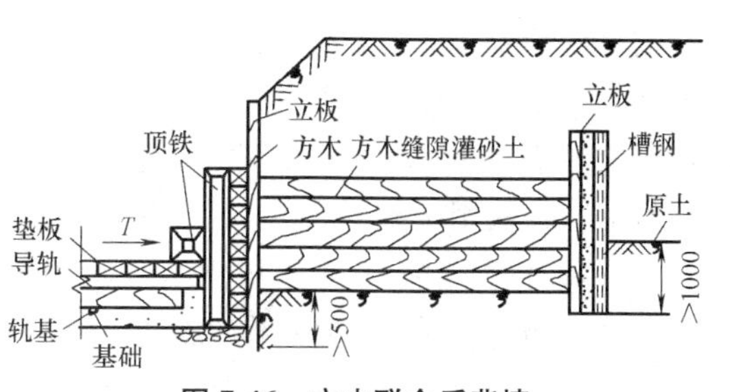

图 7-46 方木联合后背墙

采用原土后背墙时，应保证有足够高度、宽度与长度，长度通常应保证不小于 7m，使其具有可靠的稳定性。

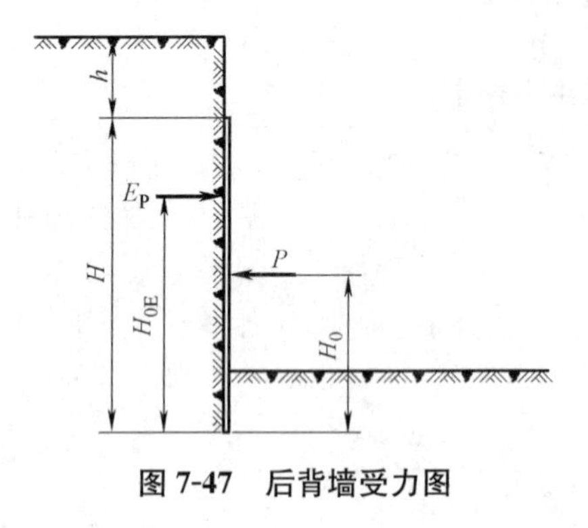

图 7-47　后背墙受力图

利用原土作装配式后背墙其许可顶力值（图 7-47），应根据顶力的作用点与后背墙被动土压力的合力作用点相对位置，按下列条件确定。

（1）当 $H_0=H_{0E}$

$$E_P=\frac{B}{K}(0.5\gamma H^2K_P+\gamma HhK_P+2CH\sqrt{K_P}) \tag{7.3-5}$$

$$H_{0E}=\frac{H}{3}\left[\frac{\gamma(H+3h)\sqrt{K_P}+6C}{\gamma(H+2h)\sqrt{K_P}+4C}\right] \tag{7.3-6}$$

$$K_P=\tan^2\left(45+\frac{\varphi}{2}\right) \tag{7.3-7}$$

式中　H_0——顶力作用点距后背墙底端的距离，m；

H_{0E}——后背墙被动土压力的合力作用点距后背墙底端的距离，m；

E_P——后背墙的允许顶力，kN；

γ——后背土体的重力密度，kN/m³；

H——后背墙高度，m；

h——后背墙顶端至地面高度，m；

K_P——被动土压力系数；

φ——后背土的内摩擦角。

C——后背土的黏聚力，kN/m²；

B——后背墙的宽度，m；

K——安全系数，当后背墙的宽高比（B/H）不大于 1.5 时，取 $K=1.5$，大于 1.5 时，$K=2.0$。

（2）当 $H_0\neq H_{0E}$

后背墙允许顶力，可将上式计算结果按 H_0 与 H_{0E}的相对位置适当折减并作稳定验算。

北京地区的装配式后背墙构造如下（图 7-48）：

贴土壁垂直放置一层工字钢或 15～20cm 方木，其宽度和高度不应小于所需的受力面积；横放一层工字钢或方木；立放 2～4 根 40 号工字钢，设在千斤顶作用点位置；土壁与第一层之间的缝隙填塞紧密，一般用级配砂石。

后背墙的低端应在工作坑底以下，不宜小于 50cm。这样可以在增加施工工作量不大的条件下，利用后背的抗力与其高度平方成正比的规律，以充分发挥其抗力。

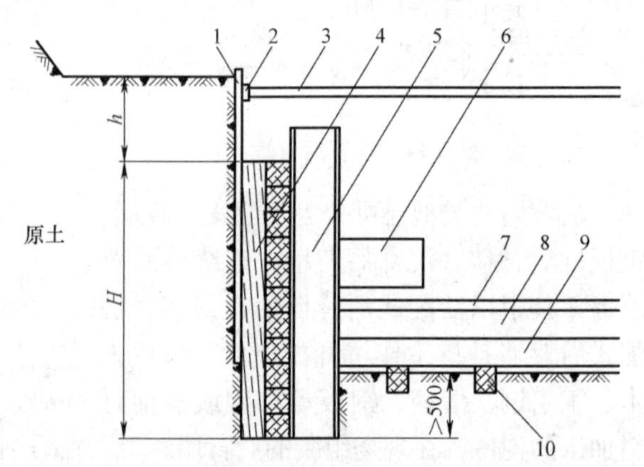

图 7-48　后背墙装配图

1—撑板（木板或钢板）；2—支撑方木；3—撑杠；4—后背方木；5—立铁；6—横铁；7—木板；8—护木；9—导轨；10—轨枕

工作坑及装配式后背墙的施工允许

偏差见表 7-26。

工作坑及装配式后背墙的施工允许偏差　　表 7-26

项目		允许偏差	检测频率	
			范围	点数
工作坑每侧	宽度	不大于施工设计规定	每座	2
	长度			
装配式后背墙	垂直度	0.1%H	每座	1
	水平扭转度	0.1%L		1
导轨	高程	+3mm 0	每座	1
	中线位移	左 3mm 右 3mm		1

地下连续续墙施工允许偏差应符合表 7-27 的规定。

地下连续墙施工允许偏差　　表 7-27

项目		允许偏差(mm)
轴线宽度		100
墙面平整度	黏土层	100
	砂土层	200
预埋管	中心位置	100
混凝土抗渗、抗冻及弹性模量		符合设计要求

2. 后背

靠后背墙横排方木的面积，通常可按承压不超过 0.15MPa 计算；方木应卧放到混凝土基础以下 60cm，使千斤顶着力中心高度不小于方木后背高度的三分之一；后背土壁铲修平整，应保证壁面与顶进方向垂直。

以 DN1000 顶管为例，后背应支设为：靠墙面横排 8 根 25cm×25cm×400cm 方木，立放 5 根 25cm×25cm×220cm 方木，立木前再置 3cm×160cm×200cm 钢板一块。

7.3.3.6 顶力计算

为了顺利推动管道在土内前进，千斤顶须具有足够的顶力，克服顶进中的各种阻力（贯入阻力、摩擦力等）。同时在顶进过程中还不断受外界因素影响（纠偏、后背的位移等）、管子周壁的受力状态处于变化之中，所以顶力计算中，一定要应按当地的经验考虑适当的安全系数。常用下述几种方法计算顶力。

1. 按迎面阻力及管道摩擦阻力计算顶力

$$F_P = \pi D_1 L f_k + N_F \tag{7.3-8}$$

式中 F_P——顶进阻力，kN；

D_1——管子外径，m；

L——管道设计顶进长度，m；

f_k——管子外壁与土的单位面积平均摩擦力，kN/m^2；通过试验确定，对于采用触变泥浆减阻技术的，宜按表 7-28 采用。

N_F——顶管机的迎面阻力，kN；不同类型顶管机的迎面阻力宜按表 7-29 选用计算式。

采用触变泥浆的管外壁单位面积平均摩阻力（单位：kN/m²）　　表 7-28

管材	黏性土	粉土	粉、细砂土	中、粗砂土
钢筋混凝土管	3.0～5.0	5.0～8.0	8.0～11.0	11.0～16.0
钢管	3.0～4.0	4.0～7.0	7.0～10.0	10.0～13.0

注：当触变泥浆技术成熟可靠，管外壁能形成和保持稳定、连续的泥浆套时，f_k 值可直接取 3.0～5.0kN/m²。

顶管机迎面阻力 N_F 的计算公式　　表 7-29

顶进方式	迎面阻力(kN)	备注
敞开式	$N_F=\pi(D_g-t)tR$	t——工具管刃角厚度，m
挤压式	$N_F=\pi/4D_g^2(1-e)R$	e——开口率
网格挤压	$N_F=\pi/4D_g^2\alpha R$	α——网格截面参数，取 0.6～1.0
气压平衡式	$N_F=\pi/4D_g^2(\alpha R+p_n)$	p——气压强度，kN/m²
土压平衡和泥水平衡	$N_F=\pi/4D_g^2 p$	p——控制土压力，kN/m²

注：D_g——顶管机外径，mm；
　　R——挤压阻力，取 300～500kN/m²。

2. 北京市市政工程局顶力计算公式

$$P=K[f(2P_V+2P_H+P_g)+RA] \tag{7.3-9}$$

式中　P——计算总顶力，kN；

P_V——管顶上的垂直土压力，kN；

P_H——管侧的水平土压力，kN；

P_g——顶进管子的自重，kN；

f——管壁与土间的摩擦系数，按表 7-30 取值；

R——管前刃脚的阻力，kN/m²，如工作面稳定，一般可取 500kN/m²；

A——刃脚总面积，m²；

K——安全系数，一般可取为 1.2。

管壁与土壤的摩擦系数　　表 7-30

土 壤 类 别	湿	干
黏土、亚黏土	0.2～0.3	0.4～0.5
砂土、亚砂土	0.3～0.4	0.5～0.6

管顶上垂直土压力计算公式为：

$$P_V=\gamma h D_1 L \tag{7.3-10}$$

管侧的水平土压力计算公式（垂直土压力按土柱计算时）为：

$$P_H=\gamma\left(h+\frac{D_1}{2}\right)D_1 L\tan(45^\circ-\varphi) \tag{7.3-11}$$

式中　γ——土的重力密度，kN/m³；

h——管顶以上的土柱高度，m；

D_1——管子外径，m；

L——顶进总长度，m；

φ——土的内摩擦角。

北京市市政工程局计算公式使用注意事项：

（1）顶管穿越铁路时，按铁路桥梁规范规定，采用此公式计算顶力、垂直土压力按土柱计算。

（2）在一般顶管中，如埋土深度与管外径的比值较小，同时土质松软，管道上部土壤可能全部下陷时，垂直土压力应按土柱计算。

（3）在卵石地层中顶管，垂直土压力应按土柱计算，有时由于管子被石块卡住，可能出现大于按土柱计算的顶力。

（4）在平行顶进数排管道，排距较近时，顶进一排后，顶进相邻排的顶力，垂直土压力应按土柱计算。

当土质密实，土的坚实系数 $f_g>0.8$，埋土深度 $Z>2.5B$ 时，管顶土压力并不按管顶土柱重量作用，而按土卸荷拱下的土重近似计算：

卸荷拱高度：

$$h_1=\frac{B}{2f_g} \quad (\text{m}) \tag{7.3-12}$$

式中 B——卸荷拱宽度，m。

$$B=D_1\left[1+\tan\left(45°-\frac{\varphi}{2}\right)\right] \tag{7.3-13}$$

作用在管上方的压力即为卸荷拱所包围的土体积重量，按近似矩形计算，则单位宽度的压力为：

$$p_K=\gamma h_1=\gamma\frac{1}{2f_g}D_1\left[1+\tan\left(45°-\frac{\varphi}{2}\right)\right] \quad (\text{kN/m}^2) \tag{7.3-14}$$

则：

$$P_K=\gamma h_1 D_1=\gamma\frac{1}{2f_g}D_1{}^2\left[1+\tan\left(45°-\frac{\varphi}{2}\right)\right] \quad (\text{kN/m}^2) \tag{7.3-15}$$

式中 D_1——管子外径，m；

γ——土的重力密度，kN/m^3；

φ——土的内摩擦角；

h_1——卸荷拱高度，m。

土压力按卸荷拱计算时，地面荷载不计，而侧向水平土压力为：$P_C=P_K\tan\left(45°-\frac{\varphi}{2}\right)$。

如果由于土质密实而在管顶和管两侧的坑道壁与管壁留有孔隙，则管顶土压力等于0。管侧土压力根据坑道与管子接触的中心包角 α 大小确定。α 为90°时，侧压力也接近于0。因此，管子可能在较长期内不受管上方土压力作用。这种情况，顶力仅需克服由管自重引起的管与土间的摩擦力。

但是，由于重力和各种荷载的作用，管顶土经过一定时间后是会坍落的，填塞孔隙。如果管顶土的密实度和管道的埋置深度符合卸荷拱的形成条件，那么，卸荷拱线下的土方就会坍落。经过更长的时间，管上全部土都会坍落。

3. 顶力计算经验公式

$$P=nGL \tag{7.3-16}$$

式中　P——总顶力，kN；

G——管子单位长度自重，kN；

L——顶进总长度，m；

n——土质系数。

当土质为黏土、亚黏土及天然含水量较小的亚砂土，管前挖土能形成土拱者，n 可取 1.5～2；

当土质为密实砂土及含水量较大的亚砂土，管前挖土不易形成土拱，但塌方还不太严重时，n 可取 3～4。

7.3.4　顶铁与千斤顶

顶铁是顶进管道时，千斤顶与管道端部之间传递顶力的工具。其作用是：将一台千斤顶的集中荷载或一组千斤顶的合力，通过顶铁比较均匀地分布在管端；调节千斤顶与管端之间的距离，起到伸长千斤顶行程的作用。

顶铁根据安放位置与使用作用不同，要分为顺铁、立铁和横铁。顺铁是在顶进过程中与千斤顶的行程配合传递顶力，在千斤顶与管子之间陆续安放。

顶铁的形式有矩形、圆形、弧形等，其断面见图 7-49。

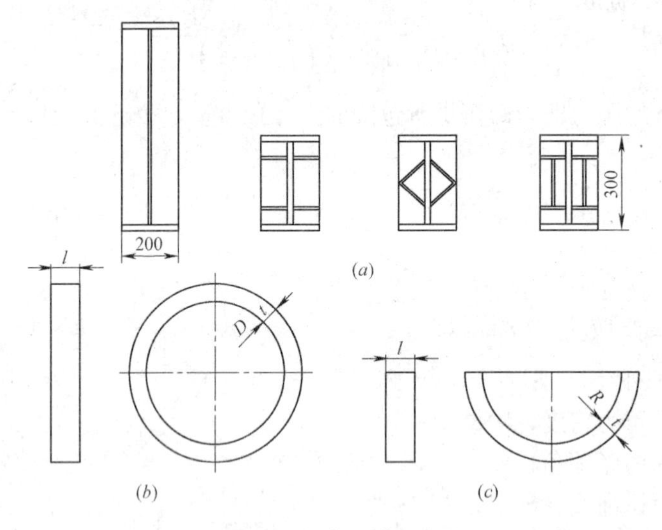

图 7-49　各类顶铁示意图

(*a*) 矩形面铁；(*b*) 圆形顶铁；(*c*) 弧形顶铁

千斤顶的布置形式有单列式、双列式、环周列式；大型管道的顶进顶力超大，需多缸千斤顶同时顶进，一般以竖排呈对称状形式布置，如图 7-50 所示。

千斤顶安装应符合下列规定：

千斤顶宜安装在支架上，并与管道中心的垂线对称，其合力作用点应在管道中心的垂直线上。

当千斤顶多于一台时，宜取偶数，且其规格宜相同。当规格不同时，其行程应同步，并应将同规格的千斤顶对称布置，千斤顶合力位置和顶进抗力的位置在同一轴线上，避免产生顶进偶力，使管子发生方向误差；当上半部管壁与坑壁间有孔隙时，根据施工经验，

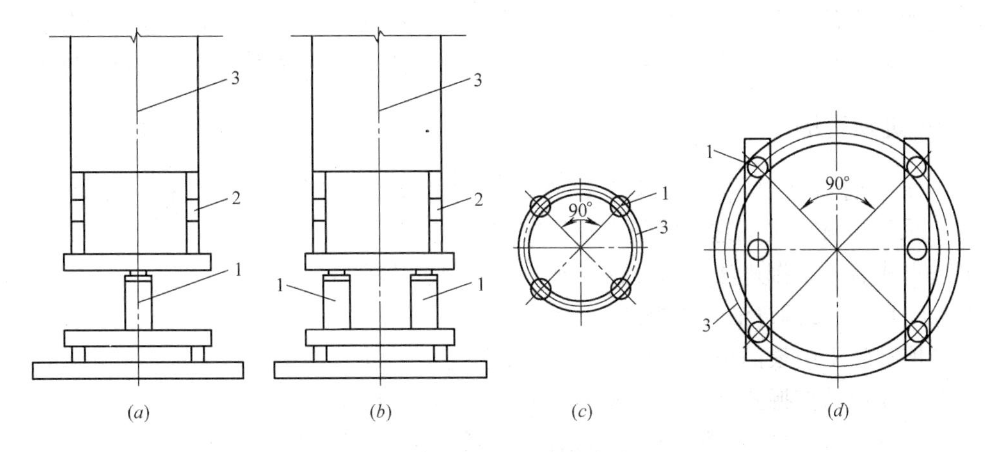

图 7-50　千斤顶布置方式

(*a*) 单列式；(*b*) 双列式；(*c*) 环周列式；(*d*) 多缸竖排式

1—千斤面；2—顶铁；3—管子

千斤顶在管端面的着力点应在管子垂直直径的 1/4～1/5 处（图 7-51），这是因为，管子水平直径以下部分管壁与土壁摩擦，摩擦阻力的合力大致位于管子垂直直径的 1/4～1/5 处；当管子全周与土接触摩擦时，千斤顶可按管子环周列布置［图 7-50（*c*）］。千斤顶油路应并联，每台千斤顶应有进油、退油的控制系统。

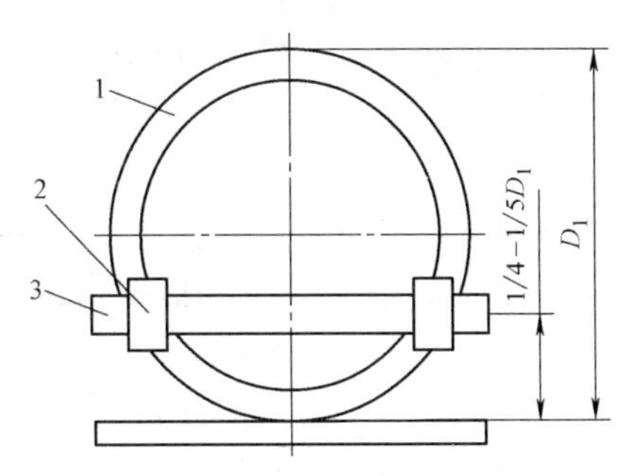

图 7-51　千斤顶在管口的作用位置

1—混凝土管；2—竖铁；3—横铁

分块拼装式顶铁的质量应符合下要求：

顶铁应有足够的刚度；顶铁宜采用铸钢整体浇铸或型钢焊接成型；当采用焊接成型时，焊缝不得高出表面，且不得脱焊；顶铁的相邻面应互相垂直；同种规格的顶铁尺寸应相同；在施工现场组合时，顶铁与导轨、千斤顶、顶铁之间以及顶铁与管端的接触面都是自由接触的，为防止顶铁受力不均匀发生事故，应在顶铁上设锁定装置。

顶铁单块放置时，应能保持稳定。顶铁的安装和使用应符合下列规定：

安装顶铁时，应首先检查顶铁与导轨之间、顶铁与顶铁之间的接触面，如有泥土或油污等，应擦拭干净，防止接触不良，相互滑动。安装后，顶铁必须与管道的轴线平行，使千斤顶轴线、顶铁轴线和管道轴线相互平行。当使用双列顶铁时，顶铁轴线必须与管道中心的垂线对称，以避免顶力产生偏心，导致“崩铁”。

更换顶铁时，应先使用长度大的顶铁；顶铁拼装后应锁定；使用顶铁注意安全，加强防护。

顶铁的允许连接长度，应根据顶铁的截面尺寸决定。当采用截面 20cm×30cm 的顶铁时，单列顺向使用的长度不得大于 1.5m；双行使用的长度不得大于 2.5m，且应在中间加横向顶铁相连。

顶铁与管口之间的连接，都应垫以缓冲材料，使顶力均匀地分布在管端，避免应力集中对管端的损伤。当顶力较大时，与管端接触的顶铁应用 U 形顶铁或环形顶铁，务必使管端承受的压力低于管子材料的允许抗压强度。缓冲材料一般可以采用油毡或胶合板。

顶进时，工作人员不得在顶铁上方和侧面停留，并应随时观察顶铁有无异常迹象。

7.3.5　掘进顶管法

为了便于管内操作和安放施工设备，采用人工掘进时，管子直径一般不宜小于800mm；采用螺旋水平掘进，管子直径一般在300～1000mm。

掘进方式有人工掘进法、水冲顶管法、机械顶进法等多种。

7.3.5.1　人工掘进法（手掘式）

这是顶管施工中最简单的一种方法。在黏性土或砂性土层中，且无地下水影响时，宜采用手掘式或机械挖掘式顶管法。采用手掘式顶管时，应将地下水位降至管底以下不小于0.5m处，并应采取措施，防止其他水源进入顶管管道；顶管施工中的测量，应建立地面与地下测量控制系统，控制点应设在不易扰动、视线清楚、方便校核、易于保护处。当土质为砂砾土时，可采用具有支撑作用的工具管或注浆加固土层的措施。

在顶管过程中，如果中途停顿，则再开始顶进时，所需顶力必然大于停顿时的顶力，且停顿的时间越长，增加的顶力越大，出现这种情况的原因主要是作用于管道上的土压力增大。顶管作业不应中断。当必须渐停作业时，也应尽量缩短停歇时间，以免加大增加的土压力。

开挖工具管迎面的土层时，不论砂类土或黏性土，都应自上而下分层开挖。如果为了方便而先挖下层土，尤其是管道内径超过人工所及的高度时，很可能给操作人员带来危险。

采用人工挖土时，超挖可减小顶力。为了纠偏，也常需超挖，但管顶及管侧超挖过多，则可能引起土体坍塌范围扩大，增大地面沉降及增加顶力。对工具管前方的允许超挖量，应视具体情况而定。

在不允许土层下沉地段顶管（如上面有重要建筑物或其他构筑物），管子外周一律不得超挖；在软土地层中和其他有特殊要求的条件下不得超挖；在土层比较稳定的条件下，管顶以上的允许超挖量不得超过1.5cm，既可满足纠偏要求，又不致引起土体较大坍塌的危险。为了控制管道的高程，管道下部135°范围内，在正常顶进情况下不得超挖一定保持管壁与土基表面吻合，见图7-52。

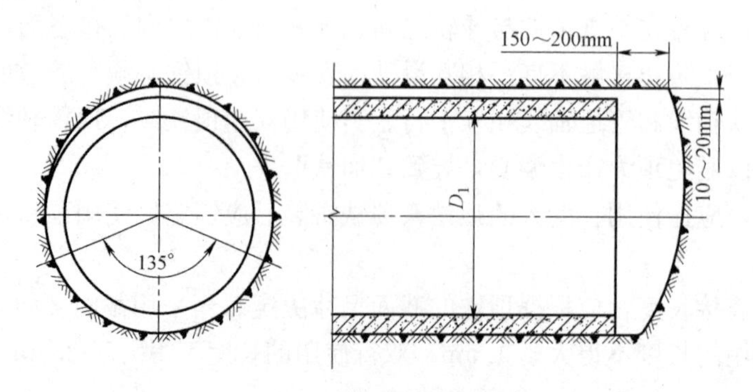

图7-52　掘土超挖示意图

管前挖土深度，在一般顶管地段，如土质良好，可超越管端30～50cm，甚至达1m左右，开挖深度过大，开挖形状就不易控制，容易引起管子位置偏差，因此长顶程千斤顶用于人工挖土情况下，全顶程可分若干次顶进，地面有震动荷载时，要严格控制每次开挖深度；在铁路轨道下挖土不得超越管端 10cm，并随挖随顶，在轨道以外不得超越 30cm，同时应遵守铁路相应规范的要求。

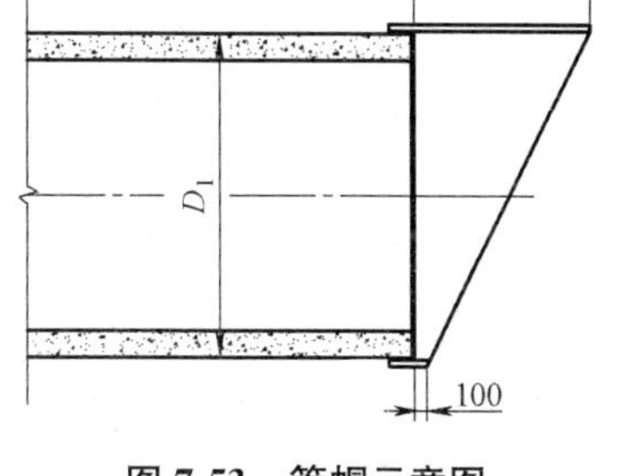

图 7-53 管帽示意图

最简易的人工掘进法顶管，如图 7-53 所示，管前端安装一管檐。此法只在土层稳定、无地下水，并对顶进方向无较高要求时应用。施工时，先将管檐顶入土中，工人在檐下挖土。

帽檐的长度应根据土质情况定，经验计算公式为：

$$L=\frac{D_1}{\tan\varphi} \tag{7.3-17}$$

式中 L——帽檐的长度，m；

D_1——管子外径，m；

φ——土壤的内摩擦角，°。

手掘式顶管机为非机械的开放式（或敞口式）顶管机。最简单的手掘式顶管机只有顶进工具管，即只有一个圆柱形的钢质外壳加上楔形切削刃口、液压纠偏油缸、一个传压环以及一个用来导正和密封第一节顶进管道的盾尾。施工时，先将工具管顶入土中，工人在工具管内挖土。

在无辅助措施的情况下，手掘式顶管机既可用于不含水的松软地层，也可用于不含水的硬地层。根据土层性质的不同，可选择不同的工作面进入方式和手掘式施工工具。在含水地层中施工时，则必须采取辅助施工措施，如降水等。

在施工时，采用人工方法来破碎工作面的土层，破碎辅助工具主要有镐、锹以及冲击锤等。破碎下来的泥土可以通过传送带、手推车或轨道式运输矿车来输送。

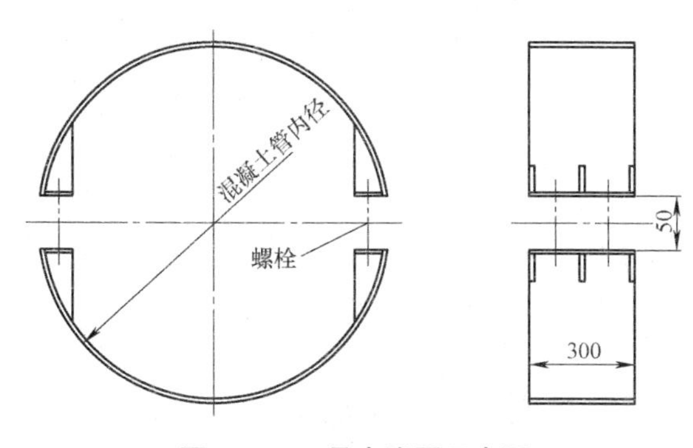

图 7-54 工具内胀圈示意图

施工中千斤顶起动时，应缓慢进行，待各接触部位密合后，再以正常速度顶进。顶进中若发现油压突然升高，应停止顶进，检查原因并经处理后方可继续顶进。千斤顶回程时，油路压力不得过大、速度不得过快。挖出的土方要及时运出、及时顶进，使顶力控制在较小范围内。

为了防止混凝土管在顶进中错位、有利于导向，在顶进的前数节管中，接口处可临时安装内胀圈，通过背锲或调节螺栓，使胀圈与管体胀紧成为一个刚体，胀圈一定要对正接口缝隙，安装牢固，并在顶进中随时检查和调整。

7.3.5.2 水冲顶管法

其工作原理是以环向管喷出的高压水流，将顶入管内的土壤冲散，并由中间喷射管将工具管前下方的粉碎土冲成泥浆，流至真空室回水管中的高速水流，使真空室产生负压，将泥浆自管内吸出，与高压水一并从排泥管泄出地面。启动顶进设备之后，即可将管子徐徐顶进土中。由于采用边顶进、边水冲、边排泥的操作过程，加快了顶进作业进程。

为了防止高压水流冲出管外，造成管外土层塌方，土壤冲散和粉碎作业宜在管内进行。顶入管内土壤应保持一定长度形成“土塞”。为掌握顶进情况，应随时采用测杆测量。

水冲顶管时，射水水枪口距管子前端的距离一般采用 1～2m；在工作坑内应设集水井，以便采用泥浆泵将汇入井内的泥水混合物抽走。

此法的优点是冲土、排泥连续作业，速度高，减轻劳动强度；设备制作简单，成本较低。其缺点是顶进中不易观测，方向较难控制；泥浆处理占地面积较大。此法适用于顶管工程任务较紧，顶进质量要求不高，且具有泥浆处理地方的工程。

7.3.5.3　机械顶进法

机械顶进法是利用在被顶进管道前端安装上机械掘进的挖土设备，配上皮带等运土机械，以取代人工挖土与运土。当管前土方被切削成土洞孔隙时，利用顶力设备，将连接在钻机后部的管子徐徐顶入土中。管道顶进作业前，亦应于工作坑内按设计的中线位置及标高安置导轨，支设后背，处理基础。

1. 局部气压式顶管

局部气压式顶管，适用于地质复杂的地段。如果遇到障碍物，工作人员可以进入到工作面排除障碍物，由于气压的平衡作用，顶进面不会发生塌陷，这是目前大多数种类顶管机无法达到的。顶管机操作人员可以通过密封的观察窗直接观察到顶进面的土质情况以及变化，避免了盲目的操作。

2. 全断面自然平衡顶管

全断面自然平衡顶管施工采用敞开式的全断面机械掘进顶管机。顶管机构造简单，为最简单形式的全断面掘进顶管机，要求工作面比较稳定。切削刀盘有多种形式，如车轮式切削刀盘、挡板式切削刀盘和岩石切削刀盘等。由切削刀盘破碎下来的土层或岩石，通过传送带或螺旋钻杆输送至位于其后部的运输装置，再由此运送至地表。操作人员可以直接在地下完成对顶管机的操作和控制，并可以随时观察到工作面的变化情况，根据经验排除施工中所遇到的障碍物。

全断面掘进顶管机可以配备不同形状和结构形式的切削刀盘或钻头。某些结构的切削刀盘除了可以进行工作面的掘进之外，还具有平衡土压力的作用。

主要应用领域是不含地下水的稳定的黏性土层，即中硬到硬的土层，如干燥密实的黏土层等，另外也适用于堆积密实的具有暂时稳定性的无黏性土层。

3. 气压平衡式顶管

气压平衡式顶管，在地质条件复杂、地层不能降水或不允许降水的情况下，可以采用封闭式的气压平衡顶管机施工。

气压式顶管施工就是以一定压力的压缩空气来平衡地下水压力、疏干地下水，从而保持挖掘面稳定的一种顶管施工方法。只有当渗透性系数 $k \leqslant 10^{-4}$ m/s 时，才允许使用该施工方法。气压平衡顶管施工的最大工作压力限制在 0.36MPa；在作业中，作用于工作面的气体压力一般要高出地下水压力 0.1MPa，以阻止地下水涌入工作舱，同时也使得位于工作面的土层由于脱水而提高稳定性。

如果遇到障碍物，工作人员可以进入到挖掘工作面排除障碍物，由于气压的平衡作用，顶进面不会产生塌陷。

从技术、环保和经济性等方面考虑，气体平衡顶管机适合用于不宜降水的地层、在降水后可能导致严重沉降的地层，由于投资大，只有在施工距离较长时，这种施工方法才具有较好的经济性。

为了降低气体的工作压力或减小气体的漏失，可以采用一些其他的施工方法和气压平衡顶管施工法配合。如可采用部分降水法以降低工作压力；采用真空排水法来消除地下水的压力并维持工作面的稳定；在部分区域采用注浆法或冻结法来密封地层，同时还可以防止气体的泄漏；也可以在整个施工长度范围内采用注浆加固，以保证复杂地层中顶管施工的顺利进行。

4. 泥水平衡式顶管

泥水平衡式项管通过刀盘及顶速平衡顶面正压力，调节循环水压力用以平衡地下水压力；采用流体输送切削入泥仓的土体，顶进过程中不间断，施工速度快；无需地基改良或降水处理，施工后地面沉降小。

有偏心破碎泥水平衡顶管机和砂砾石专用泥水平衡顶管机等机械。

砂砾石专用泥水平衡顶管机适合在砂砾土质中顶管，该机械二次破碎采用主轴类似于狼牙棒的破碎方法，可破碎刀盘直径20%的砾石。含有卵砾石的土壤被挖掘并被压送到进泥仓内，当作用于挡土板上的力量超过顶进力时，挡土板被打开，泥土和卵石进入到破碎室，被连续旋转的破碎主轴破碎成很小的颗粒后由排泥管排出。

在软土中顶进，一旦遇到孤石而不能开挖时，可采用超高压水力辅助切割破碎式顶管机。该机械喷出的250MPa的高压水可以穿透任何障碍物。

偏心破碎泥水顶管机可以适应范围广泛的地下土质条件，比如黏性土、砂砾土、砂砾混杂卵石土和软岩。带有偏心回转锥形破碎机的辐条式刀盘，可以破碎外径30mm以下的砾石和卵石。可由地面遥控操作，在操作台上便可以完成电视监视和方向控制以维持高精确度。这种水力式破碎顶管机属于分步破碎式，可以是敞口式的，也可以是封闭式的。最终泥水混合物采用液力方法输送到地表。

5. 土压平衡式顶管

土压平衡式顶管机通过向切削仓内注入一定比例的混合材料，使得充满泥仓的泥土混合体平衡正面土压力以及地下水压力；无需泥浆泵等后部配套装置，整机造价低廉。无需泥浆处理，施工成本低。

土压平衡式顶管机又可分为单刀盘土压平衡顶管掘进机和多刀盘土压平衡顶管掘进机。

单刀盘土压平衡顶管掘进机适用的土质范围较广；施工后地面沉降小；弃土的处理比较简单；可在埋土厚度仅为管外径0.8倍的浅土层中施工；有完善的土体改良系统和具有良好的土体改良功能。单刀盘土压平衡顶管掘进机施工速度比较慢，通常速度可达每天18m左右。

多刀盘土压平衡顶管掘进机有四个独立的切削搅拌刀盘，尤其适用于软黏土层的顶管。如果在泥土仓中注入些黏土，也可用于砂层的顶管。其最小埋土深度可相当于1倍管外径左右。与单刀盘土压平衡掘进机相比，该机具有价格低廉、结构紧凑、操作容易、维修方便和重量轻等特点。另外，排出的土既可以是含水量很少的干土，又可以是含水量较多的泥浆，而且排出的土或泥浆一般都不需要泥水分离等二次处理。与手掘式及其他顶管施工方式相比较，又具有适应土质范围广和不需要采用其他任何辅助施工手段的优点。如果采用输土泵方式出土，平均24h可以顶进15～20m。由于不是全断面切削，切削不到的部分只能通过挤压进入机头，因此迎面顶力较大，只适合于软土地质情况下施工。

7.3.5.4　掘进机工作原理

机械式土压平衡泥式加压顶管掘进机能够保证安全、高效、优质地完成在砂土、粉质黏土及两层土质之间的顶进施工任务，该类掘进机的构造是在掘进机的前部设置一隔板，形成泥水压力仓；能够预设刀盘压力、可根据土体压力大小自动收缩、极限位置能够自动报警的切削刀盘，安装在掘进机的前端；刀盘切土口的增减具备手动或根据刀盘的伸缩量自动增大或减小的功能，可随时调节切削量。

顶管掘进机正常工作时，刀盘按预选设定的压力紧贴在被切削的土体断面上，在后方顶力作用下一方面旋转切削土体，一方面向前推进，维持土体的平衡。顶进中假设土体硬度较大，顶速不变时，刀盘受到迎面阻力大于预先设定的刀盘压力，刀盘渐渐向后缩回，保持刀盘对土体的压力不变。在刀盘缩回时，刀盘的切土口自动增大，切削土体的量增大，土体对刀盘的压力减小，土体压力增大，刀盘仍然以预设定的土压力与土体在新位置保持平衡。配合手动调节刀盘切土口和预设压力大小的调节功能，可以使土体侧压力得到非常精确的平衡。停机时手动关闭切土口，刀盘仍然保持预定压力紧贴土体，并且将泥水仓与开挖面隔离。无论土体过软或过硬，当自动调节范围到达极限时，刀盘报警装置报警，提醒操作人员注意，通过调节顶速，重新设定刀盘压力等手段，对土体进行新的平衡。

土体的精确平衡还包括土层中地下水的平衡，向开挖仓注入一定压力的泥浆，该泥浆除能够将土层中的颗粒带走外，通过控制流量的大小，就可以简单而准确地控制泥水仓中的水压力，平衡地下水，能保证在掘进时，具有平衡开挖面侧向土压力和平衡地下水的双重作用，无论停机或挖掘时，都能控制正面土体的稳定，保证各种地面环境的安全。

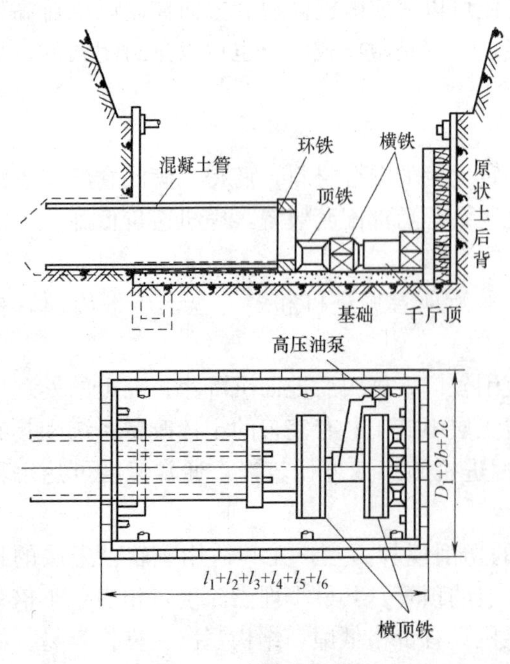

图7-55　套管人工顶进

7.3.6　套管施工

套管施工法适宜穿越Ⅰ、Ⅱ级铁路。采用套管穿越铁路，其套管管径较穿越管径大600mm，且不小于1000mm，这样可便于穿越管道发生故障时进行检修，当发生一般事故时，也不致造成地基下沉，不会影响铁路的正常交通。若穿越流沙地段，须采用带基础套管整体施工。套管人工顶进法如图7-55所示。

设置套管，穿越管道安全可靠，顶进平面与高程较易控制，但劳动强度大，运土与挖土较困难。此法操作程序如下：

（1）挖工作坑，处理基础，支设后背、导轨与顶进设备。

（2）将一节套管置于导轨上，用经纬仪、水准仪校正其平面与高程位置，使其满足设计要求。

（3）安排两人至管内，一人在工作面挖土，一人用小车将松土运至管外工作坑，再用机械将土运至地面。

（4）启动千斤顶，将套管顶进，千斤顶行程终了，复位千斤顶，加塞顶铁后复顶。第一节套管顶入工作面后，使其留 0.3m 左右管子在导轨上，供作第二节套管顶进前稳管用，第二节套在导轨上就位后，即可续顶。

（5）顶进中应用水准仪监测管道是否偏离中心位置，否则，应进行纠偏后再行顶进。为防止顶进管管节错位，需在两管节之间的接口处加设内撑环，待管子全部顶入土中后拆除内撑环，换上内套管，并打塞填料予以接口。

当地下水位较高时，为保证顶管施工质量，可采用套管与基础同时顶进的施工方法。采用套管带基础整体顶入，费用会大大增加。

在工作坑内铺筑枕木钢轨，在钢轨上支设基础模板，基础侧向模板要包上一部分套管。在底部模板上铺两层油毡，两层油毡之间要均匀地涂以润滑黄油。在油毡上绑扎基础的钢筋，浇筑混凝土作业，且应将顶管首端顶进工作帽与基础混凝浇筑在一起。

基础养护后，使套管与工作帽相接，固定套管，绑扎套管两侧纵向钢筋，再浇筑套管两侧混凝土，并进行养护。待基础部分混凝土达到强度后，即可于套管内挖土，将套管与基础一并顶入土中。

7.3.7 中继间顶进

通常情况下，一次顶进长度最大为 60～100m，利用中继间进行接力顶进，是中长距离顶管的一项重要技术措施。中继间是一种可前移的顶进装置，如图 7-56 所示，即为一种形式的顶管中继间。

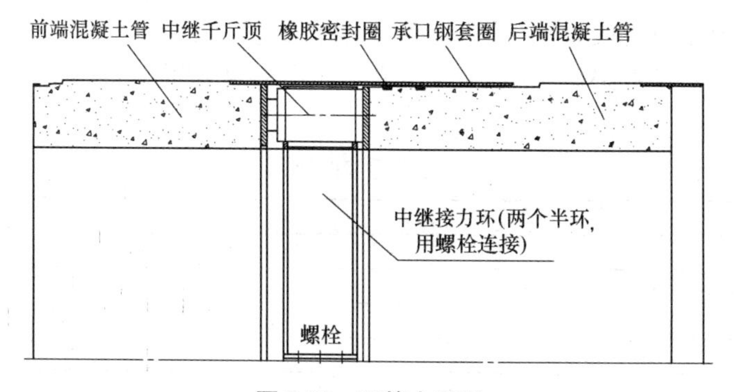

图 7-56 顶管中继间

中继间是一个由环形布置的许多短行程千斤顶组成的移动式顶推站。千斤顶安装于由螺栓连接的两半钢壳体上，壳体连同千斤顶组装于两节特制的中继接力管接口处，管口为承插式连接由橡胶圈密封，防止管道外地下水流入管道内。

每个中继间安装一组千斤顶，千斤顶沿周向均匀分布，用扁钢制成的紧固件将其固定壳体上。

采用中继间的缺点是会降低顶进施工速度。但是，当安装多个中继间时，间隔的中继间可以同时工作，提高顶进速度。

由于顶进机工作面正面土压力在顶进过程中会因土质条件和施工情况发生较大的变化，因此当总推力达到设计推力的60%时，就安放第一个中继间，以后当达到设计推力的80%时，安放下一个中继间，而当主顶推力达到推力的90%时就必须启用中继间。中继间以前的管段用中继间的顶进设备顶进。中继间开始顶紧时，工作坑内的千斤顶要紧顶在导轨上接好的管子上，防止中继间向工作坑方向推移。

带中继间顶进的工作顺序是：第一个中继间顶完后，卸油压，开始第二个中继间顶进，同样再开第三个中继间，依次开动下去，在最后开动工作坑千斤顶的同时，又可开动第一个中继间，开始又一轮的循环顶进。中继间施工结束后，由前向后依次拆除中继间内的顶进设备。拆除中继间应先将千斤顶、油路、油泵、电气设备等拆除。每个中继间拆除的顺序应是：先顶部、次两侧、后底部。由第一个中继间开始往后拆，拆除的空间由后面的中继间继续往前顶进，弥补前中继间千斤顶拆除后所留下的间隙，使管口相连接。

7.3.8　减阻措施

为减小顶力，增加顶进长度，降低管道周围土体的摩擦系数是一种有效的措施，如在管壁上涂石蜡、石墨等。但通过注浆使管壁外周形成泥浆润滑套，效果最为显著。在管壁与隧洞壁间注入触变泥浆，形成泥浆套，可减少管壁与隧洞壁间的摩擦阻力，一次顶进长度可较非泥浆套顶进增加2～3倍。泥浆静置一定时间固结，产生一定强度。

对触变泥浆的要求是泥浆在输送和灌注过程中具有流动性、可变性和一定的承载力，经过一定的固结时间，产生强度。触变泥浆的主要成分是膨润土。膨润土颗粒粒径小于2μm，主要成分是硅-铝-硅的微晶高岭土。矿物成分的组成和性能指标因产地不同而不同。用于触变泥浆的膨润土一般采用钠基膨润土，膨胀系数应大于6，相对密度为2.5～2.95，密度为（0.83～1.13）$\times 10^3 kg/m^3$。膨润倍数越大，其造浆率就越高。还应具有稳定的胶质价，不致因重力作用造成颗粒沉淀，保证泥浆的稠度。

长距离顶管时，经常采用中继间-泥浆套顶进。触变泥浆的配合比应由试配确定，常用的如表7-31所示。

触变泥浆配比　　**表7-31**

膨润土胶质价	膨润土	水	碳酸钠
60～70	100	524	2～3
70～80	100	524	1.5～2
80～90	100	614	2～3
90～100	100	614	1.5～2

在地面不允许产生沉降的顶进时，需要采用自凝泥浆。自凝泥浆除具有良好的润滑性、造壁性以外，还具有后期固化后有一定强度、加大承载力的性能。

以膨润土为主要成分加入某种掺加剂，可得到不同的自凝泥浆，见表7-32。自凝泥浆的掺加剂有氢氧化钙、工业用糖以及松香酸钠等。氢氧化钙与膨润土中的二氧化硅起化学反应生成水泥主要成分中的硅酸三钙，然后经过水化作用而固结，固结强度可达0.5～

0.6MPa；触变泥浆在泥浆拌制机内采取机械或压缩空气拌制；拌制均匀后的泥浆储于泥浆池；经泵加压，通过输浆管输送到工具管的泥浆封闭环，经由封闭环上开设的注浆孔注入管壁与隧洞壁间孔隙，形成泥浆套。需要在管子上预埋压浆孔，压浆孔的设置要有利于浆套的形成。注浆泵宜选择脉动小螺杆泵，流量与顶进速度相匹配。

触变泥浆掺入凝固剂配比（重量比，以膨润土为100）　　表 7-32

石灰膏	工业用糖	松香酸钠(kg)	水
42	1	0.1	28

注：石灰膏中的含水量为110%，实际石灰占膨润土的比重为20%。

注浆法需在管道前端及后端装置前封闭管（前端刃脚工作管设封闭环）后封闭圈，防止泥浆从管端流出。

前封闭管的外径比所顶管子外径大40～80mm为宜，即管外形成一个20～40mm厚的泥浆套。前封闭管前端应有刃脚，项进时掘土前进，使管外土壤紧贴前封闭管的外壁，以防漏浆，或者在前封闭管前另行安装具有刃脚并有调向设备的工具管（图7-57）。

在工作坑混凝土挡土墙内预埋喷浆管及安装后封闭圈用螺栓。混凝土墙预留的孔洞直径比前封闭管的外径大10～20mm为宜（图7-58）。

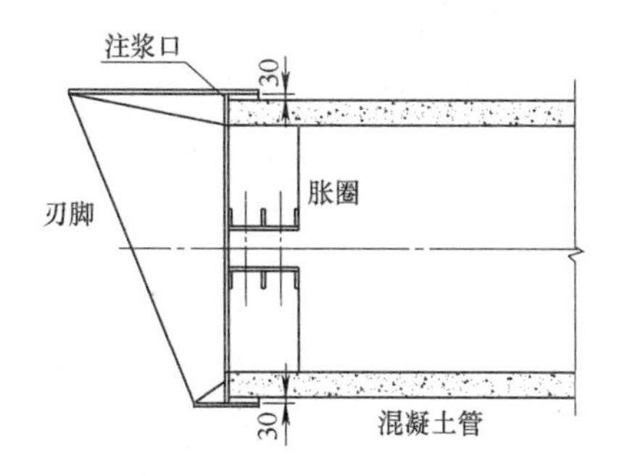

图7-57　前注浆工具管示意管

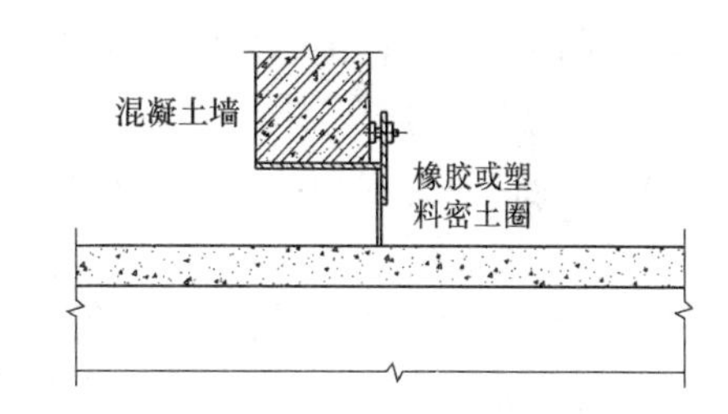

图7-58　后封密圈示意图

7.3.9　注浆加固

在顶管施工中，为控制软土层沉降，提高顶管洞口土体的稳定性，防止工具管进洞时流动性土体进入工作坑以及减小粗颗粒土层中顶进阻力和减少塌方，可考虑注浆加固土层；顶管施工完成后，应迅速将两端洞口封住，并通过注浆管道注入加固浆液，置换出触变泥浆，对管节外的土体进行加固，如图7-59所示。

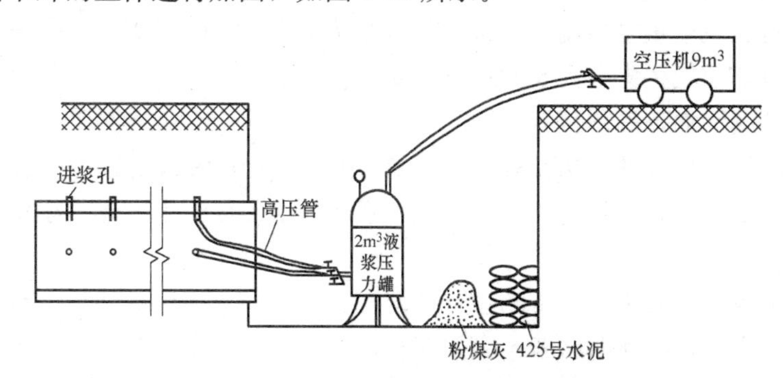

图7-59　管顶土壤注浆加固示意图

注浆加固的材料很多，施工工艺也不相同，其选用应依据加固目的和土层的类别而定。加固后的强度无需过高，以既能达到要求，又不过大增加开挖土方的困难为宜。常采用土壤硅化法、沥青法及冷冻法进行加固。土壤经过加固，既可保证施工条件，且增强了支承力。

硅化法适用于砂质土壤（渗透系数为2～80m/d）与黄土；沥青法适用于流速较大的地下水与大孔性土壤；冷冻法适用于水分饱和的液化土。

顶管中常用的双浆液配比如下：水泥浆：水玻璃＝1：0.3；水泥采用普通硅酸盐水泥，水灰比为0.7；水更能璃模数在3左右。

7.3.10 顶管质量控制

7.3.10.1 顶管质量的监测

1. 顶管施工产生偏差的原因

（1）工作坑内导轨的偏差。

（2）顶管段土层类型变化引起土层承载力变化，地层正面阻力不均匀。

（3）顶管段地下水状况变化。

（4）顶管推进速度过快或过慢的影响。

（5）顶管施工方法不妥，或遇上软土或流砂，使顶管施工产生偏差。

（6）顶管施工过程中遇着大石块、桩基础或其他障碍物，造成偏差。

（7）顶管长度过长，产生偏差的可能性增大。

（8）主油缸油封漏油，顶进力不均衡。

（9）后背墙变形严重。

（10）顶铁或顶环发生扭曲变形现象。

2. 检测方法

根据管道的中心位置，在地面上先测出中心桩，高程引点到井坑边，工作坑挖完后引入坑底。在施工过程中主要对轴线中心位置和高程进行重点测量控制。高程可用水准仪测量；轴线可用经纬仪监测；转动用垂球测量。

测量工作应及时、准确，以使管节正确就位于设计的管道轴线上。测量工作应频繁地进行，以便较快地发现管道的偏移。在顶进第一节管子时及校正偏差过程中，应每顶进20～30cm，即对中心线和高程测量一次。在正常顶进中，应每顶进50～100cm测量一次。每次测以前端位置为准，测量记录应完整、清晰，并交于现场监理存档保留，以备检校。施工中严格执行三级测量复核制度，做好测量原始记录，及时对测量结果进行复测。施工中如发现水平桩错位或丢失，需及时进行检测并补设桩点。

（1）水准仪测平面与高程位置

用水准仪测平面位置的方法是在待测管首端固定一小字架，在坑内架设一台水准仪，使水准仪十字对准十字架，顶进时，若出现十字架与水准仪上十字丝发生偏离，即表明管道中心线存在偏差。

用水准仪测高程方法为：在待测管首端固定一小字架，在坑内架设一台水准仪，使水准仪十字对准十字架，检测时，若十字架在管首端相对位置不变，只要量出十字架交点偏离的垂直距离，即可读出顶进中的高程偏差。

(2) 垂球法测平面与高程位置

如图7-60所示，在中心桩连线上悬吊的垂球示出了管道的方位，顶进中，若管道出现左右偏离，则垂球必然与小线偏离；再在第一节管端中心尺上沿顶进方向放置水准仪，若管道发生上下移动，则水准仪水泡亦会出现偏移。

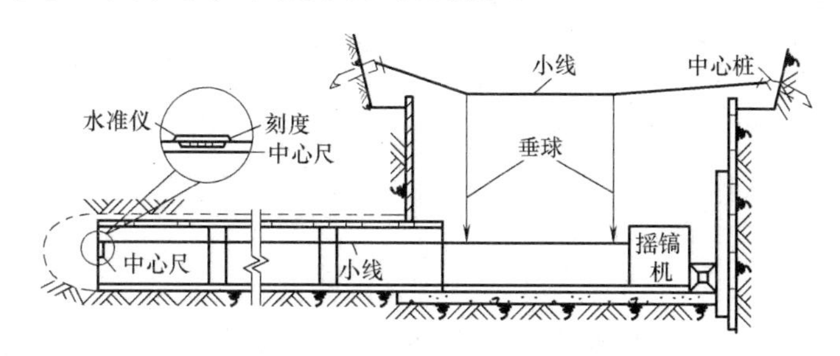

图7-60 垂球法测平面与高程位置示意图

(3) 激光经纬仪测平面与高程位置

采用架设在工作坑内的激光经纬仪照射到待测管首端的标示牌上，即可测定顶进中的平面与高程的误差值。激光导向系统可采用计算机光靶读数装置，将光靶图像转化为坐标数据输出；纠偏操作采用按钮或手柄进行，操作结果由数据显示或表示器表示。

7.3.10.2 顶管允许偏差与检验方法

管道在顶进过程中，由于工具管迎面阻力分布不均、管壁周围摩阻力不均和千斤顶顶力的微小偏心等，都能导致工具管前进的方向偏移或旋转。顶管允许偏差和检验方法见表7-33。

顶管允许偏差和检验方法子 **表7-33**

项目		允许偏差(mm)	检验频率		检验方法
			范围	点数	
中线位移		50	每节管	1	测量并查阅测量记录
管内底高程	*DN*<1500	+30 −40	每节管	1	用水准仪测量
	DN≥1500	+40 −50	每节管	1	
相邻管间错口		15%管壁厚且不大于20	每个接口	1	用尺量
对顶时管子错口		50	每个接口	1	用尺量

7.3.10.3 顶管纠偏(校正)

为了保证管道的施工质量，必须及时纠偏，才能避免施工偏差超过允许值。值得注意的是，顶进的管道不只在顶管的两端应符合允许偏差标准，在全段都应掌握这个标准，避免在两端之间出现较大的偏差。顶进过程中的一条共同经验就是“勤顶、勤挖、勤测、勤纠”。形成误差后纠偏应缓缓进行，使管子逐渐复位，不能猛纠硬调，以防产生相反的结果。

顶管作业中偏差的校正是保证顶进质量的有力措施。纠正工具管旋转偏差的方法，有超挖纠正法、顶木纠正法、小千斤顶法、加垫钢板纠正法和激光导向法。这些不同的方法，可按具体情况个别采用或联合采用。

纠正工具管旋转偏差的方法，除采用调整挖土方法以改变外力条件外，还可以改变切削刀的转动方向和工具管内配重，用以调整旋转方向的方法。这三种不同的方法，可按具体情况个别采用或联合使用。

针对偏差产生的原因采取纠正措施才是比较有效的。例如，采用人工挖土顶进时，如工具管两侧超挖掌握不均，易产生左右偏差；管底挖土高程掌握不准，则易产生上下偏差。这就需要在挖土时纠正。

纠偏时首先应掌握条件，无论纠正工具管顶进的方向或旋转，都应在顶进中进行，不能在停顿时纠偏。这是因为纠偏时必须对工具管施加力矩，使工具管产生转角，从而改变工具管前进的方向或旋转，达到纠偏的目的。若在停止顶进时纠偏，施加的力矩必使工具管压缩相邻的土体，原地形成一定的压缩量才能达到使工具管轴线产生转角的目的。但相邻土体的反作用力相当于对工具管施加土压力，从而增加顶进的阻力，且纠偏的角度越大，增加的阻力越大。而在顶进中纠偏，则相当将纠正某一偏差的角度分为几次纠正，增加顶进的阻力就可减小，且每次纠偏的角度越小，增加的顶力也就越小。纠偏时要在顶进中小角度逐渐纠偏，这对保证顶管质量和防止顶力陡增都很重要。

工具管是一段刚性管，应考虑其导向作用的因素，并应随顶进过程随时分析，根据情况变换纠偏角度。

1. 超挖纠偏法

对于逐渐积累的偏差，可采用挖土方法纠正，即从顶管施工的高程偏差上看，顶管正偏差多挖，负偏差少挖或不挖；从顶管施工轴线偏差上看，偏差一侧少挖，以使迎面阻力减小，另一侧多挖，使迎面阻力加大，形成力偶，让首节管子调向，逐渐回到设计位置。

挖土纠偏法适用于积累偏差 10～20mm 内的纠偏和含水量低的黏性土类，或地下水位以上的砂土层中，或者说适用于开挖工作面土层是稳定的土类。

2. 顶木纠偏法（图 7-61）

当偏差大于 20mm 或利用超挖纠偏法无效时，可用原木或方木一根，一端顶于管子偏向的另一侧内管壁上，另一端支在垫有钢板或木板的管前土壤上，支架稳固后开动千斤顶，利用顶进时斜支管子产生的分力使管位得以校正。

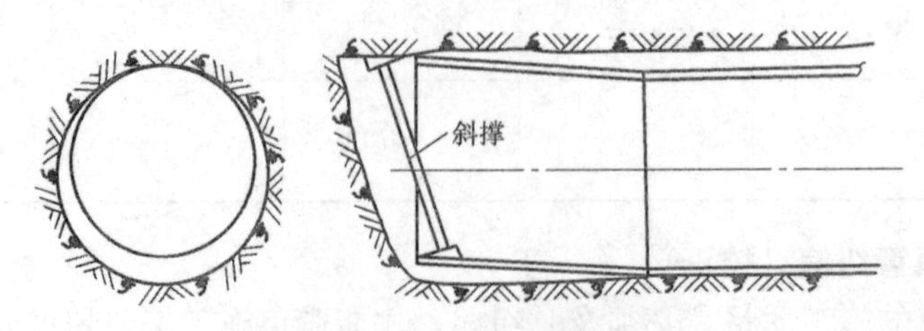

图 7-61　顶管中采用顶木纠偏

3. 千斤顶法

（1）配合挖土纠偏法在超挖一侧管内壁支设一个 5～15t 小千斤顶，千斤顶底座接一块短顶木，利用千斤顶顶力使首节管子调向，然后在继续顶进中逐渐回到设计位置，此法适用于偏差大于 30mm，或采用挖土纠偏法无效时。

(2) 在工具管靠尾部圆周均匀布设四个校正千斤顶，千斤顶一端与工具管连接，另一端以后节混凝土管的端面为后座，以调节工具管的方向。最大纠偏角度按接缝宽度不大于 30mm 为宜。

(3) 当顶距较短时（<15m)，如发现管轴线有偏差，可以利用主压千斤顶进行校正。例如：管轴线向右偏时，可将管口处右侧的顶铁比左侧顶铁加长 10～15mm，当千斤顶向前推进时，右侧顶力大于左侧，从而纠正右侧的偏差。

4. 加垫钢板纠偏法

当采用挖土纠偏法无效时，亦可在顶管终端与顶铁之间的适当位置垫上一块相应厚度的楔形钢板，使顶管与顶铁之间形成一个角度，顶进时即可使顶管逐渐回到设计位置。

5. 激光导向法

激光导向是利用激光束极高的方向准直性这一特点，利用激光准直仪发射出来的光束，通过光电转换和有关电子线路来控制指挥液压传动机构，达到顶进的方向测量与偏差校正自动化。

7.3.11　对顶接头

对顶施工时，在顶至管端相距约 1m 时，可从两端中心掏挖小洞，使两端通视，以便校对两管中心线及高程，调整偏差量，使两管准确对口。

7.3.12　管道贯通后续工作

顶管管道贯通后应做好下列工作：

(1) 进入接受工作井的顶管机和管端下部设枕垫；管道两端露在工作井中的长度不小于 0.5m，且不得有接口；工作井中露出的混凝土管道端部应及时浇筑混凝土基础。

(2) 顶管结束后进行触变泥浆置换时，应采用水泥砂浆、粉煤灰水泥砂浆等易于固结或稳定性较好的浆液置换泥浆填充管外侧超挖、塌落等原因造成的空隙；拆除注浆管路后，将管道上的注浆孔封闭严密；将全部注浆设备清洗干净。

(3) 钢筋混凝土管顶进结束后，管道内的管接口间隙应按设计要求处理；设计无要求时，可采用弹性密封膏密封，其表面应抹平，不得凸入管内。

附录A　箱涵结构计算用表

1. 均布荷载作用下的固端弯矩系数$\overline{M}$

表 A-1

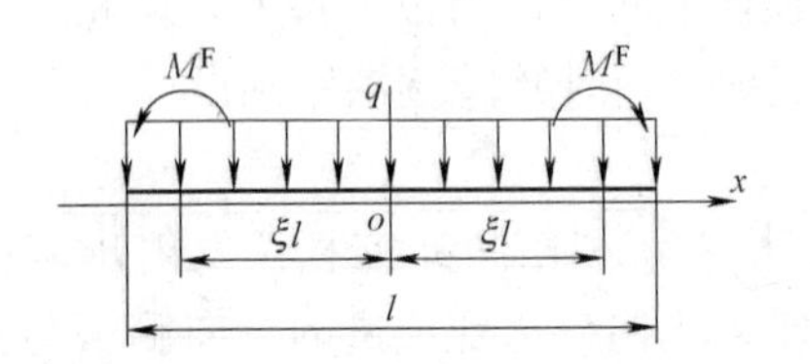

a. ξl 处的固端弯矩 $M^F=\overline{M}ql^2$

例：$t=3$，$l=2.8$m，$q=36$kN/m，$\xi=0.9$

由表得：$\overline{M}=0.0681$

$M^F=\overline{M}ql^2=0.0681\times36\times2.8^2=19.22$kN·m

b. 符号规定：q 以向下为正，M^F 以对右半梁顺时针为正。

ξ t	0	0.1	0.2	0.3	0.4	0.5	0.6	0.7	0.8	0.9	1
0	0	0.1360	0.1340	0.1307	0.1265	0.1214	0.1152	0.1080	0.1001	0.0916	0.0832
1	0	0.1010	0.1026	0.1039	0.1011	0.0960	0.0903	0.0843	0.0772	0.0697	0.0628
2	0	0.0941	0.0979	0.1042	0.1006	0.0959	0.0894	0.0842	0.0771	0.0692	0.0620
3	0	0.0874	0.0907	0.1028	0.1000	0.0952	0.0884	0.0837	0.0761	0.0681	0.0607
5	0	0.0769	0.0863	0.1013	0.0987	0.0944	0.0863	0.0828	0.0753	0.0666	0.0587
7	0	0.0679	0.0797	0.0990	0.0971	0.0933	0.0840	0.0817	0.0742	0.0649	0.0567
10	0	0.0574	0.0719	0.0978	0.0963	0.0924	0.0875	0.0808	0.0724	0.0625	0.0540

2. 两个集中力 P 作用下的固端弯矩系数$\overline{M}$

$t=0$

表 A-2

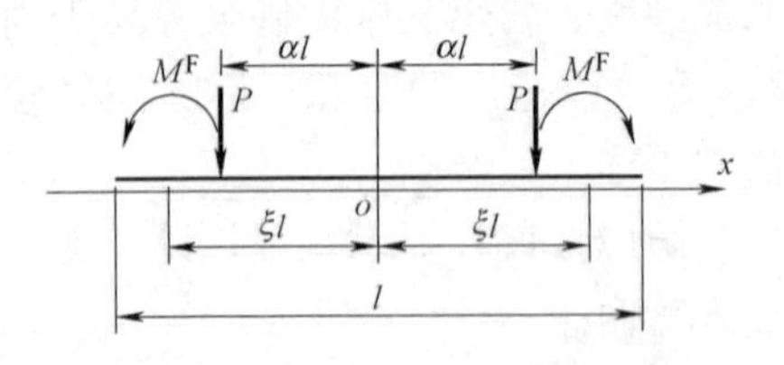

a. ξl 处的固端弯矩 $M^F=\overline{M}Pl$

例：$t=3$，$l=2.8$m，$P=238.6$kN，$\xi=0.9$

由下表得：$\overline{M}=-0.185$

$M^F=\overline{M}Pl=-0.185\times238.6\times2.8=-12.39$kN·m

b. 当只有一个 P 作用在 0 处时，上式中 P 应以 $P/2$ 代入。

c. 符号规定：P 以向下为正，M^F 以对右半梁顺时针为正。

ξ α	0	0.1	0.2	0.3	0.4	0.5	0.6	0.7	0.8	0.9	1
0	0	0.590	0.540	0.497	0.455	0.416	0.378	0.343	0.309	0.279	0.252
0.1	0	0.540	0.515	0.480	0.442	0.406	0.370	0.336	0.302	0.273	0.247
0.2	0	0.440	0.440	0.430	0.405	0.376	0.345	0.314	0.284	0.257	0.232
0.3	0	0.340	0.340	0.347	0.342	0.326	0.303	0.279	0.252	0.229	0.207
0.4	0	0.240	0.240	0.247	0.225	0.256	0.245	0.229	0.209	0.190	0.172
0.5	0	0.140	0.140	0.147	0.155	0.166	0.170	0.164	0.152	0.140	0.127
0.6	0	0.040	0.040	0.047	0.055	0.066	0.078	0.086	0.084	0.079	0.072
0.7	0	−0.060	−0.055	−0.050	−0.042	−0.038	−0.028	−0.013	−0.0012	0.001	0.003
0.8	0	−0.160	−0.155	−0.150	−0.142	−0.134	−0.122	−0.107	−0.090	−0.077	−0.068
0.9	0	−0.260	−0.255	−0.250	−0.242	−0.234	−0.222	−0.207	−0.190	−0.171	−0.153
1	0	−0.360	−0.355	−0.350	−0.342	−0.334	−0.322	−0.307	−0.290	−0.271	−0.248

$t=1$ **表 A-3**

α \ ξ	0	0.1	0.2	0.3	0.4	0.5	0.6	0.7	0.8	0.9	1
0	0	0.525	0.500	0.475	0.433	0.393	0.352	0.318	0.286	0.256	0.228
0.1	0	0.475	0.474	0.457	0.420	0.380	0.341	0.310	0.278	0.249	0.222
0.2	0	0.376	0.393	0.400	0.377	0.348	0.315	0.286	0.258	0.231	0.206
0.3	0	0.287	0.296	0.319	0.315	0.296	0.272	0.250	0.226	0.204	0.182
0.4	0	0.188	0.204	0.220	0.230	0.228	0.215	0.203	0.185	0.168	0.150
0.5	0	0.099	0.102	0.1135	0.1257	0.1365	0.142	0.139	0.129	0.117	0.105
0.6	0	0.011	0.010	0.018	0.0267	0.0384	0.0513	0.0594	0.0598	0.0567	0.0512
0.7	0	−0.079	−0.0815	−0.078	−0.0722	−0.0597	−0.046	−0.0305	−0.0186	−0.0142	−0.0115
0.8	0	−0.168	−0.1735	−0.177	−0.171	−0.162	−0.149	−0.133	−0.114	−0.0992	−0.0868
0.9	0	−0.258	−0.262	−0.273	−0.267	−0.258	−0.244	−0.231	−0.213	−0.193	−0.169
1	0	−0.356	−0.362	−0.372	−0.366	−0.356	−0.343	−0.330	−0.312	−0.292	−0.264

$t=2$ **表 A-4**

α \ ξ	0	0.1	0.2	0.3	0.4	0.5	0.6	0.7	0.8	0.9	1
0	0	0.500	0.479	0.472	0.429	0.385	0.343	0.312	0.279	0.246	0.219
0.1	0	0.451	0.453	0.453	0.415	0.376	0.334	0.304	0.272	0.241	0.215
0.2	0	0.353	0.375	0.396	0.372	0.340	0.304	0.278	0.249	0.221	0.198
0.3	0	0.265	0.281	0.313	0.312	0.294	0.268	0.247	0.223	0.198	0.176
0.4	0	0.177	0.188	0.211	0.224	0.224	0.212	0.199	0.180	0.161	0.144
0.5	0	0.0882	0.0939	0.110	0.122	0.134	0.138	0.136	0.127	0.115	0.103
0.6	0	0.0	0.0104	0.0151	0.0256	0.0362	0.0503	0.0614	0.062	0.0567	0.0517
0.7	0	−0.0785	−0.0781	−0.0793	−0.071	−0.0611	−0.0465	−0.0307	−0.0183	−0.0136	−0.011
0.8	0	−0.157	−0.167	−0.178	−0.1705	−0.161	−0.145	−0.129	−0.110	−0.094	−0.0825
0.9	0	−0.245	−0.255	−0.276	−0.270	−0.258	−0.244	−0.233	−0.214	−0.191	−0.169
1	0	−0.324	−0.339	−0.366	−0.361	−0.351	−0.335	−0.327	−0.310	−0.287	−0.260

$t=3$ **表 A-5**

α \ ξ	0	0.1	0.2	0.3	0.4	0.5	0.6	0.7	0.8	0.9	1
0	0	0.476	0.459	0.481	0.440	0.397	0.350	0.319	0.284	0.249	0.220
0.1	0	0.428	0.428	0.454	0.419	0.378	0.332	0.303	0.270	0.239	0.212
0.2	0	0.321	0.351	0.394	0.371	0.339	0.301	0.275	0.245	0.217	0.193
0.3	0	0.243	0.258	0.311	0.311	0.293	0.265	0.245	0.220	0.195	0.174
0.4	0	0.165	0.175	0.211	0.226	0.228	0.214	0.203	0.183	0.162	0.145
0.5	0	0.078	0.093	0.115	0.127	0.140	0.144	0.141	0.131	0.117	0.105
0.6	0	0.0	0.005	0.008	0.0211	0.0336	0.0493	0.0617	0.0624	0.0570	0.0516
0.7	0	−0.078	−0.077	−0.0805	−0.0754	−0.065	−0.0493	−0.0326	−0.0193	−0.0143	−0.0115
0.8	0	−0.146	−0.1545	−0.175	−0.169	−0.159	−0.144	−0.131	−0.112	−0.0945	−0.0826
0.9	0	−0.224	−0.237	−0.271	−0.265	−0.255	−0.238	−0.228	−0.209	−0.185	−0.163
1	0	−0.301	−0.315	−0.362	−0.359	−0.351	−0.336	−0.329	−0.310	−0.285	−0.257

$t=5$　　表 A-6

α \ ξ	0	0.1	0.2	0.3	0.4	0.5	0.6	0.7	0.8	0.9	1
0	0	0.433	0.445	0.480	0.433	0.390	0.339	0.314	0.278	0.241	0.212
0.1	0	0.385	0.418	0.458	0.420	0.374	0.326	0.301	0.266	0.233	0.205
0.2	0	0.288	0.335	0.392	0.367	0.334	0.291	0.269	0.239	0.208	0.182
0.3	0	0.211	0.242	0.304	0.307	0.288	0.257	0.238	0.212	0.185	0.164
0.4	0	0.135	0.165	0.207	0.220	0.227	0.210	0.200	0.180	0.158	0.140
0.5	0	0.0673	0.077	0.101	0.117	0.134	0.137	0.140	0.129	0.116	0.102
0.6	0	0.0	0.0	0.0088	0.020	0.032	0.0493	0.0625	0.0637	0.0593	0.052
0.7	0	−0.0673	−0.0715	−0.0836	−0.0766	−0.064	−0.0471	−0.0303	−0.0147	−0.0099	−0.0075
0.8	0	−0.135	−0.149	−0.176	−0.170	−0.158	−0.139	−0.127	−0.105	−0.0861	−0.0755
0.9	0	−0.202	−0.225	−0.269	−0.263	−0.254	−0.234	−0.227	−0.207	−0.182	−0.159
1	0	−0.260	−0.297	−0.352	−0.353	−0.347	−0.326	−0.324	−0.305	−0.280	−0.250

$t=7$　　表 A-7

α \ ξ	0	0.1	0.2	0.3	0.4	0.5	0.6	0.7	0.8	0.9	1
0	0	0.397	0.430	0.493	0.443	0.396	0.337	0.315	0.279	0.239	0.208
0.1	0	0.340	0.390	0.459	0.417	0.372	0.316	0.294	0.259	0.222	0.195
0.2	0	0.255	0.311	0.386	0.362	0.331	0.284	0.263	0.232	0.198	0.172
0.3	0	0.180	0.226	0.300	0.304	0.287	0.251	0.236	0.209	0.180	0.157
0.4	0	0.123	0.147	0.203	0.220	0.226	0.207	0.201	0.182	0.159	0.138
0.5	0	0.0566	0.068	0.102	0.117	0.135	0.137	0.141	0.131	0.114	0.101
0.6	0	0.00945	−0.006	0.00483	0.011	0.0264	0.0442	0.060	0.0625	0.0578	0.0517
0.7	0	−0.066	−0.073	−0.087	−0.077	−0.0645	−0.0465	−0.029	−0.0125	−0.0076	−0.0053
0.8	0	−0.123	−0.141	−0.179	−0.172	−0.161	−0.140	−0.129	−0.107	−0.087	−0.0742
0.9	0	−0.170	−0.203	−0.261	−0.256	−0.249	−0.228	−0.226	−0.205	−0.177	−0.152
1	0	−0.227	−0.271	−0.343	−0.344	−0.340	−0.318	−0.321	−0.304	−0.276	−0.245

$t=10$　　表 A-8

α \ ξ	0	0.1	0.2	0.3	0.4	0.5	0.6	0.7	0.8	0.9	1
0	0	0.365	0.403	0.500	0.454	0.402	0.330	0.313	0.272	0.232	0.199
0.1	0	0.327	0.375	0.472	0.428	0.382	0.312	0.296	0.256	0.220	0.191
0.2	0	0.215	0.281	0.386	0.362	0.325	0.269	0.254	0.221	0.187	0.160
0.3	0	0.150	0.193	0.282	0.292	0.276	0.233	0.222	0.193	0.165	0.141
0.4	0	0.0935	0.129	0.190	0.217	0.226	0.202	0.201	0.179	0.153	0.131
0.5	0	0.0467	0.0585	0.0924	0.113	0.136	0.138	0.122	0.133	0.116	0.101
0.6	0	0.0094	−0.0059	0.0	0.0167	0.0365	0.0538	0.0724	0.0715	0.0655	0.0577
0.7	0	−0.0561	−0.0701	−0.0924	−0.0834	−0.073	−0.0512	−0.0327	−0.0159	−0.010	−0.0072
0.8	0	−0.1028	−0.123	−0.169	−0.163	−0.153	−0.131	−0.1215	−0.0994	−0.079	−0.0663
0.9	0	−0.1402	−0.176	−0.245	−0.246	−0.239	−0.212	−0.213	−0.193	−0.168	−0.146
1	0	−0.1963	−0.240	−0.332	−0.338	−0.335	−0.305	−0.318	−0.300	−0.271	−0.238

3. 两个对称弯矩作用下的固端弯矩系数$\overline{M}$

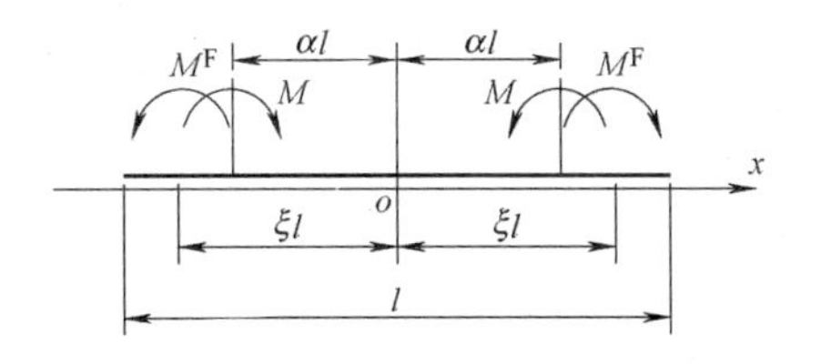

a. ξl 处的固端弯矩 $M^F=\overline{M}M$

例：$t=3, l=2.8\text{m}, M=100\text{kN}\cdot\text{m}, \alpha=0.5, \xi=1.0$

由表得：$\overline{M}=0.448$

$$M^F=\overline{M}M=0.448\times100=44.8\text{kN}\cdot\text{m}$$

b. 符号规定：M 以对右半梁逆时针为正，M^F 以对右半梁顺时针为正。

$t=0$　　表 A-9

α \ ξ	0	0.1	0.2	0.3	0.4	0.5	0.6	0.7	0.8	0.9	1
0.1	0	1.0	0.500	0.333	0.250	0.200	0.167	0.143	0.125	0.111	0.100
0.2	0	1.0	1.0	0.666	0.500	0.400	0.333	0.286	0.250	0.222	0.200
0.3	0	1.0	1.0	1.0	0.750	0.600	0.500	0.429	0.375	0.333	0.300
0.4	0	1.0	1.0	1.0	1.0	0.800	0.667	0.571	0.500	0.444	0.400
0.5	0	1.0	1.0	1.0	1.0	1.0	0.833	0.714	0.625	0.555	0.500
0.6	0	1.0	1.0	1.0	1.0	1.0	1.0	0.857	0.750	0.666	0.600
0.7	0	1.0	1.0	1.0	1.0	1.0	1.0	1.0	0.875	0.777	0.700
0.8	0	1.0	1.0	1.0	1.0	1.0	1.0	1.0	1.0	0.888	0.800
0.9	0	1.0	1.0	1.0	1.0	1.0	1.0	1.0	1.0	1.0	0.900
1	0	1.0	1.0	1.0	1.0	1.0	1.0	1.0	1.0	1.0	1.0

$t=1$　　表 A-10

α \ ξ	0	0.1	0.2	0.3	0.4	0.5	0.6	0.7	0.8	0.9	1
0.1	0	1.0	0.520	0.365	0.279	0.227	0.209	0.168	0.149	0.133	0.119
0.2	0	0.970	1.0	0.688	0.514	0.409	0.338	0.291	0.254	0.225	0.200
0.3	0	0.935	0.960	1.0	0.740	0.582	0.476	0.408	0.352	0.312	0.276
0.4	0	0.920	0.950	0.990	1.0	0.789	0.646	0.553	0.480	0.425	0.377
0.5	0	0.920	0.950	0.990	1.0	1.0	0.825	0.706	0.614	0.545	0.484
0.6	0	0.920	0.950	0.990	1.0	1.0	1.0	0.856	0.746	0.662	0.588
0.7	0	0.910	0.940	0.980	0.990	0.990	0.991	1.0	0.869	0.772	0.686
0.8	0	0.905	0.940	0.980	0.990	0.990	0.991	1.0	1.0	0.888	0.789
0.9	0	0.900	0.930	0.980	0.990	0.990	0.991	1.0	1.0	1.0	0.890
1	0	0.900	0.930	0.980	0.990	0.990	0.991	1.0	1.0	1.0	1.0

$t=2$ 表 A-11

α \ ξ	0	0.1	0.2	0.3	0.4	0.5	0.6	0.7	0.8	0.9	1
0.1	0	1.0	0.504	0.405	0.314	0.257	0.217	0.193	0.173	0.154	0.138
0.2	0	0.940	1.0	0.710	0.528	0.418	0.341	0.294	0.256	0.225	0.201
0.3	0	0.865	0.917	1.0	0.725	0.560	0.448	0.380	0.325	0.283	0.251
0.4	0	0.854	0.910	0.990	1.0	0.778	0.628	0.536	0.462	0.403	0.358
0.5	0	0.854	0.906	0.990	1.0	1.0	0.810	0.695	0.600	0.526	0.467
0.6	0	0.854	0.900	0.990	1.0	1.0	1.0	0.860	0.746	0.654	0.581
0.7	0	0.830	0.885	0.976	0.980	0.975	0.980	1.0	0.866	0.758	0.674
0.8	0	0.820	0.878	0.960	0.970	0.975	0.970	0.995	1.0	0.877	0.780
0.9	0	0.820	0.878	0.960	0.970	0.975	0.970	0.995	1.0	1.0	0.890
1	0	0.820	0.878	0.960	0.970	0.975	0.970	0.995	1.0	1.0	1.0

$t=3$ 表 A-12

α \ ξ	0	0.1	0.2	0.3	0.4	0.5	0.6	0.7	0.8	0.9	1
0.1	0	1.0	0.549	0.440	0.347	0.288	0.246	0.222	0.199	0.178	0.158
0.2	0	0.961	1.0	0.753	0.560	0.441	0.358	0.311	0.269	0.235	0.208
0.3	0	0.806	0.857	1.0	0.714	0.540	0.423	0.355	0.299	0.257	0.227
0.4	0	0.792	0.845	0.985	1.0	0.769	0.610	0.517	0.440	0.381	0.337
0.5	0	0.786	0.837	0.975	0.990	1.0	0.800	0.682	0.583	0.506	0.448
0.6	0	0.786	0.837	0.975	0.990	1.0	1.0	0.861	0.740	0.644	0.571
0.7	0	0.758	0.809	0.945	0.960	0.970	0.970	1.0	0.858	0.745	0.660
0.8	0	0.754	0.804	0.940	0.955	0.965	0.960	0.995	1.0	0.870	0.771
0.9	0	0.754	0.804	0.940	0.955	0.965	0.960	0.995	1.0	1.0	0.886
1	0	0.754	0.804	0.940	0.955	0.965	0.960	0.995	1.0	1.0	1.0

$t=5$ 表 A-13

α \ ξ	0	0.1	0.2	0.3	0.4	0.5	0.6	0.7	0.8	0.9	1
0.1	0	1.0	0.595	0.502	0.400	0.337	0.288	0.269	0.243	0.217	0.192
0.2	0	0.915	1.0	0.769	0.562	0.439	0.348	0.305	0.264	0.229	0.201
0.3	0	0.716	0.825	1.0	0.688	0.504	0.374	0.309	0.252	0.211	0.183
0.4	0	0.697	0.801	0.976	1.0	0.751	0.572	0.484	0.405	0.345	0.302
0.5	0	0.683	0.785	0.956	0.990	1.0	0.772	0.661	0.558	0.479	0.418
0.6	0	0.692	0.796	0.970	0.980	1.015	1.0	0.865	0.737	0.635	0.556
0.7	0	0.649	0.747	0.910	0.935	0.956	0.946	1.0	0.850	0.732	0.641
0.8	0	0.640	0.736	0.895	0.920	0.940	0.930	0.985	1.0	0.859	0.752
0.9	0	0.640	0.736	0.895	0.920	0.940	0.930	0.985	1.0	1.0	0.876
1	0	0.640	0.736	0.895	0.920	0.940	0.930	0.985	1.0	1.0	1.0

$t=7$ **表 A-14**

ξ / α	0	0.1	0.2	0.3	0.4	0.5	0.6	0.7	0.8	0.9	1
0.1	0	1.0	0.635	0.580	0.471	0.405	0.345	0.330	0.303	0.268	0.231
0.2	0	0.830	1.0	0.812	0.590	0.457	0.356	0.315	0.278	0.245	0.213
0.3	0	0.637	0.771	1.0	0.663	0.463	0.323	0.257	0.202	0.162	0.138
0.4	0	0.618	0.746	0.970	1.0	0.736	0.540	0.451	0.371	0.309	0.268
0.5	0	0.600	0.730	0.942	0.975	1.0	0.749	0.638	0.533	0.448	0.388
0.6	0	0.600	0.730	0.962	1.0	1.020	1.0	0.868	0.735	0.624	0.541
0.7	0	0.562	0.678	0.885	0.916	0.943	0.926	1.0	0.843	0.712	0.617
0.8	0	0.543	0.658	0.860	0.890	0.918	0.905	0.980	1.0	0.846	0.734
0.9	0	0.543	0.658	0.860	0.890	0.918	0.905	0.980	1.0	1.0	0.866
1	0	0.543	0.658	0.860	0.890	0.918	0.905	0.980	1.0	1.0	1.0

$t=10$ **表 A-15**

ξ / α	0	0.1	0.2	0.3	0.4	0.5	0.6	0.7	0.8	0.9	1
0.1	0	1.0	0.709	0.738	0.614	0.533	0.448	0.443	0.404	0.357	0.311
0.2	0	0.795	1.0	0.866	0.629	0.483	0.368	0.334	0.287	0.245	0.211
0.3	0	0.556	0.706	1.0	0.629	0.406	0.249	0.182	0.126	0.0925	0.076
0.4	0	0.528	0.672	0.955	1.0	0.700	0.477	0.392	0.308	0.249	0.211
0.5	0	0.505	0.642	0.916	0.966	1.0	0.708	0.604	0.491	0.406	0.346
0.6	0	0.528	0.672	0.954	1.0	1.040	1.0	0.875	0.726	0.609	0.522
0.7	0	0.463	0.589	0.840	0.888	0.920	0.890	1.0	0.825	0.686	0.588
0.8	0	0.458	0.575	0.815	0.860	0.894	0.866	0.975	1.0	0.835	0.714
0.9	0	0.444	0.565	0.806	0.855	0.888	0.863	0.970	1.0	1.0	0.858
1	0	0.444	0.565	0.806	0.855	0.888	0.863	0.970	1.0	1.0	1.0

4. 弹性地基梁对称转角的抗挠刚度系数$\overline{S}$

表 A-16

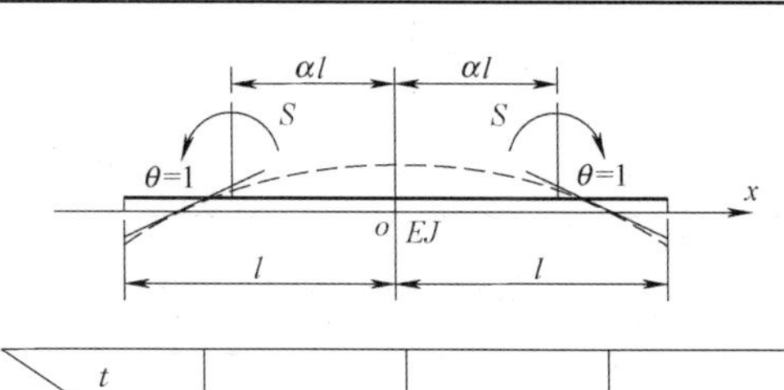

αl 处的抗挠刚度 $S=\overline{S}\frac{EJ}{l}$

例：$t=3, l=2.8\text{m}, \alpha=0.9, \alpha=0.5$,

$EJ=5.33\times10^2\text{N}\cdot\text{m}^2$

由表得：$\overline{S}=1.3$

$$S=1.3\times\frac{5.33\times10^2}{2.8}=2.47\times10^2\text{N}\cdot\text{m}$$

t / α	0	1	2	3	5	7	10
1.0	1.0	1.052	1.101	1.148	1.238	1.324	1.442
0.9	1.11	1.18	1.24	1.30	1.41	1.52	1.68
0.8	1.25	1.32	1.41	1.48	1.63	1.785	1.99
0.7	1.33	1.525	1.62	1.71	1.89	2.08	2.335
0.6	1.67	1.77	1.865	1.965	2.145	2.33	2.56
0.5	2.0	2.13	2.26	2.40	2.67	2.93	3.32
0.4	2.50	2.67	2.84	3.01	3.33	3.66	4.16
0.3	3.33	3.55	3.77	3.98	4.40	4.83	5.43
0.2	5.0	5.10	5.20	5.15	5.49	5.65	5.78
0.1	10.0	9.90	9.80	9.70	9.62	9.44	9.24

5. 均布荷载 q 作用下的反力及内力系数

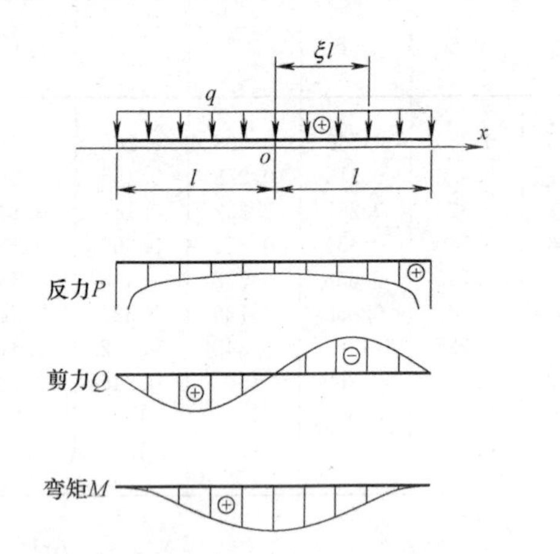

反力 $p=\overline{p}q$

剪力 $Q=\pm\overline{Q}ql$

弯矩 $M=\overline{M}ql^2$

例：$t=3, q=36.0\text{kN/m}, l=2.8\text{m}$

求：$\xi=0$ 的反力、内力

$p=\overline{p}q=0.74\times36.0=26.6\text{kN/m}$

$Q=0$

$M=\overline{M}ql^2=0.09\times36.0\times2.8^2=25.4\text{k}$

符号规定：如图示，$Q=\pm\overline{Q}ql$ 中在计算右半梁时取正，计算左半梁时取负。

$\overline{p}$ 表 A-17

t \ ξ	0	0.1	0.2	0.3	0.4	0.5	0.6	0.7	0.8	0.9	1
0	0.64	0.64	0.65	0.67	0.69	0.74	0.80	0.89	1.06	1.46	∞
1	0.69	0.70	0.71	0.72	0.75	0.80	0.87	0.99	1.23	1.69	∞
2	0.72	0.72	0.74	0.74	0.77	0.81	0.87	0.99	1.21	1.65	∞
3	0.74	0.74	0.75	0.76	0.78	0.81	0.87	0.99	1.19	1.61	∞
5	0.77	0.78	0.78	0.79	0.80	0.83	0.88	0.97	1.16	1.55	∞
7	0.80	0.80	0.81	0.81	0.82	0.84	0.88	0.96	1.13	1.50	∞
10	0.84	0.84	0.84	0.84	0.84	0.85	0.88	0.95	1.11	1.44	∞
15	0.88	0.88	0.87	0.87	0.87	0.87	0.89	0.94	1.07	1.37	∞
20	0.90	0.90	0.90	0.89	0.89	0.88	0.89	0.93	1.05	1.32	∞
30	0.94	0.94	0.93	0.92	0.91	0.90	0.90	0.92	1.01	1.26	∞
50	0.97	0.97	0.96	0.95	0.94	0.92	0.91	0.92	0.99	1.18	∞

$\overline{Q}$ 表 A-18

t \ ξ	0	0.1	0.2	0.3	0.4	0.5	0.6	0.7	0.8	0.9	1
0	0	−0.036	−0.072	−0.106	−0.138	−0.167	−0.190	−0.206	−0.210	−0.187	0
1	0	−0.030	−0.060	−0.089	−0.115	−0.138	−0.155	−0.163	−0.153	−0.110	0
2	0	−0.028	−0.056	−0.082	−0.107	−0.128	−0.145	−0.153	−0.144	−0.104	0
3	0	−0.026	−0.052	−0.076	−0.099	−0.120	−0.136	−0.144	−0.136	−0.099	0
5	0	−0.022	−0.045	−0.066	−0.087	−0.105	−0.121	−0.129	−0.124	−0.090	0
7	0	−0.020	−0.039	−0.058	−0.077	−0.094	−0.108	−0.117	−0.113	−0.084	0
10	0	−0.016	−0.033	−0.049	−0.065	−0.080	−0.094	−0.103	−0.101	−0.075	0
15	0	−0.012	−0.025	−0.038	−0.051	−0.064	−0.076	−0.085	−0.085	−0.065	0
20	0	−0.010	−0.019	−0.030	−0.041	−0.053	−0.064	−0.073	−0.075	−0.060	0
30	0	−0.006	−0.012	−0.020	−0.026	−0.038	−0.048	−0.057	−0.061	−0.050	0
50	0	−0.003	−0.006	−0.010	−0.015	−0.022	−0.031	−0.040	−0.045	−0.039	0

$\overline{M}$ 表 A-19

t \ ξ	0	0.1	0.2	0.3	0.4	0.5	0.6	0.7	0.8	0.9	1
0	0.137	0.135	0.129	0.120	0.108	0.093	0.075	0.055	0.034	0.014	0
1	0.103	0.101	0.097	0.089	0.079	0.066	0.052	0.036	0.020	0.006	0
2	0.096	0.095	0.091	0.084	0.074	0.063	0.049	0.034	0.019	0.006	0
3	0.090	0.089	0.085	0.079	0.070	0.059	0.046	0.032	0.018	0.006	0
5	0.080	0.079	0.076	0.070	0.063	0.053	0.042	0.029	0.016	0.005	0
7	0.072	0.071	0.068	0.063	0.057	0.048	0.038	0.027	0.015	0.005	0
10	0.063	0.062	0.059	0.055	0.050	0.042	0.034	0.024	0.013	0.004	0
15	0.051	0.050	0.049	0.046	0.041	0.036	0.028	0.020	0.011	0.004	0
20	0.043	0.043	0.041	0.039	0.035	0.031	0.025	0.018	0.010	0.003	0
30	0.033	0.033	0.032	0.030	0.028	0.024	0.020	0.015	0.009	0.003	0
50	0.022	0.021	0.021	0.020	0.019	0.017	0.014	0.011	0.007	0.002	0

6. 两个对称集中力 *P* 作用下的反力及内力系数

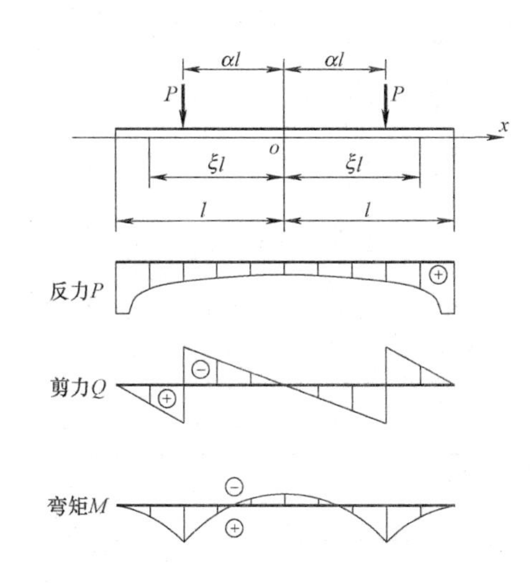

反力 $p=\overline{p}\dfrac{P}{l}$

剪力 $Q=\pm\overline{Q}P$

弯矩 $M=\overline{M}Pl$

例：$t=3$，$P=238.6\text{kN}$，$l=2.8\text{m}$，$\alpha=0.9$

求：$\xi=0.9$ 的反力、内力。由表

$$p=\overline{p}\frac{P}{l}=2.08\times\frac{238.6}{2.8}=177.2\text{kN/m}$$

$$Q=\pm\overline{Q}P={}^{0.74}_{-0.26}\times238.6={}^{176.6}_{-62.0}\text{kN}$$

$$M=\overline{M}Pl=0.01\times238.6\times2.8=6.7\text{kN}\cdot\text{m}$$

符号规定：如图示，$Q=\pm\overline{Q}ql$

在计算右半梁时取正，计算左半梁时取负；

表中 $\xi=\alpha$ 时，$\overline{Q}$值标以 * 号表示此值为荷载点下左边截面的值，其右边截面的值应为 $-1\times\overline{Q}$；

当 $t=0$ 时，$\overline{P}$、$\overline{Q}$与荷载位置无关。

$t=0$，$\overline{P}$ 表 A-20

ξ	0	0.1	0.2	0.3	0.4	0.5	0.6	0.7	0.8	0.9	1
$\overline{P}$	0.64	0.64	0.65	0.67	0.70	0.74	0.80	0.89	1.06	1.46	∞

$t=0$，$\overline{Q}$（对于力作用点之间的截面）1* 表 A-21

ξ	0	0.1	0.2	0.3	0.4	0.5	0.6	0.7	0.8	0.9	1
$\overline{Q}$	0	0.06	0.13	0.19	0.26	0.33	0.41	0.49	0.59	0.71	1

注 1*：对于两力作用点以外的截面，把表中数值加-1。

$t=0$，$\overline{M}$　　表 A-22

α \ ξ	0	0.1	0.2	0.3	0.4	0.5	0.6	0.7	0.8	0.9	1
0	0.64	0.54	0.45	0.37	0.29	0.22	0.16	0.10	0.05	0.02	0
0.1	0.54	0.54	0.45	0.37	0.29	0.22	0.16	0.10	0.05	0.02	0
0.2	0.44	0.44	0.45	0.37	0.29	0.22	0.16	0.10	0.05	0.02	0
0.3	0.34	0.34	0.35	0.37	0.29	0.22	0.16	0.10	0.05	0.02	0
0.4	0.24	0.24	0.25	0.27	0.29	0.22	0.16	0.10	0.05	0.02	0
0.5	0.14	0.14	0.15	0.17	0.19	0.22	0.16	0.10	0.05	0.02	0
0.6	0.04	0.04	0.05	0.07	0.09	0.12	0.16	0.10	0.05	0.02	0
0.7	−0.06	−0.06	−0.05	−0.03	−0.01	−0.02	0.06	0.10	0.05	0.02	0
0.8	−0.16	−0.16	−0.15	−0.13	−0.11	−0.08	−0.04	0.0	0.05	0.02	0
0.9	−0.26	−0.26	−0.25	−0.23	−0.21	−0.18	−0.14	−0.10	−0.05	0.02	0
1	−0.36	−0.36	−0.35	−0.33	−0.31	−0.28	−0.24	−0.20	−0.15	−0.08	0

$t=1$，$\overline{P}$　　表 A-23

α \ ξ	0	0.1	0.2	0.3	0.4	0.5	0.6	0.7	0.8	0.9	1
0	0.78	0.78	0.78	0.78	0.78	0.82	0.86	0.94	1.14	1.56	—
0.1	0.78	0.78	0.78	0.78	0.79	0.82	0.87	0.96	1.15	1.56	—
0.2	0.77	0.77	0.77	0.78	0.79	0.82	0.87	0.98	1.18	1.57	—
0.3	0.75	0.75	0.76	0.77	0.79	0.82	0.87	0.98	1.19	1.59	—
0.4	0.73	0.73	0.74	0.75	0.78	0.81	0.87	0.98	1.19	1.63	—
0.5	0.70	0.70	0.71	0.73	0.76	0.81	0.87	0.99	1.21	1.66	—
0.6	0.67	0.68	0.69	0.71	0.75	0.80	0.87	1.0	1.25	1.70	—
0.7	0.65	0.65	0.67	0.69	0.73	0.78	0.87	1.01	1.27	1.75	—
0.8	0.62	0.62	0.64	0.67	0.71	0.77	0.86	1.02	1.29	1.81	—
0.9	0.59	0.60	0.61	0.64	0.69	0.76	0.86	1.02	1.31	1.86	—
1	0.56	0.57	0.59	0.62	0.67	0.74	0.85	1.03	1.34	1.93	—

$t=1$，$\overline{Q}$　　表 A-24

α \ ξ	0	0.1	0.2	0.3	0.4	0.5	0.6	0.7	0.8	0.9	1
0	1*	−0.92	−0.84	−0.76	−0.68	−0.60	−0.52	−0.44	−0.32	−0.20	0
0.1	0.0	0.08*	−0.84	−0.77	−0.69	−0.61	−0.52	−0.43	−0.33	−0.18	0
0.2	0.0	0.08	0.15*	−0.77	−0.69	−0.61	−0.52	−0.43	−0.33	−0.19	0
0.3	0.0	0.07	0.15	0.23*	−0.69	−0.61	−0.53	−0.44	−0.33	−0.19	0
0.4	0.0	0.07	0.15	0.22	0.30*	−0.62	−0.54	−0.45	−0.34	−0.20	0
0.5	0.0	0.07	0.14	0.21	0.29	0.37*	−0.55	−0.46	−0.35	−0.21	0
0.6	0.0	0.07	0.14	0.21	0.28	0.36	0.44*	−0.47	−0.36	−0.21	0
0.7	0.0	0.06	0.13	0.20	0.27	0.34	0.42	0.52*	−0.37	−0.22	0
0.8	0.0	0.06	0.13	0.19	0.26	0.33	0.41	0.51	0.62*	−0.22	0
0.9	0.0	0.06	0.12	0.18	0.25	0.32	0.40	0.49	0.61	0.77*	0
1	0.0	0.06	0.11	0.17	0.24	0.31	0.39	0.48	0.60	0.76	1*

$t=1$，$\overline{M}$ 表 A-25

α \ ξ	0	0.1	0.2	0.3	0.4	0.5	0.6	0.7	0.8	0.9	1
0	0.58	0.49	0.40	0.32	0.25	0.18	0.12	0.08	0.04	0.01	0
0.1	0.48	0.49	0.40	0.32	0.25	0.18	0.12	0.08	0.04	0.01	0
0.2	0.38	0.38	0.40	0.32	0.25	0.18	0.12	0.08	0.04	0.01	0
0.3	0.29	0.29	0.30	0.32	0.25	0.18	0.12	0.08	0.04	0.01	0
0.4	0.19	0.20	0.21	0.23	0.25	0.18	0.13	0.08	0.04	0.01	0
0.5	0.10	0.10	0.11	0.13	0.16	0.19	0.13	0.08	0.04	0.01	0
0.6	0.01	0.01	0.02	0.04	0.06	0.09	0.13	0.08	0.04	0.01	0
0.7	−0.09	−0.08	−0.07	−0.06	−0.03	0.0	0.04	0.08	0.04	0.01	0
0.8	−0.18	−0.17	−0.17	−0.15	−0.13	−0.10	−0.06	−0.01	0.04	0.01	0
0.9	−0.27	−0.26	−0.26	−0.25	−0.22	−0.19	−0.16	−0.11	−0.06	0.01	0
1	−0.36	−0.36	−0.35	−0.33	−0.31	−0.29	−0.25	−0.21	−0.15	−0.09	0

$t=2$，$\overline{p}$ 表 A-26

α \ ξ	0	0.1	0.2	0.3	0.4	0.5	0.6	0.7	0.8	0.9	1
0	0.90	0.88	0.86	0.86	0.84	0.84	0.86	0.90	1.02	1.42	—
0.1	0.89	0.88	0.87	0.85	0.84	0.84	0.86	0.92	1.07	1.41	—
0.2	0.86	0.86	0.86	0.85	0.84	0.85	0.88	0.96	1.13	1.42	—
0.3	0.82	0.82	0.83	0.83	0.83	0.85	0.88	0.96	1.14	1.47	—
0.4	0.78	0.78	0.79	0.80	0.82	0.85	0.89	0.97	1.14	1.51	—
0.5	0.73	0.74	0.75	0.77	0.80	0.84	0.89	0.99	1.18	1.58	—
0.6	0.68	0.69	0.70	0.72	0.76	0.81	0.89	1.01	1.23	1.67	—
0.7	0.63	0.64	0.65	0.68	0.72	0.79	0.88	1.02	1.28	1.77	—
0.8	0.58	0.59	0.60	0.64	0.69	0.76	0.86	1.03	1.32	1.87	—
0.9	0.53	0.53	0.55	0.59	0.65	0.73	0.85	1.04	1.37	1.97	—
1	0.48	0.48	0.51	0.55	0.61	0.70	0.83	1.05	1.41	2.08	—

$t=1$，$\overline{Q}$ 表 A-27

α \ ξ	0	0.1	0.2	0.3	0.4	0.5	0.6	0.7	0.8	0.9	1
0	1*	−0.90	−0.82	−0.74	−0.66	−0.56	−0.48	−0.40	−0.30	−0.18	0
0.1	0.0	0.09*	−0.82	−0.74	−0.65	−0.57	−0.48	−0.40	−0.30	−0.17	0
0.2	0.0	0.09	0.17*	−0.74	−0.66	−0.57	−0.49	−0.40	−0.29	−0.16	0
0.3	0.0	0.08	0.16	0.25*	−0.67	−0.59	−0.50	−0.41	−0.30	−0.17	0
0.4	0.0	0.08	0.16	0.24	0.32*	−0.60	−0.51	−0.42	−0.32	−0.19	0
0.5	0.0	0.07	0.15	0.22	0.30	0.38*	−0.53	−0.44	−0.33	−0.19	0
0.6	0.0	0.07	0.14	0.21	0.28	0.36	0.44*	−0.46	−0.35	−0.21	0
0.7	0.0	0.06	0.13	0.19	0.26	0.34	0.42	0.52*	−0.37	−0.22	0
0.8	0.0	0.06	0.12	0.18	0.24	0.32	0.40	0.49	0.61*	−0.23	0
0.9	0.0	0.05	0.11	0.16	0.23	0.29	0.37	0.47	0.59	0.75*	0
1	0.0	0.05	0.10	0.15	0.21	0.27	0.35	0.44	0.56	0.73	1*

$t=2$，$\overline{M}$　　**表 A-28**

α \ ξ	0	0.1	0.2	0.3	0.4	0.5	0.6	0.7	0.8	0.9	1
0	0.56	0.46	0.36	0.30	0.22	0.16	0.12	0.06	0.04	0.0	0
0.1	0.46	0.46	0.37	0.29	0.22	0.16	0.11	0.07	0.03	0.01	0
0.2	0.36	0.36	0.37	0.29	0.22	0.16	0.11	0.07	0.03	0.01	0
0.3	0.27	0.27	0.28	0.30	0.23	0.17	0.11	0.07	0.03	0.01	0
0.4	0.18	0.18	0.19	0.21	0.24	0.17	0.12	0.07	0.02	0.01	0
0.5	0.09	0.09	0.10	0.12	0.15	0.18	0.12	0.08	0.04	0.01	0
0.6	0.0	0.01	0.02	0.03	0.06	0.09	0.13	0.08	0.04	0.01	0
0.7	−0.08	−0.08	−0.07	−0.05	−0.03	0.0	0.04	0.08	0.04	0.01	0
0.8	−0.17	−0.16	−0.16	−0.14	−0.12	−0.09	−0.05	0.0	0.04	0.01	0
0.9	−0.25	−0.25	−0.24	−0.23	−0.21	−0.18	−0.15	−0.11	−0.05	0.01	0
1	−0.33	−0.33	−0.32	−0.31	−0.29	−0.27	−0.24	−0.20	−0.15	−0.09	0

$t=3$，$\overline{p}$　　**表 A-29**

α \ ξ	0	0.1	0.2	0.3	0.4	0.5	0.6	0.7	0.8	0.9	1
0	1.0	0.98	0.94	0.92	0.88	0.86	0.84	0.84	0.94	1.28	—
0.1	0.98	0.97	0.95	0.91	0.88	0.87	0.86	0.89	1.0	1.28	—
0.2	0.94	0.94	0.93	0.92	0.89	0.88	0.89	0.95	1.12	1.28	—
0.3	0.88	0.89	0.89	0.88	0.88	0.87	0.89	0.95	1.09	1.36	—
0.4	0.82	0.82	0.83	0.84	0.85	0.86	0.88	0.94	1.08	1.45	—
0.5	0.76	0.76	0.77	0.79	0.81	0.84	0.89	0.97	1.14	1.54	—
0.6	0.69	0.69	0.71	0.73	0.77	0.82	0.89	1.01	1.22	1.65	—
0.7	0.62	0.62	0.64	0.67	0.72	0.79	0.88	1.04	1.30	1.78	—
0.8	0.54	0.55	0.57	0.61	0.66	0.75	0.86	1.05	1.36	1.93	—
0.9	0.47	0.48	0.50	0.55	0.61	0.71	0.84	1.06	1.42	2.08	—
1	0.40	0.41	0.43	0.49	0.56	0.67	0.82	1.06	1.47	2.22	—

$t=3$，$\overline{Q}$　　**表 A-30**

α \ ξ	0	0.1	0.2	0.3	0.4	0.5	0.6	0.7	0.8	0.9	1
0	1*	−0.90	−0.80	−0.72	−0.62	−0.54	−0.44	−0.36	−0.28	−0.18	0
0.1	0.0	0.10*	−0.81	−0.71	−0.62	−0.54	−0.45	−0.34	−0.27	−0.16	0
0.2	0.0	0.09	0.19*	−0.72	−0.63	−0.54	−0.45	−0.35	−0.26	−0.14	0
0.3	0.0	0.09	0.18	0.27*	−0.65	−0.56	−0.47	−0.38	−0.28	−0.16	0
0.4	0.0	0.08	0.17	0.25	0.33*	−0.58	−0.49	−0.40	−0.30	−0.18	0
0.5	0.0	0.07	0.15	0.23	0.31	0.39*	−0.52	−0.43	−0.32	−0.19	0
0.6	0.0	0.07	0.14	0.21	0.29	0.26	0.45*	−0.45	−0.34	−0.20	0
0.7	0.0	0.06	0.12	0.19	0.26	0.33	0.42	0.51*	−0.37	−0.22	0
0.8	0.0	0.05	0.11	0.17	0.23	0.30	0.38	0.48	0.60*	−0.24	0
0.9	0.0	0.05	0.10	0.15	0.21	0.27	0.35	0.44	0.56	0.74*	0
1	0.0	0.04	0.08	0.13	0.18	0.24	0.31	0.41	0.53	0.71	1*

t=3，$\overline{M}$ 表 A-31

α \ ξ	0	0.1	0.2	0.3	0.4	0.5	0.6	0.7	0.8	0.9	1
0	0.54	0.44	0.36	0.28	0.22	0.16	0.10	0.06	0.04	0.01	0
0.1	0.43	0.44	0.35	0.28	0.21	0.15	0.10	0.06	0.03	0.01	0
0.2	0.33	0.34	0.35	0.27	0.21	0.15	0.09	0.06	0.03	0.01	0
0.3	0.25	0.25	0.26	0.29	0.22	0.16	0.10	0.06	0.03	0.01	0
0.4	0.17	0.17	0.18	0.20	0.23	0.17	0.11	0.07	0.03	0.01	0
0.5	0.08	0.09	0.10	0.12	0.14	0.18	0.12	0.07	0.04	0.01	0
0.6	0.0	0.0	0.01	0.03	0.06	0.09	0.13	0.08	0.04	0.01	0
0.7	−0.08	−0.08	−0.07	−0.05	−0.03	0.0	0.04	0.08	0.04	0.01	0
0.8	−0.16	−0.15	−0.15	−0.13	−0.11	−0.09	−0.05	−0.01	0.04	0.01	0
0.9	−0.23	−0.23	−0.23	−0.21	−0.19	−0.17	−0.14	−0.10	−0.05	0.01	0
1	−0.31	−0.31	−0.30	−0.29	−0.28	−0.26	−0.23	−0.19	−0.15	−0.08	0

t=5，$\overline{p}$ 表 A-32

α \ ξ	0	0.1	0.2	0.3	0.4	0.5	0.6	0.7	0.8	0.9	1
0	1.16	1.14	1.08	1.02	0.94	0.80	0.82	0.76	0.76	1.06	—
0.1	1.14	1.12	1.08	1.02	0.96	0.90	0.86	0.83	0.87	1.06	—
0.2	1.07	1.07	1.05	1.01	0.96	0.91	0.89	0.93	1.02	1.09	—
0.3	0.99	0.99	0.99	0.97	0.94	0.91	0.90	0.93	1.03	1.18	—
0.4	0.89	0.90	0.90	0.91	0.91	0.90	0.89	0.90	1.0	1.31	—
0.5	0.80	0.80	0.81	0.83	0.85	0.88	0.90	0.95	1.07	1.44	—
0.6	0.69	0.70	0.72	0.75	0.79	0.84	0.91	1.02	1.21	1.60	—
0.7	0.59	0.60	0.62	0.66	0.71	0.79	0.90	1.06	1.32	1.80	—
0.8	0.48	0.49	0.51	0.56	0.63	0.73	0.86	1.07	1.41	2.02	—
0.9	0.38	0.39	0.42	0.47	0.55	0.66	0.83	1.08	1.49	2.24	—
1	0.27	0.28	0.32	0.38	0.47	0.60	0.80	1.09	1.58	2.46	—

t=5，$\overline{Q}$ 表 A-33

α \ ξ	0	0.1	0.2	0.3	0.4	0.5	0.6	0.7	0.8	0.9	1
0	1*	−0.88	−0.78	−0.66	−0.56	−0.48	−0.40	−0.32	−0.24	−0.10	0
0.1	0.0	0.11*	−0.78	−0.67	−0.57	−0.48	−0.39	−0.31	−0.22	−0.14	0
0.2	0.0	0.11	0.21*	−0.68	−0.59	−0.49	−0.40	−0.31	−0.21	−0.11	0
0.3	0.0	0.10	0.20	0.30*	−0.61	−0.51	−0.42	−0.32	−0.24	−0.13	0
0.4	0.0	0.09	0.18	0.27	0.36*	−0.55	−0.46	−0.37	−0.28	−0.16	0
0.5	0.0	0.08	0.16	0.24	0.33	0.41*	−0.50	−0.41	−0.31	−0.18	0
0.6	0.0	0.07	0.14	0.21	0.29	0.37	0.46*	−0.45	−0.33	−0.20	0
0.7	0.0	0.06	0.12	0.18	0.25	0.33	0.41	0.51*	−0.37	−0.22	0
0.8	0.0	0.05	0.09	0.15	0.21	0.28	0.36	0.45	0.58*	−0.23	0
0.9	0.0	0.04	0.08	0.12	0.17	0.23	0.31	0.40	0.53	0.71*	0
1	0.0	0.03	0.06	0.09	0.13	0.19	0.26	0.35	0.48	0.66	1*

$t=5$，$\overline{M}$ 表A-34

α \ ξ	0	0.1	0.2	0.3	0.4	0.5	0.6	0.7	0.8	0.9	1
0	0.50	0.40	0.32	0.24	0.18	0.14	0.10	0.06	0.02	0.0	0
0.1	0.40	0.40	0.32	0.25	0.18	0.13	0.09	0.05	0.03	0.01	0
0.2	0.30	0.30	0.32	0.24	0.18	0.13	0.08	0.05	0.02	0.0	0
0.3	0.22	0.22	0.23	0.26	0.19	0.14	0.09	0.05	0.02	0.01	0
0.4	0.14	0.15	0.16	0.18	0.21	0.16	0.10	0.06	0.03	0.01	0
0.5	0.07	0.07	0.08	0.10	0.13	0.17	0.12	0.07	0.04	0.01	0
0.6	−0.01	0.0	0.01	0.03	0.05	0.08	0.13	0.08	0.04	0.01	0
0.7	−0.07	−0.07	−0.06	−0.05	−0.03	0.0	0.04	0.09	0.04	0.01	0
0.8	−0.14	−0.14	−0.13	−0.12	−0.10	−0.07	−0.04	0.0	0.05	0.01	0
0.9	−0.21	−0.21	−0.20	−0.19	−0.17	−0.15	−0.13	−0.09	−0.05	0.01	0
1	−0.27	−0.27	−0.27	−0.26	−0.25	−0.23	−0.21	−0.18	−0.14	−0.08	0

$t=7$，$\overline{p}$ 表A-35

α \ ξ	0	0.1	0.2	0.3	0.4	0.5	0.6	0.7	0.8	0.9	1
0	1.30	1.28	1.20	1.10	1.0	0.92	0.80	0.68	0.60	0.88	—
0.1	1.27	1.24	1.22	1.10	1.01	0.93	0.85	0.79	0.76	0.89	—
0.2	1.18	1.17	1.15	1.09	1.02	0.94	0.90	0.92	0.97	0.92	—
0.3	1.07	1.07	1.07	1.04	1.0	0.95	0.91	0.91	0.98	1.34	—
0.4	0.95	0.95	0.96	0.96	0.95	0.93	0.90	0.87	0.92	1.20	—
0.5	0.83	0.83	0.84	0.86	0.89	0.91	0.91	0.93	1.02	1.36	—
0.6	0.70	0.70	0.72	0.76	0.80	0.86	0.93	1.03	1.20	1.56	—
0.7	0.56	0.57	0.60	0.64	0.71	0.79	0.91	1.08	1.34	1.81	—
0.8	0.43	0.44	0.47	0.53	0.60	0.71	0.87	1.09	1.45	2.10	—
0.9	0.30	0.31	0.35	0.41	0.50	0.63	0.82	1.10	1.56	2.38	—
1	0.17	0.18	0.22	0.29	0.40	0.55	0.77	1.11	1.67	2.66	—

$t=7$，$\overline{Q}$ 表A-36

α \ ξ	0	0.1	0.2	0.3	0.4	0.5	0.6	0.7	0.8	0.9	1
0	1*	−0.86	−0.74	−0.64	−0.52	−0.44	−0.34	−0.26	−0.20	−0.14	0
0.1	0.0	0.13*	−0.75	−0.64	−0.53	−0.43	−0.35	−0.27	−0.19	−0.12	0
0.2	0.0	0.12	0.23*	−0.65	−0.55	−0.45	−0.36	−0.27	−0.17	−0.08	0
0.3	0.0	0.11	0.21	0.32*	−0.58	−0.48	−0.39	−0.30	−0.20	−0.10	0
0.4	0.0	0.09	0.19	0.29	0.38*	−0.52	−0.43	−0.34	−0.25	−0.15	0
0.5	0.0	0.08	0.17	0.25	0.34	0.43*	−0.48	−0.39	−0.29	−0.18	0
0.6	0.0	0.07	0.14	0.21	0.29	0.38	0.46*	−0.44	−0.32	−0.19	0
0.7	0.0	0.06	0.12	0.18	0.24	0.32	0.40	0.50*	−0.38	−0.22	0
0.8	0.0	0.04	0.09	0.14	0.20	0.26	0.34	0.44	0.56*	−0.26	0
0.9	0.0	0.03	0.06	0.10	0.15	0.20	0.27	0.37	0.50	0.69*	0
1	0.0	0.02	0.04	0.06	0.10	0.15	0.21	0.30	0.44	0.65	1*

$t=7$，$\overline{M}$　　**表 A-37**

α \ ξ	0	0.1	0.2	0.3	0.4	0.5	0.6	0.7	0.8	0.9	1
0	0.46	0.38	0.30	0.22	0.16	0.12	0.08	0.06	0.02	0.0	0
0.1	0.36	0.37	0.29	0.22	0.16	0.11	0.07	0.04	0.02	0.01	0
0.2	0.27	0.27	0.29	0.22	0.16	0.11	0.07	0.04	0.01	0.0	0
0.3	0.19	0.20	0.21	0.24	0.18	0.12	0.08	0.04	0.02	0.0	0
0.4	0.13	0.13	0.14	0.17	0.20	0.14	0.10	0.06	0.03	0.01	0
0.5	0.06	0.06	0.07	0.10	0.12	0.16	0.11	0.07	0.03	0.01	0
0.6	−0.01	0.0	0.0	0.02	0.05	0.08	0.12	0.08	0.04	0.01	0
0.7	−0.07	−0.07	−0.06	−0.04	−0.02	0.0	0.04	0.09	0.04	0.01	0
0.8	−0.13	−0.13	−0.12	−0.11	−0.09	−0.07	−0.04	0.0	0.05	0.01	0
0.9	−0.19	−0.18	−0.18	−0.17	−0.16	−0.14	−0.12	−0.09	−0.04	0.02	0
1	−0.24	−0.24	−0.24	−0.23	−0.23	−0.21	−0.20	−0.17	−0.13	−0.08	0

$t=10$，$\overline{p}$　　**表 A-38**

α \ ξ	0	0.1	0.2	0.3	0.4	0.5	0.6	0.7	0.8	0.9	1
0	1.48	1.44	1.32	1.20	1.06	0.94	0.78	0.58	0.42	0.68	—
0.1	1.43	1.40	1.31	1.20	1.07	0.95	0.84	0.72	0.63	0.68	—
0.2	1.30	1.29	1.26	1.19	1.09	0.98	0.91	0.92	0.94	0.73	—
0.3	1.17	1.17	1.16	1.13	1.07	0.99	0.92	0.90	0.93	0.87	—
0.4	1.02	1.02	1.03	1.03	1.02	0.97	0.91	0.83	0.83	1.06	—
0.5	0.86	0.87	0.88	0.91	0.93	0.94	0.93	0.91	0.90	1.26	—
0.6	0.70	0.70	0.73	0.77	0.82	0.88	0.95	1.04	1.19	1.53	—
0.7	0.54	0.55	0.58	0.63	0.70	0.80	0.93	1.11	1.37	1.83	—
0.8	0.37	0.38	0.42	0.48	0.57	0.69	0.87	1.12	1.51	2.18	—
0.9	0.21	0.22	0.27	0.33	0.43	0.57	0.78	1.09	1.62	2.58	—
1	0.05	0.07	0.11	0.19	0.31	0.49	0.74	1.13	1.76	2.89	—

$t=10$，$\overline{Q}$　　**表 A-39**

α \ ξ	0	0.1	0.2	0.3	0.4	0.5	0.6	0.7	0.8	0.9	1
0	1*	−0.86	−0.72	−0.58	−0.48	−0.38	−0.28	−0.22	−0.18	−0.12	0
0.1	0.0	0.14*	−0.72	−0.60	−0.48	−0.38	−0.29	−0.21	−0.15	−0.08	0
0.2	0.0	0.13	0.26*	−0.62	−0.50	−0.40	−0.31	−0.22	−0.12	−0.03	0
0.3	0.0	0.12	0.23	0.35*	−0.54	−0.43	−0.34	−0.25	−0.16	−0.07	0
0.4	0.0	0.10	0.21	0.31	0.41*	−0.49	−0.40	−0.31	−0.23	−0.14	0
0.5	0.0	0.09	0.17	0.26	0.36	0.45*	−0.46	−0.37	−0.27	−0.17	0
0.6	0.0	0.07	0.14	0.22	0.30	0.38	0.47*	−0.43	−0.32	−0.18	0
0.7	0.0	0.05	0.11	0.17	0.24	0.31	0.39	0.50*	−0.38	−0.22	0
0.8	0.0	0.04	0.08	0.12	0.17	0.24	0.32	0.41	0.54*	−0.27	0
0.9	0.0	0.02	0.05	0.08	0.11	0.16	0.23	0.32	0.46	0.66*	0
1	0.0	0.0	0.01	0.03	0.05	0.09	0.16	0.25	0.39	0.62	1*

$t=10$，$\overline{M}$ **表 A-40**

α \ ξ	0	0.1	0.2	0.3	0.4	0.5	0.6	0.7	0.8	0.9	1
0	0.44	0.34	0.26	0.20	0.14	0.10	0.06	0.04	0.02	0.0	0
0.1	0.35	0.34	0.26	0.19	0.14	0.09	0.06	0.03	0.02	0.01	0
0.2	0.23	0.24	0.26	0.19	0.13	0.09	0.05	0.03	0.01	0.01	0
0.3	0.16	0.16	0.18	0.21	0.15	0.10	0.06	0.03	0.01	0.01	0
0.4	0.10	0.11	0.12	0.15	0.19	0.13	0.09	0.05	0.02	0.01	0
0.5	0.05	0.05	0.06	0.08	0.12	0.16	0.10	0.06	0.03	0.01	0
0.6	−0.01	−0.01	0.01	0.02	0.06	0.08	0.12	0.07	0.04	0.01	0
0.7	−0.07	−0.06	−0.06	−0.04	−0.02	−0.01	0.04	0.08	0.04	0.01	0
0.8	−0.11	−0.11	−0.10	−0.09	−0.08	−0.06	−0.03	0.0	0.05	0.01	0
0.9	−0.16	−0.15	−0.15	−0.14	−0.14	−0.12	−0.10	−0.07	−0.04	0.02	0
1	−0.21	−0.21	−0.20	−0.20	−0.20	−0.19	−0.18	−0.16	−0.13	−0.08	0

7. 两个对称力矩 m 作用下的反力及内力系数

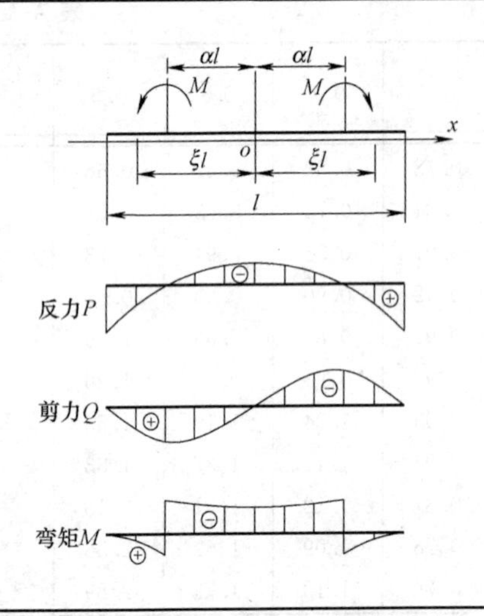

反力 $p=\overline{p}\frac{m}{l^2}$

剪力 $Q=\pm\overline{Q}\frac{m}{l}$

弯矩 $M=\overline{M}m$

例：$t=3$，$m=71.0\text{kN}\cdot\text{m}$，$l=2.8\text{m}$，$\alpha=0.9$

求：$\xi=0.9$ 的反力、内力。由表

$$p=\overline{p}\frac{m}{l^2}=0.73\times\frac{71.0}{2.8^2}=-6.6\text{kN/m}$$

$$Q=0$$

$$M=\overline{M}m=-0.77\times71.0=-54.7\text{kN}\cdot\text{m}$$

符号规定：如图示，$Q=\pm\overline{Q}\frac{m}{l}$

在计算右半梁时取正，计算左半梁时取负；

表中 $\xi=\alpha$ 时，$\overline{M}$值标以 * 号表示此值为荷载点下左边截面的值，其右边截面的值应为$\overline{M}^*+1$；

当 $t=0$ 时，$\overline{P}$、$\overline{Q}$与荷载位置无关

表中没有 $\alpha=0$ 的数值，当 $\alpha=0$ 各系数均为 0。

表中没有 $t=0$ 的表格，当 $t=0$ 时，$\overline{P}=0$，$\overline{Q}=0$，$\overline{M}=0$（力作用点之外的截面），$\overline{M}=-1$（力作用点之间的截面）。

$t=1$，$\overline{p}$ **表 A-41**

α \ ξ	0	0.1	0.2	0.3	0.4	0.5	0.6	0.7	0.8	0.9	1
0.1	−0.09	−0.06	−0.02	0.02	0.03	0.04	0.09	0.23	0.34	0.32	—
0.2	−0.17	−0.15	−0.11	−0.08	−0.02	−0.0	0.04	0.11	0.18	0.14	—
0.3	−0.23	−0.23	−0.20	−0.15	−0.09	−0.03	−0.03	−0.06	−0.04	0.32	—
0.4	−0.25	−0.25	−0.23	−0.19	−0.12	−0.06	0.0	0.02	0.08	0.36	—
0.5	−0.26	−0.26	−0.24	−0.21	−0.16	−0.08	0.0	0.07	0.17	0.41	—
0.6	−0.26	−0.26	−0.24	−0.22	−0.18	−0.11	−0.01	0.14	0.30	0.44	—
0.7	−0.28	−0.27	−0.26	−0.23	−0.20	−0.14	−0.06	0.05	0.25	0.54	—
0.8	−0.28	−0.28	−0.26	−0.24	−0.20	−0.15	−0.07	0.04	0.23	0.56	—
0.9	−0.28	−0.28	−0.26	−0.24	−0.20	−0.15	−0.07	0.04	0.23	0.56	—
1	−0.28	−0.28	−0.26	−0.24	−0.20	−0.15	−0.07	0.04	0.23	0.56	—

$t=2$，$\overline{Q}$　　表 A-42

α＼ξ	0	0.1	0.2	0.3	0.4	0.5	0.6	0.7	0.8	0.9	1
0.1	0.0	−0.01	−0.01	−0.01	−0.01	−0.01	0.0	0.01	0.03	0.07	0
0.2	0.0	−0.02	−0.03	−0.04	−0.04	−0.04	−0.04	−0.03	−0.02	0.0	0
0.3	0.0	−0.02	−0.04	−0.06	−0.07	−0.08	−0.08	−0.09	−0.09	−0.08	0
0.4	0.0	−0.02	−0.05	−0.06	−0.08	−0.09	−0.10	−0.09	−0.09	−0.07	0
0.5	0.0	−0.03	−0.05	−0.07	−0.09	−0.10	−0.11	−0.11	−0.09	−0.07	0
0.6	0.0	−0.03	−0.05	−0.07	−0.09	−0.11	−0.11	−0.11	−0.09	−0.05	0
0.7	0.0	−0.03	−0.05	−0.08	−0.10	−0.12	−0.13	−0.13	−0.11	−0.09	0
0.8	0.0	−0.03	−0.05	−0.08	−0.10	−0.12	−0.13	−0.13	−0.12	−0.08	0
0.9	0.0	−0.03	−0.05	−0.08	−0.10	−0.12	−0.13	−0.13	−0.12	−0.08	0
1	0.0	−0.03	−0.06	−0.08	−0.10	−0.12	−0.13	−0.13	−0.12	−0.08	0

$t=1$，$\overline{M}$　　表 A-43

α＼ξ	0	0.1	0.2	0.3	0.4	0.5	0.6	0.7	0.8	0.9	1
0.1	−1.01	−1.01*	−0.01	−0.01	−0.02	−0.02	−0.02	−0.02	−0.01	−0.01	0
0.2	−0.98	−0.98	−0.98*	0.02	0.01	0.01	0.0	0.0	0.0	0.0	0
0.3	−0.95	−0.94	−0.94	−0.94*	0.05	0.04	0.03	0.02	0.01	0.01	0
0.4	−0.93	−0.93	−0.93	−0.94	−0.95*	0.04	0.04	0.02	0.01	0.01	0
0.5	−0.93	−0.93	−0.93	−0.94	−0.95	−0.96*	0.03	0.02	0.01	0.0	0
0.6	−0.93	−0.93	−0.93	−0.93	−0.95	−0.96	−0.97*	0.92	0.01	0.0	0
0.7	−0.92	−0.92	−0.92	−0.93	−0.94	−0.95	−0.96	−0.97*	0.01	0.0	0
0.8	−0.91	−0.92	−0.92	−0.93	−0.94	−0.95	−0.96	−0.97	−0.98*	0.0	0
0.9	−0.91	−0.91	−0.91	−0.93	−0.94	−0.95	−0.96	−0.97	−0.98	−1.0*	0
1	−0.91	−0.91	−0.91	−0.93	−0.94	−0.95	−0.96	−0.97	−0.98	−1.0	−1.0*

$t=2$，$\overline{p}$　　表 A-44

α＼ξ	0	0.1	0.2	0.3	0.4	0.5	0.6	0.7	0.8	0.9	1
0.1	−0.17	−0.13	−0.04	0.03	0.06	0.07	0.18	0.46	0.52	−0.03	—
0.2	−0.33	−0.29	−0.20	−0.11	−0.03	0.02	0.09	0.21	0.35	0.27	—
0.3	−0.43	−0.42	−0.37	−0.28	−0.16	−0.06	−0.05	−0.13	−0.11	0.06	—
0.4	−0.47	−0.46	−0.43	−0.35	−0.23	−0.11	0.0	0.04	0.13	0.67	—
0.5	−0.49	−0.48	−0.46	−0.40	−0.29	−0.15	0.0	0.14	0.32	0.76	—
0.6	−0.49	−0.48	−0.46	−0.41	−0.23	−0.20	−0.01	0.27	0.48	0.83	—
0.7	−0.51	−0.51	−0.48	−0.44	−0.37	−0.27	−0.12	0.11	0.45	1.01	—
0.8	−0.52	−0.51	−0.49	−0.44	−0.38	−0.28	−0.15	0.07	0.43	1.06	—
0.9	−0.52	−0.51	−0.49	−0.44	−0.38	−0.28	−0.14	0.07	0.42	1.04	—
1	−0.52	−0.51	−0.49	−0.44	−0.38	−0.28	−0.14	0.07	0.42	1.04	—

$t=2$，$\overline{Q}$ 　　　　表 A-45

α \ ξ	0	0.1	0.2	0.3	0.4	0.5	0.6	0.7	0.8	0.9	1
0.1	0.0	−0.02	−0.02	−0.02	−0.02	−0.01	0.0	0.03	0.09	0.14	0
0.2	0.0	−0.03	−0.06	−0.07	−0.08	−0.08	−0.07	−0.06	−0.03	0.01	0
0.3	0.0	−0.04	−0.08	−0.11	−0.14	−0.15	−0.15	−0.16	−0.17	−0.16	0
0.4	0.0	−0.05	−0.09	−0.13	−0.16	−0.18	−0.18	−0.18	−0.17	−0.14	0
0.5	0.0	−0.05	−0.10	−0.14	−0.17	−0.20	−0.20	−0.20	−0.18	−0.13	0
0.6	0.0	−0.05	−0.10	−0.14	−0.18	−0.20	−0.22	−0.20	−0.16	−0.09	0
0.7	0.0	−0.05	−0.10	−0.15	−0.19	−0.22	−0.24	−0.24	−0.21	−0.14	0
0.8	0.0	−0.05	−0.10	−0.15	−0.19	−0.22	−0.25	−0.25	−0.23	−0.16	0
0.9	0.0	−0.05	−0.10	−0.15	−0.19	−0.22	−0.25	−0.25	−0.23	−0.16	0
1	0.0	−0.05	−0.10	−0.15	−0.19	−0.22	−0.25	−0.25	−0.23	−0.16	0

$t=2$，$\overline{M}$ 　　　　表 A-46

α \ ξ	0	0.1	0.2	0.3	0.4	0.5	0.6	0.7	0.8	0.9	1
0.1	−1.02	−1.02*	−0.03	−0.03	−0.03	−0.03	−0.03	−0.03	−0.03	−0.01	0
0.2	−0.96	−0.96	−0.96*	0.03	0.02	0.02	0.01	0.0	0.0	0.0	0
0.3	−0.88	−0.88	−0.88	−0.90*	0.09	0.08	0.06	0.05	0.03	0.01	0
0.4	−0.87	−0.87	−0.88	−0.89	−0.90*	0.08	0.06	0.04	0.03	0.01	0
0.5	−0.87	−0.87	−0.87	−0.88	−0.90	−0.92*	0.06	0.04	0.02	0.01	0
0.6	−0.87	−0.87	−0.88	−0.89	−0.90	−0.92	−0.94*	0.03	0.02	0.01	0
0.7	−0.84	−0.85	−0.86	−0.87	−0.88	−0.90	−0.93	−0.95*	0.03	0.01	0
0.8	−0.84	−0.84	−0.85	−0.86	−0.88	−0.90	−0.92	−0.95	−0.97*	0.01	0
0.9	−0.84	−0.84	−0.85	−0.86	−0.88	−0.90	−0.92	−0.95	−0.97	−0.99*	0
1	−0.84	−0.84	−0.85	−0.86	−0.88	−0.90	−0.92	−0.95	−0.97	−0.99	−1.0*

$t=3$，$\overline{p}$ 　　　　表 A-47

α \ ξ	0	0.1	0.2	0.3	0.4	0.5	0.6	0.7	0.8	0.9	1
0.1	−0.27	−0.21	−0.06	0.06	0.08	0.10	0.27	0.69	1.02	−0.03	—
0.2	−0.47	−0.42	−0.29	−0.14	−0.03	0.04	0.13	0.31	0.52	0.38	—
0.3	−0.61	−0.59	−0.52	−0.39	−0.22	−0.07	−0.07	−0.21	−0.20	0.83	—
0.4	−0.66	−0.65	−0.60	−0.49	−0.32	−0.13	0.0	0.05	0.17	0.93	—
0.5	−0.69	−0.68	−0.65	−0.56	−0.41	−0.21	0.0	0.19	0.44	1.07	—
0.6	−0.70	−0.68	−0.64	−0.58	−0.47	−0.29	−0.01	0.39	0.84	1.18	—
0.7	−0.72	−0.71	−0.67	−0.62	−0.52	−0.38	−0.17	0.15	0.65	1.42	—
0.8	−0.73	−0.71	−0.68	−0.62	−0.54	−0.41	−0.22	0.09	0.60	1.49	—
0.9	−0.73	−0.71	−0.68	−0.62	−0.53	−0.40	−0.21	0.09	0.59	1.48	—
1	−0.73	−0.71	−0.68	−0.62	−0.53	−0.40	−0.21	0.09	0.59	1.47	—

$t=3$，$\overline{Q}$ 表 A-48

α \ ξ	0	0.1	0.2	0.3	0.4	0.5	0.6	0.7	0.8	0.9	1
0.1	0.0	−0.02	−0.04	−0.04	−0.03	−0.02	−0.01	0.04	0.13	0.20	0
0.2	0.0	−0.04	−0.08	−0.10	−0.11	−0.11	−0.10	−0.08	−0.04	0.01	0
0.3	0.0	−0.06	−0.12	−0.16	−0.19	−0.21	−0.21	−0.23	−0.25	−0.24	0
0.4	0.0	−0.06	−0.13	−0.18	−0.22	−0.25	−0.25	−0.25	−0.24	−0.20	0
0.5	0.0	−0.07	−0.14	−0.20	−0.25	−0.28	−0.29	−0.28	−0.25	−0.18	0
0.6	0.0	−0.07	−0.14	−0.20	−0.25	−0.29	−0.31	−0.29	−0.23	−0.12	0
0.7	0.0	−0.07	−0.14	−0.21	−0.26	−0.31	−0.34	−0.34	−0.30	−0.20	0
0.8	0.0	−0.07	−0.14	−0.21	−0.27	−0.31	−0.35	−0.35	−0.32	−0.22	0
0.9	0.0	−0.07	−0.14	−0.21	−0.27	−0.31	−0.34	−0.35	−0.32	−0.22	0
1	0.0	−0.07	−0.14	−0.21	−0.27	−0.31	−0.34	−0.35	−0.32	−0.22	0

$t=3$，$\overline{M}$ 表 A-49

α \ ξ	0	0.1	0.2	0.3	0.4	0.5	0.6	0.7	0.8	0.9	1
0.1	−1.03	−1.03*	−0.04	−0.04	−0.05	−0.05	−0.05	−0.05	−0.04	−0.01	0
0.2	−1.03	−0.95	−0.95*	0.04	0.03	0.02	0.01	0.0	0.0	0.0	0
0.3	−0.83	−0.83	−0.84	−0.85*	0.13	0.11	0.09	0.07	0.04	0.02	0
0.4	−0.81	−0.82	−0.83	−0.84	−0.86*	0.11	0.09	0.07	0.04	0.01	0
0.5	−0.81	−0.81	−0.82	−0.83	−0.86	−0.88*	0.09	0.07	0.03	0.01	0
0.6	−0.81	−0.81	−0.82	−0.84	−0.86	−0.89	−0.92*	0.05	0.02	0.0	0
0.7	−0.78	−0.78	−0.80	−0.81	−0.83	−0.86	−0.90	−0.93*	0.04	0.01	0
0.8	−0.77	−0.78	−0.79	−0.80	−0.83	−0.86	−0.89	−0.93	−0.96*	0.01	0
0.9	−0.77	−0.78	−0.79	−0.80	−0.83	−0.86	−0.89	−0.93	−0.96	−0.99*	0
1	−0.77	−0.78	−0.79	−0.80	−0.83	−0.86	−0.89	−0.93	−0.96	−0.99	−1.0*

$t=5$，$\overline{p}$ 表 A-50

α \ ξ	0	0.1	0.2	0.3	0.4	0.5	0.6	0.7	0.8	0.9	1
0.1	−0.49	−0.38	−0.14	−0.03	0.10	0.14	0.44	1.16	1.74	0.04	—
0.2	−0.76	−0.67	−0.46	−0.22	−0.04	0.07	0.23	0.51	0.84	0.59	—
0.3	−0.89	−0.87	−0.77	−0.55	−0.29	−0.08	−0.11	−0.39	−0.44	1.18	—
0.4	−0.96	−0.96	−0.89	−0.73	−0.46	−0.18	0.01	0.04	0.17	1.33	—
0.5	−1.02	−1.01	−0.97	−0.84	−0.61	−0.30	0.01	0.28	0.62	1.56	—
0.6	−1.04	−1.02	−0.97	−0.87	−0.71	−0.44	−0.01	0.61	1.29	1.77	—
0.7	−1.06	−1.04	−1.0	−0.91	−0.79	−0.59	−0.28	0.21	0.96	2.14	—
0.8	−1.06	−1.05	−1.0	−0.93	−0.81	−0.62	−0.35	0.10	0.87	2.24	—
0.9	−1.06	−1.05	−1.0	−0.92	−0.80	−0.62	−0.34	0.11	0.86	2.21	—
1	−1.06	−1.06	−1.0	−0.92	−0.80	−0.62	−0.34	0.11	0.86	2.20	—

$t=5$，$\overline{Q}$　　表A-51

α \ ξ	0	0.1	0.2	0.3	0.4	0.5	0.6	0.7	0.8	0.9	1
0.1	0.0	−0.04	−0.06	−0.08	−0.07	−0.06	−0.03	0.05	0.20	0.33	0
0.2	0.0	−0.07	−0.13	−0.16	−0.18	−0.17	−0.16	−0.13	−0.06	0.03	0
0.3	0.0	−0.09	−0.17	−0.24	−0.28	−0.30	−0.30	−0.33	−0.38	−0.37	0
0.4	0.0	−0.10	−0.19	−0.27	−0.33	−0.36	−0.37	−0.37	−0.36	−0.30	0
0.5	0.0	−0.10	−0.20	−0.29	−0.37	−0.41	−0.43	−0.41	−0.37	−0.27	0
0.6	0.0	−0.10	−0.20	−0.29	−0.38	−0.43	−0.46	−0.43	−0.33	−0.18	0
0.7	0.0	−0.10	−0.21	−0.30	−0.39	−0.46	−0.50	−0.51	−0.45	−0.30	0
0.8	0.0	−0.10	−0.21	−0.30	−0.39	−0.46	−0.51	−0.53	−0.48	−0.33	0
0.9	0.0	−0.11	−0.21	−0.30	−0.39	−0.46	−0.51	−0.53	−0.48	−0.33	0
1	0.0	−0.11	−0.21	−0.30	−0.39	−0.46	−0.51	−0.53	−0.48	−0.33	0

$t=5$，$\overline{M}$　　表A-52

α \ ξ	0	0.1	0.2	0.3	0.4	0.5	0.6	0.7	0.8	0.9	1
0.1	−1.04	−1.01*	−0.05	−0.06	−0.06	−0.07	−0.08	−0.08	−0.06	−0.03	0
0.2	−0.90	−0.91	−0.92*	−0.07	0.05	0.03	0.02	0.0	−0.01	0.0	0
0.3	−0.74	−0.75	−0.76	−0.78*	0.19	0.16	0.13	0.10	0.07	0.03	0
0.4	−0.72	−0.73	−0.74	−0.77	−0.80*	0.17	0.13	0.09	0.06	0.02	0
0.5	−0.71	−0.71	−0.73	−0.75	−0.79	−0.83*	0.13	0.09	0.05	0.02	0
0.6	−0.72	−0.72	−0.74	−0.76	−0.80	−0.84	−0.88*	0.07	0.03	0.01	0
0.7	−0.67	−0.68	−0.69	−0.72	−0.76	−0.80	−0.85	−0.90*	0.05	0.02	0
0.8	−0.66	−0.67	−0.68	−0.71	−0.74	−0.79	−0.84	−0.89	−0.94*	0.02	0
0.9	−0.66	−0.67	−0.68	−0.71	−0.74	−0.79	−0.84	−0.89	−0.94	−0.98*	0
1	−0.66	−0.67	−0.68	−0.71	−0.74	−0.79	−0.84	−0.89	−0.94	−0.98	−1.0*

$t=7$，$\overline{p}$　　表A-53

α \ ξ	0	0.1	0.2	0.3	0.4	0.5	0.6	0.7	0.8	0.9	1
0.1	−0.67	−0.48	−0.20	−0.05	−0.04	0.19	0.61	1.62	2.35	0.06	—
0.2	−1.01	−0.89	−0.59	−0.28	−0.03	0.12	0.32	0.69	1.13	0.75	—
0.3	−1.13	−1.09	−0.96	−0.68	−0.23	−0.06	−0.09	−0.58	−0.58	1.45	—
0.4	−1.23	−1.21	−1.13	−0.91	−0.58	−0.20	0.02	0.02	0.13	1.65	—
0.5	−1.29	−1.28	−1.23	−1.06	−0.77	−0.38	0.02	0.41	0.76	1.95	—
0.6	−1.31	−1.29	−1.22	−1.11	−0.89	−0.57	0.0	0.80	1.70	2.25	—
0.7	−1.32	−1.30	−1.25	−1.15	−1.0	−0.76	−0.37	0.24	1.21	2.73	—
0.8	−1.32	−1.30	−1.25	−1.16	−1.02	−0.81	−0.47	0.09	1.08	2.85	—
0.9	−1.32	−1.30	−1.25	−1.16	−1.02	−0.80	−0.46	0.10	1.07	2.82	—
1	−1.32	−1.30	−1.25	−1.16	−1.02	−0.80	−0.46	0.11	1.06	2.81	—

$t=7$，$\overline{Q}$ 表 A-54

α \ ξ	0	0.1	0.2	0.3	0.4	0.5	0.6	0.7	0.8	0.9	1
0.1	0.0	−0.06	−0.10	−0.11	−0.09	−0.08	−0.04	0.07	0.28	0.42	0
0.2	0.0	−0.10	−0.17	−0.22	−0.23	−0.22	−0.20	−0.16	−0.06	0.05	0
0.3	0.0	−0.11	−0.21	−0.30	−0.35	−0.37	−0.38	−0.41	−0.48	−0.48	0
0.4	0.0	−0.12	−0.24	−0.34	−0.42	−0.46	−0.46	−0.46	−0.46	−0.39	0
0.5	0.0	−0.13	−0.26	−0.37	−0.46	−0.52	−0.54	−0.52	−0.47	−0.34	0
0.6	0.0	−0.13	−0.26	−0.37	−0.48	−0.55	−0.58	−0.54	−0.42	−0.21	0
0.7	0.0	−0.13	−0.26	−0.38	−0.49	−0.58	−0.63	−0.64	−0.57	−0.38	0
0.8	0.0	−0.13	−0.26	−0.38	−0.49	−0.58	−0.65	−067	−0.62	−0.43	0
0.9	0.0	−0.13	−0.26	−0.38	−0.49	−0.58	−0.65	−0.67	−0.60	−0.43	0
1	0.0	−0.13	−0.26	−0.38	−0.49	−0.58	−0.65	−0.67	−0.61	−0.43	0

$t=7$，$\overline{M}$ 表 A-55

α \ ξ	0	0.1	0.2	0.3	0.4	0.5	0.6	0.7	0.8	0.9	1
0.1	−1.06	−1.06*	−0.07	−0.08	−0.09	−0.10	−0.11	−0.11	−0.09	−0.04	0
0.2	−0.88	−0.88	−0.90*	−0.08	0.06	0.04	0.02	0.0	−0.08	−0.01	0
0.3	−0.67	−0.68	−0.70	−0.72*	0.25	0.21	0.17	0.13	0.09	0.04	0
0.4	−0.65	−0.66	−0.67	−0.70	−0.76*	0.21	0.17	0.12	0.07	0.03	0
0.5	−0.63	−0.64	−0.65	−0.69	−0.73	−0.78*	0.17	0.12	0.06	0.03	0
0.6	−0.64	−0.65	−0.67	−0.70	−0.74	−0.80	−0.85*	0.09	0.04	0.01	0
0.7	−0.59	−0.60	−0.61	−0.65	−0.69	−0.74	−0.80	−0.87*	0.07	0.02	0
0.8	−0.57	−0.58	−0.60	−0.63	−0.67	−0.73	−0.79	−0.86	−0.92*	−0.02	0
0.9	−0.57	−0.58	−0.60	−0.63	−0.68	−0.73	−0.79	−0.86	−0.92	−0.98*	0
1	−0.57	−0.58	−0.60	−0.63	−0.68	−0.73	−0.79	−0.86	−0.92	−0.98	−1.0*

$t=10$，$\overline{p}$ 表 A-56

α \ ξ	0	0.1	0.2	0.3	0.4	0.5	0.6	0.7	0.8	0.9	1
0.1	−1.0	−0.79	−0.32	0.03	0.16	0.25	0.86	2.33	3.54	0.19	—
0.2	−1.35	−1.17	−0.77	−0.34	0.01	0.19	0.45	0.96	1.56	0.95	—
0.3	−1.41	−1.36	−1.19	−0.86	−0.35	−0.01	−0.18	−0.89	−1.21	1.73	—
0.4	−1.53	−1.51	−1.42	−1.14	−0.70	−0.14	0.05	−0.04	−0.08	1.99	—
0.5	−1.60	−1.59	−1.54	−1.34	−0.96	−0.45	0.05	0.43	0.88	2.40	—
0.6	−1.64	−1.61	−1.54	−1.41	−1.14	−0.73	0.01	1.08	2.23	2.83	—
0.7	−1.61	−1.59	−1.54	−1.43	−1.26	−0.98	−0.51	0.27	1.50	3.44	—
0.8	−1.60	−1.58	−1.54	−1.45	−1.30	−1.07	−0.67	0.03	1.30	3.62	—
0.9	−1.60	−1.58	−1.53	−1.44	−1.29	−1.04	−0.63	0.06	1.29	3.54	—
1	−1.60	−1.58	−1.53	−1.44	−1.28	−1.03	−0.62	0.07	1.29	3.53	—

t=10，$\overline{Q}$ 表 A-57

α \ ξ	0	0.1	0.2	0.3	0.4	0.5	0.6	0.7	0.8	0.9	1
0.1	0.0	−0.09	−0.15	−0.16	−0.15	−0.13	−0.07	0.07	0.40	0.65	0
0.2	0.0	−0.13	−0.23	−0.28	−0.30	−0.29	−0.26	−0.19	−0.06	0.09	0
0.3	0.0	−0.14	−0.27	−0.37	−0.43	−0.44	−0.45	−0.50	−0.62	−0.64	0
0.4	0.0	−0.15	−0.30	−0.43	−0.52	−0.57	−0.57	−0.57	−0.58	−0.51	0
0.5	0.0	−0.16	−0.32	−0.46	−0.58	−0.65	−0.67	−0.65	−0.58	−0.32	0
0.6	0.0	−0.16	−0.32	−0.47	−0.60	−0.70	−0.73	−0.68	−0.52	−0.25	0
0.7	0.0	−0.16	−0.32	−0.47	−0.60	−0.71	−0.79	−0.81	−0.73	−0.48	0
0.8	0.0	−0.16	−0.32	−0.47	−0.60	−0.72	−0.81	−085	−0.79	−0.55	0
0.9	0.0	−0.16	−0.32	−0.46	−0.60	−0.72	−0.80	−0.83	−0.77	−0.54	0
1	0.0	−0.16	−0.32	−0.46	−0.60	−0.72	−0.80	−0.83	−0.77	−0.54	0

t=10，$\overline{M}$ 表 A-58

α \ ξ	0	0.1	0.2	0.3	0.4	0.5	0.6	0.7	0.8	0.9	1
0.1	−1.07	−1.08*	−0.19	−0.11	−0.12	−0.14	−0.15	−0.15	−0.12	−0.06	0
0.2	−0.85	−0.85	−0.87*	0.10	0.07	0.04	0.01	−0.01	−0.02	−0.01	0
0.3	−0.59	−0.60	−0.62	−0.65*	0.31	0.27	0.22	0.17	0.12	0.05	0
0.4	−0.56	−0.57	−0.59	−0.63	−0.67*	0.27	0.21	0.16	0.10	0.04	0
0.5	−0.54	−0.54	−0.57	−0.61	−0.66	−0.72*	0.21	0.15	0.08	0.03	0
0.6	−0.56	−0.57	−0.59	−0.63	−0.68	−0.75	−0.82*	0.14	0.05	0.01	0
0.7	−0.49	−0.50	−0.52	−0.56	−0.61	−0.68	−0.75	−0.83*	0.09	0.03	0
0.8	−0.50	−0.48	−0.50	−0.54	−0.59	−0.66	−0.74	−0.82	−0.90*	−0.03	0
0.9	−0.47	−0.48	−0.50	−0.54	−0.59	−0.66	−0.74	−0.82	−0.90	−0.97*	0
1	−0.47	−0.48	−0.50	−0.54	−0.59	−0.66	−0.74	−0.82	−0.90	−0.97	−1.0*

8. 两个反对称力 P 作用下的反力及内力系数

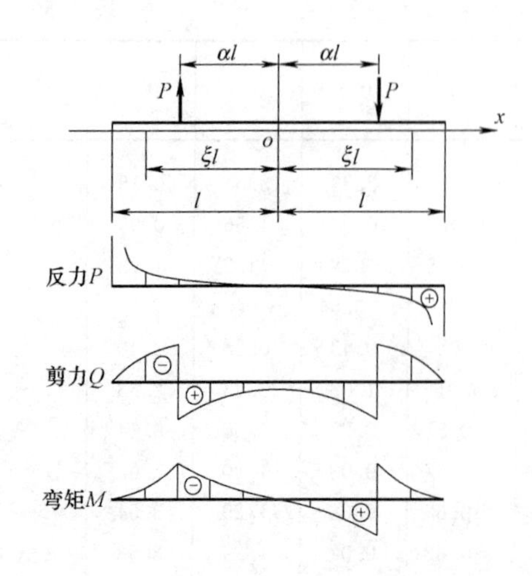

反力 $p=\pm\overline{p}\dfrac{P}{l}$

剪力 $Q=\overline{Q}P$

弯矩 $M=\pm\overline{M}Pl$

例：$t=3$，$P=11.2$kN，$l=2.8$m，$\alpha=0.9$

求：$\xi=0.9$ 的反力、内力。由表

$$p=\overline{p}\frac{P}{l}=3.07\times\frac{11.2}{2.8}=12.28\text{kN/m}$$

$$Q=\overline{Q}P={}^{0.61}_{-0.39}\times11.2={}^{6.83}_{-4.37}\text{kN}$$

$$M=\pm\overline{M}Pl=0.02\times11.2\times2.8=0.63\text{kN}\cdot\text{m}$$

符号规定：如图示，$P=\pm\overline{P}\dfrac{P}{l}$，$M=\pm\overline{M}Pl$

在计算右半梁时取正，计算左半梁时取负；

表中 $\xi=\alpha$ 时，$\overline{Q}$值标以 * 号表示此值为荷载点下左边截面的值，其右边截面的值应为$-1\times\overline{Q}$。

表中没有 $\alpha=0$ 的数值，当 $\alpha=0$ 各系数均为 0。

$t=0$，$\overline{p}$　　表 A-59

α \ ξ	0	0.1	0.2	0.3	0.4	0.5	0.6	0.7	0.8	0.9	1
0.1	0.0	0.02	0.03	0.04	0.05	0.07	0.10	0.13	0.16	0.26	—
0.2	0.0	0.02	0.05	0.08	0.11	0.15	0.19	0.25	0.34	0.52	—
0.3	0.0	0.04	0.07	0.12	0.17	0.22	0.29	0.37	0.50	0.78	—
0.4	0.0	0.06	0.11	0.16	0.22	0.29	0.38	0.49	0.68	1.06	—
0.5	0.0	0.06	0.13	0.20	0.28	0.37	0.48	0.63	0.84	1.32	—
0.6	0.0	0.08	0.15	0.24	0.33	0.44	0.57	0.75	1.02	1.58	—
0.7	0.0	0.09	0.19	0.28	0.39	0.51	0.67	0.89	1.18	1.84	—
0.8	0.0	0.10	0.21	0.32	0.45	0.59	0.76	0.99	1.36	2.10	—
0.9	0.0	0.12	0.23	0.36	0.50	0.66	0.86	1.13	1.52	2.36	—
1	0.0	0.12	0.26	0.40	0.56	0.73	0.95	1.25	1.70	2.62	—

$t=0$，$\overline{Q}$　　表 A-60

α \ ξ	0	0.1	0.2	0.3	0.4	0.5	0.6	0.7	0.8	0.9	1
0.1	0.88	0.87*	−0.13	−0.12	−0.12	−0.11	−0.11	−0.09	−0.07	−0.05	0
0.2	0.74	0.74	0.75*	−0.24	−0.24	−0.22	−0.21	−0.18	−0.15	−0.11	0
0.3	0.62	0.62	0.63	0.64*	−0.35	−0.33	−0.31	−0.27	−0.23	−0.17	0
0.4	0.48	0.49	0.50	0.51	0.54*	−0.44	−0.41	−0.36	−0.31	−0.23	0
0.5	0.36	0.36	0.37	0.39	0.42	0.45*	−0.51	−0.45	−0.39	−0.28	0
0.6	0.24	0.24	0.25	0.27	0.30	0.34	0.39*	−0.55	−0.45	−0.33	0
0.7	0.10	0.11	0.13	0.15	0.18	0.23	0.29	0.37*	−0.53	−0.39	0
0.8	−0.02	−0.06	0.0	0.03	0.06	0.12	0.19	0.27	0.39*	−0.45	0
0.9	−0.14	−0.14	−0.13	−0.09	−0.05	0.01	0.09	0.18	0.31	0.50*	0
1	−0.28	−0.26	−0.25	−0.21	−0.16	−0.11	−0.01	0.09	0.23	0.45	1*

$t=0$，$\overline{M}$　　表 A-61

α \ ξ	0	0.1	0.2	0.3	0.4	0.5	0.6	0.7	0.8	0.9	1
0.1	0.0	0.08	0.07	0.06	0.05	0.04	0.03	0.02	0.01	0.0	0
0.2	0.0	0.08	0.15	0.12	0.10	0.08	0.06	0.04	0.02	0.0	0
0.3	0.0	0.06	0.13	0.19	0.15	0.12	0.09	0.06	0.03	0.01	0
0.4	0.0	0.05	0.10	0.15	0.20	0.16	0.11	0.08	0.04	0.02	0
0.5	0.0	0.04	0.07	0.11	0.15	0.20	0.14	0.10	0.05	0.02	0
0.6	0.0	0.02	0.05	0.08	0.10	0.14	0.17	0.12	0.06	0.02	0
0.7	0.0	0.02	0.03	0.04	0.05	0.08	0.10	0.14	0.07	0.02	0
0.8	0.0	0.0	−0.01	0.0	0.01	0.02	0.03	0.0	0.08	0.03	0
0.9	0.0	−0.02	−0.03	−0.04	−0.05	−0.04	−0.04	−0.03	−0.01	0.04	0
1	0.0	−0.02	−0.05	−0.07	−0.09	−0.11	−0.12	−0.12	−0.10	−0.06	0

$t=1$, $\overline{p}$ 表 A-62

α \ ξ	0	0.1	0.2	0.3	0.4	0.5	0.6	0.7	0.8	0.9	1
0.1	0.0	0.02	0.04	0.06	0.07	0.10	0.12	0.16	0.23	0.42	—
0.2	0.0	0.03	0.08	0.12	0.15	0.19	0.25	0.32	0.45	0.66	—
0.3	0.0	0.05	0.11	0.17	0.22	0.28	0.38	0.48	0.67	0.99	—
0.4	0.0	0.07	0.14	0.21	0.29	0.37	0.48	0.63	0.88	1.33	—
0.5	0.0	0.08	0.17	0.25	0.35	0.46	0.60	0.80	1.11	1.66	—
0.6	0.0	0.10	0.19	0.29	0.41	0.55	0.72	0.96	1.33	2.00	—
0.7	0.0	0.11	0.22	0.33	0.47	0.62	0.83	1.12	1.57	2.35	—
0.8	0.0	0.12	0.24	0.37	0.54	0.71	0.94	1.27	1.79	2.70	—
0.9	0.0	0.13	0.27	0.42	0.58	0.78	1.04	1.42	1.96	3.05	—
1.0	0.0	0.15	0.29	0.46	0.63	0.86	1.15	1.57	2.24	3.39	—

$t=1$, $\overline{Q}$ 表 A-63

α \ ξ	0	0.1	0.2	0.3	0.4	0.5	0.6	0.7	0.8	0.9	1
0.1	0.86	0.86*	−0.14	−0.13	−0.12	−0.11	−0.10	−0.09	−0.07	−0.03	0
0.2	0.72	0.73	0.74*	−0.26	−0.25	−0.23	−0.20	−0.17	−0.14	−0.09	0
0.3	0.60	0.60	0.61	0.62*	−0.36	−0.34	−0.32	−0.27	−0.21	−0.13	0
0.4	0.46	0.47	0.47	0.50	0.52*	−0.45	−0.40	−0.35	−0.28	−0.17	0
0.5	0.32	0.33	0.34	0.37	0.39	0.43*	−0.51	−0.44	−0.35	−0.21	0
0.6	0.20	0.20	0.21	0.24	0.28	0.32	0.38*	−0.53	−0.42	−0.25	0
0.7	0.06	0.07	0.09	0.12	0.15	0.21	0.28	0.38*	−0.48	−0.30	0
0.8	−0.06	−0.06	−0.04	−0.01	0.04	0.09	0.18	0.29	0.44*	−0.34	0
0.9	−0.20	−0.19	−0.16	−0.14	−0.09	−0.02	0.07	0.19	0.37	0.61*	0
1	−0.32	−0.32	−0.30	−0.18	−0.20	−0.13	−0.03	0.10	0.29	0.56	1*

$t=1$, $\overline{M}$ 表 A-64

α \ ξ	0	0.1	0.2	0.3	0.4	0.5	0.6	0.7	0.8	0.9	1
0.1	0.0	0.09	0.07	0.06	0.05	0.04	0.02	0.01	0.01	0.01	0
0.2	0.0	0.07	0.14	0.12	0.09	0.07	0.05	0.03	0.02	0.01	0
0.3	0.0	0.06	0.12	0.18	0.14	0.10	0.08	0.05	0.02	0.01	0
0.4	0.0	0.05	0.09	0.14	0.19	0.14	0.10	0.06	0.03	0.01	0
0.5	0.0	0.04	0.07	0.11	0.14	0.18	0.13	0.08	0.04	0.01	0
0.6	0.0	0.01	0.04	0.06	0.08	0.12	0.16	0.10	0.05	0.01	0
0.7	0.0	0.0	0.01	0.02	0.03	0.06	0.08	0.11	0.06	0.01	0
0.8	0.0	−0.01	−0.01	−0.01	−0.01	−0.01	0.0	0.03	0.06	0.02	0
0.9	0.0	−0.02	−0.04	−0.06	−0.06	−0.07	−0.07	−0.05	−0.03	0.02	0
1	0.0	−0.04	−0.07	−0.09	−0.11	−0.13	−0.15	−0.14	−0.12	−0.08	0

$t=2$，$\overline{p}$ **表 A-65**

ξ / α	0	0.1	0.2	0.3	0.4	0.5	0.6	0.7	0.8	0.9	1
0.1	0.0	0.02	0.05	0.07	0.08	0.10	0.13	0.17	0.23	0.32	—
0.2	0.0	0.05	0.09	0.13	0.17	0.21	0.26	0.33	0.45	0.64	—
0.3	0.0	0.06	0.13	0.19	0.24	0.30	0.38	0.48	0.66	0.97	—
0.4	0.0	0.08	0.15	0.23	0.30	0.39	0.49	0.63	0.87	1.31	—
0.5	0.0	0.09	0.18	0.27	0.37	0.48	0.62	0.81	1.10	1.64	—
0.6	0.0	0.10	0.20	0.31	0.42	0.57	0.74	0.98	1.35	1.99	—
0.7	0.0	0.11	0.22	0.34	0.48	0.64	0.84	1.13	1.58	2.34	—
0.8	0.0	0.12	0.24	0.37	0.52	0.70	0.94	1.27	1.80	2.71	—
0.9	0.0	0.13	0.26	0.41	0.57	0.77	1.03	1.42	2.03	3.06	—
1	0.0	0.14	0.28	0.43	0.61	0.84	1.13	1.56	2.25	3.42	—

$t=2$，$\overline{Q}$ **表 A-66**

ξ / α	0	0.1	0.2	0.3	0.4	0.5	0.6	0.7	0.8	0.9	1
0.1	0.86	0.86*	−0.14	−0.13	−0.12	−0.11	−0.10	−0.09	−0.06	−0.03	0
0.2	0.72	0.72	0.73*	−0.26	−0.24	−0.23	−0.20	−0.17	−0.13	−0.08	0
0.3	0.58	0.58	0.60	0.61*	−0.37	−0.33	−0.30	−0.26	−0.20	−0.12	0
0.4	0.46	0.46	0.47	0.49	0.52*	−0.45	−0.41	−0.34	−0.28	−0.17	0
0.5	0.32	0.33	0.34	0.36	0.40	0.44*	−0.51	−0.44	−0.35	−0.21	0
0.6	0.18	0.19	0.21	0.23	0.28	0.32	0.39*	−0.52	−0.41	−0.25	0
0.7	0.06	0.06	0.09	0.11	0.15	0.20	0.28	0.38*	−0.49	−0.30	0
0.8	−0.06	−0.06	−0.04	−0.02	0.03	0.10	0.18	0.29	0.43*	−0.34	0
0.9	−0.20	−0.19	−0.17	−0.14	−0.09	−0.02	0.07	0.19	0.36	0.61*	0
1	−0.32	−0.31	−0.30	−0.25	−0.21	−0.13	−0.03	0.10	0.28	0.61	1*

$t=2$，$\overline{M}$ **表 A-67**

ξ / α	0	0.1	0.2	0.3	0.4	0.5	0.6	0.7	0.8	0.9	1
0.1	0.0	0.08	0.07	0.06	0.05	0.04	0.03	0.01	0.01	0.0	0
0.2	0.0	0.08	0.15	0.12	0.09	0.07	0.05	0.03	0.01	0.0	0
0.3	0.0	0.06	0.12	0.18	0.15	0.11	0.07	0.05	0.03	0.01	0
0.4	0.0	0.04	0.09	0.14	0.19	0.14	0.10	0.07	0.03	0.01	0
0.5	0.0	0.03	0.06	0.10	0.14	0.18	0.12	0.07	0.04	0.01	0
0.6	0.0	0.02	0.04	0.06	0.08	0.11	0.15	0.10	0.04	0.01	0
0.7	0.0	0.0	0.01	0.03	0.03	0.06	0.08	0.11	0.06	0.01	0
0.8	0.0	0.0	−0.01	−0.02	−0.02	−0.01	0.01	0.0	0.07	0.02	0
0.9	0.0	−0.02	−0.04	−0.05	−0.06	−0.06	−0.07	−0.05	−0.03	0.02	0
1	0.0	−0.03	−0.06	−0.09	−0.11	−0.13	−0.14	−0.14	−0.11	−0.08	0

$t=3$，$\overline{p}$ **表 A-68**

α \ ξ	0	0.1	0.2	0.3	0.4	0.5	0.6	0.7	0.8	0.9	1
0.1	0.0	0.03	0.06	0.08	0.10	0.11	0.14	0.19	0.24	0.32	—
0.2	0.0	0.06	0.11	0.15	0.19	0.22	0.27	0.35	0.50	0.63	—
0.3	0.0	0.07	0.15	0.20	0.26	0.32	0.39	0.49	0.65	0.96	—
0.4	0.0	0.08	0.17	0.25	0.33	0.42	0.50	0.63	0.86	1.29	—
0.5	0.0	0.10	0.19	0.29	0.39	0.50	0.63	0.82	1.10	1.62	—
0.6	0.0	0.11	0.21	0.32	0.45	0.58	0.75	0.99	1.34	1.97	—
0.7	0.0	0.11	0.22	0.35	0.48	0.65	0.85	1.14	1.58	2.33	—
0.8	0.0	0.11	0.23	0.37	0.52	0.70	0.94	1.27	1.80	2.70	—
0.9	0.0	0.12	0.26	0.39	0.55	0.76	1.02	1.41	2.02	3.07	—
1	0.0	0.13	0.27	0.42	0.60	0.82	1.12	1.55	2.25	3.44	—

$t=3$，$\overline{Q}$ **表 A-69**

α \ ξ	0	0.1	0.2	0.3	0.4	0.5	0.6	0.7	0.8	0.9	1
0.1	0.86	0.86*	−0.14	−0.13	−0.12	−0.11	−0.10	−0.06	−0.07	−0.04	0
0.2	0.72	0.72	0.73*	−0.26	−0.25	−0.22	−0.20	−0.16	−0.12	−0.08	0
0.3	0.58	0.59	0.60	0.61*	−0.36	−0.34	−0.30	−0.26	−0.20	−0.12	0
0.4	0.44	0.45	0.46	0.49	0.51*	−0.44	−0.40	−0.34	−0.27	−0.16	0
0.5	0.32	0.32	0.33	0.35	0.39	0.43*	−0.50	−0.43	−0.34	−0.21	0
0.6	0.18	0.19	0.20	0.23	0.27	0.32	0.39*	−0.52	−0.41	−0.25	0
0.7	0.06	0.06	0.08	0.11	0.15	0.21	0.28	0.38*	−0.49	−0.30	0
0.8	−0.06	−0.06	−0.05	−0.01	0.03	0.10	0.18	0.28	0.44*	−0.34	0
0.9	−0.18	−0.19	−0.16	−0.13	−0.09	−0.02	0.07	0.19	0.36	0.61*	0
1	−0.32	−0.30	−0.29	−0.25	−0.20	−0.14	−0.04	0.07	0.28	0.56	1*

$t=3$，$\overline{M}$ **表 A-70**

α \ ξ	0	0.1	0.2	0.3	0.4	0.5	0.6	0.7	0.8	0.9	1
0.1	0.0	0.08	0.07	0.06	0.05	0.03	0.02	0.02	0.01	0.0	0
0.2	0.0	0.07	0.15	0.12	0.09	0.07	0.05	0.03	0.02	0.01	0
0.3	0.0	0.05	0.12	0.18	0.14	0.10	0.07	0.04	0.03	0.01	0
0.4	0.0	0.05	0.10	0.14	0.19	0.14	0.10	0.07	0.03	0.01	0
0.5	0.0	0.03	0.06	0.10	0.14	0.18	0.12	0.08	0.04	0.01	0
0.6	0.0	0.02	0.04	0.06	0.08	0.11	0.15	0.10	0.04	0.01	0
0.7	0.0	0.01	0.01	0.03	0.03	0.06	0.08	0.11	0.06	0.01	0
0.8	0.0	0.01	−0.01	−0.01	−0.01	−0.01	0.01	0.03	0.06	0.02	0
0.9	0.0	−0.01	−0.04	−0.05	−0.06	−0.07	−0.06	−0.06	−0.03	0.02	0
1	0.0	−0.03	−0.06	−0.09	−0.11	−0.13	−0.13	−0.13	−0.12	−0.08	0

$t=3$，$\overline{p}$　　表 A-71

α \ ξ	0	0.1	0.2	0.3	0.4	0.5	0.6	0.7	0.8	0.9	1
0.1	0.0	0.04	0.08	0.10	0.11	0.12	0.15	0.19	0.25	0.30	—
0.2	0.0	0.08	0.14	0.19	0.22	0.25	0.29	0.36	0.47	0.61	—
0.3	0.0	0.09	0.18	0.25	0.30	0.35	0.41	0.49	0.65	0.92	—
0.4	0.0	0.10	0.20	0.29	0.38	0.46	0.53	0.63	0.83	1.25	—
0.5	0.0	0.10	0.21	0.33	0.43	0.54	0.66	0.83	1.09	1.58	—
0.6	0.0	0.11	0.22	0.34	0.47	0.62	0.79	1.02	1.35	1.92	—
0.7	0.0	0.11	0.23	0.36	0.49	0.67	0.87	1.16	1.58	2.30	—
0.8	0.0	0.11	0.23	0.36	0.51	0.70	0.94	1.27	1.81	2.70	—
0.9	0.0	0.12	0.24	0.37	0.53	0.74	1.01	1.40	2.03	3.09	—
1	0.0	0.12	0.24	0.38	0.56	0.78	1.08	1.53	2.24	3.48	—

$t=5$，$\overline{Q}$　　表 A-72

α \ ξ	0	0.1	0.2	0.3	0.4	0.5	0.6	0.7	0.8	0.9	1
0.1	0.84	0.85*	−0.14	−0.13	−0.13	−0.12	−0.09	−0.08	−0.06	−0.04	0
0.2	0.70	0.71	0.72*	−0.26	−0.24	−0.22	−0.20	−0.17	−0.12	−0.07	0
0.3	0.56	0.58	0.58	0.61*	−0.37	−0.33	−0.29	−0.25	−0.19	−0.11	0
0.4	0.44	0.45	0.46	0.49	0.52*	−0.45	−0.40	−0.33	−0.26	−0.16	0
0.5	0.30	0.39	0.32	0.36	0.39	0.44*	−0.50	−0.43	−0.33	−0.20	0
0.6	0.18	0.19	0.20	0.23	0.27	0.33	0.40*	−0.52	−0.40	−0.24	0
0.7	0.06	0.06	0.08	0.10	0.15	0.21	0.29	0.39*	−0.48	−0.29	0
0.8	−0.06	−0.05	−0.05	−0.01	0.03	0.10	0.18	0.28	0.44*	−0.36	0
0.9	−0.18	−0.18	−0.16	−0.13	−0.09	−0.02	0.07	0.18	0.35	0.61*	0
1	−0.30	−0.30	−0.28	−0.25	−0.20	−0.13	−0.04	0.09	0.27	0.57	1*

$t=5$，$\overline{M}$　　表 A-73

α \ ξ	0	0.1	0.2	0.3	0.4	0.5	0.6	0.7	0.8	0.9	1
0.1	0.0	−0.02	0.07	0.06	0.04	0.03	0.02	0.01	0.01	0.0	0
0.2	0.0	0.07	0.14	0.12	0.08	0.07	0.04	0.03	0.02	0.0	0
0.3	0.0	0.06	0.11	0.18	0.13	0.10	0.07	0.05	0.02	0.01	0
0.4	0.0	0.05	0.08	0.14	0.19	0.14	0.10	0.06	0.03	0.01	0
0.5	0.0	0.03	0.06	0.10	0.13	0.17	0.12	0.07	0.04	0.01	0
0.6	0.0	0.02	0.03	0.06	0.09	0.11	0.15	0.09	0.04	0.01	0
0.7	0.0	0.01	0.02	0.02	0.03	0.05	0.08	0.11	0.06	0.01	0
0.8	0.0	0.0	−0.01	−0.02	−0.02	−0.01	0.01	0.03	0.07	0.02	0
0.9	0.0	−0.02	−0.04	−0.05	−0.06	−0.07	−0.07	−0.05	−0.03	0.02	0
1	0.0	−0.03	−0.06	−0.09	−0.11	−0.13	−0.13	−0.14	−0.12	−0.08	0

t=7，$\overline{p}$　　**表 A-74**

ξ / α	0	0.1	0.2	0.3	0.4	0.5	0.6	0.7	0.8	0.9	1
0.1	0.0	0.06	0.10	0.12	0.13	0.14	0.16	0.21	0.26	0.28	—
0.2	0.0	0.09	0.17	0.22	0.24	0.26	0.30	0.38	0.48	0.58	—
0.3	0.0	0.11	0.21	0.29	0.34	0.39	0.43	0.50	0.63	0.89	—
0.4	0.0	0.11	0.22	0.33	0.42	0.49	0.55	0.63	0.80	1.21	—
0.5	0.0	0.11	0.24	0.36	0.47	0.58	0.70	0.85	1.08	1.53	—
0.6	0.0	0.12	0.24	0.37	0.50	0.65	0.82	1.04	1.36	1.88	—
0.7	0.0	0.11	0.24	0.36	0.51	0.68	0.89	1.17	1.59	2.29	—
0.8	0.0	0.12	0.23	0.37	0.52	0.70	0.94	1.29	1.81	2.70	—
0.9	0.0	0.11	0.23	0.37	0.52	0.72	1.0	1.40	2.02	3.12	—
1	0.0	0.10	0.23	0.36	0.52	0.75	1.05	1.51	2.25	3.52	—

t=7，$\overline{Q}$　　**表 A-75**

ξ / α	0	0.1	0.2	0.3	0.4	0.5	0.6	0.7	0.8	0.9	1
0.1	0.84	0.85*	−0.15	−0.14	−0.13	−0.11	−0.09	−0.07	−0.05	−0.02	0
0.2	0.70	0.70	0.71*	−0.27	−0.25	−0.21	−0.19	−0.15	−0.11	−0.06	0
0.3	0.56	0.56	0.58	0.60*	−0.36	−0.32	−0.29	−0.24	−0.18	−0.11	0
0.4	0.42	0.43	0.45	0.47	0.52*	−0.44	−0.37	−0.33	−0.26	−0.16	0
0.5	0.30	0.30	0.32	0.35	0.38	0.45*	−0.50	−0.41	−0.32	−0.19	0
0.6	0.16	0.17	0.20	0.22	0.27	0.32	0.40*	−0.51	−0.40	−0.23	0
0.7	0.04	0.06	0.07	0.10	0.15	0.20	0.28	0.39*	−0.48	−0.28	0
0.8	−0.06	−0.06	−0.05	−0.02	0.03	0.10	0.18	0.28	0.44*	−0.34	0
0.9	−0.18	−0.17	−0.16	−0.12	−0.08	−0.02	0.06	0.18	0.36	0.60*	0
1	−0.30	−0.29	−0.28	−0.24	−0.20	−0.13	−0.05	0.08	0.26	0.55	1*

t=7，$\overline{M}$　　**表 A-76**

ξ / α	0	0.1	0.2	0.3	0.4	0.5	0.6	0.7	0.8	0.9	1
0.1	0.0	0.09	0.07	0.06	0.04	0.03	0.02	0.01	0.00	0.0	0
0.2	0.0	0.07	0.14	0.12	0.08	0.07	0.05	0.02	0.01	0.0	0
0.3	0.0	0.06	0.11	0.17	0.13	0.10	0.07	0.04	0.02	0.0	0
0.4	0.0	0.05	0.09	0.13	0.18	0.14	0.10	0.06	0.03	0.01	0
0.5	0.0	0.03	0.06	0.09	0.13	0.17	0.11	0.07	0.03	0.01	0
0.6	0.0	0.02	0.03	0.06	0.08	0.11	0.14	0.09	0.04	0.01	0
0.7	0.0	0.01	0.01	0.02	0.03	0.05	0.08	0.11	0.06	0.01	0
0.8	0.0	0.01	−0.01	−0.01	−0.01	−0.01	0.0	0.02	0.07	0.02	0
0.9	0.0	−0.02	−0.04	−0.05	−0.06	−0.06	−0.06	−0.05	−0.02	0.02	0
1	0.0	−0.02	−0.06	−0.09	−0.11	−0.12	−0.13	−0.13	−0.11	−0.08	0

$t=10$，$\overline{p}$　　表 A-77

α＼ξ	0	0.1	0.2	0.3	0.4	0.5	0.6	0.7	0.8	0.9	1
0.1	0.0	0.07	0.12	0.14	0.15	0.15	0.18	0.24	0.29	0.26	—
0.2	0.0	0.12	0.22	0.27	0.30	0.32	0.33	0.40	0.50	0.55	—
0.3	0.0	0.14	0.26	0.35	0.41	0.43	0.46	0.50	0.62	0.85	—
0.4	0.0	0.14	0.27	0.39	0.48	0.55	0.58	0.63	0.76	1.16	—
0.5	0.0	0.13	0.26	0.40	0.53	0.64	0.75	0.87	1.06	1.48	—
0.6	0.0	0.13	0.27	0.40	0.54	0.70	0.87	1.08	1.36	1.83	—
0.7	0.0	0.12	0.25	0.38	0.54	0.70	0.91	1.19	1.60	2.26	—
0.8	0.0	0.11	0.22	0.36	0.51	0.70	0.95	1.29	1.82	2.70	—
0.9	0.0	0.10	0.21	0.34	0.49	0.69	0.97	1.39	2.04	3.14	—
1	0.0	0.09	0.19	0.32	0.47	0.69	1.00	1.47	2.25	3.58	—

$t=10$，$\overline{Q}$　　表 A-78

α＼ξ	0	0.1	0.2	0.3	0.4	0.5	0.6	0.7	0.8	0.9	1
0.1	0.84	0.84*	−0.16	−0.14	−0.12	−0.10	−0.09	−0.07	−0.05	−0.02	0
0.2	0.68	0.69	0.70*	−0.28	−0.24	−0.22	−0.19	−0.14	−0.10	−0.05	0
0.3	0.54	0.54	0.57	0.59*	−0.36	−0.33	−0.28	−0.23	−0.18	−0.11	0
0.4	0.42	0.42	0.44	0.47	0.51*	−0.43	−0.38	−0.31	−0.25	−0.16	0
0.5	0.28	0.29	0.31	0.34	0.39	0.45*	−0.48	−0.41	−0.31	−0.19	0
0.6	0.16	0.17	0.18	0.21	0.26	0.32	0.40*	−0.50	−0.38	−0.22	0
0.7	0.04	0.05	0.07	0.10	0.15	0.21	0.29	0.40*	−0.47	−0.28	0
0.8	−0.06	−0.06	−0.04	−0.02	0.03	0.09	0.17	0.31	0.44*	−0.34	0
0.9	−0.18	−0.16	−0.15	−0.12	−0.09	−0.02	0.05	0.18	0.34	0.60*	0
1	−0.28	−0.27	−0.26	−0.23	−0.20	−0.14	−0.05	0.07	0.25	0.54	1*

$t=10$，$\overline{M}$　　表 A-79

α＼ξ	0	0.1	0.2	0.3	0.4	0.5	0.6	0.7	0.8	0.9	1
0.1	0.0	0.03	0.07	0.05	0.04	0.03	0.02	0.01	0.00	0.0	0
0.2	0.0	0.07	0.14	0.11	0.09	0.06	0.04	0.02	0.01	0.0	0
0.3	0.0	0.05	0.11	0.17	0.13	0.10	0.06	0.04	0.02	0.0	0
0.4	0.0	0.05	0.08	0.13	0.18	0.13	0.09	0.05	0.03	0.0	0
0.5	0.0	0.03	0.06	0.09	0.12	0.16	0.11	0.08	0.03	0.01	0
0.6	0.0	0.01	0.03	0.06	0.08	0.10	0.14	0.09	0.04	0.01	0
0.7	0.0	0.0	0.01	0.02	0.03	0.05	0.08	0.11	0.06	0.01	0
0.8	0.0	−0.01	−0.01	−0.01	−0.02	−0.0	0.01	0.03	0.07	0.02	0
0.9	0.0	−0.02	−0.03	−0.05	−0.06	−0.06	−0.06	−0.05	−0.02	0.02	0
1	0.0	−0.03	−0.06	−0.08	−0.10	−0.11	−0.12	−0.12	−0.11	−0.08	0

9. 两个反对称弯矩 M 作用下的反力及内力系数

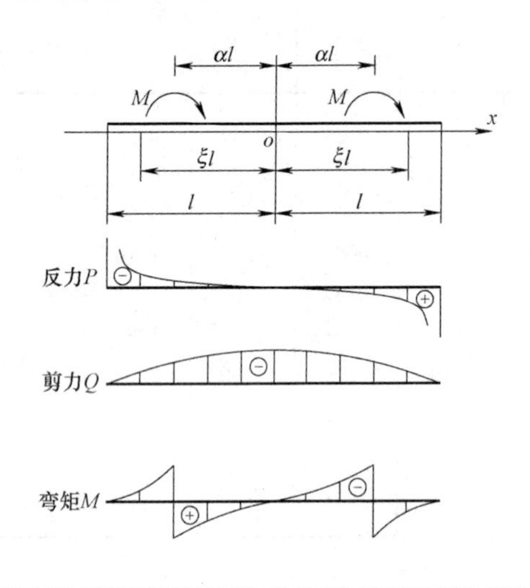

反力 $p=\pm\overline{p}\dfrac{M}{l^2}$

剪力 $Q=\overline{Q}\dfrac{M}{l}$

弯矩 $M=\pm\overline{M}M$

例：$t=3$，$M=12.0\text{kN}\cdot\text{m}$，$l=2.8\text{m}$，$\alpha=0.9$

求：$\xi=0.9$ 的反力、内力。由表

$$p=\overline{p}\frac{M}{l^2}=3.7\times\frac{12.0}{2.8^2}=5.66\text{kN/m}$$

$$Q=\overline{Q}\frac{M}{l}=-0.49\times\frac{12.0}{2.8}=-2.1\text{kN}$$

$$M=\pm\overline{M}M={}^{-0.97}_{0.03}\times12.0={}^{11.64}_{0.3}\text{kN}\cdot\text{m}$$

符号规定：如图示，$P=\pm\overline{P}\dfrac{M}{l^2}$，$M=\pm\overline{M}M$

在计算右半梁时取正，计算左半梁时取负；

表中 $\xi=\alpha$ 时，$\overline{M}$值标以 * 号表示此值为荷载点下左边截面的值，其右边截面的值应为 $-1\times\overline{M}$；

当 $t=0$ 时，反力、内力值与荷载作用点无关。

$t=0$，$\overline{p}$　　　　**表 A-80**

ξ	0	0.1	0.2	0.3	0.4	0.5	0.6	0.7	0.8	0.9	1
$\overline{p}$	0	0.12	0.26	0.40	0.56	0.74	0.96	1.24	1.70	2.62	—

$t=0$，$\overline{Q}$　　　　**表 A-81**

ξ	0	0.1	0.2	0.3	0.4	0.5	0.6	0.7	0.8	0.9	1
$\overline{Q}$	−1.28	−1.26	−1.24	−1.22	−1.16	−1.10	−1.02	−0.90	−0.76	−0.54	0

$t=0$，$\overline{M}$（对于力作用点之间的截面）*　　　　**表 A-82**

ξ	0	0.1	0.2	0.3	0.4	0.5	0.6	0.7	0.8	0.9	1
$\overline{M}$	0.0	−0.12	−0.26	−0.38	−0.50	−0.60	−0.72	−0.82	−0.90	−0.96	−1.0

* 对于力作用点以外的截面，将表中数值加 1。

$t=1$，$\overline{P}$　　　　**表 A-83**

α \ ξ	0	0.1	0.2	0.3	0.4	0.5	0.6	0.7	0.8	0.9	1
0.0	0.0	0.22	0.42	0.58	0.76	0.96	1.24	1.66	2.48	3.28	—
0.1	0.0	0.20	0.39	0.57	0.75	0.96	1.23	1.63	2.26	3.30	—
0.2	0.0	0.17	0.34	0.52	0.72	0.94	1.19	1.56	2.18	3.32	—
0.3	0.0	0.14	0.29	0.47	0.68	0.91	1.16	1.56	2.12	3.36	—
0.4	0.0	0.13	0.27	0.45	0.65	0.89	1.18	1.60	2.23	3.36	—
0.5	0.0	0.13	0.27	0.43	0.62	0.86	1.20	1.66	2.33	3.37	—
0.6	0.0	0.13	0.26	0.41	0.59	0.83	1.15	1.62	2.31	3.43	—
0.7	0.0	0.13	0.25	0.39	0.57	0.78	1.08	1.50	2.25	3.48	—
0.8	0.0	0.12	0.24	0.39	0.57	0.77	1.07	1.52	2.23	3.50	—
0.9	0.0	0.12	0.24	0.39	0.56	0.77	1.07	1.52	2.23	3.50	—
1	0.0	0.12	0.24	0.39	0.56	0.77	1.07	1.52	2.23	3.50	—

表 A-84

$t=1$，$\overline{Q}$

α \ ξ	0	0.1	0.2	0.3	0.4	0.5	0.6	0.7	0.8	0.9	1
0.0	−1.38	−1.36	−1.32	−1.28	−1.22	−1.12	−1.02	−0.88	−0.68	−0.40	0
0.1	−1.36	−1.35	−1.33	−1.27	−1.21	−1.13	−1.02	−0.87	−0.70	−0.41	0
0.2	−1.34	−1.34	−1.31	−1.27	−1.20	−1.12	−1.02	−0.88	−0.70	−0.42	0
0.3	−1.32	−1.32	−1.30	−1.26	−1.20	−1.12	−1.02	−0.89	−0.71	−0.44	0
0.4	−1.32	−1.32	−1.30	−1.27	−1.21	−1.13	−1.03	−0.89	−0.71	−0.43	0
0.5	−1.32	−1.32	−1.30	−1.27	−1.21	−1.15	−1.03	−0.90	−0.71	−0.42	0
0.6	−1.32	−1.31	−1.29	−1.26	−1.21	−1.15	−1.04	−0.91	−0.71	−0.43	0
0.7	−1.30	−1.30	−1.28	−1.25	−1.20	−1.14	−1.04	−0.91	−0.73	−0.45	0
0.8	−1.30	−1.29	−1.28	−1.24	−1.20	−1.14	−1.05	−0.91	−0.73	−0.45	0
0.9	−1.30	−1.29	−1.28	−1.24	−1.20	−1.13	−1.05	−0.91	−0.73	−0.45	0
1	−1.30	−1.29	−1.28	−1.24	−1.20	−1.13	−1.05	−0.91	−0.73	−0.45	0

表 A-85

$t=1$，$\overline{M}$

α \ ξ	0	0.1	0.2	0.3	0.4	0.5	0.6	0.7	0.8	0.9	1
0.0	0.0*	0.86	0.72	0.60	0.48	0.36	0.28	0.16	0.08	0.02	—
0.1	0.0	−0.13*	0.73	0.60	0.48	0.36	0.25	0.15	0.07	0.02	—
0.2	0.0	−0.16	−0.16*	0.60	0.48	0.37	0.25	0.16	0.08	0.02	—
0.3	0.0	−0.13	−0.28	−0.39*	0.49	0.36	0.27	0.16	0.08	0.02	—
0.4	0.0	−0.13	−0.26	−0.40	−0.51*	0.36	0.27	0.16	0.08	0.02	—
0.5	0.0	−0.13	−0.27	−0.39	−0.52	−0.64*	0.25	0.16	0.08	0.02	—
0.6	0.0	−0.13	−0.26	−0.39	−0.51	−0.63	−0.75*	0.16	0.07	0.02	—
0.7	0.0	−0.13	−0.26	−0.39	−0.51	−0.63	−0.74	−0.83*	0.08	0.02	—
0.8	0.0	−0.13	−0.26	−0.39	−0.51	−0.63	−0.74	−0.83	−0.92*	0.02	—
0.9	0.0	−0.13	−0.26	−0.39	−0.51	−0.63	−0.74	−0.83	−0.92	−0.98*	—
1	0.0	−0.13	−0.26	−0.39	−0.51	−0.63	−0.74	−0.83	−0.92	−0.98	−1*

表 A-86

$t=2$，$\overline{P}$

α \ ξ	0	0.1	0.2	0.3	0.4	0.5	0.6	0.7	0.8	0.9	1
0.0	0.0	0.28	0.52	0.70	0.86	1.04	1.30	1.74	2.38	3.20	—
0.1	0.0	0.25	0.48	0.67	0.84	1.03	1.32	1.68	2.27	3.23	—
0.2	0.0	0.19	0.38	0.58	0.79	0.99	1.21	1.53	2.11	3.27	—
0.3	0.0	0.12	0.29	0.48	0.72	0.94	1.17	1.45	2.01	3.34	—
0.4	0.0	0.11	0.25	0.43	0.65	0.91	1.20	1.60	2.20	3.35	—
0.5	0.0	0.11	0.24	0.38	0.58	0.85	1.22	1.74	2.42	3.38	—
0.6	0.0	0.10	0.22	0.35	0.51	0.76	1.12	1.64	2.28	3.48	—
0.7	0.0	0.09	0.20	0.32	0.47	0.69	1.00	1.49	2.26	3.59	—
0.8	0.0	0.09	0.19	0.32	0.46	0.67	0.97	1.45	2.23	3.61	—
0.9	0.0	0.09	0.19	0.32	0.47	0.68	0.98	1.45	2.22	4.60	—
1	0.0	0.09	0.19	0.32	0.47	0.68	0.98	1.45	2.22	4.60	—

$t=2$，$\overline{Q}$ 表 A-87

α \ ξ	0	0.1	0.2	0.3	0.4	0.5	0.6	0.7	0.8	0.9	1
0.0	−1.40	−1.40	−1.36	−1.30	−1.22	−1.12	−1.00	−0.86	−0.64	−0.38	0
0.1	−1.40	−1.38	−1.34	−1.28	−1.21	−1.11	−1.00	−0.85	−0.67	−0.40	0
0.2	−1.36	−1.35	−1.32	−1.27	−1.20	−1.12	−1.01	−0.87	−0.69	−0.43	0
0.3	−1.32	−1.32	−1.30	−1.26	−1.20	−1.12	−1.01	−0.88	−0.71	−0.46	0
0.4	−1.32	−1.32	−1.30	−1.27	−1.22	−1.14	−1.03	−0.90	−0.71	−0.44	0
0.5	−1.32	−1.31	−1.30	−1.26	−1.22	−1.15	−1.05	−0.90	−0.70	−0.41	0
0.6	−1.30	−1.29	−1.28	−1.26	−1.21	−1.14	−1.05	−0.92	−0.72	−0.44	0
0.7	−1.28	−1.27	−1.26	−1.23	−1.19	−1.14	−1.06	−0.94	−0.75	−0.46	0
0.8	−1.28	−1.27	−1.26	−1.23	−1.19	−1.14	−1.05	−0.93	−0.75	−0.47	0
0.9	−1.28	−1.27	−1.26	−1.23	−1.19	−1.14	−1.05	−0.93	−0.75	−0.47	0
1	−1.28	−1.27	−1.26	−1.23	−1.19	−1.14	−1.05	−0.93	−0.75	−0.47	0

$t=2$，$\overline{M}$ 表 A-88

α \ ξ	0	0.1	0.2	0.3	0.4	0.5	0.6	0.7	0.8	0.9	1
0.0	0.0*	0.86	0.72	0.58	0.46	0.34	0.24	0.14	0.08	0.02	—
0.1	0.0	−0.14*	0.73	0.59	0.47	0.35	0.25	0.15	0.07	0.02	—
0.2	0.0	−0.14	−0.27*	0.60	0.48	0.36	0.25	0.16	0.08	0.02	—
0.3	0.0	−0.14	−0.26	−0.39*	0.49	0.36	0.26	0.17	0.09	0.02	—
0.4	0.0	−0.13	−0.26	−0.39	−0.52*	0.36	0.26	0.16	0.07	0.02	—
0.5	0.0	−0.13	−0.27	−0.39	−0.52	−0.64*	0.26	0.16	0.08	0.02	—
0.6	0.0	−0.13	−0.26	−0.39	−0.51	−0.63	−0.74*	0.16	0.08	0.02	—
0.7	0.0	−0.13	−0.25	−0.38	−0.50	−0.62	−0.73	−0.83*	0.09	0.03	—
0.8	0.0	−0.12	−0.25	−0.38	−0.50	−0.62	−0.72	−0.83	−0.91*	0.03	—
0.9	0.0	−0.12	−0.25	−0.38	−0.50	−0.62	−0.72	−0.83	−0.91	−0.97*	—
1	0.0	−0.12	−0.25	−0.38	−0.50	−0.62	−0.72	−0.83	−0.91	−0.97	−1*

$t=3$，$\overline{P}$ 表 A-89

α \ ξ	0	0.1	0.2	0.3	0.4	0.5	0.6	0.7	0.8	0.9	1
0.0	0.0	0.34	0.62	0.82	0.96	1.12	1.38	1.82	2.44	3.10	—
0.1	0.0	0.30	0.56	0.76	0.92	1.10	1.33	1.77	2.28	3.15	—
0.2	0.0	0.20	0.42	0.63	0.85	1.04	1.24	1.51	2.05	3.22	—
0.3	0.0	0.11	0.28	0.49	0.74	0.98	1.17	1.34	1.89	3.31	—
0.4	0.0	0.09	0.22	0.40	0.64	0.91	1.22	1.59	2.18	3.33	—
0.5	0.0	0.10	0.21	0.34	0.42	0.83	1.26	1.81	2.50	3.38	—
0.6	0.0	0.08	0.18	0.28	0.45	0.69	1.11	1.67	2.45	3.54	—
0.7	0.0	0.07	0.15	0.25	0.40	0.60	0.92	1.43	2.27	3.69	—
0.8	0.0	0.07	0.14	0.24	0.38	0.57	0.88	1.37	2.22	3.71	—
0.9	0.0	0.07	0.14	0.24	0.38	0.58	0.89	1.37	2.21	3.70	—
1	0.0	0.07	0.14	0.24	0.38	0.58	0.89	1.38	2.21	3.70	—

t=3，$\bar{Q}$　　表 A-90

α \ ξ	0	0.1	0.2	0.3	0.4	0.5	0.6	0.7	0.8	0.9	1
0.0	−1.44	−1.42	−1.38	−1.30	−1.22	−1.12	−1.00	−0.84	−0.62	−0.34	0
0.1	−1.42	−1.41	−1.36	−1.30	−1.21	−1.11	−0.99	−0.84	−0.65	−0.38	0
0.2	−1.38	−1.36	−1.34	−1.28	−1.21	−1.11	−1.00	−0.86	−0.68	−0.43	0
0.3	−1.32	−1.32	−1.30	−1.26	−1.20	−1.11	−1.01	−0.88	−0.73	−0.47	0
0.4	−1.32	−1.31	−1.29	−1.27	−1.22	−1.13	−1.03	−0.89	−0.70	−0.44	0
0.5	−1.32	−1.31	−1.30	−1.27	−1.23	−1.16	−1.06	−0.94	−0.69	−0.40	0
0.6	−1.28	−1.29	−1.27	−1.24	−1.21	−1.15	−1.06	−0.93	−0.72	−0.43	0
0.7	−1.26	−1.25	−1.24	−1.22	−1.19	−1.15	−1.06	−0.96	−0.77	−0.48	0
0.8	−1.24	−1.25	−1.24	−1.21	−1.19	−1.14	−1.07	−0.95	−0.78	−0.49	0
0.9	−1.24	−1.25	−1.24	−1.21	−1.19	−1.14	−1.07	−0.95	−0.78	−0.49	0
1	−1.24	−1.25	−1.24	−1.21	−1.19	−1.14	−1.07	−0.95	−0.78	−0.49	0

t=3，$\bar{M}$　　表 A-91

α \ ξ	0	0.1	0.2	0.3	0.4	0.5	0.6	0.7	0.8	0.9	1
0.0	0.0*	0.86	0.72	0.58	0.46	0.34	0.24	0.14	0.06	0.02	—
0.1	0.0	−0.14*	0.72	0.58	0.46	0.35	0.23	0.15	0.07	0.02	—
0.2	0.0	−0.14	−0.27*	0.60	0.47	0.36	0.25	0.16	0.08	0.02	—
0.3	0.0	−0.13	−0.26	−0.39*	0.49	0.37	0.27	0.17	0.08	0.02	—
0.4	0.0	−0.13	−0.26	−0.39	−0.52*	0.37	0.26	0.16	0.08	0.02	—
0.5	0.0	−0.13	−0.26	−0.38	−0.52	−0.63*	0.26	0.16	0.08	0.03	—
0.6	0.0	−0.13	−0.26	−0.38	−0.50	−0.63	−0.74*	0.17	0.08	0.02	—
0.7	0.0	−0.12	−0.25	−0.37	−0.49	−0.61	−0.72	−0.83*	0.09	0.03	—
0.8	0.0	−0.12	−0.25	−0.37	−0.49	−0.61	−0.71	−0.82	−0.90*	0.03	—
0.9	0.0	−0.12	−0.25	−0.37	−0.49	−0.61	−0.71	−0.82	−0.90	−0.97*	—
1	0.0	−0.12	−0.25	−0.37	−0.49	−0.61	−0.71	−0.82	−0.90	−0.97	−1*

t=5，$\bar{P}$　　表 A-92

α \ ξ	0	0.1	0.2	0.3	0.4	0.5	0.6	0.7	0.8	0.9	1
0.0	0.0	0.46	0.78	1.02	1.14	1.24	1.52	1.98	2.58	2.96	—
0.1	0.0	0.39	0.72	0.95	1.10	1.22	1.42	1.77	2.31	3.02	—
0.2	0.0	0.25	0.50	0.75	0.98	1.15	1.29	1.47	1.92	3.13	—
0.3	0.0	0.10	0.26	0.51	0.81	1.05	1.17	1.24	1.66	3.26	—
0.4	0.0	0.05	0.17	0.36	0.63	0.94	1.27	1.60	2.13	3.29	—
0.5	0.0	0.06	0.14	0.26	0.48	0.80	1.31	1.96	2.68	3.38	—
0.6	0.0	0.04	0.09	0.17	0.32	0.60	1.06	1.73	2.59	3.63	—
0.7	0.0	0.02	0.05	0.11	0.23	0.43	0.76	1.33	2.28	3.88	—
0.8	0.0	0.02	0.04	0.10	0.21	0.38	0.69	1.24	2.21	3.94	—
0.9	0.0	0.02	0.04	0.10	0.21	0.40	0.70	1.25	2.20	3.91	—
1	0.0	0.02	0.04	0.10	0.21	0.40	0.71	1.25	2.20	3.90	—

$t=5$，$\overline{Q}$ 表 A-93

α \ ξ	0	0.1	0.2	0.3	0.4	0.5	0.6	0.7	0.8	0.9	1
0.0	−1.52	−1.50	−1.42	−1.34	−1.22	−1.10	−0.96	−0.80	−0.56	−0.28	0
0.1	−1.48	−1.48	−1.40	−1.32	−1.21	−1.10	−0.97	−0.81	−0.60	−0.35	0
0.2	−1.40	−1.39	−1.35	−1.29	−1.20	−1.10	−0.98	−0.84	−0.67	−0.43	0
0.3	−1.32	−1.31	−1.31	−1.26	−1.20	−1.10	−0.99	−0.87	−0.73	−0.50	0
0.4	−1.30	−1.30	−1.29	−1.27	−1.23	−1.14	−1.03	−0.89	−0.70	−0.44	0
0.5	−1.30	−1.30	−1.29	−1.27	−1.24	−1.17	−1.07	−0.91	−0.67	−0.37	0
0.6	−1.26	−1.26	−1.25	−1.24	−1.21	−1.17	−1.08	−0.95	−0.73	−0.51	0
0.7	−1.20	−1.21	−1.21	−1.20	−1.18	−1.15	−1.09	−0.99	−0.81	−0.50	0
0.8	−1.20	−1.20	−1.19	−1.19	−1.17	−1.14	−1.09	−0.99	−0.82	−0.53	0
0.9	−1.20	−1.20	−1.19	−1.19	−1.17	−1.14	−1.09	−0.99	−0.82	−0.53	0
1	−1.20	−1.20	−1.19	−1.19	−1.17	−1.14	−1.09	−0.99	−0.82	−0.53	0

$t=5$，$\overline{M}$ 表 A-94

α \ ξ	0	0.1	0.2	0.3	0.4	0.5	0.6	0.7	0.8	0.9	1
0.0	0.0*	0.84	0.70	0.56	0.44	0.32	0.22	0.12	0.06	0.02	—
0.1	0.0	−0.15*	0.71	0.58	0.45	0.33	0.22	0.14	0.06	0.01	—
0.2	0.0	−0.14	−0.28*	0.59	0.47	0.35	0.24	0.16	0.08	0.02	—
0.3	0.0	−0.13	−0.26	−0.40*	0.49	0.37	0.26	0.17	0.09	0.03	—
0.4	0.0	−0.13	−0.26	−0.39	−0.52*	0.37	0.25	0.16	0.08	0.02	—
0.5	0.0	−0.13	−0.26	−0.39	−0.51	−0.63*	0.27	0.15	0.07	0.02	—
0.6	0.0	−0.12	−0.25	−0.38	−0.50	−0.62	−0.74*	0.17	0.09	0.02	—
0.7	0.0	−0.12	−0.24	−0.36	−0.48	−0.60	−0.71	−0.82*	0.09	0.02	—
0.8	0.0	−0.12	−0.24	−0.36	−0.48	−0.59	−0.70	−0.81	−0.90*	0.02	—
0.9	0.0	−0.12	−0.24	−0.36	−0.48	−0.59	−0.70	−0.81	−0.90	−0.98*	—
1	0.0	−0.12	−0.24	−0.36	−0.48	−0.59	−0.70	−0.81	−0.90	−0.98	−1*

$t=1$，$\overline{P}$ 表 A-95

α \ ξ	0	0.1	0.2	0.3	0.4	0.5	0.6	0.7	0.8	0.9	1
0.0	0.0	0.56	1.00	1.22	1.30	1.38	1.64	2.14	2.72	2.80	—
0.1	0.0	0.53	0.88	1.13	1.26	1.34	1.51	1.84	2.44	2.88	—
0.2	0.0	0.29	0.57	0.85	1.09	1.26	1.33	1.42	1.81	3.03	—
0.3	0.0	0.04	0.24	0.53	0.87	1.12	1.11	1.10	1.42	3.25	—
0.4	0.0	0.01	0.11	0.32	0.62	0.97	1.30	1.60	2.09	3.27	—
0.5	0.0	0.04	0.10	0.22	0.45	0.87	1.48	2.23	2.92	3.27	—
0.6	0.0	0.01	0.01	0.05	0.19	0.49	1.02	1.79	2.73	3.37	—
0.7	0.0	−0.02	−0.03	−0.01	0.08	0.26	0.61	1.24	2.31	4.06	—
0.8	0.0	−0.04	−0.05	−0.03	0.04	0.19	0.51	1.11	2.19	4.13	—
0.9	0.0	−0.04	−0.05	−0.02	0.04	0.22	0.54	1.12	2.18	4.11	—
1	0.0	−0.04	−0.04	−0.02	0.04	0.22	0.54	1.12	2.18	4.10	—

t=7，$\overline{Q}$　　表 A-96

α \ ξ	0	0.1	0.2	0.3	0.4	0.5	0.6	0.7	0.8	0.9	1
0.0	−1.58	−1.56	−1.48	−1.36	−1.24	−1.10	−0.94	−0.76	−0.52	−0.24	0
0.1	−1.54	−1.50	−1.44	−1.34	−1.22	−1.08	−0.94	−0.79	−0.57	−0.48	0
0.2	−1.42	−1.42	−1.37	−1.30	−1.21	−1.08	−0.96	−0.82	−0.66	−0.43	0
0.3	−1.32	−1.31	−1.30	−1.26	−1.19	−1.09	−0.98	−0.87	−0.74	−0.53	0
0.4	−1.30	−1.30	−1.30	−1.27	−1.22	−1.14	−1.03	−0.88	−0.70	−0.45	0
0.5	−1.32	−1.31	−1.31	−1.29	−1.26	−1.20	−1.08	−0.89	−0.64	−0.34	0
0.6	−1.24	−1.23	−1.23	−1.23	−1.22	−1.18	−1.10	−0.97	−0.74	−0.42	0
0.7	−1.16	−1.17	−1.17	−1.18	−1.17	−1.16	−1.11	−1.02	−0.85	−0.55	0
0.8	−1.14	−1.15	−1.16	−1.16	−1.15	−1.14	−1.11	−1.03	−0.88	−0.57	0
0.9	−1.14	−1.15	−1.16	−1.16	−1.15	−1.14	−1.11	−1.03	−0.87	−0.57	0
1	−1.14	−1.15	−1.16	−1.16	−1.15	−1.14	−1.11	−1.03	−0.87	−0.57	0

t=7，$\overline{M}$　　表 A-97

α \ ξ	0	0.1	0.2	0.3	0.4	0.5	0.6	0.7	0.8	0.9	1
0.0	0.0*	0.84	0.70	0.54	0.42	0.30	0.20	0.12	0.04	0.02	—
0.1	0.0	−0.15*	0.70	0.56	0.43	0.32	0.21	0.13	0.06	0.02	—
0.2	0.0	−0.14	−0.28*	0.58	0.46	0.34	0.24	0.16	0.08	0.02	—
0.3	0.0	−0.13	−0.26	−0.40*	0.49	0.37	0.27	0.17	0.09	0.03	—
0.4	0.0	−0.13	−0.26	−0.39	−0.51*	0.37	0.26	0.16	0.08	0.03	—
0.5	0.0	−0.13	−0.26	−0.39	−0.52	−0.64*	0.24	0.14	0.06	0.02	—
0.6	0.0	−0.13	−0.25	−0.37	−0.49	−0.61	−0.77*	0.17	0.08	0.03	—
0.7	0.0	−0.12	−0.23	−0.35	−0.48	−0.58	−0.70	−0.81*	0.09	0.02	—
0.8	0.0	−0.12	−0.23	−0.35	−0.46	−0.57	−0.69	−0.80	−0.90*	0.03	—
0.9	0.0	−0.12	−0.23	−0.35	−0.46	−0.57	−0.69	−0.80	−0.90	−0.97*	—
1	0.0	−0.12	−0.23	−0.35	−0.46	−0.57	−0.69	−0.80	−0.90	−0.97	−1*

t=10，$\overline{P}$　　表 A-98

α \ ξ	0	0.1	0.2	0.3	0.4	0.5	0.6	0.7	0.8	0.9	1
0.0	0.0	0.74	1.26	1.52	1.54	1.56	1.82	2.38	2.94	2.60	—
0.1	0.0	0.61	1.10	1.39	1.49	1.52	1.64	2.33	3.54	2.70	—
0.2	0.0	0.33	0.67	1.00	1.26	1.39	1.39	1.34	1.62	2.90	—
0.3	0.0	0.04	0.21	0.56	0.96	1.22	1.16	0.89	1.07	3.13	—
0.4	0.0	−0.04	0.03	0.25	0.61	1.01	1.35	1.62	2.03	3.22	—
0.5	0.0	−0.03	−0.02	0.04	0.27	0.73	1.45	2.33	3.11	3.38	—
0.6	0.0	−0.05	−0.10	−0.10	−0.2	0.35	1.31	1.88	2.93	3.86	—
0.7	0.0	−0.09	−0.16	−0.19	−0.14	0.02	0.40	1.11	2.32	4.28	—
0.8	0.0	−0.10	−0.18	−0.21	−0.19	−0.06	0.26	1.01	2.19	4.43	—
0.9	0.0	−0.10	−0.17	−0.20	−0.18	−0.04	0.29	0.93	2.15	4.38	—
1	0.0	−0.10	−0.17	−0.20	−0.18	−0.03	0.30	0.93	2.14	4.37	—

$t=10$，$\overline{Q}$　　表 A-99

α \ ξ	0	0.1	0.2	0.3	0.4	0.5	0.6	0.7	0.8	0.9	1
0.0	−1.68	−1.64	−1.54	−1.40	−1.24	−1.08	−0.92	−0.72	−0.44	−0.16	0
0.1	−1.62	−1.58	−1.49	−1.36	−1.23	−1.07	−0.92	−0.74	−0.52	−0.65	0
0.2	−1.46	−1.45	−1.39	−1.31	−1.20	−1.07	−0.92	−0.79	−0.64	−0.47	0
0.3	−1.32	−1.31	−1.30	−1.27	−1.19	−1.07	−0.95	−0.85	−0.76	−0.64	0
0.4	−1.28	−1.29	−1.28	−1.27	−1.24	−1.15	−1.03	−0.89	−0.70	−0.51	0
0.5	−1.28	−1.28	−1.28	−1.28	−1.27	−1.22	−1.11	−0.92	−0.62	−0.44	0
0.6	−1.20	−1.20	−1.20	−1.21	−1.22	−1.20	−1.14	−1.00	−0.76	−0.72	0
0.7	−1.10	−1.10	−1.12	−1.14	−1.16	−1.16	−1.15	−1.07	−0.90	−0.58	0
0.8	−1.08	−1.08	−1.10	−1.10	−1.14	−1.16	−1.15	−1.09	−0.94	−0.62	0
0.9	−1.08	−1.08	−1.10	−1.12	−1.14	−1.16	−1.14	−1.08	−0.93	−0.62	0
1	−1.08	−1.08	−1.10	−1.12	−1.14	−1.16	−1.14	−1.08	−0.93	−0.62	0

$t=10$，$\overline{M}$　　表 A-100

α \ ξ	0	0.1	0.2	0.3	0.4	0.5	0.6	0.7	0.8	0.9	1
0.0	0.0*	0.84	0.68	0.52	0.40	0.28	0.18	0.10	0.04	0.0	—
0.1	0.0	−0.16*	0.68	0.54	0.41	0.30	0.20	0.11	0.06	0.02	—
0.2	0.0	−0.15	−0.29*	0.58	0.45	0.34	0.24	0.15	0.08	0.02	—
0.3	0.0	−0.13	−0.26	−0.39*	0.49	0.37	0.27	0.18	0.10	0.05	—
0.4	0.0	−0.13	−0.25	−0.39	−0.51*	0.37	0.26	0.16	0.08	0.02	—
0.5	0.0	−0.13	−0.25	−0.39	−0.52	−0.64*	0.25	0.14	0.06	0.01	—
0.6	0.0	−0.12	−0.23	−0.36	−0.48	−0.61	−0.72*	0.17	0.08	0.03	—
0.7	0.0	−0.11	−0.22	−0.34	−0.45	−0.56	−0.68	−0.79*	0.10	0.03	—
0.8	0.0	−0.11	−0.22	−0.33	−0.45	−0.56	−0.67	−0.78	−0.88*	0.03	—
0.9	0.0	−0.11	−0.22	−0.32	−0.45	−0.56	−0.67	−0.78	−0.88	−0.97*	—
1	0.0	−0.10	−0.22	−0.33	−0.44	−0.56	−0.67	−0.78	−0.88	−0.97	−1*

附录B 检查井顶板查表法结构计算用表

1. 圆形板，四周固定、均布荷载 q 作用

表 B-1

$\rho=\frac{x}{R}$，$\mu=\frac{1}{6}$；

挠度=表中系数×$\frac{qR^4}{B_C}$；

弯矩=表中系数×qR^2

ρ	0.0	01	0.2	0.3	0.4
f	0.0156	0.0153	0.0144	0.0129	0.0110
M_r	0.0729	0.0709	0.0650	0.0551	0.0412
M_t	0.0729	0.0720	0.0692	0.0645	0.0579

ρ	0.5	0.6	0.7	0.8	0.9	1.0
f	0.0088	0.0064	0.0041	−0.0020	0.0006	0
M_r	0.0234	0.0017	−0.0241	−0.0538	−0.0874	−0.1250
M_t	0.0495	0.0392	0.0270	0.0129	−0.0030	−0.0208

2. 圆形板，四周简支、弯矩作用

表 B-2

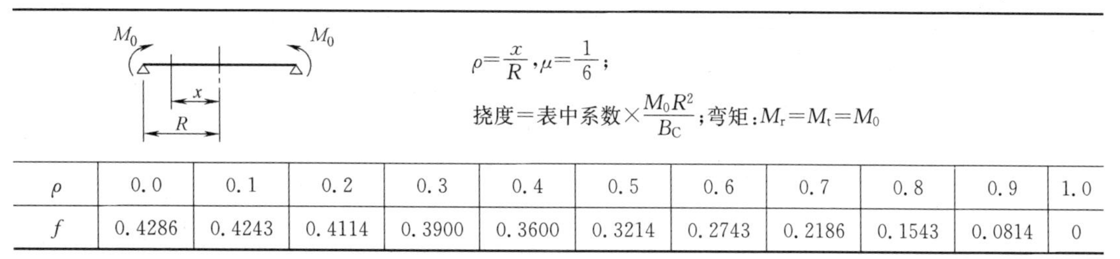

$\rho=\frac{x}{R}$，$\mu=\frac{1}{6}$；

挠度=表中系数×$\frac{M_0R^2}{B_C}$；弯矩：$M_r=M_t=M_0$

ρ	0.0	0.1	0.2	0.3	0.4	0.5	0.6	0.7	0.8	0.9	1.0
f	0.4286	0.4243	0.4114	0.3900	0.3600	0.3214	0.2743	0.2186	0.1543	0.0814	0

3. 圆形板，四周简支、中间圆面上均布荷载 q 作用

表 B-3

$\rho=\frac{x}{R}$，$\beta=\frac{r}{\beta}$ $\mu=\frac{1}{6}$；

挠度=表中系数×$\frac{qr^2R^2}{B_C}$；弯矩=表中系数×qr^2。

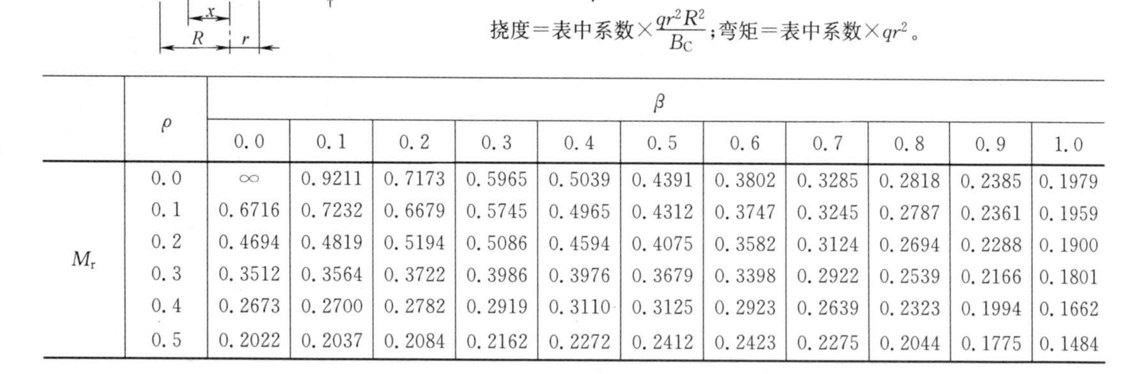

	ρ	β										
		0.0	0.1	0.2	0.3	0.4	0.5	0.6	0.7	0.8	0.9	1.0
M_r	0.0	∞	0.9211	0.7173	0.5965	0.5039	0.4391	0.3802	0.3285	0.2818	0.2385	0.1979
	0.1	0.6716	0.7232	0.6679	0.5745	0.4965	0.4312	0.3747	0.3245	0.2787	0.2361	0.1959
	0.2	0.4694	0.4819	0.5194	0.5086	0.4594	0.4075	0.3582	0.3124	0.2694	0.2288	0.1900
	0.3	0.3512	0.3564	0.3722	0.3986	0.3976	0.3679	0.3398	0.2922	0.2539	0.2166	0.1801
	0.4	0.2673	0.2700	0.2782	0.2919	0.3110	0.3125	0.2923	0.2639	0.2323	0.1994	0.1662
	0.5	0.2022	0.2037	0.2084	0.2162	0.2272	0.2412	0.2423	0.2275	0.2044	0.1775	0.1484

续表

	p	β										
		0.0	0.1	0.2	0.3	0.4	0.5	0.6	0.7	0.8	0.9	1.0
M_r	0.6	0.1190	0.1499	0.1527	0.1573	0.1638	0.1721	0.1823	0.1831	0.1704	0.1596	0.1267
	0.7	0.1040	0.1046	0.1062	0.1089	0.1127	0.1176	0.1235	0.1306	0.1392	0.1188	0.1009
	0.8	0.0651	0.0654	0.0663	0.0677	0.0698	0.0724	0.0756	0.0794	0.0838	0.0822	0.0712
	0.9	0.0307	0.0309	0.0312	0.0318	0.0327	0.0338	0.0351	0.0367	0.0385	0.0406	0.0376
	1.0	0	0	0	0	0	0	0	0	0	0	0
M_t	0.0	∞	0.9211	0.7173	0.5965	0.5089	0.4391	0.3802	0.3285	0.2818	0.2385	0.1979
	0.1	0.8799	0.8273	0.6939	0.5861	0.5031	0.4351	0.3776	0.3266	0.2803	0.2374	0.1970
	0.2	0.6778	0.6642	0.6236	0.5548	0.4855	0.4241	0.3698	0.3200	0.2759	0.2339	0.1942
	0.3	0.5595	0.5532	0.5343	0.5027	0.4562	0.4054	0.3568	0.3113	0.2636	0.2281	0.1895
	0.4	0.4756	0.4718	0.4605	0.4416	0.4152	0.3791	0.3386	0.2979	0.2583	0.2200	0.1829
	0.5	0.4105	0.4079	0.4001	0.3871	0.3688	0.3454	0.3151	0.2807	0.2451	0.2096	0.1745
	0.6	0.3573	0.3554	0.3495	0.3396	0.3258	0.3081	0.2865	0.2596	0.2290	0.1969	0.1642
	0.7	0.3124	0.3108	0.3060	0.2981	0.2870	0.3728	0.2553	0.2348	0.2100	0.1818	0.1520
	0.8	0.2734	0.2721	0.2681	0.2614	0.2521	0.2401	0.2254	0.2080	0.1880	0.1615	0.1379
	0.9	0.2391	0.2379	0.2344	0.2286	0.2204	0.2100	0.1972	0.1820	0.1646	0.1418	0.1220
	1.0	0.2983	0.2073	0.2042	0.1990	0.1917	0.1823	0.1708	0.1573	0.1417	0.1240	0.1042
f_{max}	0.0	0.1696	0.1672	0.1616	0.1538	0.1444	0.1337	0.1220	0.1095	0.0961	0.0829	0.0692
M_r^0	1.0	−0.2500	−0.2488	−0.2450	−0.2386	−0.2300	−0.2188	−0.2050	−0.1888	−0.1700	−0.1488	−0.1250
M_t^0	1.0	−0.0417	−0.0415	−0.0408	−0.0398	−0.0383	−0.0365	−0.0342	−0.0315	−0.0283	−0.0248	−0.0208

4. 圆形板，四周简支、环形均布荷载 *q* 作用

表 B-4

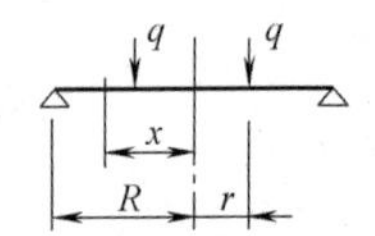

$\rho=\frac{x}{B}$，$\beta=\frac{r}{R}$，$\mu=\frac{1}{6}$；挠度＝表中系数×$\frac{qr^2R^2}{B_C}$；q 为环形均布荷载；弯矩＝表中系数×qr。

	ρ	β										
		0.0	0.1	0.2	0.3	0.4	0.5	0.6	0.7	0.8	0.9	1.0
M_r	0.0	∞	1.5494	1.1388	0.8919	0.7095	0.5606	0.4313	0.3143	0.2052	0.1010	0
	0.1	1.3432	1.5494	1.1388	0.8919	0.7095	0.5606	0.4313	0.3143	0.2052	0.1010	0
	0.2	0.9388	0.9888	1.1388	0.8919	0.7095	0.5606	0.4313	0.3143	0.2052	0.1010	0
	0.3	0.7023	0.7234	0.7866	0.8919	0.7095	0.5606	0.4313	0.3143	0.2052	0.1010	0
	0.4	0.5345	0.5454	0.5783	0.6329	0.7095	0.5606	0.4313	0.3143	0.2052	0.1010	0
	0.5	0.4043	0.4106	0.4293	0.4606	0.5043	0.5606	0.4313	0.3143	0.2052	0.1010	0
	0.6	0.2980	0.3017	0.3128	0.3313	0.3572	0.3906	0.4313	0.3143	0.2052	0.1010	0
	0.7	0.2081	0.2102	0.2167	0.2276	0.2428	0.2623	0.2861	0.3143	0.2052	0.1010	0
	0.8	0.1302	0.1313	0.1349	0.1407	0.1489	0.1595	0.1724	0.1876	0.2052	0.1010	0
	0.9	0.0615	0.0619	0.0634	0.0659	0.0693	0.0737	0.0791	0.0854	0.0927	0.1010	0
	1.0	0	0	0	0	0	0	0	0	0	0	0
M_t	0.0	∞	1.5494	1.1388	0.8919	0.7095	0.5606	0.4313	0.3143	0.2052	0.1010	0
	0.1	1.7598	1.5494	1.1388	0.8919	0.7095	0.5606	0.4313	0.3143	0.2052	0.1010	0
	0.2	1.3555	1.3013	1.1388	0.8919	0.7095	0.5606	0.4313	0.3143	0.2052	0.1010	0
	0.3	1.1190	1.0938	1.0181	0.8919	0.7095	0.5606	0.4313	0.3143	0.2052	0.1010	0
	0.4	0.9512	0.9361	0.8908	0.8152	0.7095	0.5606	0.4313	0.3143	0.2052	0.1010	0
	0.5	0.8210	0.8106	0.7783	0.7273	0.6543	0.5606	0.4313	0.3143	0.2052	0.1010	0

续表

	ρ	β										
		0.0	0.1	0.2	0.3	0.4	0.5	0.6	0.7	0.8	0.9	1.0
M_t	0.6	0.7146	0.7068	0.6832	0.6438	0.5887	0.5179	0.4313	0.3143	0.2052	0.1010	0
	0.7	0.6247	0.6184	0.5984	0.5677	0.5234	0.4664	0.3967	0.3143	0.2052	0.1010	0
	0.8	0.5468	0.5415	0.5255	0.4988	0.4614	0.4134	0.3546	0.2852	0.2052	0.1010	0
	0.9	0.4781	0.4735	0.4585	0.4362	0.4036	0.3617	0.3105	0.2500	0.1802	0.1010	0
	1.0	0.4167	0.4125	0.4000	0.3792	0.3500	0.3125	0.2667	0.2125	0.1500	0.0792	0
f_{max}	0.0	0.3393	0.3301	0.3096	0.2817	0.2483	0.2111	0.1712	0.1293	0.0864	0.0431	0
M_r^0	1.0	−0.5000	−0.4950	−0.4800	−0.4550	−0.4200	−0.3750	−0.3200	−0.2550	−0.1800	−0.0950	0
M_t^0	1.0	−0.0833	−0.0825	−0.0800	−0.0758	−0.0700	−0.0625	−0.0533	−0.0425	−0.0300	−0.0158	0

5. 环形板，四周简支、均布荷载 q 作用

表 B-5

$\rho=\frac{x}{R}$，$\beta=\frac{r}{R}$，$\mu=\frac{1}{6}$；挠度＝表中系数$\times\frac{qR^4}{B_C}$；弯矩＝表中系数$\times qR^2$。

	ρ	β										
		0.0	0.1	0.2	0.3	0.4	0.5	0.6	0.7	0.8	0.9	1.0
M_r	0.0	—										
	0.1	0.1959	0									
	0.2	0.1900	0.1394	0								
	0.3	0.1801	0.1573	0.0939	0							
	0.4	0.1662	0.1535	0.1181	0.0651	0						
	0.5	0.1484	0.1407	0.1189	0.0862	0.0455	0					
	0.6	0.1267	0.1218	0.1080	0.0871	0.0610	0.0314	0				
	0.7	0.1009	0.0979	0.0894	0.0763	0.0598	0.0410	0.0207	0			
	0.8	0.0712	0.0695	0.0646	0.0571	0.0476	0.0366	0.0247	0.0124	0		
	0.9	0.0376	0.0368	0.0347	0.0314	0.0272	0.0223	0.0169	0.0113	0.0056	0	
	1.0	0	0	0	0	0	0	0	0	0	0	0
M_t	0.0	—										
	0.1	0.1970	0.3812									
	0.2	0.1942	0.2371	0.3525								
	0.3	0.1895	0.2070	0.2535	0.3170							
	0.4	0.1829	0.1920	0.2156	0.2466	0.2774						
	0.5	0.1745	0.1799	0.1937	0.2110	0.2264	0.2350					
	0.6	0.1642	0.1678	0.1768	0.1875	0.1959	0.1981	0.1907				
	0.7	0.1520	0.1547	0.1612	0.1685	0.1735	0.1731	0.1644	0.1449			
	0.8	0.1370	0.1401	0.1453	0.1509	0.1544	0.1532	0.1448	0.1270	0.0978		
	0.9	0.1220	0.1239	0.1284	0.1333	0.1363	0.1351	0.1277	0.1121	0.0866	0.0494	
	1.0	0.1042	0.1059	0.1101	0.1148	0.1179	0.1173	0.1113	0.0981	0.0761	0.0438	0
f_{max}	$\rho=\beta$	0.0692	0.0728	0.0764	0.0760	0.0705	0.0602	0.0463	0.0307	0.0159	0.0045	0
M_r^0	1.0	−0.1250	−0.1241	−0.1201	−0.1113	−0.0971	−0.0782	−0.0568	−0.0356	−0.0173	−0.0047	0
M_t^0	1.0	−0.0208	−0.0207	−0.0200	−0.0186	−0.0162	−0.0130	−0.0095	−0.0059	−0.0029	−0.0008	0

6. 环形板，四周简支、环形均布荷载 q 作用

表 B-6

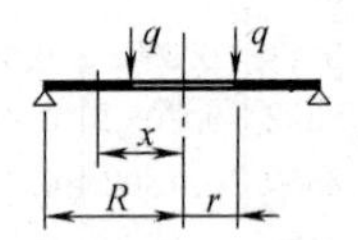

$\rho=\frac{x}{R}$，$\beta=\frac{r}{R}$，$\mu=\frac{1}{6}$；挠度＝表中系数×$\frac{qrR^2}{B_C}$；q 为环形均布荷载；弯矩＝表中系数×qr。

	ρ	β										
		0.0	0.1	0.2	0.3	0.4	0.5	0.6	0.7	0.8	0.9	1.0
M_r	0.0	—										
	0.1	1.3432	0									
	0.2	0.9388	0.6132	0								
	0.3	0.7023	0.5651	0.3068	0							
	0.4	0.5345	0.4633	0.3291	0.1698	0						
	0.5	0.4043	0.3636	0.2870	0.1960	0.0989	0					
	0.6	0.2980	0.2739	0.2284	0.1745	0.1170	0.0584	0				
	0.7	0.2081	0.1939	0.1673	0.1358	0.1021	0.0678	0.0336	0			
	0.8	0.1302	0.1225	0.1082	0.0911	0.0729	0.0544	0.0359	0.0177	0		
	0.9	0.0615	0.0583	0.0523	0.0452	0.0376	0.0298	0.0221	0.0146	0.0072	0	
	1.0	0	0	0	0	0	0	0	0	0	0	0
M_t	0.0	∞										
	0.1	1.7598	3.1302									
	0.2	1.3555	1.7083	2.3726								
	0.3	1.1190	1.2833	1.5928	1.9602							
	0.4	0.9512	1.0495	1.2348	1.4548	1.6893						
	0.5	0.8210	0.8888	1.0166	1.1683	1.3301	1.4949					
	0.6	0.7146	0.7659	0.8624	0.9771	1.0993	1.2238	1.3479				
	0.7	0.6247	0.6660	0.7437	0.8359	0.9343	1.0346	1.1344	1.2326			
	0.8	0.5468	0.5316	0.6471	0.7248	0.8077	0.8922	0.9763	1.0591	1.1398		
	0.9	0.4781	0.5084	0.5655	0.6333	0.7056	0.7793	0.8527	0.9248	0.9952	1.0636	
	1.0	0.4167	0.4438	0.4949	0.5556	0.6203	0.6862	0.7519	0.8165	0.8795	0.9407	1.0000
f_{max}	$\rho=\beta$	0.3393	0.3734	0.4013	0.4091	0.3969	0.3666	0.3199	0.2586	0.1841	0.0976	0
M_r^0	1.0	−0.5000	−0.5200	−0.5399	−0.5388	−0.5108	−0.4575	−0.3839	−0.2964	−0.2004	−0.1005	0
M_t^0	1.0	−0.0833	−0.0867	−0.0900	−0.0898	−0.0851	−0.0762	−0.0640	−0.0494	−0.0334	−0.0168	0

7. 环形板，四周简支、孔边均布弯矩 M_0 作用

表 B-7

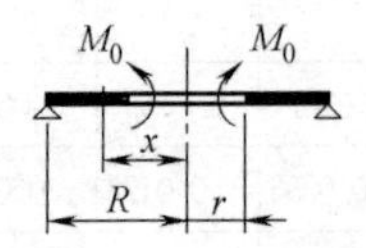

$\rho=\frac{x}{R}$，$\beta=\frac{r}{R}$，$\mu=\frac{1}{6}$；挠度＝表中系数×$\frac{M_0R^2}{B_C}$；M_0 为环形均布弯矩；弯矩＝表中系数×M_0。

续表

	ρ	β										
		0.0	0.1	0.2	0.3	0.4	0.5	0.6	0.7	0.8	0.9	1.0
M_r	0.0	—										
	0.1	0	1.0000									
	0.2	0	0.2424	1.0000								
	0.3	0	0.1021	0.4213	1.0000							
	0.4	0	0.0530	0.2188	0.5192	1.0000						
	0.5	0	0.0303	0.1250	0.2967	0.5714	1.0000					
	0.6	0	0.0180	0.0741	0.1758	0.3386	0.5926	1.0000				
	0.7	0	0.0105	0.0434	0.1029	0.1983	0.3469	0.5855	1.0000			
	0.8	0	0.0057	0.0234	0.0556	0.1071	0.1875	0.3164	0.5404	1.0000		
	0.9	0	0.0024	0.0098	0.0232	0.0447	0.0782	0.1319	0.2254	0.4170	1.0000	
	1.0	0	0	0	0	0	0	0	0	0	0	—
M_t	0.0	—										
	0.1	0	−1.0202									
	0.2	0	−0.2626	−1.0833								
	0.3	0	−0.1223	−0.5046	−1.1978							
	0.4	0	−0.0732	−0.3021	−0.7170	−1.3810						
	0.5	0	−0.0505	−0.2083	−0.4945	−0.9524	−1.6667					
	0.6	0	−0.0382	−0.1574	−0.3736	−0.7196	−1.2593	−2.1250				
	0.7	0	−0.0307	−0.1267	−0.3007	−0.5792	−1.0136	−1.7105	−2.9216			
	0.8	0	−0.0259	−0.1068	−0.2534	−0.4881	−0.8542	−1.4414	−2.4620	−4.5556		
	0.9	0	−0.0226	−0.0931	−0.2210	−0.4256	−0.7449	−1.2569	−2.1469	−3.9726	−9.5263	
	1.0	0	−0.0202	−0.0833	−0.1978	−0.3810	−0.6667	−1.1250	−1.9216	−3.5556	−8.5263	$-\infty$
f_{max}	$\rho=\beta$	0	−0.0322	−0.0976	−0.1815	−0.2780	−0.3844	−0.4991	−0.6212	−0.7503	−0.8861	—
M_r^0	1.0	0	0.0237	0.0909	0.1918	0.3137	0.4444	0.5745	0.6975	0.8101	0.9110	1.0000
M_t^0	1.0	0	0.0039	0.0152	0.0320	0.0523	0.0741	0.0957	0.1163	0.1350	0.1518	0.1667

附录C 顶管施工最大偏转角和混凝土管的允许转角

预制混凝土涵管在安装中，管的轴线不可能完全重合，承插口就位也有一定误差，因而施工后管子间一定存在接口的角位移（转角）和线位移（位移），总称为接口变位。管道在长期运过程中，由于地基不均匀沉降也导致管节间接口变位。

预制混凝土涵管必须具备一定量的允许变位，确保管道在发生规定范围以内的接口变位后，接口仍具备良好的抗渗闭水性。

对管道接口闭水性能影响最大的是转角位移，因而预制混凝土涵管的接口设计时规定，接口纵向允许位移值为10mm；允许转角则按不同规格、品种管子由接口密封设计计算确定。

混凝土涵管接口产生渗水前的转角为接口最大转角，接口的允许转角为最大转角的0.7倍。

圆形混凝土管的允许转角设计值见附录表C-1。异形预制混凝土管可参考使用圆形管的允许转角值。

涵管接口的设计允许转角应满足下列条件：

（1）安装到位的两节管子接口变位达到允许变位时，管口各点不得相碰；

（2）接口变位达到允许变位时，接口保持良好的抗渗性能；

（3）接口允许转角变位留有一定的安全裕度；

（4）顶管用管规定的最大偏转角的依据是，当达到此偏转角时，管子端混凝土局部受力区应力应小于混凝土受压设计强度，如偏转角再加大，混凝土将被挤坏。

顶管施工最大偏转角和混凝土管的允许转角　　**表C-1**

管径(mm)	800	900	1000	1100	1200	1300	1350	1400
顶管偏转角	1.2°	1.1°	1.0°	0.9°	0.80°	0.78°	0.76°	0.75°
混凝土管设计转角	1.5°	1.2°	1.2°	1.1°	1.0°	1.0°	0.9°	0.9°
管径(mm)	1500	1600	1650	1800	2000	2150	2200	2350
顶管偏转角	0.69°	0.65°	0.62°	0.57°	0.52°	0.49°	0.47°	0.45°
混凝土管设计转角	0.80°	0.80°	0.75°	0.75°	0.65°	0.58°	0.55°	0.52°
管径(mm)	2400	2600	2800	3000	3200	3400	3500	4000
顶管偏转角	0.43°	0.39°	0.35°	0.32°	0.30°	0.28°	0.26°	0.24
混凝土管设计转角	0.50°	0.48°	0.45°	0.42°	0.40°	0.35°	0.32°	0.30

附录D 混凝土和钢筋混凝土排水管制造过程中各工序的工艺技术要求

D.1 范 围

本标准规定了采用离心、悬辊、芯模振动、立式挤压、立式振动工艺制作混凝土和钢筋混凝土管（以下简称为排水管）产品制造过程中各工序的工艺技术要求，包括原材料、混凝土、钢筋骨架、模具及组装、成型、蒸汽养护、脱模、修补、后期养护、检验、标志、防腐、产品贮存及运输等。

本标准适用于按GB/T 11836《混凝土和钢筋混凝土排水管》及JC/T 640《顶进施工法用钢筋混凝土排水管》制造的钢筋混凝土排水管和顶进施工法用钢筋混凝土排水管。

D.2 规范性引用文件

下列文件中的条款通过本标准的引用而成为本标准的条款。凡是注明日期的引用文件，其随后所有的修改单（不包括勘误的内容）或修订版均不适用于本标准，然而，鼓励根据本标准达成协议的各方研究是否可使用这些文件的最新版本。凡是不注明日期的引用文件，其最新版本适用于本标准。

（1）GB 175 通用硅酸盐水泥；

（2）GB/T 700 碳素结构钢；

（3）GB 748 抗硫酸盐硅酸盐水泥；

（4）GB 1499.1 钢筋混凝土用钢 第1部分：热轧光圆钢筋；

（5）GB 1499.2 钢筋混凝土用钢 第2部分：热轧带肋钢筋；

（6）GB/T 3274 碳素结构钢和低合金结构钢 热轧厚钢板和钢筋；

（7）GB 8076 混凝土外加剂；

（8）GB 11837 混凝土管用混凝土抗压强度试验方法；

（9）GB 13788 冷轧带肋钢筋；

（10）GB/T 14684 建筑用砂；

（11）GB/T 14685 建筑用卵石、碎石；

（12）GB 20472 硫铝酸盐水泥；

（13）GBJ 107 混凝土强度检验评定标准；

（14）JC/T 640 顶点进施工法用钢筋混凝土排水管；

（15）JC/T 540 混凝土制品用低碳冷拔钢丝；

（16）JGJ 63 混凝土用水标准；

（17）GB/T 11836 混凝土和钢筋混凝土排水管；
（18）GB/T 16752　混凝土和钢筋混凝土排水管试验方法；
（19）GB 1596　用于水泥和混凝土的粉煤灰；
（20）GB/T 18046 用于水泥和混凝土中的粒化高炉矿渣粉；
（21）GB 50204　混凝土结构工程施工质量验收规范；
（22）GB 50332　给水排水工程管道结构设计规范；
（23）JGJ 55　普通混凝土配合比设计规程；
（24）JC/T 822　水泥制品工业用离心成型机技术条件；
（25）GB 50119 混凝土外加剂应用技术规范。

D.3　原　材　料

1. 水泥

（1）水泥宜采用硅酸盐水泥、普通硅酸盐水泥或矿渣硅酸盐水泥，也可采用抗硫酸盐硅酸盐水泥、快硬硫铝酸盐水泥。水泥性能应分别符合 GB 175、GB 748、GB 20472 的规定。离心工艺不宜采用火山灰质硅酸盐水泥。

（2）排水管生产用水泥强度等级；开槽施工用混凝土和钢筋混凝土排水管用水泥强度等级不宜低于 32.5；顶进施工用钢筋混凝土排水管用水泥强度等级不宜低于 42.5。

（3）使用袋装水泥时，不同厂商、不同品种、不同强度等级的水泥应分别码放，不得混垛，水泥堆垛高度不宜超过 12 包，库内应有防潮措施；使用散装水泥时，不同厂商、不同品种、不同强度等级的水泥应分仓储存，不得混仓。水泥中不应有夹杂物和结块。

（4）进厂水泥应有水泥厂提供的标注有生产许可证标记的产品质量合格证。袋装水泥包装袋上应有品种、强度等级、生产厂名、出厂日期及生产许可证标记。水泥厂要提供水泥检验报告，各项目指标合格后方可允许进厂。进厂水泥应复验安定性，必要时应对其他主要性能指标取样检测。

（5）储存中的水泥不应有风化、结块现象，水泥储存期不得超过 3 个月。对过期或对水泥质量有怀疑时，应复验其强度等级、标准稠度用水量、凝结时间和体积安定性，并根据实验结果处置。

2. 骨料

（1）细骨料

细骨料宜采用细度模数为 3.3～2.3 的硬质中粗砂，其性能应符合 GB/T 14684 的规定。含泥量和泥块含量不得大于 3%。当采用海砂制作钢筋混凝土排水管时，其氯盐含量（以 NaCl 计）不得大于 0.06%，并宜经淡化处理。

（2）粗骨料

1）粗骨料可采用碎石或卵石，其性能应符合 GB/T 14685 的规定，针片状颗粒含量不得大于 15%，含泥量和泥块含量不得大于 1%。

2）粗骨料最大粒径，对于混凝土管不得大于管壁厚的 1/2，对于钢筋混凝土管不得大于管壁厚的 1/3，并不得大于环向钢筋净距的 3/4。采用悬辊和挤压工艺时，宜选用粒径稍小的石子。

3）进厂的粗、细骨料应分开堆放在坚硬的地坪上，不得混有杂草、树叶等。冬季冰冻地区搅拌混凝土用细骨料不得混有冻块。

(3) 骨料应检验合格后使用，其检验项目应包括：含泥量、泥块含量和颗粒级配。

3. 水

混凝土拌合用水应符合 JGJ 63 的规定。

4. 混凝土外加剂

(1) 根据需要可选用合适的混凝土外加剂，其性能应符合 GB 8076 的规定。

(2) 混凝土外加剂使用前，应先进行混凝土试配，符合要求后方可使用，并根据试验结果调整制管工艺参数。

(3) 混凝土外加剂可采用水剂或粉剂，当直接采用粉状混凝土外加剂时，应延长搅拌时间 1min。外加剂的使用应符合 GB 50119 的要求。

5. 混凝土掺合料

为了改善混凝土的性能，节约水泥、降低成本，在拌制混凝土时可掺入适量的粉煤灰、磨细矿渣粉等混凝土掺合料。

(1) 粉煤灰的质量应符合 GB 1596 的规定。

(2) 磨细矿渣粉的质量应符合 GB/T 18046 的规定。

6. 钢筋

(1) 排水管所用钢材根据设计要求选用冷轧带肋钢筋、热轧带肋钢筋、热轧光园钢筋或低碳冷拔钢丝，钢筋直径不得小于 3.0mm，其性能应符合 GB 13788、GB 1499.1、GB 1499.2、JC/T 540 的规定。

(2) 进厂钢筋应有质量合格证，并按规格、按批量抽检；同规格冷轧带肋钢筋、热轧带肋钢筋、热轧光圆钢筋、热轧圆盘条每批不大于 60t，冷拔低碳钢丝不大于 5t。其检验项目为屈服强度、极限抗拉强度、180°冷弯次数及伸长率，必要时应按重量法测定钢筋直径。

(3) 钢筋经检验合格后，应按不同厂商、不同品种、不同规格、不同强度等级分别堆放，保持标牌完整，并有防雨、防潮设施。钢筋表面不应有伤痕、锈蚀（凹坑、麻面或氧化皮）和油污。用于滚焊成型骨架的钢筋应保持表面光洁。

7. 钢板

(1) 钢承口用钢板的材质性能应符合 GB/T 700 碳素钢结构中 Q235 的规定。

(2) 钢承口用钢板厚度：对公称直径大于或等于 2000mm 的管子，钢板厚度不宜小于 10mm；对公称直径小于 2000mm 且大于 1200mm 的管子，钢板厚度不宜小于 8mm；对公称直径小于或等于 1200mm 的管子，钢板厚度不宜小于 6mm。承口钢板的性能应符合 GB 3274 和 GB/T 700 的规定。

D.4 混 凝 土

1. 混凝土强度等级

制管用混凝土强度等级不得低于 C30，用于制作顶管的混凝土强度等级不得低于 C40。

混凝土配合比设计应通过试验确定。

2. 混凝土配料

(1) 严格按规定的配合比配料，原材料必须称重计量，不得使用体积比计量。原材料允许称量偏差：水泥、水、外加剂、掺和料±1%；砂子、石子±2%。所用计量器具必须经过检定合格，并在有效使用期内。计量装置称量前检查，符合要求方能使用，宜采用电子称重装置计量。

(2) 应随气候变化测定砂、石的含水率并及时调整配料，冬季不得含冰块。

3. 混凝土搅拌

(1) 混凝土宜采用强制式搅拌机搅拌，混凝土净搅拌时间：对于硬性混凝土不宜少于120s，对塑性混凝土不应少于90s，并确保混凝土料拌合均匀，掺加掺合料时搅拌时间应当适当延长。

(2) 搅拌第一罐混凝土时，搅拌机应先充分湿润，并按配合比增加水泥用量10%。

(3) 混凝土混合物应即拌即用，混凝土混合物卸出搅拌机至喂料结束的间隔时间：环境温度高于25℃时，不超过60min；环境温度低于25℃时，不超过90 min。

(4) 搅拌后的混凝土拌合物按生产班次抽样测定坍落度或工作度。离心工艺、立式震动（插入式工艺）混凝土坍落度宜采用20～60mm；立式震动（附着式工艺）坍落度宜采用70～120mm；悬辊工艺、立式挤压和芯模振动工艺混凝土维勃稠度宜采用20s～60s。

(5) 冬季施工混凝土温度不宜低于10℃，并延长搅拌时间1min。采用热水搅拌时，水温不得高于60℃。

4. 混凝土抗压强度试验

(1) 在混凝土的浇筑地点随机取样制作试块，三个试块为一组。每天拌制的同配比混凝土，取样不得少于一次，每次至少成型2组试块，与管子同条件养护，试块脱模后，一组测定脱模强度，另一组在标准条件下养护，用于检验评定28d强度，其余备用。

(2) 混凝土抗压强度试验及评定按GB/T 11837及GB J 107的规定进行。

D.5 钢筋骨架

1. 钢筋骨架设计

(1) 钢筋骨架应按设计图纸及技术要求制作。

(2) 钢筋骨架的环向钢筋间距不得大于150mm，且不得大于管壁厚度的3倍。环向钢筋直径不得小于3.0mm。骨架两端的环向钢筋应密缠1～2圈。

(3) 钢筋骨架的纵向钢筋直径不得小于4.0mm，纵向钢筋的环向间距不得大于400mm，且纵筋根数不得少于6根。

(4) 公称内径小于或等于1000mm的管子，宜采用单层配筋（有特殊要求的除外），配筋位置在距管内壁2/5处；公称内径大于1000mm的管子宜采用双层配筋。

(5) 用于顶进施工的管子，宜在管端200～300mm范围内增加环筋的数量，并配置U形箍筋或其他形式加强筋。

（6）钢筋骨架一般应加保护层定位卡，宜采用塑料定位卡或钢筋定位卡。双层钢筋骨架的层间应用架立筋连接牢固。

2. 钢筋骨架制作

（1）钢筋骨架不得采用手工绑扎成型。当环筋直径小于或等于 8mm 时，应采用滚焊成型；当环筋直径大于 8mm 时，应采用滚焊成型或人工焊接成型。当采用人工焊接成型时，焊点数量应大于总联接点的 50%且均匀分布。钢筋的连接处理应符合 GB 50204、JGJ 95 的规定。

（2）钢筋骨架要有足够的刚度，接点牢固，不松散、不塌垮、不倾斜，无明显的扭曲变形和大小头现象。钢筋骨架在运输、装模及成型管子过程中，应能保持其整体性。所有交叉点均应焊接牢固，邻近接点不应有两个以上的交叉点漏焊或脱焊。整个钢筋骨架漏、脱焊点数量不大于总交叉点的 3%，且全部采用手工绑扎补齐。

3. 钢筋骨架质量

（1）各部分尺寸允许偏差：钢筋骨架直径±5mm；钢筋骨架长度 0，－10mm；环向钢筋环数＋1，0 环；环向钢筋螺距±5mm（连续 10 环平均值）。

（2）焊后钢筋极限抗拉强度降低值应不大于原始强度的 10%，接点侧向拉开力不应小于 1kN。

（3）焊接钢筋骨架不应有明显的纵向钢筋倾斜或环向钢筋在接点处出现折角的现象。纵向钢筋端头露出环向钢筋长度不应大于 15mm。

（4）钢筋骨架经检验合格并按规格、级别标识后方可使用。

4. 钢承口顶管钢承口环制作

（1）制作承口环的钢带按设计尺寸下料，下料长度误差不应大于±3mm，断口应平直，与长轴的垂直度误差不超过 1mm。

（2）钢带下料后，断口两面按 30°角磨成坡口，坡口高度约为板厚的 1/3。

（3）钢带卷圆时应有靠板控制，防止偏歪。经卷圆的钢环用压板将焊口两端对齐压紧，焊缝应平滑无夹渣、漏焊和裂纹，焊缝两面应磨平。

D.6 模具组装

（1）组装后的管模尺寸误差应小于 GB/T 11836 规定的该规格管子各部分尺寸允许偏差要求。两端口及合缝应无明显间隙，各部分之间连接的紧固件应牢固可靠。

（2）立式震动和芯模振动成型管模的底板应平整，内外模与底板、合缝之间应有密封措施，内外模垂直于底板并准确定位。

（3）管模内壁及合缝应清理干净，剔除残存的水泥浆渣。管模内壁及挡圈、底板均应涂上隔离剂。

（4）隔离剂可选用油脂、乳化油脂、松香皂类等。其基本要求为不粘接和污染管壁，成膜性好，易剔除，与钢模附着力强。

（5）钢筋骨架装入管模前应保证其规格尺寸正确，保护层间隙均匀准确，在组装后的管模内钢筋骨架一般应不松动。

（6）管模螺丝应齐全完整并紧固。

D.7 离心成型

1. 离心制管机

(1) 离心制管机应符合 JC/T 822《水泥制品工业用离心成型机技术条件》要求，并满足在工艺设计转速范围内无级调速，高速运转平稳，管模不颠不跳，托轮及跑轮的不圆度误差应小于 0.1mm。

(2) 机座牢固，同轴托轮顶点水平高差、同轴托轮直径误差、相邻两托轮轴不平行度误差均不大于 1mm。

(3) 轴距确定应以管模跑轮与两托轮间切点至管模中心夹角 75°～110°为宜（管径越大夹角越小），以此确定离心机适应的管径范围。

(4) 离心管模要求：公称内径大于 800mm 的管模，应采用整体跑轮，不得采用两半圆跑轮。

2. 喂料层数

制作较大直径的管子宜采用混凝土喂料机。并按不同管型及管壁厚度采取不同的喂料层数。

3. 离心制度

每层料均应经过慢、中、快三个速度阶段成型，其管模转速可参考下列条文确定。

(1) 慢速（$n_{慢}$）用下面公式计算

$$n_{慢}=K\cdot\frac{300}{\sqrt{R}} \tag{D-1}$$

式中 $n_{慢}$——投料转速，r/min；

R——管模内径，cm；

K——系数，1.5～2.0。

(2) 快速（$n_{快}$）可用管模线速度控制。参考下面数值选用：

ϕ1350mm 以下为 10～15m/s；ϕ1500～2600mm 为 15～25m/s。

(3) 中速（$n_{中}$）用下面公式计算：

$$n_{中}=\frac{n_{快}}{\sqrt{2}} \tag{D-2}$$

式中 $n_{中}$——中速转速，r/min；

$n_{快}$——快速转速，r/min。

(4) 慢速时间以完成喂料后再延长几分钟为宜，以使混凝土混合料在模内均匀分布、厚薄适宜为准；中速时间一般 2～5min；快速时间根据离心制管机性能和混凝土和易性综合确定，以混凝土密实为准，可参考下面数值选用：

1) ϕ500mm 以下（或前 1～2 层）一般不少于 8min；

2) ϕ600mm 以上（或最后 1 层）一般不少于 10min。

4. 清理

离心成型结束前，应清除管内壁露石和浮浆，表面擀光。采用多层喂料时，每层离心密实后均应清除浮浆。

D.8 悬辊成型

1. 悬辊制管机

(1) 悬辊制管机应符合 JC/T 697 钢筋混凝土管悬辊成型机要求。

(2) 悬辊制管机架应有足够的刚度，在制管过程中不得有明显的颤动。在门架关闭状态下，辊轴每延长米高差应小于 1mm。辊轴应满足在 0～500r/min 之间无级调速。

(3) 辊轴外径与管内径之比为 1∶3～1∶5。

2. 喂料机

(1) 在管模净空允许的情况下宜采用喂料机喂料。要求喂料机行走平稳，皮带速度均匀，输料量应保证在 2～3 次往返后将料喂足。采用人工喂料时，要求布料均匀。

(2) 喂料量应控制在压实后混凝土比挡圈超厚 2～3mm 为宜。

3. 成型制度

悬辊成型分喂料及净辊压两阶段。

(1) 喂料阶段：管模转速确定参见公式（D-1），K 值取 2.0 为宜。

(2) 净辊压阶段：管模转速参考表 D-1 数值选用，净辊时间一般为 1～4min。

管模转速 **表 D-1**

管径(mm)	管模转速(r/min)
<500	140～230
600～900	100～200
1000～1400	80～120
≥1500	80～110

D.9 立式振动成型

立式振动可采用插入式振捣器或附着式振动器成型。

1. 采用插入式振捣器成型

(1) 应分层装料，分层振捣密实。每层料厚度为 30～40cm，层间振捣时间间隔不得大于 45min。

(2) 振捣棒快插慢提，直至混凝土表面液化并无气泡逸出为止。

(3) 每次插入深度控制在进入下层 5～10cm，两棒间距应小于振捣器有效作用半径，并按一定方向移动，不得漏振。

2. 采用附着式振动器

(1) 将搅拌好的混凝土拌合物均匀加入柱体内，并开始采用小气量启动振动，根据加料的进度逐步加大进气量，待混凝土加至管身 1/2 时打开全部气门，边振动边加料，保持到混凝土加完后再振 5min，以确保排气的充分。

(2) 混凝土料加料略高于外模溢出孔，以便上层泥浆水的溢出。

(3) 产品成型后，先对插口上端进行初步抹平，并以外模溢出孔高度控制管尺寸。待管静停 2h 左右，在混凝土初凝后将插口端面收光。

D.10　立式挤压振动成型

立式挤压振动包括轴向挤压和径向挤压两种成型方法，轴向挤压工艺只限于生产混凝土排水管，径向挤压工艺用于生产钢筋混凝土管。

（1）制管机主轴垂直偏差应小于0.1%；抹光钢圈直径下锥度为2～4mm，直径误差为+3mm、−5mm；成型头挤压轮外缘比抹光钢圈上端大1～1.5mm，辊压轮旋转自如。

（2）装模时管端口钢带、钢模上口应到位并压紧。

（3）制管主要工艺参数，承口振动时间、主轴转速和主轴提升时间，应符合表D-2规定。

制管主要工艺参数　　**表D-2**

管径(mm)	承口振动时间(s)	主轴转速(r/min)	主轴提升时间(s/m)
600	45	180～190	20
800	50	130～140	22
1000	55	120～130	24
1200	60	92～110	27

（4）喂料与成型。

1）承口成型时可采用一次或两次加料连续振动；

2）双层挤压头成型管身时宜采用两次喂料、两次成型；多层挤压头成型管身时可采用一次喂料；承口与管身应连续成型；

3）喂料应使混凝土料加入钢模中心，加料应连续、均匀、适量。

（5）成型后转出管模，不得有撞击。

（6）起吊下落应垂直、缓慢，行走平稳；脱模时应垂直提升。

（7）脱模后应及时检查管外观质量，发现缺陷应立即修整。

D.11　芯模振动成型

1. 芯模振动制管设备

芯模振动制管设备应满足芯棒转速大于3000r/min的要求。

2. 喂料振动

（1）在开机之前应根据不同规格管子的振动要求，按照振动密实效果最佳而振动力最小的选择原则，调整振幅和振动频率。

（2）空模时不得启动振动器，在模内混凝土料未加到规定高度时不宜启动振动器，以免振动器轴承受力过大而损坏。

（3）调整混凝土喂料装置，确保混凝土料能均匀的喂入内、外模的空间内。

（4）启动喂料机，使喂料机的下料口对准要求的注料位置，开始均匀连续地喂入管模内，待混凝土喂入高度达30～50cm时，方可开启振动器，并由低向高逐步增大振动频率，以确保混凝土振动密实。管体成型时，芯棒转速宜采用3000～3500r/min。

3. 管端面碾压

（1）混凝土边振动边喂料，当喂至管模上端时，应及时成型管子插口，不宜在未加插口成型模的情况下振动过长时间，以免造成插口端成型困难。

（2）转动管顶插口加压装置于管子上方，落下插口成型模。开启压力油缸使成型环压在管端上，碾压管端面持续1min，关闭内芯模振动器，并继续碾压1～2min，直至振动器完全停振后，即可将管顶加压装置退回原处。

（3）端部加压时，应适时加大振动频率，芯棒转速宜采用3300～3800r/min。

4. 脱模

（1）对已成型的管顶部进行表面修理、修正，然后套入内外保护定型圈。

（2）当起吊吊钩位于管轴心方向时，起吊外模。要求先慢后快，平稳的将外模和管子吊离工作坑，轻轻地放置在养护区的平整地面上。

（3）脱下外模时应缓慢、平稳、垂直提升。在另一个底托上放置钢筋骨架，组装外模进行下一个制管循环。

D.12 养护制度

（1）产品养护分自然养护和蒸汽养护，除芯模振动成型的产品可采取自然养护方式外，其他方式成型的产品宜采用蒸汽养护。养护前，应对成型后的管壁、端口外观质量进行检查，发现缺陷应立即修整。立式震动成型的管口应待混凝土初凝后压光。

（2）蒸汽养护宜采用高效、节能的养护设施，应结合产品码放方式尽量提高填充系数，应设置单独的蒸汽调节阀门和测温元件，温度可在100℃以下任意调整，温度表分度值不应大于5℃。

（3）蒸汽养护制度分成为静停、升温、恒温、降温4个阶段，应根据不同季节、不同材料、不同工艺由试验室确定合理的蒸养制度并严格执行。

1）静停：根据季节和产品需要确定，静停时应采取保湿措施，以防出现干缩裂缝。

2）升温：每小时升温不宜大于30℃。

3）恒温：恒温时间因蒸养设施效率、水泥品种、掺混凝土外加剂情况、管壁厚度而定，应以保证脱模强度为准，不宜少于3h（硫铝酸盐水泥除外）。最高恒温温度应根据水泥品种参照表D-3规定确定。

最高恒温温度 **表D-3**

水泥品种	最高温度(℃)
硅酸盐水泥	80
普通硅酸盐水泥	85
矿渣硅酸盐水泥	95

（4）降温：降温速度不大于30℃/h，控制出池前管子与环境之间温差不大于30℃，保持一定的降温时间。

（5）对于使用快硬硅酸盐水泥、快硬硫铝酸盐水泥等特种水泥生产的产品，应根据不同的制作工艺及水泥特性，在确保产品质量的前提下合理的制定蒸汽养护制度，对于离心、悬辊等带模蒸养的硫铝酸盐水泥制品，可取消静停并采用快速蒸养。

（6）蒸养过程中，应严格控制蒸养温度，0.5～1h测温一次，根据测温结果调整供汽量并做好记录。

D.13 脱模、修补与后期养护

1. 脱模

(1) 蒸汽养护结束，确认管体混凝土已达到规定的脱模强度后方可脱模。脱模强度的确定以管子在脱模中不会发生结构和外观损坏，并满足吊运强度要求为准。脱模强度应不低于设计强度的60%且不低于18MPa。

(2) 脱模过程中，应采取防护措施和正确的卸模操作及吊运方式，防止管体结构和外观损伤。

2. 修补

脱模后的管子若存在GB/T 11836允许修补范围内外观缺陷，应采取有效方法进行修补。修补材料应与混凝土颜色接近，其粘接强度不低于管体混凝土的抗拉强度，其抗压强度不低于管体混凝土的抗压强度。

3. 后期养护

当气温在10℃以上时，脱模后的管子宜洒水养护至管体混凝土达到出厂强度。

D.14 质量管理体系与控制

(1) 企业应建立完善的质量保证体系，并获取工业产品生产许可证。

(2) 对进厂的原材料应按《输水管产品生产许可证实施细则》要求的项目进行复检，合格方可使用。

(3) 企业应建立满足生产要求的试验室，并配备相应的检验仪器、设备。

D.15 检验、标志、包装、运输和贮存

1. 成品检验

按GB/T 11836及GB/T 16752规定进行。

2. 标志

经检验合格的成品，应根据GB/T 11836和JC/T 640的要求，在管身标明：企业名称、产品商标、生产许可证编号、产品标记、生产日期和“严禁碰撞”等字样。

3. 产品贮存

(1) 管子应按规格、型号与级别分别堆放，不得混放。

(2) 管子堆放层数应符合GB/T 11836及GB/T 16752规定。

(3) 在干燥气候条件下，应加强成品管子的后期洒水保养工作，使管子保持湿润。

4. 运输

(1) 装卸搬运时，必须轻起轻放，严禁碰撞，起吊时严禁用钢丝绳穿心吊，严禁管子自由滚落和随意抛掷。

(2) 滚动管子时不允许承口端或插口端着地撞击。

(3) 装车发运时，应有防止滑移、滚动、窜动的措施，并与车厢绑扎牢靠，如遇超宽、超高情况应采取相应措施。

附录 E　离心成型混凝土强度、振动挤压混凝土强度提高系数

1. 离心成型混凝土强度提高系数

离心工艺是制作环形制品（混凝土管、混凝土电杆、混凝土管桩等）常用的工艺方法，在国内广泛采用。离心混凝土与一般混凝土不同，离心混凝土成型过程是：钢模慢速起转后，混凝土沿管模内壁摊开，形成中空形，随着钢模转速加快、离心力加大，混凝土中固相粒子沿着离心力方向沉降，促使拌合水的排除和水灰比相应降低，促使空气排除和间隙减少，因此离心混凝土的密实度和强度可相应提高。

对制管用混凝土分别以离心和振动成型，在同样条件下养护（标养）后的强度试验结果如表 E-1 所示。

离心成型混凝土与振动成型混凝土强度对比　　表 E-1

原始水灰比	28d 抗压强度(N/mm^2)		强度提高系数
	离心成型	振动成型	($R_{离}/R_{振}$)
0.7	51.3	23.4	2.19
0.6	53.1	26.4	2.01
0.5	65.0	32.5	2.00
0.45	68.1	36.0	1.89
0.4	72.1	47.1	1.53

由表 E-1 可知，离心成型混凝土强度显著高于振动成型混凝土，随着原始水灰比增大强度提高系数也增大，原始水灰比大于 0.5 时，强度提高系数逐渐趋同。说明离心前后水灰比变化越大，强度提高得越多。

2. 振动挤压混凝土强度提高系数

振动挤压工艺成型预应力混凝土管称为一阶段预应力混凝土管，混凝土密实除受振动外，尚在成型后整个过程中受到大于 2.0MPa 的挤压力作用，排出混凝土的多余拌合水、剩余水灰比下降，促使空气排除和间隙减少，因此振动挤压混凝土的密实度和强度可极大提高。

对制管用混凝土分别以振动挤压和振动成型，在同样条件下养护（标养）后的强度试验结果如表 E-2 所示。

振动挤压成型混凝土与振动成型混凝土强度对比　　表 E-2

原始水灰比	28d 抗压强度(N/mm^2)		强度提高系数
	振动挤压成型	振动成型	($R_{离}/R_{振}$)
0.7	69.1	25.6	2.70
0.6	72.6	27.8	2.61
0.5	87.3	35.2	2.48
0.45	94.1	40.4	2.33
0.4	99.6	49.3	2.02

振动挤压试块强度试验方法：

振动挤压试块先以与振动试块相同的方法，在振动台上振动密实，然后安装上如图E-1所示加压架，在压力机上按规定的压力压缩弹簧、并拧紧螺栓，弹簧的作用力通过平板传递至试块，使混凝土自始至终处在受压状态，排出水分和空气。

在同样条件养护后测试振动混凝土和振动挤压混凝土的强度。

3. 离心成型混凝土强度、振动挤压混凝土强度提高系数

根据长期生产实践和试验取得的数据，《给水排水工程埋地预应力混凝土管和预应力钢筒混凝土管管道设计规程》CECS 140：2011 规定：离心成型的混凝土强度可提高（离心工艺提高系数）25%；振动挤压成型的混凝土强度可提高（振动挤压工艺提高系数）50%。

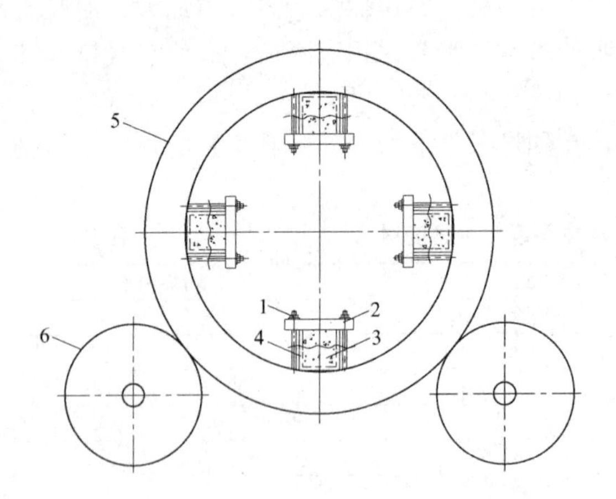

图 E-1　离心试块制作方法示意图

1—固定螺栓；2—固定支架；3—混凝土；4—三联试模；5—管模；6—托轮

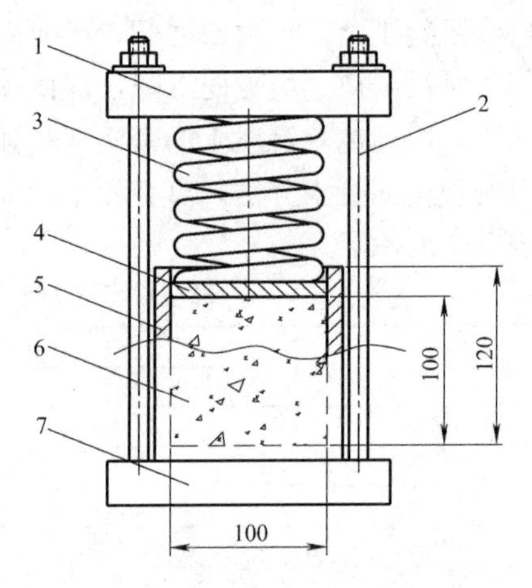

图 E-2　振动挤压试块制作加压架

1—上支架；2—锁压螺栓；3—加压弹簧；4—加压板；5—试模；6—混凝土；7—下支架

附录F　混凝土的热工计算

F.1　混凝土搅拌、运输、浇筑温度计算

1. 混凝土拌合温度计算公式

$$T_0=[0.92(m_{ce}T_{ce}+m_{sa}T_{sa}+m_gT_g)+4.2T_w(m_w-w_{sa}m_{sa}-w_gm_g)+c_1(w_{sa}m_{sa}T_{sa}+w_gm_gT_g)-c_2(w_{sa}m_{sa}+w_gm_g)]/[4.2m_w+0.9(m_{ce}+m_{sa}+m_g)] \tag{F-1}$$

式中　T_0——混凝土拌合物温度，℃；

m_w——用水量，kg；

m_{ce}——水泥用量，kg；

m_{sa}——砂用量，kg；

m_g——石用量，kg；

T_w——水的温度，℃；

T_{ce}——水泥的温度，℃；

T_{sa}——砂的温度，℃；

T_g——石的温度，℃；

w_{sa}——砂的含水率，%；

w_g——石的含水率，%；

c_1——水的比热容，kJ/kg·K；

c_2——冰的溶解热，kJ/kg；

当骨料温度大于0℃时，$c_1=4.2$，$c_2=0$；当骨料小于或等于0℃，$c_1=2.1$，$c_2=335$。

2. 混凝土拌合物出机温度计算公式

$$T_1=T_0-0.16(T_0-T_i) \tag{F-2}$$

式中　T_1——混凝土拌合物出机温度，℃；

T_i——搅拌楼内温度，℃。

3. 混凝土拌合物经运输到浇筑时温度计算公式

$$T_2=T_1-(\alpha t_i+0.032n)(T_1-T_a) \tag{F-3}$$

式中　T_2——混凝土拌合物运输到浇筑时的温度，℃；

t_i——混凝土拌合物自运输到浇筑的时间，h；

n——混凝土拌合物动转次数；

T_a——混凝土拌合物运输时环境温度，℃；

α——温度损失系数，h^{-1}；当用混凝土搅拌车运输时，$\alpha=0.25$；当用开敞式大型自卸汽车时，$\alpha=0.20$；当用开敞式小型自卸汽车时，$\alpha=0.20$；当用封闭式自卸汽车时，$\alpha=0.10$；当用手推车时，$\alpha=0.50$。

4. 考虑模板和钢筋吸热影响，混凝土浇筑完成时的温度计算公式

$$T_3=(C_c m_c T_2+C_f m_f T_f+C_s m_s T_s)/(C_c m_c+C_f m_f+C_s m_s) \tag{F-4}$$

式中　T_3——考虑模板与钢筋吸热影响，混凝土成型完成时的温度，℃；

C_c——混凝土的比热容，kJ/kg·K；

C_f——模板的比热容，kJ/kg·K；

C_s——钢筋的比热容，kJ/kg·K；

m_c——每 m^3 混凝土的质量，kg；

m_f——每 m^3 混凝土相接触的模板的质量，kg；

m_s——每 m^3 混凝土相接触的钢筋的质量，kg；

T_f——模板的温度，未预热时可采用当时环境的温度，℃；

T_s——钢筋的温度，未预热时可采用当时环境的温度，℃。

F.2　混凝土养护过程中的温度计算

1. 水泥的水化热

$$Q_\tau=\frac{1}{n+\tau}Q_0\tau \tag{F-5}$$

式中　Q_τ——在龄期 τ 天时的累积水化热，kJ/kg；

Q_0——水泥水化热总量，kJ/kg；

τ——龄期，d；

n——常数，随水泥品种、比表面积等因素不同而异。为便于计算上式可改为：

$$\frac{\tau}{Q_\tau}=\frac{n}{Q_0}+\frac{\tau}{Q_0} \tag{F-6}$$

根据水泥水化热“直接法”试验测试结果，以龄期 τ 为横坐标、τ/Q_τ 为纵坐标画图，可得到一条直线，此直线的斜率为 $1/Q_0$，即可求出水泥水化热总量 Q_0。其值亦可根据下式进行计算或从表 F.2-1 选用。

$$Q_0=\frac{4}{7/Q_7-3/Q_3} \tag{F-7}$$

2. 胶凝材料水化热总量

通常 Q 值是在水泥、掺合料、外加剂用量确定后根据实际配合比通过试验得出。当无试验数据时，可考虑根据下式进行计算：

$$Q=kQ_0 \tag{F-8}$$

式中　Q——胶凝材料水化热总量，kJ/kg；

k——不同掺量掺合料水化热调整系数，其值由表 F-1 选取。

不同掺量掺合料水化热调整系数　　表 F-1

掺量	0	10%	20%	30%	40%
粉煤灰(k_1)	1	0.90	0.95	0.93	0.82
矿渣粉(k_2)	1	1	0.93	0.92	0.84

注：表中掺量为掺合料与总胶凝材料用量的百分比。

当采用粉煤灰和矿渣粉双掺时，k 按下式计算：

$$k=k_1+k_2-1 \tag{F-9}$$

式中 k_1——粉煤灰掺量对应系数；

k_2——矿渣粉掺量对应系数。

3. 混凝土的绝热温升

因水泥水化热引起混凝土的绝热温升值可按下式计算：

$$T(t)=\frac{WQ}{C\rho}(1-e^{-mt}) \tag{F-10}$$

式中 $T(t)$——混凝土龄期为 t 时的绝热温升，℃；

W——每 m^3 混凝土的胶凝材料用量，kg/m^3；

C——混凝土的比热容，一般为 0.92～1.0kJ/(kg·℃)；

ρ——混凝土的重力密度，2400～2500kg/m^3；

m——与水泥品种、浇筑温度等有关的系数，0.3～0.5d^{-1}，可按表 F-2 选用；

t——混凝土龄期，d。

***m* 取值** 表 F-2

浇筑温度(℃)	5	10	15	20	25	30
m	0.295	0.318	0.340	0.362	0.384	0.406

4. 混凝土养护开始到任一时刻 *t* 的温度计算公式：

$$T=\eta e^{-\theta V_{ce}t}-\phi e^{-V_{ce}t}+T_{m.a} \tag{F-11}$$

混凝土养护开始到任一时刻 t 的平均温度计算公式：

$$T_m=1/(V_{ce}t)[\phi e^{-V_{ce}t}-(\eta/\theta)e^{-\theta V_{ce}t}+(\eta/\theta)-\phi]+T_{m.a} \tag{F-12}$$

其中 θ、ϕ、η 为综合参数，按下式计算：

$$\theta=(\omega KM)/(V_{ce}C_c\rho_c) \tag{F-13}$$

$$\phi=(V_{ce}C_c m_{ce})/(V_{ce}C_c\rho_c-\omega KM) \tag{F-14}$$

$$\eta=T_3=T_{m.a}+\phi \tag{F-15}$$

式中 T——混凝土养护开始到任一时刻 t 的温度，℃；

T_m——混凝土养护开始到任一时刻 t 的平均温度，℃；

t——混凝土养护开始到任一时刻的时间，h；

$T_{m.a}$——混凝土养护开始到任一时刻 t 的平均气温，℃；

ρ_c——混凝土的质量密度，kg/m^3；

m_{ce}——每立方米混凝土水泥用量，kg/m^3；

C_c——混凝土的比热容，kJ/(kg·K)；

V_{ce}——水泥水化速度系数，h^{-1}；

ω——透风系数；

M——结构表面系数，m^{-1}；

K——结构围护层的总传热系数，kJ/(m^2·h·k)；

e——自然对数底，e=2.72。

注：① 结构表面系数按下式计算：

$$M=A(\text{混凝土结构表面积})/V(\text{混凝土结构体积}) \tag{F-16}$$

② 结构围护层总传热系数按下式计算：

$$K=3.6/\left(0.04+\sum_{i=1}^{n}d_i/K_i\right) \tag{F-17}$$

式中　d_i——第 i 层围护层厚度，m；

K_i——第 i 层围护层导热系数，W/(m·k)。

③ 平均气温 $T_{m.a}$ 取法。采用养护开始至 t 时气象预报的平均气温，或按每时或每日平均气温计算。

④ 水泥水化累积最终放热量 Q_{ce}，水泥水化速度 V_{ce} 及透风系数 ω 取值按表 F-3、F-4 取用。

水泥水化累积最终放热量 Q_{ce} 和水泥水化速度 V_{ce}　　**表 F-3**

水泥品种及标号	Q_{ce}(kJ/kg)	V_{ce}(h^{-1})
42.5 硅酸盐水泥	400	0.013
42.5 普通硅酸盐水泥	360	
32.5 普通硅酸盐水泥	330	
32.5 矿渣、火山灰、粉煤灰硅酸盐水泥	240	

透风系数 ω　　**表 F-4**

围护层种类	透风系数 ω		
	小风	中风	大风
围护层由易透风材料组成	2.0	2.5	3.0
易透风保温材料外包不易透风材料	1.5	1.8	2.0

注：小风风速 $V_{ce}<3$m/s，中风风速 $V_{ce}<5$m/s，大风风速 $V_{ce}>5$m/s。

5. 混凝土表面温度

混凝土表面温度计算公式为：

$$T_{b\max}=T_q+4(H-h')h'\Delta T/H^2 \tag{F-18}$$

$$H=h+2h' \tag{F-19}$$

$$h'=K\lambda/\beta \tag{F-20}$$

式中　$T_{b\max}$——混凝土表面最高温度，℃；

$T_{m.a}$——大气的平均温度，℃；

H——混凝土的计算厚度；

h'——混凝土的虚厚度；

h——混凝土的实际厚度；

ΔT——混凝土中心温度与外界气温的最大温差值；

λ——混凝土的导热系数，此处可取 2.33W/(m·K)；

K——计算折减系数，根据试验资料可取 0.666；

β——混凝土模板的传热系数，W/(m²·K)。

6. 浇筑体温度场计算

浇筑体内部的温度场计算可采用有限单元法或一维差分法。

(1) 有限单元法

有限单元法可使用成熟的商用有限元计算程序或自编的经过验证的有限元程序。

（2）一维差分法

采用一维差分法，可将混凝土沿厚度分许多有限段 Δx，时间分许多有限段 Δt。相邻三点的编号为 $n-1$、n、$n+1$，在第 k 时间里，三点的温度 T_{n-1}，k、$T_{n,k}$、$T_{n+1,k}$，经过 Δt 时间后，中间点的温度 $T_{n,k+1}$，可按差分法求得。

$$T_{n,k+1}=\frac{T_{n-1,k}+T_{n+1,k}}{2}2a\frac{\Delta t}{\Delta x^2}-T_{n,k}\left(2a\frac{\Delta t}{\Delta x^2}-1\right)+\Delta T_{n,k} \tag{F-21}$$

式中　a——混凝土导温系数，取 $0.0035\text{m}^2/\text{h}$。

浇筑第一层时取相应位置温度为初始温度，混凝土入模温度为混凝土初始温度，当达到混凝土上表面时，可假定上表面边界温度为大气温度。

混凝土内部热源在 t_1 和 t_2 时刻之间散热所产生的温差：

$$\Delta T=T_{\max}(e^{-m\tau_1}-e^{-m\tau_2}) \tag{F-22}$$

在混凝土与相应位置接触面上的散热温升可取 $\Delta T/2$。

7. 温差计算

（1）混凝土浇筑体的里表温差可按下式计算：

$$\Delta T_1(t)=T_{\text{m}}(t)-T_{\text{b}}(t) \tag{F-23}$$

式中　$\Delta T_1(t)$——龄期为 t 时，混凝土浇筑体的里表温差，℃；

$T_{\text{m}}(t)$——龄期为 t 时，混凝土浇筑体内的最高温度，可通过温度场计算或实测求得，℃；

$T_{\text{b}}(t)$——龄期为 t 时，混凝土浇筑体内的表层温度，可通过温度场计算或实测求得，℃；

（2）混凝土浇筑体的综合降温差可按下式计算：

$$\Delta T_2(t)=\frac{1}{6}[4T_{\text{m}}(t)+T_{\text{bm}}(t)+T_{\text{dm}}(t)]+T_{\text{y}}(t)-T_{\text{w}}(t) \tag{F-24}$$

式中　$\Delta T_2(t)$——龄期为 t 时，混凝土浇筑体在降温过程中的综合降温，℃；

$T_{\text{bm}}(t)$、$T_{\text{dm}}(t)$——混凝土浇筑体达到最高温度 $T_{\max}$时，其块体上、下表层的温度，℃；

$T_{\text{y}}(t)$——龄期为 t 时，混凝土收缩当量温度，℃；

$T_{\text{w}}(t)$——混凝土浇筑体预计的稳定温度或最终稳定温度（可取计算龄期 t 时的日平均温度或当地年平均温度），℃。

F.3　混凝土收缩变形值的当量温度

1. 混凝土收缩的相对变形值可按下式计算：

$$\varepsilon_{\text{y}}(t)=\varepsilon_{\text{y}}^0(1-e^{-0.01t})M_1M_2M_3\cdots M_{11} \tag{F-25}$$

式中　$\varepsilon_{\text{y}}(t)$——龄期为 t 时混凝土收缩引起的相对变形值；

ε_{y}^0——在标准试验状态下混凝土最终收缩的相对变形值，取 3.24×10^{-4}；

M_1、M_2、$M_3\cdots M_{11}$——考虑各种非标准条件的修正系数，可按表 F-5 选用。

混凝土收缩变形不同条件影响修正系数 表 F-5

水泥品种	M_1	水泥细度 (m^2/kg)	M_2	水胶比	M_3	胶浆量 (%)	M_4	养护时间 (d)	M_5	环境相对湿度 (%)	M_6
矿渣水泥	1.25	300	1.0	0.3	0.85	20	1.0	1	1.11	25	1.25
低热水泥	1.10	400	1.13	0.4	1.0	25	1.2	2	1.11	30	1.18
普通水泥	1.0	500	1.35	0.5	1.21	30	1.45	3	1.09	40	1.1
火山灰水泥	1.0	600	1.68	0.6	1.42	35	1.75	4	1.07	50	1.0
抗硫酸盐水泥	0.78					40	2.1	5	1.04	60	0.88
						45	2.55	7	1	70	0.77
						50	3.03	10	0.96	80	0.7
								14～180	0.93	90	0.54

$\bar{r}$	M_7	$\frac{E_sF_s}{E_cF_c}$	M_8	减水剂	M_9	粉煤灰掺量 (%)	M_{10}	矿粉掺量 (%)	M_{11}
0	0.54	0.0	1.0	无	1.0	0	1.0	0	1.0
0.1	0.76	0.05	0.85	有	1.3	20	0.86	20	1.01
0.2	1.0	0.10	0.76	—	—	30	0.89	30	1.02
0.3	1.03	0.15	0.68	—	—	40	0.90	40	1.05
0.4	1.2	0.20	0.61	—	—	—	—	—	—
0.5	1.31	0.25	0.55	—	—	—	—	—	—
0.6	1.4	—	—	—	—	—	—	—	—
0.7	1.43	—	—	—	—	—	—	—	—

注：① $\bar{r}$——水力半径的倒数，为构件截面周长（L）与截面积（F）之比，$\bar{r}=100L/F$，m^{-1}。

② $\frac{E_sF_s}{E_cF_c}$——配筋率；E_s、E_c——钢筋、混凝土的弹性模量，N/mm^2；F_s、F_c——钢筋混凝土的截面积，mm^2。

③ 粉煤灰（矿渣粉）掺量——指粉煤灰（矿渣粉）掺合料占胶凝材料总重的百分数。

2. 混凝土收缩相对变形值的当量温度按下式计算：

$$T_y(t)=\varepsilon_y(t)/\alpha \tag{F-26}$$

式中 $T_y(t)$——龄期为 t 时，混凝土的收缩当量温度，℃；

α——混凝土的线膨胀系数，取 1.0×10^{-5}。

F.4 温度应力的计算

1. 自约束拉应力可按下式计算：

$$\sigma_z(t)=\frac{\alpha}{2}\sum_{i=1}^{n}\Delta T_{1i}(t)E_i(t)H_i(\tau、t) \tag{F-27}$$

式中 $\sigma_z(t)$——龄期为 t 时，因混凝土浇筑体里表温差产生自约束拉应力的累计值，MPa；

$\Delta T_{1i}(t)$——龄期为 t 时，第 i 计算区段混凝土浇筑体里表温差的增量，可按下式计算，℃：

$$\Delta T_{1i}(t)=\Delta T_1(t)-\Delta T_1(i-j) \tag{F-28}$$

j——为第 i 计算区段步长，d；

$E_i(t)$——龄期为 t 时，第 i 计算区段混凝土的弹性模量，N/mm²，混凝土的弹性模量可按下式计算；

$$E(t)=\beta E_0(1-e^{-\phi t}) \tag{F-29}$$

式中　$E(t)$——混凝土龄期为 t 时，混凝土的弹性模量，N/mm²；

E_0——混凝土的弹性模量，一般近似取标准条件下养护 28d 的弹性模量，可按表 F-6 取用；

混凝土在标准养护条件下龄期为 28d 时的弹性模量　　表 F-6

混凝土强度等级	混凝土弹性模量(N/mm²)	混凝土强度等级	混凝土弹性模量(N/mm²)
C25	2.80×10^4	C35	3.15×10^4
C30	3.0×10^4	C40	3.25×10^4

β——掺合料修正系数，该系数取值应以现场试验数据为准，在生产准备阶段和无试验数据时，可参考下式计算：

$$\beta=\beta_1\beta_2 \tag{F-30}$$

β_1——粉煤灰掺量对应系数，取值参见表 F.4-2；

β_2——矿粉掺量对应系数，取值参见表 F.4-2；

ϕ——系数，应根据所用混凝土试验确定，当无试验数据时，可近似地取 $\phi=0.09$；

不同掺量掺合料弹性模量调整系数　　表 F.4-2

掺　量	0	20%	30%	40%
粉煤灰	1	0.99	0.98	0.96
矿渣粉	1	1.02	1.03	1.04

α——混凝土的线膨胀系数；

$H(\tau、t)$——在龄期为 τ 时产生的约束应力，延续至 t 时的松弛系数，可按表 F-7 取值。

混凝土的松弛系数　　表 F-7

$\tau=2d$		$\tau=5d$		$\tau=10d$		$\tau=20d$	
t	$H(\tau、t)$	t	$H(\tau、t)$	t	$H(\tau、t)$	t	$H(\tau、t)$
2	1	5	1	10	1	20	1
2.25	0.426	5.25	0.510	10.25	0.551	20.25	0.592
2.5	0.342	5.5	0.443	10.5	0.499	20.5	0.549
2.75	0.304	5.75	0.410	10.75	0.476	20.75	0.534
3	0.278	6	0.383	11	0.457	21	0.521
4	0.225	7	0.296	12	0.392	22	0.473
5	0.199	8	0.262	14	0.306	25	0.367
10	0.187	10	0.228	18	0.251	30	0.301
20	0.186	20	0.215	20	0.238	40	0.253
30	0.186	30	0.208	30	0.214	50	0.252
∞	0.186	∞	0.200	∞	0.210	∞	0.251

在生产准备阶段，最大自约束应力按下式计算：

$$\sigma_{zmax}=\frac{\alpha}{2}E(t)\Delta T_{1max}H(\tau、t) \tag{F-31}$$

式中 σ_{zmax}——最大自约束应力，MPa；

ΔT_{1max}——混凝土浇筑后可能出现的最大里表温差，℃：

$E(t)$——与最大里表温差 ΔT_{1max} 相对应龄期 t 时，混凝土的弹性模量，N/mm^2：

$H(\tau、t)$——在龄期为 τ 时产生的约束应力延续至 t 时（d）的松弛系数，可按表 F-7 取值。

2. 外约束拉应力可按下式计算：

$$\sigma_x(t)=\frac{\alpha}{1-\mu}\sum_{i=1}^{n}\Delta T_{2i}(t)E_i(t)H_i(t_1)R_i(t) \tag{F-32}$$

式中 $\sigma_x(t)$——龄期为 t 时，因综合降温差，在外约束条件下产生的拉应力，MPa；

$\Delta T_{2i}(t)$——龄期为 t 时，在第 i 计算区段，混凝土浇筑体综合降温差的增量，℃，可按下式计算；

$$\Delta T_{2i}(t)=\Delta T_2(t)-\Delta T_2(t-k) \tag{F-33}$$

μ——混凝土泊桑比，取 0.16；

$R_i(t)$——龄期为 t 时，在第 i 计算区段，外约束的约束系数，可按下式计算；

$$R_i(t)=1-\frac{1}{\cos\left(\beta_i\frac{L}{2}\right)} \tag{F-34}$$

式中

$$\beta_i=\sqrt{\frac{C_x}{HE(t)}} \tag{F-35}$$

L——混凝土浇筑体的长度，mm；

H——混凝土浇筑体的厚度，该厚度为块体实际厚度与保温层换算混凝土虚拟厚度之和，mm；

C_x——外约束介质的水平变形刚度，N/mm^3，一般可按表 F-8 取值；

不同外约束介质下 C_x 取值 **表 F-8**

外约束介质	软黏土	砂质黏土	硬黏土	风化岩、低标号素混凝土	C10 级以上配筋混凝土
$C_x(10^{-2}N/mm^3)$	1～3	3～6	6～10	60～100	100～150

3. 控制温度裂缝的条件

混凝土抗拉强度可按下式计算：

$$f_{tk}(t)=f_{tk}(1-e^{-\gamma}) \tag{F-36}$$

式中 $f_{tk}(t)$——混凝土龄期为 t 时的抗拉强度标准值，N/mm^2；

f_{tk}——混凝土抗拉强度标准值，N/mm^2；

γ——系数，应根据所用混凝土试验确定，当无试验数据时，可近似地取 $\gamma=0.3$。

$$\sigma_x\leqslant\lambda f_{tk}(t)/K \tag{F-37}$$

式中 σ_x——因综合温差，在外约束条件下产生的拉应力，MPa；

K——安全系数，取 $K=1.15$；

λ——掺合料对混凝土抗拉强度影响系数，$\lambda=\lambda_1\lambda_2$，取值见表 F-9；

不同掺量掺合料抗拉强度调整系数　　表 F-9

掺　量	0	20%	30%	40%
粉煤灰(λ_1)	1	1.03	0.97	0.92
矿渣粉(λ_2)	1	1.13	1,09	1.10

混凝土抗拉强度标准值　　表 F-10

符　号	混凝土强度等级			
	C25	C30	C35	C40
f_{tk}(N/mm^2)	1.78	2.01	2.20	2.39

F.5　大体积混凝土浇筑体表面保温层的计算方法

1. 混凝土浇筑体表面保温层厚度的计算

$$\delta=K_b\frac{0.5h\lambda_i(T_b-T_q)}{\lambda_0(T_{max}-T_b)} \tag{F-38}$$

式中　δ——混凝土表面保温层厚度，m；

λ_0——混凝土的导热系数，kJ/m·h·℃；

λ_i——第 i 层保温材料的导热系数，kJ/m·h·℃；

T_b——混凝土浇筑体表面温度，℃；

T_q——混凝土达到最高温度（浇筑后 3～5d）的大气平均温度，℃；

T_{max}——混凝土浇筑体内的最高温度，℃；

h——混凝土结构的实际厚度，m；

计算时可取：$T_b-T_q=15\sim20$℃；

$T_{max}-T_b=20\sim25$℃。

K_b——传热系数修正值，取 1.3～2.3，见表 F-11。

传热系数修正值 K_b　　表 F-11

保温层种类	K_1	K_2
由易透风材料组成，但在混凝土面层上再铺一层不透风材料	2.0	2.3
在易透风保温材料上铺一层不易透风材料	1.6	1.9
在易透风保温材料上下各铺一层不易透风材料	1.3	1.5
由不易透风的材料组成(如：油布、帆布、棉麻毡、胶合板)	1.3	1.5

注：1. K_1 值为风速≤4m/s 情况。
2. K_2 值为风速＞4m/s 情况。

2. 保温层相当于混凝土虚拟厚度的计算

（1）多种保温材料组成的保温层总热阻（考虑最外层与空气间的热阻）可按下式计算：

$$R_s=\sum_{i=1}^{n}\frac{\delta_i}{\lambda_i}+\frac{1}{\beta_\mu} \tag{F-39}$$

式中 R_s——保温层总热阻，$m^2 \cdot h \cdot ℃/kJ$；

δ_i——第 i 层保温材料厚度，m；

λ_i——第 i 层保温材料的导热系数，$kJ/(m \cdot h \cdot ℃)$；

β_μ——固体在空气中的放热系数，$kJ/(m^2 \cdot h \cdot ℃)$，可按表 F-12 取值；

固体在空气中的放热系数 **表 F-12**

风速(m/s)	β_μ		风速(m/s)	β_μ	
	光滑表面	粗糙表面		光滑表面	粗糙表面
0	18.4422	21.0350	5	90.0360	96.6019
0.5	28.6460	31.3224	6	103.1257	110.8622
1	35.7134	38.5989	7	115.9223	124.7461
2	49.3464	52.9429	8	128.4261	138.2954
3	63.0212	67.4959	9	140.5955	151.5521
4	76.6124	82.1325	10	152.5139	164.9341

(2) 混凝土表面向保温介质放热的总放热系数（不考虑保温层的热容量），可按下式计算：

$$\beta_s = \frac{1}{R_s} \tag{F-40}$$

式中 β_s——总放热系数，$kJ/(m^2 \cdot h \cdot ℃)$；

(3) 保温层相当于混凝土的虚似厚度，可按下式计算：

$$h' = \frac{\lambda_0}{\beta_s} \tag{F-41}$$

式中 h'——混凝土的虚似厚度，m；

λ_0——混凝土的导热系数，$kJ/(m \cdot h \cdot ℃)$。

按保温层相当于混凝土的虚拟厚度进行大体积混凝土浇筑体温度场及温度应力计算，验证保温层厚度是否满期足温控指标的要求。

附录G　预制混凝土箱涵施工安装工艺规程（其他预制混凝土涵管施工安装可参考应用）

G.1　适用范围

本工艺适用于开槽施工预制混凝土箱涵的施工。

G.2　沟槽开挖工艺

G.2.1　施工准备

1. 施工机具（设备）

挖土机、推土机、铲运机、自卸汽车、铁锹、手锤、手推车、梯子、铁镐、撬棍、钢尺、坡度尺、小线或20号铁线等。

2. 作业条件

（1）场地的控制线（桩）、标准水平桩及基槽的灰线尺寸，必须经过检验合格，并办完预检手续。

（2）场地表面要清理平整，做好排水坡度，在施工区域内要挖临时性排水沟。

（3）夜间施工时，应合理安排工序，防止错挖或超挖。施工场地应根据需要安装照明设施，在危险地段应设置明显标志。

（4）开挖低于地下水位的沟槽时，应根据当地工程地质资料，采取措施降低地下水位，一般要降至低于开挖底面以下500mm，然后再开挖。

（5）施工机械进入现场所经过的道路、桥梁和卸车设施等，应事先经过检查，必要时要进行加固或加宽等准备工作。

3. 技术准备

（1）根据业主和勘查部门提供的信息，摸清地下管线等障碍物位置、埋深、大小及使用情况等，并应根据地下管线及构筑物的特性制定保护措施。

（2）选择土方机械，应根据施工区域的地形与作业条件、土的类别与厚度、总工程量和工期综合考虑，以能发挥施工机械的效率来确定，编制施工方案。

（3）施工区域运行路线的布置，应根据作业区域工程的大小、机械性能、运距和地形起伏等情况加以确定。

（4）熟悉图纸，做好技术交底。

（5）沟槽挖深大于5m或复杂地质条件下的挖槽方案要经过论证。

G.2.2 操作工艺

1. 工艺流程

2. 操作方法

（1）开挖坡度的确定：按表G-1、表G-2。

深度小于2m的沟槽坡顶无荷载不加支撑的边坡最陡坡度 **表G-1**

土壤类别	砂土	砂质粉土	粉质黏土	黏土	干黄土
边坡坡度(高：宽)	1：0.75	1：0.50	1：0.33	1：0.25	1：0.20

地质条件良好、土质均匀，深度小于5m的沟槽不加支撑的边坡最陡坡度 **表G-2**

土壤类别	边坡坡度(高：宽)		
	坡顶无荷载	坡顶有静载	坡顶有动载
中密的砂土	1：1.0	1：1.25	1：1.50
中密的碎石类土(填充物为砂土)	1：0.75	1：1.00	1：1.25
硬塑的黏质粉土	1：0.67	1：0.75	1：1.00
中密的碎石类土(填充物为黏性土)	1：0.50	1：0.67	1：0.75
硬塑的粉质黏土、黏土	1：0.33	1：0.50	1：0.67
老黄土	1：0.10	1：0.25	1：0.33
软土(经井点降水后)	1：1.00	—	—

挖方经过不同类别土（岩）层可深度超过10m时，其边坡可做成折线形或台阶形。城市挖方因邻近建筑物限制，而采用护坡桩时，可以不放坡，但要有护坡桩的施工方案。

（2）开挖的顺序确定

1）开挖应从上往下分层分段进行，人工开挖沟槽的深度超过3m时，分层开挖的每层深度不宜超过2m。

2）机械开挖时，分层深度应按机械性能确定。如采用机械开挖沟槽时，应合理确定开挖顺序、路线及开挖深度。挖土机沿挖方边缘移动时，机械距离边坡上缘的宽度不得小于沟槽深度的1/2。

（3）在开挖过程中，应随时检查槽壁和边坡的情况。深度大于1.5m时，根据土质变化情况，应做好沟槽的支撑准备，以防塌陷。在天然湿度的土中，开挖沟槽时，当挖土深度不超过下列规定，可不放坡，不加支撑；超过下列规定的深度，在5m以内时，当土为天然湿度、构造均匀，水文地质条件好且无地下水，不加支撑的沟槽必须放坡。

1）密实、中密的砂土和碎石类土（充填物为砂土）—1.0m。

2）硬塑、可塑的黏质粉土及粉质黏土—1.25m。

3）硬塑、可塑的黏土和碎石类土（充填物为黏性土）—1.5m。

4）坚硬的黏土—2.0m。

（4）如挖土深度超过5m时，应按专业施工方案来确定。

（5）如采用人工挖土，一般黏性土可自上而下分层开挖，每层深度以60cm为宜，从开挖端逆向倒退按踏步形挖掘，每层应清底和出土。

（6）开挖沟槽不得挖至设计标高以下，如不能准确地挖至设计基底标高时，可在设计标高以上暂留一层土不挖，以便在抄平后，由人工挖出。

（7）暂留土层厚度：铲运机、推土机挖土时，20cm；挖土机挖土时，30cm。

（8）在开挖过程或敞露期间应防止沟槽的直立帮和坡度塌方，必要时应加保护措施。

（9）在开挖槽边堆放弃土时，应保证直立帮和边坡和稳定。当土质良好时，堆于槽边的土方（或其他材料、机具）应距槽边缘1m以外，高度不宜超过1.5m；槽边堆土应考虑土质、降水等不利影响因素，制定相应措施。

3. 冬、雨期施工

（1）雨期开挖沟槽时，应注意边坡稳定。必要时可放缓边坡或设置支撑、覆盖塑料薄膜。同时应在槽外侧以土堤或挖排水沟，防止地面水流入。施工时，应加强对边坡、支撑、土堤等的检查。

（2）土方开挖不宜在冬期进行。如必须在冬期开挖时，应按冬施方案进行。

（3）采用防止冻结法开挖土方时，可在冻结前用保温材料覆盖或将表层土翻耕耙松，其翻耕深度根据当地气候条件确定，一般不小于0.3m。

（4）开挖沟槽时，必须防止基底下的土层遭受冻结。如沟槽开挖完成后，有较长的停歇时间，应在基底标高以上预留适当厚度的松土，或用其他保温材料覆盖，地基不得受冻。如遇开挖土方引起邻近建筑（构筑）物的地基和基础暴露时，应采用防冻措施，以防产生冻结破坏。

G.2.3 质量标准

1. 主控项目

沟槽和场地的基土土质必须符合设计要求，严禁扰动。

2. 一般项目

允许偏差项目，见表G-3。

土方工程的挖方和场地平整允许偏差值 **表G-3**

序号	项　　目	允许偏差(mm)	检验方法
1	表面标高	+0	用水准仪检查
2	长度、宽度	−50	用经纬仪、拉线和尺量检查
3	边坡偏陡	不允许	观察或用坡度尺检查

G.2.4 质量记录

1. 工程地质勘察报告

2. 工程定位测量记录

G.2.5 安全与环保

（1）机械挖土应设专人指挥。

（2）严禁挖掘机在电力架空线下挖土。深槽作业必须戴安全帽，上、下沟槽走安全梯。严禁在挖掘机、吊车大臂下作业。

（3）作业现场附近有管线等构筑物时，应在开挖前掌握位置，并在开挖中对其采取保护措施，使管线等构筑物处于安全状态。

（4）人工挖土作业人员之间的距离，横向不得小于2m，纵向不得小于3m。

（5）严禁掏洞和在路堑底部边缘休息。

（6）沟槽边需悬挂禁止标志，夜间沟槽边需设反光装置或设置串灯加以禁止。

（7）沟槽边必须设置围栏，围栏应用密目网封死。围栏高度不应低于1.2m，且立杆间距不得大于2m。密目网底部用铁丝固定在立杆上。

（8）上下沟槽需设置马道，马道的立、横杆间距不得超过1.5m。

（9）沟槽1m之内严禁堆物、走车，并应派专人看管。

（10）土方施工时为防止遗洒，车辆严禁超载、应拍实或加布苫盖，在驶出现场前的一段道路上铺垫草袋或麻袋，出口设冲洗平台、专人冲洗轮胎，防止将泥土带入社会道路。

（11）为防止施工机械噪声扰民，尽可能选用低噪声施工机具，尽可能在白天施工，避免夜间施工噪声扰民。

G.2.6　成品保护

（1）对定位标准桩、轴线引桩、标准水准点、龙门板等，挖运土时不得碰撞。也不得坐在龙门板上休息。应经常测量和校准其平面位置、水平标高和边坡坡度是否符合设计要求。定位标准桩和标准水准点，也应定期复测检查。

（2）土方开挖时，应防止邻近已有建筑物或构筑物、道路、管线等发生下沉或变形。必要时，与设计单位或建设单位协商采取保护措施，并在施工中进行沉降和位移观测。

（3）施工中如发现有文物或古墓时，应妥善保护，并立即报请当地有关部门经处理后，方可继续施工。如发现有永久性测量标桩或地质、地震部门设置的长期观测点等，应加以保护。在敷设地上或地下管道的地段进行土方施工时，应事先取得管理部门的书面同意，施工中应采取措施，以防破坏管道。

G.3　沟槽回填工艺

G.3.1　适用范围

本工艺标准适用于给水、排水管道沟槽或其他专业管道沟槽的回填土施工。

G.3.2　施工准备

1. 材料

（1）土：宜优先使用沟槽中挖出的土，但不得含有有机杂质。使用前应过筛，其粒径不大于50mm，含水率符合规定。

（2）石灰、砂或砂石

2. 施工机具（设备）

（1）运输机械：铲土机、自卸汽车、推土同、铲运机及翻斗车。

（2）主要机具有：蛙式或柴油打夯机、手推车、筛子（孔径40～60mm）、木耙、铁锹、2m靠尺、胶皮管、小线和木折尺等。

3. 作业条件

（1）填土前应对填方基底和已完成工程进行检查和中间验收，合格后要作好隐蔽检查和验收手续。

（2）施工前，应做好水平高程标志布置。如大型沟槽或沟边上每隔 1m 钉上水平桩橛或在邻近的固定建筑物上抄上高程标准点。大面积场地上或地坪每隔一定距离钉上水平桩。

（3）土方机械、车辆的行走路线应事先经过检查，必要时要经过加固加宽等准备工作，同时要编好施工方案。

4. 技术准备

（1）施工前应根据工程特点、填方土料种类、密实度要求施工条件等，合理地确定填方土料含水量控制范围、虚铺厚度和压实遍数等参数；重要回填土方工程，其参数应通过压实试验来确定。

（2）沟槽回填应在管道施工完毕并经检验合格后进行，同时满足下列条件：

1）现场浇筑的混凝土基础强度、管节的接口抹带或现场制作的接口水泥砂浆强度不应小于 $5N/mm^2$。

2）现场浇筑的管道的混凝土强度应达到设计要求。

3）混合结构的矩形管道或拱形管道，其砖石砌体水泥砂浆强度应达到设计规定；当管道顶板为预制盖板时，应装好盖板。

4）现场浇筑或预制管节现场装配的钢筋混凝土拱形管道应采取措施，防止回填时发生位移或损伤。

5）压力管道沟槽回填前应符合：水压试验前除接口外，管道两侧及管顶以上回填高度不应小于 0.5m；水压试验合格后，应及时回填其余部分；无压管道的沟槽应在闭水试验合格后及时回填。

G.3.3　操作工艺

1. 工艺流程

槽底清理→检验土质→分层铺土、耙平→碾压、夯打密实→检验密实度→修整、找平验收

2. 操作方法

（1）填土前，应将基土上的洞穴或基底表面上的树根、垃圾等杂物都处理完毕，清理干净。

（2）检验土质。检验回填土料的种类、粒径，有无杂物，是否符合规定及土料的含水量是否在控制范围内；如含水量偏高，可采用翻松、晾晒或均匀掺入干土等措施；如遇土料含水量过低，可采用预先洒水润湿等措施。

（3）填土应分层铺滩。每层铺土的厚度根据土质、密实度要求和机具性能确定，或按表 G-4 选用。

回填土每层虚铺厚度《给水排水管道工程施工验收规范》GB 50268—1008　　表 G-4

压 实 工 具	虚铺厚度(cm)	压 实 工 具	虚铺厚度(cm)
木夯、铁夯	≤20	压路机	20～30
蛙式夯、火力夯	20～25	振动压路机	≤400

（4）碾压时，轮（夯）迹应相互搭接，防止漏压或漏夯。长宽比较大时，填土应分段进行。每层接缝处应做成斜坡形，碾迹重叠。重叠0.5～1.0m左右，上下层错缝距离不应小于1m。管道回填应分层对称进行，其高差不得大于30cm。

（5）填方超出基底表面时，应保证边缘部位的压实质量。填土后，如设计不要求边坡修整，宜将填方边缘填宽0.5m；如设计要求边坡修整拍实，填宽可为0.2m。

（6）在机械施工碾压不到的填土部位，采用领先填土法，应配合人工推土填充，用蛙式或柴油打夯机分层夯打密实。

（7）回填土方每层压实后，应按规范规定进行压实度检测，测出干土的质量密度，达到要求后，再进行上面一层的铺土。

（8）填方全部完成后，表面应进行拉线找平，凡超过标准高层的地方，及时依线铲平；凡低于标准高程的地方，应补土找平夯实。

3. 冬雨期施工

（1）雨期进行的填方工程，应连续进行，尽快完成；工作面不宜过大，应分层分段逐片进行。重要或特殊的填方工程，应尽量在雨期前完成。

（2）雨施时，应有防雨措施或方案，要防止地表水流入沟槽内，以免边坡塌方或基土遭破坏。

（3）填方工程不宜在冬期施工，如必须在冬期施工时，其施工方法需经过技术经济比较后确定。

（4）冬期填方前，应清除基底上的冰雪和保温材料；距离边坡表层1m内不得有冻土填筑；填方上层应用未冻、不冻胀或透水性好的土料填筑，其厚度应符合设计要求。

（5）冬期施工室外平均气温在－5℃以上时，填方高度不受限制；平均温度在－5℃以下时，填方高度不宜过高。但用石块和不含冰块的砂土（不包括粉砂）、碎石类土填筑时，可不受填方高度的限制。

（6）冬期回填土方，每层铺筑厚度应比常温施工时减少20％～25％，其中冻土块体积不得超过填方总体积的15％；其粒径不得大于150mm。铺冻土块要均匀分布，逐层压（夯）实。回填土方的工作要连续操作，防止槽帮或已填方土层受冻。并且要及时覆盖保温材料。

G.3.4　质量标准

1. 主控项目

所用回填材料及压实度必须符合设计或规范规定。管道沟槽位于路基范围内时，管顶以上25cm范围内回填土表层的压实度不应小于87％，其他部位回填土的压实度应符合相关的规定。

2. 一般项目

（1）槽底至管顶以上500mm内，不得填入含有有机物、冻土及大于50mm的砖、石等硬块。抹带刚性接口周围应采用细粒土或者粗砂回填。见图G-1、表G-5。

（2）回填时沟槽内不应有水。

（3）回填土压实度标准见表G-5。

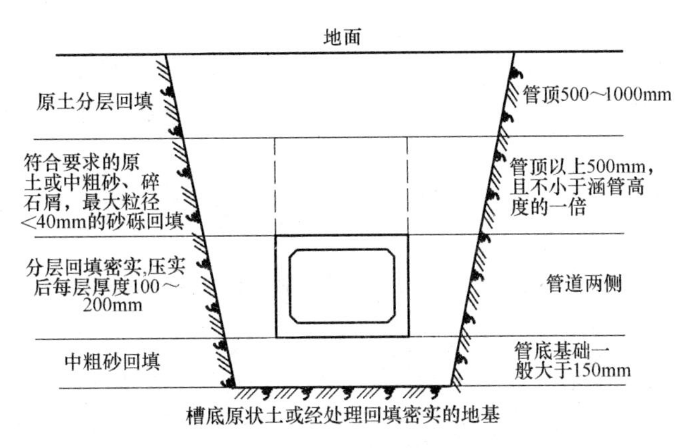

图 G-1 管道回填示意图

管道沟槽回填土压实度 **表 G-5**

<table>
<tr><th colspan="4" rowspan="2">项　　目</th><th colspan="2">最低压实度(%)</th><th colspan="2">检查数量</th><th rowspan="2">检查方法</th></tr>
<tr><th>重型击实标准</th><th>轻型击实标准</th><th>范围</th><th>点数</th></tr>
<tr><td colspan="4">石灰土填层</td><td>93</td><td>95</td><td>100m</td><td rowspan="16">每层每侧一组(每组 3 点)</td><td rowspan="16">用环刀法检查或采用《土工试验方法标准》GB/T 50123 中的其他方法</td></tr>
<tr><td rowspan="4">沟槽在路基范围外</td><td rowspan="2">胸腔部分</td><td colspan="2">管侧</td><td>87</td><td>90</td><td rowspan="4">两井之间或 1000m²</td></tr>
<tr><td colspan="2">管顶以上 500mm</td><td colspan="2">87±2(轻型)</td></tr>
<tr><td colspan="3">其余部分</td><td colspan="2">≥90(轻型)</td></tr>
<tr><td colspan="3">农田或绿地范围表层 500mm 范围内</td><td colspan="2">不宜压实,预留沉降量,表面整平</td></tr>
<tr><td rowspan="11">沟槽在路基范围内</td><td rowspan="2">胸腔部分</td><td colspan="2">管侧</td><td>87</td><td>90</td><td rowspan="11">两井之间或 1000m²</td></tr>
<tr><td colspan="2">管顶以上 250mm</td><td colspan="2">87±2(轻型)</td></tr>
<tr><td rowspan="9">由路槽底算起的深度范围</td><td rowspan="3">≤800</td><td>快速路及主干路</td><td>95</td><td>98</td></tr>
<tr><td>次干路</td><td>93</td><td>95</td></tr>
<tr><td>支路</td><td>90</td><td>92</td></tr>
<tr><td rowspan="3">>800~1500</td><td>快速路及主干路</td><td>93</td><td>95</td></tr>
<tr><td>次干路</td><td>90</td><td>92</td></tr>
<tr><td>支路</td><td>87</td><td>90</td></tr>
<tr><td rowspan="3">>1500</td><td>快速路及主干路</td><td>87</td><td>90</td></tr>
<tr><td>次干路</td><td>87</td><td>90</td></tr>
<tr><td>支路</td><td>87</td><td>90</td></tr>
</table>

注：表中重型击实标准的压实度和轻型击实标准的压实度，分别以相应的标准击实试验法求得的最大干密度为 100%。

G.3.5 质量记录

1. 地基钎探记录

2. 地基隐蔽验收记录

3. 回填土的试验报告

G.3.6 安全与环保

（1）蛙式夯必须两人操作，一人打夯、一人领线，应戴绝缘手套，穿绝缘鞋，以防缆线触电伤人。

（2）施工现场卸料时应由专人指挥。卸料时，作业人员应位于安全位置。

（3）人工回填时不得扬撒。

（4）机械回填与机械压实时，应设专人指挥机械，协调各操作人员之间的相互配合，保证安全作业。

（5）机械运转时，严禁人员上下机械，严禁人员触摸机械的传动机构。

（6）作业后，机械应停放在平坦坚实的场地，不得停置于临边、低洼、坡度较大处。停放后必须停火、制动。

（7）土方施工时，为防止遗洒，车辆不得超载、拍实或加布苫盖，在驶出现场前的一段道路上，铺垫草袋或麻袋，出口设冲洗平台，专人冲洗轮胎，防止将泥土带入社会道路。

（8）为防止施工机械噪声扰民，尽可能选用低噪声施工机具，尽可能在白天施工，避免夜间施工噪声扰民。

G.3.7 成品保护

（1）对定位标准桩、轴线引桩、标准水准点、龙门板等，填运土方时不得碰撞。也不得坐在龙门板上休息。并应定期复测检查这些标准桩点是否正确。

（2）夜间施工时，应合理安排施工程序，要有足够的照明设施。防止铺垫超厚，严禁用汽车直接将土倒入沟槽内。

（3）基础或沟槽的现浇混凝土应达到一定强度、不致因回填土受到破坏时，方可回填土方。

G.4 沟槽支护工艺

G.4.1 适用范围

（1）横撑适用于：土质好、地下水较少的沟槽。当砂质土壤或槽深为1.5～5.0m并地下水量小时，均可采用连续式水平支撑；土质较硬时，采用断续式水平支撑。

（2）竖撑：当土质较差时，地下水较多或在散砂中开挖时采用。

（3）板桩撑：常用于地下水严重、有流砂的弱饱和土层。

G.4.2 施工准备

1. 材料

（1）木板撑：采用木板、方木、圆木等，撑板厚度不应小于50mm，长度不宜大于4m；横梁或纵梁宜为方木，其断面不宜小于150mm×150mm；横撑宜为圆木，其梢径不宜小于100mm，木板撑支护示意图G-2。

(2) 钢板撑支撑：采用槽钢、工字钢或定型钢板桩，槽钢长度为10～20m，定型板一般长度为10～20m。

2. 施工机具（机械）

打桩机械：柴油打桩机、落锤打桩机、静力压桩机等。

3. 作业条件

施工现场应落实通水、通电、通路，场地表面要清理平整，做好排水坡度，施工场地内不得有地下水，如果地下水位较高，需先进行排降水施工。

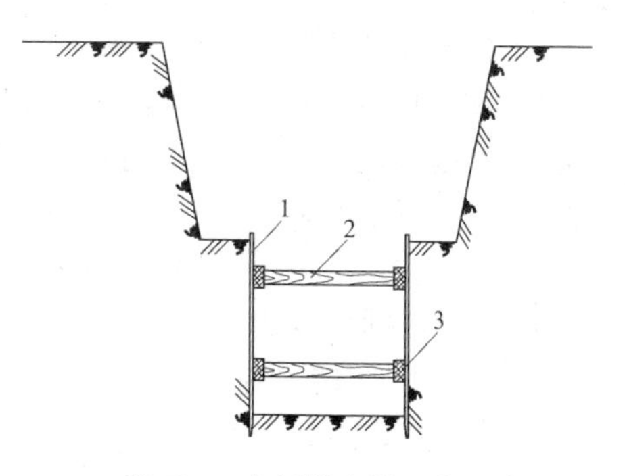

图 G-2 木板撑支护示意图

1—挡土板；2—撑木；3—横方木

4. 技术准备

(1) 掌握沟槽的土质、地下水位、开槽断面、荷载条件等因素并对支撑方法进行设计。合理选择支撑的材料，可选用钢材、木材或钢材木材混合使用。

(2) 熟悉图纸，编写适用性强的技术、安全交底文件，并组织对操作人员交底。

G.4.3 操作工艺

1. 工艺流程

(1) 木板桩打设

槽帮整修→放入方木→打设木板→制作定型框架→继续挖槽或打板桩

(2) 钢板桩打设

钢板桩矫正→安装围檩支架→钢板桩打设

2. 操作方法

(1) 木板撑操作方法

1) 撑板的支撑应随挖土的加深及时安装。根据土质情况，确定开始支撑的沟槽深度，一般槽挖至50～100cm时，进行槽帮整修，不得有明显的凹凸不平。

2) 将方木放置槽底，使方木与槽帮的间隙恰好为板桩的厚度。方木用撑木顶住，扒据连接牢固。

3) 将板桩插入方木槽帮的间隙内，并依次打入土中40～50cm，使板桩直立稳定。

4) 在方木上立立柱，上放横木，钉牢后，上下两撑之间钉剪刀撑，形成框架；此结构除用作板桩导轨外，还可用作打板桩的脚手架。

5) 若无流砂，同时板桩尖入土较深，支撑稳固，则可以省去上述的框架制作。继续进行挖槽或打板桩。

6) 在软土或其他不稳定土层中采用撑板支撑时，开始支撑的开挖沟槽深度不得超过1m；以后开挖与支撑交替进行，每次交替的深度宜为0.4～0.8m。

(2) 钢板撑操作方法

1) 钢板桩矫正：对所要打设的钢板桩的外形是否平直进行检查，对于外形有弯曲变形的钢板桩应采用油压千斤顶顶压或火烘的方法进行矫正。

2) 围檩支架安装：围檩支架的作用是保证钢板桩垂直打入和打入后钢板桩墙面平直。

3）围檩支架多为钢制或木质，尺寸准确，连接牢固。

4）钢板桩打设：先用吊车将钢板桩吊至桩点处进行插桩，插桩时锁口对准，每插入一块套上桩帽轻轻加以锤击。打桩过程中，为保证钢板桩垂直度，用经纬仪进行控制。为防止锁口中心线位移，可在打桩进行方向的钢板桩锁口处设卡板，阻止钢板桩位移，同时在围檩上预先标出每块板位置，以便随时检查纠正。

3. 钢板桩拆除方法

（1）拆除支撑前，应对沟槽两侧的建筑物、构筑物和槽壁进行检查，并应制定拆除支撑作业要求和安全措施。

（2）拆除撑板应与回填土的回填填筑高度配合进行，且在拆除后及时回填。

（3）对于设置排水沟的沟槽，应从两座相邻排水井的分水线向两端延伸拆除。

（4）对于多层支撑沟槽，应待下层回填后再拆除其上层槽的支撑。

（5）拆除单层密排撑板支撑时，应先回填至下层横撑底面，再拆除下层横撑，待回填至半槽以上，再拆除上层横撑，一次拆除有危险时，应采取替换拆撑法拆除支撑。

（6）拆除钢板桩应符合下列规定：

1）在回填达到要求高度后，方可拔除钢板桩。

2）钢板桩拔出后应及时回填桩孔。

3）回填桩孔时，应采取措施填实，采用灌砂回填时，非失陷性黄土地区可冲水助沉，有地面沉降控制时，宜采取边拔桩边注浆。

4. 冬雨期施工

（1）雨期施工时，应在槽外侧围以土堤或开挖排水沟，防止地面水流入。施工时，应加强对边坡、支撑、土堤等的检查。

（2）冬期施工时，应注意安排流水作业，尽量做到快开挖快支护，防止沟槽坍塌。

G.4.4 质量标准

1. 主控项目

（1）支撑后，沟槽中心线每侧的净宽不应小于施工设计的规定。

（2）横撑不得妨碍下管和稳管。

（3）安装应牢固，安全可靠。

2. 一般项目

（1）支撑的施工质量应符合：钢板桩的轴线位移不得大于50mm；垂直度不得大于1.5%；撑板的安装应与沟槽槽壁紧贴，当有空隙时，应填实。横排撑板应水平，立排撑板应顺直，密排撑板的对接应严密。

（2）横梁、纵梁和横撑的安装，应符合：横梁应水平，纵梁应垂直，且必须与撑板密贴，连接牢固。横撑应水平并与横梁或纵梁垂直，且应支紧，连接牢固。

G.4.5 质量记录

沟槽支护记录。

G.4.6 安全与环保

上下沟槽应设安全梯，不得攀登支撑。

G.4.7 成品保护

支撑应经常检查。当发现支撑构件有弯曲、松动、移位或劈裂等迹象时，应及时处理。雨期及春季解冻时期，应加强检查。

G.5 预制混凝土涵管安装施工工艺

G.5.1 适用范围

适用于城市给水、排水及有沟敷设专业管道（电力、通讯、中水、热力等）工程。

1. 材料

（1）预制涵管的外观、几何尺寸及承载能力等指标应按有关标准检验合格后方可用于工程。

（2）钢筋、混凝土的等级应符合设计规定和有关标准要求。

2. 施工机具（设备）

吊车、运输车辆、混凝土运输车、泵车、临时支撑设备、振动棒。

3. 作业条件

（1）沟槽开挖完毕，且验收合格。

（2）预制涵管强度达到吊装、运输要求，且质量已验收合格。

（3）运输方案、行走路线经有关部门批准。

4. 技术准备

（1）构件吊装、安装方案已经批准。

（2）运输方案经交管部门批准。

G.5.2 操作工艺

1. 工艺流程

施工准备、测量放线、涵管预制→沟槽开挖→垫层、基础浇筑
↓
土方回填←涵管安装、接口施工←临时支撑

2. 操作方法

（1）预制涵管运输过程规定

1）应根据涵管的结构特点、运输路况，确定运输方法。

2）运输过程的支撑位置、紧固方式、受力状况，应经计算确定，不得损伤预制涵管。

3）运输时，混凝土强度不应低于设计要求的吊装强度，且不低于设计强度标准值的70%。

（2）预制涵管存放过程规定

1）堆放涵管的场地应平整坚实、排水流畅。

2）应按涵管的刚度及受力情况，平放或立放，并保持稳定。

3）涵管堆垛平放时，应两边设垫木，不得两边和中间3点垫放，以免受力不均，导致裂缝。堆垛高度应按涵管强度、地面承载力及稳定性确定，各层垫木的位置应在一条直

线上。

（3）现浇基础施工规定

钢筋制作、模板支搭、混凝土浇筑按有关规定执行。

（4）预制涵管安装规定

1）配合安装的临时支撑结构应进行验算，临时支撑结构的尺寸、平面位置及标高，应符合安装工艺要求。

2）安装前，应校核支撑结构和预埋件的标高及平面位置，并画好中心和做好记录。

3）预制涵管安装时，混凝土强度不低于设计吊装强度且不低于设计强度标准值的75%，对于预应力混凝土涵管，孔道灌浆的强度应符合设计规定，且不低于15N/mm^2。

4）临时支撑结构应待预制涵管混凝土强度达到规定要求，方可拆除。

5）如果设计需要进行闭水试验检测严密性时，应按有关规定进行。

3. 冬雨期施工

（1）雨期施工时，沟槽应有排水措施，边坡应采取防冲刷措施。

（2）及时了解天气，避免雨天浇筑混凝土。

（3）要准备充足的防汛设施、器具，以备应急使用。

（4）冬期施工的混凝土应符合有关规定。

（5）大雪及风力达到五级以上等恶劣天气时，应停止施工。

G.5.3 质量标准

1. 主控项目

（1）预制涵管质量。

（2）接口的质量。

（3）管沟坡度。

（4）试验检测。

2. 一般项目

（1）预制涵管的外观质量不应有一般缺陷。对有一般缺陷的涵管应按技术处理方案进行处理，并重新进行检查验收。

（2）在涵管和相应的支撑结构上应标有中心线、标高等控制尺寸，并应按标准图或设计文件校核预埋件，并作出标记。

（3）涵管安装位置准确、外观平顺，允许偏差见表G-6。

预制混凝土涵管安装允许偏差 表G-6

序号	项目	允许偏差(mm)	检验频率		检验方法
			范围	点数	
1	中心线偏移	≤10	每块	2	拉线用尺量
2	内顶面高程	±5		2	用水准仪测量
3	侧板垂直度	0.15%H且≤5		4	用垂线
4	相邻管间高差	≤5		4	用尺量
5	接口安装深度	≤3		8	用尺量

G.5.4 质量记录

1. 沟槽开挖质量检验记录
2. 钢筋、模板检验记录
3. 混凝土浇筑记录
4. 预制涵管安装记录
5. 闭水试验、严密性试验检测记录
6. 沟槽土方回填记录
7. 压实度（环刀法）试验记录

G.5.5 安全与环保

1. 安全防护措施

（1）在安装过程中应重点进行安全交底，严禁违章操作、野蛮施工。

（2）进入施工现场人员必须戴安全帽，操作人员穿戴好劳动保护用品。

（3）吊装作业时，吊臂下严禁站人，信号工不得违规指挥。

（4）各类设备（机具）应有漏电保护装置，接引电源应有专业电工操作，非专业人员不得私自处理。

2. 环境保护措施

（1）机具应专人管理，使用前进行维护，避免油渍污染构件及环境。

（2）现场要定期洒水，防止扬尘。

（3）邻近居民区施工时，应采用低噪声设备，噪声较大设备应搭设减噪棚，防止噪声污染。

G.5.6 成品保护

（1）基础混凝土浇筑过程中，应有防雨措施，终凝前避免遭雨水冲刷。

（2）预制涵管在运输、吊装、安装过程中应小心轻放，采取必要的保护措施防止棱角磕碰。

（3）下管安装时应小心，严禁碰撞已安装的管段。

（4）安装完的管段应注意保护，回填土方过程中不得采用大振动力设备，以防损坏构件。

附录H　圆形混凝土管配筋表

1. 配筋表技术条件

（1）结构计算依据

《给水排水工程埋地预制混凝土圆形管道结构设计规程》CECS 143：2002，（简称为《CECS143法》）；

《给水排水工程顶管技术规程》CECS 246：2008，（简称为《CECS246法》）。

（2）结构计算条件

开槽法施工：① 90°土弧基础、120°土弧基础；

② 90°土混凝土基础、135°混凝土基础、180°混凝土基础。

顶进法施工：① 按《CECS246》计算用钢量；

② 按《CECS143》计算用钢量；

③ 按120°土弧基础、管顶土柱作用计算用钢量。

（3）结构计算工况条件

土壤重力密度：$\gamma_s=18kN/m^3$；

土壤内摩擦角：$\varphi=30°$；

主动土压力系数·内摩擦系数：$K\mu=0.19$；

混凝土强度等级：C40；

混凝土重力密度：$\gamma_c=26kN/m^3$；

混凝土弹性模量：$E_c=32500N/mm^2$；

钢筋设计抗拉强度：$f_y=360N/mm^2$；

地下水位低于管道基础标高，管外不受地下水压作用；管内按满流水水重计算对管的作用。

2. 配筋表选择

（1）开槽施工法配筋表按相符的设计条件作选择。

（2）顶进法施工配筋表选择

顶进法施工配筋表的选择应综合下列条件确定：①土壤性能；②顶管方式；③管顶埋土深度。可参照下列技术条件及表H-1选用配筋表。

手掘式顶管，由于人工挖掘，出土慢、开挖面开敞、土体无有效支护、易超挖、土体易塌陷，或在年限不长久的回填土中开挖，应从《$2\alpha=120°$法》配筋表中选用配筋。

在土壤坚实性一般的土层中，应从《CECS143法》计算配筋表中选用配筋。

各种平衡方式的机械顶管机施工，出土快、开挖面封闭、土体有有效支护、不易超挖、土体不易塌陷，可 从《CECS246法》计算配筋表中选用配筋。

顶管施工中，为减小摩擦阻力，管节的直径比掘进机的直径或人工掏挖的孔腔直径小2～5cm，管下部135°范围内不会发生超挖，而且顶进过程中，管子不断辗压管底土体，形成一与管底非常贴切的土孤基础，其支承角均能大于 120°，因此顶进法施工用管的管道结构计算中，支承角均定为 120°。

配筋表选用参考　　表 H-1

计 算 方 法	选 择 条 件
《2α=120°法》	人工挖掘、不稳定土壤（流砂、泥泞的土壤、新堆积土等）中选用
《CECS143 法》	稳定土壤中，埋土深度大于管外径 1.5 倍时选用（有实践经验时可适当减小埋土深度，但最小不得小于 1.0 倍）
《CECS246 法》	土壤技术数据可靠、埋土深度大于 1.5～2.0 倍卸荷拱高度时选用（有实践经验时可适当减小埋土深度，但最小不得小于 1.0 倍）

3. 使用配筋表选取配筋时注意事项

不同施工方式、不同管基形式、不同结构计算方法对配筋量影响很大，在选择钢筋用量时，应合理地选择配筋表，在保证工程安全前提下，节约钢筋用量。

（1）《CECS143 法》、《CECS246 法》计算的配筋量，随土层深度加深配筋量有所增加，至一定深度后增加量较小。

（2）选用《CECS246 法》选取或计算配筋时，配筋受土质影响极大，配筋量较少，因此土质的技术参数、力学性能要有可靠的数据。当管顶卸荷拱存在且管顶埋土深度大于 1.5～2.0 卸荷拱高度（h_k）时（有经验时埋土深度可减为 1.0～1.3h_k），可选用此方法。

（3）顶管中钢筋混凝土管端部局部受压，产生横向变形，易损坏。管端 U 形箍筋及外层环筋起到承受此变形和应力的作用，因此顶管用钢筋混凝土管只需加强端部的承载力，可在管端一定范围（200～300mm）内增加环筋数量和配置 U 形箍筋（或其他形式加强），不需管子全长整体增加配筋量。

管端加固可着重增加管端外层环筋，加密后的螺距为管身内层环筋螺距的 1/3～2/3，U 形加强筋增加数量一般为纵筋数量（详见本书“参考文献［57］”）。钢承口管的承口钢圈应与钢筋骨架牢固连接。超长距离顶管中管端加固方法，可参考本书 2.1 节“超长距离顶管用混凝土管管型”。

（4）小口径管按《CECS143 法》、《CECS246 法》计算时配筋量较少，因而可用单层配筋。在土质条件恶劣、顶进距离长、顶力较大的工程中，选用双层配筋，内层环筋的最大螺距不宜大于 100mm。

（5）大口径及埋土较深的管道中，配筋量较大，在单筋配置不能满足最小螺距要求时，可用双筋并缠方式配筋。

（6）表中埋土深度以外的管道配筋，可用插入法确定。

（7）表中配筋计算所使用的材料：混凝土强度等级 C40；钢筋采用热轧或冷轧带肋钢筋，钢筋抗拉设计强度 f_y=360N/mm^2。当采用其他规格材料时，应进行用钢量换算。

（8）手册中所列为每米管长的钢筋纯用量，没有包括管端加密、加固钢筋及钢筋卡子等辅助用筋。

（9）各项工程工况条件千变万化，按表选中配筋后，尚需按工程工况条件作复核，切忌照搬数据而影响工程安全。

4. ϕ300～ϕ1100mm 开槽施工、单层圆形混凝土管配筋表

ϕ300～ϕ1100mm 开槽施工、单层圆形混凝土管配筋　　表 H-2

序号	管径	壁厚	产品等级	环向配筋				纵向配筋			外压检验压力		混凝土用量 (m³/m)	管子重量 (kg/m)
				配筋面积 (mm²)	钢筋直径 (mm)	每米环数 (环/m)	钢筋用量 (kg/m)	根数 (根)	直径 (mm)	钢筋用量 (kg/m)	裂缝荷载 (kN/m)	破坏荷载 (kN/m)		
1	300	35	Ⅰ	128.74	4	10.2	1.04	5	4	0.49	15	22	0.04	95.8
			Ⅱ	251.64	5	12.8	2.04	5	5	0.77	29	44		
			Ⅲ	409.65	5	20.9	3.31	5	5	0.77	48	72		
2	400	45	Ⅰ	165.05	4	13.1	1.78	5	4	0.49	18	27	0.06	163.6
			Ⅱ	321.95	5	16.4	3.46	5	5	0.77	36	54		
			Ⅲ	516.86	5	26.3	5.56	5	5	0.77	58	87		
3	500	50	Ⅰ	223.63	4	17.8	2.98	5	4	0.49	22	32	0.09	224.6
			Ⅱ	444.38	5	22.6	5.92	5	5	0.77	44	66		
			Ⅲ	732.95	6	25.9	9.76	5	5	0.93	74	111		
4	600	60	Ⅰ	216.81	4	17	3.47	8	4	0.79	25	37	0.12	323.5
			Ⅱ	429.72	5	22	6.87	8	5	1.23	51	76		
			Ⅲ	697.43	6	25	11.15	8	6	1.78	84	126		
5	700	70	Ⅰ	248.14	4	20	4.63	8	4	0.79	28	42	0.17	440.3
			Ⅱ	491.67	5	25	9.17	8	5	1.23	58	87		
			Ⅲ	789.58	6	28	14.72	8	6	1.78	95	142		
6	800	80	Ⅰ	280.13	5	14	5.97	8	5	1.23	31	46	0.22	575.0
			Ⅱ	555.61	5	28	11.84	8	5	1.23	65	97		
			Ⅲ	885.26	6	31	18.87	8	6	1.78	106	158		
7	900	90	Ⅰ	312.70	5	16	7.50	12	5	1.85	34	51	0.28	727.8
			Ⅱ	621.27	6	22	14.90	12	6	2.66	72	108		
			Ⅲ	983.61	6	35	23.58	12	6	2.66	117	175		

续表

序号	管径	壁厚	产品等级	环向配筋				纵向配筋			外压检验压力		混凝土用量（m^3/m）	管子重量（kg/m）
				配筋面积（mm^2）	钢筋直径（mm）	每米环数（环/m）	钢筋用量（kg/m）	根数（根）	直径（mm）	钢筋用量（kg/m）	裂缝荷载（kN/m）	破坏荷载（kN/m）		
8	1000	100	Ⅰ	351.26	5	18	9.36	12	5	1.85	37	56	0.35	898.5
			Ⅱ	708.48	6	25	18.87	12	6	2.66	82	122		
			Ⅲ	1108.58	7	29	29.53	12	6	2.66	131	197		
9	1100	110	Ⅰ	385.93	5	20	11.31	12	5	1.85	41	61	0.42	1087.2
			Ⅱ	781.14	6	28	22.89	12	6	2.66	89	134		
			Ⅲ	1215.85	7	32	35.63	12	6	2.66	143	215		

5. ϕ1000～ϕ3400mm 开槽施工、双层圆形混凝土管配筋表

ϕ1000～ϕ3400mm 开槽施工、双层圆形混凝土管配筋 **表 H-3**

序号	管径	壁厚	产品等级	环向内层配筋				环向外层配筋				纵向配筋			外压检验压力		混凝土用量（m^3/m）	管子重量（kg/m）
				配筋面积（mm^2）	钢筋直径（mm）	每米环数（环/m）	钢筋用量（kg/m）	配筋面积（mm^2）	钢筋直径（mm）	每米环数（环/m）	钢筋用量（kg/m）	根数（根）	直径（mm）	钢筋用量（kg/m）	裂缝荷载（kN/m）	破坏荷载（kN/m）		
1	1000	100	Ⅰ	249.93	5	13	6.41	134.54	5	6.9	3.85	12	5	1.85	35	53	0.35	898.5
			Ⅱ	486.18	5	25	12.47	265.37	5	13.5	7.59	12	5	1.85	74	111		
			Ⅲ	724.49	6	26	18.59	384.72	6	13.6	11.01	12	5	1.85	113	170		
2	1100	110	Ⅰ	268.44	5	14	7.55	137.20	5	7.0	4.33	12	5	1.85	38	57	0.42	1087.2
			Ⅱ	523.29	6	19	14.72	282.34	6	10.0	8.91	12	6	2.66	81	121		
			Ⅲ	775.29	7	20	21.80	407.93	6	14.4	12.88	12	6	2.66	123	185		
3	1200	120	Ⅰ	287.65	5	15	8.80	140.54	5	7.2	4.85	12	5	1.85	41	61	0.50	1293.8
			Ⅱ	562.16	6	20	17.20	300.12	6	10.6	10.36	12	6	2.66	88	132		
			Ⅲ	828.62	7	22	25.35	432.14	·6	15.3	14.92	12	6	2.66	134	200		

续表

序号	管径	壁厚	产品等级	环向内层配筋				环向外层配筋				纵向配筋			外压检验压力		混凝土用量 (m³/m)	管子重量 (kg/m)
				配筋面积 (mm²)	钢筋直径 (mm)	每米环数 (环/m)	钢筋用量 (kg/m)	配筋面积 (mm²)	钢筋直径 (mm)	每米环数 (环/m)	钢筋用量 (kg/m)	根数 (根)	直径 (mm)	钢筋用量 (kg/m)	裂缝荷载 (kN/m)	破坏荷载 (kN/m)		
4	1350	135	Ⅰ	317.55	5	16.2	10.89	146.56	5	7.5	5.71	12	5	1.85	45	67	0.63	1637.5
			Ⅱ	623.19	6	22.0	21.37	328.05	6	11.6	12.79	12	5	1.85	99	148		
			Ⅲ	912.29	8	18.1	31.28	469.98	8	9.3	18.32	12	6	2.66	149	224		
5	1400	140	Ⅰ	327.77	5	17	11.64	148.80	5	7.6	6.02	12	5	1.85	46	69	0.35	898.5
			Ⅱ	644.18	6	23	22.88	337.65	6	11.9	13.66	12	5	1.85	102	153		
			Ⅲ	941.01	8	19	33.43	482.95	8	9.6	19.54	12	6	2.66	154	232		
6	1500	150	Ⅰ	348.54	5	18	13.24	153.59	5	8.6	7.33	16	5	1.85	49	73	0.42	1087.2
			Ⅱ	687.05	7	18	26.10	357.28	7	9.3	15.51	16	6	3.55	109	164		
			Ⅲ	999.55	8	20	37.97	509.35	8	10.1	22.11	16	6	3.55	165	248		
7	1600	160	Ⅰ	369.72	5	19	14.96	158.76	5	8.9	8.10	16	5	2.47	51	77	0.50	1293.8
			Ⅱ	731.03	7	19	29.57	377.42	7	9.8	17.50	16	5	2.47	117	175		
			Ⅲ	1059.45	8	21	42.86	536.35	8	10.7	24.87	16	6	3.55	176	264		
8	1650	165	Ⅰ	380.46	5	19	15.86	161.48	5	9.0	8.50	16	5	2.47	53	79	0.94	2446.2
			Ⅱ	753.43	6	27	31.41	387.67	6	13.7	18.55	16	5	2.47	120	180		
			Ⅲ	1089.86	8	22	45.43	550.05	8	10.9	26.32	16	6	3.55	181	272		
9	1800	180	Ⅰ	413.25	5	21.0	18.76	170.13	5	9.5	9.79	24	5	3.70	56	85	1.12	2911.1
			Ⅱ	822.16	6	29.1	37.32	419.14	6	14.8	21.92	24	5	3.70	131	197		
			Ⅲ	1182.91	9	18.6	53.69	591.92	9	9.3	30.96	24	7	7.25	197	296		
10	2000	200	Ⅰ	458.21	5	23.3	23.06	182.77	5	10.2	11.70	24	5	3.70	61	92	1.38	3594.0
			Ⅱ	917.26	8	18.2	46.16	462.67	8	9.2	26.93	24	6	5.33	146	219		
			Ⅲ	1310.87	9	20.6	65.97	649.46	9	10.2	37.81	24	7	7.25	219	329		

续表

序号	管径	壁厚	产品等级	环向内层配筋				环向外层配筋				纵向配筋			外压检验压力		混凝土用量 (m^3/m)	管子重量 (kg/m)
				配筋面积 (mm^2)	钢筋直径 (mm)	每米环数 (环/m)	钢筋用量 (kg/m)	配筋面积 (mm^2)	钢筋直径 (mm)	每米环数 (环/m)	钢筋用量 (kg/m)	根数 (根)	直径 (mm)	钢筋用量 (kg/m)	裂缝荷载 (kN/m)	破坏荷载 (kN/m)		
11	2150	215	Ⅰ	492.82	6	17.4	26.62	193.02	6	7.5	13.30	24	6	5.33	65	97	1.60	4153.3
			Ⅱ	991.10	9	15.6	53.54	496.44	9	7.8	31.11	24	8	9.47	158	237		
			Ⅲ	1409.61	10	17.9	76.15	693.81	10	8.8	43.47	24	8	9.47	236	354		
12	2200	220	Ⅰ	504.52	6	17.8	27.88	196.57	6	7.6	13.87	24	6	5.33	66	99	1.67	4348.7
			Ⅱ	1016.18	8	20.2	56.15	507.91	8	10.1	32.58	24	7	7.25	162	242		
			Ⅲ	1443.04	10	18.4	79.74	708.82	10	9.0	45.46	24	7	7.25	241	362		
13	2400	240	Ⅰ	552.13	6	19.5	33.23	211.48	6	8.2	16.30	24	6	5.33	70	105	1.99	5175.3
			Ⅱ	1118.80	8	22.3	67.34	554.82	8	11.0	38.87	24	7	7.25	177	266		
			Ⅲ	1579.24	10	20.1	95.05	769.91	10	9.8	53.94	24	8	9.47	264	396		
14		230	Ⅰ	572.52	6	20.2	34.46	235.26	6	9.2	18.00	24	6	5.33	70	104	1.90	4940.9
			Ⅱ	1161.56	9	18.3	69.91	584.08	9	9.2	40.63	24	7	7.25	176	264		
			Ⅲ	1645.20	10	20.9	99.02	811.82	10	10.3	56.47	24	8	9.47	263	395		
15	2600	260	Ⅰ	601.01	6	21.3	39.14	227.45	6	8.8	19.01	24	6	5.33	74	111	2.34	6073.8
			Ⅱ	1225.07	8	24.4	79.78	603.35	8	12.0	45.84	24	7	7.25	193	289		
			Ⅲ	1719.35	10	21.9	111.97	832.68	10	10.6	63.26	24	8	9.47	287	430		
16		235	Ⅰ	655.04	6	23.2	42.66	289.73	6	11.3	23.82	24	6	5.33	73	109	2.09	5441.8
			Ⅱ	1339.68	9	21.1	87.24	680.41	9	10.7	50.86	24	8	9.47	190	285		
			Ⅲ	1896.31	11	20.0	123.49	942.71	11	9.9	70.46	24	8	9.47	286	429		
17	2800	280	Ⅰ	651.13	6	23.0	45.62	244.46	6	9.5	22.02	24	6	5.33	78	117	2.71	7044.2
			Ⅱ	1334.94	8	26.6	93.52	653.47	8	13.0	53.52	24	7	7.25	209	313		
			Ⅲ	1863.30	10	23.7	130.54	897.09	10	11.4	73.47	24	8	9.47	310	465		

续表

序号	管径	壁厚	产品等级	环向内层配筋				环向外层配筋				纵向配筋			外压检验压力		混凝土用量 (m^3/m)	管子重量 (kg/m)
				配筋面积 (mm^2)	钢筋直径 (mm)	每米环数 (环/m)	钢筋用量 (kg/m)	配筋面积 (mm^2)	钢筋直径 (mm)	每米环数 (环/m)	钢筋用量 (kg/m)	根数 (根)	直径 (mm)	钢筋用量 (kg/m)	裂缝荷载 (kN/m)	破坏荷载 (kN/m)		
18	2800	255	Ⅰ	704.06	6	24.9	49.32	305.88	6	11.9	27.14	24	6	5.33	76	115	2.45	6363.2
			Ⅱ	1447.64	10	18.4	101.42	729.51	10	9.3	58.85	24	8	9.47	206	309		
			Ⅲ	2036.43	11	21.4	142.67	1005.30	11	10.6	81.09	24	8	9.47	308	463		
19	3000	300	Ⅰ	702.48	6	24.8	52.68	262.49	6	10.2	25.36	32	6	7.10	82	123	3.11	8086.5
			Ⅱ	1448.40	8	28.8	108.62	705.17	8	14.0	61.93	32	7	9.67	225	338		
			Ⅲ	2011.05	11	21.2	150.81	963.11	11	10.1	84.58	32	8	12.63	333	500		
20		275	Ⅰ	754.54	7	19.6	56.58	323.28	7	9.2	30.79	32	6	7.10	80	120	2.83	7356.4
			Ⅱ	1559.71	10	19.9	116.96	780.46	10	9.9	67.58	32	9	15.98	222	333		
			Ⅲ	2181.24	11	23.0	163.57	1069.89	11	11.3	92.64	32	9	15.98	331	497		
21	3200	320	Ⅰ	755.04	7	19.6	60.35	281.52	7	8.0	29.03	32	6	7.10	85	128	3.54	9200.6
			Ⅱ	1565.42	9	24.6	125.11	758.43	9	11.9	71.09	32	7	9.67	242	362		
			Ⅲ	2162.56	11	22.8	172.84	1030.72	11	10.8	96.62	32	8	12.63	357	535		
22		295	Ⅰ	806.42	7	21.0	64.45	341.86	7	9.8	34.79	32	6	7.10	83	125	3.24	8421.6
			Ⅱ	1675.73	10	21.3	133.93	833.17	10	10.6	77.07	32	9	15.98	238	357		
			Ⅲ	2330.51	12	20.6	186.26	1136.38	12	10.0	105.12	32	9	15.98	355	532		
23	3400	340	Ⅰ	808.81	7	21.0	68.63	301.55	7	8.6	33.06	32	7	9.67	88	133	3.99	10386.6
			Ⅱ	1686.00	9	26.5	143.07	813.24	9	12.8	81.05	32	8	12.63	258	388		
			Ⅲ	2317.81	12	20.5	196.68	1099.90	12	9.7	109.61	32	10	19.73	381	571		
24		320	Ⅰ	848.71	7	22.1	72.02	348.88	7	10.0	37.87	32	7	9.67	87	130	3.74	9723.4
			Ⅱ	1771.89	10	22.6	150.36	871.81	10	11.1	86.02	32	9	15.98	255	383		
			Ⅲ	2447.88	12	21.6	207.72	1182.42	12	10.5	116.67	32	10	19.73	379	568		

6. ϕ1400～ϕ4400mm 顶进法施工 CECS246 法计算，圆形混凝土管配筋表

ϕ1400～ϕ4400mm 顶进法施工、CECS246 法计算，圆形混凝土管配筋　　表 H-4

序号	管径	壁厚	埋土深度(m)	环向内层配筋				环向外层配筋				纵向配筋			外压检验压力		混凝土用量(m^3/m)	管子重量(kg/m)
				配筋面积(mm^2)	钢筋直径(mm)	每米环数(环/m)	钢筋用量(kg/m)	配筋面积(mm^2)	钢筋直径(mm)	每米环数(环/m)	钢筋用量(kg/m)	根数(根)	直径(mm)	钢筋用量(kg/m)	裂缝荷载(kN/m)	破坏荷载(kN/m)		
1	1400	140	4	143.79	5	7.3	5.14	104.27	5	5.6	4.40	16	5	2.47	6	9	0.68	1761.1
			8	248.91	5	12.7	8.90	182.68	5	9.5	7.49	16	5	2.47	20	30		
			12	325.52	5	16.6	11.64	239.06	5	12.2	9.61	16	5	2.47	31	46		
2	1500	150	4	172.45	5	8.8	6.59	119.15	5	6.4	5.40	16	5	2.47	8	13	0.78	2021.6
			8	294.16	5	15.0	11.25	204.81	5	10.6	9.02	16	5	2.47	25	38		
			12	385.08	5	19.6	14.72	267.88	5	13.6	11.56	16	5	2.47	38	56		
3	1650	165	4	216.39	5	11.0	9.07	140.66	5	7.5	7.03	24	5	3.70	12	18	0.94	2446.2
			8	363.60	5	18.5	15.25	237.05	5	13.3	12.41	24	5	3.70	33	49		
			12	477.03	6	16.9	20.00	310.16	6	12.1	16.24	24	5	3.70	49	73		
4	1800	180	4	261.56	5	13.3	11.94	161.67	5	8.6	8.84	16	5	2.47	16	23	1.12	2911.1
			8	434.88	5	22.1	19.85	268.67	5	14.0	14.26	16	5	2.47	40	60		
			12	571.87	6	20.2	26.10	351.81	6	12.4	18.31	16	5	2.47	60	90		
5	2000	200	4	323.74	5	16.5	16.37	189.45	5	10.1	11.53	24	5	3.70	20	30	1.38	3594.0
			8	532.64	6	18.8	26.94	310.44	6	12.1	19.80	24	5	3.70	51	76		
			12	702.41	6	24.8	35.52	406.97	6	15.8	25.95	24	5	3.70	75	113		
6	2150	215	4	371.89	5	18.9	20.18	210.36	5	11.2	13.78	24	5	3.70	24	36	1.60	4153.3
			8	607.96	6	21.5	32.99	341.75	6	12.3	21.76	24	5	3.70	59	88		
			12	803.13	7	20.9	43.59	448.32	7	11.6	27.98	24	5	3.70	87	131		
7	2200	220	4	388.24	5	19.8	21.55	217.37	5	11.6	14.58	24	5	3.70	25	37	1.67	4348.7
			8	633.43	6	22.4	35.16	352.22	6	13.7	24.75	24	5	3.70	61	92		
			12	837.21	7	21.8	46.47	462.12	7	13.2	32.48	24	5	3.70	91	137		

续表

序号	管径	壁厚	埋土深度（m）	环向内层配筋				环向外层配筋				纵向配筋			外压检验压力		混凝土用量（m^3/m）	管子重量（kg/m）
				配筋面积（mm^2）	钢筋直径（mm）	每米环数（环/m）	钢筋用量（kg/m）	配筋面积（mm^2）	钢筋直径（mm）	每米环数（环/m）	钢筋用量（kg/m）	根数（根）	直径（mm）	钢筋用量（kg/m）	裂缝荷载（kN/m）	破坏荷载（kN/m）		
8	2400	240	4	455.08	5	23.2	27.50	245.67	5	13.1	18.01	24	5	3.70	29	44	1.99	5175.3
			8	737.13	7	19.2	44.55	394.28	7	10.5	28.07	24	5	3.70	72	108		
			12	975.96	8	19.4	58.98	517.55	8	10.3	36.13	24	6	5.33	108	161		
9	2400	230	4	467.73	6	16.5	28.27	262.16	6	10.2	19.99	24	5	3.70	30	45	1.90	4940.9
			8	760.41	7	19.8	45.96	423.18	7	12.1	32.27	24	5	3.70	72	108		
			12	1008.39	8	20.1	60.94	556.57	8	12.2	42.44	24	6	5.33	108	161		
10	2600	260	4	524.29	6	18.5	34.27	290.99	6	10.3	22.04	24	5	3.70	34	51	2.34	6073.8
			8	843.68	7	21.9	55.15	436.81	7	11.6	33.74	24	6	5.33	82	124		
			12	1118.39	8	22.2	73.11	573.42	8	11.4	43.43	24	6	5.33	124	186		
11	2600	235	4	560.44	6	19.8	36.64	319.49	6	12.4	26.18	24	5	3.70	36	53	2.09	5441.8
			8	909.90	7	23.6	59.48	515.21	7	14.7	42.22	24	6	5.33	83	125		
			12	1211.20	8	24.1	79.18	679.51	8	14.9	55.68	24	6	5.33	124	187		
12	2800	280	4	595.90	6	21.1	41.89	319.23	6	11.3	26.06	32	5	4.93	38	57	2.71	7044.2
			8	953.01	8	19.0	67.00	479.91	8	9.7	39.97	32	6	7.10	93	140		
			12	1264.33	9	19.9	88.89	629.87	9	9.9	51.43	32	7	9.67	141	211		
13	2800	255	4	633.45	6	22.4	44.53	349.28	6	13.6	30.90	32	5	4.93	40	60	2.45	6363.2
			8	1021.50	8	20.3	71.81	558.37	8	12.2	49.39	32	6	7.10	94	141		
			12	1360.65	9	21.4	95.66	736.18	9	12.7	65.12	32	7	9.67	141	212		
14	3000	300	4	669.90	6	23.7	50.40	350.96	6	12.4	30.73	32	5	4.93	43	64	3.11	8086.5
			7	971.20	7	25.2	73.07	479.10	7	13.7	46.15	32	6	7.10	89	134		
			10	1244.51	9	19.6	93.63	608.19	9	9.6	53.26	32	7	9.67	131	197		
			13	1494.49	10	19.0	112.44	724.34	10	9.2	63.43	32	7	9.67	170	255		

续表

序号	管径	壁厚	埋土深度(m)	环向内层配筋				环向外层配筋				纵向配筋			外压检验压力		混凝土用量(m^3/m)	管子重量(kg/m)
				配筋面积(mm^2)	钢筋直径(mm)	每米环数(环/m)	钢筋用量(kg/m)	配筋面积(mm^2)	钢筋直径(mm)	每米环数(环/m)	钢筋用量(kg/m)	根数(根)	直径(mm)	钢筋用量(kg/m)	裂缝荷载(kN/m)	破坏荷载(kN/m)		
15	3000	275	4	708.72	7	18.4	53.32	379.82	7	10.9	36.07	32	6	9.32	45	67	2.83	7356.4
			7	1034.10	8	20.6	77.80	549.96	8	12.0	52.23	32	6	9.32	91	136		
			10	1329.83	9	20.9	100.05	701.34	9	12.1	66.61	32	7	12.69	132	199		
			13	1600.84	10	20.4	120.44	837.33	10	11.7	79.52	32	9	20.98	171	256		
16	3200	320	4	746.30	6	26.4	59.83	383.49	6	13.6	35.85	36	6	7.99	47	70	3.54	9200.6
			7	1076.43	7	28.0	86.30	520.23	7	14.9	53.50	36	6	7.99	98	147		
			10	1378.26	9	21.7	110.50	659.38	9	10.4	61.65	36	7	10.88	145	218		
			13	1656.31	10	21.1	132.79	785.42	10	10.0	73.43	36	9	17.98	188	282		
17	3200	295	4	786.28	7	20.4	63.04	411.14	7	11.8	41.72	36	6	9.32	49	74	3.24	8421.6
			7	1140.98	8	22.7	91.47	591.28	8	12.9	60.00	36	6	9.32	100	150		
			10	1465.91	9	23.0	117.52	752.77	9	13.0	76.39	36	7	12.69	146	220		
			13	1765.84	10	22.5	141.57	898.85	10	12.6	91.22	36	9	20.98	189	284		
18	3400	330	4	840.60	7	21.8	71.54	443.67	7	11.5	43.89	42	6	9.32	52	78	3.87	10054.2
			7	1209.15	8	24.1	102.90	589.25	8	12.2	60.62	42	6	9.32	108	162		
			10	1548.69	10	19.7	131.80	746.96	10	10.5	81.28	42	8	16.58	159	239		
			13	1863.69	11	19.6	158.61	890.56	11	11.0	103.07	42	9	20.98	207	311		
19	3400	310	4	875.39	7	22.7	74.50	453.48	7	13.0	48.85	42	6	9.32	54	81	3.61	9394.2
			7	1265.18	9	19.9	107.67	649.17	9	11.2	69.93	42	7	12.69	110	164		
			10	1624.92	10	20.7	138.29	825.74	10	11.6	88.95	42	8	16.58	161	241		
			13	1959.28	11	20.6	166.74	986.37	11	11.4	106.26	42	9	20.98	208	313		

续表

序号	管径	壁厚	埋土深度(m)	环向内层配筋				环向外层配筋				纵向配筋			外压检验压力		混凝土用量(m^3/m)	管子重量(kg/m)
				配筋面积(mm^2)	钢筋直径(mm)	每米环数(环/m)	钢筋用量(kg/m)	配筋面积(mm^2)	钢筋直径(mm)	每米环数(环/m)	钢筋用量(kg/m)	根数(根)	直径(mm)	钢筋用量(kg/m)	裂缝荷载(kN/m)	破坏荷载(kN/m)		
20	3600	340	4	906.36	7	23.6	81.61	481.21	7	12.5	50.69	42	7	12.69	55	82	4.21	10942.0
			7	1294.66	8	25.8	116.57	641.12	8	12.8	67.53	42	7	12.69	116	174		
			10	1654.34	10	21.1	148.95	802.26	10	10.2	84.50	42	8	16.58	173	259		
			13	1989.69	11	20.9	179.15	946.26	11	10.0	99.67	42	9	20.98	225	338		
21	3600	320	4	977.67	8	19.5	88.03	507.92	8	11.8	61.42	42	7	12.69	59	89	3.94	10246.1
			7	1409.15	9	22.2	126.88	725.10	9	13.3	87.69	42	7	12.69	120	180		
			10	1810.29	10	23.0	162.99	922.14	10	13.7	111.51	42	8	16.58	176	264		
			13	2185.66	12	19.3	196.79	1102.28	12	11.4	133.30	42	10	25.90	228	342		
22	4000	360	4	1150.06	8	22.9	114.90	576.48	8	12.6	73.05	50	7	15.11	68	102	4.93	12820.7
			7	1641.24	10	20.9	163.97	813.24	10	12.1	109.61	50	8	19.73	138	207		
			10	2102.60	11	22.1	210.06	1030.24	11	12.7	138.86	50	9	24.98	204	306		
			13	2538.48	12	22.4	253.61	1230.44	12	12.7	165.84	50	10	30.83	266	399		
23	4000	320	4	1248.02	9	19.6	124.68	676.35	9	12.4	89.60	50	7	15.11	73	110	4.34	11291.6
			7	1798.36	10	22.9	179.66	966.27	10	14.4	128.01	50	8	19.73	143	214		
			10	2318.38	11	24.4	231.62	1231.57	11	15.2	163.15	50	9	24.98	209	313		
			13	2812.78	12	24.9	281.01	1476.00	12	15.3	195.53	50	10	30.83	271	407		
24	4400	400	4	1332.00	8	26.5	146.22	668.18	8	13.3	84.88	50	7	15.11	76	114	6.03	15682.8
			7	1883.28	10	24.0	206.73	905.14	10	13.5	134.54	50	8	19.73	156	234		
			10	2405.45	11	25.3	264.05	1142.08	11	14.1	169.75	50	9	24.98	232	348		
			13	2902.65	12	25.7	318.63	1362.32	12	14.1	202.49	50	10	30.83	304	456		
25	4400	350	4	1459.38	9	22.9	160.20	775.02	9	14.3	112.96	50	7	15.11	83	125	5.22	13579.5
			7	2086.54	10	26.6	229.04	1097.38	10	16.3	159.94	50	8	19.73	163	245		
			10	2684.84	11	28.3	294.72	1394.78	11	17.2	203.29	50	9	24.98	239	359		
			13	3258.89	12	28.8	357.73	1670.82	12	17.3	243.52	50	10	30.83	312	468		

7. ϕ1000～ϕ4400mm 顶进法施工 CECS143 法计算，圆形混凝土管配筋表

ϕ1000～ϕ4400mm 顶进法施工、CECS143 法计算，圆形混凝土管配筋　　表 H-5

序号	管径	壁厚	产品等级	环向内层配筋				环向外层配筋				纵向配筋			外压检验压力		混凝土用量 (m^3/m)	管子重量 (kg/m)
				配筋面积 (mm^2)	钢筋直径 (mm)	每米环数 (环/m)	钢筋用量 (kg/m)	配筋面积 (mm^2)	钢筋直径 (mm)	每米环数 (环/m)	钢筋用量 (kg/m)	根数（根）	直径 (mm)	钢筋用量 (kg/m)	裂缝荷载 (kN/m)	破坏荷载 (kN/m)		
1	1000	100	3	292.63	5	14.9	7.51	197.48	5	10.1	5.65	12	5	1.85	32	48	0.35	898.5
			6	421.10	5	21.4	10.80	286.91	5	14.6	8.21	12	5	1.85	48	72		
			9	492.96	6	17.4	12.65	335.87	6	11.9	9.61	12	5	1.85	58	86		
2	1000	125	3	239.36	5	12.2	6.14	145.19	5	7.4	4.33	12	5	1.85	34	51	0.44	1148.6
			6	344.36	5	17.5	8.83	213.44	5	10.9	6.37	12	5	1.85	52	78		
			9	404.03	5	20.6	10.37	251.72	5	12.8	7.51	12	5	1.85	62	93		
3	1100	110	3	321.32	5	16.4	9.04	211.21	5	10.8	6.67	12	5	1.85	35	53	0.42	1087.2
			6	470.78	5	24.0	13.24	313.48	5	16.0	9.90	12	5	1.85	55	83		
			9	559.19	6	19.8	15.73	372.63	6	13.2	11.77	12	5	1.85	67	100		
4	1100	125	3	286.22	5	14.6	8.05	177.47	5	9.0	5.74	12	5	1.85	37	55	0.48	1250.7
			6	418.90	5	21.3	11.78	265.11	5	13.5	8.57	12	5	1.85	57	86		
			9	497.89	5	25.4	14.00	316.42	5	16.1	10.23	12	5	1.85	70	104		
5	1200	120	3	350.35	5	17.8	10.72	224.87	5	11.5	7.77	12	5	1.85	39	59	0.50	1293.8
			6	521.31	5	26.5	15.95	340.16	5	17.3	11.75	12	5	1.85	62	93		
			9	627.28	6	22.2	19.19	409.95	6	14.5	14.16	12	5	1.85	77	115		
6	1200	130	3	326.08	5	16.6	9.97	201.83	5	10.3	7.07	12	5	1.85	40	60	0.54	1412.3
			6	484.65	5	24.7	14.82	306.53	5	15.6	10.74	12	5	1.85	64	96		
			9	583.23	5	29.7	17.84	370.34	5	18.9	12.97	12	5	1.85	78	118		
7	1350	135	3	394.41	5	20.1	13.52	245.16	5	12.5	9.55	12	5	1.85	44	67	0.63	1637.5
			6	598.38	6	21.2	20.52	380.21	6	13.4	14.82	12	5	1.85	73	109		
			9	732.25	6	25.9	25.11	466.65	6	16.5	18.19	12	5	1.85	92	137		

续表

序号	管径	壁厚	产品等级	环向内层配筋				环向外层配筋				纵向配筋			外压检验压力		混凝土用量 (m^3/m)	管子重量 (kg/m)
				配筋面积 (mm^2)	钢筋直径 (mm)	每米环数 (环/m)	钢筋用量 (kg/m)	配筋面积 (mm^2)	钢筋直径 (mm)	每米环数 (环/m)	钢筋用量 (kg/m)	根数 (根)	直径 (mm)	钢筋用量 (kg/m)	裂缝荷载 (kN/m)	破坏荷载 (kN/m)		
8	1400	140	3	409.21	5	20.8	14.54	251.85	5	12.8	10.19	12	5	1.85	46	69	0.68	1761.1
			6	624.36	6	22.1	22.18	393.54	6	13.9	15.92	12	5	1.85	76	115		
			9	767.89	6	27.2	27.28	485.69	6	17.2	19.65	12	5	1.85	97	145		
9	1500	150	3	438.98	5	22.4	16.68	265.11	5	13.5	11.51	16	5	2.47	49	74	0.78	2021.6
			6	676.68	6	23.9	25.71	420.14	6	14.9	18.24	16	5	2.47	83	125		
			9	840.02	7	21.8	31.91	523.90	7	13.6	22.75	16	5	2.47	107	160		
10	1650	165	3	483.99	5	24.6	20.18	284.68	5	14.5	13.62	16	5	2.47	54	82	0.94	2446.2
			6	755.98	6	26.7	31.52	459.85	6	16.3	22.01	16	5	2.47	94	141		
			9	950.04	7	24.7	39.61	581.45	7	15.1	27.83	16	5	2.47	122	183		
11	1800	180	3	529.39	5	27.0	24.03	303.83	5	15.5	15.89	16	5	2.47	59	89	1.12	2911.1
			6	836.11	6	29.6	37.95	499.26	6	17.7	26.11	16	5	2.47	104	157		
			9	1061.94	7	27.6	48.20	639.11	7	16.6	33.42	16	5	2.47	138	207		
12	2000	200	3	590.48	6	20.9	29.71	328.66	6	11.6	19.13	24	5	3.70	65	98	1.38	3594.0
			6	944.06	7	24.5	47.51	551.26	7	14.3	32.09	24	5	3.70	118	177		
			9	1213.55	8	24.1	61.07	715.98	8	14.2	41.68	24	6	5.33	159	238		
13	2150	215	3	654.38	6	23.1	35.51	365.74	6	12.9	22.83	24	5	3.70	69	104	1.60	4153.3
			6	1055.27	7	27.4	57.27	620.32	7	16.1	38.71	24	5	3.70	128	193		
			9	1368.15	8	27.2	74.25	812.70	8	16.2	50.72	24	5	3.70	175	262		
14	2200	220	3	669.81	6	23.7	37.18	371.61	6	13.1	23.74	24	6	5.33	71	106	1.67	4348.7
			6	1082.62	7	28.1	60.09	633.06	7	16.4	40.45	24	5	3.70	132	198		
			9	1406.93	8	28.0	78.09	831.90	8	16.6	53.15	24	6	5.33	180	270		

续表

序号	管径	壁厚	产品等级	环向内层配筋				环向外层配筋				纵向配筋			外压检验压力		混凝土用量 (m^3/m)	管子重量 (kg/m)
				配筋面积 (mm^2)	钢筋直径 (mm)	每米环数 (环/m)	钢筋用量 (kg/m)	配筋面积 (mm^2)	钢筋直径 (mm)	每米环数 (环/m)	钢筋用量 (kg/m)	根数 (根)	直径 (mm)	钢筋用量 (kg/m)	裂缝荷载 (kN/m)	破坏荷载 (kN/m)		
15	2400	240	3	731.91	6	25.9	44.23	394.57	6	14.0	27.54	24	5	3.70	76	114	1.99	5175.3
			6	1192.64	8	23.7	72.08	683.58	8	13.6	47.72	24	6	5.33	145	217		
			9	1563.21	9	24.6	94.47	908.46	9	14.3	63.42	24	6	5.33	201	301		
16	2400	230	3	757.89	6	26.8	45.80	418.09	6	14.8	28.98	24	6	5.33	75	112	1.90	4940.9
			6	1237.86	8	24.6	74.81	722.28	7	18.8	50.07	24	5	3.70	144	215		
			9	1624.55	9	25.5	98.18	958.54	9	15.1	66.44	24	7	7.25	199	299		
17	2600	260	3	794.58	6	28.1	51.94	416.71	6	14.7	31.56	24	5	3.70	81	121	2.34	6073.8
			6	1303.51	8	25.9	85.21	733.34	8	14.6	55.54	24	6	5.33	158	237		
			9	1721.11	9	27.1	112.51	984.49	9	15.5	74.56	24	6	5.33	221	332		
18	2600	235	3	863.19	7	22.4	56.43	477.86	7	12.4	35.60	24	6	5.33	78	117	2.09	5441.8
			6	1424.93	9	22.4	93.15	835.21	9	13.1	62.22	24	6	5.33	155	232		
			9	1888.25	10	24.0	123.43	1117.60	10	14.2	83.26	24	7	7.25	218	327		
19	2800	280	3	984.20	7	26	69.19	557.45	7	14.5	45.52	32	6	7.10	138	207	2.71	7044.2
			6	1634.69	9	26	114.92	905.10	9	14.2	73.90	32	7	9.67	260	390		
			9	2322.89	11	24	163.31	1252.75	11	13.2	102.29	32	8	12.63	389	584		
20	2800	255	3	1063.32	7	28	74.75	624.95	7	16.2	50.26	32	6	7.10	135	202	2.45	6363.2
			6	1783.87	9	28	125.41	1020.66	9	16.0	82.08	32	6	7.10	258	387		
			9	2558.11	12	23	179.84	1416.37	12	12.5	113.90	32	8	12.63	390	585		
21	3000	300	4	1134.59	8	22.6	85.36	590.81	8	11.8	51.74	32	6	7.10	122	183	3.11	8086.5
			7	1708.32	8	34.0	128.53	938.71	8	18.7	82.20	32	6	7.10	211	316		
			10	2193.67	11	23.1	165.04	1223.34	11	12.9	107.13	32	8	12.63	286	428		
			13	2602.49	12	23.0	195.80	1456.19	12	12.9	127.52	32	9	15.98	349	523		

续表

序号	管径	壁厚	产品等级	环向内层配筋				环向外层配筋				纵向配筋			外压检验压力		混凝土用量（m^3/m）	管子重量（kg/m）
				配筋面积（mm^2）	钢筋直径（mm）	每米环数（环/m）	钢筋用量（kg/m）	配筋面积（mm^2）	钢筋直径（mm）	每米环数（环/m）	钢筋用量（kg/m）	根数（根）	直径（mm）	钢筋用量（kg/m）	裂缝荷载（kN/m）	破坏荷载（kN/m）		
22	3000	275	4	1218.03	8	24.2	91.64	663.69	8	13.2	57.30	32	6	7.10	119	178	2.83	7356.4
			7	1842.66	10	23.5	138.64	1049.27	10	13.4	90.59	32	8	12.63	207	310		
			10	2373.55	11	25.0	178.58	1363.83	11	14.4	117.75	32	8	12.63	282	423		
			13	2822.59	12	25.0	212.36	1620.44	12	14.3	139.90	32	9	15.98	345	518		
23	3200	320	4	1215.04	8	24.2	97.41	619.67	8	12.3	57.93	36	6	7.99	128	193	3.54	9200.6
			7	1837.65	9	28.9	147.32	995.07	9	15.6	93.03	36	7	10.88	225	338		
			10	2371.32	11	25.0	190.11	1306.07	11	13.7	122.11	36	8	14.21	308	462		
			13	2826.95	12	25.0	226.64	1563.71	12	13.8	146.19	36	9	17.98	379	568		
24	3200	295	4	1297.05	8	25.8	103.98	691.34	8	13.8	63.78	36	6	7.99	125	188	3.24	8421.6
			7	1970.78	10	25.1	158.00	1104.59	10	14.1	101.91	36	8	14.21	221	332		
			10	2550.93	11	26.8	204.51	1446.09	11	15.2	133.41	36	8	14.21	304	457		
			13	3048.31	12	27.0	244.38	1728.31	12	15.3	159.45	36	9	17.98	376	563		
25	3400	330	4	1326.50	8	26.4	112.89	674.66	8	13.4	66.74	42	6	9.32	133	200	3.87	10054.2
			7	2017.44	10	25.7	171.69	1092.10	10	13.9	108.03	42	7	12.69	238	357		
			10	2617.55	11	27.5	222.76	1441.47	11	15.2	142.59	42	8	16.58	329	493		
			13	3136.78	12	27.7	266.95	1733.87	12	15.3	171.51	42	9	20.98	408	612		
26	3400	310	4	1394.86	9	21.9	118.71	733.70	9	11.5	71.85	42	7	12.69	130	196	3.61	9394.2
			7	2129.60	10	27.1	181.24	1183.02	10	15.1	115.85	42	8	16.58	235	353		
			10	2770.33	11	29.2	235.77	1558.40	11	16.4	152.62	42	9	20.98	326	489		
			13	3326.86	12	29.4	283.13	1872.02	12	16.6	183.33	42	9	20.98	406	608		
27	3600	340	4	1440.04	9	22.6	129.66	729.69	9	11.5	76.14	42	7	12.69	137	206	4.21	10942.0
			7	2201.41	11	23.2	198.21	1190.30	11	12.5	124.20	42	8	16.58	250	375		

续表

序号	管径	壁厚	产品等级	环向内层配筋				环向外层配筋				纵向配筋			外压检验压力		混凝土用量(m^3/m)	管子重量(kg/m)
				配筋面积(mm^2)	钢筋直径(mm)	每米环数(环/m)	钢筋用量(kg/m)	配筋面积(mm^2)	钢筋直径(mm)	每米环数(环/m)	钢筋用量(kg/m)	根数(根)	直径(mm)	钢筋用量(kg/m)	裂缝荷载(kN/m)	破坏荷载(kN/m)		
27	3600	340	10	2870.74	12	25.4	258.47	1579.33	12	14.0	164.80	42	9	20.98	350	525	4.21	10942.0
			13	3457.09	12	30.6	311.27	1907.92	12	16.9	199.08	42	9	20.98	437	655		
28	3600	320	4	1512.38	9	23.8	136.17	791.22	9	12.4	81.78	42	7	12.69	135	202	3.94	10246.1
			7	2321.40	11	24.4	209.01	1285.75	11	13.5	132.89	42	9	20.98	248	371		
			10	3035.90	12	26.8	273.34	1702.78	12	15.1	176.00	42	10	25.90	347	521		
			13	3664.65	12	32.4	329.96	2054.46	12	18.2	212.34	42	10	25.90	435	653		
29	4000	360	4	1672.70	10	21.3	167.11	839.40	10	10.7	96.70	50	8	19.73	144	217	4.93	12820.7
			7	2580.68	12	22.8	257.82	1389.30	12	12.3	160.05	50	9	24.98	274	411		
			10	3396.37	12	30.0	339.31	1861.13	12	16.5	214.40	50	10	30.83	391	586		
			13	4127.05	12	36.5	412.31	2265.97	12	20.0	261.04	50	10	30.83	495	742		
30	4000	320	4	1845.21	10	23.5	184.34	979.48	10	12.5	110.90	50	8	19.73	139	209	4.34	11291.6
			7	2874.36	12	25.4	287.16	1610.00	12	14.2	182.29	50	10	30.83	270	404		
			10	3811.14	12	33.7	380.75	2149.58	12	19.0	243.39	50	10	30.83	388	582		
			13	4662.07	12	41.2	465.76	2611.33	12	23.1	295.67	50	10	30.83	496	744		
31	4400	400	4	1835.74	10	23.4	201.51	884.63	10	11.3	112.38	50	8	19.73	153	229	6.03	15682.8
			7	2843.26	12	25.1	312.11	1490.00	12	13.2	189.29	50	10	30.83	299	449		
			10	3761.08	12	33.3	412.86	2016.82	12	17.8	256.22	50	10	30.83	433	649		
			13	4595.32	12	40.6	504.44	2475.28	12	21.9	314.46	50	10	30.83	554	831		
32	4400	350	4	2046.93	11	21.5	224.70	1055.72	11	11.1	131.51	50	9	24.98	146	219	5.22	13579.5
			7	3206.89	12	28.4	352.03	1762.46	12	15.6	219.55	50	10	30.83	293	440		
			10	4279.90	12	37.8	469.81	2375.82	12	21.0	295.96	50	10	30.83	430	645		
			13	5271.54	12	46.6	578.67	2908.14	12	25.7	362.27	50	10	30.83	556	834		

8. ϕ1000～ϕ3400mm 顶进法施工、120 法计算，圆形混凝土管配筋表

ϕ1000～ϕ3400mm 顶进法施工、120 法计算，圆形混凝土管配筋　　表 H-6

序号	管径	壁厚	产品等级	环向内层配筋				环向外层配筋				纵向配筋			外压检验压力		混凝土用量 (m^3/m)	管子重量 (kg/m)
				配筋面积 (mm^2)	钢筋直径 (mm)	每米环数 (环/m)	钢筋用量 (kg/m)	配筋面积 (mm^2)	钢筋直径 (mm)	每米环数 (环/m)	钢筋用量 (kg/m)	根数（根）	直径 (mm)	钢筋用量 (kg/m)	裂缝荷载 (kN/m)	破坏荷载 (kN/m)		
1	1000	100	3	329.70	5	16.8	8.46	217.30	5	11.1	6.22	12	5	1.85	48	73	0.35	898.5
			6	597.88	5	30.4	15.34	383.13	5	19.5	10.96	12	5	1.85	93	139		
			9	887.41	7	23.1	22.77	548.97	7	14.3	15.71	12	5	1.85	140	210		
2	1000	125	3	266.74	5	13.6	6.84	157.72	5	8.0	4.71	12	5	1.85	50	76	0.44	1148.6
			6	474.45	5	24.2	12.17	276.09	5	14.1	8.24	12	5	1.85	94	142		
			9	439.24	5	22.4	11.27	256.36	5	13.1	7.65	12	5	1.85	87	130		
3	1100	110	3	358.39	5	18.3	10.08	231.04	5	11.8	7.30	12	5	1.85	53	80	0.42	1087.2
			6	645.50	6	22.8	18.15	405.22	6	14.3	12.79	12	6	2.66	102	152		
			9	954.11	7	24.8	26.83	579.39	7	15.1	18.29	12	6	2.66	154	230		
4	1100	125	3	317.40	5	16	8.93	193.08	5	9.8	6.24	12	5	1.85	54	82	0.48	1250.7
			6	565.03	5	29	15.89	337.18	5	17.2	10.90	12	5	1.85	103	154		
			9	825.56	6	29	23.22	481.28	6	17.0	15.55	12	5	1.85	153	230		
5	1200	120	3	388.05	5	20	11.87	245.48	5	12.5	8.48	12	5	1.85	58	87	0.50	1293.8
			6	694.49	6	25	21.24	428.29	6	15.1	14.79	12	5	1.85	111	166		
			9	1022.81	7	27	31.29	611.10	7	15.9	21.10	12	6	2.66	167	250		
6	1200	130	3	359.97	5	18	11.01	219.79	5	11.2	7.70	12	5	1.85	59	88	0.54	1412.3
			6	639.46	6	23	19.56	382.38	6	13.5	13.39	12	6	2.66	111	167		
			9	934.87	7	24	28.60	544.98	7	14.2	19.09	12	6	2.66	167	250		
7	1350	135	3	434.15	5	22	14.89	268.22	5	13.7	10.45	12	5	1.85	65	98	0.63	1637.5
			6	770.16	6	27	26.41	464.38	6	16.4	18.10	12	5	1.85	124	186		
			9	1128.83	8	22	38.71	660.54	8	13.1	25.74	12	6	2.66	187	281		

续表

序号	管径	壁厚	产品等级	环向内层配筋				环向外层配筋				纵向配筋			外压检验压力		混凝土用量（m^3/m）	管子重量（kg/m）
				配筋面积（mm^2）	钢筋直径（mm）	每米环数（环/m）	钢筋用量（kg/m）	配筋面积（mm^2）	钢筋直径（mm）	每米环数（环/m）	钢筋用量（kg/m）	根数（根）	直径（mm）	钢筋用量（kg/m）	裂缝荷载（kN/m）	破坏荷载（kN/m）		
8	1400	140	3	449.92	5	23	15.98	276.05	5	14.1	11.17	12	5	1.85	68	102	0.68	1761.1
			6	795.90	6	28	28.27	476.74	6	16.9	19.29	12	5	1.85	129	193		
			9	1164.84	8	23	41.38	677.44	8	13.5	27.41	12	6	2.66	194	291		
9	1500	150	3	482.05	5	25	18.31	292.09	5	14.9	12.68	16	5	2.47	73	109	0.78	2021.6
			6	848.09	7	22	32.22	501.93	7	13.0	21.79	16	6	3.55	138	207		
			9	1237.76	8	25	47.02	711.76	8	14.2	30.90	16	6	3.55	208	311		
10	1650	165	3	531.63	5	27	22.16	316.98	5	16.1	15.17	16	5	2.47	80	120	0.94	2446.2
			6	928.04	7	24	38.69	540.71	7	14.1	25.88	16	5	2.47	152	228		
			9	1349.18	8	27	56.25	764.44	8	15.2	36.58	16	6	3.55	228	342		
11	1800	180	3	582.84	5	30	26.45	342.80	5	17.5	17.93	16	5	2.47	88	131	1.12	2911.1
			6	1009.88	7	26	45.84	580.59	7	15.1	30.36	16	5	2.47	166	248		
			9	1462.82	9	23	66.40	818.39	9	12.9	42.80	16	7	4.83	249	373		
12	2000	200	3	653.58	6	23	32.89	378.61	6	13.4	22.04	24	5	3.70	97	146	1.38	3594.0
			6	1121.76	7	29	56.45	635.33	7	16.5	36.99	24	6	5.33	184	276		
			9	1617.53	9	25	81.40	892.05	9	14.0	51.93	24	6	5.33	276	414		
13	2150	215	3	728.53	6	26	39.54	427.51	6	15.1	26.68	24	5	3.70	105	158	1.60	4153.3
			6	1243.87	8	25	67.50	713.42	8	14.2	44.52	24	6	5.33	199	298		
			9	1791.18	9	28	97.21	999.33	9	15.7	62.37	24	7	7.25	299	448		
14	2200	220	3	747.16	6	26	41.47	436.95	6	15.5	27.92	24	5	3.70	108	162	1.67	4348.7
			6	1272.79	8	25	70.64	727.55	8	14.5	46.48	24	5	3.70	204	305		
			9	1830.80	10	23	101.61	1018.16	10	13.0	65.05	24	7	7.25	305	458		

续表

序号	管径	壁厚	产品等级	环向内层配筋				环向外层配筋				纵向配筋			外压检验压力		混凝土用量 (m^3/m)	管子重量 (kg/m)
				配筋面积 (mm^2)	钢筋直径 (mm)	每米环数 (环/m)	钢筋用量 (kg/m)	配筋面积 (mm^2)	钢筋直径 (mm)	每米环数 (环/m)	钢筋用量 (kg/m)	根数 (根)	直径 (mm)	钢筋用量 (kg/m)	裂缝荷载 (kN/m)	破坏荷载 (kN/m)		
15	2400	240	3	823.42	7	21	49.76	475.64	7	12.4	33.20	24	6	5.33	118	177	1.99	5175.3
			6	1390.41	8	28	84.03	785.14	8	15.6	54.81	24	6	5.33	222	334		
			9	1991.48	10	25	120.36	1094.63	10	13.9	76.42	24	7	7.25	333	500		
16	2400	230	3	853.52	7	22	51.58	501.77	7	13.0	34.78	24	6	5.33	117	175	1.90	4940.9
			6	1447.55	9	23	87.48	830.32	9	13.1	57.56	24	7	7.25	221	332		
			9	2081.61	10	27	125.80	1158.87	10	14.8	80.33	24	7	7.25	333	500		
17	2600	260	3	902.44	7	23	58.99	515.82	7	13.4	39.06	24	6	5.33	128	192	2.34	6073.8
			6	1511.07	9	24	98.78	844.34	9	13.3	63.94	24	6	5.33	241	362		
			9	2155.55	11	23	140.91	1172.86	11	12.3	88.82	24	7	7.25	361	542		
18	2600	235	3	982.86	7	26	64.25	584.45	7	15.2	43.54	24	6	5.33	125	187	2.09	5441.8
			6	1663.74	9	26	108.76	962.46	9	15.1	71.70	24	6	5.33	239	359		
			9	2397.47	11	25	156.72	1340.46	11	14.1	99.86	24	8	9.47	362	543		
19	2800	280	3	984.20	7	26	69.19	557.45	7	14.5	45.52	32	6	7.10	138	207	2.71	7044.2
			6	1634.69	9	26	114.92	905.10	9	14.2	73.90	32	7	9.67	260	390		
			9	2322.89	11	24	163.31	1252.75	11	13.2	102.29	32	8	12.63	389	584		
20	2800	255	3	1063.32	7	28	74.75	624.95	7	16.2	50.26	32	6	7.10	135	202	2.45	6363.2
			6	1783.87	9	28	125.41	1020.66	9	16.0	82.08	32	6	7.10	258	387		
			9	2558.11	12	23	179.84	1416.37	12	12.5	113.90	32	8	12.63	390	585		
21	3000	300	4	1295.52	8	26	97.47	722.79	8	14.4	63.29	32	6	7.10	191	287	3.11	8086.5
			7	2000.57	10	25	150.52	1089.64	10	13.9	95.42	32	7	9.67	324	487		
			10	2747.53	12	24	206.72	1456.50	12	12.9	127.55	32	9	15.98	465	698		

续表

序号	管径	壁厚	产品等级	环向内层配筋				环向外层配筋				纵向配筋			外压检验压力		混凝土用量（m^3/m）	管子重量（kg/m）
				配筋面积（mm^2）	钢筋直径（mm）	每米环数（环/m）	钢筋用量（kg/m）	配筋面积（mm^2）	钢筋直径（mm）	每米环数（环/m）	钢筋用量（kg/m）	根数（根）	直径（mm）	钢筋用量（kg/m）	裂缝荷载（kN/m）	破坏荷载（kN/m）		
			4	1395.03	8	28	104.96	805.06	8	16.0	69.51	32	6	7.10	188	282		
22	3000	275	7	2172.92	10	28	163.48	1218.80	10	15.5	105.23	32	7	9.67	322	484	2.83	7356.4
			10	3009.65	12	27	226.44	1632.53	12	14.4	140.95	32	9	15.98	467	701		
			4	1396.58	8	28	111.96	773.67	8	15.4	72.33	36	6	7.99	205	307		
23	3200	320	7	2144.53	11	23	171.93	1159.79	11	12.2	108.43	36	8	14.21	346	520	3.54	9200.6
			10	2936.40	12	26	235.41	1545.92	12	13.7	144.53	36	10	22.20	497	745		
			4	1494.97	9	23	119.85	854.98	9	13.4	78.88	36	7	10.88	201	302		
24	3200	295	7	2314.12	11	24	185.52	1286.98	11	13.5	118.73	36	8	14.21	344	516	3.24	8421.6
			10	3193.39	12	28	256.02	1718.98	12	15.2	158.59	36	9	17.98	498	747		
			4	1500.39	9	24	127.69	825.95	9	13.0	82.11	36	7	10.88	218	327		
25	3400	340	7	2291.43	11	24	195.01	1231.40	11	13.0	122.42	36	8	14.21	369	553	3.99	10386.6
			10	3128.46	12	28	266.24	1636.85	12	14.5	162.72	36	10	22.20	528	793		
			4	1576.85	9	25	134.20	889.40	9	14.0	87.54	36	7	10.88	215	322		
26	3400	320	7	2422.43	12	21	206.16	1330.28	12	11.8	130.93	36	9	17.98	367	550	3.74	9723.4
			10	3325.87	12	29	283.04	1771.16	12	15.7	174.33	36	9	17.98	529	793		

附录Ⅰ 顶管施工中混凝土管允许顶力及最大顶进距离

顶管过程是一个复杂的力学过程，涉及材料力学、结构力学、岩土力学、弹塑性力学等多方面的知识。顶管施工中计算的根本问题是要确定管道顶力、混凝土管的允许顶力及最大顶进距离。

顶管时的顶力等于顶管过程中管道受的阻力，包括工具管切土正压力及管壁摩擦阻力。在顶进过程中顶力引起的管道应力必须小于混凝土管的允许应力，如果在顶进过程中管道所受的应力大于混凝管的极限应力，则会引起管道的破坏和变形，影响管道的正常安装和使用。

1. 顶管施工中管道顶力

(1) 工具管端面阻力

在管道顶进土体的过程中，施加在土体中某点的剪应力必须大于土的抗剪强度，土体才会发生破坏。

用顶管法铺设管道时，通常是在管道的前端挖出与所铺设的管道直径相当的孔，然后利用顶管设备顶进。此时，工具管切土迎面阻力与土层密实度、土层含水量及管内挖土状况有关。

机械顶管（泥水或土压平衡顶管机）迎面土压力为：

$$f_{ep}=k_q\gamma_s H_0 \tag{I-1}$$

$$f_1=\frac{\pi D_1^2}{4}\times f_{ep} \tag{I-2}$$

式中 f_{ep}——迎面土压力，kN/m^2；

k_q——静止土压力系数，一般取 0.55；

H_0——地面至顶管机中心覆土深度；

γ_s——土的自重密度；

D_1——管外径，m；

f_1——工具管端面阻力，kN。

(2) 管道和土之间的摩擦力

管道和土之间的摩擦力，不仅与管壁和土之间的摩擦系数、土压力大小有关，而且与管道顶进时的弯曲程度有关。按照混凝土排水管道顶进法施工规定，顶管施工中允许最大偏转角，中小口管径管道为 1°～1.5°、大口径管道为 0.3°～0.8°，因此，管道实际轴线和管道设计轴线之间的夹角，是一个微小的角度，可以忽略管道弯曲引起的管道侧部对土的切削作用。弧线顶管中此项摩阻力则不应忽略。

管道和土之间的摩擦力为：

$$f_2=\pi D_1 L k_\mu \tag{I-3}$$

式中 f_2——顶管管道侧壁总摩擦力，kN；

k_μ——顶管侧壁摩擦系数，kN/m²；

L——顶管长度，m。

据有关工程资料统计，一般 k_μ 砂砾土取 8kN/m²、黏土取 6kN/m²。

顶管所需的总顶力即为：

$$Q_d = f_k + f_f \tag{I-4}$$

式中 Q_d——顶管施工中管道顶力，kN。

通常减少管壁摩擦阻力的措施有：在管壁与泥土间腔内注浆，形成泥浆套；管子尺寸一致，外壁形态规则；表面光洁；顶进中减少偏差。

2. 顶管施工中混凝土管允许顶力

根据国外的顶管经验，钢筋混凝土管端面允许平均应力为 9～13MPa。顶管中管道方向会发生偏差，一旦偏差管端局部应力会很快升高（见图 I-1），局部应力一般宜控制在混凝土强度的 60%以下。

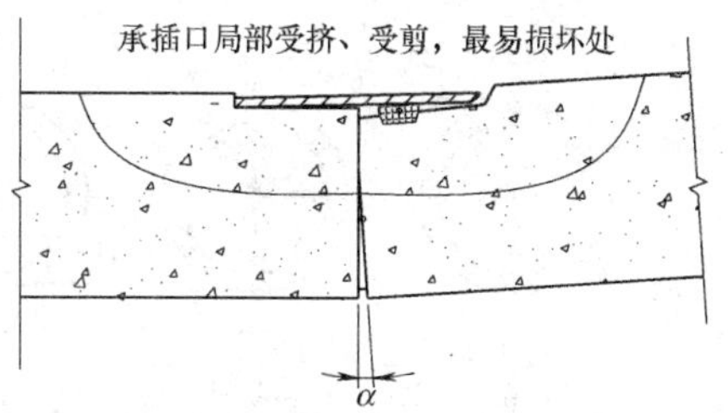

图 I-1 顶管方向发生偏差（转角）后，管子端面局部承压示意图

各种接口管顶进受力面高度计算见图 I-3。

（1）管子全断面顶压允许顶力

混凝土管全断面顶压状态的允许顶力（简称为混凝土管允许顶力）计算公式为：

$$F_d = \frac{\pi C}{1000 k_d} h (D_0 + h) \tag{I-5}$$

$$h = d - t - a - l_1 - l_2 \tag{I-6}$$

式中 F_d——混凝土管允许顶力，kN；

C——混凝土强度等级，N/mm²；

k_d——安全系数，取 $k_d = 4 \sim 6$；

D_0——混凝土管内径，mm；

h——混凝土管承压面高度，mm；

d——混凝土管管壁厚度，mm；

t——承口钢圈厚度，mm；

a——接口工作面间隙，mm；

l_1——钢承口混凝土管缓冲垫到内壁的预留距离，mm；

柔性企口混凝土管缓冲垫到承口内缘的预留距离，mm；

刚性企口缓冲垫到凸口内缘距离，mm；

l_2——钢承口混凝土管密封圈槽底到管外壁距离，mm；

柔性企口混凝土管缓冲垫到管外壁的预留距离，mm；

刚性企口混凝土管缓冲垫到管外壁的预留距离，mm。

（2）管子部分断面受压允许顶力

首节管子顶进顶铁作用于管子加力方式如图 I-3 所示，主要有：①全断面顶进，顶管顶铁作用于圆管全周长；②半断面顶进，顶管顶铁作用于圆管下半周长；③下部顶进，顶管顶铁作用于圆管下半部分周长；④中间顶进，顶管顶铁为一字形顶铁，作用于圆管水平轴两侧部分断面；⑤四点顶进，顶管顶铁作用于圆管坐标四区部分面积；⑥下二点顶进，顶管顶铁作用于圆管下半部分两区域面积。

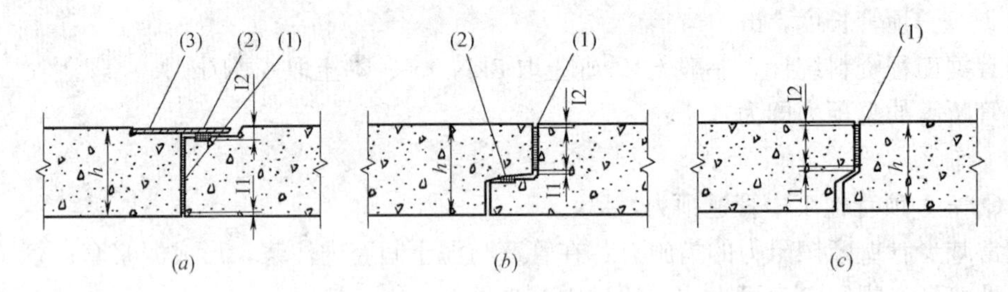

图 I-2 各种接口管顶进受力面高度计算图

(*a*) 钢承口钢筋混凝土管；(*b*) 柔性企口钢筋混凝土管；(*c*) 刚性企口钢筋混凝土管

(1) —顶压缓冲垫；(2) —接口橡胶圈；(3) —钢承口圈

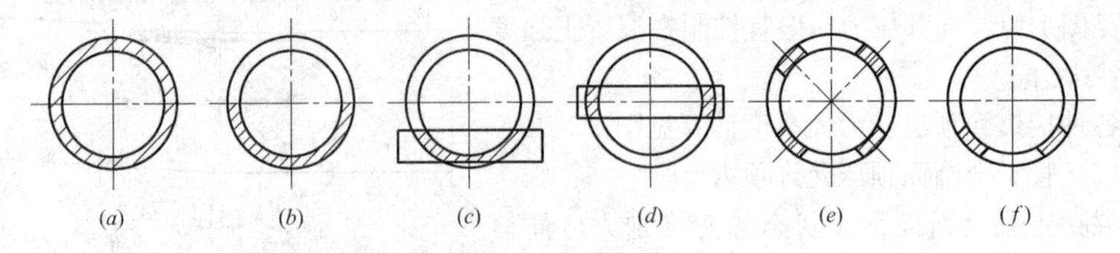

图 I-3 管子顶进加力方式

(*a*) 全断面顶进；(*b*) 半断面顶进；(*c*) 下部顶进；(*d*) 半断面顶进；(*e*) 四点顶进；(*f*) 下二点顶进

计算混凝土管部分断面受顶压状态的允许顶力计算公式为：上述混凝土管全断面顶压状态的允许顶力乘以相应的顶面面积占全断面的比率。

$$F_{df}=\lambda F_d \tag{I-7}$$

式中 F_{df}——混凝土管部分断面受顶压状态的允许顶力，kN；

λ——顶铁作用于管子面积与管子全断面面积之比率。

3. 顶管施工最大顶进距离

顶管施工中需满足：

$$k_s F_d \geqslant Q_d = f_1 + f_2 \tag{I-8}$$

式中 k_s——顶管施工系数，人工掘进施工 $k_s=0.9$、机械掘进施工 $k_s=1.0$。

因而，最大顶进距离计算公式为：

$$L \leqslant \frac{k_s F_d - f_1}{k_\mu \pi D_1} \tag{I-9}$$

4. 混凝土管最大顶进距离速查表

(1) 混凝土管最大顶进距离速查表计算工况条件：

① 管型尺寸为本书中推荐的管型尺寸；

② 静止土压力系数，$k_q=0.55$；

③ γ_s 土的自重密度，取 19kN/m³；

④ 黏土，管径≤2600mm，取 $k_\mu=6\text{kN/m}^2$、管径>2600mm，取 $k_\mu=7\text{kN/m}^2$；

⑤ 混凝土强度等级 $C=40$；

⑥ 材料安全系数，$k_d=6$；

⑦ 管子为全断面顶压；

⑧ 机械掘进施工，$k_s=1$；

⑨ 各项工程工况条件千变万化，按表选中数据后，尚需按工程工况条件作复核，切忌照搬数据而影响工程安全。

（2）钢承口混凝土管允许顶力及最大顶进距离

钢承口混凝土管允许顶力及最大顶进距离 **表Ⅰ-1**

序号	管径(mm)	壁厚(mm)	埋设深度(m)	管子允许顶力(kN)	最大顶进距离(m)
1	1000	100	3	1099.56	46.73
			6		45.16
			9		43.60
2	1000	125	3	1688.61	69.69
			6		68.06
			9		66.43
3	1100	110	3	1457.70	56.48
			6		54.76
			9		53.03
4	1100	125	3	1845.69	70.37
			6		68.61
			9		66.84
5	1200	120	3	1861.92	66.26
			6		64.38
			9		62.50
6	1200	130	3	2144.66	75.56
			6		73.65
			9		71.74
7	1350	135	3	2459.32	77.85
			6		75.73
			9		73.62
8	1400	140	3	2709.50	82.75
			6		80.56
			9		78.36
9	1500	150	3	3067.53	87.35
			6		85.00
			9		82.65
10	1600	160	3	3635.95	97.15
			6		94.65
			9		92.14
11	1800	180	3	4825.49	114.68
			6		111.86
			9		109.04

续表

序号	管径(mm)	壁厚(mm)	埋设深度(m)	管子允许顶力(kN)	最大顶进距离(m)
12	2000	200	3	6274.81	134.31
			6		131.18
			9		128.04
13	2150	215	3	7482.75	149.05
			6		145.68
			9		142.31
14	2200	220	3	7908.44	153.96
			6		150.51
			9		147.06
15	2400	240	3	9610.84	171.47
			6		167.71
			9		163.95
16	2400	230	3	9035.72	162.09
			6		158.36
			9		154.62
17	2600	260	3	11477.62	188.97
			6		184.89
			9		180.82
18	2600	235	3	9924.10	165.43
			6		161.42
			9		157.41
19	2800	280	3	13644.06	208.58
			6		204.19
			9		199.80
20	2800	255	3	11964.88	185.06
			6		180.74
			9		176.41
21	3000	300	4	15994.81	194.24
			7		190.21
			10		186.18
			13		182.15
22	3000	275	4	14189.97	174.11
			7		170.14
			10		166.16
			13		162.19

续表

序号	管径(mm)	壁厚(mm)	埋设深度(m)	管子允许顶力(kN)	最大顶进距离(m)
23	3200	320	4	18064.16	205.43
			7		201.13
			10		196.83
			13		192.53
24	3200	295	4	16139.93	185.31
			7		181.07
			10		176.82
			13		172.58
25	3400	330	4	19930.26	214.09
			7		209.54
			10		204.99
			13		200.45
26	3400	310	4	18296.64	197.95
			7		193.45
			10		188.95
			13		184.45
27	4000	360	4	25673.01	236.13
			7		230.85
			10		225.56
			13		220.28
28	4000	320	4	21876.29	203.45
			7		198.25
			10		193.06
			13		187.86
29	4400	400	4	32267.84	269.37
			7		263.54
			10		257.72
			13		251.90
30	4400	350	4	27029.76	228.54
			7		222.83
			10		217.12
			13		211.41

附录 J　顶进法施工用混凝土管端部加固形式

顶管中混凝土管端部局部受压，产生横向变形，易损坏。管端 U 形箍筋及外层环筋起到承受此变形和应力的作用，因此顶管用混凝土管需加强端部的承载力，可在管端一定范围（200～300mm）内增加环筋数量和配置 U 形箍筋（或其他形式加强），不需管子全长整体增加配筋量。

管端加固可着重增加管端外层环筋，加密后的螺距为管身内层环筋螺距的 1/3～2/3，U 形加强筋增加数量一般为纵筋数量（详见本书“参考文献［57］”）。钢承口管的承口钢圈应与钢筋骨架牢固连接。

管口外层筋加筋密度和长度由顶管工程中下列因素确定：（1）顶进距离；（2）直线顶管或曲线顶管；（3）工程地质条件；（4）顶管施工掘进方式（机械顶管或人工顶管）；（5）施工人员的工程经验。一般顶进距离长、曲线顶管、人工顶管、施工人员经验不足，易发生方向偏差时，应加大配筋密度和适当增长加密段长度。加密段长度一般取 200～300mm。

超长距离顶管中管端受力除受压泊桑效应作用外，更主要作用是超长顶进距离方向偏差的叠加，两节管子端面如图 I-1 所示不再是整体传压，而是局部接触，混凝土不再是受压作用，而是受切、受剪作用，因而混凝土管管端被挤坏、破碎。

超长距离顶管用混凝土管，端部加固方法常用如图 J-1 所示方法，管端内外壁以钢圈包裹，钢圈长度 120～200mm，钢板厚度 4～8mm。内外两层钢圈之间按管径大小以一定数量钢板连接。也可采用预应力钢筒混凝土管的接口板作为混凝土管内的接口，在管子内层再埋入钢板，并以钢板连接两层钢圈。

1. 钢承口混凝土管管口加固形式

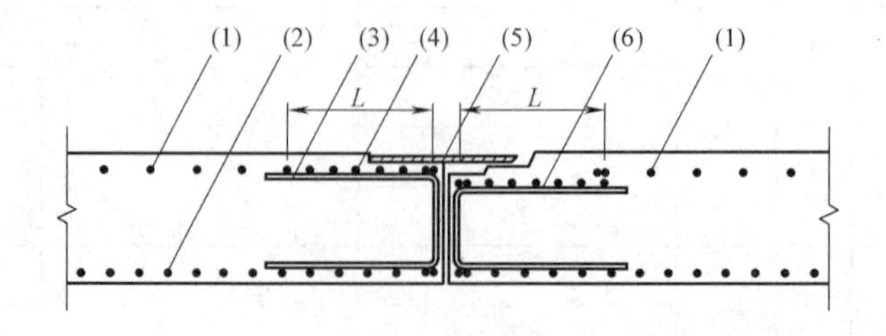

图 J-1　钢承口混凝土管管口加固形式参考图

（1）—外层钢筋；（2）—内层钢筋；（3）—承口 U 形加固筋；（4）—管口外层加密筋；
（5）—承口钢圈；（6）—插口 U 形加固筋；
L—加密段长度

2. 柔性企口混凝土管管口加固形式

柔性企口管作顶管用管时，由于承压面高度较小，承压面积与钢承口管比较有较大减小，为了提高管子的顶力，应在承口内侧增加加固筋（如图 J-2 所示）。

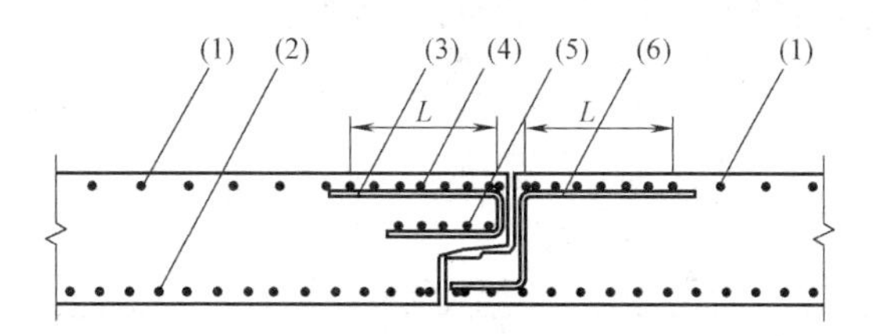

图 J-2　柔性企口混凝土管管口加固形式参考图

(1) —外层钢筋；(2) —内层钢筋；(3) —承口U形加固筋；(4) —管口外层加密筋；

(5) —承口内层加固筋；(6) —插口Z形加固筋；

L—加密段长度

3. 刚性企口混凝土管管口加固形式（图 J-3）

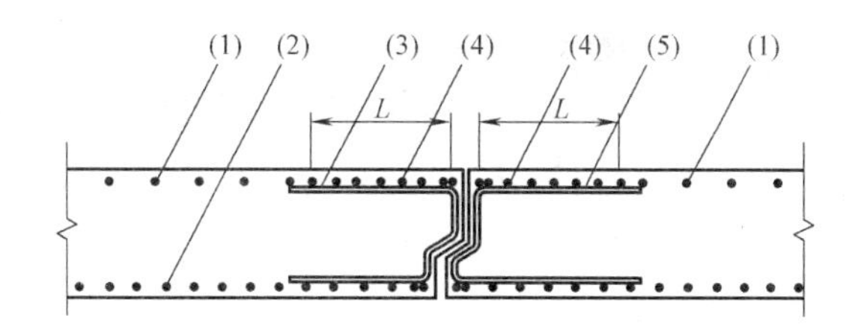

图 J-3　刚性企口混凝土管管口加固形式参考图

(1) —外层钢筋；(2) —内层钢筋；(3) —承口U形加固筋；

(4) —管口外层加密筋；(5) —插口U形加固筋；

L—加密段长度

4. 双插口混凝土管的两端插口加固形式与钢承口混凝土管的插口加固形式相同（图 J-4）

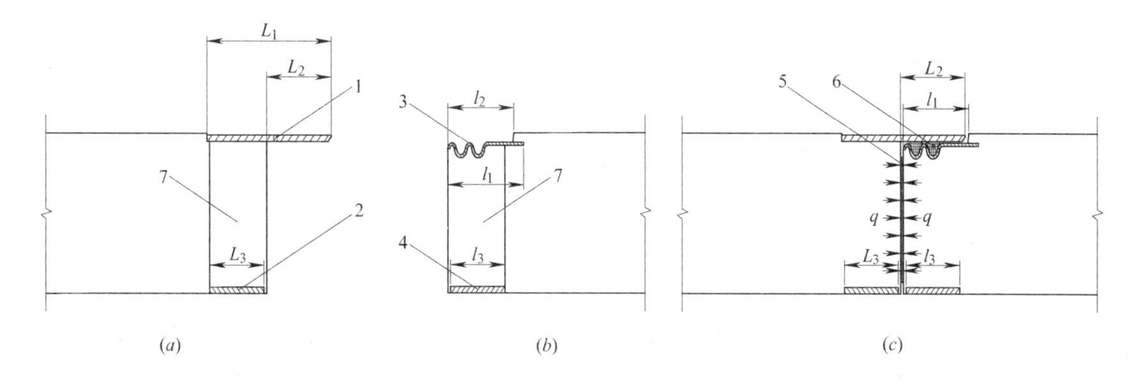

图 J-4　超长距离顶管用混凝土管管型Ⅰ

(*a*) 插口；(*b*) 承口；(*c*) 管子顶进受力图

1—承口圈；2—承口内侧钢圈；3—插口工作面钢圈；4—插口工作面内圈；

5—顶进面层上木填板；6—插口密封胶圈；7—钢圈连接筋板；

L_1—承口钢圈宽度；L_2—承口工作面宽度；L_3—承口内壁加固圈宽度；

l_1—插口钢圈宽度；l_2—插口工作面宽度；l_3—插口内壁加固圈宽度

5. 超长距离顶管用混凝土管管口加固形式（图 J-5）

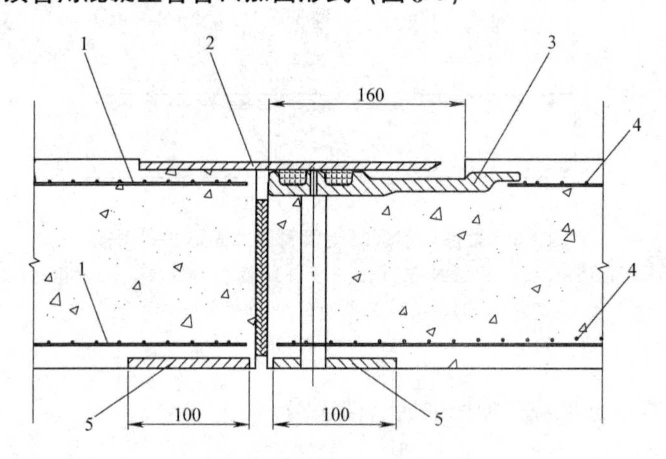

图 J-5 超长距离顶管用混凝土管管型Ⅱ

1—纵向筋；2—承口圈；3—钢筒管用插口圈；4—环向筋；5—内层钢圈

参考文献

[1] 金宝祯主编，金宝祯、杨式德、朱宝华合编. 结构力学. 北京：人民教育出版社，1964.

[2] 陈荣波主编. 结构力学（第二版）. 北京：中国建筑工业出版社，1987.

[3] 天津大学建筑工程系地下建筑工程教研室编. 地下结构静力计算. 北京：中国建筑工业出版社，1979.

[4] 王树理主编，王树仁、孙世国、杨万斌、朱建明副主编. 地下建筑结构设计，第二版. 北京：清华大学出版社，2009.

[5] 徐干成、白洪才、郑颖人、刘朝编著. 地下工程支护结构. 北京：中国水利水电出版社，2002.

[6] 秦定龙主编. 结构力学. 北京：中国电力出版社，2007.

[7] 王来、王彦明主编，王崇革、马世荣副主编，郇筱林、都浩参编. 结构力学. 北京：机械工业出版社，2010.

[8] 朱彦鹏主编，邹银生主审. 特种结构. 武汉：武汉理工大学出版社，2004.

[9] （日）岸本进著. 钢筋混凝土构造设计. 日本理工图书，昭和43.

[10] 车宏亚著. 涵洞和水管结构设计. 北京：水利电力出版社，1958.

[11] （苏）Г. К克莱恩著、金吾译. 地下管计算. 中国工业出版社，1964.

[12] 黄清猷著. 地下管道计算. 武汉：湖北科学技术出版社，1985.

[13] 预应力混凝土压力管编写组著. 预应力混凝土压力管. 北京：中国建筑工业出版社，1977.

[14] （美）A. P莫泽、北京市政工程设计院译. 地下管设计. 北京：机械工业出版社，2003.

[15] （日）ヒューム管协会著. ヒューム管设计施工要览. 1992.

[16] （日）日本プレヌコンリート株式会社. 设计资料. 1982.

[17] 华东水利学院、大连工学院、西北农学院. 水工钢筋混凝土结构. 北京：水利电力出版社，1975.

[18] 宋玉普主编. 水工钢筋混凝土结构学. 北京：中国电力出版社，2012.

[19] 廖莎、余瑜、姖淑艳、武军. 给水排水工程结构（第二版）. 北京：中国建筑工业出版社，2006.

[20] 薛志成、程东辉. 混凝土结构设计原理. 北京：中国计量出版社，2010.

[21] 熊启钧编著. 涵洞. 北京：中国水利水电出版社，2006.

[22] 熊启钧编著. 隧洞. 北京：中国水利水电出版社，2006.

[23] 建筑结构静力计算手册编写组. 建筑结构静力计算手册. 北京：中国建筑工业出版社，1974.

[24] 东南大学、浙江大学、湖南大学、苏州科技大学. 土力学（第二版）. 北京：中国建筑工业出版社，2005.

[25] 刘培文、周卫、张君纬、马杰编著. 公路小桥涵设计示例. 北京：人民交通出版社，2004.

[26] 黄绍铭、高大钊主编. 软土地基与地下工程. 北京：中国建筑工业出版社，2005.

[27] 郑刚主编. 地下工程. 北京：机械工业出版社，2011.

[28] 张庆贺主编、朱合华、黄宏伟副主编. 地下工程. 上海：同济大学出版社，2005.

[29] 夏明耀、曾进论主编. 地下工程设计施工手册. 北京：中国建筑工业出版社，1999.

[30] 徐至钧著. 绕丝预应力油罐设计与施工. 北京：中国建筑工业出版社，1980.

[31] 房贞政编著. 预应力结构理论与应用. 北京：中国建筑工业出版社，2005.

[32] 薛伟辰编著. 现代预应力结构设计. 北京：中国建筑工业出版社，2003.

[33] 胶凝材料学编写组. 胶凝材料学. 北京：中国建筑工业出版社，1980.

[34] 姚燕主编. 新型高性能混凝土耐久性的研究与工程应用. 北京：中国建材工业出版社，2004.

[35] 马咏梅主编，陈小宝、吴珊瑚副主编. 混凝土工程技术问题详解. 北京：化学工业出版社，2009.

[36] 湖南大学、天津大学、同济大学、东南大学合编. 土木工程材料. 北京：中国建筑工业出版社，2002.

[37] 夏燕主编，秦景燕、刘建军、王金银副主编. 土木工程材料. 武汉：武汉大学出版社，2009.

[38] 贾致荣主编，贺东青、丁凌凌、孟宏睿、龚平副主编，钱红梅参编. 土木工程材料. 北京：中国电力出版

社，2010.
[39] 李玉寿主编，阎晓波、徐凤广、蔡树元副主编．混凝土原理与技术．上海：华东理工大学出版社，2011.
[40] 管学茂、杨雷主编．混凝土材料学．北京：化学工业出版社，2011.
[41] 冯浩、朱清江编著．混凝土外加剂工程应用手册．北京：中国建筑工业出版社，1999.
[42] 侯永生、刘桂君、王联芳编著．混凝土的配制与施工技术．北京：中国铁道出版社，2010.
[43] 日本混凝土工程协会著，傅沛兴、蔡光汀编译．混凝土工程技术要点．北京：中国建筑工业出版社，1987.
[44] 雍本编著．特种混凝土施工手册．北京：中国建材工业出版社，2004.
[45] 中国工程建设标准化协会．高性能混凝土应用技术标准（CECS 207：2006）．北京：中国计划出版社，2006.
[46] 朱清江主编．高强高性能混凝土研制和应用．北京：中国建材工业出版社，1999.
[47] 建设部人事教育司组织编写．混凝土工．北京：中国建筑工业出版社，2002.
[48] 建设部人事教育司组织编写．钢筋工．北京：中国建筑工业出版社，2003.
[49] 东北建筑设计院．混凝土制品厂工艺设计．北京：中国建筑工业出版社，1982.
[50] 北京市市政工程局．市政工程施工手册．北京：中国建筑工业出版社，1995.
[51] 孔进、于军亭主编．市政管道施工技术．北京：化学工业出版社，2010.
[52] 魏纲、魏新江、徐日庆著．顶管工程技术．北京：化学工业出版社，2010.
[53] 徐鼎文、常志续、王佐安著．给水排水工程施工．北京：中国建筑工业出版社，1982.
[54] 韩选江著．大型地下顶管工程施工技术原理及应用．北京：中国建筑工业出版社，2007.
[55] 北京市政建设集团有限责任公司．管道工程施工工艺规程．北京：中国建筑工业出版社，2010.
[56] 曹生龙编著．预制异形混凝土涵管设计与制造手册．北京：中国建筑工业出版社，2013.
[57] 曹生龙编著．顶管用钢筋混凝土管配筋手册．中国混凝土与水泥制品协会培训教材，2007.
[58] 曹生龙编著．柔性接口钢筋混凝土排水管管型图集．中国混凝土与水泥制品协会培训教材，2009.